高等学校数学专业同步辅导丛书

"鲁科高数"小程序
扫码获取视频资源

适用北大·第五版

高等代数同步辅导

主　编　张天德　孙钦福
副主编　李修美　朱宁宁

山东科学技术出版社
·济南·

图书在版编目（CIP）数据

高等代数同步辅导 / 张天德，孙钦福主编. -- 济南：山东科学技术出版社，2024.3
（高等学校数学专业同步辅导丛书）
ISBN 978-7-5723-1979-2

Ⅰ.①高…　Ⅱ.①张…　②孙…　Ⅲ.①高等代数-高等学校-教学参考资料　Ⅳ.①O15

中国国家版本馆CIP数据核字（2024）第028302号

高等代数同步辅导
GAODENG DAISHU TONGBU FUDAO

责任编辑：段　琰　王炳花
装帧设计：孙小杰

主管单位：山东出版传媒股份有限公司
出 版 者：山东科学技术出版社
地址：济南市市中区舜耕路517号
邮编：250003　电话：（0531）82098088
网址：www.lkj.com.cn
电子邮件：sdkj@sdcbcm.com
发 行 者：山东科学技术出版社
地址：济南市市中区舜耕路517号
邮编：250003　电话：（0531）82098067
印 刷 者：山东华立印务有限公司
地址：山东省济南市莱芜高新区钱塘江街019号
邮编：271100　电话：（0531）76216033

规格：16开（184 mm × 260 mm）
印张：27
版次：2024年3月第1版　印次：2024年3月第1次印刷
定价：46.80元

前　言 QIANYAN

《高等代数》是数学类专业一门重要的基础课程，也是数学类专业硕士研究生入学考试的专业考试科目。为帮助、指导广大读者学好高等代数，我们编写了《高等代数同步辅导》，本书适用于北京大学数学系前代数小组编写的《高等代数》（第五版），汇集了编者几十年丰富的教学经验，将典型例题及解题方法与技巧融入书中，本书将会成为读者学习高等代数的良师益友。

本书的章节划分和内容设置与北京大学《高等代数》（第五版）一致。每章体例结构分为主要内容归纳、经典例题解析及解题方法总结、教材习题解答，每章最后还加入了总习题解答及自测题与参考答案。

主要内容归纳　对每章必须掌握的概念、性质和公式进行了归纳，并对较易出错的地方做了适当的解析。

经典例题解析及解题方法总结　列举每章不同难度、不同类型的重点题目，给出详细解答，以帮助读者理清解题思路，掌握基本解题方法和技巧。解题前的分析和解题后的方法总结，可以帮助读者举一反三、融会贯通。

教材习题解答　每章后给出了与教材内容同步的习题、补充题原题及其解答，读者可以参考解答来检查学习效果。

自测题　编者根据多年教学及考研辅导的经验，精心编写了一些典型题目。目的是在读者对各章内容有了全面了解之后，给读者一个检测、巩固所学知识的机会，从而使读者对各种题型产生更深刻的理解，并进一步掌握所学知识点，做到灵活运用。

本书由张天德、孙钦福主编，李修美、朱宁宁副主编。由于编者水平有限，书中存在的不足之处敬请读者批评指正，以臻完善。

编　者

2024 年 2 月

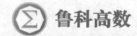

目　录 MULU

鲁科高数

高等代数 同步辅导

第一章 多项式

一、主要内容归纳

1. 数域　**数域**是一个由某些复数组成的集合 P，它包括 0 和 1，且 P 中任意两个数的和、差、积、商(除数不为零)仍然是 P 中的数.

常见的数域有有理数域 **Q**、实数域 **R** 和复数域 **C**.

2. 数环　**数环**是一个由某些复数组成的非空集合 R，且 R 中任意两个数的和、差、积仍是 R 中的数.

3. 常见数域　所有的数域都包含有理数域；数域总是数环；整数环是数环但不是数域.

4. 数域 P 上的一元多项式　设 P 为数域. 如下的表达式称为**数域 P 上的(一元)多项式**：

$$f(x)=a_nx^n+a_{n-1}x^{n-1}+\cdots+a_0,$$

其中 $a_0,a_1,\cdots,a_n\in P$，a_ix^i 称为 $f(x)$ 的 i **次项**，a_i 称为 i **次项系数**. 如果 $a_n\neq 0$，则 a_nx^n 称为 $f(x)$ 的**首项**，a_n 称为**首项系数**，n 称为 $f(x)$ 的**次数**，记为 $\partial(f(x))=n$. 零多项式无次数.

5. 相等多项式　$f(x)$ 和 $g(x)$ **相等**当且仅当同次项系数相等.

6. 多项式的四则运算　多项式的和、差运算归结为同次项系数的和、差运算；多项式的乘法运算归结为逐项相乘后合并同类项. 加法和乘法适合交换律、结合律、分配律、消去律.

7. 数域 P 上的一元多项环　数域 P 上的所有(一元)多项式的集合，关于多项式的加法和乘法构成数域 P 上的**一元多项式环**，记为 $P[x]$，P 称为 $P[x]$ 的**系数域**.

8. 带余除法　设 $f(x),g(x)\in P[x]$，$g(x)\neq 0$，则有唯一的 $q(x),r(x)\in P[x]$，使

$$f(x)=q(x)g(x)+r(x),$$

其中 $r(x)=0$ 或 $\partial(r(x))<\partial(g(x))$，$r(x)$ 称为**余式**，$q(x)$ 称为**商式**.

9. 整除　设 $f(x),g(x)\in P[x]$，如果存在多项式 $h(x)\in P[x]$，使 $f(x)=g(x)h(x)$，则称多项式 $f(x)$ 能被 $g(x)$ **整除**，记为 $g(x)\mid f(x)$.

10. 整除的性质

(1)如果 $f(x)\mid g(x)$，$g(x)\mid h(x)$，则 $f(x)\mid h(x)$.

(2)如果 $f(x)\mid g(x)$，且 $g(x)\mid f(x)$，则有 $c\in P$，$c\neq 0$，使 $f(x)=cg(x)$.

(3)如果 $f(x)\mid g_i(x)$，$i=1,2,\cdots,s$，则对 $\forall\, u_i(x)\in P[x]$，$i=1,2,\cdots,s$，有

$$f(x)\left|\ \sum_{i=1}^{s} g_i(x)u_i(x)\right..$$

11. 相伴　如果两个多项式互相整除，则称这两个多项式**相伴**. 显然，相伴是定义在 $P[x]$ 上的一个等价关系.

12. 最大公因式　设 $f(x),g(x),d(x)\in P[x]$，$d(x)$ 称为 $f(x),g(x)$ 的一个**最大公因式**，如果 $d(x)$ 满足以下两个条件：

(1) $d(x)$ 是 $f(x),g(x)$ 的公因式；

(2) $f(x),g(x)$ 的公因式全是 $d(x)$ 的因式.

若 $d(x)$ 是 $f(x),g(x)$ 的最大公因式，则 $cd(x)$ 也是 $f(x)$ 与 $g(x)$ 的最大公因式，其中 $c\neq 0$. 用 $(f(x),g(x))$ 表示 $f(x)$ 与 $g(x)$ 的首一的最大公因式.

13. 最大公因式的性质

(1) 设 $d(x)$ 是 $f(x),g(x)$ 的最大公因式，则 $\exists\, u(x),v(x)\in P[x]$，使得

$$d(x)=u(x)f(x)+v(x)g(x).$$

(2) 设 $f(x)=q(x)g(x)+r(x)$，则 $(f(x),g(x))=(g(x),r(x))$.

(3) $(f(x),g(x))=(f(x)+g(x),f(x)-g(x))$.

(4) $(f(x)h(x),g(x)h(x))=(f(x),g(x))h(x)$，其中 $h(x)$ 为首一多项式.

(5) $(f_1(x),g_1(x))(f_2(x),g_2(x))=(f_1(x)f_2(x),f_1(x)g_2(x),f_2(x)g_1(x),g_1(x)g_2(x))$.

14. 互素　设 $f(x),g(x)\in P[x]$，如果 $(f(x),g(x))=1$，则称 $f(x)$ 与 $g(x)$ **互素**.

15. 互素的性质

(1) $(f(x),g(x))=1$ 当且仅当 $\exists\, s(x),t(x)\in P[x]$，使 $f(x)s(x)+g(x)t(x)=1$.

(2) 若 $(f(x),g(x))=1$，则 $(f^m(x),g^m(x))=1$，且 $(f(x^m),g(x^m))=1$.

(3) $(f(x),g(x))=1$ 当且仅当 $(f(x)g(x),f(x)+g(x))=1$.

(4) 若 $f(x)\mid g(x)h(x)$，且 $(f(x),g(x))=1$，则 $f(x)\mid h(x)$.

(5) 若 $f(x)\mid g(x)$，$h(x)\mid g(x)$，且 $(f(x),h(x))=1$，则 $f(x)h(x)\mid g(x)$.

16. 最小公倍式　若 $m(x)$ 是 $f(x)$ 与 $g(x)$ 的一个公倍式，且 $m(x)$ 整除 $f(x)$ 与 $g(x)$ 的任一公倍式，则称 $m(x)$ 为 $f(x)$ 与 $g(x)$ 的**最小公倍式**. 首项系数为 1 的最小公倍式记为 $[f(x),g(x)]$.

17. 不可约多项式

(1) **定义**　数域 P 上次数 $\geqslant 1$ 的多项式 $p(x)$ 称为数域 P 上的**不可约多项式**，如果它不能表成 P 上的两个次数比 $p(x)$ 的次数低的多项式的乘积.

注　一个多项式是否不可约是依赖于系数域的.

(2) 设 $p(x)$ 是数域 P 上的不可约多项式，则

① $cp(x)$ 是数域 P 上的不可约多项式，$c\neq 0$.

② 对 $\forall\, f(x)\in P[x]$，必有 $(p(x),f(x))=1$ 或 $p(x)\mid f(x)$.

③若 $p(x)\mid f(x)g(x)$，则 $p(x)\mid f(x)$ 或 $p(x)\mid g(x)$.

注 ②和③也是 $p(x)$ 不可约的充要条件.

18. 因式分解及唯一性定理 数域 P 上每一个次数 $\geqslant 1$ 的多项式 $f(x)$ 都可以唯一地分解成数域 P 上一些不可约多项式的乘积. 唯一性是指，如果有两个分解式：

$$f(x)=p_1(x)p_2(x)\cdots p_s(x)=q_1(x)q_2(x)\cdots q_t(x),$$

则必有 $s=t$，并且适当排列因式的次序后有

$$p_i(x)=c_iq_i(x),\quad i=1,2,\cdots,s,$$

其中 $c_i(i=1,2,\cdots,s)$ 是一些非零常数.

19. 标准分解式 数域 P 上次数大于零的多项式 $f(x)$ 可唯一分解成

$$f(x)=ap_1^{k_1}(x)p_2^{k_2}(x)\cdots p_m^{k_m}(x),$$

其中 a 为 $f(x)$ 的首项系数，$p_i(x)$ 为 P 上首项系数为 1 的不可约多项式，k_i 为正整数，$i=1,2,\cdots,m$.

应用标准分解式，可将两个多项式的最大公因式与最小公倍式表示出来.

设 $f(x)$，$g(x)$ 的标准分解式分别为

$$f(x)=ap_1^{r_1}(x)p_2^{r_2}(x)\cdots p_s^{r_s}(x)\quad(r_i\geqslant 0),$$

$$g(x)=bp_1^{t_1}(x)p_2^{t_2}(x)\cdots p_s^{t_s}(x)\quad(t_i\geqslant 0),$$

其中 $p_i(x)\ (i=1,2,\cdots,s)$ 为互不相同的首一不可约多项式. 令

$$M_i=\max\{r_i,t_i\},m_i=\min\{r_i,t_i\},i=1,2,\cdots,s,$$

则

$$(f(x),g(x))=p_1^{m_1}(x)p_2^{m_2}(x)\cdots p_s^{m_s}(x);$$

$$[f(x),g(x)]=p_1^{M_1}(x)p_2^{M_2}(x)\cdots p_s^{M_s}(x).$$

20. 重因式 不可约多项式 $p(x)$ 称为多项式 $f(x)$ 的 **k 重因式**，如果 $p^k(x)\mid f(x)$，而 $p^{k+1}(x)\nmid f(x)$.

如果 $k=0$，那么 $p(x)$ 根本不是 $f(x)$ 的因式；如果 $k=1$，那么 $p(x)$ 称为 $f(x)$ 的**单因式**；如果 $k>1$，那么 $p(x)$ 称为 $f(x)$ 的**重因式**.

21. 多项式的微商 设有多项式

$$f(x)=a_nx^n+a_{n-1}x^{n-1}+\cdots+a_1x+a_0.$$

它的微商(也称导数)是

$$f'(x)=a_nnx^{n-1}+a_{n-1}(n-1)x^{n-2}+\cdots+a_1.$$

微商的基本公式

$$(f(x)+g(x))'=f'(x)+g'(x),\qquad (cf(x))'=cf'(x),$$

$$(f(x)g(x))'=f'(x)g(x)+f(x)g'(x),\qquad (f^m(x))'=mf^{m-1}(x)f'(x).$$

22. 重因式的判别

(1) $p(x)$ 是 $f(x)$ 的重因式的充要条件为 $p(x)$ 是 $f(x)$ 与 $f'(x)$ 的公因式，即 $p(x)\mid(f(x),f'(x))$.

方法总结

$f(x)$的重因式可以在$(f(x),f'(x))$的不可约因式中找.

(2)多项式 $f(x)$没有重因式的充要条件是 $f(x)$与 $f'(x)$互素,即$(f(x),f'(x))=1$.

(3)设多项式 $f(x)$是数域 P 上次数$\geqslant 1$ 的多项式,则多项式$\dfrac{f(x)}{(f(x),f'(x))}$是一个没有重因式的多项式,但它与 $f(x)$有完全相同的不可约因式,即设

$$f(x)=ap_1^{r_1}(x)p_2^{r_2}(x)\cdots p_s^{r_s}(x),r_i\text{ 为正整数},i=1,2,\cdots,s,$$

则

$$\frac{f(x)}{(f(x),f'(x))}=ap_1(x)p_2(x)\cdots p_s(x). \qquad ①$$

方法总结

利用①式可以去掉多项式的因式重数.

23. 多项式函数 设 $f(x)=a_nx^n+a_{n-1}x^{n-1}+\cdots+a_1x+a_0$ 是数域 P 上的多项式,对于 P 中的数α,用α 替代 $f(x)$中的 x,得

$$a_n\alpha^n+a_{n-1}\alpha^{n-1}+\cdots+a_1\alpha+a_0,$$

称为 $f(x)$当 $x=\alpha$ 时的值,记为 $f(\alpha)$. 于是,对$\forall\alpha\in P$,$f(x)$确定唯一的数 $f(\alpha)$与之对应,称 $f(x)$为数域 P 上的一个**多项式函数**.

24. 余数定理 用一次多项式 $x-\alpha$ 去除多项式 $f(x)$,所得的余式是一个常数,这个常数等于函数值 $f(\alpha)$.

25. 因式定理 设 $f(x)$是数域 P 上的多项式,则 $x-\alpha\mid f(x)$的充要条件是 $f(\alpha)=0$.

26. 多项式的根

(1)设 $f(x)$是数域 P 上的多项式,如果当 $x=\alpha$ 时,$f(\alpha)=0$,则称 α 为 $f(x)$的一个**根或零点**. 进而如果 $x-\alpha$ 是 $f(x)$的 k 重因式,则称 α 为 $f(x)$的 k **重根**. 当 $k=1$ 时,称 α 为**单根**;当 $k\geqslant 2$ 时,称 α 为**重根**.

(2)数域 P 上的 n 次多项式($n\geqslant 0$)在 P 中的根不可能多于 n 个,重根按重数计算.

(3)如果数域 P 上的多项式 $f(x)$,$g(x)$的次数不超过 n,而它们对 $n+1$ 个不同的数 α_1,α_2,$\cdots$,α_{n+1}有相同的值,即 $f(\alpha_i)=g(\alpha_i)$,$i=1,2,\cdots,n+1$,则 $f(x)=g(x)$.

(4)复数域上的多项式 $f(x)$无重根的充要条件是$(f(x),f'(x))=1$.

27. 拉格朗日(Lagrange)插值多项式 设 $a_1,a_2,\cdots,a_n$ 是数域 P 中 n 个不同的数,$b_1,b_2,\cdots,b_n$ 是数域 P 中 n 个不全为零的数,则存在唯一的次数小于 n 的多项式 $L(x)\in P[x]$,使

$$L(a_i)=b_i,\quad i=1,2,\cdots,n. \qquad ①$$

令

$$f(x)=(x-a_1)(x-a_2)\cdots(x-a_n),\quad l_i(x)=\frac{f(x)}{(x-a_i)f'(a_i)},$$

则

$$L(x)=\sum_{i=1}^{n} b_i l_i(x). \qquad ②$$

公式②称为**拉格朗日插值公式**(或**插值多项式**),显然,拉格朗日插值多项式是满足条件①的次数最低的多项式.

28. 代数基本定理 每个次数$\geqslant 1$的复系数多项式在复数域中至少有一根.故由此可推出,n次复系数多项式在复数域内恰有n个复根(重根按重数计算).

29. 复系数多项式因式分解定理 复系数$n(\geqslant 1)$次多项式在复数域上都可以唯一地分解成一次因式的乘积.换句话说,复数域上任一次数大于1的多项式都是可约的.

标准分解式 复系数$n(\geqslant 1)$次多项式$f(x)$具有标准分解式

$$f(x)=a_n(x-\alpha_1)^{r_1}(x-\alpha_2)^{r_2}\cdots(x-\alpha_s)^{r_s},$$

其中a_n是$f(x)$的首项系数,$\alpha_1,\alpha_2,\cdots,\alpha_s$是不同的复数,$r_1,r_2,\cdots,r_s$是正整数且$r_1+r_2+\cdots+r_s=n$.

30. 实系数多项式因式分解定理 实系数$n(\geqslant 1)$次多项式在实数域上都可以唯一地分解成一次因式与二次不可约因式的乘积.换句话说,实系数多项式$f(x)$在实数域上不可约的充分必要条件是$\partial(f(x))=1$或$f(x)=ax^2+bx+c$且$b^2-4ac<0$.

标准分解式 实系数$n(\geqslant 1)$次多项式$f(x)$具有标准分解式

$$f(x)=a_n(x-\alpha_1)^{l_1}\cdots(x-\alpha_s)^{l_s}(x^2+p_1x+q_1)^{k_1}\cdots(x^2+p_tx+q_t)^{k_t},$$

其中a_n是$f(x)$的首项系数,$\alpha_1,\cdots,\alpha_s$是互异实数,$p_i,q_i(i=1,2,\cdots,t)$是互异的实数对,且满足$p_i^2-4q_i<0(i=1,2,\cdots,t)$,$l_1,\cdots,l_s,k_1,\cdots,k_t$都是正整数,使得

$$l_1+\cdots+l_s+2k_1+\cdots+2k_t=n.$$

实系数多项式根的性质 如果α是实系数多项式$f(x)$的一个非零复数根,则它的共轭数$\overline{\alpha}$也是$f(x)$的根,并且α与$\overline{\alpha}$有相同的重数.由此可知,奇数次实系数多项式必有实根.

31. 根与系数的关系(Vieta定理) 设$\alpha_1,\alpha_2,\cdots,\alpha_n$是一元$n$次多项式

$$f(x)=a_nx^n+a_{n-1}x^{n-1}+\cdots+a_1x+a_0\quad (a_n\neq 0)$$

的n个根,则根与多项式的系数之间有以下关系

$$\begin{cases}\alpha_1+\alpha_2+\cdots+\alpha_n=-\dfrac{a_{n-1}}{a_n},\\ \alpha_1\alpha_2+\alpha_1\alpha_3+\cdots+\alpha_{n-1}\alpha_n=\dfrac{a_{n-2}}{a_n},\\ \alpha_1\alpha_2\alpha_3+\alpha_1\alpha_2\alpha_4+\cdots+\alpha_{n-2}\alpha_{n-1}\alpha_n=-\dfrac{a_{n-3}}{a_n},\\ \qquad\cdots\cdots\cdots\cdots\\ \alpha_1\alpha_2\cdots\alpha_{n-1}+\cdots+\alpha_2\alpha_3\cdots\alpha_n=(-1)^{n-1}\dfrac{a_1}{a_n},\\ \alpha_1\alpha_2\cdots\alpha_n=(-1)^n\dfrac{a_0}{a_n}.\end{cases}$$

32. 本原多项式 如果一个非零的整系数多项式

$$g(x)=b_nx^n+b_{n-1}x^{n-1}+\cdots+b_0$$

的系数 $b_n,b_{n-1},\cdots,b_0$ 没有异于 ±1 的公因子，则称 $g(x)$ 为**本原多项式**.

设 $f(x)$ 为任一非零有理系数多项式，则存在有理数 r 及本原多项式 $h(x)$，使

$$f(x)=rh(x).$$

如另有有理数 s 及本原多项式 $g(x)$，使

$$f(x)=sg(x),$$

则必有

$$r=\pm s, h(x)=\pm g(x).$$

33. 高斯引理 两个本原多项式的乘积还是本原多项式.

34. 整系数多项式

(1)设 $f(x)$ 为整系数多项式，$g(x)$ 为本原多项式，$h(x)$ 为有理系数多项式，如果

$$f(x)=g(x)h(x),$$

则 $h(x)$ 一定是整系数多项式.

(2)如果整系数多项式能够分解为两个次数较低的有理系数多项式的乘积，那么它一定能分解成两个次数较低的整系数多项式的乘积.

(3)为求整系数多项式的有理根，有：

如果 $\frac{r}{s}$ ($(r,s)=1$) 是整系数多项式

$$f(x)=a_nx^n+a_{n-1}x^{n-1}+\cdots+a_0,\quad a_n\neq0$$

的一个有理根，则必有 $s|a_n, r|a_0$.

首项系数为 1 的整系数多项式的有理根都是整数根，且是常数项的因子.

35. 艾森斯坦判别法 设 $f(x)=a_nx^n+a_{n-1}x^{n-1}+\cdots+a_0$ 为一整系数多项式，如果存在素数 p，使

(1) $p|a_i,\quad i=0,1,\cdots,n-1$;

(2) $p\nmid a_n$;

(3) $p^2\nmid a_0$,

则 $f(x)$ 在有理数域上不可约.

要注意的是，这仅仅是一个判别整系数多项式不可约的充分条件. 也就是说，如果一个整系数多项式不满足定理的条件，则它既可能是可约的，也可能是不可约的.

36. 多元多项式 设 f 为 n 元多项式，如果 f 的所有单项式的次数都等于 k，则称 f 为一个 k **次齐次多项式**. 显然，两个 k 次齐次多项式的和是零或 k 次齐次多项式；一个 k 次齐次多项式与一个 l 次齐次多项式的乘积是一个 $k+l$ 次齐次多项式.

设 f 为 n 元多项式，f 的所有 k 次齐次单项式的和(记为 f_k)称为 f 的 k **次齐次分量**. 显然，如果 f 的次数为 m，则 $f=\sum\limits_{i=0}^{m} f_i$.

37. 多元多项式常用结论

(1)设 f,g 为两个非零的 n 元多项式,则 $f\cdot g\neq 0$.

(2)设 $f(x_1,x_2,\cdots,x_n)\in P[x_1,x_2,\cdots,x_n]$,则 $f=0$ 的充分必要条件是对任意的 n 维向量 $(c_1,c_2,\cdots,c_n)\in P^n$,有 $f(c_1,c_2,\cdots,c_n)=0$.

(3)设 f,g 为两个 n 元多项式,则 $f=g$ 的充分必要条件是对任意的 n 维向量 $(c_1,c_2,\cdots,c_n)\in P^n$,有 $f(c_1,c_2,\cdots,c_n)=g(c_1,c_2,\cdots,c_n)$.

(4)**因式分解唯一性定理** 数域 P 上任一 n 元多项式可分解为一些不可约多项式的乘积,且这种分解在相伴及不计因子次序的意义下是唯一的.

(5)设 f 为数域 P 上的 n 元多项式,$g_1,g_2,\cdots,g_s$ 为数域 P 上互不相伴的 n 元不可约多项式,如果 $g_i\mid f$, $i=1,2,\cdots,s$,则 $g_1g_2\cdots g_s\mid f$.

38. 字典排列法 如果 n 元非负整数组 $(k_1,k_2,\cdots,k_n)$ 与 $(l_1,l_2,\cdots,l_n)$ 中第一个出现 $k_i-l_i\neq 0$ 时,有 $k_i>l_i$,则称数组 $(k_1,k_2,\cdots,k_n)$ 先于 $(l_1,l_2,\cdots,l_n)$,且称多项式 $f(x_1,x_2,\cdots,x_n)$ 中的单项式 $x_1^{k_1}x_2^{k_2}\cdots x_n^{k_n}$ 先于 $x_1^{l_1}x_2^{l_2}\cdots x_n^{l_n}$.

39. 对称多项式 n 元多项式 $f(x_1,x_2,\cdots,x_n)$,如果对 $\forall\, i,j$, $1\leqslant i<j\leqslant n$,都有

$$f(x_1,\cdots,x_i,\cdots,x_j,\cdots,x_n)=f(x_1,\cdots,x_j,\cdots,x_i,\cdots,x_n),$$

称 $f(x_1,x_2,\cdots,x_n)$ 为**对称多项式**.

下列 n 个对称多项式:

$$\sigma_1=x_1+x_2+\cdots+x_n;$$
$$\sigma_2=x_1x_2+x_1x_3+\cdots+x_{n-1}x_n;$$
$$\sigma_3=x_1x_2x_3+x_1x_2x_4+\cdots+x_{n-2}x_{n-1}x_n;$$
$$\cdots\cdots$$
$$\sigma_n=x_1x_2\cdots x_n$$

称为**初等对称多项式**.

40. 对称多项式的主要结论

(1)对称多项式的多项式还是对称多项式.

(2)**对称多项式基本定理** 设 $f(x_1,x_2,\cdots,x_n)$ 为对称多项式,则存在唯一的 n 元多项式 $g(y_1,y_2,\cdots,y_n)\in P[x_1,x_2,\cdots,x_n]$,使

$$f(x_1,x_2,\cdots,x_n)=g(\sigma_1,\sigma_2,\cdots,\sigma_n).$$

二、 经典例题解析及解题方法总结

【例 1】 设非空集合 $F\subseteq\mathbf{C}$,且 $F\neq\{0\}$,则 F 是一个数域的充要条件是 $\forall\, a,b\in F$,都有 $a-b\in F$;且当 $b\neq 0$ 时,有 $\dfrac{a}{b}\in F$.

证 必要性是显然的.

充分性:设 $a,b\in F$,则 $a-a=0\in F$. 于是 $0-b=-b\in F$,故

$$a+b=a-(-b)\in F.$$

又若 $b\neq 0$,则 $\frac{b}{b}=1\in F$,于是 $b^{-1}=\frac{1}{b}\in F$,故 $ab=\frac{a}{b^{-1}}\in F$. 因此,F 是一个数域.

方法总结

由本题可得:若 F 是一个数域,则 $0,1\in F$.

【例 2】 设 R 为包含 $\sqrt{2}$ 的最小数环,求 R.

证 $R=\{2a+b\sqrt{2}\mid a,b$ 为任意整数$\}$.

事实上,R 显然包含 $\sqrt{2}$,且对加、减法显然封闭. 又由于

$$(2a+b\sqrt{2})(2c+d\sqrt{2})=2(2ac+bd)+(2ad+2bc)\sqrt{2}\in R,$$

故 R 是数环.

又设 P 为包含 $\sqrt{2}$ 的任意一个数环,则 $\sqrt{2}\cdot\sqrt{2}=2\in P$,从而易知对任意整数 a,b 都有

$$2a+b\sqrt{2}\in P,$$

即 $R\subseteq P$,亦即 R 为包含 $\sqrt{2}$ 的最小数环.

【例 3】 (1)设 $f(x)=2x^5-29x^4-226x^2+20x-76$,求 $f(15)$.

(2)设 $f(x)=x^4+2x^3-3x^2+4x-5$,求 $f(1+\mathrm{i})$.

解 (1)利用综合除法.

15	2	−29	0	−226	20	−76
		30	15	225	−15	75
	2	1	15	−1	5	−1

所以 $f(15)=-1$.

(2)

1+i	1	2	−3	4	−5
		1+i	2+4i	−5+3i	−4+2i
	1	3+i	−1+4i	−1+3i	−9+2i

所以 $f(1+\mathrm{i})=-9+2\mathrm{i}$.

【例 4】 证明:多项式 $g(x)=1+x^2+x^4+\cdots+x^{2n}$ 能整除 $f(x)=1+x^4+x^8+\cdots+x^{4n}$ 的充分必要条件是 n 为偶数.

证 因为 $(x^2-1)g(x)=x^{2n+2}-1$,故

$$g(x)=\frac{x^{2n+2}-1}{x^2-1}.$$

又由 $(x^4-1)f(x)=x^{4n+4}-1$,故

$$f(x)=\frac{x^{4n+4}-1}{x^4-1}.$$

于是

$$\frac{f(x)}{g(x)}=\frac{x^{4n+4}-1}{x^4-1}\ \frac{x^2-1}{x^{2n+2}-1}=\frac{x^{2(n+1)}+1}{x^2+1}.$$

可见,$g(x)\mid f(x)$当且仅当$x^2+1\mid x^{2(n+1)}+1$,然而$x^2+1\mid x^{2(n+1)}+1$当且仅当

$$(\mathrm{i}^2)^{n+1}+1=0,\quad 即\quad (-1)^{n+1}+1=0.$$

亦即n为偶数.

【例 5】 设m,n为正整数,$d=(m,n)$,证明:$(x^n-1,x^m-1)=x^d-1$.

证 因为$d=(m,n)$,所以$m=m_1d,n=n_1d$,且$\exists s,t\in\mathbf{Z}$,使

$$d=ms+nt.$$

因$d\leqslant m,d\leqslant n$,故$s,t$必为一正一负,不妨设$s>0,t<0$,故

$$x^m-1=x^{m_1d}-1=(x^d-1)(x^{d(m_1-1)}+x^{d(m_1-2)}+\cdots+1),$$
$$x^n-1=x^{n_1d}-1=(x^d-1)(x^{d(n_1-1)}+x^{d(n_1-2)}+\cdots+1).$$

所以,x^d-1是x^m-1与x^n-1的公因式.

又设$\varphi(x)$为x^m-1与x^n-1的任一公因式,则因$x\nmid x^m-1$,所以$x\nmid\varphi(x)$,从而

$$(x,\varphi(x))=1.$$

我们有$x^{n|t|}(x^d-1)=x^{d+n|t|}-x^{n|t|}=x^{ms}-x^{n|t|}=(x^{ms}-1)-(x^{n|t|}-1)$.

因$\varphi(x)\mid x^m-1,\varphi(x)\mid x^n-1$,所以

$$\varphi(x)\mid(x^{ms}-1)-(x^{n|t|}-1).$$

所以

$$\varphi(x)\mid x^{n|t|}(x^d-1).$$

又$(\varphi(x),x)=1$,进而$(\varphi(x),x^{n|t|})=1$,从而$\varphi(x)\mid x^d-1$.

从而由最大公因式的定义知,$(x^n-1,x^m-1)=x^d-1$.

【例 6】 求下列各题中$f(x)$与$g(x)$的最大公因式:

(1)$f(x)=x^n+a_1x^{n-1}+\cdots+a_{n-1}x+a_n,\ n>1,$

$g(x)=x^{n-1}+a_1x^{n-2}+\cdots+a_{n-2}x+a_{n-1}$;

(2)$f(x)=x^{m+n}-x^m-x^n-1,\ g(x)=x^m-x^{m-n}-2,\ m>n$.

解 (1)由带余除法,得

$$f(x)=xg(x)+a_n.$$

如果$a_n=0$,那么$(f(x),g(x))=g(x)$.如果$a_n\neq0$,那么$g(x)$被a_n除,余式为0,所以a_n是$f(x)$与$g(x)$的最大公因式,即$(f(x),g(x))=1$.

(2)作带余除法有

$$f(x)=x^ng(x)+x^n-1,\quad g(x)=x^{m-n}(x^n-1)-2,\quad x^n-1=(-2)\left[-\frac{1}{2}(x^n-1)\right].$$

所以-2是$f(x)$与$g(x)$的一个最大公因式,即$(f(x),g(x))=1$.

【例 7】 设$f(x)\neq0,h(x)$为任意多项式.证明:若$(f(x),g(x))=1$,则

$$(f(x),g(x)h(x))=(f(x),h(x)).$$

问:反之是否成立?

证　设$(f(x),g(x)h(x))=d(x)$，则

$$d(x)\mid f(x),\quad d(x)\mid g(x)h(x).$$

但由于$(f(x),g(x))=1$，故有

$$(d(x),g(x))=1,$$

从而

$$d(x)\mid h(x).$$

即$d(x)$是$f(x)$与$h(x)$的一个公因式.

又显然$f(x)$与$h(x)$的公因式都是$f(x)$与$g(x)h(x)$的公因式，从而是$d(x)$的因式，故$d(x)$是$f(x)$与$h(x)$的最大公因式，即

$$(f(x),g(x)h(x))=(f(x),h(x)).$$

反之不成立. 例如

$$f(x)=x^2-1,\quad g(x)=x+1,\quad h(x)=(x-1)^2(x+1),$$

则有

$$(f(x),g(x)h(x))=(f(x),h(x))=x^2-1,$$

但是

$$(f(x),g(x))=x+1\neq 1.$$

【例 8】 证明：$(f(x),g(x))=1$的充要条件是对任意多项式$h(x)$，都有相应的多项式$s(x)$，$t(x)$，使

$$f(x)s(x)+g(x)t(x)=h(x).$$

证　必要性：设$(f(x),g(x))=1$，则存在多项式$u(x)$，$v(x)$使

$$f(x)u(x)+g(x)v(x)=1.$$

从而有

$$f(x)s(x)+g(x)t(x)=h(x),$$

其中$s(x)=u(x)h(x)$，$t(x)=v(x)h(x)$.

充分性：如果对任意多项式$h(x)$，都相应有$s(x)$，$t(x)$使

$$f(x)s(x)+g(x)t(x)=h(x),$$

特别当$h(x)=1$时，亦有这样的多项式存在，于是由互素充要条件知，$(f(x),g(x))=1$.

【例 9】 求多项式

$$f(x)=x^4+x^3-3x^2-4x-1,\quad g(x)=x^3+x^2-x-1$$

的最小公倍式.

解　由辗转相除法知：

$$(f(x),g(x))=x+1,$$

所以

$$[f(x),g(x)]=\frac{f(x)g(x)}{x+1}=x^6+x^5-4x^4-5x^3+2x^2+4x+1.$$

方法总结

求多项式的最小公倍式的基本方法是：先用辗转相除法求出两个多项式的最大公因子，然后应用公式$[f(x),g(x)]=\dfrac{f(x)g(x)}{(f(x),g(x))}$算出它们的最小公倍式.

【例 10】 若不可约多项式$p(x)$是$f'(x)$的$k-1$重因式，问：$p(x)$是否一定是$f(x)$的k重因式？

解　不一定. 例如$f(x)=x^3+5$，$p(x)=x$是$f'(x)=3x^2$的 2 重因式，但$p(x)$并非$f(x)$的 3 重因式(实际上$p(x)=x$根本就不是$f(x)$的因式).

方法总结

如果$p(x)$是$f'(x)$的$k-1$重因式，再附带$p(x)$是$f(x)$的因式时，则显然$p(x)$是$f(x)$的k重因式.

【例 11】 已知多项式$f(x)=x^5-10x^2+15x-6$有重根，试求它的所有根并确定重数.

解　$f'(x)=5x^4-20x+15$. 由辗转相除法得

$$(f(x),f'(x))=x^2-2x+1=(x-1)^2.$$

从而知$x=1$为$f(x)$的三重根. 由综合除法得

$$f(x)=(x-1)^3(x^2+3x+6).$$

解方程$x^2+3x+6=0$，得

$$x_1=\frac{-3+\sqrt{15}\mathrm{i}}{2},\quad x_2=\frac{-3-\sqrt{15}\mathrm{i}}{2}.$$

所以原方程的全部根为

$$\frac{-3+\sqrt{15}\mathrm{i}}{2},\quad \frac{-3-\sqrt{15}\mathrm{i}}{2},1,1,1.$$

【例 12】 分别在实数域与复数域上分解因式：$f(x)=x^6+27$.

解
$$x^6+27=(x^2)^3+3^3=(x^2+3)(x^4-3x^2+9),$$
$$x^2+3=(x-\sqrt{3}\mathrm{i})(x+\sqrt{3}\mathrm{i}),$$
$$x^4-3x^2+9=x^4+6x^2+9-9x^2=(x^2+3)^2-9x^2=(x^2-3x+3)(x^2+3x+3),$$
$$x^2-3x+3=\left(x-\frac{3+\sqrt{3}\mathrm{i}}{2}\right)\left(x-\frac{3-\sqrt{3}\mathrm{i}}{2}\right),$$
$$x^2+3x+3=\left(x+\frac{3+\sqrt{3}\mathrm{i}}{2}\right)\left(x+\frac{3-\sqrt{3}\mathrm{i}}{2}\right),$$

所以x^6+27在实数域上的分解式为

$$x^6+27=(x^2+3)(x^2-3x+3)(x^2+3x+3).$$

x^6+27在复数域上的分解式为

$$x^6+27=(x+\sqrt{3}\mathrm{i})(x-\sqrt{3}\mathrm{i})\left(x-\frac{3+\sqrt{3}\mathrm{i}}{2}\right)\left(x-\frac{3-\sqrt{3}\mathrm{i}}{2}\right)\left(x+\frac{3+\sqrt{3}\mathrm{i}}{2}\right)\left(x+\frac{3-\sqrt{3}\mathrm{i}}{2}\right).$$

【例 13】 若方程的两根之和等于另外两根之和,求证:

$$a^3-4ab+8c=0.$$

证 设 $x^4+ax^3+bx^2+cx+d=0$ 的 4 个根为 x_1,x_2,x_3,x_4,且 $x_1+x_2=x_3+x_4=\lambda$. 由韦达定理得

$$\begin{cases} a=-2\lambda, \\ b=\lambda^2+x_1x_2+x_3x_4, \\ c=-\lambda(x_1x_2+x_3x_4), \end{cases}$$

消去 λ 及 x_1x_2,x_3x_4,并化简,即得 $a^3-4ab+8c=0$.

【例 14】 判别多项式 $f(x)=x^4-x^3+3x^2-7x+10$ 在有理数域上是否可约.

解 令 $x=y+1$,则

$$\varphi(y)=f(y+1)=y^4+3y^3+6y^2+6.$$

取 $p=3$,则由艾森斯坦判别法知,$\varphi(y)$ 在有理数域上不可约,从而知 $f(x)=\varphi(x-1)$ 在有理数域上也不可约.

方法总结

本例不能直接使用艾森斯坦判别法,但经过变换 $x=y+1$ 后,$f(x)$ 化为可应用艾森斯坦判别法的情况. 这是判别整系数多项式不可约的常用方法. 注意所用的变换必须是可逆的,并且将整系数多项式仍变为整系数多项式. 通常所用的变换是 $x=ay+b$,有时也可用 $x=\frac{1}{y}$.

【例 15】 把三元对称多项式

$$f(x_1,x_2,x_3)=x_1^3+x_2^3+x_3^3-3x_1x_2x_3$$

表示为初等对称多项式的多项式.

解 **方法一** f 按字典排列法的首项为 x_1^3,作 $\varphi_1=\sigma_1^{3-0}\sigma_2^{0-0}\sigma_3^0=\sigma_1^3$,则

$$\begin{aligned} f_1&=f-\varphi_1=x_1^3+x_2^3+x_3^3-3x_1x_2x_3-(x_1+x_2+x_3)^3 \\ &=-3(x_1^2x_2+x_1x_2^2+x_1^2x_3+x_1x_3^2+x_2^2x_3+x_2x_3^2)-9x_1x_2x_3. \end{aligned}$$

f_1 按字典排列法的首项为 $-3x_1^2x_2$,作 $\varphi_2=-3\sigma_1^{2-1}\sigma_2^{1-0}\sigma_3^0=-3\sigma_1\sigma_2$,则

$$f_2=f_1-\varphi_2=f_1-3(x_1+x_2+x_3)(x_1x_2+x_1x_3+x_2x_3)=0.$$

所以 $f=\varphi_1+\varphi_2=\sigma_1^3-3\sigma_1\sigma_2$.

方法总结

用逐步减去首项的方法将对称多项式表示为初等对称多项式的一般步骤:

(1)首先找出 f 的首项:$a_0x_1^{k_1}x_2^{k_2}\cdots x_n^{k_n}$,则一定有 $k_1\geqslant k_2\geqslant\cdots\geqslant k_n$.

(2)由 f 的首项,写出 φ_1:$\varphi_1=a_0\sigma_1^{k_1-k_2}\sigma_2^{k_2-k_3}\cdots\sigma_{n-1}^{k_{n-1}-k_n}\sigma_n^{k_n}$.

(3)作 $f_1=f-\varphi_1$,并化简.再对 f_1 继续进行(1),(2),如此反复,直至最后一个 $f_k=f_{k-1}-\varphi_k=0$,则

$$f=\varphi_1+\varphi_2+\cdots+\varphi_k.$$

方法二 应用待定系数法.

指数组	相应的 σ 的方幂的乘积
3 0 0	σ_1^3.
2 1 0	$\sigma_1\sigma_2$
1 1 1	σ_3

令

$$f=\sigma_1^3+A\sigma_1\sigma_2+B\sigma_3, \quad ①$$

这里,σ_1^3 的系数为 1 是因为 σ_1^3 的系数与 f 的首项系数相同,而 f 的首项系数为 1.

在①式中,令 $x_1=x_2=1,x_3=0$,得 $2=8+A\cdot 2$,解得 $A=-3$.

再令 $x_1=x_2=x_3=1$,得 $0=27-3\cdot 3\cdot 3+B\cdot 1$,解得 $B=0$,于是 $f=\sigma_1^3-3\sigma_1\sigma_2$.

方法总结

用待定系数法将对称多项式表示为初等对称多项式的一般步骤是:

(1)根据 f 的首项指标组,写出所有可能的指标组.指标组 $(k_1,k_2,\cdots,k_n)$ 必须满足:

①前面的指标组先于后面的指标组;

② $k_1\geqslant k_2\geqslant\cdots\geqslant k_n$;

③如果 f 为齐次多项式,则 $(k_1,k_2,\cdots,k_n)$ 还必须满足 $k_1+k_2+\cdots+k_n=\partial(f)$.

(2)由指标组 $(k_1,k_2,\cdots,k_n)$,写出对应的 σ 的方幂的乘积:$\sigma_1^{k_1-k_2}\sigma_2^{k_2-k_3}\cdots\sigma_{n-1}^{k_{n-1}-k_n}\sigma_n^{k_n}$.

(3)由所有这些方幂,写出所要求的多项式的一般形式,其首项系数即为 f 的首项系数,其余各项系数分别用 $A,B,C,\cdots$ 代替.

(4)以适当的 $x_i(i=1,2,\cdots,n)$ 的值代入由(2)得到的表达式,得到一个关于 $A,B,C,\cdots$ 的线性方程组,解这个线性方程组,求得 $A,B,C,\cdots$ 的值.

(5)最后写出所求表达式.

【例 16】 设 m 为任一正整数.证明:$g^m(x)\mid f^m(x)$ 当且仅当 $g(x)\mid f(x)$.

证 若有 $g(x)\mid f(x)$,便有 $g^m(x)\mid f^m(x)$,这是显然的.

反之,设 $g^m(x)\mid f^m(x)$,则有多项式 $h(x)$,使

$$f^m(x)=g^m(x)h(x). \quad ①$$

令 $(f(x),g(x))=d(x)$,且设

$$f(x)=d(x)f_1(x),\quad g(x)=d(x)g_1(x), \quad ②$$

则 $f_1(x)$ 与 $g_1(x)$ 互素. 将②式代入①式,并消去 $d^m(x)$,得

$$f_1^m(x)=g_1^m(x)h(x).$$

因此 $g_1(x)$ 必为非零常数,设 $g_1(x)=a$. 于是 $g(x)=ad(x)$,从而

$$f(x)=\frac{1}{a}g(x)f_1(x),$$

因此 $g(x)\mid f(x)$.

【例 17】 设 $f(x)$ 是一个复系数多项式,$\overline{f}$ 为把 $f(x)$ 的相应系数分别换成它们的共轭复数后所得的多项式. 证明:

(1) $g(x)\mid f(x)$ 当且仅当 $\overline{g}(x)\mid\overline{f}(x)$;

(2) 若 $(f(x),\overline{f}(x))=d(x)$,则 $d(x)$ 是一个实系数多项式.

证 (1)若 $g(x)\mid f(x)$,则存在多项式 $h(x)$,使

$$f(x)=g(x)h(x). \quad ①$$

两边取共轭,根据共轭复数的性质,得

$$\overline{f(x)}=\overline{g(x)}\,\overline{h(x)} \quad 或 \quad \overline{f}(x)=\overline{g}(x)\overline{h}(x), \quad ②$$

从而 $\overline{g}(x)\mid\overline{f}(x)$.

反之,由②式两边取共轭即得①式.

(2) 由于 $(f(x),\overline{f}(x))=d(x)$,故 $d(x)\mid f(x)$, $d(x)\mid\overline{f}(x)$.

由(1)可得 $\overline{d}(x)\mid\overline{f}(x)$, $\overline{d}(x)\mid f(x)$,即 $\overline{d}$ 是 $f(x)$ 与 $\overline{f}(x)$ 的一个公因式,故

$$\overline{d}(x)\mid d(x).$$

但由于 $d(x)$ 与 $\overline{d}(x)$ 的次数相等,而且首项系数都是 1,故必有

$$\overline{d}(x)=d(x).$$

这就是说,$d(x)$ 是一个实系数多项式.

【例 18】 证明:当 p 为素数时,$f(x)=1+2x+\cdots+(p-1)x^{p-2}$ 在有理数域上不可约.

证 $f(x)=(1+x+\cdots+x^{p-1})'=\left(\dfrac{x^p-1}{x-1}\right)'=\dfrac{(p-1)x^p-px^{p-1}+1}{(x-1)^2}.$

令 $x=y+1$,得

$$\begin{aligned}\varphi(y)=f(y+1)&=\frac{1}{y^2}\Big[\sum_{k=0}^{p}(p-1)C_p^k y^k-\sum_{k=0}^{p-1}pC_{p-1}^k y^k+1\Big]\\&=\sum_{k=2}^{p}(p-1)C_p^k y^{k-2}-\sum_{k=2}^{p-1}pC_{p-1}^k y^{k-2}\\&=\sum_{k=2}^{p-1}\big[(p-1)C_p^k-pC_{p-1}^k\big]y^{k-2}+(p-1)y^{p-2}\\&=\sum_{k=2}^{p-1}(k-1)C_p^k y^{k-2}+(p-1)y^{p-2}.\end{aligned}$$

因 $p\mid(k-1)C_p^k$,$2\leqslant k\leqslant p-1$,$p^2\nmid C_p^2$,$p\nmid p-1$,从而由艾森斯坦判别法知,$\varphi(y)$ 在有理数域上不可约,故 $f(x)$ 在有理数域上也不可约.

三、教材习题解答

第一章习题解答

1. 用 $g(x)$ 除 $f(x)$，求商 $q(x)$ 与余式 $r(x)$：

(1) $f(x)=x^3-3x^2-x-1$，$g(x)=3x^2-2x+1$；

(2) $f(x)=x^4-2x+5$，$g(x)=x^2-x+2$.

解 (1)用带余除法，得

$$
\begin{array}{r|c|l}
g(x)=3x^2-2x+1 & f(x)=x^3-3x^2\quad -x\quad -1 & \frac{1}{3}x-\frac{7}{9}=q(x) \\
 & x^3-\frac{2}{3}x^2+\frac{1}{3}x & \\
\hline
 & -\frac{7}{3}x^2-\frac{4}{3}x-1 & \\
 & -\frac{7}{3}x^2+\frac{14}{9}x-\frac{7}{9} & \\
\hline
 & r(x)=-\frac{26}{9}x-\frac{2}{9} &
\end{array}
$$

所以，$q(x)=\frac{1}{3}x-\frac{7}{9}$，$r(x)=-\frac{26}{9}x-\frac{2}{9}$.

(2)用带余除法，得

$$
\begin{array}{r|c|l}
g(x)=x^2-x+2 & f(x)=x^4\qquad -2x+5 & x^2+x-1=q(x) \\
 & x^4-x^3+2x^2 & \\
\hline
 & x^3-2x^2-2x+5 & \\
 & x^3-x^2+2x & \\
\hline
 & -x^2-4x+5 & \\
 & -x^2+x-2 & \\
\hline
 & r(x)=-5x+7 &
\end{array}
$$

所以，$q(x)=x^2+x-1$，$r(x)=-5x+7$.

2. m,p,q 适合什么条件时，有

(1) $x^2+mx-1\mid x^3+px+q$；　(2) $x^2+mx+1\mid x^4+px^2+q$.

【思路探索】 用带余除法，令 $r(x)=0$ 可求之.

解 (1)用 x^2+mx-1 除 x^3+px+q 得余式为 $r(x)=(p+1+m^2)x$，令 $r(x)=0$，即

$$p+1+m^2=0,q-m=0,$$

所以当满足条件 $\begin{cases}q=m,\\p=-m^2-1\end{cases}$ 时，有 $x^2+mx-1\mid x^3+px+q$.

(2)用 x^2+mx+1 除 x^4+px^2+q 得余式为

$$r(x)=m(2-p-m^2)x+(1+q-p-m^2),$$

令 $r(x)=0$，得 $m(2-p-m^2)=0$，$1+q-p-m^2=0$.

当 $m=0$ 时，$p=q+1$；当 $m\neq0$ 时，$p=2-m^2$，$q=1$.

所以，满足条件 $\begin{cases}m=0,\\p=q+1\end{cases}$ 或 $\begin{cases}m\neq0,\\p=2-m^2,\\q=1\end{cases}$ 时，$x^2+mx+1\mid x^4+px^2+q$.

3. 求 $g(x)$ 除 $f(x)$ 的商 $q(x)$ 与余式 $r(x)$：

(1) $f(x)=2x^5-5x^3-8x$，$g(x)=x+3$；　(2) $f(x)=x^3-x^2-x$，$g(x)=x-1+2\mathrm{i}$.

【思路探索】 用综合除法.

解 (1)

$$\begin{array}{r|rrrrr|r}
-3 & 2 & 0 & -5 & 0 & -8 & 0 \\
 & & -6 & 18 & -39 & 117 & -327 \\
\hline
 & 2 & -6 & 13 & -39 & 109 & -327
\end{array}$$

所以 $q(x)=2x^4-6x^3+13x^2-39x+109$，$r(x)=-327$.

(2)

$$\begin{array}{r|rrr|r}
1-2\mathrm{i} & 1 & -1 & -1 & 0 \\
 & & 1-2\mathrm{i} & -4-2\mathrm{i} & -9+8\mathrm{i} \\
\hline
 & 1 & -2\mathrm{i} & -5-2\mathrm{i} & -9+8\mathrm{i}
\end{array}$$

所以 $q(x)=x^2-2\mathrm{i}x-5-2\mathrm{i}$，$r(x)=-9+8\mathrm{i}$.

方法点击：若只求 $r(x)$，将 $g(x)=x+3$ 或 $g(x)=x-1+2\mathrm{i}$ 的根代入 $f(x)$ 即可.

4. 把 $f(x)$ 表示成 $x-x_0$ 的方幂和，即表示成 $c_0+c_1(x-x_0)+c_2(x-x_0)^2+\cdots$ 的形式：

(1) $f(x)=x^5$，$x_0=1$；

(2) $f(x)=x^4-2x^2+3$，$x_0=-2$；

(3) $f(x)=x^4+2\mathrm{i}x^3-(1+\mathrm{i})x^2-3x+7+\mathrm{i}$，$x_0=-\mathrm{i}$.

【思路探索】 可用泰勒展开公式与综合除法或用配方法.

解 (1) $f(x)=x^5$，$f(1)=1$.

$f'(x)=5x^4$，$f''(x)=20x^3$，$f'''(x)=60x^2$，$f^{(4)}(x)=120x$，$f^{(5)}(x)=120$.

$f'(1)=5$，$f''(1)=20$，$f'''(1)=60$，$f^{(4)}(1)=120$，$f^{(5)}(1)=120$.

$f(x)=x^5=(x-1)^5+5(x-1)^4+10(x-1)^3+10(x-1)^2+5(x-1)+1$.

或 $f(x)=x^5=((x-1)+1)^5=(x-1)^5+5(x-1)^4+10(x-1)^3+10(x-1)^2+5(x-1)+1$.

(2) 用综合除法.

$$\begin{array}{r|rrrrr}
-2 & 1 & 0 & -2 & 0 & 3 \\
 & & -2 & 4 & -4 & 8 \\
\hline
-2 & 1 & -2 & 2 & -4 & \multicolumn{1}{|r}{11=c_0} \\
 & & -2 & 8 & -20 & \\
\hline
-2 & 1 & -4 & 10 & \multicolumn{1}{|r}{-24=c_1} & \\
 & & -2 & 12 & & \\
\hline
 & 1 & -6 & \multicolumn{1}{|r}{22=c_2} & & \\
 & & -2 & & & \\
\hline
 & c_4=1 & \multicolumn{1}{|r}{-8=c_3} & & &
\end{array}$$

所以 $f(x)=(x+2)^4-8(x+2)^3+22(x+2)^2-24(x+2)+11$.

(3)用综合除法.

$-\mathrm{i}$	1	$2\mathrm{i}$	$-1-\mathrm{i}$	-3	$7+\mathrm{i}$
		$-\mathrm{i}$	1	-1	$4\mathrm{i}$
$-\mathrm{i}$	1	i	$-\mathrm{i}$	-4	$7+5\mathrm{i}=c_0$
		$-\mathrm{i}$	0	-1	
$-\mathrm{i}$	1	0	$-\mathrm{i}$	$-5=c_1$	
		$-\mathrm{i}$	-1		
	1	$-\mathrm{i}$	$-1-\mathrm{i}=c_2$		
		$-\mathrm{i}$			
	$c_4=1$	$-2\mathrm{i}=c_3$			

所以 $f(x)=(7+5\mathrm{i})-5(x+\mathrm{i})+(-1-\mathrm{i})(x+\mathrm{i})^2-2\mathrm{i}(x+\mathrm{i})^3+(x+\mathrm{i})^4$.

5. 求 $f(x)$ 与 $g(x)$ 的最大公因式：

(1) $f(x)=x^4+x^3-3x^2-4x-1, g(x)=x^3+x^2-x-1$;

(2) $f(x)=x^4-4x^3+1, g(x)=x^3-3x^2+1$;

(3) $f(x)=x^4-10x^2+1, g(x)=x^4-4\sqrt{2}x^3+6x^2+4\sqrt{2}x+1$.

【思路探索】 求两多项式的最大公因式通常有两种方法：一是辗转相除法，二是因式分解.

解 (1)**方法一** 辗转相除法：

	$g(x)$	$f(x)$	
$q_2(x)=-\frac{1}{2}x+\frac{1}{4}$	$x^3+\ \ x^2-\ \ x-1$	$x^4+x^3-3x^2-4x-1$	$x=q_1(x)$
	$x^2+\frac{3}{2}x^2+\frac{1}{2}x$	$x^4+x^3-x^2-x$	
	$-\frac{1}{2}x^2-\frac{3}{2}x-1$	$r_1(x)=-2x^2-3x-1$	$\frac{8}{3}x+\frac{4}{3}=q^3(x)$
	$-\frac{1}{2}x^2-\frac{3}{4}x-\frac{1}{4}$	$-2x^2-2x$	
	$r_2(x)=\quad -\frac{3}{4}x-\frac{3}{4}$	$-x-1$	
		$-x-1$	
		0	

所以

$$f(x)=q_1(x)g(x)+r_1(x)=xg(x)+(-2x^2-3x-1),$$

$$g(x)=q_2(x)r_1(x)+r_2(x)=\left(-\frac{1}{2}x+\frac{1}{4}\right)r_1(x)+\left(-\frac{3}{4}x-\frac{3}{4}\right),$$

$$r_1(x)=q_3(x)r_2(x)=\left(\frac{8}{3}x+\frac{4}{3}\right)r_2(x),$$

所以 $(f(x),g(x))=x+1$.

方法二 因式分解：

$$f(x)=x^4+x^3-3x^2-3x-x-1=x^3(x+1)-3x(x+1)-(x+1)$$
$$=(x+1)(x^3-3x-1),$$
$$g(x)=x^3+x^2-x-1=x^2(x+1)-(x+1)=(x+1)^2(x-1),$$
$$(f(x),g(x))=x+1.$$

(2)**方法一**　辗转相除法：

	$g(x)$	$f(x)$	
$q_2(x)=-\frac{1}{3}x+\frac{10}{9}$	$x^3-3x^2\quad+1$ $x^2+\frac{1}{3}x^2-\frac{2}{3}x$	$x^4-4x^3\qquad+1$ x^4-3x^3+x	$x-1=q_1(x)$
	$-\frac{10}{3}x^2+\frac{2}{3}x+1$ $-\frac{10}{3}x^2-\frac{10}{9}x+\frac{20}{9}$	$-x^3\quad-x+1$ $-x^3+3x^2-1$	
	$r_2(x)=\frac{16}{9}x-\frac{11}{9}$	$r_1(x)=-3x^2-x+2$ $-3x^2+\frac{33}{16}x$	$-\frac{27}{16}x-\frac{441}{256}=q_3(x)$
		$-\frac{49}{16}x+2$ $-\frac{49}{16}x+\frac{539}{256}$	
		$r_3(x)=-\frac{27}{256}$	

所以$(f(x),g(x))=1$.

方法二　因式分解：

$f(x)=x^4-4x^3+1$不可约，$g(x)=x^3-3x^2+1$不可约，故$(f(x),g(x))=1$.

(3)由于

$$f(x)=x^4-10x^2+1=(x^2-2\sqrt{2}x-1)(x^2+2\sqrt{2}x-1),$$
$$g(x)=x^4-4\sqrt{2}x^3+6x^2+4\sqrt{2}x+1=(x^2-2\sqrt{2}x-1)^2,$$

所以$(f(x),g(x))=x^2-2\sqrt{2}x-1$.

6. 求$u(x),v(x)$，使$u(x)f(x)+v(x)g(x)=(f(x),g(x))$：

(1)$f(x)=x^4+2x^3-x^2-4x-2,g(x)=x^4+x^3-x^2-2x-2$；

(2)$f(x)=4x^4-2x^3-16x^2+5x+9,g(x)=2x^3-x^2-5x+4$；

(3)$f(x)=x^4-x^3-4x^2+4x+1,g(x)=x^2-x-1$.

【思路探索】　利用辗转相除法求出最大公约数，然后逆向推导.

解　(1)

	$g(x)$	$f(x)$	
$q_2(x)=x+1$	$x^4+x^3-x^2-2x-2$ $x^4\quad-2x^2$	$x^4+2x^3-x^2-4x-2$ $x^4+x^3-x^2-2x-2$	$q_1(x)=1$
	x^3+x^2-2x-2 $x^3\quad-2x$	$r_1(x)=x^3\quad-2x$ $x^3\quad-2x$	$q_3(x)=x$
	$r_2(x)=x^2-2$	0	

所以$(f(x),g(x))=x^2-2=r_2(x)$. 又有$\begin{cases}f(x)=q_1(x)g(x)+r_1(x),\\ g(x)=q_2(x)r_1(x)+r_2(x),\end{cases}$从而可得

$$\begin{aligned}r_2(x)&=g(x)-q_2(x)r_1(x)=g(x)-q_2(x)[f(x)-q_1(x)g(x)]\\&=[-q_2(x)]f(x)+[1+q_1(x)q_2(x)]g(x),\end{aligned}$$

所以$u(x)=-q_2(x)=-x-1,v(x)=1+q_1(x)q_2(x)=1+x+1=x+2$.

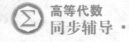

(2)

	$g(x)$	$f(x)$	
$q_2(x)=-\frac{1}{3}x+\frac{1}{3}$	$2x^3-x^2-5x+4$	$4x^4-2x^3-16x^2+5x+9$	$2x=q_1(x)$
	$2x^3+x^2-3x$	$4x^4-2x^3-10x^2+8x$	
	$-2x^2-2x+4$	$r_1(x)=-6x^2-3x+9$	$6x+9=q_3(x)$
	$-2x^2-x+3$	$-6x^2+6x$	
	$r_2(x)=-x+1$	$-9x+9$	
		$-9x+9$	
		0	

用等式写出来即为

$$f(x)=q_1(x)g(x)+r_1(x)=2xg(x)+(-6x^2-3x+9),$$
$$g(x)=q_2(x)r_1(x)+r_2(x)=\left(-\frac{1}{3}x+\frac{1}{3}\right)r_1(x)+(-x+1),$$
$$r_1(x)=q_3(x)r_2(x)=(6x+9)r_2(x).$$

于是

$$\begin{aligned}(f(x),g(x))=x-1=-r_2(x)&=q_2(x)r_1(x)-g(x)\\&=q_2(x)[f(x)-q_1(x)g(x)]-g(x)\\&=q_2(x)f(x)+(-q_2(x)q_1(x)-1)g(x),\end{aligned}$$

故 $u(x)=q_2(x)=-\frac{1}{3}x+\frac{1}{3}$，$v(x)=-q_2(x)q_1(x)-1=\frac{2}{3}x^2-\frac{2}{3}x-1$.

(3)

	$g(x)$	$f(x)$	
$q_2(x)=x+1$	x^2-x-1	$x^4-x^3-4x^2+4x+1$	$x^2-3=q_1(x)$
	x^2-2x	$x^4-x^3-x^2$	
	$x-1$	$-3x^2+4x+1$	
	$x-2$	$-3x^2+3x+3$	
	$r_2(x)=1$	$r_1(x)=x-2$	

用等式写出来即为

$$f(x)=q_1(x)g(x)+r_1(x)=(x^2-3)g(x)+(x-2),$$
$$g(x)=q_2(x)r_1(x)+r_2(x)=(x+1)r_1(x)+1.$$

于是

$$\begin{aligned}(f(x),g(x))=1=r_2(x)&=g(x)-q_2(x)r_1(x)\\&=g(x)-q_2(x)[f(x)-q_1(x)g(x)]\\&=-q_2(x)f(x)+[1+q_2(x)q_1(x)]g(x).\end{aligned}$$

故 $u(x)=-q_2(x)=-x-1$，$v(x)=1+q_2(x)q_1(x)=1+(x+1)(x^2-3)=x^3+x^2-3x-2$.

7. 设 $f(x)=x^3+(1+t)x^2+2x+2u$，$g(x)=x^3+tx+u$ 的最大公因式是一个二次多项式，求 t,u 的值.

【思路探索】 利用辗转相除法，确定商式、余式的系数就可判断 t,u 的取值.

解 $f(x)=q_1(x)g(x)+r_1(x)=1\cdot g(x)+[(1+t)x^2+(2-t)x+u]$,

$g(x)=q_2(x)r_1(x)+r_2(x)$

$$=\left[\frac{1}{1+t}x+\frac{t-2}{(1+t)^2}\right]r_1(x)+\left[\frac{(t^2+t-u)(1+t)+(t-2)^2}{(1+t)^2}x+\frac{u[(1+t)^2-(t-2)]}{(1+t)^2}\right],$$

由于 $f(x)$ 与 $g(x)$ 的最大公因式是一个二次多项式，所以 $r_2(x)=0$. 从而有

$$\begin{cases}(t^2+t-u)(1+t)+(t-2)^2=0,\\ u[(t+1)^2-(t-2)]=0,\end{cases}$$

解得 $\begin{cases}u=0,\\ t=-4\end{cases}$ 或 $\begin{cases}u=0,\\ t=\dfrac{1+\sqrt{3}\mathrm{i}}{2}\end{cases}$ 或 $\begin{cases}u=0,\\ t=\dfrac{1-\sqrt{3}\mathrm{i}}{2}\end{cases}$ 或 $\begin{cases}t=\dfrac{-1+\sqrt{11}\mathrm{i}}{2},\\ u=-7-\sqrt{11}\mathrm{i}\end{cases}$ 或 $\begin{cases}t=\dfrac{-1-\sqrt{11}\mathrm{i}}{2},\\ u=-7+\sqrt{11}\mathrm{i}.\end{cases}$

8. 证明:如果 $d(x)\mid f(x)$,$d(x)\mid g(x)$,且 $d(x)$ 为 $f(x)$ 与 $g(x)$ 的一个组合,那么 $d(x)$ 是 $f(x)$ 与 $g(x)$ 的一个最大公因式.

【思路探索】 $d(x)$ 为 $f(x)$,$g(x)$ 的公因式,只需证明"最大",即任一公因式均整除 $d(x)$.

证 由题设 $d(x)\mid f(x)$,$d(x)\mid g(x)$,可知 $d(x)$ 是 $f(x)$ 与 $g(x)$ 的公因式.设 $\varphi(x)$ 是 $f(x)$ 与 $g(x)$ 的任一公因式.又知 $d(x)$ 是 $f(x)$ 与 $g(x)$ 的一个组合,即存在多项式 $u(x)$ 与 $v(x)$,使得 $d(x)=f(x)u(x)+g(x)v(x)$,而 $\varphi(x)\mid f(x)$,$\varphi(x)\mid g(x)$,所以 $\varphi(x)\mid d(x)$,故结论成立.

9. 证明:$(f(x)h(x),g(x)h(x))=(f(x),g(x))h(x)$($h(x)$ 的首项系数为 1).

证 由题可知 $(f(x),g(x))\mid f(x)$,$(f(x),g(x))\mid g(x)$,从而可得

$$(f(x),g(x))h(x)\mid f(x)h(x),\ (f(x),g(x))h(x)\mid g(x)h(x).$$

又存在多项式 $u(x)$ 与 $v(x)$,使得 $(f(x),g(x))=u(x)f(x)+v(x)g(x)$,进而得

$$(f(x),g(x))h(x)=u(x)f(x)h(x)+v(x)g(x)h(x).$$

由第 8 题结论可知,$(f(x),g(x))h(x)$ 是 $f(x)h(x)$ 与 $g(x)h(x)$ 的一个最大公因式,又因 $(f(x),g(x))h(x)$ 的首项系数为 1,所以

$$(f(x)h(x),g(x)h(x))=(f(x),g(x))h(x).$$

10. 如果 $f(x)$,$g(x)$ 不全为零,证明:$\left(\dfrac{f(x)}{(f(x),g(x))},\dfrac{g(x)}{(f(x),g(x))}\right)=1$.

【思路探索】 证明存在 $u(x)$,$v(x)$ 满足 $u(x)\dfrac{f(x)}{(f(x),g(x))}+v(x)\dfrac{g(x)}{(f(x),g(x))}=1$ 即可.

证 存在多项式 $u(x)$ 和 $v(x)$,使 $(f(x),g(x))=u(x)f(x)+v(x)g(x)$.

因为 $f(x)$,$g(x)$ 不全为零,所以 $(f(x),g(x))\neq0$,故由上式得

$$1=u(x)\frac{f(x)}{(f(x),g(x))}+v(x)\frac{g(x)}{(f(x),g(x))},$$

根据互素的充分必要条件,知

$$\left(\frac{f(x)}{(f(x),g(x))},\frac{g(x)}{(f(x),g(x))}\right)=1.$$

11. 证明:如果 $f(x)$,$g(x)$ 不全为零,且 $u(x)f(x)+v(x)g(x)=(f(x),g(x))$,那么 $(u(x),v(x))=1$.

【思路探索】 若 $f(x)$,$g(x)$ 互素,则 $\exists\, u(x)$,$v(x)$ 使得 $u(x)f(x)+v(x)g(x)=1$,其实对 $u(x)$,$v(x)$ 也有同样结果.

证 因 $f(x)$,$g(x)$ 不全为 0,故 $(f(x),g(x))\neq0$,且满足

$$u(x)\frac{f(x)}{(f(x),g(x))}+v(x)\frac{g(x)}{(f(x),g(x))}=1,$$

即 $(u(x),v(x))=1$.

12. 证明:如果 $(f(x),g(x))=1$,$(f(x),h(x))=1$,那么 $(f(x),g(x)h(x))=1$.

【思路探索】 本题是指若 $f(x)$ 与一个多项式的每一个因式都互素,则与该多项式也互素.

证 因 $(f(x),g(x))=1$,$(f(x),h(x))=1$,故存在 $u_1(x)$,$v_1(x)$,$u_2(x)$,$v_2(x)$,使得

$$u_1(x)f(x)+v_1(x)g(x)=1,\ u_2(x)f(x)+v_2(x)h(x)=1.$$

即

$$(u_1(x)f(x)+v_1(x)g(x))(u_2(x)f(x)+v_2(x)h(x))=1,$$

即 $(u_1(x)u_2(x)f(x)+v_1(x)u_2(x)g(x)+u_1(x)v_2(x)h(x))f(x)+(v_1(x)v_2(x))g(x)h(x)=1$,

即 $(f(x),g(x)h(x))=1$.

方法点击：此题也可通过讨论 $f(x)$，$g(x)h(x)$ 的公因式是否有不可约因式解答.

13. 设 $f_1(x),\cdots,f_m(x),g_1(x),\cdots,g_n(x)$ 都是多项式，而且 $(f_i(x),g_j(x))=1(i=1,2,\cdots,m;j=1,2,\cdots,n)$. 求证：$(f_1(x)f_2(x)\cdots f_m(x),g_1(x)g_2(x)\cdots g_n(x))=1$.

【思路探索】 反复利用第12题的结论，也可对 m,n 用数学归纳法证明.

证 **方法一** 因 $(f_i(x),g_j(x))=1(i=1,2,\cdots,m;j=1,2,\cdots,n)$，故

$$(f_i(x),g_1(x)g_2(x)\cdots g_n(x))=1(i=1,\cdots,m),$$

$$(f_1(x)f_2(x)\cdots f_m(x),g_1(x)g_2(x)\cdots g_n(x))=1.$$

方法二 反证法. 设 $(f_1(x),f_2(x)\cdots f_m(x),g_1(x)g_2(x)\cdots g_n(x))\neq 1$，则存在不可约多项式 $p(x)\mid(f_1(x)\cdots f_m(x),g_1(x)\cdots g_n(x))$. 故 $p(x)\mid f_1(x)\cdots f_m(x)$，$\exists i,1\leqslant i\leqslant m$，得 $p(x)\mid f_i(x)$，同理 $\exists j,1\leqslant j\leqslant n$，使得 $p(x)\mid g_j(x)$，$p(x)\mid(f_i(x),g_j(x))$，故 $p(x)\mid 1$，这与 $p(x)$ 为不可约多项式矛盾.

14. 证明：如果 $(f(x),g(x))=1$，那么 $(f(x)g(x),f(x)+g(x))=1$.

【思路探索】 若 $f(x)=q(x)g(x)+r(x)$，则 $f(x),g(x)$ 与 $g(x),r(x)$ 有相同的公因式，于是由 $(f(x),g(x))=1$，可知 $(f(x),f(x)+g(x))=(g(x),f(x)+g(x))=1$.

证 因 $(f(x),g(x))=1$，故 $(f(x),f(x)+g(x))=1$，$(g(x),f(x)+g(x))=1$.

由第12题知 $(f(x)g(x),f(x)+g(x))=1$.

15. 求多项式 $f(x)=x^3+2x^2+2x+1$，$g(x)=x^4+x^3+2x^2+x+1$ 的公共根.

【思路探索】 公共根即多项式 $f(x)$ 与 $g(x)$ 公因式的根，即确定它们的公因式.

解 用辗转相除法可求得 $(f(x),g(x))=x^2+x+1$，所以 $f(x)$ 与 $g(x)$ 的公共根为 $\frac{-1\pm\sqrt{3}\mathrm{i}}{2}$.

16. 判别下列多项式有无重因式：

(1) $f(x)=x^5-5x^4+7x^3-2x^2+4x-8$；

(2) $f(x)=x^4+4x^2-4x-3$.

解 (1) 由于 $f'(x)=5x^4-20x^3+21x^2-4x+4$，用辗转相除法可求得

$$(f(x),f'(x))=(x-2)^2,$$

故 $f(x)$ 有重因式，且 $x-2$ 是它的一个3重因式.

(2) 由于 $f'(x)=4x^3+8x-4$，可知 $(f(x),f'(x))=1$，故 $f(x)$ 无重因式.

17. 求 t 值使 $f(x)=x^3-3x^2+tx-1$ 有重根.

【思路探索】 $f(x)$ 有重根，则 $f(x)$ 与 $f'(x)$ 不互素.

解 因 $f(x)=x^3-3x^2+tx-1$，故 $f'(x)=3x^2-6x+t$.

	$f'(x)$	$f(x)$	
$q_2(x)=\frac{9}{2t-6}x-\frac{45}{2(2t-6)}$	$3x^2-6x+t$	x^3-3x^2+tx-1	$\frac{1}{3}x-\frac{1}{3}=q_1(x)$
	$3x^2+\frac{3}{2}x$	$x^3-2x^2+\frac{1}{3}ts$	
	$-\frac{15}{2}x+t$	$-x^2+\frac{2}{3}ts-1$	
	$-\frac{15}{2}x-\frac{15}{4}$	$-x^2+2x-\frac{1}{3}t$	
	$r_2(x)=t+\frac{15}{4}$	$r_1(x)=\frac{2t-6}{3}x+\frac{t-3}{3}$	

用等式写出来即为

$$f(x)=q_1(x)f'(x)+r_1(x)=\left(\frac{1}{3}x-\frac{1}{3}\right)f'(x)+\frac{2(t-3)}{3}x+\frac{t-3}{3},$$

$$f'(x)=q_2(x)r_1(x)+r_2(x)=\left[\frac{9}{2(t-3)}x-\frac{45}{4(t-3)}\right]r_1(x)+\left(t+\frac{15}{4}\right),$$

于是 $f(x)$ 与 $f'(x)$ 不互素的充分必要条件是 $r_1(x)=0$ 或 $r_2(x)=0$，也即 $t=3$ 或 $t=-\frac{15}{4}$. 这是 $f(x)$ 有重根的条件.

18. 求多项式 x^3+px+q 有重根的条件.

【思路探索】 多项式有重根，即该多项式有重因式，即 $(f(x),f'(x))$ 不互素.

解 **方法一** 因 $f(x)=x^3+px+q$，则 $f'(x)=3x^2+p$. 又 $f'(x)$ 除 $f(x)$ 所得余式 $r_1(x)=\frac{2}{3}px+q$.

当 $r_1(x)=0$ 时，$p=q=0$，$f(x)$ 有重根；

当 $p\neq 0$ 时，用 $r_1(x)$ 除 $f'(x)$ 所得余式 $r_2(x)=\frac{4p^3+27q^2}{4p^2}$.

故当 $r_2(x)=0$，即 $4p^3+27q^2=0$ 时，$f(x)$ 有重根.

综上，当 $p=q=0$ 或 $4p^3+27q^2=0$ 时，$f(x)$ 有重根.

方法二 令 $f(x)=x^3+px+q$，则 $f'(x)=3x^2+p$.

显然当 $p=0$ 时，只有 $q=0$，$f(x)=x^3$ 才有三重根.

下设 $p\neq 0$，且 a 为 $f(x)$ 的重根，那么 a 也为 $f(x)$ 与 $f'(x)$ 的根，即

$$\begin{cases}a^3+pa+q=0,\\3a^2+p=0,\end{cases}\Rightarrow\begin{cases}a(a^2+p)=-q,\\a^2=-\frac{p}{3},\end{cases}\Rightarrow a=-\frac{3q}{2p}.$$

两边平方得 $\frac{9q^2}{4p^2}=a^2=-\frac{p}{3}$，所以 $4p^3+27q^2=0$. 即当 $4p^3+27q^2=0$ 时，多项式 x^3+px+q 有重根.

19. 如果 $(x-1)^2\mid Ax^4+Bx^2+1$，求 A,B.

【思路探索】 即 $x=1$ 为 Ax^4+Bx^2+1 的 2 重以上的根.

解 令 $f(x)=Ax^4+Bx^2+1$，则 $f'(x)=4Ax^3+2Bx$，由于 $(x-1)^2\mid(Ax^4+Bx^2+1)$，可知 1 是 $f(x)$ 与 $f'(x)$ 的根，即得 $\begin{cases}A+B+1=0,\\4A+2B=0,\end{cases}$ 解得 $A=1,B=-2$.

20. 证明：$1+x+\frac{x^2}{2!}+\cdots+\frac{x^n}{n!}$ 不能有重根.

证 **方法一** 令 $f(x)=1+x+\frac{x^2}{2!}+\cdots+\frac{x^n}{n!}$，则

$$f'(x)=1+x+\frac{x^2}{2!}+\cdots+\frac{x^{n-1}}{(n-1)!}.$$

$$(f(x),f'(x))=\left(f'(x)+\frac{x^n}{n!},f'(x)\right)=\left(\frac{x^n}{n!},f'(x)\right)=1.$$

故 $f(x)$ 无重因式，因而 $f(x)$ 无重根.

方法二 令 $f(x)=1+x+\frac{x^2}{2!}+\cdots+\frac{x^n}{n!}$，则

$$f'(x)=1+x+\frac{x^2}{2!}+\cdots+\frac{x^{n-1}}{(n-1)!}.$$

用反证法：

若 α 是 $f(x)$ 的一个重根，则

$$\begin{cases} f(\alpha)=1+\alpha+\cdots+\dfrac{\alpha^{n-1}}{(n-1)!}+\dfrac{\alpha^n}{n!}=0, \\ f'(\alpha)=1+\alpha+\cdots+\dfrac{\alpha^{n-1}}{(n-1)!}=0, \end{cases}$$

则$\frac{\alpha^n}{n!}=0$,从而$\alpha=0$,但0不是$f(x)$的根,因此$1+x+\frac{x^2}{2!}+\cdots+\frac{x^n}{n!}$不能有重根.

21. 如果a是$f'''(x)$的一个k重根,证明:a是

$$g(x)=\frac{x-a}{2}[f'(x)+f'(a)]-f(x)+f(a)$$

的一个$k+3$重根.

【思路探索】 $f(x)$的根x_0若为$f'(x)$的k重根,则x_0为$f(x)$的$k+1$重根.

证

$$g'(x)=\frac{1}{2}[f'(x)+f'(a)]+\frac{x-a}{2}f''(x)-f'(x)$$
$$=\frac{x-a}{2}f''(x)-\frac{1}{2}[f'(x)-f'(a)],$$
$$g''(x)=\frac{1}{2}f''(x)+\frac{x-a}{2}f'''(x)-\frac{1}{2}f''(x)=\frac{x-a}{2}f'''(x),$$

因为a是$f'''(x)$的k重根,所以a是$g''(x)$的$k+1$重根.

又代入验算可知a是$g(x)$的根,设a是$g(x)$的s重根,则a是$g'(x)$的$s-1$重根,是$g''(x)$的$s-2$重根,所以有$s-2=k+1$,即$s=k+3$.故a是$g(x)$的$k+3$重根.

22. 证明:x_0是$f(x)$的k重根的充分必要条件是$f(x_0)=f'(x_0)=\cdots=f^{(k-1)}(x_0)=0$,而$f^{(k)}(x_0)\neq 0$.

证 必要性:设x_0是$f(x)$的k重根,从而x_0是$f'(x)$的$k-1$重根,是$f''(x)$的$k-2$重根,…,是$f^{(k-1)}(x)$的$k-(k-1)=1$重根,是$f^{(k)}(x)$的$k-k=0$重根,即不是$f^{(k)}(x)$的根,所以有

$$f(x_0)=f'(x_0)=\cdots=f^{(k-1)}(x_0)=0, f^{(k)}(x_0)\neq 0.$$

充分性:由$f^{(k-1)}(x_0)=0$,而$f^{(k)}(x_0)\neq 0$可知,x_0是$f^{(k-1)}(x)$的1重根;又由$f^{(k-2)}(x_0)=0$可知,x_0是$f^{(k-2)}(x)$的2重根,以此类推,可知x_0是$f(x)$的k重根.

方法点击:此题用泰勒展开公式(定理)处理更直接.

23. 举例说明断语"如果α是$f'(x)$的m重根,那么α是$f(x)$的$m+1$重根"是不对的.

解 例如,取

$$f(x)=\frac{1}{m+1}x^{m+1}-1,$$

那么$f'(x)=x^m$.0是$f'(x)$的m重根,但0不是$f(x)$的根.

24. 证明:如果$(x-1)\mid f(x^n)$,那么$(x^n-1)\mid f(x^n)$.

证 **方法一** 由$(x-1)\mid f(x^n)$,知1是$f(x^n)$的根,即$f(1^n)=f(1)=0$,这说明1是$f(x)$的根,即$(x-1)\mid f(x)$,于是存在多项式$p(x)$,使得$f(x)=(x-1)p(x)$,进而有$f(x^n)=(x^n-1)p(x^n)$.所以$(x^n-1)\mid f(x^n)$.

方法二 只需证任何n次单位根$\varepsilon_k=e^{\frac{2k\pi i}{2n}}$,$k=0,1,2,\cdots,n-1$都是$f(x^n)$的根.事实上,由$(x-1)\mid f(x^n)$可知,1是$f(x^n)$的根,即$f(1^n)=f(1)=0$.又$f(\varepsilon_k^n)=f(1)=0$,$k=0,2,\cdots,n-1$,故$\varepsilon_0,\varepsilon_1,\cdots,\varepsilon_{n-1}$是$f(x^n)$的根.而$x^n-1=\prod\limits_{k=0}^{n-1}(x-\varepsilon_k)$,即有$x^n-1\mid f(x^n)$.

25. 证明:如果$(x^2+x+1)\mid f_1(x^3)+xf_2(x^3)$,那么$(x-1)\mid f_1(x)$,$(x-1)\mid f_2(x)$.

证 因为x^2+x+1的两个根为

$$x_1=\frac{-1+\sqrt{3}\,\mathrm{i}}{2},\ x_2=\frac{-1-\sqrt{3}\,\mathrm{i}}{2},$$

所以x_1和x_2也是$f_1(x^3)+xf_2(x^3)$的根,并且有$x_1^3=x_2^3=1$,所以有

$$\begin{cases}f_1(1)+x_1f_2(1)=0,\\ f_1(1)+x_2f_2(1)=0,\end{cases}$$

解方程组得$f_1(1)=0$,$f_2(1)=0$,故$(x-1)\mid f_1(x)$,$(x-1)\mid f_2(x)$.

方法点击:以上两题的解题关键在于$f(1)=0$,即$x-1\mid f(x)$.

26. 将多项式x^n-1在复数范围内和在实数范围内因式分解.

【思路探索】 利用复数的三角表示.

解 令
$$\varepsilon_k=\cos\frac{2k\pi}{n}+\mathrm{i}\sin\frac{2k\pi}{n}\ (k=0,1,\cdots,n-1).$$

因为x^n-1在复数域内恰有n个根$\varepsilon_k(k=0,1,\cdots,n-1)$,所以它在复数域上的因式分解为

$$x^n-1=(x-1)(x-\varepsilon_1)(x-\varepsilon_2)\cdots(x-\varepsilon_{n-1}).$$

再讨论在实数域上的因式分解.由于$\bar{\varepsilon}_k=\varepsilon_{n-k}$,所以

$$\varepsilon_k+\varepsilon_{n-k}=\varepsilon_k+\bar{\varepsilon}_k=2\cos\frac{2k\pi}{n}$$

是一个实数,且由于

$$(\varepsilon_k+\varepsilon_{n-k})^2-4=4\cos^2\frac{2k\pi}{n}-4<0\ (k=1,\cdots,n-1),$$

故$x^2-(\varepsilon_k+\varepsilon_{n-k})x+1$是实数域上的不可约多项式.

故n为奇数$(n=2k+1)$时,$x^n-1=(x-1)\prod\limits_{i=1}^{k}\left(x^2-2x\cos\frac{2i\pi}{n}+1\right)$;

n为偶数$(n=2k)$时,$x^n-1=(x-1)(x+1)\prod\limits_{i=1}^{k-1}\left(x^2-2x\cos\frac{2i\pi}{n}+1\right)$.

27. 求下列多项式的有理根:

(1)$x^3-6x^2+15x-14$; (2)$4x^4-7x^2-5x-1$; (3)$x^5+x^4-6x^3-14x^2-11x-3$.

【思路探索】 整系数多项式的有理根$\frac{q}{p}$,满足$q\mid f(x)$的常数项,$p\mid f(x)$的首项系数.

解 (1)令$f(x)=x^3-6x^2+15x-14$.$f(x)$的首项系数为1,常数项为-14.经验证,$\pm1,\pm2,\pm7,\pm14$中,$f(2)=0$,即$x=2$为$f(x)$的有理根,进一步判断知$x=2$为$f(x)$的单根.

(2)令$f(x)=4x^4-7x^2-5x-1$,则$f'(x)=16x^3-14x-5$,$f''(x)=48x^2-14$,$f(x)$的首项系数为4,常数项为-1,经验证,$\pm1,\pm\frac{1}{2},\pm\frac{1}{4}$中,$f\left(-\frac{1}{2}\right)=0$,即$x=-\frac{1}{2}$为$f(x)$的根.又$f'\left(-\frac{1}{2}\right)=0$,$f''\left(-\frac{1}{2}\right)\neq0$,知$x=-\frac{1}{2}$为$f(x)$的2重根.

(3)同上面的方法,可求得$x=-1$为4重根,$x=3$为单根.

28. 判断下列多项式在有理数域上是否可约:

(1)x^2+1; (2)$x^4-8x^3+12x^2+2$; (3)x^6+x^3+1;

(4)x^p+px+1,p为奇素数; (5)$x^4+4kx+1$,k为整数.

解 (1)常数项1的因数为±1,因为±1都不是x^2+1的根,所以它在有理数域上不可约.

(2)取素数 $p=2$,则 $2\nmid 1,2|(-8),2|12,2|2$,但是 $2^2\nmid 2$,故由艾森斯坦判别法知,该多项式在有理数域上不可约.

(3)令 $x=y+1$,代入 $f(x)=x^6+x^3+1$,得

$$g(y)=f(y+1)=y^6+6y^5+15y^4+21y^3+18y^2+9y+3,$$

取素数 $p=3$.由于 $3\nmid 1,3|6,3|15,3|21,3|18,3|9,3|3$,但是 $3^2\nmid 3$,根据艾森斯坦判别法知,$g(y)$在有理数域上不可约,从而 $f(x)$在有理数域上也不可约.

(4)令 $x=y-1$,代入 $f(x)=x^p+px+1$,由 p 是奇数,得

$$g(y)=f(y-1)=y^p-C_p^1y^{p-1}+C_p^2y^{p-2}-\cdots-C_p^{p-2}y^2+(C_p^{p-1}+p)y-p,$$

由于 p 是素数,且 $p\nmid 1,p|C_p^i,i=1,2,\cdots,p-2,p|(C_p^{p-1}+p),p^2\nmid p$,故由艾森斯坦判别法知,$g(y)$在有理数域上不可约,从而 $f(x)$在有理数域上也不可约.

(5)令 $x=y+1$,代入 $f(x)=x^4+4kx+1$,得

$$g(y)=f(y+1)=y^4+4y^3+6y^2+(4k+4)y+4k+2,$$

取素数 $p=2$.由于 $2\nmid 1$,又 $2|4,2|6,2|(4k+4),2|(4k+2)$,但 $2^2\nmid(4k+2)$,故由艾森斯坦判别法知,$g(y)$在有理数域上不可约,从而 $f(x)$在有理数域上也不可约.

方法点击:艾森斯坦判别法为充分条件,若多项式不满足条件时可采用可逆的线性变换或倒代换来判断.

29. 用初等对称多项式表出下列对称多项式:

(1)$x_1^2x_2+x_1x_2^2+x_1^2x_3+x_1x_3^2+x_2^2x_3+x_2x_3^2$;

(2)$(x_1+x_2)(x_1+x_3)(x_2+x_3)$;

(3)$(x_1-x_2)^2(x_1-x_3)^2(x_2-x_3)^2$;

(4)$x_1^2x_2^2+x_1^2x_3^2+x_1^2x_4^2+x_2^2x_3^2+x_2^2x_4^2+x_3^2x_4^2$;

(5)$(x_1x_2+x_3)(x_2x_3+x_1)(x_3x_1+x_2)$;

(6)$(x_1+x_2+x_1x_2)(x_2+x_3+x_2x_3)(x_1+x_3+x_1x_3)$.

【思路探索】 此类题目大多采用待定系数法.

解 (1)对称多项式为 3 次对称多项式,首项为 $x_1^2x_2$,指数组为(2,1,0),所以

指数组	对应 σ_i 的方幂乘积
2 1 0	$\sigma_1\sigma_2$
1 1 1	σ_3

故原式$=a\sigma_1\sigma_2+b\sigma_3$.

将 $x_1=x_2=1,x_3=0$ 代入得 $2=2a+0\cdot b(\sigma_1=2,\sigma_2=1,\sigma_3=0)$;

将 $x_1=x_2=x_3=1$ 代入得 $6=9a+b(\sigma_1=3,\sigma_2=3,\sigma_3=1)$.

故 $a=1,b=-3$,即原式$=\sigma_1\sigma_2-3\sigma_3$.

(2)原式$=x_1^2x_2+x_1x_2^2+x_1^2x_3+x_1x_3^2+x_2^2x_3+x_2x_3^2+2x_1x_2x_3$

$=\sigma_1\sigma_2-3\sigma_3+2\sigma_3=\sigma_1\sigma_2-\sigma_3$.

(3)对称多项式为 6 次对称多项式,首项为 $x_1^4x_2^2$,故其可能的方幂乘积为

指数组	对应 σ_i 的方幂乘积
4 2 0	$\sigma_1^{4-2}\sigma_2^{2-0}\sigma_3^0=\sigma_1^2\sigma_2^2$
4 1 1	$\sigma_1^{4-1}\sigma_2^{1-1}\sigma_3^1=\sigma_1^3\sigma_3$
3 3 0	$\sigma_1^{3-3}\sigma_2^{3-0}\sigma_3^0=\sigma_2^3$
3 2 1	$\sigma_1^{3-2}\sigma_2^{2-1}\sigma_3^1=\sigma_1\sigma_2\sigma_3$
2 2 2	$\sigma_1^{2-2}\sigma_2^{2-2}\sigma_3^2=\sigma_3^2$

设 $f=\sigma_1^2\sigma_2^2+a\sigma_1^3\sigma_3+b\sigma_2^3+c\sigma_1\sigma_2\sigma_3+d\sigma_3^2$，分别取

$x_1=0,x_2=1,x_3=1$，代入知 $\sigma_1=2,\sigma_2=1,\sigma_3=0,f=0$；

$x_1=1,x_2=1,x_3=-1$，代入知 $\sigma_1=1,\sigma_2=-1,\sigma_3=-1,f=0$；

$x_1=1,x_2=1,x_3=-2$，代入知 $\sigma_1=0,\sigma_2=-3,\sigma_3=-2,f=0$；

$x_1=1,x_2=1,x_3=1$，代入知 $\sigma_1=3,\sigma_2=3,\sigma_3=1,f=0$；

解得 $a=-4,b=-4,c=18,d=-27$.

所以 $f=\sigma_1^2\sigma_2^2-4\sigma_1^3\sigma_3-4\sigma_2^3+18\sigma_1\sigma_2\sigma_3-27\sigma_3^2$.

(4)

指数组	对应 σ_i 的方幂乘积
2 2 0 0	σ_2^2
2 1 1 0	$\sigma_1\sigma_3$
1 1 1 1	σ_4

设 $f=\sigma_2^2+a\sigma_1\sigma_3+b\sigma_4$，令 $x_1=1,x_2=1,x_3=1,x_4=0$，得 $a=-2$；

令 $x_1=1,x_2=1,x_3=1,x_4=1$，得 $b=2$.

所以 $f=\sigma_2^2-2\sigma_1\sigma_3+2\sigma_4$.

(5)原式$=x_1^3x_2x_3+x_1x_2^3x_3+x_1x_2x_3^3+x_1^2x_2^2+x_2^2x_3^2+x_1^2x_3^2+x_1^2x_2^2x_3^2+x_1x_2x_3$

$$=x_1x_2x_3((x_1+x_2+x_3)^2-2(x_1x_2+x_2x_3+x_1x_3))+(x_1^2x_2^2+x_2^2x_3^2+x_1^2x_3^2)+x_1^2x_2^2x_3^2+x_1x_2x_3$$

$$=\sigma_3(\sigma_1^2-2\sigma_2)+(\sigma_2^2-2\sigma_1\sigma_3)+\sigma_3^2+\sigma_3$$

$$=\sigma_1^2\sigma_3-2\sigma_1\sigma_3+\sigma_2^2-2\sigma_2\sigma_3+\sigma_3^2+\sigma_3.$$

(6)原式$=x_1^2x_2^2x_3^2+2(x_1^2x_2^2x_3+x_1^2x_2x_3^2+x_1x_2^2x_3^2)+(x_1^2x_2^2+x_1^2x_3^2+x_2^2x_3^2+3x_1^2x_2x_3+3x_1x_2x_3^2+3x_1x_2^2x_3)+(x_1^2x_2+x_1x_2^2+x_1^2x_3+x_2^2x_3+x_1x_3^2+x_2x_3^2)+2x_1x_2x_3$.

由于 $2(x_1^2x_2^2x_3+x_1^2x_2x_3^2+x_1x_2^2x_3^2)=2\sigma_2\sigma_3$，故

$$x_1^2x_2^2+x_1^2x_3^2+x_2^2x_3^2+3x_1^2x_2x_3+3x_1x_2x_3^2+3x_1x_2^2x_3=\sigma_2^2+\sigma_1\sigma_3,$$

$$x_1^2x_2+x_1x_2^2+x_1^2x_3+x_2^2x_3+x_1x_3^2+x_2x_3^2=\sigma_1\sigma_2-3\sigma_3,$$

所以，原式$=\sigma_1\sigma_2+\sigma_1\sigma_3+\sigma_2^2+2\sigma_2\sigma_3+\sigma_3^2-\sigma_3$.

30. 用初等对称多项式表出下列 n 元对称多项式：

(1)$\sum x_1^4$；(2)$\sum x_1^2x_2x_3$；(3)$\sum x_1^2x_2^2$；(4)$\sum x_1^2x_2^2x_3x_4(n\geqslant 6)$.

($\sum ax_1^{l_1}x_2^{l_2}\cdots x_n^{l_n}$ 表示所有由 $ax_1^{l_1}x_2^{l_2}\cdots x_n^{l_n}$ 经过对换得到的项的和.)

解 (1)利用 $\sum x_1^4=x_1^4+x_2^4+x_3^4+x_4^4+\cdots$ 的首项为 x_1^4. 写出

指数组	对应 σ_i 的方幂乘积
4 0 0 0 … 0	$\sigma_1^{4-0}\sigma_2^{0-0}\cdots\sigma_n^0=\sigma_1^4$
3 1 0 0 … 0	$\sigma_1^{3-1}\sigma_2^{1-0}\cdots\sigma_n^0=\sigma_1^2\sigma_2$
2 2 0 0 … 0	$\sigma_1^{2-2}\sigma_2^{2-0}\cdots\sigma_n^0=\sigma_2^2$
2 1 1 0 … 0	$\sigma_1^{2-1}\sigma_2^{1-1}\sigma_3^{1-0}\cdots\sigma_n^0=\sigma_1\sigma_3$
1 1 1 1 … 0	$\sigma_1^{1-1}\sigma_2^{1-1}\sigma_3^{1-1}\sigma_4^{1-0}\cdots\sigma_n^0=\sigma_4$

所以，原式$=\sigma_1^4+A\sigma_1^2\sigma_2+B\sigma_2^2+C\sigma_1\sigma_3+D\sigma_4$.

令 $x_1=1,x_2=-1,x_3=x_4=\cdots=x_n=0$，得 $B=2$；

令 $x_1=x_2=1,x_3=\cdots=x_n=0$，得 $A=-4$；

令 $x_1=x_2=x_3=1,x_4=\cdots=x_n=0$，得 $C=4$；

令 $x_1=x_2=1,x_3=x_4=-1,x_5=\cdots=x_n=0$，得 $D=-4$.

所以，原式$=\sigma_1^4-4\sigma_1^2\sigma_2+2\sigma_2^2+4\sigma_1\sigma_3-4\sigma_4$.

(2)原式$=\sigma_1\sigma_3-4\sigma_4$.

(3)原式$=\sigma_2^2-2\sigma_1\sigma_3+2\sigma_4$.

(4)原式$=\sigma_2\sigma_4-4\sigma_1\sigma_5+9\sigma_6$.

方法点击：对称多项式中，当变量的个数达到一定程度时，其关于初等对称多项式的多项式表示形式一致，如 29(4)与 30(3)一致.

31. 设 $\alpha_1,\alpha_2,\alpha_3$ 是方程 $5x^3-6x^2+7x-8=0$ 的三个根，计算

$$(\alpha_1^2+\alpha_1\alpha_2+\alpha_2^2)(\alpha_2^2+\alpha_2\alpha_3+\alpha_3^2)(\alpha_1^2+\alpha_1\alpha_3+\alpha_3^2).$$

解　令 $\sigma_1=\alpha_1+\alpha_2+\alpha_3,\sigma_2=\alpha_1\alpha_2+\alpha_2\alpha_3+\alpha_1\alpha_3,\sigma_3=\alpha_1\alpha_2\alpha_3$，所以 $\sigma_1=\frac{6}{5},\sigma_2=\frac{7}{5},\sigma_3=\frac{8}{5}$.

再将原式化为初等对称多项式，得

$$(\alpha_1^2+\alpha_1\alpha_2+\alpha_2^2)(\alpha_2^2+\alpha_2\alpha_3+\alpha_3^2)(\alpha_1^2+\alpha_1\alpha_3+\alpha_3^2)=\sigma_1^2\sigma_2^2-\sigma_1^3\sigma_3-\sigma_2^3=-\frac{1\,679}{625}.$$

方法点击：解答本题的关键在于将原式化成初等对称多项式.

32. 证明：三次方程 $x^3+a_1x^2+a_2x+a_3=0$ 的三个根成等差数列的充分必要条件为 $2a_1^3-9a_1a_2+27a_3=0$.

证　设原方程的三个根为 $\delta_1,\delta_2,\delta_3$，则它们成等差数列的充分必要条件为 $\delta_1=\frac{\delta_2+\delta_3}{2}$，或 $\delta_2=\frac{\delta_1+\delta_3}{2}$，或 $\delta_3=\frac{\delta_1+\delta_2}{2}$，即 $(2\delta_1-\delta_2-\delta_3)(2\delta_2-\delta_1-\delta_3)(2\delta_3-\delta_1-\delta_2)=0$.

左端是对称多项式，将它表示成初等对称多项式，得

$$(2\delta_1-\delta_2-\delta_3)(2\delta_2-\delta_1-\delta_3)(2\delta_3-\delta_1-\delta_2)=2\sigma_1^3-9\sigma_1\sigma_2+27\sigma_3=-2a_1^3+9a_1a_2-27a_3,$$

故三个根成等差数列的充分必要条件为 $2a_1^3-9a_1a_2+27a_3=0$.

补充题解答

1. 设 $f_1(x)=af(x)+bg(x),g_1(x)=cf(x)+dg(x)$，且 $ad-bc\neq 0$，证明：

$$(f(x),g(x))=(f_1(x),g_1(x)).$$

【思路探索】 只需证最大公因式相互整除.

证 设 $d(x)=(f(x),g(x)),d_1(x)=(f_1(x),g_1(x))$.

因为 $d(x)\mid f(x),d(x)\mid g(x)$，所以 $d(x)\mid af(x)+bg(x)$，即 $d(x)\mid f_1(x)$.

同理 $d(x)\mid g_1(x)$，即 $d(x)\mid (f_1(x),g_1(x))$，所以 $d(x)\mid d_1(x)$.

另一方面，由于 $ad-bc\neq 0$，所以

$$f(x)=\frac{d}{ad-bc}f_1(x)+\frac{-b}{ad-bc}g_1(x),$$

$$g(x)=\frac{-c}{ad-bc}f_1(x)+\frac{a}{ad-bc}g_1(x).$$

同理，可知 $d_1(x)\mid d(x)$，所以 $d(x)=d_1(x)$（首 1）.

故 $(f(x),g(x))=(f_1(x),g_1(x))$.

2. 证明：只要 $\frac{f(x)}{(f(x),g(x))},\frac{g(x)}{(f(x),g(x))}$ 的次数都大于零，就可以适当选择适合等式

$$u(x)f(x)+v(x)g(x)=(f(x),g(x))$$

的 $u(x)$ 与 $v(x)$，使

$$\partial(u(x))<\partial\left(\frac{g(x)}{(f(x),g(x))}\right),\partial(v(x))<\partial\left(\frac{f(x)}{(f(x),g(x))}\right).$$

证 因为存在多项式 $s(x)$ 和 $t(x)$，使得

$$s(x)f(x)+t(x)g(x)=(f(x),g(x)).$$

于是有

$$s(x)\frac{f(x)}{(f(x),g(x))}+t(x)\frac{g(x)}{(f(x),g(x))}=1. \qquad ①$$

这里不可能有 $\frac{g(x)}{(f(x),g(x))}\,\Big|\, s(x)$ 和 $\frac{f(x)}{(f(x),g(x))}\,\Big|\, t(x)$，否则由上式知 $\frac{g(x)}{(f(x),g(x))}\,\Big|\, 1$，$\frac{f(x)}{(f(x),g(x))}\,\Big|\, 1$，即 $\frac{g(x)}{(f(x),g(x))}$ 与 $\frac{f(x)}{(f(x),g(x))}$ 均为零次多项式，与题设不符. 于是根据带余除法，有

$$s(x)=\frac{g(x)}{(f(x),g(x))}q_1(x)+u(x),$$

$$t(x)=\frac{f(x)}{(f(x),g(x))}q_2(x)+v(x),$$

且

$$\partial(u(x))<\partial\left(\frac{g(x)}{(f(x),g(x))}\right),\partial(v(x))<\partial\left(\frac{f(x)}{(f(x),g(x))}\right). \qquad ②$$

代入①式并整理得

$$u(x)\frac{f(x)}{(f(x),g(x))}+v(x)\frac{g(x)}{(f(x),g(x))}+[q_1(x)+q_2(x)]\frac{f(x)}{(f(x),g(x))}\cdot\frac{g(x)}{(f(x),g(x))}=1. \qquad ③$$

但由②式知

$$\partial\left(u(x)\frac{f(x)}{(f(x),g(x))}+v(x)\frac{g(x)}{(f(x),g(x))}\right)<\partial\left[\frac{f(x)}{(f(x),g(x))}\cdot\frac{g(x)}{(f(x),g(x))}\right],$$

故必有 $q_1(x)+q_2(x)=0$. 否则③式左端的次数大于零,与右端为零次不符合. 从而由③式得

$$u(x)\frac{f(x)}{(f(x),g(x))}+v(x)\frac{g(x)}{(f(x),g(x))}=1,$$

即

$$u(x)f(x)+v(x)g(x)=(f(x),g(x)).$$

3. 证明:如果 $f(x)$ 与 $g(x)$ 互素,那么 $f(x^m)$ 与 $g(x^m)(m\geqslant1)$ 也互素.

证　由于 $(f(x),g(x))=1$,所以存在多项式 $u(x),v(x)$,使

$$u(x)f(x)+v(x)g(x)=1,$$

从而

$$u(x^m)f(x^m)+v(x^m)g(x^m)=1,$$

故由多项式互素的充分必要条件知 $(f(x^m),g(x^m))=1$.

4. 证明:如果 $f_1(x),f_2(x),\cdots,f_{s-1}(x)$ 的最大公因式存在,那么 $f_1(x),f_2(x),\cdots,f_{s-1}(x),f_s(x)$ 的最大公因式也存在,且当 $f_1(x),f_2(x),\cdots,f_s(x)$ 全不为零时有

$$(f_1(x),f_2(x),\cdots,f_{s-1}(x),f_s(x))=((f_1(x),f_2(x),\cdots,f_{s-1}(x)),f_s(x)).$$

再利用上式证明,存在多项式 $u_1(x),u_2(x),\cdots,u_s(x)$,使

$$u_1(x)f_1(x)+u_2(x)f_2(x)+\cdots+u_s(x)f_s(x)=(f_1(x),f_2(x),\cdots,f_s(x)).$$

【思路探索】　本题考查将两个多项式的关系推广到有限个,可用数学归纳法.

证　(1)由题设,令

$$d_1(x)=(f_1(x),f_2(x),\cdots,f_{s-1}(x)), \quad ①$$

则两个多项式 $d_1(x)$ 与 $f_s(x)$ 的最大公因式也是存在的,不妨设

$$d(x)=(d_1(x),f_s(x)). \quad ②$$

下面证明

$$d(x)=(f_1(x),f_2(x),\cdots,f_{s-1}(x),f_s(x)). \quad ③$$

由①②两式可得 $d(x)\mid f_i(x)(i=1,2,\cdots,s)$.

设 $\varphi(x)$ 是 $f_1(x),f_2(x),\cdots,f_{s-1}(x),f_s(x)$ 的任一公因式,由①可得 $\varphi(x)\mid d_1(x)$,故 $\varphi(x)$ 是 $d_1(x)$ 与 $f_s(x)$ 的一个公因式,再由②式,可得 $\varphi(x)\mid d(x)$,因此③式成立.

综合①②③式可得

$$(f_1(x),f_2(x),\cdots,f_{s-1}(x),f_s(x))=((f_1(x),f_2(x),\cdots,f_{s-1}(x)),f_s(x)).$$

(2)数学归纳法.

当 $s=2$ 时,结论显然成立.

假设对于 $s-1$ 命题成立,即存在 $v_1(x),v_2(x),\cdots,v_{s-1}(x)$,使得

$$v_1(x)f_1(x)+v_2(x)f_2(x)+\cdots+v_{s-1}(x)f_{s-1}(x)=(f_1(x),f_2(x),\cdots,f_{s-1}(x))=d_1(x)$$

成立.

再证命题对 s 也成立.

由②式可知,存在 $p(x)$ 和 $q(x)$,使得

$$\begin{aligned}d(x)&=((f_1(x),f_2(x),\cdots,f_{s-1}(x)),f_s(x))=p(x)d_1(x)+q(x)f_s(x)\\&=p(x)[v_1(x)f_1(x)+v_2(x)f_2(x)+\cdots+v_{s-1}(x)f_{s-1}(x)]+q(x)f_s(x).\end{aligned}$$

令 $u_i(x)=p(x)v_i(x),i=1,2,\cdots,s-1,u_s(x)=q(x)$,即可得证.

5. 多项式 $m(x)$ 称为多项式 $f(x),g(x)$ 的一个**最小公倍式**,如果

(1) $f(x)\mid m(x),g(x)\mid m(x)$;

(2) $f(x),g(x)$ 的任一个公倍式都是 $m(x)$ 的倍式.

我们以 $[f(x),g(x)]$ 表示首项系数是 1 的那个最小公倍式. 证明:如果 $f(x),g(x)$ 的首项系数都是 1,那么

$$[f(x),g(x)]=\frac{f(x)g(x)}{(f(x),g(x))}.$$

证　令$(f(x),g(x))=d(x)$，则有

$$f(x)=f_1(x)d(x),g(x)=g_1(x)d(x),\qquad ①$$

从而有 $f(x)g(x)=f_1(x)g_1(x)d^2(x)$，所以

$$\frac{f(x)g(x)}{(f(x),g(x))}=f_1(x)g_1(x)d(x)=f(x)g_1(x)=f_1(x)g(x).$$

由此看出$\frac{f(x)g(x)}{(f(x),g(x))}$是 $f(x)$与 $g(x)$的一个公倍式.

设 $m(x)$是 $f(x)$与 $g(x)$的任一公倍式，且由倍式定义有

$$m(x)=f(x)s(x),m(x)=g(x)t(x),\qquad ②$$

从而得 $f(x)s(x)=g(x)t(x)\Rightarrow f_1(x)d(x)s(x)=g_1(x)d(x)t(x)$.

由于 $d(x)\neq 0$，消去 $d(x)$得 $f_1(x)s(x)=g_1(x)t(x)$.

于是有 $g_1(x)\mid f_1(x)s(x)$，而$(f_1(x),g_1(x))=1$(由①式得)，所以 $g_1(x)\mid s(x)$.

设 $s(x)=g_1(x)q(x)$，将其代入②式，得

$$m(x)=f(x)s(x)=f(x)g_1(x)q(x)=\frac{f(x)g(x)}{(f(x),g(x))}q(x),$$

所以 $m(x)$是$\frac{f(x)g(x)}{(f(x),g(x))}$的倍式，故$[f(x),g(x)]=\frac{f(x)g(x)}{(f(x),g(x))}$.

方法点击：由此可知，利用多项式标准分解，可轻松写出最大公因式、最小公倍式.

6. 证明定理 5 的逆：设 $p(x)$是次数大于零的多项式，如果对于任何多项式 $f(x),g(x)$，由 $p(x)\mid f(x)g(x)$ 可以推出 $p(x)\mid f(x)$或者 $p(x)\mid g(x)$，那么 $p(x)$是不可约多项式.

证　用反证法. 假设 $p(x)$为可约多项式，则可分解成两个次数较低的多项式乘积，即 $p(x)=f(x)g(x)$. 则 $p(x)\mid f(x)g(x)$，而 $p(x)\nmid f(x)$且 $p(x)\nmid g(x)$，同已知矛盾，故 $p(x)$不可约.

7. 证明：次数>0且首项系数为 1 的多项式 $f(x)$是一个不可约多项式的方幂的充分必要条件为：对任意的多项式 $g(x)$必有$(f(x),g(x))=1$，或者对某一正整数 m，$f(x)\mid g^m(x)$.

证　先证必要性：设 $f(x)=p^s(x)$(其中 $p(x)$是不可约多项式，$s\geqslant 1$)，则对任意多项式 $g(x)$，只有两种可能：

(1)$(p(x),g(x))=1$;

(2)$p(x)\mid g(x)$.

对于(1)的情况，有$(f(x),g(x))=1$;

对于(2)的情况，有 $p^s(x)\mid g^s(x)$，即 $f(x)\mid g^s(x)$，此时取 $s=m$ 即可得证.

再证充分性：假设 $f(x)$不是某一个多项式的方幂，则

$$f(x)=p_1^{\lambda_1}(x)p_2^{\lambda_2}(x)\cdots p_n^{\lambda_n}(x)(n>1,\lambda_i \text{ 是正整数},p_i(x)\text{不可约}).$$

令 $g(x)=p_1(x)$，由题设可知 $f(x)$与 $g(x)$只有两种可能：

(1)$(f(x),g(x))=1$;

(2)$f(x)\mid g^m(x)$(m 为某一正整数).

但两种情形都是不可能的，与题设矛盾，故原命题成立.

8. 证明：次数>0且首项系数为 1 的多项式 $f(x)$是某一不可约多项式的方幂的充分必要条件是，对任意的多项式 $g(x),h(x)$，由 $f(x)\mid g(x)h(x)$可以推出 $f(x)\mid g(x)$，或者对某一正整数 m，$f(x)\mid h^m(x)$.

证　先证必要性：设 $f(x)=p^k(x)$，其中 $p(x)$不可约，$k\geqslant 1$. 由补充题 7 知，对多项式 $h(x)$或存在正整数

m，使$f(x)|h^m(x)$(m为某一正整数)；或$(f(x),h(x))=1$，此时由$f(x)|g(x)h(x)$得$f(x)|g(x)$.

再证充分性：反证法. 若$f(x)$不是一个不可约多项式的方幂，则$f(x)=p_1^{\lambda_1}(x)p_2^{\lambda_2}(x)\cdots p_n^{\lambda_n}(x)$($n>1,\lambda_i\geqslant1,p_i(x)$互异不可约). 取$g(x)=p_1^{\lambda_1}(x),h(x)=p_2^{\lambda_2}(x)\cdots p_n^{\lambda_n}(x)$，则$f(x)|g(x)h(x)$，但$f(x)\nmid g(x)$且$f(x)\nmid h^m(x),\forall m\geqslant1$，这与题设条件矛盾.

方法点击：不可约多项式的不可约(不可分解)性与"素"性(若$p(x)|f(x)g(x)$，必有$p(x)|f(x)$或$p(x)|g(x)$)是解题时应关注的焦点.

9. 证明：$x^n+ax^{n-m}+b$不能有不为零的重数大于2的根.

证　令$f(x)=x^n+ax^{n-m}+b$，则

$$f'(x)=nx^{n-1}+a(n-m)x^{n-m-1}=x^{n-m-1}[nx^m+a(n-m)].$$

由于$g(x)=nx^m+a(n-m)$的导数$g'(x)=nmx^{m-1}$，故$g(x)$没有不等于零的重根，从而$f(x)$没有不等于零的重数大于2的根.

10. 证明：如果$f(x)|f(x^n)$，那么$f(x)$的根只能是零或单位根.

【思路探索】　n次多项式只能有n个根，由$f(x)|f(x^n)$知，若$f(x)=0$，则$f(x^n)=0$.

证　设α是$f(x)$的任意一个根，则由$f(x)|f(x^n)$知，α也是$f(x^n)$的根，即$f(\alpha^n)=0$，这表明α^n是$f(x)$的根，依此类推，可知$\alpha,\alpha^n,\alpha^{n^2},\cdots$都是$f(x)$的根.

如果$f(x)$是m次多项式，那么它最多只可能有m个不同的根，这就是说存在正整数$k>l$，使$\alpha^{n^k}=\alpha^{n^l}$，即$\alpha^{n^l}(\alpha^{n^k-n^l}-1)=0$，可见$\alpha$或者为零，或者为单位根.

11. 如果$f'(x)|f(x)$，证明：$f(x)$有n重根，其中$n=\partial(f(x))$.

【思路探索】　利用$\dfrac{f(x)}{(f(x),f'(x))}$.

证　**方法一**　$f(x)$为n次多项式，$\partial(f'(x))=n-1$.

因$f'(x)|f(x)$，故$\dfrac{f(x)}{(f(x),f'(x))}=\dfrac{f(x)}{f'(x)}$为1次多项式，而$f(x)$与$\dfrac{f(x)}{(f(x),f'(x))}$含有相同的不可约因式，即$f(x)$的不可约因式只有一次因式. 故$f(x)=k(x-a)^n$，即$f(x)$有$n$重根.

方法二　对$f(x)$的次数n用数学归纳法.

(1)当$n=1$时，结论成立；

(2)假设结论对$n-1$次多项式成立，则对于$n(\geqslant2)$次多项式$f(x)$，因

$$f'(x)|f(x),$$

故

$$f(x)=\frac{1}{n}f'(x)(x-b),b\in\mathbf{P}.$$

对上式两边求导得

$$f'(x)=\frac{1}{n}f''(x)(x-b)+\frac{1}{n}f'(x),\text{即 }f'(x)=\frac{1}{n-1}f''(x)(x-b).$$

故$f'(b)=0$且$f''(x)|f'(x)$. 由归纳假设知$f'(x)$有$n-1$重根b. 故$f(x)$有n重根b.

12. 设$a_1,a_2,\cdots,a_n$是n个不同的数，而

$$F(x)=(x-a_1)(x-a_2)\cdots(x-a_n).$$

证明：(1)$\sum\limits_{i=1}^{n}\dfrac{F(x)}{(x-a_i)F'(a_i)}=1$；

(2)任意多项式$f(x)$用$F(x)$除所得的余式为$\sum\limits_{i=1}^{n}\dfrac{f(a_i)F(x)}{(x-a_i)F'(a_i)}$.

证 (1)令 $g(x)=\sum_{i=1}^{n}\frac{F(x)}{(x-a_i)F'(a_i)}$,由于

$$F'(x)=\sum_{k=1}^{n}(x-a_1)\cdots(x-a_{k-1})(x-a_{k+1})\cdots(x-a_n),$$

所以

$$F'(a_i)=(a_i-a_1)\cdots(a_i-a_{i-1})(a_i-a_{i+1})\cdots(a_i-a_n),$$

于是

$$g(x)=\sum_{i=1}^{n}\frac{(x-a_1)\cdots(x-a_{i-1})(x-a_{i+1})\cdots(x-a_n)}{(a_i-a_1)\cdots(a_i-a_{i-1})(a_i-a_{i+1})\cdots(a_i-a_n)},$$

可见$\partial(g(x))\leqslant n-1$,且

$$g(a_1)=g(a_2)=\cdots=g(a_n)=1.$$

故 $g(x)=1$,即$\sum_{i=1}^{n}\frac{F(x)}{(x-a_i)F'(a_i)}=1$.

(2)对任意多项式 $f(x)$,设

$$r(x)=\sum_{i=1}^{n}\frac{f(a_i)F(x)}{(x-a_i)F'(a_i)},$$

则有 $r(a_k)=f(a_k)(k=1,2,\cdots,n)$,即 $f(x)-r(x)$有根 $a_1,a_2,\cdots,a_n$,从而

$$F(x)\mid(f(x)-r(x)).$$

设 $f(x)-r(x)=q(x)F(x)$,即有

$$f(x)=q(x)F(x)+r(x),$$

其中 $r(x)=0$ 或$\partial(r(x))\leqslant n-1$,这表明 $r(x)$为 $f(x)$被 $F(x)$除所得的余式.

13. $a_1,a_2,\cdots,a_n$ 与 $F(x)$同上题,$b_1,b_2,\cdots,b_n$ 是任意 n 个数,显然

$$L(x)=\sum_{i=1}^{n}\frac{b_iF(x)}{(x-a_i)F'(a_i)} \qquad ①$$

适合条件

$$L(a_i)=b_i,i=1,2,\cdots,n.$$

这称为**拉格朗日(Lagrange)插值公式**.

利用上面的公式求:

(1)一个次数<4 的多项式 $f(x)$,它适合条件 $f(2)=3,f(3)=-1,f(4)=0,f(5)=2$;

(2)一个二次多项式 $f(x)$,它在 $x=0,\frac{\pi}{2},\pi$ 处与函数 $\sin x$ 有相同的值;

(3)一个次数尽可能低的多项式 $f(x)$,使 $f(0)=1,f(1)=2,f(2)=5,f(3)=10$.

解 (1)在习题 12 中取 $n=4,a_1=2,a_2=3,a_3=4,a_4=5,b_1=3,b_2=-1,b_3=0,b_4=2$.

设 $F(x)=(x-2)(x-3)(x-4)(x-5)$,将 $f(2)=3,f(3)=-1,f(4)=0,f(5)=2$ 代入式①,得

$$\begin{aligned}f(x)&=\frac{3(x-2)(x-3)(x-4)(x-5)}{(x-2)(2-3)(2-4)(2-5)}+\frac{(-1)(x-2)(x-3)(x-4)(x-5)}{(x-3)(3-2)(3-4)(3-5)}\\&\quad+\frac{0\cdot(x-2)(x-3)(x-4)(x-5)}{(x-4)(4-2)(4-3)(4-5)}+\frac{2(x-2)(x-3)(x-4)(x-5)}{(x-5)(5-2)(5-3)(5-4)}\\&=-\frac{2}{3}x^3+\frac{17}{2}x^2-\frac{203}{6}x+42.\end{aligned}$$

(2)设 $F(x)=x\left(x-\frac{\pi}{2}\right)(x-\pi)$,$f(0)=\sin 0=0$,$f\left(\frac{\pi}{2}\right)=\sin\frac{\pi}{2}=1$,$f(\pi)=\sin\pi=0$,将它们代入①式,得

$$f(x)=-\frac{4}{\pi^2}x(x-\pi).$$

(3)设 $F(x)=x(x-1)(x-2)(x-3)$,同理可得 $f(x)=x^2+1$.

方法点击:要深入研究插值问题,可查阅计算数学(数值分析)的相关内容.

14. 设 $f(x)$是一个整系数多项式,试证:如果 $f(0)$与 $f(1)$都是奇数,那么 $f(x)$不能有整数根.

【思路探索】 利用整系数多项式有整根时的因式分解.

证 反证法.假设 α 是 $f(x)$的一个整数根,则 $f(x)=(x-\alpha)f_1(x)$.

由综合除法知,$x-\alpha$ 除 $f(x)$的商式 $f_1(x)$必为整系数多项式.

由 $\begin{cases}f(0)=(-\alpha)f_1(0),\\ f(1)=(1-\alpha)f_1(1)\end{cases}$ 可知,等式右边都是两个整数的乘积,而 α 与$(1-\alpha)$中必有一个是偶数,所以 $f(0)$与 $f(1)$中必有一个是偶数,这与题设矛盾.故 $f(x)$无整数根.

15. 设 $x_1,x_2,\cdots,x_n$ 是方程 $x^n+a_1x^{n-1}+\cdots+a_n=0$ 的根,证明:$x_2,\cdots,x_n$ 的对称多项式可以表成 x_1 与 $a_1,a_2,\cdots,a_{n-1}$的多项式.

证 设 $f(x_2,x_3,\cdots,x_n)$是关于 $x_2,x_3,\cdots,x_n$ 的任意一个对称多项式,由对称多项式的基本定理,有

$$f(x_2,x_3,\cdots,x_n)=g(\sigma_1',\sigma_2',\cdots,\sigma_{n-1}'),\tag{①}$$

其中 $\sigma_i'(i=1,2,\cdots,n-1)$是 $x_2,\cdots,x_n$ 的初等对称多项式.由于

$$\begin{cases}\sigma_1'=\sigma_1-x_1,\\ \sigma_2'=\sigma_2-x_1\sigma_1',\\ \cdots\cdots\cdots\cdots\\ \sigma_{n-1}'=\sigma_{n-1}+x_1\sigma_{n-2}',\end{cases}\tag{②}$$

其中 σ_i 为 $x_1,x_2,\cdots,x_n$ 的初等对称多项式,但是

$$\begin{cases}\sigma_1=-a_1,\\ \sigma_2=a_2,\\ \cdots\cdots\cdots\cdots\\ \sigma_{n-1}=(-1)^{n-1}a_{n-1},\end{cases}\tag{③}$$

将③式代入②式可知,σ_i'是 $x_1,a_1,a_2,\cdots,a_{n-1}$的一个多项式,可记为

$$\sigma_i'=p_i(x_1,a_1,a_2,\cdots,a_{n-1})(i=1,2,\cdots,n-1).\tag{④}$$

将④式代入①式右端,即证得 $f(x_2,\cdots,x_n)$可表示为 $x_1,a_1,a_2,\cdots,a_{n-1}$的多项式.

16. $f(x)=(x-x_1)(x-x_2)\cdots(x-x_n)=x^n-\sigma_1x^{n-1}+\cdots+(-1)^n\sigma_n$,令 $s_k=x_1^k+x_2^k+\cdots+x_n^k(k=0,1,2,\cdots)$.

(1)证明:

$$x^{k+1}f'(x)=(s_0x^k+s_1x^{k-1}+\cdots+s_{k-1}x+s_k)f(x)+g(x),$$

其中 $g(x)$的次数$<n$ 或 $g(x)=0$.

(2)由上式证明牛顿(Newton)公式:

$$s_k-\sigma_1s_{k-1}+\sigma_2s_{k-2}+\cdots+(-1)^{k-1}\sigma_{k-1}s_1+(-1)^kk\sigma_k=0,1\leqslant k\leqslant n;$$

$$s_k-\sigma_1s_{k-1}+\cdots+(-1)^n\sigma_ns_{k-n}=0,k>n.$$

【思路探索】 第(1)问将等式左边进行展开、合并、整理后即可得右边形式.第(2)问利用第(1)问结果将左端展开,并且和右端进行系数比较即可得证.

证 (1)由于

$$f'(x)=\sum_{i=1}^n(x-x_1)\cdots(x-x_{i-1})(x-x_{i+1})\cdots(x-x_n)=\sum_{i=1}^n\frac{f(x)}{x-x_i},$$

从而

$$\begin{aligned}x^{k+1}f'(x)&=\sum_{i=1}^{n}\frac{x^{k+1}f(x)}{x-x_i}\\&=\sum_{i=1}^{n}\frac{(x^{k+1}-x_i^{k+1}+x_i^{k+1})f(x)}{x-x_i}\\&=f(x)\sum_{i=1}^{n}\frac{x^{k+1}-x_i^{k+1}}{x-x_i}+\sum_{i=1}^{n}\frac{x_i^{k+1}f(x)}{x-x_i}\\&=f(x)\sum_{i=1}^{n}(x^k+x_ix^{k-1}+\cdots+x_i^k)+g(x)\\&=f(x)(x^k\sum_{i=1}^{n}1+x^{k-1}\sum_{i=1}^{n}x_i+\cdots+\sum_{i=1}^{n}x_i^k)+g(x)\\&=(s_0x^k+s_1x^{k-1}+\cdots+s_{k-1}x+s_k)f(x)+g(x),\end{aligned}$$

其中 $g(x)=\sum_{i=1}^{n}\frac{x_i^{k+1}f(x)}{x-x_i}$ 的次数 $<n$ 或 $g(x)=0$.

(2)由于 $f(x)=x^n-\sigma_1x^{n-1}+\cdots+(-1)^n\sigma_n$,故

$$\begin{aligned}x^{k+1}f'(x)&=x^{k+1}[nx^{n-1}-(n-1)\sigma_1x^{n-2}+\cdots+(-1)^{n-1}\sigma_{n-1}]\\&=nx^{n+k}-(n-1)\sigma_1x^{n+k-1}+\cdots+(-1)^{n-1}\sigma_{n-1}x^{k+1},\end{aligned}$$

将上式及 $f(x)$ 分别代入(1)中公式的两端,得

$$\begin{aligned}&nx^{n+k}-(n-1)\sigma_1x^{n+k-1}+\cdots+(-1)^{n-1}\sigma_{n-1}x^{k+1}\\&=(s_0x^k+s_1x^{k-1}+\cdots+s_{k-1}x+s_k)(x^n-\sigma_1x^{n-1}+\cdots+(-1)^n\sigma_n)+g(x),\end{aligned}$$

比较上式两端 x^n 的系数,得(注意 $\partial(g(x))<n$,故不含 x^n 的项)

当 $k\leqslant n$ 时,有(注意 $s_0=n$)

$$(-1)^k(n-k)\sigma_k=s_k-\sigma_1s_{k-1}+\sigma_2s_{k-2}-\cdots+(-1)^{k-1}\sigma_{k-1}s_1+(-1)^k\sigma_ks_0,$$

即

$$s_k-\sigma_1s_{k-1}+\sigma_2s_{k-2}+\cdots+(-1)^{k-1}\sigma_{k-1}s_1+(-1)^kk\sigma_k=0;\qquad ①$$

当 $k>n$ 时,有

$$0=s_k-\sigma_1s_{k-1}+\cdots+(-1)^{n-1}\sigma_{n-1}s_{k-n+1}+(-1)^n\sigma_ns_{k-n}.\qquad ②$$

17. 根据牛顿公式用初等对称多项式表示 s_2,s_3,s_4,s_5,s_6.

解 (1)当 $n\geqslant6$ 时,由上题可得 $s_2-s_1\sigma_1+2\sigma_2=0$,而 $s_1=\sigma_1$,所以 $s_2=\sigma_1^2-2\sigma_2$.

同理,可由上题中①式,类推得

$$\begin{aligned}s_3&=\sigma_1^3-3\sigma_1\sigma_2+3\sigma_3,\\s_4&=\sigma_1^4-4\sigma_1^2\sigma_2+4\sigma_1\sigma_3+2\sigma_2^2-4\sigma_4,\\s_5&=\sigma_1^5-5\sigma_1^3\sigma_2+5\sigma_1^2\sigma_3+5\sigma_1\sigma_2^2-5\sigma_1\sigma_4-5\sigma_2\sigma_3+5\sigma_5,\\s_6&=\sigma_1^6-6\sigma_1^4\sigma_2+6\sigma_1^3\sigma_3+9\sigma_1^2\sigma_2^2-6\sigma_1^2\sigma_4-2\sigma_2^3+3\sigma_3^2+6\sigma_2\sigma_4+6\sigma_1\sigma_5-12\sigma_1\sigma_2\sigma_3-6\sigma_6.\end{aligned}$$

(2)当 $n=5$ 时,s_2,s_3,s_4,s_5 与上面一样,只是 s_6 要用上题牛顿公式②式求出,即

$$s_6-s_5\sigma_1+s_4\sigma_2-s_3\sigma_3+s_2\sigma_4-s_1\sigma_5=0,$$

故 $s_6=\sigma_1^6-6\sigma_1^4\sigma_2+6\sigma_1^3\sigma_3+9\sigma_1^2\sigma_2^2-6\sigma_1^2\sigma_4-12\sigma_1\sigma_2\sigma_3+6\sigma_1\sigma_5-2\sigma_2^3+6\sigma_2\sigma_4+3\sigma_3^2$.

(3)当 $n=4$ 时,s_2,s_3,s_4 同(1)所给,由上面②式,得

$$\begin{aligned}s_5&=\sigma_1^5-5\sigma_1^3\sigma_2+5\sigma_1^2\sigma_3+5\sigma_1\sigma_2^2-5\sigma_1\sigma_4-5\sigma_2\sigma_3,\\s_6&=\sigma_1^6-6\sigma_1^4\sigma_2+6\sigma_1^3\sigma_3+9\sigma_1^2\sigma_2^2-6\sigma_1^2\sigma_4-12\sigma_1\sigma_2\sigma_3-2\sigma_2^3+6\sigma_2\sigma_4+3\sigma_3^2.\end{aligned}$$

(4)当 $n=3$ 时,s_2,s_3 同(1)所给,且

$$\begin{aligned}s_4&=\sigma_1^4-4\sigma_1^2\sigma_2+4\sigma_1\sigma_3+2\sigma_2^2,\\s_5&=\sigma_1^5-5\sigma_1^3\sigma_2+5\sigma_1^2\sigma_3+5\sigma_1\sigma_2^2-5\sigma_2\sigma_3,\\s_6&=\sigma_1^6-6\sigma_1^4\sigma_2+6\sigma_1^3\sigma_3+9\sigma_1^2\sigma_2^2-12\sigma_1\sigma_2\sigma_3-2\sigma_2^3+3\sigma_3^2.\end{aligned}$$

(5)当 $n=2$ 时，s_2 同(1)所给，

$$s_3=\sigma_1^3-3\sigma_1\sigma_2,$$
$$s_4=\sigma_1^4-4\sigma_1^2\sigma_2+2\sigma_2^2,$$
$$s_5=\sigma_1^5-5\sigma_1^3\sigma_2+5\sigma_1\sigma_2^2,$$
$$s_6=\sigma_1^6-6\sigma_1^4\sigma_2+9\sigma_1^2\sigma_2^2-2\sigma_2^3.$$

18. 证明：如果对于某一个 6 次方程有 $s_1=s_3=0$，那么

$$\frac{s_7}{7}=\frac{s_5}{5}\cdot\frac{s_2}{2}.$$

证　此时 $n=6$，由上题的 s_2 与 s_5，并注意到 $s_1=\sigma_1=0$，所以有 $s_2=-2\sigma_2$，$s_5=-5\sigma_2\sigma_3+5\sigma_5$。而 $s_3=3\sigma_3=0$，从而 $\sigma_3=0$，$s_5=5\sigma_5$。再由补充题 16 题的①式，可得

$$s_7=\sigma_1 s_6-\sigma_2 s_5+\sigma_3 s_4-\sigma_4 s_3+\sigma_5 s_2-\sigma_6 s_1=-5\sigma_2\sigma_5-2\sigma_2\sigma_5=-7\sigma_2\sigma_5,$$

所以 $\frac{s_7}{7}=-\sigma_2\sigma_5=\frac{s_5}{5}\cdot\frac{s_2}{2}$.

19. 求一个 n 次方程使 $s_1=s_2=\cdots=s_{n-1}=0$.

解　设此方程为 $x^n-\sigma_1x^{n-1}+\cdots+(-1)^n\sigma_n=0$，由题设及补充题 16 题①式，可得

$$\sigma_1=\cdots=\sigma_{n-1}=0,$$

故所求方程为 $x^n+(-1)^n\sigma_n=0$ 或 $x^n+a=0$.

20. 求一个 n 次方程使 $s_2=s_3=\cdots=s_n=0$.

解　设所求方程为 $x^n-\sigma_1x^{n-1}+\cdots+(-1)^n\sigma_n=0$，但

$$s_2=\sigma_1^2-2\sigma_2=0,\sigma_2=\frac{1}{2}\sigma_1^2,$$
$$s_3=-\sigma_2 s_1+3\sigma_3=0,\sigma_3=\frac{1}{3!}\sigma_1^3,$$
…………
$$s_n=(-1)^{n-2}(s_1\sigma_{n-1}-n\sigma_n)=0,\sigma_n=\frac{1}{n!}\sigma_1^n,$$

故所求方程为 $x^n-\sigma_1x^{n-1}+\frac{\sigma_1^2}{2!}x^{n-2}+\cdots+(-1)^n\frac{\sigma_1^n}{n!}=0$，即 $\sum_{i=0}^{n}(-1)^i\frac{\sigma_1^i}{i!}x^{n-i}=0$.

四、自测题

第一章自测题

一、判断题(每题 3 分,共 15 分)

1. 如果数集 P 对加法、减法、乘法和除法(除数不为 0)是封闭的,则 P 就称为一个数域.（　）

2. 零多项式的次数为零.（　）

3. $P[x]$ 中任意两个多项式 $f(x),g(x)$,在 $P[x]$ 中存在一个最大公因式 $d(x)$,并且在 $P[x]$ 中存在唯一的多项式 $u(x),v(x)$,使得 $d(x)=u(x)f(x)+v(x)g(x)$.（　）

4. 若有理系数多项式 $f(x)$ 在有理数域上不可约,则 $f(x)$ 必不存在有理根.（　）

5. 两个齐次多项式的乘积仍为齐次多项式.（　）

二、填空题(每题 3 分,共 15 分)

6. 多项式 $f(x)=2x^4-3x^3+4x+1$ 除以 $2x-2$ 所得余式为________.

7. 用一次多项式 $x-\alpha$ 除多项式 $f(x)$,所得余式为________.

8. 多项式 $f(x)$ 没有重因式的充要条件是 $f(x)$ 与 $f'(x)$________.

9. 每个次数大于等于 1 的实系数多项式在实数域上都可以被唯一地分解为________的乘积.

10. 多项式 $3x_1^2x_2^2+2x_1x_2^2x_3^2+x_3^2$ 的次数为________.

三、计算题(每题 10 分,共 30 分)

11. 设多项式 $f(x)=x^4-2x^2-3x-2,g(x)=x^4+2x^3-x-2$,试求 $u(x)$ 和 $v(x)$ 使得

$$u(x)f(x)+v(x)g(x)=(f(x),g(x)).$$

12. 试计算多项式 $f(x)=x^3+3x^2+tx+1$ 在 t 为何值时有重根,并求重根的重数.

13. 设 $f(x)=1+x+\dfrac{x^2}{2!}+\cdots+\dfrac{x^n}{n!}$,其中 n 为某一素数,试计算 $f(x)$ 在有理数域上是否可约,并说明理由.

四、证明题(每题 10 分,共 40 分)

14. 设 $f(x),g(x),h(x)\in P[x]$,$f(x),g(x)$ 不全为 0. 证明:$(f(x)\pm g(x)h(x),g(x))=(f(x),g(x))$.

15. 设 $p(x)$ 是数域 P 上的不可约多项式,$f(x)\in P[x]$,如果 $p(x)$ 与 $f(x)$ 在复数域上有公共根 α,证明:$p(x)\mid f(x)$.

16. 如果不可约多项式 $p(x)$ 是多项式 $f(x)$ 的因式,并且是一阶微商 $f'(x)$ 的 k 重因式,证明:$p(x)$ 是多项式 $f(x)$ 的 $k+1$ 重因式.

17. 证明:整系数多项式 $f(x)=x^4-x^2+1$ 在有理数域上不可约.

第一章自测题解答

一、1. × 2. × 3. × 4. × 5. √

二、6. 4.

7. $f(\alpha)$.

8. 互素.

9. 一次因式与二次不可约因式.

10. 5.

三、11. 解　由辗转相除法可得

$$g(x)=f(x)+2x^3+2x^2+2x,$$

$$f(x)=(2x^3+2x^2+2x)\left(\frac{1}{2}x-\frac{1}{2}\right)-2x^2-2x-2,$$

$$2x^3+2x^2+2x=(-2x^2-2x-2)(-x).$$

于是$-2x^2-2x-2=f(x)-(g(x)-f(x))\left(\frac{1}{2}x-\frac{1}{2}\right)=\left(\frac{1}{2}x+\frac{1}{2}\right)f(x)-\left(\frac{1}{2}x-\frac{1}{2}\right)g(x)$，即

$$\left(-\frac{1}{4}x-\frac{1}{4}\right)f(x)+\left(\frac{1}{4}x-\frac{1}{4}\right)g(x)=(f(x),g(x))=x^2+x+1.$$

因此令$u(x)=-\frac{1}{4}x-\frac{1}{4}$，$v(x)=\frac{1}{4}x-\frac{1}{4}$，可得$u(x)f(x)+v(x)g(x)=(f(x),g(x))$.

12. 解　容易计算$f'(x)=3x^2+6x+t$，利用辗转相除法可得

$$f(x)=f'(x)\left(\frac{1}{3}x+\frac{1}{3}\right)+\left(\frac{2t}{3}-2\right)x+1-\frac{t}{3}.$$

若$t=3$，此时$f(x)=f'(x)\left(\frac{1}{3}x+\frac{1}{3}\right)$，故$(f(x),f'(x))=(x+1)^2$，因此$-1$为$f(x)$的三重根；

若$t\neq 3$，再利用辗转相除法可得

$$f'(x)=\left[\left(\frac{2t}{3}-2\right)x+1-\frac{t}{3}\right]\left(\frac{9}{2t-6}x+\frac{45}{4t-12}\right)+t+\frac{15}{4}.$$

要使得$f(x)$有重根，需满足$t+\frac{15}{4}=0$，即$t=-\frac{15}{4}$，此时

$$(f(x),f'(x))=x-\frac{1}{2},$$

因此$\frac{1}{2}$为$f(x)$的二重根.

13. 解　容易看到，$n!f(x)=n!+n!x+n(n-1)\cdots x^2+\cdots+nx^{n-1}+x^n$为整系数多项式，由于$n\nmid 1$，$n\mid n,\cdots,\frac{n!}{2},n!$，以及$n^2\nmid n!$，由艾森斯坦判别法可知$n!f(x)$在有理数域上不可约，从而$f(x)$在有理数域上不可约.

四、14. 证　令$(f(x),g(x))=d(x)$，下证$(f(x)\pm g(x)h(x),g(x))=d(x)$.

一方面，由于$d(x)\mid f(x)$，$d(x)\mid g(x)$，故$d(x)\mid (f(x)\pm g(x)h(x))$.

另一方面，对$\forall\, p(x)\mid (f(x)\pm g(x)h(x))$以及$p(x)\mid g(x)$，可得$p(x)\mid [(f(x)\pm g(x)h(x))\mp g(x)h(x)]$，即$p(x)\mid f(x)$，从而$p(x)$整除$f(x)$与$g(x)$的最大公因式，即$p(x)\mid d(x)$. 这便证明了$(f(x)\pm g(x)h(x),g(x))=d(x)$.

15. 证　由于$p(x)$与$f(x)$在复数域上有公共根α，即有公因式$x-\alpha$，故$p(x)$与$f(x)$在复数域上不互素，又因为互素的概念与数域无关，因此它们在数域P上也不互素. 而$p(x)$是数域P上的不可约多项式，且与$f(x)$不互素，故只能$p(x)\mid f(x)$.

16. 证　设$p(x)$是多项式$f(x)$的m重因式，则$p(x)$是一阶微商$f'(x)$的$m-1$重因式，又$p(x)$是一阶微商$f'(x)$的k重因式，故$k=m-1$，即$m=k+1$，因此$p(x)$是多项式$f(x)$的$k+1$重因式.

17. 证　根据有理根存在定理，± 1为所有可能的有理根，又容易验证± 1均不是根. 若$f(x)$可约，一定可分解为两个二次多项式的乘积，设$f(x)=(x^2+ax+b)(x^2+cx+d)$. 比较同次项系数可得

$$\begin{cases}a+c=0,\\ b+d+ac=-1,\\ ad+bc=0,\\ bd=1.\end{cases}$$

若$c\neq 0$，则$2b-c^2=-1$且$b^2=1$. 若$b=1$，则$c=\pm\sqrt{3}$；若$b=-1$，则$c=\pm \mathrm{i}$，均矛盾.

若$c=0$，则$b+d=-1$且$bd=1$，即$b^2+b+1=0$，解得$b=\frac{-1\pm\sqrt{3}\mathrm{i}}{2}$，矛盾.

综上，$f(x)$在有理数域上不可约.

第二章 行列式

一、主要内容归纳

1. n 级排列 由 $1,2,\cdots,n$ 组成的一个有序数组称为一个 n **阶排列**，通常记为 $i_1 i_2 \cdots i_n$.

逆序 在一个排列中，如果一对数的前后位置与大小顺序相反，即前面的数大于后面的数，则它们称为一个**逆序**.

逆序数 一个排列中的逆序总数，通常记为 $\tau(i_1 i_2 \cdots i_n)$.

奇(偶)排列 逆序数为奇数(偶数)的排列.

对换 把一个排列中某两个数的位置互换，而其余的数不动，就得到另一个排列，这样的一个变换称为一个**对换**.

2. n 阶排列的性质

(1) 任意一个排列经过一个对换后，奇偶性改变；

(2) n 阶排列共有 $n!$ 种，奇偶排列各占一半.

3. n 阶行列式 $\begin{vmatrix} a_{11} & a_{12} & \cdots & a_{1n} \\ a_{21} & a_{22} & \cdots & a_{2n} \\ \vdots & \vdots & & \vdots \\ a_{n1} & a_{n2} & \cdots & a_{nn} \end{vmatrix}$ 是所有取自不同行不同列的 n 个元素的乘积 $a_{1j_1} a_{2j_2} \cdots a_{nj_n}$ 的代数和，这里 $j_1 j_2 \cdots j_n$ 是一个 n 阶排列. 当 $j_1 j_2 \cdots j_n$ 是偶排列时，该项前面带正号；当 $j_1 j_2 \cdots j_n$ 是奇排列时，该项前面带负号，即

$$\begin{vmatrix} a_{11} & a_{12} & \cdots & a_{1n} \\ a_{21} & a_{22} & \cdots & a_{2n} \\ \vdots & \vdots & & \vdots \\ a_{n1} & a_{n2} & \cdots & a_{nn} \end{vmatrix} = \sum_{j_1 j_2 \cdots j_n} (-1)^{\tau(j_1 j_2 \cdots j_n)} a_{1j_1} a_{2j_2} \cdots a_{nj_n},$$

其中 $\sum\limits_{j_1 j_2 \cdots j_n}$ 表示对所有 n 阶排列求和.

n 阶行列式有时简记为 $|a_{ij}|_n$，而且有如下两种等价的定义：

$$|a_{ij}|_n = \sum_{i_1 i_2 \cdots i_n} (-1)^{\tau(i_1 \cdots i_n)} a_{i_1 1} a_{i_2 2} \cdots a_{i_n n},$$

$$|a_{ij}|_n = \sum_{\substack{i_1 i_2 \cdots i_n \\ \text{和} j_1 j_2 \cdots j_n}} (-1)^{\tau(i_1 i_2 \cdots i_n) + \tau(j_1 j_2 \cdots j_n)} a_{i_1 j_1} a_{i_2 j_2} \cdots a_{i_n j_n}.$$

由 n 阶排列的性质可知，n 阶行列式共有 $n!$ 项，其中冠以正号的项和冠以负号的项（不算元素本身所带的负号）各占一半.

4. 常见行列式

（1）**二阶行列式** $\begin{vmatrix} a_{11} & a_{12} \\ a_{21} & a_{22} \end{vmatrix} = a_{11}a_{22} - a_{12}a_{21}$.

（2）**三阶行列式**

$$\begin{vmatrix} a_{11} & a_{12} & a_{13} \\ a_{21} & a_{22} & a_{23} \\ a_{31} & a_{32} & a_{33} \end{vmatrix} = a_{11}a_{22}a_{33} + a_{12}a_{23}a_{31} + a_{13}a_{21}a_{32} - a_{13}a_{22}a_{31} - a_{12}a_{21}a_{33} - a_{11}a_{23}a_{32}.$$

（3）**上三角、下三角、对角行列式**

$$\begin{vmatrix} a_{11} & & & * \\ & a_{22} & & \\ & & \ddots & \\ \boldsymbol{O} & & & a_{nn} \end{vmatrix} = \begin{vmatrix} a_{11} & & & \boldsymbol{O} \\ & a_{22} & & \\ & & \ddots & \\ * & & & a_{nn} \end{vmatrix} = \begin{vmatrix} a_{11} & & & \boldsymbol{O} \\ & a_{22} & & \\ & & \ddots & \\ \boldsymbol{O} & & & a_{nn} \end{vmatrix} = a_{11}a_{22}\cdots a_{nn}.$$

（4）**副对角线方向的行列式**

$$\begin{vmatrix} * & & & a_{1n} \\ & & a_{2,n-1} & \\ & \cdot^{\cdot^{\cdot}} & & \\ a_{n1} & & & \boldsymbol{O} \end{vmatrix} = \begin{vmatrix} \boldsymbol{O} & & & a_{1n} \\ & & a_{2,n-1} & \\ & \cdot^{\cdot^{\cdot}} & & \\ a_{n1} & & & * \end{vmatrix} = \begin{vmatrix} \boldsymbol{O} & & & a_{1n} \\ & & a_{2,n-1} & \\ & \cdot^{\cdot^{\cdot}} & & \\ a_{n1} & & & \boldsymbol{O} \end{vmatrix}$$

$$= (-1)^{\frac{n(n-1)}{2}} a_{1n}a_{2,n-1}\cdots a_{n1}.$$

（5）**范德蒙德行列式**

$$\begin{vmatrix} 1 & 1 & \cdots & 1 \\ a_1 & a_2 & \cdots & a_n \\ a_1^2 & a_2^2 & \cdots & a_n^2 \\ \vdots & \vdots & & \vdots \\ a_1^{n-1} & a_2^{n-1} & \cdots & a_n^{n-1} \end{vmatrix} = \prod_{1 \leqslant j < i \leqslant n} (a_i - a_j).$$

5. 行列式的性质

性质 1 行列式 D 与它的转置行列式 D^{T} 相等.

性质 2 互换行列式的两行（列），行列式变号（交换 r_1 行和 r_2 行，记为 $r_1 \leftrightarrow r_2$；交换 c_1 列和 c_2 列，记为 $c_1 \leftrightarrow c_2$）.

性质 3 行列式的某一行（列）中所有的元素都乘同一数 k，等于用数 k 乘此行列式.

推论 行列式中某一行（列）的所有元素的公因子可以提到整个行列式的外面.

性质 4 行列式中如果有两行（列）元素成比例，则此行列式等于零.

性质 5 若行列式的某一列（行）的所有元素都是两数之和，例如第 i 列的元素都是两数之和，即

$$D=\begin{vmatrix} a_{11} & a_{12} & \cdots & a_{1i}+a'_{1i} & \cdots & a_{1n} \\ a_{21} & a_{22} & \cdots & a_{2i}+a'_{2i} & \cdots & a_{2n} \\ \vdots & \vdots & & \vdots & & \vdots \\ a_{n1} & a_{n2} & \cdots & a_{ni}+a'_{ni} & \cdots & a_{nn} \end{vmatrix},$$

则 D 等于下列两个行列式之和：

$$D=\begin{vmatrix} a_{11} & a_{12} & \cdots & a_{1i} & \cdots & a_{1n} \\ a_{21} & a_{22} & \cdots & a_{2i} & \cdots & a_{2n} \\ \vdots & \vdots & & \vdots & & \vdots \\ a_{n1} & a_{n2} & \cdots & a_{ni} & \cdots & a_{nn} \end{vmatrix}+\begin{vmatrix} a_{11} & a_{12} & \cdots & a'_{1i} & \cdots & a_{1n} \\ a_{21} & a_{22} & \cdots & a'_{2i} & \cdots & a_{2n} \\ \vdots & \vdots & & \vdots & & \vdots \\ a_{n1} & a_{n2} & \cdots & a'_{ni} & \cdots & a_{nn} \end{vmatrix}.$$

性质 6　把行列式的某一行(列)的各元素乘同一数然后加到另一行(列)对应的元素上，行列式不变.

例如以数 k 乘第 j 列加到第 i 列上(记作 c_i+kc_j)，有

$$\begin{vmatrix} a_{11} & \cdots & a_{1i} & \cdots & a_{1j} & \cdots & a_{1n} \\ a_{21} & \cdots & a_{2i} & \cdots & a_{2j} & \cdots & a_{2n} \\ \vdots & & \vdots & & \vdots & & \vdots \\ a_{n1} & \cdots & a_{ni} & \cdots & a_{nj} & \cdots & a_{nn} \end{vmatrix} \xlongequal{c_i+kc_j} \begin{vmatrix} a_{11} & \cdots & a_{1i}+ka_{1j} & \cdots & a_{1j} & \cdots & a_{1n} \\ a_{21} & \cdots & a_{2i}+ka_{2j} & \cdots & a_{2j} & \cdots & a_{2n} \\ \vdots & & \vdots & & \vdots & & \vdots \\ a_{n1} & \cdots & a_{ni}+ka_{nj} & \cdots & a_{nj} & \cdots & a_{nn} \end{vmatrix}\ (i\neq j)$$

(以数 k 乘第 j 行加到第 i 行上，记作 r_i+kr_j).

6. 余子式　在 n 阶行列式 $D=|a_{ij}|$ 中，去掉元素 a_{ij} 所在的第 i 行和第 j 列后，余下的 $n-1$ 阶行列式，称为 a_{ij} 的**余子式**，记为 M_{ij}.

代数余子式　$A_{ij}=(-1)^{i+j}M_{ij}$ 称为 a_{ij} 的**代数余子式**.

k 阶子式　在 n 阶行列式 $D=|a_{ij}|$ 中，任意选定 k 行 k 列($1\leqslant k\leqslant n$)，位于这些行列交叉处的 k^2 个元素，按原来顺序构成一个 k 阶行列式，称为 D 的一个 **k 阶子式**.

7. 按一行(列)展开

(1) 行列式任一行(列)的各元素与其对应的代数余子式乘积之和等于行列式的值，即

按第 i 行展开：$D=a_{i1}A_{i1}+a_{i2}A_{i2}+\cdots+a_{in}A_{in}(i=1,2,\cdots,n)$；

按第 j 列展开：$D=a_{1j}A_{1j}+a_{2j}A_{2j}+\cdots+a_{nj}A_{nj}(j=1,2,\cdots,n)$.

(2) 行列式某一行(列)的元素与另一行(列)对应元素的代数余子式乘积之和等于零，即

$a_{i1}A_{j1}+a_{i2}A_{j2}+\cdots+a_{in}A_{jn}=0, i\neq j$ 或 $a_{1i}A_{1j}+a_{2i}A_{2j}+\cdots+a_{ni}A_{nj}=0, i\neq j$.

8. 按 k 行(k 列)展开(拉普拉斯定理)　在 n 阶行列式中，任意取定 k 行(k 列)($1\leqslant k\leqslant n-1$)，由这 k 行(k 列)组成的所有 k 阶子式与它们的代数余子式的乘积之和等于行列式的值.

9. 拉普拉斯定理的应用

(1) $$\begin{vmatrix} a_{11} & \cdots & a_{1n} & 0 & \cdots & 0 \\ \vdots & & \vdots & \vdots & & \vdots \\ a_{n1} & \cdots & a_{nn} & 0 & \cdots & 0 \\ c_{11} & \cdots & c_{1n} & b_{11} & \cdots & b_{1m} \\ \vdots & & \vdots & \vdots & & \vdots \\ c_{m1} & \cdots & c_{mn} & b_{m1} & \cdots & b_{mm} \end{vmatrix} = \begin{vmatrix} a_{11} & \cdots & a_{1n} \\ \vdots & & \vdots \\ a_{n1} & \cdots & a_{nn} \end{vmatrix} \cdot \begin{vmatrix} b_{11} & \cdots & b_{1m} \\ & & \vdots \\ b_{m1} & \cdots & b_{mm} \end{vmatrix}.$$

(2) $$\begin{vmatrix} 0 & \cdots & 0 & a_{11} & \cdots & a_{1n} \\ \vdots & & \vdots & \vdots & & \vdots \\ 0 & \cdots & 0 & a_{n1} & \cdots & a_{nn} \\ b_{11} & \cdots & b_{1m} & c_{11} & \cdots & c_{1n} \\ \vdots & & \vdots & \vdots & & \vdots \\ b_{m1} & \cdots & b_{mm} & c_{m1} & \cdots & c_{mn} \end{vmatrix} = (-1)^{mn} \begin{vmatrix} a_{11} & \cdots & a_{1n} \\ \vdots & & \vdots \\ a_{n1} & \cdots & a_{nn} \end{vmatrix} \cdot \begin{vmatrix} b_{11} & \cdots & b_{1m} \\ \vdots & & \vdots \\ b_{m1} & \cdots & b_{mm} \end{vmatrix}.$$

(3) **行列式的乘法定理**　两个 n 阶行列式

$$D_1 = \begin{vmatrix} a_{11} & a_{12} & \cdots & a_{1n} \\ a_{21} & a_{22} & \cdots & a_{2n} \\ \vdots & \vdots & & \vdots \\ a_{n1} & a_{n2} & \cdots & a_{nn} \end{vmatrix} \text{和} D_2 = \begin{vmatrix} b_{11} & b_{12} & \cdots & b_{1n} \\ b_{21} & b_{22} & \cdots & b_{2n} \\ \vdots & \vdots & & \vdots \\ b_{n1} & b_{n2} & \cdots & b_{nn} \end{vmatrix}$$

的乘积等于 n 阶行列式

$$C = \begin{vmatrix} c_{11} & c_{12} & \cdots & c_{1n} \\ c_{21} & c_{22} & \cdots & c_{2n} \\ \vdots & \vdots & & \vdots \\ c_{n1} & c_{n2} & \cdots & c_{nn} \end{vmatrix},$$

其中 $c_{ij} = a_{i1}b_{1j} + a_{i2}b_{2j} + \cdots + a_{in}b_{nj}, i, j = 1, 2, \cdots, n.$

10. 行列式的计算方法

(1) 利用行列式的定义；

(2) 利用行列式的性质；

(3) 利用行列式的行列展开.

11. 克拉默法则　如果含 n 个未知量 n 个方程的线性方程组

$$\begin{cases} a_{11}x_1 + a_{12}x_2 + \cdots + a_{1n}x_n = b_1, \\ a_{21}x_1 + a_{22}x_2 + \cdots + a_{2n}x_n = b_2, \\ \cdots\cdots\cdots\cdots \\ a_{n1}x_1 + a_{n2}x_2 + \cdots + a_{nn}x_n = b_n \end{cases}$$

的系数行列式不等于零，即

$$D=\begin{vmatrix} a_{11} & \cdots & a_{1n} \\ \vdots & & \vdots \\ a_{n1} & \cdots & a_{nn} \end{vmatrix} \neq 0,$$

则方程组有唯一解

$$x_1=\frac{D_1}{D},\quad x_2=\frac{D_2}{D},\quad \cdots\quad ,\quad x_n=\frac{D_n}{D},$$

其中 $D_j(j=1,2,\cdots,n)$ 是把系数行列式 D 中第 j 列的元素用方程组右端的常数项代替后所得到的 n 阶行列式，即

$$D_j=\begin{vmatrix} a_{11} & \cdots & a_{1,j-1} & b_1 & a_{1,j+1} & \cdots & a_{1n} \\ \vdots & & \vdots & \vdots & \vdots & & \vdots \\ a_{n1} & \cdots & a_{n,j-1} & b_n & a_{n,j+1} & \cdots & a_{nn} \end{vmatrix}.$$

12. 齐次线性方程组 含 n 个未知量 n 个方程的齐次线性方程组

$$\begin{cases} a_{11}x_1+a_{12}x_2+\cdots+a_{1n}x_n=0, \\ a_{21}x_1+a_{22}x_2+\cdots+a_{2n}x_n=0, \\ \cdots\cdots\cdots\cdots \\ a_{n1}x_1+a_{n2}x_2+\cdots+a_{nn}x_n=0 \end{cases}$$

只有零解的充分必要条件是系数行列式 $D\neq 0$；有非零解的充分必要条件是 $D=0$.

二、 经典例题解析及解题方法总结

【例 1】 选择 i 与 k，使 $a_{1i}a_{32}a_{4k}a_{25}a_{53}$ 成为五阶行列式中一个带负号的项.

解 将给定的项改写成行标为自然顺序，即

$$a_{1i}a_{25}a_{32}a_{4k}a_{53}.$$

列标构成的排列 $i52k3$ 中缺 1 和 4.

令 $i=1,k=4,\tau(15243)=3+1=4$，故该项带正号.

令 $i=4,k=1,\tau(45213)=3+3+1=7$，故该项带负号.

所以，$i=4,k=1$.

【例 2】 利用定义计算下列行列式：

$$(1)D_n=\begin{vmatrix} 0 & \cdots & 0 & a_{1n} \\ 0 & \cdots & a_{2,n-1} & a_{2n} \\ \vdots & & \vdots & \vdots \\ a_{n1} & \cdots & a_{n,n-1} & a_{nn} \end{vmatrix};\qquad (2)D_n=\begin{vmatrix} 0 & 0 & \cdots & 0 & a_1 & 0 \\ 0 & 0 & \cdots & a_2 & 0 & 0 \\ \vdots & \vdots & & \vdots & \vdots & \vdots \\ 0 & a_{n-2} & \cdots & 0 & 0 & 0 \\ a_{n-1} & 0 & \cdots & 0 & 0 & 0 \\ 0 & 0 & \cdots & 0 & 0 & a_n \end{vmatrix}.$$

解 (1) 由 n 阶行列式的定义，D_n 的一般项为

$$\tau^{(j_1j_2\cdots j_n)}\,a_{1j_1}a_{2j_2}\cdots a_{nj_n}.$$

因为 D_n 中第一行除 a_{1n} 外全为零，所以 a_{1j_1} 取为 a_{1n}.

而第二行中除 $a_{2,n-1}$ 和 a_{2n} 外全为零,故 a_{2j_2} 取为 $a_{2,n-1}$.

同理,a_{3j_3} 取为 $a_{3,n-3}$,…,a_{nj_n} 取为 a_{n1},即 D_n 只有一项 $a_{1n}a_{2,n-1}\cdots a_{n1}$.而这一项的列标构成的排列的逆序数为

$$\tau(n(n-1)\cdots 21)=\frac{n(n-1)}{2}.$$

故 $D_n=(-1)^{\frac{n(n-1)}{2}}a_{1n}a_{2,n-1}\cdots a_{n1}$.

(2) 由 n 阶行列式的定义,第一行取 a_1,第二行取 a_2,…,第 n 行取 a_n,即 D_n 只有一项 $a_1a_2\cdots a_n$.而这一项的列标构成的排列为:$(n-1)(n-2)\cdots 1n$,所以逆序数为

$$\tau((n-1)(n-2)\cdots 1n)=\frac{(n-1)(n-2)}{2}.$$

故 $D_n=(-1)^{\frac{(n-1)(n-2)}{2}}a_1a_2\cdots a_n$.

方法总结

当行列式含零元素较多时,可以考虑用行列式的定义进行计算.

【例 3】 计算 $D_n=\begin{vmatrix}2&1&\cdots&1&1\\1&3&\cdots&1&1\\\vdots&\vdots&&\vdots&\vdots\\1&1&\cdots&n&1\\1&1&\cdots&1&n+1\end{vmatrix}$.

解 各行减去第一行,有

$$D_n=\begin{vmatrix}2&1&\cdots&1&1\\-1&2&\cdots&0&0\\\vdots&\vdots&&\vdots&\vdots\\-1&0&\cdots&n-1&0\\-1&0&\cdots&0&n\end{vmatrix}=\begin{vmatrix}2+\sum\limits_{i=2}^{n}\frac{1}{i}&1&\cdots&1&1\\0&2&\cdots&0&0\\\vdots&\vdots&&\vdots&\vdots\\0&0&\cdots&n-1&0\\0&0&\cdots&0&n\end{vmatrix}$$

$$=n!\left(1+\sum_{i=1}^{n}\frac{1}{i}\right).$$

【例 4】 设行列式 $D=\begin{vmatrix}3&0&4&0\\2&2&2&2\\0&-7&0&0\\5&3&-2&2\end{vmatrix}$,求第四行各元素余子式之和.

解 $M_{41}+M_{42}+M_{43}+M_{44}$

$=-A_{41}+A_{42}-A_{43}+A_{44}$

$$=\begin{vmatrix}3&0&4&0\\2&2&2&2\\0&-7&0&0\\-1&1&-1&1\end{vmatrix}\xlongequal{\text{按第三行展开}}(-7)\times(-1)^{3+2}\begin{vmatrix}3&4&0\\2&2&2\\-1&-1&1\end{vmatrix}$$

$$=14\begin{vmatrix}3&4&0\\1&1&1\\-1&-1&1\end{vmatrix}=-28.$$

方法总结

利用行(列)展开构造新的行列式,即用 $A_{41},A_{42},A_{43},A_{44}$ 的系数 $-1,1,-1,1$ 替换 D 中的第四行元素.

【例 5】 计算 $2n$ 阶行列式

$$D_{2n}=\begin{vmatrix}a&&&&&&b\\&a&&&&b&\\&&\ddots&&\iddots&&\\&&&a\ \ b&&&\\&&&c\ \ d&&&\\&&\iddots&&\ddots&&\\&c&&&&d&\\c&&&&&&d\end{vmatrix}.$$

解 **方法一** 对 D_{2n} 按第一行展开,得

$$D_{2n}=a\begin{vmatrix}a&&&&b&0\\&\ddots&&\iddots&&\\&&a\ \ b&&&\\&&c\ \ d&&&\\&\iddots&&\ddots&&\\c&&&&d&0\\0&&&&0&d\end{vmatrix}-b\begin{vmatrix}0&a&&&&b\\&&\ddots&&\iddots&\\&&&a\ \ b&&\\&&&c\ \ d&&\\&&\iddots&&\ddots&\\0&c&&&&d\\c&0&&&&0\end{vmatrix}$$

$$=ad\,D_{2(n-1)}-bc\,D_{2(n-1)}=(ad-bc)D_{2(n-1)}.$$

据此递推下去,可得

$$D_{2n}=(ad-bc)\,D_{2(n-1)}=(ad-bc)^2\,D_{2(n-2)}=\cdots=(ad-bc)^{n-1}\,D_2$$
$$=(ad-bc)^{n-1}(ad-bc)=(ad-bc)^n.$$

所以 $D_{2n}=(ad-bc)^n$.

方法二 选定 D_{2n} 的第 n 及 $n+1$ 行进行拉普拉斯展开,则 $D_{2n}=(ad-bc)D_{2n-2}$. 按此递推下去,可得 $D_{2n}=(ad-bc)^n$.

【例 6】 求 $D_n=\begin{vmatrix}2&1&0&\cdots&0&0\\1&2&1&\cdots&0&0\\0&1&2&\cdots&0&0\\\vdots&\vdots&\vdots&&\vdots&\vdots\\0&0&0&\cdots&2&1\\0&0&0&\cdots&1&2\end{vmatrix}$.

解　将 D_n 按第一列展开得 $D_n=2D_{n-1}-D_{n-2}$，因此有

$$D_n-D_{n-1}=D_{n-1}-D_{n-2}=\cdots=D_2-D_1.$$

又 $D_1=2,D_2=\begin{vmatrix}2&1\\1&2\end{vmatrix}=3$，所以

$$D_n=D_{n-1}+1=D_{n-2}+2=\cdots=D_1+(n-1)=n+1.$$

方法总结

行列式 $\begin{vmatrix}a&b&0&\cdots&0&0\\c&a&b&\cdots&0&0\\0&c&a&\cdots&0&0\\\vdots&\vdots&\vdots&&\vdots&\vdots\\0&0&0&\cdots&a&b\\0&0&0&\cdots&c&a\end{vmatrix}$ 称为三对角行列式.

计算此类行列式通常采用递推法，即：根据行列式的行列展开，找出 D_n 与 D_{n-1} 或 D_n 与 D_{n-1}，D_{n-2} 之间的关系，利用递推关系求出行列式.

【例 7】 计算行列式 $\begin{vmatrix}x+a_1&a_2&a_3&\cdots&a_n\\a_1&x+a_2&a_3&\cdots&a_n\\a_1&a_2&x+a_3&\cdots&a_n\\\vdots&\vdots&\vdots&&\vdots\\a_1&a_2&a_3&\cdots&x+a_n\end{vmatrix}$.

解　将第一行的(−1)倍加到其余各行，有

$$\begin{vmatrix}x+a_1&a_2&a_3&\cdots&a_n\\-x&x&0&\cdots&0\\-x&0&x&\cdots&0\\\vdots&\vdots&\vdots&&\vdots\\-x&0&0&\cdots&x\end{vmatrix},$$

再将后 $n-1$ 列分别加到第一列上，有

$$\begin{vmatrix} x+\sum_{i=1}^{n}a_i & a_2 & a_3 & \cdots & a_n \\ 0 & x & 0 & \cdots & 0 \\ 0 & 0 & x & \cdots & 0 \\ \vdots & \vdots & \vdots & & \vdots \\ 0 & 0 & 0 & \cdots & x \end{vmatrix} = x^{n-1}(x+\sum_{i=1}^{n}a_i).$$

方法总结

首先仔细观察行列式的行列排列规律，然后利用性质化为容易求解的行列式，通常为三角行列式，进而求得行列式.

【例 8】 计算 n 阶行列式 $D_n = \begin{vmatrix} a & b & b & \cdots & b \\ b & a & b & \cdots & b \\ b & b & a & \cdots & b \\ \vdots & \vdots & \vdots & & \vdots \\ b & b & b & \cdots & a \end{vmatrix}$.

解 每列元素都是一个 a 与 $n-1$ 个 b，故可把每行均加至第一行，提取公因式 $a+(n-1)b$，再化为上三角行列式，即

$$D_n = \begin{vmatrix} a+(n-1)b & a+(n-1)b & a+(n-1)b & \cdots & a+(n-1)b \\ b & a & b & \cdots & b \\ b & b & a & \cdots & b \\ \vdots & \vdots & \vdots & & \vdots \\ b & b & b & \cdots & a \end{vmatrix}$$

$$= [a+(n-1)b]\begin{vmatrix} 1 & 1 & 1 & \cdots & 1 \\ b & a & b & \cdots & b \\ b & b & a & \cdots & b \\ \vdots & \vdots & \vdots & & \vdots \\ b & b & b & \cdots & a \end{vmatrix}$$

$$= [a+(n-1)b]\begin{vmatrix} 1 & 1 & 1 & \cdots & 1 \\ 0 & a-b & 0 & \cdots & 0 \\ 0 & 0 & a-b & \cdots & 0 \\ \vdots & \vdots & \vdots & & \vdots \\ 0 & 0 & 0 & \cdots & a-b \end{vmatrix}$$

$$= [a+(n-1)b](a-b)^{n-1}.$$

方法总结

当行列式各行(列)诸元素之和相等时，先求和，再提公因子，然后再运用其他方法求解.

【例 9】 计算 $D_n=\begin{vmatrix}1+a_1 & 1 & \cdots & 1\\ 2 & 2+a_2 & \cdots & 2\\ \vdots & \vdots & & \vdots\\ n & n & \cdots & n+a_n\end{vmatrix}$，其中 $a_1a_2\cdots a_n\neq 0$.

解 $D_n=\begin{vmatrix}1 & 1 & 1 & \cdots & 1\\ 0 & 1+a_1 & 1 & \cdots & 1\\ 0 & 2 & 2+a_2 & \cdots & 2\\ \vdots & \vdots & \vdots & & \vdots\\ 0 & n & n & \cdots & n+a_n\end{vmatrix}=\begin{vmatrix}1 & 1 & 1 & \cdots & 1\\ -1 & a_1 & 0 & \cdots & 0\\ -2 & 0 & a_2 & \cdots & 0\\ \vdots & \vdots & \vdots & & \vdots\\ -n & 0 & 0 & \cdots & a_n\end{vmatrix}$

$=\begin{vmatrix}1+\frac{1}{a_1}+\cdots+\frac{n}{a_n} & 1 & 1 & \cdots & 1\\ 0 & a_1 & 0 & \cdots & 0\\ 0 & 0 & a_2 & \cdots & 0\\ \vdots & \vdots & \vdots & & \vdots\\ 0 & 0 & 0 & \cdots & a_n\end{vmatrix}$

$=a_1a_2\cdots a_n\left(1+\frac{1}{a_1}+\cdots+\frac{n}{a_n}\right)$.

【例 10】 计算 $D_n=\begin{vmatrix}1 & 1 & 1 & \cdots & 1\\ 2 & 2^2 & 2^3 & \cdots & 2^n\\ 3 & 3^2 & 3^3 & \cdots & 3^n\\ \vdots & \vdots & \vdots & & \vdots\\ n & n^2 & n^3 & \cdots & n^n\end{vmatrix}$.

解 从各行中提取公因式，得

$D_n=n!\begin{vmatrix}1 & 1 & 1 & \cdots & 1\\ 1 & 2 & 2^2 & \cdots & 2^{n-1}\\ 1 & 3 & 3^2 & \cdots & 3^{n-1}\\ \vdots & \vdots & \vdots & & \vdots\\ 1 & n & n^2 & \cdots & n^{n-1}\end{vmatrix}=n!\begin{vmatrix}1 & 1 & 1 & \cdots & 1\\ 1 & 2 & 3 & \cdots & n\\ 1 & 2^2 & 3^2 & \cdots & n^2\\ \vdots & \vdots & \vdots & & \vdots\\ 1 & 2^{n-1} & 3^{n-1} & \cdots & n^{n-1}\end{vmatrix}$

$=n!(2-1)(3-1)\cdots(n-1)(3-2)(4-2)\cdots(n-2)\cdots(n-(n-1))$

$=n!(n-1)!(n-2)!\cdots 2!1!$.

【例 11】 已知齐次线性方程组

$$\begin{cases}(3-\lambda)x_1+x_2+x_3=0,\\(2-\lambda)x_2-x_3=0,\\4x_1-2x_2+(1-\lambda)x_3=0\end{cases}$$

有非零解，求 λ 的值.

解 因齐次线性方程组有非零解，故其系数行列式为零，有

$$\begin{aligned}\begin{vmatrix}3-\lambda & 1 & 1\\0 & 2-\lambda & -1\\4 & -2 & 1-\lambda\end{vmatrix}&=\begin{vmatrix}3-\lambda & 3-\lambda & 0\\0 & 2-\lambda & -1\\4 & -2 & 1-\lambda\end{vmatrix}\\&=\begin{vmatrix}3-\lambda & 0 & 0\\0 & 2-\lambda & -1\\4 & -6 & 1-\lambda\end{vmatrix}\\&=(3-\lambda)[(2-\lambda)(1-\lambda)-6]\\&=(3-\lambda)(\lambda-4)(\lambda+1)=0,\end{aligned}$$

所以 λ 为 3,4 或 -1.

【例 12】 求一个二次多项式 $f(x)$，使 $f(1)=-1$，$f(-1)=9$，$f(2)=-3$，并证明满足条件的多项式是唯一的.

解 设所求二次多项式为 $f(x)=a_0x^2+a_1x+a_2$，则

$$\begin{cases}f(1)=a_0+a_1+a_2=-1,\\f(-1)=a_0-a_1+a_2=9,\\f(2)=4a_0+2a_1+a_2=-3,\end{cases}$$

其系数行列式

$$D=\begin{vmatrix}1 & 1 & 1\\1 & -1 & 1\\4 & 2 & 1\end{vmatrix}=6\neq 0,$$

所以可用克拉默法则求解. 又

$$D_1=\begin{vmatrix}-1 & 1 & 1\\9 & -1 & 1\\-3 & 2 & 1\end{vmatrix}=6,\ D_2=\begin{vmatrix}1 & -1 & 1\\1 & 9 & 1\\4 & -3 & 1\end{vmatrix}=-30,\ D_3=\begin{vmatrix}1 & 1 & -1\\1 & -1 & 9\\4 & 2 & -3\end{vmatrix}=18,$$

解得

$$a_0=\frac{D_1}{D}=1,\quad a_1=\frac{D_2}{D}=-5,\quad a_2=\frac{D_3}{D}=3.$$

所以 $f(x)=x^2-5x+3$.

由克拉默法则可知，a_0,a_1,a_2 是唯一的，所以题目所求的二次多项式也是唯一的.

【例 13】 计算 n 阶行列式 $D_n=|a_{ij}|$，其中 $a_{ij}=|i-j|$ $(i,j=1,2,\cdots,n)$.

解

$$D_n=\begin{vmatrix} 0 & 1 & 2 & \cdots & n-2 & n-1 \\ 1 & 0 & 1 & \cdots & n-3 & n-2 \\ 2 & 1 & 0 & \cdots & n-4 & n-3 \\ \vdots & \vdots & \vdots & & \vdots & \vdots \\ n-2 & n-3 & n-4 & \cdots & 0 & 1 \\ n-1 & n-2 & n-3 & \cdots & 1 & 0 \end{vmatrix},$$

第 $n-1$ 行的 (-1) 倍加至第 n 行，第 $n-2$ 行的 (-1) 倍加至第 $n-1$ 行，…，第一行的 (-1) 倍加至第二行，有

$$D_n=\begin{vmatrix} 0 & 1 & 2 & \cdots & n-2 & n-1 \\ 1 & -1 & -1 & \cdots & -1 & -1 \\ 1 & 1 & -1 & \cdots & -1 & -1 \\ \vdots & \vdots & \vdots & & \vdots & \vdots \\ 1 & 1 & 1 & \cdots & -1 & -1 \\ 1 & 1 & 1 & \cdots & 1 & -1 \end{vmatrix}$$

$$\xlongequal[\text{第}1,2,\cdots,n-1\text{列}]{\text{将第}n\text{列分别加到前边}}\begin{vmatrix} n-1 & n & n+1 & \cdots & 2n-3 & n-1 \\ 0 & -2 & -2 & \cdots & -2 & -1 \\ 0 & 0 & -2 & \cdots & -2 & -1 \\ \vdots & \vdots & \vdots & & \vdots & \vdots \\ 0 & 0 & 0 & \cdots & -2 & -1 \\ 0 & 0 & 0 & \cdots & 0 & -1 \end{vmatrix}$$

$$=(-1)^{n-1}(n-1)2^{n-2}.$$

方法总结

此行列式相邻两行对应元素大小相差1，利用逐行相减法，先将第 n 行减去第 $n-1$ 行，其次第 $n-1$ 行减去第 $n-2$ 行，依次进行下去，直至第二行减去第一行，此时，除第一行外，其余元素全是1或 -1，然后化为三角行列式.

【例 14】 利用范德蒙德行列式计算：

$$D_{n+1}=\begin{vmatrix} a^n & (a-1)^n & \cdots & (a-n)^n \\ a^{n-1} & (a-1)^{n-1} & \cdots & (a-n)^{n-1} \\ \vdots & \vdots & & \vdots \\ a & a-1 & \cdots & a-n \\ 1 & 1 & \cdots & 1 \end{vmatrix}.$$

解　将第 $n+1$ 行依次与前面各行交换到第一行（共交换了 n 次），再将新的行列式的第 $n+1$ 行依次与前面各行交换到第二行（共交换了 $n-1$ 次），…… 这样继续做下去，共经过交换 $n+(n-1)+(n-2)+\cdots+2+1=\dfrac{n(n+1)}{2}$ 次后，就可得到一个范德蒙德行列式

$$D_{n+1}=(-1)^{\frac{n(n+1)}{2}}\begin{vmatrix}1 & 1 & \cdots & 1\\ a & a-1 & \cdots & a-n\\ \vdots & \vdots & & \vdots\\ a^{n-1} & (a-1)^{n-1} & \cdots & (a-n)^{n-1}\\ a^n & (a-1)^n & \cdots & (a-n)^n\end{vmatrix}$$

$$=(-1)^{\frac{n(n+1)}{2}}\prod_{0\leqslant j<i\leqslant n}[(a-i)-(a-j)]$$

$$=(-1)^{\frac{n(n+1)}{2}}\prod_{0\leqslant j<i\leqslant n}(j-i)=(-1)^{\frac{n(n+1)}{2}}\prod_{k=1}^{n}(-1)^k k!$$

$$=(-1)^{\frac{n(n+1)}{2}}(-1)^{1+2+\cdots+n}\prod_{k=1}^{n}k!=\prod_{k=1}^{n}k!.$$

【例 15】 证明元素为 0,1 的三阶行列式的值只能是 $0,\pm1,\pm2$.

证 设 $D=\begin{vmatrix}a_{11} & a_{12} & a_{13}\\ a_{21} & a_{22} & a_{23}\\ a_{31} & a_{32} & a_{33}\end{vmatrix}$，$a_{ij}$ 取值 0 或 1.

若 D 的某一列元素全为零，则 $D=0$，结论成立. 否则，第一列中至少有一个非零元素，不失一般性，设 $a_{11}=1$，当 a_{21} 或 a_{31} 不全为零时，通过减去第一行，可把 D 化为

$$D=\begin{vmatrix}1 & a_{12} & a_{13}\\ 0 & b_{22} & b_{23}\\ 0 & b_{32} & b_{33}\end{vmatrix}=b_{22}b_{33}-b_{32}b_{23},$$

其中 $b_{ij}=a_{ij}$ 或 $b_{ij}=a_{ij}-a_{1j}$，因此 $|b_{ij}|\leqslant 1$，故 $|D|\leqslant 2$.

【例 16】 设 $f(x)=C_0+C_1x+C_2x^2+\cdots+C_nx^n$，证明：若 $f(x)$ 有 $n+1$ 个不同的根，则 $f(x)$ 是零多项式.

证 令 $a_0,a_1,\cdots,a_n$ 是 $f(x)$ 的 $n+1$ 个不同的根，即 $a_i\neq a_j$，$i\neq j$，$i,j=0,1,2,\cdots,n$. 因为 $f(a_i)=0$，$i=0,1,2,\cdots,n$，所以有线性方程组

$$\begin{cases}C_0+C_1a_0+C_2a_0^2+\cdots+C_na_0^n=0,\\ C_0+C_1a_1+C_2a_1^2+\cdots+C_na_1^n=0,\\ \cdots\cdots\cdots\cdots\\ C_0+C_1a_n+C_2a_n^2+\cdots+C_na_n^n=0,\end{cases}$$

其系数行列式为 $D_{n+1}=\begin{vmatrix}1 & a_0 & a_0^2 & \cdots & a_0^n\\ 1 & a_1 & a_1^2 & \cdots & a_1^n\\ \vdots & \vdots & \vdots & & \vdots\\ 1 & a_n & a_n^2 & \cdots & a_n^n\end{vmatrix}=\prod_{0\leqslant j<i\leqslant n}(a_i-a_j)$.

由于当 $i\neq j$ 时，$a_i\neq a_j$，所以 $D_{n+1}\neq 0$. 由克拉默法则，方程组只有零解，即 $C_0=C_1=\cdots=C_n=0$，所以 $f(x)=0$.

三、 教材习题解答

第二章习题解答

1. 判定以下 9 阶排列的逆序数,从而判定它们的奇偶性:
(1)134782695; (2)217986354; (3)987654321.

解 (1) 所求排列的逆序数为

$$\tau(134782695)=4+0+2+4+0+0+0+0=10,$$

所以此排列为偶排列.

(2) 所求排列的逆序数为

$$\tau(217986354)=5+4+4+3+1+0+0+1=18,$$

所以此排列为偶排列.

(3) 所求排列的逆序数为

$$\tau(987654321)=8+7+6+5+4+3+2+1=\frac{8\times(8+1)}{2}=36,$$

所以此排列为偶排列.

2. 选择 i 与 k,使
(1)$1274i56k9$ 成偶排列.
(2)$1i25k4897$ 成奇排列.

解 (1) 当 $i=8,k=3$ 时,所求排列的逆序数为

$$\tau(1274i56k9)=\tau(127485639)=0+5+2+2+0+1+0+0=10,$$

故为偶排列.

(2) 当 $i=3,k=6$ 时,所求排列的逆序数为

$$\tau(1i25k4897)=\tau(132564897)=2+0+0+2+0+0+1+0=5,$$

故为奇排列.

3. 写出把排列 12435 变成排列 25341 的那些对换.

解 $12435\xrightarrow{(1,2)}21435\xrightarrow{(1,5)}25431\xrightarrow{(3,4)}25341.$

4. 判定排列 $n(n-1)\cdots21$ 的逆序数,并讨论它的奇偶性.

【思路探索】 逆序数容易求解,关键是讨论奇偶性.

解 因为 1 与其他数构成 $n-1$ 个逆序,2 与其他数构成 $n-2$ 个逆序,…,$n-1$ 与其他数(即 n) 构成 1 个逆序,所以排列 $n(n-1)\cdots21$ 的逆序数为

$$\tau[n(n-1)\cdots21]=(n-1)+(n-2)+\cdots+2+1=\frac{n(n-1)}{2}.$$

故当 $n=4k$ 或 $4k+1$ 时,排列为偶排列;当 $n=4k+2$ 或 $4k+3$ 时,排列为奇排列.

5. 如果排列 $x_1,x_2\cdots x_{n-1}x_n$ 的逆序数为 k,排列 $x_nx_{n-1}\cdots x_2x_1$ 的逆序数是多少?

【思路探索】 $x_i,x_j(i\neq j)$ 能且仅能构成一组逆序.

解 因为比 x_i 大的数有 $n-x_i$ 个,所以在 $x_1x_2\cdots x_{n-1}x_n$ 与 $x_nx_{n-1}\cdots x_2x_1$ 这两个排列中,由 x_i 与比它大的各数构成的逆序数的和为 $n-x_i$. 因而,由所有 x_i 构成的逆序总数恰为

$$1+2+\cdots+(n-1)=\frac{n(n-1)}{2}.$$

而排列 $x_1x_2\cdots x_n$ 的逆序数为 k,故排列 $x_nx_{n-1}\cdots x_2x_1$ 的逆序数为 $\frac{n(n-1)}{2}-k$.

6. 在 6 阶行列式的展开式中，$a_{23}a_{31}a_{42}a_{56}a_{14}a_{65}$，$a_{32}a_{43}a_{14}a_{51}a_{66}a_{25}$ 这两项带有什么符号？

解　在 6 阶行列式的展开式中，项 $a_{23}a_{31}a_{42}a_{56}a_{14}a_{65}$ 前面的符号为

$$(-1)^{\tau(234516)+\tau(312645)}=(-1)^{4+4}=1.$$

同理，项 $a_{32}a_{43}a_{14}a_{51}a_{66}a_{25}$ 前面的符号为

$$(-1)^{\tau(341562)+\tau(234165)}=(-1)^{6+4}=1,$$

所以这两项都应带有正号.

方法点击：无论是行指标自然排列，还是列指标自然排列，或者是题中的任意排列，得出其符号是一致的.

7. 写出 4 阶行列式中所有带有负号并且包含因子 a_{23} 的项.

解　所求项为 $-a_{11}a_{23}a_{32}a_{44}$，$-a_{12}a_{23}a_{34}a_{41}$，$-a_{14}a_{23}a_{31}a_{42}$.

方法点击：写出所有可能含 a_{23} 的项，再进行判断.

8. 按定义计算下列行列式：

$$(1)\begin{vmatrix}0&0&\cdots&0&1\\0&0&\cdots&2&0\\\vdots&\vdots&&\vdots&\vdots\\0&n-1&\cdots&0&0\\n&0&\cdots&0&0\end{vmatrix};\quad(2)\begin{vmatrix}0&1&0&\cdots&0\\0&0&2&\cdots&0\\\vdots&\vdots&\vdots&&\vdots\\0&0&0&\cdots&n-1\\n&0&0&\cdots&0\end{vmatrix};\quad(3)\begin{vmatrix}0&\cdots&0&1&0\\0&\cdots&2&0&0\\\vdots&&\vdots&\vdots&\vdots\\n-1&\cdots&0&0&0\\0&\cdots&0&0&n\end{vmatrix}.$$

【思路探索】　利用行列式的定义，参考对角形行列式的结果，注意符号. 关键是每行每列有且只有 1 个元素的连乘积，与该项符号的判定.

解　(1) 原行列式只有一个非零项 $a_{1n}a_{2,n-1}\cdots a_{n1}$，所带符号为$(-1)^{1+2+\cdots+(n-1)}=(-1)^{\frac{n(n-1)}{2}}$，所以原式 $=(-1)^{\frac{n(n-1)}{2}}n!$.

(2) 原式仅有一个非零项为 $a_{12}a_{23}\cdots a_{n-1,n}a_{n1}$，符号为$(-1)^{n-1}$，所以原式 $=(-1)^{n-1}n!$.

(3) 参考(2)，该式 $=(-1)^{\frac{(n-1)(n-2)}{2}}n!$.

9. 由行列式定义证明：

$$\begin{vmatrix}a_1&a_2&a_3&a_4&a_5\\b_1&b_2&b_3&b_4&b_5\\c_1&c_2&0&0&0\\d_1&d_2&0&0&0\\e_1&e_2&0&0&0\end{vmatrix}=0.$$

证　行列式的一般项可表示成 $a_{1j_1}a_{2j_2}a_{3j_3}a_{4j_4}a_{5j_5}$. 列指标 j_1,j_2,j_3,j_4,j_5 只能在 1,2,3,4,5 中取不同的值，故 j_3,j_4,j_5 三个下标中至少有一个要取 3,4,5 中之一数，从而任一项至少要包含一个 0 为因子，所以任一项必为 0，即原行列式 $=0$.

10. 由行列式定义计算

$$f(x)=\begin{vmatrix}2x&x&1&2\\1&x&1&-1\\3&2&x&1\\1&1&1&x\end{vmatrix}$$

中 x^4 与 x^3 的系数，并说明理由.

【思路探索】 利用 x^4,x^3 的方幂组成与行列式的定义，判断该行列式中含 x^4,x^3 的项.

解 x^4 的项只能由 $a_{11}a_{22}a_{33}a_{44}$ 组成，其系数为 2；x^3 的项只能由 $a_{12}a_{21}a_{33}a_{44}$ 组成，其系数为 -1.

11. 由

$$\begin{vmatrix} 1 & 1 & \cdots & 1 \\ 1 & 1 & \cdots & 1 \\ \vdots & \vdots & & \vdots \\ 1 & 1 & \cdots & 1 \end{vmatrix} = 0,$$

证明奇偶排列各半.

证 由题设可知行列式每一项的绝对值都等于 1. 又由于行列式等于零，说明带正号的项与带负号的项个数相等. 而由定义可知，每项的符号是当行标排成自然顺序后，列标所成排列为偶排列时带正号，为奇排列时带负号，所以奇偶排列各半.

12. 设

$$P(x) = \begin{vmatrix} 1 & x & x^2 & \cdots & x^{n-1} \\ 1 & a_1 & a_1^2 & \cdots & a_1^{n-1} \\ \vdots & \vdots & \vdots & & \vdots \\ 1 & a_{n-1} & a_{n-1}^2 & \cdots & a_{n-1}^{n-1} \end{vmatrix}$$

其中 $a_1,a_2,\cdots,a_{n-1}$ 是互不相同的数.

(1) 由行列式定义，说明 $P(x)$ 是一个 $(n-1)$ 次多项式；

(2) 由行列式性质，求 $P(x)$ 的根.

【思路探索】 利用 $P(x)$ 关于第一行元素展开，可知 $P(x)$ 为关于 x 的 $n-1$ 次多项式，利用行列式的性质可知 $P(a_i)=0(i=1,2,\cdots,n-1)$.

解 (1) 因为所给行列式中只有第一行含有 x，所以若按第一行展开，含有 x^{n-1} 的对应项的系数恰为

$$(-1)^{n+1}\begin{vmatrix} 1 & a_1 & a_1^2 & \cdots & a_1^{n-2} \\ 1 & a_2 & a_2^2 & \cdots & a_2^{n-2} \\ \vdots & \vdots & \vdots & & \vdots \\ 1 & a_{n-1} & a_{n-1}^2 & \cdots & a_{n-1}^{n-2} \end{vmatrix}.$$

由于 $a_1,a_2,\cdots,a_{n-1}$ 互不相同，故含有 x^{n-1} 的对应项的系数不为零，因而 $P(x)$ 为 $n-1$ 次多项式.

(2) 若用 $a_1,a_2,\cdots,a_{n-1}$ 分别代替 x，则由行列式的性质知所给行列式的值为零，即 $P(a_i)=0(i=1,2,\cdots,n-1)$. 故 $P(x)$ 至少有 $n-1$ 个根 $a_1,a_2,\cdots,a_{n-1}$. 又因为 $P(x)$ 是一个 $n-1$ 次的多项式，所以 $a_1,a_2,\cdots,a_{n-1}$ 必是 $P(x)$ 的全部根.

方法点击：注意范德蒙德行列式在判断多项式的根等方面的应用.

13. 计算下列行列式：

(1) $\begin{vmatrix} 246 & 427 & 327 \\ 1\,014 & 543 & 443 \\ -342 & 721 & 621 \end{vmatrix}$； (2) $\begin{vmatrix} x & y & x+y \\ y & x+y & x \\ x+y & x & y \end{vmatrix}$；

(3) $\begin{vmatrix} 3 & 1 & 1 & 1 \\ 1 & 3 & 1 & 1 \\ 1 & 1 & 3 & 1 \\ 1 & 1 & 1 & 3 \end{vmatrix}$； (4) $\begin{vmatrix} 1 & 2 & 3 & 4 \\ 2 & 3 & 4 & 1 \\ 3 & 4 & 1 & 2 \\ 4 & 1 & 2 & 3 \end{vmatrix}$；

(5) $\begin{vmatrix} 1+x & 1 & 1 & 1 \\ 1 & 1-x & 1 & 1 \\ 1 & 1 & 1+y & 1 \\ 1 & 1 & 1 & 1-y \end{vmatrix}$； (6) $\begin{vmatrix} a^2 & (a+1)^2 & (a+2)^2 & (a+3)^2 \\ b^2 & (b+1)^2 & (b+2)^2 & (b+3)^2 \\ c^2 & (c+1)^2 & (c+2)^2 & (c+3)^2 \\ d^2 & (d+1)^2 & (d+2)^2 & (d+3)^2 \end{vmatrix}$.

【思路探索】 分析行列式元素的分布特点，化该行列式为上(下)三角形行列式、对角形行列式、范德蒙德行列式，或者便于按行(列)展开的行列式，再进行计算.

解 (1) 把第 2,3 列都加到第 1 列上，再把第 3 列乘 -1 加到第 2 列上，得

$$原式=\begin{vmatrix} 1\,000 & 100 & 327 \\ 2\,000 & 100 & 443 \\ 1\,000 & 100 & 621 \end{vmatrix}=10^5\times\begin{vmatrix} 1 & 1 & 327 \\ 2 & 1 & 443 \\ 1 & 1 & 621 \end{vmatrix}=10^5\times\begin{vmatrix} 1 & 1 & 327 \\ 0 & -1 & -211 \\ 0 & 0 & 294 \end{vmatrix}=-294\times10^5.$$

(2) 把第 2,3 列都加到第 1 列上，再提公因子，得

$$原式=2(x+y)\begin{vmatrix} 1 & y & x+y \\ 1 & x+y & x \\ 1 & x & y \end{vmatrix}=2(x+y)\begin{vmatrix} 1 & y & x+y \\ 0 & x & -y \\ 0 & x-y & -x \end{vmatrix}$$

$$=2(x+y)\begin{vmatrix} x & -y \\ x-y & -x \end{vmatrix}=2(x+y)[y(x-y)-x^2]=-2(x^3+y^3).$$

(3) **方法一** 其余各列加至第 1 列，得

$$原式=\begin{vmatrix} 6 & 1 & 1 & 1 \\ 6 & 3 & 1 & 1 \\ 6 & 1 & 3 & 1 \\ 6 & 1 & 1 & 3 \end{vmatrix}=6\begin{vmatrix} 1 & 1 & 1 & 1 \\ 1 & 3 & 1 & 1 \\ 1 & 1 & 3 & 1 \\ 1 & 1 & 1 & 3 \end{vmatrix}=6\begin{vmatrix} 1 & 1 & 1 & 1 \\ 0 & 2 & 0 & 0 \\ 0 & 0 & 2 & 0 \\ 0 & 0 & 0 & 2 \end{vmatrix}=6\times2^3=48.$$

方法二 加边法.

$$原式=\begin{vmatrix} 1 & 1 & 1 & 1 & 1 \\ 0 & 3 & 1 & 1 & 1 \\ 0 & 1 & 3 & 1 & 1 \\ 0 & 1 & 1 & 3 & 1 \\ 0 & 1 & 1 & 1 & 3 \end{vmatrix}=\begin{vmatrix} 1 & 1 & 1 & 1 & 1 \\ -1 & 2 & 0 & 0 & 0 \\ -1 & 0 & 2 & 0 & 0 \\ -1 & 0 & 0 & 2 & 0 \\ -1 & 0 & 0 & 0 & 2 \end{vmatrix}\xrightarrow[\text{加至第 1 列}]{\text{其余各列}\times\frac{1}{2}}\begin{vmatrix} 3 & 1 & 1 & 1 & 1 \\ 0 & 2 & 0 & 0 & 0 \\ 0 & 0 & 2 & 0 & 0 \\ 0 & 0 & 0 & 2 & 0 \\ 0 & 0 & 0 & 0 & 2 \end{vmatrix}=48.$$

(4) 其余各列加至第 1 列，得

$$原式=\begin{vmatrix} 10 & 2 & 3 & 4 \\ 10 & 3 & 4 & 1 \\ 10 & 4 & 1 & 2 \\ 10 & 1 & 2 & 3 \end{vmatrix}=10\begin{vmatrix} 1 & 2 & 3 & 4 \\ 1 & 3 & 4 & 1 \\ 1 & 4 & 1 & 2 \\ 1 & 1 & 2 & 3 \end{vmatrix}=10\begin{vmatrix} 1 & 2 & 3 & 4 \\ 0 & 1 & 1 & -3 \\ 0 & 2 & -2 & -2 \\ 0 & -1 & -1 & -1 \end{vmatrix}$$

$$=10\begin{vmatrix} 1 & 1 & -3 \\ 0 & -4 & 4 \\ 0 & 0 & -4 \end{vmatrix}=10\times(-4)^2=160.$$

(5) 第 1 行减去第 2 行，第 3 行减去第 4 行，得

$$原式=\begin{vmatrix} x & x & 0 & 0 \\ 1 & 1-x & 1 & 1 \\ 0 & 0 & y & y \\ 1 & 1 & 1 & 1-y \end{vmatrix}=xy\begin{vmatrix} 1 & 1 & 0 & 0 \\ 1 & 1-x & 1 & 1 \\ 0 & 0 & 1 & 1 \\ 1 & 1 & 1 & 1-y \end{vmatrix}=xy\begin{vmatrix} 1 & 1 & 0 & 0 \\ 0 & -x & 1 & 1 \\ 0 & 0 & 1 & 1 \\ 0 & 0 & 0 & -y \end{vmatrix}=x^2y^2.$$

(6) 将第 3 列的(-1) 倍加到第 4 列，第 2 列的(-1) 倍加到第 3 列，第 1 列的(-1) 倍加到第 2 列，得

$$\text{原式}=\begin{vmatrix} a^2 & 2a+1 & 2a+3 & 2a+5 \\ b^2 & 2b+1 & 2b+3 & 2b+5 \\ c^2 & 2c+1 & 2c+3 & 2c+5 \\ d^2 & 2d+1 & 2d+3 & 2d+5 \end{vmatrix}=\begin{vmatrix} a^2 & 2a+1 & 2 & 2 \\ b^2 & 2b+1 & 2 & 2 \\ c^2 & 2c+1 & 2 & 2 \\ d^2 & 2d+1 & 2 & 2 \end{vmatrix}=0.$$

14. 证明：

$$\begin{vmatrix} b+c & c+a & a+b \\ b_1+c_1 & c_1+a_1 & a_1+b_1 \\ b_2+c_2 & c_2+a_2 & a_2+b_2 \end{vmatrix}=2\begin{vmatrix} a & b & c \\ a_1 & b_1 & c_1 \\ a_2 & b_2 & c_2 \end{vmatrix}.$$

【思路探索】 可采用由左向右证的方法，根据行列式的性质将左边化简即可得右边.

证　由行列式的性质，有

$$\text{左边}=2\begin{vmatrix} a+b+c & c+a & a+b \\ a_1+b_1+c_1 & c_1+a_1 & a_1+b_1 \\ a_2+b_2+c_2 & c_2+a_2 & a_2+b_2 \end{vmatrix}$$

$$=2\begin{vmatrix} a+b+c & -b & -c \\ a_1+b_1+c_1 & -b_1 & -c_1 \\ a_2+b_2+c_2 & -b_2 & -c_2 \end{vmatrix}=2\begin{vmatrix} a & -b & -c \\ a_1 & -b_1 & -c_1 \\ a_2 & -b_2 & -c_2 \end{vmatrix}$$

$$=2\begin{vmatrix} a & b & c \\ a_1 & b_1 & c_1 \\ a_2 & b_2 & c_2 \end{vmatrix}=\text{右边}.$$

15. 算出下列行列式的全部代数余子式：

(1) $\begin{vmatrix} 1 & 2 & 1 & 4 \\ 0 & -1 & 2 & 1 \\ 0 & 0 & 2 & 1 \\ 0 & 0 & 0 & 3 \end{vmatrix}$；　(2) $\begin{vmatrix} 1 & -1 & 2 \\ 3 & 2 & 1 \\ 0 & 1 & 4 \end{vmatrix}$.

解　(1) $A_{11}=-6$，　$A_{12}=0$，　$A_{13}=0$，　$A_{14}=0$，

$A_{21}=-12$，$A_{22}=6$，　$A_{23}=0$，　$A_{24}=0$，

$A_{31}=15$，　$A_{32}=-6$，　$A_{33}=-3$，$A_{34}=0$，

$A_{41}=7$，　$A_{42}=0$，　$A_{43}=1$，　$A_{44}=-2$.

(2) $A_{11}=7$，　$A_{12}=-12$，$A_{13}=3$，

$A_{21}=6$，　$A_{22}=4$，　$A_{23}=-1$，

$A_{31}=-5$，　$A_{32}=5$，　$A_{33}=5$.

16. 计算下列行列式：

(1) $\begin{vmatrix} 1 & 1 & 1 & 1 \\ 2 & 1 & 1 & -3 \\ 1 & 2 & 2 & 5 \\ 4 & 3 & 2 & 1 \end{vmatrix}$；　(2) $\begin{vmatrix} 1 & \frac{1}{2} & 1 & 1 \\ -\frac{1}{3} & 1 & 2 & 1 \\ \frac{1}{3} & 1 & -1 & \frac{1}{2} \\ -1 & 1 & 0 & \frac{1}{2} \end{vmatrix}$；

(3) $\begin{vmatrix} 0 & 1 & 2 & -1 & 4 \\ 2 & 0 & 1 & 2 & 1 \\ -1 & 3 & 5 & 1 & 2 \\ 3 & 3 & 1 & 2 & 1 \\ 2 & 1 & 0 & 3 & 5 \end{vmatrix}$；　(4) $\begin{vmatrix} 1 & \frac{1}{2} & 0 & 1 & -1 \\ 2 & 0 & -1 & 1 & 2 \\ 3 & 2 & 1 & \frac{1}{2} & 0 \\ 1 & -1 & 0 & 1 & 2 \\ 2 & 1 & 3 & 0 & \frac{1}{2} \end{vmatrix}$.

【思路探索】 对于具体的行列式(数字行列式),通过行列式的性质进行行(列)运算,化为可降阶的行列式.

解 (1) 原式 $=\begin{vmatrix}1&1&1&1\\0&-1&-1&-5\\0&1&1&4\\0&-1&-2&-3\end{vmatrix}=\begin{vmatrix}-1&-1&-5\\0&0&-1\\0&-1&2\end{vmatrix}=-\begin{vmatrix}0&-1\\-1&2\end{vmatrix}=1.$

(2) 分别从第 1,2,4 列提出公因子$\frac{1}{3}$,$\frac{1}{2}$,$\frac{1}{2}$,得

$$原式=\frac{1}{12}\begin{vmatrix}3&1&1&2\\-1&2&2&2\\1&2&-1&1\\-3&2&0&1\end{vmatrix}\xlongequal[r_3+r_1]{r_2-2r_1}\frac{1}{12}\begin{vmatrix}3&1&1&2\\-7&0&0&-2\\4&3&0&3\\-3&2&0&1\end{vmatrix}$$

$$=\frac{1}{12}\cdot(-1)^{1+3}\cdot\begin{vmatrix}-7&0&-2\\4&3&3\\-3&2&1\end{vmatrix}\xlongequal[r_2-3r_3]{r_1+2r_3}\frac{1}{12}\begin{vmatrix}-13&4&0\\13&-3&0\\-3&2&1\end{vmatrix}$$

$$=\frac{1}{12}\cdot(-1)^{3+3}\cdot\begin{vmatrix}-13&4\\13&-3\end{vmatrix}\xlongequal{r_2+r_1}\frac{1}{12}\begin{vmatrix}-13&4\\0&1\end{vmatrix}=\frac{1}{12}\times(-13)=-\frac{13}{12}.$$

(3) $原式\xlongequal[\substack{r_4-3r_1\\r_4-r_1}]{r_3-3r_1}\begin{vmatrix}0&1&2&-1&4\\2&0&1&2&1\\-1&0&-1&4&-10\\3&0&-5&5&-11\\2&0&-2&4&1\end{vmatrix}=-\begin{vmatrix}2&1&2&1\\-1&-1&4&-10\\3&-5&5&-11\\2&-2&4&1\end{vmatrix}$

$$\xlongequal[\substack{r_3+5r_1\\r_4+2r_1}]{r_2+r_1}-\begin{vmatrix}2&1&2&1\\1&0&6&-9\\13&0&15&-6\\6&0&8&3\end{vmatrix}=\begin{vmatrix}1&6&-9\\13&15&-6\\6&8&3\end{vmatrix}\xlongequal{c_3\div 3}3\begin{vmatrix}1&6&-3\\13&15&-2\\6&8&1\end{vmatrix}$$

$$\xlongequal[r_2+2r_3]{r_1+3r_3}3\begin{vmatrix}19&30&0\\25&31&0\\6&8&1\end{vmatrix}=3\begin{vmatrix}19&30\\25&31\end{vmatrix}=3\times(-161)=-483.$$

(4) 将第 1,3,5 行都提公因子$\frac{1}{2}$,得

$$原式=\frac{1}{8}\begin{vmatrix}2&1&0&2&-2\\2&0&-1&1&2\\6&4&2&1&0\\1&-1&0&1&2\\4&2&6&0&1\end{vmatrix}\xlongequal[r_5+6r_2]{r_3+2r_2}\frac{1}{8}\begin{vmatrix}2&1&0&2&-2\\2&0&-1&1&2\\10&4&0&3&4\\1&-1&0&1&2\\16&2&0&6&13\end{vmatrix}$$

$$=\frac{1}{8}\cdot(-1)\cdot(-1)^{2+3}\begin{vmatrix}2&1&2&-2\\10&4&3&4\\1&-1&1&2\\16&2&6&13\end{vmatrix}\xlongequal[\substack{r_3+r_1\\r_4-2r_1}]{r_2-4r_1}\frac{1}{8}\begin{vmatrix}2&1&2&-2\\2&0&-5&12\\3&0&3&0\\12&0&2&17\end{vmatrix}$$

$$=\frac{1}{8}\cdot(-1)^{1+2}\cdot\begin{vmatrix}2&-5&12\\3&3&0\\12&2&17\end{vmatrix}\xlongequal{c_1-c_2}-\frac{1}{8}\begin{vmatrix}7&-5&12\\0&3&0\\10&2&17\end{vmatrix}$$

$$=-\frac{3}{8}\begin{vmatrix}7 & 12\\10 & 17\end{vmatrix}=\frac{3}{8}.$$

17. 计算下列 n 阶行列式:

(1) $\begin{vmatrix}x & y & 0 & \cdots & 0 & 0\\0 & x & y & \cdots & 0 & 0\\\vdots & \vdots & \vdots & & \vdots & \vdots\\0 & 0 & 0 & \cdots & x & y\\y & 0 & 0 & \cdots & 0 & x\end{vmatrix}$;　(2) $\begin{vmatrix}a_1-b_1 & a_1-b_2 & \cdots & a_1-b_n\\a_2-b_1 & a_2-b_2 & \cdots & a_2-b_n\\\vdots & \vdots & & \vdots\\a_n-b_1 & a_n-b_2 & \cdots & a_n-b_n\end{vmatrix}$;

(3) $\begin{vmatrix}x_1-m & x_2 & \cdots & x_n\\x_1 & x_2-m & \cdots & x_n\\\vdots & \vdots & & \vdots\\x_1 & x_2 & \cdots & x_n-m\end{vmatrix}$;　(4) $\begin{vmatrix}1 & 2 & 2 & \cdots & 2\\2 & 2 & 2 & \cdots & 2\\2 & 2 & 3 & \cdots & 2\\\vdots & \vdots & \vdots & & \vdots\\2 & 2 & 2 & \cdots & n\end{vmatrix}$;

(5) $\begin{vmatrix}1 & 2 & 3 & \cdots & n-1 & n\\1 & -1 & 0 & \cdots & 0 & 0\\0 & 2 & -2 & \cdots & 0 & 0\\\vdots & \vdots & \vdots & & \vdots & \vdots\\0 & 0 & 0 & \cdots & n-1 & 1-n\end{vmatrix}$.

【思路探索】 先转化为可降阶的行列式,再化成上(下)三角形行列式.

解　(1) 关于第 1 列展开,得

$$\text{原式}=\begin{vmatrix}x & y & 0 & \cdots & 0 & 0\\0 & x & y & \cdots & 0 & 0\\\vdots & \vdots & \vdots & & \vdots & \vdots\\0 & 0 & 0 & \cdots & x & y\\0 & 0 & 0 & \cdots & 0 & x\end{vmatrix}+(-1)^{n+1}y\begin{vmatrix}y & 0 & 0 & \cdots & 0 & 0\\x & y & 0 & \cdots & 0 & 0\\0 & x & y & \cdots & 0 & 0\\\vdots & \vdots & \vdots & & \vdots & \vdots\\0 & 0 & 0 & \cdots & y & 0\\0 & 0 & 0 & \cdots & x & y\end{vmatrix}$$

$$=x^n+(-1)^{n+1}y^n(n\geqslant 2).$$

(2) $\text{原式}=\begin{vmatrix}a_1-b_1 & a_1-b_2 & \cdots & a_1-b_n\\a_2-b_1 & a_2-b_2 & \cdots & a_2-b_n\\\vdots & \vdots & & \vdots\\a_n-b_1 & a_n-b_2 & \cdots & a_n-b_n\end{vmatrix}$.

当 $n=1$ 时,原式 $=a_1-b_1$;当 $n=2$ 时,原式 $=(a_2-a_1)(b_2-b_1)$;
当 $n\geqslant 3$ 时,原式 $=0$.

(3) $\text{原式}=\left(\sum\limits_{i=1}^{n}x_i-m\right)\begin{vmatrix}1 & x_2 & \cdots & x_n\\1 & x_2-m & \cdots & x_n\\\vdots & \vdots & & \vdots\\1 & x_2 & \cdots & x_n-m\end{vmatrix}$

$$\xlongequal[i=2,3,\cdots,n]{r_i-r_1}\left(\sum_{i=1}^{n}x_i-m\right)\begin{vmatrix}1 & x_2 & \cdots & x_n\\0 & -m & \cdots & 0\\\vdots & \vdots & & \vdots\\0 & 0 & \cdots & -m\end{vmatrix}=\left(\sum_{i=1}^{n}x_i-m\right)(-m)^{n-1}.$$

(4) 原式 $\xlongequal[i=2,3,\cdots,n]{r_i-r_1}\begin{vmatrix}1&2&2&\cdots&2\\1&0&0&\cdots&0\\1&0&1&\cdots&0\\\vdots&\vdots&\vdots&&\vdots\\1&0&0&\cdots&n-2\end{vmatrix}=(-1)^{2+1}\begin{vmatrix}2&2&2&\cdots&2\\0&1&0&\cdots&0\\0&0&2&\cdots&0\\\vdots&\vdots&\vdots&&\vdots\\0&0&0&\cdots&n-2\end{vmatrix}_{(n-1)}$

$=(-1)\cdot 2\cdot(n-2)!=(-2)\cdot(n-2)!(n\geqslant 2)$.

(5) 将第 2,3,…,n 列都加到第 1 列,得

$$\text{原式}=\begin{vmatrix}\frac{n(n+1)}{2}&2&3&\cdots&n-1&n\\0&-1&0&\cdots&0&0\\0&2&-2&\cdots&0&0\\\vdots&\vdots&\vdots&&\vdots&\vdots\\0&0&0&\cdots&-(n-2)&0\\0&0&0&\cdots&n-1&-(n-1)\end{vmatrix}$$

$$=\frac{n(n+1)}{2}\begin{vmatrix}-1&0&\cdots&0&0\\2&-2&\cdots&0&0\\\vdots&\vdots&&\vdots&\vdots\\0&0&\cdots&-(n-2)&0\\0&0&\cdots&n-1&-(n-1)\end{vmatrix}_{(n-1)}\quad\text{(下三角形行列式)}$$

$$=\frac{n(n+1)}{2}\cdot(-1)^{n-1}\cdot(n-1)!=(-1)^{n-1}\frac{1}{2}(n+1)!.$$

18. 证明:

(1) $\begin{vmatrix}a_0&1&1&\cdots&1\\1&a_1&0&\cdots&0\\1&0&a_2&\cdots&0\\\vdots&\vdots&\vdots&&\vdots\\1&0&0&\cdots&a_n\end{vmatrix}=a_1a_2\cdots a_n\left(a_0-\sum_{i=1}^{n}\frac{1}{a_i}\right)$;

(2) $\begin{vmatrix}x&0&0&\cdots&0&a_0\\-1&x&0&\cdots&0&a_1\\0&-1&x&\cdots&0&a_2\\\vdots&\vdots&\vdots&&\vdots&\vdots\\0&0&0&\cdots&x&a_{n-2}\\0&0&0&\cdots&-1&x+a_{n-1}\end{vmatrix}=x^n+a_{n-1}x^{n-1}+\cdots+a_1x+a_0$;

(3) $\begin{vmatrix}\alpha+\beta&\alpha\beta&0&\cdots&0&0\\1&\alpha+\beta&\alpha\beta&\cdots&0&0\\0&1&\alpha+\beta&\cdots&0&0\\\vdots&\vdots&\vdots&&\vdots&\vdots\\0&0&0&\cdots&1&\alpha+\beta\end{vmatrix}=\frac{\alpha^{n+1}-\beta^{n+1}}{\alpha-\beta}$;

(4) $\begin{vmatrix}\cos\alpha&1&0&\cdots&0&0\\1&2\cos\alpha&1&\cdots&0&0\\0&1&2\cos\alpha&\cdots&0&0\\\vdots&\vdots&\vdots&&\vdots&\vdots\\0&0&0&\cdots&1&2\cos\alpha\end{vmatrix}=\cos n\alpha$;

(5) $\begin{vmatrix} 1+a_1 & 1 & 1 & \cdots & 1 & 1 \\ 1 & 1+a_2 & 1 & \cdots & 1 & 1 \\ 1 & 1 & 1+a_3 & \cdots & 1 & 1 \\ \vdots & \vdots & \vdots & & \vdots & \vdots \\ 1 & 1 & 1 & \cdots & 1 & 1+a_n \end{vmatrix} = a_1a_2\cdots a_n\left(1+\sum_{i=1}^{n}\frac{1}{a_i}\right).$

【思路探索】 本题考查对行列式有关结果的证明.可以通过行列式的行(列)变换、按行(列)展开计算出所证结果,也可用数学归纳法进行证明.

证 (1) 分别将第 $i(i=2,\cdots,n+1)$ 行乘 $-\frac{1}{a_{i-1}}$ 加到第 1 行,得

$$左边=\begin{vmatrix} a_0-\sum_{i=1}^{n}\frac{1}{a_i} & 0 & 0 & \cdots & 0 \\ 1 & a_1 & 0 & \cdots & 0 \\ 1 & 0 & a_2 & \cdots & 0 \\ \vdots & \vdots & \vdots & & \vdots \\ 1 & 0 & 0 & \cdots & a_n \end{vmatrix} = a_1a_2\cdots a_n\left(a_0-\sum_{i=1}^{n}\frac{1}{a_i}\right)=右边.$$

注:此式要求所有 $a_i\neq 0$.若无此要求,则结论应为 $a_0a_1a_2\cdots a_n-\sum_{i=1}^{n}a_1\cdots a_{i-1}a_{i+1}\cdots a_n$

(2) 从最后一行起,分别将每一行都乘以 x 后加到其前一行,得

$$左边=\begin{vmatrix} 0 & 0 & 0 & \cdots & 0 & x^n+a_{n+1}x^{n-1}+\cdots+a_1x+a_0 \\ -1 & 0 & 0 & \cdots & 0 & x^{n-1}+a_{n-1}x^{n-2}+\cdots+a_2x+a_1 \\ 0 & -1 & 0 & \cdots & 0 & x^{n-2}+a_{n-1}x^{n-3}+\cdots+a_3x+a_2 \\ \vdots & \vdots & \vdots & & \vdots & \vdots \\ 0 & 0 & 0 & \cdots & 0 & x^2+a_{n-1}x+a_{n-2} \\ 0 & 0 & 0 & \cdots & -1 & x+a_n-1 \end{vmatrix}_n$$

$$=(-1)^{n+1}(x^n+a_{n-1}x^{n-1}+\cdots+a_1x+a_0)\begin{vmatrix} -1 & & & \\ & -1 & & \\ & & \ddots & \\ & & & -1 \end{vmatrix}_{n-1}$$

$$=(-1)^{n+1}(x^n+a_{n-1}x^{n-1}+\cdots+a_1x+a_0)(-1)^{n-1}$$
$$=x^n+a_{n-1}x^{n-1}+\cdots+a_1x+a_0$$
$$=右边.$$

(3) 将原式左边的行列式记为 D_n,按第 1 列展开,得

$$D_n=(\alpha+\beta)D_{n-1}-\alpha\beta D_{n-2},即\ D_n-\alpha D_{n-1}=\beta(D_{n-1}-\alpha D_{n-2}).$$

此式对一切 n 都成立,故递推得

$$D_n-\alpha D_{n-1}=\beta^2(D_{n-2}-\alpha D_{n-3})=\beta^3(D_{n-3}-\alpha D_{n-4})=\cdots=\beta^{n-2}(D_2-\alpha D_1)$$
$$=\beta^{n-2}[(\alpha+\beta)^2-\alpha\beta-\alpha(\alpha+\beta)]=\beta^n. \quad ①$$

在原式中 α,β 是对称的,故同理可得

$$D_n-\beta D_{n-1}=\alpha^n. \quad ②$$

②×α－①×β 得

$$(\alpha-\beta)D_n=\alpha^{n+1}-\beta^{n+1}.$$

所以,左边 $=D_n=\frac{\alpha^{n+1}-\beta^{n+1}}{\alpha-\beta}=$ 右边.

(注记:此式要求 $\alpha\neq\beta$,若左边不要求 $\alpha\neq\beta$,结论应为 $\alpha^n+\alpha^{n-1}\beta+\cdots+\alpha\beta^{n-1}+\beta^n$.)

(4) **方法一** 数学归纳法.

当 $n=1$ 时,左边 $=\cos\alpha=$ 右边;

当 $n=2$ 时,左边 $=\begin{vmatrix}\cos\alpha & 1\\ 1 & 2\cos\alpha\end{vmatrix}=2\cos^2\alpha-1=\cos(2\alpha)=$ 右边;

假设对于一切阶数小于 n 的行列式,等号成立,即

$$D_{n-1}=\cos(n-1)\alpha, D_{n-2}=\cos(n-2)\alpha;$$

对于左边行列式 D_n,按最后一行展开,得

$$\begin{aligned}D_n&=2\cos\alpha D_{n-1}-D_{n-2}\\&=2\cos\alpha\cos(n-1)\alpha-\cos(n-2)\alpha\\&=2\cos\alpha\cos(n-1)\alpha-\cos((n-1)\alpha-\alpha)\\&=2\cos\alpha\cos(n-1)\alpha-\cos(n-1)\alpha\cos\alpha+\sin(n-1)\alpha\sin(-\alpha)\\&=\cos(n-1)\alpha\cos\alpha-\sin(n-1)\alpha\sin\alpha\\&=\cos((n-1)\alpha+\alpha)\\&=\cos n\alpha=\text{右边}.\end{aligned}$$

方法二 按最后一行展开,得递推公式

$$D_n=2\cos\alpha D_{n-1}-D_{n-2}. \quad ①$$

令 $2\cos\alpha=\alpha_1+\beta_1$,由于 $\cos\alpha=\frac{e^{i\alpha}+(e^{-i\alpha})}{2}$,取 $\alpha_1=e^{i\alpha}$,$\beta_1=e^{-i\alpha}$,则 $\alpha_1\cdot\beta_1=e^{i\alpha}\cdot e^{-i\alpha}=1$.

所以 $D_n=(\alpha_1+\beta_1)D_{n-1}-\alpha_1\beta_1D_{n-2}$.故

$$D_n-\alpha_1D_{n-1}=\beta_1(D_{n-1}-\alpha_1D_{n-2})=\beta_1^2(D_{n-2}-\alpha_1D_{n-3})=\cdots=\beta_1^{n-2}(D_2-\alpha_1D_1).$$

而 $D_1=\cos\alpha$,$D_2=2\cos^2\alpha-1=\cos 2\alpha$,所以

$$D_n-\alpha_1D_{n-1}=\beta_1^{n-2}(\cos 2\alpha-\alpha_1\cos\alpha). \quad ②$$

由 α_1,β_1 的对称性,同理得 $D_n-\beta_1D_{n-1}=\alpha_1^{n-2}(\cos 2\alpha-\beta_1\cos\alpha)$. ③

$\beta_1\times②-\alpha_1\times③$,解得

$$D_n=\frac{1}{\beta_1-\alpha_1}[\beta_1^{n-1}(\cos 2\alpha-\alpha_1\cos\alpha)-\alpha_1^{n-1}(\cos 2\alpha-\beta_1\cos\alpha)].$$

代入 $\alpha_1=e^{i\alpha}$,$\beta_1=e^{-i\alpha}$,算得 $D_n=\cos n\alpha$.

(5) 采用加边法,化为"爪型"行列式.

$$\text{左边}=\begin{vmatrix}1&1&1&\cdots&1&1\\0&1+a_1&1&\cdots&1&1\\0&1&1+a_2&\cdots&1&1\\\vdots&\vdots&\vdots&&\vdots&\vdots\\0&1&1&\cdots&1+a_{n-1}&1\\0&1&1&\cdots&1&1+a_n\end{vmatrix}_{n+1}$$

$$=\begin{vmatrix}1&1&1&\cdots&1&1\\-1&a_1&0&\cdots&0&0\\-1&0&a_2&\cdots&0&0\\\vdots&\vdots&\vdots&&\vdots&\vdots\\-1&0&0&\cdots&a_{n-1}&0\\-1&0&0&\cdots&0&a_n\end{vmatrix}_{n+1}=\begin{vmatrix}1+\sum\limits_{i=1}^{n}\frac{1}{a_i}&1&1&\cdots&1\\0&a_1&0&\cdots&0\\0&0&a_2&\cdots&0\\\vdots&\vdots&\vdots&&\vdots\\0&0&0&\cdots&a_n\end{vmatrix}_{n+1}$$

$$=a_1a_2\cdots a_n\left(1+\sum_{i=1}^{n}\frac{1}{a_i}\right)=\text{右边}.$$

注:此式要求所有 $a_i\neq 0$.若左边不要求所有 $a_i\neq 0$,则结论应为 $a_1a_2\cdots a_n+\sum\limits_{i=1}^{n}a_1\cdots a_{i-1}a_{i+1}\cdots a_n$.

19. 用克拉默法则解下列线性方程组：

(1) $\begin{cases}2x_1-x_2+3x_3+2x_4=6,\\3x_1-3x_2+3x_3+2x_4=5,\\3x_1-x_2-x_3+2x_4=3,\\3x_1-x_2+3x_3-x_4=4;\end{cases}$ (2) $\begin{cases}x_1+2x_2+3x_3-2x_4=6,\\2x_1-x_2-2x_3-3x_4=8,\\3x_1+2x_2-x_3+2x_4=4,\\2x_1-3x_2+2x_3+x_4=-8;\end{cases}$

(3) $\begin{cases}x_1+2x_2-2x_3+4x_4-x_5=-1,\\2x_1-x_2+3x_3-4x_4+2x_5=8,\\3x_1+x_2-x_3+2x_4-x_5=3,\\4x_1+3x_2+4x_3+2x_4+2x_5=-2,\\x_1-x_2-x_3+2x_4-3x_5=-3;\end{cases}$ (4) $\begin{cases}5x_1+6x_2=1,\\x_1+5x_2+6x_3=0,\\x_2+5x_3+6x_4=0,\\x_3+5x_4+6x_5=0,\\x_4+5x_5=1.\end{cases}$

解 (1) $d=\begin{vmatrix}2&-1&3&2\\3&-3&3&2\\3&-1&-1&2\\3&-1&3&-1\end{vmatrix}=-70\neq0,d_1=\begin{vmatrix}6&-1&3&2\\5&-3&3&2\\3&-1&-1&2\\4&-1&3&-1\end{vmatrix}=-70,$

$$d_2=\begin{vmatrix}2&6&3&2\\3&5&3&2\\3&3&-1&2\\3&4&3&-1\end{vmatrix}=-70,d_3=\begin{vmatrix}2&-1&6&2\\3&-3&5&2\\3&-1&3&2\\3&-1&4&-1\end{vmatrix}=-70,$$

$$d_4=\begin{vmatrix}2&-1&3&6\\3&-3&3&5\\3&-1&-1&3\\3&-1&3&4\end{vmatrix}=-70.$$

故方程组的唯一解是

$$x_1=\frac{d_1}{d}=1,x_2=\frac{d_2}{d}=1,x_3=\frac{d_3}{d}=1,x_4=\frac{d_4}{d}=1.$$

(2) 仿照(1)，可得

$$d=324\neq0,d_1=324,d_2=648,d_3=-324,d_4=-648,$$

故方程组的唯一解是

$$x_1=\frac{d_1}{d}=1,x_2=\frac{d_2}{d}=2,x_3=\frac{d_3}{d}=-1,x_4=\frac{d_4}{d}=-2.$$

(3) 仿照(1)，可得

$$d=24,d_1=96,d_2=-336,d_3=-96,d_4=168,d_5=312,$$

故方程组的唯一解是

$$x_1=4,x_2=-14,x_3=-4,x_4=7,x_5=13.$$

(4) 方法同(1)，可得

$$d=665\neq0,d_1=1\,507,d_2=-1\,145,d_3=703,d_4=-395,d_5=212,$$

故方程组的唯一解是

$$x_1=\frac{1507}{665},x_2=-\frac{229}{133},x_3=\frac{37}{35},x_4=-\frac{79}{133},x_5=\frac{212}{665}.$$

20. 设 $a_1,a_2,\cdots,a_n$ 是数域 P 中互不相同的数，$b_1,b_2,\cdots,b_n$ 是数域 P 中任一组给定的数，用克拉默法则证明：存在唯一的数域 P 上的多项式 $f(x)=c_0x^{n-1}+c_1x^{n-2}+\cdots+c_{n-1}$，使

$$f(a_i)=b_i,i=1,2,\cdots,n.$$

【思路探索】 采用待定系数法.

证 设 $f(x)=c_0x^{n-1}+c_1x^{n-2}+\cdots+c_{n-1}$，由 $f(a_i)=b_i$，可得

$$\begin{cases} c_{n-1}+c_{n-2}a_1+\cdots+c_1a_1^{n-2}+c_0a_1^{n-1}=b_1, \\ c_{n-1}+c_{n-2}a_2+\cdots+c_1a_2^{n-2}+c_0a_2^{n-1}=b_2, \\ \cdots\cdots\cdots\cdots \\ c_{n-1}+c_{n-2}a_n+\cdots+c_1a_n^{n-2}+c_0a_n^{n-1}=b_n. \end{cases}$$

把上式看成关于未知量 $c_0,c_1,\cdots,c_{n-1}$ 的线性方程组.由于系数行列式

$$\begin{vmatrix} a_1^{n-1} & a_1^{n-2} & \cdots & a_1 & 1 \\ a_2^{n-1} & a_2^{n-2} & \cdots & a_2 & 1 \\ \vdots & \vdots & & \vdots & \vdots \\ a_n^{n-1} & a_n^{n-2} & \cdots & a_n & 1 \end{vmatrix}$$

为范德蒙德行列式的转置行列式,又知 $a_1,a_2,\cdots,a_n$ 互不相同,所以可知系数行列式不为 0,故方程组只有唯一解.从而,所求多项式是唯一的,即 $f(x)$ 存在且唯一.

21. 设水银密度 h 与温度 t 的关系为

$$h=a_0+a_1t+a_2t^2+a_3t^3.$$

由实验测定得以下数据:

t/℃	0	10	20	30
$h/(\mathrm{g}\cdot\mathrm{cm}^{-3})$	13.60	13.57	13.55	13.52

求 $t=15$℃,40℃ 时水银密度(准确到小数点后两位).

解 将 t,h 的实验数据分别代入关系式

$$h=a_0+a_1t+a_2t^2+a_3t^3,$$

得 $a_0=13.60$,且

$$\begin{cases} 10a_1+100a_2+1\,000a_3=-0.03, \\ 20a_1+400a_2+8\,000a_3=-0.05, \\ 30a_1+900a_2+27\,000a_3=-0.08. \end{cases}$$

因为系数行列式

$$d=\begin{vmatrix} 10 & 100 & 1\,000 \\ 20 & 400 & 8\,000 \\ 30 & 900 & 27\,000 \end{vmatrix}=12\times10^6\neq0,$$

$$d_1=-50\,000,d_2=1\,800,d_3=-40,$$

由克拉默法则可求得

$$a_1=-0.004\,2,a_2=0.000\,15,a_3=-0.000\,003\,3.$$

故所求关系式为

$$h=13.60-0.004\,2t+0.000\,15t^2-0.000\,003\,3t^3,$$

再将 $t=15$℃,$t=40$℃ 分别代入上式,其水银密度分别为

$$h(15)=13.56,h(40)=13.46.$$

方法点击:以上两题都是通过待定系数法解实际应用题,利用了克拉默法则与范德蒙德行列式的相关结论.

补充题解答

1. 求 $\sum\limits_{j_1j_2\cdots j_n}\begin{vmatrix} a_{1j_1} & a_{1j_2} & \cdots & a_{1j_n} \\ a_{2j_1} & a_{2j_2} & \cdots & a_{2j_n} \\ \vdots & \vdots & & \vdots \\ a_{nj_1} & a_{nj_2} & \cdots & a_{nj_n} \end{vmatrix}$，这里 $\sum\limits_{j_1j_2\cdots j_n}$ 是对所有 n 阶排列求和.

解　设 $D=\begin{vmatrix} a_{11} & a_{12} & \cdots & a_{1n} \\ a_{21} & a_{22} & \cdots & a_{2n} \\ \vdots & \vdots & & \vdots \\ a_{n1} & a_{n2} & \cdots & a_{nn} \end{vmatrix}$，则 $\begin{vmatrix} a_{1j_1} & a_{1j_2} & \cdots & a_{1j_n} \\ a_{2j_1} & a_{2j_2} & \cdots & a_{2j_n} \\ \vdots & \vdots & & \vdots \\ a_{nj_1} & a_{nj_2} & \cdots & a_{nj_n} \end{vmatrix}=(-1)^{\tau(j_1j_2\cdots j_n)}D.$

又知在所有 n 阶排列中，奇偶排列各半，从而当 $j_1j_2\cdots j_n$ 取遍所有 n 阶排列时，带正号的 D 与带负号的 D 个数相等，所以原式为零.

方法点击：此题仍是关注奇偶排列各半.

2. 证明：

$$\frac{\mathrm{d}}{\mathrm{d}t}\begin{vmatrix} a_{11}(t) & a_{12}(t) & \cdots & a_{1n}(t) \\ a_{21}(t) & a_{22}(t) & \cdots & a_{2n}(t) \\ \vdots & \vdots & & \vdots \\ a_{n1}(t) & a_{n2}(t) & \cdots & a_{nn}(t) \end{vmatrix}=\sum_{j=1}^{n}\begin{vmatrix} a_{11}(t) & \cdots & \frac{\mathrm{d}}{\mathrm{d}t}a_{1j}(t) & \cdots & a_{1n}(t) \\ a_{21}(t) & \cdots & \frac{\mathrm{d}}{\mathrm{d}t}a_{2j}(t) & \cdots & a_{2n}(t) \\ \vdots & & \vdots & & \vdots \\ a_{n1}(t) & \cdots & \frac{\mathrm{d}}{\mathrm{d}t}a_{nj}(t) & \cdots & a_{nn}(t) \end{vmatrix}.$$

证　根据行列式定义和微分法则可得

$$\begin{aligned}\text{左边}&=\frac{\mathrm{d}}{\mathrm{d}t}\sum_{i_1\cdots i_j\cdots i_n}(-1)^{\tau(i_1\cdots i_j\cdots i_n)}a_{i_11}(t)\cdots a_{i_jj}(t)\cdots a_{i_nn}(t)\\&=\sum_{i_1\cdots i_j\cdots i_n}(-1)^{\tau(i_1\cdots i_j\cdots i_n)}\frac{\mathrm{d}}{\mathrm{d}t}(a_{i_11}(t)\cdots a_{i_jj}(t)\cdots a_{i_nn}(t))\\&=\sum_{i_1\cdots i_j\cdots i_n}(-1)^{\tau(i_1\cdots i_j\cdots i_n)}\sum_{j=1}^{n}a_{i_11}(t)\cdots\frac{\mathrm{d}}{\mathrm{d}t}a_{i_jj}(t)\cdots a_{i_nn}(t)\\&=\sum_{j=1}^{n}\sum_{i_1\cdots i_j\cdots i_n}(-1)^{\tau(i_1\cdots i_j\cdots i_n)}a_{i_11}(t)\cdots\frac{\mathrm{d}}{\mathrm{d}t}a_{i_jj}(t)\cdots a_{i_nn}(t)\\&=\text{右边}.\end{aligned}$$

3. 证明：

(1) $\begin{vmatrix} a_{11}+x & a_{12}+x & \cdots & a_{1n}+x \\ a_{21}+x & a_{22}+x & \cdots & a_{2n}+x \\ \vdots & \vdots & & \vdots \\ a_{n1}+x & a_{n2}+x & \cdots & a_{nn}+x \end{vmatrix}=\begin{vmatrix} a_{11} & a_{12} & \cdots & a_{1n} \\ a_{21} & a_{22} & \cdots & a_{2n} \\ \vdots & \vdots & & \vdots \\ a_{n1} & a_{n2} & \cdots & a_{nn} \end{vmatrix}+x\sum\limits_{i=1}^{n}\sum\limits_{j=1}^{n}A_{ij}$，

其中 A_{ij} 是 a_{ij} 的代数余子式；

(2) $\sum\limits_{i=1}^{n}\sum\limits_{j=1}^{n}A_{ij}=\begin{vmatrix} a_{11}-a_{12} & a_{12}-a_{13} & \cdots & a_{1,n-1}-a_{1n} & 1 \\ a_{21}-a_{22} & a_{22}-a_{23} & \cdots & a_{2,n-1}-a_{2n} & 1 \\ \vdots & \vdots & & \vdots & \vdots \\ a_{n1}-a_{n2} & a_{n2}-a_{n3} & \cdots & a_{n,n-1}-a_{nn} & 1 \end{vmatrix}.$

证　(1) 由加边法,可得

$$\text{左边}=\begin{vmatrix}1 & x & x & \cdots & x\\0 & a_{11}+x & a_{12}+x & \cdots & a_{1n}+x\\0 & a_{21}+x & a_{22}+x & \cdots & a_{2n}+x\\\vdots & \vdots & \vdots & & \vdots\\0 & a_{n1}+x & a_{n2}+x & \cdots & a_{nn}+x\end{vmatrix}_{n+1}=\begin{vmatrix}1 & x & x & \cdots & x\\-1 & a_{11} & a_{12} & \cdots & a_{1n}\\-1 & a_{21} & a_{22} & \cdots & a_{2n}\\\vdots & \vdots & \vdots & & \vdots\\-1 & a_{n1} & a_{n2} & \cdots & a_{nn}\end{vmatrix}_{n+1}$$

$$=\begin{vmatrix}a_{11} & a_{12} & \cdots & a_{1n}\\a_{21} & a_{22} & \cdots & a_{2n}\\\vdots & \vdots & & \vdots\\a_{n1} & a_{n2} & \cdots & a_{nn}\end{vmatrix}_n-x\begin{vmatrix}-1 & a_{12} & \cdots & a_{1n}\\-1 & a_{22} & \cdots & a_{2n}\\\vdots & \vdots & & \vdots\\-1 & a_{n2} & \cdots & a_{nn}\end{vmatrix}_n+\cdots+(-1)^{(n+2)}x\begin{vmatrix}-1 & a_{11} & \cdots & a_{1,n-1}\\-1 & a_{21} & \cdots & a_{2,n-1}\\\vdots & \vdots & & \vdots\\-1 & a_{n1} & \cdots & a_{n,n-1}\end{vmatrix}_n$$

$$=\begin{vmatrix}a_{11} & a_{12} & \cdots & a_{1n}\\a_{21} & a_{22} & \cdots & a_{2n}\\\vdots & \vdots & & \vdots\\a_{n1} & a_{n2} & \cdots & a_{nn}\end{vmatrix}_n+x\sum_{i=1}^{n}A_{i1}+x\sum_{i=1}^{n}A_{i2}+\cdots+x\sum_{i=1}^{n}A_{in}$$

$$=\begin{vmatrix}a_{11} & a_{12} & \cdots & a_{1n}\\a_{21} & a_{22} & \cdots & a_{2n}\\\vdots & \vdots & & \vdots\\a_{n1} & a_{n2} & \cdots & a_{nn}\end{vmatrix}_n+x\sum_{i=1}^{n}\sum_{j=1}^{n}A_{ij}=\text{右边}.$$

(2) 令(1) 中 $x=1$,则有

$$\sum_{i=1}^{n}\sum_{j=1}^{n}A_{ij}=\begin{vmatrix}a_{11}+1 & a_{12}+1 & \cdots & a_{1n}+1\\a_{21}+1 & a_{22}+1 & \cdots & a_{2n}+1\\\vdots & \vdots & & \vdots\\a_{n1}+1 & a_{n2}+1 & \cdots & a_{nn}+1\end{vmatrix}-\begin{vmatrix}a_{11} & a_{12} & \cdots & a_{1n}\\a_{21} & a_{22} & \cdots & a_{2n}\\\vdots & \vdots & & \vdots\\a_{n1} & a_{n2} & \cdots & a_{nn}\end{vmatrix}$$

$$=\begin{vmatrix}a_{11}-a_{12} & a_{12}-a_{13} & \cdots & a_{1,n-1}-a_{1n} & a_{1n}+1\\a_{21}-a_{22} & a_{22}-a_{23} & \cdots & a_{2,n-1}-a_{2n} & a_{2n}+1\\\vdots & \vdots & & \vdots & \vdots\\a_{n1}-a_{n2} & a_{n2}-a_{n3} & \cdots & a_{n,n-1}-a_{nn} & a_{nn}+1\end{vmatrix}$$

$$-\begin{vmatrix}a_{11}-a_{12} & a_{12}-a_{13} & \cdots & a_{1,n-1}-a_{1n} & a_{1n}\\a_{21}-a_{22} & a_{22}-a_{23} & \cdots & a_{2,n-1}-a_{2n} & a_{2n}\\\vdots & \vdots & & \vdots & \vdots\\a_{n1}-a_{n2} & a_{n2}-a_{n3} & \cdots & a_{n,n-1}-a_{nn} & a_{nn}\end{vmatrix}$$

$$=\begin{vmatrix}a_{11}-a_{12} & a_{12}-a_{13} & \cdots & a_{1,n-1}-a_{1n} & 1\\a_{21}-a_{22} & a_{22}-a_{23} & \cdots & a_{2,n-1}-a_{2n} & 1\\\vdots & \vdots & & \vdots & \vdots\\a_{n1}-a_{n2} & a_{n2}-a_{n3} & \cdots & a_{n,n-1}-a_{nn} & 1\end{vmatrix}$$

方法点击:解决此题的关键是利用加边法得到(1) 中结果. 当然,(1) 中算式用拆行列式行(列) 的办法也可得到结论.

4. 计算下列 n 阶行列式：

(1) $\begin{vmatrix} 1 & 2 & 3 & \cdots & n \\ 2 & 3 & 4 & \cdots & 1 \\ 3 & 4 & 5 & \cdots & 2 \\ \vdots & \vdots & \vdots & & \vdots \\ n & 1 & 2 & \cdots & n-1 \end{vmatrix}$； (2) $\begin{vmatrix} \lambda & a & a & a & \cdots & a \\ b & \alpha & \beta & \beta & \cdots & \beta \\ b & \beta & \alpha & \beta & \cdots & \beta \\ b & \beta & \beta & \alpha & \cdots & \beta \\ \vdots & \vdots & \vdots & \vdots & & \vdots \\ b & \beta & \beta & \beta & \cdots & \alpha \end{vmatrix}$；

(3) $\begin{vmatrix} x & a & a & \cdots & a & a \\ -a & x & a & \cdots & a & a \\ -a & -a & x & \cdots & a & a \\ \vdots & \vdots & \vdots & & \vdots & \vdots \\ -a & -a & -a & \cdots & -a & x \end{vmatrix}$； (4) $\begin{vmatrix} x & y & y & \cdots & y & y \\ z & x & y & \cdots & y & y \\ z & z & x & \cdots & y & y \\ \vdots & \vdots & \vdots & & \vdots & \vdots \\ z & z & z & \cdots & x & y \\ z & z & z & \cdots & z & x \end{vmatrix}$；

(5) $\begin{vmatrix} 1 & 1 & \cdots & 1 \\ x_1 & x_2 & \cdots & x_n \\ x_1^2 & x_2^2 & \cdots & x_n^2 \\ \vdots & \vdots & & \vdots \\ x_1^{n-2} & x_2^{n-2} & \cdots & x_n^{n-2} \\ x_1^n & x_2^n & \cdots & {x_n}^n \end{vmatrix}$.

【思路探索】 本题的几个行列式需要经过变换化成我们熟悉的行列式，再进行计算，个别可能还要拆成行列式的和(差)，最后一个行列式完全是范德蒙德行列式的变形，需构造辅助行列式来求解.

解 (1) 将各列加至第 1 列提取公因子，得

$$原式=\frac{n(n+1)}{2}\begin{vmatrix} 1 & 2 & 3 & \cdots & n-1 & n \\ 1 & 3 & 4 & \cdots & n & 1 \\ 1 & 4 & 5 & \cdots & 1 & 2 \\ \vdots & \vdots & \vdots & & \vdots & \vdots \\ 1 & n & 1 & \cdots & n-3 & n-2 \\ 1 & 1 & 2 & \cdots & n-2 & n-1 \end{vmatrix}_n$$

$$=\frac{n(n+1)}{2}\begin{vmatrix} 1 & 2 & 3 & \cdots & n-1 & n \\ 0 & 1 & 1 & \cdots & 1 & 1-n \\ 0 & 1 & 1 & \cdots & 1-n & 1 \\ \vdots & \vdots & \vdots & & \vdots & \vdots \\ 0 & 1 & 1-n & \cdots & 1 & 1 \\ 0 & 1-n & 1 & \cdots & 1 & 1 \end{vmatrix}_n$$

$$=\frac{n(n+1)}{2}\begin{vmatrix} 1 & 1 & \cdots & 1 & 1-n \\ 1 & 1 & \cdots & 1-n & 1 \\ \vdots & \vdots & & \vdots & \vdots \\ 1 & 1-n & \cdots & 1 & 1 \\ 1-n & 1 & \cdots & 1 & 1 \end{vmatrix}_{n-1}$$

$$=\frac{n(n+1)}{2}\begin{vmatrix} -1 & -1 & \cdots & -1 & -1 \\ 1 & 1 & \cdots & 1-n & 1 \\ \vdots & \vdots & & \vdots & \vdots \\ 1 & 1-n & \cdots & 1 & 1 \\ 1-n & 1 & \cdots & 1 & 1 \end{vmatrix}_{n-1}$$

$$=\frac{n(n+1)}{2}\begin{vmatrix}-1 & -1 & \cdots & -1 & -1\\ 0 & 0 & \cdots & -n & 0\\ \vdots & \vdots & & \vdots & \vdots\\ 0 & -n & \cdots & 0 & 0\\ -n & 0 & \cdots & 0 & 0\end{vmatrix}_{n-1}$$

$$=\frac{n(n+1)}{2}\cdot(-1)^{n-1}\cdot n^{n-2}\cdot(-1)^{\frac{(n-1)(n-2)}{2}}=(-1)^{\frac{n(n-1)}{2}}\cdot\frac{n^{n-1}(n+1)}{2}.$$

(2) 将第 n 行的 (-1) 倍分别加到第 $2,3,\cdots,n-1$ 行，得

$$原式=\begin{vmatrix}\lambda & a & a & \cdots & a & a\\ 0 & \alpha-\beta & 0 & \cdots & 0 & \beta-\alpha\\ 0 & 0 & \alpha-\beta & \cdots & 0 & \beta-\alpha\\ \vdots & \vdots & \vdots & & \vdots & \vdots\\ 0 & 0 & 0 & \cdots & \alpha-\beta & \beta-\alpha\\ b & \beta & \beta & \cdots & \beta & \alpha\end{vmatrix}_n$$

$$=\begin{vmatrix}\lambda & a & a & \cdots & a & (n-1)a\\ 0 & \alpha-\beta & 0 & \cdots & 0 & 0\\ 0 & 0 & \alpha-\beta & \cdots & 0 & 0\\ \vdots & \vdots & \vdots & & \vdots & \vdots\\ 0 & 0 & 0 & \cdots & \alpha-\beta & 0\\ b & \beta & \beta & \cdots & \beta & \alpha+(n-2)\beta\end{vmatrix}_n$$

$$=\lambda\begin{vmatrix}\alpha-\beta & 0 & \cdots & 0 & 0\\ 0 & \alpha-\beta & \cdots & 0 & 0\\ \vdots & \vdots & & \vdots & \vdots\\ 0 & 0 & \cdots & \alpha-\beta & 0\\ \beta & \beta & \cdots & \beta & \alpha+(n-2)\beta\end{vmatrix}_{n-1}$$

$$+(-1)^{n+1}b\begin{vmatrix}a & a & \cdots & a & (n-1)a\\ \alpha-\beta & 0 & \cdots & 0 & 0\\ 0 & \alpha-\beta & \cdots & 0 & 0\\ \vdots & \vdots & & \vdots & \vdots\\ 0 & 0 & \cdots & \alpha-\beta & 0\end{vmatrix}_{n-1}$$

$$=\lambda(\alpha-\beta)^{n-2}(\alpha+(n-2)\beta)+(-1)^{n+1}b\cdot(-1)^n(n-1)a\cdot(\alpha-\beta)^{n-2}\ (n\geqslant 2)$$
$$=(\alpha-\beta)^{n-2}(\lambda\alpha+(n-2)\lambda\beta-(n-1)ab).$$

(3) 记原行列式为 D_n，关于最后一行拆成两个行列式的和，有

$$D_n=\begin{vmatrix}x & a & a & \cdots & a & a\\ -a & x & a & \cdots & a & a\\ -a & -a & x & \cdots & a & a\\ \vdots & \vdots & \vdots & & \vdots & \vdots\\ -a & -a & -a & \cdots & x & a\\ 0 & 0 & 0 & \cdots & 0 & x-a\end{vmatrix}+\begin{vmatrix}x & a & a & \cdots & a & a\\ -a & x & a & \cdots & a & a\\ -a & -a & x & \cdots & a & a\\ \vdots & \vdots & \vdots & & \vdots & \vdots\\ -a & -a & -a & \cdots & x & a\\ -a & -a & -a & \cdots & -a & a\end{vmatrix}$$

$$= (x-a)D_{n-1} + \begin{vmatrix} x+a & 2a & 2a & \cdots & 2a & a \\ 0 & x+a & 2a & \cdots & 2a & a \\ 0 & 0 & x+a & \cdots & 2a & a \\ \vdots & \vdots & \vdots & & \vdots & \vdots \\ 0 & 0 & 0 & \cdots & x+a & a \\ 0 & 0 & 0 & \cdots & 0 & a \end{vmatrix}$$

$$= (x-a)D_{n-1} + a(x+a)^{n-1}.$$

同理,

$$D_n = \begin{vmatrix} x & a & a & \cdots & a & a \\ -a & x & a & \cdots & a & a \\ -a & -a & x & \cdots & a & a \\ \vdots & \vdots & \vdots & & \vdots & \vdots \\ -a & -a & -a & \cdots & x & a \\ 0 & 0 & 0 & \cdots & 0 & x+a \end{vmatrix} + \begin{vmatrix} x & a & a & \cdots & a & a \\ -a & x & a & \cdots & a & a \\ -a & -a & x & \cdots & a & a \\ \vdots & \vdots & \vdots & & \vdots & \vdots \\ -a & -a & -a & \cdots & x & a \\ -a & -a & -a & \cdots & -a & -a \end{vmatrix}$$

$$= (x+a)D_{n-1} - a(x-a)^{n-1}.$$

故 $D_{n-1} = \frac{1}{2}((x+a)^{n-1} + (x-a)^{n-1})$,即 $D_n = \frac{1}{2}((x+a)^n + (x-a)^n)$.

(4) **方法一** 原式记为 D_n.

当 $y \neq z$ 时,仿上题方法,将 D_n 分别按第 1 列与第 1 行用不同的两种方法拆成两个行列式之和,得

$$D_n = (x-z)D_{n-1} + z(x-y)^{n-1},$$
$$D_n = (x-y)D_{n-1} + y(x-z)^{n-1}.$$

解得 $D_n = \dfrac{y(x-z)^n - z(x-y)^n}{y-z}$.

当 $y = z$ 时,参考教材第 44 页例题 1,得

$$D_n = [x+(n-1)y](x-y)^{n-1}.$$

方法二 $y \neq z$ 时利用补充题 3(1) 的结论.

令 $D(w) = \begin{vmatrix} x+w & y+w & \cdots & y+w \\ z+w & x+w & \cdots & y+w \\ & \vdots & & \\ z+w & z+w & \cdots & x+w \end{vmatrix}$,则 $D(w) = D_n + w\sum_{i=1}^{n}\sum_{j=1}^{n}A_{ij}$, $\forall w$.

特别地,有 $D(-y) = D_n - y\sum_{i=1}^{n}\sum_{j=1}^{n}A_{ij}$, $D(-z) = D_n - z\sum_{i=1}^{n}\sum_{j=1}^{n}A_{ij}$.

联立上面两式得 $D_n = \dfrac{yD(-z) - zD(-y)}{y-z} = \dfrac{y(x-z)^n - z(x-y)^n}{y-z}$.

当 $y = z$ 时,同方法一.

(5) 原式记为 D. 利用范德蒙德行列式,作如下行列式

$$f(y) = \begin{vmatrix} 1 & 1 & \cdots & 1 & 1 \\ x_1 & x_2 & \cdots & x_n & y \\ \vdots & \vdots & & \vdots & \vdots \\ x_1^{n-2} & x_2^{n-2} & \cdots & x_n^{n-2} & y^{n-2} \\ x_1^{n-1} & x_2^{n-1} & \cdots & x_n^{n-1} & y^{n-1} \\ x_1^n & x_2^n & \cdots & x_n^n & y^n \end{vmatrix} = (y-x_1)(y-x_2)\cdots(y-x_n)\prod_{1\leqslant j<i\leqslant n}(x_i - x_j).$$

将左边行列式 $f(y)$ 按最后一列展开,可得 y^{n-1} 的系数为 $(-1)^{n+(n+1)}D = (-1)^{2n+1}D = -D$;由右边乘积可知 y^{n-1} 的系数为 $-(x_1+x_2+\cdots+x_n)\prod\limits_{1\leqslant j<i\leqslant n}(x_i - x_j)$,所以有

$$D=(x_1+x_2+\cdots+x_n)\prod_{1\leqslant j<i\leqslant n}(x_i-x_j).$$

5. 计算 $f(x+1)-f(x)$，其中

$$f(x)=\begin{vmatrix} 1 & 0 & 0 & 0 & \cdots & 0 & x \\ 1 & 2 & 0 & 0 & \cdots & 0 & x^2 \\ 1 & 3 & 3 & 0 & \cdots & 0 & x^3 \\ \vdots & \vdots & \vdots & \vdots & & \vdots & \vdots \\ 1 & n & C_n^2 & C_n^3 & \cdots & C_n^{n-1} & x^n \\ 1 & n+1 & C_{n+1}^2 & C_{n+1}^3 & \cdots & C_{n+1}^{n-1} & x^{n+1} \end{vmatrix}.$$

解

$$f(x+1)-f(x)=\begin{vmatrix} 1 & 0 & 0 & 0 & \cdots & 0 & (x+1)-x \\ 1 & 2 & 0 & 0 & \cdots & 0 & (x+1)^2-x^2 \\ 1 & 3 & 3 & 0 & \cdots & 0 & (x+1)^3-x^3 \\ \vdots & \vdots & \vdots & \vdots & & \vdots & \vdots \\ 1 & n & C_n^2 & C_n^3 & \cdots & C_n^{n-1} & (x+1)^n-x^n \\ 1 & n+1 & C_{n+1}^2 & C_{n+1}^3 & \cdots & C_{n+1}^{n-1} & (x+1)^{n+1}-x^{n+1} \end{vmatrix}$$

$$=\begin{vmatrix} C_1^0 & 0 & 0 & \cdots & 0 & C_1^0 \\ C_2^0 & C_2^1 & 0 & \cdots & 0 & C_2^0+C_2^1x \\ C_3^0 & C_3^1 & C_3^2 & \cdots & 0 & C_3^0+C_3^1x+C_3^2x^2 \\ \vdots & \vdots & \vdots & & \vdots & \vdots \\ C_n^0 & C_n^1 & C_n^2 & \cdots & C_n^{n-1} & C_n^0+C_n^1x+C_n^2x^2+\cdots+C_n^{n-1}x^{n-1} \\ C_{n+1}^0 & C_{n+1}^1 & C_{n+1}^2 & \cdots & C_{n+1}^{n-1} & C_{n+1}^0+C_{n+1}^1x+C_{n+1}^2x^2+\cdots+C_{n+1}^{n-1}x^{n-1}+C_{n+1}^nx^n \end{vmatrix}$$

$$=\begin{vmatrix} 1 & 0 & 0 & 0 & \cdots & 0 & 0 \\ 1 & 2 & 0 & 0 & \cdots & 0 & 0 \\ 1 & 3 & 3 & 0 & \cdots & 0 & 0 \\ \vdots & \vdots & \vdots & \vdots & & \vdots & \vdots \\ 1 & n & C_n^2 & C_n^3 & \cdots & C_n^{n-1} & 0 \\ 1 & n+1 & C_{n+1}^2 & C_{n+1}^3 & \cdots & C_{n+1}^{n-1} & (n+1)x^n \end{vmatrix}=(n+1)!x^n.$$

6. 下图表示一电路网络，每条线上标出的数字是电阻(单位:Ω)，E 点接地，由 X,Y,U,Z 点通入的电流皆为 100 A，求这四点的电位.(用基尔霍夫定律.)

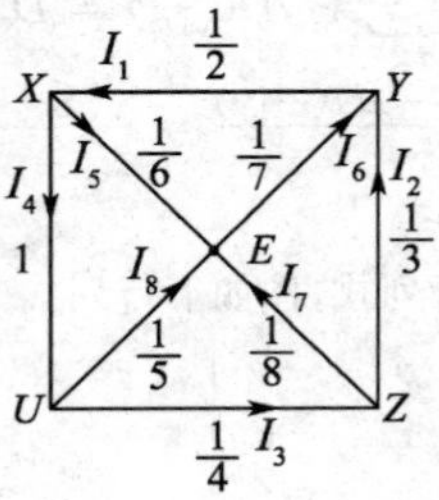

解　设电流如右图所示，由基尔霍夫定律可得

$$\begin{cases}-I_1+I_4+I_5=100,\\ I_1-I_2+I_6=100,\\ I_2-I_3+I_7=100,\\ I_3-I_4+I_8=100,\end{cases}$$

再由 $I=\dfrac{U}{R}$,各点的电位用 $\varphi_X,\varphi_Y,\varphi_Z,\varphi_U$ 表示可得

$$I_1=2\varphi_Y-2\varphi_X,\quad I_2=3\varphi_Z-3\varphi_Y,\quad I_3=4\varphi_Y-4\varphi_Z,$$
$$I_4=\varphi_X-\varphi_U,\quad I_5=6\varphi_X,\quad I_6=7\varphi_Y,$$
$$I_7=8\varphi_Z,\quad I_8=5\varphi_U,$$

整理得方程组

$$\begin{cases}9\varphi_X-2\varphi_Y-\varphi_U=100,\\-2\varphi_X+12\varphi_Y-3\varphi_Z=100,\\-3\varphi_Y+15\varphi_Z-4\varphi_U=100,\\-\varphi_X-4\varphi_Z+10\varphi_U=100,\end{cases}$$

解得

$$\begin{cases}\varphi_X=\dfrac{210\ 100}{12\ 907}V,\\\varphi_Y=\dfrac{188\ 400}{12\ 907}V,\\\varphi_Z=\dfrac{183\ 300}{12\ 907}V,\\\varphi_U=\dfrac{223\ 400}{12\ 907}V.\end{cases}$$

方法点击:解决此题的关键是利用基尔霍夫定律找到平衡条件,列出方程组.

四、自测题

第二章自测题

一、判断题(每题 3 分,共 15 分)

1. 任意两个 n 阶排列都可以经过一系列对换互变. ( )

2. 一个数乘行列式相当于用这个数乘行列式的每一个元素. ( )

3. 矩阵 $\begin{pmatrix}1&0&3\\0&1&2\\0&0&0\end{pmatrix}$ 是一个行最简形矩阵. ( )

4. 设 $\boldsymbol{A},\boldsymbol{B}$ 均为 n 阶方阵,则 $|\boldsymbol{A}+\boldsymbol{B}|=|\boldsymbol{A}|+|\boldsymbol{B}|$. ( )

5. 齐次线性方程组 $\begin{cases}x_1+x_2+x_3=0,\\3x_1+x_2+2x_3=0,\\x_1+2x_2+x_3=0\end{cases}$ 有无穷多解. ( )

二、填空题(每题 3 分,共 15 分)

6. n 阶排列 $x_1x_2\cdots x_{n-1}x_n$ 与 $x_nx_{n-1}\cdots x_2x_1$ 的逆序数之和为________.

7. 在全部 $n(n\geqslant 2)$ 阶排列中,奇偶排列的个数均为________.

8. n 阶行列式中的某一项 $a_{i_1j_1}a_{i_2j_2}\cdots a_{i_nj_n}$ 的符号为________.

9. 已知行列式 $\begin{vmatrix}a_{11}&2a_{12}&3a_{13}\\2a_{21}&4a_{22}&6a_{23}\\3a_{31}&6a_{32}&9a_{33}\end{vmatrix}=6$,则行列式 $\begin{vmatrix}a_{11}&a_{12}&a_{13}\\a_{21}&a_{22}&a_{23}\\a_{31}&a_{32}&a_{33}\end{vmatrix}=$________.

10. 设 $D=\begin{vmatrix}1&0&1&3\\1&1&-1&2\\1&1&-1&0\\1&2&1&4\end{vmatrix}$,则最后一列元素的代数余子式之和 $A_{14}+A_{24}+A_{34}+A_{44}=$________.

三、计算题(每题 10 分,共 40 分)

11. 计算行列式 $D=\begin{vmatrix}1&1&2&3\\1&2-x^2&2&3\\2&3&1&5\\2&3&1&9-x^2\end{vmatrix}$.

12. 计算行列式 $D=\begin{vmatrix}1+x_1^2&x_1x_2&\cdots&x_1x_n\\x_2x_1&1+x_2^2&\cdots&x_2x_n\\\vdots&\vdots&&\vdots\\x_nx_1&x_nx_2&\cdots&1+x_n^2\end{vmatrix}$.

13. λ 为何值时,非齐次线性方程组 $\begin{cases}x_1+x_2+3x_3=1,\\2x_1-3x_2=2,\\x_1+2x_2+\lambda x_3=1\end{cases}$ 有唯一解,并求出唯一解.

14. 设 $n(n\geqslant 2)$ 阶行列式 $D_n=|a_{ij}|\neq 0$,A_{ij} 是元素 a_{ij} 的代数余子式,$i,j=1,2,\cdots,n$. 计算行列式

$$M_{n-1}=\begin{vmatrix}A_{11}&A_{12}&\cdots&A_{1,n-1}\\A_{21}&A_{22}&\cdots&A_{2,n-1}\\\vdots&\vdots&&\vdots\\A_{n-1,1}&A_{n-1,2}&\cdots&A_{n-1,n-1}\end{vmatrix}.$$

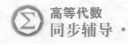

四、证明题(每题 10 分,共 30 分)

15. 假设行列式 $D=\begin{vmatrix} a_{11} & a_{12} & a_{13} & a_{14} & a_{15} \\ a_{21} & a_{22} & a_{23} & a_{24} & a_{25} \\ a_{31} & a_{32} & a_{33} & a_{34} & a_{35} \\ a_{41} & a_{42} & a_{43} & a_{44} & a_{45} \\ a_{51} & a_{52} & a_{53} & a_{54} & a_{55} \end{vmatrix}$ 满足 $a_{ij}=-a_{ji}$, $i,j=1,2,3,4,5$. 证明:$D=0$.

16. 利用数学归纳法证明:n 阶行列式 $D_n=\begin{vmatrix} 2a & a^2 & & \\ 1 & 2a & \ddots & \\ & \ddots & \ddots & a^2 \\ & & 1 & 2a \end{vmatrix}=(n+1)a^n$.

17. 设多项式 $f(x)=a_0+a_1x+a_2x^2+\cdots+a_nx^n$ 有 $n+1$ 个不同的实数根,证明:$f(x)=0$.

第二章自测题解答

一、1. √ 2. × 3. √ 4. × 5. ×

二、6. $\dfrac{n(n-1)}{2}$.

7. $\dfrac{n!}{2}$.

8. $(-1)^{\tau(i_1i_2\cdots i_n)+\tau(j_1j_2\cdots j_n)}$.

9. $\dfrac{1}{6}$.

10. 0.

三、11. 解 容易看到 D 是一个 4 次多项式,设为 $f(x)$,且 $f(1)=f(-1)=f(2)=f(-2)=0$,于是

$$f(x)=c(x+1)(x-1)(x+2)(x-2),$$

其中 c 为待定系数. 由行列式的定义可知,包含 x^4 的项为 $(2-x^2)(9-x^2)$ 与 $(-1)^{\tau(3214)}4(2-x^2)(9-x^2)$,故 x^4 的系数为 $1+(-1)^{\tau(3214)}4=-3$,从而 $D=f(x)=-3(x+1)(x-1)(x+2)(x-2)$.

12. 解 通过添加一行一列可得

$$D=\begin{vmatrix} 1 & x_1 & x_2 & \cdots & x_n \\ 0 & 1+x_1^2 & x_1x_2 & \cdots & x_1x_n \\ 0 & x_2x_1 & 1+x_2^2 & \cdots & x_2x_n \\ \vdots & \vdots & \vdots & & \vdots \\ 0 & x_nx_1 & x_nx_2 & \cdots & 1+x_n^2 \end{vmatrix}=\begin{vmatrix} 1 & x_1 & x_2 & \cdots & x_n \\ -x_1 & 1 & 0 & \cdots & 0 \\ -x_2 & 0 & 1 & \cdots & 0 \\ \vdots & \vdots & \vdots & & \vdots \\ -x_n & 0 & 0 & \cdots & 1 \end{vmatrix}$$

$$=\begin{vmatrix} 1+x_1^2+\cdots+x_n^2 & 0 & 0 & \cdots & 0 \\ -x_1 & 1 & 0 & \cdots & 0 \\ -x_2 & 0 & 1 & \cdots & 0 \\ \vdots & \vdots & \vdots & & \vdots \\ -x_n & 0 & 0 & \cdots & 1 \end{vmatrix}=1+x_1^2+\cdots+x_n^2.$$

13. 解 上述非齐次线性方程组有唯一解,需满足系数行列式 $D=\begin{vmatrix} 1 & 1 & 3 \\ 2 & -3 & 0 \\ 1 & 2 & \lambda \end{vmatrix}\neq 0$,即 $D=-5\lambda+21\neq 0$,$\lambda\neq\dfrac{21}{5}$ 时,方程组有唯一解. 此时计算可得

$$D_1=\begin{vmatrix}1&1&3\\2&-3&0\\1&2&\lambda\end{vmatrix}=-5\lambda+21,\quad D_2=\begin{vmatrix}1&1&3\\2&2&0\\1&1&\lambda\end{vmatrix}=0,\quad D_3=\begin{vmatrix}1&1&1\\2&-3&2\\1&2&1\end{vmatrix}=0.$$

利用克拉默法则,可得方程组的唯一解为 $x_1=\dfrac{D_1}{D}=1$, $x_2=\dfrac{D_2}{D}=0$, $x_3=\dfrac{D_3}{D}=0$.

14. 解　容易看到 $M_{n-1}=\begin{vmatrix}A_{11}&\cdots&A_{1,n-1}&A_{1n}\\\vdots&&\vdots&\vdots\\A_{n-1,1}&\cdots&A_{n-1,n-1}&A_{n-1,n}\\0&\cdots&0&1\end{vmatrix}$. 此时注意到

$$M_{n-1}D_n=M_{n-1}D_n^{\mathrm{T}}=\begin{vmatrix}A_{11}&\cdots&A_{1,n-1}&A_{1n}\\\vdots&&\vdots&\vdots\\A_{n-1,1}&\cdots&A_{n-1,n-1}&A_{n-1,n}\\0&\cdots&0&1\end{vmatrix}\begin{vmatrix}a_{11}&\cdots&a_{n-1,1}&a_{n1}\\\vdots&&\vdots&\vdots\\a_{1,n-1}&\cdots&a_{n-1,n-1}&a_{n,n-1}\\a_{1n}&\cdots&a_{n-1,n}&a_{nn}\end{vmatrix}$$

$$=\begin{vmatrix}D_n&\cdots&0&0\\\vdots&&\vdots&\vdots\\0&\cdots&D_n&0\\a_{1n}&\cdots&a_{n-1,n}&a_{nn}\end{vmatrix}=D_n^{n-1}a_{nn}.$$

由于 $D_n\neq 0$,故 $M_{n-1}=a_{nn}D_n^{n-2}$.

四、15. 证　容易看到 $a_{ii}=0$, $i=1,2,3,4,5$. 于是

$$D=\begin{vmatrix}0&a_{12}&a_{13}&a_{14}&a_{15}\\a_{21}&0&a_{23}&a_{24}&a_{25}\\a_{31}&a_{32}&0&a_{34}&a_{35}\\a_{41}&a_{42}&a_{43}&0&a_{45}\\a_{51}&a_{52}&a_{53}&a_{54}&0\end{vmatrix}=\begin{vmatrix}0&a_{12}&a_{13}&a_{14}&a_{15}\\-a_{12}&0&a_{23}&a_{24}&a_{25}\\-a_{13}&-a_{23}&0&a_{34}&a_{35}\\-a_{14}&-a_{24}&-a_{34}&0&a_{45}\\-a_{15}&-a_{25}&-a_{35}&-a_{45}&0\end{vmatrix}$$

$$=(-1)^5\begin{vmatrix}0&-a_{12}&-a_{13}&-a_{14}&-a_{15}\\a_{12}&0&-a_{23}&-a_{24}&-a_{25}\\a_{13}&a_{23}&0&-a_{34}&-a_{35}\\a_{14}&a_{24}&a_{34}&0&-a_{45}\\a_{15}&a_{25}&a_{35}&a_{45}&0\end{vmatrix}$$

$$=(-1)^5\begin{vmatrix}0&a_{21}&a_{31}&a_{41}&a_{51}\\a_{12}&0&a_{32}&a_{42}&a_{52}\\a_{13}&a_{23}&0&a_{43}&a_{53}\\a_{14}&a_{24}&a_{34}&0&a_{54}\\a_{15}&a_{25}&a_{35}&a_{45}&0\end{vmatrix}=(-1)^5D^{\mathrm{T}}.$$

由于 $D=D^{\mathrm{T}}$,故 $D=0$.

16. 证　当 $n=1$ 时,容易看到,$D_1=2a=(1+1)a^1$,结论成立.

假设结论对一切 $n\leqslant k(k\geqslant 2)$ 成立,下面考虑 $n=k+1$ 的情形.

将 D_{k+1} 按第一列展开可得 $D_{k+1}=2aD_k+(-1)^3a^2D_{k-1}$. 由归纳假设知

$$D_{k+1}=2aD_k-a^2D_{k-1}=2a(k+1)a^k-a^2ka^{k-1}=(k+2)a^{k+1},$$

即当 $n=k+1$ 时结论也成立,故对一切正整数 n,都有 $D_n=(n+1)a^n$.

17. 证　设 $x_0,x_1,\cdots,x_n$ 为 $f(x)$ 的 $n+1$ 个不同的实数根,则

$$\begin{cases} a_0 + a_1 x_0 + a_2 x_0^2 + \cdots + a_n x_0^n = 0, \\ a_0 + a_1 x_1 + a_2 x_1^2 + \cdots + a_n x_1^n = 0, \\ \quad \cdots\cdots\cdots\cdots \\ a_0 + a_1 x_n + a_2 x_n^2 + \cdots + a_n x_n^n = 0. \end{cases}$$

将上述方程组看成是关于 $n+1$ 个未知数 $a_0, a_1, a_2, \cdots, a_n$ 的齐次线性方程组，其系数行列式为

$$\begin{vmatrix} 1 & x_0 & x_0^2 & \cdots & x_0^n \\ 1 & x_1 & x_1^2 & \cdots & x_1^n \\ 1 & x_2 & x_2^2 & \cdots & x_2^n \\ \vdots & \vdots & \vdots & & \vdots \\ 1 & x_n & x_n^2 & \cdots & x_n^n \end{vmatrix} = \prod_{0 \leqslant j < i \leqslant n} (x_i - x_j) \neq 0.$$

因此由克拉默法则可知，上述齐次线性方程组只有零解，即 $a_0 = a_1 = \cdots = a_n = 0$，故 $f(x) = 0$.

第三章 线性方程组

一、主要内容归纳

1. 线性方程组的表示形式 含有 n 个未知数，m 个一次方程的线性方程组一般有如下几种表示形式：

(1)**一般形式**

$$\begin{cases} a_{11}x_1+a_{12}x_2+\cdots+a_{1n}x_n=b_1, \\ a_{21}x_1+a_{22}x_2+\cdots+a_{2n}x_n=b_2, \\ \cdots\cdots\cdots\cdots \\ a_{m1}x_1+a_{m2}x_2+\cdots+a_{mn}x_n=b_m. \end{cases} \qquad ①$$

如果 $b_1,b_2,\cdots,b_m$ 不全为零，则称①为**非齐次线性方程组**. 矩阵

$$\mathbf{A}=\begin{pmatrix} a_{11} & a_{12} & \cdots & a_{1n} \\ a_{21} & a_{22} & \cdots & a_{2n} \\ \vdots & \vdots & & \vdots \\ a_{m1} & a_{m2} & \cdots & a_{mn} \end{pmatrix}$$

和

$$\overline{\mathbf{A}}=\begin{pmatrix} a_{11} & a_{12} & \cdots & a_{1n} & b_1 \\ a_{21} & a_{22} & \cdots & a_{2n} & b_2 \\ \vdots & \vdots & & \vdots & \vdots \\ a_{m1} & a_{m2} & \cdots & a_{mn} & b_m \end{pmatrix}$$

分别称为非齐次线性方程组①的**系数矩阵**和**增广矩阵**.

如果线性方程组中的 $b_1=b_2=\cdots=b_m=0$，即

$$\begin{cases} a_{11}x_1+a_{12}x_2+\cdots+a_{1n}x_n=0, \\ a_{21}x_1+a_{22}x_2+\cdots+a_{2n}x_n=0, \\ \cdots\cdots\cdots\cdots \\ a_{m1}x_1+a_{m2}x_2+\cdots+a_{mn}x_n=0, \end{cases} \qquad ②$$

则称②为**齐次线性方程组**，并称②为①的**导出组**.

(2)**矩阵形式**

非齐次线性方程组的矩阵形式：

$$\boldsymbol{A}\boldsymbol{x}=\boldsymbol{b},$$

其中 $\boldsymbol{x}=(x_1,x_2,\cdots,x_n)^{\mathrm{T}}$， $\boldsymbol{b}=(b_1,b_2,\cdots,b_m)^{\mathrm{T}}$.

类似地，齐次线性方程组的矩阵形式：

$$\boldsymbol{A}\boldsymbol{x}=\boldsymbol{0}.$$

(3) **向量组形式** 若系数矩阵按列分块为 $\boldsymbol{A}=(\boldsymbol{\alpha}_1,\boldsymbol{\alpha}_2,\cdots,\boldsymbol{\alpha}_n)$，则非齐次线性方程组可写为：

$$x_1\boldsymbol{\alpha}_1+x_2\boldsymbol{\alpha}_2+\cdots+x_n\boldsymbol{\alpha}_n=\boldsymbol{b}.$$

类似地，齐次线性方程组可写为：

$$x_1\boldsymbol{\alpha}_1+x_2\boldsymbol{\alpha}_2+\cdots+x_n\boldsymbol{\alpha}_n=\boldsymbol{0}.$$

2. 线性方程组的初等交换

(1)互换两个方程的位置；

(2)用非零数乘某一方程；

(3)把一个方程的倍数加到另一个方程.

3. 消元法求解线性方程组

首先用初等变换化线性方程组为阶梯形方程组，或者用初等行变换化增广矩阵为阶梯形矩阵. 去掉恒等式“0=0”后，若最后一个等式是零等于一个非零数(即增广矩阵的秩大于系数矩阵的秩)，则方程组无解；否则有解.

在有解的情况下，若阶梯形方程组中方程个数等于未知量个数，则有唯一解；若方程个数小于未知量个数，则有无穷多个解.

4. n 维向量及运算

(1)如果 n 维向量

$$\boldsymbol{\alpha}=(a_1,a_2,\cdots,a_n),\quad \boldsymbol{\beta}=(b_1,b_2,\cdots,b_n)$$

的对应分量都相等，即

$$a_i=b_i(i=1,2,\cdots,n),$$

则称这两个向量是**相等**的，记作 $\boldsymbol{\alpha}=\boldsymbol{\beta}$.

(2)向量

$$\boldsymbol{\gamma}=(a_1+b_1,a_2+b_2,\cdots,a_n+b_n)$$

称为向量

$$\boldsymbol{\alpha}=(a_1,a_2,\cdots,a_n),\quad \boldsymbol{\beta}=(b_1,b_2,\cdots,b_n)$$

的**和**，记为

$$\boldsymbol{\gamma}=\boldsymbol{\alpha}+\boldsymbol{\beta}.$$

由定义立即推出：

交换律 $\boldsymbol{\alpha}+\boldsymbol{\beta}=\boldsymbol{\beta}+\boldsymbol{\alpha}.$ ①

结合律 $\boldsymbol{\alpha}+(\boldsymbol{\beta}+\boldsymbol{\gamma})=(\boldsymbol{\alpha}+\boldsymbol{\beta})+\boldsymbol{\gamma}.$ ②

(3)分量全为零的向量$(0,0,\cdots,0)$称为**零向量**，记为 $\boldsymbol{0}$；向量$(-a_1,-a_2,\cdots,-a_n)$称为向

量 $\boldsymbol{\alpha}=(a_1,a_2,\cdots,a_n)$ 的**负向量**，记为 $-\boldsymbol{\alpha}$.

显然，对于所有的 $\boldsymbol{\alpha}$，都有

$$\boldsymbol{\alpha}+\mathbf{0}=\boldsymbol{\alpha}, \quad ③$$

$$\boldsymbol{\alpha}+(-\boldsymbol{\alpha})=\mathbf{0}. \quad ④$$

①～④是向量加法的四条基本运算法则.

利用负向量，我们可以定义向量的减法.

(4) $\boldsymbol{\alpha}-\boldsymbol{\beta}=\boldsymbol{\alpha}+(-\boldsymbol{\beta})$.

(5) 设 k 为数域 P 中的数，向量 $(ka_1,ka_2,\cdots,ka_n)$ 称为向量 $\boldsymbol{\alpha}=(a_1,a_2,\cdots,a_n)$ 与数 k 的**数量乘积**，记为 $k\boldsymbol{\alpha}$.

由定义立即推出：

$$k(\boldsymbol{\alpha}+\boldsymbol{\beta})=k\boldsymbol{\alpha}+k\boldsymbol{\beta}, \quad ⑤$$

$$(k+l)\boldsymbol{\alpha}=k\boldsymbol{\alpha}+l\boldsymbol{\alpha}, \quad ⑥$$

$$k(l\boldsymbol{\alpha})=(kl)\boldsymbol{\alpha}, \quad ⑦$$

$$1\boldsymbol{\alpha}=\boldsymbol{\alpha}. \quad ⑧$$

⑤～⑧是关于数量乘积的四条基本运算法则. 由⑤～⑧或者由定义不难推出：

$$0\boldsymbol{\alpha}=\mathbf{0},$$

$$(-1)\boldsymbol{\alpha}=-\boldsymbol{\alpha},$$

$$k\,\mathbf{0}=\mathbf{0}.$$

注：如果 $k\neq 0,\boldsymbol{\alpha}\neq\mathbf{0}$，那么 $k\boldsymbol{\alpha}\neq\mathbf{0}$.

5. n 维向量空间 以数域 P 中的数作为分量的 n 维向量的全体，同时考虑到定义在它们上面的加法和数量乘积，称为数域 P 上的 **n 维向量空间**.

在 $n=3$ 时，3 维实向量空间可以认为就是几何空间中全体向量构成的空间 $\boldsymbol{R}^3$.

6. 线性相关性基本概念

(1) **线性表示** 对于向量 $\boldsymbol{\beta},\boldsymbol{\alpha}_1,\boldsymbol{\alpha}_2,\cdots,\boldsymbol{\alpha}_m$，如果存在一组数 $k_1,k_2,\cdots,k_m$，使得

$$\boldsymbol{\beta}=k_1\boldsymbol{\alpha}_1+k_2\boldsymbol{\alpha}_2+\cdots+k_m\boldsymbol{\alpha}_m$$

成立，则称 $\boldsymbol{\beta}$ 是 $\boldsymbol{\alpha}_1,\boldsymbol{\alpha}_2,\cdots,\boldsymbol{\alpha}_m$ 的**线性组合**，或称 $\boldsymbol{\beta}$ 可由 $\boldsymbol{\alpha}_1,\boldsymbol{\alpha}_2,\cdots,\boldsymbol{\alpha}_m$ **线性表示**.

(2) **线性相关与线性无关** 设 $\boldsymbol{\alpha}_1,\boldsymbol{\alpha}_2,\cdots,\boldsymbol{\alpha}_m$ 为一组向量，如果存在一组不全为零的数 $k_1,k_2,\cdots k_m$，使得

$$k_1\boldsymbol{\alpha}_1+k_2\boldsymbol{\alpha}_2+\cdots+k_m\boldsymbol{\alpha}_m=\mathbf{0}$$

成立，则称向量组 $\boldsymbol{\alpha}_1,\boldsymbol{\alpha}_2,\cdots,\boldsymbol{\alpha}_m$ **线性相关**；当且仅当 $k_1=k_2=\cdots=k_m=0$ 时等式成立，则称向量组 $\boldsymbol{\alpha}_1,\boldsymbol{\alpha}_2,\cdots,\boldsymbol{\alpha}_m$ **线性无关**.

7. 线性相关常用结论

设 $\boldsymbol{\alpha}_1=(a_{11},a_{12},\cdots,a_{1n})^{\mathrm{T}},\boldsymbol{\alpha}_2=(a_{21},a_{22},\cdots,a_{2n})^{\mathrm{T}},\cdots,\boldsymbol{\alpha}_m=(a_{m1},a_{m2},\cdots,a_{mn})^{\mathrm{T}}$，

$\boldsymbol{\beta}=(b_1,b_2,\cdots,b_n)^{\mathrm{T}}$，这里 $m\leqslant n$.

(1) ①$\boldsymbol{\beta}$可由$\boldsymbol{\alpha}_1,\boldsymbol{\alpha}_2,\cdots,\boldsymbol{\alpha}_m$线性表示的充要条件是线性方程组$x_1\boldsymbol{\alpha}_1+x_2\boldsymbol{\alpha}_2+\cdots+x_m\boldsymbol{\alpha}_m=\boldsymbol{\beta}$有解,即

$$\begin{cases}a_{11}x_1+a_{21}x_2+\cdots+a_{m1}x_m=b_1,\\a_{12}x_1+a_{22}x_2+\cdots+a_{m2}x_m=b_2,\\\cdots\cdots\cdots\cdots\\a_{1n}x_1+a_{2n}x_2+\cdots+a_{mn}x_m=b_n.\end{cases}$$

有解.

②$\boldsymbol{\beta}$可由$\boldsymbol{\alpha}_1,\boldsymbol{\alpha}_2,\cdots,\boldsymbol{\alpha}_m$唯一线性表示的充要条件是线性方程组$x_1\boldsymbol{\alpha}_1+x_2\boldsymbol{\alpha}_2+\cdots+x_m\boldsymbol{\alpha}_m=\boldsymbol{\beta}$有唯一解.

③$\boldsymbol{\beta}$不能由$\boldsymbol{\alpha}_1,\boldsymbol{\alpha}_2,\cdots,\boldsymbol{\alpha}_m$线性表示的充要条件是线性方程组$x_1\boldsymbol{\alpha}_1+x_2\boldsymbol{\alpha}_2+\cdots+x_m\boldsymbol{\alpha}_m=\boldsymbol{\beta}$无解.

(2) ①令$\boldsymbol{A}=(\boldsymbol{\alpha}_1,\boldsymbol{\alpha}_2,\cdots,\boldsymbol{\alpha}_m)$,$\boldsymbol{B}=(\boldsymbol{\alpha}_1,\boldsymbol{\alpha}_2,\cdots,\boldsymbol{\alpha}_m,\boldsymbol{\beta})$,则$\boldsymbol{\beta}$可由$\boldsymbol{\alpha}_1,\boldsymbol{\alpha}_2,\cdots,\boldsymbol{\alpha}_m$线性表示的充分必要条件是$r(\boldsymbol{A})=r(\boldsymbol{B})$.

②$\boldsymbol{\beta}$可由$\boldsymbol{\alpha}_1,\boldsymbol{\alpha}_2,\cdots,\boldsymbol{\alpha}_m$唯一线性表示的充分必要条件是$r(\boldsymbol{A})=r(\boldsymbol{B})=m$.

③$\boldsymbol{\beta}$不能由$\boldsymbol{\alpha}_1,\boldsymbol{\alpha}_2,\cdots,\boldsymbol{\alpha}_m$线性表示的充分必要条件是$r(\boldsymbol{A})<r(\boldsymbol{B})$.

(3) 向量组$\boldsymbol{\alpha}_1,\boldsymbol{\alpha}_2,\cdots,\boldsymbol{\alpha}_m$线性相关的充分必要条件是齐次线性方程组

$$\begin{cases}a_{11}x_1+a_{21}x_2+\cdots+a_{m1}x_m=0,\\a_{12}x_1+a_{22}x_2+\cdots+a_{m2}x_m=0,\\\cdots\cdots\cdots\cdots\\a_{1n}x_1+a_{2n}x_2+\cdots+a_{mn}x_m=0\end{cases}$$

有非零解,且当$m=n$时,其线性相关的充要条件是

$$|\boldsymbol{A}|=\begin{vmatrix}a_{11}&a_{12}&\cdots&a_{1n}\\a_{21}&a_{22}&\cdots&a_{2n}\\\vdots&\vdots&&\vdots\\a_{n1}&a_{n2}&\cdots&a_{nn}\end{vmatrix}=0.$$

(4) 向量组$\boldsymbol{\alpha}_1,\boldsymbol{\alpha}_2,\cdots,\boldsymbol{\alpha}_m$线性无关的充分必要条件是齐次线性方程组

$$\begin{cases}a_{11}x_1+a_{21}x_2+\cdots+a_{m1}x_m=0,\\a_{12}x_1+a_{22}x_2+\cdots+a_{m2}x_m=0,\\\cdots\cdots\cdots\cdots\\a_{1n}x_1+a_{2n}x_2+\cdots+a_{mn}x_m=0\end{cases}$$

只有零解,且当$m=n$时,其线性无关的充要条件是

$$|\boldsymbol{A}|=\begin{vmatrix}a_{11}&a_{12}&\cdots&a_{1n}\\a_{21}&a_{22}&\cdots&a_{2n}\\\vdots&\vdots&&\vdots\\a_{n1}&a_{n2}&\cdots&a_{nn}\end{vmatrix}\neq0.$$

(5) 向量组 $\boldsymbol{\alpha}_1,\boldsymbol{\alpha}_2,\cdots,\boldsymbol{\alpha}_m$ 线性相关的充要条件是以 $\boldsymbol{\alpha}_1,\boldsymbol{\alpha}_2,\cdots,\boldsymbol{\alpha}_m$ 为列向量的矩阵的秩小于向量个数 m.

(6) 向量组 $\boldsymbol{\alpha}_1,\boldsymbol{\alpha}_2,\cdots,\boldsymbol{\alpha}_m$ 线性无关的充要条件是以 $\boldsymbol{\alpha}_1,\boldsymbol{\alpha}_2,\cdots,\boldsymbol{\alpha}_m$ 为列向量的矩阵的秩等于向量个数 m.

(7) 向量组 $\boldsymbol{\alpha}_1,\boldsymbol{\alpha}_2,\cdots,\boldsymbol{\alpha}_m(m\geqslant 2)$线性相关的充要条件是向量组至少有一个向量是其余向量的线性组合;向量组 $\boldsymbol{\alpha}_1,\boldsymbol{\alpha}_2,\cdots,\boldsymbol{\alpha}_m(m\geqslant 2)$线性无关的充要条件是向量组中每一个向量都不能由其余向量线性表示.

(8) 如果向量组 $\boldsymbol{\alpha}_1,\boldsymbol{\alpha}_2,\cdots,\boldsymbol{\alpha}_m$ 线性无关,而向量组 $\boldsymbol{\alpha}_1,\boldsymbol{\alpha}_2,\cdots,\boldsymbol{\alpha}_m,\boldsymbol{\beta}$ 线性相关,则 $\boldsymbol{\beta}$ 可以由 $\boldsymbol{\alpha}_1,\boldsymbol{\alpha}_2,\cdots,\boldsymbol{\alpha}_m$ 线性表示,且表示式唯一.

(9) 如果向量组 $\boldsymbol{\alpha}_1,\boldsymbol{\alpha}_2,\cdots,\boldsymbol{\alpha}_m$ 可以由向量组 $\boldsymbol{\beta}_1,\boldsymbol{\beta}_2,\cdots,\boldsymbol{\beta}_t$ 线性表示,并且 $m>t$,则向量组 $\boldsymbol{\alpha}_1,\boldsymbol{\alpha}_2,\cdots,\boldsymbol{\alpha}_m$ 线性相关;或者说,如果向量组 $\boldsymbol{\alpha}_1,\boldsymbol{\alpha}_2,\cdots,\boldsymbol{\alpha}_m$ 线性无关,并且可以由 $\boldsymbol{\beta}_1,\boldsymbol{\beta}_2,\cdots,\boldsymbol{\beta}_t$ 线性表示,则 $m\leqslant t$.

(10) 向量组 $\boldsymbol{\alpha}_1,\boldsymbol{\alpha}_2,\cdots,\boldsymbol{\alpha}_m$ 中,如果有一个部分组线性相关,则整个向量组线性相关;如果整个向量组 $\boldsymbol{\alpha}_1,\boldsymbol{\alpha}_2,\cdots,\boldsymbol{\alpha}_m$ 线性无关,则其任一部分组也一定线性无关.

(11)设 r 维向量组 $\boldsymbol{\alpha}_i=(a_{i1},a_{i2},\cdots,a_{ir})$ $(i=1,2,\cdots,m)$线性无关,则在每个向量上再添加$n-r$个分量所得到的 n 维向量组 $\boldsymbol{\alpha}_i'=(a_{i1},a_{i2},\cdots,a_{ir},a_{ir+1},\cdots,a_{in})$ $(i=1,2,\cdots,m)$也线性无关.

(12) $n+1$ 个 n 维向量必线性相关.

(13) 一个零向量线性相关;含有零向量的向量组必线性相关;一个非零向量线性无关;两个非零向量线性相关的充要条件是对应分量成比例.

(14) 设 $\boldsymbol{\varepsilon}_1=(1,0,\cdots,0),\boldsymbol{\varepsilon}_2=(0,1,\cdots,0),\cdots,\boldsymbol{\varepsilon}_n=(0,0,\cdots,1)$,称 $\boldsymbol{\varepsilon}_1,\boldsymbol{\varepsilon}_2,\cdots,\boldsymbol{\varepsilon}_n$ 为n **维单位向量组**,且有

(ⅰ)$\boldsymbol{\varepsilon}_1,\boldsymbol{\varepsilon}_2,\cdots,\boldsymbol{\varepsilon}_n$ 线性无关;

(ⅱ)任意 n 维向量 $\boldsymbol{\alpha}=(a_1,a_2,\cdots,a_n)$都可由 $\boldsymbol{\varepsilon}_1,\boldsymbol{\varepsilon}_2,\cdots,\boldsymbol{\varepsilon}_n$ 线性表示,即 $\boldsymbol{\alpha}=a_1\boldsymbol{\varepsilon}_1+a_2\boldsymbol{\varepsilon}_2+\cdots+a_n\boldsymbol{\varepsilon}_n$.

(15)初等行变换不改变矩阵的列向量组之间的线性关系;初等列变换不改变矩阵的行向量组之间的线性关系.

8. 极大无关组 设向量组 $\boldsymbol{\alpha}_{i_1},\boldsymbol{\alpha}_{i_2},\cdots,\boldsymbol{\alpha}_{i_r}$ 为向量组 $\boldsymbol{\alpha}_1,\boldsymbol{\alpha}_2,\cdots,\boldsymbol{\alpha}_m$ 的一个部分组,且满足

(ⅰ) $\boldsymbol{\alpha}_{i_1},\boldsymbol{\alpha}_{i_2},\cdots,\boldsymbol{\alpha}_{i_r}$ 线性无关;

(ⅱ)向量组 $\boldsymbol{\alpha}_1,\boldsymbol{\alpha}_2,\cdots,\boldsymbol{\alpha}_m$ 中任一向量均可由 $\boldsymbol{\alpha}_{i_1},\boldsymbol{\alpha}_{i_2},\cdots,\boldsymbol{\alpha}_{i_r}$ 线性表示,则称向量组 $\boldsymbol{\alpha}_{i_1},\boldsymbol{\alpha}_{i_2},\cdots,\boldsymbol{\alpha}_{i_r}$ 为向量组 $\boldsymbol{\alpha}_1,\boldsymbol{\alpha}_2,\cdots,\boldsymbol{\alpha}_m$ 的一个**极大线性无关组**,简称**极大无关组**.

注意 向量组的极大无关组并不是唯一的,但是每个极大无关组所含向量的个数是唯一确定的.

9. 向量组的秩 向量组 $\boldsymbol{\alpha}_1,\boldsymbol{\alpha}_2,\cdots,\boldsymbol{\alpha}_m$ 的极大无关组中所含向量的个数称为该**向量组的秩**，记为 $r(\boldsymbol{\alpha}_1,\boldsymbol{\alpha}_2,\cdots,\boldsymbol{\alpha}_m)$.

如果一个向量组仅含有零向量，则规定它的秩为零.

10. 向量组的秩的性质

(1)若 $r(\boldsymbol{\alpha}_1,\boldsymbol{\alpha}_2,\cdots,\boldsymbol{\alpha}_m)=r$，则

① $\boldsymbol{\alpha}_1,\boldsymbol{\alpha}_2,\cdots,\boldsymbol{\alpha}_m$ 的任何含有多于 r 个向量的部分组一定线性相关；

② $\boldsymbol{\alpha}_1,\boldsymbol{\alpha}_2,\cdots,\boldsymbol{\alpha}_m$ 的任何含 r 个向量的线性无关部分组一定是极大无关组.

(2) $r(\boldsymbol{\alpha}_1,\boldsymbol{\alpha}_2,\cdots,\boldsymbol{\alpha}_m)\leqslant m$，且 $r(\boldsymbol{\alpha}_1,\boldsymbol{\alpha}_2,\cdots,\boldsymbol{\alpha}_m)=m$ 的充要条件是 $\boldsymbol{\alpha}_1,\boldsymbol{\alpha}_2,\cdots,\boldsymbol{\alpha}_m$ 线性无关.

(3)$\boldsymbol{\beta}$ 可用 $\boldsymbol{\alpha}_1,\boldsymbol{\alpha}_2,\cdots,\boldsymbol{\alpha}_m$ 线性表示的充要条件是 $r(\boldsymbol{\alpha}_1,\boldsymbol{\alpha}_2,\cdots,\boldsymbol{\alpha}_m,\boldsymbol{\beta})=r(\boldsymbol{\alpha}_1,\boldsymbol{\alpha}_2,\cdots,\boldsymbol{\alpha}_m)$.

(4)若 $\boldsymbol{\beta}_1,\boldsymbol{\beta}_2,\cdots,\boldsymbol{\beta}_t$ 可由 $\boldsymbol{\alpha}_1,\boldsymbol{\alpha}_2,\cdots,\boldsymbol{\alpha}_s$ 线性表示，则 $r(\boldsymbol{\beta}_1,\boldsymbol{\beta}_2,\cdots,\boldsymbol{\beta}_t)\leqslant r(\boldsymbol{\alpha}_1,\boldsymbol{\alpha}_2,\cdots,\boldsymbol{\alpha}_s)$.

(5)设 $\boldsymbol{A}$ 是一个 $m\times n$ 矩阵，记 $\boldsymbol{\alpha}_1,\boldsymbol{\alpha}_2,\cdots,\boldsymbol{\alpha}_n$ 是 $\boldsymbol{A}$ 的列向量组(m 维)，$\boldsymbol{\beta}_1,\boldsymbol{\beta}_2,\cdots,\boldsymbol{\beta}_m$ 是 $\boldsymbol{A}$ 的行向量组(n 维)，则 $r(\boldsymbol{A})=r(\boldsymbol{\alpha}_1,\boldsymbol{\alpha}_2,\cdots,\boldsymbol{\alpha}_n)=r(\boldsymbol{\beta}_1,\boldsymbol{\beta}_2,\cdots,\boldsymbol{\beta}_m)$.

11. 向量组的等价 两个向量组能够相互线性表示，则称这两个向量组等价.

向量组等价的结论：

(1)任一向量组和它的极大无关组等价.

(2)向量组的任意两个极大无关组等价.

(3)两个等价的线性无关的向量组所含向量的个数相同.

(4)两个向量组等价的充要条件是它们的极大无关组等价.

(5)等价的两个向量组有相同的秩.

12. 矩阵的秩 矩阵 $\boldsymbol{A}$ 的行(列)向量组的秩称为 **$\boldsymbol{A}$ 的行(列)秩**. 可以证明：行秩与列秩相等，统称为**矩阵 $\boldsymbol{A}$ 的秩**，记为 $r(\boldsymbol{A})$.

13. 常用结论 设 $\boldsymbol{A},\boldsymbol{B}$ 均为 $m\times n$ 阶矩阵，则

(1)$r(\boldsymbol{A})=\boldsymbol{A}$ 的非零子式的最高阶数；

(2)$0\leqslant r(\boldsymbol{A})\leqslant \min\{m,n\}$；

(3)$r(\boldsymbol{A}^{\mathrm{T}})=r(\boldsymbol{A})$；

(4)若 $\boldsymbol{A}\neq\boldsymbol{O}$，则 $r(\boldsymbol{A})\geqslant 1$；

(5)若 $k\neq 0$，则 $r(k\boldsymbol{A})=r(\boldsymbol{A})$；

(6)$r(\boldsymbol{A}\pm\boldsymbol{B})\leqslant r(\boldsymbol{A})+r(\boldsymbol{B})$；

(7)矩阵的初等变换不改变矩阵的秩；

(8)$r(\boldsymbol{A})=m$，即 $\boldsymbol{A}$ 行满秩的充要条件是 $\boldsymbol{A}$ 的等价标准形为 $(\boldsymbol{E}_m,\boldsymbol{O})$；

$r(\boldsymbol{A})=n$，即 $\boldsymbol{A}$ 列满秩的充要条件是 $\boldsymbol{A}$ 的等价标准形为 $\begin{bmatrix}\boldsymbol{E}_n\\\boldsymbol{O}\end{bmatrix}$；

(9)$\boldsymbol{A},\boldsymbol{B}$ 等价的充要条件是 $r(\boldsymbol{A})=r(\boldsymbol{B})$.

14. 齐次线性方程组解的性质和判定

(1)如果 $\boldsymbol{\xi}_1,\boldsymbol{\xi}_2$ 是齐次线性方程组 $\boldsymbol{Ax}=\boldsymbol{0}$ 的解，k 为任意数，那么 $\boldsymbol{\xi}_1+\boldsymbol{\xi}_2$，$k\boldsymbol{\xi}_1$ 都是该齐次线性方程组的解. 因此 $\boldsymbol{Ax}=\boldsymbol{0}$ 的解向量的线性组合仍是它的解向量.

(2)设齐次线性方程组 $\boldsymbol{Ax}=\boldsymbol{0}$ 含有 n 个未知数和 m 个方程，即系数矩阵 $\boldsymbol{A}$ 为 $m\times n$ 阶矩阵，则 $\boldsymbol{Ax}=\boldsymbol{0}$有非零解的充分必要条件是：

①$r(\boldsymbol{A})<n$；

②$\boldsymbol{A}$ 的列向量组线性相关；

③$\boldsymbol{AB}=\boldsymbol{O}$，且 $\boldsymbol{B}\neq\boldsymbol{O}$；

④当 $m=n$ 时，$|\boldsymbol{A}|=0$；

亦即 $\boldsymbol{Ax}=\boldsymbol{0}$ 只有零解的充分必要条件是：

①$r(\boldsymbol{A})=n$；

②$\boldsymbol{A}$ 的列向量组线性无关；

③当 $m=n$ 时，$|\boldsymbol{A}|\neq 0$.

15. 非齐次线性方程组解的性质和判定

设 $\boldsymbol{Ax}=\boldsymbol{b}$ 是含有 n 个未知数和 m 个方程的非齐次线性方程组，

(1)设 $\boldsymbol{\eta}_1,\boldsymbol{\eta}_2$ 是 $\boldsymbol{Ax}=\boldsymbol{b}$ 的两个解，则 $\boldsymbol{\eta}_1-\boldsymbol{\eta}_2$ 是其导出组 $\boldsymbol{Ax}=\boldsymbol{0}$ 的解；

(2)设 $\boldsymbol{\eta}$ 是 $\boldsymbol{Ax}=\boldsymbol{b}$ 的解，ξ 是其导出组 $\boldsymbol{Ax}=\boldsymbol{0}$ 的解，则 $\boldsymbol{\eta}+\xi$ 是 $\boldsymbol{Ax}=\boldsymbol{b}$ 的解；

(3)设 $\boldsymbol{A}=(\boldsymbol{\alpha}_1,\boldsymbol{\alpha}_2,\cdots,\boldsymbol{\alpha}_n)$，$\overline{\boldsymbol{A}}=(\boldsymbol{\alpha}_1,\boldsymbol{\alpha}_2,\cdots,\boldsymbol{\alpha}_n,\boldsymbol{b})$分别是 $\boldsymbol{Ax}=\boldsymbol{b}$ 的系数矩阵和增广矩阵，则 $\boldsymbol{Ax}=\boldsymbol{b}$ 有解的充要条件是：

①$r(\boldsymbol{A})=r(\overline{\boldsymbol{A}})$，即系数矩阵的秩与增广矩阵的秩相同；

②$\boldsymbol{b}$ 可由 $\boldsymbol{\alpha}_1,\boldsymbol{\alpha}_2,\cdots,\boldsymbol{\alpha}_n$ 线性表示；

③向量组 $\boldsymbol{\alpha}_1,\boldsymbol{\alpha}_2,\cdots,\boldsymbol{\alpha}_n$ 与 $\boldsymbol{\alpha}_1,\boldsymbol{\alpha}_2,\cdots,\boldsymbol{\alpha}_n,\boldsymbol{b}$ 等价；

④$r(\boldsymbol{\alpha}_1,\boldsymbol{\alpha}_2\cdots,\boldsymbol{\alpha}_n)=r(\boldsymbol{\alpha}_1,\boldsymbol{\alpha}_2,\cdots,\boldsymbol{\alpha}_n,\boldsymbol{b})$.

(4)$\boldsymbol{Ax}=\boldsymbol{b}$ 无解的充要条件是：

①$r(\boldsymbol{A})\neq r(\overline{\boldsymbol{A}})$，即 $r(\boldsymbol{A})+1=r(\overline{\boldsymbol{A}})$；

②$\boldsymbol{b}$ 不能由 $\boldsymbol{\alpha}_1,\boldsymbol{\alpha}_2,\cdots,\boldsymbol{\alpha}_n$ 线性表示.

(5)$\boldsymbol{Ax}=\boldsymbol{b}$ 有唯一解的充要条件是：

①$r(\boldsymbol{A})=r(\overline{\boldsymbol{A}})=n$；

②$\boldsymbol{b}$ 由 $\boldsymbol{\alpha}_1,\boldsymbol{\alpha}_2,\cdots,\boldsymbol{\alpha}_n$ 唯一线性表示；

③当 $m=n$ 时，$|\boldsymbol{A}|\neq 0$.

(6)$\boldsymbol{Ax}=\boldsymbol{b}$ 有无穷多解的充要条件是：

①$r(\boldsymbol{A})=r(\overline{\boldsymbol{A}})<n$；

②$\boldsymbol{b}$ 可由 $\boldsymbol{\alpha}_1,\boldsymbol{\alpha}_2,\cdots,\boldsymbol{\alpha}_n$ 线性表示，但表示法不唯一.

16. 齐次线性方程组的基础解系

(1)设 $\boldsymbol{\xi}_1,\boldsymbol{\xi}_2,\cdots,\boldsymbol{\xi}_s$ 是齐次线性方程组 $\boldsymbol{Ax}=\boldsymbol{0}$ 的解向量,如果

(ⅰ)$\boldsymbol{\xi}_1,\boldsymbol{\xi}_2,\cdots,\boldsymbol{\xi}_s$ 线性无关;

(ⅱ)方程组 $\boldsymbol{Ax}=\boldsymbol{0}$ 的任意一个解向量都可由 $\boldsymbol{\xi}_1,\boldsymbol{\xi}_2,\cdots,\boldsymbol{\xi}_s$ 线性表示,

则称 $\boldsymbol{\xi}_1,\boldsymbol{\xi}_2,\cdots,\boldsymbol{\xi}_s$ 是齐次线性方程组 $\boldsymbol{Ax}=\boldsymbol{0}$ 的一个**基础解系**.

(2)设 $\boldsymbol{Ax}=\boldsymbol{0}$ 含有 n 个未知数,则基础解系所含向量的个数为 $n-r(\boldsymbol{A})$,即自由未知量的个数.

(3)若 $\boldsymbol{\xi}_1,\boldsymbol{\xi}_2,\cdots,\boldsymbol{\xi}_s$ 为齐次线性方程组 $\boldsymbol{Ax}=\boldsymbol{0}$ 的一个基础解系,则 $\boldsymbol{Ax}=\boldsymbol{0}$的任意一个解向量都可由它们线性表示,即

$$k_1\boldsymbol{\xi}_1+k_2\boldsymbol{\xi}_2+\cdots+k_s\boldsymbol{\xi}_s$$

称为齐次线性方程组 $\boldsymbol{Ax}=\boldsymbol{0}$ 的**通解**(**一般解或全部解**),其中 $k_1,k_2,\cdots,k_s$ 为任意常数.

17. 齐次线性方程组的解空间

齐次线性方程组 $\boldsymbol{Ax}=\boldsymbol{0}$ 的解向量的全体构成的向量空间,称为齐次线性方程组 $\boldsymbol{Ax}=0$ 的**解空间**. 设 $\boldsymbol{Ax}=\boldsymbol{0}$含有 n 个未知数,则解空间的维数为 $n-r(\boldsymbol{A})$.

18. 非齐次线性方程组的通解

对非齐次线性方程组 $\boldsymbol{Ax}=\boldsymbol{b}$,若 $r(\boldsymbol{A})=r(\overline{\boldsymbol{A}})=r$,且 $\boldsymbol{\eta}$ 是 $\boldsymbol{Ax}=\boldsymbol{b}$ 的一个解,$\boldsymbol{\xi}_1,\boldsymbol{\xi}_2,\cdots,\boldsymbol{\xi}_{n-r}$ 是其导出组 $\boldsymbol{Ax}=\boldsymbol{0}$ 的一个基础解系,则 $\boldsymbol{Ax}=\boldsymbol{b}$ 的通解(全部解)为

$$\boldsymbol{\eta}+k_1\boldsymbol{\xi}_1+k_2\boldsymbol{\xi}_2+\cdots+k_{n-r}\boldsymbol{\xi}_{n-r},$$

其中 $k_1,k_2,\cdots,k_{n-r}$为任意常数.

19. 结式

设有多项式

$$f(x)=a_0x^m+a_1x^{m-1}+\cdots+a_{m-1}x+a_m,$$
$$g(x)=b_0x^n+b_1x^{n-1}+\cdots+b_{n-1}x+b_n,$$

则称 $m+n$ 阶行列式

$$R(f,g)=\begin{vmatrix} a_0 & a_1 & \cdots & \cdots & a_m & & & \\ & a_0 & a_1 & \cdots & \cdots & a_m & & \\ & & \ddots & & & & \ddots & \\ & & & a_0 & a_1 & \cdots & \cdots & a_m \\ b_0 & b_1 & \cdots & \cdots & b_n & & & \\ & b_0 & b_1 & \cdots & \cdots & b_n & & \\ & & \ddots & & & & \ddots & \\ & & & b_0 & b_1 & \cdots & \cdots & b_n \end{vmatrix}\begin{matrix} \left.\vphantom{\begin{matrix}a\\a\\a\\a\end{matrix}}\right\} n\text{行} \\ \left.\vphantom{\begin{matrix}a\\a\\a\\a\end{matrix}}\right\} m\text{行}\end{matrix}$$

为 $f(x)$与 $g(x)$的**结式**.

20. 结式的相关结论

(1)设

$$f(x)=a_0x^m+a_1x^{m-1}+\cdots+a_m,$$
$$g(x)=b_0x^n+b_1x^{n-1}+\cdots+b_n$$

是 $P[x]$ 中两个多项式, $m,n>0$, 于是它们的结式 $R(f,g)=0$ 的充要条件是 $f(x)$ 与 $g(x)$ 在 $P[x]$ 中有非常数的公因式或它们的第一个系数 a_0,b_0 全为零.

(2)设 $f(x,y),g(x,y)$ 是两个复系数的二元多项式,求方程组

$$\begin{cases}f(x,y)=0,\\ g(x,y)=0\end{cases} \qquad ①$$

在复数域中的全部解,将 $f(x,y)$ 与 $g(x,y)$ 写成

$$f(x,y)=a_0(y)x^m+a_1(y)x^{m-1}+\cdots+a_m(y),$$
$$g(x,y)=b_0(y)x^n+b_1(y)x^{n-1}+\cdots+b_n(y),$$

其中 $a_i(y),b_j(y),i=0,1,\cdots,m,\ j=0,1,\cdots,n$, 是 y 的多项式,把 $f(x,y)$ 与 $g(x,y)$ 看作是 x 的多项式,令

$$R_x(f,g)=\begin{vmatrix} a_0(y) & a_1(y) & a_2(y) & \cdots & a_m(y) & & & \\ & a_0(y) & a_1(y) & \cdots & \cdots & a_m(y) & & \\ & & \ddots & \ddots & & & \ddots & \\ & & & a_0(y) & a_1(y) & \cdots & \cdots & a_m(y) \\ b_0(y) & b_1(y) & b_2(y) & \cdots & b_n(y) & & & \\ & b_0(y) & b_1(y) & b_2(y) & \cdots & b_n(y) & & \\ & & \ddots & \ddots & & & \ddots & \\ & & & b_0(y) & b_1(y) & \cdots & \cdots & b_n(y) \end{vmatrix}.$$

如果 (x_0,y_0) 是方程组①的一个复数解,则 y_0 就是 $R_x(f,g)$ 的一个根;反过来,如果 y_0 是 $R_x(f,g)$ 的一个复根,则 $a_0(y_0)=b_0(y_0)=0$,或存在一个复数 x_0 使 (x_0,y_0) 是方程组①的一个解.

二、 经典例题解析及解题方法总结

【例 1】 如果向量 $\boldsymbol{\beta}=(1,0,k,2)^{\mathrm{T}}$ 能由向量组 $\boldsymbol{\alpha}_1=(1,3,0,5)^{\mathrm{T}}$, $\boldsymbol{\alpha}_2=(1,2,1,4)^{\mathrm{T}}$, $\boldsymbol{\alpha}_3=(1,1,2,3)^{\mathrm{T}}$, $\boldsymbol{\alpha}_4=(1,-3,6,-1)^{\mathrm{T}}$ 线性表示,则 $k=$______.

解 用向量 $\boldsymbol{\alpha}_1,\boldsymbol{\alpha}_2,\boldsymbol{\alpha}_3,\boldsymbol{\alpha}_4$ 及 $\boldsymbol{\beta}$ 构成矩阵 $\boldsymbol{A}=(\boldsymbol{\alpha}_1,\boldsymbol{\alpha}_2,\boldsymbol{\alpha}_3,\boldsymbol{\alpha}_4)$ 和矩阵 $\boldsymbol{B}=(\boldsymbol{A},\boldsymbol{\beta})$. 对矩阵 $\boldsymbol{B}$ 施以初等行变换,得

$$\boldsymbol{B}=\begin{pmatrix}1&1&1&1&1\\3&2&1&-3&0\\0&1&2&6&k\\5&4&3&-1&2\end{pmatrix}\xrightarrow[r_4-5r_1]{r_2-3r_1}\begin{pmatrix}1&1&1&1&1\\0&-1&-2&-6&-3\\0&1&2&6&k\\0&-1&-2&-6&-3\end{pmatrix}$$

$$\xrightarrow[r_4-r_2]{r_3+r_2}\begin{pmatrix}1&1&1&1&1\\0&-1&-2&-6&-3\\0&0&0&0&k-3\\0&0&0&0&0\end{pmatrix}.$$

由此可知，$r(\boldsymbol{A})=2$. 因为$\boldsymbol{\beta}$能由$\boldsymbol{\alpha}_1,\boldsymbol{\alpha}_2,\boldsymbol{\alpha}_3,\boldsymbol{\alpha}_4$线性表示，所以$r(\boldsymbol{A})=r(\boldsymbol{B})=2$，从而$k=3$.

故应填 3.

方法总结

利用矩阵的秩，即利用常用结论(2)，是判别向量线性表示问题的常用方法.

【例 2】 判断向量$\boldsymbol{\beta}_1=(4,3,-1,11)$与$\boldsymbol{\beta}_2=(4,3,0,11)$是否为向量组$\boldsymbol{\alpha}_1=(1,2,-1,5)$，$\boldsymbol{\alpha}_2=(2,-1,1,1)$的线性组合. 若是，写出表达式.

解 设$k_1\boldsymbol{\alpha}_1+k_2\boldsymbol{\alpha}_2=\boldsymbol{\beta}_1$，对矩阵$(\boldsymbol{\alpha}_1^{\mathrm{T}},\boldsymbol{\alpha}_2^{\mathrm{T}},\boldsymbol{\beta}_1^{\mathrm{T}})$施以初等行变换，得

$$\begin{pmatrix}1&2&4\\2&-1&3\\-1&1&-1\\5&1&11\end{pmatrix}\longrightarrow\begin{pmatrix}1&2&4\\0&-5&-5\\0&3&3\\0&-9&-9\end{pmatrix}\longrightarrow\begin{pmatrix}1&2&4\\0&1&1\\0&0&0\\0&0&0\end{pmatrix}\longrightarrow\begin{pmatrix}1&0&2\\0&1&1\\0&0&0\\0&0&0\end{pmatrix},$$

从而 $r\begin{pmatrix}1&2&4\\2&-1&3\\-1&1&-1\\5&1&11\end{pmatrix}=r\begin{pmatrix}1&2\\2&-1\\-1&1\\5&1\end{pmatrix}=2.$

因此$\boldsymbol{\beta}_1$可由$\boldsymbol{\alpha}_1,\boldsymbol{\alpha}_2$线性表示，且由上面的初等变换可知$k_1=2,k_2=1$，使$\boldsymbol{\beta}_1=2\boldsymbol{\alpha}_1+\boldsymbol{\alpha}_2$.

类似地，对矩阵$(\boldsymbol{\alpha}_1^{\mathrm{T}},\boldsymbol{\alpha}_2^{\mathrm{T}},\boldsymbol{\beta}_2^{\mathrm{T}})$施以初等行变换，得

$$\begin{pmatrix}1&2&4\\2&-1&3\\-1&1&0\\5&1&11\end{pmatrix}\longrightarrow\begin{pmatrix}1&2&4\\0&-5&-5\\0&3&4\\0&-9&-9\end{pmatrix}\longrightarrow\begin{pmatrix}1&2&4\\0&1&1\\0&0&1\\0&0&0\end{pmatrix},$$

从而 $r\begin{pmatrix}1&2&4\\2&-1&3\\-1&1&0\\5&1&11\end{pmatrix}=3$，而 $r\begin{pmatrix}1&2\\2&-1\\-1&1\\5&1\end{pmatrix}=2$，

因此，$\boldsymbol{\beta}_2$不能由$\boldsymbol{\alpha}_1,\boldsymbol{\alpha}_2$线性表示.

【例 3】 设$\boldsymbol{\alpha}_1,\boldsymbol{\alpha}_2,\cdots,\boldsymbol{\alpha}_{m-1}(m>3)$线性无关，而$\boldsymbol{\alpha}_2,\boldsymbol{\alpha}_3,\cdots,\boldsymbol{\alpha}_{m-1},\boldsymbol{\alpha}_m$线性相关，试证：

(1) $\boldsymbol{\alpha}_m$可由$\boldsymbol{\alpha}_1,\boldsymbol{\alpha}_2,\cdots,\boldsymbol{\alpha}_{m-1}$线性表示；

(2) $\boldsymbol{\alpha}_1$不能由$\boldsymbol{\alpha}_2,\boldsymbol{\alpha}_3,\cdots,\boldsymbol{\alpha}_m$线性表示.

证 (1) 因为 $\boldsymbol{\alpha}_1,\boldsymbol{\alpha}_2,\cdots,\boldsymbol{\alpha}_{m-1}$ 线性无关,所以其部分组 $\boldsymbol{\alpha}_2,\boldsymbol{\alpha}_3,\cdots,\boldsymbol{\alpha}_{m-1}$ 也线性无关,又因为 $\boldsymbol{\alpha}_2,\boldsymbol{\alpha}_3,\cdots,\boldsymbol{\alpha}_m$ 线性相关,所以 $\boldsymbol{\alpha}_m$ 可由 $\boldsymbol{\alpha}_2,\boldsymbol{\alpha}_3,\cdots,\boldsymbol{\alpha}_{m-1}$ 线性表示,即

$$\boldsymbol{\alpha}_m=k_2\boldsymbol{\alpha}_2+k_3\boldsymbol{\alpha}_3+\cdots+k_{m-1}\boldsymbol{\alpha}_{m-1},$$

也即 $\boldsymbol{\alpha}_m=0\,\boldsymbol{\alpha}_1+k_2\boldsymbol{\alpha}_2+\cdots+k_{m-1}\boldsymbol{\alpha}_{m-1}$,因此 $\boldsymbol{\alpha}_m$ 可由 $\boldsymbol{\alpha}_1,\boldsymbol{\alpha}_2,\cdots,\boldsymbol{\alpha}_{m-1}$ 线性表示.

(2)用反证法.

假设 $\boldsymbol{\alpha}_1$ 可由 $\boldsymbol{\alpha}_2,\boldsymbol{\alpha}_3,\cdots,\boldsymbol{\alpha}_m$ 线性表示,则

$$\boldsymbol{\alpha}_1=\lambda_2\boldsymbol{\alpha}_2+\lambda_3\boldsymbol{\alpha}_3+\cdots+\lambda_{m-1}\boldsymbol{\alpha}_{m-1}+\lambda_m\boldsymbol{\alpha}_m.$$

由(1)的证明知,$\boldsymbol{\alpha}_m=k_2\boldsymbol{\alpha}_2+k_3\boldsymbol{\alpha}_3+\cdots+k_{m-1}\boldsymbol{\alpha}_{m-1}$ 代入上式得

$$\boldsymbol{\alpha}_1=(\lambda_2+\lambda_m k_2)\boldsymbol{\alpha}_2+(\lambda_3+\lambda_m k_3)\boldsymbol{\alpha}_3+\cdots+(\lambda_{m-1}+\lambda_m k_{m-1})\boldsymbol{\alpha}_{m-1}.$$

此式说明 $\boldsymbol{\alpha}_1$ 可由 $\boldsymbol{\alpha}_2,\boldsymbol{\alpha}_3,\cdots,\boldsymbol{\alpha}_{m-1}$ 线性表示,从而可推出 $\boldsymbol{\alpha}_1,\boldsymbol{\alpha}_2,\cdots,\boldsymbol{\alpha}_{m-1}$ 线性相关,与题设条件矛盾,故 $\boldsymbol{\alpha}_1$ 不能由 $\boldsymbol{\alpha}_2,\boldsymbol{\alpha}_3,\cdots,\boldsymbol{\alpha}_m$ 线性表示.

【例 4】 已知向量组(Ⅰ):$\boldsymbol{\alpha}_1=\begin{pmatrix}0\\1\\2\\3\end{pmatrix},\quad \boldsymbol{\alpha}_2=\begin{pmatrix}3\\0\\1\\2\end{pmatrix},\quad \boldsymbol{\alpha}_3=\begin{pmatrix}2\\3\\0\\1\end{pmatrix},$

$$和(Ⅱ):\boldsymbol{\beta}_1=\begin{pmatrix}2\\1\\1\\2\end{pmatrix},\quad \boldsymbol{\beta}_2=\begin{pmatrix}0\\-2\\1\\1\end{pmatrix},\quad \boldsymbol{\beta}_3=\begin{pmatrix}4\\4\\1\\3\end{pmatrix}.$$

证明:(Ⅱ)可由(Ⅰ) 线性表示,但(Ⅰ)不能由(Ⅱ) 线性表示.

证 令 $\boldsymbol{A}=(\boldsymbol{\alpha}_1,\boldsymbol{\alpha}_2,\boldsymbol{\alpha}_3)$, $\boldsymbol{B}=(\boldsymbol{\beta}_1,\boldsymbol{\beta}_2,\boldsymbol{\beta}_3)$,对矩阵$(\boldsymbol{A},\boldsymbol{B})$施以初等行变换,得

$$(\boldsymbol{A},\boldsymbol{B})=\begin{pmatrix}0&3&2&2&0&4\\1&0&3&1&-2&4\\2&1&0&1&1&1\\3&2&1&2&1&3\end{pmatrix}\to\begin{pmatrix}1&0&3&1&-2&4\\0&1&-6&-1&5&7\\0&0&4&1&-3&5\\0&0&0&0&0&0\end{pmatrix},$$

所以 $r(\boldsymbol{A})=r(\boldsymbol{A},\boldsymbol{B})=3$,即(Ⅱ)可由(Ⅰ) 线性表示.

同理

$$(\boldsymbol{B},\boldsymbol{A})=\begin{pmatrix}2&0&4&0&3&2\\1&-2&4&1&0&3\\1&1&1&2&1&0\\2&1&3&3&2&1\end{pmatrix}\to\begin{pmatrix}1&1&1&2&1&0\\0&-1&1&-1&0&1\\0&0&0&-2&1&0\\0&0&0&0&0&0\end{pmatrix},$$

所以 $r(\boldsymbol{B})=2$,而 $r(\boldsymbol{B},\boldsymbol{A})=3$. 故(Ⅰ)不能由(Ⅱ) 线性表示.

方法总结

一组向量 $\boldsymbol{\beta}_1,\boldsymbol{\beta}_2,\cdots,\boldsymbol{\beta}_t$ 能由 $\boldsymbol{\alpha}_1,\boldsymbol{\alpha}_2,\cdots,\boldsymbol{\alpha}_s$ 线性表示的充要条件是以 $\boldsymbol{\alpha}_1,\boldsymbol{\alpha}_2,\cdots,\boldsymbol{\alpha}_s$ 为列向量的矩阵与以 $\boldsymbol{\alpha}_1,\boldsymbol{\alpha}_2,\cdots,\boldsymbol{\alpha}_s,\boldsymbol{\beta}_1,\boldsymbol{\beta}_2,\cdots,\boldsymbol{\beta}_t$ 为列向量的矩阵有相同的秩.

【例 5】 已知 $\boldsymbol{\alpha}_1,\boldsymbol{\alpha}_2,\boldsymbol{\alpha}_3$ 线性无关,证明:$\boldsymbol{\alpha}_1+\boldsymbol{\alpha}_2,3\boldsymbol{\alpha}_2+2\boldsymbol{\alpha}_3,\boldsymbol{\alpha}_1-2\boldsymbol{\alpha}_2+\boldsymbol{\alpha}_3$ 线性无关.

证 设有一组数 k_1,k_2,k_3,使得 $k_1(\boldsymbol{\alpha}_1+\boldsymbol{\alpha}_2)+k_2(3\boldsymbol{\alpha}_2+2\boldsymbol{\alpha}_3)+k_3(\boldsymbol{\alpha}_1-2\boldsymbol{\alpha}_2+\boldsymbol{\alpha}_3)=\mathbf{0}$,即

$$(k_1+k_3)\boldsymbol{\alpha}_1+(k_1+3k_2-2k_3)\boldsymbol{\alpha}_2+(2k_2+k_3)\boldsymbol{\alpha}_3=\mathbf{0}.$$

由于 $\boldsymbol{\alpha}_1,\boldsymbol{\alpha}_2,\boldsymbol{\alpha}_3$ 线性无关,从而有线性方程组

$$\begin{cases}k_1+k_3=0,\\k_1+3k_2-2k_3=0,\\2k_2+k_3=0,\end{cases}$$

其系数行列式为

$$\begin{vmatrix}1&0&1\\1&3&-2\\0&2&1\end{vmatrix}=9\neq0,$$

从而齐次线性方程组只有零解,即 $k_1=k_2=k_3=0$,所以 $\boldsymbol{\alpha}_1+\boldsymbol{\alpha}_2,3\boldsymbol{\alpha}_2+2\boldsymbol{\alpha}_3,\boldsymbol{\alpha}_1-2\boldsymbol{\alpha}_2+\boldsymbol{\alpha}_3$ 线性无关.

【例 6】 设 $\boldsymbol{A}$ 是 n 阶矩阵,若存在正整数 k,使线性方程组 $\boldsymbol{A}^k\boldsymbol{x}=\mathbf{0}$有解向量 $\boldsymbol{\alpha}$,且 $\boldsymbol{A}^{k-1}\boldsymbol{\alpha}\neq\mathbf{0}$,证明:向量组 $\boldsymbol{\alpha},\boldsymbol{A\alpha},\cdots,\boldsymbol{A}^{k-1}\boldsymbol{\alpha}$ 线性无关.

证 设有一组数 $l_0,l_1,\cdots,l_{k-1}$,使得 $l_0\boldsymbol{\alpha}+l_1\boldsymbol{A\alpha}+\cdots+l_{k-1}\boldsymbol{A}^{k-1}\boldsymbol{\alpha}=\mathbf{0}$,用 $\boldsymbol{A}^{k-1}$ 左乘上式两边,有

$$l_0\boldsymbol{A}^{k-1}\boldsymbol{\alpha}+l_1\boldsymbol{A}^k\boldsymbol{\alpha}+\cdots+l_{k-1}\boldsymbol{A}^{2k-2}\boldsymbol{\alpha}=\mathbf{0}.$$

由于 $\boldsymbol{A}^k\boldsymbol{\alpha}=\mathbf{0}$,所以当 $l\geqslant k$ 时,有 $\boldsymbol{A}^l\boldsymbol{\alpha}=\mathbf{0}$,从而 $l_0\boldsymbol{A}^{k-1}\boldsymbol{\alpha}=\mathbf{0}$.

而 $\boldsymbol{A}^{k-1}\boldsymbol{\alpha}\neq\mathbf{0}$,所以 $l_0=0$,依此类推,可得 $l_1=\cdots=l_{k-1}=0$.

所以 $\boldsymbol{\alpha},\boldsymbol{A\alpha},\cdots,\boldsymbol{A}^{k-1}\boldsymbol{\alpha}$ 线性无关.

【例 7】 已知 n 维向量组 $\boldsymbol{\alpha}_1,\boldsymbol{\alpha}_2,\cdots,\boldsymbol{\alpha}_s(s\leqslant n)$线性无关,$\boldsymbol{\beta}$ 是任意 n 维向量,证明:向量组 $\boldsymbol{\beta},\boldsymbol{\alpha}_1,\cdots,\boldsymbol{\alpha}_s$ 中至多有一个向量能由其前面的向量线性表示.

证 假设向量组 $\boldsymbol{\beta},\boldsymbol{\alpha}_1,\cdots,\boldsymbol{\alpha}_s$ 中有两个向量 $\boldsymbol{\alpha}_i$ 和 $\boldsymbol{\alpha}_j$ $(1\leqslant i<j\leqslant s)$可由其前面的向量线性表示:

$$\boldsymbol{\alpha}_i=k\boldsymbol{\beta}+k_1\boldsymbol{\alpha}_1+\cdots+k_{i-1}\boldsymbol{\alpha}_{i-1},\qquad ①$$

$$\boldsymbol{\alpha}_j=l\boldsymbol{\beta}+l_1\boldsymbol{\alpha}_1+\cdots+l_{j-1}\boldsymbol{\alpha}_{j-1}.\qquad ②$$

下证 $k\neq0$. 若 $k=0$,则由①式可得 $\boldsymbol{\alpha}_i=k_1\boldsymbol{\alpha}_1+\cdots+k_{i-1}\boldsymbol{\alpha}_{i-1}$,从而 $\boldsymbol{\alpha}_1,\cdots,\boldsymbol{\alpha}_{i-1},\boldsymbol{\alpha}_i$ 线性相关,所以 $\boldsymbol{\alpha}_1,\cdots,\boldsymbol{\alpha}_i,\cdots,\boldsymbol{\alpha}_s$ 线性相关,矛盾,所以 $k\neq0$.

因为 $k\neq0$,所以由①式得

$$\boldsymbol{\beta}=\left(-\frac{k_1}{k}\boldsymbol{\alpha}_1\right)+\cdots+\left(-\frac{k_{i-1}}{k}\boldsymbol{\alpha}_{i-1}\right)+\frac{1}{k}\boldsymbol{\alpha}_i,$$

代入②式可知 $\boldsymbol{\alpha}_j$ 能由 $\boldsymbol{\alpha}_1,\cdots,\boldsymbol{\alpha}_{j-1}$ 线性表示，所以 $\boldsymbol{\alpha}_1,\cdots,\boldsymbol{\alpha}_{j-1},\boldsymbol{\alpha}_j$ 线性相关，从而 $\boldsymbol{\alpha}_1,\boldsymbol{\alpha}_2,\cdots,\boldsymbol{\alpha}_s$ 线性相关，矛盾，所以向量组 $\boldsymbol{\beta},\boldsymbol{\alpha}_1,\cdots,\boldsymbol{\alpha}_s$ 中至多有一个向量能由其前面的向量线性表示.

【例 8】 求向量组 $\boldsymbol{\alpha}_1=(1,-2,0,3)^{\mathrm{T}}$，$\boldsymbol{\alpha}_2=(2,-5,-3,6)^{\mathrm{T}}$，$\boldsymbol{\alpha}_3=(0,1,3,0)^{\mathrm{T}}$，$\boldsymbol{\alpha}_4=(2,-1,4,-7)^{\mathrm{T}}$，$\boldsymbol{\alpha}_5=(5,-8,1,2)^{\mathrm{T}}$ 的秩和一个极大线性无关组，并将其余向量表示成该极大线性无关组的线性组合.

解 将 $\boldsymbol{\alpha}_1,\boldsymbol{\alpha}_2,\boldsymbol{\alpha}_3,\boldsymbol{\alpha}_4,\boldsymbol{\alpha}_5$ 列排成矩阵进行初等行变换：

$$(\boldsymbol{\alpha}_1,\boldsymbol{\alpha}_2,\boldsymbol{\alpha}_3,\boldsymbol{\alpha}_4,\boldsymbol{\alpha}_5)=\begin{pmatrix}1&2&0&2&5\\-2&-5&1&-1&-8\\0&-3&3&4&1\\3&6&0&-7&2\end{pmatrix}\to\begin{pmatrix}1&2&0&2&5\\0&-1&1&3&2\\0&-3&3&4&1\\0&0&0&-13&-13\end{pmatrix}$$

$$\to\begin{pmatrix}1&2&0&2&5\\0&-1&1&3&2\\0&0&0&-5&-5\\0&0&0&1&1\end{pmatrix}\to\begin{pmatrix}1&2&0&2&5\\0&-1&1&3&2\\0&0&0&1&1\\0&0&0&0&0\end{pmatrix}=\boldsymbol{B}.$$

因为 $\boldsymbol{B}$ 中有三个非零行，所以向量组的秩为 3. 又因非零行的第一个不等于零的数分别在 1,2,4 列，所以 $\boldsymbol{\alpha}_1,\boldsymbol{\alpha}_2,\boldsymbol{\alpha}_4$ 是极大线性无关组.

对矩阵 $\boldsymbol{B}$ 继续作行变换化为最简形式，即

$$\boldsymbol{B}\to\begin{pmatrix}1&0&2&8&9\\0&1&-1&-3&-2\\0&0&0&1&1\\0&0&0&0&0\end{pmatrix}\to\begin{pmatrix}1&0&2&0&1\\0&1&-1&0&1\\0&0&0&1&1\\0&0&0&0&0\end{pmatrix},$$

可得 $\boldsymbol{\alpha}_3=2\boldsymbol{\alpha}_1-\boldsymbol{\alpha}_2$，$\boldsymbol{\alpha}_5=\boldsymbol{\alpha}_1+\boldsymbol{\alpha}_2+\boldsymbol{\alpha}_4$.

方法总结

初等变换法求极大无关组和秩的步骤：

(1)将所给向量组中的向量作为列构成矩阵 $\boldsymbol{A}$；

(2)对 $\boldsymbol{A}$ 施以初等行变换使之成为行阶梯形矩阵，此行阶梯形矩阵的秩 r 就是原矩阵 $\boldsymbol{A}$ 的秩，即向量组的秩 r；

(3)在行阶梯形矩阵的前 r 个非零行的各行中第一个非零元所在的列共 r 列，此 r 列所对应的矩阵 $\boldsymbol{A}$ 的 r 个列向量就是其极大线性无关组.

注意到：向量组的极大无关组是不唯一的. 本题中，$\boldsymbol{\alpha}_1,\boldsymbol{\alpha}_2,\boldsymbol{\alpha}_5$ 和 $\boldsymbol{\alpha}_1,\boldsymbol{\alpha}_3,\boldsymbol{\alpha}_4$ 以及 $\boldsymbol{\alpha}_1,\boldsymbol{\alpha}_3,\boldsymbol{\alpha}_5$ 都是极大无关组.

【例 9】 设向量组 $\boldsymbol{\alpha}_1,\boldsymbol{\alpha}_2,\cdots,\boldsymbol{\alpha}_m$ 线性无关，且可由向量组 $\boldsymbol{\beta}_1,\boldsymbol{\beta}_2,\cdots,\boldsymbol{\beta}_m$ 线性表示. 证明：这两个向量组等价，从而 $\boldsymbol{\beta}_1,\boldsymbol{\beta}_2,\cdots,\boldsymbol{\beta}_m$ 也线性无关.

证 **方法一** 因为 $\boldsymbol{\alpha}_1,\boldsymbol{\alpha}_2,\cdots,\boldsymbol{\alpha}_m$ 线性无关且可由 $\boldsymbol{\beta}_1,\boldsymbol{\beta}_2,\cdots,\boldsymbol{\beta}_m$ 线性表示，故

$$m=r(\boldsymbol{\alpha}_1,\boldsymbol{\alpha}_2,\cdots,\boldsymbol{\alpha}_m)\leqslant r(\boldsymbol{\beta}_1,\boldsymbol{\beta}_2,\cdots,\boldsymbol{\beta}_m).$$

从而必然 $r(\boldsymbol{\beta}_1,\boldsymbol{\beta}_2,\cdots,\boldsymbol{\beta}_m)=m$. 因此，$\boldsymbol{\beta}_1,\boldsymbol{\beta}_2,\cdots,\boldsymbol{\beta}_m$ 线性无关.

由此进一步可知，$\boldsymbol{\beta}_1,\boldsymbol{\beta}_2,\cdots,\boldsymbol{\beta}_m$ 是向量组

$$\boldsymbol{\alpha}_1,\boldsymbol{\alpha}_2,\cdots,\boldsymbol{\alpha}_m,\ \boldsymbol{\beta}_1,\boldsymbol{\beta}_2,\cdots,\boldsymbol{\beta}_m \qquad ①$$

的一个极大无关组.

因此，向量组①的秩为 m. 但由于 $\boldsymbol{\alpha}_1,\boldsymbol{\alpha}_2,\cdots,\boldsymbol{\alpha}_m$ 为①中的 m 个线性无关的向量，从而它也是①的一个极大无关组.

于是 $\boldsymbol{\beta}_1,\boldsymbol{\beta}_2,\cdots,\boldsymbol{\beta}_m$ 可由 $\boldsymbol{\alpha}_1,\boldsymbol{\alpha}_2,\cdots,\boldsymbol{\alpha}_m$ 线性表示，从而二者等价.

方法二 由于 $\boldsymbol{\alpha}_1,\boldsymbol{\alpha}_2,\cdots,\boldsymbol{\alpha}_m$ 可由 $\boldsymbol{\beta}_1,\boldsymbol{\beta}_2,\cdots,\boldsymbol{\beta}_m$ 线性表示，故对任意 $\boldsymbol{\beta}_i$，向量组 $\boldsymbol{\beta}_i,\boldsymbol{\alpha}_1,\boldsymbol{\alpha}_2,\cdots,\boldsymbol{\alpha}_m$ 仍可由 $\boldsymbol{\beta}_1,\boldsymbol{\beta}_2,\cdots,\boldsymbol{\beta}_m$ 线性表示.

由于 $m+1>m$，故 $m+1$ 个向量 $\boldsymbol{\beta}_i,\boldsymbol{\alpha}_1,\boldsymbol{\alpha}_2,\cdots,\boldsymbol{\alpha}_m$ 必线性相关.

又因为 $\boldsymbol{\alpha}_1,\boldsymbol{\alpha}_2,\cdots,\boldsymbol{\alpha}_m$ 线性无关，故 $\boldsymbol{\beta}_i$ 可由 $\boldsymbol{\alpha}_1,\boldsymbol{\alpha}_2,\cdots,\boldsymbol{\alpha}_m$ 线性表示.

从而向量组 $\boldsymbol{\alpha}_1,\boldsymbol{\alpha}_2,\cdots,\boldsymbol{\alpha}_m$ 与 $\boldsymbol{\beta}_1,\boldsymbol{\beta}_2,\cdots,\boldsymbol{\beta}_m$ 等价.

再由于等价向量组有相同的秩，而 $\boldsymbol{\alpha}_1,\boldsymbol{\alpha}_2,\cdots,\boldsymbol{\alpha}_m$ 线性无关，秩为 m，故 $\boldsymbol{\beta}_1,\boldsymbol{\beta}_2,\cdots,\boldsymbol{\beta}_m$ 秩为 m，从而也线性无关.

【例 10】 齐次线性方程组 $\boldsymbol{Ax}=\boldsymbol{0}$仅有零解的充要条件是______.

(A)系数矩阵 $\boldsymbol{A}$ 的行向量组线性无关

(B)系数矩阵 $\boldsymbol{A}$ 的列向量组线性无关

(C)系数矩阵 $\boldsymbol{A}$ 的行向量组线性相关

(D)系数矩阵 $\boldsymbol{A}$ 的列向量组线性相关

解 齐次线性方程组 $\boldsymbol{Ax}=\boldsymbol{0}$ 只有零解，相当于

$$x_1\boldsymbol{\alpha}_1+x_2\boldsymbol{\alpha}_2+x_3\boldsymbol{\alpha}_3+\cdots+x_n\boldsymbol{\alpha}_n=\boldsymbol{0}$$

当且仅当 $x_1=x_2=x_3=\cdots=x_n=0$ 时成立，其中 $\boldsymbol{\alpha}_1,\boldsymbol{\alpha}_2,\cdots,\boldsymbol{\alpha}_n$ 为 $\boldsymbol{A}$ 的列向量组，因此 $\boldsymbol{A}$ 的列向量组线性无关.

故应选(B).

【例 11】 齐次线性方程组 $\boldsymbol{Ax}=\boldsymbol{0}$有非零解的充要条件是______.

(A)系数矩阵 $\boldsymbol{A}$ 的任意两个列向量线性相关

(B)系数矩阵 $\boldsymbol{A}$ 的任意两个行向量线性相关

(C)系数矩阵 $\boldsymbol{A}$ 中至少有一个列向量是其余列向量的线性组合

(D)系数矩阵 $\boldsymbol{A}$ 中任一列向量是其余列向量的线性组合

解 齐次线性方程组 $\boldsymbol{Ax}=\boldsymbol{0}$ 有非零解的充要条件是 $r(\boldsymbol{A})<n$，而矩阵 $\boldsymbol{A}$ 有 n 列，所以 $\boldsymbol{A}$ 的列向量组线性相关，从而必至少有一个列向量是其余列向量的线性组合.

故应选(C).

【例 12】 设 $\boldsymbol{A}$ 是 $m\times n$ 矩阵，非齐次线性方程组 $\boldsymbol{Ax}=\boldsymbol{b}$ 有解的充分条件是______.

(A) $r(\boldsymbol{A})=m$　　(B) $\boldsymbol{A}$ 的行向量组线性相关

(C) $r(\boldsymbol{A})=n$　　(D) $\boldsymbol{A}$ 的列向量组线性相关

解　非齐次线性方程组 $\boldsymbol{Ax}=\boldsymbol{b}$ 有解的充分必要条件是 $r(\boldsymbol{A})=r(\overline{\boldsymbol{A}})$. 由于增广矩阵 $\overline{\boldsymbol{A}}=(\boldsymbol{A},\boldsymbol{b})$ 是 $m\times(n+1)$ 阶矩阵，按矩阵秩的概念与性质，有

$$r(\boldsymbol{A})\leqslant r(\overline{\boldsymbol{A}})\leqslant m.$$

如果 $r(\boldsymbol{A})=m$，则必有 $r(\boldsymbol{A})=r(\overline{\boldsymbol{A}})=m$，所以方程组 $\boldsymbol{Ax}=\boldsymbol{b}$ 有解. 但当 $r(\boldsymbol{A})=r(\overline{\boldsymbol{A}})<m$ 时，方程组仍有解，故(A)是方程组有解的充分条件.

而(B)(C)(D)均不能保证 $r(\boldsymbol{A})=r(\overline{\boldsymbol{A}})$.

故应选(A).

【例 13】 设 $\boldsymbol{A}$ 是 $m\times n$ 阶矩阵，$\boldsymbol{Ax}=\boldsymbol{0}$ 是非齐次线性方程组 $\boldsymbol{Ax}=\boldsymbol{b}$ 所对应的齐次线性方程组，则下列结论正确的是______.

(A)若 $\boldsymbol{Ax}=\boldsymbol{0}$ 仅有零解，则 $\boldsymbol{Ax}=\boldsymbol{b}$ 有唯一解

(B)若 $\boldsymbol{Ax}=\boldsymbol{0}$ 有非零解，则 $\boldsymbol{Ax}=\boldsymbol{b}$ 有无穷多解

(C)若 $\boldsymbol{Ax}=\boldsymbol{b}$ 有无穷多解，则 $\boldsymbol{Ax}=\boldsymbol{0}$ 有非零解

(D)若 $\boldsymbol{Ax}=\boldsymbol{b}$ 有无穷多解，则 $\boldsymbol{Ax}=\boldsymbol{0}$ 只有零解

解　选项(A)和(B)并未指明 $r(\boldsymbol{A})$ 和 $r(\overline{\boldsymbol{A}})$ 是否相等，即不能确定 $\boldsymbol{Ax}=\boldsymbol{b}$ 是否有解，故不正确.

若 $\boldsymbol{Ax}=\boldsymbol{b}$ 有无穷多解，设 $\boldsymbol{\eta}_1,\boldsymbol{\eta}_2$ 是两个不同的解，则 $\boldsymbol{\eta}_1-\boldsymbol{\eta}_2$ 是 $\boldsymbol{Ax}=\boldsymbol{0}$ 的解，且 $\boldsymbol{\eta}_1-\boldsymbol{\eta}_2\neq\boldsymbol{0}$，所以 $\boldsymbol{Ax}=\boldsymbol{0}$ 有非零解，故(C)正确，(D)不正确.

故应选(C).

方法总结

$\boldsymbol{Ax}=\boldsymbol{b}$ 的解与 $\boldsymbol{Ax}=\boldsymbol{0}$ 的解之间的关系：

(1)若 $\boldsymbol{Ax}=\boldsymbol{b}$ 有唯一解，则 $\boldsymbol{Ax}=\boldsymbol{0}$ 只有零解；若 $\boldsymbol{Ax}=\boldsymbol{b}$ 有无穷多解，则 $\boldsymbol{Ax}=\boldsymbol{0}$ 有非零解；

(2)若 $\boldsymbol{Ax}=\boldsymbol{0}$ 有非零解，不能保证 $\boldsymbol{Ax}=\boldsymbol{b}$ 有无穷多解；若 $\boldsymbol{Ax}=\boldsymbol{0}$ 只有零解，同样不能保证 $\boldsymbol{Ax}=\boldsymbol{b}$ 有唯一解. 因为由 $r(\boldsymbol{A})<n$(或 $=n$)，不一定能得出 $r(\boldsymbol{A})=(\overline{\boldsymbol{A}})$.

【例 14】 非齐次线性方程组 $\boldsymbol{Ax}=\boldsymbol{b}$ 中未知量个数为 n，方程个数为 m，系数矩阵 $\boldsymbol{A}$ 的秩 r，则______.

(A) $r=m$ 时，方程组 $\boldsymbol{Ax}=\boldsymbol{b}$ 有解　　(B) $r=n$ 时，方程组 $\boldsymbol{Ax}=\boldsymbol{b}$ 有唯一解

(C) $m=n$ 时，方程组 $\boldsymbol{Ax}=\boldsymbol{b}$ 有唯一解　　(D) $r<n$ 时，方程组 $\boldsymbol{Ax}=\boldsymbol{b}$ 有无穷多解

解　根据非齐次线性方程组 $\boldsymbol{Ax}=\boldsymbol{b}$ 有解的等价条件：若 $r(\boldsymbol{A})=r(\overline{\boldsymbol{A}})=n$，则 $\boldsymbol{Ax}=\boldsymbol{b}$ 有唯

一解;若 $r(\mathbf{A})=r(\overline{\mathbf{A}})<n$,则 $\mathbf{A}\boldsymbol{x}=\boldsymbol{b}$ 无穷多解.

因 $\mathbf{A}$ 为 $m\times n$ 阶矩阵,若 $r(\mathbf{A})=m$,相当于 $\mathbf{A}$ 的 m 个行向量线性无关,因此添加一个分量后得 $\overline{\mathbf{A}}$ 的 m 个行向量仍线性无关,即有 $r(\mathbf{A})=r(\overline{\mathbf{A}})=n$,从而 $\mathbf{A}\boldsymbol{x}=\boldsymbol{b}$ 有解.

故应选(A).

【例 15】 设方程组 $\begin{pmatrix} a & 1 & 1 \\ 1 & a & 1 \\ 1 & 1 & a \end{pmatrix}\begin{pmatrix} x_1 \\ x_2 \\ x_3 \end{pmatrix}=\begin{pmatrix} 1 \\ 1 \\ -2 \end{pmatrix}$ 有无穷多解,则 $a=$______.

解 由方程组有无穷多解知 $r(\mathbf{A})=r(\overline{\mathbf{A}})<3$,从而 $|\mathbf{A}|=(a+2)(a-1)^2=0$,解得 $a=-2$或 $a=1$.

但 $a=1$ 时,

$$\overline{\mathbf{A}}=\left(\begin{array}{ccc:c} 1 & 1 & 1 & 1 \\ 1 & 1 & 1 & 1 \\ 1 & 1 & 1 & -2 \end{array}\right)\to\left(\begin{array}{ccc:c} 1 & 1 & 1 & 1 \\ 0 & 0 & 0 & 1 \\ 0 & 0 & 0 & 0 \end{array}\right),$$

此时 $r(\mathbf{A})=2\neq r(\overline{\mathbf{A}})$,方程组无解.

故应填-2.

【例 16】 求齐次线性方程组 $\begin{cases} x_1+x_2+x_3+4x_4-3x_5=0, \\ 2x_1+x_2+3x_3+5x_4-5x_5=0, \\ x_1-x_2+3x_3-2x_4-x_5=0, \\ 3x_1+x_2+5x_3+6x_4-7x_5=0 \end{cases}$ 的基础解系.

解 对方程组的系数矩阵作初等行变换

$$\mathbf{A}=\begin{pmatrix} 1 & 1 & 1 & 4 & -3 \\ 2 & 1 & 3 & 5 & -5 \\ 1 & -1 & 3 & -2 & -1 \\ 3 & 1 & 5 & 6 & -7 \end{pmatrix}\to\begin{pmatrix} 1 & 1 & 1 & 4 & -3 \\ 0 & -1 & 1 & -3 & 1 \\ 0 & -2 & 2 & -6 & 2 \\ 0 & -2 & 2 & -6 & 2 \end{pmatrix}$$

$$\to\begin{pmatrix} 1 & 1 & 1 & 4 & -3 \\ 0 & -1 & 1 & -3 & 1 \\ 0 & 0 & 0 & 0 & 0 \\ 0 & 0 & 0 & 0 & 0 \end{pmatrix}\to\begin{pmatrix} 1 & 0 & 2 & 1 & -2 \\ 0 & 1 & -1 & 3 & -1 \\ 0 & 0 & 0 & 0 & 0 \\ 0 & 0 & 0 & 0 & 0 \end{pmatrix},$$

所以 $r(\mathbf{A})=2$,方程组的基础解系所含向量个数为 $5-2=3$ 个,且可得原方程组的同解方程组

$$\begin{cases} x_1=-2x_3-x_4+2x_5, \\ x_2=x_3-3x_4+x_5, \end{cases}$$

取 x_3,x_4,x_5 为自由未知量,令 $\begin{pmatrix} x_3 \\ x_4 \\ x_5 \end{pmatrix}$ 分别为 $\begin{pmatrix} 1 \\ 0 \\ 0 \end{pmatrix}$, $\begin{pmatrix} 0 \\ 1 \\ 0 \end{pmatrix}$, $\begin{pmatrix} 0 \\ 0 \\ 1 \end{pmatrix}$,代入同解方程组,解得

$$\boldsymbol{\xi}_1=\begin{pmatrix}-2\\1\\1\\0\\0\end{pmatrix},\ \boldsymbol{\xi}_2=\begin{pmatrix}-1\\-3\\0\\1\\0\end{pmatrix},\ \boldsymbol{\xi}_3=\begin{pmatrix}2\\1\\0\\0\\1\end{pmatrix},$$

则 $\boldsymbol{\xi}_1,\boldsymbol{\xi}_2,\boldsymbol{\xi}_3$ 为所求的基础解系.

方法总结

求齐次线性方程组 $\boldsymbol{Ax}=\boldsymbol{0}$ 的基础解系的步骤：

(1)对系数矩阵 $\boldsymbol{A}$ 施以初等行变换，从而求得 $\boldsymbol{A}$ 的秩 r 和基础解系所含向量个数$n-r$；

(2)写出同解方程组；

(3)从 n 个未知数 $x_1,x_2,\cdots,x_n$ 中取 $n-r$ 个自由未知量，不妨取 $x_{r+1},x_{r+2},\cdots,x_n$ 并且令

$$\begin{pmatrix}x_{r+1}\\x_{r+2}\\\vdots\\x_n\end{pmatrix}\text{分别取}\begin{pmatrix}1\\0\\\vdots\\0\end{pmatrix},\begin{pmatrix}0\\1\\\vdots\\0\end{pmatrix},\cdots,\begin{pmatrix}0\\0\\\vdots\\1\end{pmatrix};$$

(4)将自由未知量的取值代入同解方程组，求得原方程组的 $n-r$ 个解向量 $\boldsymbol{\xi}_1,\cdots,\boldsymbol{\xi}_{n-r}$，即为基础解系.

【例 17】 设 $\boldsymbol{\alpha}_1,\boldsymbol{\alpha}_2,\cdots,\boldsymbol{\alpha}_s$ 为线性方程组 $\boldsymbol{Ax}=\boldsymbol{0}$ 的一个基础解系，$\boldsymbol{\beta}_1=t_1\boldsymbol{\alpha}_1+t_2\boldsymbol{\alpha}_2,\boldsymbol{\beta}_2=t_1\boldsymbol{\alpha}_2+t_2\boldsymbol{\alpha}_3,\cdots,\boldsymbol{\beta}_s=t_1\boldsymbol{\alpha}_s+t_2\boldsymbol{\alpha}_1$，其中 t_1,t_2 为实常数. 试问：t_1,t_2 满足什么关系时，$\boldsymbol{\beta}_1,\boldsymbol{\beta}_2,\cdots,\boldsymbol{\beta}_s$ 也为 $\boldsymbol{Ax}=\boldsymbol{0}$ 的一个基础解系.

解 由于 $\boldsymbol{\beta}_i(i=1,2,\cdots,s)$ 为 $\boldsymbol{\alpha}_1,\boldsymbol{\alpha}_2,\cdots,\boldsymbol{\alpha}_s$ 的线性组合，所以 $\boldsymbol{\beta}_i(i=1,2,\cdots,s)$ 均为 $\boldsymbol{Ax}=\boldsymbol{0}$ 的解.

设
$$k_1\boldsymbol{\beta}_1+k_2\boldsymbol{\beta}_2+\cdots+k_s\boldsymbol{\beta}_s=\boldsymbol{0},\tag{①}$$

即
$$(t_1k_1+t_2k_s)\boldsymbol{\alpha}_1+(t_2k_1+t_1k_2)\boldsymbol{\alpha}_2+\cdots+(t_2k_{s-1}+t_1k_s)\boldsymbol{\alpha}_s=\boldsymbol{0}.$$

由于 $\boldsymbol{\alpha}_1,\boldsymbol{\alpha}_2,\cdots,\boldsymbol{\alpha}_s$ 线性无关，因此有

$$\begin{cases}t_1k_1+t_2k_s=0,\\t_2k_1+t_1k_2=0,\\\cdots\cdots\cdots\cdots\\t_2k_{s-1}+t_1k_s=0.\end{cases}\tag{②}$$

因为系数行列式

$$\begin{vmatrix} t_1 & 0 & \cdots & 0 & t_2 \\ t_2 & t_1 & 0 & \cdots & 0 \\ 0 & t_2 & t_1 & \cdots & 0 \\ \vdots & \vdots & \vdots & & \vdots \\ 0 & 0 & \cdots & t_2 & t_1 \end{vmatrix}_{s\times s} = t_1^s+(-1)^{s+1}t_2^s\neq 0,$$

所以当 s 为偶数,即 $t_1\neq\pm t_2$;或 s 为奇数,即 $t_1\neq -t_2$ 时,方程组②只有零解 $k_1=k_2=\cdots=k_s=0$,从而 $\boldsymbol{\beta}_1,\boldsymbol{\beta}_2,\cdots,\boldsymbol{\beta}_s$ 线性无关,此时 $\boldsymbol{\beta}_1,\boldsymbol{\beta}_2,\cdots,\boldsymbol{\beta}_s$ 也为 $\boldsymbol{Ax}=\boldsymbol{0}$ 的一个基础解系.

【例 18】 求齐次线性方程组

$$\begin{cases} x_1-x_2+5x_3-x_4+x_5=0, \\ x_1+x_2-2x_3+3x_4-x_5=0, \\ 3x_1-x_2+8x_3+x_4+2x_5=0, \\ x_1+3x_2-9x_3+7x_4-3x_5=0 \end{cases}$$

的基础解系和通解.

解 对系数矩阵作初等行变换:

$$\boldsymbol{A}=\begin{pmatrix} 1 & -1 & 5 & -1 & 1 \\ 1 & 1 & -2 & 3 & -1 \\ 3 & -1 & 8 & 1 & 2 \\ 1 & 3 & -9 & 7 & -3 \end{pmatrix}\to\begin{pmatrix} 1 & -1 & 5 & -1 & 1 \\ 0 & 2 & -7 & 4 & -2 \\ 0 & 2 & -7 & 4 & -1 \\ 0 & 4 & -14 & 8 & -4 \end{pmatrix}$$

$$\to\begin{pmatrix} 1 & -1 & 5 & -1 & 1 \\ 0 & 2 & -7 & 4 & -2 \\ 0 & 2 & -7 & 4 & -1 \\ 0 & 0 & 0 & 0 & 0 \end{pmatrix}\to\begin{pmatrix} 1 & -1 & 5 & -1 & 1 \\ 0 & 2 & -7 & 4 & -2 \\ 0 & 0 & 0 & 0 & 1 \\ 0 & 0 & 0 & 0 & 0 \end{pmatrix}\to\begin{pmatrix} 1 & 0 & \frac{3}{2} & 1 & 0 \\ 0 & 1 & -\frac{7}{2} & 2 & 0 \\ 0 & 0 & 0 & 0 & 1 \\ 0 & 0 & 0 & 0 & 0 \end{pmatrix}.$$

所以 $r(\boldsymbol{A})=3$,从而方程组的基础解系中含解向量的个数为 $5-3=2$ 个,且同解方程组为

$$\begin{cases} x_1=-\dfrac{3}{2}x_3-x_4, \\ x_2=\dfrac{7}{2}x_3-2x_4, \\ x_5=0. \end{cases}$$

取 x_3,x_4 为自由未知量,令 $\begin{pmatrix} x_3 \\ x_4 \end{pmatrix}$ 分别取 $\begin{pmatrix} 1 \\ 0 \end{pmatrix}$, $\begin{pmatrix} 0 \\ 1 \end{pmatrix}$,代入同解方程组,解得基础解系

$$\boldsymbol{\xi}_1=\left(-\frac{3}{2},\frac{7}{2},1,0,0\right)^{\mathrm{T}},\boldsymbol{\xi}_2=(-1,-2,0,1,0)^{\mathrm{T}},$$

于是通解为 $k_1\boldsymbol{\xi}_1+k_2\boldsymbol{\xi}_2$, k_1,k_2 为任意常数.

【例 19】 设线性方程组

$$\begin{cases}x_1+\lambda x_2+\mu x_3+x_4=0,\\2x_1+x_2+x_3+2x_4=0,\\3x_1+(2+\lambda)x_2+(4+\mu)x_3+4x_4=1,\end{cases}$$

已知$(1,-1,1,-1)^{\mathrm{T}}$是该方程组的一个解，试求

(1)方程组的全部解，并用对应的齐次线性方程组的基础解系表示全部解；

(2)该方程组满足$x_2=x_3$的全部解.

解　将$(1,-1,1,-1)^{\mathrm{T}}$代入方程组，得$\lambda=\mu$. 对方程组的增广矩阵施以初等行变换，得

$$\overline{\boldsymbol{A}}=\left(\begin{array}{cccc:c}1&\lambda&\lambda&1&0\\2&1&1&2&0\\3&2+\lambda&4+\lambda&4&1\end{array}\right)\to\left(\begin{array}{cccc:c}1&0&-2\lambda&1-\lambda&-\lambda\\0&1&3&1&1\\0&0&2(2\lambda-1)&2\lambda-1&2\lambda-1\end{array}\right).$$

(1)当$\lambda\neq\frac{1}{2}$时，有

$$\overline{\boldsymbol{A}}\to\left(\begin{array}{cccc:c}1&0&0&1&0\\0&1&0&-\frac{1}{2}&-\frac{1}{2}\\0&0&1&\frac{1}{2}&\frac{1}{2}\end{array}\right).$$

因$r(\overline{\boldsymbol{A}})=r(\boldsymbol{A})=3<4$，故方程组有无穷多解，全部解为

$$\left(0,-\frac{1}{2},\frac{1}{2},0\right)^{\mathrm{T}}+k(-2,1,-1,2)^{\mathrm{T}},$$

其中k为任意常数.

当$\lambda=\frac{1}{2}$时，有

$$\overline{\boldsymbol{A}}\to\left(\begin{array}{cccc:c}1&0&-1&\frac{1}{2}&-\frac{1}{2}\\0&1&3&1&1\\0&0&0&0&0\end{array}\right).$$

因$r(\overline{\boldsymbol{A}})=r(\boldsymbol{A})=2<4$，故方程组有无穷多解，全部解为

$$\left(-\frac{1}{2},1,0,0\right)^{\mathrm{T}}+k_1(1,-3,1,0)^{\mathrm{T}}+k_2(-1,-2,0,2)^{\mathrm{T}},$$

其中k_1,k_2为任意常数.

(2)当$\lambda\neq\frac{1}{2}$时，由于$x_2=x_3$，即$-\frac{1}{2}+k=\frac{1}{2}-k$，解得$k=\frac{1}{2}$，方程组的解为

$$\left(0,-\frac{1}{2},\frac{1}{2},0\right)^{\mathrm{T}}+\frac{1}{2}(-2,1,-1,2)^{\mathrm{T}}=(-1,0,0,1)^{\mathrm{T}}.$$

当$\lambda=\frac{1}{2}$时，由于$x_2=x_3$，即$1-3k_1-2k_2=k_1$，解得$k_1=\frac{1}{4}-\frac{1}{2}k_2$，故全部解为

$\left(-\frac{1}{4},\frac{1}{4},\frac{1}{4},0\right)^{\mathrm{T}}+k_2\left(-\frac{3}{2},-\frac{1}{2},-\frac{1}{2},2\right)^{\mathrm{T}}$，$k_2$ 为任意常数.

【例 20】 设有多项式

$$f(x)=a_0x^m+a_1x^{m-1}+\cdots+a_{m-1}x+a_m,$$
$$g(x)=b_0x^n+b_1x^{n-1}+\cdots+b_{n-1}x+b_n,$$

证明：$R(f,g)=(-1)^{mn}R(g,f)$.

证 f 与 g 的结式为

$$R(f,g)=\begin{vmatrix} a_0 & a_1 & \cdots & \cdots & a_m & & \\ & a_0 & a_1 & \cdots & \cdots & a_m & \\ & & \ddots & & & & \ddots \\ & & & a_0 & a_1 & \cdots & \cdots & a_m \\ b_0 & b_1 & \cdots & \cdots & b_n & & \\ & b_0 & b_1 & \cdots & \cdots & b_n & \\ & & \ddots & & & & \ddots \\ & & & b_0 & b_1 & \cdots & \cdots & b_n \end{vmatrix}\begin{matrix} \left.\vphantom{\begin{matrix}a\\a\\a\\a\end{matrix}}\right\} n\text{ 行} \\ \left.\vphantom{\begin{matrix}a\\a\\a\\a\end{matrix}}\right\} m\text{ 行}\end{matrix}$$

将第 $n+1$ 行逐次与上一行交换，一直换到第一行，共交换 n 次；接着，再将第 $n+2$ 行逐次与其上一行交换，一直交换到第二行，也是共交换 n 次. 如此下去，最后将第 $n+m$ 行交换到第 n 行. 这样一共交换 mn 次后即得到 g 与 f 的结式 $R(g,f)$. 但每交换一次变一次符号，故有

$$R(f,g)=(-1)^{mn}R(g,f).$$

【例 21】 设

$$f(x)=a_0x^m+a_1x^{m-1}+\cdots+a_{m-1}x+a_m,$$
$$g(x)=b_0x^n+b_1x^{n-1}+\cdots+b_{n-1}x+b_n,$$

证明：$R(f,g)=0$ 的充要条件是 $a_0=b_0=0$ 或 $f(x)$ 与 $g(x)$ 有公共根.

证 必要性：设 $R(f,g)=0$，如果 $a_0=b_0=0$ 不成立，则 $a_0\neq0$ 或 $b_0\neq0$，不妨设 $a_0\neq0$. 又设 $\alpha_1,\alpha_2,\cdots,\alpha_m$ 是 $f(x)$ 的全部根，则

$$R(g,f)=a_0^n g(\alpha_1)g(\alpha_2)\cdots g(\alpha_m). \qquad ①$$

因 $R(f,g)=0$ 而 $a_0\neq0$，所以至少有一个 $g(\alpha_i)=0$，即 α_i 是 $g(x)$ 的根，故 $f(x)$ 与 $g(x)$ 有公共根.

充分性：设 $a_0=b_0=0$，则 $R(f,g)$ 的第一列元素全为零，从而 $R(f,g)=0$. 设 $a_0=b_0=0$ 不成立，例如 $a_0\neq0$，易知①式成立. 设某 α_i 是 $f(x)$ 与 $g(x)$ 的公共根，则 $g(\alpha_i)=0$，于是 $R(f,g)=0$.

【例 22】 λ 取何值时，多项式 $f(x)$ 与 $g(x)$ 有公共根？其中

$$f(x)=x^3-\lambda x+2,\quad g(x)=x^2+\lambda x+2.$$

解 $f(x)$ 与 $g(x)$ 的结式为

$$R(f,g)=\begin{vmatrix}1&0&-\lambda&2&\\&1&0&-\lambda&2\\1&\lambda&2&&\\&1&\lambda&2&\\&&1&\lambda&2\end{vmatrix}=-4(\lambda+1)^2(\lambda-3).$$

当 $\lambda=-1,3$ 时,$R(f,g)=0$. 故当且仅当 λ 为 -1 或 3 时,$f(x)$ 与 $g(x)$ 有公共根.

【例 23】 设 $\boldsymbol{A}=\begin{pmatrix}1&1&\cdots&1\\a_1&a_2&\cdots&a_s\\a_1^2&a_2^2&\cdots&a_s^2\\\vdots&\vdots&&\vdots\\a_1^{n-1}&a_2^{n-1}&\cdots&a_s^{n-1}\end{pmatrix}=(\boldsymbol{\alpha}_1,\boldsymbol{\alpha}_2,\cdots,\boldsymbol{\alpha}_s)$,其中 $a_i\neq a_j\,(i\neq j,i=1,2,\cdots,s,\ j=1,2,\cdots,s)$. 讨论向量组 $\boldsymbol{\alpha}_1,\boldsymbol{\alpha}_2,\cdots,\boldsymbol{\alpha}_s$ 的线性相关性.

解 当 $s>n$ 时,考虑方程组 $\boldsymbol{A}_{n\times s}\boldsymbol{x}=\boldsymbol{0}$,由于未知量个数大于方程个数,从而方程组必有非零解,所以 $\boldsymbol{\alpha}_1,\boldsymbol{\alpha}_2,\cdots,\boldsymbol{\alpha}_s$ 线性相关.

当 $s=n$ 时,$|\boldsymbol{A}|$ 是范德蒙德行列式,且 $|\boldsymbol{A}|\neq 0$,从而方程组 $\boldsymbol{A}\boldsymbol{x}=\boldsymbol{0}$ 有唯一零解,所以 $\boldsymbol{\alpha}_1,\boldsymbol{\alpha}_2,\cdots,\boldsymbol{\alpha}_s$ 线性无关.

当 $s<n$ 时,因为 $s=n$ 时 $\boldsymbol{\alpha}_1,\boldsymbol{\alpha}_2,\cdots,\boldsymbol{\alpha}_s$ 线性无关,减少向量个数后 $\boldsymbol{\alpha}_1,\boldsymbol{\alpha}_2,\cdots,\boldsymbol{\alpha}_s$ 仍线性无关.

方法总结

本题将 $\boldsymbol{\alpha}_1,\boldsymbol{\alpha}_2,\cdots,\boldsymbol{\alpha}_s$ 的线性相关性转化为方程组 $\boldsymbol{A}\boldsymbol{x}=\boldsymbol{0}$ 是否有非零解,并利用范德蒙德行列式.

【例 24】 已知向量组 $\boldsymbol{\alpha}_1,\boldsymbol{\alpha}_2,\cdots,\boldsymbol{\alpha}_s$ 线性无关,而向量组 $\boldsymbol{\alpha}_1,\boldsymbol{\alpha}_2,\cdots,\boldsymbol{\alpha}_s,\boldsymbol{\beta},\boldsymbol{\gamma}$ 线性相关,证明:向量 $\boldsymbol{\beta},\boldsymbol{\gamma}$ 中有一个可由向量组 $\boldsymbol{\alpha}_1,\boldsymbol{\alpha}_2,\cdots,\boldsymbol{\alpha}_s$ 线性表示,或向量组 $\boldsymbol{\alpha}_1,\boldsymbol{\alpha}_2,\cdots,\boldsymbol{\alpha}_s,\boldsymbol{\beta}$ 与向量组 $\boldsymbol{\alpha}_1,\boldsymbol{\alpha}_2,\cdots,\boldsymbol{\alpha}_s,\boldsymbol{\gamma}$ 等价.

证 由向量组 $\boldsymbol{\alpha}_1,\boldsymbol{\alpha}_2,\cdots,\boldsymbol{\alpha}_s,\boldsymbol{\beta},\boldsymbol{\gamma}$ 线性相关知,存在一组不全为零的数 $k_1,k_2,\cdots,k_s,k,l$ 使

$$k_1\boldsymbol{\alpha}_1+k_2\boldsymbol{\alpha}_2+\cdots+k_s\boldsymbol{\alpha}_s+k\boldsymbol{\beta}+l\boldsymbol{\gamma}=\boldsymbol{0}.$$

下证 k,l 不能同时为零.

若 $k=l=0$,则 $k_1,k_2,\cdots,k_s$ 不全为零,且有

$$k_1\boldsymbol{\alpha}_1+k_2\boldsymbol{\alpha}_2+\cdots+k_s\boldsymbol{\alpha}_s=\boldsymbol{0}.$$

所以 $\boldsymbol{\alpha}_1,\boldsymbol{\alpha}_2,\cdots,\boldsymbol{\alpha}_s$ 线性相关,这与题设 $\boldsymbol{\alpha}_1,\boldsymbol{\alpha}_2,\cdots,\boldsymbol{\alpha}_s$ 线性无关矛盾.

由于 k,l 不能同时为零,于是有如下 3 种情形:

(1)当 $k\neq 0,l=0$ 时,可得

$$\boldsymbol{\beta}=\left(-\frac{k_1}{k}\right)\boldsymbol{\alpha}_1+\left(-\frac{k_2}{k}\right)\boldsymbol{\alpha}_2+\cdots+\left(-\frac{k_s}{k}\right)\boldsymbol{\alpha}_s,$$

即 $\boldsymbol{\beta}$ 可由 $\boldsymbol{\alpha}_1,\boldsymbol{\alpha}_2,\cdots,\boldsymbol{\alpha}_s$ 线性表示.

(2)当 $k=0,l\neq 0$ 时,可得

$$\boldsymbol{\gamma}=\left(-\frac{k_1}{l}\right)\boldsymbol{\alpha}_1+\left(-\frac{k_2}{l}\right)\boldsymbol{\alpha}_2+\cdots+\left(-\frac{k_s}{l}\right)\boldsymbol{\alpha}_s,$$

即 $\boldsymbol{\gamma}$ 可由 $\boldsymbol{\alpha}_1,\boldsymbol{\alpha}_2,\cdots,\boldsymbol{\alpha}_s$ 线性表示.

(3)当 $k\neq 0,l\neq 0$ 时,可得

$$\boldsymbol{\beta}=\left(-\frac{k_1}{k}\right)\boldsymbol{\alpha}_1+\left(-\frac{k_2}{k}\right)\boldsymbol{\alpha}_2+\cdots+\left(-\frac{k_s}{k}\right)\boldsymbol{\alpha}_s+\left(-\frac{l}{k}\right)\boldsymbol{\gamma},$$

$$\boldsymbol{\gamma}=\left(-\frac{k_1}{l}\right)\boldsymbol{\alpha}_1+\left(-\frac{k_2}{l}\right)\boldsymbol{\alpha}_2+\cdots+\left(-\frac{k_s}{l}\right)\boldsymbol{\alpha}_s+\left(-\frac{k}{l}\right)\boldsymbol{\beta},$$

即 $\boldsymbol{\beta}$ 可由 $\boldsymbol{\alpha}_1,\boldsymbol{\alpha}_2,\cdots,\boldsymbol{\alpha}_s,\boldsymbol{\gamma}$ 线性表示,且 $\boldsymbol{\gamma}$ 可由 $\boldsymbol{\alpha}_1,\boldsymbol{\alpha}_2,\cdots,\boldsymbol{\alpha}_s,\boldsymbol{\beta}$ 线性表示. 进而可知,向量组 $\boldsymbol{\alpha}_1,\boldsymbol{\alpha}_2,\cdots,\boldsymbol{\alpha}_s,\boldsymbol{\beta}$ 与向量组 $\boldsymbol{\alpha}_1,\boldsymbol{\alpha}_2,\cdots,\boldsymbol{\alpha}_s,\boldsymbol{\gamma}$ 等价.

【例 25】 设有方程组

$$\begin{cases}a_{11}x_1+a_{12}x_2+\cdots+a_{1n}x_n=b_1,\\a_{21}x_1+a_{22}x_2+\cdots+a_{2n}x_n=b_2,\\\cdots\cdots\cdots\cdots\\a_{n1}x_1+a_{n2}x_2+\cdots+a_{nn}x_n=b_n,\end{cases}\qquad ①$$

与

$$\begin{cases}A_{11}x_1+A_{12}x_2+\cdots+A_{1n}x_n=c_1,\\A_{21}x_1+A_{22}x_2+\cdots+A_{2n}x_n=c_2,\\\cdots\cdots\cdots\cdots\\A_{n1}x_1+A_{n2}x_2+\cdots+A_{nn}x_n=c_n,\end{cases}\qquad ②$$

其中 A_{ij} 为 a_{ij} 在系数行列式 $D=|a_{ij}|$ 中的代数余子式. 证明:方程组①有唯一解的充分必要条件是②有唯一解.

证 若①有唯一解,则 $D\neq 0$. 用 $\overline{D}$ 表示方程组②的系数行列式,则

$$D\cdot\overline{D}=\begin{vmatrix}a_{11}&a_{12}&\cdots&a_{1n}\\a_{21}&a_{22}&\cdots&a_{2n}\\\vdots&\vdots&&\vdots\\a_{n1}&a_{n2}&\cdots&a_{nn}\end{vmatrix}\begin{vmatrix}A_{11}&A_{21}&\cdots&A_{n1}\\A_{12}&A_{22}&\cdots&A_{n2}\\\vdots&\vdots&&\vdots\\A_{1n}&A_{2n}&\cdots&A_{nn}\end{vmatrix}=\begin{vmatrix}D&0&\cdots&0\\0&D&\cdots&0\\\vdots&\vdots&&\vdots\\0&0&\cdots&D\end{vmatrix}=D^n.$$

因 $D\neq 0$,故 $\overline{D}=D^{n-1}\neq 0$. 从而方程组②有唯一解.

反之,若②有唯一解,则 $\overline{D}\neq 0$. 于是齐次线性方程组

$$\begin{cases}A_{11}x_1+A_{12}x_2+\cdots+A_{1n}x_n=0,\\A_{21}x_1+A_{22}x_2+\cdots+A_{2n}x_n=0,\\\cdots\cdots\cdots\cdots\\A_{n1}x_1+A_{n2}x_2+\cdots+A_{nn}x_n=0\end{cases}\qquad ③$$

只有零解. 但是,如果 $D=0$,则 D 的每个行向量 $(a_{i1},a_{i2},\cdots,a_{in})$ 都是③的解,又因为③只有零解,故 D 的每个元素都是零. 从而每个 $A_{ij}=0$,这与 $\overline{D}\neq 0$ 矛盾. 所以 $D\neq 0$,方程组①有唯一解.

【例 26】 设 $\boldsymbol{\alpha}_1,\boldsymbol{\alpha}_2,\cdots,\boldsymbol{\alpha}_s$ 为 s 个线性无关的 n 维向量. 证明:存在含 n 个未知量的齐次线性方程组,使 $\boldsymbol{\alpha}_1,\boldsymbol{\alpha}_2,\cdots,\boldsymbol{\alpha}_s$ 是它的一个基础解系.

证 设所给的 s 个 n 维向量为

$$\begin{aligned}&\boldsymbol{\alpha}_1=(a_{11},a_{12},\cdots,a_{1n}),\\&\boldsymbol{\alpha}_2=(a_{21},a_{22},\cdots,a_{2n}),\\&\cdots\cdots\cdots\cdots\\&\boldsymbol{\alpha}_s=(a_{s1},a_{s2},\cdots,a_{sn}).\end{aligned}$$

考虑齐次线性方程组

$$\begin{cases}a_{11}x_1+a_{12}x_2+\cdots+a_{1n}x_n=0,\\a_{21}x_1+a_{22}x_2+\cdots+a_{2n}x_n=0,\\\cdots\cdots\cdots\cdots\\a_{s1}x_1+a_{s2}x_2+\cdots+a_{sn}x_n=0.\end{cases}\qquad ①$$

由于 $\boldsymbol{\alpha}_1,\boldsymbol{\alpha}_2,\cdots,\boldsymbol{\alpha}_s$ 线性无关,故此方程组的系数矩阵的秩为 s,其基础解系含 $n-s=r$ 个向量. 设

$$\begin{aligned}&\boldsymbol{\beta}_1=(b_{11},b_{12},\cdots,b_{1n}),\\&\boldsymbol{\beta}_2=(b_{21},b_{22},\cdots,b_{2n}),\\&\cdots\cdots\cdots\cdots\\&\boldsymbol{\beta}_r=(b_{r1},b_{r2},\cdots,b_{rn})\end{aligned}$$

为它的一个基础解系,则方程组

$$\begin{cases}b_{11}x_1+b_{12}x_2+\cdots+b_{1n}x_n=0,\\b_{21}x_1+b_{22}x_2+\cdots+b_{2n}x_n=0,\\\cdots\cdots\cdots\cdots\\b_{r1}x_1+b_{r2}x_2+\cdots+b_{rn}x_n=0\end{cases}\qquad ②$$

的基础解系含 $n-r=s$ 个向量. 但由于 $\boldsymbol{\beta}_1,\boldsymbol{\beta}_2,\cdots,\boldsymbol{\beta}_r$ 是①的解,从而知 $\boldsymbol{\alpha}_1,\boldsymbol{\alpha}_2,\cdots,\boldsymbol{\alpha}_s$ 是方程组②的解. 因此是方程组②的基础解系.

三、教材习题解答

第三章习题解答

1. 用消元法解下列线性方程组：

(1) $\begin{cases} x_1+3x_2+5x_3-4x_4=1, \\ x_1+3x_2+2x_3-2x_4+x_5=-1, \\ x_1-2x_2+x_3-x_4-x_5=3, \\ x_1-4x_2+x_3+x_4-x_5=3, \\ x_1+2x_2+x_3-x_4+x_5=-1; \end{cases}$

(2) $\begin{cases} x_1+2x_2\qquad-3x_4+2x_5=1, \\ x_1-x_2-3x_3+x_4-3x_5=2, \\ 2x_1-3x_2+4x_3-5x_4+2x_5=7, \\ 9x_1-9x_2+6x_3-16x_4+2x_5=25; \end{cases}$

(3) $\begin{cases} x_1-2x_2+3x_3-4x_4=4, \\ \qquad x_2-x_3+x_4=-3, \\ x_1+3x_2\qquad+x_4=1, \\ \quad -7x_2+3x_3+x_4=-3; \end{cases}$

(4) $\begin{cases} 3x_1+4x_2-5x_3+7x_4=0, \\ 2x_1-3x_2+3x_3-2x_4=0, \\ 4x_1+11x_2-13x_3+16x_4=0, \\ 7x_1-2x_2+\quad x_3+3x_4=0; \end{cases}$

(5) $\begin{cases} 2x_1+x_2-x_3+x_4=1, \\ 3x_1-2x_2+2x_3-3x_4=2, \\ 5x_1+x_2-x_3+2x_4=-1, \\ 2x_1-x_2+x_3-3x_4=4; \end{cases}$

(6) $\begin{cases} x_1+2x_2+3x_3-x_4=1, \\ 3x_1+2x_2+x_3-x_4=1, \\ 2x_1+3x_2+x_3+x_4=1, \\ 2x_1+2x_2+2x_3-x_4=1, \\ 5x_1+5x_2+2x_3\qquad=2. \end{cases}$

【思路探索】 方程组的消元法是通过对增广矩阵(齐次线性方程组时，用系数矩阵)施行初等行变换，化为简化的阶梯形矩阵来实现的.

解 (1) 对增广矩阵作初等行变换，得

$$\left(\begin{array}{ccccc:c} 1 & 3 & 5 & -4 & 0 & 1 \\ 1 & 3 & 2 & -2 & 1 & -1 \\ 1 & -2 & 1 & -1 & -1 & 3 \\ 1 & -4 & 1 & 1 & -1 & 3 \\ 1 & 2 & 1 & -1 & 1 & -1 \end{array}\right) \to \left(\begin{array}{ccccc:c} 1 & 3 & 5 & -4 & 0 & 1 \\ 0 & 0 & -3 & 2 & 1 & -2 \\ 0 & -5 & -4 & 3 & -1 & 2 \\ 0 & -7 & -4 & 5 & -1 & 2 \\ 0 & -1 & -4 & 3 & 1 & -2 \end{array}\right)$$

$$\to \left(\begin{array}{ccccc:c} 1 & 3 & 5 & -4 & 0 & 1 \\ 0 & -1 & -4 & 3 & 1 & -2 \\ 0 & -5 & -4 & 3 & -1 & 2 \\ 0 & -7 & -4 & 5 & -1 & 2 \\ 0 & 0 & -3 & 2 & 1 & -2 \end{array}\right) \to \left(\begin{array}{ccccc:c} 1 & 3 & 5 & -4 & 0 & 1 \\ 0 & -1 & -4 & 3 & 1 & -2 \\ 0 & 0 & 8 & -6 & -3 & 6 \\ 0 & 0 & 3 & -2 & -1 & 2 \\ 0 & 0 & -3 & 2 & 1 & -2 \end{array}\right)$$

$$\to \left(\begin{array}{ccccc:c} 1 & 3 & 5 & -4 & 0 & 1 \\ 0 & -1 & -4 & 3 & 1 & -2 \\ 0 & 0 & -3 & 2 & 1 & -2 \\ 0 & 0 & 3 & -2 & -1 & 2 \\ 0 & 0 & 8 & -6 & -3 & 6 \end{array}\right) \to \left(\begin{array}{ccccc:c} 1 & 3 & 5 & -4 & 0 & 1 \\ 0 & -1 & -4 & 3 & 1 & -2 \\ 0 & 0 & -3 & 2 & 1 & -2 \\ 0 & 0 & 0 & 0 & 0 & 0 \\ 0 & 0 & 0 & -\frac{2}{3} & -\frac{1}{3} & \frac{2}{3} \end{array}\right)$$

$$
\to\left(\begin{array}{ccccc|c}1&0&-7&5&3&-5\\0&1&4&-3&-1&2\\0&0&-3&2&1&-2\\0&0&0&-2&-1&2\\0&0&0&0&0&0\end{array}\right)\to\left(\begin{array}{ccccc|c}1&0&0&\frac{1}{3}&\frac{2}{3}&-\frac{1}{3}\\0&1&0&-\frac{1}{3}&\frac{1}{3}&-\frac{2}{3}\\0&0&1&-\frac{2}{3}&-\frac{1}{3}&\frac{2}{3}\\0&0&0&-2&-1&2\\0&0&0&0&0&0\end{array}\right)
$$

$$
\to\left(\begin{array}{ccccc|c}1&0&0&0&\frac{1}{2}&0\\0&1&0&0&\frac{1}{2}&-1\\0&0&1&0&0&0\\0&0&0&1&\frac{1}{2}&-1\\0&0&0&0&0&0\end{array}\right),
$$

因此,线性方程组的一般解是

$$
\begin{cases}x_1=-\frac{1}{2}x_5,\\x_2=-1-\frac{1}{2}x_5,\\x_3=0,\\x_4=-1-\frac{1}{2}x_5,\end{cases}\text{其中 } x_5 \text{ 是自由未知量,或}\begin{cases}x_1=1+k,\\x_2=k,\\x_3=0,\\x_4=k,\\x_5=-2-2k,\end{cases}\quad k\text{ 为任意常数.}
$$

(2) 对增广矩阵作初等行变换,可得

$$
\left(\begin{array}{ccccc|c}1&2&0&-3&2&1\\1&-1&-3&1&-3&2\\2&-3&4&-5&2&7\\9&-9&6&-16&2&25\end{array}\right)\to\left(\begin{array}{ccccc|c}1&2&0&-3&2&1\\0&-3&-3&4&-5&1\\0&-7&4&1&-2&5\\0&-27&6&11&-16&16\end{array}\right)
$$

$$
\to\left(\begin{array}{ccccc|c}1&2&0&-3&2&1\\0&-3&-3&4&-5&1\\0&0&11&-\frac{25}{3}&\frac{29}{3}&\frac{8}{3}\\0&0&33&-25&29&7\end{array}\right)\to\left(\begin{array}{ccccc|c}1&2&0&-3&2&1\\0&-3&-3&4&-5&1\\0&0&33&-25&29&8\\0&0&0&0&0&-1\end{array}\right),
$$

因此,线性方程组无解.

(3) 用初等行变换简化增广矩阵,可得

$$
\left(\begin{array}{cccc|c}1&-2&3&-4&4\\0&1&-1&1&-3\\1&3&0&1&1\\0&-7&3&1&-3\end{array}\right)\to\left(\begin{array}{cccc|c}1&-2&3&-4&4\\0&1&-1&1&-3\\0&5&-3&5&-3\\0&-7&3&1&-3\end{array}\right)
$$

$$
\to\left(\begin{array}{cccc|c}1&-2&3&-4&4\\0&1&-1&1&-3\\0&0&2&0&12\\0&0&-4&8&-24\end{array}\right)\to\left(\begin{array}{cccc|c}1&-2&3&-4&4\\0&1&-1&1&-3\\0&0&1&0&6\\0&0&0&8&0\end{array}\right)
$$

$$\rightarrow\left(\begin{array}{cccc|c}1&0&1&-2&-2\\0&1&-1&1&-3\\0&0&1&0&6\\0&0&0&1&0\end{array}\right)\rightarrow\left(\begin{array}{cccc|c}1&0&0&-2&-8\\0&1&0&1&3\\0&0&1&0&6\\0&0&0&1&0\end{array}\right)$$

$$\rightarrow\left(\begin{array}{cccc|c}1&0&0&0&-8\\0&1&0&0&3\\0&0&1&0&6\\0&0&0&1&0\end{array}\right),$$

所以线性方程组的解为$\begin{cases}x_1=-8,\\x_2=3,\\x_3=6,\\x_4=0.\end{cases}$

此题也可用克拉默法则.

(4) 对它的系数矩阵作初等行变换,得

$$\begin{pmatrix}3&4&-5&7\\2&-3&3&-2\\4&11&-13&16\\7&-2&1&3\end{pmatrix}\rightarrow\begin{pmatrix}3&4&-5&7\\0&-\frac{17}{3}&\frac{19}{3}&-\frac{20}{3}\\0&\frac{17}{3}&-\frac{19}{3}&\frac{20}{3}\\0&-\frac{34}{3}&\frac{38}{3}&-\frac{40}{3}\end{pmatrix}$$

$$\rightarrow\begin{pmatrix}3&4&-5&7\\0&-17&19&-20\\0&17&-19&20\\0&-34&38&-40\end{pmatrix}\rightarrow\begin{pmatrix}3&4&-5&7\\0&-17&19&-20\\0&0&0&0\\0&0&0&0\end{pmatrix}$$

$$\rightarrow\begin{pmatrix}3&0&-\frac{9}{17}&\frac{39}{17}\\0&1&-\frac{19}{17}&\frac{20}{17}\\0&0&0&0\\0&0&0&0\end{pmatrix}\rightarrow\begin{pmatrix}1&0&-\frac{3}{17}&\frac{13}{17}\\0&1&-\frac{19}{17}&\frac{20}{17}\\0&0&0&0\\0&0&0&0\end{pmatrix},$$

所以,方程组的一般解是$\begin{cases}x_1=\frac{3}{17}x_3-\frac{13}{17}x_4,\\x_2=\frac{19}{17}x_3-\frac{20}{17}x_4,\end{cases}$其中 x_3,x_4 为自由未知量.

(5) 用初等行变换简化增广矩阵,得

$$\left(\begin{array}{cccc|c}2&1&-1&1&1\\3&-2&2&-3&2\\5&1&-1&2&-1\\2&-1&1&-3&4\end{array}\right)\rightarrow\left(\begin{array}{cccc|c}2&1&-1&1&1\\7&0&0&-1&4\\3&0&0&1&-2\\4&0&0&-2&5\end{array}\right)$$

$$\rightarrow\left(\begin{array}{cccc|c}2&1&-1&1&1\\7&0&0&-1&4\\10&0&0&0&2\\-10&0&0&0&-3\end{array}\right)\rightarrow\left(\begin{array}{cccc|c}2&1&-1&1&1\\7&0&0&-1&4\\10&0&0&0&2\\0&0&0&0&-1\end{array}\right),$$

所以线性方程组无解.

(6) 对增广矩阵作初等行变换,可得

$$\left(\begin{array}{cccc:c}1&2&3&-1&1\\3&2&1&-1&1\\2&3&1&1&1\\2&2&2&-1&1\\5&5&2&0&2\end{array}\right)\to\left(\begin{array}{cccc:c}3&5&4&0&2\\5&5&2&0&2\\2&3&1&1&1\\4&5&3&0&2\\5&5&2&0&2\end{array}\right)\to\left(\begin{array}{cccc:c}3&5&4&0&2\\5&5&2&0&2\\2&3&1&1&1\\-1&0&1&0&0\\5&5&2&0&2\end{array}\right)$$

$$\to\left(\begin{array}{cccc:c}7&5&0&0&2\\7&5&0&0&2\\3&3&0&1&1\\-1&0&1&0&0\\7&5&0&0&2\end{array}\right)\to\left(\begin{array}{cccc:c}1&\frac{5}{7}&0&0&\frac{2}{7}\\0&0&0&0&0\\0&\frac{6}{7}&0&1&\frac{1}{7}\\0&\frac{5}{7}&1&0&\frac{2}{7}\\0&0&0&0&0\end{array}\right),$$

所以方程组的一般解是$\begin{cases}x_1=\dfrac{2}{7}-\dfrac{5}{7}x_2,\\x_3=\dfrac{2}{7}-\dfrac{5}{7}x_2,\\x_4=\dfrac{1}{7}-\dfrac{6}{7}x_2,\end{cases}$其中 x_2 是自由未知量.

2. 把向量 $\boldsymbol{\beta}$ 表示成 $\boldsymbol{\alpha}_1,\boldsymbol{\alpha}_2,\boldsymbol{\alpha}_3,\boldsymbol{\alpha}_4$ 的线性组合:

(1) $\boldsymbol{\beta}=(1,2,1,1),\boldsymbol{\alpha}_1=(1,1,1,1),\boldsymbol{\alpha}_2=(1,1,-1,-1),\boldsymbol{\alpha}_3=(1,-1,1,-1),\boldsymbol{\alpha}_4=(1,-1,-1,1)$;

(2) $\boldsymbol{\beta}=(0,0,0,1),\boldsymbol{\alpha}_1=(1,1,0,1),\boldsymbol{\alpha}_2=(2,1,3,1),\boldsymbol{\alpha}_3=(1,1,0,0),\boldsymbol{\alpha}_4=(0,1,-1,-1)$.

【思路探索】 简单的向量可用待定系数法,复杂一些的可用向量组成矩阵通过初等变换来求解.

解 (1) 令 $\boldsymbol{\beta}=k_1\boldsymbol{\alpha}_1+k_2\boldsymbol{\alpha}_2+k_3\boldsymbol{\alpha}_3+k_4\boldsymbol{\alpha}_4$,得方程组

$$\begin{cases}k_1+k_2+k_3+k_4=1,\\k_1+k_2-k_3-k_4=2,\\k_1-k_2+k_3-k_4=1,\\k_1-k_2-k_3+k_4=1,\end{cases}$$

解得 $k_1=\dfrac{5}{4},k_2=\dfrac{1}{4},k_3=-\dfrac{1}{4},k_4=-\dfrac{1}{4}$. 所以 $\boldsymbol{\beta}=\dfrac{5}{4}\boldsymbol{\alpha}_1+\dfrac{1}{4}\boldsymbol{\alpha}_2-\dfrac{1}{4}\boldsymbol{\alpha}_3-\dfrac{1}{4}\boldsymbol{\alpha}_4$.

(2) 令 $\boldsymbol{\beta}=k_1\boldsymbol{\alpha}_1+k_2\boldsymbol{\alpha}_2+k_3\boldsymbol{\alpha}_3+k_4\boldsymbol{\alpha}_4$,得

$$\begin{cases}k_1+2k_2+k_3=0,\\k_1+k_2+k_3+k_4=0,\\3k_2-k_4=0,\\k_1+k_2-k_4=1.\end{cases}$$

解此线性方程组可知,线性方程组有唯一解 $k_1=1,k_2=0,k_3=-1,k_4=0$. 所以 $\boldsymbol{\beta}=\boldsymbol{\alpha}_1-\boldsymbol{\alpha}_3$.

3. 证明:如果向量组 $\boldsymbol{\alpha}_1,\boldsymbol{\alpha}_2,\cdots,\boldsymbol{\alpha}_r$ 线性无关,而 $\boldsymbol{\alpha}_1,\boldsymbol{\alpha}_2,\cdots,\boldsymbol{\alpha}_r,\boldsymbol{\beta}$ 线性相关,则向量 $\boldsymbol{\beta}$ 可以经 $\boldsymbol{\alpha}_1,\boldsymbol{\alpha}_2,\cdots,\boldsymbol{\alpha}_r$ 线性表出.

证 由于 $\boldsymbol{\alpha}_1,\boldsymbol{\alpha}_2,\cdots,\boldsymbol{\alpha}_r,\boldsymbol{\beta}$ 线性相关,所以存在不全为 0 的数 $k_1,k_2,\cdots,k_{r+1}$,使

$$k_1\boldsymbol{\alpha}_1+k_2\boldsymbol{\alpha}_2+\cdots+k_r\boldsymbol{\alpha}_r+k_{r+1}\boldsymbol{\beta}=\mathbf{0}.$$

假设 $k_{r+1}=0$,则 $k_1,k_2,\cdots,k_r$ 不全为 0,使得 $k_1\boldsymbol{\alpha}_1+k_2\boldsymbol{\alpha}_2+\cdots+k_r\boldsymbol{\alpha}_r=0$,这与 $\boldsymbol{\alpha}_1,\boldsymbol{\alpha}_2,\cdots,\boldsymbol{\alpha}_r$ 线性无

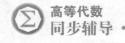

关矛盾,故 $k_{r+1} \neq 0$,即有

$$\boldsymbol{\beta} = -\frac{k_1}{k_{r+1}}\boldsymbol{\alpha}_1 - \frac{k_2}{k_{r+1}}\boldsymbol{\alpha}_2 - \cdots - \frac{k_r}{k_{r+1}}\boldsymbol{\alpha}_r.$$

4. $\boldsymbol{\alpha}_i = (a_{i1}, a_{i2}, \cdots, a_{in})(i = 1,2,\cdots,n)$,证明:如果行列式 $|a_{ij}| \neq 0$,那么 $\boldsymbol{\alpha}_1, \boldsymbol{\alpha}_2, \cdots, \boldsymbol{\alpha}_n$ 线性无关.

证 设 $k_1\boldsymbol{\alpha}_1 + k_2\boldsymbol{\alpha}_2 + \cdots + k_n\boldsymbol{\alpha}_n = \mathbf{0}$,得线性方程组

$$\begin{cases} a_{11}k_1 + a_{21}k_2 + \cdots + a_{n1}k_n = 0, \\ a_{12}k_1 + a_{22}k_2 + \cdots + a_{n2}k_n = 0, \\ \cdots\cdots\cdots\cdots \\ a_{1n}k_1 + a_{2n}k_2 + \cdots + a_{nn}k_n = 0. \end{cases}$$

此方程组含有 n 个未知量,n 个方程,由于其系数矩阵的行列式 $|a_{ij}| \neq 0$,故方程组只有零解,从而 $\boldsymbol{\alpha}_1, \boldsymbol{\alpha}_2, \cdots, \boldsymbol{\alpha}_n$ 线性无关.

方法点击:此题的结论点明了 n 个 n 维向量线性无关的判定方法,也点明了可逆矩阵行(列)向量组线性无关.这是个充要条件.

5. 设 $t_1, t_2, \cdots, t_r$ 是互不相同的数,$r \leqslant n$.证明:$\boldsymbol{\alpha}_i = (1, t_i, t_i^2 \cdots, t_i^{n-1})(i = 1,2,\cdots,r)$ 是线性无关的.

【思路探索】 利用范德蒙德行列式及第 4 题结论.

证 **方法一** 设 $k_1\boldsymbol{\alpha}_1 + k_2\boldsymbol{\alpha}_2 + \cdots + k_r\boldsymbol{\alpha}_r = 0$,则有

$$\begin{cases} k_1 + k_2 + \cdots + k_r = 0, \\ t_1k_1 + t_2k_2 + \cdots + t_rk_r = 0, \\ \cdots\cdots\cdots\cdots \\ t_1^{n-1}k_1 + t_2^{n-1}k_2 + \cdots + t_r^{n-1}k_r = 0. \end{cases} \quad ①$$

当 $r = n$ 时,方程组 ① 的未知量个数与方程个数相同,且系数行列式

$$D = \begin{vmatrix} 1 & 1 & \cdots & 1 \\ t_1 & t_2 & \cdots & t_n \\ t_1^2 & t_2^2 & \cdots & t_n^2 \\ \vdots & \vdots & & \vdots \\ t_1^{n-1} & t_2^{n-1} & \cdots & t_n^{n-1} \end{vmatrix}$$

是一个范德蒙德行列式.

又因为 $t_1, t_2, \cdots, t_n$ 互不相同,所以由范德蒙德行列式可知 $D \neq 0$,从而方程组 ① 有唯一的零解,即 $\boldsymbol{\alpha}_1, \boldsymbol{\alpha}_2, \cdots, \boldsymbol{\alpha}_n$ 线性无关.

当 $r < n$ 时,令

$$\begin{cases} \boldsymbol{\beta}_1 = (1, t_1, t_1^2, \cdots, t_1^{n-1}), \\ \boldsymbol{\beta}_2 = (1, t_2, t_2^2, \cdots, t_2^{n-1}), \\ \cdots\cdots\cdots\cdots \\ \boldsymbol{\beta}_r = (1, t_r, t_r^2, \cdots, t_r^{n-1}), \end{cases}$$

则由上面的方法可证明 $\boldsymbol{\beta}_1, \boldsymbol{\beta}_2, \cdots, \boldsymbol{\beta}_r$ 线性无关.又因为 $\boldsymbol{\alpha}_1, \boldsymbol{\alpha}_2, \cdots, \boldsymbol{\alpha}_r$ 是 $\boldsymbol{\beta}_1, \boldsymbol{\beta}_2, \cdots, \boldsymbol{\beta}_r$ 的延长向量,所以 $\boldsymbol{\alpha}_1, \boldsymbol{\alpha}_2, \cdots, \boldsymbol{\alpha}_r$ 线性无关.

方法二 另取 $n - r$ 个数 $t_{r+1}, \cdots, t_n$ 使得 $t_1, t_2, \cdots, t_n$ 两两不同.

令 $\boldsymbol{\alpha}_{r+i} = (1, t_{r+i}, \cdots, t_{r+i}^{n-1})$,$i = 1,2,\cdots,n-r$,则

$$\begin{vmatrix} 1 & t_1 & t_1^2 & \cdots & t_1^{n-1} \\ 1 & t_2 & t_2^2 & \cdots & t_2^{n-1} \\ \vdots & \vdots & \vdots & & \vdots \\ 1 & t_n & {t_n}^2 & \cdots & t_n^{n-1} \end{vmatrix} = \prod_{1\leqslant i<j\leqslant n}(t_j - t_i) \neq 0.$$

由题4知，$\boldsymbol{\alpha}_1,\boldsymbol{\alpha}_2,\cdots,\boldsymbol{\alpha}_n$ 线性无关. 故 $\boldsymbol{\alpha}_1,\boldsymbol{\alpha}_2,\cdots,\boldsymbol{\alpha}_r$ 线性无关(整个向量组线性无关，则任意部分向量组也线性无关).

6. 设 $\boldsymbol{\alpha}_1,\boldsymbol{\alpha}_2,\boldsymbol{\alpha}_3$ 线性无关，证明：$\boldsymbol{\alpha}_1+\boldsymbol{\alpha}_2,\boldsymbol{\alpha}_2+\boldsymbol{\alpha}_3,\boldsymbol{\alpha}_3+\boldsymbol{\alpha}_1$ 也线性无关.

证 **方法一** 设 $k_1(\boldsymbol{\alpha}_1+\boldsymbol{\alpha}_2)+k_2(\boldsymbol{\alpha}_2+\boldsymbol{\alpha}_3)+k_3(\boldsymbol{\alpha}_3+\boldsymbol{\alpha}_1)=\mathbf{0}$，即

$$(k_1+k_3)\boldsymbol{\alpha}_1+(k_1+k_2)\boldsymbol{\alpha}_2+(k_2+k_3)\boldsymbol{\alpha}_3=\mathbf{0}.$$

因为 $\boldsymbol{\alpha}_1,\boldsymbol{\alpha}_2,\boldsymbol{\alpha}_3$ 线性无关，所以有$\begin{cases} k_1+k_3=0, \\ k_1+k_2=0, \\ k_2+k_3=0, \end{cases}$解之得 $k_1=k_2=k_3=0$.

所以 $\boldsymbol{\alpha}_1+\boldsymbol{\alpha}_2,\boldsymbol{\alpha}_2+\boldsymbol{\alpha}_3,\boldsymbol{\alpha}_3+\boldsymbol{\alpha}_1$ 线性无关.

方法二 记 $\boldsymbol{\beta}_1=\boldsymbol{\alpha}_1+\boldsymbol{\alpha}_2,\boldsymbol{\beta}_2=\boldsymbol{\alpha}_2+\boldsymbol{\alpha}_3,\boldsymbol{\beta}_3=\boldsymbol{\alpha}_3+\boldsymbol{\alpha}_1$，即有

$$\begin{cases} \boldsymbol{\alpha}_1+\boldsymbol{\alpha}_2=\boldsymbol{\beta}_1, \\ \boldsymbol{\alpha}_2+\boldsymbol{\alpha}_3=\boldsymbol{\beta}_2, \\ \boldsymbol{\alpha}_3+\boldsymbol{\alpha}_1=\boldsymbol{\beta}_3, \end{cases}$$

将此看作关于 $\boldsymbol{\alpha}_1,\boldsymbol{\alpha}_2,\boldsymbol{\alpha}_3$ 的广义线性方程组，其增广矩阵为$\begin{pmatrix} 1 & 1 & 0 & \boldsymbol{\beta}_1 \\ 0 & 1 & 1 & \boldsymbol{\beta}_2 \\ 1 & 0 & 1 & \boldsymbol{\beta}_3 \end{pmatrix}$，经初等行变换可化为

$$\begin{pmatrix} 1 & 0 & 0 & \dfrac{\boldsymbol{\beta}_1-\boldsymbol{\beta}_2+\boldsymbol{\beta}_3}{2} \\ 0 & 1 & 0 & \dfrac{\boldsymbol{\beta}_2-\boldsymbol{\beta}_3+\boldsymbol{\beta}_1}{2} \\ 0 & 0 & 1 & \dfrac{\boldsymbol{\beta}_3-\boldsymbol{\beta}_1+\boldsymbol{\beta}_2}{2} \end{pmatrix},\text{即有}\begin{cases} \boldsymbol{\alpha}_1=\dfrac{\boldsymbol{\beta}_1-\boldsymbol{\beta}_2+\boldsymbol{\beta}_1}{2}, \\ \boldsymbol{\alpha}_2=\dfrac{\boldsymbol{\beta}_2-\boldsymbol{\beta}_3+\boldsymbol{\beta}_1}{2}, \\ \boldsymbol{\alpha}_3=\dfrac{\boldsymbol{\beta}_3-\boldsymbol{\beta}_1+\boldsymbol{\beta}_2}{2}. \end{cases}$$

故 $\boldsymbol{\beta}_1,\boldsymbol{\beta}_2,\boldsymbol{\beta}_3$ 与 $\boldsymbol{\alpha}_1,\boldsymbol{\alpha}_2,\boldsymbol{\alpha}_3$ 等价，因而秩$\{\boldsymbol{\beta}_1,\boldsymbol{\beta}_2,\boldsymbol{\beta}_3\}=$ 秩$\{\boldsymbol{\alpha}_1,\boldsymbol{\alpha}_2,\boldsymbol{\alpha}_3\}=3$. 所以 $\boldsymbol{\beta}_1,\boldsymbol{\beta}_2,\boldsymbol{\beta}_3$ 线性无关.

方法三 令 $\boldsymbol{\beta}_1=\boldsymbol{\alpha}_1+\boldsymbol{\alpha}_2,\boldsymbol{\beta}_2=\boldsymbol{\alpha}_2+\boldsymbol{\alpha}_3,\boldsymbol{\beta}_3=\boldsymbol{\alpha}_3+\boldsymbol{\alpha}_1$.

由于$\begin{vmatrix} 1 & 1 & 0 \\ 0 & 1 & 1 \\ 1 & 0 & 1 \end{vmatrix}=2\neq 0$，故由本章补充题第2题知，$\boldsymbol{\beta}_1,\boldsymbol{\beta}_2,\boldsymbol{\beta}_3$ 线性无关.

7. 已知 $\boldsymbol{\alpha}_1,\boldsymbol{\alpha}_2,\cdots,\boldsymbol{\alpha}_s$ 的秩为 r，证明：$\boldsymbol{\alpha}_1,\boldsymbol{\alpha}_2,\cdots,\boldsymbol{\alpha}_s$ 中任意 r 个线性无关的向量都构成它的一个极大线性无关组.

【思路探索】 由题意知任意 r 个线性无关向量构成一个极大线性无关组，关键是证明“极大”.

证 设 $\boldsymbol{\alpha}_{i_1},\boldsymbol{\alpha}_{i_2},\cdots,\boldsymbol{\alpha}_{i_r}$ 是 $\boldsymbol{\alpha}_1,\boldsymbol{\alpha}_2,\cdots,\boldsymbol{\alpha}_s$ 中任意 r 个线性无关的向量，如果能够证明任意 $\boldsymbol{\alpha}_j\,(j=1,2,\cdots,s)$ 都可由 $\boldsymbol{\alpha}_{i_1},\boldsymbol{\alpha}_{i_2},\cdots,\boldsymbol{\alpha}_{i_r}$ 线性表出即可.

实际上，向量组

$$\boldsymbol{\alpha}_{i_1},\boldsymbol{\alpha}_{i_2},\cdots,\boldsymbol{\alpha}_{i_r},\boldsymbol{\alpha}_j \qquad ①$$

是线性相关的，否则原向量组的秩就超过了 r. 由于向量组 ① 线性相关，结合本章习题第3题的结论，所以 $\boldsymbol{\alpha}_j$ 可由 $\boldsymbol{\alpha}_{i_1},\boldsymbol{\alpha}_{i_2},\cdots,\boldsymbol{\alpha}_{i_r}$ 线性表出，再由 $\boldsymbol{\alpha}_j$ 的任意性即可得证.

8. 设 $\boldsymbol{\alpha}_1,\boldsymbol{\alpha}_2,\cdots,\boldsymbol{\alpha}_s$ 的秩为 r，$\boldsymbol{\alpha}_{i_1},\boldsymbol{\alpha}_{i_2},\cdots,\boldsymbol{\alpha}_{i_r}$ 是 $\boldsymbol{\alpha}_1,\boldsymbol{\alpha}_2,\cdots,\boldsymbol{\alpha}_s$ 中的 r 个向量，使得 $\boldsymbol{\alpha}_1,\boldsymbol{\alpha}_2,\cdots,\boldsymbol{\alpha}_s$ 中每个向量都可以经它们线性表出，证明：$\boldsymbol{\alpha}_{i_1},\boldsymbol{\alpha}_{i_2},\cdots,\boldsymbol{\alpha}_{i_r}$ 是 $\boldsymbol{\alpha}_1,\boldsymbol{\alpha}_2,\cdots,\boldsymbol{\alpha}_s$ 的一个极大线性无关组.

证　由题设可知，$\boldsymbol{\alpha}_{i_1},\boldsymbol{\alpha}_{i_2},\cdots,\boldsymbol{\alpha}_{i_r}$ 与 $\boldsymbol{\alpha}_1,\boldsymbol{\alpha}_2,\cdots,\boldsymbol{\alpha}_s$ 等价，由于等价的向量组有相同的秩，故 $\boldsymbol{\alpha}_{i_1},\boldsymbol{\alpha}_{i_2},\cdots,\boldsymbol{\alpha}_{i_r}$ 的秩与 $\boldsymbol{\alpha}_1,\boldsymbol{\alpha}_2,\cdots,\boldsymbol{\alpha}_s$ 的秩相等，且等于 r. 又因为它恰好包含 r 个向量，所以 $\boldsymbol{\alpha}_{i_1},\boldsymbol{\alpha}_{i_2},\cdots,\boldsymbol{\alpha}_{i_r}$ 线性无关，故它是 $\boldsymbol{\alpha}_1,\boldsymbol{\alpha}_2,\cdots,\boldsymbol{\alpha}_s$ 的一个极大线性无关组.

方法点击：等价的向量组具有相同的秩；等价的向量组，其极大线性无关组亦等价.

9. 证明：一个向量组的任何一个线性无关组都可以扩充成一个极大线性无关组.

证　将所给向量组用（Ⅰ）表示，它的一个线性无关组用（Ⅱ）表示.

假设（Ⅰ）中每一个向量都可由（Ⅱ）线性表出，则（Ⅱ）就是（Ⅰ）的一个极大线性无关组，否则，（Ⅰ）中至少有一个向量 $\boldsymbol{\alpha}$ 不能由（Ⅱ）线性表出，此时将 $\boldsymbol{\alpha}$ 添加到向量组（Ⅱ）中，得到向量组（Ⅲ），则向量组（Ⅲ）线性无关. 进而，再检查向量组（Ⅰ）中向量是否皆可由向量组（Ⅲ）线性表出. 若还不能，再把不能由向量组（Ⅲ）线性表出的向量添加到向量组（Ⅲ）中去，得到向量组（Ⅳ），继续这样下去，因为向量组（Ⅰ）的秩有限，所以只需经过有限步后，即可得到向量组（Ⅰ）的一个极大线性无关组.

方法点击：(1) 向量组的极大线性无关组不一定唯一（该向量组线性无关时唯一，即其本身）；
(2) 任意部分线性无关向量组都可扩充为极大线性无关组.

10. 设 $\boldsymbol{\alpha}_1=(1,-1,2,4)$，$\boldsymbol{\alpha}_2=(0,3,1,2)$，$\boldsymbol{\alpha}_3=(3,0,7,14)$，$\boldsymbol{\alpha}_4=(1,-1,2,0)$，$\boldsymbol{\alpha}_5=(2,1,5,6)$.

(1) 证明：$\boldsymbol{\alpha}_1,\boldsymbol{\alpha}_2$ 线性无关.

(2) 把 $\boldsymbol{\alpha}_1,\boldsymbol{\alpha}_2$ 扩充成一极大线性无关组.

证　(1) 由于 $\boldsymbol{\alpha}_1,\boldsymbol{\alpha}_2$ 的对应分量不成比例，故 $\boldsymbol{\alpha}_1,\boldsymbol{\alpha}_2$ 线性无关.

(2) **方法一**　利用第 9 题的方法进行扩充，先看 $\boldsymbol{\alpha}_1,\boldsymbol{\alpha}_2,\boldsymbol{\alpha}_3$，因为 $k_1\boldsymbol{\alpha}_1+k_2\boldsymbol{\alpha}_2+k_3\boldsymbol{\alpha}_3=\boldsymbol{0}$ 有非零解：$k_1=3,k_2=1,k_3=-1$，因此 $\boldsymbol{\alpha}_1,\boldsymbol{\alpha}_2,\boldsymbol{\alpha}_3$ 线性相关，不要 $\boldsymbol{\alpha}_3$. 再看 $\boldsymbol{\alpha}_1,\boldsymbol{\alpha}_2,\boldsymbol{\alpha}_4$，由 $k_1\boldsymbol{\alpha}_1+k_2\boldsymbol{\alpha}_2+k_4\boldsymbol{\alpha}_4=\boldsymbol{0}$，解得 $k_1=k_2=k_4=0$，所以 $\boldsymbol{\alpha}_1,\boldsymbol{\alpha}_2,\boldsymbol{\alpha}_4$ 线性无关，留下 $\boldsymbol{\alpha}_4$. 最后看 $\boldsymbol{\alpha}_1,\boldsymbol{\alpha}_2,\boldsymbol{\alpha}_4,\boldsymbol{\alpha}_5$，令 $k_1\boldsymbol{\alpha}_1+k_2\boldsymbol{\alpha}_2+k_4\boldsymbol{\alpha}_4+k_5\boldsymbol{\alpha}_5=\boldsymbol{0}$，由于相应的齐次线性方程组的系数行列式为 0，所以存在非零解，即 $\boldsymbol{\alpha}_1,\boldsymbol{\alpha}_2,\boldsymbol{\alpha}_4,\boldsymbol{\alpha}_5$ 线性相关. 这样 $\boldsymbol{\alpha}_1,\boldsymbol{\alpha}_2,\boldsymbol{\alpha}_4$ 就是由 $\boldsymbol{\alpha}_1,\boldsymbol{\alpha}_2$ 扩充的极大线性无关组.

方法二　由 $(\boldsymbol{\alpha}_1^{\mathrm{T}},\boldsymbol{\alpha}_2^{\mathrm{T}},\boldsymbol{\alpha}_3^{\mathrm{T}},\boldsymbol{\alpha}_4^{\mathrm{T}},\boldsymbol{\alpha}_5^{\mathrm{T}})\xrightarrow{r}\begin{pmatrix}1&0&3&0&1\\0&1&1&0&1\\0&0&0&1&1\\0&0&0&0&0\end{pmatrix}$，所以极大无关组为 $\boldsymbol{\alpha}_1,\boldsymbol{\alpha}_2,\boldsymbol{\alpha}_4$，且 $\boldsymbol{\alpha}_3=3\boldsymbol{\alpha}_1+\boldsymbol{\alpha}_2$，$\boldsymbol{\alpha}_5=\boldsymbol{\alpha}_1+\boldsymbol{\alpha}_2+\boldsymbol{\alpha}_4$.

方法点击：将行向量组写成矩阵，通过初等列变换后的行向量组与原行向量组有完全相同的相关性与相关系数. 将列向量组写成矩阵，通过初等行变换后的列向量组与原列向量组有完全相同的相关性与相关系数.

11. 求下列向量组的极大线性无关组与秩：

(1) $\boldsymbol{\alpha}_1=(6,4,1,-1,2)$，　　$\boldsymbol{\alpha}_2=(1,0,2,3,-4)$，
$\boldsymbol{\alpha}_3=(1,4,-9,-16,22)$，　　$\boldsymbol{\alpha}_4=(7,1,0,-1,3)$；

(2) $\boldsymbol{\alpha}_1=(1,-1,2,4)$，　　$\boldsymbol{\alpha}_2=(0,3,1,2)$，

$\boldsymbol{\alpha}_3=(3,0,7,14)$, $\boldsymbol{\alpha}_4=(1,-1,2,0)$,

$\boldsymbol{\alpha}_5=(2,1,5,6)$.

解 (1) 对以 $\boldsymbol{\alpha}_1,\boldsymbol{\alpha}_2,\boldsymbol{\alpha}_3,\boldsymbol{\alpha}_4$ 为列的矩阵施行初等行变换,得

$$\begin{pmatrix}6&1&1&7\\4&0&4&1\\1&2&-9&0\\-1&3&-16&-1\\2&-4&22&3\end{pmatrix}\to\begin{pmatrix}0&-11&55&7\\0&-8&40&1\\1&2&-9&0\\0&5&-25&-1\\0&-8&40&3\end{pmatrix}$$

$$\to\begin{pmatrix}0&-11&55&7\\0&-8&40&1\\1&2&-9&0\\0&5&-25&-1\\0&0&0&2\end{pmatrix}\to\begin{pmatrix}0&-1&5&5\\0&-8&40&1\\1&2&-9&0\\0&5&-25&-1\\0&0&0&2\end{pmatrix}$$

$$\to\begin{pmatrix}0&-1&5&5\\0&0&0&-39\\1&0&1&10\\0&0&0&24\\0&0&0&2\end{pmatrix}\to\begin{pmatrix}0&1&-5&0\\0&0&0&0\\1&0&1&0\\0&0&0&0\\0&0&0&1\end{pmatrix},$$

所以向量组 $\boldsymbol{\alpha}_1,\boldsymbol{\alpha}_2,\boldsymbol{\alpha}_3,\boldsymbol{\alpha}_4$ 的秩为 3,$\boldsymbol{\alpha}_1,\boldsymbol{\alpha}_2,\boldsymbol{\alpha}_4$ 是一个极大线性无关组.

(2) 对以 $\boldsymbol{\alpha}_1,\boldsymbol{\alpha}_2,\boldsymbol{\alpha}_3,\boldsymbol{\alpha}_4,\boldsymbol{\alpha}_5$ 为列的矩阵作初等行变换,得

$$\begin{pmatrix}1&0&3&1&2\\-1&3&0&-1&1\\2&1&7&2&5\\4&2&14&0&6\end{pmatrix}\to\begin{pmatrix}0&3&3&0&3\\-1&3&0&-1&1\\0&7&7&0&7\\4&2&14&0&6\end{pmatrix}$$

$$\to\begin{pmatrix}0&1&1&0&1\\-1&3&0&-1&1\\0&1&1&0&1\\2&1&7&0&3\end{pmatrix}\to\begin{pmatrix}0&1&1&0&1\\-1&3&0&-1&1\\0&0&0&0&0\\2&1&7&0&3\end{pmatrix}$$

$$\to\begin{pmatrix}0&1&1&0&1\\-1&3&0&-1&1\\0&0&0&0&0\\2&-6&0&0&-4\end{pmatrix}\to\begin{pmatrix}0&1&1&0&1\\-1&3&0&-1&1\\0&0&0&0&0\\1&-3&0&0&-2\end{pmatrix}$$

$$\to\begin{pmatrix}0&1&1&0&1\\0&0&0&1&1\\0&0&0&0&0\\1&-3&0&0&-2\end{pmatrix},$$

所以向量组 $\boldsymbol{\alpha}_1,\boldsymbol{\alpha}_2,\boldsymbol{\alpha}_3,\boldsymbol{\alpha}_4,\boldsymbol{\alpha}_5$ 的秩是 3,$\boldsymbol{\alpha}_1,\boldsymbol{\alpha}_3,\boldsymbol{\alpha}_4$ 是一个极大线性无关组.

12. 证明:如果向量组(Ⅰ)可以由向量组(Ⅱ)线性表出,那么(Ⅰ)的秩不超过(Ⅱ)的秩.

证 设向量组(Ⅰ)与(Ⅱ)的秩分别为 t 与 s,且 $\boldsymbol{A},\boldsymbol{B}$ 依次表示(Ⅰ)与(Ⅱ)的极大线性无关组.由题设可知,$\boldsymbol{A}$ 可以由 $\boldsymbol{B}$ 线性表出,且 $\boldsymbol{A}$ 线性无关,所以根据教材第 82 页定理 2 的推论 1 得,$t\leqslant s$.

方法点击：将向量组的问题转化为与其等价的极大线性无关组的问题.

13. 设$\boldsymbol{\alpha}_1,\boldsymbol{\alpha}_2,\cdots,\boldsymbol{\alpha}_n$是一组$n$维向量，已知单位向量$\boldsymbol{\varepsilon}_1,\boldsymbol{\varepsilon}_2,\cdots,\boldsymbol{\varepsilon}_n$可以经它们线性表出，证明：$\boldsymbol{\alpha}_1,\boldsymbol{\alpha}_2,\cdots,\boldsymbol{\alpha}_n$线性无关.

证　**方法一**　由题设可知，$\boldsymbol{\varepsilon}_1,\boldsymbol{\varepsilon}_2,\cdots,\boldsymbol{\varepsilon}_n$可由$\boldsymbol{\alpha}_1,\boldsymbol{\alpha}_2,\cdots,\boldsymbol{\alpha}_n$线性表出，而又知每一个$n$维向量都可由单位向量组$\boldsymbol{\varepsilon}_1,\boldsymbol{\varepsilon}_2,\cdots,\boldsymbol{\varepsilon}_n$线性表出，即$\boldsymbol{\alpha}_1,\boldsymbol{\alpha}_2,\cdots,\boldsymbol{\alpha}_n$可由$\boldsymbol{\varepsilon}_1,\boldsymbol{\varepsilon}_2,\cdots,\boldsymbol{\varepsilon}_n$线性表出，因此$\boldsymbol{\alpha}_1,\boldsymbol{\alpha}_2,\cdots,\boldsymbol{\alpha}_n$与$\boldsymbol{\varepsilon}_1,\boldsymbol{\varepsilon}_2,\cdots,\boldsymbol{\varepsilon}_n$等价. 因为等价的向量组有相同的秩，而$\boldsymbol{\varepsilon}_1,\boldsymbol{\varepsilon}_2,\cdots,\boldsymbol{\varepsilon}_n$的秩为$n$，所以$\boldsymbol{\alpha}_1,\boldsymbol{\alpha}_2,\cdots,\boldsymbol{\alpha}_n$的秩也为$n$，故$\boldsymbol{\alpha}_1,\boldsymbol{\alpha}_2,\cdots,\boldsymbol{\alpha}_n$线性无关.

方法二　由题 12 知秩$\{\boldsymbol{\varepsilon}_1,\boldsymbol{\varepsilon}_2,\cdots,\boldsymbol{\varepsilon}_n\}\leqslant$秩$\{\boldsymbol{\alpha}_1,\boldsymbol{\alpha}_2,\cdots,\boldsymbol{\alpha}_n\}$，又秩$\{\boldsymbol{\varepsilon}_1,\boldsymbol{\varepsilon}_2,\cdots,\boldsymbol{\varepsilon}_n\}=n$，秩$\{\boldsymbol{\alpha}_1,\boldsymbol{\alpha}_2,\cdots,\boldsymbol{\alpha}_n\}\leqslant n$. 所以秩$\{\boldsymbol{\alpha}_1,\boldsymbol{\alpha}_2,\cdots,\boldsymbol{\alpha}_n\}=n$. 因而$\boldsymbol{\alpha}_1,\boldsymbol{\alpha}_2,\cdots,\boldsymbol{\alpha}_n$线性无关.

14. 设$\boldsymbol{\alpha}_1,\boldsymbol{\alpha}_2,\cdots,\boldsymbol{\alpha}_n$是一组$n$维向量，证明：$\boldsymbol{\alpha}_1,\boldsymbol{\alpha}_2,\cdots,\boldsymbol{\alpha}_n$线性无关的充分必要条件是任一$n$维向量都可以经它们线性表出.

证　**方法一**　必要性：设$\boldsymbol{\alpha}_1,\boldsymbol{\alpha}_2,\cdots,\boldsymbol{\alpha}_n$线性无关，$\boldsymbol{\beta}$为任意$n$维向量，而$n+1$个$n$维向量$\boldsymbol{\alpha}_1,\boldsymbol{\alpha}_2,\cdots,\boldsymbol{\alpha}_n,\boldsymbol{\beta}$必线性相关，所以由本章习题 3 可知，任一$n$维向量$\boldsymbol{\beta}$必可由$\boldsymbol{\alpha}_1,\boldsymbol{\alpha}_2,\cdots,\boldsymbol{\alpha}_n$线性表出.

充分性：设任一n维向量可由$\boldsymbol{\alpha}_1,\boldsymbol{\alpha}_2,\cdots,\boldsymbol{\alpha}_n$线性表出，特别地，单位向量$\boldsymbol{\varepsilon}_1,\boldsymbol{\varepsilon}_2,\cdots,\boldsymbol{\varepsilon}_n$也可由$\boldsymbol{\alpha}_1,\boldsymbol{\alpha}_2,\cdots,\boldsymbol{\alpha}_n$线性表出，则由上题结果可知，$\boldsymbol{\alpha}_1,\boldsymbol{\alpha}_2,\cdots,\boldsymbol{\alpha}_n$线性无关.

方法二　先证秩$\{\mathbf{P}^n\}=n$，则必要性由题 7 可得，而充分性由题 8 可得.

方法点击：上述两题强调了n维向量空间中极大线性无关组的选取与判定. 这里可以补充说明$\mathbf{P}^n$的秩为n.

15. 证明：线性方程组

$$\begin{cases}a_{11}x_1+a_{12}x_2+\cdots+a_{1n}x_n=b_1,\\ a_{21}x_1+a_{22}x_2+\cdots+a_{2n}x_n=b_2,\\ \cdots\cdots\cdots\cdots\\ a_{n1}x_1+a_{n2}x_2+\cdots+a_{nn}x_n=b_n\end{cases}$$

对任何$b_1,b_2,\cdots,b_n$都有解的充分必要条件是系数行列式$|a_{ij}|\neq 0$.

证　令$\boldsymbol{\alpha}_i=\begin{pmatrix}a_{1i}\\a_{2i}\\ \vdots\\a_{ni}\end{pmatrix}(i=1,2,\cdots,n)$，$\boldsymbol{\beta}=\begin{pmatrix}b_1\\b_2\\ \vdots\\b_n\end{pmatrix}$，则线性方程组等价于向量方程$x_1\boldsymbol{\alpha}_1+x_2\boldsymbol{\alpha}_2+\cdots+x_n\boldsymbol{\alpha}_n=\boldsymbol{\beta}$. 由上题可知，任一$n$维向量$\boldsymbol{\beta}$由$\boldsymbol{\alpha}_1,\boldsymbol{\alpha}_2,\cdots,\boldsymbol{\alpha}_n$线性表出的充要条件是$\boldsymbol{\alpha}_1,\boldsymbol{\alpha}_2,\cdots,\boldsymbol{\alpha}_n$线性无关，而$\boldsymbol{\alpha}_1,\boldsymbol{\alpha}_2,\cdots,\boldsymbol{\alpha}_n$线性无关的充要条件是$|a_{ij}|\neq 0$，因此方程组对任何$b_1,b_2,\cdots,b_n$都有解的充分必要条件是系数行列式$|a_{ij}|\neq 0$.

方法点击：充分性即为克拉默法则.

16. 已知向量组$\boldsymbol{\alpha}_1,\boldsymbol{\alpha}_2,\cdots,\boldsymbol{\alpha}_r$与$\boldsymbol{\alpha}_1,\boldsymbol{\alpha}_2,\cdots,\boldsymbol{\alpha}_r,\boldsymbol{\alpha}_{r+1},\cdots,\boldsymbol{\alpha}_s$有相同的秩，证明：$\boldsymbol{\alpha}_1,\boldsymbol{\alpha}_2,\cdots,\boldsymbol{\alpha}_r$与$\boldsymbol{\alpha}_1,\boldsymbol{\alpha}_2,\cdots,\boldsymbol{\alpha}_r,\boldsymbol{\alpha}_{r+1},\cdots,\boldsymbol{\alpha}_s$等价.

证　不妨设 $\boldsymbol{\alpha}_1,\boldsymbol{\alpha}_2,\cdots,\boldsymbol{\alpha}_t$ 为 $\boldsymbol{\alpha}_1,\boldsymbol{\alpha}_2,\cdots,\boldsymbol{\alpha}_r$ 的一个极大线性无关组，由于向量组 $\boldsymbol{\alpha}_1,\boldsymbol{\alpha}_2,\cdots,\boldsymbol{\alpha}_r$ 与 $\boldsymbol{\alpha}_1,\boldsymbol{\alpha}_2,\cdots,\boldsymbol{\alpha}_r,\boldsymbol{\alpha}_{r+1},\cdots,\boldsymbol{\alpha}_s$ 有相同的秩，因此 $\boldsymbol{\alpha}_1,\boldsymbol{\alpha}_2,\cdots,\boldsymbol{\alpha}_t$ 也是 $\boldsymbol{\alpha}_1,\boldsymbol{\alpha}_2,\cdots,\boldsymbol{\alpha}_r,\boldsymbol{\alpha}_{r+1},\cdots,\boldsymbol{\alpha}_s$ 的极大线性无关组，故向量组 $\boldsymbol{\alpha}_1,\boldsymbol{\alpha}_2,\cdots,\boldsymbol{\alpha}_r$ 与向量组 $\boldsymbol{\alpha}_1,\boldsymbol{\alpha}_2,\cdots,\boldsymbol{\alpha}_r,\boldsymbol{\alpha}_{r+1},\cdots,\boldsymbol{\alpha}_s$ 等价.

> 方法点击：向量组的等价问题可通过极大线性无关组的等价问题来解答.

17. 设 $\boldsymbol{\beta}_1=\boldsymbol{\alpha}_2+\boldsymbol{\alpha}_3+\cdots+\boldsymbol{\alpha}_r,\boldsymbol{\beta}_2=\boldsymbol{\alpha}_1+\boldsymbol{\alpha}_3+\cdots+\boldsymbol{\alpha}_r,\cdots,\boldsymbol{\beta}_r=\boldsymbol{\alpha}_1+\boldsymbol{\alpha}_2+\cdots+\boldsymbol{\alpha}_{r-1}$，证明：$\boldsymbol{\beta}_1,\boldsymbol{\beta}_2,\cdots,\boldsymbol{\beta}_r$ 与 $\boldsymbol{\alpha}_1,\boldsymbol{\alpha}_2,\cdots,\boldsymbol{\alpha}_r$ 有相同的秩.

证　**方法一**　由题设可知，$\boldsymbol{\beta}_1,\boldsymbol{\beta}_2,\cdots,\boldsymbol{\beta}_r$ 可由 $\boldsymbol{\alpha}_1,\boldsymbol{\alpha}_2,\cdots,\boldsymbol{\alpha}_r$ 线性表出，又由题设得

$$\boldsymbol{\beta}_1+\boldsymbol{\beta}_2+\cdots+\boldsymbol{\beta}_r=(r-1)(\boldsymbol{\alpha}_1+\boldsymbol{\alpha}_2+\cdots+\boldsymbol{\alpha}_r),$$

即 $\boldsymbol{\alpha}_1+\boldsymbol{\alpha}_2+\cdots+\boldsymbol{\alpha}_r=\dfrac{1}{r-1}(\boldsymbol{\beta}_1+\boldsymbol{\beta}_2+\cdots+\boldsymbol{\beta}_r)$.

再分别用上式减题设的每一个等式，就可得

$$\boldsymbol{\alpha}_i=\frac{1}{r-1}\boldsymbol{\beta}_1+\frac{1}{r-1}\boldsymbol{\beta}_2+\cdots+\left(\frac{1}{r-1}-1\right)\boldsymbol{\beta}_i+\cdots+\frac{1}{r-1}\boldsymbol{\beta}_r\,(i=1,2,\cdots,r),$$

即 $\boldsymbol{\alpha}_1,\boldsymbol{\alpha}_2,\cdots,\boldsymbol{\alpha}_r$ 也可由 $\boldsymbol{\beta}_1,\boldsymbol{\beta}_2,\cdots,\boldsymbol{\beta}_r$ 线性表出. 由此得证.

方法二　可将 $\begin{cases}\boldsymbol{\alpha}_2+\boldsymbol{\alpha}_3+\cdots+\boldsymbol{\alpha}_r=\boldsymbol{\beta}_1,\\ \boldsymbol{\alpha}_1+\boldsymbol{\alpha}_2+\cdots+\boldsymbol{\alpha}_r=\boldsymbol{\beta}_2,\\ \cdots\cdots\cdots\cdots\\ \boldsymbol{\alpha}_1+\boldsymbol{\alpha}_2+\cdots+\boldsymbol{\alpha}_{r-1}=\boldsymbol{\beta}_r\end{cases}$ 看作关于 $\boldsymbol{\alpha}_1,\boldsymbol{\alpha}_2,\cdots,\boldsymbol{\alpha}_r$ 的广义线性方程组，其系数行列式 $(-1)^{r-1}r^{r-1}\neq0$. 故由克拉默法则可得 $\boldsymbol{\beta}_i$ 可表示为 $\boldsymbol{\alpha}_1,\boldsymbol{\alpha}_2,\cdots,\boldsymbol{\alpha}_r$ 的线性组合，故 $\boldsymbol{\alpha}_1,\boldsymbol{\alpha}_2,\cdots,\boldsymbol{\alpha}_r$ 与 $\boldsymbol{\beta}_1,\boldsymbol{\beta}_2,\cdots,\boldsymbol{\beta}_r$ 等价，从而它们的秩相同.

> 方法点击：在学习分块矩阵乘法后，也可用向量组的表示矩阵可逆来说明.

18. 计算下列矩阵的秩：

(1) $\begin{pmatrix}0&1&1&-1&2\\0&2&-2&-2&0\\0&-1&-1&1&1\\1&1&0&1&-1\end{pmatrix}$；　(2) $\begin{pmatrix}1&-1&2&1&0\\2&-2&4&-2&0\\3&0&6&-1&1\\0&3&0&0&1\end{pmatrix}$；

(3) $\begin{pmatrix}14&12&6&8&2\\6&104&21&9&17\\7&6&3&4&1\\35&30&15&20&5\end{pmatrix}$；　(4) $\begin{pmatrix}1&0&0&1&4\\0&1&0&2&5\\0&0&1&3&6\\1&2&3&14&32\\4&5&6&32&77\end{pmatrix}$；

(5) $\begin{pmatrix}1&0&1&0&0\\1&1&0&0&0\\0&1&1&0&0\\0&0&1&1&0\\0&1&0&1&1\end{pmatrix}$.

【思路探索】　对矩阵作初等变换不改变它的秩，本题既可以通过行变换化行阶梯形，看非零行数；也可

以通过列变换化列阶梯形，看非零列数；更可以直接求矩阵的等价标准形$\begin{pmatrix} \boldsymbol{E}_r & \boldsymbol{O} \\ \boldsymbol{O} & \boldsymbol{O} \end{pmatrix}$，确定其秩.

解　(1) $\begin{pmatrix} 0 & 1 & 1 & -1 & 2 \\ 0 & 2 & -2 & -2 & 0 \\ 0 & -1 & -1 & 1 & 1 \\ 1 & 1 & 0 & 1 & -1 \end{pmatrix} \xrightarrow{r_1 \leftrightarrow r_4} \begin{pmatrix} 1 & 1 & 0 & 1 & -1 \\ 0 & 2 & -2 & -2 & 0 \\ 0 & -1 & -1 & 1 & 1 \\ 0 & 1 & 1 & -1 & 2 \end{pmatrix}$

$\xrightarrow{\frac{1}{2}r_2} \begin{pmatrix} 1 & 1 & 0 & 1 & 1 \\ 0 & 1 & -1 & -1 & 0 \\ 0 & -1 & -1 & 1 & 1 \\ 0 & 1 & 1 & -1 & 2 \end{pmatrix} \xrightarrow[r_4 - r_2]{r_3 + r_2} \begin{pmatrix} 1 & 1 & 0 & 1 & -1 \\ 0 & 1 & -1 & -1 & 0 \\ 0 & 0 & -2 & 0 & 1 \\ 0 & 0 & 2 & 0 & 2 \end{pmatrix}$

$\xrightarrow{r_4 + r_3} \begin{pmatrix} 1 & 1 & 0 & 1 & -1 \\ 0 & 1 & -1 & -1 & 0 \\ 0 & 0 & -2 & 0 & 1 \\ 0 & 0 & 0 & 0 & 3 \end{pmatrix}$，所以矩阵的秩为 4.

(2) $\begin{pmatrix} 1 & -1 & 2 & 1 & 0 \\ 2 & -2 & 4 & -2 & 0 \\ 3 & 0 & 6 & -1 & 1 \\ 0 & 3 & 0 & 0 & 1 \end{pmatrix} \xrightarrow[r_2 - 2r_1]{r_3 - 3r_1} \begin{pmatrix} 1 & -1 & 2 & 1 & 0 \\ 0 & 0 & 0 & -4 & 0 \\ 0 & 3 & 0 & -4 & 1 \\ 0 & 3 & 0 & 0 & 1 \end{pmatrix} \xrightarrow{r_4 - r_3} \begin{pmatrix} 1 & -1 & 2 & 1 & 0 \\ 0 & 0 & 0 & -4 & 0 \\ 0 & 3 & 0 & -4 & 1 \\ 0 & 0 & 0 & 4 & 0 \end{pmatrix}$

$\xrightarrow[r_4 + r_2]{r_3 - r_2} \begin{pmatrix} 1 & -1 & 2 & 1 & 0 \\ 0 & 0 & 0 & -4 & 0 \\ 0 & 3 & 0 & 0 & 1 \\ 0 & 0 & 0 & 0 & 0 \end{pmatrix}$（最高阶非 0 子式为 3 阶的），所以矩阵的秩为 3.

(3) $\begin{pmatrix} 14 & 12 & 6 & 8 & 2 \\ 6 & 104 & 21 & 9 & 17 \\ 7 & 6 & 3 & 4 & 1 \\ 35 & 30 & 15 & 20 & 5 \end{pmatrix} \xrightarrow[\frac{1}{5}r_4]{\frac{1}{2}r_1} \begin{pmatrix} 7 & 6 & 3 & 4 & 1 \\ 6 & 104 & 21 & 9 & 17 \\ 7 & 6 & 3 & 4 & 1 \\ 7 & 6 & 3 & 4 & 1 \end{pmatrix} \xrightarrow[r_4 - r_1]{r_3 - r_1} \begin{pmatrix} 7 & 6 & 3 & 4 & 1 \\ 6 & 104 & 21 & 9 & 17 \\ 0 & 0 & 0 & 0 & 0 \\ 0 & 0 & 0 & 0 & 0 \end{pmatrix}$，

前两行为非零行，不成比例，线性无关，所以矩阵的秩为 2.

(4) $\begin{pmatrix} 1 & 0 & 0 & 1 & 4 \\ 0 & 1 & 0 & 2 & 5 \\ 0 & 0 & 1 & 3 & 6 \\ 1 & 2 & 3 & 14 & 32 \\ 4 & 5 & 6 & 32 & 77 \end{pmatrix} \xrightarrow[r_5 - 4r_1]{r_4 - r_1} \begin{pmatrix} 1 & 0 & 0 & 1 & 4 \\ 0 & 1 & 0 & 2 & 5 \\ 0 & 0 & 1 & 3 & 6 \\ 0 & 2 & 3 & 13 & 28 \\ 0 & 5 & 6 & 28 & 61 \end{pmatrix} \xrightarrow[r_5 - 5r_2]{r_4 - 2r_2} \begin{pmatrix} 1 & 0 & 0 & 1 & 4 \\ 0 & 1 & 0 & 2 & 5 \\ 0 & 0 & 1 & 3 & 6 \\ 0 & 0 & 3 & 9 & 18 \\ 0 & 0 & 6 & 18 & 36 \end{pmatrix}$

$\xrightarrow[r_5 - 6r_3]{r_4 - 3r_3} \begin{pmatrix} 1 & 0 & 0 & 1 & 4 \\ 0 & 1 & 0 & 2 & 5 \\ 0 & 0 & 1 & 3 & 6 \\ 0 & 0 & 0 & 0 & 0 \\ 0 & 0 & 0 & 0 & 0 \end{pmatrix}$，所以矩阵的秩为 3.

(5) $\begin{pmatrix} 1 & 0 & 1 & 0 & 0 \\ 1 & 1 & 0 & 0 & 0 \\ 0 & 1 & 1 & 0 & 0 \\ 0 & 0 & 1 & 1 & 0 \\ 0 & 1 & 0 & 1 & 1 \end{pmatrix} \xrightarrow{r_2 - r_1} \begin{pmatrix} 1 & 0 & 1 & 0 & 0 \\ 0 & 1 & -1 & 0 & 0 \\ 0 & 1 & 1 & 0 & 0 \\ 0 & 0 & 1 & 1 & 0 \\ 0 & 1 & 0 & 1 & 1 \end{pmatrix} \xrightarrow[r_5 - r_2]{r_3 - r_2} \begin{pmatrix} 1 & 0 & 1 & 0 & 0 \\ 0 & 1 & -1 & 0 & 0 \\ 0 & 0 & 2 & 0 & 0 \\ 0 & 0 & 1 & 1 & 0 \\ 0 & 0 & 1 & 1 & 1 \end{pmatrix}$

$$\xrightarrow[r_5-r_4]{r_4-\frac{1}{2}r_3}\begin{pmatrix}1&0&1&0&0\\0&1&-1&0&0\\0&0&2&0&0\\0&0&0&1&0\\0&0&0&0&1\end{pmatrix}$$，所以矩阵的秩为 5.

19. 讨论 λ, a, b 取什么值时下列方程组有解，并求解：

(1) $\begin{cases}\lambda x_1+x_2+x_3=1,\\x_1+\lambda x_2+x_3=\lambda,\\x_1+x_2+\lambda x_3=\lambda^2;\end{cases}$

(2) $\begin{cases}(\lambda+3)x_1+x_2+2x_3=\lambda,\\\lambda x_1+(\lambda-1)x_2+x_3=2\lambda,\\3(\lambda+1)x_1+\lambda x_2+(\lambda+3)x_3=3;\end{cases}$

(3) $\begin{cases}ax_1+x_2+x_3=4,\\x_1+bx_2+x_3=3,\\x_1+2bx_2+x_3=4.\end{cases}$

解 (1) **方法一** 增广矩阵 $\overline{\mathbf{A}}=\left(\begin{array}{ccc:c}\lambda&1&1&1\\1&\lambda&1&\lambda\\1&1&\lambda&\lambda^2\end{array}\right)$，对矩阵 $\overline{\mathbf{A}}$ 作初等行变换，得

$$\overline{\mathbf{A}}=\left(\begin{array}{ccc:c}\lambda&1&1&1\\1&\lambda&1&\lambda\\1&1&\lambda&\lambda^2\end{array}\right)\xrightarrow{r_1\leftrightarrow r_3}\left(\begin{array}{ccc:c}1&1&\lambda&\lambda^2\\1&\lambda&1&\lambda\\\lambda&1&1&1\end{array}\right)\xrightarrow[r_3-\lambda r_1]{r_2-r_1}\left(\begin{array}{ccc:c}1&1&\lambda&\lambda^2\\0&\lambda-1&1-\lambda&\lambda-\lambda^2\\0&1-\lambda&1-\lambda^2&1-\lambda^3\end{array}\right)$$

$$\xrightarrow{r_3+r_2}\left(\begin{array}{ccc:c}1&1&\lambda&\lambda^2\\0&\lambda-1&1-\lambda&\lambda(1-\lambda)\\0&0&(1-\lambda)(2+\lambda)&(1+\lambda)^2(1-\lambda)\end{array}\right)=\overline{\mathbf{C}}.$$

① 当 $\lambda=1$ 时，$\overline{\mathbf{C}}=\left(\begin{array}{ccc:c}1&1&1&1\\0&0&0&0\\0&0&0&0\end{array}\right)$，$r(\mathbf{A})=r(\overline{\mathbf{A}})=1<3$，原方程组与方程 $x_1+x_2+x_3=1$ 同解，故原方程组有无穷多解，且一般解为 $x_1=1-x_2-x_3$，其中 x_2, x_3 是自由未知量.

② 当 $\lambda=-2$ 时，$\overline{\mathbf{C}}=\left(\begin{array}{ccc:c}1&1&-2&4\\0&-3&3&-6\\0&0&0&3\end{array}\right)$，$r(\mathbf{A})=2<3=r(\overline{\mathbf{A}})$，故原方程组无解.

③ 当 $\lambda\neq1$ 且 $\lambda\neq-2$ 时，$r(\mathbf{A})=r(\overline{\mathbf{A}})=3$，方程组有唯一解.

$$\overline{\mathbf{A}}\xrightarrow[\frac{r_3}{(1-\lambda)(2+\lambda)}]{\frac{1}{\lambda-1}r_2}\left(\begin{array}{ccc:c}1&1&\lambda&\lambda^2\\0&1&-1&-\lambda\\0&0&1&\dfrac{(1+\lambda)^2}{2+\lambda}\end{array}\right)\xrightarrow{r_1-r_2}\left(\begin{array}{ccc:c}1&0&\lambda+1&\lambda(\lambda+1)\\0&1&-1&-\lambda\\0&0&1&\dfrac{(1+\lambda)^2}{2+\lambda}\end{array}\right)$$

$$\xrightarrow[r_1-(\lambda+1)r_3]{r_2+r_3}\left(\begin{array}{ccc:c}1&0&0&-\dfrac{1+\lambda}{2+\lambda}\\0&1&0&\dfrac{1}{2+\lambda}\\0&0&1&\dfrac{(1+\lambda)^2}{2+\lambda}\end{array}\right),$$

故方程组的解是 $x_1=-\frac{1+\lambda}{2+\lambda},x_2=\frac{1}{2+\lambda},x_3=\frac{(1+\lambda)^2}{2+\lambda}$.

方法二　系数行列式

$$D=\begin{vmatrix}\lambda&1&1\\1&\lambda&1\\1&1&\lambda\end{vmatrix}=(\lambda-1)^2(\lambda+2).$$

当 $\lambda=1$ 时,原方程组与方程 $x_1+x_2+x_3=1$ 同解,故原方程组有无穷多解,且解为

$$\begin{cases}x_1=1-k_1-k_2,\\x_2=k_1,\\x_3=k_2,\end{cases}$$

其中 k_1,k_2 为任意常数.

当 $\lambda=-2$ 时,原方程组无解.

当 $\lambda\neq1$ 且 $\lambda\neq-2$ 时,原方程组有唯一解,且

$$\begin{cases}x_1=-\frac{\lambda+1}{\lambda+2},\\x_2=\frac{1}{\lambda+2},\\x_3=\frac{(\lambda+1)^2}{\lambda+2}.\end{cases}$$

(2) 系数行列式

$$D=\begin{vmatrix}3+\lambda&1&2\\\lambda&\lambda-1&1\\3\lambda+3&\lambda&\lambda+3\end{vmatrix}=\lambda^2(\lambda-1),$$

当 $\lambda=0$ 或 $\lambda=1$ 时,原方程组的系数矩阵 $\mathbf{A}$ 与增广矩阵 $\overline{\mathbf{A}}$ 的秩分别为 2 与 3,故方程组无解.

当 $\lambda\neq0$ 且 $\lambda\neq1$ 时,方程组有唯一解:

$$\begin{cases}x_1=\frac{\lambda^3+3\lambda^2-15\lambda+9}{\lambda^2(\lambda-1)},\\x_2=\frac{\lambda^3+12\lambda-9}{\lambda^2(\lambda-1)},\\x_3=-\frac{4\lambda^3-3\lambda^2-12\lambda+9}{\lambda^2(\lambda-1)}.\end{cases}$$

(3) 增广矩阵 $\overline{\mathbf{A}}=\left(\begin{array}{ccc:c}a&1&1&4\\1&b&1&3\\1&2b&1&4\end{array}\right)$,对 $\overline{\mathbf{A}}$ 施行初等行变换,得

$$\overline{\mathbf{A}}=\left(\begin{array}{ccc:c}a&1&1&4\\1&b&1&3\\1&2b&1&4\end{array}\right)\xrightarrow[r_2\leftrightarrow r_3]{r_1\leftrightarrow r_2}\left(\begin{array}{ccc:c}1&b&1&3\\1&2b&1&4\\a&1&1&4\end{array}\right)\xrightarrow[r_3-ar_1]{r_2-r_1,r_1-r_2}\left(\begin{array}{ccc:c}1&0&1&2\\0&b&0&1\\0&1&1-a&4-2a\end{array}\right)$$

$$\xrightarrow{r_2\to r_3}\left(\begin{array}{ccc:c}1&0&1&2\\0&1&1-a&4-2a\\0&b&0&1\end{array}\right)\xrightarrow{r_3-br_2}\left(\begin{array}{ccc:c}1&0&1&2\\0&1&1-a&4-2a\\0&0&b(a-1)&1-4b+2ab\end{array}\right).$$

① 当 $a=1$ 时,$\overline{\mathbf{A}}\to\left(\begin{array}{ccc:c}1&0&1&2\\0&1&0&2\\0&0&0&1-2b\end{array}\right)$.

当 $b=\dfrac{1}{2}$ 时，$r(\mathbf{A})=r(\overline{\mathbf{A}})=2$，有无穷多解，其一般解为 $\begin{cases}x_1=2-x_3,\\x_2=2,\end{cases}$ 其中 x_3 是自由未知量；

当 $b\neq\dfrac{1}{2}$ 时，$r(\mathbf{A})=2\neq 3=r(\overline{\mathbf{A}})$，无解.

当 $a=1,b=\dfrac{1}{2}$ 时，求其通解.

由 $\overline{\mathbf{A}}\rightarrow\begin{pmatrix}1&0&1&\vdots&2\\0&1&0&\vdots&2\\0&0&0&\vdots&0\end{pmatrix}$，可得 $\mathbf{X}=k\begin{pmatrix}1\\0\\-1\end{pmatrix}+\begin{pmatrix}2\\2\\0\end{pmatrix}$，其中 k 为任意常数.

② 当 $a\neq 1,b\neq 0$ 时，方程组有唯一解.

$$\overline{\mathbf{A}}\rightarrow\begin{pmatrix}1&0&0&\vdots&\dfrac{1-2b}{b(1-a)}\\0&1&0&\vdots&\dfrac{1}{b}\\0&0&1&\vdots&\dfrac{2ab-4b+1}{b(a-1)}\end{pmatrix}，即\begin{cases}x_1=\dfrac{1-2b}{b(1-a)},\\x_2=\dfrac{1}{b},\\x_3=\dfrac{2ab-4b+1}{b(a-1)}.\end{cases}$$

③ 当 $b=0$ 时，$\overline{\mathbf{A}}\rightarrow\begin{pmatrix}1&0&1&\vdots&2\\0&1&1-a&\vdots&4-2a\\0&0&0&\vdots&1\end{pmatrix}$，$r(\mathbf{A})=2\neq 3=r(\overline{\mathbf{A}})$，此时无解.

20. 求下列齐次线性方程组的一个基础解系，并用它表出全部解：

(1) $\begin{cases}x_1+x_2+x_3+x_4+x_5=0,\\3x_1+2x_2+x_3+x_4-3x_5=0,\\x_2+2x_3+2x_4+6x_5=0,\\5x_1+4x_2+3x_3+3x_4-x_5=0;\end{cases}$

(2) $\begin{cases}x_1+x_2-3x_4-x_5=0,\\x_1-x_2+2x_3-x_4=0,\\4x_1-2x_2+6x_3+3x_4-4x_5=0,\\2x_1+4x_2-2x_3+4x_4-7x_5=0;\end{cases}$

(3) $\begin{cases}x_1-2x_2+x_3+x_4-x_5=0,\\2x_1+x_2-x_3-x_4-x_5=0,\\x_1+7x_2-5x_3-5x_4+5x_5=0,\\3x_1-x_2-2x_3+x_4-x_5=0;\end{cases}$

(4) $\begin{cases}x_1-2x_2+x_3-x_4+x_5=0,\\2x_1+x_2-x_3+2x_4-3x_5=0,\\3x_1-2x_2-x_3+x_4-2x_5=0,\\2x_1-5x_2+x_3-2x_4+2x_5=0.\end{cases}$

解　(1) 对系数矩阵作初等行变换，得

$$\mathbf{A}=\begin{pmatrix}1&1&1&1&1\\3&2&1&1&-3\\0&1&2&2&6\\5&4&3&3&-1\end{pmatrix}\xrightarrow[r_4-5r_1]{r_2-3r_1}\begin{pmatrix}1&1&1&1&1\\0&-1&-2&-2&-6\\0&1&2&2&6\\0&-1&-2&-2&-6\end{pmatrix}$$

$$\xrightarrow[r_4+r_2]{r_3+r_2}\begin{pmatrix}1&1&1&1&1\\0&-1&-2&-2&-6\\0&0&0&0&0\\0&0&0&0&0\end{pmatrix}\xrightarrow[-r_2]{r_1+r_2}\begin{pmatrix}1&0&-1&-1&-5\\0&1&2&2&6\\0&0&0&0&0\\0&0&0&0&0\end{pmatrix},$$

从而方程组的一般解为 $\begin{cases}x_1=x_3+x_4+5x_5,\\x_2=-2x_3-2x_4-6x_5.\end{cases}$

令 $x_3=1,x_4=x_5=0$，得 $\boldsymbol{\eta}_1=(1,-2,1,0,0)^{\mathrm{T}}$；

令 $x_4=1,x_3=x_5=0$，得 $\boldsymbol{\eta}_2=(1,-2,0,1,0)^{\mathrm{T}}$；

令 $x_5=1,x_3=x_4=0$，得 $\boldsymbol{\eta}_3=(5,-6,0,0,1)^{\mathrm{T}}$.

则 $\boldsymbol{\eta}_1,\boldsymbol{\eta}_2,\boldsymbol{\eta}_3$ 为方程组的基础解系，全部解为

$$X = k_1\boldsymbol{\eta}_1 + k_2\boldsymbol{\eta}_2 + k_3\boldsymbol{\eta}_3\text{（}k_1, k_2, k_3\text{ 为任意常数）}.$$

方法点击：或者由一般解得出

$$\begin{pmatrix} x_1 \\ x_2 \\ x_3 \\ x_4 \\ x_5 \end{pmatrix} = \begin{pmatrix} k_1 + k_2 + 5k_3 \\ -2k_1 - 2k_2 - 6k_3 \\ k_1 \\ k_2 \\ k_3 \end{pmatrix} = k_1 \begin{pmatrix} 1 \\ -2 \\ 1 \\ 0 \\ 0 \end{pmatrix} + k_2 \begin{pmatrix} 1 \\ -2 \\ 0 \\ 1 \\ 0 \end{pmatrix} + k_3 \begin{pmatrix} 5 \\ -6 \\ 0 \\ 0 \\ 1 \end{pmatrix} = k_1\boldsymbol{\eta}_1 + k_2\boldsymbol{\eta}_2 + k_3\boldsymbol{\eta}_3$$

为通解，其中 k_1, k_2, k_3 为任意常数.

（2）对系数矩阵作初等行变换，得

$$\boldsymbol{A} = \begin{pmatrix} 1 & 1 & 0 & -3 & -1 \\ 1 & -1 & 2 & -1 & 0 \\ 4 & -2 & 6 & 3 & -4 \\ 2 & 4 & -2 & 4 & -7 \end{pmatrix} \xrightarrow[r_3 - 4r_1, r_4 - 2r_1]{r_2 - r_1} \begin{pmatrix} 1 & 1 & 0 & -3 & -1 \\ 0 & -2 & 2 & 2 & 1 \\ 0 & -6 & 6 & 15 & 0 \\ 0 & 2 & -2 & 10 & -5 \end{pmatrix}$$

$$\xrightarrow[r_4 + r_2]{r_3 - 3r_2} \begin{pmatrix} 1 & 1 & 0 & -3 & -1 \\ 0 & -2 & 2 & 2 & 1 \\ 0 & 0 & 0 & 9 & -3 \\ 0 & 0 & 0 & 12 & -4 \end{pmatrix} \xrightarrow{r_4 - \frac{4}{3}r_3} \begin{pmatrix} 1 & 1 & 0 & -3 & -1 \\ 0 & -2 & 2 & 2 & 1 \\ 0 & 0 & 0 & 9 & -3 \\ 0 & 0 & 0 & 0 & 0 \end{pmatrix}$$

$$\xrightarrow[\frac{1}{9}r_3]{-\frac{1}{2}r_2} \begin{pmatrix} 1 & 1 & 0 & -3 & -1 \\ 0 & 1 & -1 & -1 & -\frac{1}{2} \\ 0 & 0 & 0 & 1 & -\frac{1}{3} \\ 0 & 0 & 0 & 0 & 0 \end{pmatrix} \xrightarrow{r_1 - r_2} \begin{pmatrix} 1 & 0 & 1 & -2 & -\frac{1}{2} \\ 0 & 1 & -1 & -1 & -\frac{1}{2} \\ 0 & 0 & 0 & 1 & -\frac{1}{3} \\ 0 & 0 & 0 & 0 & 0 \end{pmatrix}$$

$$\xrightarrow[r_1 + 2r_3]{r_2 + r_3} \begin{pmatrix} 1 & 0 & 1 & 0 & -\frac{7}{6} \\ 0 & 1 & -1 & 0 & -\frac{5}{6} \\ 0 & 0 & 0 & 1 & -\frac{1}{3} \\ 0 & 0 & 0 & 0 & 0 \end{pmatrix},$$

所以方程组的一般解为 $\begin{cases} x_1 = -x_3 + \frac{7}{6}x_5, \\ x_2 = x_3 + \frac{5}{6}x_5, \\ x_4 = \frac{1}{3}x_5, \end{cases}$ 通解为 $\boldsymbol{X} = k_1 \begin{pmatrix} -1 \\ 1 \\ 1 \\ 0 \\ 0 \end{pmatrix} + k_2 \begin{pmatrix} \frac{7}{6} \\ \frac{5}{6} \\ 0 \\ \frac{1}{3} \\ 1 \end{pmatrix}$，$k_1, k_2$ 为任意常数.

（3）对系数矩阵作初等行变换，得

$$A=\begin{pmatrix}1&-2&1&1&-1\\2&1&-1&-1&-1\\1&7&-5&-5&5\\3&-1&-2&1&-1\end{pmatrix}\xrightarrow[r_4-3r_1]{\substack{r_2-2r_1\\r_3-r_1}}\begin{pmatrix}1&-2&1&1&-1\\0&5&-3&-3&1\\0&9&-6&-6&6\\0&5&-5&-2&2\end{pmatrix}$$

$$\xrightarrow[r_4-r_2]{r_3-\frac{9}{5}r_2}\begin{pmatrix}1&-2&1&1&-1\\0&5&-3&-3&1\\0&0&-\frac{3}{5}&-\frac{3}{5}&\frac{21}{5}\\0&0&-2&1&1\end{pmatrix}\xrightarrow{-\frac{3}{5}r_3}\begin{pmatrix}1&-2&1&1&-1\\0&5&-3&-3&1\\0&0&1&1&-7\\0&0&-2&1&1\end{pmatrix}$$

$$\xrightarrow{r_4+2r_3}\begin{pmatrix}1&-2&1&1&-1\\0&5&-3&-3&1\\0&0&1&1&-7\\0&0&0&3&-13\end{pmatrix}\xrightarrow[r_1-r_3]{r_2+3r_3}\begin{pmatrix}1&-2&0&0&6\\0&5&0&0&-20\\0&0&1&1&-7\\0&0&0&3&-13\end{pmatrix}$$

$$\xrightarrow[\frac{1}{3}r_4]{\frac{1}{5}r_2}\begin{pmatrix}1&-2&0&0&6\\0&1&0&0&-4\\0&0&1&1&-7\\0&0&0&1&-\frac{13}{3}\end{pmatrix}\xrightarrow[r_3-r_4]{r_1+2r_2}\begin{pmatrix}1&0&0&0&-2\\0&1&0&0&-4\\0&0&1&0&-\frac{8}{3}\\0&0&0&1&-\frac{13}{3}\end{pmatrix},$$

所以方程组的一般解为$\begin{cases}x_1=2x_5,\\x_2=4x_5,\\x_3=\frac{8}{3}x_5,\\x_4=\frac{13}{3}x_5,\end{cases}$通解为$X=k\begin{pmatrix}6\\12\\8\\13\\3\end{pmatrix}$，$k$为任意常数.

(4) 对系数矩阵作初等行变换，得

$$A=\begin{pmatrix}1&-2&1&-1&1\\2&1&-1&2&-3\\3&-2&-1&1&-2\\2&-5&1&-2&2\end{pmatrix}\xrightarrow[\substack{r_3-3r_1\\r_4-2r_1}]{r_2-2r_1}\begin{pmatrix}1&-2&1&-1&1\\0&5&-3&4&-5\\0&4&-4&4&-5\\0&-1&-1&0&0\end{pmatrix}$$

$$\xrightarrow{r_2\leftrightarrow r_4}\begin{pmatrix}1&-2&1&-1&1\\0&-1&-1&0&0\\0&4&-4&4&-5\\0&5&-3&4&-5\end{pmatrix}\xrightarrow[r_4+5r_2]{r_3+4r_4}\begin{pmatrix}1&-2&1&-1&1\\0&-1&-1&0&0\\0&0&-8&4&-5\\0&0&-8&4&-5\end{pmatrix}$$

$$\xrightarrow{r_4-r_3}\begin{pmatrix}1&-2&1&-1&1\\0&-1&-1&0&0\\0&0&-8&4&-5\\0&0&0&0&0\end{pmatrix}\xrightarrow[r_3\times\left(-\frac{1}{8}\right)]{r_1-2r_2}\begin{pmatrix}1&0&3&-1&1\\0&-1&-1&0&0\\0&0&1&-\frac{1}{2}&\frac{5}{8}\\0&0&0&0&0\end{pmatrix}$$

$$\xrightarrow[r_2+r_3]{r_1-3r_3}\begin{bmatrix}1&0&0&\frac{1}{2}&-\frac{7}{8}\\0&-1&0&-\frac{1}{2}&\frac{5}{8}\\0&0&1&-\frac{1}{2}&\frac{5}{8}\\0&0&0&0&0\end{bmatrix}\xrightarrow{r_2\times(-1)}\begin{bmatrix}1&0&0&\frac{1}{2}&-\frac{7}{8}\\0&1&0&\frac{1}{2}&-\frac{5}{8}\\0&0&1&-\frac{1}{2}&\frac{5}{8}\\0&0&0&0&0\end{bmatrix},$$

所以方程组的一般解为$\begin{cases}x_1=-\frac{1}{2}x_4+\frac{7}{8}x_5,\\x_2=-\frac{1}{2}x_4+\frac{5}{8}x_5,\\x_3=\frac{1}{2}x_4-\frac{5}{8}x_5,\end{cases}$通解为 $\boldsymbol{X}=k_1\begin{pmatrix}-1\\-1\\1\\2\\0\end{pmatrix}+k_2\begin{pmatrix}7\\5\\-5\\0\\8\end{pmatrix}$，$k_1,k_2$ 为任意常数.

方法点击：用基础解系刻画齐次线性方程组的通解，往往与自由未知量的选取有关，表示方法一般不唯一.

21. 用导出组的基础解系表出第 1 题(1)，(4)，(6) 题中线性方程组的全部解.

解　(1) 由前面第 1 题(1) 的结论可知，方程组的一般解为

$$\begin{cases}x_1=-\frac{1}{2}x_5,\\x_2=-1-\frac{1}{2}x_5,\\x_3=0,\\x_4=-1-\frac{1}{2}x_5.\end{cases}$$

取 $x_5=-2$，则原方程组的一个特解为 $\boldsymbol{\gamma}_0=(1,0,0,0,-2)^{\mathrm{T}}$，导出组的基础解系为 $\boldsymbol{\eta}=(-1,-1,0,-1,2)^{\mathrm{T}}$，所以方程组的全部解为 $\boldsymbol{X}=\boldsymbol{\gamma}_0+k\boldsymbol{\eta}$($k$ 为任意常数).

(2) 由前面第 1 题(4) 的结论可知，方程组的一般解为

$$\begin{cases}x_1=\frac{3}{17}x_3-\frac{13}{17}x_4,\\x_2=\frac{19}{17}x_3-\frac{20}{17}x_4.\end{cases}$$

从而方程组的基础解系为 $\boldsymbol{\eta}_1=(3,19,17,0)^{\mathrm{T}}$，$\boldsymbol{\eta}_2=(-13,-20,0,17)^{\mathrm{T}}$.

所以方程组的全部解为 $\boldsymbol{X}=k_1\boldsymbol{\eta}_1+k_2\boldsymbol{\eta}_2$($k_1,k_2$ 为任意常数).

(3) 由前面第 1 题的(6) 的结论可知，原方程的一般解为

$$\begin{cases}x_1=\frac{2}{7}-\frac{5}{7}x_2,\\x_3=\frac{2}{7}-\frac{5}{7}x_2,\\x_4=\frac{1}{7}-\frac{6}{7}x_2.\end{cases}$$

取 $x_2=0$ 得原方程的一个特解为 $\boldsymbol{\gamma}_0=\left(\frac{2}{7},0,\frac{2}{7},\frac{1}{7}\right)^{\mathrm{T}}$.

当原方程组的常数项全为 0 时，可得导出组的一般解为

$$\begin{cases} x_1 = -\dfrac{5}{7}x_2, \\ x_3 = -\dfrac{5}{7}x_2, \\ x_4 = -\dfrac{6}{7}x_2, \end{cases}$$

从而导出组的基础解系为 $\boldsymbol{\eta} = (5, -7, 5, 6)^{\mathrm{T}}$.

所以原方程的全部解为 $\boldsymbol{X} = \boldsymbol{\gamma}_0 + k\boldsymbol{\eta}$($k$ 为任意常数).

22. a,b 取什么值时,线性方程组

$$\begin{cases} x_1 + x_2 + x_3 + x_4 + x_5 = 1, \\ 3x_1 + 2x_2 + x_3 + x_4 - 3x_5 = a, \\ x_2 + 2x_3 + 2x_4 + 6x_5 = 3, \\ 5x_1 + 4x_2 + 3x_3 + 3x_4 - x_5 = b \end{cases}$$

有解?在有解的情形,求一般解.

解　对方程组的增广矩阵作初等行变换,得

$$\overline{\boldsymbol{A}} = \left(\begin{array}{ccccc|c} 1 & 1 & 1 & 1 & 1 & 1 \\ 3 & 2 & 1 & 1 & -3 & a \\ 0 & 1 & 2 & 2 & 6 & 3 \\ 5 & 4 & 3 & 3 & -1 & b \end{array}\right) \xrightarrow[r_4 - 5r_1]{r_2 - 3r_1} \left(\begin{array}{ccccc|c} 1 & 1 & 1 & 1 & 1 & 1 \\ 0 & -1 & -2 & -2 & -6 & a-3 \\ 0 & 1 & 2 & 2 & 6 & 3 \\ 0 & -1 & -2 & -2 & -6 & b-5 \end{array}\right)$$

$$\xrightarrow[r_4 - r_2]{r_3 + r_2} \left(\begin{array}{ccccc|c} 1 & 1 & 1 & 1 & 1 & 1 \\ 0 & -1 & -2 & -2 & -6 & a-3 \\ 0 & 0 & 0 & 0 & 0 & a \\ 0 & 0 & 0 & 0 & 0 & b-a-2 \end{array}\right)$$

$$\xrightarrow[r_4 + r_3]{r_2 \times (-1)} \left(\begin{array}{ccccc|c} 1 & 1 & 1 & 1 & 1 & 1 \\ 0 & 1 & 2 & 2 & 6 & 3-a \\ 0 & 0 & 0 & 0 & 0 & a \\ 0 & 0 & 0 & 0 & 0 & b-2 \end{array}\right),$$

当 $a = 0, b = 2$ 时,$r(\boldsymbol{A}) = r(\overline{\boldsymbol{A}}) = 2$,此时方程组有解,且有

$$\overline{\boldsymbol{A}} \rightarrow \left(\begin{array}{ccccc|c} 1 & 1 & 1 & 1 & 1 & 1 \\ 0 & 1 & 2 & 2 & 6 & 3 \\ 0 & 0 & 0 & 0 & 0 & 0 \\ 0 & 0 & 0 & 0 & 0 & 0 \end{array}\right) \xrightarrow{r_1 - r_2} \left(\begin{array}{ccccc|c} 1 & 0 & -1 & -1 & -5 & -2 \\ 0 & 1 & 2 & 2 & 6 & 3 \\ 0 & 0 & 0 & 0 & 0 & 0 \\ 0 & 0 & 0 & 0 & 0 & 0 \end{array}\right),$$

所以方程组的一般解为 $\begin{cases} x_1 = -2 + x_3 + x_4 + 5x_5, \\ x_2 = 3 - 2x_3 - 2x_4 - 6x_5, \end{cases}$ x_3, x_4, x_5 为自由未知量.

23. 设 $x_1 - x_2 = a_1, x_2 - x_3 = a_2, x_3 - x_4 = a_3, x_4 - x_5 = a_4, x_5 - x_1 = a_5$. 证明:方程组有解的充分必要条件为 $\sum\limits_{i=1}^{5} a_i = 0$. 在有解的情形,求出它的一般解.

证　对方程组的增广矩阵作初等行变换,得

$$\overline{\boldsymbol{A}} = \left(\begin{array}{ccccc|c} 1 & -1 & 0 & 0 & 0 & a_1 \\ 0 & 1 & -1 & 0 & 0 & a_2 \\ 0 & 0 & 1 & -1 & 0 & a_3 \\ 0 & 0 & 0 & 1 & -1 & a_4 \\ -1 & 0 & 0 & 0 & 1 & a_5 \end{array}\right)$$

$$\xrightarrow{r_5+r_1+r_2+r_3+r_4}\left(\begin{array}{ccccc|c}1&-1&0&0&0&a_1\\0&1&-1&0&0&a_2\\0&0&1&-1&0&a_3\\0&0&0&1&-1&a_4\\0&0&0&0&0&\sum\limits_{i=1}^{5}a_i\end{array}\right)$$

$$\xrightarrow[r_1+r_2]{\substack{r_3+r_4\\r_2+r_3}}\left(\begin{array}{ccccc|c}1&0&0&0&-1&a_1+a_2+a_3+a_4\\0&1&0&0&-1&a_2+a_3+a_4\\0&0&1&0&-1&a_3+a_4\\0&0&0&1&-1&a_4\\0&0&0&0&0&\sum\limits_{i=1}^{5}a_i\end{array}\right).$$

可以看出，$r(\boldsymbol{A})=4$，$r(\overline{\boldsymbol{A}})=4$ 的充分必要条件是 $\sum\limits_{i=1}^{5}a_i=0$，因此原方程组有解的充分必要条件是

$$\sum_{i=1}^{5}a_i=0.$$

方程组的一般解为

$$\begin{cases}x_1=a_1+a_2+a_3+a_4+x_5,\\x_2=a_2+a_3+a_4+x_5,\\x_3=a_3+a_4+x_5,\\x_4=a_4+x_5,\end{cases}\quad x_5\text{ 为自由未知量.}$$

24. 证明：与基础解系等价的线性无关向量组也是基础解系.

证　设 $\boldsymbol{\eta}_1,\boldsymbol{\eta}_2,\cdots,\boldsymbol{\eta}_r$ 是齐次线性方程组的一个基础解系，由于两个等价的线性无关向量组所含向量个数相等，所以可设线性无关向量组 $\boldsymbol{\xi}_1,\boldsymbol{\xi}_2,\cdots,\boldsymbol{\xi}_r$ 与基础解系 $\boldsymbol{\eta}_1,\boldsymbol{\eta}_2,\cdots,\boldsymbol{\eta}_r$ 等价，从而可知 $\boldsymbol{\xi}_i(i=1,2,\cdots,r)$ 可由 $\boldsymbol{\eta}_1,\boldsymbol{\eta}_2,\cdots,\boldsymbol{\eta}_r$ 线性表出，故 $\boldsymbol{\xi}_i(i=1,2,\cdots,r)$ 也是齐次线性方程组的解. 又设 $\boldsymbol{\beta}$ 是齐次线性方程组任意一个解，则 $\boldsymbol{\beta}$ 可由 $\boldsymbol{\eta}_1,\boldsymbol{\eta}_2,\cdots,\boldsymbol{\eta}_r$ 线性表出，由题设等价性可知，$\boldsymbol{\beta}$ 也可由 $\boldsymbol{\xi}_1,\boldsymbol{\xi}_2,\cdots,\boldsymbol{\xi}_r$ 线性表出，所以 $\boldsymbol{\xi}_1,\boldsymbol{\xi}_2,\cdots,\boldsymbol{\xi}_r$ 也是一个基础解系.

方法点击： 向量组中与极大线性无关组等价的线性无关向量组也为极大线性无关组，齐次方程组的解构成无限多个向量的向量组，而基础解系即为其极大线性无关组.

25. 设齐次线性方程组

$$\begin{cases}a_{11}x_1+a_{12}x_2+\cdots+a_{1n}x_n=0,\\a_{21}x_1+a_{22}x_2+\cdots+a_{2n}x_n=0,\\\cdots\cdots\cdots\cdots\\a_{s1}x_1+a_{s2}x_2+\cdots+a_{sn}x_n=0\end{cases}$$

的系数矩阵的秩为 r，证明：方程组的任意 $n-r$ 个线性无关的解都是它的一个基础解系.

证　由于方程组系数矩阵的秩为 r，所以它的基础解系所含解向量的个数为 $n-r$.

设 $\boldsymbol{\varepsilon}_1,\boldsymbol{\varepsilon}_2,\cdots,\boldsymbol{\varepsilon}_{n-r}$ 是方程组的一个基础解系，$\boldsymbol{\eta}_1,\boldsymbol{\eta}_2,\cdots,\boldsymbol{\eta}_{n-r}$ 是方程组的任意 $n-r$ 个线性无关的解，那么向量组

$$\boldsymbol{\varepsilon}_1,\boldsymbol{\varepsilon}_2,\cdots,\boldsymbol{\varepsilon}_{n-r},\boldsymbol{\eta}_1,\boldsymbol{\eta}_2,\cdots,\boldsymbol{\eta}_{n-r}\qquad①$$

的秩仍为 $n-r$，由本章习题 7 知，$\boldsymbol{\eta}_1,\boldsymbol{\eta}_2,\cdots,\boldsymbol{\eta}_{n-r}$ 是向量组 ① 的极大线性无关组，所以 $\boldsymbol{\varepsilon}_1,\boldsymbol{\varepsilon}_2,\cdots,\boldsymbol{\varepsilon}_{n-r}$ 与 $\boldsymbol{\eta}_1,\boldsymbol{\eta}_2,\cdots,\boldsymbol{\eta}_{n-r}$ 等价，再由上题即得证.

26. 证明：如果 $\boldsymbol{\eta}_1,\boldsymbol{\eta}_2,\cdots,\boldsymbol{\eta}_t$ 是一线性方程组的解，那么 $u_1\boldsymbol{\eta}_1+u_2\boldsymbol{\eta}_2+\cdots+u_t\boldsymbol{\eta}_t$（其中 $u_1+u_2+\cdots+u_t=1$）也是一个解.

证 $u_1\boldsymbol{\eta}_1+u_2\boldsymbol{\eta}_2+\cdots+u_t\boldsymbol{\eta}_t=(1-u_2-\cdots-u_t)\boldsymbol{\eta}_1+u_2\boldsymbol{\eta}_2+\cdots+u_t\boldsymbol{\eta}_t=\boldsymbol{\eta}_1+\sum\limits_{i=2}^{t}u_i(\boldsymbol{\eta}_i-\boldsymbol{\eta}_1)$.

因为 $\boldsymbol{\eta}_i-\boldsymbol{\eta}_1$ 是原方程组的导出组的解，故 $\sum\limits_{i=2}^{t}u_i(\boldsymbol{\eta}_i-\boldsymbol{\eta}_1)$ 也是导出组的解.

又因为 $\boldsymbol{\eta}_1$ 是原方程组的一个特解，因此 $\boldsymbol{\eta}_1+\sum\limits_{i=2}^{t}u_i(\boldsymbol{\eta}_i-\boldsymbol{\eta}_1)$ 是原方程组的一个解，所以

$$u_1\boldsymbol{\eta}_1+u_2\boldsymbol{\eta}_2+\cdots+u_t\boldsymbol{\eta}_t$$

也是原方程组的一个解.

> 方法点击：非齐次线性方程组 $\boldsymbol{AX}=\boldsymbol{b}$ 的一组解为 $\boldsymbol{\eta}_1,\boldsymbol{\eta}_2,\cdots,\boldsymbol{\eta}_s$，则 $u_1\boldsymbol{\eta}_1+u_2\boldsymbol{\eta}_2+\cdots+u_s\boldsymbol{\eta}_s$ 仍为 $\boldsymbol{AX}=\boldsymbol{b}$ 的解的充要条件为 $\sum\limits_{i=1}^{s}u_i=1$.

27. 多项式 $f(x)=2x^3-3x^2+\lambda x+3$ 与 $g(x)=x^3+\lambda x+1$ 在 λ 取什么值时，有公共根？

解 因为 $f(x)$ 与 $g(x)$ 的结式为

$$R(f,g)=\begin{vmatrix}2&-3&\lambda&3&0&0\\0&2&-3&\lambda&3&0\\0&0&2&-3&\lambda&3\\1&0&\lambda&1&0&0\\0&1&0&\lambda&1&0\\0&0&1&0&\lambda&1\end{vmatrix}\xlongequal{r_1-2r_4}\begin{vmatrix}0&-3&-\lambda&1&0&0\\0&2&-3&\lambda&3&0\\0&0&2&-3&\lambda&3\\1&0&\lambda&1&0&0\\0&1&0&\lambda&1&0\\0&0&1&0&\lambda&1\end{vmatrix}$$

$$\xlongequal[\text{展开}]{\text{依第 1 列}}-\begin{vmatrix}-3&-\lambda&1&0&0\\2&-3&\lambda&3&0\\0&2&-3&\lambda&3\\1&0&\lambda&1&0\\0&1&0&\lambda&1\end{vmatrix}\xlongequal{r_1+3r_4,r_2-2r_4}-\begin{vmatrix}0&-\lambda&1+3\lambda&3&0\\0&-3&-\lambda&1&0\\0&2&-3&\lambda&3\\1&0&\lambda&1&0\\0&1&0&\lambda&1\end{vmatrix}$$

$$\xlongequal[\text{展开}]{\text{按第 1 列}}\begin{vmatrix}-\lambda&1+3\lambda&3&0\\-3&-\lambda&1&0\\2&-3&\lambda&3\\1&0&\lambda&1\end{vmatrix}\xlongequal{r_3-3r_4}\begin{vmatrix}-\lambda&1+3\lambda&3&0\\-3&-\lambda&1&0\\-1&-3&-2\lambda&0\\1&0&\lambda&1\end{vmatrix}$$

$$\xlongequal[\text{展开}]{\text{按第 4 列}}\begin{vmatrix}-\lambda&1+3\lambda&3\\-3&-\lambda&1\\-1&-3&-2\lambda\end{vmatrix}\xlongequal[r_1-\lambda r_3]{r_2-3r_3}\begin{vmatrix}0&1+6\lambda&3+2\lambda^2\\0&9-\lambda&1+6\lambda\\-1&-3&-2\lambda p\end{vmatrix}$$

$$\xlongequal[\text{展开}]{\text{按第 1 列}}-[(1+6\lambda)^2+(\lambda-9)(3+2\lambda^2)]$$

$$=-(2\lambda^3+18\lambda^2+15\lambda-26).$$

令 $-(2\lambda^3+18\lambda^2+15\lambda-26)=0$，解得 $\lambda=-2,-\frac{1}{2}(7-5\sqrt{3}),-\frac{1}{2}(7+5\sqrt{3})$.

故当 $\lambda=-2,-\frac{1}{2}(7-5\sqrt{3}),-\frac{1}{2}(7+5\sqrt{3})$ 时，$f(x),g(x)$ 有公共根.

28. 解下列联立方程：

(1) $\begin{cases}5y^2-6xy+5x^2-16=0,\\ y^2-xy+2x^2-y-x-4=0;\end{cases}$

(2) $\begin{cases}x^2+y^2+4x-2y+3=0,\\ x^2+4xy-y^2+10y-9=0;\end{cases}$

(3) $\begin{cases}y^2+(x-4)y+x^2-2x+3=0,\\ y^3-5y^2+(x+7)y+x^3-x^2-5x-3=0.\end{cases}$

解 (1)$R_y(f,g)=\begin{vmatrix}5 & -6x & 5x^2-16 & 0\\ 0 & 5 & -6x & 5x^2-16\\ 1 & -x-1 & 2x^2-x-4 & 0\\ 0 & 1 & -x-1 & 2x^2-x-4\end{vmatrix}$

$=32(x^4-3x^3+x^2+3x-2)$

$=32(x-1)^2(x+1)(x-2)=0,$

解得 $x=1,1,-1,2$ 四个根.

当 $x=1$ 时，代入原方程组得 $\begin{cases}5y^2-6y-11=0,\\ y^2-2y-3=0,\end{cases}$ 解得 $y=-1$.

当 $x=-1$ 时，代入原方程组得 $\begin{cases}5y^2+6y-11=0,\\ y^2-1=0,\end{cases}$ 解得 $y=1$.

当 $x=2$ 时，代入原方程组得 $\begin{cases}5y^2-12y+4=0,\\ y^2-3y+2=0,\end{cases}$ 解得 $y=2$.

故原方程组有四个公共解：

$$\begin{cases}x_1=1,\\ y_1=-1;\end{cases}\quad\begin{cases}x_2=1,\\ y_2=-1;\end{cases}\quad\begin{cases}x_3=-1,\\ y_3=1;\end{cases}\quad\begin{cases}x_4=2,\\ y_4=2.\end{cases}$$

(2) 仿照上题得

$$R_y(f,g)=20(x+1)(x+3)\left(x+\frac{10+3\sqrt{5}}{5}\right)\left(x+\frac{10-3\sqrt{5}}{5}\right),$$

可得四个公共解：

$$\begin{cases}x_1=-1,\\ y_1=2;\end{cases}\quad\begin{cases}x_2=-3\\ y_2=0;\end{cases}\quad\begin{cases}x_3=-\frac{10+3\sqrt{5}}{5},\\ y_3=\frac{5-\sqrt{5}}{5};\end{cases}\quad\begin{cases}x_4=-\frac{10-3\sqrt{5}}{5},\\ y_4=\frac{5+\sqrt{5}}{5}.\end{cases}$$

(3)$R_y(f,g)=4x^2(x+1)^2(x-2)^2$，可得六个公共解：

$$\begin{cases}x_1=0,\\ y_1=1;\end{cases}\quad\begin{cases}x_2=0,\\ y_2=3;\end{cases}\quad\begin{cases}x_3=-1,\\ y_3=2;\end{cases}\quad\begin{cases}x_4=-1,\\ y_4=3;\end{cases}\begin{cases}x_5=2,\\ y_5=1+\sqrt{2}\mathrm{i};\end{cases}\quad\begin{cases}x_6=2,\\ y_6=1-\sqrt{2}\mathrm{i}.\end{cases}$$

补充题解答

1. 假设向量 $\boldsymbol{\beta}$ 可以经向量组 $\boldsymbol{\alpha}_1,\boldsymbol{\alpha}_2,\cdots,\boldsymbol{\alpha}_r$ 线性表出，证明：表示法是唯一的充分必要条件是 $\boldsymbol{\alpha}_1,\boldsymbol{\alpha}_2,\cdots,\boldsymbol{\alpha}_r$ 线性无关.

【思路探索】 表示方法是否唯一取决于表示系数是否唯一，即$\boldsymbol{\beta}$写成$\boldsymbol{\alpha}_1,\boldsymbol{\alpha}_2,\cdots,\boldsymbol{\alpha}_r$的线性组合时的系数是否唯一，这依赖于$\mathbf{0}$的表示是否唯一，即$\boldsymbol{\alpha}_1,\boldsymbol{\alpha}_2,\cdots,\boldsymbol{\alpha}_r$是否线性无关.

证 必要性：由题设知

$$\boldsymbol{\beta}=k_1\boldsymbol{\alpha}_1+k_2\boldsymbol{\alpha}_2+\cdots+k_r\boldsymbol{\alpha}_r. \qquad ①$$

假设$\boldsymbol{\alpha}_1,\boldsymbol{\alpha}_2,\cdots,\boldsymbol{\alpha}_r$线性相关，那么存在一组不全为零的数$l_1,l_2,\cdots,l_r$，使

$$l_1\boldsymbol{\alpha}_1+l_2\boldsymbol{\alpha}_2+\cdots+l_r\boldsymbol{\alpha}_r=\mathbf{0}. \qquad ②$$

将式①与式②相加，得

$$\boldsymbol{\beta}=(k_1+l_1)\boldsymbol{\alpha}_1+(k_2+l_2)\boldsymbol{\alpha}_2+\cdots+(k_r+l_r)\boldsymbol{\alpha}_r. \qquad ③$$

由①③两式及$l_1,l_2,\cdots,l_r$不全为零，得到$\boldsymbol{\beta}$的两种不同的表示法，这与题设矛盾，即证得$\boldsymbol{\alpha}_1,\boldsymbol{\alpha}_2,\cdots,\boldsymbol{\alpha}_r$线性无关.

充分性：设$\boldsymbol{\beta}$有两种表示法：

$$\boldsymbol{\beta}=k_1\boldsymbol{\alpha}_1+k_2\boldsymbol{\alpha}_2+\cdots+k_r\boldsymbol{\alpha}_r,$$
$$\boldsymbol{\beta}=l_1\boldsymbol{\alpha}_1+l_2\boldsymbol{\alpha}_2+\cdots+l_r\boldsymbol{\alpha}_r.$$

两式相减得

$$(k_1-l_1)\boldsymbol{\alpha}_1+(k_2-l_2)\boldsymbol{\alpha}_2+\cdots+(k_r-l_r)\boldsymbol{\alpha}_r=\mathbf{0}.$$

由于$\boldsymbol{\alpha}_1,\boldsymbol{\alpha}_2,\cdots,\boldsymbol{\alpha}_r$线性无关，所以

$$k_1-l_1=k_2-l_2=\cdots=k_r-l_r=0,$$

即$k_1=l_1,k_2=l_2,\cdots,k_r=l_r$，证得表示法唯一.

2. 设$\boldsymbol{\alpha}_1,\boldsymbol{\alpha}_2,\cdots,\boldsymbol{\alpha}_r$是一组线性无关的向量，$\boldsymbol{\beta}_i=\sum\limits_{j=1}^{r}a_{ij}\boldsymbol{\alpha}_j$，$i=1,2,\cdots,r$. 证明：$\boldsymbol{\beta}_1,\boldsymbol{\beta}_2,\cdots,\boldsymbol{\beta}_r$线性无关的充分必要条件是

$$\begin{vmatrix} a_{11} & a_{12} & \cdots & a_{1r} \\ a_{21} & a_{22} & \cdots & a_{2r} \\ \vdots & \vdots & & \vdots \\ a_{r1} & a_{r2} & \cdots & a_{rr} \end{vmatrix}\neq 0.$$

证 设

$$k_1\boldsymbol{\beta}_1+k_2\boldsymbol{\beta}_2+\cdots+k_r\boldsymbol{\beta}_r=\mathbf{0}, \qquad ①$$

将$\boldsymbol{\beta}_i=\sum\limits_{j=1}^{r}a_{ij}\boldsymbol{\alpha}_j=a_{i1}\boldsymbol{\alpha}_1+a_{i2}\boldsymbol{\alpha}_2+\cdots+a_{ir}\boldsymbol{\alpha}_r(i=1,2,\cdots,r)$代入①式，得

$$(a_{11}k_1+a_{21}k_2+\cdots+a_{r1}k_r)\boldsymbol{\alpha}_1+(a_{12}k_1+a_{22}k_2+\cdots+a_{r2}k_r)\boldsymbol{\alpha}_2+\cdots+(a_{1r}k_1+a_{2r}k_2+\cdots+a_{rr}k_r)\boldsymbol{\alpha}_r=\mathbf{0}. \qquad ②$$

由$\boldsymbol{\alpha}_1,\boldsymbol{\alpha}_2,\cdots,\boldsymbol{\alpha}_r$线性无关，得

$$\begin{cases} a_{11}k_1+a_{21}k_2+\cdots+a_{r1}k_r=0, \\ a_{12}k_1+a_{22}k_2+\cdots+a_{r2}k_r=0, \\ \cdots\cdots\cdots\cdots \\ a_{1r}k_1+a_{2r}k_2+\cdots+a_{rr}k_r=0. \end{cases} \qquad ③$$

则$\boldsymbol{\beta}_1,\boldsymbol{\beta}_2,\cdots,\boldsymbol{\beta}_r$线性无关$\Leftrightarrow$①的系数$k_1,k_2,\cdots,k_r$全为0，即方程组③只有零解$\Leftrightarrow$③的系数行列式

$$\begin{vmatrix} a_{11} & a_{21} & \cdots & a_{r1} \\ a_{12} & a_{22} & \cdots & a_{r2} \\ \vdots & \vdots & & \vdots \\ a_{1r} & a_{2r} & \cdots & a_{rr} \end{vmatrix}=\begin{vmatrix} a_{11} & a_{12} & \cdots & a_{1r} \\ a_{21} & a_{22} & \cdots & a_{2r} \\ \vdots & \vdots & & \vdots \\ a_{r1} & a_{r2} & \cdots & a_{rr} \end{vmatrix}\neq 0.$$

方法点击:也可利用 $\boldsymbol{\alpha}_1,\boldsymbol{\alpha}_2,\cdots,\boldsymbol{\alpha}_r$ 与 $\boldsymbol{\alpha}_1,\boldsymbol{\alpha}_2,\cdots,\boldsymbol{\alpha}_r,\boldsymbol{\beta}_1,\boldsymbol{\beta}_2,\cdots,\boldsymbol{\beta}_r$ 等价,$\boldsymbol{\beta}_1,\boldsymbol{\beta}_2,\cdots,\boldsymbol{\beta}_r$ 线性无关当且仅当 $\boldsymbol{\beta}_1,\boldsymbol{\beta}_2,\cdots,\boldsymbol{\beta}_r$ 为 $\boldsymbol{\alpha}_1,\boldsymbol{\alpha}_2,\cdots,\boldsymbol{\alpha}_r,\boldsymbol{\beta}_1,\boldsymbol{\beta}_2,\cdots,\boldsymbol{\beta}_r$ 的极大线性无关组,即 $\boldsymbol{\alpha}_1,\boldsymbol{\alpha}_2,\cdots,\boldsymbol{\alpha}_r$ 可由 $\boldsymbol{\beta}_1,\boldsymbol{\beta}_2,\cdots,\boldsymbol{\beta}_r$ 表示,进而表示矩阵可逆来说明.

3. 证明:$\boldsymbol{\alpha}_1,\boldsymbol{\alpha}_2,\cdots,\boldsymbol{\alpha}_s$(其中 $\boldsymbol{\alpha}_1\neq\mathbf{0}$)线性相关的充分必要条件是至少有一 $\boldsymbol{\alpha}_i(1<i\leqslant s)$ 可以经 $\boldsymbol{\alpha}_1,\boldsymbol{\alpha}_2,\cdots,\boldsymbol{\alpha}_{i-1}$ 线性表出.

【思路探索】 此类问题大多是考虑线性相关表达式中系数非 0 的向量.

证 充分性:因为向量组 $\boldsymbol{\alpha}_1,\boldsymbol{\alpha}_2,\cdots,\boldsymbol{\alpha}_s$ 中至少有一个 $\boldsymbol{\alpha}_i(1<i\leqslant s)$ 可以经 $\boldsymbol{\alpha}_1,\boldsymbol{\alpha}_2,\cdots,\boldsymbol{\alpha}_{i-1}$ 线性表出,所以 $\boldsymbol{\alpha}_1,\boldsymbol{\alpha}_2,\cdots,\boldsymbol{\alpha}_s$ 线性相关.

必要性:由题设知 $\boldsymbol{\alpha}_1,\boldsymbol{\alpha}_2,\cdots,\boldsymbol{\alpha}_s$ 线性相关,因而存在一组不全为 0 的数 $k_1,k_2,\cdots,k_s$,使得

$$k_1\boldsymbol{\alpha}_1+k_2\boldsymbol{\alpha}_2+\cdots+k_s\boldsymbol{\alpha}_s=\mathbf{0}. \quad ①$$

在 ① 中所有不为 0 的 k_j 中,下标最大的记号设为 i. 由题设 $\boldsymbol{\alpha}_1\neq\mathbf{0}$,显然 $i\neq1$,否则 $k_1\boldsymbol{\alpha}_1=\mathbf{0}$,而 $k_1\neq0$,$\boldsymbol{\alpha}_1\neq\mathbf{0}$ 这是不可能的.

由于 $k_i\neq0$,而 $k_{i+1}=k_{i+2}=\cdots=k_s=0$,所以 ① 式变为

$$k_1\boldsymbol{\alpha}_1+k_2\boldsymbol{\alpha}_2+\cdots+k_{i-1}\boldsymbol{\alpha}_{i-1}+k_i\boldsymbol{\alpha}_i=\mathbf{0}.$$

进而可得 $\boldsymbol{\alpha}_i=-\frac{k_1}{k_i}\boldsymbol{\alpha}_1-\frac{k_2}{k_i}\boldsymbol{\alpha}_2-\cdots-\frac{k_{i-1}}{k_i}\boldsymbol{\alpha}_{i-1}$,即 $\boldsymbol{\alpha}_i(1<i\leqslant s)$ 可以经 $\boldsymbol{\alpha}_1,\boldsymbol{\alpha}_2,\cdots,\boldsymbol{\alpha}_{i-1}$ 线性表出.

4. 已知两向量组有相同的秩,且其中之一可以经另一个线性表出,证明:这两个向量组等价.

【思路探索】 极大线性无关组与原向量组等价,秩相等,一般来说,向量组的等价问题都通过其极大线性无关组的等价来证明.

证 设向量组(Ⅰ)与向量组(Ⅱ)的秩都是 r,且(Ⅱ)可以由(Ⅰ)线性表出,又设 $\boldsymbol{\alpha}_1,\boldsymbol{\alpha}_2,\cdots,\boldsymbol{\alpha}_r$ 与 $\boldsymbol{\beta}_1,\boldsymbol{\beta}_2,\cdots,\boldsymbol{\beta}_r$ 分别是(Ⅰ)与(Ⅱ)的极大线性无关组,由于 $\boldsymbol{\beta}_1,\boldsymbol{\beta}_2,\cdots,\boldsymbol{\beta}_r$ 是线性无关的,由上面补充题 2 可知

$$\boldsymbol{\beta}_i=\sum_{j=1}^{r}a_{ij}\boldsymbol{\alpha}_j\,(i=1,2,\cdots,r), \quad ①$$

且 $|a_{ij}|\neq0$,从而由式 ① 可以解出 $\boldsymbol{\alpha}_i(i=1,2,\cdots,r)$,此即 $\boldsymbol{\alpha}_1,\boldsymbol{\alpha}_2,\cdots,\boldsymbol{\alpha}_r$ 也可由 $\boldsymbol{\beta}_1,\boldsymbol{\beta}_2,\cdots,\boldsymbol{\beta}_r$ 线性表出,从而它们等价. 再由它们分别和向量组(Ⅰ)和(Ⅱ)等价,所以向量组(Ⅰ)与向量组(Ⅱ)等价.

5. 设向量组 $\boldsymbol{\alpha}_1,\boldsymbol{\alpha}_2,\cdots,\boldsymbol{\alpha}_s$ 的秩为 r,在其中任取 m 个向量 $\boldsymbol{\alpha}_{i_1},\boldsymbol{\alpha}_{i_2},\cdots,\boldsymbol{\alpha}_{i_m}$,证明:此向量组的秩 $\geqslant r+m-s$.

【思路探索】 对于向量组的极大线性无关组的考查较多,而本题则是比较了部分向量组与原向量组的关系.

证 设向量组 $\boldsymbol{\alpha}_{i_1},\boldsymbol{\alpha}_{i_2},\cdots,\boldsymbol{\alpha}_{i_m}$ 的秩是 t. 不妨设 $\boldsymbol{\beta}_1,\boldsymbol{\beta}_2,\cdots,\boldsymbol{\beta}_t$ 是它的一个极大线性无关组. 将 $\boldsymbol{\beta}_1,\boldsymbol{\beta}_2,\cdots,\boldsymbol{\beta}_t$ 扩充为向量组 $\boldsymbol{\alpha}_1,\boldsymbol{\alpha}_2,\cdots,\boldsymbol{\alpha}_s$ 的一个极大线性无关组,从而需再给其增添 $r-t$ 个向量 $\boldsymbol{\beta}_{t+1},\boldsymbol{\beta}_{t+2},\cdots,\boldsymbol{\beta}_r$. 而这 $r-t$ 个向量只能取自 $\boldsymbol{\alpha}_1,\boldsymbol{\alpha}_2,\cdots,\boldsymbol{\alpha}_s$ 中除 $\boldsymbol{\alpha}_{i_1},\boldsymbol{\alpha}_{i_2},\cdots,\boldsymbol{\alpha}_{i_m}$ 以外的向量,所以有 $r-t\leqslant s-m$,即 $t\geqslant r+m-s$. 故此向量组的秩 $\geqslant r+m-s$.

6. 设向量组 $\boldsymbol{\alpha}_1,\boldsymbol{\alpha}_2,\cdots,\boldsymbol{\alpha}_s$;$\boldsymbol{\beta}_1,\boldsymbol{\beta}_2,\cdots,\boldsymbol{\beta}_t$;$\boldsymbol{\alpha}_1,\boldsymbol{\alpha}_2,\cdots,\boldsymbol{\alpha}_s,\boldsymbol{\beta}_1,\boldsymbol{\beta}_2,\cdots,\boldsymbol{\beta}_t$ 的秩分别为 r_1,r_2,r_3. 证明:

$$\max(r_1,r_2)\leqslant r_3\leqslant r_1+r_2.$$

证 由本章习题 12 知 $\max(r_1,r_2)\leqslant r_3$ 是显然的,下证 $r_3\leqslant r_1+r_2$.

设 $\boldsymbol{\alpha}_{i_1},\boldsymbol{\alpha}_{i_2},\cdots,\boldsymbol{\alpha}_{i_{r_1}}$;$\boldsymbol{\beta}_{j_1},\boldsymbol{\beta}_{j_2},\cdots,\boldsymbol{\beta}_{j_{r_2}}$;$\boldsymbol{\gamma}_{k_1},\boldsymbol{\gamma}_{k_2},\cdots,\boldsymbol{\gamma}_{k_{r_3}}$ 分别为 $\boldsymbol{\alpha}_1,\boldsymbol{\alpha}_2,\cdots,\boldsymbol{\alpha}_s$;$\boldsymbol{\beta}_1,\boldsymbol{\beta}_2,\cdots,\boldsymbol{\beta}_t$;$\boldsymbol{\alpha}_1,\boldsymbol{\alpha}_2,\cdots,\boldsymbol{\alpha}_s,\boldsymbol{\beta}_1,\boldsymbol{\beta}_2,\cdots,\boldsymbol{\beta}_t$ 的极大线性无关组. 由于 $\boldsymbol{\gamma}_{k_1},\boldsymbol{\gamma}_{k_2},\cdots,\boldsymbol{\gamma}_{k_{r_3}}$ 可由 $\boldsymbol{\alpha}_1,\boldsymbol{\alpha}_2,\cdots,\boldsymbol{\alpha}_s,\boldsymbol{\beta}_1,\boldsymbol{\beta}_2,\cdots,\boldsymbol{\beta}_t$ 线性表出(因为它们等价),从而可由 $\boldsymbol{\alpha}_{i_1},\boldsymbol{\alpha}_{i_2},\cdots,\boldsymbol{\alpha}_{i_{r_1}},\boldsymbol{\beta}_{j_1},\boldsymbol{\beta}_{j_2},\cdots,\boldsymbol{\beta}_{j_{r_2}}$ 线性表出,故 $r_3\leqslant r_1+r_2$ 得证.

方法点击:利用此方法容易说明 $r(\boldsymbol{A}+\boldsymbol{B})\leqslant r(\boldsymbol{A})+r(\boldsymbol{B})$.

7. 线性方程组

$$\begin{cases}a_{11}x_1+a_{12}x_2+\cdots+a_{1n}x_n=0,\\ a_{21}x_1+a_{22}x_2+\cdots+a_{2n}x_n=0,\\ \cdots\cdots\cdots\cdots\\ a_{n-1,1}x_1+a_{n-1,2}x_2+\cdots+a_{n-1,n}x_n=0\end{cases}$$

的系数矩阵为

$$\boldsymbol{A}=\begin{pmatrix}a_{11}&a_{12}&\cdots&a_{1n}\\ a_{21}&a_{22}&\cdots&a_{2n}\\ \vdots&\vdots&&\vdots\\ a_{n-1,1}&a_{n-1,2}&\cdots&a_{n-1,n}\end{pmatrix}.$$

设 M_i 是矩阵 $\boldsymbol{A}$ 中划去第 i 列剩下的 $(n-1)\times(n-1)$ 矩阵的行列式. 证明:

(1) $(M_1,-M_2,\cdots,(-1)^{n-1}M_n)$ 是方程组的一个解.

(2) 如果 $\boldsymbol{A}$ 的秩为 $n-1$,那么方程组的解全是 $(M_1,-M_2,\cdots,(-1)^{n-1}M_n)$ 的倍数.

【思路探索】 由于系数矩阵 $\boldsymbol{A}$ 的构造及要验证的解是由其余子式构成的,可以想到利用方阵的行列式可由某行元素与其对应代数余子式相乘作和得到.

证 (1) 对于方程组的第 $k(k=1,2,\cdots,n-1)$ 个方程构造行列式

$$0=\begin{vmatrix}a_{11}&a_{12}&\cdots&a_{1n}\\ \vdots&\vdots&&\vdots\\ a_{k1}&a_{k2}&\cdots&a_{kn}\\ \vdots&\vdots&&\vdots\\ a_{n-1,1}&a_{n-1,2}&\cdots&a_{n-1,n}\\ a_{k1}&a_{k2}&\cdots&a_{kn}\end{vmatrix}$$

$$\xlongequal{\text{按第 } n \text{ 行展开}}(-1)^{n+1}(a_{k1}M_1-a_{k2}M_2+\cdots+(-1)^{n-1}a_{kn}M_n),$$

即 $(M_1,-M_2,\cdots,(-1)^{n-1}M_n)$ 为第 k 个方程的一个解.

由 k 的任意性知,$(M_1,-M_2,\cdots,(-1)^{n-1}M_n)$ 为方程组的一个解.

(2) 因为 $r(\boldsymbol{A})=n-1$,所以原方程组的基础解系含 $n-(n-1)=1$ 个解向量,并且 $\boldsymbol{A}$ 中至少有一个 $n-1$ 阶子式不为0,这就是说 $M_1,M_2,\cdots,M_n$ 中至少有一个不为0,换句话说,$\boldsymbol{\eta}=(M_1,-M_2,\cdots,(-1)^{n-1}M_n)$ 是一个非零向量,从而它线性无关,是原方程组的一个基础解系,故方程组的解都可以由 $\boldsymbol{\eta}$ 线性表出,即是 $\boldsymbol{\eta}$ 的倍数.

8. 设 $\boldsymbol{\alpha}_i=(a_{i1},a_{i2},\cdots,a_{in})(i=1,2,\cdots,s)$,$\boldsymbol{\beta}=(b_1,b_2,\cdots,b_n)$. 证明:如果线性方程组

$$\begin{cases}a_{11}x_1+a_{12}x_2+\cdots+a_{1n}x_n=0,\\ a_{21}x_1+a_{22}x_2+\cdots+a_{2n}x_n=0,\\ \cdots\cdots\cdots\cdots\\ a_{s1}x_1+a_{s2}x_2+\cdots+a_{sn}x_n=0\end{cases}$$

的解全是方程 $b_1x_1+b_2x_2+\cdots+b_nx_n=0$ 的解,那么 $\boldsymbol{\beta}$ 可以经 $\boldsymbol{\alpha}_1,\boldsymbol{\alpha}_2,\cdots,\boldsymbol{\alpha}_s$ 线性表出.

【思路探索】 利用线性方程组同解说明系数矩阵同秩,类似有,对实矩阵 $\boldsymbol{A}$,$r(\boldsymbol{A}^{\mathrm{T}}\boldsymbol{A})=r(\boldsymbol{A})$.

证 用(Ⅰ)表示原方程组,再作新方程组

$$\begin{cases} a_{11}x_1+a_{12}x_2+\cdots+a_{1n}x_n=0, \\ a_{21}x_1+a_{22}x_2+\cdots+a_{2n}x_n=0, \\ \cdots\cdots\cdots\cdots \\ a_{s1}x_1+a_{s2}x_2+\cdots+a_{sn}x_n=0, \\ b_1x_1+b_2x_2+\cdots+b_nx_n=0. \end{cases} \tag{Ⅱ}$$

由题设不难知道方程组(Ⅰ)与方程组(Ⅱ)同解,因而它们具有相同的基础解系,而基础解系所含向量个数与系数矩阵之秩的和等于n,所以(Ⅰ)与(Ⅱ)的系数矩阵的秩相等,即$\boldsymbol{\alpha}_1,\boldsymbol{\alpha}_2,\cdots,\boldsymbol{\alpha}_s$与$\boldsymbol{\alpha}_1,\boldsymbol{\alpha}_2,\cdots,\boldsymbol{\alpha}_s,\boldsymbol{\beta}$的秩相等,再由本章习题16,知它们等价,所以$\boldsymbol{\beta}$可由$\boldsymbol{\alpha}_1,\boldsymbol{\alpha}_2,\cdots,\boldsymbol{\alpha}_s$线性表出.

9. 设$\boldsymbol{\eta}_0$是线性方程组的一个解,$\boldsymbol{\eta}_1,\boldsymbol{\eta}_2,\cdots,\boldsymbol{\eta}_t$是它的导出组的一个基础解系,令

$$\boldsymbol{\gamma}_1=\boldsymbol{\eta}_0,\boldsymbol{\gamma}_2=\boldsymbol{\eta}_1+\boldsymbol{\eta}_0,\cdots,\boldsymbol{\gamma}_{t+1}=\boldsymbol{\eta}_t+\boldsymbol{\eta}_0.$$

证明:线性方程组的任一个解$\boldsymbol{\gamma}$都可表成

$$\boldsymbol{\gamma}=u_1\boldsymbol{\gamma}_1+u_2\boldsymbol{\gamma}_2+\cdots+u_{t+1}\boldsymbol{\gamma}_{t+1},$$

其中$u_1+u_2+\cdots+u_{t+1}=1$.

【思路探索】 根据$\boldsymbol{\eta}_0,\boldsymbol{\eta}_1,\cdots,\boldsymbol{\eta}_t$与$\boldsymbol{\gamma}_1,\boldsymbol{\gamma}_2,\cdots,\boldsymbol{\gamma}_{t+1}$的等价性,可知非齐次线性方程组解集的秩为$t+1$.

证 由于线性方程组的任一解,都可以写成一个特解与它的导出组的一个任意解的和,即

$$\begin{aligned}\boldsymbol{\gamma}&=\boldsymbol{\eta}_0+k_1\boldsymbol{\eta}_1+\cdots+k_t\boldsymbol{\eta}_t\\&=\boldsymbol{\gamma}_1+k_1(\boldsymbol{\gamma}_2-\boldsymbol{\gamma}_1)+\cdots+k_t(\boldsymbol{\gamma}_{t+1}-\boldsymbol{\gamma}_1)\\&=[1-(k_1+\cdots+k_t)]\boldsymbol{\gamma}_1+k_1\boldsymbol{\gamma}_2+\cdots+k_t\boldsymbol{\gamma}_{t+1}.\end{aligned}$$

令$\begin{cases} u_1=1-(k_1+\cdots+k_t), \\ u_2=k_1, \\ \cdots\cdots\cdots\cdots \\ u_{t+1}=k_t, \end{cases}$ 显然$u_1+u_2+\cdots+u_{t+1}=1$,且$\boldsymbol{\gamma}=u_1\boldsymbol{\gamma}_1+u_2\boldsymbol{\gamma}_2+\cdots+u_{t+1}\boldsymbol{\gamma}_{t+1}$.

10. 设

$$\boldsymbol{A}=\begin{pmatrix} a_{11} & a_{12} & \cdots & a_{1n} \\ a_{21} & a_{22} & \cdots & a_{2n} \\ \vdots & \vdots & & \vdots \\ a_{n1} & a_{n2} & \cdots & a_{nn} \end{pmatrix}$$

为一实数域上的矩阵. 证明:

(1) 如果$|a_{ii}|>\sum\limits_{j\neq i}|a_{ij}|,i=1,2,\cdots,n$,那么$|\boldsymbol{A}|\neq 0$;

(2) 如果$a_{ii}>\sum\limits_{j\neq i}|a_{ij}|,i=1,2,\cdots,n$,那么$|\boldsymbol{A}|>0$.

证 (1) 反证法. 假设$|\boldsymbol{A}|=0$,以$\boldsymbol{A}$为系数矩阵构造齐次线性方程组

$$\begin{cases} a_{11}x_1+a_{12}x_2+\cdots+a_{1n}x_n=0, \\ a_{21}x_1+a_{22}x_2+\cdots+a_{2n}x_n=0, \\ \cdots\cdots\cdots\cdots \\ a_{n1}x_1+a_{n2}x_2+\cdots+a_{nn}x_n=0. \end{cases} \tag{①}$$

则齐次线性方程组①有非零解$\boldsymbol{\eta}=(k_1,k_2,\cdots,k_n)$,其中$k_1,k_2,\cdots,k_n$不全为0,且设$|k_i|=\max\{|k_1|,|k_2|,\cdots,|k_n|\}$.

将$\boldsymbol{\eta}=(k_1,k_2,\cdots,k_n)$代入线性方程组①的第$i$个方程,得

$$a_{i1}k_1+\cdots+a_{i,i-1}k_{i-1}+a_{ii}k_i+a_{i,i+1}k_{i+1}+\cdots+a_{in}k_n=0.$$

即$-a_{ii}k_i=\sum\limits_{j\neq i}a_{ij}k_j$,于是有$|-a_{ii}k_i|=|a_{ii}||k_i|\leqslant\sum\limits_{j\neq i}|a_{ij}||k_j|$,从而有

$$|a_{ii}|\leqslant\frac{1}{|k_i|}\cdot\sum_{j\neq i}|a_{ij}||k_j|=\sum_{j\neq i}|a_{ij}|\frac{|k_j|}{|k_i|}\leqslant\sum_{j\neq i}|a_{ij}|,$$

这与已知矛盾，故 $|\boldsymbol{A}|\neq 0$.

(2) 设 $0\leqslant x\leqslant 1$，构造矩阵(除 $\boldsymbol{A}$ 的对角线元素外，其余都乘以 x)

$$\boldsymbol{A}(x)=\begin{pmatrix} a_{11} & a_{12}x & \cdots & a_{1n}x \\ a_{21}x & a_{22} & \cdots & a_{2n}x \\ \vdots & \vdots & & \vdots \\ a_{n1}x & a_{n2}x & \cdots & a_{nn} \end{pmatrix}.$$

显然对 $\forall x\in[0,1]$，矩阵 $\boldsymbol{A}(x)$ 仍满足(1) 的条件，从而 $|\boldsymbol{A}(x)|\neq 0$. 又 $|\boldsymbol{A}(x)|$ 展开以后是关于 x 的一个连续函数，且

$$|\boldsymbol{A}(0)|=\begin{vmatrix} a_{11} & 0 & \cdots & 0 \\ 0 & a_{22} & \cdots & 0 \\ \vdots & \vdots & & \vdots \\ 0 & 0 & \cdots & a_{nn} \end{vmatrix}=a_{11}a_{22}\cdots a_{nn}>0,$$

$$|\boldsymbol{A}(1)|=|\boldsymbol{A}|.$$

若 $|\boldsymbol{A}|<0$，即有 $|\boldsymbol{A}(1)|<0$，而 $|\boldsymbol{A}(0)|>0$，由零点定理得，$\exists x_0\in(0,1)$，使 $|\boldsymbol{A}(x_0)|=0$. 这与上面的结果 $|\boldsymbol{A}(x_0)|\neq 0$ 矛盾，所以 $|\boldsymbol{A}|>0$.

11. 求出通过点 $M_1(1,0,0)$，$M_2(1,1,0)$，$M_3(1,1,1)$，$M_4(0,1,1)$ 的球面的方程.

解　设球面方程为

$$x^2+y^2+z^2+ax+by+cz+d=0.$$

将 $M_1(1,0,0)$，$M_2(1,1,0)$，$M_3(1,1,1)$，$M_4(0,1,1)$ 分别代入球面方程，得

$$\begin{cases} a+d=-1, \\ a+b+d=-2, \\ a+b+c+d=-3, \\ b+c+d=-2, \end{cases}$$

解方程组得 $a=-1,b=-1,c=-1,d=0$.

所以球面方程为 $x^2+y^2+z^2-x-y-z=0$.

12. 求出通过点 $M_1(0,0)$，$M_2(1,0)$，$M_3(2,1)$，$M_4(1,1)$，$M_5(1,4)$ 的二次曲线的方程.

解　设二次曲线方程为 $ax^2+by^2+cxy+dx+ey+f=0$，将 M_1,M_2,M_3,M_4,M_5 的坐标分别代入，得

$$\begin{cases} f=0, \\ a+d+f=0, \\ 4a+b+2c+2d+e+f=0, \\ a+b+c+d+e+f=0, \\ a+16b+4c+d+4e+f=0. \end{cases}$$

解方程组，得 $a=1,b=0,c=-2,d=-1,e=2,f=0$.

所以，二次曲线的方程为 $x^2-2xy-x+2y-0$.

13. 求下列曲线的直角坐标方程：

(1) $x=t^2-t+1,y=2t^2+t-3$；　(2) $x=\dfrac{2t+1}{t^2+1},y=\dfrac{t^2+2t-1}{t^2+1}$.

解　(1)

$$\begin{cases} t^2-t+(1-x)=0, \\ 2t^2+t-(3+y)=0. \end{cases}$$

$$R_t(f,g)=\begin{vmatrix} 1 & -1 & 1-x & 0 \\ 0 & 1 & -1 & 1-x \\ 2 & 1 & -3-y & 0 \\ 0 & 2 & 1 & -3-y \end{vmatrix}=4x^2-4xy+y^2-23x+7y+19,$$

故所求曲线的直角坐标方程为 $4x^2-4xy+y^2-23x+7y+19=0$.

(2) $\begin{cases} xt^2-2t+(x-1)=0, \\ (y-1)t^2-2t+(y+1)=0. \end{cases}$

仿照(1),可得所求曲线的直角坐标方程为 $8x^2-4xy+5y^2-8x+2y-7=0$.

14. 求结式:

(1) $\dfrac{x^5-1}{x-1}$ 与 $\dfrac{x^7-1}{x-1}$; (2) x^n+x+1 与 x^2-3x+2; (3) x^n+1 与 $(x-1)^n$.

解 (1) $f(x)=x^4+x^3+x^2+x+1, g(x)=x^6+x^5+x^4+x^3+x^2+x+1$,则

$$R(f,g)=\begin{vmatrix} 1 & \cdots & 1 & & \\ & \ddots & & \ddots & \\ & & 1 & \cdots & 1 \\ 1 & \cdots & 1 & & \\ & \ddots & & \ddots & \\ & & 1 & \cdots & 1 \end{vmatrix}\begin{matrix} \left.\vphantom{\begin{matrix}1\\1\\1\end{matrix}}\right\} 6\text{行} \\ \left.\vphantom{\begin{matrix}1\\1\\1\end{matrix}}\right\} 4\text{行} \end{matrix}=1.$$

(2) 令

$$R(f,g)=\begin{vmatrix} 1 & -3 & 2 & 0 & \cdots & & & & \\ & 1 & -3 & 2 & \cdots & & & & \\ \vdots & \vdots & \vdots & \vdots & & \vdots & \vdots & \vdots & \vdots \\ & & & & \cdots & 1 & -3 & 2 & 0 \\ 1 & 0 & 0 & 0 & \cdots & 0 & 1 & 1 & 0 \\ 0 & 1 & 0 & 0 & \cdots & 0 & 0 & 1 & 1 \end{vmatrix}\begin{matrix} \left.\vphantom{\begin{matrix}1\\1\\1\\1\end{matrix}}\right\} n\text{行} \\ \left.\vphantom{\begin{matrix}1\\1\end{matrix}}\right\} 2\text{行} \end{matrix},$$

从第 1 列开始,每一个前列的 2 倍加到后一列,得

$$R(f,g)=\begin{vmatrix} 1 & -1 & 0 & \cdots & & & & \\ & 1 & -1 & \cdots & & & & \\ \vdots & \vdots & \vdots & & \vdots & \vdots & \vdots & \vdots \\ & & & \cdots & 1 & -1 & 0 & 0 \\ & & & \cdots & 0 & 1 & -1 & 0 \\ 1 & 2 & 2^2 & \cdots & 2^{n-2} & 2^{n-1}+1 & 2^n+3 & 2^{n+1}+6 \\ 0 & 1 & 2 & \cdots & 2^{n-3} & 2^{n-2} & 2^{n-1}+1 & 2^n+3 \end{vmatrix},$$

再将最后 1 行的(−2)倍加到倒数第 2 行,得

$$R(f,g)=\begin{vmatrix} 1 & -1 & 0 & 0 & \cdots & & & & \\ & 1 & -1 & 0 & \cdots & & & & \\ \vdots & \vdots & \vdots & \vdots & & \vdots & \vdots & \vdots & \vdots \\ & & & & \cdots & 1 & -1 & 0 & 0 \\ & & & & \cdots & 0 & 1 & -1 & 0 \\ 1 & 0 & 0 & & \cdots & 0 & 1 & 1 & 0 \\ 0 & 1 & 2 & & \cdots & 2^{n-3} & 2^{n-2} & 2^{n-1}+1 & 2^n+3 \end{vmatrix},$$

按最后一列展开,得

$$R(f,g)=(2^n+3)\begin{vmatrix} 1 & -1 & 0 & \cdots & & & \\ & 1 & -1 & \cdots & & & \\ \vdots & \vdots & \vdots & & \vdots & \vdots & \vdots \\ & & & \cdots & 1 & -1 & 0 \\ & & & \cdots & 0 & 1 & -1 \\ 1 & 0 & 0 & \cdots & 0 & 1 & 1 \end{vmatrix},$$

再从第1列起，每列加到后一列，得

$$R(f,g)=(2^n+3)\begin{vmatrix}1 & 0 & 0 & \cdots & & & \\ & 1 & 0 & \cdots & & & \\ \vdots & \vdots & & & \vdots & \vdots & \vdots \\ & & & \cdots & 1 & 0 & 0 \\ & & & \cdots & 0 & 1 & 0 \\ 1 & 1 & 1 & \cdots & 1 & 2 & 3\end{vmatrix}=3(2^n+3).$$

(3) 数学归纳法. 设 $f_n(x)=(x-1)^n, g_n(x)=x^n+1$，证明：

$$R(f_n,g_n)=2^n. \qquad ①$$

当 $n=1$ 时，$R(f_1,g_1)=\begin{vmatrix}1 & -1\\ 1 & 1\end{vmatrix}=2$，式 ① 成立.

假设当 $n=k-1$ 时成立，即 $R(f_{k-1},g_{k-1})=2^{k-1}$；

现证当 $n=k$ 时，

$$R(f_k,g_k)=\begin{vmatrix}1 & -C_k^k & C_k^2 & \cdots & (-1)^{k-1}C_k^{k-1} & (-1)^kC_k^k & & & & \\ \vdots & \vdots & \vdots & & \vdots & \vdots & & & & \\ & & & \cdots & 1 & -C_k^1 & C_k^2 & \cdots & (-1)^{k-1}C_k^{k-1} & (-1)^kC_k^k \\ 1 & 0 & 0 & \cdots & 0 & 1 & & & & \\ \vdots & \vdots & \vdots & & \vdots & \vdots & \vdots & \cdots & \vdots & \vdots \\ & & & 1 & 0 & 0 & 0 & \cdots & 1 & 0 \\ & & & & 1 & 0 & 0 & \cdots & 0 & 1\end{vmatrix},$$

从第1列起，每列的1倍加到后1列，得

$$R(f_k,g_k)=\begin{vmatrix}1 & -C_{k-1}^1 & C_{k-1}^2 & \cdots & (-1)^{k-1}C_{k-1}^{k-1} & 0 & \cdots & & & \\ & & & & \vdots & \vdots & & & & \\ & & & & 1 & C_{k-1}^1 & \cdots & (-1)^{k-2}C_{k-1}^{k-2} & (-1)^{k-1}C_{k-1}^{k-1} & 0 \\ 1 & 1 & 1 & \cdots & 1 & 2 & \cdots & 2 & 2 & 2 \\ \vdots & \vdots & \vdots & \cdots & \vdots & \vdots & & \vdots & \vdots & \vdots \\ & & & 1 & 1 & 1 & \cdots & 1 & 2 & 2 \\ & & & & 1 & 1 & \cdots & 1 & 1 & 2\end{vmatrix},$$

从第 $k+2$ 行开始，逐行乘以(−1)加到前1行，得

$$R(f_k,g_k)=\begin{vmatrix}1 & -C_{k-1}^1 & \cdots & (-1)^{k-1}C_{k-1}^{k-1} & 0 & & & & \\ \vdots & \vdots & \cdots & \vdots & \vdots & & & & \\ & & & 1 & -C_{k-1}^1 & \cdots & (-1)^{k-1}C_{k-1}^{k-1} & 0 & \\ 1 & 0 & \cdots & 1 & & & & & \\ \vdots & \vdots & & \vdots & \vdots & \vdots & \vdots & \vdots & \\ & & & 1 & 0 & \cdots & 0 & 1 & 0 \\ & & & & 1 & \cdots & 1 & 1 & 2\end{vmatrix},$$

按最后1列展开得 $R(f_k,g_k)=2R(f_{k-1},g_{k-1})$.

再由归纳假设，即有 $R(f_n,g_n)=2\cdot 2^{n-1}=2^n$.

四、自测题

第三章自测题

一、判断题(每题 3 分,共 15 分)

1. 若某一齐次线性方程组中方程的个数大于未知数的个数,则该方程组一定有无穷多个解. ( )
2. 若向量组 $\boldsymbol{\alpha}_1,\boldsymbol{\alpha}_2,\cdots,\boldsymbol{\alpha}_r(r>2)$ 中任意两个向量都线性无关,则该向量组线性无关. ( )
3. 若某一向量组中含有 m 个向量,且其极大线性无关组为 $\boldsymbol{\alpha}_1,\boldsymbol{\alpha}_2,\cdots,\boldsymbol{\alpha}_r(r<m)$,则从该向量组中将 $\boldsymbol{\alpha}_1,\boldsymbol{\alpha}_2,\cdots,\boldsymbol{\alpha}_r$ 去掉后,剩余的 $m-r$ 个向量必线性相关. ( )
4. 对某一矩阵同时实施初等行变换与列变换,不改变它的秩. ( )
5. 设 $\boldsymbol{\alpha}_1,\boldsymbol{\alpha}_2$ 是非齐次线性方程组 $\boldsymbol{Ax}=\boldsymbol{b}$ 的解,$\boldsymbol{\beta}$ 是导出组 $\boldsymbol{Ax}=\boldsymbol{0}$ 的解,则 $\boldsymbol{\alpha}_1+\boldsymbol{\alpha}_2+\boldsymbol{\beta}$ 也是方程组 $\boldsymbol{Ax}=\boldsymbol{b}$ 的解. ( )

二、填空题(每题 3 分,共 15 分)

6. 矩阵 $\boldsymbol{A}$ 的秩等于 $\boldsymbol{A}$ 在初等行变换下的阶梯形矩阵中________ 的数目.
7. 如果向量组 $\boldsymbol{\alpha}_1,\boldsymbol{\alpha}_2,\cdots,\boldsymbol{\alpha}_r$ 可以经向量组 $\boldsymbol{\beta}_1,\boldsymbol{\beta}_2,\cdots,\boldsymbol{\beta}_s$ 线性表出,且 $\boldsymbol{\alpha}_1,\boldsymbol{\alpha}_2,\cdots,\boldsymbol{\alpha}_r$ 线性无关,则 r 与 s 的大小关系为________.
8. 若向量组 $\boldsymbol{\alpha}_1=\begin{pmatrix}1\\0\\0\\2\end{pmatrix},\boldsymbol{\alpha}_2=\begin{pmatrix}0\\1\\5\\0\end{pmatrix},\boldsymbol{\alpha}_3=\begin{pmatrix}2\\1\\t+2\\4\end{pmatrix}$ 的秩为 2,则 $t=$________.
9. 设 n 阶矩阵 $\boldsymbol{A}$ 的各行元素之和为零,且 $\boldsymbol{A}$ 的秩为 $n-1$,则方程组 $\boldsymbol{Ax}=\boldsymbol{0}$ 的通解为________.
10. 设 $\boldsymbol{A}$ 是 $m\times n$ 阶矩阵,当 $\boldsymbol{A}$ 的秩等于________ 时,对任意的 m 维向量 $\boldsymbol{b}$,方程组 $\boldsymbol{Ax}=\boldsymbol{b}$ 都有解.

三、计算题(每题 10 分,共 30 分)

11. 设向量组 $\boldsymbol{\alpha}_1=(2,-1,3,1),\boldsymbol{\alpha}_2=(4,-2,5,4),\boldsymbol{\alpha}_3=(2,-1,4,-1)$,试寻找该向量组的一个极大线性无关组,并将其余向量(如果还有的话)表示成极大线性无关组的线性组合.
12. 已知 a 为常数,设三阶矩阵 $\boldsymbol{A}=\begin{pmatrix}1&2&a\\1&3&0\\2&7&-a\end{pmatrix}$ 经过初等列变换后化为矩阵 $\boldsymbol{B}=\begin{pmatrix}1&a&2\\0&1&1\\-1&1&1\end{pmatrix}$,求 a 的值.
13. 当 λ 为何值时,线性方程组 $\begin{cases}x_1+x_2+2x_3+3x_4=1,\\x_1+3x_2+6x_3+x_4=3,\\x_1+5x_2+10x_3-x_4=5,\\3x_1+5x_2+10x_3+7x_4=\lambda\end{cases}$ 有解?在有解的情况下,求其通解.

四、证明题(前两题每题 10 分,第 16 题 20 分,共 40 分)

14. 设向量组 $\boldsymbol{\alpha}_1,\boldsymbol{\alpha}_2,\cdots,\boldsymbol{\alpha}_m$ 线性无关,而向量组 $\boldsymbol{\alpha}_2,\boldsymbol{\alpha}_3,\cdots,\boldsymbol{\alpha}_{m+1}$ 线性相关,证明:$\boldsymbol{\alpha}_1$ 不能由 $\boldsymbol{\alpha}_2,\boldsymbol{\alpha}_3,\cdots,\boldsymbol{\alpha}_{m+1}$ 线性表出.
15. 设 $\boldsymbol{A}$ 为 n 阶方阵,证明:$\boldsymbol{A}$ 的秩等于 1 当且仅当存在非零向量 $\boldsymbol{\alpha}=\begin{pmatrix}a_1\\a_2\\\vdots\\a_n\end{pmatrix}$ 与 $\boldsymbol{\beta}=\begin{pmatrix}b_1\\b_2\\\vdots\\b_n\end{pmatrix}$ 使得 $\boldsymbol{A}=\boldsymbol{\alpha\beta}^{\mathrm{T}}$.
16. 设 $\boldsymbol{A}$ 为 n 阶方阵,设 $\boldsymbol{\alpha}_1,\boldsymbol{\alpha}_2,\cdots,\boldsymbol{\alpha}_s$ 是齐次线性方程组 $\boldsymbol{Ax}=\boldsymbol{0}$ 的基础解系,$\boldsymbol{\beta}_1,\boldsymbol{\beta}_2,\cdots,\boldsymbol{\beta}_t$ 是齐次线性方

程组$(\boldsymbol{A}-\boldsymbol{E}_n)\boldsymbol{x}=\boldsymbol{0}$的基础解系,其中$\boldsymbol{E}_n$为$n$阶单位矩阵,证明:

(1) 向量组$\boldsymbol{\alpha}_1,\boldsymbol{\alpha}_2,\cdots,\boldsymbol{\alpha}_s,\boldsymbol{\beta}_1,\boldsymbol{\beta}_2,\cdots,\boldsymbol{\beta}_t$线性无关;

(2)$\boldsymbol{\alpha}_1,\boldsymbol{\alpha}_2,\cdots,\boldsymbol{\alpha}_s,\boldsymbol{\beta}_1,\boldsymbol{\beta}_2,\cdots,\boldsymbol{\beta}_t$均为$(\boldsymbol{A}^2-\boldsymbol{A})\boldsymbol{x}=\boldsymbol{0}$的解向量.

第三章自测题解答

一、1. × 2. × 3. × 4. √ 5. ×

二、6. 非零行.

7. $r\leqslant s$.

8. 3.

9. $k\begin{pmatrix}1\\1\\\vdots\\1\end{pmatrix}$,其中$k$为任意常数.

10. m.

三、11. 解 将向量组写成矩阵的形式,并进行初等行变换可得

$$\begin{pmatrix}2&4&2\\-1&-2&-1\\3&5&4\\1&4&-1\end{pmatrix}\to\begin{pmatrix}1&2&1\\0&0&0\\0&-1&1\\0&2&-2\end{pmatrix}\to\begin{pmatrix}1&2&1\\0&1&-1\\0&0&0\\0&0&0\end{pmatrix}.$$

阶梯形矩阵中非零行数为2,故向量组的秩为2,且$\boldsymbol{\alpha}_1,\boldsymbol{\alpha}_2$可构成一个极大线性无关组.

设$\boldsymbol{\alpha}_3=x\boldsymbol{\alpha}_1+y\boldsymbol{\alpha}_2$,则$\begin{cases}x+2y=1,\\y=-1,\end{cases}$解得$x=3,y=-1$,即$\boldsymbol{\alpha}_3=3\boldsymbol{\alpha}_1-\boldsymbol{\alpha}_2$.

12. 解 注意到对$\boldsymbol{A}$实施初等行变换可得

$$\boldsymbol{A}=\begin{pmatrix}1&2&a\\1&3&0\\2&7&-a\end{pmatrix}\to\begin{pmatrix}1&2&a\\0&1&-a\\0&3&-3a\end{pmatrix}\to\begin{pmatrix}1&2&a\\0&1&-a\\0&0&0\end{pmatrix}.$$

对$\boldsymbol{B}$实施初等行变换可得

$$\boldsymbol{B}=\begin{pmatrix}1&a&2\\0&1&1\\-1&1&1\end{pmatrix}\to\begin{pmatrix}1&a&2\\0&1&1\\0&1+a&3\end{pmatrix}\to\begin{pmatrix}1&a&2\\0&1&1\\0&0&2-a\end{pmatrix}.$$

由于$\boldsymbol{A}$的秩等于$\boldsymbol{B}$的秩,故$a=2$.

13. 解 对方程组的增广矩阵进行初等行变换可得

$$\begin{pmatrix}1&1&2&3&1\\1&3&6&1&3\\1&5&10&-1&5\\3&5&10&7&\lambda\end{pmatrix}\to\begin{pmatrix}1&1&2&3&1\\0&2&4&-2&2\\0&4&8&-4&4\\0&2&4&-2&\lambda-3\end{pmatrix}\to\begin{pmatrix}1&1&2&3&1\\0&1&2&-1&1\\0&0&0&0&\lambda-5\\0&0&0&0&0\end{pmatrix}.$$

要使非齐次线性方程组有解,需满足系数矩阵与增广矩阵有相同的秩,即$\lambda=5$时,方程组有解.此时对阶梯形矩阵继续进行初等行变换可得

$$\begin{pmatrix}1&1&2&3&1\\0&1&2&-1&1\\0&0&0&0&0\\0&0&0&0&0\end{pmatrix}\to\begin{pmatrix}1&0&0&4&0\\0&1&2&-1&1\\0&0&0&0&0\\0&0&0&0&0\end{pmatrix},$$

于是可得与原方程组同解的方程组为$\begin{cases} x_1 = -4x_4, \\ x_2 = -2x_3 + x_4 + 1. \end{cases}$ 选取 x_3, x_4 为自由未知量，可得原方程组的导出组的基础解系为 $\boldsymbol{\eta}_1 = \begin{pmatrix} 0 \\ -2 \\ 1 \\ 0 \end{pmatrix}$，$\boldsymbol{\eta}_2 = \begin{pmatrix} -4 \\ 1 \\ 0 \\ 1 \end{pmatrix}$，而原方程组的一个特解为 $\boldsymbol{\eta} = \begin{pmatrix} 0 \\ 1 \\ 0 \\ 0 \end{pmatrix}$，故原方程组的通解为 $\boldsymbol{\eta} + c_1\boldsymbol{\eta}_1 + c_2\boldsymbol{\eta}_2$，其中 c_1, c_2 为任意常数.

四、14. 证　因为向量组 $\boldsymbol{\alpha}_1, \boldsymbol{\alpha}_2, \cdots, \boldsymbol{\alpha}_m$ 线性无关，故向量组 $\boldsymbol{\alpha}_2, \boldsymbol{\alpha}_3, \cdots, \boldsymbol{\alpha}_m$ 也线性无关. 又向量组 $\boldsymbol{\alpha}_2, \boldsymbol{\alpha}_3, \cdots, \boldsymbol{\alpha}_{m+1}$ 线性相关，故 $\boldsymbol{\alpha}_{m+1}$ 可由 $\boldsymbol{\alpha}_2, \boldsymbol{\alpha}_3, \cdots, \boldsymbol{\alpha}_m$ 线性表出，否则 $\boldsymbol{\alpha}_2, \boldsymbol{\alpha}_3, \cdots, \boldsymbol{\alpha}_{m+1}$ 线性无关，矛盾. 假设 $\boldsymbol{\alpha}_1 = k_2\boldsymbol{\alpha}_2 + k_3\boldsymbol{\alpha}_3 + \cdots + k_{m+1}\boldsymbol{\alpha}_{m+1}$，由于 $\boldsymbol{\alpha}_{m+1}$ 可由 $\boldsymbol{\alpha}_2, \boldsymbol{\alpha}_3, \cdots, \boldsymbol{\alpha}_m$ 线性表出，故 $\boldsymbol{\alpha}_1$ 可由 $\boldsymbol{\alpha}_2, \boldsymbol{\alpha}_3, \cdots, \boldsymbol{\alpha}_m$ 线性表出，这与 $\boldsymbol{\alpha}_1, \boldsymbol{\alpha}_2, \cdots, \boldsymbol{\alpha}_m$ 线性无关矛盾，故 $\boldsymbol{\alpha}_1$ 不能由 $\boldsymbol{\alpha}_2, \boldsymbol{\alpha}_3, \cdots, \boldsymbol{\alpha}_{m+1}$ 线性表出.

15. 证　必要性：设 $\boldsymbol{A}$ 的秩等于 1，此时 $\boldsymbol{A}$ 必存在某行，不妨设为第 1 行，其它 $n-1$ 行都是第 1 行的倍数，设第 1 行元素分别为 $b_1, b_2, \cdots, b_n$，而第 1 行，第 2 行，…，第 n 行分别是第 1 行的 $a_1, a_2, \cdots, a_n$ 倍，其中 $a_1 = 1$，于是

$$\boldsymbol{A} = \begin{pmatrix} a_1b_1 & a_1b_2 & \cdots & a_1b_n \\ a_2b_1 & a_2b_2 & \cdots & a_2b_n \\ \vdots & \vdots & & \vdots \\ a_nb_1 & a_nb_2 & \cdots & a_nb_n \end{pmatrix} = \begin{pmatrix} a_1 \\ a_2 \\ \vdots \\ a_n \end{pmatrix} (b_1, b_2, \cdots, b_n).$$

充分性：若 $\boldsymbol{A} = \boldsymbol{\alpha}\boldsymbol{\beta}^{\mathrm{T}} = \begin{pmatrix} a_1b_1 & a_1b_2 & \cdots & a_1b_n \\ a_2b_1 & a_2b_2 & \cdots & a_2b_n \\ \vdots & \vdots & & \vdots \\ a_nb_1 & a_nb_2 & \cdots & a_nb_n \end{pmatrix}$，其中 $\boldsymbol{\alpha}, \boldsymbol{\beta}$ 为非零向量，不妨假设 $a_1 \neq 0, b_1 \neq 0$，则显然 $\boldsymbol{A}$ 的第 1 行为非零行，且其余行均为第 1 行的常数倍，故 $\boldsymbol{A}$ 的第 1 行为行向量组的极大线性无关组，因此 $\boldsymbol{A}$ 的秩等于 1.

16. 证　(1) 由条件易得 $\boldsymbol{A}\boldsymbol{\alpha}_i = \boldsymbol{0}$，$i = 1, 2, \cdots, s$，且 $\boldsymbol{A}\boldsymbol{\beta}_j = \boldsymbol{\beta}_j$，$j = 1, 2, \cdots, t$. 假设

$$k_1\boldsymbol{\alpha}_1 + k_2\boldsymbol{\alpha}_2 + \cdots + k_s\boldsymbol{\alpha}_s + l_1\boldsymbol{\beta}_1 + l_2\boldsymbol{\beta}_2 + \cdots + l_t\boldsymbol{\beta}_t = \boldsymbol{0}.$$

则 $\boldsymbol{A}(k_1\boldsymbol{\alpha}_1 + k_2\boldsymbol{\alpha}_2 + \cdots + k_s\boldsymbol{\alpha}_s + l_1\boldsymbol{\beta}_1 + l_2\boldsymbol{\beta}_2 + \cdots + l_t\boldsymbol{\beta}_t) = \boldsymbol{0}$，从而 $l_1\boldsymbol{\beta}_1 + l_2\boldsymbol{\beta}_2 + \cdots + l_t\boldsymbol{\beta}_t = \boldsymbol{0}$. 由于 $\boldsymbol{\beta}_1, \boldsymbol{\beta}_2, \cdots, \boldsymbol{\beta}_t$ 是齐次线性方程组 $(\boldsymbol{A} - \boldsymbol{E}_n)\boldsymbol{x} = \boldsymbol{0}$ 的基础解系，故 $\boldsymbol{\beta}_1, \boldsymbol{\beta}_2, \cdots, \boldsymbol{\beta}_t$ 线性无关，因此 $l_1 = 0, l_2 = 0, \cdots, l_t = 0$，进而 $k_1\boldsymbol{\alpha}_1 + k_2\boldsymbol{\alpha}_2 + \cdots + k_s\boldsymbol{\alpha}_s = \boldsymbol{0}$. 又 $\boldsymbol{\alpha}_1, \boldsymbol{\alpha}_2, \cdots, \boldsymbol{\alpha}_s$ 是齐次线性方程组 $\boldsymbol{A}\boldsymbol{x} = \boldsymbol{0}$ 的基础解系，故 $\boldsymbol{\alpha}_1, \boldsymbol{\alpha}_2, \cdots, \boldsymbol{\alpha}_s$ 线性无关，因此 $k_1 = 0, k_2 = 0, \cdots, k_s = 0$，结论成立.

(2) 一方面，由于 $(\boldsymbol{A}^2 - \boldsymbol{A})\boldsymbol{\alpha}_i = (\boldsymbol{A} - \boldsymbol{E})\boldsymbol{A}\boldsymbol{\alpha}_i = \boldsymbol{0}$，$i = 1, 2, \cdots, s$，故 $\boldsymbol{\alpha}_1, \boldsymbol{\alpha}_2, \cdots, \boldsymbol{\alpha}_s$ 均为 $(\boldsymbol{A}^2 - \boldsymbol{A})\boldsymbol{x} = \boldsymbol{0}$ 的解向量；另一方面，$(\boldsymbol{A}^2 - \boldsymbol{A})\boldsymbol{\beta}_j = \boldsymbol{A}(\boldsymbol{A} - \boldsymbol{E})\boldsymbol{\beta}_j = \boldsymbol{0}$，$j = 1, 2, \cdots, t$，故 $\boldsymbol{\beta}_1, \boldsymbol{\beta}_2, \cdots, \boldsymbol{\beta}_t$ 均为 $(\boldsymbol{A}^2 - \boldsymbol{A})\boldsymbol{x} = \boldsymbol{0}$ 的解向量.

第四章 矩阵

一、主要内容归纳

1. 矩阵的概念 由 $m\times n$ 个数 $a_{ij}\,(i=1,2,\cdots,m;\ j=1,2,\cdots,n)$ 按一定次序排成的 m 行 n 列的矩形数表

$$\begin{pmatrix} a_{11} & a_{12} & \cdots & a_{1n} \\ a_{21} & a_{22} & \cdots & a_{2n} \\ \vdots & \vdots & & \vdots \\ a_{m1} & a_{m2} & \cdots & a_{mn} \end{pmatrix}$$

称为 $m\times n$ 阶**矩阵**(m 行 n 列矩阵)，a_{ij} 叫做**矩阵的元素**，矩阵可简记为

$$\boldsymbol{A}=(a_{ij})_{m\times n} \quad 或 \quad \boldsymbol{A}=(a_{ij}).$$

当 $m=n$ 时，即矩阵的行数与列数相同时，称 $\boldsymbol{A}$ 为 n **阶方阵**；

当 $m=1$ 时，矩阵只有一行，称为**行矩阵**，记为

$$\boldsymbol{A}=(a_{11},a_{12},\cdots,a_{1n}),$$

这样的行矩阵也称为 n **维行向量**；

当 $n=1$ 时，矩阵只有一列，称为**列矩阵**，记为

$$\boldsymbol{A}=\begin{pmatrix} a_{11} \\ a_{21} \\ \vdots \\ a_{m1} \end{pmatrix},$$

这样的列矩阵也称为 m **维列向量**.

矩阵 $\boldsymbol{A}$ 中各元素变号得到的矩阵叫做 $\boldsymbol{A}$ 的**负矩阵**，记作 $-\boldsymbol{A}$，即

$$-\boldsymbol{A}=(-a_{ij})_{m\times n}.$$

如果矩阵 $\boldsymbol{A}$ 的所有元素都是 0，即

$$\boldsymbol{A}=\begin{pmatrix} 0 & 0 & \cdots & 0 \\ 0 & 0 & \cdots & 0 \\ \vdots & \vdots & & \vdots \\ 0 & 0 & \cdots & 0 \end{pmatrix},$$

则 $\boldsymbol{A}$ 称为**零矩阵**，记为 $\boldsymbol{O}$.

2. 矩阵的运算

(1)**矩阵的相等** 设

$$\boldsymbol{A}=(a_{ij})_{m\times n},\quad \boldsymbol{B}=(b_{ij})_{m\times n},$$

如果 $a_{ij}=b_{ij}(i=1,2,\cdots,m;\ j=1,2,\cdots,n)$,则称矩阵 $\boldsymbol{A}$ 与 $\boldsymbol{B}$ **相等**,记作 $\boldsymbol{A}=\boldsymbol{B}$.

(2)**矩阵的加、减法** 设

$$\boldsymbol{A}=(a_{ij})_{m\times n},\quad \boldsymbol{B}=(b_{ij})_{m\times n},\quad \boldsymbol{C}=(c_{ij})_{m\times n},$$

其中 $c_{ij}=a_{ij}\pm b_{ij}(i=1,2,\cdots,m;\ j=1,2,\cdots,n)$,则称 $\boldsymbol{C}$ 为矩阵 $\boldsymbol{A}$ 与 $\boldsymbol{B}$ **的和(或差)**,记为 $\boldsymbol{C}=\boldsymbol{A}\pm\boldsymbol{B}$.

(3)**数与矩阵的乘法** 设 k 为一个常数,

$$\boldsymbol{A}=(a_{ij})_{m\times n},\boldsymbol{C}=(c_{ij})_{m\times n},$$

其中 $c_{ij}=ka_{ij}(i=1,2,\cdots,m;\ j=1,2,\cdots,n)$,则称矩阵 $\boldsymbol{C}$ 为数 k 与矩阵 $\boldsymbol{A}$ 的**数量乘积**,简称**数乘**,记为 $k\boldsymbol{A}$.

(4)**矩阵的乘法** 设 $\boldsymbol{A}=(a_{ij})_{m\times s}$, $\boldsymbol{B}=(b_{ij})_{s\times n}$, $\boldsymbol{C}=(c_{ij})_{m\times n}$, 其中

$$c_{ij}=\sum_{l=1}^{s}a_{il}b_{lj}(i=1,2,\cdots,m;\ j=1,2,\cdots,n),$$

则称矩阵 $\boldsymbol{C}$ 为矩阵 $\boldsymbol{A}$ 与 $\boldsymbol{B}$ 的**乘积**,记为 $\boldsymbol{AB}$,即 $\boldsymbol{C}=\boldsymbol{AB}$.

(5)**方阵的幂运算** 对 n 阶方阵 $\boldsymbol{A}$,定义

$$\boldsymbol{A}^k=\underbrace{\boldsymbol{A}\cdot\boldsymbol{A}\cdot\cdots\cdot\boldsymbol{A}}_{k个},$$

称为 $\boldsymbol{A}$ 的 k **次幂**.

(6)**矩阵的转置** 把矩阵 $\boldsymbol{A}=(a_{ij})_{m\times n}$ 的行列互换而得到的矩阵 $(a_{ji})_{n\times m}$ 称为 $\boldsymbol{A}$ 的**转置矩阵**,记为 $\boldsymbol{A}^{\mathrm{T}}$(或 $\boldsymbol{A}'$).

(7)**方阵的行列式** 方阵 $\boldsymbol{A}$ 的元素按原来的位置构成的行列式,称为 $\boldsymbol{A}$ 的**行列式**,记为 $|\boldsymbol{A}|$.

若 $|\boldsymbol{A}|=0$,称 $\boldsymbol{A}$ 为**奇异矩阵**,否则称为**非奇异矩阵**.

3. 矩阵的运算公式

关于矩阵的加法运算公式

(1) $\boldsymbol{A}+\boldsymbol{B}=\boldsymbol{B}+\boldsymbol{A}$; (2) $(\boldsymbol{A}+\boldsymbol{B})+\boldsymbol{C}=\boldsymbol{A}+(\boldsymbol{B}+\boldsymbol{C})$;

(3) $\boldsymbol{A}+(-\boldsymbol{A})=\boldsymbol{O}$; (4) $(\boldsymbol{A}-\boldsymbol{B})=\boldsymbol{A}+(-\boldsymbol{B})$.

关于数乘运算的公式

(1) $(kl)\boldsymbol{A}=k(l\boldsymbol{A})$; (2) $(k+l)\boldsymbol{A}=k\boldsymbol{A}+l\boldsymbol{A}$;

(3) $k(\boldsymbol{A}+\boldsymbol{B})=k\boldsymbol{A}+k\boldsymbol{B}$.

关于矩阵的乘法运算的公式

(1) $(\boldsymbol{AB})\boldsymbol{C}=\boldsymbol{A}(\boldsymbol{BC})$; (2) $k(\boldsymbol{AB})=(k\boldsymbol{A})\boldsymbol{B}=\boldsymbol{A}(k\boldsymbol{B})$;

(3) $\boldsymbol{A}(\boldsymbol{B}+\boldsymbol{C})=\boldsymbol{AB}+\boldsymbol{AC}$; $(\boldsymbol{B}+\boldsymbol{C})\boldsymbol{A}=\boldsymbol{BA}+\boldsymbol{CA}$; (4) $\boldsymbol{EA}=\boldsymbol{AE}=\boldsymbol{A}$;

(5) $(\lambda\boldsymbol{E})\boldsymbol{A}=\lambda\boldsymbol{A}=\boldsymbol{A}(\lambda\boldsymbol{E})$; (6) $\boldsymbol{A}^k\boldsymbol{A}^l=\boldsymbol{A}^{k+l}$; (7) $(\boldsymbol{A}^k)^l=\boldsymbol{A}^{kl}$;

(8) 矩阵的乘法一般不满足交换律，即 $\boldsymbol{AB}$ 有意义，但 $\boldsymbol{BA}$ 不一定有意义；即使 $\boldsymbol{AB}$ 和 $\boldsymbol{BA}$ 都有意义，两者也不一定相等.

(9)两个非零矩阵相乘，可能是零矩阵，从而不能从 $\boldsymbol{AB}=\boldsymbol{O}$ 必然推出 $\boldsymbol{A}=\boldsymbol{O}$ 或 $\boldsymbol{B}=\boldsymbol{O}$.

(10)矩阵的乘法一般不满足消去律，即不能从 $\boldsymbol{AC}=\boldsymbol{BC}$ 必然推出 $\boldsymbol{A}=\boldsymbol{B}$.

关于矩阵的转置运算的公式

(1) $(\boldsymbol{A}^{\mathrm{T}})^{\mathrm{T}}=\boldsymbol{A}$； (2) $(\boldsymbol{A}+\boldsymbol{B})^{\mathrm{T}}=\boldsymbol{A}^{\mathrm{T}}+\boldsymbol{B}^{\mathrm{T}}$； (3) $(k\boldsymbol{A})^{\mathrm{T}}=k\boldsymbol{A}^{\mathrm{T}}$； (4) $(\boldsymbol{AB})^{\mathrm{T}}=\boldsymbol{B}^{\mathrm{T}}\boldsymbol{A}^{\mathrm{T}}$.

关于方阵的行列式的公式

若 $\boldsymbol{A},\boldsymbol{B}$ 都是 n 阶方阵，则

(1) $|\boldsymbol{A}^{\mathrm{T}}|=|\boldsymbol{A}|$； (2) $|\lambda\boldsymbol{A}|=\lambda^n|\boldsymbol{A}|$；

(3) $|\boldsymbol{AB}|=|\boldsymbol{A}||\boldsymbol{B}|$； (4) $|\boldsymbol{AB}|=|\boldsymbol{BA}|$.

4. 几类特殊矩阵

(1)**单位矩阵** 主对角线上元素都是 1，其余元素均为零的方阵称为**单位矩阵**，记为 $\boldsymbol{E}$ (或 $\boldsymbol{I}$)，即

$$\boldsymbol{E}=\begin{pmatrix}1&0&\cdots&0\\0&1&\cdots&0\\\vdots&\vdots&&\vdots\\0&0&\cdots&1\end{pmatrix}.$$

(2)**对角矩阵** 主对角线上元素为任意常数，而主对角线外的元素均为零的矩阵. 若对角矩阵的主对角线上的元素相等，则称为**数量矩阵**.

(3)**三角矩阵** 主对角线下方元素全为零的方阵称为**上三角矩阵**；主对角线上方元素全为零的方阵称为**下三角矩阵**；上、下三角矩阵统称为**三角矩阵**.

(4)**对称矩阵** 如果 n 阶方阵 $\boldsymbol{A}=(a_{ij})$ 满足 $a_{ij}=a_{ji}(i,j=1,2,\cdots,n)$，即 $\boldsymbol{A}^{\mathrm{T}}=\boldsymbol{A}$，则称 $\boldsymbol{A}$ 为**对称矩阵**.

(5)**反对称矩阵** 如果 n 阶方阵 $\boldsymbol{A}=(a_{ij})$ 满足 $a_{ij}=-a_{ji}(i\neq j),a_{ii}=0(i,j=1,2,\cdots,n)$，即 $\boldsymbol{A}^{\mathrm{T}}=-\boldsymbol{A}$，则称 $\boldsymbol{A}$ 为**反对称矩阵**.

(6)**正交矩阵** 对方阵 $\boldsymbol{A}$，如果有 $\boldsymbol{A}^{\mathrm{T}}\boldsymbol{A}=\boldsymbol{A}\boldsymbol{A}^{\mathrm{T}}=\boldsymbol{E}$，则称 $\boldsymbol{A}$ 为**正交矩阵**.

(7)**幂零矩阵** 对方阵 $\boldsymbol{A}$，如果存在正整数 m，使 $\boldsymbol{A}^m=\boldsymbol{O}$，则称 $\boldsymbol{A}$ 为**幂零矩阵**.

(8)**幂等矩阵** 满足 $\boldsymbol{A}^2=\boldsymbol{A}$ 的方阵 $\boldsymbol{A}$ 称为**幂等矩阵**.

(9)**对合矩阵** 满足 $\boldsymbol{A}^2=\boldsymbol{E}$ 的方阵 $\boldsymbol{A}$ 称为**对合矩阵**.

5. 关于矩阵的常用公式(续)

(1)若 $\boldsymbol{A}_{s\times n}\boldsymbol{B}_{n\times m}=\boldsymbol{C}_{s\times m}$，则 $r(\boldsymbol{A})+r(\boldsymbol{B})-n\leqslant r(\boldsymbol{C})\leqslant\min\{r(\boldsymbol{A}),r(\boldsymbol{B})\}$；

特别地，若 $\boldsymbol{AB}=\boldsymbol{O}$，则 $r(\boldsymbol{A})+r(\boldsymbol{B})\leqslant n$.

(2)若 $\boldsymbol{A}$ 可逆，则 $r(\boldsymbol{AB})=r(\boldsymbol{B})$；若 $\boldsymbol{B}$ 可逆，则 $r(\boldsymbol{AB})=r(\boldsymbol{A})$.

(3)设 $\boldsymbol{A}$ 为 $m\times n$ 阶矩阵，$r(\boldsymbol{A})=r$，则 $\boldsymbol{A}$ 的任意 s 行组成的矩阵 $\boldsymbol{B}$，有 $r(\boldsymbol{B})\geqslant r+s-m$.

(4)设 $\boldsymbol{A}$ 可逆，则 $r\left(\begin{pmatrix}\boldsymbol{A}&\boldsymbol{B}\\\boldsymbol{C}&\boldsymbol{D}\end{pmatrix}\right)=r(\boldsymbol{A})+r(\boldsymbol{D}-\boldsymbol{C}\boldsymbol{A}^{-1}\boldsymbol{B})$.

(5)设 $M=\begin{bmatrix}A & O\\ O & B\end{bmatrix}$,则 $r(M)=r(A)+r(B)$.

(6)设 A 与 B 是行数相同的矩阵,则 $r(A,B)\leqslant r(A)+r(B)$.

(7)若 $Ax=0$ 与 $Bx=0$ 同解,则 $r(A)=r(B)$.

(8)$r(A)=r(AA^{T})=r(A^{T}A)$.

(9)$r(A^{n})=r(A^{m}),m\geqslant n$.

(10)$r(ABC)\geqslant r(AB)+r(BC)-r(B)$.

(11)若 G 为列满秩矩阵,H 为行满秩矩阵,则 $r(A)=r(GA)=r(AH)$.

6. 逆矩阵的定义 对于 n 阶方阵 A,如果存在 n 阶方阵 B 使 $AB=BA=E$,则称 A 是**可逆的**,并把 B 称为 A 的**逆矩阵**,记作 $A^{-1}=B$.

7. 关于逆矩阵的常用结论

(1)方阵 A 可逆的充要条件是 $|A|\neq 0$; (2)若 $AB=E$ 或 $BA=E$,则 $B=A^{-1}$;

(3)$(A^{-1})^{-1}=A$; (4)$(kA)^{-1}=\frac{1}{k}A^{-1}$, 其中 $k\neq 0$;

(5)$(A^{T})^{-1}=(A^{-1})^{T}$; (6)$(AB)^{-1}=B^{-1}A^{-1}$;

(7)$|A^{-1}|=|A|^{-1}$; (8)一般情况下,$(A+B)^{-1}\neq A^{-1}+B^{-1}$;

(9)可逆的上(下)三角矩阵的逆矩阵仍为上(下)三角矩阵.

8. 伴随矩阵的定义 设 $A=(a_{ij})$ 是 n 阶方阵,行列式 $|A|$ 的各个元素 a_{ij} 的代数余子式所构成的矩阵

$$A^{*}=\begin{bmatrix}A_{11} & A_{21} & \cdots & A_{n1}\\ A_{12} & A_{22} & \cdots & A_{n2}\\ \vdots & \vdots & & \vdots\\ A_{1n} & A_{2n} & \cdots & A_{nn}\end{bmatrix}$$

称为 A 的**伴随矩阵**.

9. 伴随矩阵常用结论

(1)$AA^{*}=A^{*}A=|A|E$;

(2)若 A 可逆,则 $A^{-1}=\frac{1}{|A|}A^{*}$, $A^{*}=|A|A^{-1}$,且 A^{*} 也可逆,$(A^{*})^{-1}=(A^{-1})^{*}=\frac{1}{|A|}A$;

(3)$(kA)^{*}=k^{n-1}A^{*}\ (k\neq 0)$; (4)$(AB)^{*}=B^{*}A^{*}$;

(5)$(A^{*})^{T}=(A^{T})^{*}$; (6)$|A^{*}|=|A|^{n-1}\ (n\geqslant 2)$;

(7)$(A^{*})^{*}=|A|^{n-2}A\ (n\geqslant 2)$;

(8)$r(A^{*})=\begin{cases}n, & r(A)=n,\\ 1, & r(A)=n-1,\\ 0, & r(A)<n-1.\end{cases}$

10. 分块矩阵的定义

将矩阵 $\boldsymbol{A}$ 用若干条纵线和横线分成许多个小矩阵，每个小矩阵称为 $\boldsymbol{A}$ 的**子块**，以子块为元素的形式上的矩阵称为**分块矩阵**.

如：$\boldsymbol{A}=\begin{pmatrix} a_{11} & a_{12} & a_{13} \\ \hline a_{21} & a_{22} & a_{23} \\ \hline a_{31} & a_{32} & a_{33} \end{pmatrix}=\begin{pmatrix} \boldsymbol{\alpha}_1 \\ \boldsymbol{\alpha}_2 \\ \boldsymbol{\alpha}_3 \end{pmatrix}$，其中 $\boldsymbol{\alpha}_1=(a_{11},a_{12},a_{13})$是一个子块.

又如：$\boldsymbol{B}=\left(\begin{array}{cc|cc} b_{11} & b_{12} & b_{13} & b_{14} \\ b_{21} & b_{22} & b_{23} & b_{24} \\ \hline b_{31} & b_{32} & b_{33} & b_{34} \\ b_{41} & b_{42} & b_{43} & b_{44} \end{array}\right)=\begin{pmatrix} \boldsymbol{B}_1 & \boldsymbol{B}_2 \\ \boldsymbol{B}_3 & \boldsymbol{B}_4 \end{pmatrix}$，其中

$$\boldsymbol{B}_1=\begin{pmatrix} b_{11} & b_{12} \\ b_{21} & b_{22} \end{pmatrix},\ \boldsymbol{B}_2=\begin{pmatrix} b_{13} & b_{14} \\ b_{23} & b_{24} \end{pmatrix},\ \boldsymbol{B}_3=\begin{pmatrix} b_{31} & b_{32} \\ b_{41} & b_{42} \end{pmatrix},\ \boldsymbol{B}_4=\begin{pmatrix} b_{33} & b_{34} \\ b_{43} & b_{44} \end{pmatrix},$$

则 $\boldsymbol{B}_1,\boldsymbol{B}_2,\boldsymbol{B}_3,\boldsymbol{B}_4$ 是 $\boldsymbol{B}$ 的子块.

同一矩阵分成子块的分法有很多.

11. 分块矩阵的运算

(1)**分块矩阵的加减法** 若矩阵 $\boldsymbol{A}$ 与矩阵 $\boldsymbol{B}$ 有相同的行数和列数，且有

$$\boldsymbol{A}=\begin{pmatrix} \boldsymbol{A}_{11} & \cdots & \boldsymbol{A}_{1r} \\ \vdots & & \vdots \\ \boldsymbol{A}_{s1} & \cdots & \boldsymbol{A}_{sr} \end{pmatrix},\boldsymbol{B}=\begin{pmatrix} \boldsymbol{B}_{11} & \cdots & \boldsymbol{B}_{1r} \\ \vdots & & \vdots \\ \boldsymbol{B}_{s1} & \cdots & \boldsymbol{B}_{sr} \end{pmatrix},$$

其中 $\boldsymbol{A}_{ij}$ 与 $\boldsymbol{B}_{ij}$ 有相同的行数和列数，则

$$\boldsymbol{A}\pm\boldsymbol{B}=\begin{pmatrix} \boldsymbol{A}_{11}\pm\boldsymbol{B}_{11} & \cdots & \boldsymbol{A}_{1r}\pm\boldsymbol{B}_{1r} \\ \vdots & & \vdots \\ \boldsymbol{A}_{s1}\pm\boldsymbol{B}_{s1} & \cdots & \boldsymbol{A}_{sr}\pm\boldsymbol{B}_{sr} \end{pmatrix}.$$

(2)**分块矩阵的数乘** 设矩阵 $\boldsymbol{A}=\begin{pmatrix} \boldsymbol{A}_{11} & \cdots & \boldsymbol{A}_{1r} \\ \vdots & & \vdots \\ \boldsymbol{A}_{s1} & \cdots & \boldsymbol{A}_{sr} \end{pmatrix}$，$\lambda$ 为常数，则

$$\lambda\boldsymbol{A}=\begin{pmatrix} \lambda\boldsymbol{A}_{11} & \cdots & \lambda\boldsymbol{A}_{1r} \\ \vdots & & \vdots \\ \lambda\boldsymbol{A}_{s1} & \cdots & \lambda\boldsymbol{A}_{sr} \end{pmatrix},$$

(3)**分块矩阵的乘法** 若 $\boldsymbol{A}$ 为 $m\times l$ 矩阵，$\boldsymbol{B}$ 为 $l\times n$ 矩阵，且

$$\boldsymbol{A}=\begin{pmatrix} \boldsymbol{A}_{11} & \cdots & \boldsymbol{A}_{1t} \\ \vdots & & \vdots \\ \boldsymbol{A}_{s1} & \cdots & \boldsymbol{A}_{st} \end{pmatrix},\boldsymbol{B}=\begin{pmatrix} \boldsymbol{B}_{11} & \cdots & \boldsymbol{B}_{1r} \\ \vdots & & \vdots \\ \boldsymbol{B}_{t1} & \cdots & \boldsymbol{B}_{tr} \end{pmatrix},$$

其中 $\boldsymbol{A}_{i1},\boldsymbol{A}_{i2},\cdots,\boldsymbol{A}_{it}$ 的列数分别与 $\boldsymbol{B}_{1j},\boldsymbol{B}_{2j},\cdots,\boldsymbol{B}_{tj}$ 的行数相等，则

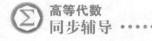

$$AB=\begin{pmatrix} C_{11} & \cdots & C_{1r} \\ \vdots & & \vdots \\ C_{s1} & \cdots & C_{sr} \end{pmatrix},$$

其中 $C_{ij}=\sum_{k=1}^{t} A_{ik}B_{kj}(i=1,\cdots,s;\ j=1,\cdots,r)$.

(4)**分块矩阵的转置** 设矩阵 $A=\begin{pmatrix} A_{11} & \cdots & A_{1r} \\ \vdots & & \vdots \\ A_{s1} & \cdots & A_{sr} \end{pmatrix}$,则 $A^{\mathrm{T}}=\begin{pmatrix} A_{11}^{\mathrm{T}} & \cdots & A_{s1}^{\mathrm{T}} \\ \vdots & & \vdots \\ A_{1r}^{\mathrm{T}} & \cdots & A_{sr}^{\mathrm{T}} \end{pmatrix}$.

12. 分块矩阵常用结论

(1)设$A=\begin{pmatrix} A_1 & & & \\ & A_2 & & \\ & & \ddots & \\ & & & A_m \end{pmatrix}$, 其中 $A_i(i=1,2,\cdots,m)$都是方阵,则

$$|A|=|A_1|\cdots|A_m|,\qquad A^n=\begin{pmatrix} A_1^n & & & \\ & A_2^n & & \\ & & \ddots & \\ & & & A_m^n \end{pmatrix}.$$

(2)设 $A=\begin{pmatrix} A_1 & & & \\ & A_2 & & \\ & & \ddots & \\ & & & A_m \end{pmatrix}$,$A_i(i=1,2,\cdots,m)$均为可逆矩阵,则

$$A^{-1}=\begin{pmatrix} A_1^{-1} & & & \\ & A_2^{-1} & & \\ & & \ddots & \\ & & & A_m^{-1} \end{pmatrix}.$$

(3)设 $A=\begin{pmatrix} & & & A_1 \\ & & A_2 & \\ & \begin{smallmatrix} & \\ \cdot^{\cdot^{\cdot}} \end{smallmatrix} & & \\ A_m & & & \end{pmatrix}$,$A_i(i=1,\cdots,m)$均为可逆矩阵,则

$$A^{-1}=\begin{pmatrix} & & & A_m^{-1} \\ & & \cdot^{\cdot^{\cdot}} & \\ & A_2^{-1} & & \\ A_1^{-1} & & & \end{pmatrix}.$$

(4)设 A,B 为方阵,则 $\begin{vmatrix} A & C \\ O & B \end{vmatrix}=\begin{vmatrix} A & O \\ O & B \end{vmatrix}=\begin{vmatrix} A & O \\ D & B \end{vmatrix}=|A|\ |B|$.

13. 矩阵的初等变换

矩阵的初等行变换与初等列变换统称为**初等变换**. 下列三种关于矩阵的变换称为**矩阵的初等行(列)变换**：

(1)互换矩阵中两行(列)的位置($r_i \leftrightarrow r_j, c_i \leftrightarrow c_j$)；

(2)以一非零常数乘矩阵的某一行(列)(kr_i, kc_j)；

(3)将矩阵的某一行(列)的 k 倍加到另一行(列)上去($r_i + kr_j, c_i + kc_j$).

14. 初等矩阵

(1)定义：由单位阵 $\boldsymbol{E}$ 经过一次初等变换得到的矩阵称为**初等矩阵**.

(2)三种初等变换对应三种初等矩阵：

①互换两行或两列的位置

$$\boldsymbol{E}(i,j)=\begin{pmatrix} 1 & & & & & & & & \\ & \ddots & & & & & & & \\ & & 1 & & & & & & \\ & & & 0 & \cdots & & 1 & & \\ & & & & 1 & & & & \\ & & & \vdots & \ddots & & \vdots & & \\ & & & & & 1 & & & \\ & & & 1 & \cdots & & 0 & & \\ & & & & & & & 1 & \\ & & & & & & & & \ddots \\ & & & & & & & & & 1 \end{pmatrix} \begin{matrix} \\ \\ \\ \leftarrow 第\ i\ 行 \\ \\ \\ \\ \leftarrow 第\ j\ 行. \\ \\ \\ \\ \end{matrix}$$

②以数 $k \neq 0$ 乘某行或某列

$$\boldsymbol{E}(i(k))=\begin{pmatrix} 1 & & & & & & \\ & \ddots & & & & & \\ & & 1 & & & & \\ & & & k & & & \\ & & & & 1 & & \\ & & & & & \ddots & \\ & & & & & & 1 \end{pmatrix} \leftarrow 第\ i\ 行.$$

③以数 k 乘某行(列)加到另一行(列)上去

$$E(i,j(k))=\begin{pmatrix}1&&&&&&&\\&\ddots&&&&&&\\&&1&\cdots&k&&&\\&&&\ddots&\vdots&&&\\&&&&1&&&\\&&&&&\ddots&&\\&&&&&&1&\\&&&&&&&\ddots\\&&&&&&&&1\end{pmatrix}\begin{matrix}\\\\\leftarrow\text{第 } i \text{ 行}\\\\\\\\\leftarrow\text{第 } j \text{ 行.}\\\\\\\end{matrix}$$

(3) $\boldsymbol{E}^{\mathrm{T}}(i,j)=\boldsymbol{E}(i,j)$，　$\boldsymbol{E}^{\mathrm{T}}(i(k))=\boldsymbol{E}(i(k))$，　$\boldsymbol{E}^{\mathrm{T}}(i,j(k))=\boldsymbol{E}(j,i(k))$，

$\boldsymbol{E}^{-1}(i,j)=\boldsymbol{E}(i,j)$，　$\boldsymbol{E}^{-1}(i(k))=\boldsymbol{E}(i(\frac{1}{k}))$，　$\boldsymbol{E}^{-1}(i,j(k))=\boldsymbol{E}(i,j(-k))$，

$|\boldsymbol{E}(i,j)|=-1$，　$|\boldsymbol{E}(i(k))|=k$，　$|\boldsymbol{E}(i,j(k))|=1$.

15. 初等变换与初等矩阵的联系

设 $\boldsymbol{A}$ 是 $m\times n$ 矩阵，对 $\boldsymbol{A}$ 施行一次初等行变换，相当于在 $\boldsymbol{A}$ 的左边乘相应的 m 阶初等矩阵；对 $\boldsymbol{A}$ 施行一次初等列变换，相当于在 $\boldsymbol{A}$ 的右边乘相应的 n 阶初等矩阵.

16. 初等变换化简矩阵

(1)**行阶梯形矩阵**：可画出一条阶梯线，线的下方全为 0，每个台阶只有一行，台阶数即是非零行的行数，阶梯线的竖线后面的第一个元素为非零元，就是非零行的第一个非零元.

(2)**行最简形矩阵**：非零行的第一个非零元为 1，且这些非零元所在的列的其他元素都为 0 的行阶梯阵.

(3)对于任何矩阵 $\boldsymbol{A}$，总可经过有限次初等行变换变为行阶梯形矩阵和行最简形矩阵.

(4)**标准形**：对于 $m\times n$ 矩阵 $\boldsymbol{A}$，总可经过初等变换，化为 $\boldsymbol{F}=\begin{pmatrix}\boldsymbol{E}_r&\boldsymbol{O}\\\boldsymbol{O}&\boldsymbol{O}\end{pmatrix}_{m\times n}$，称 F 为**等价标准形**.

17. 矩阵等价

(1)矩阵 $\boldsymbol{A}$ 经过一系列的初等变换得到矩阵 $\boldsymbol{B}$，则称 $\boldsymbol{A},\boldsymbol{B}$ **等价**. 特别地，$\boldsymbol{A}$ 经过一系列初等行(列)变换得到 $\boldsymbol{B}$，称 $\boldsymbol{A},\boldsymbol{B}$ **行(列)等价**.

(2)方阵 $\boldsymbol{A}$ 可逆的充要条件是存在有限个初等矩阵 $\boldsymbol{P}_1,\boldsymbol{P}_2,\cdots,\boldsymbol{P}_t$，使 $\boldsymbol{A}=\boldsymbol{P}_1\boldsymbol{P}_2\cdots\boldsymbol{P}_t$.

(3)方阵 $\boldsymbol{A}$ 可逆的充要条件是 $\boldsymbol{A}$ 与单位矩阵等价.

(4)$m\times n$ 矩阵 $\boldsymbol{A}$ 和 $\boldsymbol{B}$ 等价的充要条件是存在 m 阶可逆矩阵 $\boldsymbol{P}$ 和 n 阶可逆矩阵 $\boldsymbol{Q}$，使

$$\boldsymbol{PAQ}=\boldsymbol{B}.$$

(5)$m\times n$ 矩阵 $\boldsymbol{A}$ 和 $\boldsymbol{B}$ 等价的充要条件是 $\boldsymbol{A}$ 和 $\boldsymbol{B}$ 有相同的秩.

18. 初等变换求逆矩阵

主要有三种方法：

(1) $(\boldsymbol{A} \vdots \boldsymbol{E}) \xrightarrow{\text{初等行变换}} (\boldsymbol{E} \vdots \boldsymbol{A}^{-1})$；

(2) $\begin{pmatrix} \boldsymbol{A} \\ \cdots \\ \boldsymbol{E} \end{pmatrix} \xrightarrow{\text{初等列变换}} \begin{pmatrix} \boldsymbol{E} \\ \cdots \\ \boldsymbol{A}^{-1} \end{pmatrix}$；

(3) $\begin{pmatrix} \boldsymbol{A} & \boldsymbol{E} \\ \boldsymbol{E} & \boldsymbol{O} \end{pmatrix} \xrightarrow{\text{初等行,列变换}} \begin{pmatrix} \boldsymbol{E} & \boldsymbol{C} \\ \boldsymbol{B} & \boldsymbol{O} \end{pmatrix}$，则 $\boldsymbol{A}^{-1}=\boldsymbol{BC}$.

19. 初等矩阵的推广

(1)设 $\boldsymbol{A}_{m\times n}=(a_{ij})_{m\times n}$， $\boldsymbol{E}_{ij}=\begin{pmatrix} 0 & & \vdots & & & \\ & \ddots & \vdots & & & \\ \cdots & \cdots & 1 & \cdots & \cdots & \cdots \\ & & \vdots & 0 & & \\ & & \vdots & & \ddots & \\ & & \vdots & & & 0 \end{pmatrix}$ ←第 i 行，则

第 j 列

$$\boldsymbol{E}_{ij}\boldsymbol{A}=\begin{pmatrix} 0 & & & & & & \\ & 0 & & & & & \\ & & \ddots & & & & \\ & & & 1 & & & \\ & & & & 0 & & \\ & & & & & 0 & \\ & & & & & & \ddots \\ & & & & & & & 0 \end{pmatrix}\boldsymbol{A}=\begin{pmatrix} 0 & 0 & \cdots & 0 \\ \vdots & \vdots & & \vdots \\ a_{j1} & a_{j2} & \cdots & a_{jn} \\ 0 & 0 & \cdots & 0 \\ \vdots & \vdots & & \vdots \\ 0 & 0 & \cdots & 0 \end{pmatrix} \leftarrow \text{第 } i \text{ 行},$$

即 $\boldsymbol{A}$ 左乘 $\boldsymbol{E}_{ij}$ 相当于把 $\boldsymbol{A}$ 中第 i 行换成第 j 行元素，其他元素为 0. 类似地，有

$$\boldsymbol{AE}_{ij}=\boldsymbol{A}\begin{pmatrix} 0 & & & & & \\ & 0 & & & & \\ & & \ddots & & & \\ & & & 1 & & \\ & & & & 0 & \\ & & & & & \ddots \\ & & & & & & 0 \end{pmatrix}=\begin{pmatrix} 0 & \cdots & 0 & a_{1i} & 0 & \cdots & 0 \\ 0 & \cdots & 0 & a_{2i} & 0 & \cdots & 0 \\ \vdots & & \vdots & \vdots & \vdots & & \vdots \\ 0 & \cdots & 0 & a_{ni} & 0 & \cdots & 0 \end{pmatrix},$$

第 j 列

即 $\boldsymbol{A}$ 右乘 $\boldsymbol{E}_{ij}$ 相当于把 $\boldsymbol{A}$ 中第 j 列换成第 i 列元素，其他元素都为 0.

(2)设 $\boldsymbol{A}=\begin{pmatrix} \boldsymbol{\alpha}_1 \\ \vdots \\ \boldsymbol{\alpha}_n \end{pmatrix}$，其中 $\boldsymbol{\alpha}_i$ 为 $\boldsymbol{A}$ 的行向量，$i=1,\cdots,n$，则

$$\begin{pmatrix} & & & 1 \\ & & 1 & \\ & \iddots & & \\ 1 & & & \end{pmatrix} A = \begin{pmatrix} & & & 1 \\ & & 1 & \\ & \iddots & & \\ 1 & & & \end{pmatrix} \begin{pmatrix} \boldsymbol{\alpha}_1 \\ \vdots \\ \boldsymbol{\alpha}_n \end{pmatrix} = \begin{pmatrix} \boldsymbol{\alpha}_n \\ \vdots \\ \boldsymbol{\alpha}_1 \end{pmatrix},$$

即 $\boldsymbol{A}$ 左乘 $\begin{pmatrix} & & & 1 \\ & & 1 & \\ & \iddots & & \\ 1 & & & \end{pmatrix}$ 相当于把矩阵 $\boldsymbol{A}$ 的行向量颠倒了一下.

同理设 $\boldsymbol{A}=(\boldsymbol{\beta}_1,\cdots,\boldsymbol{\beta}_n)$，其中 $\boldsymbol{\beta}_j$ 为 $\boldsymbol{A}$ 的列向量，$j=1,\cdots,n$，则

$$A \begin{pmatrix} & & & 1 \\ & & 1 & \\ & \iddots & & \\ 1 & & & \end{pmatrix} = (\boldsymbol{\beta}_1,\cdots,\boldsymbol{\beta}_n) \begin{pmatrix} & & & 1 \\ & & 1 & \\ & \iddots & & \\ 1 & & & \end{pmatrix} = (\boldsymbol{\beta}_n,\cdots,\boldsymbol{\beta}_1),$$

即 $\boldsymbol{A}$ 右乘 $\begin{pmatrix} & & & 1 \\ & & 1 & \\ & \iddots & & \\ 1 & & & \end{pmatrix}$ 相当于把矩阵 $\boldsymbol{A}$ 的列向量颠倒了一下.

(3)设 $\boldsymbol{A}=\begin{pmatrix} \boldsymbol{\alpha}_1 \\ \vdots \\ \boldsymbol{\alpha}_n \end{pmatrix}$，其中 $\boldsymbol{\alpha}_i$ 为 $\boldsymbol{A}$ 的行向量，$i=1,\cdots,n$，则

$$\begin{pmatrix} 0 & 1 & & \\ & 0 & \ddots & \\ & & \ddots & 1 \\ & & & 0 \end{pmatrix} A = \begin{pmatrix} 0 & 1 & & \\ & 0 & \ddots & \\ & & \ddots & 1 \\ & & & 0 \end{pmatrix} \begin{pmatrix} \boldsymbol{\alpha}_1 \\ \vdots \\ \boldsymbol{\alpha}_n \end{pmatrix} = \begin{pmatrix} \boldsymbol{\alpha}_2 \\ \vdots \\ \boldsymbol{\alpha}_n \\ \mathbf{0} \end{pmatrix},$$

即矩阵 $\boldsymbol{A}$ 左乘 $\begin{pmatrix} 0 & 1 & & \\ & \ddots & \ddots & \\ & & \ddots & 1 \\ & & & 0 \end{pmatrix}$ 相当于把 $\boldsymbol{A}$ 的各行向上递推了一次. 类似地，有

$$\begin{pmatrix} 0 & & & \\ 1 & \ddots & & \\ & \ddots & \ddots & \\ & & \ddots & 0 \\ & & & 1 \end{pmatrix} A = \begin{pmatrix} 0 & & & \\ 1 & \ddots & & \\ & \ddots & \ddots & \\ & & \ddots & 0 \\ & & & 1 \end{pmatrix} \begin{pmatrix} \boldsymbol{\alpha}_1 \\ \vdots \\ \boldsymbol{\alpha}_n \end{pmatrix} = \begin{pmatrix} \mathbf{0} \\ \boldsymbol{\alpha}_1 \\ \vdots \\ \boldsymbol{\alpha}_{n-1} \end{pmatrix},$$

即矩阵 $\boldsymbol{A}$ 左乘 $\begin{pmatrix} 0 & & & & \\ 1 & \ddots & & & \\ & \ddots & \ddots & & \\ & & \ddots & 0 & \\ & & & & 1 \end{pmatrix}$ 相当于把 $\boldsymbol{A}$ 的各行向下递推了一次.

同理设 $\boldsymbol{A}=(\boldsymbol{\beta}_1,\cdots,\boldsymbol{\beta}_n)$，其中 $\boldsymbol{\beta}_j$ 为 $\boldsymbol{A}$ 的列向量，$j=1,2,\cdots,n$，则

$$\boldsymbol{A}\begin{pmatrix} 0 & 1 & & \\ & \ddots & \ddots & \\ & & \ddots & 1 \\ & & & 0 \end{pmatrix}=(\boldsymbol{\beta}_1,\cdots,\boldsymbol{\beta}_n)\begin{pmatrix} 0 & 1 & & \\ & \ddots & \ddots & \\ & & \ddots & 1 \\ & & & 0 \end{pmatrix}=(\boldsymbol{0},\boldsymbol{\beta}_1,\cdots,\boldsymbol{\beta}_{n-1}),$$

即矩阵 $\boldsymbol{A}$ 右乘 $\begin{pmatrix} 0 & 1 & & \\ & \ddots & \ddots & \\ & & \ddots & 1 \\ & & & 0 \end{pmatrix}$ 相当于把 $\boldsymbol{A}$ 的列向量向右递推一次. 类似地，有

$$\boldsymbol{A}\begin{pmatrix} 0 & & & \\ 1 & \ddots & & \\ & \ddots & \ddots & \\ & & 1 & 0 \end{pmatrix}=(\boldsymbol{\beta}_1,\cdots,\boldsymbol{\beta}_n)\begin{pmatrix} 0 & & & \\ 1 & \ddots & & \\ & \ddots & \ddots & \\ & & 1 & 0 \end{pmatrix}=(\boldsymbol{\beta}_2,\cdots,\boldsymbol{\beta}_n,\boldsymbol{0}),$$

即矩阵 $\boldsymbol{A}$ 右乘 $\begin{pmatrix} 0 & & & \\ 1 & \ddots & & \\ & \ddots & \ddots & \\ & & 1 & 0 \end{pmatrix}$ 相当于把 $\boldsymbol{A}$ 的列向量向左递推一次.

20. 分块矩阵的广义初等变换

(1)交换分块矩阵的两行(列)；

(2)用一个可逆阵乘分块矩阵的某一行(列)；

(3)用某一矩阵乘分块矩阵的某一行(列)加到另一行(列)上去.

21. 广义初等矩阵

(1) $\begin{pmatrix} \boldsymbol{O} & \boldsymbol{E}_m \\ \boldsymbol{E}_n & \boldsymbol{O} \end{pmatrix}$；

(2) $\begin{pmatrix} \boldsymbol{D} & \boldsymbol{O} \\ \boldsymbol{O} & \boldsymbol{E} \end{pmatrix}$， $\begin{pmatrix} \boldsymbol{E} & \boldsymbol{O} \\ \boldsymbol{O} & \boldsymbol{G} \end{pmatrix}$， 其中 $\boldsymbol{D},\boldsymbol{G}$ 均可逆；

(3) $\begin{pmatrix} \boldsymbol{E} & \boldsymbol{O} \\ \boldsymbol{M} & \boldsymbol{E} \end{pmatrix}$， $\begin{pmatrix} \boldsymbol{E} & \boldsymbol{H} \\ \boldsymbol{O} & \boldsymbol{E} \end{pmatrix}$.

22. 矩阵方程的解

(1)设 $\boldsymbol{A}$ 为 n 阶可逆矩阵，$\boldsymbol{B}$ 为 $n\times s$ 矩阵，则矩阵方程 $\boldsymbol{AX}=\boldsymbol{B}$ 有唯一解 $\boldsymbol{X}=\boldsymbol{A}^{-1}\boldsymbol{B}$.

(2)设 $\boldsymbol{A}$ 为 n 阶可逆矩阵，$\boldsymbol{B}$ 为 $s\times n$ 矩阵，则矩阵方程 $\boldsymbol{XA}=\boldsymbol{B}$ 有唯一解 $\boldsymbol{X}=\boldsymbol{BA}^{-1}$.

(3)设 $\boldsymbol{A}$ 为 n 阶可逆矩阵，$\boldsymbol{C}$ 为 s 阶可逆矩阵，$\boldsymbol{B}$ 为 $n\times s$ 矩阵，则矩阵方程 $\boldsymbol{AXC}=\boldsymbol{B}$ 有唯一解 $\boldsymbol{X}=\boldsymbol{A}^{-1}\boldsymbol{BC}^{-1}$.

23. 初等变换求解矩阵方程

矩阵方程 $\boldsymbol{AX}=\boldsymbol{B}$ 可用下列方法求解：

$$(\boldsymbol{A}\vdots\boldsymbol{B})\xrightarrow{\text{初等行变换}}(\boldsymbol{E}\vdots\boldsymbol{A}^{-1}\boldsymbol{B}).$$

矩阵方程 $\boldsymbol{XA}=\boldsymbol{B}$ 可用下列方法求解：

$$\begin{pmatrix}\boldsymbol{A}\\ \cdots\\ \boldsymbol{B}\end{pmatrix}\xrightarrow{\text{初等列变换}}\begin{pmatrix}\boldsymbol{E}\\ \cdots\\ \boldsymbol{BA}^{-1}\end{pmatrix}.$$

二、经典例题解析及解题方法总结

【例 1】 设 $\boldsymbol{A}=\begin{pmatrix}0&0&0\\2&0&0\\1&3&0\end{pmatrix}$，则 $\boldsymbol{A}^2=$______，$\boldsymbol{A}^3=$______.

解 由矩阵乘法，有

$$\boldsymbol{A}^2=\begin{pmatrix}0&0&0\\2&0&0\\1&3&0\end{pmatrix}\begin{pmatrix}0&0&0\\2&0&0\\1&3&0\end{pmatrix}=\begin{pmatrix}0&0&0\\0&0&0\\6&0&0\end{pmatrix},$$

$$\boldsymbol{A}^3=\begin{pmatrix}0&0&0\\0&0&0\\6&0&0\end{pmatrix}\begin{pmatrix}0&0&0\\2&0&0\\1&3&0\end{pmatrix}=\begin{pmatrix}0&0&0\\0&0&0\\0&0&0\end{pmatrix}.$$

故应填 $\begin{pmatrix}0&0&0\\0&0&0\\6&0&0\end{pmatrix}$ 和 $\begin{pmatrix}0&0&0\\0&0&0\\0&0&0\end{pmatrix}$.

方法总结

设 $\boldsymbol{A}=\begin{pmatrix}0&a_{12}&\cdots&\cdots&a_{1n}\\ &0&a_{23}&\cdots&a_{2n}\\ &&\ddots&\ddots&\vdots\\ &&&0&a_{n-1,n}\\ &&&&0\end{pmatrix}$ 为 n 阶方阵，则 $\boldsymbol{A}^n=\boldsymbol{O}$.

同理,设 n 阶方阵 $\boldsymbol{B}=\begin{pmatrix}0 & & & & \\ a_{21} & 0 & & & \\ a_{31} & a_{32} & 0 & & \\ \vdots & \vdots & \ddots & \ddots & \\ a_{n1} & a_{n2} & \cdots & a_{n,n-1} & 0\end{pmatrix}$,则 $\boldsymbol{B}^n=\boldsymbol{O}$.

【例 2】 已知 $\boldsymbol{\alpha}=(1,2,3)$, $\boldsymbol{\beta}=\left(1,\frac{1}{2},\frac{1}{3}\right)$, $\boldsymbol{A}=\boldsymbol{\alpha}^{\mathrm{T}}\boldsymbol{\beta}$,则 $\boldsymbol{A}^n=$______.

解 本题计算中需注意到 $\boldsymbol{\alpha}^{\mathrm{T}}\boldsymbol{\beta}$ 为一个 3×3 矩阵,而 $\boldsymbol{A}=\boldsymbol{\beta}\boldsymbol{\alpha}^{\mathrm{T}}$ 为一个数. 所以

$$\boldsymbol{A}^n=\underbrace{(\boldsymbol{\alpha}^{\mathrm{T}}\boldsymbol{\beta})(\boldsymbol{\alpha}^{\mathrm{T}}\boldsymbol{\beta})\cdots(\boldsymbol{\alpha}^{\mathrm{T}}\boldsymbol{\beta})}_{n\text{个}}=\boldsymbol{\alpha}^{\mathrm{T}}\underbrace{(\boldsymbol{\beta}\boldsymbol{\alpha}^{\mathrm{T}})(\boldsymbol{\beta}\boldsymbol{\alpha}^{\mathrm{T}})\cdots(\boldsymbol{\beta}\boldsymbol{\alpha}^{\mathrm{T}})}_{n-1\text{个}}\boldsymbol{\beta}$$

$$=\boldsymbol{\alpha}^{\mathrm{T}}(\boldsymbol{\beta}\boldsymbol{\alpha}^{\mathrm{T}})^{n-1}\boldsymbol{\beta}=3^{n-1}\boldsymbol{\alpha}^{\mathrm{T}}\boldsymbol{\beta}=3^{n-1}\begin{pmatrix}1 & \frac{1}{2} & \frac{1}{3}\\ 2 & 1 & \frac{2}{3}\\ 3 & \frac{3}{2} & 1\end{pmatrix}.$$

故应填 $3^{n-1}\begin{pmatrix}1 & \frac{1}{2} & \frac{1}{3}\\ 2 & 1 & \frac{2}{3}\\ 3 & \frac{3}{2} & 1\end{pmatrix}$.

方法总结

设 $\boldsymbol{A}=\begin{pmatrix}a_1b_1 & a_1b_2 & \cdots & a_1b_n\\ a_2b_1 & a_2b_2 & \cdots & a_2b_n\\ \vdots & \vdots & & \vdots\\ a_nb_1 & a_nb_2 & \cdots & a_nb_n\end{pmatrix}$, $\boldsymbol{\alpha}=(a_1,a_2,\cdots,a_n)$, $\boldsymbol{\beta}=(b_1,b_2,\cdots,b_n)$,则 $\boldsymbol{A}=\boldsymbol{\alpha}^{\mathrm{T}}\boldsymbol{\beta}$,

而且 $\boldsymbol{A}$ 的行与行,列与列之间成比例,且

$$\boldsymbol{A}^m=(\boldsymbol{\alpha}^{\mathrm{T}}\boldsymbol{\beta})^m=(\boldsymbol{\beta}\boldsymbol{\alpha}^{\mathrm{T}})^{m-1}\boldsymbol{A}=\left(\sum_{i=1}^{n}a_ib_i\right)^{m-1}\boldsymbol{A}.$$

【例 3】 设

$$\boldsymbol{A}=\begin{pmatrix}a_{11} & \cdots & a_{1n}\\ \vdots & & \vdots\\ a_{m1} & \cdots & a_{mn}\end{pmatrix},\quad \boldsymbol{B}=\begin{pmatrix}b_{11} & \cdots & b_{1m}\\ \vdots & & \vdots\\ b_{n1} & \cdots & b_{nm}\end{pmatrix},\quad \boldsymbol{AB}=\boldsymbol{C}=(c_{ij}),$$

其中 $c_{ij}=\sum\limits_{\alpha=1}^{n}a_{i\alpha}b_{\alpha j}$, $i,j=1,2,\cdots,m$. 证明:$|\boldsymbol{C}|$ 等于 $\boldsymbol{A}$ 中所有可能的 m 阶子式与 $\boldsymbol{B}$ 中对应的

同阶子式的乘积的和,即

$$|\boldsymbol{C}|=\sum_{1\leqslant k_1<\cdots<k_m\leqslant n}\boldsymbol{A}\begin{pmatrix}1&2&\cdots&m\\k_1&k_2&\cdots&k_m\end{pmatrix}\boldsymbol{B}\begin{pmatrix}k_1&k_2&\cdots&k_m\\1&2&\cdots&m\end{pmatrix}.$$

证 由 $c_{ij}=\sum\limits_{\alpha=1}^{n}a_{i\alpha}b_{\alpha j}$,得

$$|\boldsymbol{C}|=\begin{vmatrix}\sum\limits_{\alpha_1=1}^{n}a_{1\alpha_1}b_{\alpha_1 1}&\cdots&\sum\limits_{\alpha_m=1}^{n}a_{1\alpha_m}b_{\alpha_m m}\\\vdots&&\vdots\\\sum\limits_{\alpha_1=1}^{n}a_{m\alpha_1}b_{\alpha_1 1}&\cdots&\sum\limits_{\alpha_m=1}^{n}a_{m\alpha_m}b_{\alpha_m m}\end{vmatrix}=\sum_{\alpha_1,\cdots,\alpha_m=1}^{n}\begin{vmatrix}a_{1\alpha_1}b_{\alpha_1 1}&\cdots&a_{1\alpha_m}b_{\alpha_m m}\\\vdots&&\vdots\\a_{m\alpha_1}b_{\alpha_1 1}&\cdots&a_{m\alpha_m}b_{\alpha_m m}\end{vmatrix}$$

$$=\sum_{\alpha_1,\cdots,\alpha_m=1}^{n}\boldsymbol{A}\begin{pmatrix}1&2&\cdots&m\\\alpha_1&\alpha_2&\cdots&\alpha_m\end{pmatrix}b_{\alpha_1 1}b_{\alpha_2 2}\cdots b_{\alpha_m m}.\qquad①$$

当 $m>n$ 时,数 $\alpha_1,\cdots,\alpha_m$ 中至少有两个相同,从而每个

$$\boldsymbol{A}\begin{pmatrix}1&2&\cdots&m\\\alpha_1&\alpha_2&\cdots&\alpha_m\end{pmatrix}=0,$$

故 $|\boldsymbol{C}|=0$,结论成立.

当 $m\leqslant n$ 时,在①中去掉为零的被加项(即 $\alpha_1,\cdots,\alpha_m$ 中有相同的项),把剩下的 A_m^n(n 个元素中每取 m 个元素的排列数)项分为各含 $m!$ 个项的 C_m^n 个类,每类的数组 $\alpha_1,\cdots,\alpha_m$ 仅有次序的不同.现在把每一类中的每一项(通过交换列)都变成各数组是从小到大排列的那一项(即变成 $\boldsymbol{A}$ 的子式),于是每类诸项的和为

$$\sum(-1)^{\tau(\alpha_1\cdots\alpha_m)}\boldsymbol{A}\begin{pmatrix}1&2&\cdots&m\\k_1&k_2&\cdots&k_m\end{pmatrix}b_{\alpha_1 1}b_{\alpha_2 2}\cdots b_{\alpha_m m}$$

$$=\boldsymbol{A}\begin{pmatrix}1&2&\cdots&m\\k_1&k_2&\cdots&k_m\end{pmatrix}\sum(-1)^{\tau(\alpha_1\cdots\alpha_m)}b_{\alpha_1 1}b_{\alpha_2 2}\cdots b_{\alpha_m m}$$

$$=\boldsymbol{A}\begin{pmatrix}1&2&\cdots&m\\k_1&k_2&\cdots&k_m\end{pmatrix}\boldsymbol{B}\begin{pmatrix}k_1&k_2&\cdots&k_m\\1&2&\cdots&m\end{pmatrix}.$$

故得

$$|\boldsymbol{C}|=\sum_{1\leqslant k_1<\cdots<k_m\leqslant n}\boldsymbol{A}\begin{pmatrix}1&2&\cdots&m\\k_1&k_2&\cdots&k_m\end{pmatrix}\boldsymbol{B}\begin{pmatrix}k_1&k_2&\cdots&k_m\\1&2&\cdots&m\end{pmatrix}.$$

方法总结

(1)当 $m>n$ 时,由于 $r(\boldsymbol{C})\leqslant\min\{r(\boldsymbol{A}),r(\boldsymbol{B})\}\leqslant n<m$,所以 $|\boldsymbol{C}|=0$;

(2)当 $m=n$ 时,有 $|\boldsymbol{C}|=|\boldsymbol{A}||\boldsymbol{B}|$.

【例 4】 设 $\boldsymbol{A},\boldsymbol{B}$ 是 $m\times n$ 矩阵，则 $\boldsymbol{A},\boldsymbol{B}$ 等价的充要条件是 $r(\boldsymbol{A})=r(\boldsymbol{B})$.

证 必要性：设 $\boldsymbol{A},\boldsymbol{B}$ 等价，则存在可逆矩阵 $\boldsymbol{P},\boldsymbol{Q}$ 使 $\boldsymbol{PAQ}=\boldsymbol{B}$. 所以

$$r(\boldsymbol{A})=r(\boldsymbol{PAQ})=r(\boldsymbol{B}).$$

充分性：设 $r(\boldsymbol{A})=r(\boldsymbol{B})=r$，则存在可逆矩阵 $\boldsymbol{P}_1,\boldsymbol{Q}_1$，$\boldsymbol{P}_2,\boldsymbol{Q}_2$ 使

$$\boldsymbol{P}_1\boldsymbol{A}\boldsymbol{Q}_1=\begin{pmatrix}\boldsymbol{E}_r & \boldsymbol{O}\\ \boldsymbol{O} & \boldsymbol{O}\end{pmatrix} \text{且} \boldsymbol{P}_2\boldsymbol{B}\boldsymbol{Q}_2=\begin{pmatrix}\boldsymbol{E}_r & \boldsymbol{O}\\ \boldsymbol{O} & \boldsymbol{O}\end{pmatrix},$$

从而由 $\boldsymbol{P}_1\boldsymbol{A}\boldsymbol{Q}_1=\boldsymbol{P}_2\boldsymbol{B}\boldsymbol{Q}_2$ 可得 $\boldsymbol{A},\boldsymbol{B}$ 等价.

【例 5】 设 n 阶方阵 $\boldsymbol{A}$ 的秩为 r. 证明：存在秩为 $n-r$ 的方阵 $\boldsymbol{B}$，使 $\boldsymbol{AB}=\boldsymbol{O}$.

证 因为 $r(\boldsymbol{A})=r$，故当 $r=n$ 时，可得 $\boldsymbol{B}=\boldsymbol{O}$ 满足条件；

当 $r<n$ 时，则以 $\boldsymbol{A}$ 为系数矩阵的齐次线性方程组的基础解系含 $n-r$ 个向量，则以这 $n-r$ 个解向量作列，再添上 r 个全是零的列，设得的矩阵为 $\boldsymbol{B}$，则 $\boldsymbol{B}$ 的秩为 $n-r$，而且有

$$\boldsymbol{AB}=\boldsymbol{O}.$$

【例 6】 设 $\boldsymbol{A}$ 是秩为 r 的 n 阶方阵. 证明：存在秩为 $n-r$ 的 n 阶方阵 $\boldsymbol{B}$ 与 $\boldsymbol{C}$，使

$$\boldsymbol{AB}=\boldsymbol{CA}=\boldsymbol{O}.$$

证 由于 $\boldsymbol{A}$ 是秩为 r 的 n 阶方阵. 故存在秩为 $n-r$ 的 n 阶方阵 $\boldsymbol{B}$，使 $\boldsymbol{AB}=\boldsymbol{O}$.

其次，因为 $r(\boldsymbol{A}^{\mathrm{T}})=r(\boldsymbol{A})=r$，故同样存在秩为 $n-r$ 的 n 阶方阵 $\boldsymbol{C}^{\mathrm{T}}$，使 $\boldsymbol{A}^{\mathrm{T}}\boldsymbol{C}^{\mathrm{T}}=\boldsymbol{O}$. 于是又有 $\boldsymbol{CA}=\boldsymbol{O}$. 故存在秩为 $n-r$ 的 n 阶方阵 $\boldsymbol{B},\boldsymbol{C}$，使 $\boldsymbol{AB}=\boldsymbol{CA}=\boldsymbol{O}$.

【例 7】 设 $\boldsymbol{A}$ 与 $\boldsymbol{B}$ 是两个 n 阶方阵. 证明：$r(\boldsymbol{AB})$ 等于 $r(\boldsymbol{B})$ 的充要条件是方程组

$$(\boldsymbol{AB})\boldsymbol{x}=\boldsymbol{0} \text{与} \boldsymbol{Bx}=\boldsymbol{0}$$

同解，其中 $\boldsymbol{x}=(x_1,x_2,\cdots,x_n)^{\mathrm{T}}$.

证 必要性：设 $r(\boldsymbol{AB})=r(\boldsymbol{B})=r$，则方程组

$$(\boldsymbol{AB})\boldsymbol{x}=\boldsymbol{0} \text{与} \boldsymbol{Bx}=\boldsymbol{0}$$

的基础解系都只包含 $n-r$ 个向量. 但又因方程组 $\boldsymbol{Bx}=\boldsymbol{0}$ 的解显然都是 $(\boldsymbol{AB})\boldsymbol{x}=\boldsymbol{0}$ 的解，于是方程组 $\boldsymbol{Bx}=\boldsymbol{0}$ 的基础解系也是 $(\boldsymbol{AB})\boldsymbol{x}=\boldsymbol{0}$ 的基础解系，从而这两个方程组有完全相同的解.

充分性：设两个方程组有相同的解，则此两个方程组的基础解系完全相同，于是它们的系数矩阵 $\boldsymbol{AB}$ 与 $\boldsymbol{B}$ 的秩必相等.

【例 8】 设 $\boldsymbol{A}$ 是 $m\times n$ 阶矩阵，$\boldsymbol{b}$ 是 m 维向量. 证明：线性方程组 $\boldsymbol{A}^{\mathrm{T}}\boldsymbol{Ax}=\boldsymbol{A}^{\mathrm{T}}\boldsymbol{b}$ 有解.

证 易证 $\boldsymbol{A}^{\mathrm{T}}\boldsymbol{Ax}=\boldsymbol{0}$ 和 $\boldsymbol{Ax}=\boldsymbol{0}$ 同解，从而 $r(\boldsymbol{A}^{\mathrm{T}}\boldsymbol{A})=r(\boldsymbol{A})=r(\boldsymbol{A}^{\mathrm{T}})$. 又

$$r(\boldsymbol{A}^{\mathrm{T}}\boldsymbol{A})\leqslant r(\boldsymbol{A}^{\mathrm{T}}\boldsymbol{A},\boldsymbol{A}^{\mathrm{T}}\boldsymbol{b})=r(\boldsymbol{A}^{\mathrm{T}}(\boldsymbol{A},\boldsymbol{b}))\leqslant r(\boldsymbol{A}^{\mathrm{T}})=r(\boldsymbol{A}^{\mathrm{T}}\boldsymbol{A}),$$

即

$$r(\boldsymbol{A}^{\mathrm{T}}\boldsymbol{A})=r(\boldsymbol{A}^{\mathrm{T}}\boldsymbol{A},\boldsymbol{A}^{\mathrm{T}}\boldsymbol{b}),$$

所以，线性方程组 $\boldsymbol{A}^{\mathrm{T}}\boldsymbol{Ax}=\boldsymbol{A}^{\mathrm{T}}\boldsymbol{b}$ 有解.

方法总结

利用矩阵的秩判断线性方程组解的情形，主要就是考察增广矩阵的秩和系数矩阵的秩之间的关系.

【例 9】 设矩阵 $\boldsymbol{A}$ 满足 $\boldsymbol{A}^2+\boldsymbol{A}-4\boldsymbol{E}=\boldsymbol{0}$,其中 $\boldsymbol{E}$ 为单位矩阵,则 $(\boldsymbol{A}-\boldsymbol{E})^{-1}=$______.

解 由 $\boldsymbol{A}^2+\boldsymbol{A}-4\boldsymbol{E}=\boldsymbol{0}$ 得 $(\boldsymbol{A}-\boldsymbol{E})(\boldsymbol{A}+2\boldsymbol{E})=2\boldsymbol{E}$,即 $(\boldsymbol{A}-\boldsymbol{E})\left(\frac{1}{2}(\boldsymbol{A}+2\boldsymbol{E})\right)=\boldsymbol{E}$,故

$$(\boldsymbol{A}-\boldsymbol{E})^{-1}=\frac{1}{2}(\boldsymbol{A}+2\boldsymbol{E}).$$

故应填 $\frac{1}{2}(\boldsymbol{A}+2\boldsymbol{E})$.

方法总结

利用定义求矩阵 $\boldsymbol{A}$ 的逆,关键是凑出等式 $\boldsymbol{AB}=\boldsymbol{E}$ 或 $\boldsymbol{BA}=\boldsymbol{E}$,从而 $\boldsymbol{A}^{-1}=\boldsymbol{B}$.

【例 10】 设 n 阶矩阵 $\boldsymbol{A},\boldsymbol{B},\boldsymbol{A}+\boldsymbol{B}$ 都是可逆矩阵,证明 $\boldsymbol{A}^{-1}+\boldsymbol{B}^{-1}$ 可逆,并给出其逆矩阵的表达式.

证 因为

$$\begin{aligned}\boldsymbol{A}^{-1}+\boldsymbol{B}^{-1}&=\boldsymbol{A}^{-1}\boldsymbol{E}+\boldsymbol{E}\boldsymbol{B}^{-1}=\boldsymbol{A}^{-1}\boldsymbol{B}\boldsymbol{B}^{-1}+\boldsymbol{A}^{-1}\boldsymbol{A}\boldsymbol{B}^{-1}\\&=\boldsymbol{A}^{-1}(\boldsymbol{B}+\boldsymbol{A})\boldsymbol{B}^{-1}=\boldsymbol{A}^{-1}(\boldsymbol{A}+\boldsymbol{B})\boldsymbol{B}^{-1},\end{aligned}$$

又 $\boldsymbol{A},\boldsymbol{B},\boldsymbol{A}+\boldsymbol{B}$ 都是可逆矩阵,所以 $\boldsymbol{A}^{-1}(\boldsymbol{A}+\boldsymbol{B})\boldsymbol{B}^{-1}$ 是可逆矩阵,即 $\boldsymbol{A}^{-1}+\boldsymbol{B}^{-1}$ 是可逆矩阵,且

$$\begin{aligned}(\boldsymbol{A}^{-1}+\boldsymbol{B}^{-1})^{-1}&=(\boldsymbol{A}^{-1}(\boldsymbol{A}+\boldsymbol{B})\boldsymbol{B}^{-1})^{-1}=(\boldsymbol{B}^{-1})^{-1}(\boldsymbol{A}+\boldsymbol{B})^{-1}(\boldsymbol{A}^{-1})^{-1}\\&=\boldsymbol{B}(\boldsymbol{A}+\boldsymbol{B})^{-1}\boldsymbol{A}.\end{aligned}$$

【例 11】 试求满足 $\boldsymbol{A}^*=\boldsymbol{A}$ 的一切 n 阶方阵 $\boldsymbol{A}$.

解 若 $\boldsymbol{A}=\boldsymbol{O}$,则 $\boldsymbol{A}^*=\boldsymbol{O}$,当然有 $\boldsymbol{A}^*=\boldsymbol{A}$;

若 $0<r(\boldsymbol{A})<n-1$,则 $r(\boldsymbol{A}^*)=0$,即 $\boldsymbol{A}^*=\boldsymbol{O}$,此时 $A^*\neq A$;

若 $r(\boldsymbol{A})=n-1$,则 $r(\boldsymbol{A}^*)=1$. 当 $n>2$ 时,显然 $\boldsymbol{A}^*\neq\boldsymbol{A}$;当 $n=2$ 时,令

$$\boldsymbol{A}=\begin{pmatrix}a&b\\c&d\end{pmatrix},\boldsymbol{A}^*=\begin{pmatrix}d&-b\\-c&a\end{pmatrix},$$

此时亦有 $\boldsymbol{A}^*\neq\boldsymbol{A}$;因若 $\boldsymbol{A}^*=\boldsymbol{A}$,则得

$$a=d,b=c=0,$$

于是 $\boldsymbol{A}=\begin{pmatrix}a&0\\0&a\end{pmatrix}$,这与 $r(\boldsymbol{A})=1$ 矛盾,故 $\boldsymbol{A}^*\neq\boldsymbol{A}$;

若 $r(\boldsymbol{A})=n$,则 $r(\boldsymbol{A}^*)=n$. 于是 $\boldsymbol{A}^*=|\boldsymbol{A}|\boldsymbol{A}^{-1}=\boldsymbol{A}\Leftrightarrow\boldsymbol{A}^2=|\boldsymbol{A}|\boldsymbol{E}$.

综上可得,满足 $\boldsymbol{A}^*=\boldsymbol{A}$ 的方阵是:零方阵及满足 $\boldsymbol{A}^2=|\boldsymbol{A}|\boldsymbol{E}$ 的所有可逆方阵.

【例 12】 设 $\boldsymbol{A}$ 为 n 阶反对称阵,证明:若 n 为奇数,则 $\boldsymbol{A}^*$ 是对称阵;若 n 为偶数,则 $\boldsymbol{A}^*$ 是反对称阵.

证 由题设 $\boldsymbol{A}^{\mathrm{T}}=-\boldsymbol{A}$,所以 $(\boldsymbol{A}^{\mathrm{T}})^*=(-\boldsymbol{A})^*$,又因为

$$(\boldsymbol{A}^{\mathrm{T}})^*=(\boldsymbol{A}^*)^{\mathrm{T}},\ (-\boldsymbol{A})^*=(-1)^{n-1}\boldsymbol{A}^*,$$

所以

$$(\boldsymbol{A}^*)^{\mathrm{T}}=(-1)^{n-1}\boldsymbol{A}^*.$$

从而当 n 为奇数时，$(A^*)^T=A^*$ 为对称阵；当 n 为偶数时，$(A^*)^T=-A^*$ 为反对称阵.

【例 13】 设 A,B 为任意 n 阶方阵. 证明：$(AB)^*=B^*A^*$.

证 由于对任意方阵 C，均有 $CC^*=C^*C=|C|E$，故可得

$$\begin{aligned}|A|\ |B|\ B^*A^*&=|AB|E(B^*A^*)=(AB)^*(AB)(B^*A^*)\\&=(AB)^*A(BB^*)A=(AB)^*A|B|EA^*\\&=(AB)^*A|B|A^*=|A|\ |B|(AB)^*.\end{aligned}$$

在上式中，用 $A-xE,B-xE$ 分别代替 A,B，等式仍成立，即有

$$|A-xE|\ |B-xE|(B-xE)^*(A-xE)^*=|A-xE|\ |B-xE|[(A-xE)(B-xE)]^*.$$

总存在实数 x_1，使当 $x>x_1$ 时有

$$|A-xE|\neq0,\quad |B-xE|\neq0.$$

于是当 $x>x_1$ 时总有

$$(B-xE)^*(A-xE)^*=[(A-xE)(B-xE)]^*. \qquad ①$$

设左右两端第 i 行 j 列的元素分别为 $f_{ij}(x)$ 及 $g_{ij}(x)$，上式表明

$$f_{ij}(x)=g_{ij}(x),\quad i,j=1,2,\cdots,n.$$

它们都是 x 的多项式，且对 $x>x_1$ 都相等，故两者恒等. 特别地，$x=0$ 时也相等，从而由①得

$$B^*A^*=(AB)^*.$$

【例 14】 证明：若 $A=(a_{ij})$ 为奇异对称矩阵，则 $A_{ii}A_{jj}=A_{ij}^2$，其中 A_{ij} 为 a_{ij} 在 $|A|$ 中的代数余子式.

证 因为 $|A|=0$，故 $r(A^*)\leqslant1$. 于是 A^* 的二阶子式

$$\begin{vmatrix}A_{ii}&A_{ji}\\A_{ij}&A_{jj}\end{vmatrix}=0,$$

即有 $A_{ii}A_{jj}=A_{ij}A_{ji}$.

又由 A 是对称的，A^* 也对称，故 $A_{ij}=A_{ji}$，从而有 $A_{ii}A_{jj}=A_{ij}^2$.

【例 15】 设 $A=\begin{pmatrix}3&1&0&0\\0&3&0&0\\0&0&3&9\\0&0&1&3\end{pmatrix}$，则 $A^n=$______.

解 由分块矩阵公式 $\begin{pmatrix}B&O\\O&C\end{pmatrix}^n=\begin{pmatrix}B^n&O\\O&C^n\end{pmatrix}$，只需分别算出 $\begin{pmatrix}3&1\\0&3\end{pmatrix}$ 与 $\begin{pmatrix}3&9\\1&3\end{pmatrix}$ 的 n 次幂.

因为 $\begin{pmatrix}3&1\\0&3\end{pmatrix}=\begin{pmatrix}3&0\\0&3\end{pmatrix}+\begin{pmatrix}0&1\\0&0\end{pmatrix}=3E+B$ 且 $B^2=O$，故

$$\begin{aligned}\begin{pmatrix}3&1\\0&3\end{pmatrix}^n&=(3E+B)^n=(3E)^n+n(3E)^{n-1}B\\&=\begin{pmatrix}3^n&0\\0&3^n\end{pmatrix}+n\cdot3^{n-1}\begin{pmatrix}0&1\\0&0\end{pmatrix}=\begin{pmatrix}3^n&n\cdot3^{n-1}\\0&3^n\end{pmatrix}.\end{aligned}$$

而矩阵$\begin{pmatrix}3&9\\1&3\end{pmatrix}$的秩为1，有$\begin{pmatrix}3&9\\1&3\end{pmatrix}^n=6^{n-1}\begin{pmatrix}3&9\\1&3\end{pmatrix}$，从而

$$\boldsymbol{A}^n=\begin{pmatrix}3^n&n\cdot 3^{n-1}&0&0\\0&3^n&0&0\\0&0&3\cdot 6^{n-1}&9\cdot 6^{n-1}\\0&0&6^{n-1}&3\cdot 6^{n-1}\end{pmatrix}.$$

【例 16】 设$\boldsymbol{A},\boldsymbol{B}$为$n$阶矩阵，$\boldsymbol{A}^*,\boldsymbol{B}^*$分别是$\boldsymbol{A},\boldsymbol{B}$的伴随矩阵，$\boldsymbol{C}=\begin{pmatrix}\boldsymbol{A}&\boldsymbol{O}\\\boldsymbol{O}&\boldsymbol{B}\end{pmatrix}$，则$\boldsymbol{C}$的伴随矩阵$\boldsymbol{C}^*=$______.

(A) $\begin{pmatrix}|\boldsymbol{A}|\boldsymbol{A}^*&\boldsymbol{O}\\\boldsymbol{O}&|\boldsymbol{B}|\boldsymbol{B}^*\end{pmatrix}$ (B) $\begin{pmatrix}|\boldsymbol{B}|\boldsymbol{B}^*&\boldsymbol{O}\\\boldsymbol{O}&|\boldsymbol{A}|\boldsymbol{A}^*\end{pmatrix}$

(C) $\begin{pmatrix}|\boldsymbol{A}|\boldsymbol{B}^*&\boldsymbol{O}\\\boldsymbol{O}&|\boldsymbol{B}|\boldsymbol{A}^*\end{pmatrix}$ (D) $\begin{pmatrix}|\boldsymbol{B}|\boldsymbol{A}^*&\boldsymbol{O}\\\boldsymbol{O}&|\boldsymbol{A}|\boldsymbol{B}^*\end{pmatrix}$

解 若$\boldsymbol{A},\boldsymbol{B}$均可逆，则$\boldsymbol{A}^*=|\boldsymbol{A}|\boldsymbol{A}^{-1}$，$\boldsymbol{B}^*=|\boldsymbol{B}|\boldsymbol{B}^{-1}$，从而

$$\boldsymbol{C}^*=|\boldsymbol{C}|\boldsymbol{C}^{-1}=|\boldsymbol{A}|\,|\boldsymbol{B}|\begin{pmatrix}\boldsymbol{A}^{-1}&\boldsymbol{O}\\\boldsymbol{O}&\boldsymbol{B}^{-1}\end{pmatrix}=|\boldsymbol{A}|\,|\boldsymbol{B}|\begin{pmatrix}|\boldsymbol{A}|^{-1}\boldsymbol{A}^*&\boldsymbol{O}\\\boldsymbol{O}&|\boldsymbol{B}|^{-1}\boldsymbol{B}^*\end{pmatrix}$$

$$=\begin{pmatrix}|\boldsymbol{B}|\boldsymbol{A}^*&\boldsymbol{O}\\\boldsymbol{O}&|\boldsymbol{A}|\boldsymbol{B}^*\end{pmatrix}.$$

当$\boldsymbol{A}$或$\boldsymbol{B}$不可逆时，利用定义可知(D)仍成立.

故应选(D).

方法总结

熟练掌握公式$\boldsymbol{A}\boldsymbol{A}^*=\boldsymbol{A}^*\boldsymbol{A}=|\boldsymbol{A}|\boldsymbol{E}$及其变形公式.

【例 17】 设$\boldsymbol{A},\boldsymbol{B}$分别为$m$与$n$阶方阵. 证明：

(1)当$\boldsymbol{A}$可逆时，有$\begin{vmatrix}\boldsymbol{A}&\boldsymbol{D}\\\boldsymbol{C}&\boldsymbol{B}\end{vmatrix}=|\boldsymbol{A}|\,|\boldsymbol{B}-\boldsymbol{C}\boldsymbol{A}^{-1}\boldsymbol{D}|$； ①

(2)当$\boldsymbol{B}$可逆时，有$\begin{vmatrix}\boldsymbol{A}&\boldsymbol{D}\\\boldsymbol{C}&\boldsymbol{B}\end{vmatrix}=|\boldsymbol{A}-\boldsymbol{D}\boldsymbol{B}^{-1}\boldsymbol{C}|\,|\boldsymbol{B}|$. ②

证 (1)根据分块矩阵的乘法，有

$$\begin{pmatrix}\boldsymbol{A}&\boldsymbol{D}\\\boldsymbol{C}&\boldsymbol{B}\end{pmatrix}\begin{pmatrix}\boldsymbol{E}&-\boldsymbol{A}^{-1}\boldsymbol{D}\\\boldsymbol{O}&\boldsymbol{E}\end{pmatrix}=\begin{pmatrix}\boldsymbol{A}&\boldsymbol{O}\\\boldsymbol{C}&\boldsymbol{B}-\boldsymbol{C}\boldsymbol{A}^{-1}\boldsymbol{D}\end{pmatrix},$$

两边取行列式即得①.

(2)同样，由于

$$\begin{pmatrix}\boldsymbol{A}&\boldsymbol{D}\\\boldsymbol{C}&\boldsymbol{B}\end{pmatrix}\begin{pmatrix}\boldsymbol{E}&\boldsymbol{O}\\-\boldsymbol{B}^{-1}\boldsymbol{C}&\boldsymbol{E}\end{pmatrix}=\begin{pmatrix}\boldsymbol{A}-\boldsymbol{D}\boldsymbol{B}^{-1}\boldsymbol{C}&\boldsymbol{D}\\\boldsymbol{O}&\boldsymbol{B}\end{pmatrix},$$

两边取行列式即得②.

【例 18】 设 $\boldsymbol{B},\boldsymbol{C}$ 分别是 m 阶与 n 阶方阵，$\boldsymbol{B}$ 可逆，令 $\boldsymbol{G}=\begin{pmatrix}\boldsymbol{A} & \boldsymbol{C}\\ \boldsymbol{B} & \boldsymbol{D}\end{pmatrix}$. 证明：$\boldsymbol{G}$ 可逆的充要条件是 $\boldsymbol{C}-\boldsymbol{A}\boldsymbol{B}^{-1}\boldsymbol{D}$ 可逆.

证　因为 $\begin{pmatrix}\boldsymbol{E} & -\boldsymbol{A}\boldsymbol{B}^{-1}\\ \boldsymbol{O} & \boldsymbol{E}\end{pmatrix}\begin{pmatrix}\boldsymbol{A} & \boldsymbol{C}\\ \boldsymbol{B} & \boldsymbol{D}\end{pmatrix}=\begin{pmatrix}\boldsymbol{O} & \boldsymbol{C}-\boldsymbol{A}\boldsymbol{B}^{-1}\boldsymbol{D}\\ \boldsymbol{B} & \boldsymbol{D}\end{pmatrix}$，两边取行列式得

$$|\boldsymbol{G}|=(-1)^{nm}|\boldsymbol{B}|\ |\boldsymbol{C}-\boldsymbol{A}\boldsymbol{B}^{-1}\boldsymbol{D}|. \tag{①}$$

又 $|\boldsymbol{B}|\neq 0$，所以

$$\boldsymbol{G}\text{ 可逆}\Leftrightarrow|\boldsymbol{G}|\neq 0\Leftrightarrow|\boldsymbol{C}-\boldsymbol{A}\boldsymbol{B}^{-1}\boldsymbol{D}|\neq 0\Leftrightarrow\boldsymbol{C}-\boldsymbol{A}\boldsymbol{B}^{-1}\boldsymbol{D}\text{ 可逆}.$$

【例 19】 设 $\boldsymbol{A},\boldsymbol{B}$ 分别为 $m\times n$ 与 $m\times s$ 矩阵，而 $\boldsymbol{X}$ 为 $n\times s$ 未知矩阵. 证明：矩阵方程 $\boldsymbol{AX}=\boldsymbol{B}$ 有解的充要条件是

$$r(\boldsymbol{A})=r(\boldsymbol{A},\boldsymbol{B}).$$

又当 $r(\boldsymbol{A})=r(\boldsymbol{A},\boldsymbol{B})=r=n$ 时，$\boldsymbol{AX}=\boldsymbol{B}$ 有唯一解；当 $r<n$ 时，$\boldsymbol{AX}=\boldsymbol{B}$ 有无穷多解.

证　设 $\boldsymbol{AX}=\boldsymbol{B}$ 有解 $\boldsymbol{X}=\boldsymbol{C}=(\boldsymbol{\gamma}_1,\boldsymbol{\gamma}_2,\cdots,\boldsymbol{\gamma}_s)$，则

$$\boldsymbol{AC}=\boldsymbol{A}(\boldsymbol{\gamma}_1,\boldsymbol{\gamma}_2,\cdots,\boldsymbol{\gamma}_s)=(\boldsymbol{\beta}_1,\boldsymbol{\beta}_2,\cdots,\boldsymbol{\beta}_s),$$
$$(\boldsymbol{A\gamma}_1,\boldsymbol{A\gamma}_2,\cdots,\boldsymbol{A\gamma}_s)=(\boldsymbol{\beta}_1,\boldsymbol{\beta}_2,\cdots,\boldsymbol{\beta}_s),$$

其中 $\boldsymbol{\beta}_1,\boldsymbol{\beta}_2,\cdots,\boldsymbol{\beta}_s$ 与 $\boldsymbol{\gamma}_1,\boldsymbol{\gamma}_2,\cdots,\boldsymbol{\gamma}_s$ 分别为矩阵 $\boldsymbol{B}$ 与 $\boldsymbol{C}$ 的列向量组. 于是

$$\boldsymbol{A\gamma}_i=\boldsymbol{\beta}_i,\ i=1,2,\cdots,s.$$

这说明 $\boldsymbol{\beta}_i$ 可由 $\boldsymbol{A}$ 的列向量组 $\boldsymbol{\alpha}_1,\boldsymbol{\alpha}_2,\cdots,\boldsymbol{\alpha}_n$ 线性表示，从而 $\boldsymbol{A}$ 的列向量组 $\boldsymbol{\alpha}_1,\boldsymbol{\alpha}_2,\cdots,\boldsymbol{\alpha}_n$ 与矩阵 $(\boldsymbol{A},\boldsymbol{B})$ 的列向量组 $\boldsymbol{\alpha}_1,\boldsymbol{\alpha}_2,\cdots,\boldsymbol{\alpha}_n,\boldsymbol{\beta}_1,\boldsymbol{\beta}_2,\cdots,\boldsymbol{\beta}_s$ 等价，因此

$$r(\boldsymbol{A})=r(\boldsymbol{A},\boldsymbol{B}).$$

反之，若 $r(\boldsymbol{A})=r(\boldsymbol{A},\boldsymbol{B})$，则上面的证明倒推回去即可知方程 $\boldsymbol{AX}=\boldsymbol{B}$ 有解.

另外，当 $r(\boldsymbol{A})=r(\boldsymbol{A},\boldsymbol{B})=r=n$ 时，由于含 n 个未知量的线性方程组 $\boldsymbol{Ax}=\boldsymbol{\beta}_i(i=1,2,\cdots,s$，这里的 $\boldsymbol{x}$ 为 $n\times 1$ 未知矩阵) 有唯一解，从而 $\boldsymbol{AX}=\boldsymbol{B}$(这里的 $\boldsymbol{X}$ 为 $n\times s$ 矩阵) 也有唯一解 $\boldsymbol{X}=\boldsymbol{C}=(\boldsymbol{\gamma}_1,\boldsymbol{\gamma}_2,\cdots,\boldsymbol{\gamma}_s)$，其中 γ_i 为 $\boldsymbol{Ax}=\boldsymbol{\beta}_i$ 的解.

当 $r(\boldsymbol{A})=r(\boldsymbol{A},\boldsymbol{B})=r<n$ 时，由于方程组 $\boldsymbol{Ax}=\boldsymbol{\beta}_i(i=1,2,\cdots,s)$ 有无穷多解，从而矩阵方程 $\boldsymbol{AX}=\boldsymbol{B}$ 有无穷多解.

方法总结

(1)设 $\boldsymbol{A}$ 为 $m\times n$ 矩阵，$\boldsymbol{X}$ 为 $n\times m$ 矩阵，$\boldsymbol{E}$ 为 m 阶单位矩阵. 则由此题可知，矩阵方程 $\boldsymbol{AX}=\boldsymbol{E}$ 有解的充要条件是 $r(\boldsymbol{A})=m$(即 $\boldsymbol{A}$ 的行数)；

(2)类似可得：设 $\boldsymbol{A},\boldsymbol{B}$ 分别为 $n\times s$ 与 $m\times s$ 矩阵，而 $\boldsymbol{X}$ 为 $m\times n$ 未知矩阵. 证明：矩阵方程 $\boldsymbol{XA}=\boldsymbol{B}$ 有解的充要条件是

$$r(A)=r\begin{pmatrix}A\\B\end{pmatrix}.$$

且当 $r(A)=r\begin{pmatrix}A\\B\end{pmatrix}=r=n$ 时，$XA=B$ 有唯一解；当 $r<n$ 时，$XA=B$ 有无穷多解.

【例 20】 设 A 为任意 $m\times n$ 阶矩阵，X 为 $n\times m$ 阶未知矩阵. 证明：矩阵方程 $AXA=A$ 必有解.

证 设 $r(A)=r$. 若 $r=0$，则结论显然成立，故下设 $r\neq 0$. 于是存在 m 阶与 n 阶可逆矩阵 P,Q，使

$$A=P\begin{pmatrix}E_r & O\\O & O\end{pmatrix}Q,$$

其中 E_r 为 r 阶单位矩阵. 令

$$G=Q^{-1}\begin{pmatrix}E_r & G_{12}\\G_{21} & G_{22}\end{pmatrix}P^{-1},$$

其中 G_{12}，G_{21} 与 G_{22} 分别为任意的 $r\times(n-r)$，$(m-r)\times r$ 与 $(m-r)\times(n-r)$ 矩阵.

于是有

$$\begin{aligned}AGA&=P\begin{pmatrix}E_r & O\\O & O\end{pmatrix}Q\,Q^{-1}\begin{pmatrix}E_r & G_{12}\\G_{21} & G_{22}\end{pmatrix}P^{-1}\,P\begin{pmatrix}E_r & O\\O & O\end{pmatrix}Q\\&=P\begin{pmatrix}E_r & O\\O & O\end{pmatrix}\begin{pmatrix}E_r & G_{12}\\G_{21} & G_{22}\end{pmatrix}\begin{pmatrix}E_r & O\\O & O\end{pmatrix}Q\\&=P\begin{pmatrix}E_r & O\\O & O\end{pmatrix}Q=A.\end{aligned}$$

从而 G 为矩阵方程 $AXA=A$ 的解.

方法总结

从以上证明还可知，当 $r(A)<m$ 或 $r(A)<n$ 时，矩阵方程 $AXA=A$ 不仅有解，而且有无穷多解.

【例 21】 证明：秩为 r 的矩阵可表成 r 个秩为 1 的矩阵的和.

证 设矩阵 A 的秩是 r，则有非奇异矩阵 P,Q，使

$$PAQ=\begin{pmatrix}1 &&&&&\\ &\ddots&&&&\\ &&1&&&\\ &&&0&&\\ &&&&\ddots&\\ &&&&&0\end{pmatrix}=A_1+A_2+\cdots+A_r,$$

其中 $\boldsymbol{A}_i(i=1,\cdots,r)$ 为主对角线上第 i 个元素是 1 其余元素全是零的矩阵.

由上可得

$$\boldsymbol{A}=\boldsymbol{P}^{-1}\boldsymbol{A}_1\boldsymbol{Q}^{-1}+\cdots+\boldsymbol{P}^{-1}\boldsymbol{A}_r\boldsymbol{Q}^{-1}.$$

由于任何矩阵乘满秩方阵后秩不改变,故

$$r(\boldsymbol{P}^{-1}\boldsymbol{A}_i\boldsymbol{Q}^{-1})=r(\boldsymbol{A}_i)=1,$$

即 $\boldsymbol{A}$ 可表成 r 个秩为 1 的矩阵的和.

【例 22】 设 $\boldsymbol{A},\boldsymbol{B},\boldsymbol{C}$ 依次为 $m\times n,n\times s,s\times t$ 矩阵. 证明 Frobenius 不等式:

$$r(\boldsymbol{ABC})\geqslant r(\boldsymbol{AB})+r(\boldsymbol{BC})-r(\boldsymbol{B}).$$

证 **方法一** 设 $\boldsymbol{E}_s,\boldsymbol{E}_t$ 分别为 s,t 阶单位矩阵,则由于

$$\begin{pmatrix}\boldsymbol{AB}&\boldsymbol{ABC}\\\boldsymbol{B}&\boldsymbol{O}\end{pmatrix}\begin{pmatrix}\boldsymbol{E}_s&\boldsymbol{C}\\\boldsymbol{O}&-\boldsymbol{E}_t\end{pmatrix}=\begin{pmatrix}\boldsymbol{AB}&\boldsymbol{O}\\\boldsymbol{B}&\boldsymbol{BC}\end{pmatrix},$$

且 $\begin{pmatrix}\boldsymbol{E}_s&\boldsymbol{C}\\\boldsymbol{O}&-\boldsymbol{E}_t\end{pmatrix}$ 是可逆矩阵,故

$$\begin{aligned}r(\boldsymbol{AB})+r(\boldsymbol{BC})&\leqslant r\begin{pmatrix}\boldsymbol{AB}&\boldsymbol{O}\\\boldsymbol{B}&\boldsymbol{BC}\end{pmatrix}=r\begin{pmatrix}\boldsymbol{AB}&\boldsymbol{ABC}\\\boldsymbol{B}&\boldsymbol{O}\end{pmatrix}\\&=r\begin{pmatrix}\boldsymbol{O}&\boldsymbol{ABC}\\\boldsymbol{B}&\boldsymbol{O}\end{pmatrix}=r(\boldsymbol{ABC})+r(\boldsymbol{B}).\end{aligned}$$

从而 $r(\boldsymbol{ABC})\geqslant r(\boldsymbol{AB})+r(\boldsymbol{BC})-r(\boldsymbol{B})$.

方法二 因为

$$\begin{pmatrix}\boldsymbol{AB}&\boldsymbol{O}\\\boldsymbol{B}&\boldsymbol{BC}\end{pmatrix}\xrightarrow[\text{再第二列乘}-1]{\text{第一列右乘}-\boldsymbol{C}\text{加到第二列,}}\begin{pmatrix}\boldsymbol{AB}&\boldsymbol{ABC}\\\boldsymbol{B}&\boldsymbol{O}\end{pmatrix}\xrightarrow{\text{第二行左乘}-\boldsymbol{A}\text{加到第一行}}\begin{pmatrix}\boldsymbol{O}&\boldsymbol{ABC}\\\boldsymbol{B}&\boldsymbol{O}\end{pmatrix},$$

因初等变换不改变分块矩阵的秩,故

$$\begin{aligned}r(\boldsymbol{AB})+r(\boldsymbol{BC})&=r\begin{pmatrix}\boldsymbol{AB}&\boldsymbol{O}\\\boldsymbol{O}&\boldsymbol{BC}\end{pmatrix}\leqslant r\begin{pmatrix}\boldsymbol{AB}&\boldsymbol{O}\\\boldsymbol{B}&\boldsymbol{BC}\end{pmatrix}=r\begin{pmatrix}\boldsymbol{O}&\boldsymbol{ABC}\\\boldsymbol{B}&\boldsymbol{O}\end{pmatrix}\\&=r(\boldsymbol{ABC})+r(\boldsymbol{B}).\end{aligned}$$

从而 $r(\boldsymbol{ABC})\geqslant r(\boldsymbol{AB})+r(\boldsymbol{BC})-r(\boldsymbol{B})$.

【例 23】 设 $\boldsymbol{A}$ 为可逆的反对称阵,$\boldsymbol{b}$ 为 n 维列向量,令 $\boldsymbol{B}=\begin{pmatrix}\boldsymbol{A}&\boldsymbol{b}\\\boldsymbol{b}^{\mathrm{T}}&0\end{pmatrix}$,证明:$r(\boldsymbol{B})=n$.

证 首先 $r(\boldsymbol{B})\geqslant r(\boldsymbol{A})=n$.

由于奇数阶反对称阵的行列式为 0,可知 $\boldsymbol{A}$ 是偶数阶的,从而 $\boldsymbol{B}$ 是奇数阶的. 令

$$\boldsymbol{C}=\begin{pmatrix}\boldsymbol{A}&-\boldsymbol{b}\\\boldsymbol{b}^{\mathrm{T}}&0\end{pmatrix},$$

那么 $\boldsymbol{C}$ 是奇数阶反对称阵,所以 $|\boldsymbol{C}|=0$. 但是

$$|\boldsymbol{B}|=|\boldsymbol{B}^{\mathrm{T}}|=\begin{vmatrix}\boldsymbol{A}^{\mathrm{T}}&\boldsymbol{b}\\\boldsymbol{b}^{\mathrm{T}}&\boldsymbol{0}\end{vmatrix}=\begin{vmatrix}-\boldsymbol{A}&\boldsymbol{b}\\\boldsymbol{b}^{\mathrm{T}}&\boldsymbol{0}\end{vmatrix}=\begin{vmatrix}\boldsymbol{A}&-\boldsymbol{b}\\\boldsymbol{b}^{\mathrm{T}}&\boldsymbol{0}\end{vmatrix}=|\boldsymbol{C}|=0,$$

所以 $r(\boldsymbol{B})\leqslant n$. 从而 $r(\boldsymbol{B})=n$.

【例 24】 设方阵 $\boldsymbol{A}$ 的秩为 r，且 $\boldsymbol{A}^2=\boldsymbol{A}$. 证明：$\mathrm{tr}\,\boldsymbol{A}=r$.

证 因为 $\boldsymbol{A}$ 的秩为 r，故存在可逆矩阵 $\boldsymbol{P},\boldsymbol{Q}$，使

$$\boldsymbol{P}^{-1}\boldsymbol{A}\boldsymbol{Q}^{-1}=\begin{pmatrix}\boldsymbol{E}_r & \boldsymbol{O}\\ \boldsymbol{O} & \boldsymbol{O}\end{pmatrix}. \quad ①$$

再令

$$\boldsymbol{P}=\begin{pmatrix}\boldsymbol{P}_1 & \boldsymbol{P}_2\\ \boldsymbol{P}_3 & \boldsymbol{P}_4\end{pmatrix},\quad \boldsymbol{Q}=\begin{pmatrix}\boldsymbol{Q}_1 & \boldsymbol{Q}_2\\ \boldsymbol{Q}_3 & \boldsymbol{Q}_4\end{pmatrix},$$

其中 $\boldsymbol{P}_1,\boldsymbol{Q}_1$ 均为 r 阶方阵. 于是由①，并根据 $\boldsymbol{A}^2=\boldsymbol{A}$ 可得

$$\begin{pmatrix}\boldsymbol{E}_r & \boldsymbol{O}\\ \boldsymbol{O} & \boldsymbol{O}\end{pmatrix}\boldsymbol{QP}\begin{pmatrix}\boldsymbol{E}_r & \boldsymbol{O}\\ \boldsymbol{O} & \boldsymbol{O}\end{pmatrix}=\boldsymbol{P}^{-1}\boldsymbol{AAQ}^{-1}=\boldsymbol{P}^{-1}\boldsymbol{AQ}^{-1}=\begin{pmatrix}\boldsymbol{E}_r & \boldsymbol{O}\\ \boldsymbol{O} & \boldsymbol{O}\end{pmatrix}.$$

由此根据分块矩阵的乘法，得

$$\boldsymbol{Q}_1\boldsymbol{P}_1+\boldsymbol{Q}_2\boldsymbol{P}_3=\boldsymbol{E}_r.$$

再根据迹的性质，得

$$r=\mathrm{tr}(\boldsymbol{E}_r)=\mathrm{tr}(\boldsymbol{Q}_1\boldsymbol{P}_1)+\mathrm{tr}(\boldsymbol{Q}_2\boldsymbol{P}_3). \quad ②$$

又由①，得

$$\boldsymbol{A}=\boldsymbol{P}\begin{pmatrix}\boldsymbol{E}_r & \boldsymbol{O}\\ \boldsymbol{O} & \boldsymbol{O}\end{pmatrix}\boldsymbol{Q}=\begin{pmatrix}\boldsymbol{P}_1 & \boldsymbol{P}_2\\ \boldsymbol{P}_3 & \boldsymbol{P}_4\end{pmatrix}\begin{pmatrix}\boldsymbol{E}_r & \boldsymbol{O}\\ \boldsymbol{O} & \boldsymbol{O}\end{pmatrix}\begin{pmatrix}\boldsymbol{Q}_1 & \boldsymbol{Q}_2\\ \boldsymbol{Q}_3 & \boldsymbol{Q}_4\end{pmatrix}=\begin{pmatrix}\boldsymbol{P}_1\boldsymbol{Q}_1 & \boldsymbol{P}_1\boldsymbol{Q}_2\\ \boldsymbol{P}_3\boldsymbol{Q}_1 & \boldsymbol{P}_3\boldsymbol{Q}_2\end{pmatrix}.$$

由此得

$$\mathrm{tr}(\boldsymbol{A})=\mathrm{tr}(\boldsymbol{P}_1\boldsymbol{Q}_1)+\mathrm{tr}(\boldsymbol{P}_3\boldsymbol{Q}_2). \quad ③$$

但是由迹性质知，$\mathrm{tr}(\boldsymbol{P}_3\boldsymbol{Q}_2)=\mathrm{tr}(\boldsymbol{Q}_2\boldsymbol{P}_3)$，故由②及③知，$\mathrm{tr}(\boldsymbol{A})=r$.

【例 25】 设 $\boldsymbol{A},\boldsymbol{B}$ 都是 n 阶方阵. 证明：$r(\boldsymbol{AB}+\boldsymbol{A}+\boldsymbol{B})\leqslant r(\boldsymbol{A})+r(\boldsymbol{B})$.

证 因为

$$\begin{pmatrix}\boldsymbol{A} & \boldsymbol{B}\\ \boldsymbol{O} & \boldsymbol{B}\end{pmatrix}\begin{pmatrix}\boldsymbol{B}+\boldsymbol{E} & \boldsymbol{O}\\ \boldsymbol{E} & \boldsymbol{O}\end{pmatrix}=\begin{pmatrix}\boldsymbol{AB}+\boldsymbol{A}+\boldsymbol{B} & \boldsymbol{O}\\ \boldsymbol{B} & \boldsymbol{O}\end{pmatrix},$$

故

$$r(\boldsymbol{AB}+\boldsymbol{A}+\boldsymbol{B})\leqslant r\begin{pmatrix}\boldsymbol{AB}+\boldsymbol{A}+\boldsymbol{B} & \boldsymbol{O}\\ \boldsymbol{B} & \boldsymbol{O}\end{pmatrix}\leqslant r\begin{pmatrix}\boldsymbol{A} & \boldsymbol{B}\\ \boldsymbol{O} & \boldsymbol{B}\end{pmatrix}=r(\boldsymbol{A})+r(\boldsymbol{B}).$$

从而

$$r(\boldsymbol{AB}+\boldsymbol{A}+\boldsymbol{B})\leqslant r(\boldsymbol{A})+r(\boldsymbol{B}).$$

【例 26】 设 $\boldsymbol{A},\boldsymbol{C}$ 均为 $m\times n$ 矩阵，$\boldsymbol{B},\boldsymbol{D}$ 均为 $n\times s$ 矩阵. 证明：

$$r(\boldsymbol{AB}-\boldsymbol{CD})\leqslant r(\boldsymbol{A}-\boldsymbol{C})+r(\boldsymbol{B}-\boldsymbol{D}).$$

证 根据分块矩阵的乘法可知

$$\begin{pmatrix}\boldsymbol{E}_m & \boldsymbol{C}\\ \boldsymbol{O} & \boldsymbol{E}_n\end{pmatrix}\begin{pmatrix}\boldsymbol{A}-\boldsymbol{C} & \boldsymbol{O}\\ \boldsymbol{O} & \boldsymbol{B}-\boldsymbol{D}\end{pmatrix}\begin{pmatrix}\boldsymbol{E}_n & \boldsymbol{B}\\ \boldsymbol{O} & \boldsymbol{E}_s\end{pmatrix}=\begin{pmatrix}\boldsymbol{A}-\boldsymbol{C} & \boldsymbol{AB}-\boldsymbol{CD}\\ \boldsymbol{O} & \boldsymbol{B}-\boldsymbol{D}\end{pmatrix}.$$

由此易知

$$r(\boldsymbol{A}-\boldsymbol{C})+r(\boldsymbol{B}-\boldsymbol{D})=r\begin{pmatrix}\boldsymbol{A}-\boldsymbol{C} & \boldsymbol{AB}-\boldsymbol{CD}\\ \boldsymbol{O} & \boldsymbol{B}-\boldsymbol{D}\end{pmatrix}\geqslant r(\boldsymbol{AB}-\boldsymbol{CD}),$$

从而得

$$r(\boldsymbol{AB}-\boldsymbol{CD})\leqslant r(\boldsymbol{A}-\boldsymbol{C})+r(\boldsymbol{B}-\boldsymbol{D}).$$

【例 27】 证明:任何方阵都可表为一个可逆矩阵与一个幂等方阵的乘积.

证 设 $\boldsymbol{A}$ 为任意给定的一个方阵. 若 $\boldsymbol{A}=\boldsymbol{O}$,则结论是显然的.

设 $\boldsymbol{A}\neq\boldsymbol{O}$,且 $r(\boldsymbol{A})=r\neq 0$,则存在可逆方阵 $\boldsymbol{P},\boldsymbol{Q}$,使

$$\boldsymbol{PAQ}=\begin{pmatrix}\boldsymbol{E}_r & \boldsymbol{O}\\ \boldsymbol{O} & \boldsymbol{O}\end{pmatrix}.$$

令 $\boldsymbol{C}=\begin{pmatrix}\boldsymbol{E}_r & \boldsymbol{O}\\ \boldsymbol{O} & \boldsymbol{O}\end{pmatrix}$,则 $\boldsymbol{C}^2=\boldsymbol{C}$. 于是

$$\boldsymbol{A}=\boldsymbol{P}^{-1}\boldsymbol{C}\boldsymbol{Q}^{-1}=\boldsymbol{P}^{-1}\boldsymbol{Q}^{-1}\boldsymbol{Q}\boldsymbol{C}\boldsymbol{Q}^{-1}=\boldsymbol{R}_1\boldsymbol{C}_1, \qquad ①$$

其中 $\boldsymbol{C}_1=\boldsymbol{Q}\boldsymbol{C}\boldsymbol{Q}^{-1}$,从而有 $\boldsymbol{C}_1^2=\boldsymbol{C}_1$,即 $\boldsymbol{C}_1$ 为幂等方阵,而 $\boldsymbol{R}_1=\boldsymbol{P}^{-1}\boldsymbol{Q}^{-1}$ 为可逆矩阵.

另由①,也可把 $\boldsymbol{A}$ 表示成

$$\boldsymbol{A}=\boldsymbol{P}^{-1}\boldsymbol{C}\boldsymbol{P}\boldsymbol{P}^{-1}\boldsymbol{Q}^{-1}=\boldsymbol{BR},$$

其中 $\boldsymbol{B}=\boldsymbol{P}^{-1}\boldsymbol{C}\boldsymbol{P}$ 为幂等方阵,而 $\boldsymbol{R}=\boldsymbol{P}^{-1}\boldsymbol{Q}^{-1}$ 为可逆矩阵.

三、教材习题解答

第四章习题解答

1. 设

(1)$\boldsymbol{A}=\begin{pmatrix}3&1&1\\2&1&2\\1&2&3\end{pmatrix}$，$\boldsymbol{B}=\begin{pmatrix}1&1&-1\\2&-1&0\\1&0&1\end{pmatrix}$；(2)$\boldsymbol{A}=\begin{pmatrix}a&b&c\\c&b&a\\1&1&1\end{pmatrix}$，$\boldsymbol{B}=\begin{pmatrix}1&a&c\\1&b&b\\1&c&a\end{pmatrix}$，

计算 $\boldsymbol{AB}$，$\boldsymbol{AB}-\boldsymbol{BA}$.

【思路探索】 按矩阵乘积、和、差运算进行，注意矩阵乘法不满足交换律.

解 (1)$\boldsymbol{AB}=\begin{pmatrix}3&1&1\\2&1&2\\1&2&3\end{pmatrix}\begin{pmatrix}1&1&-1\\2&-1&0\\1&0&1\end{pmatrix}=\begin{pmatrix}6&2&-2\\6&1&0\\8&-1&2\end{pmatrix}$，

$$\boldsymbol{BA}=\begin{pmatrix}1&1&-1\\2&-1&0\\1&0&1\end{pmatrix}\begin{pmatrix}3&1&1\\2&1&2\\1&2&3\end{pmatrix}=\begin{pmatrix}4&0&0\\4&1&0\\4&3&4\end{pmatrix},$$

$$\boldsymbol{AB}-\boldsymbol{BA}=\begin{pmatrix}6&2&-2\\6&1&0\\8&-1&2\end{pmatrix}-\begin{pmatrix}4&0&0\\4&1&0\\4&3&4\end{pmatrix}=\begin{pmatrix}2&2&-2\\2&0&0\\4&-4&-2\end{pmatrix}.$$

(2)$\boldsymbol{AB}=\begin{pmatrix}a+b+c&a^2+b^2+c^2&b^2+2ac\\c+b+a&b^2+2ac&c^2+b^2+a^2\\3&a+b+c&c+b+a\end{pmatrix}$，

$$\boldsymbol{BA}=\begin{pmatrix}a+ac+c&b+ab+c&a^2+2c\\a+bc+b&b^2+2b&c+ab+b\\c^2+2a&b+bc+a&c+ac+a\end{pmatrix},$$

$$\boldsymbol{AB}-\boldsymbol{BA}=\begin{pmatrix}b-ac&a^2+b^2+c^2-ab-b-c&b^2+2ac-a^2-2c\\c-bc&2ac-2b&a^2+b^2+c^2-ab-b-c\\3-c^2-2a&c-bc&b-ac\end{pmatrix}.$$

2. 计算：

(1)$\begin{pmatrix}2&1&1\\3&1&0\\0&1&2\end{pmatrix}^2$；　　(2)$\begin{pmatrix}3&2\\-4&-2\end{pmatrix}^5$；

(3)$\begin{pmatrix}1&1\\0&1\end{pmatrix}^n$；　　(4)$\begin{pmatrix}\cos\varphi&-\sin\varphi\\\sin\varphi&\cos\varphi\end{pmatrix}^n$；

(5)$(2,3,-1)\begin{pmatrix}1\\-1\\-1\end{pmatrix}$，$\begin{pmatrix}1\\-1\\-1\end{pmatrix}(2,3,-1)$；　　(6)$(x,y,1)\begin{pmatrix}a_{11}&a_{12}&b_1\\a_{12}&a_{22}&b_2\\b_1&b_2&c\end{pmatrix}\begin{pmatrix}x\\y\\1\end{pmatrix}$；

(7)$\begin{pmatrix}1&-1&-1&-1\\-1&1&-1&-1\\-1&-1&1&-1\\-1&-1&-1&1\end{pmatrix}^2$，$\begin{pmatrix}1&-1&-1&-1\\-1&1&-1&-1\\-1&-1&1&-1\\-1&-1&-1&1\end{pmatrix}^n$；　　(8)$\begin{pmatrix}\lambda&1&0\\0&\lambda&1\\0&0&\lambda\end{pmatrix}^n$.

解 (1) $\begin{pmatrix}2&1&1\\3&1&0\\0&1&2\end{pmatrix}^2=\begin{pmatrix}2&1&1\\3&1&0\\0&1&2\end{pmatrix}\begin{pmatrix}2&1&1\\3&1&0\\0&1&2\end{pmatrix}=\begin{pmatrix}7&4&4\\9&4&3\\3&3&4\end{pmatrix}$.

(2) $\begin{pmatrix}3&2\\-4&-2\end{pmatrix}^2=\begin{pmatrix}3&2\\-4&-2\end{pmatrix}\begin{pmatrix}3&2\\-4&-2\end{pmatrix}=\begin{pmatrix}1&2\\-4&-4\end{pmatrix}$,

$\begin{pmatrix}3&2\\-4&-2\end{pmatrix}^3=\begin{pmatrix}1&2\\-4&-4\end{pmatrix}\begin{pmatrix}3&2\\-4&-2\end{pmatrix}=\begin{pmatrix}-5&-2\\4&0\end{pmatrix}$,

$\begin{pmatrix}3&2\\-4&-2\end{pmatrix}^4=\begin{pmatrix}-5&-2\\4&0\end{pmatrix}\begin{pmatrix}3&2\\-4&-2\end{pmatrix}=\begin{pmatrix}-7&-6\\12&8\end{pmatrix}$,

$\begin{pmatrix}3&2\\-4&-2\end{pmatrix}^5=\begin{pmatrix}-7&-6\\12&8\end{pmatrix}\begin{pmatrix}3&2\\-4&-2\end{pmatrix}=\begin{pmatrix}3&-2\\4&8\end{pmatrix}$.

(3) $$\begin{aligned}\begin{pmatrix}1&1\\0&1\end{pmatrix}^n&=\left(\begin{pmatrix}1&0\\0&1\end{pmatrix}+\begin{pmatrix}0&1\\0&0\end{pmatrix}\right)^n\\&=C_n^0\begin{pmatrix}1&0\\0&1\end{pmatrix}^n+C_n^1\begin{pmatrix}1&0\\0&1\end{pmatrix}^{n-1}\begin{pmatrix}0&1\\0&0\end{pmatrix}+C_n^2\begin{pmatrix}1&0\\0&1\end{pmatrix}^{n-2}\begin{pmatrix}0&1\\0&0\end{pmatrix}^2+\cdots+C_n^n\begin{pmatrix}0&1\\0&0\end{pmatrix}^n\\&=\begin{pmatrix}1&0\\0&1\end{pmatrix}+n\begin{pmatrix}0&1\\0&0\end{pmatrix}=\begin{pmatrix}1&n\\0&1\end{pmatrix}.\end{aligned}$$

方法点击:此处 $\begin{pmatrix}0&1\\0&0\end{pmatrix}^2=\boldsymbol{O}$,且 $\boldsymbol{E}$ 与 $\begin{pmatrix}0&1\\0&0\end{pmatrix}$ 乘积可交换,适用二项式定理.

(4) 经过计算,利用不完全归纳法可猜想 $\begin{pmatrix}\cos\varphi&-\sin\varphi\\\sin\varphi&\cos\varphi\end{pmatrix}^n=\begin{pmatrix}\cos n\varphi&-\sin n\varphi\\\sin n\varphi&\cos n\varphi\end{pmatrix}$. 下面用数学归纳法证明上式对任意正整数 n 都成立.

当 $n=1$ 时,显然成立.

假设当 $n=k-1$ 时,结论成立,即

$$\begin{pmatrix}\cos\varphi&-\sin\varphi\\\sin\varphi&\cos\varphi\end{pmatrix}^{k-1}=\begin{pmatrix}\cos(k-1)\varphi&-\sin(k-1)\varphi\\\sin(k-1)\varphi&\cos(k-1)\varphi\end{pmatrix},$$

则当 $n=k$ 时,

$$\begin{aligned}\begin{pmatrix}\cos\varphi&-\sin\varphi\\\sin\varphi&\cos\varphi\end{pmatrix}^{k}&=\begin{pmatrix}\cos\varphi&-\sin\varphi\\\sin\varphi&\cos\varphi\end{pmatrix}^{k-1}\begin{pmatrix}\cos\varphi&-\sin\varphi\\\sin\varphi&\cos\varphi\end{pmatrix}\\&=\begin{pmatrix}\cos(k-1)\varphi&-\sin(k-1)\varphi\\\sin(k-1)\varphi&\cos(k-1)\varphi\end{pmatrix}\begin{pmatrix}\cos\varphi&-\sin\varphi\\\sin\varphi&\cos\varphi\end{pmatrix}\\&=\begin{pmatrix}\cos k\varphi&-\sin k\varphi\\\sin k\varphi&\cos k\varphi\end{pmatrix}.\end{aligned}$$

所以对任意 n,有 $\begin{pmatrix}\cos\varphi&-\sin\varphi\\\sin\varphi&\cos\varphi\end{pmatrix}^n=\begin{pmatrix}\cos n\varphi&-\sin n\varphi\\\sin n\varphi&\cos n\varphi\end{pmatrix}$.

方法点击：这是旋转角 φ 的旋转变换矩阵，连续 n 次旋转 φ 角等同于一次旋转 $n\varphi$ 的旋转变换矩阵.

(5) $(2,3,-1)\begin{pmatrix}1\\-1\\-1\end{pmatrix}=0$，$\begin{pmatrix}1\\-1\\-1\end{pmatrix}(2,3,-1)=\begin{pmatrix}2&3&-1\\-2&-3&1\\-2&-3&1\end{pmatrix}$.

(6) $$(x,y,1)\begin{pmatrix}a_{11}&a_{12}&b_1\\a_{12}&a_{22}&b_2\\b_1&b_2&c\end{pmatrix}\begin{pmatrix}x\\y\\1\end{pmatrix}=(a_{11}x+a_{12}y+b_1,a_{12}x+a_{22}y+b_2,b_1x+b_2y+c)\begin{pmatrix}x\\y\\1\end{pmatrix}$$
$$=a_{11}x^2+2a_{12}xy+a_{22}y^2+2b_1x+2b_2y+c.$$

(7) $$\boldsymbol{A}^2=\begin{pmatrix}1&-1&-1&-1\\-1&1&-1&-1\\-1&-1&1&-1\\-1&-1&-1&1\end{pmatrix}^2=\begin{pmatrix}4&0&0&0\\0&4&0&0\\0&0&4&0\\0&0&0&4\end{pmatrix}=4\boldsymbol{E}=2^2\boldsymbol{E},$$

当 n 为偶数，即 $n=2k$ 时，有 $\boldsymbol{A}^n=\boldsymbol{A}^{2k}=(\boldsymbol{A}^2)^k=(2^2\boldsymbol{E})^k=2^{2k}\boldsymbol{E}=2^n\boldsymbol{E}$($k$ 取正整数)；
当 n 为奇数，即 $n=2k+1$ 时，$\boldsymbol{A}^n=\boldsymbol{A}^{2k+1}=\boldsymbol{A}^{2k}\cdot\boldsymbol{A}=2^{2k}\boldsymbol{E}\boldsymbol{A}=2^{n-1}\boldsymbol{A}$($k$ 取自然数).

(8) $$\begin{pmatrix}\lambda&1&0\\0&\lambda&1\\0&0&\lambda\end{pmatrix}^n=\left[\lambda\begin{pmatrix}1&0&0\\0&1&0\\0&0&1\end{pmatrix}+\begin{pmatrix}0&1&0\\0&0&1\\0&0&0\end{pmatrix}\right]^n$$
$$=\mathrm{C}_n^0\lambda^n\begin{pmatrix}1&0&0\\0&1&0\\0&0&1\end{pmatrix}^n+\mathrm{C}_n^1\lambda^{n-1}\begin{pmatrix}1&0&0\\0&1&0\\0&0&1\end{pmatrix}^{n-1}\begin{pmatrix}0&1&0\\0&0&1\\0&0&0\end{pmatrix}+\mathrm{C}_n^2\lambda^{n-2}\begin{pmatrix}1&0&0\\0&1&0\\0&0&1\end{pmatrix}^{n-2}\begin{pmatrix}0&1&0\\0&0&1\\0&0&0\end{pmatrix}^2$$
$$+\mathrm{C}_n^3\lambda^{n-3}\begin{pmatrix}1&0&0\\0&1&0\\0&0&1\end{pmatrix}^{n-3}\begin{pmatrix}0&1&0\\0&0&1\\0&0&0\end{pmatrix}^3+\cdots+\mathrm{C}_n^n\begin{pmatrix}0&1&0\\0&0&1\\0&0&0\end{pmatrix}^n$$
$$=\begin{pmatrix}\lambda^n&0&0\\0&\lambda^n&0\\0&0&\lambda^n\end{pmatrix}+n\lambda^{n-1}\begin{pmatrix}0&1&0\\0&0&1\\0&0&0\end{pmatrix}+\frac{n(n-1)}{2}\lambda^{n-2}\begin{pmatrix}0&0&1\\0&0&0\\0&0&0\end{pmatrix}$$
$$=\begin{pmatrix}\lambda^n&n\lambda^{n-1}&\frac{n(n-1)}{2}\lambda^{n-2}\\0&\lambda^n&n\lambda^{n-1}\\0&0&\lambda^n\end{pmatrix}.$$

3. 若 $f(\lambda)=a_0\lambda^m+a_1\lambda^{m-1}+\cdots+a_m$，$\boldsymbol{A}$ 是一个 $n\times n$ 矩阵，定义 $f(\boldsymbol{A})=a_0\boldsymbol{A}^m+a_1\boldsymbol{A}^{m-1}+\cdots+a_mE$. 设

(1) $f(\lambda)=\lambda^2-\lambda-1$，$\boldsymbol{A}=\begin{pmatrix}2&1&1\\3&1&2\\1&-1&0\end{pmatrix}$；　(2) $f(\lambda)=\lambda^2-5\lambda+3$，$\boldsymbol{A}=\begin{pmatrix}2&-1\\-3&3\end{pmatrix}$.

试求 $f(\boldsymbol{A})$.

解　(1) $$f(\boldsymbol{A})=\boldsymbol{A}^2-\boldsymbol{A}-\boldsymbol{E}=\begin{pmatrix}8&2&4\\11&2&5\\-1&0&-1\end{pmatrix}-\begin{pmatrix}2&1&1\\3&1&2\\1&-1&0\end{pmatrix}-\begin{pmatrix}1&0&0\\0&1&0\\0&0&1\end{pmatrix}=\begin{pmatrix}5&1&3\\8&0&3\\-2&1&-2\end{pmatrix}.$$

(2) $$f(\boldsymbol{A})=\boldsymbol{A}^2-5\boldsymbol{A}+3\boldsymbol{E}=\begin{pmatrix}7&-5\\-15&12\end{pmatrix}-\begin{pmatrix}10&-5\\-15&15\end{pmatrix}+\begin{pmatrix}3&0\\0&3\end{pmatrix}=\begin{pmatrix}0&0\\0&0\end{pmatrix}.$$

4. 如果 $\boldsymbol{AB}=\boldsymbol{BA}$，矩阵 $\boldsymbol{B}$ 就称为与 $\boldsymbol{A}$ 可交换，设

(1)$\boldsymbol{A}=\begin{pmatrix}1&1\\0&1\end{pmatrix}$；　(2)$\boldsymbol{A}=\begin{pmatrix}1&0&0\\0&1&2\\3&1&2\end{pmatrix}$；　(3)$\boldsymbol{A}=\begin{pmatrix}0&1&0\\0&0&1\\0&0&0\end{pmatrix}$.

分别求所有与 $\boldsymbol{A}$ 可交换的矩阵.

【思路探索】 对与 $\boldsymbol{A}$ 可交换的矩阵进行假设，设定其形状.

解 (1) 设与矩阵 $\boldsymbol{A}$ 可交换的矩阵 $\boldsymbol{B}=\begin{pmatrix}a_{11}&a_{12}\\a_{21}&a_{22}\end{pmatrix}$，则由

$$\begin{pmatrix}1&1\\0&1\end{pmatrix}\begin{pmatrix}a_{11}&a_{12}\\a_{21}&a_{22}\end{pmatrix}=\begin{pmatrix}a_{11}&a_{12}\\a_{21}&a_{22}\end{pmatrix}\begin{pmatrix}1&1\\0&1\end{pmatrix},$$

得 $\begin{pmatrix}a_{11}+a_{21}&a_{12}+a_{22}\\a_{21}&a_{22}\end{pmatrix}=\begin{pmatrix}a_{11}&a_{11}+a_{12}\\a_{21}&a_{21}+a_{22}\end{pmatrix}$.

比较对应位置元素可得 $a_{11}=a_{22}, a_{21}=0$.

故与 $\boldsymbol{A}$ 可交换的矩阵为 $\begin{pmatrix}a_{11}&a_{12}\\0&a_{11}\end{pmatrix}$，其中 a_{11}, a_{12} 为任意数.

(2)$\boldsymbol{A}=\boldsymbol{E}+\begin{pmatrix}0&0&0\\0&0&2\\3&1&1\end{pmatrix}$，设 $\boldsymbol{B}=\begin{pmatrix}a_{11}&a_{12}&a_{13}\\a_{21}&a_{22}&a_{23}\\a_{31}&a_{32}&a_{33}\end{pmatrix}$ 与 $\boldsymbol{A}$ 可交换，则有

$$\left(\boldsymbol{E}+\begin{pmatrix}0&0&0\\0&0&2\\3&1&1\end{pmatrix}\right)\begin{pmatrix}a_{11}&a_{12}&a_{13}\\a_{21}&a_{22}&a_{23}\\a_{31}&a_{32}&a_{33}\end{pmatrix}=\begin{pmatrix}a_{11}&a_{12}&a_{13}\\a_{21}&a_{22}&a_{23}\\a_{31}&a_{32}&a_{33}\end{pmatrix}\left(\boldsymbol{E}+\begin{pmatrix}0&0&0\\0&0&2\\3&1&1\end{pmatrix}\right),$$

从而可得

$$\begin{pmatrix}0&0&0\\0&0&2\\3&1&1\end{pmatrix}\begin{pmatrix}a_{11}&a_{12}&a_{13}\\a_{21}&a_{22}&a_{23}\\a_{31}&a_{32}&a_{33}\end{pmatrix}=\begin{pmatrix}a_{11}&a_{12}&a_{13}\\a_{21}&a_{22}&a_{23}\\a_{31}&a_{32}&a_{33}\end{pmatrix}\begin{pmatrix}0&0&0\\0&0&2\\3&1&1\end{pmatrix},$$

即 $\begin{pmatrix}0&0&0\\2a_{31}&2a_{32}&2a_{33}\\3a_{11}+a_{21}+a_{31}&3a_{12}+a_{22}+a_{32}&3a_{13}+a_{23}+a_{33}\end{pmatrix}=\begin{pmatrix}3a_{13}&a_{13}&2a_{12}+a_{13}\\3a_{23}&a_{23}&2a_{22}+a_{23}\\3a_{33}&a_{33}&2a_{32}+a_{33}\end{pmatrix}$.

比较对应元素可得

$$a_{11}=a_{22}-\frac{1}{3}a_{21}, a_{12}=0, a_{13}=0, a_{31}=\frac{3}{2}a_{23}, a_{32}=\frac{1}{2}a_{23}, a_{33}=a_{22}+\frac{1}{2}a_{23}.$$

故 $\boldsymbol{B}=\begin{pmatrix}a_{22}-\frac{1}{3}a_{21}&0&0\\a_{21}&a_{22}&a_{23}\\\frac{3}{2}a_{23}&\frac{1}{2}a_{23}&a_{22}+\frac{1}{2}a_{23}\end{pmatrix}$，其中 a_{21}, a_{22}, a_{23} 为任意数.

(3) 设与 $\boldsymbol{A}$ 可交换的矩阵 $\boldsymbol{B}=\begin{pmatrix}a_{11}&a_{12}&a_{13}\\a_{21}&a_{22}&a_{23}\\a_{31}&a_{32}&a_{33}\end{pmatrix}$，即有

$$\begin{pmatrix}0&1&0\\0&0&1\\0&0&0\end{pmatrix}\begin{pmatrix}a_{11}&a_{12}&a_{13}\\a_{21}&a_{22}&a_{23}\\a_{31}&a_{32}&a_{33}\end{pmatrix}=\begin{pmatrix}a_{11}&a_{12}&a_{13}\\a_{21}&a_{22}&a_{23}\\a_{31}&a_{32}&a_{33}\end{pmatrix}\begin{pmatrix}0&1&0\\0&0&1\\0&0&0\end{pmatrix},$$

得 $\begin{pmatrix} a_{21} & a_{22} & a_{23} \\ a_{31} & a_{32} & a_{33} \\ 0 & 0 & 0 \end{pmatrix} = \begin{pmatrix} 0 & a_{11} & a_{12} \\ 0 & a_{21} & a_{22} \\ 0 & a_{31} & a_{32} \end{pmatrix}$.

比较对应元素可得 $a_{21} = a_{31} = a_{32} = 0, a_{11} = a_{22} = a_{33}, a_{12} = a_{23}$.

故与 $\boldsymbol{A}$ 可交换的矩阵 $\boldsymbol{B} = \begin{pmatrix} a_{11} & a_{12} & a_{13} \\ 0 & a_{11} & a_{12} \\ 0 & 0 & a_{11} \end{pmatrix}$,其中 a_{11}, a_{12}, a_{13} 为任意数.

5. 设 $\boldsymbol{A} = \begin{pmatrix} a_1 & 0 & \cdots & 0 \\ 0 & a_2 & \cdots & 0 \\ \vdots & \vdots & & \vdots \\ 0 & 0 & \cdots & a_n \end{pmatrix}$,其中 $a_i \neq a_j$,当 $i \neq j (i,j = 1,2,\cdots,n)$.

证明:与 $\boldsymbol{A}$ 可交换的矩阵只能是对角矩阵.

证　设与 $\boldsymbol{A}$ 可交换的矩阵 $\boldsymbol{B} = \begin{pmatrix} b_{11} & b_{12} & \cdots & b_{1n} \\ b_{21} & b_{22} & \cdots & b_{2n} \\ \vdots & \vdots & & \vdots \\ b_{n1} & b_{n2} & \cdots & b_{nn} \end{pmatrix}$,由 $\boldsymbol{AB} = \boldsymbol{BA}$,可得

$$\begin{pmatrix} a_1 b_{11} & a_1 b_{12} & \cdots & a_1 b_{1n} \\ a_2 b_{21} & a_2 b_{22} & \cdots & a_2 b_{2n} \\ \vdots & \vdots & & \vdots \\ a_n b_{n1} & a_n b_{n2} & \cdots & a_n b_{nn} \end{pmatrix} = \begin{pmatrix} a_1 b_{11} & a_2 b_{12} & \cdots & a_n b_{1n} \\ a_1 b_{21} & a_2 b_{22} & \cdots & a_n b_{2n} \\ \vdots & \vdots & & \vdots \\ a_1 b_{n1} & a_2 b_{n2} & \cdots & a_n b_{nn} \end{pmatrix},$$

所以有 $a_i b_{ij} = a_j b_{ij} (i,j = 1,2,\cdots,n)$.

当 $i \neq j$ 时,即为 $(a_i - a_j) b_{ij} = 0$. 因为当 $i \neq j$ 时,$a_i \neq a_j$,故 $a_i - a_j \neq 0$,所以 $b_{ij} = 0 (i \neq j)$.

因而与 $\boldsymbol{A}$ 可交换的矩阵 $\boldsymbol{B} = \begin{pmatrix} b_{11} & 0 & \cdots & 0 \\ 0 & b_{22} & \cdots & 0 \\ \vdots & \vdots & & \vdots \\ 0 & 0 & \cdots & b_{nn} \end{pmatrix}$ 是对角矩阵.

6. 设 $\boldsymbol{A} = \begin{pmatrix} a_1 \boldsymbol{E}_1 & & & \boldsymbol{O} \\ & a_2 \boldsymbol{E}_2 & & \\ & & \ddots & \\ \boldsymbol{O} & & & a_r \boldsymbol{E}_r \end{pmatrix}$,其中 $a_i \neq a_j$,当 $i \neq j, i,j = 1,2,\cdots,r, \boldsymbol{E}_i$ 是 n_i 阶单位矩阵,$\sum_{i=1}^{r} n_i = n$.

证明:与 $\boldsymbol{A}$ 可交换的矩阵只能是准对角矩阵 $\begin{pmatrix} \boldsymbol{A}_1 & & & \boldsymbol{O} \\ & \boldsymbol{A}_2 & & \\ & & \ddots & \\ \boldsymbol{O} & & & \boldsymbol{A}_r \end{pmatrix}$,其中 $\boldsymbol{A}_i, i = 1,\cdots,r$,是 n_i 阶矩阵.

【思路探索】　本题是分块矩阵的乘积可交换问题,解法与上一题类似.

证　设 $\boldsymbol{B} = \begin{pmatrix} \boldsymbol{B}_{11} & \boldsymbol{B}_{12} & \cdots & \boldsymbol{B}_{1r} \\ \vdots & \vdots & & \vdots \\ \boldsymbol{B}_{r1} & \boldsymbol{B}_{r2} & \cdots & \boldsymbol{B}_{rr} \end{pmatrix}$ 与 $\boldsymbol{A}$ 可交换,其中 $\boldsymbol{B}$ 与 $\boldsymbol{A}$ 的分块方式相同,则

$$\begin{pmatrix} a_1 \boldsymbol{E}_1 & & \\ & a_2 \boldsymbol{E}_2 & \\ & & \ddots & \\ & & & a_r \boldsymbol{E}_r \end{pmatrix} \begin{pmatrix} \boldsymbol{B}_{11} & \boldsymbol{B}_{12} & \cdots & \boldsymbol{B}_{1r} \\ \vdots & \vdots & & \vdots \\ \boldsymbol{B}_{r1} & \boldsymbol{B}_{r2} & \cdots & \boldsymbol{B}_{rr} \end{pmatrix} = \begin{pmatrix} \boldsymbol{B}_{11} & \boldsymbol{B}_{12} & \cdots & \boldsymbol{B}_{1r} \\ \vdots & \vdots & & \vdots \\ \boldsymbol{B}_{r1} & \boldsymbol{B}_{r2} & \cdots & \boldsymbol{B}_{rr} \end{pmatrix} \begin{pmatrix} a_1 \boldsymbol{E}_1 & & \\ & a_2 \boldsymbol{E}_2 & \\ & & \ddots & \\ & & & a_r \boldsymbol{E}_r \end{pmatrix},$$

即 $\begin{pmatrix} a_1 \boldsymbol{B}_{11} & a_1 \boldsymbol{B}_{12} & \cdots & a_1 \boldsymbol{B}_{1r} \\ \vdots & \vdots & & \vdots \\ a_r \boldsymbol{B}_{r1} & a_r \boldsymbol{B}_{r2} & \cdots & a_r \boldsymbol{B}_{rr} \end{pmatrix} = \begin{pmatrix} a_1 \boldsymbol{B}_{11} & a_2 \boldsymbol{B}_{12} & \cdots & a_r \boldsymbol{B}_{1r} \\ \vdots & \vdots & & \vdots \\ a_1 \boldsymbol{B}_{r1} & a_2 \boldsymbol{B}_{r2} & \cdots & a_r \boldsymbol{B}_{rr} \end{pmatrix}$,

由于 $a_1,\cdots,a_r$ 互异，比较非对角块元素得 $a_i\boldsymbol{B}_{ij}=a_j\boldsymbol{B}_{ij}$，即 $(a_i-a_j)\boldsymbol{B}_{ij}=\boldsymbol{O}$，于是 $\boldsymbol{B}_{ij}=\boldsymbol{O}(i\neq j)$.

因此与 $\boldsymbol{A}$ 可交换的矩阵 $\boldsymbol{B}=\begin{pmatrix}\boldsymbol{B}_{11} & & & \\ & \boldsymbol{B}_{22} & & \\ & & \ddots & \\ & & & \boldsymbol{B}_{rr}\end{pmatrix}$ 是准对角矩阵.

7. 用 $\boldsymbol{E}_{ij}$ 表示 i 行 j 列的元素为 1，而其余元素全为零的 $n\times n$ 矩阵，而 $\boldsymbol{A}=(a_{ij})_{n\times n}$. 证明：

(1) 如果 $\boldsymbol{AE}_{12}=\boldsymbol{E}_{12}\boldsymbol{A}$，那么当 $k\neq 1$ 时 $a_{k1}=0$，当 $k\neq 2$ 时 $a_{2k}=0$；

(2) 如果 $\boldsymbol{AE}_{ij}=\boldsymbol{E}_{ij}\boldsymbol{A}$，那么当 $k\neq i$ 时 $a_{ki}=0$，当 $k\neq j$ 时 $a_{jk}=0$，且 $a_{ii}=a_{jj}$；

(3) 如果 $\boldsymbol{A}$ 与所有的 n 阶矩阵可交换，那么 $\boldsymbol{A}$ 一定是数量矩阵，即 $\boldsymbol{A}=a\boldsymbol{E}$.

证　(1) 由于

$$\boldsymbol{AE}_{12}=\begin{pmatrix}a_{11} & a_{12} & \cdots & a_{1n}\\ \vdots & \vdots & & \vdots\\ a_{n1} & a_{n2} & \cdots & a_{nn}\end{pmatrix}\begin{pmatrix}0 & 1 & \cdots & 0\\ \vdots & \vdots & & \vdots\\ 0 & 0 & \cdots & 0\end{pmatrix}=\begin{pmatrix}0 & a_{11} & \cdots & 0\\ 0 & a_{21} & \cdots & 0\\ \vdots & \vdots & & \vdots\\ 0 & a_{n1} & \cdots & 0\end{pmatrix},$$

$$\boldsymbol{E}_{12}\boldsymbol{A}=\begin{pmatrix}0 & 1 & \cdots & 0\\ \vdots & \vdots & & \vdots\\ 0 & 0 & \cdots & 0\end{pmatrix}\begin{pmatrix}a_{11} & a_{12} & \cdots & a_{1n}\\ \vdots & \vdots & & \vdots\\ a_{n1} & a_{n2} & \cdots & a_{nn}\end{pmatrix}=\begin{pmatrix}a_{21} & a_{22} & \cdots & a_{2n}\\ 0 & 0 & \cdots & 0\\ \vdots & \vdots & & \vdots\\ 0 & 0 & \cdots & 0\end{pmatrix},$$

又由 $\boldsymbol{AE}_{12}=\boldsymbol{E}_{12}\boldsymbol{A}$，所以有

$$a_{21}=a_{23}=\cdots=a_{2n}=0,a_{21}=a_{31}=\cdots=a_{n1}=0,a_{11}=a_{22},$$

即当 $k\neq 1$ 时，$a_{k1}=0$；当 $k\neq 2$ 时，$a_{2k}=0$.

(2) 由于

$$\boldsymbol{AE}_{ij}=\begin{pmatrix}0 & 0 & \cdots & a_{1i} & \cdots & 0\\ 0 & 0 & \cdots & a_{2i} & \cdots & 0\\ \vdots & \vdots & & \vdots & & \vdots\\ 0 & 0 & \cdots & a_{ni} & \cdots & 0\end{pmatrix}_{(j\text{ 列})},\quad \boldsymbol{E}_{ij}\boldsymbol{A}=\begin{pmatrix}0 & 0 & \cdots & 0\\ \vdots & \vdots & & \vdots\\ a_{j1} & a_{j2} & \cdots & a_{jn}\\ \vdots & \vdots & & \vdots\\ 0 & 0 & \cdots & 0\end{pmatrix}i\text{ 行},$$

故 $a_{ki}=0(k\neq i)$，$a_{jk}=0(k\neq j)$，且 $a_{ii}=a_{jj}$.

(3) **方法一**　设 $\boldsymbol{A}$ 与任意 n 阶方阵可交换，则与对角矩阵 $\mathrm{diag}\{b_1,b_2,\cdots,b_n\}(b_i\neq b_j)$ 也可交换. 由本章习题 5 知 $\boldsymbol{A}$ 为对角矩阵，$\boldsymbol{A}=\mathrm{diag}\{a_{11},a_{22},\cdots,a_{nn}\}$. 再由 $\boldsymbol{A}$ 与 $\begin{pmatrix}0 & 1 & & \\ & \ddots & \ddots & \\ & & \ddots & 1\\ 1 & & & 0\end{pmatrix}$ 可交换，得

$$\begin{pmatrix}0 & a_{11} & & & \\ & 0 & a_{22} & & \\ & & \ddots & \ddots & \\ & & & \ddots & a_{n-1,n-1}\\ a_{nn} & & & & 0\end{pmatrix}=\begin{pmatrix}0 & a_{22} & & & \\ & 0 & a_{33} & & \\ & & \ddots & \ddots & \\ & & & \ddots & a_{nn}\\ a_{11} & & & & 0\end{pmatrix},$$

所以 $a_{11}=a_{22}=\cdots=a_{nn}$，即 $\boldsymbol{A}$ 是数量矩阵.

方法二　因为 $\boldsymbol{A}$ 与任何矩阵可交换，则必与特殊的矩阵 $\boldsymbol{E}_{ij}$ 可交换，由 $\boldsymbol{AE}_{ij}=\boldsymbol{E}_{ij}\boldsymbol{A}$ 可得 $a_{ii}=a_{jj}(i,j=1,2,\cdots,n)$，$a_{ij}=0(i\neq j;i,j=1,2,\cdots,n)$，所以 $\boldsymbol{A}$ 是数量矩阵.

方法点击：本题包含矩阵乘法中的主要结论.

8. 如果 $AB = BA, AC = CA$，证明：$A(B+C) = (B+C)A, A(BC) = (BC)A$.

证　$A(B+C) = AB + AC = BA + CA = (B+C)A$,

$A(BC) = (AB)C = (BA)C = B(AC) = B(CA) = (BC)A$.

方法点击：所证结论即为矩阵乘法中乘积可交换的性质.

9. 如果 $A = \frac{1}{2}(B+E)$，证明：$A^2 = A$ 当且仅当 $B^2 = E$.

证　$A^2 = A \Leftrightarrow \left(\frac{1}{2}(B+E)\right)^2 = \frac{1}{2}(B+E) \Leftrightarrow \frac{1}{4}(B+E)^2 = \frac{1}{2}(B+E)$

$$\Leftrightarrow \frac{B^2+2B+E}{4} = \frac{B+E}{2} \Leftrightarrow \frac{B^2}{4} = \frac{E}{4} \Leftrightarrow B^2 = E.$$

10. 矩阵 A 称为**对称的**，如果 $A^T = A$. 证明：如果 A 是实对称矩阵且 $A^2 = O$，那么 $A = O$.

证　设 $A = \begin{pmatrix} a_{11} & a_{12} & \cdots & a_{1n} \\ a_{21} & a_{22} & \cdots & a_{2n} \\ \vdots & \vdots & & \vdots \\ a_{n1} & a_{n2} & \cdots & a_{nn} \end{pmatrix}$，由于 $A^T = A$，则有

$$A^2 = A \cdot A = AA^T = \begin{pmatrix} a_{11} & a_{12} & \cdots & a_{1n} \\ a_{21} & a_{22} & \cdots & a_{2n} \\ \vdots & \vdots & & \vdots \\ a_{n1} & a_{n2} & \cdots & a_{nn} \end{pmatrix} \begin{pmatrix} a_{11} & a_{21} & \cdots & a_{n1} \\ a_{12} & a_{22} & \cdots & a_{n2} \\ \vdots & \vdots & & \vdots \\ a_{1n} & a_{2n} & \cdots & a_{nn} \end{pmatrix}$$

$$= \begin{pmatrix} \sum_{k=1}^{n}(a_{1k})^2 & * & \cdots & * \\ * & \sum_{k=1}^{n}(a_{2k})^2 & \cdots & * \\ \vdots & \vdots & & \vdots \\ * & * & \cdots & \sum_{k=1}^{n}(a_{nk})^2 \end{pmatrix},$$

由 $A^2 = O$，有 $\sum_{k=1}^{n}(a_{ik})^2 = 0(i = 1,2,\cdots,n)$，从而 $a_{ij} = 0(i,j = 1,2,\cdots,n)$. 故 $A = O$.

11. 设 A, B 都是 $n \times n$ 对称矩阵，证明：AB 也对称当且仅当 A, B 可交换.

证　依题设有 $A^T = A, B^T = B$.

AB 对称 $\Leftrightarrow (AB)^T = AB \Leftrightarrow B^TA^T = AB \Leftrightarrow BA = AB \Leftrightarrow A, B$ 可交换.

方法点击：对称矩阵的和、差、数乘、转置及方幂多项式均为对称矩阵.

12. 矩阵 A 称为**反称的**，如果 $A^T = -A$. 证明：任一 $n \times n$ 矩阵都可表为一对称矩阵与一反称矩阵之和.

【思路探索】　类似于一个对称区间上的函数是一个奇函数和一个偶函数的和.

证　设 A 是任意的 $n \times n$ 阶矩阵，因为

$$A = \frac{1}{2}A + \frac{1}{2}A + \frac{1}{2}A^T - \frac{1}{2}A^T = \frac{1}{2}(A + A^T) + \frac{1}{2}(A - A^T),$$

而 $\left[\frac{1}{2}(A+A^T)\right]^T = \frac{1}{2}(A^T + A)$，$\left[\frac{1}{2}(A-A^T)\right]^T = \frac{1}{2}(A^T - A) = -\frac{1}{2}(A - A^T)$，显然 $\frac{1}{2}(A+$

A^{T}）是对称矩阵，$\frac{1}{2}(A-A^{\mathrm{T}})$ 是反称矩阵. 所以任意 $n\times n$ 阶矩阵 A 都可表示为一对称矩阵与一反称矩阵之和.

> 方法点击：反称矩阵的和、差、数乘、转置均为反称矩阵.

13. 设 $s_k=x_1^k+x_2^k+\cdots+x_n^k, k=0,1,2,\cdots, a_{ij}=s_{i+j-2}, i,j=1,2,\cdots,n$. 证明：行列式

$$|a_{ij}|=\prod_{i<j}(x_i-x_j)^2.$$

【思路探索】 根据等号左边可知，本题要转化为范德蒙德行列式来讨论.

证

$$|a_{ij}|=|s_{i+j-2}|=\begin{vmatrix} s_0 & s_1 & \cdots & s_{n-1} \\ s_1 & s_2 & \cdots & s_n \\ \vdots & \vdots & & \vdots \\ s_{n-1} & s_n & \cdots & s_{2n-2} \end{vmatrix}=\begin{vmatrix} n & \sum\limits_{i=1}^n x_i & \cdots & \sum\limits_{i=1}^n x_i^{n-1} \\ \sum\limits_{i=1}^n x_i & \sum\limits_{i=1}^n x_i^2 & \cdots & \sum\limits_{i=1}^n x_i^n \\ \vdots & \vdots & & \vdots \\ \sum\limits_{i=1}^n x_i^{n-1} & \sum\limits_{i=1}^n x_i^n & \cdots & \sum\limits_{i=1}^n x_i^{2n-2} \end{vmatrix}$$

$$=\begin{vmatrix} 1 & 1 & \cdots & 1 \\ x_1 & x_2 & \cdots & x_n \\ \vdots & \vdots & & \vdots \\ x_1^{n-1} & x_2^{n-1} & \cdots & x_n^{n-1} \end{vmatrix}\cdot\begin{vmatrix} 1 & x_1 & \cdots & x_1^{n-1} \\ 1 & x_2 & \cdots & x_2^{n-1} \\ \vdots & \vdots & & \vdots \\ 1 & x_n & \cdots & x_n^{n-1} \end{vmatrix}$$

$$=\prod_{i<j}(x_j-x_i)\prod_{i<j}(x_j-x_i)=\prod_{i<j}(x_i-x_j)^2.$$

> 方法点击：利用本题的结论可判断多项式是否有重根.

14. 设 A 是 $n\times n$ 矩阵，证明：存在一个 $n\times n$ 非零矩阵 B，使 $AB=O$ 的充分必要条件是 $|A|=0$.

证 存在非零矩阵 B，使 $AB=O$

$\Leftrightarrow$ 存在不全为零的向量 $B_1,\cdots,B_n$，使得 $B=(B_1,\cdots,B_n)$，$AB=O$

$\Leftrightarrow A(B_1,\cdots,B_n)=(AB_1,\cdots,AB_n)=O$

$\Leftrightarrow AB_1=O,\cdots,AB_n=O$

$\Leftrightarrow AX=0$ 有非零解，即 $B_1,\cdots,B_n$ 中的非零向量为 $AX=0$ 的解

$\Leftrightarrow r(A)<n$

$\Leftrightarrow |A|=0$.

> 方法点击：矩阵化零问题可以转化为方程组有非零解的问题.

15. 设 A 是 $n\times n$ 矩阵，如果对任一 n 维向量 $X=\begin{pmatrix} x_1 \\ x_2 \\ \vdots \\ x_n \end{pmatrix}$ 都有 $AX=0$，那么 $A=O$.

证 **方法一** 分别取 X 为

$$e_i=(0,\cdots,0,\overset{\text{第}i\text{个}}{1},0,\cdots,0)^{\mathrm{T}},i=1,2,\cdots,n,$$

由 $\boldsymbol{Ae}_i=\boldsymbol{O}$,得 $\begin{pmatrix}a_{1i}\\ \vdots\\ a_{ni}\end{pmatrix}=\begin{pmatrix}0\\ \vdots\\ 0\end{pmatrix}(i=1,\cdots,n)$,故 $\boldsymbol{A}=\boldsymbol{O}$.

方法二 由于线性方程组 $\boldsymbol{AX}=\boldsymbol{0}$ 有 n 个线性无关的解 $e_1,\cdots,e_n$,其基础解系含 n 个向量,故 $r(\boldsymbol{A})=0$,即 $\boldsymbol{A}=\boldsymbol{O}$.

16. 设 $\boldsymbol{B}$ 为一 $r\times r$ 矩阵,$\boldsymbol{C}$ 为一 $r\times n$ 矩阵,且 $r(\boldsymbol{C})=r$,证明:

(1) 如果 $\boldsymbol{BC}=\boldsymbol{O}$,那么 $\boldsymbol{B}=\boldsymbol{O}$;

(2) 如果 $\boldsymbol{BC}=\boldsymbol{C}$,那么 $\boldsymbol{B}=\boldsymbol{E}$.

证 (1) **方法一** 由于 $r(\boldsymbol{C})=r$,$\boldsymbol{C}$ 中必有一 r 阶子式不为零(不妨设由 $\boldsymbol{C}$ 的前 r 列构成 $\boldsymbol{C}_1$,$|\boldsymbol{C}_1|\neq 0$). 利用本章习题 14 的证明,由 $\boldsymbol{BC}=\boldsymbol{O}$,知 $\boldsymbol{B}=\boldsymbol{O}$.

方法二 由 $\boldsymbol{BC}=\boldsymbol{O}$,知 $\boldsymbol{C}$ 的列向量组都是齐次线性方程组 $\boldsymbol{BX}=\boldsymbol{O}$ 的解.

故 $\boldsymbol{C}$ 的列秩 $\leqslant r-r(\boldsymbol{B})$. 因而 $r(\boldsymbol{B})=0$,所以 $\boldsymbol{B}=\boldsymbol{O}$.

方法三 由 $R(C)=r$,故不妨设 $\boldsymbol{C}$ 的前 r 列构成其列向量组的一个极大无关组,并将 $\boldsymbol{C}$ 作如下分块 $\boldsymbol{C}=(\boldsymbol{C}_1,\boldsymbol{C}_2)$,其中 $\boldsymbol{C}_1$ 对应 C 的前 r 列. 则有 $\boldsymbol{BC}=\boldsymbol{B}(\boldsymbol{C}_1,\boldsymbol{C}_2)=(\boldsymbol{BC}_1,\boldsymbol{BC}_2)=(\boldsymbol{O},\boldsymbol{O})$,故 $\boldsymbol{BC}_1=\boldsymbol{O}$. 又 $\boldsymbol{C}_1$ 可逆,所以 $\boldsymbol{B}=\boldsymbol{O}$.

(2) 由 $\boldsymbol{BC}=\boldsymbol{C}$,得 $(\boldsymbol{B}-\boldsymbol{E})\boldsymbol{C}=\boldsymbol{O}$,由(1) 的结论得 $\boldsymbol{B}-\boldsymbol{E}=\boldsymbol{O}$,即 $\boldsymbol{B}=\boldsymbol{E}$.

17. 证明:

$$\text{秩}(\boldsymbol{A}+\boldsymbol{B})\leqslant\text{秩}(\boldsymbol{A})+\text{秩}(\boldsymbol{B}).$$

证 设 $\boldsymbol{A}=(\boldsymbol{A}_1,\boldsymbol{A}_2,\cdots,\boldsymbol{A}_n)$,$\boldsymbol{B}=(\boldsymbol{B}_1,\boldsymbol{B}_2,\cdots,\boldsymbol{B}_n)$,则

$$\boldsymbol{A}+\boldsymbol{B}=(\boldsymbol{A}_1+\boldsymbol{B}_1,\boldsymbol{A}_2+\boldsymbol{B}_2,\cdots,\boldsymbol{A}_n+\boldsymbol{B}_n).$$

即 $\boldsymbol{A}+\boldsymbol{B}$ 的列向量组可由 $\boldsymbol{A}$,$\boldsymbol{B}$ 的列向量组来表示,再利用第三章 12 题及补充题 6 的结论可得.

$$r(\boldsymbol{A}+\boldsymbol{B})\leqslant r(\boldsymbol{A}_1,\cdots,\boldsymbol{A}_n,\boldsymbol{B}_1,\cdots,\boldsymbol{B}_n)\leqslant r(\boldsymbol{A}_1,\cdots,\boldsymbol{A}_n)+r(\boldsymbol{B}_1,\cdots,\boldsymbol{B}_n)=r(\boldsymbol{A})+r(\boldsymbol{B}).$$

18. 设 $\boldsymbol{A}$,$\boldsymbol{B}$ 为 $n\times n$ 矩阵. 证明:如果 $\boldsymbol{AB}=\boldsymbol{O}$,那么

$$\text{秩}(\boldsymbol{A})+\text{秩}(\boldsymbol{B})\leqslant n.$$

证 令 $\boldsymbol{B}=(\boldsymbol{B}_1,\boldsymbol{B}_2,\cdots,\boldsymbol{B}_n)$,则

$$\boldsymbol{AB}=\boldsymbol{A}(\boldsymbol{B}_1,\boldsymbol{B}_2,\cdots,\boldsymbol{B}_n)=(\boldsymbol{AB}_1,\boldsymbol{AB}_2,\cdots,\boldsymbol{AB}_n)=\boldsymbol{O},$$

故有 $\boldsymbol{AB}_1=\boldsymbol{AB}_2=\cdots=\boldsymbol{AB}_n=\boldsymbol{O}$,即 $\boldsymbol{B}_1,\boldsymbol{B}_2,\cdots,\boldsymbol{B}_n$ 是齐次线性方程组 $\boldsymbol{AX}=\boldsymbol{0}$ 的 n 个解,设 $r(\boldsymbol{A})=r$,则 $\boldsymbol{B}_1,\boldsymbol{B}_2,\cdots,\boldsymbol{B}_n$ 可由 $n-r$ 个线性无关的解向量($\boldsymbol{AX}=\boldsymbol{0}$ 的基础解系)线性表示,则 $r(\boldsymbol{B})\leqslant n-r$,即

$$r(\boldsymbol{A})+r(\boldsymbol{B})\leqslant r+(n-r)=n.$$

19. 证明:如果 $\boldsymbol{A}^k=\boldsymbol{O}$,那么 $(\boldsymbol{E}-\boldsymbol{A})^{-1}=\boldsymbol{E}+\boldsymbol{A}+\boldsymbol{A}^2+\cdots+\boldsymbol{A}^{k-1}$.

证 因为

$$\begin{aligned}&(\boldsymbol{E}+\boldsymbol{A}+\boldsymbol{A}^2+\cdots+\boldsymbol{A}^{k-1})(\boldsymbol{E}-\boldsymbol{A})\\=&\boldsymbol{E}+\boldsymbol{A}+\boldsymbol{A}^2+\cdots+\boldsymbol{A}^{k-1}-\boldsymbol{A}-\boldsymbol{A}^2-\cdots-\boldsymbol{A}^{k-1}-\boldsymbol{A}^k\\=&\boldsymbol{E}+(\boldsymbol{A}-\boldsymbol{A})+(\boldsymbol{A}^2-\boldsymbol{A}^2)+\cdots+(\boldsymbol{A}^{k-1}-\boldsymbol{A}^{k-1})-\boldsymbol{A}^k\\=&\boldsymbol{E}-\boldsymbol{A}^k=\boldsymbol{E}-\boldsymbol{O}=\boldsymbol{E},\end{aligned}$$

所以 $(\boldsymbol{E}-\boldsymbol{A})^{-1}=\boldsymbol{E}+\boldsymbol{A}+\boldsymbol{A}^2+\cdots+\boldsymbol{A}^{k-1}$.

方法点击:此结论可用来解特征值不等于 0 的若尔当块的逆矩阵(本书第九章会涉及).

20. 求下列 A^{-1}：

(1) $A=\begin{pmatrix} a & b \\ c & d \end{pmatrix}$，$ad-bc=1$；

(2) $A=\begin{pmatrix} 1 & 1 & -1 \\ 2 & 1 & 0 \\ 1 & -1 & 0 \end{pmatrix}$；

(3) $A=\begin{pmatrix} 2 & 2 & 3 \\ 1 & -1 & 0 \\ -1 & 2 & 1 \end{pmatrix}$；

(4) $A=\begin{pmatrix} 1 & 2 & 3 & 4 \\ 2 & 3 & 1 & 2 \\ 1 & 1 & 1 & -1 \\ 1 & 0 & -2 & -6 \end{pmatrix}$；

(5) $A=\begin{pmatrix} 1 & 1 & 1 & 1 \\ 1 & 1 & -1 & -1 \\ 1 & -1 & 1 & -1 \\ 1 & -1 & -1 & 1 \end{pmatrix}$；

(6) $A=\begin{pmatrix} 3 & 3 & -4 & -3 \\ 0 & 6 & 1 & 1 \\ 5 & 4 & 2 & 1 \\ 2 & 3 & 3 & 2 \end{pmatrix}$；

(7) $A=\begin{pmatrix} 1 & 3 & -5 & 7 \\ 0 & 1 & 2 & -3 \\ 0 & 0 & 1 & 2 \\ 0 & 0 & 0 & 1 \end{pmatrix}$；

(8) $A=\begin{pmatrix} 2 & 1 & 0 & 0 \\ 3 & 2 & 0 & 0 \\ 5 & 7 & 1 & 8 \\ -1 & -3 & -1 & -6 \end{pmatrix}$；

(9) $A=\begin{pmatrix} 0 & 0 & 1 & -1 \\ 0 & 3 & 1 & 4 \\ 2 & 7 & 6 & -1 \\ 1 & 2 & 2 & -1 \end{pmatrix}$；

(10) $A=\begin{pmatrix} 2 & 1 & 0 & 0 & 0 \\ 0 & 2 & 1 & 0 & 0 \\ 0 & 0 & 2 & 1 & 0 \\ 0 & 0 & 0 & 2 & 1 \\ 0 & 0 & 0 & 0 & 2 \end{pmatrix}$.

【思路探索】 求逆矩阵的方法主要有伴随矩阵法和初等变换法，一般2阶矩阵用伴随矩阵，高阶矩阵用初等变换.另外，针对特殊矩阵也可用矩阵方程或多项式等方法.

解 (1) 公式法(伴随矩阵法).

$$A^{-1}=\frac{A^*}{|A|}=\frac{\begin{pmatrix} d & -b \\ -c & a \end{pmatrix}}{ad-bc}=\begin{pmatrix} d & -b \\ -c & a \end{pmatrix}.$$

(2) 初等行变换法.

对 $(A\,\vdots\,E)$ 施行初等行变换，得

$$(A\,\vdots\,E)=\left(\begin{array}{ccc:ccc} 1 & 1 & -1 & 1 & 0 & 0 \\ 2 & 1 & 0 & 0 & 1 & 0 \\ 1 & -1 & 0 & 0 & 0 & 1 \end{array}\right)\xrightarrow[r_3-r_1]{r_2-2r_1}\left(\begin{array}{ccc:ccc} 1 & 1 & -1 & 1 & 0 & 0 \\ 0 & -1 & 2 & -2 & 1 & 0 \\ 0 & -2 & 1 & -1 & 0 & 1 \end{array}\right)$$

$$\xrightarrow[r_1+r_2]{r_3-2r_2}\left(\begin{array}{ccc:ccc} 1 & 0 & 1 & -1 & 1 & 0 \\ 0 & -1 & 2 & -2 & 1 & 0 \\ 0 & 0 & -3 & 3 & -2 & 1 \end{array}\right)\xrightarrow[r_3\times\left(-\frac{1}{3}\right)]{r_2\times(-1)}\left(\begin{array}{ccc:ccc} 1 & 0 & 1 & -1 & 1 & 0 \\ 0 & 1 & -2 & 2 & -1 & 0 \\ 0 & 0 & 1 & -1 & \frac{2}{3} & -\frac{1}{3} \end{array}\right)$$

$$\xrightarrow[r_1-r_3]{r_2+2r_3}\left(\begin{array}{ccc:ccc} 1 & 0 & 0 & 0 & \frac{1}{3} & \frac{1}{3} \\ 0 & 1 & 0 & 0 & \frac{1}{3} & -\frac{2}{3} \\ 0 & 0 & 1 & -1 & \frac{2}{3} & -\frac{1}{3} \end{array}\right)=(E\,\vdots\,A^{-1}),$$

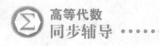

故 $A^{-1}=\begin{pmatrix}0 & \frac{1}{3} & \frac{1}{3}\\ 0 & \frac{1}{3} & -\frac{2}{3}\\ -1 & \frac{2}{3} & -\frac{1}{3}\end{pmatrix}$.

(3) 对 $(A\vdots E)$ 施行初等行变换,得

$$(A\vdots E)=\left(\begin{array}{ccc:ccc}2 & 2 & 3 & 1 & 0 & 0\\ 1 & -1 & 0 & 0 & 1 & 0\\ -1 & 2 & 1 & 0 & 0 & 1\end{array}\right)\xrightarrow{r_2\leftrightarrow r_1}\left(\begin{array}{ccc:ccc}1 & -1 & 0 & 0 & 1 & 0\\ 2 & 2 & 3 & 1 & 0 & 0\\ -1 & 2 & 1 & 0 & 0 & 1\end{array}\right)$$

$$\xrightarrow[r_2-2r_1]{r_3+r_1}\left(\begin{array}{ccc:ccc}1 & -1 & 0 & 0 & 1 & 0\\ 0 & 4 & 3 & 1 & -2 & 0\\ 0 & 1 & 1 & 0 & 1 & 1\end{array}\right)\xrightarrow{r_3\leftrightarrow r_2}\left(\begin{array}{ccc:ccc}1 & -1 & 0 & 0 & 1 & 0\\ 0 & 1 & 1 & 0 & 1 & 1\\ 0 & 4 & 3 & 1 & -2 & 0\end{array}\right)$$

$$\xrightarrow[r_3-4r_2]{r_1+r_2}\left(\begin{array}{ccc:ccc}1 & 0 & 1 & 0 & 2 & 1\\ 0 & 1 & 1 & 0 & 1 & 1\\ 0 & 0 & -1 & 1 & -6 & -4\end{array}\right)\xrightarrow{r_3\times(-1)}\left(\begin{array}{ccc:ccc}1 & 0 & 1 & 0 & 2 & 1\\ 0 & 1 & 1 & 0 & 1 & 1\\ 0 & 0 & 1 & -1 & 6 & 4\end{array}\right)$$

$$\xrightarrow[r_2-r_3]{r_1-r_3}\left(\begin{array}{ccc:ccc}1 & 0 & 0 & 1 & -4 & -3\\ 0 & 1 & 0 & 1 & -5 & -3\\ 0 & 0 & 1 & -1 & 6 & 4\end{array}\right)=(E\vdots A^{-1}),$$

故 $A^{-1}=\begin{pmatrix}1 & -4 & -3\\ 1 & -5 & -3\\ -1 & 6 & 4\end{pmatrix}$.

(4) 对 $(A\vdots E)$ 施行初等行变换,得

$$(A\vdots E)=\left(\begin{array}{cccc:cccc}1 & 2 & 3 & 4 & 1 & 0 & 0 & 0\\ 2 & 3 & 1 & 2 & 0 & 1 & 0 & 0\\ 1 & 1 & 1 & -1 & 0 & 0 & 1 & 0\\ 1 & 0 & -2 & -6 & 0 & 0 & 0 & 1\end{array}\right)\xrightarrow[\substack{r_3-r_1\\ r_4-r_1}]{r_2-2r_1}\left(\begin{array}{cccc:cccc}1 & 2 & 3 & 4 & 1 & 0 & 0 & 0\\ 0 & -1 & -5 & -6 & -2 & 1 & 0 & 0\\ 0 & -1 & -2 & -5 & -1 & 0 & 1 & 0\\ 0 & -2 & -5 & -10 & -1 & 0 & 0 & 1\end{array}\right)$$

$$\xrightarrow[r_4-2r_2]{\substack{r_1+2r_2\\ r_3-r_2}}\left(\begin{array}{cccc:cccc}1 & 0 & -7 & -8 & -3 & 2 & 0 & 0\\ 0 & -1 & -5 & -6 & -2 & 1 & 0 & 0\\ 0 & 0 & 3 & 1 & 1 & -1 & 1 & 0\\ 0 & 0 & 5 & 2 & 3 & -2 & 0 & 1\end{array}\right)$$

$$\xrightarrow{r_4-2r_3}\left(\begin{array}{cccc:cccc}1 & 0 & -7 & -8 & -3 & 2 & 0 & 0\\ 0 & -1 & -5 & -6 & -2 & 1 & 0 & 0\\ 0 & 0 & 3 & 1 & 1 & -1 & 1 & 0\\ 0 & 0 & -1 & 0 & 1 & 0 & -2 & 1\end{array}\right)$$

$$\xrightarrow[r_3+3r_4]{\substack{r_1-7r_4\\ r_2-5r_4}}\left(\begin{array}{cccc:cccc}1 & 0 & 0 & -8 & -10 & 2 & 14 & -7\\ 0 & -1 & 0 & -6 & -7 & 1 & 10 & -5\\ 0 & 0 & 0 & 1 & 4 & -1 & -5 & 3\\ 0 & 0 & -1 & 0 & 1 & 0 & -2 & 1\end{array}\right)$$

$$\xrightarrow[r_2+6r_3]{r_1+8r_3}\left(\begin{array}{cccc:cccc}1 & 0 & 0 & 0 & 22 & -6 & -26 & 17\\ 0 & -1 & 0 & 0 & 17 & -5 & -20 & 13\\ 0 & 0 & 0 & 1 & 4 & -1 & -5 & 3\\ 0 & 0 & -1 & 0 & 1 & 0 & -2 & 1\end{array}\right)$$

$$\xrightarrow[i=2,4]{r_i\times(-1)}\left(\begin{array}{cccc:cccc}1&0&0&0&22&-6&-26&17\\0&1&0&0&-17&5&20&-13\\0&0&0&1&4&-1&-5&3\\0&0&1&0&-1&0&2&-1\end{array}\right)$$

$$\xrightarrow{r_3\leftrightarrow r_4}\left(\begin{array}{cccc:cccc}1&0&0&0&22&-6&-26&17\\0&1&0&0&-17&5&20&-13\\0&0&1&0&-1&0&2&-1\\0&0&0&1&4&-1&-5&3\end{array}\right)=(\boldsymbol{E}\vdots\boldsymbol{A}^{-1}),$$

故 $\boldsymbol{A}$ 的逆矩阵为

$$\boldsymbol{A}^{-1}=\begin{pmatrix}22&-6&-26&17\\-17&5&20&-13\\-1&0&2&-1\\4&-1&-5&3\end{pmatrix}.$$

(5) 对 $(\boldsymbol{A}\vdots\boldsymbol{E})$ 施行初等行变换，有

$$(\boldsymbol{A}\vdots\boldsymbol{E})=\left(\begin{array}{cccc:cccc}1&1&1&1&1&0&0&0\\1&1&-1&-1&0&1&0&0\\1&-1&1&-1&0&0&1&0\\1&-1&-1&1&0&0&0&1\end{array}\right)\xrightarrow[\substack{r_3-r_1\\r_4-r_1}]{r_2-r_1}\left(\begin{array}{cccc:cccc}1&1&1&1&1&0&0&0\\0&0&-2&-2&-1&1&0&0\\0&-2&0&-2&-1&0&1&0\\0&-2&-2&0&-1&0&0&1\end{array}\right)$$

$$\xrightarrow{r_2\leftrightarrow r_3}\left(\begin{array}{cccc:cccc}1&1&1&1&1&0&0&0\\0&-2&0&-2&-1&0&1&0\\0&0&-2&-2&-1&1&0&0\\0&-2&-2&0&-1&0&0&1\end{array}\right)\xrightarrow{r_4-r_2}\left(\begin{array}{cccc:cccc}1&1&1&1&1&0&0&0\\0&-2&0&-2&-1&0&1&0\\0&0&-2&-2&-1&1&0&0\\0&0&-2&2&0&0&-1&1\end{array}\right)$$

$$\xrightarrow{r_4-r_3}\left(\begin{array}{cccc:cccc}1&1&1&1&1&0&0&0\\0&-2&0&-2&-1&0&1&0\\0&0&-2&-2&-1&1&0&0\\0&0&0&4&1&-1&-1&1\end{array}\right)$$

$$\xrightarrow[\substack{r_3\times\left(-\frac{1}{2}\right)\\r_4\times\frac{1}{4}}]{r_2\times\left(-\frac{1}{2}\right)}\left(\begin{array}{cccc:cccc}1&1&1&1&1&0&0&0\\0&1&0&1&\frac{1}{2}&0&-\frac{1}{2}&0\\0&0&1&1&\frac{1}{2}&-\frac{1}{2}&0&0\\0&0&0&1&\frac{1}{4}&-\frac{1}{4}&-\frac{1}{4}&\frac{1}{4}\end{array}\right)$$

$$\xrightarrow[\substack{r_2-r_4\\r_1-r_4}]{r_3-r_4}\left(\begin{array}{cccc:cccc}1&1&1&0&\frac{3}{4}&\frac{1}{4}&\frac{1}{4}&-\frac{1}{4}\\0&1&0&0&\frac{1}{4}&\frac{1}{4}&-\frac{1}{4}&-\frac{1}{4}\\0&0&1&0&\frac{1}{4}&-\frac{1}{4}&\frac{1}{4}&-\frac{1}{4}\\0&0&0&1&\frac{1}{4}&-\frac{1}{4}&-\frac{1}{4}&\frac{1}{4}\end{array}\right)$$

$$\xrightarrow{r_1-r_3}\left(\begin{array}{cccc:cccc}1&1&0&0&\frac{1}{2}&\frac{1}{2}&0&0\\0&1&0&0&\frac{1}{4}&\frac{1}{4}&-\frac{1}{4}&-\frac{1}{4}\\0&0&1&0&\frac{1}{4}&-\frac{1}{4}&\frac{1}{4}&-\frac{1}{4}\\0&0&0&1&\frac{1}{4}&-\frac{1}{4}&-\frac{1}{4}&\frac{1}{4}\end{array}\right)$$

$$\xrightarrow{r_1-r_2}\left(\begin{array}{cccc:cccc}1&0&0&0&\frac{1}{4}&\frac{1}{4}&\frac{1}{4}&\frac{1}{4}\\0&1&0&0&\frac{1}{4}&\frac{1}{4}&-\frac{1}{4}&-\frac{1}{4}\\0&0&1&0&\frac{1}{4}&-\frac{1}{4}&\frac{1}{4}&-\frac{1}{4}\\0&0&0&1&\frac{1}{4}&-\frac{1}{4}&-\frac{1}{4}&\frac{1}{4}\end{array}\right)=(\boldsymbol{E}\vdots\boldsymbol{A}^{-1}),$$

故 $\boldsymbol{A}$ 的逆矩阵为

$$\boldsymbol{A}^{-1}=\begin{pmatrix}\frac{1}{4}&\frac{1}{4}&\frac{1}{4}&\frac{1}{4}\\\frac{1}{4}&\frac{1}{4}&-\frac{1}{4}&-\frac{1}{4}\\\frac{1}{4}&-\frac{1}{4}&\frac{1}{4}&-\frac{1}{4}\\\frac{1}{4}&-\frac{1}{4}&-\frac{1}{4}&\frac{1}{4}\end{pmatrix}.$$

(6) 对$(\boldsymbol{A}\vdots\boldsymbol{E})$施行初等行变换，得

$$(\boldsymbol{A}\vdots\boldsymbol{E})=\left(\begin{array}{cccc:cccc}3&3&-4&-3&1&0&0&0\\0&6&1&1&0&1&0&0\\5&4&2&1&0&0&1&0\\2&3&3&2&0&0&0&1\end{array}\right)\xrightarrow{r_1-r_4}\left(\begin{array}{cccc:cccc}1&0&-7&-5&1&0&0&-1\\0&6&1&1&0&1&0&0\\5&4&2&1&0&0&1&0\\2&3&3&2&0&0&0&1\end{array}\right)$$

$$\xrightarrow[r_4-2r_1]{r_3-5r_1}\left(\begin{array}{cccc:cccc}1&0&-7&-5&1&0&0&-1\\0&6&1&1&0&1&0&0\\0&4&37&26&-5&0&1&5\\0&3&17&12&-2&0&0&3\end{array}\right)$$

$$\xrightarrow{r_3-r_4}\left(\begin{array}{cccc:cccc}1&0&-7&-5&1&0&0&-1\\0&6&1&1&0&1&0&0\\0&1&20&14&-3&0&1&2\\0&3&17&12&-2&0&0&3\end{array}\right)$$

$$\xrightarrow{r_3\leftrightarrow r_2}\left(\begin{array}{cccc:cccc}1&0&-7&-5&1&0&0&-1\\0&1&20&14&-3&0&1&2\\0&6&1&1&0&1&0&0\\0&3&17&12&-2&0&0&3\end{array}\right)$$

$$\xrightarrow[r_4-3r_2]{r_3-6r_2}\left(\begin{array}{cccc:cccc}1&0&-7&-5&1&0&0&-1\\0&1&20&14&-3&0&1&2\\0&0&-119&-83&18&1&-6&-12\\0&0&-43&-30&7&0&-3&-3\end{array}\right)$$

$$\xrightarrow{r_3-3r_4}\left(\begin{array}{cccc:cccc}1&0&-7&-5&1&0&0&-1\\0&1&20&14&-3&0&1&2\\0&0&10&7&-3&1&3&-3\\0&0&-43&-30&7&0&-3&-3\end{array}\right)$$

$$\xrightarrow{r_4+4r_3}\left(\begin{array}{cccc:cccc}1&0&-7&-5&1&0&0&-1\\0&1&20&14&-3&0&1&2\\0&0&10&7&-3&1&3&-3\\0&0&-3&-2&-5&4&9&-15\end{array}\right)$$

$$\xrightarrow{r_3+3r_4}\left(\begin{array}{cccc:cccc}1&0&-7&-5&1&0&0&-1\\0&1&20&14&-3&0&1&2\\0&0&1&1&-18&13&30&-48\\0&0&-3&-2&-5&4&9&-15\end{array}\right)$$

$$\xrightarrow[\substack{r_4+20r_3\\r_4+3r_3}]{r_1+7r_3}\left(\begin{array}{cccc:cccc}1&0&0&2&-125&91&210&-337\\0&1&0&-6&357&-260&-599&962\\0&0&1&1&-18&13&30&-48\\0&0&0&1&-59&43&99&-159\end{array}\right)$$

$$\xrightarrow[\substack{r_2+6r_4\\r_3-r_4}]{r_1-2r_4}\left(\begin{array}{cccc:cccc}1&0&0&0&-7&5&12&-19\\0&1&0&0&3&-2&-5&8\\0&0&1&0&41&-30&-69&111\\0&0&0&1&-59&43&99&-159\end{array}\right)=(\boldsymbol{E}\,\vdots\,\boldsymbol{A}^{-1}),$$

所以 $\boldsymbol{A}$ 的逆矩阵为

$$\boldsymbol{A}^{-1}=\begin{pmatrix}-7&5&12&-19\\3&-2&-5&8\\41&-30&-69&111\\-59&43&99&-159\end{pmatrix}.$$

(7) 对 $(\boldsymbol{A}\,\vdots\,\boldsymbol{E})$ 施行初等行变换,得

$$(\boldsymbol{A}\,\vdots\,\boldsymbol{E})=\left(\begin{array}{cccc:cccc}1&3&-5&7&1&0&0&0\\0&1&2&-3&0&1&0&0\\0&0&1&2&0&0&1&0\\0&0&0&1&0&0&0&1\end{array}\right)\xrightarrow{r_1-3r_2}\left(\begin{array}{cccc:cccc}1&0&-11&16&1&-3&0&0\\0&1&2&-3&0&1&0&0\\0&0&1&2&0&0&1&0\\0&0&0&1&0&0&0&1\end{array}\right)$$

$$\xrightarrow[r_2-2r_3]{r_1+11r_3}\left(\begin{array}{cccc:cccc}1&0&0&38&1&-3&11&0\\0&1&0&-7&0&1&-2&0\\0&0&1&2&0&0&1&0\\0&0&0&1&0&0&0&1\end{array}\right)$$

$$\xrightarrow[\substack{r_2+7r_4\\r_3+2r_4}]{r_1-38r_4}\left(\begin{array}{cccc:cccc}1&0&0&0&1&-3&11&-38\\0&1&0&0&0&1&-2&7\\0&0&1&0&0&0&1&-2\\0&0&0&1&0&0&0&1\end{array}\right)=(\boldsymbol{E}\,\vdots\,\boldsymbol{A}^{-1}),$$

故 $\boldsymbol{A}$ 的逆矩阵为

$$\boldsymbol{A}^{-1}=\begin{pmatrix}1&-3&11&-38\\0&1&-2&7\\0&0&1&-2\\0&0&0&1\end{pmatrix}.$$

(8) 对$(\boldsymbol{A} \vdots \boldsymbol{E})$施行初等行变换,得

$$(\boldsymbol{A} \vdots \boldsymbol{E})=\left(\begin{array}{cccc:cccc}2&1&0&0&1&0&0&0\\3&2&0&0&0&1&0&0\\5&7&1&8&0&0&1&0\\-1&-3&-1&-6&0&0&0&1\end{array}\right)\xrightarrow{r_4\leftrightarrow r_1}\left(\begin{array}{cccc:cccc}-1&-3&-1&-6&0&0&0&1\\3&2&0&0&0&1&0&0\\5&7&1&8&0&0&1&0\\2&1&0&0&1&0&0&0\end{array}\right)$$

$$\xrightarrow[r_4+2r_1]{\substack{r_2+3r_1\\r_3+5r_1}}\left(\begin{array}{cccc:cccc}-1&-3&-1&-6&0&0&0&1\\0&-7&-3&-18&0&1&0&3\\0&-8&-4&-22&0&0&1&5\\0&-5&-2&-12&1&0&0&2\end{array}\right)$$

$$\xrightarrow{r_3-r_2}\left(\begin{array}{cccc:cccc}-1&-3&-1&-6&0&0&0&1\\0&-7&-3&-18&0&1&0&3\\0&-1&-1&-4&0&-1&1&2\\0&-5&-2&-12&1&0&0&2\end{array}\right)$$

$$\xrightarrow{r_3\to r_2}\left(\begin{array}{cccc:cccc}-1&-3&-1&-6&0&0&0&1\\0&-1&-1&-4&0&-1&1&2\\0&-7&-3&-18&0&1&0&3\\0&-5&-2&-12&1&0&0&2\end{array}\right)$$

$$\xrightarrow[r_4-5r_2]{\substack{r_1-3r_2\\r_3-7r_2}}\left(\begin{array}{cccc:cccc}-1&0&2&6&0&3&-3&-5\\0&-1&-1&-4&0&-1&1&2\\0&0&4&10&0&8&-7&-11\\0&0&3&8&1&5&-5&-8\end{array}\right)$$

$$\xrightarrow{r_3-r_4}\left(\begin{array}{cccc:cccc}-1&0&2&6&0&3&-3&-5\\0&-1&-1&-4&0&-1&1&2\\0&0&1&2&-1&3&-2&-3\\0&0&3&8&1&5&-5&-8\end{array}\right)$$

$$\xrightarrow[\substack{r_2+r_3\\r_4-3r_3}]{r_1-2r_3}\left(\begin{array}{cccc:cccc}-1&0&0&2&2&-3&1&1\\0&-1&0&-2&-1&2&-1&-1\\0&0&1&2&-1&3&-2&-3\\0&0&0&2&4&-4&1&1\end{array}\right)$$

$$\xrightarrow[\substack{r_2+r_4\\r_3-r_4}]{r_1-r_4}\left(\begin{array}{cccc:cccc}-1&0&0&0&-2&1&0&0\\0&-1&0&0&3&-2&0&0\\0&0&1&0&-5&7&-3&-4\\0&0&0&2&4&-4&1&1\end{array}\right)$$

$$\xrightarrow[\substack{r_2\times(-1)\\r_4\times\frac{1}{2}}]{r_1\times(-1)}\left(\begin{array}{cccc:cccc}1&0&0&0&2&-1&0&0\\0&1&0&0&-3&2&0&0\\0&0&1&0&-5&7&-3&-4\\0&0&0&1&2&-2&\frac{1}{2}&\frac{1}{2}\end{array}\right)=(\boldsymbol{E} \vdots \boldsymbol{A}^{-1})$$

故$\boldsymbol{A}$的逆矩阵为

$$\boldsymbol{A}^{-1}=\begin{pmatrix}2&-1&0&0\\-3&2&0&0\\-5&7&-3&-4\\2&-2&\frac{1}{2}&\frac{1}{2}\end{pmatrix}.$$

(9) 对$(\boldsymbol{A}\vdots\boldsymbol{E})$施行初等行变换，得

$$(\boldsymbol{A}\vdots\boldsymbol{E})=\left(\begin{array}{cccc|cccc}0&0&1&-1&1&0&0&0\\0&3&1&4&0&1&0&0\\2&7&6&-1&0&0&1&0\\1&2&2&-1&0&0&0&1\end{array}\right)\xrightarrow{r_4\leftrightarrow r_1}\left(\begin{array}{cccc|cccc}1&2&2&-1&0&0&0&1\\0&3&1&4&0&1&0&0\\2&7&6&-1&0&0&1&0\\0&0&1&-1&1&0&0&0\end{array}\right)$$

$$\xrightarrow{r_3-2r_1}\left(\begin{array}{cccc|cccc}1&2&2&-1&0&0&0&1\\0&3&1&4&0&1&0&0\\0&3&2&1&0&0&1&-2\\0&0&1&-1&1&0&0&0\end{array}\right)\xrightarrow{r_3-r_2}\left(\begin{array}{cccc|cccc}1&2&2&-1&0&0&0&1\\0&3&1&4&0&1&0&0\\0&0&1&-3&0&-1&1&-2\\0&0&1&-1&1&0&0&0\end{array}\right)$$

$$\xrightarrow[\substack{r_2-r_3\\r_4-r_3}]{r_1-2r_3}\left(\begin{array}{cccc|cccc}1&2&0&5&0&2&-2&5\\0&3&0&7&0&2&-1&2\\0&0&1&-3&0&-1&1&-2\\0&0&0&2&1&1&-1&2\end{array}\right)$$

$$\xrightarrow[r_4\times\frac{1}{2}]{r_2\times\frac{1}{3}}\left(\begin{array}{cccc|cccc}1&2&0&5&0&2&-2&5\\0&1&0&\frac{7}{3}&0&\frac{2}{3}&-\frac{1}{3}&\frac{2}{3}\\0&0&1&-3&0&-1&-1&2\\0&0&0&1&\frac{1}{2}&\frac{1}{2}&-\frac{1}{2}&1\end{array}\right)$$

$$\xrightarrow{r_1-2r_2}\left(\begin{array}{cccc|cccc}1&0&0&\frac{1}{3}&0&\frac{2}{3}&-\frac{4}{3}&\frac{11}{3}\\0&1&0&\frac{7}{3}&0&\frac{2}{3}&-\frac{1}{3}&\frac{2}{3}\\0&0&1&-3&0&-1&1&-2\\0&0&0&1&\frac{1}{2}&\frac{1}{2}&-\frac{1}{2}&1\end{array}\right)$$

$$\xrightarrow[\substack{r_2-\frac{7}{3}r_4\\r_3+3r_4}]{r_1-\frac{1}{3}r_4}\left(\begin{array}{cccc|cccc}1&0&0&0&-\frac{1}{6}&\frac{1}{2}&-\frac{7}{6}&\frac{10}{3}\\0&1&0&0&-\frac{7}{6}&-\frac{1}{2}&\frac{5}{6}&-\frac{5}{3}\\0&0&1&0&\frac{3}{2}&\frac{1}{2}&-\frac{1}{2}&1\\0&0&0&1&\frac{1}{2}&\frac{1}{2}&-\frac{1}{2}&1\end{array}\right)=(\boldsymbol{E}\vdots\boldsymbol{A}^{-1}),$$

所以$\boldsymbol{A}$的逆矩阵为

$$\boldsymbol{A}^{-1}=\begin{pmatrix}-\frac{1}{6}&\frac{1}{2}&-\frac{7}{6}&\frac{10}{3}\\-\frac{7}{6}&-\frac{1}{2}&\frac{5}{6}&-\frac{5}{3}\\\frac{3}{2}&\frac{1}{2}&-\frac{1}{2}&1\\\frac{1}{2}&\frac{1}{2}&-\frac{1}{2}&1\end{pmatrix}.$$

(10) **方法一** 令$\boldsymbol{X}=\begin{pmatrix}0&1&0&0&0\\0&0&1&0&0\\0&0&0&1&0\\0&0&0&0&1\\0&0&0&0&0\end{pmatrix}$，则$\boldsymbol{X}^2=\begin{pmatrix}0&0&1&0&0\\0&0&0&1&0\\0&0&0&0&1\\0&0&0&0&0\\0&0&0&0&0\end{pmatrix}$，$\boldsymbol{X}^3=\begin{pmatrix}0&0&0&1&0\\0&0&0&0&1\\0&0&0&0&0\\0&0&0&0&0\\0&0&0&0&0\end{pmatrix}$，

$$\boldsymbol{X}^4=\begin{pmatrix}0&0&0&0&1\\0&0&0&0&0\\0&0&0&0&0\\0&0&0&0&0\\0&0&0&0&0\end{pmatrix},\boldsymbol{X}^5=\boldsymbol{O},\text{于是}\boldsymbol{A}=2\boldsymbol{E}+\boldsymbol{X}.$$

设 $\boldsymbol{A}^{-1}=a_0\boldsymbol{E}+a_1\boldsymbol{X}+a_2\boldsymbol{X}^2+a_3\boldsymbol{X}^3+a_4\boldsymbol{X}^4$，则

$$\begin{aligned}&(a_0\boldsymbol{E}+a_1\boldsymbol{X}+a_2\boldsymbol{X}^2+a_3\boldsymbol{X}^3+a_4\boldsymbol{X}^4)(2\boldsymbol{E}+\boldsymbol{X})\\=&2a_0\boldsymbol{E}+(2a_1+a_0)\boldsymbol{X}+(2a_2+a_1)\boldsymbol{X}^2+(2a_3+a_2)\boldsymbol{X}^3+(2a_4+a_3)\boldsymbol{X}^4=\boldsymbol{E}.\end{aligned}$$

所以 $a_0=\frac{1}{2},a_1=-\frac{1}{4},a_2=\frac{1}{8},a_3=-\frac{1}{16},a_4=\frac{1}{32}$.

故 $\boldsymbol{A}$ 的逆矩阵为

$$\boldsymbol{A}^{-1}=\begin{pmatrix}\frac{1}{2}&-\frac{1}{4}&\frac{1}{8}&-\frac{1}{16}&\frac{1}{32}\\0&\frac{1}{2}&-\frac{1}{4}&\frac{1}{8}&-\frac{1}{16}\\0&0&\frac{1}{2}&-\frac{1}{4}&\frac{1}{8}\\0&0&0&\frac{1}{2}&-\frac{1}{4}\\0&0&0&0&\frac{1}{2}\end{pmatrix}.$$

方法二 因为 $(\boldsymbol{A}\vdots\boldsymbol{E})=\left(\begin{array}{ccccc:ccccc}2&1&0&0&0&1&0&0&0&0\\0&2&1&0&0&0&1&0&0&0\\0&0&2&1&0&0&0&1&0&0\\0&0&0&2&1&0&0&0&1&0\\0&0&0&0&2&0&0&0&0&1\end{array}\right)$

$$\xrightarrow[\substack{r_2-\frac{1}{2}r_3\\r_1-\frac{1}{2}r_2}]{\substack{r_4-\frac{1}{2}r_5\\r_3-\frac{1}{2}r_4}}\left(\begin{array}{ccccc:ccccc}2&0&0&0&0&1&-\frac{1}{2}&\frac{1}{4}&-\frac{1}{8}&\frac{1}{16}\\0&2&0&0&0&0&1&-\frac{1}{2}&\frac{1}{4}&-\frac{1}{8}\\0&0&2&0&0&0&0&1&-\frac{1}{2}&\frac{1}{4}\\0&0&0&2&0&0&0&0&1&-\frac{1}{2}\\0&0&0&0&2&0&0&0&0&1\end{array}\right)$$

$$\xrightarrow[i=1,2,3,4,5]{r_i\times\frac{1}{2}}\left(\begin{array}{ccccc:ccccc}1&0&0&0&0&\frac{1}{2}&-\frac{1}{4}&\frac{1}{8}&-\frac{1}{16}&\frac{1}{32}\\0&1&0&0&0&0&\frac{1}{2}&-\frac{1}{4}&\frac{1}{8}&-\frac{1}{16}\\0&0&1&0&0&0&0&\frac{1}{2}&-\frac{1}{4}&\frac{1}{8}\\0&0&0&1&0&0&0&0&\frac{1}{2}&-\frac{1}{4}\\0&0&0&0&1&0&0&0&0&\frac{1}{2}\end{array}\right),$$

所以 $A^{-1}=\begin{pmatrix}\frac{1}{2} & -\frac{1}{4} & \frac{1}{8} & -\frac{1}{16} & \frac{1}{32}\\ 0 & \frac{1}{2} & -\frac{1}{4} & \frac{1}{8} & -\frac{1}{16}\\ 0 & 0 & \frac{1}{2} & -\frac{1}{4} & \frac{1}{8}\\ 0 & 0 & 0 & \frac{1}{2} & -\frac{1}{4}\\ 0 & 0 & 0 & 0 & \frac{1}{2}\end{pmatrix}$.

21. 设

$$X=\begin{pmatrix}O & A\\ C & O\end{pmatrix},$$

已知 A^{-1}, C^{-1} 存在,求 X^{-1}.

解 **方法一** 设 $X^{-1}=\begin{pmatrix}B_{11} & B_{12}\\ B_{21} & B_{22}\end{pmatrix}$,则有

$$XX^{-1}=\begin{pmatrix}O & A\\ C & O\end{pmatrix}\begin{pmatrix}B_{11} & B_{12}\\ B_{21} & B_{22}\end{pmatrix}=\begin{pmatrix}AB_{21} & AB_{22}\\ CB_{11} & CB_{12}\end{pmatrix}=\begin{pmatrix}E_1 & O\\ O & E_2\end{pmatrix}=E,$$

从而可得

$$AB_{21}=E_1, AB_{22}=O, \quad ①$$
$$CB_{11}=O, CB_{12}=E_2, \quad ②$$

对 ① 两边左乘 A^{-1},得 $B_{21}=A^{-1}$, $B_{22}=O$.
对 ② 两边左乘 C^{-1},得 $B_{11}=O$, $B_{12}=C^{-1}$.

所以 $X^{-1}=\begin{pmatrix}O & C^{-1}\\ A^{-1} & O\end{pmatrix}$.

方法二 因为 $(X \vdots E)=\left(\begin{array}{cc:cc}O & A & E & O\\ C & O & O & E\end{array}\right)\xrightarrow{r_1\leftrightarrow r_2}\left(\begin{array}{cc:cc}C & O & O & E\\ O & A & E & O\end{array}\right)\xrightarrow[A^{-1}r_2]{C^{-1}r_1}\left(\begin{array}{cc:cc}E & O & O & C^{-1}\\ O & E & A^{-1} & O\end{array}\right)$,所以

$$X^{-1}=\begin{pmatrix}O & C^{-1}\\ A^{-1} & O\end{pmatrix}.$$

22. 设

$$X=\begin{pmatrix}0 & a_1 & 0 & \cdots & 0 & 0\\ 0 & 0 & a_2 & \cdots & 0 & 0\\ \vdots & \vdots & \vdots & & \vdots & \vdots\\ 0 & 0 & 0 & \cdots & 0 & a_{n-1}\\ a_n & 0 & 0 & \cdots & 0 & 0\end{pmatrix},$$

其中 $a_i\neq 0(i=1,2,\cdots,n)$,求 X^{-1}.

【思路探索】 将矩阵分块,并注意到对角矩阵的逆矩阵.

解 设 $X=\begin{pmatrix}O & A\\ a_n & O\end{pmatrix}$,其中 $A=\begin{pmatrix}a_1 & 0 & \cdots & 0\\ 0 & a_2 & \cdots & 0\\ \vdots & \vdots & & \vdots\\ 0 & 0 & \cdots & a_{n-1}\end{pmatrix}$,则由上题结果,可知 $X^{-1}=\begin{pmatrix}O & a_n^{-1}\\ A^{-1} & O\end{pmatrix}$,

而 $\boldsymbol{A}^{-1}=\begin{pmatrix} a_1^{-1} & 0 & \cdots & 0 \\ 0 & a_2^{-1} & \cdots & 0 \\ \vdots & \vdots & & \vdots \\ 0 & 0 & \cdots & a_{n-1}^{-1} \end{pmatrix}$，所以 $\boldsymbol{X}^{-1}=\begin{pmatrix} 0 & 0 & \cdots & 0 & \frac{1}{a_n} \\ \frac{1}{a_1} & 0 & \cdots & 0 & 0 \\ \vdots & \vdots & & \vdots & \vdots \\ 0 & 0 & \cdots & \frac{1}{a_{n-1}} & 0 \end{pmatrix}$.

23. 求下列矩阵 $\boldsymbol{X}$：

(1) $\begin{pmatrix} 2 & 5 \\ 1 & 3 \end{pmatrix}\boldsymbol{X}=\begin{pmatrix} 4 & -6 \\ 2 & 1 \end{pmatrix}$；

(2) $\begin{pmatrix} 1 & 1 & -1 \\ 0 & 2 & 2 \\ 1 & -1 & 0 \end{pmatrix}\boldsymbol{X}=\begin{pmatrix} 1 & -1 & 1 \\ 1 & 1 & 0 \\ 2 & 1 & 1 \end{pmatrix}$；

(3) $\begin{pmatrix} 1 & 1 & 1 & \cdots & 1 & 1 \\ 0 & 1 & 1 & \cdots & 1 & 1 \\ 0 & 0 & 1 & \cdots & 1 & 1 \\ \vdots & \vdots & \vdots & & \vdots & \vdots \\ 0 & 0 & 0 & \cdots & 0 & 1 \end{pmatrix}_n \boldsymbol{X}=\begin{pmatrix} 2 & 1 & 0 & \cdots & 0 & 0 \\ 1 & 2 & 1 & \cdots & 0 & 0 \\ 0 & 1 & 2 & \cdots & 0 & 0 \\ \vdots & \vdots & \vdots & & \vdots & \vdots \\ 0 & 0 & 0 & \cdots & 1 & 2 \end{pmatrix}_n$；

(4) $\boldsymbol{X}\begin{pmatrix} 1 & 1 & -1 \\ 0 & 2 & 2 \\ 1 & -1 & 0 \end{pmatrix}=\begin{pmatrix} 1 & -1 & 1 \\ 1 & 1 & 0 \\ 2 & 1 & 1 \end{pmatrix}$.

【思路探索】 注意 $\boldsymbol{X}$ 左、右乘的矩阵为可逆矩阵.

解 (1) 广义增广矩阵做初等行变换

$$\left(\begin{array}{cc:cc} 2 & 5 & 4 & -6 \\ 1 & 3 & 2 & 1 \end{array}\right) \xrightarrow[\substack{r_1+3r_2 \\ r_1\times(-1)}]{\substack{r_1\leftrightarrow r_2 \\ r_2-2r_1}} \left(\begin{array}{cc:cc} 1 & 0 & 2 & -23 \\ 0 & 1 & 0 & 8 \end{array}\right),$$

则有 $\boldsymbol{X}=\begin{pmatrix} 2 & -23 \\ 0 & 8 \end{pmatrix}$.

(2) $\left(\begin{array}{ccc:ccc} 1 & 1 & -1 & 1 & -1 & 1 \\ 0 & 2 & 2 & 1 & 1 & 0 \\ 1 & -1 & 0 & 2 & 1 & 1 \end{array}\right) \xrightarrow{\substack{r_3-r_1 \\ r_3+r_2 \\ r_3\times\frac{1}{3}}} \left(\begin{array}{ccc:ccc} 1 & -1 & 1 & 1 & -1 & 1 \\ 0 & 2 & 2 & 1 & 1 & 0 \\ 0 & 0 & 1 & \frac{2}{3} & 1 & 0 \end{array}\right)$

$$\xrightarrow{\substack{r_2\times\frac{1}{2} \\ r_2-r_3 \\ r_1+r_3 \\ r_1-r_2}} \left(\begin{array}{ccc:ccc} 1 & 0 & 0 & \frac{11}{6} & \frac{1}{2} & 1 \\ 0 & 1 & 0 & -\frac{1}{6} & -\frac{1}{2} & 0 \\ 0 & 0 & 1 & \frac{2}{3} & 1 & 0 \end{array}\right),$$

则有 $\boldsymbol{X}=\begin{pmatrix} \frac{11}{6} & \frac{1}{2} & 1 \\ -\frac{1}{6} & -\frac{1}{2} & 0 \\ \frac{2}{3} & 1 & 0 \end{pmatrix}$.

(3) $$\left(\begin{array}{cccccc|cccccc} 1 & 1 & 1 & \cdots & 1 & 1 & 2 & 1 & 0 & \cdots & 0 & 0 \\ 0 & 1 & 1 & \cdots & 1 & 1 & 1 & 2 & 1 & \cdots & 0 & 0 \\ 0 & 0 & 1 & \cdots & 1 & 1 & 0 & 1 & 2 & \cdots & 0 & 0 \\ \vdots & \vdots & \vdots & & \vdots & \vdots & \vdots & \vdots & \vdots & & \vdots & \vdots \\ 0 & 0 & 0 & \cdots & 0 & 1 & 0 & 0 & 0 & \cdots & 2 & 1 \\ 0 & 0 & 0 & \cdots & 0 & 1 & 0 & 0 & 0 & \cdots & 1 & 2 \end{array}\right)$$

$$\xrightarrow[i=1,2,\cdots,n-1]{r_i - r_{i+1}} \left(\begin{array}{cccccc|cccccc} 1 & 1 & 0 & \cdots & 0 & 0 & - & -1 & -1 & \cdots & 0 & 0 \\ 0 & 1 & 0 & \cdots & 0 & 0 & 1 & 1 & -1 & \cdots & 0 & 0 \\ 0 & 0 & 1 & \cdots & 0 & 0 & 0 & 1 & 1 & \cdots & 0 & 0 \\ \vdots & \vdots & \vdots & & \vdots & \vdots & \vdots & \vdots & \vdots & & \vdots & \vdots \\ 0 & 0 & 0 & \cdots & 1 & 0 & 0 & 0 & 0 & \cdots & 1 & -1 \\ 0 & 0 & 0 & \cdots & 0 & 1 & 0 & 0 & 0 & \cdots & 1 & 2 \end{array}\right),$$

所以 $$\boldsymbol{X} = \begin{pmatrix} 1 & -1 & -1 & 0 & \cdots & 0 & 0 & 0 \\ 0 & 1 & -1 & -1 & \cdots & 0 & 0 & 0 \\ \vdots & \vdots & \vdots & \vdots & & \vdots & \vdots & \vdots \\ 0 & 0 & 0 & 0 & & \cdots & 1 & 1 \\ 0 & 0 & 0 & 0 & \cdots & 0 & 1 & 2 \end{pmatrix}_{n\times n}.$$

(4) $$\left(\begin{array}{ccc} 1 & -1 & 1 \\ 0 & 2 & 2 \\ 1 & -1 & 1 \\ \hdashline 1 & -1 & 1 \\ 1 & 1 & 0 \\ 2 & 1 & 1 \end{array}\right) \xrightarrow[c_3 \times \frac{1}{3} \quad c_2 + 2c_3 \quad c_1 - c_3 \quad c_2 \times \frac{1}{2}]{c_2 - c_1 \quad c_3 + c_1 \quad c_3 - c_2} \left(\begin{array}{ccc} 1 & 0 & 0 \\ 0 & 1 & 0 \\ 0 & 0 & 1 \\ \hdashline -\frac{1}{3} & \frac{1}{3} & \frac{4}{3} \\ \frac{2}{3} & \frac{1}{3} & \frac{1}{3} \\ \frac{2}{3} & \frac{5}{6} & \frac{4}{3} \end{array}\right), \text{则 } \boldsymbol{X} = \begin{pmatrix} -\frac{1}{3} & \frac{1}{3} & \frac{4}{3} \\ \frac{2}{3} & \frac{1}{3} & \frac{1}{3} \\ \frac{2}{3} & \frac{5}{6} & \frac{4}{3} \end{pmatrix}.$$

方法点击：(1)$\boldsymbol{AX} = \boldsymbol{B}$($\boldsymbol{A}$ 可逆)，则$(\boldsymbol{A} \vdots \boldsymbol{B}) \xrightarrow{\text{行变换}} (\boldsymbol{E} \vdots \boldsymbol{A}^{-1}\boldsymbol{B})$. 求得 $\boldsymbol{X} = \boldsymbol{A}^{-1}\boldsymbol{B}$；

(2)$\boldsymbol{XA} = \boldsymbol{B}$($\boldsymbol{A}$ 可逆)，则$\begin{pmatrix} \boldsymbol{A} \\ \cdots \\ \boldsymbol{B} \end{pmatrix} \xrightarrow{\text{列变换}} \begin{pmatrix} \boldsymbol{E} \\ \cdots \\ \boldsymbol{BA}^{-1} \end{pmatrix}$，求得 $\boldsymbol{X} = \boldsymbol{BA}^{-1}$. 注意分清左、右.

24. 证明：

(1) 如果 $\boldsymbol{A}$ 可逆对称(反称)，那么 $\boldsymbol{A}^{-1}$ 也对称(反称)；

(2) 不存在奇数阶的可逆反称矩阵.

证　(1) 若 $\boldsymbol{A} = \boldsymbol{A}^{\mathrm{T}}$，则有$(\boldsymbol{A}^{-1})^{\mathrm{T}} = (\boldsymbol{A}^{\mathrm{T}})^{-1} = \boldsymbol{A}^{-1}$；

若 $\boldsymbol{A} = -\boldsymbol{A}^{\mathrm{T}}$，则有$(\boldsymbol{A}^{-1})^{\mathrm{T}} = (\boldsymbol{A}^{\mathrm{T}})^{-1} = (-\boldsymbol{A})^{-1} = -\boldsymbol{A}^{-1}$.

故有可逆对称(反称)矩阵的逆矩阵也对称(反称).

(2) 若 $\boldsymbol{A} = -\boldsymbol{A}^{\mathrm{T}}$，则有 $|\boldsymbol{A}| = |-\boldsymbol{A}^{\mathrm{T}}| = (-1)^n |\boldsymbol{A}^{\mathrm{T}}| = (-1)^n |\boldsymbol{A}|$.

假设 n 为奇数，此时 $|\boldsymbol{A}| = -|\boldsymbol{A}|$，所以 $|\boldsymbol{A}| = 0$，从而不可逆，矛盾，故不存在奇数阶可逆反称矩阵.

25. 矩阵 $\boldsymbol{A} = (a_{ij})$ 称为上(下)三角形矩阵，如果 $i > j(i < j)$ 时有 $a_{ij} = 0$. 证明：

(1) 两个上(下)三角形矩阵的乘积仍是上(下)三角形矩阵；

(2) 可逆的上(下)三角形矩阵的逆仍是上(下)三角形矩阵.

【思路探索】 可以直接用元素表示矩阵进行证明，也可以用分块矩阵.

证 **方法一** (1) 设

$$A=\begin{pmatrix}a_{11}&a_{12}&\cdots&a_{1n}\\0&a_{22}&\cdots&a_{2n}\\\vdots&\vdots&&\vdots\\0&0&\cdots&a_{nn}\end{pmatrix},B=\begin{pmatrix}b_{11}&b_{12}&\cdots&b_{1n}\\0&b_{22}&\cdots&b_{2n}\\\vdots&\vdots&&\vdots\\0&0&\cdots&b_{nn}\end{pmatrix},AB=\begin{pmatrix}c_{11}&c_{12}&\cdots&c_{1n}\\c_{21}&c_{22}&\cdots&c_{2n}\\\vdots&\vdots&&\vdots\\c_{n1}&c_{n2}&\cdots&c_{nn}\end{pmatrix},$$

其中 $c_{ij}=a_{i1}b_{1j}+\cdots+a_{i,i-1}b_{i-1,j}+a_{ii}b_{ij}+a_{i,i+1}b_{i+1,j}+\cdots+a_{in}b_{nj}$.

当 $i>j$ 时，$a_{ij}=b_{ij}=0$，又 c_{ij} 中各项因子均为0，故 $c_{ij}=0$，故 $\boldsymbol{AB}$ 是上三角形矩阵. 若 $\boldsymbol{A},\boldsymbol{B}$ 是下三角形矩阵，同理可证 $\boldsymbol{AB}$ 也是下三角形矩阵.

(2) 设 $A=\begin{pmatrix}a_{11}&a_{12}&\cdots&a_{1n}\\0&a_{22}&\cdots&a_{2n}\\\vdots&\vdots&&\vdots\\0&0&\cdots&a_{nn}\end{pmatrix},B=\begin{pmatrix}b_{11}&b_{12}&\cdots&b_{1n}\\b_{21}&b_{22}&\cdots&b_{2n}\\\vdots&\vdots&&\vdots\\b_{n1}&b_{n2}&\cdots&b_{nn}\end{pmatrix}$ 是 $\boldsymbol{A}$ 的逆矩阵，即 $\boldsymbol{AB}=\boldsymbol{E}$，通过计算，比较 $\boldsymbol{AB}$ 和 $\boldsymbol{E}$ 的第1列元素，有

$$\begin{cases}1=a_{11}b_{11}+a_{12}b_{21}+\cdots+a_{1n}b_{n1},\\0=a_{22}b_{21}+\cdots+a_{2n}b_{n1},\\\cdots\cdots\cdots\cdots\\0=a_{n-1,n-1}b_{n-1,1}+a_{n-1,n}b_{n1},\\0=a_{nn}b_{n1},\end{cases}$$

由于 $|\boldsymbol{A}|=a_{11}a_{22}\cdots a_{nn}\neq0$，故 $a_{11}\neq0,a_{22}\neq0,\cdots,a_{nn}\neq0$，从而可得 $b_{n1}=b_{n-1,1}=\cdots=b_{21}=0$.

同理可比较第2列至第 n 列，得 $i>j$ 时，$b_{ij}=0$，所以 $\boldsymbol{B}$ 是上三角形矩阵.

同理可证 $\boldsymbol{A}$ 是下三角形矩阵时，其逆矩阵也是下三角形矩阵.

方法二 (1)$n=1$ 时，$\boldsymbol{A}=(a_{11}),\boldsymbol{B}=(b_{11}),\boldsymbol{AB}=(a_{11}b_{11})$ 为上三角形矩阵，结论成立.

不妨设 $s<n$ 时结论成立，即 $A_1=\begin{pmatrix}a_{11}&\cdots&a_{1s}\\&\ddots&\vdots\\&&a_{ss}\end{pmatrix},B_1=\begin{pmatrix}b_{11}&\cdots&b_{1s}\\&\ddots&\vdots\\&&b_{ss}\end{pmatrix}$，$\boldsymbol{A}_1\boldsymbol{B}_1$ 为上三角形矩阵.

下证 $n=s+t$ 时成立.

$\boldsymbol{A}=\begin{pmatrix}\boldsymbol{A}_1&\boldsymbol{A}_3\\\boldsymbol{O}&\boldsymbol{A}_2\end{pmatrix},\boldsymbol{B}=\begin{pmatrix}\boldsymbol{B}_1&\boldsymbol{B}_3\\\boldsymbol{O}&\boldsymbol{B}_2\end{pmatrix}$，其中 $\boldsymbol{A}_1,\boldsymbol{B}_1$ 为 s 阶上三角形矩阵，$\boldsymbol{A}_2,\boldsymbol{B}_2$ 为 t 阶上三角形矩阵，则

$$\boldsymbol{AB}=\begin{pmatrix}\boldsymbol{A}_1\boldsymbol{B}_1&\boldsymbol{A}_1\boldsymbol{B}_3+\boldsymbol{A}_3\boldsymbol{B}_2\\\boldsymbol{O}&\boldsymbol{A}_2\boldsymbol{B}_2\end{pmatrix},$$

由假设 $\boldsymbol{A}_1\boldsymbol{B}_1,\boldsymbol{A}_2\boldsymbol{B}_2$ 分别为 s 阶，t 阶上三角形矩阵，故 $\boldsymbol{AB}$ 为上三角形矩阵，结论成立.

同理，下三角形矩阵的乘积仍为下三角形矩阵.

借助分块矩阵求逆，可证明(2).

方法三 伴随矩阵求逆法. 对于上三角阵可证明：当 $i>j$ 时，(j,i) 元的代数余子式 $A_{ji}=0$，从而有 $\boldsymbol{A}^*$ 为上三角阵，即 $\boldsymbol{A}^{-1}=\frac{1}{|\boldsymbol{A}|}\boldsymbol{A}^*$ 为上三角阵.

方法四 用初等行变换化 $(\boldsymbol{A}\vdots\boldsymbol{E})\xrightarrow{r}(\boldsymbol{E}\vdots\boldsymbol{A}^{-1})$，易得 $\boldsymbol{A}^{-1}$ 为上三角阵.

26. 证明：

$$|\boldsymbol{A}^*|=|\boldsymbol{A}|^{n-1},$$

其中 $\boldsymbol{A}$ 是 $n\times n$ 矩阵($n\geqslant2$).

证　由于 $AA^*=|A|E$，因此 $|AA^*|=|A||A^*|=||A|E|=|A|^n$.

所以当 $|A|\neq 0$ 时，$|A^*|=\dfrac{|A|^n}{|A|}=|A|^{n-1}$；

当 $|A|=0$ 时，

①$A=O$ 时，$A^*=O$，于是 $|A^*|=0=0^{n-1}=|A|^{n-1}$；

②$A\neq O$ 时，则必有 $|A^*|=0$，否则，即为 $|A^*|\neq 0$，即 A^* 可逆.

因为 $A^*A=O$，所以 $(A^*)^{-1}A^*A=(A^*)^{-1}O$，所以 $EA=O$，即 $A=O$，同 $A\neq O$ 矛盾，故假设不成立，即 $|A^*|=0$.

综上所述，$|A^*|=|A|^{n-1}$.

27. 证明：如果 A 是 $n\times n$ 矩阵（$n\geqslant 2$），那么

$$\text{秩}(A^*)=\begin{cases}n, & \text{秩}(A)=n,\\ 1, & \text{秩}(A)=n-1,\\ 0, & \text{秩}(A)<n-1.\end{cases}$$

证　当 $r(A)=n$ 时，$A^*=|A|A^{-1}$ 可逆，故 $r(A^*)=n$；

当 $r(A)=n-1$ 时，$AA^*=|A|E=O$. 由本章习题18知，$r(A)+r(A^*)\leqslant n$，即 $r(A^*)\leqslant n-r(A)=1$；

若 $r(A^*)=0$，则 $A^*=(A_{ij})=O$，于是 $A_{ij}=0$，即 A 的所有 $n-1$ 阶子式均为零，与 $r(A)=n-1$ 矛盾，故 $r(A^*)=1$；

当 $r(A)<n-1$ 时，A 的所有 $n-1$ 阶子式均为零，由伴随矩阵 $A^*=(A_{ji})$，知 $A^*=O$，即 $r(A^*)=0$.

方法点击：A 可逆时，注意 $A,A^{-1},A^*,(A^*)^{-1},(A^{-1})^*,(A^*)^*$ 之间的关系.

28. 用下列两种方法：

(1) 用初等变换；

(2) 按 A 中的划分，利用分块乘法的初等变换.（注意各小块矩阵的特点）

求矩阵

$$A=\left(\begin{array}{cc:cc}1 & 1 & 1 & 1\\ 1 & -1 & 1 & -1\\ \hdashline 1 & 1 & -1 & -1\\ 1 & -1 & -1 & 1\end{array}\right)$$

的逆矩阵.

解　(1) 对 $(A\vdots E)$ 施行初等行变换，得

$$(A\vdots E)=\left(\begin{array}{cccc:cccc}1 & 1 & 1 & 1 & 1 & 0 & 0 & 0\\ 1 & -1 & 1 & -1 & 0 & 1 & 0 & 0\\ 1 & 1 & -1 & -1 & 0 & 0 & 1 & 0\\ 1 & -1 & -1 & 1 & 0 & 0 & 0 & 1\end{array}\right)$$

$$\xrightarrow[(i=2,3,4)]{r_i-r_1}\left(\begin{array}{cccc:cccc}1 & 1 & 1 & 1 & 1 & 0 & 0 & 0\\ 0 & -2 & 0 & -2 & -1 & 1 & 0 & 0\\ 0 & 0 & -2 & -2 & -1 & 0 & 1 & 0\\ 0 & -2 & -2 & 0 & -1 & 0 & 0 & 1\end{array}\right)$$

$$\xrightarrow{r_4-r_2}\left(\begin{array}{cccc:cccc}1 & 1 & 1 & 1 & 1 & 0 & 0 & 0\\ 0 & -2 & 0 & -2 & -1 & 1 & 0 & 0\\ 0 & 0 & -2 & -2 & -1 & 0 & 1 & 0\\ 0 & 0 & -2 & 2 & 0 & -1 & 0 & 1\end{array}\right)$$

$$\xrightarrow{r_4-r_3}\left(\begin{array}{cccc:cccc}1&1&1&1&1&0&0&0\\0&-2&0&-2&-1&1&0&0\\0&0&-2&-2&-1&0&1&0\\0&0&0&4&1&-1&-1&1\end{array}\right)$$

$$\xrightarrow[\substack{r_3\times\left(-\frac{1}{2}\right)\\ r_4\times\frac{1}{4}}]{r_2\times\left(-\frac{1}{2}\right)}\left(\begin{array}{cccc:cccc}1&0&1&0&1&0&0&0\\0&1&0&1&\frac{1}{2}&-\frac{1}{2}&0&0\\0&0&1&1&\frac{1}{2}&0&-\frac{1}{2}&0\\0&0&0&1&\frac{1}{4}&-\frac{1}{4}&-\frac{1}{4}&\frac{1}{4}\end{array}\right)$$

$$\xrightarrow{r_1-r_2}\left(\begin{array}{cccc:cccc}1&0&1&0&\frac{1}{2}&\frac{1}{2}&0&0\\0&1&0&1&\frac{1}{2}&-\frac{1}{2}&0&0\\0&0&1&1&\frac{1}{2}&0&-\frac{1}{2}&0\\0&0&0&1&\frac{1}{4}&-\frac{1}{4}&-\frac{1}{4}&\frac{1}{4}\end{array}\right)$$

$$\xrightarrow{r_1-r_3}\left(\begin{array}{cccc:cccc}1&0&0&-1&0&\frac{1}{2}&\frac{1}{2}&0\\0&1&0&1&\frac{1}{2}&-\frac{1}{2}&0&0\\0&0&1&1&\frac{1}{2}&0&-\frac{1}{2}&0\\0&0&0&1&\frac{1}{4}&-\frac{1}{4}&-\frac{1}{4}&\frac{1}{4}\end{array}\right)$$

$$\xrightarrow[\substack{r_2-r_4\\ r_3-r_4}]{r_1+r_4}\left(\begin{array}{cccc:cccc}1&0&0&0&\frac{1}{4}&\frac{1}{4}&\frac{1}{4}&\frac{1}{4}\\0&1&0&0&\frac{1}{4}&-\frac{1}{4}&\frac{1}{4}&-\frac{1}{4}\\0&0&1&0&\frac{1}{4}&\frac{1}{4}&-\frac{1}{4}&-\frac{1}{4}\\0&0&0&1&\frac{1}{4}&-\frac{1}{4}&-\frac{1}{4}&\frac{1}{4}\end{array}\right)=(\boldsymbol{E}\,\vdots\,\boldsymbol{A}^{-1}),$$

故

$$\boldsymbol{A}^{-1}=\frac{1}{4}\begin{pmatrix}1&1&1&1\\1&-1&1&-1\\1&1&-1&-1\\1&-1&-1&1\end{pmatrix}=\frac{1}{4}\boldsymbol{A}.$$

(2) **方法一**　记 $\boldsymbol{A}=\begin{pmatrix}\boldsymbol{B}&\boldsymbol{B}\\\boldsymbol{B}&-\boldsymbol{B}\end{pmatrix}$，其中 $\boldsymbol{B}=\begin{pmatrix}1&1\\1&-1\end{pmatrix}$，则有

$$\boldsymbol{B}^{-1}=\frac{1}{2}\begin{pmatrix}1&1\\1&-1\end{pmatrix}=\frac{1}{2}\boldsymbol{B}.$$

再依据教材第 130 页的例题 2 可知，有

$$A^{-1}=\begin{pmatrix}B & B\\ B & -B\end{pmatrix}^{-1}$$

$$=\begin{pmatrix}(B-B(-B)^{-1}B)^{-1} & -(B-B(-B)^{-1}B)^{-1}B(-B)^{-1}\\ -(-B)^{-1}B(B-B(-B)^{-1}B)^{-1} & (-B)^{-1}B(B-B(-B)^{-1}B)^{-1}B(-B)^{-1}+(-B)^{-1}\end{pmatrix},$$

而$(B-B(-B)^{-1}B)^{-1}=(B+BB^{-1}B)^{-1}=(B+B)^{-1}=(2B)^{-1}=\frac{1}{2}B^{-1}$,所以

$$A^{-1}=\begin{pmatrix}\frac{1}{2}B^{-1} & \frac{1}{2}B^{-1}\\ \frac{1}{2}B^{-1} & -\frac{1}{2}B^{-1}\end{pmatrix}=\frac{1}{2}\begin{pmatrix}B^{-1} & B^{-1}\\ B^{-1} & -B^{-1}\end{pmatrix}=\frac{1}{2}\begin{pmatrix}\frac{1}{2}B & \frac{1}{2}B\\ \frac{1}{2}B & -\frac{1}{2}B\end{pmatrix}=\frac{1}{4}\begin{pmatrix}B & B\\ B & -B\end{pmatrix}=\frac{1}{4}A.$$

方法二 $B^{-1}=\frac{1}{2}B$. 利用

$$\begin{pmatrix}B^{-1} & O\\ O & B^{-1}\end{pmatrix}\begin{pmatrix}E & O\\ O & -\frac{1}{2}E\end{pmatrix}\begin{pmatrix}E & \frac{1}{2}E\\ O & E\end{pmatrix}\begin{pmatrix}E & O\\ -E & E\end{pmatrix}\begin{pmatrix}B & B\\ B & -B\end{pmatrix}=\begin{pmatrix}E & O\\ O & E\end{pmatrix},$$

所以$\begin{pmatrix}B & B\\ B & -B\end{pmatrix}^{-1}=\begin{pmatrix}B^{-1} & O\\ O & B^{-1}\end{pmatrix}\begin{pmatrix}E & O\\ O & -\frac{1}{2}E\end{pmatrix}\begin{pmatrix}E & \frac{1}{2}E\\ O & E\end{pmatrix}\begin{pmatrix}E & O\\ -E & E\end{pmatrix}=\frac{1}{4}\begin{pmatrix}B & B\\ B & -B\end{pmatrix}=\frac{1}{4}A.$

方法三 $(A\vdots E)=\begin{pmatrix}B & B & E & O\\ B & -B & O & E\end{pmatrix}\xrightarrow{r_2-r_1}\begin{pmatrix}B & B & E & O\\ O & -2B & -E & E\end{pmatrix}\xrightarrow{r_1+\frac{1}{2}Er_2}$

$$\begin{pmatrix}B & O & \frac{1}{2}E & \frac{1}{2}E\\ O & -2B & -E & E\end{pmatrix}\xrightarrow[-\frac{1}{2}B^{-1}r_2]{B^{-1}r_1}\begin{pmatrix}E & O & \frac{1}{2}B^{-1} & \frac{1}{2}B^{-1}\\ O & E & \frac{1}{2}B^{-1} & -\frac{1}{2}B^{-1}\end{pmatrix}$$

故$A^{-1}=\frac{1}{2}\begin{pmatrix}B^{-1} & B^{-1}\\ B^{-1} & B^{-1}\end{pmatrix}=\frac{1}{4}\begin{pmatrix}B & B\\ B & -B\end{pmatrix}=\frac{1}{4}A.$

29. A,B分别是$n\times m$和$m\times n$矩阵,证明:

$$\begin{vmatrix}E_m & B\\ A & E_n\end{vmatrix}=|E_n-AB|=|E_m-BA|.$$

【思路探索】 利用等式$\begin{pmatrix}E_m & O\\ -A & E_n\end{pmatrix}\begin{pmatrix}E_m & B\\ A & E_n\end{pmatrix}=\begin{pmatrix}E_m & B\\ O & E_n-AB\end{pmatrix}$,$\begin{vmatrix}A & B\\ O & C\end{vmatrix}=|A||C|$等解题.

证 由$\begin{pmatrix}E_m & O\\ -A & E_n\end{pmatrix}\begin{pmatrix}E_m & B\\ A & E_n\end{pmatrix}=\begin{pmatrix}E_m & B\\ O & E_n-AB\end{pmatrix}$,有

$$\begin{vmatrix}E_m & B\\ A & E_n\end{vmatrix}=\begin{vmatrix}E_m & O\\ -A & E_n\end{vmatrix}\begin{vmatrix}E_m & B\\ A & E_n\end{vmatrix}=\left|\begin{pmatrix}E_m & O\\ -A & E_n\end{pmatrix}\begin{pmatrix}E_m & B\\ A & E_n\end{pmatrix}\right|=\begin{vmatrix}E_m & B\\ O & E_n-AB\end{vmatrix}$$
$$=|E_m||E_n-AB|=|E_n-AB|.$$

又由$\begin{vmatrix}E_m & B\\ A & E_n\end{vmatrix}\begin{vmatrix}E_m & O\\ -A & E_n\end{vmatrix}=\begin{vmatrix}E_m-BA & B\\ O & E_n\end{vmatrix}$,有

$$\begin{vmatrix}E_m & B\\ A & E_n\end{vmatrix}=\begin{vmatrix}E_m & B\\ A & E_n\end{vmatrix}\begin{vmatrix}E_m & O\\ -A & E_n\end{vmatrix}=\begin{vmatrix}E_m-BA & B\\ O & E_n\end{vmatrix}=|E_m-BA||E_n|=|E_m-BA|,$$

由以上两式得$\begin{vmatrix}E_m & B\\ A & E_n\end{vmatrix}=|E_n-AB|=|E_m-BA|.$

30. $\boldsymbol{A},\boldsymbol{B}$ 如上题,$\lambda\neq 0$. 证明:$|\lambda\boldsymbol{E}_n-\boldsymbol{AB}|=\lambda^{n-m}|\lambda\boldsymbol{E}_m-\boldsymbol{BA}|$.

证　由 $\begin{pmatrix}\boldsymbol{E}_m & \boldsymbol{O}\\ -\boldsymbol{A} & \boldsymbol{E}_n\end{pmatrix}\begin{pmatrix}\lambda\boldsymbol{E}_m & \boldsymbol{B}\\ \lambda\boldsymbol{A} & \lambda\boldsymbol{E}_n\end{pmatrix}=\begin{pmatrix}\lambda\boldsymbol{E}_m & \boldsymbol{B}\\ \boldsymbol{O} & \lambda\boldsymbol{E}_n-\boldsymbol{AB}\end{pmatrix}$,得

$$\begin{vmatrix}\lambda\boldsymbol{E}_m & \boldsymbol{B}\\ \lambda\boldsymbol{A} & \lambda\boldsymbol{E}_n\end{vmatrix}=\begin{vmatrix}\boldsymbol{E}_m & \boldsymbol{O}\\ -\boldsymbol{A} & \boldsymbol{E}_n\end{vmatrix}\begin{vmatrix}\lambda\boldsymbol{E}_m & \boldsymbol{B}\\ \lambda\boldsymbol{A} & \lambda\boldsymbol{E}_n\end{vmatrix}=\begin{vmatrix}\lambda\boldsymbol{E}_m & \boldsymbol{B}\\ \boldsymbol{O} & \lambda\boldsymbol{E}_n-\boldsymbol{AB}\end{vmatrix}=\lambda^m|\lambda\boldsymbol{E}_n-\boldsymbol{AB}|.$$

同理,$\begin{vmatrix}\lambda\boldsymbol{E}_m & \boldsymbol{B}\\ \lambda\boldsymbol{A} & \lambda\boldsymbol{E}_n\end{vmatrix}=\begin{vmatrix}\lambda\boldsymbol{E}_m & \boldsymbol{B}\\ \lambda\boldsymbol{A} & \lambda\boldsymbol{E}_n\end{vmatrix}\begin{vmatrix}\boldsymbol{E}_m & \boldsymbol{O}\\ -\boldsymbol{A} & \boldsymbol{E}_n\end{vmatrix}=\begin{vmatrix}\lambda\boldsymbol{E}_m-\boldsymbol{BA} & \boldsymbol{B}\\ \boldsymbol{O} & \lambda\boldsymbol{E}_n\end{vmatrix}$

$$=\lambda^n|\lambda\boldsymbol{E}_m-\boldsymbol{BA}|=\lambda^m|\lambda\boldsymbol{E}_n-\boldsymbol{AB}|,$$

所以 $|\lambda\boldsymbol{E}_n-\boldsymbol{AB}|=\lambda^{n-m}|\lambda\boldsymbol{E}_m-\boldsymbol{BA}|$.

方法点击:当 $m=n$ 时,$|\lambda\boldsymbol{E}-\boldsymbol{AB}|=|\lambda\boldsymbol{E}-\boldsymbol{BA}|$. 这时 $\boldsymbol{AB}$ 的特征多项式与 $\boldsymbol{BA}$ 的特征多项式相同,即 $\boldsymbol{AB}$ 与 $\boldsymbol{BA}$ 有相同的特征值.

补充题解答

1. 设 $\boldsymbol{A}$ 是 $n\times n$ 矩阵,秩$(\boldsymbol{A})=1$. 证明:

(1)$\boldsymbol{A}=\begin{pmatrix}a_1\\ a_2\\ \vdots\\ a_n\end{pmatrix}(b_1,b_2,\cdots,b_n)$;　　(2)$\boldsymbol{A}^2=k\boldsymbol{A}$.

【思路探索】　利用 $r(\boldsymbol{A})=1$,即 $\boldsymbol{A}$ 的行(列)向量组极大线性无关组仅含 1 个向量展开讨论.

证　(1) 由 $r(\boldsymbol{A})=1$ 知,有 $\boldsymbol{A}=(a_{ij})$ 的某元素 $a_{i_0j_0}\neq 0$,且 $\boldsymbol{A}$ 的每两列都成比例. 记 $\boldsymbol{A}=(\boldsymbol{\alpha}_1,\boldsymbol{\alpha}_2,\cdots,\boldsymbol{\alpha}_n)$,

则有 $\boldsymbol{\alpha}_i=b_i\boldsymbol{\beta}_1$,$\boldsymbol{\beta}_1=\begin{pmatrix}a_{1j_0}\\ a_{2j_0}\\ \vdots\\ a_{nj_0}\end{pmatrix}=\begin{pmatrix}a_1\\ a_2\\ \vdots\\ a_n\end{pmatrix}$ 为非零列向量,于是

$$\boldsymbol{A}=(\boldsymbol{\alpha}_1,\boldsymbol{\alpha}_2,\cdots,\boldsymbol{\alpha}_n)=(b_1\boldsymbol{\beta}_1,b_2\boldsymbol{\beta}_1,\cdots,b_n\boldsymbol{\beta}_1)$$
$$=\begin{pmatrix}b_1a_1 & b_2a_1 & \cdots & b_na_1\\ b_1a_2 & b_2a_2 & \cdots & b_na_2\\ \vdots & \vdots & & \vdots\\ b_1a_n & b_2a_n & \cdots & b_na_n\end{pmatrix}=\begin{pmatrix}a_1\\ a_2\\ \vdots\\ a_n\end{pmatrix}(b_1,b_2,\cdots,b_n).$$

(2) 由(1),得

$$\boldsymbol{A}^2=\begin{pmatrix}a_1\\ a_2\\ \vdots\\ a_n\end{pmatrix}(b_1,b_2,\cdots,b_n)\begin{pmatrix}a_1\\ a_2\\ \vdots\\ a_n\end{pmatrix}(b_1,b_2,\cdots,b_n)=k\begin{pmatrix}a_1\\ a_2\\ \vdots\\ a_n\end{pmatrix}(b_1,b_2,\cdots,b_n)=k\boldsymbol{A},$$

其中 $k=(b_1,b_2,\cdots,b_n)\begin{pmatrix}a_1\\ a_2\\ \vdots\\ a_n\end{pmatrix}=\sum\limits_{i=1}^{n}b_ia_i$.

2. 设 $\boldsymbol{A}$ 是 2×2 矩阵,证明:如果 $\boldsymbol{A}^l=\boldsymbol{O},l\geqslant 2$,那么 $\boldsymbol{A}^2=\boldsymbol{O}$.

【思路探索】 利用 $\boldsymbol{A}$ 的阶数为 2,不满秩,从而 $r(\boldsymbol{A})=0$ 或 1,进而用上题结论.

证 由 $\boldsymbol{A}^l=\boldsymbol{O}$,得 $|\boldsymbol{A}^l|=|\boldsymbol{A}|^l=0$,即 $|\boldsymbol{A}|=0$,那么 $r(\boldsymbol{A})=1$ 或 0.

若 $r(\boldsymbol{A})=0$,则 $\boldsymbol{A}=\boldsymbol{O}$,此时 $\boldsymbol{A}^2=\boldsymbol{O}$.

若 $r(\boldsymbol{A})=1$,由上题,$\boldsymbol{A}=\begin{pmatrix}a_1\\a_2\end{pmatrix}(b_1,b_2)$,从而

$$\boldsymbol{A}^2=k\boldsymbol{A},\boldsymbol{A}^l=k^{l-1}\boldsymbol{A}(l\geqslant 2),$$

因为 $\boldsymbol{A}\neq\boldsymbol{O}$,由 $\boldsymbol{A}^l=k^{l-1}\boldsymbol{A}=\boldsymbol{O}$,得 $k=0$,故 $\boldsymbol{A}^2=k\boldsymbol{A}=\boldsymbol{O}$.

3. 设 $\boldsymbol{A}$ 是 $n\times n$ 矩阵,证明:如果 $\boldsymbol{A}^2=\boldsymbol{E}$,那么

$$秩(\boldsymbol{A}+\boldsymbol{E})+秩(\boldsymbol{A}-\boldsymbol{E})=n.$$

【思路探索】 利用 $r(\boldsymbol{A}+\boldsymbol{B})\leqslant r(\boldsymbol{A})+r(\boldsymbol{B})$;若 $\boldsymbol{AB}=\boldsymbol{O}$,则 $r(\boldsymbol{A})+r(\boldsymbol{B})\leqslant n$,得结论.

证 **方法一** 由 $\boldsymbol{A}^2=\boldsymbol{E}$,得

$$(\boldsymbol{A}+\boldsymbol{E})(\boldsymbol{A}-\boldsymbol{E})=\boldsymbol{A}^2-\boldsymbol{E}=\boldsymbol{O}.$$

故 $r(\boldsymbol{A}+\boldsymbol{E})+r(\boldsymbol{A}-\boldsymbol{E})\leqslant n$.

又 $2\boldsymbol{E}=(\boldsymbol{E}+\boldsymbol{A})+(\boldsymbol{E}-\boldsymbol{A})$,有

$$n=r(2\boldsymbol{E})=r[(\boldsymbol{E}+\boldsymbol{A})+(\boldsymbol{E}-\boldsymbol{A})]\leqslant r(\boldsymbol{E}+\boldsymbol{A})+r(\boldsymbol{E}-\boldsymbol{A})=r(\boldsymbol{A}+\boldsymbol{E})+r(\boldsymbol{A}-\boldsymbol{E}).$$

故 $r(\boldsymbol{A}+\boldsymbol{E})+r(\boldsymbol{A}-\boldsymbol{E})=n$.

方法二 $$\begin{pmatrix}\boldsymbol{A}+\boldsymbol{E}&\boldsymbol{O}\\\boldsymbol{O}&\boldsymbol{A}-\boldsymbol{E}\end{pmatrix}\xrightarrow{r_2+r_1}\begin{pmatrix}\boldsymbol{A}+\boldsymbol{E}&\boldsymbol{O}\\\boldsymbol{A}+\boldsymbol{E}&\boldsymbol{A}-\boldsymbol{E}\end{pmatrix}\xrightarrow{c_1-c_2}\begin{pmatrix}\boldsymbol{A}+\boldsymbol{E}&\boldsymbol{O}\\2\boldsymbol{E}&\boldsymbol{A}-\boldsymbol{E}\end{pmatrix}\xrightarrow[r_2\times(-1)]{r_1-\frac{1}{2}(\boldsymbol{A}+\boldsymbol{E})r_2}$$

$$\begin{pmatrix}\boldsymbol{O}&\frac{1}{2}(\boldsymbol{A}^2-\boldsymbol{E})\\2\boldsymbol{E}&\boldsymbol{A}-\boldsymbol{E}\end{pmatrix}\xrightarrow[c_2\cdot 2\boldsymbol{E},c_1\cdot\frac{1}{2}\boldsymbol{E}]{c_2-c_1\left(\frac{1}{2}(\boldsymbol{A}-\boldsymbol{E})\right)}\begin{pmatrix}\boldsymbol{O}&\boldsymbol{A}^2-\boldsymbol{E}\\\boldsymbol{E}&\boldsymbol{O}\end{pmatrix}.$$

所以 $r(\boldsymbol{A}+\boldsymbol{E})+r(\boldsymbol{A}-\boldsymbol{E})=r(\boldsymbol{A}^2-\boldsymbol{E})+n=n$,即 $r(\boldsymbol{A}+\boldsymbol{E})+r(\boldsymbol{A}-\boldsymbol{E})=n$.

4. 设 $\boldsymbol{A}$ 是 $n\times n$ 矩阵,且 $\boldsymbol{A}^2=\boldsymbol{A}$. 证明:

$$秩(\boldsymbol{A})+秩(\boldsymbol{A}-\boldsymbol{E})=n.$$

证 **方法一** 由 $\boldsymbol{A}^2=\boldsymbol{A}$,得

$$(\boldsymbol{A}-\boldsymbol{E})\boldsymbol{A}=\boldsymbol{O}.$$

得 $r(\boldsymbol{A})+r(\boldsymbol{A}-\boldsymbol{E})\leqslant n$,有

$$n=r(\boldsymbol{E})=r[(\boldsymbol{E}-\boldsymbol{A})+\boldsymbol{A}]\leqslant r(\boldsymbol{E}-\boldsymbol{A})+r(\boldsymbol{A})=r(\boldsymbol{A}-\boldsymbol{E})+r(\boldsymbol{A}).$$

故 $r(\boldsymbol{A})+r(\boldsymbol{A}-\boldsymbol{E})=n$.

方法二 $$\begin{pmatrix}\boldsymbol{A}&\boldsymbol{O}\\\boldsymbol{O}&\boldsymbol{A}-\boldsymbol{E}\end{pmatrix}\xrightarrow{r_2+r_1}\begin{pmatrix}\boldsymbol{A}&\boldsymbol{O}\\\boldsymbol{A}&\boldsymbol{A}-\boldsymbol{E}\end{pmatrix}\xrightarrow{c_1-c_2}\begin{pmatrix}\boldsymbol{A}&\boldsymbol{O}\\\boldsymbol{E}&\boldsymbol{A}-\boldsymbol{E}\end{pmatrix}\xrightarrow[r_1\times(-1)]{r_1-\boldsymbol{A}r_2}$$

$$\begin{pmatrix}\boldsymbol{O}&\boldsymbol{A}^2-\boldsymbol{A}\\\boldsymbol{E}&\boldsymbol{A}-\boldsymbol{E}\end{pmatrix}\xrightarrow{c_2-c_1(\boldsymbol{A}-\boldsymbol{E})}\begin{pmatrix}\boldsymbol{O}&\boldsymbol{A}^2-\boldsymbol{A}\\\boldsymbol{E}&\boldsymbol{O}\end{pmatrix}.$$

所以 $r(\boldsymbol{A})+r(\boldsymbol{A}-\boldsymbol{E})=r(\boldsymbol{A}^2-\boldsymbol{A})+n=n$,即 $r(\boldsymbol{A})+r(\boldsymbol{A}-\boldsymbol{E})=n$.

方法点击:n 阶方阵 $\boldsymbol{A},\boldsymbol{A}^2=\boldsymbol{A}\Leftrightarrow r(\boldsymbol{A})+r(\boldsymbol{A}-\boldsymbol{E})=n;\boldsymbol{A}^2=\boldsymbol{E}\Leftrightarrow r(\boldsymbol{A}+\boldsymbol{E})+r(\boldsymbol{A}-\boldsymbol{E})=n$.

5. 证明:

$$(\boldsymbol{A}^*)^*=|\boldsymbol{A}|^{n-2}\boldsymbol{A},$$

其中 $\boldsymbol{A}$ 是 $n\times n$ 矩阵$(n>2)$.

证 由于 $\boldsymbol{AA}^*=\boldsymbol{A}^*\boldsymbol{A}=|\boldsymbol{A}|\boldsymbol{E}$,因而

① 当 $|\boldsymbol{A}|\neq 0$ 时,$\boldsymbol{A}^*=|\boldsymbol{A}|\boldsymbol{A}^{-1}$,所以

$$(\boldsymbol{A}^*)^*=(|\boldsymbol{A}|\boldsymbol{A}^{-1})^*=||\boldsymbol{A}|\boldsymbol{A}^{-1}|(|\boldsymbol{A}|\boldsymbol{A}^{-1})^{-1}$$

$$=|\boldsymbol{A}|^{n}|\boldsymbol{A}^{-1}|\cdot\frac{1}{|\boldsymbol{A}|}(\boldsymbol{A}^{-1})^{-1}=|\boldsymbol{A}|^{n}\cdot\frac{1}{|\boldsymbol{A}|}\cdot\frac{1}{|\boldsymbol{A}|}\cdot\boldsymbol{A}=|\boldsymbol{A}|^{n-2}\boldsymbol{A}.$$

② 当 $|\boldsymbol{A}|=0$ 时，由本章习题27知，$r(\boldsymbol{A}^*)\leqslant 1$，所以当 $n>2$ 时，$r((\boldsymbol{A}^*)^*)=0$，于是 $(\boldsymbol{A}^*)^*=\boldsymbol{O}$，从而 $(\boldsymbol{A}^*)^*=|\boldsymbol{A}|^{n-2}\boldsymbol{A}$.

6. 设 $\boldsymbol{A},\boldsymbol{B},\boldsymbol{C},\boldsymbol{D}$ 都是 $n\times n$ 矩阵，且 $|\boldsymbol{A}|\neq 0$，$\boldsymbol{AC}=\boldsymbol{CA}$. 证明：

$$\begin{vmatrix}\boldsymbol{A}&\boldsymbol{B}\\\boldsymbol{C}&\boldsymbol{D}\end{vmatrix}=|\boldsymbol{AD}-\boldsymbol{CB}|.$$

证　由于 $\begin{pmatrix}\boldsymbol{E}&\boldsymbol{O}\\-\boldsymbol{CA}^{-1}&\boldsymbol{E}\end{pmatrix}\begin{pmatrix}\boldsymbol{A}&\boldsymbol{B}\\\boldsymbol{C}&\boldsymbol{D}\end{pmatrix}=\begin{pmatrix}\boldsymbol{A}&\boldsymbol{B}\\\boldsymbol{O}&\boldsymbol{D}-\boldsymbol{CA}^{-1}\boldsymbol{B}\end{pmatrix}$，因此

$$\begin{vmatrix}\boldsymbol{A}&\boldsymbol{B}\\\boldsymbol{C}&\boldsymbol{D}\end{vmatrix}=\left|\begin{pmatrix}\boldsymbol{E}&\boldsymbol{O}\\-\boldsymbol{CA}^{-1}&\boldsymbol{E}\end{pmatrix}\begin{pmatrix}\boldsymbol{A}&\boldsymbol{B}\\\boldsymbol{C}&\boldsymbol{D}\end{pmatrix}\right|=\begin{vmatrix}\boldsymbol{A}&\boldsymbol{B}\\\boldsymbol{O}&\boldsymbol{D}-\boldsymbol{CA}^{-1}\boldsymbol{B}\end{vmatrix}=|\boldsymbol{A}||\boldsymbol{D}-\boldsymbol{CA}^{-1}\boldsymbol{B}|$$
$$=|\boldsymbol{AD}-\boldsymbol{ACA}^{-1}\boldsymbol{B}|=|\boldsymbol{AD}-\boldsymbol{CAA}^{-1}\boldsymbol{B}|=|\boldsymbol{AD}-\boldsymbol{CB}|.$$

方法点击：此处 $\begin{vmatrix}\boldsymbol{A}&\boldsymbol{B}\\\boldsymbol{C}&\boldsymbol{D}\end{vmatrix}\neq|\boldsymbol{AD}-\boldsymbol{BC}|$.

7. 设 $\boldsymbol{A}$ 是一 $n\times n$ 矩阵，且秩$(\boldsymbol{A})=r$. 证明：存在一 $n\times n$ 可逆矩阵 $\boldsymbol{P}$，使 $\boldsymbol{PAP}^{-1}$ 的后 $n-r$ 行全为零.

证　**方法一**　由于 $r(\boldsymbol{A})=r$，因此存在 $n\times n$ 阶可逆矩阵 $\boldsymbol{P},\boldsymbol{Q}$，使

$$\boldsymbol{PAQ}=\begin{pmatrix}\boldsymbol{E}_r&\boldsymbol{O}\\\boldsymbol{O}&\boldsymbol{O}\end{pmatrix}.$$

记 $\boldsymbol{Q}^{-1}\boldsymbol{P}^{-1}=\begin{pmatrix}\boldsymbol{A}_1&\boldsymbol{B}\\\boldsymbol{C}&\boldsymbol{D}\end{pmatrix}$，则

$$\boldsymbol{PAP}^{-1}=\boldsymbol{PAQQ}^{-1}\boldsymbol{P}^{-1}=\begin{pmatrix}\boldsymbol{E}_r&\boldsymbol{O}\\\boldsymbol{O}&\boldsymbol{O}\end{pmatrix}\begin{pmatrix}\boldsymbol{A}_1&\boldsymbol{B}\\\boldsymbol{C}&\boldsymbol{D}\end{pmatrix}=\begin{pmatrix}\boldsymbol{A}_1&\boldsymbol{B}\\\boldsymbol{O}&\boldsymbol{O}\end{pmatrix},$$

其右边的后 $n-r$ 行全为零.

方法二　由 $r(\boldsymbol{A})=r$，知 $\boldsymbol{A}$ 的行阶梯阵中有 r 个非零行且它的后 $n-r$ 行皆为0，即 $\boldsymbol{A}\xrightarrow{r}\begin{pmatrix}\boldsymbol{A}_1\\\boldsymbol{O}\end{pmatrix}$，

所以存在可逆阵 $\boldsymbol{P}$，使得 $\boldsymbol{PA}=\begin{pmatrix}\boldsymbol{A}_1\\\boldsymbol{O}\end{pmatrix}$ 且有 $\boldsymbol{PAP}^{-1}=\begin{pmatrix}\boldsymbol{A}_1\boldsymbol{P}^{-1}\\\boldsymbol{O}\end{pmatrix}$.

8. (1) 把矩阵 $\begin{pmatrix}a&0\\0&a^{-1}\end{pmatrix}$ 表成形为

$$\begin{pmatrix}1&x\\0&1\end{pmatrix}与\begin{pmatrix}1&0\\x&1\end{pmatrix} \qquad ①$$

的矩阵的乘积；

(2) 设

$$\boldsymbol{A}=\begin{pmatrix}a&b\\c&d\end{pmatrix}$$

为一复数矩阵，$|\boldsymbol{A}|=1$，证明：$\boldsymbol{A}$ 可表成形为 ① 式的矩阵的乘积.

证　(1) 要把矩阵 $\begin{pmatrix} a & 0 \\ 0 & a^{-1} \end{pmatrix}$ 表示成形为 $\begin{pmatrix} 1 & x \\ 0 & 1 \end{pmatrix}$ 与 $\begin{pmatrix} 1 & 0 \\ x & 1 \end{pmatrix}$ 的矩阵的乘积，只要对矩阵 $\begin{pmatrix} a & 0 \\ 0 & a^{-1} \end{pmatrix}$ 施行第三种初等变换.

$$\begin{pmatrix} a & 0 \\ 0 & a^{-1} \end{pmatrix} \xrightarrow{r_2+a^{-1}r_1} \begin{pmatrix} a & 0 \\ 1 & a^{-1} \end{pmatrix} \xrightarrow{r_1+(1-a)r_2} \begin{pmatrix} 1 & a^{-1}-1 \\ 1 & a^{-1} \end{pmatrix}$$

$$\xrightarrow{r_2-r_1} \begin{pmatrix} 1 & a^{-1}-1 \\ 0 & 1 \end{pmatrix} \xrightarrow{r_1-(a^{-1}-1)r_2} \begin{pmatrix} 1 & 0 \\ 0 & 1 \end{pmatrix},$$

即 $\begin{pmatrix} 1 & 1-a^{-1} \\ 0 & 1 \end{pmatrix}\begin{pmatrix} 1 & 0 \\ -1 & 1 \end{pmatrix}\begin{pmatrix} 1 & 1-a \\ 0 & 1 \end{pmatrix}\begin{pmatrix} 1 & 0 \\ a^{-1} & 1 \end{pmatrix}\begin{pmatrix} a & 0 \\ 0 & a^{-1} \end{pmatrix}=\begin{pmatrix} 1 & 0 \\ 0 & 1 \end{pmatrix}$.

所以 $\begin{pmatrix} a & 0 \\ 0 & a^{-1} \end{pmatrix}=\begin{pmatrix} 1 & 0 \\ a^{-1} & 1 \end{pmatrix}^{-1}\begin{pmatrix} 1 & 1-a \\ 0 & 1 \end{pmatrix}^{-1}\begin{pmatrix} 1 & 0 \\ -1 & 1 \end{pmatrix}^{-1}\begin{pmatrix} 1 & 1-a^{-1} \\ 0 & 1 \end{pmatrix}^{-1}$

$$=\begin{pmatrix} 1 & 0 \\ -a^{-1} & 1 \end{pmatrix}\begin{pmatrix} 1 & a-1 \\ 0 & 1 \end{pmatrix}\begin{pmatrix} 1 & 0 \\ 1 & 1 \end{pmatrix}\begin{pmatrix} 1 & a^{-1}-1 \\ 0 & 1 \end{pmatrix}.$$

(2) 由于 $|\boldsymbol{A}|=1$，即 $ad-bc=1$，因此 a,c 中至少有一个不为 0.

若 $a\neq 0$，则

$$\begin{pmatrix} a & b \\ c & d \end{pmatrix} \xrightarrow{r_2-\frac{c}{a}r_1} \begin{pmatrix} a & b \\ 0 & \dfrac{ad-bc}{a} \end{pmatrix}=\begin{pmatrix} a & b \\ 0 & \dfrac{1}{a} \end{pmatrix} \xrightarrow{(r_1-abr_2)} \begin{pmatrix} a & 0 \\ 0 & \dfrac{1}{a} \end{pmatrix},$$

即 $\begin{pmatrix} 1 & -ab \\ 0 & 1 \end{pmatrix}\begin{pmatrix} 1 & 0 \\ -\dfrac{c}{a} & 1 \end{pmatrix}\begin{pmatrix} a & b \\ c & d \end{pmatrix}=\begin{pmatrix} a & 0 \\ 0 & a^{-1} \end{pmatrix}$.

于是 $\begin{pmatrix} a & b \\ c & d \end{pmatrix}=\begin{pmatrix} 1 & 0 \\ -\dfrac{c}{a} & 1 \end{pmatrix}^{-1}\begin{pmatrix} 1 & -ab \\ 0 & 1 \end{pmatrix}^{-1}\begin{pmatrix} a & 0 \\ 0 & a^{-1} \end{pmatrix}=\begin{pmatrix} 1 & 0 \\ \dfrac{c}{a} & 1 \end{pmatrix}\begin{pmatrix} 1 & ab \\ 0 & 1 \end{pmatrix}\begin{pmatrix} a & 0 \\ 0 & a^{-1} \end{pmatrix}$，

再利用(1) 的结果，得

$$\begin{pmatrix} a & b \\ c & d \end{pmatrix}=\begin{pmatrix} 1 & 0 \\ \dfrac{c}{a} & 1 \end{pmatrix}\begin{pmatrix} 1 & ab \\ 0 & 1 \end{pmatrix}\begin{pmatrix} 1 & 0 \\ -a^{-1} & 1 \end{pmatrix}\begin{pmatrix} 1 & a-1 \\ 0 & 1 \end{pmatrix}\begin{pmatrix} 1 & 0 \\ 1 & 1 \end{pmatrix}\begin{pmatrix} 1 & a^{-1}-1 \\ 0 & 1 \end{pmatrix}.$$

若 $a=0$，则有 $c\neq 0$，于是 $\begin{pmatrix} 1 & 1 \\ 0 & 1 \end{pmatrix}\begin{pmatrix} 0 & b \\ c & d \end{pmatrix}=\begin{pmatrix} c & b+d \\ c & d \end{pmatrix}$ 左上角元素不为 0，这就化为上面的情形，结论也成立.

9. 设 $\boldsymbol{A}$ 是一 $n\times n$ 矩阵，$|\boldsymbol{A}|=1$，证明：$\boldsymbol{A}$ 可以表成 $\boldsymbol{P}(i,j(k))$ 这一类初等矩阵的乘积.

证　数学归纳法.

当 $n=2$ 时，由上题(2) 可知结论成立.

假定对于 $n=k-1$ 结论成立，可推证当 $n=k$ 时的结论.

① 若 $a_{11}\neq 0$，则

$$\boldsymbol{A}=\begin{pmatrix} a_{11} & \cdots & a_{1k} \\ a_{21} & \cdots & a_{2k} \\ \vdots & & \vdots \\ a_{k1} & \cdots & a_{kk} \end{pmatrix} \xrightarrow{r_2+r_1\times\frac{1-a_{21}}{a_{11}}} \begin{pmatrix} a_{11} & \cdots & a_{1k} \\ 1 & \cdots & a'_{2k} \\ \vdots & & \vdots \\ a_{k1} & \cdots & a_{kk} \end{pmatrix} \xrightarrow{r_1+r_2(1-a_{11})} \begin{pmatrix} 1 & \cdots & a'_{1k} \\ 1 & \cdots & a'_{2k} \\ \vdots & & \vdots \\ a_{k1} & \cdots & a_{kk} \end{pmatrix}$$

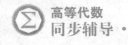

$$\xrightarrow[\text{行(列)初等变换}]{\text{经过一系列第三种}}\begin{pmatrix}1 & 0 & \cdots & 0\\ 0 & b_{22} & \cdots & b_{2k}\\ \vdots & \vdots & & \vdots\\ 0 & b_{k2} & \cdots & b_{kk}\end{pmatrix}\triangleq\begin{pmatrix}1 & \boldsymbol{O}\\ \boldsymbol{O} & \boldsymbol{B}_1\end{pmatrix}\triangleq\boldsymbol{B},$$

即 $\boldsymbol{A}$ 可以通过一系列第三种初等变换化成 $\boldsymbol{B}$，由于第三种初等变换不改变行列式的值，因此 $|\boldsymbol{A}|=|\boldsymbol{B}|=|\boldsymbol{B}_1|=1$. 又 $\boldsymbol{B}_1$ 是 $k-1$ 阶矩阵，由归纳假设有，$\boldsymbol{B}_1$ 可以通过第三种初等变换化成单位矩阵 $\boldsymbol{E}$，因而 $\boldsymbol{B}$ 也可以通过第三种初等变换化成 $\boldsymbol{E}$，这就是说，$\boldsymbol{A}$ 可以通过一系列第三种初等变换化成 $\boldsymbol{E}$，所以 $\boldsymbol{A}$ 可以表示成 $\boldsymbol{P}(i,j(k))$ 这一类初等矩阵的乘积.

② 若 $a_{11}=0$，则由 $|\boldsymbol{A}|=1\neq 0$ 可知，$\boldsymbol{A}$ 的第 1 列中至少有一个 $a_{i1}\neq 0(i>1)$，不妨设 $a_{21}\neq 0$，则

$$\boldsymbol{A}=\begin{pmatrix}a_{11} & \cdots & a_{1n}\\ a_{21} & \cdots & a_{2n}\\ \vdots & & \vdots\\ a_{n1} & \cdots & a_{nn}\end{pmatrix}\xrightarrow{r_1+r_2\times\frac{1-a_{11}}{a_{21}}}\begin{pmatrix}1 & \cdots & a'_{1n}\\ a_{21} & \cdots & a_{2n}\\ \vdots & & \vdots\\ a_{n1} & \cdots & a_{nn}\end{pmatrix}.$$

这就化成了 ① 的情形，结论也成立.

> 方法点击：上述两题说明了行列式为 1 的矩阵与第三种初等方阵的关系.

10\. 设 $\boldsymbol{A}=(a_{ij})_{s\times n}$，$\boldsymbol{B}(b_{ij})_{n\times m}$. 证明：秩$(\boldsymbol{AB})\geqslant$秩$(\boldsymbol{A})+$秩$(\boldsymbol{B})-n$.

【思路探索】 分块矩阵的初等变换不会改变它的 r.

证 显然有 $r\begin{pmatrix}\boldsymbol{A} & \boldsymbol{O}\\ \boldsymbol{E} & \boldsymbol{B}\end{pmatrix}\geqslant r\begin{pmatrix}\boldsymbol{A} & \boldsymbol{O}\\ \boldsymbol{O} & \boldsymbol{B}\end{pmatrix}=r(\boldsymbol{A})+r(\boldsymbol{B})$，且

$$\begin{pmatrix}\boldsymbol{E} & -\boldsymbol{A}\\ \boldsymbol{O} & \boldsymbol{E}\end{pmatrix}\begin{pmatrix}\boldsymbol{A} & \boldsymbol{O}\\ \boldsymbol{E} & \boldsymbol{B}\end{pmatrix}\begin{pmatrix}\boldsymbol{E} & -\boldsymbol{B}\\ \boldsymbol{O} & \boldsymbol{E}\end{pmatrix}\begin{pmatrix}\boldsymbol{O} & \boldsymbol{E}\\ -\boldsymbol{E} & \boldsymbol{O}\end{pmatrix}=\begin{pmatrix}\boldsymbol{AB} & \boldsymbol{O}\\ \boldsymbol{O} & \boldsymbol{E}\end{pmatrix},$$

所以 $r(\boldsymbol{AB})+r(\boldsymbol{E})=r\left(\begin{pmatrix}\boldsymbol{A} & \boldsymbol{O}\\ \boldsymbol{E} & \boldsymbol{B}\end{pmatrix}\right)\geqslant r(\boldsymbol{A})+r(\boldsymbol{B})$，即 $r(\boldsymbol{AB})\geqslant r(\boldsymbol{A})+r(\boldsymbol{B})-n$.

11\. 矩阵的列(行)向量组如果是线性无关的，就称该矩阵为**列(行)满秩的**. 证明：设 $\boldsymbol{A}$ 是 $m\times r$ 矩阵，则 $\boldsymbol{A}$ 是列满秩的充分必要条件为存在 $m\times m$ 可逆矩阵 $\boldsymbol{P}$，使

$$\boldsymbol{A}=\boldsymbol{P}\begin{pmatrix}\boldsymbol{E}_r\\ \boldsymbol{O}\end{pmatrix}.$$

同样地，$\boldsymbol{A}$ 为行满秩的充分必要条件为存在 $r\times r$ 可逆矩阵 Q，使 $\boldsymbol{A}=(\boldsymbol{E}_m\quad\boldsymbol{O})Q$.

证 **方法一** 充分性：设 $\boldsymbol{A}=\boldsymbol{P}\begin{pmatrix}\boldsymbol{E}_r\\ \boldsymbol{O}\end{pmatrix}$，其中 $\boldsymbol{P}$ 为 $m\times m$ 阶可逆矩阵，则 $r(\boldsymbol{A})=r\left[\boldsymbol{P}\begin{pmatrix}\boldsymbol{E}_r\\ \boldsymbol{O}\end{pmatrix}\right]=r\begin{pmatrix}\boldsymbol{E}_r\\ \boldsymbol{O}\end{pmatrix}=r(\boldsymbol{E}_r)=r$，即 $\boldsymbol{A}$ 为列满秩.

必要性：设 $\boldsymbol{A}$ 为列满秩，即 $r(\boldsymbol{A})=r$，则 $\boldsymbol{A}=(\boldsymbol{A}_1,\cdots,\boldsymbol{A}_r)$，$\boldsymbol{A}_1,\cdots,\boldsymbol{A}_r$ 为 r 个 m 维线性无关的列向量，在 $\boldsymbol{P}^n$ 中，由 $\boldsymbol{A}_1,\cdots,\boldsymbol{A}_r$ 扩充为 $\boldsymbol{P}^n$ 中的极大线性无关组，即存在 $\boldsymbol{A}_{r+1},\cdots,\boldsymbol{A}_m$，使得 $\boldsymbol{A}_1,\cdots,\boldsymbol{A}_r,\boldsymbol{A}_{r+1},\cdots,\boldsymbol{A}_m$ 线性无关，从而 $\boldsymbol{P}=(\boldsymbol{A}_1,\cdots,\boldsymbol{A}_r,\boldsymbol{A}_{r+1},\cdots,\boldsymbol{A}_m)$ 秩为 m，故 $\boldsymbol{P}$ 可逆，而显然有

$$\boldsymbol{A}=\boldsymbol{P}\begin{pmatrix}\boldsymbol{E}_r\\ \boldsymbol{O}\end{pmatrix}.$$

同理,可知 $\boldsymbol{A}$ 为行满秩的充分必要条件为存在 $r\times r$ 可逆矩阵 $\boldsymbol{Q}$,使

$$\boldsymbol{A}=(\boldsymbol{E}_m\quad \boldsymbol{O})\boldsymbol{Q}.$$

方法二 设 $\boldsymbol{A}$ 列满秩,即 $r(\boldsymbol{A})=r$,则 $\boldsymbol{A}$ 的行最简形为 $\begin{pmatrix}\boldsymbol{E}_r\\ \boldsymbol{O}\end{pmatrix}$,即 $\boldsymbol{A}\xrightarrow{r}\begin{pmatrix}\boldsymbol{E}_r\\ \boldsymbol{O}\end{pmatrix}$.

故存在 m 阶可逆阵 $\boldsymbol{P}$,使得 $\boldsymbol{A}=\boldsymbol{P}\begin{pmatrix}\boldsymbol{E}_r\\ \boldsymbol{O}\end{pmatrix}$.

12. 证明:设 $m\times n$ 矩阵 $\boldsymbol{A}$ 的秩为 r,则有 $m\times r$ 列满秩矩阵 $\boldsymbol{P}$ 和 $r\times n$ 行满秩矩阵 $\boldsymbol{Q}$,使 $\boldsymbol{A}=\boldsymbol{PQ}$.

【思路探索】 利用上题结论,引入 $\begin{pmatrix}\boldsymbol{E}_r\\ \boldsymbol{O}\end{pmatrix}$,$(\boldsymbol{E}_r\quad \boldsymbol{O}$.

证 $m\times n$ 矩阵 $\boldsymbol{A}$ 的秩为 r,则其矩阵标准形为 $\begin{pmatrix}\boldsymbol{E}_r & \boldsymbol{O}\\ \boldsymbol{O} & \boldsymbol{O}\end{pmatrix}_{m\times n}$,故存在可逆矩阵 $\boldsymbol{P}_1$(m 阶),$\boldsymbol{Q}_1$(n 阶),满足

$$\boldsymbol{A}=\boldsymbol{P}_1\begin{pmatrix}\boldsymbol{E}_r & \boldsymbol{O}\\ \boldsymbol{O} & \boldsymbol{O}\end{pmatrix}\boldsymbol{Q}_1=\boldsymbol{P}_1\begin{pmatrix}\boldsymbol{E}_r\\ \boldsymbol{O}\end{pmatrix}(\boldsymbol{E}_r\quad \boldsymbol{O})\boldsymbol{Q}_1=\boldsymbol{PQ},$$

$$\boldsymbol{P}_{m\times r}=\boldsymbol{P}_1\begin{pmatrix}\boldsymbol{E}_r\\ \boldsymbol{O}\end{pmatrix},\boldsymbol{Q}_{r\times n}=(\boldsymbol{E}_r\quad \boldsymbol{O})\boldsymbol{Q}_1.$$

由上题知 $\boldsymbol{P},\boldsymbol{Q}$ 分别为列满秩与行满秩矩阵.

四、自测题

第四章自测题

一、判断题(每题 3 分,共 15 分)

1. 任一 n 阶可逆矩阵都可以表示成一些初等矩阵的乘积. ( )

2. 若 n 阶矩阵 $\boldsymbol{A}$ 可逆,则 $\boldsymbol{A}^{\mathrm{T}}$ 与 $\boldsymbol{A}^*$ 都是可逆的. ( )

3. 若 $\boldsymbol{AB}=\boldsymbol{O}$,则 $\boldsymbol{A},\boldsymbol{B}$ 中至少有一个为零矩阵. ( )

4. 设 $\boldsymbol{A}=\begin{pmatrix}\boldsymbol{A}_1&&&\\&\boldsymbol{A}_2&&\\&&\ddots&\\&&&\boldsymbol{A}_s\end{pmatrix}$,$\boldsymbol{B}=\begin{pmatrix}\boldsymbol{B}_1&&&\\&\boldsymbol{B}_2&&\\&&\ddots&\\&&&\boldsymbol{B}_s\end{pmatrix}$,则 $\boldsymbol{AB}=\begin{pmatrix}\boldsymbol{A}_1\boldsymbol{B}_1&&&\\&\boldsymbol{A}_2\boldsymbol{B}_2&&\\&&\ddots&\\&&&\boldsymbol{A}_s\boldsymbol{B}_s\end{pmatrix}$. ( )

5. 设 $\boldsymbol{A},\boldsymbol{B}$ 为可逆矩阵,则分块矩阵 $\begin{pmatrix}\boldsymbol{O}&\boldsymbol{A}\\\boldsymbol{B}&\boldsymbol{O}\end{pmatrix}$ 的逆矩阵为 $\begin{pmatrix}\boldsymbol{O}&\boldsymbol{A}^{-1}\\\boldsymbol{B}^{-1}&\boldsymbol{O}\end{pmatrix}$. ( )

二、填空题(每题 3 分,共 15 分)

6. 任一秩为 r 的 $n(n>r)$ 阶矩阵都等价于________.

7. 设矩阵 $\boldsymbol{A}=\begin{pmatrix}a_{11}&a_{21}\\a_{12}&a_{22}\end{pmatrix}$,则 $\boldsymbol{A}^*=$ ________.

8. 设 $\boldsymbol{A}$ 与 $\boldsymbol{B}$ 均为反对称矩阵,且满足 $\boldsymbol{AB}=\boldsymbol{BA}$,则 $\boldsymbol{AB}$ 是否为反对称矩阵?________

9. 设 $\boldsymbol{A},\boldsymbol{B}$ 都是 $m\times n$ 的矩阵,矩阵 $\boldsymbol{C}$ 与 n 阶单位矩阵等价,且 $\boldsymbol{B}=\boldsymbol{AC}$,则 $r(\boldsymbol{A})$ 与 $r(\boldsymbol{B})$ 的大小关系为________.

10. 设 $n(n\geqslant 3)$ 阶可逆矩阵 $\boldsymbol{A}$ 的伴随矩阵为 $\boldsymbol{A}^*$,常数 $k\neq 0$,则 $(k\boldsymbol{A})^*=$ ________.

三、计算题(每题 10 分,共 30 分)

11. 设矩阵 $\boldsymbol{A}=\begin{pmatrix}1&1&1\\1&2&1\\1&1&3\end{pmatrix}$,利用公式法计算 $\boldsymbol{A}^{-1}$.

12. 设矩阵 $\boldsymbol{A}=\begin{pmatrix}3&0&0\\1&4&1\\2&0&3\end{pmatrix}$,已知 $\boldsymbol{AB}=\boldsymbol{A}+2\boldsymbol{B}$,求矩阵 $\boldsymbol{B}$.

13. 已知 n 阶矩阵 $\boldsymbol{A}$ 满足 $\boldsymbol{A}^2=\boldsymbol{E}_n$,设矩阵 $\boldsymbol{M}=\begin{pmatrix}\boldsymbol{O}&-\boldsymbol{E}_n\\\boldsymbol{A}&\boldsymbol{O}\end{pmatrix}$,计算 $\boldsymbol{M}^{2024}$.

四、证明题(每题 10 分,共 40 分)

14. 设 n 阶矩阵 $\boldsymbol{A},\boldsymbol{B}$ 以及 $\boldsymbol{A}+\boldsymbol{B}$ 都可逆,证明:$\boldsymbol{A}^{-1}+\boldsymbol{B}^{-1}$ 也可逆.

15. 设 $\boldsymbol{A}$ 是 n 阶可逆矩阵且它的各行元素之和均为 a,证明:$a\neq 0$ 且 $\boldsymbol{A}^{-1}$ 的各行元素之和均为 a^{-1}.

16. 设 $\boldsymbol{A}$ 是 $n\times m$ 阶矩阵,$\boldsymbol{B}$ 是 $m\times n$ 阶矩阵,且 $m>n$,若 $\boldsymbol{AB}=\boldsymbol{E}_n$,证明:$\boldsymbol{B}$ 的列向量组线性无关.

17. 设 $\boldsymbol{A}$ 是 $m\times n$ 阶实矩阵,$\boldsymbol{A}^{\mathrm{T}}\boldsymbol{A},\boldsymbol{A}$ 的秩分别为 $r(\boldsymbol{A}^{\mathrm{T}}\boldsymbol{A}),r(\boldsymbol{A})$,证明:$r(\boldsymbol{A}^{\mathrm{T}}\boldsymbol{A})=r(\boldsymbol{A})$.

第四章自测题解答

一、1. √ 2. √ 3. × 4. × 5. ×

二、6. $\begin{pmatrix} E_r & O \\ O & O \end{pmatrix}$,其中 E_r 为 r 阶单位矩阵.

7. $\begin{pmatrix} a_{22} & -a_{21} \\ -a_{12} & a_{11} \end{pmatrix}$.

8. 否.

9. $r(A)=r(B)$.

10. $k^{n-1}A^*$.

三、11. 解　首先计算 A 的行列式 $|A|=\begin{vmatrix} 1 & 1 & 1 \\ 1 & 2 & 1 \\ 1 & 1 & 3 \end{vmatrix}=\begin{vmatrix} 1 & 1 & 1 \\ 0 & 1 & 0 \\ 0 & 0 & 2 \end{vmatrix}=2$,然后计算 A 的伴随矩阵

$A^*=\begin{pmatrix} 5 & -2 & -1 \\ -2 & 2 & 0 \\ -1 & 0 & 1 \end{pmatrix}$,由公式可得 $A^{-1}=\dfrac{A^*}{|A|}=\dfrac{1}{2}\begin{pmatrix} 5 & -2 & -1 \\ -2 & 2 & 0 \\ -1 & 0 & 1 \end{pmatrix}$.

12. 解　由 $AB=A+2B$ 可得 $(A-2E)B=A$,故 $B=(A-2E)^{-1}A$. 首先 $A-2E=\begin{pmatrix} 1 & 0 & 0 \\ 1 & 2 & 1 \\ 2 & 0 & 1 \end{pmatrix}$,对

$(A\to E\vdots A)$ 做如下初等行变换

$$(A-2E\vdots A)=\left(\begin{array}{ccc:ccc} 1 & 0 & 0 & 3 & 0 & 0 \\ 1 & 2 & 1 & 1 & 4 & 1 \\ 2 & 0 & 1 & 2 & 0 & 3 \end{array}\right)\to\left(\begin{array}{ccc:ccc} 1 & 0 & 0 & 3 & 0 & 0 \\ 0 & 2 & 1 & -2 & 4 & 1 \\ 0 & 0 & 1 & -4 & 0 & 3 \end{array}\right)$$

$$\to\left(\begin{array}{ccc:ccc} 1 & 0 & 0 & 3 & 0 & 0 \\ 0 & 2 & 0 & 2 & 4 & -2 \\ 0 & 0 & 1 & -4 & 0 & 3 \end{array}\right)\to\left(\begin{array}{ccc:ccc} 1 & 0 & 0 & 3 & 0 & 0 \\ 0 & 1 & 0 & 1 & 2 & -1 \\ 0 & 0 & 1 & -4 & 0 & 3 \end{array}\right),$$

可得 $B=\begin{pmatrix} 3 & 0 & 0 \\ 1 & 2 & -1 \\ -4 & 0 & 3 \end{pmatrix}$.

13. 解　因为 $M^2=\begin{pmatrix} -A & O \\ O & -A \end{pmatrix}$,从而 $M^4=\begin{pmatrix} -A & O \\ O & -A \end{pmatrix}\begin{pmatrix} -A & O \\ O & -A \end{pmatrix}=\begin{pmatrix} A^2 & O \\ O & A^2 \end{pmatrix}=\begin{pmatrix} E_n & O \\ O & E_n \end{pmatrix}$,故

$$M^{2024}=M^4M^4\cdots M^4=E_{2n}.$$

四、14. 证　注意到

$$A^{-1}+B^{-1}=A^{-1}BB^{-1}+A^{-1}AB^{-1}=A^{-1}(B+A)B^{-1}.$$

又矩阵 A,B 以及 $A+B$ 都可逆,故 A^{-1},B^{-1} 以及 $B+A$ 都可逆,因此 $A^{-1}+B^{-1}$ 也可逆.

15. 证　由于 A 的各行元素之和均为 a,故 $A\begin{pmatrix} 1 \\ 1 \\ \vdots \\ 1 \end{pmatrix}=\begin{pmatrix} a \\ a \\ \vdots \\ a \end{pmatrix}$. 又因为 A 可逆,两边同时左乘 A^{-1} 可得

$\begin{pmatrix} 1 \\ 1 \\ \vdots \\ 1 \end{pmatrix}=A^{-1}\begin{pmatrix} a \\ a \\ \vdots \\ a \end{pmatrix}$,由此可得 $a\neq 0$. 进一步,$\begin{pmatrix} a^{-1} \\ a^{-1} \\ \vdots \\ a^{-1} \end{pmatrix}=A^{-1}\begin{pmatrix} 1 \\ 1 \\ \vdots \\ 1 \end{pmatrix}$,故 A^{-1} 的各行元素之和均为 a^{-1}.

16. 证　设 $\boldsymbol{B}$ 的列向量分别为 $\boldsymbol{\beta}_1,\boldsymbol{\beta}_2,\cdots,\boldsymbol{\beta}_n$，再设 $k_1\boldsymbol{\beta}_1+k_2\boldsymbol{\beta}_2+\cdots+k_n\boldsymbol{\beta}_n=\boldsymbol{0}$，即

$$(\boldsymbol{\beta}_1,\boldsymbol{\beta}_2,\cdots,\boldsymbol{\beta}_n)\begin{pmatrix}k_1\\k_2\\\vdots\\k_n\end{pmatrix}=\boldsymbol{B}\begin{pmatrix}k_1\\k_2\\\vdots\\k_n\end{pmatrix}=\boldsymbol{0}.$$

两边左乘 $\mathbf{A}$ 可得 $\boldsymbol{AB}\begin{pmatrix}k_1\\k_2\\\vdots\\k_n\end{pmatrix}=\boldsymbol{E}_n\begin{pmatrix}k_1\\k_2\\\vdots\\k_n\end{pmatrix}=\boldsymbol{0}$，故 $k_1=0,k_2=0,\cdots,k_n=0$，即 $\boldsymbol{B}$ 的列向量组线性无关.

17. 证　考虑如下两个 n 元齐次线性方程组

$$(\text{Ⅰ})\ \mathbf{A}\boldsymbol{x}=\boldsymbol{0},\qquad (\text{Ⅱ})\mathbf{A}^{\mathrm{T}}\mathbf{A}\boldsymbol{x}=\boldsymbol{0}.$$

若 $\boldsymbol{\eta}$ 是(Ⅰ)的解，即 $\mathbf{A}\boldsymbol{\eta}=\boldsymbol{0}$，则 $\mathbf{A}^{\mathrm{T}}\mathbf{A}\boldsymbol{\eta}=\mathbf{A}^{\mathrm{T}}\boldsymbol{0}=\boldsymbol{0}$，即 $\boldsymbol{\eta}$ 也是(II)的解.

反过来，若 $\boldsymbol{\eta}$ 是(Ⅱ)的解，即 $\mathbf{A}^{\mathrm{T}}\mathbf{A}\boldsymbol{\eta}=\boldsymbol{0}$，则 $(\mathbf{A}\boldsymbol{\eta})^{\mathrm{T}}\mathbf{A}\boldsymbol{\eta}=\boldsymbol{\eta}^{\mathrm{T}}\mathbf{A}^{\mathrm{T}}\mathbf{A}\boldsymbol{\eta}=\boldsymbol{\eta}^{\mathrm{T}}\boldsymbol{0}=0$. 记 $(\mathbf{A}\boldsymbol{\eta})^{\mathrm{T}}=(b_1,b_2,\cdots,b_n)$. 由于 $\boldsymbol{A}$ 是实矩阵，$\boldsymbol{\eta}$ 是实数解，所以 $b_i(i=1,2,\cdots,n)$ 全是实数，从而 $(\mathbf{A}\boldsymbol{\eta})^{\mathrm{T}}\mathbf{A}\boldsymbol{\eta}=b_1^2+b_2^2+\cdots+b_n^2=0$，这表明 $b_i=0$，$i=1,2,\cdots,n$，即 $\mathbf{A}\boldsymbol{\eta}=\boldsymbol{0}$，也就是(Ⅱ)的解都是(Ⅰ)的解. 故(Ⅰ)与(Ⅱ)同解，从而它们的基础解系中含有相同个数的线性无关的解向量，即 $n-r(\mathbf{A})=n-r(\mathbf{A}^{\mathrm{T}}\mathbf{A})$，故 $r(\mathbf{A})=r(\mathbf{A}^{\mathrm{T}}\mathbf{A})$.

第五章 二次型

一、主要内容归纳

1. 二次型的基本概念

(1)设 P 是数域,P 上含有 n 个变量 $x_1,x_2,\cdots,x_n$ 的二次齐次多项式

$$\begin{aligned}f(x_1,x_2,\cdots,x_n)=&a_{11}x_1^2+a_{22}x_2^2+\cdots+a_{nn}x_n^2+2a_{12}x_1x_2+2a_{13}x_1x_3\\&+\cdots+2a_{1n}x_1x_n+2a_{23}x_2x_3+\cdots+2a_{2n}x_2x_n\\&+\cdots+2a_{n-1,n}x_{n-1}x_n\end{aligned}$$

称为数域 P 上的一个 n **元二次型**.

(2)二次型有矩阵表示

$$f(x_1,x_2,\cdots,x_n)=\boldsymbol{x}^{\mathrm{T}}\boldsymbol{A}\boldsymbol{x},$$

其中 $\boldsymbol{x}=(x_1,x_2,\cdots,x_n)^{\mathrm{T}}$,$\boldsymbol{A}=(a_{ij})$,且 $\boldsymbol{A}^{\mathrm{T}}=\boldsymbol{A}$ 是对称矩阵,称 $\boldsymbol{A}$ 为**二次型的矩阵**. $r(\boldsymbol{A})$称为**二次型的秩**,记为 $r(f)$.

(3)如果实二次型中只含有变量的平方项,所有混合项 $x_ix_j(i\neq j)$的系数全是零,即

$$\boldsymbol{x}^{\mathrm{T}}\boldsymbol{A}\boldsymbol{x}=d_1x_1^2+d_2x_2^2+\cdots+d_nx_n^2,$$

这样的二次型称为**标准形**.

在实二次型的标准形中,如平方项的系数 d_j 为 $1,-1$ 或 0,即

$$\boldsymbol{x}^{\mathrm{T}}\boldsymbol{A}\boldsymbol{x}=x_1^2+x_2^2+\cdots+x_p^2-x_{p+1}^2-\cdots-x_{p+q}^2,$$

则称其为二次型的**规范形**.

(4)如果

$$\begin{cases}x_1=c_{11}y_1+c_{12}y_2+\cdots+c_{1n}y_n,\\x_2=c_{21}y_1+c_{22}y_2+\cdots+c_{2n}y_n,\\\cdots\cdots\cdots\cdots\\x_n=c_{n1}y_1+c_{n2}y_2+\cdots+c_{nn}y_n,\end{cases}\qquad(*)$$

满足

$$|\boldsymbol{C}|=\begin{vmatrix}c_{11}&c_{12}&\cdots&c_{1n}\\c_{21}&c_{22}&\cdots&c_{2n}\\\vdots&\vdots&&\vdots\\c_{n1}&c_{n2}&\cdots&c_{nn}\end{vmatrix}\neq0,$$

称(*)为由 $\boldsymbol{x}=(x_1,x_2,\cdots,x_n)^{\mathrm{T}}$ 到 $\boldsymbol{y}=(y_1,y_2,\cdots,y_n)^{\mathrm{T}}$ 的**非退化线性替换**,且(*)式可用矩阵描述,即

$$\begin{pmatrix} x_1 \\ x_2 \\ \vdots \\ x_n \end{pmatrix} = \begin{pmatrix} c_{11} & c_{12} & \cdots & c_{1n} \\ c_{21} & c_{22} & \cdots & c_{2n} \\ \vdots & \vdots & & \vdots \\ c_{n1} & c_{n2} & \cdots & c_{nn} \end{pmatrix} \begin{pmatrix} y_1 \\ y_2 \\ \vdots \\ y_n \end{pmatrix} \text{或 } \boldsymbol{x}=\boldsymbol{C}\boldsymbol{y},$$

其中 $\boldsymbol{C}$ 是可逆矩阵.

2. 二次型的常用结论

(1) 二次型与对称矩阵一一对应.

(2)变量 $\boldsymbol{x}=(x_1,x_2,\cdots,x_n)^{\mathrm{T}}$ 的 n 元二次型 $\boldsymbol{x}^{\mathrm{T}}\boldsymbol{A}\boldsymbol{x}$ 经过非退化线性替换 $\boldsymbol{x}=\boldsymbol{C}\boldsymbol{y}$ 后,成为变量 $\boldsymbol{y}=(y_1,y_2,\cdots,y_n)^{\mathrm{T}}$ 的 n 元二次型 $\boldsymbol{y}^{\mathrm{T}}\boldsymbol{B}\boldsymbol{y}$,其中 $\boldsymbol{B}=\boldsymbol{C}^{\mathrm{T}}\boldsymbol{A}\boldsymbol{C}$.

(3)任意的 n 元二次型 $\boldsymbol{x}^{\mathrm{T}}\boldsymbol{A}\boldsymbol{x}$ 都可以通过非退化线性替换化成标准形 $d_1y_1^2+d_2y_2^2+\cdots+d_ny_n^2$.

(4)**惯性定理** 任意一个实系数的二次型,经过一适当的非退化线性替换可以变成规范形,且规范形是唯一的.

在实系数二次型的规范形中,不妨设为

$$z_1^2+z_2^2+\cdots+z_p^2-z_{p+1}^2-\cdots-z_{p+q}^2,$$

称正平方项的个数 p 为**正惯性指数**,负平方项的个数 q 为**负惯性指数**,$p-q$ 为**符号差**.

(5)正负惯性指数之和等于二次型的秩.

3. 正定矩阵基本概念

(1)如果实二次型 $f(x_1,x_2,\cdots,x_n)$ 对任意一组不全为零的实数 $c_1,c_2,\cdots,c_n$,都有 $f(c_1,c_2,\cdots,c_n)>0$,则称该二次型为**正定二次型**,正定二次型的矩阵称为**正定矩阵**.正定二次型与正定矩阵一一对应.

(2)如果实二次型 $f(x_1,x_2,\cdots,x_n)$ 对任意一组不全为零的实数 $c_1,c_2,\cdots,c_n$,都有 $f(c_1,c_2,\cdots,c_n)<0$,则称该二次型为**负定二次型**.

若都有 $f(c_1,c_2,\cdots,c_n)\geqslant 0$,则称为**半正定的**;

若都有 $f(c_1,c_2,\cdots,c_n)\leqslant 0$,则称为**半负定的**;

如果二次型既不是半正定,也不是半负定,则称为**不定二次型**.

4. 正定矩阵的判定

设 $\boldsymbol{A}$ 为 n 阶对称矩阵,则下列命题等价:

(1)$\boldsymbol{A}$ 是正定矩阵.

(2)$\boldsymbol{x}^{\mathrm{T}}\boldsymbol{A}\boldsymbol{x}$ 的正惯性指数 $p=n$.

(3)$\boldsymbol{A}$ 的顺序主子式全大于 0.

(4)$\boldsymbol{A}$ 的所有主子式全大于 0.

(5)$\boldsymbol{A}$ 合同于单位矩阵 $\boldsymbol{E}$.

(6)存在可逆阵 $\boldsymbol{P}$,使 $\boldsymbol{A}=\boldsymbol{P}^{\mathrm{T}}\boldsymbol{P}$.

(7)存在非退化的上(下)三角阵 $\boldsymbol{Q}$,使 $\boldsymbol{A}=\boldsymbol{Q}^{\mathrm{T}}\boldsymbol{Q}$.

5. 正定矩阵的性质

(1)若 $\boldsymbol{A}$ 为正定矩阵,则 $|\boldsymbol{A}|>0$,即 $\boldsymbol{A}$ 为可逆对称矩阵;

(2)若 $\boldsymbol{A}$ 为正定矩阵,则 $\boldsymbol{A}$ 的主对角线元素 $a_{ii}>0\ (i=1,2,\cdots,n)$;

(3)若 $\boldsymbol{A}$ 为正定矩阵,则 $\boldsymbol{A}^{-1}$,$k\boldsymbol{A}$($k>0$ 为实数)均为正定矩阵;

(4)若 $\boldsymbol{A}$ 为正定矩阵,则 $\boldsymbol{A}^*$,$\boldsymbol{A}^m$ 均为正定矩阵,其中 m 为正整数;

(5)若 $\boldsymbol{A},\boldsymbol{B}$ 为 n 阶正定矩阵,则 $\boldsymbol{A}+\boldsymbol{B}$ 是正定矩阵.

6. 半正定矩阵的判定　设 $\boldsymbol{A}$ 为 n 阶实对称矩阵,则下列命题等价:

(1)$\boldsymbol{A}$ 是半正定矩阵.

(2)$\boldsymbol{x}^{\mathrm{T}}\boldsymbol{A}\boldsymbol{x}$ 的正惯性指数与秩相同.

(3)$\boldsymbol{A}$ 的所有主子式大于等于零.

(4)存在实矩阵 $\boldsymbol{C}$,使 $\boldsymbol{A}=\boldsymbol{C}^{\mathrm{T}}\boldsymbol{C}$.

7. 矩阵合同的定义

设 $\boldsymbol{A},\boldsymbol{B}$ 为两个方阵,若存在可逆矩阵 $\boldsymbol{Q}$,使 $\boldsymbol{B}=\boldsymbol{Q}^{\mathrm{T}}\boldsymbol{A}\boldsymbol{Q}$ 成立,则称 $\boldsymbol{A}$ 与 $\boldsymbol{B}$ 合同.

8. 矩阵合同的条件

(1)矩阵 $\boldsymbol{A}$ 与 $\boldsymbol{B}$ 合同的充要条件是对 $\boldsymbol{A}$ 的行和列施以相同的初等变换可变成 $\boldsymbol{B}$.

(2)矩阵 $\boldsymbol{A}$ 与 $\boldsymbol{B}$ 合同的必要条件是 $\boldsymbol{A}$ 与 $\boldsymbol{B}$ 的秩相同.

现设 $\boldsymbol{A}$ 与 $\boldsymbol{B}$ 是实对称矩阵,则

(3)$\boldsymbol{A}$ 与 $\boldsymbol{B}$ 合同的充要条件是二次型 $\boldsymbol{x}^{\mathrm{T}}\boldsymbol{A}\boldsymbol{x}$ 与 $\boldsymbol{x}^{\mathrm{T}}\boldsymbol{B}\boldsymbol{x}$ 有相同的正负惯性指数.

二、经典例题解析及解题方法总结

【例 1】 设 $f(x_1,x_2,x_3,x_4)=x_1^2+3x_2^2-x_3^2+x_1x_2-2x_1x_3+3x_2x_3$,则此二次型的矩阵是______,秩是______.

解　二次型的矩阵为

$$\boldsymbol{A}=\begin{pmatrix}1 & \frac{1}{2} & -1 & 0\\ \frac{1}{2} & 3 & \frac{3}{2} & 0\\ -1 & \frac{3}{2} & -1 & 0\\ 0 & 0 & 0 & 0\end{pmatrix},$$

将上述矩阵进行初等行变换化为阶梯形:

$$\boldsymbol{A}\rightarrow\begin{pmatrix}1 & \frac{1}{2} & -1 & 0\\ 0 & \frac{11}{4} & 2 & 0\\ 0 & 2 & -2 & 0\\ 0 & 0 & 0 & 0\end{pmatrix}\rightarrow\begin{pmatrix}1 & \frac{1}{2} & -1 & 0\\ 0 & 1 & -1 & 0\\ 0 & 0 & \frac{19}{4} & 0\\ 0 & 0 & 0 & 0\end{pmatrix},$$

可知二次型的秩为 3.

故应填 $\begin{pmatrix} 1 & \frac{1}{2} & -1 & 0 \\ \frac{1}{2} & 3 & \frac{3}{2} & 0 \\ -1 & \frac{3}{2} & -1 & 0 \\ 0 & 0 & 0 & 0 \end{pmatrix}$,3.

【例 2】 二次型 $f(x_1,x_2,x_3)=x_1^2-x_2^2+3x_3^2$ 的秩为______,正惯性指数为______,负惯性指数为______.

解 经过非退化线性变换 $\begin{cases} x_1=y_1, \\ x_2=y_2, \\ x_3=\dfrac{1}{\sqrt{3}}y_3, \end{cases}$ 可将 f 化为规范形 $f=y_1^2-y_2^2+y_3^2$. 所以 f 的秩为 3,正惯性指数为 2,负惯性指数为 1.

故应填 3,2,1.

【例 3】 设二次型 $f(x_1,x_2,\cdots,x_n)=(nx_1)^2+(nx_2)^2+\cdots+(nx_n)^2-(x_1+x_2+\cdots+x_n)^2(n>1)$,则 f 的秩是______.

解 **方法一** 因为二次型 f 的矩阵

$$\mathbf{A}=\begin{pmatrix} n^2-1 & -1 & -1 & \cdots & -1 \\ -1 & n^2-1 & -1 & \cdots & -1 \\ \vdots & \vdots & \vdots & & \vdots \\ 1 & -1 & -1 & \cdots & n^2-1 \end{pmatrix}$$

$$\to \begin{pmatrix} n^2-n & n^2-n & n^2-n & \cdots & n^2-n \\ -1 & n^2-1 & -1 & \cdots & -1 \\ \vdots & \vdots & \vdots & & \vdots \\ -1 & -1 & -1 & \cdots & n^2-1 \end{pmatrix}$$

$$\xrightarrow{n>1} \begin{pmatrix} 1 & 1 & 1 & \cdots & 1 \\ -1 & n^2-1 & -1 & \cdots & -1 \\ \vdots & \vdots & \vdots & & \vdots \\ -1 & -1 & -1 & \cdots & n^2-1 \end{pmatrix}$$

$$\to \begin{pmatrix} 1 & 1 & 1 & \cdots & 1 \\ 0 & n^2 & 0 & \cdots & 0 \\ \vdots & \vdots & \vdots & & \vdots \\ 0 & 0 & 0 & \cdots & n^2 \end{pmatrix},$$

所以 f 的秩为 n.

方法二 $\mathbf{A}$ 为严格对角矩阵,则 $|\mathbf{A}|>0$,故 f 的秩为 n.

故应填 n.

【例 4】 用配方法化二次型

$$f(x_1,x_2,x_3)=x_1^2+5x_2^2+5x_3^2+2x_1x_2-4x_1x_3$$

为标准形,并写出所用非退化线性替换.

解

$$\begin{aligned}f(x_1,x_2,x_3)&=x_1^2+5x_2^2+5x_3^2+2x_1x_2-4x_1x_3\\&=x_1^2+2x_1(x_2-2x_3)+(x_2-2x_3)^2+5x_2^2+5x_3^2-(x_2-2x_3)^2\\&=(x_1+x_2-2x_3)^2+4x_2^2+4x_2x_3+x_3^2\\&=(x_1+x_2-2x_3)^2+(2x_2+x_3)^2.\end{aligned}$$

令

$$\begin{cases}y_1=x_1+x_2-2x_3,\\y_2=2x_2+x_3,\\y_3=x_3,\end{cases}\text{即}\begin{cases}x_1=y_1-\frac{1}{2}y_2+\frac{5}{2}y_3,\\x_2=\frac{1}{2}y_2-\frac{1}{2}y_3,\\x_3=y_3,\end{cases}$$

则有 $f=y_1^2+y_2^2$.

【例 5】 用配方法化二次型

$$f(x_1,x_2,x_3)=2x_1x_2+4x_1x_3$$

为标准形,并写出所用非退化线性替换.

解 f 不含平方项,由于含有 x_1x_2,故可先令

$$\begin{cases}x_1=y_1+y_2,\\x_2=y_1-y_2,\\x_3=y_3,\end{cases}$$

则

$$\begin{aligned}f&=2x_1x_2+4x_1x_3=2(y_1+y_2)(y_1-y_2)+4(y_1+y_2)y_3\\&=2y_1^2-2y_2^2+4y_1y_3+4y_2y_3=2y_1^2+4y_1y_3+2y_3^2-2y_2^2+4y_2y_3-2y_3^2\\&=2(y_1+y_3)^2-2(y_2-y_3)^2,\end{aligned}$$

再令

$$\begin{cases}z_1=y_1+y_3,\\z_2=y_2-y_3,\\z_3=y_3,\end{cases}\quad\text{即}\quad\begin{cases}y_1=z_1-z_3,\\y_2=z_2+z_3,\\y_3=z_3,\end{cases}$$

即经非退化线性替换

$$\begin{cases}x_1=z_1+z_2,\\x_2=z_1-z_2-2z_3,\\x_3=z_3,\end{cases}$$

二次型化为标准形 $f=2z_1^2-2z_2^2$.

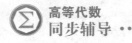

【例 6】 求可逆矩阵 $\boldsymbol{C}$,使 $\boldsymbol{C}^{\mathrm{T}}\boldsymbol{AC}$ 为对角矩阵,其中 $\boldsymbol{A}=\begin{pmatrix}1&1&1\\1&2&2\\1&2&1\end{pmatrix}$.

解

$$\begin{pmatrix}\boldsymbol{A}\\ \cdots\\ \boldsymbol{E}\end{pmatrix}=\begin{pmatrix}1&1&1\\1&2&2\\1&2&1\\ \hdashline 1&0&0\\0&1&0\\0&0&1\end{pmatrix}\xrightarrow[c_3+(-1)c_1]{c_2+(-1)c_1}\begin{pmatrix}1&0&0\\1&1&1\\1&1&0\\ \hdashline 1&-1&-1\\0&1&0\\0&0&1\end{pmatrix}\xrightarrow[r_3+(-1)r_1]{r_2+(-1)r_1}\begin{pmatrix}1&0&0\\0&1&1\\0&1&0\\ \hdashline 1&-1&-1\\0&1&0\\0&0&1\end{pmatrix}$$

$$\xrightarrow{c_3+(-1)c_2}\begin{pmatrix}1&0&0\\0&1&0\\0&1&-1\\ \hdashline 1&-1&0\\0&1&-1\\0&0&1\end{pmatrix}\xrightarrow{r_3+(-1)r_2}\begin{pmatrix}1&0&0\\0&1&0\\0&0&-1\\ \hdashline 1&-1&0\\0&1&-1\\0&0&1\end{pmatrix}.$$

因此

$$\boldsymbol{C}=\begin{pmatrix}1&-1&0\\0&1&-1\\0&0&1\end{pmatrix},\boldsymbol{C}^{\mathrm{T}}\boldsymbol{AC}=\begin{pmatrix}1&0&0\\0&1&0\\0&0&-1\end{pmatrix}.$$

【例 7】 设 $\boldsymbol{A}$ 是 n 阶实可逆阵,证明:$\boldsymbol{A}^{\mathrm{T}}\boldsymbol{A}$ 是正定矩阵.

证 由 $(\boldsymbol{A}^{\mathrm{T}}\boldsymbol{A})^{\mathrm{T}}=\boldsymbol{A}^{\mathrm{T}}\boldsymbol{A}$,故 $\boldsymbol{A}^{\mathrm{T}}\boldsymbol{A}$ 是对称矩阵.

因为 $\boldsymbol{A}$ 可逆,从而齐次线性方程组 $\boldsymbol{Ax}=\boldsymbol{0}$ 只有零解,即对 $\forall\,\boldsymbol{x}\neq\boldsymbol{0}$,有 $\boldsymbol{Ax}\neq\boldsymbol{0}$,所以,$\boldsymbol{x}^{\mathrm{T}}\boldsymbol{A}^{\mathrm{T}}\boldsymbol{Ax}=(\boldsymbol{Ax})^{\mathrm{T}}\boldsymbol{Ax}>0$,即 $\boldsymbol{A}^{\mathrm{T}}\boldsymbol{A}$ 为正定矩阵.

【例 8】 $\boldsymbol{A}$ 是正定矩阵的充要条件是对任意实 n 阶可逆方阵 $\boldsymbol{C}$,$\boldsymbol{C}^{\mathrm{T}}\boldsymbol{AC}$ 都是正定的.

证 设 $\boldsymbol{A}$ 是正定矩阵,所以 $\boldsymbol{A}$ 对称,从而

$$(\boldsymbol{C}^{\mathrm{T}}\boldsymbol{AC})^{\mathrm{T}}=\boldsymbol{C}^{\mathrm{T}}\boldsymbol{A}^{\mathrm{T}}\boldsymbol{C}=\boldsymbol{C}^{\mathrm{T}}\boldsymbol{AC},$$

即 $\boldsymbol{C}^{\mathrm{T}}\boldsymbol{AC}$ 为对称矩阵.

因为 $\boldsymbol{C}$ 可逆,所以齐次线性方程组 $\boldsymbol{Cx}=\boldsymbol{0}$ 只有零解,即对 $\forall\,\boldsymbol{x}\neq\boldsymbol{0}$,有 $\boldsymbol{Cx}\neq\boldsymbol{0}$.

由 $\boldsymbol{A}$ 是正定的,所以 $\boldsymbol{x}^{\mathrm{T}}\boldsymbol{C}^{\mathrm{T}}\boldsymbol{ACx}=(\boldsymbol{Cx})^{\mathrm{T}}\boldsymbol{A}(\boldsymbol{Cx})>0$,即 $\boldsymbol{C}^{\mathrm{T}}\boldsymbol{AC}$ 是正定矩阵.

反之,若对任意 n 阶可逆方阵 $\boldsymbol{C}$,$\boldsymbol{C}^{\mathrm{T}}\boldsymbol{AC}$ 都是正定的,则取 $\boldsymbol{C}=\boldsymbol{E}$,$\boldsymbol{C}^{\mathrm{T}}\boldsymbol{AC}=\boldsymbol{E}^{\mathrm{T}}\boldsymbol{AE}=\boldsymbol{A}$ 也是正定的.

【例 9】 设 $\boldsymbol{A}$ 是实反对称矩阵,证明:$\boldsymbol{E}-\boldsymbol{A}^2$ 是正定矩阵.

证 因为

$$(\boldsymbol{E}-\boldsymbol{A}^2)^{\mathrm{T}}=\boldsymbol{E}-(\boldsymbol{A}^{\mathrm{T}})^2=\boldsymbol{E}-(-\boldsymbol{A})^2=\boldsymbol{E}-\boldsymbol{A}^2,$$

所以 $\boldsymbol{E}-\boldsymbol{A}^2$ 是实对称矩阵. 对任意的 n 维实向量 $\boldsymbol{x}$,由 $\boldsymbol{A}$ 为反对称矩阵,有

$$x^{\mathrm{T}}(\boldsymbol{E}-\boldsymbol{A}^2)\boldsymbol{x}=\boldsymbol{x}^{\mathrm{T}}\boldsymbol{x}-\boldsymbol{x}^{\mathrm{T}}\boldsymbol{A}\boldsymbol{A}\boldsymbol{x}=\boldsymbol{x}^{\mathrm{T}}\boldsymbol{x}+\boldsymbol{x}^{\mathrm{T}}\boldsymbol{A}^{\mathrm{T}}\boldsymbol{A}\boldsymbol{x}=\boldsymbol{x}^{\mathrm{T}}\boldsymbol{x}+(\boldsymbol{A}\boldsymbol{x})^{\mathrm{T}}(\boldsymbol{A}\boldsymbol{x}).$$

当 $\boldsymbol{x}\neq\boldsymbol{0}$时，由 $\boldsymbol{x}^{\mathrm{T}}\boldsymbol{x}>0$ 及$(\boldsymbol{A}\boldsymbol{x})^{\mathrm{T}}(\boldsymbol{A}\boldsymbol{x})\geqslant 0$，有 $\boldsymbol{x}^{\mathrm{T}}(\boldsymbol{E}-\boldsymbol{A}^2)\boldsymbol{x}>0$，$\boldsymbol{E}-\boldsymbol{A}^2$ 是正定矩阵.

【例 10】 设 $\boldsymbol{A}$ 为 $m\times n$ 实矩阵，$\boldsymbol{B}=\lambda\boldsymbol{E}+\boldsymbol{A}^{\mathrm{T}}\boldsymbol{A}$，试证当 $\lambda>0$ 时，矩阵 $\boldsymbol{B}$ 为正定矩阵.

证 因为

$$\boldsymbol{B}^{\mathrm{T}}=(\lambda\boldsymbol{E}+\boldsymbol{A}^{\mathrm{T}}\boldsymbol{A})^{\mathrm{T}}=\lambda\boldsymbol{E}+\boldsymbol{A}^{\mathrm{T}}\boldsymbol{A}=\boldsymbol{B},$$

所以 $\boldsymbol{B}$ 为 n 阶对称矩阵. 对于任意的实 n 维向量 $\boldsymbol{x}$，有

$$\boldsymbol{x}^{\mathrm{T}}\boldsymbol{B}\boldsymbol{x}=\boldsymbol{x}^{\mathrm{T}}(\lambda\boldsymbol{E}+\boldsymbol{A}^{\mathrm{T}}\boldsymbol{A})\boldsymbol{x}=\lambda\boldsymbol{x}^{\mathrm{T}}\boldsymbol{x}+\boldsymbol{x}^{\mathrm{T}}\boldsymbol{A}^{\mathrm{T}}\boldsymbol{A}\boldsymbol{x}=\lambda\boldsymbol{x}^{\mathrm{T}}\boldsymbol{x}+(\boldsymbol{A}\boldsymbol{x})^{\mathrm{T}}(\boldsymbol{A}\boldsymbol{x}).$$

当 $\boldsymbol{x}\neq\boldsymbol{0}$时，有 $\boldsymbol{x}^{\mathrm{T}}\boldsymbol{x}>0$，$(\boldsymbol{A}\boldsymbol{x})^{\mathrm{T}}(\boldsymbol{A}\boldsymbol{x})\geqslant\boldsymbol{0}$. 因此，当 $\lambda>0$ 时，对 $\forall\,\boldsymbol{x}\neq\boldsymbol{0}$，有

$$\boldsymbol{x}^{\mathrm{T}}\boldsymbol{B}\boldsymbol{x}=\lambda\boldsymbol{x}^{\mathrm{T}}\boldsymbol{x}+(\boldsymbol{A}\boldsymbol{x})^{\mathrm{T}}\boldsymbol{A}\boldsymbol{x}>0,$$

故 $\boldsymbol{B}$ 为正定矩阵.

【例 11】 设 $\boldsymbol{A}$ 为 m 阶正定矩阵，$\boldsymbol{B}$ 为 $m\times n$ 阶实矩阵，试证 $\boldsymbol{B}^{\mathrm{T}}\boldsymbol{A}\boldsymbol{B}$ 为正定矩阵的充分必要条件是 $r(\boldsymbol{B})=n$.

证 必要性：设 $\boldsymbol{B}^{\mathrm{T}}\boldsymbol{A}\boldsymbol{B}$ 为正定矩阵，则对 $\forall\,\boldsymbol{x}\neq\boldsymbol{0}$，有

$$\boldsymbol{x}^{\mathrm{T}}(\boldsymbol{B}^{\mathrm{T}}\boldsymbol{A}\boldsymbol{B})\boldsymbol{x}>0,\quad 即(\boldsymbol{B}\boldsymbol{x})^{\mathrm{T}}\boldsymbol{A}(\boldsymbol{B}\boldsymbol{x})>0,$$

于是，$\boldsymbol{B}\boldsymbol{x}\neq\boldsymbol{0}$. 因此，$\boldsymbol{B}\boldsymbol{x}=\boldsymbol{0}$只有零解，从而 $r(\boldsymbol{B})=n$.

充分性：因$(\boldsymbol{B}^{\mathrm{T}}\boldsymbol{A}\boldsymbol{B})^{\mathrm{T}}=\boldsymbol{B}^{\mathrm{T}}\boldsymbol{A}^{\mathrm{T}}\boldsymbol{B}=\boldsymbol{B}^{\mathrm{T}}\boldsymbol{A}\boldsymbol{B}$，故 $\boldsymbol{B}^{\mathrm{T}}\boldsymbol{A}\boldsymbol{B}$ 为实对称矩阵.

若 $r(\boldsymbol{B})=n$，则线性方程组 $\boldsymbol{B}\boldsymbol{x}=\boldsymbol{0}$只有零解. 从而对 $\forall\,\boldsymbol{x}\neq\boldsymbol{0}$，有 $\boldsymbol{B}\boldsymbol{x}\neq\boldsymbol{0}$. 又 $\boldsymbol{A}$ 为正定矩阵，所以对于 $\boldsymbol{B}\boldsymbol{x}\neq\boldsymbol{0}$，有$(\boldsymbol{B}\boldsymbol{x})^{\mathrm{T}}\boldsymbol{A}(\boldsymbol{B}\boldsymbol{x})>0$.

于是当 $\boldsymbol{x}\neq\boldsymbol{0}$时，$\boldsymbol{x}^{\mathrm{T}}(\boldsymbol{B}^{\mathrm{T}}\boldsymbol{A}\boldsymbol{B})\boldsymbol{x}>0$，故 $\boldsymbol{B}^{\mathrm{T}}\boldsymbol{A}\boldsymbol{B}$ 为正定矩阵.

方法总结

必要性的证明也可使用有关矩阵秩的结论：

一方面，由 $\boldsymbol{B}$ 为 $m\times n$ 矩阵知 $r(\boldsymbol{B})\leqslant\min\{m,n\}\leqslant n$.

另一方面，由 $\boldsymbol{B}^{\mathrm{T}}\boldsymbol{A}\boldsymbol{B}=n$，而 $r(\boldsymbol{B})\geqslant r(\boldsymbol{B}^{\mathrm{T}}\boldsymbol{A}\boldsymbol{B})=n$，所以 $r(\boldsymbol{B})=n$.

【例 12】 设 $\boldsymbol{A}$ 为 n 阶正定矩阵，$\boldsymbol{B}$ 为 $n\times m$ 实矩阵. 证明：如果 $r(\boldsymbol{B})=m$，则 m 阶实方阵 $\boldsymbol{B}^{\mathrm{T}}\boldsymbol{A}\boldsymbol{B}$ 必为正定的.

证 由于 $\boldsymbol{A}$ 是正定的，因此 $\boldsymbol{B}^{\mathrm{T}}\boldsymbol{A}\boldsymbol{B}$ 是 m 阶实对称矩阵.

因 $r(\boldsymbol{B})=m$，所以齐次线性方程组 $\boldsymbol{B}\boldsymbol{x}=\boldsymbol{0}$只有零解，即 $\forall\,\boldsymbol{x}\neq\boldsymbol{0}$，$\boldsymbol{B}\boldsymbol{x}\neq\boldsymbol{0}$. 但由于 $\boldsymbol{A}$ 是正定的，故$(\boldsymbol{B}\boldsymbol{x})^{\mathrm{T}}\boldsymbol{A}(\boldsymbol{B}\boldsymbol{x})>0$，即 $\boldsymbol{x}^{\mathrm{T}}(\boldsymbol{B}^{\mathrm{T}}\boldsymbol{A}\boldsymbol{B})\boldsymbol{x}>0$.

因此，$\boldsymbol{B}^{\mathrm{T}}\boldsymbol{A}\boldsymbol{B}$ 是正定矩阵.

【例 13】 设

$$\boldsymbol{A}=\begin{pmatrix}1&1&\cdots&1\\x_1&x_2&\cdots&x_s\\x_1^2&x_2^2&\cdots&x_s^2\\\vdots&\vdots&&\vdots\\x_1^{n-1}&x_2^{n-1}&\cdots&x_s^{n-1}\end{pmatrix},\ i\neq j\ 时,\ x_i\neq x_j,$$

讨论矩阵 $\boldsymbol{A}^{\mathrm{T}}\boldsymbol{A}$ 的正定性.

解 $(\boldsymbol{A}^{\mathrm{T}}\boldsymbol{A})^{\mathrm{T}}=\boldsymbol{A}^{\mathrm{T}}\boldsymbol{A}$,故 $\boldsymbol{A}^{\mathrm{T}}\boldsymbol{A}$ 是对称阵.

当 $s=n$ 时,$\boldsymbol{A}$ 是方阵,其行列式是范德蒙德行列式,$|\boldsymbol{A}|\neq 0$,故 $\boldsymbol{A}$ 是可逆方阵,由正定矩阵的充要条件知 $\boldsymbol{A}^{\mathrm{T}}\boldsymbol{A}$ 是正定阵.

当 $s>n$ 时,$\boldsymbol{A}$ 的 s 个 n 维列向量线性相关,存在非零向量 $\boldsymbol{x}=(x_1,x_2,\cdots,x_n)^{\mathrm{T}}$,使得 $\boldsymbol{Ax}=\boldsymbol{0}$. 故 $\exists\,\boldsymbol{x}\neq\boldsymbol{0}$,有 $\boldsymbol{x}^{\mathrm{T}}\boldsymbol{A}^{\mathrm{T}}\boldsymbol{Ax}=\boldsymbol{0}$,$\boldsymbol{A}^{\mathrm{T}}\boldsymbol{A}$ 不是正定阵;

当 $s<n$ 时,$\boldsymbol{A}$ 的 s 个 n 维列向量线性无关,($s=n$ 时,线性无关,减少向量个数仍线性无关),对 $\forall\,\boldsymbol{x}=(x_1,x_2,\cdots,x_n)^{\mathrm{T}}\neq\boldsymbol{0}$,有 $\boldsymbol{Ax}\neq\boldsymbol{0}$,从而有 $(\boldsymbol{Ax})^{\mathrm{T}}\boldsymbol{Ax}=\boldsymbol{x}^{\mathrm{T}}\boldsymbol{A}^{\mathrm{T}}\boldsymbol{Ax}>0$,故 $\boldsymbol{A}^{\mathrm{T}}\boldsymbol{A}$ 是正定阵.

方法总结

正定矩阵首先是对称矩阵,对称性的验证是容易忽略的步骤,要注意.

【例 14】 若 $\boldsymbol{A}$ 是 n 阶正定矩阵,则 $\boldsymbol{A}^*$ 也是正定矩阵.

证 $(\boldsymbol{A}^*)^{\mathrm{T}}=(\boldsymbol{A}^{\mathrm{T}})^*=\boldsymbol{A}^*$,故 $\boldsymbol{A}^*$ 是对称矩阵.

由 $\boldsymbol{AA}^*=\boldsymbol{A}^*\boldsymbol{A}=|\boldsymbol{A}|\boldsymbol{E}$ 知,$\boldsymbol{A}^*=|\boldsymbol{A}|\boldsymbol{A}^{-1}$. 已知 $\boldsymbol{A}$ 正定,故有 $|\boldsymbol{A}|>0$,且对 $\forall\,\boldsymbol{y}\neq\boldsymbol{0}$,恒有 $\boldsymbol{y}^{\mathrm{T}}\boldsymbol{Ay}>0$,于是

$$\begin{aligned}\boldsymbol{x}^{\mathrm{T}}\boldsymbol{A}^*\boldsymbol{x}&=\boldsymbol{x}^{\mathrm{T}}|\boldsymbol{A}|\boldsymbol{A}^{-1}\boldsymbol{x}=|\boldsymbol{A}|\boldsymbol{x}^{\mathrm{T}}\boldsymbol{A}^{-1}\boldsymbol{x}\\&=|\boldsymbol{A}|\boldsymbol{x}^{\mathrm{T}}\boldsymbol{A}^{-1}\boldsymbol{AA}^{-1}\boldsymbol{x}=|\boldsymbol{A}|(\boldsymbol{A}^{-1}\boldsymbol{x})^{\mathrm{T}}\boldsymbol{A}(\boldsymbol{A}^{-1}\boldsymbol{x}).\end{aligned}$$

因为 $\boldsymbol{A}$ 可逆,当 $\boldsymbol{x}\neq\boldsymbol{0}$时,$\boldsymbol{y}=\boldsymbol{A}^{-1}\boldsymbol{x}\neq\boldsymbol{0}$,从而对 $\boldsymbol{x}\neq\boldsymbol{0}$,有

$$\boldsymbol{x}^{\mathrm{T}}\boldsymbol{A}^*\boldsymbol{x}=|\boldsymbol{A}|(\boldsymbol{A}^{-1}\boldsymbol{x})^{\mathrm{T}}\boldsymbol{A}(\boldsymbol{A}^{-1}\boldsymbol{x})=|\boldsymbol{A}|\boldsymbol{y}^{\mathrm{T}}\boldsymbol{Ay}>0,$$

故 $\boldsymbol{A}^*$ 是正定矩阵.

【例 15】 若二次型 $f(x_1,x_2,x_3)=2x_1^2+x_2^2+x_3^2+2x_1x_2+tx_2x_3$ 是正定的,则 t 的取值范围是______.

解 二次型 f 的矩阵为

$$\boldsymbol{A}=\begin{pmatrix}2&1&0\\1&1&\frac{t}{2}\\0&\frac{t}{2}&1\end{pmatrix}.$$

由于 $\boldsymbol{A}$ 为正定矩阵,故 $\boldsymbol{A}$ 的各阶顺序主子式应满足

$$|\boldsymbol{D}_1|=2>0,\quad |\boldsymbol{D}_2|=\begin{vmatrix}2&1\\1&1\end{vmatrix}=1>0,\quad |\boldsymbol{D}_3|=|\boldsymbol{A}|=\begin{vmatrix}2&1&0\\1&1&\frac{t}{2}\\0&\frac{t}{2}&1\end{vmatrix}=1-\frac{t^2}{2}>0,$$

解得 $-\sqrt{2}<t<\sqrt{2}$.

故应填 $-\sqrt{2}<t<\sqrt{2}$.

【例 16】 已知 $\boldsymbol{A}$ 是 n 阶实对称矩阵，且 $\boldsymbol{AB}+\boldsymbol{B}^{\mathrm{T}}\boldsymbol{A}$ 是正定矩阵，证明 $\boldsymbol{A}$ 是可逆矩阵.

证 对于 $\forall\, \boldsymbol{x}\neq\boldsymbol{0}$，由于 $\boldsymbol{AB}+\boldsymbol{B}^{\mathrm{T}}\boldsymbol{A}$ 是正定矩阵，$\boldsymbol{A}$ 是实对称矩阵，总有

$$\boldsymbol{x}^{\mathrm{T}}(\boldsymbol{AB}+\boldsymbol{B}^{\mathrm{T}}\boldsymbol{A})\boldsymbol{x}=(\boldsymbol{Ax})^{\mathrm{T}}(\boldsymbol{Bx})+(\boldsymbol{Bx})^{\mathrm{T}}(\boldsymbol{Ax})>0.$$

由此，对于 $\forall\, \boldsymbol{x}\neq\boldsymbol{0}$，恒有 $\boldsymbol{Ax}\neq\boldsymbol{0}$，即 $\boldsymbol{Ax}=\boldsymbol{0}$ 只有零解，从而 $\boldsymbol{A}$ 可逆.

【例 17】 已知 $\boldsymbol{A}$ 是 n 阶正定矩阵，n 维非零列向量 $\boldsymbol{\alpha}_1,\boldsymbol{\alpha}_2,\cdots,\boldsymbol{\alpha}_s$ 满足 $\boldsymbol{\alpha}_i^{\mathrm{T}}\boldsymbol{A}\boldsymbol{\alpha}_j=0\ (i\neq j,\ i,j=1,2,\cdots,s)$，证明 $\boldsymbol{\alpha}_1,\boldsymbol{\alpha}_2,\cdots,\boldsymbol{\alpha}_s$ 线性无关.

证 设

$$k_1\boldsymbol{\alpha}_1+k_2\boldsymbol{\alpha}_2+\cdots+k_s\boldsymbol{\alpha}_s=\boldsymbol{0}, \qquad ①$$

用 $\boldsymbol{\alpha}_1^{\mathrm{T}}\boldsymbol{A}$ 左乘①式，有

$$k_1\boldsymbol{\alpha}_1^{\mathrm{T}}\boldsymbol{A}\boldsymbol{\alpha}_1+k_2\boldsymbol{\alpha}_1^{\mathrm{T}}\boldsymbol{A}\boldsymbol{\alpha}_2+\cdots+k_s\boldsymbol{\alpha}_1^{\mathrm{T}}\boldsymbol{A}\boldsymbol{\alpha}_s=0. \qquad ②$$

因为 $\boldsymbol{\alpha}_i^{\mathrm{T}}\boldsymbol{A}\boldsymbol{\alpha}_j=0(i\neq j$ 时)，②式为

$$k_1\boldsymbol{\alpha}_1^{\mathrm{T}}\boldsymbol{A}\boldsymbol{\alpha}_1=0.$$

因为 $\boldsymbol{A}$ 正定，$\boldsymbol{\alpha}_1\neq\boldsymbol{0}$，有 $\boldsymbol{\alpha}_1^{\mathrm{T}}\boldsymbol{A}\boldsymbol{\alpha}_1>0$，故必有 $k_1=0$. 同理可证 $k_2=0,\cdots,k_s=0$. 因此向量组 $\boldsymbol{\alpha}_1,\boldsymbol{\alpha}_2,\cdots,\boldsymbol{\alpha}_s$ 线性无关.

【例 18】 证明：矩阵 $\boldsymbol{A}$ 与 $\boldsymbol{B}$ 合同的充要条件是对 $\boldsymbol{A}$ 的行和列施以相同的初等变换可变成 $\boldsymbol{B}$.

证 若 $\boldsymbol{A}$ 与 $\boldsymbol{B}$ 合同，则存在可逆矩阵 $\boldsymbol{Q}$，使 $\boldsymbol{B}=\boldsymbol{Q}^{\mathrm{T}}\boldsymbol{AQ}$. 令 $\boldsymbol{Q}=\boldsymbol{P}_1\boldsymbol{P}_2\cdots\boldsymbol{P}_s$，$\boldsymbol{P}_i$ 为初等矩阵，则 $\boldsymbol{B}=\boldsymbol{P}_s^{\mathrm{T}}\cdots\boldsymbol{P}_2^{\mathrm{T}}\boldsymbol{P}_1^{\mathrm{T}}\boldsymbol{A}\boldsymbol{P}_1\boldsymbol{P}_2\cdots\boldsymbol{P}_s$，即对 $\boldsymbol{A}$ 的行和列施以相同的初等变换变成 $\boldsymbol{B}$.

反之显然成立.

【例 19】 证明：对称矩阵只能与对称矩阵合同.

证 设对称矩阵 $\boldsymbol{A}$ 与 $\boldsymbol{B}$ 合同，即存在可逆矩阵 $\boldsymbol{Q}$，使 $\boldsymbol{B}=\boldsymbol{Q}^{\mathrm{T}}\boldsymbol{AQ}$.

因 $\boldsymbol{A}^{\mathrm{T}}=\boldsymbol{A}$，所以 $\boldsymbol{B}^{\mathrm{T}}=(\boldsymbol{Q}^{\mathrm{T}}\boldsymbol{AQ})^{\mathrm{T}}=\boldsymbol{Q}^{\mathrm{T}}\boldsymbol{A}^{\mathrm{T}}\boldsymbol{Q}=\boldsymbol{Q}^{\mathrm{T}}\boldsymbol{AQ}=\boldsymbol{B}$，即 $\boldsymbol{B}$ 也对称.

【例 20】 设 $\boldsymbol{A}=\begin{pmatrix}\boldsymbol{A}_1 & \boldsymbol{O}\\ \boldsymbol{O} & \boldsymbol{A}_2\end{pmatrix}$，$\boldsymbol{B}=\begin{pmatrix}\boldsymbol{B}_1 & \boldsymbol{O}\\ \boldsymbol{O} & \boldsymbol{B}_2\end{pmatrix}$. 证明：如果 $\boldsymbol{A}_1$ 与 $\boldsymbol{B}_1$ 合同，$\boldsymbol{A}_2$ 与 $\boldsymbol{B}_2$ 合同，则 $\boldsymbol{A}$ 与 $\boldsymbol{B}$ 合同.

证 由于 $\boldsymbol{A}_1$ 与 $\boldsymbol{B}_1$ 合同，$\boldsymbol{A}_2$ 与 $\boldsymbol{B}_2$ 合同，故存在可逆矩阵 $\boldsymbol{C}_1$ 及 $\boldsymbol{C}_2$，使

$$\boldsymbol{B}_1=\boldsymbol{C}_1^{\mathrm{T}}\boldsymbol{A}_1\boldsymbol{C}_1,\ \boldsymbol{B}_2=\boldsymbol{C}_2^{\mathrm{T}}\boldsymbol{A}_2\boldsymbol{C}_2.$$

于是令 $\boldsymbol{C}=\begin{pmatrix}\boldsymbol{C}_1 & \boldsymbol{O}\\ \boldsymbol{O} & \boldsymbol{C}_2\end{pmatrix}$，则有 $\boldsymbol{B}=\boldsymbol{C}^{\mathrm{T}}\boldsymbol{AC}$，即 $\boldsymbol{A}$ 与 $\boldsymbol{B}$ 合同.

【例 21】 设 $\boldsymbol{A}$ 是可逆实对称矩阵，则将 $f=\boldsymbol{x}^{\mathrm{T}}\boldsymbol{Ax}$ 化为 $f=\boldsymbol{y}^{\mathrm{T}}\boldsymbol{A}^{-1}\boldsymbol{y}$ 的线性替换为______.

解 因 $\boldsymbol{A}$ 对称，从而 $(\boldsymbol{A}^{-1})^{\mathrm{T}}=(\boldsymbol{A}^{\mathrm{T}})^{-1}=\boldsymbol{A}^{-1}$，故 $\boldsymbol{x}=\boldsymbol{A}^{-1}\boldsymbol{y}$ 是非退化线性替换. 在此变换下，有

$$f=(\boldsymbol{A}^{-1}\boldsymbol{y})^{\mathrm{T}}\boldsymbol{A}(\boldsymbol{A}^{-1}\boldsymbol{y})=\boldsymbol{y}^{\mathrm{T}}\boldsymbol{A}^{-1}\boldsymbol{y}.$$

故应填 $\boldsymbol{A}^{-1}\boldsymbol{y}$.

方法总结

非退化线性替换可保持实二次型的正负惯性指数、秩、规范形、正定性，所以解题过程中都要求是非退化线性替换.

【例 22】 将

$$Q(x_1,x_2,x_3)=ax_1^2+bx_2^2+ax_3^2+2cx_1x_3$$

化为标准形，求出变换矩阵，并指出 a,b,c 满足什么条件时，Q 为正定二次型？

解 (1)当 $a=0$ 时，$Q(x_1,x_2,x_3)=bx_2^2+2cx_1x_3$，作非退化线性替换

$$\begin{pmatrix}x_1\\x_2\\x_3\end{pmatrix}=\begin{pmatrix}1&0&1\\0&1&0\\1&0&-1\end{pmatrix}\begin{pmatrix}y_1\\y_2\\y_3\end{pmatrix},$$

即将 Q 化为标准形

$$Q(x_1,x_2,x_3)=2cy_1^2+by_2^2-2cy_3^2.$$

但这时无论 b,c 为何值 Q 都不能为正定二次型.

(2)当 $a\neq0$ 时，有

$$Q(x_1,x_2,x_3)=a[x_1^2+2\frac{c}{a}x_1x_3+(\frac{c}{a}x_3)^2]+bx_2^2+(a-\frac{c^2}{a})x_3^2.$$

令 $\begin{pmatrix}y_1\\y_2\\y_3\end{pmatrix}=\begin{pmatrix}1&0&\frac{c}{a}\\0&1&0\\0&0&1\end{pmatrix}\begin{pmatrix}x_1\\x_2\\x_3\end{pmatrix}$，即作非退化线性替换

$$\begin{pmatrix}x_1\\x_2\\x_3\end{pmatrix}=\begin{pmatrix}1&0&-\frac{c}{a}\\0&1&0\\0&0&1\end{pmatrix}\begin{pmatrix}y_1\\y_2\\y_3\end{pmatrix},$$

可将 Q 化为标准形

$$Q(x_1,x_2,x_3)=ay_1^2+by_2^2+(a-\frac{c^2}{a})y_3^2.$$

所以当 $a>0,b>0,a^2-c^2>0$ 时，Q 为正定二次型.

【例 23】 设 $\boldsymbol{A},\boldsymbol{B}$ 都是 $m\times n$ 阶实矩阵，且 $\boldsymbol{B}^{\mathrm{T}}\boldsymbol{A}$ 为可逆矩阵，证明：$\boldsymbol{A}^{\mathrm{T}}\boldsymbol{A}+\boldsymbol{B}^{\mathrm{T}}\boldsymbol{B}$ 是正定矩阵.

证 因为

$$(\boldsymbol{A}^{\mathrm{T}}\boldsymbol{A}+\boldsymbol{B}^{\mathrm{T}}\boldsymbol{B})^{\mathrm{T}}=(\boldsymbol{A}^{\mathrm{T}}\boldsymbol{A})^{\mathrm{T}}+(\boldsymbol{B}^{\mathrm{T}}\boldsymbol{B})^{\mathrm{T}}=\boldsymbol{A}^{\mathrm{T}}(\boldsymbol{A}^{\mathrm{T}})^{\mathrm{T}}+\boldsymbol{B}^{\mathrm{T}}(\boldsymbol{B}^{\mathrm{T}})^{\mathrm{T}}=\boldsymbol{A}^{\mathrm{T}}\boldsymbol{A}+\boldsymbol{B}^{\mathrm{T}}\boldsymbol{B},$$

所以 $\boldsymbol{A}^{\mathrm{T}}\boldsymbol{A}+\boldsymbol{B}^{\mathrm{T}}\boldsymbol{B}$ 是实对称矩阵.

由于 $\boldsymbol{B}^{\mathrm{T}}\boldsymbol{A}$ 是可逆矩阵，又 $n=r(\boldsymbol{B}^{\mathrm{T}}\boldsymbol{A})\leqslant r(\boldsymbol{A})\leqslant n$，故 $r(\boldsymbol{A})=n$，所以齐次线性方程组 $\boldsymbol{A}\boldsymbol{x}=\boldsymbol{0}$ 只有零解. 于是对 $\forall\,\boldsymbol{x}\neq\boldsymbol{0}$，有 $\boldsymbol{A}\boldsymbol{x}\neq\boldsymbol{0}$，故

$$\boldsymbol{x}^{\mathrm{T}}\boldsymbol{A}^{\mathrm{T}}\boldsymbol{A}\boldsymbol{x}=(\boldsymbol{A}\boldsymbol{x})^{\mathrm{T}}(\boldsymbol{A}\boldsymbol{x})>0,\quad 而\ \boldsymbol{x}^{\mathrm{T}}\boldsymbol{B}^{\mathrm{T}}\boldsymbol{B}\boldsymbol{x}=(\boldsymbol{B}\boldsymbol{x})^{\mathrm{T}}(\boldsymbol{B}\boldsymbol{x})\geqslant0.$$

因此，对任意实向量 $\boldsymbol{x}\neq\boldsymbol{0}$，都有

$$\boldsymbol{x}^{\mathrm{T}}(\boldsymbol{A}^{\mathrm{T}}\boldsymbol{A}+\boldsymbol{B}^{\mathrm{T}}\boldsymbol{B})\boldsymbol{x}=\boldsymbol{x}^{\mathrm{T}}\boldsymbol{A}^{\mathrm{T}}\boldsymbol{A}\boldsymbol{x}+\boldsymbol{x}^{\mathrm{T}}\boldsymbol{B}^{\mathrm{T}}\boldsymbol{B}\boldsymbol{x}>0.$$

根据定义知，$\boldsymbol{A}^{\mathrm{T}}\boldsymbol{A}+\boldsymbol{B}^{\mathrm{T}}\boldsymbol{B}$ 为正定矩阵.

【例 24】 设 $\boldsymbol{A},\boldsymbol{B}$ 分别为 m,n 阶正定矩阵，试判定矩阵 $\boldsymbol{C}=\begin{pmatrix}\boldsymbol{A}&\boldsymbol{O}\\\boldsymbol{O}&\boldsymbol{B}\end{pmatrix}$ 是否为正定矩阵.

解 **方法一** 设 $\boldsymbol{x},\boldsymbol{y}$ 分别为 m 维和 n 维列向量，$\boldsymbol{z}=\begin{pmatrix}\boldsymbol{x}\\\boldsymbol{y}\end{pmatrix}$，于是 $\boldsymbol{z}$ 是 $m+n$ 维列向量. 任取 $\boldsymbol{z}\neq\boldsymbol{0}$，则 $\boldsymbol{x}$ 与 $\boldsymbol{y}$ 不能同时为零向量，不妨设 $\boldsymbol{x}\neq\boldsymbol{0}$，由于 $\boldsymbol{A},\boldsymbol{B}$ 都是正定矩阵，有

$$\boldsymbol{x}^{\mathrm{T}}\boldsymbol{A}\boldsymbol{x}>0,\ \boldsymbol{y}^{\mathrm{T}}\boldsymbol{B}\boldsymbol{y}\geqslant0.$$

于是

$$\boldsymbol{z}^{\mathrm{T}}\boldsymbol{C}\boldsymbol{z}=(\boldsymbol{x}^{\mathrm{T}},\boldsymbol{y}^{\mathrm{T}})\begin{pmatrix}\boldsymbol{A}&\boldsymbol{O}\\\boldsymbol{O}&\boldsymbol{B}\end{pmatrix}\begin{pmatrix}\boldsymbol{x}\\\boldsymbol{y}\end{pmatrix}=\boldsymbol{x}^{\mathrm{T}}\boldsymbol{A}\boldsymbol{x}+\boldsymbol{y}^{\mathrm{T}}\boldsymbol{B}\boldsymbol{y}>0.$$

又 $\boldsymbol{C}^{\mathrm{T}}=\boldsymbol{C}$，因此 $\boldsymbol{C}$ 是正定矩阵.

方法二 由于 $\boldsymbol{A},\boldsymbol{B}$ 分别为 m,n 阶正定矩阵，故有 m 阶及 n 阶可逆阵 $\boldsymbol{C}_1,\boldsymbol{C}_2$，使得 $\boldsymbol{A}=\boldsymbol{C}_1^{\mathrm{T}}\boldsymbol{C}_1,\boldsymbol{B}=\boldsymbol{C}_2^{\mathrm{T}}\boldsymbol{C}_2$，从而有

$$\begin{pmatrix}\boldsymbol{A}&\boldsymbol{O}\\\boldsymbol{O}&\boldsymbol{B}\end{pmatrix}=\begin{pmatrix}\boldsymbol{C}_1&\boldsymbol{O}\\\boldsymbol{O}&\boldsymbol{C}_2\end{pmatrix}^{\mathrm{T}}\begin{pmatrix}\boldsymbol{C}_1&\boldsymbol{O}\\\boldsymbol{O}&\boldsymbol{C}_2\end{pmatrix}.$$

因 $\begin{pmatrix}\boldsymbol{C}_1&\boldsymbol{O}\\\boldsymbol{O}&\boldsymbol{C}_2\end{pmatrix}$ 可逆，所以 $\begin{pmatrix}\boldsymbol{A}&\boldsymbol{O}\\\boldsymbol{O}&\boldsymbol{B}\end{pmatrix}$ 正定.

【例 25】 设 $\boldsymbol{D}=\begin{pmatrix}\boldsymbol{A}&\boldsymbol{C}\\\boldsymbol{C}^{\mathrm{T}}&\boldsymbol{B}\end{pmatrix}$ 为正定矩阵，其中 $\boldsymbol{A},\boldsymbol{B}$ 分别为 m 阶，n 阶对称矩阵，$\boldsymbol{C}$ 为 $m\times n$ 矩阵.

(1)计算 $\boldsymbol{P}^{\mathrm{T}}\boldsymbol{D}\boldsymbol{P}$，其中 $\boldsymbol{P}=\begin{pmatrix}\boldsymbol{E}_m&-\boldsymbol{A}^{-1}\boldsymbol{C}\\\boldsymbol{O}&\boldsymbol{E}_n\end{pmatrix}$；

(2)利用(1)的结果判断矩阵 $\boldsymbol{B}-\boldsymbol{C}^{\mathrm{T}}\boldsymbol{A}^{-1}\boldsymbol{C}$ 是否为正定矩阵，并证明你的结论.

解：(1)因 $\boldsymbol{P}^{\mathrm{T}}=\begin{pmatrix}\boldsymbol{E}_m&\boldsymbol{O}\\-\boldsymbol{C}^{\mathrm{T}}\boldsymbol{A}^{-1}&\boldsymbol{E}_n\end{pmatrix}$，有

$$\begin{aligned}\boldsymbol{P}^{\mathrm{T}}\boldsymbol{D}\boldsymbol{P}&=\begin{pmatrix}\boldsymbol{E}&\boldsymbol{O}\\-\boldsymbol{C}^{\mathrm{T}}\boldsymbol{A}^{-1}&\boldsymbol{E}_n\end{pmatrix}\begin{pmatrix}\boldsymbol{A}&\boldsymbol{C}\\\boldsymbol{C}^{\mathrm{T}}&\boldsymbol{B}\end{pmatrix}\begin{pmatrix}\boldsymbol{E}_m&-\boldsymbol{A}^{-1}\boldsymbol{C}\\\boldsymbol{O}&\boldsymbol{E}_n\end{pmatrix}\\&=\begin{pmatrix}\boldsymbol{A}&\boldsymbol{C}\\\boldsymbol{O}&\boldsymbol{B}-\boldsymbol{C}^{\mathrm{T}}\boldsymbol{A}^{-1}\boldsymbol{C}\end{pmatrix}\begin{pmatrix}\boldsymbol{E}_m&-\boldsymbol{A}^{-1}\boldsymbol{C}\\\boldsymbol{O}&\boldsymbol{E}_n\end{pmatrix}=\begin{pmatrix}\boldsymbol{A}&\boldsymbol{O}\\\boldsymbol{O}&\boldsymbol{B}-\boldsymbol{C}^{\mathrm{T}}\boldsymbol{A}^{-1}\boldsymbol{C}\end{pmatrix}.\end{aligned}$$

(2) 矩阵 $\boldsymbol{B}-\boldsymbol{C}^{\mathrm{T}}\boldsymbol{A}^{-1}\boldsymbol{C}$ 是正定矩阵.

由(1)的结果可知，矩阵 $\boldsymbol{D}$ 合同于矩阵

$$\boldsymbol{M}=\begin{pmatrix}\boldsymbol{A}&\boldsymbol{O}\\\boldsymbol{O}&\boldsymbol{B}-\boldsymbol{C}^{\mathrm{T}}\boldsymbol{A}^{-1}\boldsymbol{C}\end{pmatrix},$$

又 $\boldsymbol{D}$ 为正定矩阵,可知矩阵 $\boldsymbol{M}$ 为正定矩阵.

因矩阵 $\boldsymbol{M}$ 为对称矩阵,故 $\boldsymbol{B}-\boldsymbol{C}^{\mathrm{T}}\boldsymbol{A}^{-1}\boldsymbol{C}$ 为对称矩阵. 对 $\boldsymbol{x}=(\underbrace{0,0,\cdots,0}_{m个})^{\mathrm{T}}$ 及 $\forall\, \boldsymbol{y}=(y_1,y_2,\cdots,y_n)^{\mathrm{T}}\neq\boldsymbol{0}$,有

$$(\boldsymbol{x}^{\mathrm{T}},\boldsymbol{y}^{\mathrm{T}})\begin{pmatrix}\boldsymbol{A} & \boldsymbol{O}\\ \boldsymbol{O} & \boldsymbol{B}-\boldsymbol{C}^{\mathrm{T}}\boldsymbol{A}^{-1}\boldsymbol{C}\end{pmatrix}\begin{pmatrix}\boldsymbol{x}\\ \boldsymbol{y}\end{pmatrix}>0,$$

即 $\boldsymbol{y}^{\mathrm{T}}(\boldsymbol{B}-\boldsymbol{C}^{\mathrm{T}}\boldsymbol{A}^{-1}\boldsymbol{C})\boldsymbol{y}>0$.

故 $\boldsymbol{B}-\boldsymbol{C}^{\mathrm{T}}\boldsymbol{A}^{-1}\boldsymbol{C}$ 为正定矩阵.

【例 26】 设 $\boldsymbol{A}$ 为实 n 阶可逆矩阵. 证明:如果 $\boldsymbol{A}$ 与 $-\boldsymbol{A}$ 在实数域上合同,则 n 必为偶数.

证 因为 $\boldsymbol{A}$ 与 $-\boldsymbol{A}$ 在实数域上合同,故存在实可逆矩阵 $\boldsymbol{C}$,使 $-\boldsymbol{A}=\boldsymbol{C}^{\mathrm{T}}\boldsymbol{A}\boldsymbol{C}$. 两边取行列式,得

$$(-1)^n|\boldsymbol{A}|=|-\boldsymbol{A}|=|\boldsymbol{C}^{\mathrm{T}}\boldsymbol{A}\boldsymbol{C}|=|\boldsymbol{A}||\boldsymbol{C}|^2.$$

由于 $\boldsymbol{A},\boldsymbol{C}$ 都是可逆的,故

$$|\boldsymbol{C}|^2=(-1)^n>0,$$

从而 n 必为偶数.

三、教材习题解答

第五章习题解答

1. (Ⅰ)用非退化线性替换化下列二次型为标准形,并利用矩阵验算所得结果:

(1) $-4x_1x_2+2x_1x_3+2x_2x_3$;

(2) $x_1^2+2x_1x_2+2x_2^2+4x_2x_3+4x_3{}^2$;

(3) $x_1^2-3x_2^2-2x_1x_2+2x_1x_3-6x_2x_3$;

(4) $8x_1x_4+2x_3x_4+2x_2x_3+8x_2x_4$;

(5) $x_1x_2+x_1x_3+x_1x_4+x_2x_3+x_2x_4+x_3x_4$;

(6) $x_1^2+2x_2^2+x_4^2+4x_1x_2+4x_1x_3+2x_1x_4+2x_2x_3+2x_2x_4+2x_3x_4$;

(7) $x_1^2+x_2^2+x_3^2+x_4^2+2x_1x_2+2x_2x_3+2x_3x_4$.

(Ⅱ)把上述二次型进一步化为规范形,分实系数、复系数两种情形;并写出所作的非退化线性替换.

解 (Ⅰ)(1) 配方法. 由于该二次型不含平方项,故先作非退化线性替换,令$\begin{cases}x_1=y_1+y_2,\\x_2=y_1-y_2,\\x_3=y_3,\end{cases}$则

$$\begin{aligned}f(x_1,x_2,x_3)&=-4x_1x_2+2x_1x_3+2x_2x_3\\&=-4y_1^2+4y_2^2+4y_1y_3\\&=-4y_1^2+4y_1y_3-y_3^2+y_3^2+4y_2^2\\&=-(2y_1-y_3)^2+y_3^2+4y_2^2,\end{aligned}$$

再令$\begin{cases}z_1=2y_1-y_3,\\z_2=y_2,\\z_3=y_3,\end{cases}$ 即$\begin{cases}y_1=\frac{1}{2}z_1+\frac{1}{2}z_3,\\y_2=z_2,\\y_3=z_3,\end{cases}$

则原二次型化为 $f(x_1,x_2,x_3)=-z_1^2+4z_2^2+z_3{}^2$.

所作的非退化线性替换为

$$\begin{cases}x_1=\frac{1}{2}z_1+z_2+\frac{1}{2}z_3,\\x_2=\frac{1}{2}z_1-z_2+\frac{1}{2}z_3,\\x_3=z_3,\end{cases}$$

对应替换矩阵 $\boldsymbol{T}=\begin{pmatrix}\frac{1}{2}&1&\frac{1}{2}\\\frac{1}{2}&-1&\frac{1}{2}\\0&0&1\end{pmatrix}$,其中

$$\boldsymbol{T}^{\mathrm{T}}\boldsymbol{A}\boldsymbol{T}=\begin{pmatrix}\frac{1}{2}&\frac{1}{2}&0\\1&-1&0\\\frac{1}{2}&\frac{1}{2}&1\end{pmatrix}\begin{pmatrix}0&-2&1\\-2&0&1\\1&1&0\end{pmatrix}\begin{pmatrix}\frac{1}{2}&1&\frac{1}{2}\\\frac{1}{2}&-1&\frac{1}{2}\\0&0&1\end{pmatrix}=\begin{pmatrix}-1&0&0\\0&4&0\\0&0&1\end{pmatrix}.$$

(2) 对$\begin{pmatrix}\boldsymbol{A}\\\cdots\\\boldsymbol{E}\end{pmatrix}$施行初等变换.

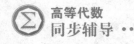

$$\begin{pmatrix}\boldsymbol{A}\\ \cdots\\ \boldsymbol{E}\end{pmatrix}=\begin{pmatrix}1&1&0\\1&2&2\\0&2&4\\ \hdashline -1&0&0\\0&1&0\\0&0&1\end{pmatrix}\xrightarrow[c_2-c_1]{r_2-r_1}\begin{pmatrix}1&0&0\\0&1&2\\0&2&4\\ \hdashline 1&-1&0\\0&1&0\\0&0&1\end{pmatrix}\xrightarrow[c_3-2c_2]{r_3-2r_2}\begin{pmatrix}1&0&0\\0&1&0\\0&0&0\\ \hdashline 1&-1&2\\0&1&-2\\0&0&1\end{pmatrix}=\begin{pmatrix}\boldsymbol{B}\\ \cdots\\ \boldsymbol{T}\end{pmatrix}.$$

令$\begin{cases}x_1=y_1-y_2+2y_3,\\x_2=y_2-2y_3,\\x_3=y_3,\end{cases}$ 则 $f(x_1,x_2,x_3)=y_1^2+y_2^2$.

对应替换矩阵 $\boldsymbol{T}=\begin{pmatrix}1&-1&2\\0&1&-2\\0&0&1\end{pmatrix}$，其中

$$\boldsymbol{T}^{\mathrm{T}}\boldsymbol{AT}=\begin{pmatrix}1&0&0\\-1&1&0\\2&-2&1\end{pmatrix}\begin{pmatrix}1&1&0\\1&2&2\\0&2&4\end{pmatrix}\begin{pmatrix}1&-1&2\\0&1&-2\\0&0&1\end{pmatrix}=\begin{pmatrix}1&0&0\\0&1&0\\0&0&0\end{pmatrix}.$$

(3) 对$\begin{pmatrix}\boldsymbol{A}\\ \cdots\\ \boldsymbol{E}\end{pmatrix}$施行初等变换，得

$$\begin{pmatrix}\boldsymbol{A}\\ \cdots\\ \boldsymbol{E}\end{pmatrix}=\begin{pmatrix}1&-1&1\\-1&-3&-3\\1&-3&0\\ \hdashline 1&0&0\\0&1&0\\0&0&1\end{pmatrix}\xrightarrow[c_2+c_1]{r_2+r_1}\begin{pmatrix}1&0&1\\0&-4&-2\\1&-2&0\\ \hdashline 1&1&0\\0&1&0\\0&0&1\end{pmatrix}\xrightarrow[c_3-c_1]{r_3-r_1}\begin{pmatrix}1&0&0\\0&-4&-2\\0&-2&-1\\ \hdashline 1&1&-1\\0&1&0\\0&0&1\end{pmatrix}$$

$$\xrightarrow[c_3+\left(-\frac{1}{2}\right)c_2]{r_3+\left(-\frac{1}{2}\right)r_2}\begin{pmatrix}1&0&0\\0&-4&0\\0&0&0\\ \hdashline 1&1&-\frac{3}{2}\\0&1&-\frac{1}{2}\\0&0&1\end{pmatrix}\xrightarrow[c_2\times\frac{1}{2}]{r_2\times\frac{1}{2}}\begin{pmatrix}1&0&0\\0&-1&0\\0&0&0\\ \hdashline 1&\frac{1}{2}&-\frac{3}{2}\\0&\frac{1}{2}&-\frac{1}{2}\\0&0&1\end{pmatrix}=\begin{pmatrix}\boldsymbol{B}\\ \cdots\\ \boldsymbol{T}\end{pmatrix}.$$

令$\begin{cases}x_1=y_1+\frac{1}{2}y_2-\frac{3}{2}y_3,\\x_2=\frac{1}{2}y_2-\frac{1}{2}y_3,\\x_3=y_3,\end{cases}$ 则 $f(x_1,x_2,x_3)=y_1^2-{y_2}^2$. 对应替换矩阵 $\boldsymbol{T}=\begin{pmatrix}1&\frac{1}{2}&-\frac{3}{2}\\0&\frac{1}{2}&-\frac{1}{2}\\0&0&1\end{pmatrix}$，其中

$$\boldsymbol{T}^{\mathrm{T}}\boldsymbol{AT}=\begin{pmatrix}1&0&0\\\frac{1}{2}&\frac{1}{2}&0\\-\frac{3}{2}&-\frac{1}{2}&1\end{pmatrix}\begin{pmatrix}1&-1&1\\-1&-3&-3\\1&-3&0\end{pmatrix}\begin{pmatrix}1&\frac{1}{2}&-\frac{3}{2}\\0&\frac{1}{2}&-\frac{1}{2}\\0&0&1\end{pmatrix}=\begin{pmatrix}1&0&0\\0&-1&0\\0&0&0\end{pmatrix}.$$

(4) 由于该二次型没有平方项，故先作线性替换

$$\begin{cases}x_1=y_1+y_4,\\x_2=y_2+y_3,\\x_3=y_2-y_3,\\x_4=y_1-y_4,\end{cases}$$

原二次型为

$$\begin{aligned}f&=8x_1x_4+2x_3x_4+2x_2x_3+8x_2x_4\\&=8y_1^2-8y_4^2+10y_1y_2-10y_2y_4+6y_1y_3-6y_3y_4+2y_2^2-2y_3^2\\&=8\left(y_1^2+\frac{10}{8}y_1y_2+\frac{6}{8}y_1y_3\right)-8\left(y_4^2+\frac{10}{8}y_2y_4+\frac{6}{8}y_3y_4\right)+2y_2^2-2y_3^2\\&=8\left(y_1+\frac{5}{8}y_2+\frac{3}{8}y_3\right)^2-8\left(y_4+\frac{5}{8}y_2+\frac{3}{8}y_3\right)^2+2y_2^2-2y_3^2,\end{aligned}$$

再令$\begin{cases}z_1=y_1+\frac{5}{8}y_2+\frac{3}{8}y_3,\\z_2=y_2,\\z_3=y_3,\\z_4=\frac{5}{8}y_2+\frac{3}{8}y_3+y_4,\end{cases}$ 即$\begin{cases}y_1=z_1-\frac{5}{8}z_2-\frac{3}{8}z_3,\\y_2=z_2,\\y_3=z_3,\\y_4=-\frac{5}{8}z_2-\frac{3}{8}z_3+z_4,\end{cases}$

得二次型的标准形为 $f(x_1,x_2,x_3,x_4)=8z_1^2+2z_2^2-2z_3^2-8{z_4}^2$.

得非退化线性替换为$\begin{cases}x_1=z_1-\frac{5}{4}z_2-\frac{3}{4}z_3+z_4,\\x_2=z_2+z_3,\\x_3=z_2-z_3,\\x_4=z_1-z_4,\end{cases}$ 对应替换矩阵 $\boldsymbol{T}=\begin{pmatrix}1&-\frac{5}{4}&-\frac{3}{4}&1\\0&1&1&0\\0&1&-1&0\\1&0&0&-1\end{pmatrix}$,

其中

$$\boldsymbol{T}^{\mathrm{T}}\boldsymbol{A}\boldsymbol{T}=\begin{pmatrix}1&0&0&1\\-\frac{5}{4}&1&1&0\\-\frac{3}{4}&1&-1&0\\1&0&0&-1\end{pmatrix}\begin{pmatrix}0&0&0&4\\0&0&1&4\\0&1&0&1\\4&4&1&0\end{pmatrix}\begin{pmatrix}1&-\frac{5}{4}&-\frac{3}{4}&1\\0&1&1&0\\0&1&-1&0\\1&0&0&-1\end{pmatrix}=\begin{pmatrix}8&0&0&0\\0&2&0&0\\0&0&-2&0\\0&0&0&-8\end{pmatrix}.$$

(5) 由于该二次型无平方项,故先作线性替换

$$\begin{cases}x_1=y_1+y_2,\\x_2=y_1-y_2,\\x_3=y_3+y_4,\\x_4=y_3-y_4,\end{cases}$$

则

$$\begin{aligned}f&=x_1x_2+x_1x_3+x_1x_4+x_2x_3+x_2x_4+x_3x_4\\&=y_1^2-y_2^2+4y_1y_3+y_3^2-y_4^2\\&=(y_1+2y_3)^2-y_2^2-3y_3^2-y_4^2.\end{aligned}$$

再令$\begin{cases}z_1=y_1+2y_3,\\z_2=y_2,\\z_3=y_3,\\z_4=y_4,\end{cases}$ 即$\begin{cases}y_1=z_1-2z_3,\\y_2=z_2,\\y_3=z_3,\\y_4=z_4,\end{cases}$

则二次型的标准形为 $f(x_1,x_2,x_3,x_4)=z_1^2-z_2^2-3z_3^2-z_4^2$.

得非退化线性替换为

$$\begin{cases}x_1=z_1+z_2-2z_3,\\x_2=z_1-z_2-2z_3,\\x_3=z_3+z_4,\\x_4=z_3-z_4,\end{cases}$$

对应替换矩阵为 $\boldsymbol{T}=\begin{pmatrix}1&1&-2&0\\1&-1&-2&0\\0&0&1&1\\0&0&1&-1\end{pmatrix}$,其中

$$\boldsymbol{T}^{\mathrm{T}}\boldsymbol{A}\boldsymbol{T}=\begin{pmatrix}1&1&0&0\\1&-1&0&0\\-2&-2&1&1\\0&0&1&-1\end{pmatrix}\begin{pmatrix}0&\frac{1}{2}&\frac{1}{2}&\frac{1}{2}\\\frac{1}{2}&0&\frac{1}{2}&\frac{1}{2}\\\frac{1}{2}&\frac{1}{2}&0&\frac{1}{2}\\\frac{1}{2}&\frac{1}{2}&\frac{1}{2}&0\end{pmatrix}\begin{pmatrix}1&1&-2&0\\1&-1&-2&0\\0&0&1&1\\0&0&1&-1\end{pmatrix}=\begin{pmatrix}1&0&0&0\\0&-1&0&0\\0&0&-3&0\\0&0&0&-1\end{pmatrix}.$$

(6) 对 $\begin{pmatrix}\boldsymbol{A}\\\cdots\\\boldsymbol{E}\end{pmatrix}$ 施行初等变换,得

$$\begin{pmatrix}\boldsymbol{A}\\\cdots\\\boldsymbol{E}\end{pmatrix}=\begin{pmatrix}1&2&2&1\\2&2&1&1\\2&1&0&1\\1&1&1&1\\\hdashline 1&0&0&0\\0&1&0&0\\0&0&1&0\\0&0&0&1\end{pmatrix}\xrightarrow[c_2-2c_1]{r_2-2r_1}\begin{pmatrix}1&0&2&1\\0&-2&-3&-1\\2&-3&0&1\\1&-1&1&1\\\hdashline 1&-2&0&0\\0&1&0&0\\0&0&1&0\\0&0&0&1\end{pmatrix}\xrightarrow[c_3-2c_1]{r_3-2r_1}\begin{pmatrix}1&0&0&1\\0&-2&-3&-1\\0&-3&-4&-1\\1&-1&-1&1\\\hdashline 1&-2&-2&0\\0&1&0&0\\0&0&1&0\\0&0&0&1\end{pmatrix}$$

$$\xrightarrow[c_4-c_1]{r_4-r_1}\begin{pmatrix}1&0&0&0\\0&-2&-3&-1\\0&-3&-4&-1\\0&-1&-1&0\\\hdashline 1&-2&-2&-1\\0&1&0&0\\0&0&1&0\\0&0&0&1\end{pmatrix}\xrightarrow[c_3-\frac{3}{2}c_2]{r_3-\frac{3}{2}r_2}\begin{pmatrix}1&0&0&0\\0&-2&0&-1\\0&0&\frac{1}{2}&\frac{1}{2}\\0&-1&\frac{1}{2}&0\\\hdashline 1&-2&1&-1\\0&1&-\frac{3}{2}&0\\0&0&1&0\\0&0&0&1\end{pmatrix}$$

$$\xrightarrow[c_4-\frac{1}{2}c_2]{r_4-\frac{1}{2}r_2}\begin{pmatrix}1&0&0&0\\0&-2&0&0\\0&0&\frac{1}{2}&\frac{1}{2}\\0&0&\frac{1}{2}&\frac{1}{2}\\\hdashline 1&-2&1&0\\0&1&-\frac{3}{2}&-\frac{1}{2}\\0&0&1&0\\0&0&0&1\end{pmatrix}\xrightarrow[c_4-c_3]{r_4-r_3}\begin{pmatrix}1&0&0&0\\0&-2&0&0\\0&0&\frac{1}{2}&0\\0&0&0&0\\\hdashline 1&-2&1&-1\\0&1&-\frac{3}{2}&1\\0&0&1&-1\\0&0&0&1\end{pmatrix}=\begin{pmatrix}\boldsymbol{B}\\\cdots\\\boldsymbol{T}\end{pmatrix}.$$

令$\begin{cases}x_1=y_1-2y_2+y_3-y_4,\\x_2=y_2-\frac{3}{2}y_3+y_4,\\x_3=y_3-y_4,\\x_4=y_4,\end{cases}$ 则得二次型的标准形为 $f(x_1,x_2,x_3,x_4)=y_1^2-2y_2^2+\frac{1}{2}y_3^2$.

对应替换矩阵 $\boldsymbol{T}=\begin{pmatrix}1&-2&1&-1\\0&1&-\frac{3}{2}&1\\0&0&1&-1\\0&0&0&1\end{pmatrix}$,其中

$$\boldsymbol{T}^{\mathrm{T}}\boldsymbol{A}\boldsymbol{T}=\begin{pmatrix}1&0&0&0\\-2&1&0&0\\1&-\frac{3}{2}&1&0\\-1&1&-1&1\end{pmatrix}\begin{pmatrix}1&2&2&1\\2&2&1&1\\2&1&0&1\\1&1&1&1\end{pmatrix}\begin{pmatrix}1&-2&1&-1\\0&1&-\frac{3}{2}&1\\0&0&1&-1\\0&0&0&1\end{pmatrix}=\begin{pmatrix}1&0&0&0\\0&-2&0&0\\0&0&\frac{1}{2}&0\\0&0&0&0\end{pmatrix}.$$

(7) 对 $\begin{pmatrix}\boldsymbol{A}\\\cdots\\\boldsymbol{E}\end{pmatrix}$ 施行初等变换,得

$$\begin{pmatrix}\boldsymbol{A}\\\boldsymbol{E}\end{pmatrix}=\begin{pmatrix}1&1&0&0\\1&1&1&0\\0&1&1&1\\0&0&1&1\\\hdashline 1&0&0&0\\0&1&0&0\\0&0&1&0\\0&0&0&1\end{pmatrix}\xrightarrow[c_2-c_1]{r_2-r_1}\begin{pmatrix}1&0&0&0\\0&0&1&0\\0&1&1&1\\0&0&1&1\\\hdashline 1&-1&0&0\\0&1&0&0\\0&0&1&0\\0&0&0&1\end{pmatrix}\xrightarrow[c_3\leftrightarrow c_2]{r_3\leftrightarrow r_2}\begin{pmatrix}1&0&0&0\\0&1&1&1\\0&1&0&0\\0&1&0&1\\\hdashline 1&0&-1&0\\0&0&1&0\\0&1&0&0\\0&0&0&1\end{pmatrix}$$

$$\xrightarrow[c_3-c_2]{r_3-r_2}\begin{pmatrix}1&0&0&0\\0&1&0&1\\0&0&-1&-1\\0&1&-1&1\\\hline 1&0&-1&0\\0&0&1&0\\0&1&-1&0\\0&0&0&1\end{pmatrix}\xrightarrow[c_4-c_2]{r_4-r_2}\begin{pmatrix}1&0&0&0\\0&1&0&0\\0&0&-1&-1\\0&0&-1&0\\\hline 1&0&-1&0\\0&0&1&0\\0&1&-1&-1\\0&0&0&1\end{pmatrix}\xrightarrow[c_4-c_3]{r_4-r_3}\begin{pmatrix}1&0&0&0\\0&1&0&0\\0&0&-1&0\\0&0&0&1\\\hline 1&0&-1&1\\0&0&1&-1\\0&1&-1&0\\0&0&0&1\end{pmatrix}=\begin{pmatrix}\boldsymbol{B}\\\cdots\\\boldsymbol{T}\end{pmatrix}.$$

令 $\begin{cases}x_1=y_1-y_3+y_4,\\x_2=y_3-y_4,\\x_3=y_2-y_3,\\x_4=y_4,\end{cases}$ 对应替换矩阵 $\boldsymbol{T}=\begin{pmatrix}1&0&-1&1\\0&0&1&-1\\0&1&-1&0\\0&0&0&1\end{pmatrix}$.

则二次型的标准形为 $f(x_1,x_2,x_3,x_4)=y_1^2+y_2^2-y_3^2+y_4^2$,其中

$$\boldsymbol{T}^{\mathrm{T}}\boldsymbol{A}\boldsymbol{T}=\begin{pmatrix}1&0&0&0\\0&0&1&0\\-1&1&-1&0\\1&-1&0&1\end{pmatrix}\begin{pmatrix}1&1&0&0\\1&1&1&0\\0&1&1&1\\0&0&1&1\end{pmatrix}\begin{pmatrix}1&0&-1&1\\0&0&1&-1\\0&1&-1&0\\0&0&0&1\end{pmatrix}=\begin{pmatrix}1&0&0&0\\0&1&0&0\\0&0&-1&0\\0&0&0&1\end{pmatrix}.$$

(Ⅱ)(1) 在实数域上,令 $\begin{cases}z_1=t_3,\\z_2=\dfrac{t_2}{2},\\z_3=t_1,\end{cases}$ 有 $\begin{cases}x_1=\dfrac{1}{2}t_1+\dfrac{1}{2}t_2+\dfrac{1}{2}t_3,\\x_2=\dfrac{1}{2}t_1-\dfrac{1}{2}t_2+\dfrac{1}{2}t_3,\\x_3=t_1,\end{cases}$

则实二次型的规范形为 $f=t_1^2+t_2^2-t_3^2$.

在复数域上,令 $\begin{cases}t_1=w_1,\\t_2=w_2,\\t_3=\mathrm{i}w_3,\end{cases}$ $\begin{cases}x_1=\dfrac{1}{2}w_1+\dfrac{1}{2}w_2+\dfrac{\mathrm{i}}{2}w_3,\\x_2=\dfrac{1}{2}w_1-\dfrac{1}{2}w_2+\dfrac{\mathrm{i}}{2}w_3,\\x_3=w_1,\end{cases}$

则复二次型的规范形为 $f=w_1^2+w_2^2+w_3^2$.

(2) 二次型的标准形 $f=y_1^2+y_2^2$ 已经是实系数及复系数二次型的规范形,变换矩阵同(Ⅰ)的(2).

(3) 在实数域上,二次型的标准形 $f=y_1^2-y_2^2$ 已是规范形.

在复数域上,令 $\begin{cases}y_1=z_1,\\y_2=\mathrm{i}z_2,\\y_3=z_3,\end{cases}$ 有 $\begin{cases}x_1=z_1+\dfrac{\mathrm{i}}{2}z_2-\dfrac{3}{2}z_3,\\x_2=\dfrac{\mathrm{i}}{2}z_2-\dfrac{1}{2}z_3,\\x_3=z_3.\end{cases}$ 则复二次型的规范形为 $f=z_1^2+z_2^2$.

(4) 在实数域上,令 $\begin{cases}z_1=\dfrac{\sqrt{2}}{4}t_1,\\z_2=\dfrac{\sqrt{2}}{2}t_2,\\z_3=\dfrac{\sqrt{2}}{2}t_3,\\z_4=\dfrac{\sqrt{2}}{4}t_4,\end{cases}$ 得 $\begin{cases}x_1=\dfrac{\sqrt{2}}{4}t_1-\dfrac{5\sqrt{2}}{8}t_2-\dfrac{3\sqrt{2}}{8}t_3+\dfrac{\sqrt{2}}{2}t_4,\\x_2=\dfrac{\sqrt{2}}{2}t_2+\dfrac{\sqrt{2}}{2}t_3,\\x_3=\dfrac{\sqrt{2}}{2}t_2-\dfrac{\sqrt{2}}{2}t_3,\\x_4=\dfrac{\sqrt{2}}{4}t_1-\dfrac{\sqrt{2}}{4}t_4,\end{cases}$

则实二次型的规范形为 $f=t_1^2+t_2^2-t_3^2-t_4^2$.

在复数域上，令$\begin{cases} t_1 = w_1, \\ t_2 = w_2, \\ t_3 = \mathrm{i}w_3, \\ t_4 = \mathrm{i}w_4, \end{cases}$得$\begin{cases} x_1 = \frac{\sqrt{2}}{4}w_1 - \frac{5\sqrt{2}}{8}w_2 - \frac{3\sqrt{2}\mathrm{i}}{8}w_3 + \frac{\sqrt{2}\mathrm{i}}{2}w_4, \\ x_3 = \frac{\sqrt{2}}{2}w_2 + \frac{\sqrt{2}\mathrm{i}}{2}w_3, \\ x_3 = \frac{\sqrt{2}}{2}w_2 - \frac{\sqrt{2}\mathrm{i}}{2}w_3, \\ x_4 = \frac{\sqrt{2}}{4}w_1 - \frac{\sqrt{2}\mathrm{i}}{4}w_4, \end{cases}$

则复二次型的规范形为 $f = w_1^2 + w_2^2 + w_3^2 + w_4^2$.

(5) 在实数域上，令$\begin{cases} z_1 = t_1, \\ z_2 = t_2, \\ z_3 = \frac{\sqrt{3}}{3}t_3, \\ z_4 = t_4, \end{cases}$有$\begin{cases} x_1 = t_1 + t_2 - \frac{2\sqrt{3}}{3}t_3, \\ x_2 = t_1 - t_2 - \frac{2\sqrt{3}}{3}t_3, \\ x_3 = \frac{\sqrt{3}}{3}t_3 + t_4, \\ x_4 = \frac{\sqrt{3}}{3}t_3 - t_4, \end{cases}$

则实二次型的规范形为 $f = t_1^2 - t_2^2 - t_3^2 - t_4^2$.

在复数域上，令$\begin{cases} t_1 = w_1, \\ t_2 = \mathrm{i}w_2, \\ t_3 = \mathrm{i}w_3, \\ t_4 = \mathrm{i}w_4, \end{cases}$得$\begin{cases} x_1 = w_1 + \mathrm{i}w_2 - \frac{2\sqrt{3}\mathrm{i}}{3}w_3, \\ x_2 = w_1 - \mathrm{i}w_2 - \frac{2\sqrt{3}\mathrm{i}}{3}w_3, \\ x_3 = \frac{\sqrt{3}\mathrm{i}}{3}w_3 + \mathrm{i}w_4, \\ x_4 = \frac{\sqrt{3}\mathrm{i}}{3}w_3 - \mathrm{i}w_4, \end{cases}$

则复二次型的规范形为 $f = w_1^2 + w_2^2 + w_3^2 + w_4^2$.

(6) 在实数域上，令$\begin{cases} y_1 = z_1, \\ y_2 = \frac{\sqrt{2}}{2}z_3, \\ y_3 = \sqrt{2}z_2, \\ y_4 = z_4, \end{cases}$得$\begin{cases} x_1 = z_1 + \sqrt{2}z_2 - \sqrt{2}z_3 - z_4, \\ x_2 = -\frac{3\sqrt{2}}{2}z_2 + \frac{\sqrt{2}}{2}z_3 + z_4, \\ x_3 = \sqrt{2}z_2 - z_4, \\ x_4 = z_4, \end{cases}$

则实二次型的规范形为 $f = z_1^2 + z_2^2 - z_3^2$.

在复数域上，令$\begin{cases} z_1 = t_1, \\ z_2 = t_2, \\ z_3 = \mathrm{i}t_3, \\ z_4 = t_4, \end{cases}$得$\begin{cases} x_1 = t_1 + \sqrt{2}t_2 - \sqrt{2}\mathrm{i}t_3 - t_4, \\ x_2 = -\frac{3\sqrt{2}}{2}t_2 + \frac{\sqrt{2}\mathrm{i}}{2}t_3 + t_4, \\ x_3 = \sqrt{2}t_2 - t_4, \\ x_4 = t_4, \end{cases}$

则复二次型的规范形为 $f = t_1^2 + t_2^2 + t_3^2$.

(7) 在实数域上，令$\begin{cases} y_1 = z_1, \\ y_2 = z_2, \\ y_3 = z_4, \\ y_4 = z_3, \end{cases}$有$\begin{cases} x_1 = z_1 + z_3 - z_4, \\ x_2 = -z_3 + z_4, \\ x_3 = z_2 - z_4, \\ x_4 = z_3, \end{cases}$

则实二次型的规范形为 $f = z_1^2 + z_2^2 + z_3^2 - z_4^2$.

在复数域上,令$\begin{cases} z_1 = t_1, \\ z_2 = t_2, \\ z_3 = t_3, \\ z_4 = \mathrm{i}t_4, \end{cases}$有$\begin{cases} x_1 = t_1 + t_3 - \mathrm{i}t_4, \\ x_2 = -t_3 + \mathrm{i}t_4, \\ x_3 = t_2 - \mathrm{i}t_4, \\ x_4 = t_3, \end{cases}$

则复二次型的规范形为 $f = t_1^2 + t_2^2 + t_3^2 + t_4^2$.

方法点击:化二次型为标准形,主要的方法有配方法、初等变换法、正交变换法(本书第九章涉及).使用配方法时需要确定变换矩阵,较为麻烦,大多采用初等变换法.在用初等变换法转化二次型时,务必注意行变换与列变换的关系.

$$\begin{pmatrix} \boldsymbol{P}^{\mathrm{T}} & \boldsymbol{O} \\ \boldsymbol{O} & \boldsymbol{E} \end{pmatrix}\begin{pmatrix} \boldsymbol{A} \\ \boldsymbol{E} \end{pmatrix}\boldsymbol{P} = \begin{pmatrix} \boldsymbol{P}^{\mathrm{T}}\boldsymbol{A}\boldsymbol{P} \\ \boldsymbol{P} \end{pmatrix}.$$

2. 证明:秩等于 r 的对称矩阵可以表成 r 个秩等于 1 的对称矩阵之和.

【思路探索】 根据矩阵的合同标准形来讨论.

证 设 $\boldsymbol{A}^{\mathrm{T}} = \boldsymbol{A}, r(\boldsymbol{A}) = r$,则存在可逆矩阵 $\boldsymbol{T}$,使

$$\boldsymbol{T}^{\mathrm{T}}\boldsymbol{A}\boldsymbol{T} = \begin{pmatrix} d_1 & & & & & \\ & \ddots & & & & \\ & & d_r & & & \\ & & & 0 & & \\ & & & & \ddots & \\ & & & & & 0 \end{pmatrix} (d_i \neq 0, i = 1,2,\cdots,r)$$

$$= \begin{pmatrix} d_1 & & & \\ & 0 & & \\ & & \ddots & \\ & & & 0 \end{pmatrix} + \begin{pmatrix} 0 & & & & \\ & d_2 & & & \\ & & 0 & & \\ & & & \ddots & \\ & & & & 0 \end{pmatrix} + \cdots + \begin{pmatrix} 0 & & & & & & \\ & \ddots & & & & & \\ & & 0 & & & & \\ & & & d_r & & & \\ & & & & 0 & & \\ & & & & & \ddots & \\ & & & & & & 0 \end{pmatrix}$$

$$= \boldsymbol{A}_1 + \boldsymbol{A}_2 + \cdots + \boldsymbol{A}_r,$$

从而 $\boldsymbol{A} = (\boldsymbol{T}^{\mathrm{T}})^{-1}[\boldsymbol{A}_1 + \boldsymbol{A}_2 + \cdots + \boldsymbol{A}_r]\boldsymbol{T}^{-1}$

$$= (\boldsymbol{T}^{\mathrm{T}})^{-1}\boldsymbol{A}_1\boldsymbol{T}^{-1} + (\boldsymbol{T}^{\mathrm{T}})^{-1}\boldsymbol{A}_2\boldsymbol{T}^{-1} + \cdots + (\boldsymbol{T}^{\mathrm{T}})^{-1}\boldsymbol{A}_r\boldsymbol{T}^{-1}$$

$$= \boldsymbol{B}_1 + \boldsymbol{B}_2 + \cdots + \boldsymbol{B}_r, \qquad ①$$

其中 $\boldsymbol{B}_i = (\boldsymbol{T}^{\mathrm{T}})^{-1}\boldsymbol{A}_i\boldsymbol{T}^{-1} (i = 1,2,\cdots,r)$ 是秩为 1 的矩阵,且显然

$$\boldsymbol{B}_i^{\mathrm{T}} = [(\boldsymbol{T}^{\mathrm{T}})^{-1}\boldsymbol{A}_i\boldsymbol{T}^{-1}]^{\mathrm{T}} = [(\boldsymbol{T}^{-1})^{\mathrm{T}}\boldsymbol{A}_i\boldsymbol{T}^{-1}]^{\mathrm{T}} = (\boldsymbol{T}^{-1})^{\mathrm{T}}\boldsymbol{A}_i\boldsymbol{T}^{-1} = \boldsymbol{B}_i.$$

由上述结论及 ① 即得本题成立.

3. 证明:$\begin{pmatrix} \lambda_1 & & & \\ & \lambda_2 & & \\ & & \ddots & \\ & & & \lambda_n \end{pmatrix}$与$\begin{pmatrix} \lambda_{i_1} & & & \\ & \lambda_{i_2} & & \\ & & \ddots & \\ & & & \lambda_{i_n} \end{pmatrix}$合同,其中 $i_1 i_2 \cdots i_n$ 是 $1,2,\cdots,n$ 的一个排列.

【思路探索】 对角矩阵对应于二次型中的标准形.对角矩阵的合同只需将相应的二次型适当变换变量的次序.

证 设两个矩阵分别为 $\boldsymbol{A},\boldsymbol{B}$,与它们相应的二次型分别为

$$f_A=\lambda_1x_1^2+\lambda_2x_2^2+\cdots+\lambda_nx_n^2,f_B=\lambda_{i_1}y_1^2+\lambda_{i_2}y_2^2+\cdots+\lambda_{i_n}y_n^2.$$

作非退化的线性替换 $\begin{cases}y_1=x_{i_1},\\ y_2=x_{i_2},\\ \cdots\cdots\cdots\cdots\\ y_n=x_{i_n},\end{cases}$ 则 f_B 化为 f_A，故 $\boldsymbol{A}$ 与 $\boldsymbol{B}$ 合同.

4. 设 $\boldsymbol{A}$ 是一个 n 阶矩阵，证明：

(1) $\boldsymbol{A}$ 是反称矩阵当且仅当对任一个 n 维向量 $\boldsymbol{X}$，有 $\boldsymbol{X}^{\mathrm{T}}\boldsymbol{AX}=0$；

(2) 如果 $\boldsymbol{A}$ 是对称矩阵，且对任一个 n 维向量 $\boldsymbol{X}$ 有 $\boldsymbol{X}^{\mathrm{T}}\boldsymbol{AX}=0$，那么 $\boldsymbol{A}=\boldsymbol{O}$.

【思路探索】 观察矩阵 $\boldsymbol{A}$ 中 a_{ij} 与 a_{ji} 的关系.

证 (1) 先证必要性.

设 $\boldsymbol{A}$ 为反称矩阵，即 $\boldsymbol{A}=-\boldsymbol{A}^{\mathrm{T}}$，对任意 n 维向量 $\boldsymbol{X}$，有 $(\boldsymbol{X}^{\mathrm{T}}\boldsymbol{AX})^{\mathrm{T}}=\boldsymbol{X}^{\mathrm{T}}\boldsymbol{A}^{\mathrm{T}}\boldsymbol{X}=-\boldsymbol{X}^{\mathrm{T}}\boldsymbol{AX}$，故 $\boldsymbol{X}^{\mathrm{T}}\boldsymbol{AX}=0$.

再证充分性.

设对任给的 $\boldsymbol{X}=\begin{pmatrix}x_1\\x_2\\\vdots\\x_n\end{pmatrix}$，有 $\boldsymbol{X}^{\mathrm{T}}\boldsymbol{AX}=0$，取 $\boldsymbol{X}=\boldsymbol{\varepsilon}_i=\begin{pmatrix}0\\\vdots\\1\\\vdots\\0\end{pmatrix}(i=1,\cdots,n)$，有

$$\boldsymbol{\varepsilon}_i^{\mathrm{T}}\boldsymbol{A\varepsilon}_i=a_{ii}=0,(\boldsymbol{\varepsilon}_i+\boldsymbol{\varepsilon}_j)^{\mathrm{T}}\boldsymbol{A}(\boldsymbol{\varepsilon}_i+\boldsymbol{\varepsilon}_j)=a_{ij}+a_{ji}+a_{ii}+a_{jj}=0,$$

即 $a_{ij}=-a_{ji},\forall i,j=1,2,\cdots,n$. 所以 $\boldsymbol{A}$ 为反称矩阵.

(2) 由(1)知 $\boldsymbol{A}$ 为反称矩阵，所以 $\boldsymbol{A}=\boldsymbol{A}^{\mathrm{T}}=-\boldsymbol{A}$. 所以 $\boldsymbol{A}=\boldsymbol{O}$.

5. 如果把 n 阶实对称矩阵按合同分类，即两个 n 阶实对称矩阵属于同一类当且仅当它们合同，问共有几类?

【思路探索】 本题用规范形最为直接.

解 由于每个 n 阶实对称矩阵都唯一合同于矩阵

$$\boldsymbol{D}=\begin{pmatrix}\boldsymbol{E}_p & & \\ & -\boldsymbol{E}_{r-p} & \\ & & \boldsymbol{O}\end{pmatrix},$$

故 $\boldsymbol{D}$ 的取法取决于 r 与 p 的取值，而 $0\leqslant p\leqslant r\leqslant n$，从而有：

若对称矩阵的秩 $r=0$，则 $\boldsymbol{D}$ 只有一个且 $\boldsymbol{D}=\boldsymbol{O}$；

若 $r=1$，则 $p=0$ 或 1，即 $\boldsymbol{D}$ 有 2 个；

若 $r=2$，则 $p=0,1$ 或 2，即 $\boldsymbol{D}$ 有 3 个；

以此类推，若 $r=n$，则 $p=0,1,\cdots,n-1$ 或 n，即 $\boldsymbol{D}$ 有 $n+1$ 个.

故共有 $1+2+3+\cdots+(n+1)=\dfrac{(n+1)(n+2)}{2}$ 类.

6. 证明：一个实二次型可以分解成两个实系数的一次齐次多项式的乘积的充分必要条件是，它的秩等于 2 和符号差等于 0，或者秩等于 1.

【思路探索】 本题是第四章补充题的结论在二次型中的应用.

证 先证必要性.

设 $f(x_1,x_2,\cdots,x_n)=(a_1x_1+a_2x_2+\cdots+a_nx_n)(b_1x_1+b_2x_2+\cdots+b_nx_n)$.

(1) 若两个一次多项式的系数不成比例，不妨设 $\dfrac{a_1}{b_1}\neq\dfrac{a_2}{b_2}$，作非退化线性替换

$$\begin{cases} y_1 = a_1x_1 + a_2x_2 + \cdots + a_nx_n, \\ y_2 = b_1x_1 + b_2x_2 + \cdots + b_nx_n, \\ y_3 = x_3, \\ \qquad \cdots\cdots\cdots\cdots \\ y_n = x_n, \end{cases}$$

则 $f(x_1,x_2,\cdots,x_n) = y_1y_2$,再作非退化线性替换

$$\begin{cases} y_1 = z_1 + z_2, \\ y_2 = z_1 - z_2, \\ y_3 = z_3, \\ \quad \cdots\cdots\cdots\cdots \\ y_n = z_n, \end{cases}$$

则 $f(x_1,x_2,\cdots,x_n) = z_1^2 - z_2^2$,故二次型 $f(x_1,x_2,\cdots,x_n)$ 的秩为 2,符号差为零.

(2) 若两个一次多项式的系数成比例,即 $b_i = ka_i (i = 1,2,\cdots,n)$. 不妨设 $a_1 \neq 0$,作非退化线性替换

$$\begin{cases} y_1 = a_1x_1 + a_2x_2 + \cdots + a_nx_n, \\ y_2 = x_2, \\ \qquad \cdots\cdots\cdots\cdots \\ y_n = x_n, \end{cases}$$

则 $f(x_1,x_2,\cdots,x_n) = ky_1^2$,即二次型 $f(x_1,x_2,\cdots,x_n)$ 的秩为 1.

再证充分性.

① 设 $f(x_1,x_2,\cdots,x_n)$ 的秩为 2,且符号差为 0,则存在非退化线性替换 $\boldsymbol{X} = \boldsymbol{TY}$,使 $f(x_1,x_2,\cdots,x_n) = y_1^2 - y_2^2 = (y_1 + y_2)(y_1 - y_2)$,其中 y_1,y_2 均为 $x_1,x_2,\cdots,x_n$ 的一次齐次多项式,即

$$y_1 = a_1x_1 + a_2x_2 + \cdots + a_nx_n, y_2 = b_1x_1 + b_2x_2 + \cdots + b_nx_n.$$

显然 $y_1 + y_2, y_1 - y_2$ 也是 $x_1,x_2,\cdots,x_n$ 的一次齐次多项式.

② 设 $f(x_1,x_2,\cdots,x_n)$ 的秩为 1,则存在非退化线性替换 $\boldsymbol{X} = \boldsymbol{PY}$,使

$$f(x_1,x_2,\cdots,x_n) = ky_1^2 = k(a_1x_1 + a_2x_2 + \cdots + a_nx_n)^2.$$

故 $f(x_1,x_2,\cdots,x_n)$ 可分解成两个实系数一次齐次多项式的乘积.

7. 判别下列二次型是否正定:

(1) $99x_1^2 - 12x_1x_2 + 48x_1x_3 + 130x_2^2 - 60x_2x_3 + 71x_3^2$;

(2) $10x_1^2 + 8x_1x_2 + 24x_1x_3 + 2x_2^2 - 28x_2x_3 + x_3^2$;

(3) $\sum\limits_{i=1}^{n} x_i^2 + \sum\limits_{1 \leqslant i \leqslant j \leqslant n} x_ix_j$;　　(4) $\sum\limits_{i=1}^{n} x_i^2 + \sum\limits_{i=1}^{n-1} x_ix_{i+1}$.

解　(1) 二次型的矩阵为

$$\boldsymbol{A} = \begin{pmatrix} 99 & -6 & 24 \\ -6 & 130 & -30 \\ 24 & -30 & 71 \end{pmatrix},$$

因为 $\Delta_1 = 99 > 0, \Delta_2 = \begin{vmatrix} 99 & -6 \\ -6 & 130 \end{vmatrix} > 0, \Delta_3 = |\boldsymbol{A}| > 0$,故由教材定理 7 可知,原二次型 f 为正定二次型.

(2) 二次型的矩阵为

$$\boldsymbol{A} = \begin{pmatrix} 10 & 4 & 12 \\ 4 & 2 & -14 \\ 12 & -14 & 1 \end{pmatrix},$$

因为 $\Delta_1 = 10 > 0, \Delta_2 = \begin{vmatrix} 10 & 4 \\ 4 & 2 \end{vmatrix} > 0, \Delta_3 = |\boldsymbol{A}| = -3\,588 < 0$,故由教材定理 7 可知,原二次型 f 非正

定二次型.

(3) **方法一** $f(x_1,\cdots,x_n)=\frac{1}{2}\left(2\sum_{i=1}^{n}x_i^2+2\sum_{1\leqslant i<j\leqslant n}x_ix_j\right)=\frac{1}{2}\left((x_1+\cdots+x_n)^2+\sum_{i=1}^{n}{x_i}^2\right)$,

对 $\forall \boldsymbol{X}=(x_1,\cdots,x_n)^{\mathrm{T}}\neq\boldsymbol{0}$,有 $f>0$;若 $f=0$,则$\begin{cases}x_1+\cdots+x_n=0,\\ \sum_{i=1}^{n}x_i^2=0,\end{cases}$ 则 $\boldsymbol{X}=\begin{pmatrix}x_1\\ \vdots\\ x_n\end{pmatrix}=\boldsymbol{0}$.

即 $\forall \boldsymbol{X}\neq 0$,$f>0$.故 f 为正定二次型.

方法二 由题意知 f 的矩阵为 $\boldsymbol{A}=\begin{pmatrix}1&\frac{1}{2}&\frac{1}{2}&\cdots&\frac{1}{2}\\ \frac{1}{2}&1&\frac{1}{2}&\cdots&\frac{1}{2}\\ \vdots&\vdots&\vdots&&\vdots\\ \frac{1}{2}&\frac{1}{2}&\frac{1}{2}&\cdots&1\end{pmatrix}$,它的第 k 个顺序主子式

$$\Delta_k=\frac{k+1}{2}\left(\frac{1}{2}\right)^{k+1}>0,\forall k=1,2,\cdots,n.$$

由教材定理 7 知,f 为正定二次型.

(4) **方法一** 二次型的矩阵为

$$\boldsymbol{A}=\begin{pmatrix}1&\frac{1}{2}&&&\\ \frac{1}{2}&1&\ddots&&\\ &\ddots&\ddots&\ddots&\\ &&\ddots&1&\frac{1}{2}\\ &&&\frac{1}{2}&1\end{pmatrix},$$

$\boldsymbol{A}$ 的 k 阶顺序主子式为

$$\Delta_k=|\boldsymbol{A}_k|=\begin{vmatrix}1&\frac{1}{2}&&&\\ \frac{1}{2}&1&\ddots&&\\ &\ddots&\ddots&\ddots&\\ &&\ddots&1&\frac{1}{2}\\ &&&\frac{1}{2}&1\end{vmatrix}_k=\left(\frac{1}{2}\right)^k\begin{vmatrix}2&1&&&\\ 1&2&\ddots&&\\ &\ddots&\ddots&\ddots&\\ &&\ddots&2&1\\ &&&1&2\end{vmatrix}_k$$

$$=\left(\frac{1}{2}\right)^k\begin{vmatrix}2&1&0&0&\cdots&0&0\\ 0&\frac{3}{2}&1&0&\cdots&0&0\\ 0&0&\frac{4}{3}&1&\cdots&0&0\\ \vdots&\vdots&\vdots&\vdots&&\vdots&\vdots\\ 0&0&0&0&\cdots&0&\frac{k+1}{k}\end{vmatrix}=\left(\frac{1}{2}\right)^k(k+1)>0(k=1,2,\cdots,n),$$

由教材定理 7 知,原二次型 f 为正定二次型.

注记:Δ_k 也可由第 2 章习题 18(3) 的结论得.

方法二 $f=\frac{1}{2}\left[x_1^2+x_n^2+\sum_{i=1}^{n-1}(x_i+x_{i+1})^2\right]$，对 $\forall \boldsymbol{X}=(x_1,x_2,\cdots,x_n)^{\mathrm{T}}\neq\boldsymbol{0}$，有 $f>0$，且若 $f=0$，有

$$\begin{cases}x_1=0,\\ x_n=0,\\ x_i+x_{i+1}=0,i=1,2,\cdots,n-1,\end{cases}$$

解得 $\boldsymbol{X}=\begin{pmatrix}x_1\\x_2\\\vdots\\x_n\end{pmatrix}=\boldsymbol{0}$，即 $\forall \boldsymbol{X}\neq\boldsymbol{0}$，都有 $f>0$，故 f 为正定二次型.

8. t 取什么值时，下列二次型是正定的：

(1) $x_1^2+x_2^2+5x_3^2+2tx_1x_2-2x_1x_3+4x_2x_3$；

(2) $x_1^2+4x_2^2+x_3^2+2tx_1x_2+10x_1x_3+6x_2x_3$.

解 (1) 二次型的矩阵为

$$\boldsymbol{A}=\begin{pmatrix}1&t&-1\\t&1&2\\-1&2&5\end{pmatrix}.$$

由教材定理 7 可知，当 $\boldsymbol{A}$ 的所有顺序主子式都大于 0 时，即 $\Delta_1=1>0,\Delta_2=\begin{vmatrix}1&t\\t&1\end{vmatrix}=1-t^2>0,\Delta_3=|\boldsymbol{A}|=-t(4+5t)>0$，解得 $-\frac{4}{5}<t<0$. 所以当 $-\frac{4}{5}<t<0$ 时，该二次型正定.

(2) 二次型矩阵为

$$\boldsymbol{A}=\begin{pmatrix}1&t&5\\t&4&3\\5&3&1\end{pmatrix}.$$

由教材定理 7 知，当 $\boldsymbol{A}$ 的所有顺序主子式都大于零时，即

$$\Delta_1=1>0,\Delta_2=\begin{vmatrix}1&t\\t&4\end{vmatrix}=4-t^2>0,\Delta_3=|\boldsymbol{A}|=-t^2+30t-105>0,$$

原二次型为正定的，联立 $\Delta_i(i=1,2,3)$ 得 $\begin{cases}4-t^2>0,\\-t^2+30t-105>0.\end{cases}$ 但此不等式组无解，即不存在 t 值，使原二次型为正定的.

9. 证明：如果 $\boldsymbol{A}$ 是正定矩阵，那么 $\boldsymbol{A}$ 的主子式全大于零.

证 设 $\boldsymbol{A}=(a_{ij})_{n\times n}$ 为正定矩阵，其任一 m 阶主子式为

$$|\boldsymbol{A}_{(m)}|=\begin{vmatrix}a_{k_1k_1}&\cdots&a_{k_1k_m}\\\vdots&&\vdots\\a_{k_mk_1}&\cdots&a_{k_mk_m}\end{vmatrix}.$$

下面考察两个二次型 $\boldsymbol{X}^{\mathrm{T}}\boldsymbol{A}\boldsymbol{X}$ 和 $\boldsymbol{Y}^{\mathrm{T}}\boldsymbol{A}_{(m)}\boldsymbol{Y}$.

对任意 $\boldsymbol{Y}_0=(b_{k_1},\cdots,b_{k_m})^{\mathrm{T}}\neq\boldsymbol{0},\boldsymbol{X}_0=(c_1,\cdots,c_n)^{\mathrm{T}}\neq\boldsymbol{0}$，其中

$$c_i=\begin{cases}b_i,i=k_1,k_2,\cdots,k_m,\\0,i\text{ 取其他值}.\end{cases}$$

由于 $\boldsymbol{X}^{\mathrm{T}}\boldsymbol{A}\boldsymbol{X}$ 正定，知 $\boldsymbol{X}_0{}^{\mathrm{T}}\boldsymbol{A}\boldsymbol{X}_0>0$，从而 $\boldsymbol{Y}_0{}^{\mathrm{T}}\boldsymbol{A}_{(m)}\boldsymbol{Y}_0=\boldsymbol{X}_0{}^{\mathrm{T}}\boldsymbol{A}\boldsymbol{X}_0>0$，由 $\boldsymbol{Y}_0$ 的任意性，知 $\boldsymbol{Y}^{\mathrm{T}}\boldsymbol{A}_{(m)}\boldsymbol{Y}$ 是正定二次型，故 $|\boldsymbol{A}_{(m)}|>0$.

方法点击：$f(x_1,\cdots,x_n)=(x_1,\cdots,x_n)\boldsymbol{A}\begin{pmatrix}x_1\\ \vdots\\ x_n\end{pmatrix}$ 为正定二次型，适当调整变量次序 $f(x_{i_1},\cdots,x_{i_n})$ 仍正定. 此时 $x_{i_1},\cdots,x_{i_k}$ 为前 k 个变量，则它所对应的矩阵即为 $\boldsymbol{A}$ 的 $i_1,\cdots,i_k$ 行，$i_1,\cdots,i_k$ 列构成的 k 阶主子式，在 $f(x_{i_1},\cdots,x_{i_n})$ 中为顺序主子式，必大于 0.

10. 设 $\boldsymbol{A}$ 是实对称矩阵. 证明：当实数 t 充分大之后，$t\boldsymbol{E}+\boldsymbol{A}$ 是正定矩阵.

证　$t\boldsymbol{E}+\boldsymbol{A}$ 的 k 阶顺序主子式

$$\Delta_k(t)=\begin{vmatrix}t+a_{11} & a_{12} & \cdots & a_{1k}\\ a_{21} & t+a_{22} & \cdots & a_{2k}\\ \vdots & \vdots & & \vdots\\ a_{k1} & a_{k2} & \cdots & t+a_{kk}\end{vmatrix},$$

当 t 充分大时，为严格对角占优，故 $\Delta_k(t)>0(k=i,\cdots,n)$（参考第三章补充题 10(2)），所以 $t\boldsymbol{E}+\boldsymbol{A}$ 是正定矩阵.

11. 证明：如果 $\boldsymbol{A}$ 是正定矩阵，那么 $\boldsymbol{A}^{-1}$ 也是正定矩阵.

【思路探索】　考虑正定矩阵的等价性质.

证　**方法一**　首先，由于 $\boldsymbol{A}$ 为实对称矩阵，则 $(\boldsymbol{A}^{-1})^{\mathrm{T}}=(\boldsymbol{A}^{\mathrm{T}})^{-1}=\boldsymbol{A}^{-1}$，所以 $\boldsymbol{A}^{-1}$ 也是实对称矩阵. 其次，由 $\boldsymbol{A}$ 为正定矩阵知，$\boldsymbol{X}^{\mathrm{T}}\boldsymbol{A}\boldsymbol{X}$ 为正定二次型，令 $\boldsymbol{X}=\boldsymbol{A}^{-1}\boldsymbol{Y}$，则 $\boldsymbol{X}^{\mathrm{T}}\boldsymbol{A}\boldsymbol{X}=(\boldsymbol{A}^{-1}\boldsymbol{Y})^{\mathrm{T}}\boldsymbol{A}(\boldsymbol{A}^{-1}\boldsymbol{Y})=\boldsymbol{Y}^{\mathrm{T}}(\boldsymbol{A}^{-1})^{\mathrm{T}}\boldsymbol{Y}=\boldsymbol{Y}^{\mathrm{T}}(\boldsymbol{A}^{\mathrm{T}})^{-1}\boldsymbol{Y}=\boldsymbol{Y}^{\mathrm{T}}\boldsymbol{A}^{-1}\boldsymbol{Y}$，从而 $\boldsymbol{Y}^{\mathrm{T}}\boldsymbol{A}^{-1}\boldsymbol{Y}$ 为正定二次型，故 $\boldsymbol{A}^{-1}$ 为正定矩阵.

方法二　由于 $\boldsymbol{A}$ 是正定矩阵，存在可逆矩阵 $\boldsymbol{P}$，使得 $\boldsymbol{A}=\boldsymbol{P}^{\mathrm{T}}\boldsymbol{E}\boldsymbol{P}$，即

$$\boldsymbol{A}^{-1}=\boldsymbol{P}^{-1}\boldsymbol{E}(\boldsymbol{P}^{\mathrm{T}})^{-1}=\boldsymbol{P}^{-1}\boldsymbol{E}(\boldsymbol{P}^{-1})^{\mathrm{T}}.$$

即 $\boldsymbol{A}^{-1}$ 与 $\boldsymbol{E}$ 也合同，从而 $\boldsymbol{A}^{-1}$ 是正定矩阵.

12. 设 $\boldsymbol{A}$ 为一个 n 阶实对称矩阵，且 $|\boldsymbol{A}|<0$，证明：必存在 n 维实向量 $\boldsymbol{X}\neq\boldsymbol{0}$，使 $\boldsymbol{X}^{\mathrm{T}}\boldsymbol{A}\boldsymbol{X}<0$.

【思路探索】　根据其合同标准形（规范形）来讨论.

证　因为 $|\boldsymbol{A}|<0$，所以 $r(A)=n$，且 $\boldsymbol{A}$ 不是正定矩阵. 故必存在非退化线性替换 $\boldsymbol{X}=\boldsymbol{C}^{-1}\boldsymbol{Y}$，其中 $\boldsymbol{C}=(c_{ij})_{n\times n}$，使

$$\begin{aligned}\boldsymbol{X}^{\mathrm{T}}\boldsymbol{A}\boldsymbol{X}&=\boldsymbol{Y}^{\mathrm{T}}(\boldsymbol{C}^{-1})^{\mathrm{T}}\boldsymbol{A}\boldsymbol{C}^{-1}\boldsymbol{Y}=\boldsymbol{Y}^{\mathrm{T}}\boldsymbol{B}\boldsymbol{Y}\\&=y_1^2+y_2^2+\cdots+y_p^2-y_{p+1}^2-y_{p+2}^2-\cdots-y_n^2(0\leqslant p\leqslant n),\end{aligned}$$

且在规范形中必含带负号的平方项. 于是只要在 $\boldsymbol{X}=\boldsymbol{C}^{-1}\boldsymbol{Y}$ 中，令 $y_1=y_2=\cdots=y_p=0$，$y_{p+1}=y_{p+2}=\cdots=y_n=1$，则可得一线性方程组

$$\begin{cases}c_{11}x_1+c_{12}x_2+\cdots+c_{1n}x_n=0,\\ \cdots\cdots\cdots\cdots\\ c_{p1}x_1+c_{p2}x_2+\cdots+c_{pn}x_n=0,\\ c_{p+1,1}x_1+c_{p+1,2}x_2+\cdots+c_{p+1,n}x_n=1,\\ \cdots\cdots\cdots\cdots\\ c_{n1}x_1+c_{n2}x_2+\cdots+c_{nn}x_n=1,\end{cases}$$

由于 $|\boldsymbol{C}|\neq0$，故可得唯一一组非零解 $\boldsymbol{X}_s=(x_{1s},x_{2s},\cdots,x_{ns})$ 使得

$$\boldsymbol{X}_s{}^{\mathrm{T}}\boldsymbol{A}\boldsymbol{X}_s=0+0+\cdots+0-1-1-\cdots-1=-(n-p)<0,$$

即证存在 $\boldsymbol{X}\neq0$，使 $\boldsymbol{X}^{\mathrm{T}}\boldsymbol{A}\boldsymbol{X}<0$.

方法点击：本题从另一个角度说明 n 阶实对称矩阵 $\boldsymbol{A}$ 满足 $|\boldsymbol{A}|<0$ 时，$\boldsymbol{A}$ 必有小于 0 的特征值.

13. 如果 $\boldsymbol{A},\boldsymbol{B}$ 都是 n 阶正定矩阵，证明：$\boldsymbol{A}+\boldsymbol{B}$ 也是正定矩阵.

证　因为 $\boldsymbol{A},\boldsymbol{B}$ 为正定矩阵，所以 $\boldsymbol{X}^{\mathrm{T}}\boldsymbol{AX},\boldsymbol{X}^{\mathrm{T}}\boldsymbol{BX}$ 为正定二次型，且对 $\forall \boldsymbol{X}\neq\boldsymbol{0}$，有 $\boldsymbol{X}^{\mathrm{T}}\boldsymbol{AX}>0,\boldsymbol{X}^{\mathrm{T}}\boldsymbol{BX}>0$，故

$$\boldsymbol{X}^{\mathrm{T}}(\boldsymbol{A}+\boldsymbol{B})\boldsymbol{X}=\boldsymbol{X}^{\mathrm{T}}\boldsymbol{AX}+\boldsymbol{X}^{\mathrm{T}}\boldsymbol{BX}>0.$$

于是 $\boldsymbol{X}^{\mathrm{T}}(\boldsymbol{A}+\boldsymbol{B})\boldsymbol{X}$ 必为正定二次型，从而 $\boldsymbol{A}+\boldsymbol{B}$ 为正定矩阵.

方法点击：本题也可用特征值的办法证明，需用到"$\boldsymbol{A},\boldsymbol{B}$ 可同时对角化". 习题 10 是本题的特例，正定矩阵的和、数乘($k>0$)、逆均为正定矩阵.

14. 证明：二次型 $f(x_1,x_2,\cdots,x_n)$ 是半正定的充分必要条件是它的正惯性指数与秩相等.

【思路探索】　本题的证明类似于正定矩阵的证明，并且指出了正定和半正定的区别.

证　先证充分性.

设 f 的秩 r 与正惯性指数 p 相等，所以 f 的负惯性指数为 0，则 f 可经非退化线性替换 $\boldsymbol{X}=\boldsymbol{CY}$ 化为

$$f(x_1,x_2,\cdots,x_n)=y_1^2+y_2^2+\cdots+y_p^2\geqslant 0,$$

从而 f 为半正定的.

再证必要性.

由于 f 为半正定的，则 f 可经实非退化线性替换 $\boldsymbol{X}=\boldsymbol{CY}$ 化为规范形

$$f(x_1,x_2,\cdots,x_n)=y_1^2+\cdots+y_p^2-y_{p+1}^2-\cdots-y_r^2\ (p\leqslant r).$$

用反证法，假设 $p<r$，令 $y_1=y_2=\cdots=y_p=0,y_{p+1}=\cdots=y_r=1$，且对应 $\boldsymbol{X}$ 的取值为

$$\boldsymbol{X}=\begin{pmatrix}x_1\\x_2\\\vdots\\x_n\end{pmatrix}=\boldsymbol{C}\begin{pmatrix}0\\\vdots\\0\\1\\\vdots\\1\end{pmatrix},$$

必有 $f(x_1,x_2,\cdots,x_n)<0$，这与 f 是半正定相矛盾，故 f 的秩与正惯性指数相同.

15. 证明：$n\sum\limits_{i=1}^{n}x_i^2-\left(\sum\limits_{i=1}^{n}x_i\right)^2$ 是半正定的.

【思路探索】　此题用配方法较简便.

证　**方法一**　
$$\begin{aligned}f(x_1,x_2,\cdots,x_n)&=n\sum_{i=1}^{n}x_i^2-\left(\sum_{i=1}^{n}x_i\right)^2\\&=n(x_1^2+x_2^2+\cdots+x_n^2)-(x_1^2+x_2^2+\cdots+x_n^2+2x_1x_2+\cdots+2x_1x_n+\\&\quad 2x_2x_3+\cdots+2x_2x_n+\cdots+2x_{n-1}x_n)\\&=(n-1)\sum_{i=1}^{n}x_i^2-\sum_{1\leqslant i<j\leqslant n}2x_ix_j=\sum_{1\leqslant i<j\leqslant n}(x_i^2+x_j^2-2x_ix_j)\\&=\sum_{1\leqslant i<j\leqslant n}(x_i-x_j)^2\geqslant 0.\end{aligned}$$

由此看到：

(1) 当 $x_1,x_2,\cdots,x_n$ 不全相等时，$\sum\limits_{1\leqslant i<j\leqslant n}(x_i-x_j)^2>0$.

(2) 当 $x_1=x_2=\cdots=x_n$ 时，$\sum\limits_{1\leqslant i<j\leqslant n}(x_i-x_j)^2=0$.

按定义知原二次型 $f(x_1,x_2,\cdots,x_n)$ 是半正定的.

方法二　由题意知，$f=\left|\begin{pmatrix}n & \sum\limits_{i=1}^{n}x_i\\ \sum\limits_{i=1}^{n}x_i & \sum\limits_{i=1}^{n}x_i{}^2\end{pmatrix}\right|=\left|\begin{pmatrix}1&1&\cdots&1\\x_1&x_2&\cdots&x_n\end{pmatrix}\begin{pmatrix}1&x_1\\1&x_2\\\vdots&\vdots\\1&x_n\end{pmatrix}\right|.$

记 $\boldsymbol{B}=\begin{pmatrix}1 & 1 & \cdots & 1\\ x_1 & x_2 & \cdots & x_n\end{pmatrix}^{\mathrm{T}}$,则 $f=|\boldsymbol{B}^{\mathrm{T}}\boldsymbol{B}|$.

令 $g(\boldsymbol{Y})=\boldsymbol{Y}(\boldsymbol{B}^{\mathrm{T}}\boldsymbol{B})\boldsymbol{Y}$,对 $\forall\boldsymbol{X}$ 及 $\forall\boldsymbol{Y}$,有 $g(\boldsymbol{Y})\geqslant 0$.

故 g 半正定,所以 $\boldsymbol{B}^{\mathrm{T}}\boldsymbol{B}$ 半正定,即 $f=|\boldsymbol{B}^{\mathrm{T}}\boldsymbol{B}|\geqslant 0$.

由 $\boldsymbol{X}$ 的任意性知,f 半正定.

16. 设 $f(x_1,x_2,\cdots,x_n)=\boldsymbol{X}^{\mathrm{T}}\boldsymbol{A}\boldsymbol{X}$ 是一实二次型,已知有 n 维实向量 $\boldsymbol{X}_1,\boldsymbol{X}_2$,使

$$\boldsymbol{X}_1{}^{\mathrm{T}}\boldsymbol{A}\boldsymbol{X}_1>0,\boldsymbol{X}_2{}^{\mathrm{T}}\boldsymbol{A}\boldsymbol{X}_2<0,$$

证明:必存在 n 维实向量 $\boldsymbol{X}_0\neq\boldsymbol{0}$,使 $\boldsymbol{X}_0{}^{\mathrm{T}}\boldsymbol{A}\boldsymbol{X}_0=0$.

【思路探索】 f 既不能是半正定,又不能是半负定,只能是不定.从标准形出发讨论.

证 设 $\boldsymbol{A}$ 的秩为 r,作实非退化线性替换 $\boldsymbol{X}=\boldsymbol{C}\boldsymbol{Y}$,将 f 化为规范形 $f(x_1,x_2,\cdots,x_n)=y_1^2+\cdots+y_p^2-y_{p+1}^2-\cdots-y_{p+q}^2(r=p+q)$.由于存在两个向量 $\boldsymbol{X}_1,\boldsymbol{X}_2$,使 $\boldsymbol{X}_1{}^{\mathrm{T}}\boldsymbol{A}\boldsymbol{X}_1>0,\boldsymbol{X}_2{}^{\mathrm{T}}\boldsymbol{A}\boldsymbol{X}_2<0$,从而可得 $p>0$,$q>0$.

令 $y_1=y_{p+1}=1,y_2=\cdots=y_p=y_{p+2}=\cdots=y_n=0$,代入 $\boldsymbol{X}=\boldsymbol{C}\boldsymbol{Y}$,得一个实向量 $\boldsymbol{X}_0\neq\boldsymbol{0}$,且有

$$f=\boldsymbol{X}_0{}^{\mathrm{T}}\boldsymbol{A}\boldsymbol{X}_0=0.$$

17. $\boldsymbol{A}$ 是一实矩阵.证明:秩$(\boldsymbol{A}^{\mathrm{T}}\boldsymbol{A})=$ 秩$(\boldsymbol{A})$.

证 记 $\boldsymbol{A}=(a_{ij})_{m\times n}$,设 $\boldsymbol{X}$ 是线性方程组$(\boldsymbol{A}^{\mathrm{T}}\boldsymbol{A})\boldsymbol{X}=\boldsymbol{0}$ 的解,左乘 $\boldsymbol{X}^{\mathrm{T}}$,得

$$0=\boldsymbol{X}^{\mathrm{T}}(\boldsymbol{A}^{\mathrm{T}}\boldsymbol{A})\boldsymbol{X}=\boldsymbol{X}^{\mathrm{T}}\boldsymbol{A}^{\mathrm{T}}\boldsymbol{A}\boldsymbol{X}=(\boldsymbol{A}\boldsymbol{X})^{\mathrm{T}}\boldsymbol{A}\boldsymbol{X}\xlongequal{\boldsymbol{Y}=\boldsymbol{A}\boldsymbol{X}}\boldsymbol{Y}^{\mathrm{T}}\boldsymbol{Y}=y_1^2+\cdots+y_m^2,$$

解得 $y_1=\cdots=y_m=0$,即 $Y=\boldsymbol{0}$,即 $\boldsymbol{A}\boldsymbol{X}=\boldsymbol{0}$,可见 $\boldsymbol{X}$ 也是 $\boldsymbol{A}\boldsymbol{X}=\boldsymbol{0}$ 的解.

反之,设 $\boldsymbol{X}$ 是 $\boldsymbol{A}\boldsymbol{X}=\boldsymbol{0}$ 的解,左乘 $\boldsymbol{A}^{\mathrm{T}}$,得 $\boldsymbol{A}^{\mathrm{T}}\boldsymbol{A}\boldsymbol{X}=(\boldsymbol{A}^{\mathrm{T}}\boldsymbol{A})\boldsymbol{X}=\boldsymbol{0}$,可见 $\boldsymbol{X}$ 也是 $\boldsymbol{A}^{\mathrm{T}}\boldsymbol{A}\boldsymbol{X}=\boldsymbol{0}$ 的解,于是 $\boldsymbol{A}\boldsymbol{X}=\boldsymbol{0}$ 与 $\boldsymbol{A}^{\mathrm{T}}\boldsymbol{A}\boldsymbol{X}=\boldsymbol{0}$ 同解,从而它们的基础解系所含向量个数相同,即

$$n-r(\boldsymbol{A})=n-r(\boldsymbol{A}^{\mathrm{T}}\boldsymbol{A}),$$

所以 $r(\boldsymbol{A})=r(\boldsymbol{A}^{\mathrm{T}}\boldsymbol{A})$.

方法点击:解决此题的关键是 $\boldsymbol{X}^{\mathrm{T}}\boldsymbol{X}=0\Rightarrow\boldsymbol{X}=\boldsymbol{0}$,这一点只对实向量成立,复向量不成立.

补充题解答

1. 用非退化线性替换化下列二次型为标准形,并用矩阵验算所得结果:

(1) $x_1x_{2n}+x_2x_{2n-1}+\cdots+x_nx_{n+1}$; (2) $x_1x_2+x_2x_3+\cdots+x_{n-1}x_n$;

(3) $\sum\limits_{i=1}^{n}x_i^2+\sum\limits_{1\leqslant i<j\leqslant n}x_ix_j$; (4) $\sum\limits_{i=1}^{n}(x_i-\overline{x})^2$,其中 $\overline{x}=\dfrac{x_1+x_2+\cdots+x_n}{n}$.

解 (1) 作变换

$$\begin{cases}x_1=y_1+y_{2n},\\ x_2=y_2+y_{2n-1},\\ \cdots\cdots\cdots\cdots\\ x_n=y_n+y_{n+1},\\ x_{n+1}=y_n-y_{n+1},\\ \cdots\cdots\cdots\cdots\\ x_{2n-1}=y_2-y_{2n-1},\\ x_{2n}=y_1-y_{2n},\end{cases}\quad 即\ \boldsymbol{T}=\begin{pmatrix}1 & 0 & & & & & 0 & 1\\ 0 & 1 & & & & & 1 & 0\\ & & \ddots & & & \iddots & & \\ & & & 1 & 1 & & & \\ & & & 1 & -1 & & & \\ & & \iddots & & & \ddots & & \\ 0 & 1 & & & & & -1 & 0\\ 1 & 0 & & & & & 0 & -1\end{pmatrix},$$

则原二次型化为 $f(x_1,x_2,\cdots,x_{2n})=y_1^2+\cdots+y_n^2-y_{n+1}^2-\cdots-y_{2n}^2$.

验算：

$$
\boldsymbol{T}^{\mathrm{T}}\boldsymbol{AT}=\begin{pmatrix}
1 & 0 & & & & & 0 & 1\\
0 & 1 & & & & & 1 & 0\\
 & & \ddots & & & ⋰ & & \\
 & & & 1 & 1 & & & \\
 & & & 1 & -1 & & & \\
 & & ⋰ & & & \ddots & & \\
0 & 1 & & & & & -1 & 0\\
1 & 0 & & & & & 0 & -1
\end{pmatrix}\cdot\begin{pmatrix}
 & & & \frac{1}{2}\\
 & & \frac{1}{2} & \\
 & ⋰ & & \\
\frac{1}{2} & & & \\
\frac{1}{2} & & &
\end{pmatrix}\cdot
$$

$$
\begin{pmatrix}
1 & 0 & & & & & 0 & 1\\
0 & 1 & & & & & 1 & 0\\
 & & \ddots & & & ⋰ & & \\
 & & & 1 & 1 & & & \\
 & & & 1 & -1 & & & \\
 & & ⋰ & & & \ddots & & \\
0 & 1 & & & & & -1 & 0\\
1 & 0 & & & & & 0 & -1
\end{pmatrix}=\begin{pmatrix}
1 & & & & & \\
 & \ddots & & & & \\
 & & 1 & & & \\
 & & & -1 & & \\
 & & & & \ddots & \\
 & & & & & -1
\end{pmatrix}\begin{matrix}\left.\begin{matrix}\\ \\ \\ \end{matrix}\right\}n\text{ 个}\\ \left.\begin{matrix}\\ \\ \\ \end{matrix}\right\}n\text{ 个}\end{matrix}
$$

(2) 若 $y_1=\dfrac{x_1+x_2+x_3}{2}$，$y_2=\dfrac{x_1-x_2+x_3}{2}$，则

$$y_1^2-y_2^2=(y_1+y_2)(y_1-y_2)=x_1x_2+x_2x_3.$$

① 当 n 为奇数时，作变换

$$
\begin{cases}
y_i=\dfrac{x_i+x_{i+1}+x_{i+2}}{2},\\
y_{i+1}=\dfrac{x_i-x_{i+1}+x_{i+2}}{2},(i=1,3,5,\cdots,n-2),\\
y_n=x_n,
\end{cases}\qquad (*)
$$

则原二次型化简为 $f=y_1^2-y_2^2+y_3^2-y_4^2+\cdots+y_{n-2}^2-y_{n-1}^2$.

由（*）式，当 $n=4k+1$ 时，得线性替换的矩阵为

$$
\boldsymbol{T}=\begin{pmatrix}
1 & 1 & -1 & -1 & \cdots & -1 & -1 & 1\\
1 & -1 & 0 & 0 & \cdots & 0 & 0 & 0\\
 & & 1 & 1 & \cdots & 1 & 1 & -1\\
 & & 1 & -1 & \cdots & 0 & 0 & 0\\
 & & & & & \vdots & \vdots & \vdots\\
 & & & & & 1 & -1 & 0\\
 & & & & & & & 1
\end{pmatrix};
$$

当 $n=4k+3$ 时，得线性替换的矩阵为

$$
\boldsymbol{T}=\begin{pmatrix}
1 & 1 & -1 & -1 & \cdots & 1 & 1 & -1\\
1 & -1 & 0 & 0 & \cdots & 0 & 0 & 0\\
 & & 1 & 1 & \cdots & -1 & -1 & 1\\
 & & 1 & -1 & \cdots & 0 & 0 & 0\\
 & & & & & \vdots & \vdots & \vdots\\
 & & & & & 1 & -1 & 0\\
 & & & & & & & 1
\end{pmatrix};
$$

在这两种情况下，都有

$$T^{\mathrm{T}}AT=\begin{pmatrix}1&&&&&&&\\&-1&&&&&&\\&&1&&&&&\\&&&-1&&&&\\&&&&\ddots&&&\\&&&&&1&&\\&&&&&&-1&\\&&&&&&&0\end{pmatrix}.$$

② 当 n 为偶数时，作变换

$$\begin{cases}y_i=\dfrac{x_i+x_{i+1}+x_{i+2}}{2},\\ y_{i+1}=\dfrac{x_i-x_{i+1}+x_{i+2}}{2},\\ y_{n-1}=\dfrac{x_{n-1}+x_n}{2},\\ y_n=\dfrac{x_{n-1}-x_n}{2}\end{cases}(i=1,3,5,\cdots,n-3).\qquad(**)$$

则原二次型化为 $f=y_1^2-y_2^2+y_3^2-y_4^2+\cdots+y_{n-1}^2-y_n^2$.

由式(∗∗)，当 $n=4k$ 时，得线性替换的矩阵为

$$T=\begin{pmatrix}1&1&-1&-1&\cdots&-1&-1\\1&-1&0&0&\cdots&0&0\\&&1&1&\cdots&1&1\\&&1&-1&\cdots&0&0\\&&&&&\vdots&\vdots\\&&&&&1&1\\&&&&&1&-1\end{pmatrix};$$

当 $n=4k+2$ 时，得线性替换的矩阵为

$$T=\begin{pmatrix}1&1&-1&-1&\cdots&1&1\\1&-1&0&0&\cdots&0&0\\&&1&1&\cdots&-1&-1\\&&1&-1&\cdots&0&0\\&&&&&\vdots&\vdots\\&&&&&1&1\\&&&&&1&-1\end{pmatrix}.$$

在这两种情况下，都有

$$T^{\mathrm{T}}AT=\begin{pmatrix}1&&&&&&\\&-1&&&&&\\&&1&&&&\\&&&-1&&&\\&&&&\ddots&&\\&&&&&1&\\&&&&&&-1\end{pmatrix}.$$

(3) 将原式展开经配方整理，得

$$f=\left(x_1+\frac{1}{2}\sum_{j=2}^{n}x_j\right)^2+\frac{3}{4}\left(x_2+\frac{1}{3}\sum_{j=3}^{n}x_j\right)^2+\cdots+\frac{n}{2(n-1)}\cdot\left(x_{n-1}+\frac{1}{n}x_n\right)^2+\frac{n+1}{2n}x_n^2.$$

令 $\begin{cases} y_1=x_1+\frac{1}{2}\sum\limits_{j=2}^{n}x_j, \\ y_2=x_2+\frac{1}{3}\sum\limits_{j=3}^{n}x_j, \\ \cdots\cdots\cdots\cdots \\ y_{n-1}=x_{n-1}+\frac{1}{n}x_n, \\ y_n=x_n, \end{cases}$ 即 $\begin{cases} x_1=y_1-\frac{1}{2}y_2-\frac{1}{3}y_3-\cdots-\frac{1}{n-1}y_{n-1}-\frac{1}{n}y_n, \\ x_2=y_2-\frac{1}{3}y_3-\cdots-\frac{1}{n-1}y_{n-1}-\frac{1}{n}y_n, \\ \cdots\cdots\cdots\cdots \\ x_{n-1}=y_{n-1}-\frac{1}{n}y_n, \\ x_n=y_n, \end{cases}$

则原二次型化为 $f=y_1^2+\frac{3}{4}y_2^2+\frac{4}{6}y_3^2+\cdots+\frac{n}{2(n-1)}y_{n-1}^2+\frac{n+1}{2n}y_n^2$.

线性替换的矩阵为

$$\boldsymbol{T}=\begin{pmatrix} 1 & -\frac{1}{2} & -\frac{1}{3} & \cdots & -\frac{1}{n-1} & -\frac{1}{n} \\ 0 & 1 & -\frac{1}{3} & \cdots & -\frac{1}{n-1} & -\frac{1}{n} \\ 0 & 0 & 1 & \cdots & -\frac{1}{n-1} & -\frac{1}{n} \\ \vdots & \vdots & \vdots & & \vdots & \vdots \\ 0 & 0 & 0 & \cdots & 1 & -\frac{1}{n} \\ 0 & 0 & 0 & \cdots & 0 & 1 \end{pmatrix},$$

则 $\boldsymbol{T}^{\mathrm{T}}\boldsymbol{AT}=\begin{pmatrix} 1 & 0 & 0 & \cdots & 0 & 0 \\ 0 & \frac{3}{4} & 0 & \cdots & 0 & 0 \\ 0 & 0 & \frac{4}{6} & \cdots & 0 & 0 \\ \vdots & \vdots & \vdots & & \vdots & \vdots \\ 0 & 0 & 0 & \cdots & \frac{n}{2(n-1)} & 0 \\ 0 & 0 & 0 & \cdots & 0 & \frac{n+1}{2n} \end{pmatrix}$.

(4) 作变换

$$\begin{cases} y_1=x_1-\overline{x}, \\ y_2=x_2-\overline{x}, \\ \cdots\cdots\cdots\cdots \\ y_{n-1}=x_{n-1}-\overline{x}, \\ y_n=x_n, \end{cases} \text{即}\begin{cases} x_1=2y_1+\sum\limits_{i=2}^{n}y_i, \\ x_2=y_1+2y_2+\sum\limits_{i=3}^{n}y_i, \\ \cdots\cdots\cdots\cdots \\ x_{n-1}=\sum\limits_{i=1}^{n-2}y_i+2y_{n-1}+y_n, \\ x_n=y_n. \end{cases}$$

利用 $\sum\limits_{i=1}^{n}y_i=\sum\limits_{i=1}^{n}x_i-(n-1)\overline{x}=\overline{x}$,则二次型

$$f=\sum_{i=1}^{n-1}y_i^2+\left(y_n-\sum_{i=1}^{n}y_i\right)^2=\sum_{i=1}^{n-1}y_i^2+\left(\sum_{i=1}^{n-1}y_i\right)^2=2\left(\sum_{i=1}^{n-1}y_i^2+\sum_{1\leqslant i<j\leqslant n-1}y_iy_j\right)$$

$$=2\left(z_1^2+\frac{3}{4}z_2^2+\cdots+\frac{n}{2(n-1)}z_{n-1}^2\right)=2z_1^2+\frac{3}{2}z_2^2+\cdots+\frac{n}{n-1}z_{n-1}^2.$$

其中所作的线性替换,由本题(3) 可知为

$$\begin{cases} y_1=z_1-\dfrac{1}{2}z_2-\dfrac{1}{3}z_3-\cdots-\dfrac{1}{n-1}z_{n-1}, \\ y_2=z_2-\dfrac{1}{3}z_3-\dfrac{1}{4}z_4-\cdots-\dfrac{1}{n-1}z_{n-1}, \\ \qquad\cdots\cdots\cdots\cdots \\ y_{n-1}=z_{n-1}, \\ y_n=z_n. \end{cases}$$

于是线性替换的矩阵为

$$\boldsymbol{T}=\begin{pmatrix} 2 & 1 & 1 & \cdots & 1 & 1 \\ 1 & 2 & 1 & \cdots & 1 & 1 \\ 1 & 1 & 2 & \cdots & 1 & 1 \\ \vdots & \vdots & \vdots & & \vdots & \vdots \\ 1 & 1 & 1 & \cdots & 2 & 1 \\ 0 & 0 & 0 & \cdots & 0 & 1 \end{pmatrix}\begin{pmatrix} 1 & -\frac{1}{2} & -\frac{1}{3} & \cdots & -\frac{1}{n-1} & 0 \\ 0 & 1 & -\frac{1}{3} & \cdots & -\frac{1}{n-1} & 0 \\ 0 & 0 & 1 & \cdots & -\frac{1}{n-1} & 0 \\ \vdots & \vdots & \vdots & & \vdots & \vdots \\ 0 & 0 & 0 & \cdots & 1 & 0 \\ 0 & 0 & 0 & \cdots & 0 & 1 \end{pmatrix}$$

$$=\begin{pmatrix} 2 & 0 & 0 & \cdots & 0 & 1 \\ 1 & \frac{3}{2} & 0 & \cdots & 0 & 1 \\ 1 & \frac{1}{2} & \frac{4}{3} & \cdots & 0 & 1 \\ \vdots & \vdots & \vdots & & \vdots & \vdots \\ 1 & \frac{1}{2} & \frac{1}{3} & \cdots & \frac{n}{n-1} & 1 \\ 0 & 0 & 0 & \cdots & 0 & 1 \end{pmatrix},$$

由 $f=(x_1-\overline{x},x_2-\overline{x},\cdots,x_n-\overline{x})(x_1-\overline{x},x_2-\overline{x},\cdots,x_n-\overline{x})^{\mathrm{T}}$,可求得二次型的矩阵为

$$\boldsymbol{A}=\begin{pmatrix} \frac{n-1}{n} & -\frac{1}{n} & \cdots & -\frac{1}{n} \\ -\frac{1}{n} & \frac{n-1}{n} & \cdots & -\frac{1}{n} \\ \vdots & \vdots & & \vdots \\ -\frac{1}{n} & -\frac{1}{n} & \cdots & \frac{n-1}{n} \end{pmatrix}.$$

验证得

$$\boldsymbol{T}^{\mathrm{T}}\boldsymbol{A}\boldsymbol{T}=\begin{pmatrix} 2 & 0 & 0 & \cdots & 0 & 0 \\ 0 & \frac{3}{2} & 0 & \cdots & 0 & 0 \\ 0 & 0 & \frac{4}{3} & \cdots & 0 & 0 \\ \vdots & \vdots & \vdots & & \vdots & \vdots \\ 0 & 0 & 0 & \cdots & \frac{n}{n-1} & 0 \\ 0 & 0 & 0 & \cdots & 0 & 0 \end{pmatrix}.$$

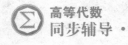

2. 设实二次型 $f(x_1,x_2,\cdots,x_n)=\sum_{i=1}^{s}(a_{i1}x_1+a_{i2}x_2+\cdots+a_{in}x_n)^2$，证明：$f(x_1,x_2,\cdots,x_n)$ 的秩等于矩阵 $\boldsymbol{A}$ $=\begin{pmatrix}a_{11}&a_{12}&\cdots&a_{1n}\\a_{21}&a_{22}&\cdots&a_{2n}\\\vdots&\vdots&&\vdots\\a_{s1}&a_{s2}&\cdots&a_{sn}\end{pmatrix}$ 的秩.

【思路探索】 利用习题 17 的结论.

证 由题设知，$f(x_1,\cdots,x_n)=\sum_{i=1}^{s}(a_{i1}x_1+a_{i2}x_2+\cdots+a_{in}x_n)^2=\boldsymbol{Y}^{\mathrm{T}}\boldsymbol{Y}=(\boldsymbol{AX})^{\mathrm{T}}(\boldsymbol{AX})=\boldsymbol{X}^{\mathrm{T}}(\boldsymbol{A}^{\mathrm{T}}\boldsymbol{A})\boldsymbol{X}$，其中 $\boldsymbol{Y}=\boldsymbol{AX}=\begin{pmatrix}y_1\\\vdots\\y_s\end{pmatrix}$，即有

$$y_i=a_{i1}x_1+a_{i2}x_2+\cdots+a_{in}x_n=(a_{i1},a_{i2},\cdots,a_{in})\begin{pmatrix}x_1\\x_2\\\vdots\\x_n\end{pmatrix}(i=1,2,\cdots,s),$$

所以 f 的秩 $=r(\boldsymbol{A}^{\mathrm{T}}\boldsymbol{A})=r(\boldsymbol{A})$.

3. 设 $f(x_1,x_2,\cdots,x_n)=l_1^2+l_2^2+\cdots+l_p^2-l_{p+1}^2-\cdots-l_{p+q}^2$，其中 $l_i(i=1,2,\cdots,p+q)$ 是 $x_1,x_2,\cdots,x_n$ 的一次齐次式. 证明：$f(x_1,x_2,\cdots,x_n)$ 的正惯性指数 $\leqslant p$，负惯性指数 $\leqslant q$.

【思路探索】 本题可参考惯性定理的证明.

证 设 $l_i=b_{i1}x_1+b_{i2}x_2+\cdots+b_{in}x_n(i=1,2,\cdots,p+q)$，设 $f(x_1,x_2,\cdots,x_n)$ 的正、负惯性指数分别为 s,t，故存在非退化线性替换

$$y_i=c_{i1}x_1+c_{i2}x_2+\cdots+c_{in}x_n(i=1,2,\cdots,n), \quad ①$$

使得

$$f(x_1,x_2,\cdots,x_n)=l_1^2+l_2^2+\cdots+l_p^2-l_{p+1}^2-\cdots-l_{p+q}^2=y_1^2+\cdots+y_s^2-y_{s+1}^2-\cdots-y_{s+t}^2. \quad ②$$

下证 $s\leqslant p$，假设 $s>p$，则齐次线性方程组

$$\begin{cases}b_{11}x_1+\cdots+b_{1n}x_n=0,\\ \cdots\cdots\cdots\cdots\\ b_{p1}x_1+\cdots+b_{pn}x_n=0,\\ c_{s+1,1}x_1+\cdots+c_{s+1,n}x_n=0,\\ \cdots\cdots\cdots\cdots\\ c_{n1}x_1+\cdots+c_{nn}x_n=0\end{cases}$$

方程的个数为 $p+n-s=n-(s-p)<n$，即所含方程的个数小于未知量的个数，故有非零解，设 $(a_1,a_2,\cdots,a_n)$ 是上述齐次线性方程组的一个非零解，将其代入 ② 式，得

$$f(a_1,a_2,\cdots,a_n)=-l_{p+1}^2-\cdots-l_{p+q}^2=y_1^2+\cdots+y_s^2,$$

上式要成立，必有 $l_{p+1}=\cdots=l_{p+q}=0,y_1=\cdots=y_s=0$，即对于 $x_1=a_1,x_2=a_2,\cdots,x_n=a_n$ 这组非零数，有 $y_1=0,y_2=0,\cdots,y_n=0$，这与 ① 式的系数矩阵为非退化的条件相矛盾，所以 $s\leqslant p$.
同理可证，负惯性指数 $\leqslant q$.

4. 设 $\boldsymbol{A}=\begin{pmatrix}\boldsymbol{A}_{11}&\boldsymbol{A}_{12}\\\boldsymbol{A}_{21}&\boldsymbol{A}_{22}\end{pmatrix}$ 是一对称矩阵，且 $|\boldsymbol{A}_{11}|\neq0$，证明：存在 $\boldsymbol{T}=\begin{pmatrix}\boldsymbol{E}&\boldsymbol{X}\\\boldsymbol{O}&\boldsymbol{E}\end{pmatrix}$ 使 $\boldsymbol{T}^{\mathrm{T}}\boldsymbol{AT}=\begin{pmatrix}\boldsymbol{A}_{11}&\boldsymbol{O}\\\boldsymbol{O}&*\end{pmatrix}$，其中 $*$ 表示一个阶数与 $\boldsymbol{A}_{22}$ 相同的矩阵.

【思路探索】 进行分块矩阵的初等变换用 $\boldsymbol{A}_{11}$ 将 $\boldsymbol{A}_{12},\boldsymbol{A}_{21}$ 化为 $\boldsymbol{O}$.

证　**方法一**　令 $\boldsymbol{T}^{\mathrm{T}}=\begin{pmatrix}\boldsymbol{E}&\boldsymbol{O}\\-\boldsymbol{A}_{21}\boldsymbol{A}_{11}^{-1}&\boldsymbol{E}\end{pmatrix}$. 由 $\boldsymbol{A}$ 为对称矩阵知, $\boldsymbol{A}^{\mathrm{T}}=\begin{pmatrix}\boldsymbol{A}_{11}^{\mathrm{T}}&\boldsymbol{A}_{21}^{\mathrm{T}}\\\boldsymbol{A}_{12}^{\mathrm{T}}&\boldsymbol{A}_{22}^{\mathrm{T}}\end{pmatrix}=\begin{pmatrix}\boldsymbol{A}_{11}&\boldsymbol{A}_{12}\\\boldsymbol{A}_{21}&\boldsymbol{A}_{22}\end{pmatrix}=\boldsymbol{A}$, 从而可得 $\boldsymbol{A}_{11}^{\mathrm{T}}=\boldsymbol{A}_{11}$, $\boldsymbol{A}_{21}^{\mathrm{T}}=\boldsymbol{A}_{12}$, 则

$$\boldsymbol{T}=\begin{pmatrix}\boldsymbol{E}&-(\boldsymbol{A}_{21}\boldsymbol{A}_{11}^{-1})^{\mathrm{T}}\\\boldsymbol{O}&\boldsymbol{E}\end{pmatrix}=\begin{pmatrix}\boldsymbol{E}&-(\boldsymbol{A}_{11}{}^{\mathrm{T}})^{-1}\boldsymbol{A}_{21}^{\mathrm{T}}\\\boldsymbol{O}&\boldsymbol{E}\end{pmatrix}=\begin{pmatrix}\boldsymbol{E}&-\boldsymbol{A}_{11}^{-1}\boldsymbol{A}_{12}\\\boldsymbol{O}&\boldsymbol{E}\end{pmatrix},$$

$$\begin{aligned}\boldsymbol{T}^{\mathrm{T}}\boldsymbol{A}\boldsymbol{T}&=\begin{pmatrix}\boldsymbol{E}&\boldsymbol{O}\\-\boldsymbol{A}_{21}\boldsymbol{A}_{11}^{-1}&\boldsymbol{E}\end{pmatrix}\begin{pmatrix}\boldsymbol{A}_{11}&\boldsymbol{A}_{12}\\\boldsymbol{A}_{21}&\boldsymbol{A}_{22}\end{pmatrix}\begin{pmatrix}\boldsymbol{E}&-\boldsymbol{A}_{11}^{-1}\boldsymbol{A}_{12}\\\boldsymbol{O}&\boldsymbol{E}\end{pmatrix}\\&=\begin{pmatrix}\boldsymbol{A}_{11}&\boldsymbol{A}_{12}\\\boldsymbol{O}&-\boldsymbol{A}_{21}\boldsymbol{A}_{11}^{-1}\boldsymbol{A}_{12}+\boldsymbol{A}_{22}\end{pmatrix}\begin{pmatrix}\boldsymbol{E}&-\boldsymbol{A}_{11}^{-1}\boldsymbol{A}_{12}\\\boldsymbol{O}&\boldsymbol{E}\end{pmatrix}\\&=\begin{pmatrix}\boldsymbol{A}_{11}&\boldsymbol{O}\\\boldsymbol{O}&\boldsymbol{A}_{22}-\boldsymbol{A}_{21}\boldsymbol{A}_{11}^{-1}\boldsymbol{A}_{12}\end{pmatrix}=\begin{pmatrix}\boldsymbol{A}_{11}&\boldsymbol{O}\\\boldsymbol{O}&*\end{pmatrix}.\end{aligned}$$

方法二

$$\begin{pmatrix}\boldsymbol{A}\\\cdots\\\boldsymbol{E}\end{pmatrix}=\begin{pmatrix}\boldsymbol{A}_{11}&\boldsymbol{A}_{12}\\\boldsymbol{A}_{21}&\boldsymbol{A}_{22}\\\hdashline\boldsymbol{E}&\boldsymbol{O}\\\boldsymbol{O}&\boldsymbol{E}\end{pmatrix}\xrightarrow[c_2-c_1(\boldsymbol{A}_{21}\boldsymbol{A}_{11}^{-1})^{\mathrm{T}}]{r_2-\boldsymbol{A}_{21}\boldsymbol{A}_{11}^{-1}r_1}\begin{pmatrix}\boldsymbol{A}_{11}&\boldsymbol{O}\\\boldsymbol{O}&\boldsymbol{A}_{22}-\boldsymbol{A}_{21}\boldsymbol{A}_{11}^{-1}\boldsymbol{A}_{12}\\\hdashline\boldsymbol{E}&-\boldsymbol{A}_{11}^{-1}\boldsymbol{A}_{12}\\\boldsymbol{O}&\boldsymbol{E}\end{pmatrix},$$

记 $\boldsymbol{T}=\begin{pmatrix}\boldsymbol{E}&-\boldsymbol{A}_{11}^{-1}\boldsymbol{A}_{12}\\\boldsymbol{O}&\boldsymbol{E}\end{pmatrix}$, 则有 $\boldsymbol{T}^{\mathrm{T}}\boldsymbol{A}\boldsymbol{T}=\begin{pmatrix}\boldsymbol{A}_{11}&\boldsymbol{O}\\\boldsymbol{O}&\boldsymbol{A}_{22}-\boldsymbol{A}_{21}\boldsymbol{A}_{11}^{-1}\boldsymbol{A}_{12}\end{pmatrix}$.

5. 设 $\boldsymbol{A}$ 是反称矩阵,证明: $\boldsymbol{A}$ 合同于矩阵

$$\begin{pmatrix}0&1&&&&&&&&\\-1&0&&&&&&&&\\&&0&1&&&&&&\\&&-1&0&&&&&&\\&&&&\ddots&&&&&\\&&&&&0&1&&&\\&&&&&-1&0&&&\\&&&&&&&0&&\\&&&&&&&&\ddots&\\&&&&&&&&&0\end{pmatrix}.$$

【思路探索】　类似于合同变换化对称矩阵为对角矩阵,将 $a_{ij}=a_{ji}(i\neq j)$ 化为 0,此处是将 $a_{ij}=-a_{ji}=1(i\neq j)$ 进行转化.

证　数学归纳法. 当 $n=1$ 时, $\boldsymbol{A}=(0)$, 当然合同于(0), 结论成立.

当 $n=2$ 时, $\boldsymbol{A}=\begin{pmatrix}0&a_{12}\\-a_{12}&0\end{pmatrix}$, 若 $a_{12}=0$, 则 $\boldsymbol{A}$ 合同于零矩阵,结论成立;若 $a_{12}\neq 0$, 对 $\boldsymbol{A}$ 的第一行及第一列均乘以 a_{12}^{-1}, 得 $\begin{pmatrix}0&1\\-1&0\end{pmatrix}$, 即对 $\boldsymbol{A}$ 作合同变换,得

$$\begin{pmatrix}\frac{1}{a_{12}}&0\\0&1\end{pmatrix}\begin{pmatrix}0&a_{12}\\-a_{12}&0\end{pmatrix}\begin{pmatrix}\frac{1}{a_{12}}&0\\0&1\end{pmatrix}=\begin{pmatrix}0&1\\-1&0\end{pmatrix},$$

结论成立.

假设对 $n\leqslant k$ 时结论成立,下证 $n=k+1$ 的情形,此时

$$\boldsymbol{A}=\begin{pmatrix}0 & \cdots & a_{1k} & a_{1,k+1}\\ \vdots & & \vdots & \vdots\\ -a_{1k} & \cdots & 0 & a_{k,k+1}\\ -a_{1,k+1} & \cdots & -a_{k,k+1} & 0\end{pmatrix}.$$

若最后一行(列)元素全为0,则由归纳假设结论已成立,不然经过行列的同时对换,可设 $a_{k,k+1}\neq 0$,将最后一行和最后一列都乘以 $\frac{1}{a_{k,k+1}}$,则 $\boldsymbol{A}$ 化成 $\begin{pmatrix}0 & \cdots & a_{1k} & b_1\\ \vdots & & \vdots & \vdots\\ -a_{1k} & \cdots & 0 & 1\\ -b_1 & \cdots & -1 & 0\end{pmatrix}$,再利用1,$-1$ 将最后两行两列的其他非零元素 b_i 化成零,则 $\boldsymbol{A}$ 又化成 $\begin{pmatrix}0 & \cdots & b_{1,k-1} & 0 & 0\\ \vdots & & \vdots & \vdots & \vdots\\ -b_{1,k-1} & \cdots & 0 & 0 & 0\\ 0 & \cdots & 0 & 0 & 1\\ 0 & \cdots & 0 & -1 & 0\end{pmatrix}$.

由归纳假设知 $\begin{pmatrix}0 & \cdots & b_{1,k-1}\\ \vdots & & \vdots\\ -b_{1,k-1} & \cdots & 0\end{pmatrix}$ 与形如 $\begin{pmatrix}0 & 1 & \\ -1 & 0 & \\ & & \ddots\end{pmatrix}$ 的矩阵合同,从而 $\boldsymbol{A}$ 合同于矩阵

$$\begin{pmatrix}0 & 1 & & & & & & & & \\ -1 & 0 & & & & & & & & \\ & & \ddots & & & & & & & \\ & & & 0 & & & & & & \\ & & & & 0 & 1 & & & & \\ & & & & -1 & 0 & & & & \\ & & & & & & 0 & & & \\ & & & & & & & \ddots & & \\ & & & & & & & & 0 & \\ & & & & & & & & & \begin{matrix}0 & 1\\ -1 & 0\end{matrix}\end{pmatrix}.$$

再将最后两行两列交换到前面去,便知结论对 $k+1$ 阶矩阵也成立,从而对于任意阶数的反称矩阵也成立.

方法点击:不存在奇数阶可逆反称矩阵.反称矩阵的秩皆为偶数.

6. 设 $\boldsymbol{A}$ 是 n 阶实对称矩阵,证明:存在一正实数 c,使对任一 n 维实向量 $\boldsymbol{X}$,都有 $|\boldsymbol{X}^{\mathrm{T}}\boldsymbol{A}\boldsymbol{X}|\leqslant c\boldsymbol{X}^{\mathrm{T}}\boldsymbol{X}$.

【思路探索】 本题是对二次型函数的估值.

证 **方法一** 因为

$$|\boldsymbol{X}^{\mathrm{T}}\boldsymbol{A}\boldsymbol{X}|=\left|\sum_{i,j}a_{ij}x_ix_j\right|\leqslant\sum_{i,j}|a_{ij}||x_i||x_j|,$$

令 $a=\max|a_{ij}|$,再由 $|x_i||x_j|\leqslant\frac{x_i^2+x_j^2}{2}$,得

$$|\boldsymbol{X}^{\mathrm{T}}\boldsymbol{A}\boldsymbol{X}|\leqslant\sum_{i,j}|a_{ij}||x_i||x_j|\leqslant\sum_{i=1}^{n}\sum_{j=1}^{n}a|x_i||x_j|\leqslant a\sum_{i=1}^{n}\sum_{j=1}^{n}\frac{x_i^2+x_j^2}{2}$$

$$= \frac{a}{2}\left[n\sum_{i=1}^{n}x_i^2 + n\sum_{j=1}^{n}{x_j}^2\right] = an\sum_{i=1}^{n}x_i^2 = c\boldsymbol{X}^{\mathrm{T}}\boldsymbol{X},$$

其中 $c = an$.

方法二 要证:对 $\forall \boldsymbol{X}$ 有 $|\boldsymbol{X}^{\mathrm{T}}\boldsymbol{A}\boldsymbol{X}| \leqslant c\boldsymbol{X}^{\mathrm{T}}\boldsymbol{X}$ 等价于证明 $-c\boldsymbol{X}^{\mathrm{T}}\boldsymbol{X} \leqslant \boldsymbol{X}^{\mathrm{T}}\boldsymbol{A}\boldsymbol{X} \leqslant c\boldsymbol{X}^{\mathrm{T}}\boldsymbol{X}$,又等价于证明 $\boldsymbol{X}^{\mathrm{T}}(c\boldsymbol{E}-\boldsymbol{A})\boldsymbol{X} \geqslant 0$ 且 $\boldsymbol{X}^{\mathrm{T}}(c\boldsymbol{E}+\boldsymbol{A})\boldsymbol{X} \geqslant 0$.

最后等价于证明取一个正实数 c,使得 $c\boldsymbol{E}-\boldsymbol{A}, c\boldsymbol{E}+\boldsymbol{A}$ 同时为正定矩阵. 由习题 10 可得这样的 c.

方法点击:此题用特征值证明更简便.

7. 主对角线上全是 1 的上三角形矩阵称为特殊上三角形矩阵.

(1) 设 $\boldsymbol{A}$ 是一对称矩阵,$\boldsymbol{T}$ 为特殊上三角形矩阵,而 $\boldsymbol{B} = \boldsymbol{T}^{\mathrm{T}}\boldsymbol{A}\boldsymbol{T}$,证明:$\boldsymbol{A}$ 与 $\boldsymbol{B}$ 对应的顺序主子式有相同的值;

(2) 证明:如果对称矩阵 $\boldsymbol{A}$ 的顺序主子式全不为 0,那么一定有一特殊上三角形矩阵 $\boldsymbol{T}$,使 $\boldsymbol{T}^{\mathrm{T}}\boldsymbol{A}\boldsymbol{T}$ 成对角形;

(3) 利用以上结果证明定理 7 的充分性.

证 (1) 数学归纳法. 当 $n = 2$ 时,设 $\boldsymbol{A} = \begin{pmatrix} a_{11} & a_{12} \\ a_{21} & a_{22} \end{pmatrix}, \boldsymbol{T} = \begin{pmatrix} 1 & b \\ 0 & 1 \end{pmatrix}$,则

$$\boldsymbol{B} = \boldsymbol{T}^{\mathrm{T}}\boldsymbol{A}\boldsymbol{T} = \begin{pmatrix} 1 & 0 \\ b & 1 \end{pmatrix}\begin{pmatrix} a_{11} & a_{12} \\ a_{21} & a_{22} \end{pmatrix}\begin{pmatrix} 1 & b \\ 0 & 1 \end{pmatrix} = \begin{pmatrix} a_{11} & * \\ * & * \end{pmatrix}.$$

考察 $\boldsymbol{B}$ 的两个顺序主子式,一阶顺序主子式 $|\boldsymbol{B}_1| = a_{11} = |\boldsymbol{A}_1|$,$\boldsymbol{B}$ 的二阶顺序主子式

$$|\boldsymbol{B}| = |\boldsymbol{T}^{\mathrm{T}}||\boldsymbol{A}||\boldsymbol{T}| = 1 \cdot |\boldsymbol{A}| \cdot 1 = |\boldsymbol{A}|,$$

故此时结论成立.

假设结论对 $n-1$ 阶矩阵成立,现考察 n 阶矩阵,将 $\boldsymbol{A}, \boldsymbol{T}$ 写成分块矩阵 $\boldsymbol{T} = \begin{pmatrix} \boldsymbol{T}_{n-1} & * \\ 0 & 1 \end{pmatrix}, \boldsymbol{A} = \begin{pmatrix} \boldsymbol{A}_{n-1} & * \\ * & a_{nn} \end{pmatrix}, \boldsymbol{B} = \begin{pmatrix} \boldsymbol{B}_{n-1} & * \\ * & * \end{pmatrix}$,其中 $\boldsymbol{T}_{n-1}$ 为特殊上三角形矩阵.

$$\boldsymbol{B} = \begin{pmatrix} \boldsymbol{T}_{n-1}^{\mathrm{T}} & 0 \\ *^{\mathrm{T}} & 1 \end{pmatrix}\begin{pmatrix} \boldsymbol{A}_{n-1} & * \\ * & a_{nn} \end{pmatrix}\begin{pmatrix} \boldsymbol{T}_{n-1} & * \\ 0 & 1 \end{pmatrix} = \begin{pmatrix} \boldsymbol{T}_{n-1}^{\mathrm{T}}\boldsymbol{A}_{n-1}\boldsymbol{T}_{n-1} & * \\ * & * \end{pmatrix}.$$

由归纳假设,$\boldsymbol{B}$ 的一切小于等于 $n-1$ 阶的顺序主子式,即 $\boldsymbol{B}_{n-1}$ 的顺序主子式与 $\boldsymbol{T}_{n-1}^{\mathrm{T}}\boldsymbol{A}_{n-1}\boldsymbol{T}_{n-1}$ 的顺序主子式有相同的值,它的 n 阶顺序主子式

$$|\boldsymbol{B}| = |\boldsymbol{T}^{\mathrm{T}}||\boldsymbol{A}||\boldsymbol{T}| = 1 \cdot |\boldsymbol{A}| \cdot 1 = |\boldsymbol{A}|.$$

从而可知 $\boldsymbol{B}$ 的 n 阶顺序主子式也与 $\boldsymbol{A}$ 的 n 阶顺序主子式相等,故结论成立.

(2) **方法一** 设 n 阶对称矩阵 $\boldsymbol{A} = (a_{ij})_{n\times n}$,因 $a_{11} \neq 0$,同时对 $\boldsymbol{A}$ 的第一行和第一列进行相同的第三种初等变换,可以化成

$$\begin{pmatrix} a_{11} & 0 & \cdots & 0 \\ 0 & b_{22} & \cdots & b_{2n} \\ \vdots & \vdots & & \vdots \\ 0 & b_{n2} & \cdots & b_{nn} \end{pmatrix},$$

令 $\boldsymbol{B}_{n-1} = \begin{pmatrix} b_{22} & \cdots & b_{2n} \\ \vdots & & \vdots \\ b_{n2} & \cdots & b_{nn} \end{pmatrix}$. 已知 $\begin{vmatrix} a_{11} & 0 \\ 0 & b_{22} \end{vmatrix} = a_{11}b_{22} \neq 0$,从而 $b_{22} \neq 0$,这样可以对 $\boldsymbol{B}_{n-1}$ 进行类似的

初等变换，使第二行第二列中除 b_{22} 外其余都化成 0，如此继续下去，经过若干次行列同时进行的第三种初等变换，可将 $\boldsymbol{A}$ 化成对角形

$$\begin{pmatrix} \lambda_1 & & & \\ & \lambda_2 & & \\ & & \ddots & \\ & & & \lambda_n \end{pmatrix}.$$

由于每进行一次行列的第三种初等变换，相当于右乘一个上三角形矩阵 $\boldsymbol{T}$，左乘一个 $\boldsymbol{T}^{\mathrm{T}}$，而根据第四章第 25 题可知，上三角形矩阵之积仍为上三角形矩阵，故命题得证.

方法二 对 $\boldsymbol{A}$ 的阶数 n 用数学归纳法. 当 $n=1$ 时，$\boldsymbol{A}=(a_{11})$，$\boldsymbol{T}=(1)$，此时结论成立；假设结论对 $n-1$ 阶矩阵成立，现考察 n 阶矩阵，将 A 分块如下：

$$\boldsymbol{A}=\begin{pmatrix} \boldsymbol{A}_{n-1} & \boldsymbol{\alpha} \\ \boldsymbol{\alpha}^{\mathrm{T}} & a_{nn} \end{pmatrix}.$$

由归纳假设知，对 $\boldsymbol{A}_{n-1}$，存在 $n-1$ 阶特殊上三角阵 $\boldsymbol{T}_{n-1}$，使得 $\boldsymbol{T}_{n-1}^{\mathrm{T}}\boldsymbol{A}_{n-1}\boldsymbol{T}_{n-1}$ 为对角阵 $\boldsymbol{D}_{n-1}$. 又 $|\boldsymbol{A}_{n-1}|\neq 0$，故 $\boldsymbol{A}_{n-1}$ 可逆.

所以 $$\begin{pmatrix} \boldsymbol{A} \\ \cdots \\ \boldsymbol{E} \end{pmatrix}=\begin{pmatrix} \boldsymbol{A}_{n-1} & \boldsymbol{\alpha} \\ \boldsymbol{\alpha}^{\mathrm{T}} & a_{nn} \\ \hdashline \boldsymbol{E}_{n-1} & 0 \\ 0 & 1 \end{pmatrix}\xrightarrow[c_2-c_1(\boldsymbol{\alpha}^{\mathrm{T}}\boldsymbol{A}_{n-1}^{-1})^{\mathrm{T}}]{r_2-\boldsymbol{\alpha}^{\mathrm{T}}\boldsymbol{A}_{n-1}^{-1}r_1}\begin{pmatrix} \boldsymbol{A}_{n-1} & 0 \\ 0 & a_{nn}-\boldsymbol{\alpha}^{\mathrm{T}}\boldsymbol{A}_{n-1}^{-1}\boldsymbol{\alpha} \\ \hdashline \boldsymbol{E}_{n-1} & -\boldsymbol{A}_{n-1}^{-1}\boldsymbol{\alpha} \\ 0 & 1 \end{pmatrix}\xrightarrow[c_1\boldsymbol{T}_{n-1}]{\boldsymbol{T}_{n-1}^{\mathrm{T}}r_1}\begin{pmatrix} \boldsymbol{D}_{n-1} & 0 \\ 0 & a_{nn}-\boldsymbol{\alpha}^{\mathrm{T}}\boldsymbol{A}_{n-1}^{-1}\boldsymbol{\alpha} \\ \hdashline \boldsymbol{T}_{n-1} & -\boldsymbol{A}_{n-1}^{-1}\boldsymbol{\alpha} \\ 0 & 1 \end{pmatrix},$$

令 $\boldsymbol{T}=\begin{pmatrix} \boldsymbol{T}_{n-1} & -\boldsymbol{A}_{n-1}^{-1}\boldsymbol{\alpha} \\ 0 & 1 \end{pmatrix}$，则 $\boldsymbol{T}$ 为特殊上三角阵且有 $\boldsymbol{T}^{\mathrm{T}}\boldsymbol{A}\boldsymbol{T}=\begin{pmatrix} \boldsymbol{D}_{n-1} & 0 \\ 0 & a_{nn}-\boldsymbol{\alpha}^{\mathrm{T}}\boldsymbol{A}_{n-1}^{-1}\boldsymbol{\alpha} \end{pmatrix}$ 为对角阵.

(3) 由(2) 知，存在特殊上三角形矩阵 $\boldsymbol{T}$，使

$$\boldsymbol{T}^{\mathrm{T}}\boldsymbol{A}\boldsymbol{T}=\begin{pmatrix} \lambda_1 & & & \\ & \lambda_2 & & \\ & & \ddots & \\ & & & \lambda_n \end{pmatrix}=\boldsymbol{B}.$$

又由(1) 知，$\boldsymbol{B}$ 的所有顺序主子式与 $\boldsymbol{A}$ 的所有顺序主子式有相同的值，故 $\lambda_1=a_{11}>0$，且

$$\begin{vmatrix} \lambda_1 & \\ & \lambda_2 \end{vmatrix}=\begin{vmatrix} a_{11} & a_{12} \\ a_{21} & a_{22} \end{vmatrix}>0,\cdots,\begin{vmatrix} \lambda_1 & & & \\ & \lambda_2 & & \\ & & \ddots & \\ & & & \lambda_n \end{vmatrix}=\begin{vmatrix} a_{11} & \cdots & a_{1n} \\ \vdots & & \vdots \\ a_{n1} & \cdots & a_{nn} \end{vmatrix}>0,$$

可依次推得 $\lambda_1>0,\lambda_2>0,\cdots,\lambda_n>0$.

因 $\boldsymbol{X}=\boldsymbol{T}\boldsymbol{Y}$ 是非退化线性替换，且

$$\boldsymbol{X}^{\mathrm{T}}\boldsymbol{A}\boldsymbol{X}=\boldsymbol{Y}^{\mathrm{T}}\boldsymbol{T}^{\mathrm{T}}\boldsymbol{A}\boldsymbol{T}\boldsymbol{Y}=\lambda_1 y_1^2+\cdots+\lambda_n y_n^2,$$

由于 $\lambda_1,\lambda_2,\cdots,\lambda_n$ 都大于零，故 $\boldsymbol{X}^{\mathrm{T}}\boldsymbol{A}\boldsymbol{X}$ 是正定的.

8. 证明：

(1) 如果 $\sum\limits_{i=1}^{n}\sum\limits_{j=1}^{n}a_{ij}x_ix_j\,(a_{ij}=a_{ji})$ 是正定二次型，那么

$$f(y_1,y_2,\cdots,y_n)=\begin{vmatrix} a_{11} & a_{12} & \cdots & a_{1n} & y_1 \\ a_{21} & a_{22} & \cdots & a_{2n} & y_2 \\ \vdots & \vdots & & \vdots & \vdots \\ a_{n1} & a_{n2} & \cdots & a_{nn} & y_n \\ y_1 & y_2 & \cdots & y_n & 0 \end{vmatrix}$$

是负定二次型；

(2) 如果 $\boldsymbol{A}$ 是正定矩阵，那么

$$|\boldsymbol{A}|\leqslant a_{nn}\boldsymbol{H}_{n-1},$$

这里 $\boldsymbol{H}_{n-1}$ 是 $\boldsymbol{A}$ 的 $n-1$ 阶顺序主子式；

(3) 如果 $\boldsymbol{A}$ 是正定矩阵，那么

$$|\boldsymbol{A}|\leqslant a_{11}a_{22}\cdots a_{nn};$$

(4) 如果 $\boldsymbol{T}=(t_{ij})_{n\times n}$ 是实可逆矩阵，那么

$$|\boldsymbol{T}|^2\leqslant\prod_{i=1}^{n}(t_{1i}^2+\cdots+t_{ni}^2).$$

证　(1) **方法一**　作变换 $\boldsymbol{Y}=\boldsymbol{AZ}$，即

$$\begin{pmatrix}y_1\\y_2\\\vdots\\y_n\end{pmatrix}=\begin{pmatrix}a_{11}&a_{12}&\cdots&a_{1n}\\a_{21}&a_{22}&\cdots&a_{2n}\\\vdots&\vdots&&\vdots\\a_{n1}&a_{n2}&\cdots&a_{nn}\end{pmatrix}\begin{pmatrix}z_1\\z_2\\\vdots\\z_n\end{pmatrix},$$

则 $f(y_1,y_2,\cdots,y_n)=\begin{vmatrix}a_{11}&\cdots&a_{1n}&\sum\limits_{i=1}^{n}a_{1i}z_i\\\vdots&&\vdots&\vdots\\a_{n1}&\cdots&a_{nn}&\sum\limits_{i=1}^{n}a_{ni}z_i\\y_1&\cdots&y_n&0\end{vmatrix}$，将第 $1,2,\cdots,n$ 列都乘以 $(-z_i)$ 同时加到最后 1 列，得

$$\begin{aligned}f(y_1,y_2,\cdots,y_n)&=\begin{vmatrix}a_{11}&\cdots&a_{1n}&0\\\vdots&&\vdots&\vdots\\a_{n1}&\cdots&a_{nn}&0\\y_1&\cdots&y_n&-(y_1z_1+\cdots+y_nz_n)\end{vmatrix}=-|\boldsymbol{A}|(y_1z_1+\cdots+y_nz_n)\\&=-|\boldsymbol{A}|(y_1,y_2,\cdots,y_n)\begin{pmatrix}z_1\\z_2\\\vdots\\z_n\end{pmatrix}=-|\boldsymbol{A}|\boldsymbol{Y}^{\mathrm{T}}\boldsymbol{Z}=-|\boldsymbol{A}|(\boldsymbol{AZ})^{\mathrm{T}}\boldsymbol{Z}\\&=-|\boldsymbol{A}|\boldsymbol{Z}^{\mathrm{T}}\boldsymbol{A}^{\mathrm{T}}\boldsymbol{Z}=-|\boldsymbol{A}|\boldsymbol{Z}^{\mathrm{T}}\boldsymbol{AZ}.\end{aligned}$$

因为 $\boldsymbol{A}$ 为正定矩阵，所以 $f(y_1,y_2,\cdots,y_3)=-|\boldsymbol{A}|\boldsymbol{Z}^{\mathrm{T}}\boldsymbol{AZ}<0$ 是负定二次型.

方法二　记 $f(y_1,y_2,\cdots,y_n)=\begin{vmatrix}\boldsymbol{A}&\boldsymbol{Y}\\\boldsymbol{Y}^{\mathrm{T}}&0\end{vmatrix}$，其中 $\boldsymbol{A}=(a_{ij})_{n\times n}$，$\boldsymbol{Y}=\begin{pmatrix}y_1\\y_2\\\vdots\\y_n\end{pmatrix}$.

由题意知，$\boldsymbol{A}$ 正定，故 $\boldsymbol{A}$ 可逆. 从而

$$f(y_1,y_2,\cdots,y_n)\xlongequal{r_2-\boldsymbol{Y}^{\mathrm{T}}\boldsymbol{A}^{-1}r_1}\begin{vmatrix}\boldsymbol{A}&\boldsymbol{Y}\\\boldsymbol{O}&-\boldsymbol{Y}^{\mathrm{T}}\boldsymbol{A}^{-1}\boldsymbol{Y}\end{vmatrix}=|\boldsymbol{A}|(-\boldsymbol{Y}^{\mathrm{T}}\boldsymbol{A}^{-1}\boldsymbol{Y})=-|\boldsymbol{A}|\boldsymbol{Y}^{\mathrm{T}}\boldsymbol{A}^{-1}\boldsymbol{Y}.$$

由本章第 11 题，$\boldsymbol{A}^{-1}$ 正定，所以 $f(y_1,y_2,\cdots,y_n)=-|\boldsymbol{A}|\boldsymbol{Y}^{\mathrm{T}}\boldsymbol{A}^{-1}\boldsymbol{Y}$ 是负定二次型.

(2) **方法一**　$\boldsymbol{A}$ 为正定矩阵，故 $\boldsymbol{H}_{n-1}$ 对应的 $n-1$ 阶矩阵也是正定矩阵，由(1)知

$$f_{n-1}(y_1,\cdots,y_{n-1})=\begin{vmatrix}a_{11}&\cdots&a_{1,n-1}&y_1\\\vdots&&\vdots&\vdots\\a_{n-1,1}&\cdots&a_{n-1,n-1}&y_{n-1}\\y_1&\cdots&y_{n-1}&0\end{vmatrix}$$

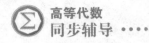

是负定二次型.注意到

$$|\boldsymbol{A}|=\begin{vmatrix} a_{11} & \cdots & a_{1,n-1} & a_{1n} \\ \vdots & & \vdots & \vdots \\ a_{n-1,1} & \cdots & a_{n-1,n-1} & a_{n-1,n} \\ a_{n1} & \cdots & a_{n,n-1} & a_{nn} \end{vmatrix}$$

$$=\begin{vmatrix} a_{11} & \cdots & a_{1,n-1} & a_{1n} \\ \vdots & & \vdots & \vdots \\ a_{n-1,1} & \cdots & a_{n-1,n-1} & a_{n-1,n} \\ a_{n1} & \cdots & a_{n,n-1} & 0 \end{vmatrix}+\begin{vmatrix} a_{11} & \cdots & a_{1,n-1} & 0 \\ \vdots & & \vdots & \vdots \\ a_{n-1,1} & \cdots & a_{n-1,n-1} & 0 \\ a_{n1} & \cdots & a_{n,n-1} & a_{nn} \end{vmatrix}$$

$$=f_{n-1}(a_{1n},a_{2n},\cdots,a_{n-1,n})+a_{nn}\boldsymbol{H}_{n-1}.$$

又因为 $f_{n-1}(a_{1n},a_{2n},\cdots,a_{n-1,n})\leqslant 0$,所以 $|\boldsymbol{A}|\leqslant a_{nn}\boldsymbol{H}_{n-1}$.

方法二 对 $\boldsymbol{A}$ 分块如下:$\boldsymbol{A}=\begin{pmatrix} \boldsymbol{A}_{n-1} & \boldsymbol{\alpha} \\ \boldsymbol{\alpha}^{\mathrm{T}} & a_{nn} \end{pmatrix}$.

因为 $\boldsymbol{A}$ 正定,所以 $\boldsymbol{A}_{n-1}$ 也正定.从而 $|\boldsymbol{A}_{n-1}|>0$ 且 $\boldsymbol{A}_{n-1}^{-1}$ 正定.故

$$|\boldsymbol{A}|\xlongequal{r_2-\boldsymbol{\alpha}^{\mathrm{T}}\boldsymbol{A}_{n-1}^{-1}r_1}\begin{vmatrix} \boldsymbol{A}_{n-1} & \boldsymbol{\alpha} \\ \boldsymbol{O} & a_{nn}-\boldsymbol{\alpha}^{\mathrm{T}}\boldsymbol{A}_{n-1}^{-1}\boldsymbol{\alpha} \end{vmatrix}=|\boldsymbol{A}_{n-1}|(a_{nn}-\boldsymbol{\alpha}^{\mathrm{T}}\boldsymbol{A}_{n-1}^{-1}\boldsymbol{\alpha})>0.$$

又因 $\boldsymbol{\alpha}^{\mathrm{T}}\boldsymbol{A}_{n-1}^{-1}\boldsymbol{\alpha}\geqslant 0$,所以 $|\boldsymbol{A}|\leqslant a_{nn}|\boldsymbol{A}_{n-1}|=a_{nn}\boldsymbol{H}_{n-1}$.

(3) 由(2) 得

$$|\boldsymbol{A}|\leqslant a_{nn}\boldsymbol{H}_{n-1}\leqslant a_{nn}a_{n-1,n-1}\boldsymbol{H}_{n-2}\leqslant\cdots\leqslant a_{nn}a_{n-1,n-1}\cdots a_{11}.$$

(4) 作变换 $\boldsymbol{X}=\boldsymbol{T}\boldsymbol{Y}$,则 $\boldsymbol{X}^{\mathrm{T}}\boldsymbol{X}=\boldsymbol{Y}^{\mathrm{T}}\boldsymbol{T}^{\mathrm{T}}\boldsymbol{T}\boldsymbol{Y}$ 为正定二次型,故 $\boldsymbol{T}^{\mathrm{T}}\boldsymbol{T}$ 是正定矩阵,又有

$$\boldsymbol{T}^{\mathrm{T}}\boldsymbol{T}=\begin{pmatrix} t_{11} & \cdots & t_{n1} \\ \vdots & & \vdots \\ t_{1n} & \cdots & t_{nn} \end{pmatrix}\begin{pmatrix} t_{11} & \cdots & t_{1n} \\ \vdots & & \vdots \\ t_{n1} & \cdots & t_{nn} \end{pmatrix}=\begin{pmatrix} \sum\limits_{i=1}^{n}t_{i1}^2 & & & * \\ & \sum\limits_{i=1}^{n}t_{i2}^2 & & \\ & & \ddots & \\ * & & & \sum\limits_{i=1}^{n}t_{in}^2 \end{pmatrix},$$

由(3) 有 $|\boldsymbol{T}|^2=|\boldsymbol{T}^{\mathrm{T}}\boldsymbol{T}|\leqslant\prod\limits_{i=1}^{n}(t_{1i}^2+t_{2i}^2+\cdots+t_{ni}^2)$.

9. 证明:实对称矩阵 $\boldsymbol{A}$ 是半正定的充分必要条件是 $\boldsymbol{A}$ 的一切主子式全大于或等于零.

证 先证必要性.

设 $\boldsymbol{A}$ 是半正定的,$\boldsymbol{A}$ 的任意 k 阶主子式对应的矩阵为

$$\boldsymbol{A}_k=\begin{pmatrix} a_{i_1i_1} & \cdots & a_{i_1i_k} \\ \vdots & & \vdots \\ a_{i_ki_1} & \cdots & a_{i_ki_k} \end{pmatrix}.$$

设 $\boldsymbol{A}$ 与 $\boldsymbol{A}_k$ 的二次型分别为 $\boldsymbol{Y}^{\mathrm{T}}\boldsymbol{A}\boldsymbol{Y}$ 和 $\boldsymbol{X}^{\mathrm{T}}\boldsymbol{A}_k\boldsymbol{X}$. 对任意 $\boldsymbol{X}_0=(b_{i_1},b_{i_2},\cdots,b_{i_k})^{\mathrm{T}}\neq\boldsymbol{0}$, 取 $\boldsymbol{Y}_0=(c_1,\cdots,c_n)^{\mathrm{T}}\neq\boldsymbol{0}$,其中 $j=1,2,\cdots,n$,

$$c_j=\begin{cases} b_j, & j=i_1,i_2,\cdots,i_k\text{ 时}, \\ 0, & \text{当 }j\text{ 取其他值时}. \end{cases}$$

由 $\boldsymbol{A}$ 半正定,知 $\boldsymbol{Y}_0^{\mathrm{T}}\boldsymbol{A}\boldsymbol{Y}_0\geqslant 0$,从而 $\boldsymbol{X}_0^{\mathrm{T}}\boldsymbol{A}_k\boldsymbol{X}_0=\boldsymbol{Y}_0^{\mathrm{T}}\boldsymbol{A}\boldsymbol{Y}_0\geqslant 0$,即 $\boldsymbol{X}^{\mathrm{T}}\boldsymbol{A}_k\boldsymbol{X}$ 是半正定的,故存在非退化矩阵 $\boldsymbol{T}_k$,使

$$|\boldsymbol{T}_k^{\mathrm{T}}\boldsymbol{A}_k\boldsymbol{T}_k|=|\boldsymbol{T}_k^{\mathrm{T}}||\boldsymbol{A}_k||\boldsymbol{T}_k|=|\boldsymbol{A}_k||\boldsymbol{T}_k|^2\geqslant 0.$$

又 $|\boldsymbol{T}_k|^2>0$,故 $|\boldsymbol{A}_k|\geqslant 0$.

再证充分性.

设 $\boldsymbol{A}$ 的主子式全大于或等于零,取 $\boldsymbol{A}$ 的第 k 个顺序主子式对应的矩阵

$$\boldsymbol{A}_k=\begin{pmatrix} a_{11} & a_{12} & \cdots & a_{1k} \\ \vdots & \vdots & & \vdots \\ a_{k1} & a_{k2} & \cdots & a_{kk} \end{pmatrix}(k=1,2,\cdots,n),$$

则 $|\lambda\boldsymbol{E}_k+\boldsymbol{A}_k|=\begin{vmatrix} \lambda+a_{11} & a_{12} & \cdots & a_{1k} \\ a_{21} & \lambda+a_{22} & \cdots & a_{2k} \\ \vdots & \vdots & & \vdots \\ a_{k1} & a_{k2} & \cdots & \lambda+a_{kk} \end{vmatrix}$,由行列式性质 3,得

$$|\lambda\boldsymbol{E}_k+\boldsymbol{A}_k|=\lambda^k+p_1\lambda^{k-1}+\cdots+p_{k-1}\lambda+p_k,$$

其中 p_i 是 $\boldsymbol{A}_k$ 中一切 i 阶主子式的和,由题设 $\boldsymbol{A}$ 的一切主子式 $\geqslant 0$,故 $p_i\geqslant 0$,从而当 $\lambda>0$ 时,$|\lambda\boldsymbol{E}_k+\boldsymbol{A}_k|>0$,即当 $\lambda>0$ 时,$\lambda\boldsymbol{E}+\boldsymbol{A}$ 是正定矩阵.

假设 $\boldsymbol{A}$ 不是半正定矩阵,则有非零向量 $\boldsymbol{X}_0=(b_1,b_2,\cdots,b_n)^{\mathrm{T}}$,使

$$\boldsymbol{X}_0^{\mathrm{T}}\boldsymbol{A}\boldsymbol{X}_0=-c(c>0).$$

令 $\lambda=\dfrac{c}{\boldsymbol{X}_0^{\mathrm{T}}\boldsymbol{X}_0}=\dfrac{c}{b_1^2+b_2^2+\cdots+b_n^2}>0$,则

$$\boldsymbol{X}_0^{\mathrm{T}}(\lambda\boldsymbol{E}+\boldsymbol{A})\boldsymbol{X}_0=\boldsymbol{X}_0^{\mathrm{T}}\lambda\boldsymbol{E}\boldsymbol{X}_0+\boldsymbol{X}_0^{\mathrm{T}}\boldsymbol{A}\boldsymbol{X}_0=\lambda\boldsymbol{X}_0^{\mathrm{T}}\boldsymbol{X}_0+\boldsymbol{X}_0^{\mathrm{T}}\boldsymbol{A}\boldsymbol{X}_0=c-c=0,$$

这与 $\lambda>0$ 时,$\lambda\boldsymbol{E}+\boldsymbol{A}$ 正定,即 $\boldsymbol{X}_0^{\mathrm{T}}(\lambda\boldsymbol{E}+\boldsymbol{A})\boldsymbol{X}_0>0$ 相矛盾,故 $\boldsymbol{A}$ 为半正定矩阵.

四、自测题

第五章自测题

一、判断题(每题3分,共15分)

1. 若 n 阶矩阵 $\boldsymbol{A}$ 与 $\boldsymbol{B}$ 合同,则 $\boldsymbol{A}$ 与 $\boldsymbol{B}$ 等价;反之也成立. ( )
2. 在一般的数域上,二次型的标准形是唯一的,与所作的非退化线性替换无关. ( )
3. 若 $\boldsymbol{A}$ 为正定矩阵,则 $\boldsymbol{A}^{-1}$ 也为正定矩阵. ( )
4. 两个 n 元实二次型可通过实的非退化线性替换互化的充要条件是二者有相同的秩. ( )
5. 对于实二次型 $f(x_1,\cdots,x_n)=\boldsymbol{X}^{\mathrm{T}}\boldsymbol{A}\boldsymbol{X}$,其中 $\boldsymbol{A}$ 是实对称矩阵,若 $f(x_1,\cdots,x_n)$ 是半负定的,则 $\boldsymbol{A}$ 的所有主子式都小于或等于零. ( )

二、填空题(每题3分,共15分)

6. 二次型 $f(x_1,x_2,x_3)=(x_1,x_2,x_3)\begin{pmatrix}1&2&3\\4&3&-1\\1&1&0\end{pmatrix}\begin{pmatrix}x_1\\x_2\\x_3\end{pmatrix}$ 的矩阵为________.
7. 任一复二次型 $f(x_1,\cdots,x_n)=\boldsymbol{X}^{\mathrm{T}}\boldsymbol{A}\boldsymbol{X}$ 的规范形是由________唯一决定的.
8. n 元实二次型是负定的充要条件是它的符号差为________.
9. n 阶正定矩阵的秩为________.
10. 若实对称矩阵 $\boldsymbol{A}$ 与矩阵 $\begin{pmatrix}1&0&0\\0&0&2\\0&2&0\end{pmatrix}$ 合同,则二次型 $\boldsymbol{X}^{\mathrm{T}}\boldsymbol{A}\boldsymbol{X}$ 的规范形为________.

三、计算题(第11题20分,后两题每题10分,共40分)

11. 利用非退化线性替换将实二次型 $f(x_1,x_2,x_3)=x_1^2+2x_2^2+4x_3^2+2x_1x_2+4x_2x_3$ 化为规范形,并用矩阵验算所得结果.
12. 计算 t 为何值时,二次型 $f(x_1,x_2,x_3)=x_1^2+4x_2^2+4x_3^2+2tx_1x_2-2x_1x_3+4x_2x_3$ 是正定的.
13. 已知实对称矩阵 $\boldsymbol{A}=\begin{pmatrix}1&1&2\\1&0&1\\2&1&3\end{pmatrix}$,利用矩阵的初等变换方法,求一可逆矩阵 $\boldsymbol{P}$,使得 $\boldsymbol{P}^{\mathrm{T}}\boldsymbol{A}\boldsymbol{P}$ 为对角矩阵.

四、证明题(每题10分,共30分)

14. 证明:二次型 $f(x_1,\cdots,x_n)=\sum\limits_{i=1}^{n}x_i^2+\sum\limits_{i=1}^{n-1}x_ix_{i+1}$ 为正定二次型.
15. 设 $\boldsymbol{A},\boldsymbol{B}$ 都是实对称矩阵,证明:准对角矩阵 $\boldsymbol{M}=\begin{pmatrix}\boldsymbol{A}&\boldsymbol{O}\\\boldsymbol{O}&\boldsymbol{B}\end{pmatrix}$ 的正惯性指数等于 $\boldsymbol{A},\boldsymbol{B}$ 的正惯性指数之和.
16. 设 $\boldsymbol{A}$ 是 n 阶正定矩阵,$\boldsymbol{B}$ 是 n 阶实反称矩阵,证明:$\boldsymbol{A}-\boldsymbol{B}^2$ 为正定矩阵.

第五章自测题解答

一、1. × 2. × 3. √ 4. × 5. ×

二、6. $\begin{pmatrix}1&3&2\\3&3&0\\2&0&0\end{pmatrix}$.

7. $r(\boldsymbol{A})$.

8. $-n$.

9. n.

10. $y_1^2+y_2^2-y_3^2$.

三、11. 解　令$\begin{cases}x_1=y_1-y_2,\\x_2=y_2,\\x_3=y_3,\end{cases}$　则原二次型化为 $y_1^2+y_2^2+4y_3^2+4y_2y_3$.

再令$\begin{cases}y_1=z_1,\\y_2=z_2-2z_3,\\y_3=z_3,\end{cases}$则上述二次型化为 $z_1^2+z_2^2$,故原二次型的规范形为 $z_1^2+z_2^2$.

下面用矩阵进行验算. 首先原二次型的矩阵为 $\boldsymbol{A}=\begin{pmatrix}1&1&0\\1&2&2\\0&2&4\end{pmatrix}$,令 $\boldsymbol{C}_1=\begin{pmatrix}1&-1&0\\0&1&0\\0&0&1\end{pmatrix}$,$\boldsymbol{C}_2=\begin{pmatrix}1&0&0\\0&1&-2\\0&0&1\end{pmatrix}$,$\boldsymbol{C}=\boldsymbol{C}_1\boldsymbol{C}_2$,则 $\boldsymbol{C}=\begin{pmatrix}1&-1&2\\0&1&-2\\0&0&1\end{pmatrix}$. 于是

$$\boldsymbol{C}^{\mathrm{T}}\boldsymbol{A}\boldsymbol{C}=\begin{pmatrix}1&-1&2\\0&1&-2\\0&0&1\end{pmatrix}^{\mathrm{T}}\begin{pmatrix}1&1&0\\1&2&2\\0&2&4\end{pmatrix}\begin{pmatrix}1&-1&2\\0&1&-2\\0&0&1\end{pmatrix}=\begin{pmatrix}1&0&0\\0&1&0\\0&0&0\end{pmatrix}.$$

12. 解　容易看到,二次型的矩阵为 $\boldsymbol{A}=\begin{pmatrix}1&t&-1\\t&4&2\\-1&2&4\end{pmatrix}$,$f$ 为正定二次型的充要条件为 A 的各阶顺序主子式均大于零,即

$$\Delta_1=1>0,\Delta_2=\begin{vmatrix}1&t\\t&4\end{vmatrix}=4-t^2>0,$$

$$\Delta_3=\begin{vmatrix}1&t&-1\\t&4&2\\-1&2&4\end{vmatrix}=\begin{vmatrix}1&t&-1\\0&4-t^2&2+t\\0&2+t&3\end{vmatrix}=-4(t+2)(t-1)>0,$$

解得 $-2<t<2$,并且 $-2<t<1$,故当 $-2<t<1$ 时,二次型 f 正定.

13. 解　对矩阵 $\boldsymbol{A}$ 作如下初等变换

$$\boldsymbol{A}=\begin{pmatrix}1&1&2\\1&0&1\\2&1&3\end{pmatrix}\xrightarrow[c_2-c_1]{r_2-r_1}\begin{pmatrix}1&0&2\\0&-1&-1\\2&-1&3\end{pmatrix}\xrightarrow[c_3-2c_1]{r_3-2r_1}\begin{pmatrix}1&0&0\\0&-1&-1\\0&-1&-1\end{pmatrix}\xrightarrow[c_3-c_2]{r_3-r_2}\begin{pmatrix}1&0&0\\0&-1&0\\0&0&0\end{pmatrix},$$

对单位矩阵实施上述初等列变换

$$\begin{pmatrix}1&0&0\\0&1&0\\0&0&1\end{pmatrix}\xrightarrow{c_2-c_1}\begin{pmatrix}1&-1&0\\0&1&0\\0&0&1\end{pmatrix}\xrightarrow{c_3-2c_1}\begin{pmatrix}1&-1&-2\\0&1&0\\0&0&1\end{pmatrix}\xrightarrow{c_3-c_2}\begin{pmatrix}1&-1&-1\\0&1&-1\\0&0&1\end{pmatrix}.$$

令 $\boldsymbol{P}=\begin{pmatrix}1&-1&-1\\0&1&-1\\0&0&1\end{pmatrix}$,则 $\boldsymbol{P}^{\mathrm{T}}\boldsymbol{A}\boldsymbol{P}=\begin{pmatrix}1&0&0\\0&-1&0\\0&0&0\end{pmatrix}$.

四、14. 证　注意到

$$\sum_{i=1}^{n}x_i^2+\sum_{i=1}^{n-1}x_ix_{i+1}=\frac{1}{2}\left[2\sum_{i=1}^{n}x_i^2+2\sum_{i=1}^{n-1}x_ix_{i+1}\right]=\frac{1}{2}\left[\sum_{i=1}^{n-1}(x_i+x_{i+1})^2+x_1^2+x_n^2\right]\geqslant 0,$$

并且当且仅当 $x_1=0,x_2=0,\cdots,x_n=0$ 时,$f(x_1,x_2,\cdots,x_n)=0$,故对任意一组不全为零的实数 c_1,

$c_2,\cdots,c_n$,都有 $f(c_1,c_2,\cdots,c_n)>0$,因此 $f(x_1,x_2,\cdots,x_n)$ 是正定二次型.

15. 证　设矩阵 $\boldsymbol{A},\boldsymbol{B}$ 的规范形分别为

$$\boldsymbol{A}_1=\begin{pmatrix}\boldsymbol{E}_{a_1} & & \\ & -\boldsymbol{E}_{a_2} & \\ & & \boldsymbol{O}\end{pmatrix},\quad \boldsymbol{B}_1=\begin{pmatrix}\boldsymbol{E}_{b_1} & & \\ & -\boldsymbol{E}_{b_2} & \\ & & \boldsymbol{O}\end{pmatrix},$$

其中 a_1,a_2 分别为 $\boldsymbol{A}$ 的正、负惯性指数,b_1,b_2 分别为 $\boldsymbol{B}$ 的正、负惯性指数. 又因为矩阵 $\boldsymbol{M}$ 合同于 $\begin{pmatrix}\boldsymbol{A}_1 & \boldsymbol{O}\\ \boldsymbol{O} & \boldsymbol{B}_1\end{pmatrix}$,即合同于 $\begin{pmatrix}\boldsymbol{E}_{a_1+b_1} & & \\ & -\boldsymbol{E}_{a_2+b_2} & \\ & & \boldsymbol{O}\end{pmatrix}$,故 $\boldsymbol{M}$ 的正惯性指数为 a_1+b_1,即 $\boldsymbol{M}$ 的正惯性指数等于 $\boldsymbol{A},\boldsymbol{B}$ 的正惯性指数之和.

16. 证　因为 $\boldsymbol{A}$ 是正定矩阵,故 $\boldsymbol{A}^{\mathrm{T}}=\boldsymbol{A}$,又 $\boldsymbol{B}$ 是反称矩阵,故 $\boldsymbol{B}^{\mathrm{T}}=-\boldsymbol{B}$,从而

$$(\boldsymbol{A}-\boldsymbol{B}^2)^{\mathrm{T}}=\boldsymbol{A}^{\mathrm{T}}-(\boldsymbol{B}^2)^{\mathrm{T}}=\boldsymbol{A}^{\mathrm{T}}-(\boldsymbol{B}^{\mathrm{T}})^2=\boldsymbol{A}-(-\boldsymbol{B})^2=\boldsymbol{A}-\boldsymbol{B}^2,$$

因此,$\boldsymbol{A}-\boldsymbol{B}^2$ 是实对称矩阵. 对任意的 $\boldsymbol{X}\neq 0$,有

$$\boldsymbol{X}^{\mathrm{T}}(\boldsymbol{A}-\boldsymbol{B}^2)\boldsymbol{X}=\boldsymbol{X}^{\mathrm{T}}(\boldsymbol{A}+\boldsymbol{B}^{\mathrm{T}}\boldsymbol{B})\boldsymbol{X}=\boldsymbol{X}^{\mathrm{T}}\boldsymbol{A}\boldsymbol{X}+\boldsymbol{X}^{\mathrm{T}}\boldsymbol{B}^{\mathrm{T}}\boldsymbol{B}\boldsymbol{X}=\boldsymbol{X}^{\mathrm{T}}\boldsymbol{A}\boldsymbol{X}+(\boldsymbol{B}\boldsymbol{X})^{\mathrm{T}}\boldsymbol{B}\boldsymbol{X}>0,$$

故 $\boldsymbol{A}-\boldsymbol{B}^2$ 为正定矩阵.

第六章 线性空间

一、主要内容归纳

1. 集合

(1)不含任何元素的集合称为**空集合**,常记为$\varnothing$. 空集合被认为是任何集合的子集.

(2)由集合 A 和集合 B 的所有公共元素组成的集合,记为 $A\cap B$,称为 A 与 B 的**交集**或**交**,即

$$A\cap B=\left\{x \middle| x\in A \text{ 且 } x\in B\right\}.$$

(3)由属于集合 A 或集合 B 的所有元素组成的集合,记为 $A\cup B$,称为 A 与 B 的**并集**或**并**,即

$$A\cup B=\left\{x \middle| x\in A \text{ 或 } x\in B\right\}.$$

(4)**交与并的性质**:

①**幂等性** $A\cap A=A$, $A\cup A=A$;

②**交换性** $A\cap B=B\cap A$, $A\cup B=B\cup A$;

③**结合性** $(A\cap B)\cap C=A\cap(B\cap C)$, $(A\cup B)\cup C=A\cup(B\cup C)$;

④**分配性** $A\cap(B\cup C)=(A\cap B)\cup(A\cap C)$, $A\cup(B\cap C)=(A\cup B)\cap(A\cup C)$.

2. 映射

(1)设 φ 是集合 M 到集合 M' 的一个映射,则 M 中元素 a 的像记为 $\varphi(a)$,称 a 为 $\varphi(a)$ 的**逆(原)像**. 如果 M' 中每个元素在 φ 之下都有逆像,则称 φ 为 M 到 M' 上的**满射**;若 M 中不相同元素的像也不相同,则称 φ 为 M 到 M' 的**单射**. 既是单射又是满射的映射,称为**双射**.

(2)集合 M 到 M 的映射称为 M 的**变换**;如果 M 的变换 $\mathscr{E}$ 对 $\forall a\in M$,有 $\mathscr{E}(a)=a$,则称 $\mathscr{E}$ 为**单位变换**或**恒等变换**.

(3)M 的两个变换 τ 与 σ 的**乘积** $\tau\cdot\sigma$ 定义为对 $\forall a\in M$,有 $(\tau\cdot\sigma)(a)=\tau(\sigma(a))$.

(4)如果 τ,σ 是集合 M 的变换且 $\tau\sigma=\sigma\tau=\mathscr{E}$,则 σ 叫做 τ 的**逆变换**,记作 τ^{-1},如果 τ 有逆变换,则 τ 是**可逆的**.

3. 线性空间的定义

令 P 是一个数域,V 是一个非空集合. 在 V 的元素之间定义了一个代数运算,叫做**加法**,即对 $\forall \boldsymbol{\alpha},\boldsymbol{\beta}\in V$,有唯一的元素 $\boldsymbol{\alpha}+\boldsymbol{\beta}\in V$. 在数域 P 和 V 的元素之间定义了一种运算,叫做**数量乘法**,即对 $\forall \boldsymbol{\alpha}\in V$, $\forall k\in P$,有唯一的元素 $k\boldsymbol{\alpha}\in V$,且加法满足下面四条规则:

(1)$\boldsymbol{\alpha}+\boldsymbol{\beta}=\boldsymbol{\beta}+\boldsymbol{\alpha}$;

(2)$(\boldsymbol{\alpha}+\boldsymbol{\beta})+\boldsymbol{\gamma}=\boldsymbol{\alpha}+(\boldsymbol{\beta}+\boldsymbol{\gamma})$；

(3)在 V 中有一个元素$\mathbf{0}$,对 $\forall\boldsymbol{\alpha}\in V$,都有$\mathbf{0}+\boldsymbol{\alpha}=\boldsymbol{\alpha}$（具有这个性质的元素$\mathbf{0}$称为 V 的**零元素**)；

(4)对于 $\forall\boldsymbol{\alpha}\in V$,都有 $\boldsymbol{\beta}\in V$,使得 $\boldsymbol{\alpha}+\boldsymbol{\beta}=\mathbf{0}$（$\boldsymbol{\beta}$ 称为 $\boldsymbol{\alpha}$ 的**负元素**)；

数量乘法满足下面两条规则：

(5)$1\boldsymbol{\alpha}=\boldsymbol{\alpha}$, $\boldsymbol{\alpha}\in V$；

(6)$k(l\boldsymbol{\alpha})=(kl)\boldsymbol{\alpha}$, $\boldsymbol{\alpha}\in V$, $k,l\in P$；

加法和数量乘法满足下面两条规则：

(7)$(k+l)\boldsymbol{\alpha}=k\boldsymbol{\alpha}+l\boldsymbol{\alpha}$, $\boldsymbol{\alpha}\in V$, $k,l\in V$；

(8)$k(\boldsymbol{\alpha}+\boldsymbol{\beta})=k\boldsymbol{\alpha}+k\boldsymbol{\beta}$, $\boldsymbol{\alpha},\boldsymbol{\beta}\in V$, $k\in P$,

则称 V 是数域 P 上的**线性空间**.

4. 线性空间的性质

(1)零元素唯一；

(2)每个元素的负元素唯一；

(3)$0\boldsymbol{\alpha}=\mathbf{0}$, $k\,\mathbf{0}=\mathbf{0}$, $(-1)\boldsymbol{\alpha}=-\boldsymbol{\alpha}$；

(4)$\boldsymbol{\alpha}+(-\boldsymbol{\beta})$记作 $\boldsymbol{\alpha}-\boldsymbol{\beta}$；

(5)由 $k\boldsymbol{\alpha}=\mathbf{0}$可推出 $k=0$ 或 $\boldsymbol{\alpha}=\mathbf{0}$；

(6)线性空间中向量的线性相关、线性无关、线性组合、线性表示、极大线性无关组、向量组的秩等概念均与 P^n 中所定义的相同.

5. 常见的线性空间

(1)$P^{m\times n}$是数域 P 上的线性空间；

(2)$P[x]_n$ 是数域 P 上的线性空间；

(3)$P[x]$是数域 P 上的线性空间；

(4)设 V 是数域 P 上的线性空间,$\boldsymbol{\alpha}_1,\boldsymbol{\alpha}_2,\cdots,\boldsymbol{\alpha}_s\in V$,则由 $\boldsymbol{\alpha}_1,\boldsymbol{\alpha}_2,\cdots,\boldsymbol{\alpha}_s$ 生成的线性空间为

$$L(\boldsymbol{\alpha}_1,\boldsymbol{\alpha}_2,\cdots,\boldsymbol{\alpha}_s)=\left\{k_1\boldsymbol{\alpha}_1+k_2\boldsymbol{\alpha}_2+\cdots+k_s\boldsymbol{\alpha}_s\,\middle|\,k_1,k_2,\cdots,k_s\in P\right\}.$$

6. 线性空间的基、维数

(1)设 V 是数域 P 上的线性空间,$\boldsymbol{\alpha}_1,\boldsymbol{\alpha}_2,\cdots,\boldsymbol{\alpha}_n\in V$,若有

(ⅰ)$\boldsymbol{\alpha}_1,\boldsymbol{\alpha}_2,\cdots,\boldsymbol{\alpha}_n$ 线性无关；

(ⅱ)$\forall\boldsymbol{\alpha}\in V$,$\boldsymbol{\alpha}$ 可由 $\boldsymbol{\alpha}_1,\boldsymbol{\alpha}_2,\cdots,\boldsymbol{\alpha}_n$ 线性表示,称 $\boldsymbol{\alpha}_1,\boldsymbol{\alpha}_2,\cdots,\boldsymbol{\alpha}_n$ 是线性空间 V 的一组**基**,并称 V 是 n **维线性空间**.若 V 中不存在满足条件(ⅰ)和(ⅱ)的向量组 $\boldsymbol{\alpha}_1,\boldsymbol{\alpha}_2,\cdots,\boldsymbol{\alpha}_n$,称 V 是**无限维线性空间**.

若 V 是数域 P 上 n 维线性空间,$\boldsymbol{\alpha}_1,\boldsymbol{\alpha}_2,\cdots,\boldsymbol{\alpha}_n$ 是 V 的一组基,设

$$\boldsymbol{\alpha}=k_1\boldsymbol{\alpha}_1+k_2\boldsymbol{\alpha}_2+\cdots+k_n\boldsymbol{\alpha}_n,\ k_i\in P,\ i=1,2,\cdots,n,$$

称$(k_1,k_2,\cdots,k_n)$是向量 $\boldsymbol{\alpha}$ 由基 $\boldsymbol{\alpha}_1,\boldsymbol{\alpha}_2,\cdots,\boldsymbol{\alpha}_n$ 线性表示的**坐标**.

(2)n 维线性空间 V 的任意 n 个线性无关的向量都是 V 的基.

(3)n 维线性空间 V 的任意 r 个线性无关的向量 $\boldsymbol{\alpha}_1,\boldsymbol{\alpha}_2,\cdots,\boldsymbol{\alpha}_r$ 都可以扩充为 V 的一组基

$$\boldsymbol{\alpha}_1,\boldsymbol{\alpha}_2,\cdots,\boldsymbol{\alpha}_r,\boldsymbol{\alpha}_{r+1},\cdots,\boldsymbol{\alpha}_n,$$

但 $\boldsymbol{\alpha}_{r+1},\cdots,\boldsymbol{\alpha}_n$ 不唯一.

7. 过渡矩阵

设 $\boldsymbol{\alpha}_1,\boldsymbol{\alpha}_2,\cdots,\boldsymbol{\alpha}_n$ 是 n 维线性空间 V 的一组基,对 $\forall\boldsymbol{\beta}\in V$,设

$$\boldsymbol{\beta}=k_1\boldsymbol{\alpha}_1+k_2\boldsymbol{\alpha}_2+\cdots+k_n\boldsymbol{\alpha}_n=(\boldsymbol{\alpha}_1,\boldsymbol{\alpha}_2,\cdots,\boldsymbol{\alpha}_n)\begin{pmatrix}k_1\\k_2\\\vdots\\k_n\end{pmatrix},$$

即写成两个矩阵相乘,坐标$(k_1,k_2,\cdots,k_n)$由基 $\boldsymbol{\alpha}_1,\boldsymbol{\alpha}_2,\cdots,\boldsymbol{\alpha}_n$ 唯一确定. 若 $\boldsymbol{\beta}_1,\boldsymbol{\beta}_2,\cdots,\boldsymbol{\beta}_s\in V$,可用基 $\boldsymbol{\alpha}_1,\boldsymbol{\alpha}_2,\cdots,\boldsymbol{\alpha}_n$ 线性表示为

$$(\boldsymbol{\beta}_1,\boldsymbol{\beta}_2,\cdots,\boldsymbol{\beta}_s)=(\boldsymbol{\alpha}_1,\boldsymbol{\alpha}_2,\cdots,\boldsymbol{\alpha}_n)\begin{pmatrix}a_{11}&a_{12}&\cdots&a_{1s}\\a_{21}&a_{22}&\cdots&a_{2s}\\\vdots&\vdots&&\vdots\\a_{n1}&a_{n2}&\cdots&a_{ns}\end{pmatrix}.$$

令

$$\boldsymbol{A}=\begin{pmatrix}a_{11}&a_{12}&\cdots&a_{1s}\\a_{21}&a_{22}&\cdots&a_{2s}\\\vdots&\vdots&&\vdots\\a_{n1}&a_{n2}&\cdots&a_{ns}\end{pmatrix},$$

若 $s=n$,并且 $\boldsymbol{\beta}_1,\boldsymbol{\beta}_2,\cdots,\boldsymbol{\beta}_n$ 也是 V 的一组基,则称 $\boldsymbol{A}$ 是由基 $\boldsymbol{\alpha}_1,\boldsymbol{\alpha}_2,\cdots,\boldsymbol{\alpha}_n$ 到基 $\boldsymbol{\beta}_1,\boldsymbol{\beta}_2,\cdots,\boldsymbol{\beta}_n$ 的**过渡矩阵**,且 $\boldsymbol{A}$ 是可逆矩阵. 从而有 $\boldsymbol{\beta}_1,\boldsymbol{\beta}_2,\cdots,\boldsymbol{\beta}_n$ 到 $\boldsymbol{\alpha}_1,\boldsymbol{\alpha}_2,\cdots,\boldsymbol{\alpha}_n$ 的过渡矩阵是 $\boldsymbol{A}^{-1}$.

8. 向量在不同基下坐标之间的关系

设 $\boldsymbol{\alpha}_1,\boldsymbol{\alpha}_2,\cdots,\boldsymbol{\alpha}_n$ 和 $\boldsymbol{\beta}_1,\boldsymbol{\beta}_2,\cdots,\boldsymbol{\beta}_n$ 是 n 维线性空间 V 的两组基,且

$$(\boldsymbol{\beta}_1,\boldsymbol{\beta}_2,\cdots,\boldsymbol{\beta}_n)=(\boldsymbol{\alpha}_1,\boldsymbol{\alpha}_2,\cdots,\boldsymbol{\alpha}_n)\boldsymbol{A},$$

对 $\forall\boldsymbol{\alpha}\in V$,若有 $\boldsymbol{\alpha}=(\boldsymbol{\beta}_1,\boldsymbol{\beta}_2,\cdots,\boldsymbol{\beta}_n)\begin{pmatrix}x_1\\x_2\\\vdots\\x_n\end{pmatrix}$,则

$$\boldsymbol{\alpha}=(\boldsymbol{\alpha}_1,\boldsymbol{\alpha}_2,\cdots,\boldsymbol{\alpha}_n)\boldsymbol{A}\begin{pmatrix}x_1\\x_2\\\vdots\\x_n\end{pmatrix},$$

即 $\boldsymbol{\alpha}$ 在两组不同基下的坐标之间的关系由一组基到另一组基的过渡矩阵来确定.

9. 子空间的定义 设 V 是数域 P 上的线性空间,W 是 V 的非空子集,若 W 关于 V

的加法和数量乘法也做成 P 上的线性空间，称 W 是 V 的**子空间**.

10. 子空间的判别 设 W 是线性空间 V 的非空子集，则 W 是 V 的子空间当且仅当下列两个条件同时成立：

（ⅰ）$\forall \boldsymbol{\alpha},\boldsymbol{\beta}\in W$，$\boldsymbol{\alpha}+\boldsymbol{\beta}\in W$；

（ⅱ）$\forall k\in P$，$\forall \boldsymbol{\alpha}\in W$，$k\boldsymbol{\alpha}\in W$.

11. 生成子空间 V 是数域 P 上的线性空间，$\boldsymbol{\alpha}_1,\boldsymbol{\alpha}_2,\cdots,\boldsymbol{\alpha}_s\in V$，令 $W=\left\{\sum\limits_{i=1}^{s}k_i\boldsymbol{\alpha}_i \,\middle|\, k_i\in P\right\}$，易知 W 是 V 的子空间，并且 W 是含 $\boldsymbol{\alpha}_1,\boldsymbol{\alpha}_2,\cdots,\boldsymbol{\alpha}_s$ 的最小子空间，称此子空间是由 $\boldsymbol{\alpha}_1,\boldsymbol{\alpha}_2,\cdots,\boldsymbol{\alpha}_s$ **生成的子空间**，记作 $W=L(\boldsymbol{\alpha}_1,\boldsymbol{\alpha}_2,\cdots,\boldsymbol{\alpha}_s)$. 向量组 $\boldsymbol{\alpha}_1,\boldsymbol{\alpha}_2,\cdots,\boldsymbol{\alpha}_s$ 的极大线性无关组为 W 的一组基. 而且 W 的维数等于向量组 $\boldsymbol{\alpha}_1,\boldsymbol{\alpha}_2,\cdots,\boldsymbol{\alpha}_s$ 的秩.

12. 子空间的相等 V 的两个子空间 $L(\boldsymbol{\alpha}_1,\boldsymbol{\alpha}_2,\cdots,\boldsymbol{\alpha}_s)=L(\boldsymbol{\beta}_1,\boldsymbol{\beta}_2,\cdots,\boldsymbol{\beta}_k)$ 当且仅当两向量组 $\boldsymbol{\alpha}_1,\boldsymbol{\alpha}_2,\cdots,\boldsymbol{\alpha}_s$ 和 $\boldsymbol{\beta}_1,\boldsymbol{\beta}_2,\cdots,\boldsymbol{\beta}_k$ 等价.

13. 子空间的交 设 $V_1,V_2,\cdots,V_s$ 是线性空间 V 的 s 个子空间，$\bigcap\limits_{i=1}^{s}V_i=\{\boldsymbol{\alpha}\mid\boldsymbol{\alpha}\in V_i,\ i=1,\cdots,s\}$ 是**子空间** $V_1,V_2,\cdots,V_s$ **的交**，它也是 V 的一个子空间. 特别地，当 $s=2$ 时，记作 $V_1\cap V_2$.

14. 子空间的和 设 $V_1,V_2,\cdots,V_s$ 是线性空间 V 的 s 个子空间，子空间 $V_1,V_2,\cdots,V_s$ 的和是

$$V_1+V_2+\cdots+V_s=\{\boldsymbol{\alpha}_1+\cdots+\boldsymbol{\alpha}_s\mid\boldsymbol{\alpha}_i\in V_i\}.$$

它也是 V 的一个子空间.

若 $V_1=L(\boldsymbol{\alpha}_1,\boldsymbol{\alpha}_2,\cdots,\boldsymbol{\alpha}_r)$，$V_2=L(\boldsymbol{\beta}_1,\boldsymbol{\beta}_2,\cdots,\boldsymbol{\beta}_t)$，则

$$V_1+V_2=L(\boldsymbol{\alpha}_1,\cdots,\boldsymbol{\alpha}_r,\boldsymbol{\beta}_1,\cdots,\boldsymbol{\beta}_t),$$

且维$(V_1+V_2)\leqslant$维$(V_1)+$维(V_2).

15. 维数公式 设 V 是数域 P 上的 n 维线性空间，V_1,V_2 是 V 的两个有限维子空间，则

$$\text{维}(V_1+V_2)+\text{维}(V_1\cap V_2)=\text{维}(V_1)+\text{维}(V_2).$$

16. 直和的定义 设 $V_1,V_2,\cdots,V_s$ 是线性空间 V 的 s 个子空间，若和 $V_1+V_2+\cdots+V_s$ 中的每个向量 $\boldsymbol{\alpha}=\sum\limits_{i=1}^{s}\boldsymbol{\alpha}_i(\boldsymbol{\alpha}_i\in V_i)$ 的分解唯一，称和 $V_1+V_2+\cdots+V_s$ 为**直和**，记作 $V_1\oplus V_2\oplus\cdots\oplus V_s$.

17. 直和的判别 设 $V_i,i=1,2,\cdots,s$ 是 V 的子空间，则以下条件等价：

(1) $\sum\limits_{i=1}^{s}V_i$ 是直和；

(2) $\forall\boldsymbol{\alpha}\in\sum\limits_{i=1}^{s}V_i$，$\boldsymbol{\alpha}$ 分解唯一；

(3)零向量分解唯一；

(4)$V_i \cap \sum\limits_{j \neq i} V_j = \{\mathbf{0}\}$；

(5)维$\left(\sum\limits_{i=1}^{s} V_i\right) = \sum\limits_{i=1}^{s}$ 维(V_i)；

(6)所有 $V_i(i=1,\cdots,s)$的基的联合是 $\sum\limits_{i=1}^{s} V_i$ 的基；

(7)$V_i \cap \sum\limits_{j=1}^{i-1} V_j = \{\mathbf{0}\}$, $i=1,2,\cdots,s$.

18. 线性空间同构的定义 设 V 和 W 都是数域 P 上的两个线性空间，若存在 V 到 W 的一一映射(双射)σ，使

$$\sigma(\boldsymbol{\alpha}+\boldsymbol{\beta})=\sigma(\boldsymbol{\alpha})+\sigma(\boldsymbol{\beta});\quad \sigma(k\boldsymbol{\alpha})=k\sigma(\boldsymbol{\alpha}),$$

其中 $k\in P,\boldsymbol{\alpha},\boldsymbol{\beta}\in V$，则称 σ 是线性空间 V 到线性空间 W 的**同构映射**，记作 $V\cong W$(或 $V\overset{\sigma}{\cong} W$).

特别地，当 $V=W$ 时，也说 σ 是线性空间 V 的**自同构**.

19. 同构的性质 设 V 和 W 是数域 P 上的线性空间，σ 是 V 到 W 的同构映射，则

(1)$\sigma(\mathbf{0})=\mathbf{0}$；

(2)$\sigma(-\boldsymbol{\alpha})=-\sigma(\boldsymbol{\alpha})$；

(3)$\sigma\left(\sum\limits_{i=1}^{s} k_i\boldsymbol{\alpha}_i\right)=\sum\limits_{i=1}^{s} k_i\sigma(\boldsymbol{\alpha}_i)$, $\boldsymbol{\alpha}_i\in V$, $k_i\in P$；

(4)对$\forall\, \boldsymbol{\alpha}_1,\boldsymbol{\alpha}_2,\cdots,\boldsymbol{\alpha}_t\in V$，向量组 $\boldsymbol{\alpha}_1,\boldsymbol{\alpha}_2,\cdots,\boldsymbol{\alpha}_t$ 和向量组 $\sigma(\boldsymbol{\alpha}_1),\sigma(\boldsymbol{\alpha}_2),\cdots,\sigma(\boldsymbol{\alpha}_t)$有完全相同的线性关系；

(5)维(V)=维(W)；

(6)令 $\sigma^{-1}:W\to V,\boldsymbol{\beta}\mapsto\boldsymbol{\alpha}$，当 $\sigma(\boldsymbol{\alpha})=\boldsymbol{\beta}$，则 σ^{-1} 是 W 到 V 的同构映射；

(7)若维$(V)=n$，则 $V\cong P^n$.

二、 经典例题解析及解题方法总结

【例 1】 令 M 为全体整数所成的集合，且

$$\begin{cases}\varphi(a)=\dfrac{a}{2}, & a\ \text{为偶数},\\[2mm] \varphi(a)=\dfrac{a+1}{2}, & a\ \text{为奇数}.\end{cases}$$

问：φ 是否为 M 的变换？是否为单射或满射？

解 φ 是 M 的变换，而且是满射，但不是单射.

事实上，设 n 为任一整数，则有

$$\varphi(2n)=\frac{2n}{2}=n,$$

即 φ 为满射. 另外

$$\varphi(2n-1)=\frac{2n}{2}=n,$$

即有 $\varphi(2n)=\varphi(2n-1)$，因此 φ 不是单射.

【例 2】 设 σ,τ 是有限集合 M 的两个变换. 证明：若 $\sigma\tau=\mathscr{E}$（$\mathscr{E}$ 为恒等变换），则 $\tau\sigma=\mathscr{E}$. 亦即 τ（及 σ）为 M 的可逆变换.

证 设 $M=\{a_1,a_2,\cdots,a_n\}$，且 a_i,a_j 为 M 中的两个不同元素，则必 $\tau(a_i)\neq\tau(a_j)$. 因若 $\tau(a_i)=\tau(a_j)$，则

$$(\sigma\tau)(a_i)=\sigma(\tau(a_j)),$$

从而由 $\sigma\tau=\mathscr{E}$ 得 $a_i=a_j$. 因此 τ 是单射变换.

又由上面证明可知，$\tau(a_1),\tau(a_2),\cdots,\tau(a_n)$ 是 M 的 n 个不同的元素. 但 M 只包含 n 个元素，因此，它就是 M 的全体元素. 故 τ 是满射. 于是 τ 是可逆的.

【例 3】 令 M 是数域 F 上全体 n 阶方阵的集合. 证明：$\sigma(\boldsymbol{A})=\boldsymbol{A}^{\mathrm{T}}$（$\boldsymbol{A}^{\mathrm{T}}$ 为 $\boldsymbol{A}$ 的转置方阵）是 M 的一个双射变换.

证 σ 是 M 的变换是显然的. 其次，任取 $\boldsymbol{A}\in M$，则 $\boldsymbol{A}^{\mathrm{T}}\in M$，且有

$$\sigma(\boldsymbol{A})^{\mathrm{T}}=(\boldsymbol{A}^{\mathrm{T}})^{\mathrm{T}}=\boldsymbol{A},$$

即 σ 是满射变换.

最后，设 $\boldsymbol{A}$ 与 $\boldsymbol{B}$ 为 M 中两不同方阵，则 $\boldsymbol{A}^{\mathrm{T}}\neq\boldsymbol{B}^{\mathrm{T}}$，即 $\sigma(\boldsymbol{A})\neq\sigma(\boldsymbol{B})$. 亦即 σ 也是单射变换. 因此，σ 是双射变换.

【例 4】 按通常数域 P 上矩阵的加法及数乘的运算，下列数域 P 上方阵的集合是否构成数域 P 上的线性空间？

(1)全体形如 $\begin{bmatrix}0 & a\\ -a & b\end{bmatrix}$ 的二阶方阵作成的集合；

(2)设 $\boldsymbol{A}$ 是 n 阶方阵，$\boldsymbol{A}$ 的多项式 $f(\boldsymbol{A})$ 的全体的集合；

(3)全体形如 $\begin{bmatrix}\boldsymbol{X}_1 & \boldsymbol{O}\\ \boldsymbol{X}_2 & \boldsymbol{X}_3\end{bmatrix}$ 的 n 阶方阵的集合，这里 $\boldsymbol{X}_1$ 为任意 r 阶方子块；

(4)$V=\left\{\boldsymbol{X}\,\middle|\,\boldsymbol{A}\boldsymbol{X}=\boldsymbol{O}\right\}$，$\boldsymbol{X},\boldsymbol{A}$ 为 n 阶方阵；

(5)$V=\left\{\boldsymbol{X}\,\middle|\,\mathrm{tr}(\boldsymbol{X})=0\right\}$，这里 $\mathrm{tr}(\boldsymbol{X})$ 是 n 阶方阵 $\boldsymbol{X}$ 的迹，即 $\boldsymbol{X}$ 的主对角线上全体元素之和；

(6)n 阶对称矩阵与反对称矩阵的全体所成的集合 V.

解 (1)构成线性空间.

(2)构成线性空间.

(3)构成线性空间，因为如果

$$\boldsymbol{A}=\begin{bmatrix}\boldsymbol{X}_1 & \boldsymbol{O}\\ \boldsymbol{X}_2 & \boldsymbol{X}_3\end{bmatrix},\quad \boldsymbol{B}=\begin{bmatrix}\boldsymbol{Y}_1 & \boldsymbol{O}\\ \boldsymbol{Y}_2 & \boldsymbol{Y}_3\end{bmatrix},$$

那么显然 $\boldsymbol{A}+\boldsymbol{B}$ 与 $k\boldsymbol{A}$ 仍是左上角为 r 阶子块，右上角为 $r\times(n-r)$ 零子块的矩阵，且满足线

性空间定义中诸条件.

(4)构成线性空间. 因为如果 $\boldsymbol{X}\in V$,与 $\boldsymbol{Y}\in V$,那么显然有 $\boldsymbol{A}(\boldsymbol{X}+\boldsymbol{Y})=\boldsymbol{AX}+\boldsymbol{AY}=\boldsymbol{O}$,与 $\boldsymbol{Y}(k\boldsymbol{X})=k\boldsymbol{AX}=\boldsymbol{O}$,即 $\boldsymbol{X}+\boldsymbol{Y}$ 与 $k\boldsymbol{Y}$ 仍在 V 中. 且满足线性空间定义中诸条件.

(5)构成线性空间. 因为如果 $\boldsymbol{A}=(a_{ij})\in V$ 与 $\boldsymbol{B}=(b_{ij})\in V$,那么

$$\mathrm{tr}(\boldsymbol{A}+\boldsymbol{B})=\sum_{i=1}^{n}(a_{ii}+b_{ii})=\sum_{i=1}^{n}a_{ii}+\sum_{i=1}^{n}b_{ii}=0+0=0,$$

$$\mathrm{tr}(k\boldsymbol{A})=\sum_{i=1}^{n}(ka_{ii})=k\sum_{i=1}^{n}a_{ii}=k\cdot 0=0,$$

即 $\boldsymbol{A}+\boldsymbol{B}$ 与 $k\boldsymbol{A}$ 仍在 V 中. 且显然满足线性空间定义中诸条件.

(6)不构成线性空间,因为设 $\boldsymbol{A}$ 是对称矩阵,$\boldsymbol{B}$ 是反对称矩阵,且都不是零矩阵,则

$$(\boldsymbol{A}+\boldsymbol{B})^{\mathrm{T}}=\boldsymbol{A}^{\mathrm{T}}+\boldsymbol{B}^{\mathrm{T}}=\boldsymbol{A}-\boldsymbol{B},$$

即 $\boldsymbol{A}+\boldsymbol{B}$ 即不是对称阵,也不是反对称阵,从而不在 V 内.

【例 5】 检验下列集合是否构成实数域上的线性空间:

(1)全体实 n 阶方阵的集合,数量乘法按通常定义,但加法定义为:

$$\boldsymbol{A}\oplus\boldsymbol{B}=\boldsymbol{AB}-\boldsymbol{BA};$$

(2)集合与数量乘法同上,但加法定义为:

$$\boldsymbol{A}\oplus\boldsymbol{B}=\boldsymbol{AB}+\boldsymbol{BA}.$$

解 (1)不能构成线性空间,因为加法不满足交换律.

(2)不能构成线性空间,因为加法不满足结合律.

【例 6】 求下列线性空间的一组基并指出其维数.

(1)数域 P 上多项式 $g(x)$ 的所有倍式构成的空间.

(2)$V=\{\boldsymbol{x}\,|\,\boldsymbol{Ax}=\boldsymbol{0}\}$,$\boldsymbol{A}$ 为数域 P 上 $m\times n$ 阶矩阵,$\boldsymbol{x}$ 为数域 P 上 n 维列向量.

(3)数域 P 上全体形如 $\begin{pmatrix}0 & a\\ -a & b\end{pmatrix}$ 的二阶方阵,对矩阵加法和数量乘法所构成的线性空间.

解 (1)无限维. 因为易验证对任何正整数 n,有

$$g(x),xg(x),x^2g(x),\cdots,x^ng(x)$$

线性无关.

(2)设矩阵的 $\boldsymbol{A}$ 秩为 r,则 V 的维数为 $n-r$,且齐次线性方程组 $\boldsymbol{Ax}=\boldsymbol{0}$ 的任一基础解系都是 V 的一组基.

(3) $\begin{pmatrix}0 & 1\\ -1 & 0\end{pmatrix},\begin{pmatrix}0 & 0\\ 0 & 1\end{pmatrix}$ 是此线性空间的一组基,故此线性空间的维数为 2.

【例 7】 设 $f(x_1,x_2,\cdots,x_n)$ 是秩为 r 的半正定二次型. 证明:方程 $f(x_1,x_2,\cdots,x_n)=0$ 的全部实数解构成实数域上一个 $n-r$ 维的线性空间.

证 设 $f=\boldsymbol{x}^{\mathrm{T}}\boldsymbol{Ax}(\boldsymbol{A}^{\mathrm{T}}=\boldsymbol{A})$. 由于 $r(\boldsymbol{A})=r$,故存在秩为 r 的方阵 $\boldsymbol{B}$ 使 $\boldsymbol{A}=\boldsymbol{B}^{\mathrm{T}}\boldsymbol{B}$. 由此可得

$$f(x_1,x_2,\cdots,x_n)=\boldsymbol{x}^{\mathrm{T}}\boldsymbol{A}\boldsymbol{x}=(\boldsymbol{B}\boldsymbol{x})^{\mathrm{T}}(\boldsymbol{B}\boldsymbol{x}).$$

但由于 $f(x_1,x_2,\cdots,x_n)=\boldsymbol{x}^{\mathrm{T}}\boldsymbol{A}\boldsymbol{x}=0$ 当且仅当 $\boldsymbol{B}\boldsymbol{x}=\boldsymbol{0}$，而 $\boldsymbol{B}\boldsymbol{x}=\boldsymbol{0}$ 的全体解作成实数域上一个 $n-r$ 维的线性空间，从而 $f(x_1,x_2,\cdots,x_n)$ 的全体实数解亦然.

【例 8】 证明：如果线性空间 V 中每个向量都可由 V 中 n 个向量 $\boldsymbol{\alpha}_1,\boldsymbol{\alpha}_2,\cdots,\boldsymbol{\alpha}_n$ 线性表示，且有一个向量表示法是唯一的，则 V 必为 n 维空间，且这组向量是它的一组基.

证 显然，只需证明 $\boldsymbol{\alpha}_1,\boldsymbol{\alpha}_2,\cdots,\boldsymbol{\alpha}_n$ 线性无关.

设在 V 中有向量 $\boldsymbol{\alpha}_0$ 用 $\boldsymbol{\alpha}_1,\boldsymbol{\alpha}_2,\cdots,\boldsymbol{\alpha}_n$ 表示为

$$\boldsymbol{\alpha}_0=k_1\boldsymbol{\alpha}_1+k_2\boldsymbol{\alpha}_2+\cdots+k_n\boldsymbol{\alpha}_n,$$

且表示法是唯一的. 若有数 $l_1,l_2,\cdots,l_n$，使

$$l_1\boldsymbol{\alpha}_1+l_2\boldsymbol{\alpha}_2+\cdots+l_n\boldsymbol{\alpha}_n=\boldsymbol{0},$$

则有

$$\boldsymbol{\alpha}_0=(k_1+l_1)\boldsymbol{\alpha}_1+(k_2+l_2)\boldsymbol{\alpha}_2+\cdots+(k_n+l_n)\boldsymbol{\alpha}_n.$$

但由于 $\boldsymbol{\alpha}_0$ 的表示法唯一，故

$$k_i+l_i=k_i,\quad i=1,2,\cdots,n.$$

从而 $l_i=0\ (i=1,2,\cdots,n)$. 于是 $\boldsymbol{\alpha}_1,\boldsymbol{\alpha}_2,\cdots,\boldsymbol{\alpha}_n$ 线性无关，为 V 的一组基，V 为 n 维线性空间.

【例 9】 (1)证明：向量

$$\boldsymbol{\alpha}_1=(1,1,\cdots,1),\boldsymbol{\alpha}_2=(1,\cdots,1,0),\cdots,\boldsymbol{\alpha}_n=(1,0,\cdots,0)$$

是空间 $\mathbf{R}^n$ 的一组基；

(2)求向量 $\boldsymbol{\alpha}=(a_1,a_2,\cdots,a_n)$ 在此基下的坐标.

解 (1)由于以 $\boldsymbol{\alpha}_1,\boldsymbol{\alpha}_2,\cdots,\boldsymbol{\alpha}_n$ 为列向量的矩阵

$$\begin{pmatrix} 1 & 1 & \cdots & 1 & 1 \\ 1 & 1 & \cdots & 1 & 0 \\ \vdots & \vdots & & \vdots & \vdots \\ 1 & 0 & \cdots & 0 & 0 \end{pmatrix}$$

是满秩的，故 $\boldsymbol{\alpha}_1,\boldsymbol{\alpha}_2,\cdots,\boldsymbol{\alpha}_n$ 线性无关，从而为 $\mathbf{R}^n$ 的一组基.

(2)解方程组 $x_1\boldsymbol{\alpha}_1+x_2\boldsymbol{\alpha}_2+\cdots+x_n\boldsymbol{\alpha}_n=\boldsymbol{\alpha}$ 即

$$\begin{cases} x_1+x_2+\cdots+x_{n-1}+x_n=a_1, \\ x_1+x_2+\cdots+x_{n-1}=a_2, \\ \cdots\cdots\cdots\cdots \\ x_1+x_2=a_{n-1}, \\ x_1=a_n. \end{cases}$$

由此可解得

$$x_1=a_n,\ x_2=a_{n-1}-a_n,\ x_3=a_{n-2}-a_{n-1},\cdots,x_n=a_1-a_2.$$

这就是向量 $\boldsymbol{\alpha}=(a_1,a_2,\cdots,a_n)$ 在基 $\boldsymbol{\alpha}_1,\boldsymbol{\alpha}_2,\cdots,\boldsymbol{\alpha}_n$ 下的坐标.

【例 10】 设 V_1,V_2 是线性空间 V 的两个子空间，证明：$V_1\cup V_2$ 是 V 的子空间的充要条件是 $V_1\subseteq V_2$ 或 $V_2\subseteq V_1$.

证　充分性:显然.

必要性:

方法一　设 $V_1 \cup V_2$ 是 V 的子空间,且 $V_1 \not\subseteq V_2$,$V_2 \not\subseteq V_1$,则 $\exists \boldsymbol{\alpha} \in V_1$,$\boldsymbol{\alpha} \notin V_2$,也 $\exists \boldsymbol{\beta} \in V_2$,$\boldsymbol{\beta} \notin V_1$.由于 $V_1 \cup V_2$ 是 V 的子空间,因而 $\boldsymbol{\alpha}+\boldsymbol{\beta} \in V_1 \cup V_2$,于是有 $\boldsymbol{\alpha}+\boldsymbol{\beta} \in V_1$,或 $\boldsymbol{\alpha}+\boldsymbol{\beta} \in V_2$,故有 $\boldsymbol{\beta} \in V_1$ 或 $\boldsymbol{\alpha} \in V_2$ 与 $\boldsymbol{\alpha} \notin V_2$ 且 $\boldsymbol{\beta} \notin V_1$ 矛盾,因此 $V_1 \subseteq V_2$ 或 $V_2 \subseteq V_1$.

方法二　设 $V_1 \not\subseteq V_2$,则 $\exists \boldsymbol{\alpha} \in V_1$,$\boldsymbol{\alpha} \notin V_2$,对 $\forall \boldsymbol{\beta} \in V_2$,由于 $V_1 \cup V_2$ 是 V 的子空间,因而 $\boldsymbol{\alpha}+\boldsymbol{\beta} \in V_1 \cup V_2$,由 $\boldsymbol{\alpha} \notin V_2$ 且 $\boldsymbol{\beta} \in V_2$,则 $\boldsymbol{\alpha}+\boldsymbol{\beta} \notin V_2$.因此 $\boldsymbol{\alpha}+\boldsymbol{\beta} \in V_1$,继而有 $\boldsymbol{\beta} \in V_1$,即 $V_2 \subseteq V_1$.

方法总结

证明此种类型的问题,方法一和方法二是最基本的两种方法,希望能通过这一例题熟练掌握其证明的基本思路.本题为东北师范大学的考研真题.

【例 11】　设 V 是数域 P 上的 n 维线性空间,V 中有 s 组向量,且每一组都含有 t 个线性无关的向量 $\boldsymbol{\beta}_{i1},\cdots,\boldsymbol{\beta}_{it}$, $i=1,2,\cdots,s$, $t<n$,证明:V 中必存在 $n-t$ 个向量,它们与每一组的 t 个线性无关向量的联合构成 V 的一组基.

证　令 $V_i=L(\boldsymbol{\beta}_{i1},\cdots,\boldsymbol{\beta}_{it})$ $i=1,2,\cdots,s$, 因为 $t<n$,所以 V_i 是 V 的非平凡子空间, $i=1,2,\cdots,s$,则 $\exists \boldsymbol{\alpha}_1 \in V$,但 $\boldsymbol{\alpha}_1$ 不属于 $V_1,V_2,\cdots,V_s$ 中的任何一个.因而 $\boldsymbol{\alpha}_1,\boldsymbol{\beta}_{i1},\cdots,\boldsymbol{\beta}_{it}$ 线性无关, $i=1,2,\cdots,s$.

若 $t+1<n$,令 $W_i=L(\boldsymbol{\alpha}_1,\boldsymbol{\beta}_{i1},\cdots,\boldsymbol{\beta}_{it})$,$W_i$ 也是 V 的非平凡子空间, $i=1,2,\cdots,s$.同理,$\exists \boldsymbol{\alpha}_2 \in V$,使 $\boldsymbol{\alpha}_2,\boldsymbol{\alpha}_1,\boldsymbol{\beta}_{i1},\cdots,\boldsymbol{\beta}_{it}$ 线性无关, $i=1,2,\cdots,s$.

如此继续下去,可得到 V 的 $n-t$ 个向量 $\boldsymbol{\alpha}_1,\cdots,\boldsymbol{\alpha}_{n-t}$,使得 $\boldsymbol{\alpha}_1,\cdots,\boldsymbol{\alpha}_{n-t},\boldsymbol{\beta}_{i1},\cdots,\boldsymbol{\beta}_{it}$ 为 V 的一组基, $i=1,2,\cdots,s$.

【例 12】　设有向量组

$\boldsymbol{\alpha}_1=(1,0,2,1)$, $\boldsymbol{\alpha}_2=(2,0,1,-1)$, $\boldsymbol{\alpha}_3=(3,0,3,0)$, $\boldsymbol{\beta}_1=(1,1,0,1)$, $\boldsymbol{\beta}_2=(4,1,3,1)$.
令 $V_1=L(\boldsymbol{\alpha}_1,\boldsymbol{\alpha}_2,\boldsymbol{\alpha}_3)$,$V_2=L(\boldsymbol{\beta}_1,\boldsymbol{\beta}_2)$.求 V_1+V_2 的维数,并求其一组基.

解　由于

$$V_1+V_2=L(\boldsymbol{\alpha}_1,\boldsymbol{\alpha}_2,\boldsymbol{\alpha}_3)+L(\boldsymbol{\beta}_1,\boldsymbol{\beta}_2)=L(\boldsymbol{\alpha}_1,\boldsymbol{\alpha}_2,\boldsymbol{\alpha}_3,\boldsymbol{\beta}_1,\boldsymbol{\beta}_2),$$

故 V_1+V_2 的维数就是向量组 $\boldsymbol{\alpha}_1,\boldsymbol{\alpha}_2,\boldsymbol{\alpha}_3,\boldsymbol{\beta}_1,\boldsymbol{\beta}_2$ 的秩,而这个向量组的极大无关组也是 V_1+V_2 的基.

以 $\boldsymbol{\alpha}_1,\boldsymbol{\alpha}_2,\boldsymbol{\alpha}_3,\boldsymbol{\beta}_1,\boldsymbol{\beta}_2$ 为列作矩阵,并对其进行初等变换:

$$\boldsymbol{A}=\begin{pmatrix}1&2&3&1&4\\0&0&0&1&1\\2&1&3&0&3\\1&-1&0&1&1\end{pmatrix}\longrightarrow\begin{pmatrix}-1&1&0&1&1\\0&0&0&1&1\\2&1&3&0&3\\1&-1&0&1&1\end{pmatrix}\longrightarrow\begin{pmatrix}-1&1&0&0&0\\0&0&0&1&1\\2&1&3&0&3\\1&-1&0&0&0\end{pmatrix}$$

$$\longrightarrow\begin{pmatrix}-1&1&0&0&0\\0&0&0&1&1\\3&0&3&0&3\\0&0&0&0&0\end{pmatrix}\longrightarrow\begin{pmatrix}-1&1&0&0&0\\0&0&0&1&1\\1&0&1&0&1\\0&0&0&0&0\end{pmatrix}=\boldsymbol{B}.$$

由于 $r(\boldsymbol{A})=r(\boldsymbol{B})=3$，且由 $\boldsymbol{B}$ 知，第 2,3,4 列线性无关，故 $\boldsymbol{\alpha}_2,\boldsymbol{\alpha}_3,\boldsymbol{\beta}_1$ 便是 V_1+V_2 的一组基.

【例 13】 设 V 是复数域上 n 维线性空间，V_1 和 V_2 各为 V 的 r_1 维和 r_2 维子空间，试求 V_1+V_2 维数的一切可能值.

解 取 V_1 的一组基 $\boldsymbol{\alpha}_1,\cdots,\boldsymbol{\alpha}_{r_1}$，$V_2$ 的一组基 $\boldsymbol{\beta}_1,\cdots,\boldsymbol{\beta}_{r_2}$. 则

$$V_1=L(\boldsymbol{\alpha}_1,\cdots,\boldsymbol{\alpha}_{r_1}),V_2=L(\boldsymbol{\beta}_1,\cdots,\boldsymbol{\beta}_{r_2}),V_1+V_2=L(\boldsymbol{\alpha}_1,\cdots,\boldsymbol{\alpha}_{r_1},\boldsymbol{\beta}_1,\cdots,\boldsymbol{\beta}_{r_2}),$$

故维$(V_1+V_2)=r(\boldsymbol{\alpha}_1,\cdots,\boldsymbol{\alpha}_{r_1},\boldsymbol{\beta}_1,\cdots,\boldsymbol{\beta}_{r_2})$，从而有

$$\max\{r_1,r_2\}\leqslant \text{维}(V_1+V_2)\leqslant \min\{r_1+r_2,n\}.$$

【例 14】 设 V_1 及 V_2 是 n 维线性空间 V 的两个子空间，且

$$\text{维}(V_1+V_2)=\text{维}(V_1\cap V_2)+1.$$

证明：$V_1\subseteq V_2$ 或 $V_2\subseteq V_1$.

证 设 V_1 及 V_2 的维数分别为 n_1 与 n_2，而 $V_1\cap V_2$ 的维数为 m，则由假设可得

$$m\leqslant n_i\leqslant \text{维}(V_1+V_2)=m+1 \quad (i=1,2), \tag{①}$$

由维数公式知，

$$n_1+n_2=2m+1. \tag{②}$$

联立①②得，

$$n_1=m,n_2=m+1 \text{ 或 } n_2=m,n_1=m+1.$$

当 $n_1=m,n_2=m+1$ 时，则 $V_1=V_1\cap V_2\subset V_2$；

当 $n_2=m,n_1=m+1$ 时，则有 $V_2=V_1\cap V_2\subset V_1$.

总之，$V_1\subseteq V_2$ 或者 $V_2\subseteq V_1$.

【例 15】 设 $\boldsymbol{\alpha}_1,\boldsymbol{\alpha}_2,\cdots,\boldsymbol{\alpha}_s$ 与 $\boldsymbol{\beta}_1,\boldsymbol{\beta}_2,\cdots,\boldsymbol{\beta}_t$ 是两组 n 维向量. 证明：若这两个向量组都线性无关，则空间 $L(\boldsymbol{\alpha}_1,\cdots,\boldsymbol{\alpha}_s)\cap L(\boldsymbol{\beta}_1,\cdots,\boldsymbol{\beta}_t)$ 的维数等于齐次线性方程组

$$\boldsymbol{\alpha}_1x_1+\cdots+\boldsymbol{\alpha}_sx_s+\boldsymbol{\beta}_1y_1+\cdots+\boldsymbol{\beta}_ty_t=\boldsymbol{0} \tag{①}$$

的解空间的维数.

证 令 $L_1=L(\boldsymbol{\alpha}_1,\cdots,\boldsymbol{\alpha}_s)$，$L_2=L(\boldsymbol{\beta}_1,\cdots,\boldsymbol{\beta}_t)$. 由于

$$L_1+L_2=L(\boldsymbol{\alpha}_1,\cdots,\boldsymbol{\alpha}_s,\boldsymbol{\beta}_1,\cdots,\boldsymbol{\beta}_t),$$

并且 $\boldsymbol{\alpha}_1,\cdots,\boldsymbol{\alpha}_s$ 及 $\boldsymbol{\beta}_1,\cdots,\boldsymbol{\beta}_t$ 都线性无关，故

$$\text{维}(L_1)=s,\quad \text{维}(L_2)=t.$$

从而由维数公式知，

$$\begin{aligned}\text{维}(L_1\cap L_2)&=\text{维}(L_1)+\text{维}(L_2)-\text{维}(L_1+L_2)\\&=s+t-\text{维}(L(\boldsymbol{\alpha}_1,\cdots,\boldsymbol{\alpha}_s,\boldsymbol{\beta}_1,\cdots,\boldsymbol{\beta}_t)).\end{aligned}$$

但是，$s+t$ 就是方程组(1)中所含未知量的个数，而 $L(\boldsymbol{\alpha}_1,\cdots,\boldsymbol{\alpha}_s,\boldsymbol{\beta}_1,\cdots,\boldsymbol{\beta}_t)$ 的维数就是向量组 $\boldsymbol{\alpha}_1,\cdots,\boldsymbol{\alpha}_s,\boldsymbol{\beta}_1,\cdots,\boldsymbol{\beta}_t$ 的秩，亦即方程组①的系数矩阵的秩. 于是

$$s+t-\text{维}(L(\boldsymbol{\alpha}_1,\cdots,\boldsymbol{\alpha}_s,\boldsymbol{\beta}_1,\cdots,\boldsymbol{\beta}_t))$$

即为方程组①的解空间的维数.

故维$(L_1\cap L_2)$=方程组①解空间的维数.

【例 16】 $V_1=\left\{\begin{pmatrix}x & -x\\ y & z\end{pmatrix}\middle| x,y,z\in P\right\}$，$V_2=\left\{\begin{pmatrix}a & b\\ -a & c\end{pmatrix}\middle| a,b,c\in P\right\}$.

(1)证明：V_1 和 V_2 均为 $P^{2\times 2}$ 的子空间；

(2)求 V_1+V_2 和 $V_1\cap V_2$ 的维数和一组基.

(1)证　显然 V_1 和 V_2 对加法和数乘都是封闭的，故 V_1 和 V_2 都是 $P^{2\times 2}$ 的子空间.

(2)解　易知，维$(V_1)=3$，其一组基是 $\begin{pmatrix}1 & -1\\ 0 & 0\end{pmatrix}$，$\begin{pmatrix}0 & 0\\ 1 & 0\end{pmatrix}$，$\begin{pmatrix}0 & 0\\ 0 & 1\end{pmatrix}$，维$(V_2)=3$，其一组基是 $\begin{pmatrix}1 & 0\\ -1 & 0\end{pmatrix}$，$\begin{pmatrix}0 & 1\\ 0 & 0\end{pmatrix}$，$\begin{pmatrix}0 & 0\\ 0 & 1\end{pmatrix}$，即

$$V_1=L\left(\begin{pmatrix}1 & -1\\ 0 & 0\end{pmatrix},\begin{pmatrix}0 & 0\\ 1 & 0\end{pmatrix},\begin{pmatrix}0 & 0\\ 0 & 1\end{pmatrix}\right),\quad V_2=L\left(\begin{pmatrix}1 & 0\\ -1 & 0\end{pmatrix},\begin{pmatrix}0 & 1\\ 0 & 0\end{pmatrix},\begin{pmatrix}0 & 0\\ 0 & 1\end{pmatrix}\right),$$

于是，维(V_1)+维$(V_2)=6$.

$$V_1+V_2=L\left(\begin{pmatrix}1 & -1\\ 0 & 0\end{pmatrix},\begin{pmatrix}0 & 0\\ 1 & 0\end{pmatrix},\begin{pmatrix}0 & 0\\ 0 & 1\end{pmatrix},\begin{pmatrix}1 & 0\\ -1 & 0\end{pmatrix},\begin{pmatrix}0 & 1\\ 0 & 0\end{pmatrix}\right).$$

由于 $\begin{pmatrix}1 & -1\\ 0 & 0\end{pmatrix}$，$\begin{pmatrix}0 & 0\\ 1 & 0\end{pmatrix}$，$\begin{pmatrix}0 & 0\\ 0 & 1\end{pmatrix}$$\begin{pmatrix}0 & 1\\ 0 & 0\end{pmatrix}$是 V_1+V_2 的一组基，于是

$$V_1+V_2=L\left(\begin{pmatrix}1 & -1\\ 0 & 0\end{pmatrix},\begin{pmatrix}0 & 0\\ 1 & 0\end{pmatrix},\begin{pmatrix}0 & 0\\ 0 & 1\end{pmatrix}\begin{pmatrix}0 & 1\\ 0 & 0\end{pmatrix}\right).$$

因而，维$(V_1+V_2)=4$.

由维数公式，维$(V_1\cap V_2)=2$. 设 $\begin{pmatrix}x_1 & x_2\\ x_3 & x_4\end{pmatrix}\in V_1\cap V_2$，则有 $x_2=-x_1=x_3$，因而 $\begin{pmatrix}1 & -1\\ -1 & 0\end{pmatrix}$，$\begin{pmatrix}0 & 0\\ 0 & 1\end{pmatrix}\in V_1\cap V_2$，由于 $\begin{pmatrix}1 & -1\\ -1 & 0\end{pmatrix}$，$\begin{pmatrix}0 & 0\\ 0 & 1\end{pmatrix}$ 线性无关，故 $\begin{pmatrix}1 & -1\\ -1 & 0\end{pmatrix}$，$\begin{pmatrix}0 & 0\\ 0 & 1\end{pmatrix}$是 $V_1\cap V_2$ 的基，即

$$V_1\cap V_2=L\left(\begin{pmatrix}1 & -1\\ -1 & 0\end{pmatrix},\begin{pmatrix}0 & 0\\ 0 & 1\end{pmatrix}\right).$$

【例 17】 设 P 为数域，在 P^4 中，令

$$W_1=\{(x_1,x_2,x_3,x_4)\mid x_1-2x_2+2x_4=0,x_1+2x_3=0\},$$

$$W_2=\{(x_1,x_2,x_3,x_4)\mid x_1-4x_2-2x_3+4x_4=0\}.$$

求 $W_1\cap W_2$ 与 W_1+W_2 的维数和一组基.

解　**方法一**　对于 $W_1\cap W_2$，解方程组

$$\begin{cases}x_1-2x_2\qquad\quad +2x_4=0,\\ x_1\qquad\quad +2x_3\qquad\quad =0,\\ x_1-4x_2-2x_3+4x_4=0,\end{cases}$$

得基础解系$(-2,-1,1,0),(0,1,0,1)$.因此,维$(W_1\cap W_2)=2$,且$(-2,-1,1,0),(0,1,0,1)$为$W_1\cap W_2$的一组基.

对于W_1+W_2,由于W_1是方程组$\begin{cases}x_1-2x_2+2x_4=0,\\x_1+2x_3=0\end{cases}$的解空间,因而,维$(W_1)=2$.同理可知,维$(W_2)=3$.由维数公式,维$(W_1+W_2)=3$.

由于$(-2,-1,1,0),(0,1,0,1)\in W_1+W_2$,不妨再取$W_2$的一个向量$(2,0,1,0)$.由于$(-2,-1,1,0),(0,1,0,1),(2,0,1,0)$线性无关,即为$W_1+W_2$的一组基.

方法二 对于W_1和W_2,分别解方程组

$$\begin{cases}x_1-2x_2+2x_4=0,\\x_1+2x_3=0\end{cases}\quad 和\quad x_1-4x_2-2x_3+4x_4=0$$

得

$$维(W_1)=2,其基为(-2,-1,1,0),(0,1,0,1),$$
$$维(W_2)=3,其基为(4,1,0,0),(2,0,1,0)(-4,0,0,1).$$

将W_1和W_2的基联合,求出一组极大无关组为

$$\boldsymbol{\alpha}_1=(-2,-1,1,0),\quad \boldsymbol{\alpha}_2=(0,1,0,1),\quad \boldsymbol{\alpha}_3=(2,0,1,0),$$

故维$(W_1+W_2)=3$,且基为$\boldsymbol{\alpha}_1,\boldsymbol{\alpha}_2,\boldsymbol{\alpha}_3$.

对于$W_1\cap W_2$,解方程组

$$\begin{pmatrix}-2&0&4&2&-4\\-1&1&1&0&0\\1&0&0&1&0\\0&1&0&0&1\end{pmatrix}\begin{pmatrix}x_1\\x_2\\x_3\\x_4\\x_5\end{pmatrix}=\mathbf{0},$$

得基础解系$(-1,0,-1,1,0),(0,-1,1,0,1)$.故维$(W_1\cap W_2)=2$,且$(2,1,-1,0),(0,-1,0,-1)$为其一组基.

方法总结

方法一利用维数公式求解.方法二是利用W_1和W_2的基联合求解.这两种方法是解决此类问题最基本的方法.

【例 18】 设P为数域,给出P^3的两个子空间为

$$V_1=\{(a,b,c)\,|\,a=b=c,a,b,c\in P\},$$
$$V_2=\{(0,x,y)\,|\,x,y\in P\}.$$

证明:$P^3=V_1\oplus V_2$.

证 **方法一** 易知$V_1=L(1,1,1),V_2=L((0,1,1),(0,0,1))$.

$$\forall(a,b,c)\in P^3,(a,b,c)=(a,a,a)+(0,b-a,c-a)\in V_1+V_2,$$

因而

$$P^3=V_1+V_2.$$

由维$(V_1)=1$,维$(V_2)=2$,因而

$$维(V_1)+维(V_2)=维(V_1+V_2),$$

故 $P^3=V_1\oplus V_2$.

方法二 $P^3=V_1+V_2$ 的证明同法一.设$(x,y,z)\in V_1\cap V_2$,则由$(x,y,z)\in V_1$,可推出 $x=y=z$.由$(x,y,z)\in V_2$,可推出 $x=0$.因此,$x=y=z=0$,即 $V_1\cap V_2=\{\mathbf{0}\}$,从而 $P^3=V_1\oplus V_2$.

方法三 取 V_1 的基$(1,1,1)$,取 V_2 的基$(0,1,0),(0,0,1)$,显然有$(1,1,1),(0,1,0),(0,0,1)$为 P^3 的基,即 V_1 与 V_2 的基的联合为 $P^3=V_1+V_2$ 的基,因此 $P^3=V_1\oplus V_2$.

【例 19】 设 $\mathbf{C}$ 为复数域,令 $H=\left\{\begin{pmatrix}a & b\\ -b & a\end{pmatrix}\middle| a,b\in\mathbf{C}\right\}$.证明:

(1)H 关于矩阵的加法和数量乘法构成实数域 $\mathbf{R}$ 上的线性空间;

(2)求 H 的一组基和维数;

(3)证明 H 与 $\mathbf{R}^4$ 同构,并写出一个同构映射.

证 (1)由于 $\mathbf{C}^{2\times 2}$ 是实数域 $\mathbf{R}$ 上的线性空间,易证在实数域 $\mathbf{R}$ 上,H 是 $\mathbf{C}^{2\times 2}$ 的子空间.

(2)令 $\boldsymbol{A}_1=\begin{pmatrix}1 & 0\\ 0 & 1\end{pmatrix}$, $\boldsymbol{A}_2=\begin{pmatrix}0 & 1\\ -1 & 0\end{pmatrix}$, $\boldsymbol{A}_3=\begin{pmatrix}\mathrm{i} & 0\\ 0 & \mathrm{i}\end{pmatrix}$,$\boldsymbol{A}_4=\begin{pmatrix}0 & \mathrm{i}\\ -\mathrm{i} & 0\end{pmatrix}$.

设 $\sum\limits_{i=1}^{4}k_i\boldsymbol{A}_i=\boldsymbol{O}$,则有 $\begin{pmatrix}k_1+k_3\mathrm{i} & k_2+k_4\mathrm{i}\\ -(k_2+k_4\mathrm{i}) & k_1+k_3\mathrm{i}\end{pmatrix}=\boldsymbol{O}$,从而有

$$\begin{cases}k_1+k_3\mathrm{i}=0,\\ k_2+k_4\mathrm{i}=0,\end{cases}\quad 即\quad k_1=k_2=k_3=k_4=0,$$

故 $\boldsymbol{A}_1,\boldsymbol{A}_2,\boldsymbol{A}_3,\boldsymbol{A}_4$ 线性无关.

对 $\forall\boldsymbol{A}\in H$,设 $\boldsymbol{A}=\begin{pmatrix}a+b\mathrm{i} & c+d\mathrm{i}\\ -(c+d)\mathrm{i} & a+b\mathrm{i}\end{pmatrix}$,则 $\boldsymbol{A}=a\boldsymbol{A}_1+c\boldsymbol{A}_2+b\boldsymbol{A}_3+d\boldsymbol{A}_4$,因而 $\boldsymbol{A}_1,\boldsymbol{A}_2,\boldsymbol{A}_3,\boldsymbol{A}_4$ 是 H 的一组基,从而有维$(H)=4$.

(3)由于维$(\mathbf{R}^4)=$维$(H)=4$,故 $H\cong\mathbf{R}^4$.

令 $\sigma:H\to\mathbf{R},\begin{pmatrix}a+b\mathrm{i} & c+d\mathrm{i}\\ -(c+d)\mathrm{i} & a+b\mathrm{i}\end{pmatrix}\mapsto(a,b,c,d)$,则 σ 是 H 到 $\mathbf{R}^4$ 的一个同构映射.

【例 20】 设 $\boldsymbol{\alpha}_i=(a_{i1},a_{i2},\cdots,a_{in})$, $i=1,2,\cdots,n$,为 n 维空间 P^n 的一组基,而且向量 $\boldsymbol{\beta}=(b_1,b_2,\cdots,b_n)$在这组基下的坐标为 $x_1,x_2,\cdots,x_n$.证明:$x_1,x_2,\cdots,x_n$ 是关于 $b_1,b_2,\cdots,b_n$ 的线性组合.

证 由 $\boldsymbol{\beta}=x_1\boldsymbol{\alpha}_1+x_2\boldsymbol{\alpha}_2+\cdots+x_n\boldsymbol{\alpha}_n$,可得

$$\begin{cases}a_{11}x_1+a_{21}x_2+\cdots+a_{n1}x_n=b_1,\\ a_{12}x_1+a_{22}x_2+\cdots+a_{n2}x_n=b_2,\\ \cdots\cdots\cdots\cdots\\ a_{1n}x_1+a_{2n}x_2+\cdots+a_{nn}x_n=b_n.\end{cases}$$

由于 $\boldsymbol{\alpha}_1,\boldsymbol{\alpha}_2,\cdots,\boldsymbol{\alpha}_n$ 为基，故

$$d=\begin{vmatrix} a_{11} & a_{21} & \cdots & a_{n1} \\ a_{12} & a_{22} & \cdots & a_{n2} \\ \vdots & \vdots & & \vdots \\ a_{1n} & a_{2n} & \cdots & a_{nn} \end{vmatrix}\neq 0,$$

从而由克拉默法则知

$$x_1=\frac{d_1}{d},\quad x_2=\frac{d_2}{d},\quad \cdots,\quad x_n=\frac{d_n}{d},$$

其中 $d_j=\begin{vmatrix} a_{11} & \cdots & a_{1j-1} & b_1 & a_{1j+1} & \cdots & a_{1n} \\ a_{21} & \cdots & a_{2j-1} & b_2 & a_{2j+1} & \cdots & a_{2n} \\ \vdots & & \vdots & \vdots & \vdots & & \vdots \\ a_{n1} & \cdots & a_{nj-1} & b_n & a_{nj+1} & \cdots & a_{nn} \end{vmatrix}$ $(j=1,2,\cdots,n)$，

按第 j 列展开知 d_j 是 $b_1,b_2,\cdots,b_n$ 的线性组合，从而 $x_1,x_2,\cdots,x_n$ 是 $b_1,b_2,\cdots,b_n$ 的线性组合.

【例 21】 设 V 为数域 P 上的 n 维线性空间. 证明：必存在 V 中一个无穷的向量序列 $\{\boldsymbol{\alpha}_i\}_{i=1}^{\infty}$，使得 $\{\boldsymbol{\alpha}_i\}_{i=1}^{\infty}$ 中任何 n 个向量都是 V 的一组基.

证 设 $\boldsymbol{\beta}_1,\boldsymbol{\beta}_2,\cdots,\boldsymbol{\beta}_n$ 为 V 的一组基. 令

$$\boldsymbol{\alpha}_i=\boldsymbol{\beta}_1+i\boldsymbol{\beta}_2+\cdots+i^{n-1}\boldsymbol{\beta}_n,\quad i=1,2,\cdots,$$

则 $\{\boldsymbol{\alpha}_i\}_{i=1}^{\infty}$ 中任何 n 个向量均为 V 的一组基.

【例 22】 若 $\boldsymbol{\alpha}_1,\boldsymbol{\alpha}_2,\cdots,\boldsymbol{\alpha}_n$ 是 n 维线性空间 V 的一组基，证明：向量组 $\boldsymbol{\alpha}_1,\boldsymbol{\alpha}_1+\boldsymbol{\alpha}_2,\cdots,\boldsymbol{\alpha}_1+\boldsymbol{\alpha}_2+\cdots+\boldsymbol{\alpha}_n$ 仍是 V 的一组基. 又若 $\boldsymbol{\alpha}$ 关于前一组基的坐标为 $(n,n-1,\cdots,2,1)$，求 $\boldsymbol{\alpha}$ 关于后一组基的坐标.

解 令 $\boldsymbol{\beta}_1=\boldsymbol{\alpha},\boldsymbol{\beta}_2=\boldsymbol{\alpha}_1+\boldsymbol{\alpha}_2,\cdots,\boldsymbol{\beta}_n=\boldsymbol{\alpha}_1+\boldsymbol{\alpha}_2+\cdots+\boldsymbol{\alpha}_n$，则

$$(\boldsymbol{\beta}_1,\boldsymbol{\beta}_2,\cdots,\boldsymbol{\beta}_n)=(\boldsymbol{\alpha}_1,\boldsymbol{\alpha}_2,\cdots,\boldsymbol{\alpha}_n)\begin{pmatrix} 1 & 1 & \cdots & 1 \\ 0 & 1 & \cdots & 1 \\ \vdots & \vdots & & \vdots \\ 0 & 0 & \cdots & 1 \end{pmatrix}.$$

令

$$\boldsymbol{A}=\begin{pmatrix} 1 & 1 & \cdots & 1 \\ 0 & 1 & \cdots & 1 \\ \vdots & \vdots & & \vdots \\ 0 & 0 & \cdots & 1 \end{pmatrix},$$

则 $|\boldsymbol{A}|=1\neq 0$，故 $r(\boldsymbol{A})=n$. 从而 $\boldsymbol{\beta}_1,\boldsymbol{\beta}_2,\cdots,\boldsymbol{\beta}_n$ 的秩为 n，即 $\boldsymbol{\beta}_1,\boldsymbol{\beta}_2,\cdots,\boldsymbol{\beta}_n$ 线性无关，从而它是 V 的一组基.

设 $\boldsymbol{\alpha}=(\boldsymbol{\beta}_1,\boldsymbol{\beta}_2,\cdots,\boldsymbol{\beta}_n)\boldsymbol{Y}$，则由坐标变换公式有

$$Y=A^{-1}\begin{pmatrix}n\\n-1\\\vdots\\1\end{pmatrix}=\begin{pmatrix}1&-1&0&\cdots&0\\0&1&-1&\cdots&0\\\vdots&\vdots&\vdots&&\vdots\\0&0&0&\cdots&1\end{pmatrix}\begin{pmatrix}n\\n-1\\\vdots\\1\end{pmatrix}=\begin{pmatrix}1\\1\\\vdots\\1\end{pmatrix}.$$

【例 23】 设 P 为数域，令 $V_1=\left\{A\in P^{n\times n}\,\middle|\,A=A^{\mathrm{T}}\right\}$，$V_2=\left\{B\in P^{n\times n}\,\middle|\,B=-B^{\mathrm{T}}\right\}$.

证明：$P^{n\times n}=V_1\oplus V_2$.

证 **方法一** $\forall A\in P^{n\times n}$，则 $A=\dfrac{A+A^{\mathrm{T}}}{2}+\dfrac{A-A^{\mathrm{T}}}{2}$，由

$$\left(\frac{A+A^{\mathrm{T}}}{2}\right)^{\mathrm{T}}=\frac{A+A^{\mathrm{T}}}{2},\quad \left(\frac{A-A^{\mathrm{T}}}{2}\right)^{\mathrm{T}}=\frac{A^{\mathrm{T}}-A}{2}=-\frac{A-A^{\mathrm{T}}}{2},$$

故 $\dfrac{A+A^{\mathrm{T}}}{2}\in V_1$，$-\dfrac{A-A^{\mathrm{T}}}{2}\in V_2$，即有 $P^{n\times n}=V_1+V_2$.

设 $B\in V_1\cap V_2$，则 $B=B^{\mathrm{T}}=-B$，因而 $B=O$，即 $V_1\cap V_2=\{O\}$，故有 $P^{n\times n}=V_1\oplus V_2$.

方法二 由 V_1 的定义，$E_{ij}+E_{ji}\in V_1$，其中 E_{ij} 的 i 行 j 列的元素为 1，其余元素为 0. 显然，所有的 $E_{ij}+E_{ji}$ 是线性无关的，$1\leqslant j\leqslant i\leqslant n$，且是 V_1 的一组基，即维$(V_1)=\dfrac{n^2+n}{2}$. 而所有 $E_{ij}-E_{ji}(1\leqslant j<i\leqslant n)\in V_2$，且线性无关，即是 V_2 的一组基，因而维$(V_2)=\dfrac{n^2-n}{2}$. 又由于 $V_1\cap V_2=\{O\}$，因此 $n=$维$(V_1)+$维$(V_2)=$维(V_1+V_2). 故 $P^{n\times n}=V_1\oplus V_2$.

方法三 由证法二，V_1 的基是 $E_{ij}+E_{ji}$，$1\leqslant j\leqslant i\leqslant n$. V_2 的基是 $E_{ij}-E_{ji}$，$1\leqslant j<i\leqslant n$. 设

$$\sum_{1\leqslant j<i\leqslant n}x_{ij}(E_{ij}+E_{ji})+\sum_{1\leqslant l<k\leqslant n}y_{kl}(E_{kl}-E_{lk})=O. \qquad ①$$

于是

$$\sum_{1\leqslant l<k\leqslant n}(x_{kl}+y_{kl})E_{kl}+\sum_{k=l}^{n}x_{kk}E_{kk}+\sum_{1\leqslant l<k\leqslant n}(x_{kl}-y_{kl})E_{lk}=O.$$

由于所有的 E_{kl} 线性无关，$1\leqslant l\leqslant k\leqslant n$. 故

$$x_{kl}+y_{kl}=0,\quad x_{kk}=0,\quad x_{kl}-y_{kl}=0,$$

其中 $1\leqslant l\leqslant k\leqslant n$. 因而，所有的 $x_{kl}=0,k\geqslant l$，且所有的 $y_{kl}=0,k>l$. 这就证明了所有的 $E_{ij}+E_{ji}$ 和所有的 $E_{kl}-E_{lk}$ 的联合为 V_1+V_2 的基，故 $P^{n\times n}=V_1\oplus V_2$.

【例 24】 设 A 是任一 $m\times n$ 矩阵，将 A 任意分块 $A=\begin{pmatrix}A_1\\A_2\\\vdots\\A_s\end{pmatrix}$. 证明：$n$ 元齐次线性方程组 $Ax=0$ 的解空间 V 是齐次线性方程组 $A_ix=0$ 的解空间 V_i 的交，$i=1,2,\cdots,s$.

证 设 α 是 $Ax=0$ 的任一解，即有

$$\begin{pmatrix} A_1 \\ A_2 \\ \vdots \\ A_s \end{pmatrix} \boldsymbol{\alpha}=\mathbf{0}, \quad 或 \quad \begin{pmatrix} A_1\boldsymbol{\alpha} \\ A_2\boldsymbol{\alpha} \\ \vdots \\ A_s\boldsymbol{\alpha} \end{pmatrix}=\mathbf{0}.$$

由此得 $\boldsymbol{A}_i\boldsymbol{\alpha}=\mathbf{0}$ 即 $\boldsymbol{\alpha}\in V_i(i=1,2,\cdots,s)$，从而

$$\boldsymbol{\alpha}\in V_1\cap V_2\cap\cdots\cap V_s.$$

反之，如果 $\boldsymbol{\alpha}\in V_1\cap V_2\cap\cdots\cap V_s$，按上面反推上去即得 $\boldsymbol{A}\boldsymbol{\alpha}=\mathbf{0}$，从而 $\boldsymbol{\alpha}\in V$，因此

$$V=V_1\cap V_2\cap\cdots\cap V_s.$$

【例 25】 设 $\boldsymbol{A},\boldsymbol{B}$ 分别为数域 P 上的 $m\times n$ 与 $n\times s$ 矩阵，又 $W=\{\boldsymbol{B}\boldsymbol{\alpha}\mid\boldsymbol{\alpha}\in P^s,\boldsymbol{AB}\boldsymbol{\alpha}=\mathbf{0}\}$ 是 n 维(列)向量空间 P^n 的子空间. 证明：维$(W)=r(\boldsymbol{B})-r(\boldsymbol{AB})$.

证 设 $r(\boldsymbol{B})=r,r(\boldsymbol{AB})=t$. 则方程组 $\boldsymbol{Bx}=\mathbf{0}$($\boldsymbol{x}$ 为 $s\times1$ 未知矩阵，即 s 维未知列向量)的解空间 V_1 的维数 $p=s-r$，而方程组 $\boldsymbol{ABx}=\mathbf{0}$ 的解空间 V_2 的维数 $q=s-t$.

显然，$V_1\subseteq V_2$. 现任取 V_1 的一基，设为

$$\boldsymbol{\alpha}_1,\boldsymbol{\alpha}_2,\cdots,\boldsymbol{\alpha}_p, \qquad ①$$

再扩充成 V_2 的一基，设为

$$\boldsymbol{\alpha}_1,\boldsymbol{\alpha}_2,\cdots,\boldsymbol{\alpha}_p,\boldsymbol{\alpha}_{p+1},\cdots,\boldsymbol{\alpha}_q. \qquad ②$$

于是 $\boldsymbol{B}\boldsymbol{\alpha}_1=\cdots=\boldsymbol{B}\boldsymbol{\alpha}_p=\mathbf{0}$，且显然

$$W=L(\boldsymbol{B}\boldsymbol{\alpha}_1,\cdots,\boldsymbol{B}\boldsymbol{\alpha}_p,\boldsymbol{B}\boldsymbol{\alpha}_{p+1},\cdots,\boldsymbol{B}\boldsymbol{\alpha}_p)=L(\boldsymbol{B}\boldsymbol{\alpha}_{p+1},\cdots,\boldsymbol{B}\boldsymbol{\alpha}_q).$$

下证：$\boldsymbol{B}\boldsymbol{\alpha}_{p+1},\cdots,\boldsymbol{B}\boldsymbol{\alpha}_q$ 线性无关.

事实上，设若 $k_{p+1}(\boldsymbol{B}\boldsymbol{\alpha}_{p+1})+\cdots+k_q(\boldsymbol{B}\boldsymbol{\alpha}_q)=\mathbf{0}$，则有

$$\boldsymbol{B}(k_{p+1}\boldsymbol{\alpha}_{p+1}+\cdots+k_q\boldsymbol{\alpha}_q)=\mathbf{0},$$

故 $k_{p+1}\boldsymbol{\alpha}_{p+1}+\cdots+k_q\boldsymbol{\alpha}_q\in V_1$，从而可由①线性表示，设

$$k_{p+1}\boldsymbol{\alpha}_{p+1}+\cdots+k_q\boldsymbol{\alpha}_q=k_1\boldsymbol{\alpha}_1+\cdots+k_p\boldsymbol{\alpha}_p.$$

但②线性无关，从而有 $k_{p+1}=\cdots=k_q=0$. 因此，$\boldsymbol{B}\boldsymbol{\alpha}_{p+1},\cdots,\boldsymbol{B}\boldsymbol{\alpha}_q$ 线性无关. 所以，维$(W)=q-p$.

但是 $q-p=(s-t)-(s-r)=r-t=r(\boldsymbol{B})-r(\boldsymbol{AB})$，故

$$维(W)=r(\boldsymbol{B})-r(\boldsymbol{AB}).$$

【例 26】 设 $\boldsymbol{A},\boldsymbol{B},\boldsymbol{C}$ 分别为数域 P 上 $m\times n,n\times p,p\times q$ 矩阵. 证明：

$$r(\boldsymbol{ABC})\geqslant r(\boldsymbol{AB})+r(\boldsymbol{BC})-r(\boldsymbol{B}).$$

证 令

$$W_1=\{\boldsymbol{BC}\boldsymbol{\alpha}\mid\boldsymbol{\alpha}\in P^q,\boldsymbol{ABC}\boldsymbol{\alpha}=\mathbf{0}\},$$

$$W_2=\{\boldsymbol{B}\boldsymbol{\beta}\mid\boldsymbol{\beta}\in P^p,\boldsymbol{AB}\boldsymbol{\beta}=\mathbf{0}\},$$

则由于若 $\boldsymbol{BC}\boldsymbol{\alpha}\in W_1$，则 $\boldsymbol{ABC}\boldsymbol{\alpha}=\mathbf{0}$. 令 $\boldsymbol{\beta}=\boldsymbol{C}\boldsymbol{\alpha}$，于是有

$$\boldsymbol{AB}\boldsymbol{\beta}=\mathbf{0}, \quad \boldsymbol{B}\boldsymbol{\beta}\in W_2.$$

故 $W_1\subseteq W_2$. 从而

$$维(W_1)\leqslant维(W_2).\qquad ①$$

但由上题知，

$$维(W_1)=r(\boldsymbol{BC})-r(\boldsymbol{ABC}),\qquad ②$$

$$维(W_2)=r(\boldsymbol{B})-r(\boldsymbol{AB}),\qquad ③$$

从而由①,②,③得

$$r(\boldsymbol{BC})-r(\boldsymbol{ABC})\leqslant r(\boldsymbol{B})-r(\boldsymbol{AB}),$$

即

$$r(\boldsymbol{ABC})\geqslant r(\boldsymbol{AB})+r(\boldsymbol{BC})-r(\boldsymbol{B}).$$

注：以上不等式称为 Frobenius 不等式. 本题实际上是关于此不等式的另一证法.

三、教材习题解答

第六章习题解答

1. 设 $M\subset N$，证明：

$$M\cap N=M,M\cup N=N.$$

【思路探索】 要证两个集合相等，即证相互包含.

证 ① 任取 $a\in M$，由 $M\subset N$，因此 $a\in N$，从而 $a\in M\cap N$，所以可得 $M\subset M\cap N$. 又 $M\cap N\subset M$，所以 $M\cap N=M$.

② 任取 $a\in M\cup N$，则 $a\in M$ 或 $a\in N$，但 $M\subset N$，因此无论哪一种情况，都有 $a\in N$，所以可得 $M\cup N\subset N$. 又 $N\subset M\cup N$，所以 $M\cup N=N$.

2. 证明：

$$M\cap(N\cup L)=(M\cap N)\cup(M\cap L),$$
$$M\cup(N\cap L)=(M\cup N)\cap(M\cup L).$$

证 ① 任取 $x\in M\cap(N\cup L)$，则 $x\in M$ 且 $x\in N\cup L$，对于后一情形又可为 $x\in N$ 或 $x\in L$，则有 $x\in M\cap N$ 或 $x\in M\cap L$，所以 $x\in(M\cap N)\cup(M\cap L)$，因此得

$$M\cap(N\cup L)\subset(M\cap N)\cup(M\cap L).$$

反之，若 $x\in(M\cap N)\cup(M\cap L)$，则 $x\in M\cap N$ 或 $x\in M\cap L$.

对于前一情形，可为 $x\in M$ 且 $x\in N$，因此 $x\in N\cup L$，从而可得 $x\in M\cap(N\cup L)$；对于后一情形，可为 $x\in M$ 且 $x\in L$，因此 $x\in N\cup L$，从而可得 $x\in M\cap(N\cup L)$.

所以有 $(M\cap N)\cup(M\cap L)\subset M\cap(N\cup L)$.

综上可得 $M\cap(N\cup L)=(M\cap N)\cup(M\cap L)$.

② 任取 $x\in M\cup(N\cap L)$，则 $x\in M$ 或 $x\in N\cap L$.

对于前一情形，则 $x\in M\cup N$，且 $x\in M\cup L$，所以 $x\in(M\cup N)\cap(M\cup L)$，因此可得 $M\cup(N\cap L)\subset(M\cup N)\cap(M\cup L)$.

反之，任取 $x\in(M\cup N)\cap(M\cup L)$，则 $x\in M\cup N$ 且 $x\in M\cup L$，进而可得 $x\in M$ 或 $x\in N$ 且 $x\in M$ 或 $x\in L$，即 $x\in M$ 或 $x\in N$ 且 $x\in L$，从而 $x\in M\cup(N\cap L)$，因此

$$(M\cup N)\cap(M\cup L)\subset M\cup(N\cap L).$$

综上可得，$M\cup(N\cap L)=(M\cup N)\cap(M\cup L)$.

3. 检验以下集合对于所指的线性运算是否构成实数域上的线性空间：

(1) 次数等于 $n(n\geqslant 1)$ 的实系数多项式的全体，对于多项式的加法和数量乘法；

(2) 设 $\boldsymbol{A}$ 是一个 $n\times n$ 实矩阵，$\boldsymbol{A}$ 的实系数多项式 $f(\boldsymbol{A})$ 的全体，对于矩阵的加法和数量乘法；

(3) 全体 n 阶实对称(反称，上三角形)矩阵，对于矩阵的加法和数量乘法；

(4) 平面上不平行于某一向量的全部向量所成的集合，对于向量的加法和数量乘法；

(5) 全体实数的二元数列，对于下面定义的运算：

$$(a_1,b_1)\oplus(a_2,b_2)=(a_1+a_2,b_1+b_2+a_1a_2),$$
$$k\circ(a_1,b_1)=\left(ka_1,kb_1+\frac{k(k-1)}{2}a_1^2\right);$$

(6) 平面上全体向量，对于通常的加法和如下定义的数量乘法：

$$k\circ\boldsymbol{\alpha}=\mathbf{0};$$

(7) 集合与加法同(6),数量乘法定义为

$$k\circ\boldsymbol{\alpha}=\boldsymbol{\alpha};$$

(8) 全体正实数 $\mathbf{R}^+$,加法与数量乘法定义为

$$a\oplus b=ab,$$
$$k\circ a=a^k.$$

【思路探索】 按照线性空间的定义逐一验证.

解 (1) 不能构成实数域上的线性空间,因为两个 n 次多项式的和不一定是 n 次多项式,即集合对加法不封闭. 例如

$$(x^n+x^{n-1}-3)+(-x^n+3x^{n-1}-4)=4x^{n-1}-7.$$

(2) 能构成实数域上的线性空间.

记 $\boldsymbol{A}$ 的实系数多项式 $f(\boldsymbol{A})$ 的全体构成的集合为 V,即

$$V=\{f(\boldsymbol{A})\mid f(x)\text{ 为实系数多项式},\boldsymbol{A}\text{ 是 }n\times n\text{ 实矩阵}\}.$$

任取 $f(\boldsymbol{A}),g(\boldsymbol{A})\in V$,有 $f(x),g(x)$ 为实系数多项式,由于 $f(x)+g(x)=h(x)$ 为实系数多项式,所以

$$f(\boldsymbol{A})+g(\boldsymbol{A})=h(\boldsymbol{A})\in V.$$

任意 $k\in\mathbf{R}$,由于 $kf(x)$ 为实系数多项式,所以 $kf(\boldsymbol{A})\in V$.

即 V 对矩阵的加法和数量乘法封闭,而且容易验证定义的(1) ~ (8) 条规则,故 V 构成线性空间.

(3) 能构成实数域上的线性空间.

下面仅以实对称矩阵为例证明,其余类推.

设 $V=\{\boldsymbol{A}\in\mathbf{R}^{n\times n}\mid\boldsymbol{A}^{\mathrm{T}}=\boldsymbol{A}\}$. 任取 $\boldsymbol{A},\boldsymbol{B}\in V,k\in\mathbf{R}$,则有

$$(\boldsymbol{A}+\boldsymbol{B})^{\mathrm{T}}=\boldsymbol{A}^{\mathrm{T}}+\boldsymbol{B}^{\mathrm{T}}=\boldsymbol{A}+\boldsymbol{B},(k\boldsymbol{A})^{\mathrm{T}}=k\boldsymbol{A}^{\mathrm{T}}=k\boldsymbol{A},$$

即 $\boldsymbol{A}+\boldsymbol{B}\in V,k\boldsymbol{A}\in V$,也就是说 V 对矩阵的加法和数量乘法封闭. 又容易验证矩阵的加法和数量乘法满足线性空间的(1) ~ (8) 条规则,故构成线性空间.

(4) 不能构成实数域上的线性空间,因为两个向量都不平行于某一固定向量,但它们的和可能与这个固定向量平行,即集合对加法不封闭. 例如,以已知向量为对角线的任意两个向量,它们的和不属于这个集合.

(5) 能构成实数域上的线性空间.

记 $V=\{(a,b)\mid a,b\in\mathbf{R}\}$,显然,$V$ 对所定义的加法和数量乘法封闭. $\forall(a_i,b_i)\in V(i=1,2,\cdots)$,不难验证.

对加法:

① 交换律满足;

② 结合律满足;

③ 由于 $(a_1,b_1)\oplus(0,0)=(a_1,b_1)$,所以 $(0,0)$ 是 V 中的零元素;

④ 若 $(a_1,b_1)\oplus(a_2,b_2)=(0,0)$,则 $a_1+a_2=0,b_1+b_2+a_1a_2=0$,因此 $a_2=-a_1,b_2=a_1^2-b_1$,即 (a_1,b_1) 在 V 中的负向量是 $(-a_1,a_2^2-b_1)$;

对数乘:

⑤ $1\circ(a,b)=\left(a,b+\dfrac{1\times(1-1)}{2}a^2\right)=(a,b)$;

⑥
$$\begin{aligned}k\circ(l\circ(a,b))&=k\circ\left(la,lb+\frac{l(l-1)}{2}a^2\right)\\&=\left(kla,k\left[lb+\frac{l(l-1)}{2}a^2\right]+\frac{k(k-1)}{2}(la)^2\right)\\&=\left(kla,klb+\frac{kl(kl-1)}{2}a^2\right)=(kl)\circ(a,b);\end{aligned}$$

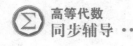

⑦$(k+l)\circ(a,b)=\left((k+l)a,(k+l)b+\frac{(k+l)(k+l-1)}{2}a^2\right)$,

而 $k\circ(a,b)\oplus l\circ(a,b)$

$=\left(ka,kb+\frac{k(k-1)}{2}a^2\right)\oplus\left(la,lb+\frac{l(l-1)}{2}a^2\right)$

$=\left(ka+la,kb+lb+\frac{k(k-1)}{2}a^2+\frac{l(l-1)}{2}a^2+kla^2\right)$

$=\left((k+l)a,(k+l)b+\frac{(k+l)(k+l-1)}{2}a^2\right)$,

所以 $(k+l)\circ(a,b)=k\circ(a,b)\oplus l\circ(a,b)$;

⑧$k\circ[(a_1,b_1)\oplus(a_2,b_2)]$

$=k\circ(a_1+a_2,b_1+b_2+a_1a_2)$

$=\left(k(a_1+a_2),k(b_1+b_2+a_1a_2)+\frac{k(k-1)}{2}(a_1+a_2)^2\right)$,

而 $k\circ(a_1,b_1)\oplus k\circ(a_2,b_2)$

$=\left(ka_1,kb_1+\frac{k(k-1)}{2}a_1^2\right)\oplus\left(ka_2,kb_2+\frac{k(k-1)}{2}a_2^2\right)$

$=\left(ka_1+ka_2,kb_1+\frac{k(k-1)}{2}a_1^2+kb_2+\frac{k(k-1)}{2}a_2^2+k^2a_1a_2\right)$

$=\left(k(a_1+a_2),k(b_1+b_2+a_1a_2)+\frac{k(k-1)}{2}a_1^2+\frac{k(k-1)}{2}a_2^2+k^2a_1a_2-ka_1a_2\right)$

$=\left(k(a_1+a_2),k(b_1+b_2+a_1a_2)+\frac{k(k-1)}{2}(a_1+a_2)^2\right)$,

故 $k\circ[(a_1,b_1)\oplus(a_2,b_2)]=k\circ(a_1,b_1)\oplus k\circ(a_2,b_2)$.

所以构成线性空间.

(6) 不能构成实数域上的线性空间. 若 $\boldsymbol{\alpha}\neq\mathbf{0}$,则 $1\circ\boldsymbol{\alpha}=\mathbf{0}\neq\boldsymbol{\alpha}$ 不满足线性空间定义的规则⑤.

(7) 不能构成实数域上的线性空间.

因为 $(k+l)\circ\boldsymbol{\alpha}=\boldsymbol{\alpha}$,而 $k\circ\boldsymbol{\alpha}+l\circ\boldsymbol{\alpha}=\boldsymbol{\alpha}+\boldsymbol{\alpha}=2\boldsymbol{\alpha}$,所以 $(k+l)\circ\boldsymbol{\alpha}\neq k\circ\boldsymbol{\alpha}+l\circ\boldsymbol{\alpha}$ 不满足线性空间定义的规则⑦.

(8) 能构成实数域上的线性空间.

记 $V=\{x\mid x\in\mathbf{R}^+\}$,取 $a,b,c\in V$,显然 V 对所定义的加法和数量乘法封闭,且满足:

①$a\oplus b=ab=ba=b\oplus a$;

②$(a\oplus b)\oplus c=(ab)\oplus c=abc=a\oplus(bc)=a\oplus(b\oplus c)$;

③ 因为 $a\oplus 1=a\cdot 1=a$,所以 1 是 $\mathbf{R}^+$ 的零向量;

④ 因为 $a\in\mathbf{R}^+$ 时有 $\frac{1}{a}\in\mathbf{R}^+$,且 $a\oplus\frac{1}{a}=a\cdot\frac{1}{a}=1$,所以 $\frac{1}{a}$ 是 a 的负向量;

⑤$1\circ a=a^1=a$;

⑥$k\circ(l\circ a)=k\circ(a^l)=(a^l)^k=a^{lk}=a^{kl}=(kl)\circ a$;

⑦$(k+l)\circ a=a^{k+l}=a^k\cdot a^l=(k\circ a)\oplus(l\circ a)$;

⑧$k\circ(a\oplus b)=k\circ(ab)=(ab)^k=a^k\cdot b^k=(k\circ a)\oplus(k\circ b)$.

所以构成线性空间.

方法点击:利用定义证明线性空间,首先要验证关于“加法”和“数量乘法”是否封闭,这是在做题过程中容易忽略的.

4. 在线性空间中，证明：

(1)$k\mathbf{0}=\mathbf{0}$；

(2)$k(\boldsymbol{\alpha}-\boldsymbol{\beta})=k\boldsymbol{\alpha}-k\boldsymbol{\beta}$.

【思路探索】 根据线性空间定义中“加法”和“数量乘法”满足的八条规则进行证明.

证 (1)$k\mathbf{0}=k(\boldsymbol{\alpha}+(-\boldsymbol{\alpha}))=k\boldsymbol{\alpha}+k(-\boldsymbol{\alpha})=k\boldsymbol{\alpha}+k(-1)\boldsymbol{\alpha}=(k+(-k))\boldsymbol{\alpha}=0\boldsymbol{\alpha}=\mathbf{0}$.

(2)$k(\boldsymbol{\alpha}-\boldsymbol{\beta})+k\boldsymbol{\beta}=k(\boldsymbol{\alpha}-\boldsymbol{\beta}+\boldsymbol{\beta})=k\boldsymbol{\alpha}$，所以$k(\boldsymbol{\alpha}-\boldsymbol{\beta})=k\boldsymbol{\alpha}-k\boldsymbol{\beta}$.

5. 证明：在实函数空间中，$1,\cos^2 t,\cos 2t$ 是线性相关的.

证 实函数空间中的线性运算：加法是函数加法，数量乘法是数与函数的乘法.

因为 $\cos 2t=2\cos^2 t-1$，即 $1-2\cos^2 t+\cos 2t=0$，所以 $1,\cos^2 t,\cos 2t$ 是线性相关的.

6. 证明：如果 $f_1(x),f_2(x),f_3(x)$ 是线性空间 $P[x]$ 中三个互素的多项式，但其中任意两个都不互素，那么它们线性无关.

证 反证法. 假定 $f_1(x),f_2(x),f_3(x)$ 线性相关，则存在不全为 0 的数 k_1,k_2,k_3，使

$$k_1f_1(x)+k_2f_2(x)+k_3f_3(x)=0.$$

不妨设 $k_1\neq 0$，那么有

$$f_1(x)=-\frac{k_2}{k_1}f_2(x)-\frac{k_3}{k_1}f_3(x). \qquad ①$$

又因为 $f_1(x),f_2(x),f_3(x)$ 互素，所以存在多项式 $u_1(x),u_2(x),u_3(x)$，使

$$u_1(x)f_1(x)+u_2(x)f_2(x)+u_3(x)f_3(x)=1. \qquad ②$$

将 ① 式代入 ② 式，得

$$\left[u_2(x)-\frac{k_2}{k_1}u_1(x)\right]f_2(x)+\left[u_3(x)-\frac{k_3}{k_1}u_1(x)\right]f_3(x)=1,$$

因此 $f_3(x)$ 与 $f_2(x)$ 互素，这与已知矛盾.

故 $f_1(x),f_2(x),f_3(x)$ 线性无关.

7. 在 P^4 中，求向量 $\boldsymbol{\xi}$ 在基 $\boldsymbol{\varepsilon}_1,\boldsymbol{\varepsilon}_2,\boldsymbol{\varepsilon}_3,\boldsymbol{\varepsilon}_4$ 下的坐标，设

(1) $\boldsymbol{\varepsilon}_1=(1,1,1,1)$，　$\boldsymbol{\varepsilon}_2=(1,1,-1,-1)$，

$\boldsymbol{\varepsilon}_3=(1,-1,1,-1)$，　$\boldsymbol{\varepsilon}_4=(1,-1,-1,1)$，

$\boldsymbol{\xi}=(1,2,1,1)$；

(2) $\boldsymbol{\varepsilon}_1=(1,1,0,1)$，　$\boldsymbol{\varepsilon}_2=(2,1,3,1)$，

$\boldsymbol{\varepsilon}_3=(1,1,0,0)$，　$\boldsymbol{\varepsilon}_4=(0,1,-1,-1)$，

$\boldsymbol{\xi}=(0,0,0,1)$.

解 (1) 令 $\boldsymbol{\xi}=k_1\boldsymbol{\varepsilon}_1+k_2\boldsymbol{\varepsilon}_2+k_3\boldsymbol{\varepsilon}_3+k_4\boldsymbol{\varepsilon}_4$，有

$$\begin{cases}k_1+k_2+k_3+k_4=1,\\ k_1+k_2-k_3-k_4=2,\\ k_1-k_2+k_3-k_4=1,\\ k_1-k_2-k_3+k_4=1,\end{cases}$$

解得 $k_1=\frac{5}{4},k_2=\frac{1}{4},k_3=-\frac{1}{4},k_4=-\frac{1}{4}$.

所以向量 $\boldsymbol{\xi}$ 在基 $\boldsymbol{\varepsilon}_1,\boldsymbol{\varepsilon}_2,\boldsymbol{\varepsilon}_3,\boldsymbol{\varepsilon}_4$ 下的坐标是$\left(\frac{5}{4},\frac{1}{4},-\frac{1}{4},-\frac{1}{4}\right)$.

(2) 构造矩阵 $\boldsymbol{A}=(\boldsymbol{\varepsilon}_1^{\mathrm{T}},\boldsymbol{\varepsilon}_2^{\mathrm{T}},\boldsymbol{\varepsilon}_3^{\mathrm{T}},\boldsymbol{\varepsilon}_4^{\mathrm{T}},\boldsymbol{\xi}^{\mathrm{T}})$，对 $\boldsymbol{A}$ 施行初等行变换化 $\boldsymbol{A}$ 为简化梯形矩阵.

$$\boldsymbol{A}=\left(\begin{array}{cccc:c}1&2&1&0&0\\1&1&1&1&0\\0&3&0&-1&0\\1&1&0&-1&1\end{array}\right)\xrightarrow[r_4-r_1]{r_2-r_1}\left(\begin{array}{cccc:c}1&2&1&0&0\\0&-1&0&1&0\\0&3&0&-1&0\\0&-1&-1&-1&1\end{array}\right)$$

$$\xrightarrow[r_4-r_2]{\substack{r_1+2r_2\\ r_3+3r_2}}\left(\begin{array}{cccc:c}1&0&1&2&0\\0&-1&0&1&0\\0&0&0&2&0\\0&0&-1&-2&1\end{array}\right)\xrightarrow{r_4\leftrightarrow r_3}\left(\begin{array}{cccc:c}1&0&1&2&0\\0&-1&0&1&0\\0&0&-1&-2&1\\0&0&0&2&0\end{array}\right)$$

$$\xrightarrow[r_4\times\frac{1}{2}]{r_1+r_3}\left(\begin{array}{cccc:c}1&0&0&0&1\\0&-1&0&1&0\\0&0&-1&-2&1\\0&0&0&1&0\end{array}\right)\xrightarrow[r_3+2r_4]{r_2-r_4}\left(\begin{array}{cccc:c}1&0&0&0&1\\0&-1&0&0&0\\0&0&-1&0&1\\0&0&0&1&0\end{array}\right)$$

$$\xrightarrow[r_2\times(-1)]{r_3\times(-1)}\left(\begin{array}{cccc:c}1&0&0&0&1\\0&1&0&0&0\\0&0&1&0&-1\\0&0&0&1&0\end{array}\right),$$

所以向量 $\boldsymbol{\xi}$ 在基 $\boldsymbol{\varepsilon}_1,\boldsymbol{\varepsilon}_2,\boldsymbol{\varepsilon}_3,\boldsymbol{\varepsilon}_4$ 下的坐标是 $(1,0,-1,0)$.

方法点击：求线性空间 P^n 中向量 $\boldsymbol{\xi}$ 在基 $\boldsymbol{\alpha}_1,\boldsymbol{\alpha}_2,\cdots,\boldsymbol{\alpha}_n$ 下的坐标，通常有两种方法：
一是解线性方程组 $\boldsymbol{\xi}=x_1\boldsymbol{\alpha}_1+x_2\boldsymbol{\alpha}_2+\cdots+x_n\boldsymbol{\alpha}_n$；
二是将 $\boldsymbol{\alpha}_1,\boldsymbol{\alpha}_2,\cdots,\boldsymbol{\alpha}_n,\boldsymbol{\xi}$ 列排成矩阵 $(\boldsymbol{\alpha}_1^{\mathrm T},\boldsymbol{\alpha}_2^{\mathrm T},\cdots,\boldsymbol{\alpha}_n^{\mathrm T},\boldsymbol{\xi}^{\mathrm T})$，然后利用初等行变换化成行最简形即可得坐标.

8. 求下列线性空间的维数与一组基：

(1) 数域 P 上的空间 $P^{n\times n}$；

(2) $P^{n\times n}$ 中全体对称(反称、上三角形)矩阵作成的数域 P 上的空间；

(3) 第 3 题(8) 中的空间；

(4) 实数域上由矩阵 $\boldsymbol{A}$ 的全体实系数多项式组成的空间，其中

$$\boldsymbol{A}=\begin{pmatrix}1&0&0\\0&\omega&0\\0&0&\omega^2\end{pmatrix},\omega=\frac{-1+\sqrt{3}\mathrm{i}}{2}.$$

【思路探索】 如何根据线性空间的元素特点，构造一组基是解题的关键.

解 (1)$P^{n\times n}$ 的元素为

$$\boldsymbol{A}=\begin{pmatrix}a_{11}&a_{12}&\cdots&a_{1n}\\a_{21}&a_{22}&\cdots&a_{2n}\\\vdots&\vdots&&\vdots\\a_{n1}&a_{n2}&\cdots&a_{nn}\end{pmatrix},$$

令

$$\boldsymbol{E}_{ij}=\begin{pmatrix}0&\cdots&0&\cdots&0\\\vdots&&\vdots&&\vdots\\0&\cdots&1&\cdots&0\\\vdots&&\vdots&&\vdots\\0&\cdots&0&\cdots&0\end{pmatrix}(i\text{ 行}),$$

(j 列)

则

$$A=\sum_{i=1}^{n}\sum_{j=1}^{n}a_{ij}E_{ij},$$

因此 $P^{n\times n}$ 的维数是 n^2，基是 E_{ij}，$\forall\, i,j=1,2,\cdots,n$.

(2)① 设 $G=\{A\in P^{n\times n}\mid A^{\mathrm{T}}=A\}$ 为全体 n 阶对称矩阵的集合.

$$\text{令 } F_{ij}=\begin{pmatrix} & \vdots & & \vdots & \\ \cdots & 0 & \cdots & 1 & \cdots \\ & \vdots & & \vdots & \\ \cdots & 1 & \cdots & 0 & \cdots \\ & \vdots & & \vdots & \end{pmatrix}\begin{matrix} \\ (i\text{ 行}) \\ \\ (j\text{ 行}) \\ \\ \end{matrix},\text{即 } a_{ij}=a_{ji}=1,\text{其余均为 }0,$$

$$\qquad(i\text{ 列})\quad(j\text{ 列})$$

所以 $F_{11},\cdots,F_{1n},F_{22},\cdots,F_{2n},\cdots,F_{nn}$ 是 G 的一组基，其维数是

$$n+(n-1)+\cdots+1=\frac{1}{2}n(n+1).$$

② 设 $H=\{A\in P^{n\times n}\mid A^{\mathrm{T}}=-A\}$ 是全体 n 阶反称矩阵的集合.

令

$$G_{ij}=\begin{pmatrix} & \vdots & & \vdots & \\ \cdots & 0 & \cdots & 1 & \cdots \\ & \vdots & & \vdots & \\ \cdots & -1 & \cdots & 0 & \cdots \\ & \vdots & & \vdots & \end{pmatrix}\begin{matrix} \\ (i\text{ 行}) \\ \\ (j\text{ 行}) \\ \\ \end{matrix},$$

$$\qquad(i\text{ 列})\quad(j\text{ 列})$$

即 $a_{ij}=-a_{ji}=1$，其余均为 0.

则 $G_{12},\cdots,G_{1n},G_{23},\cdots,G_{2n},\cdots,G_{n-1,n}$ 是 H 的一组基，其维数是

$$(n-1)+(n-2)+\cdots+1=\frac{1}{2}n(n-1).$$

③ 设 $S=\{A=(a_{ij})_{n\times n}\mid a_{ij}=0,j<i\}$ 是全体 n 阶上三角形矩阵的集合.

令

$$H_{ij}=\begin{pmatrix} & \vdots & \\ \cdots & 1 & \cdots \\ & \vdots & \end{pmatrix}(i\text{ 行})(i\leqslant j),$$

$$(j\text{ 列})$$

则 $H_{11},\cdots,H_{1n},H_{22},\cdots,H_{nn}$ 是 S 的一组基，其维数是 $\frac{1}{2}n(n+1)$.

(3) 在 $\mathbf{R}^{+}$ 关于加法 $a\oplus b=ab$ 与数量乘法 $k\circ a=a^{k}$ 构成的线性空间中，1 是零向量.

设正实数 $a(a\neq 1)$ 是 $\mathbf{R}^{+}$ 中的非零向量，则 a 线性无关，且对任意的 $b\in\mathbf{R}^{+}$，有

$$b=a^{\log_a b}=(\log_a b)\circ a,\log_a b\in\mathbf{R},$$

所以 a 构成 $\mathbf{R}^{+}$ 的一个基，故其维数是 1.

(4) 这个线性空间为 $V=\{f(A)\mid f(x)\in\mathbf{R}[x]\}$，其代数运算是矩阵的加法和实数与矩阵的乘法，由题设可知

$$w=\frac{-1+\sqrt{3}\mathrm{i}}{2},w^2=\frac{-1-\sqrt{3}\mathrm{i}}{2},w^3=1.$$

$$A=\begin{pmatrix}1 & & \\ & w & \\ & & w^2\end{pmatrix},A^2=\begin{pmatrix}1 & & \\ & w^2 & \\ & & w\end{pmatrix},A^3=\begin{pmatrix}1 & & \\ & 1 & \\ & & 1\end{pmatrix}=E,$$

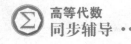

由此可以推知

$$w^n=\begin{cases}1, & n=3q,\\ w, & n=3q+1,q\in\mathbf{Z}.\\ w^2, & n=3q+2,\end{cases}$$

于是

$$\boldsymbol{A}^n=\begin{cases}\boldsymbol{E}, & n=3q,\\ \boldsymbol{A}, & n=3q+1,q\in\mathbf{Z}.\\ \boldsymbol{A}^2, & n=3q+2,\end{cases}$$

下证 $\boldsymbol{E},\boldsymbol{A},\boldsymbol{A}^2$ 线性无关. 设 $k_0\boldsymbol{E}+k_1\boldsymbol{A}+k_2\boldsymbol{A}^2=\boldsymbol{O}$,即

$$\begin{cases}k_0+k_1+k_2=0,\\ k_0+wk_1+w^2k_2=0,\\ k_0+w^2k_1+wk_2=0,\end{cases}$$

其系数行列式

$$\begin{vmatrix}1 & 1 & 1\\ 1 & w & w^2\\ 1 & w^2 & w\end{vmatrix}=3(w^2-w)\neq 0,$$

故方程组只有零解,$k_1=k_2=k_3=0$,所以 $\boldsymbol{E},\boldsymbol{A},\boldsymbol{A}^2$ 线性无关.

又对于任意 $f(\boldsymbol{A})\in V$, $f(\boldsymbol{A})=a_0\boldsymbol{E}+a_1\boldsymbol{A}+a_2\boldsymbol{A}^2+\cdots+a_n\boldsymbol{A}^n$ 可以写成 $f(\boldsymbol{A})=c_0\boldsymbol{E}+c_1\boldsymbol{A}+c_2\boldsymbol{A}^2$,所以 $\boldsymbol{E},\boldsymbol{A},\boldsymbol{A}^2$ 是 V 的一组基,其维数是 3.

9. 在 P^4 中,求由基 $\boldsymbol{\varepsilon}_1,\boldsymbol{\varepsilon}_2,\boldsymbol{\varepsilon}_3,\boldsymbol{\varepsilon}_4$ 到基 $\boldsymbol{\eta}_1,\boldsymbol{\eta}_2,\boldsymbol{\eta}_3,\boldsymbol{\eta}_4$ 的过渡矩阵,并求向量 $\boldsymbol{\xi}$ 在所指基下的坐标. 设

(1) $\begin{cases}\boldsymbol{\varepsilon}_1=(1,0,0,0),\\ \boldsymbol{\varepsilon}_2=(0,1,0,0),\\ \boldsymbol{\varepsilon}_3=(0,0,1,0),\\ \boldsymbol{\varepsilon}_4=(0,0,0,1),\end{cases}$ $\begin{cases}\boldsymbol{\eta}_1=(2,1,-1,1),\\ \boldsymbol{\eta}_2=(0,3,1,0),\\ \boldsymbol{\eta}_3=(5,3,2,1),\\ \boldsymbol{\eta}_4=(6,6,1,3),\end{cases}$

$\boldsymbol{\xi}=(x_1,x_2,x_3,x_4)$ 在 $\boldsymbol{\eta}_1,\boldsymbol{\eta}_2,\boldsymbol{\eta}_3,\boldsymbol{\eta}_4$ 下的坐标;

(2) $\begin{cases}\boldsymbol{\varepsilon}_1=(1,2,-1,0),\\ \boldsymbol{\varepsilon}_2=(1,-1,1,1),\\ \boldsymbol{\varepsilon}_3=(-1,2,1,1),\\ \boldsymbol{\varepsilon}_4=(-1,-1,0,1),\end{cases}$ $\begin{cases}\boldsymbol{\eta}_1=(2,1,0,1),\\ \boldsymbol{\eta}_2=(0,1,2,2),\\ \boldsymbol{\eta}_3=(-2,1,1,2),\\ \boldsymbol{\eta}_4=(1,3,1,2),\end{cases}$

$\boldsymbol{\xi}=(1,0,0,0)$ 在 $\boldsymbol{\varepsilon}_1,\boldsymbol{\varepsilon}_2,\boldsymbol{\varepsilon}_3,\boldsymbol{\varepsilon}_4$ 下的坐标;

(3) $\begin{cases}\boldsymbol{\varepsilon}_1=(1,1,1,1),\\ \boldsymbol{\varepsilon}_2=(1,1,-1,-1),\\ \boldsymbol{\varepsilon}_3=(1,-1,1,-1),\\ \boldsymbol{\varepsilon}_4=(1,-1,-1,1),\end{cases}$ $\begin{cases}\boldsymbol{\eta}_1=(1,1,0,1),\\ \boldsymbol{\eta}_2=(2,1,3,1),\\ \boldsymbol{\eta}_3=(1,1,0,0),\\ \boldsymbol{\eta}_4=(0,1,-1,-1),\end{cases}$

$\boldsymbol{\xi}=(1,0,0,-1)$ 在 $\boldsymbol{\eta}_1,\boldsymbol{\eta}_2,\boldsymbol{\eta}_3,\boldsymbol{\eta}_4$ 下的坐标.

解 (1) 设由 $\boldsymbol{\varepsilon}_1,\boldsymbol{\varepsilon}_2,\boldsymbol{\varepsilon}_3,\boldsymbol{\varepsilon}_4$ 到基 $\boldsymbol{\eta}_1,\boldsymbol{\eta}_2,\boldsymbol{\eta}_3,\boldsymbol{\eta}_4$ 的过渡矩阵是 $\boldsymbol{T}$,由于

$$(\boldsymbol{\eta}_1,\boldsymbol{\eta}_2,\boldsymbol{\eta}_3,\boldsymbol{\eta}_4)=(\boldsymbol{\varepsilon}_1,\boldsymbol{\varepsilon}_2,\boldsymbol{\varepsilon}_3,\boldsymbol{\varepsilon}_4)\begin{pmatrix}2 & 0 & 5 & 6\\ 1 & 3 & 3 & 6\\ -1 & 1 & 2 & 1\\ 1 & 0 & 1 & 3\end{pmatrix}=(\boldsymbol{\varepsilon}_1,\boldsymbol{\varepsilon}_2,\boldsymbol{\varepsilon}_3,\boldsymbol{\varepsilon}_4)\boldsymbol{T},$$

所以

$$T=\begin{pmatrix}2&0&5&6\\1&3&3&6\\-1&1&2&1\\1&0&1&3\end{pmatrix}.$$

又因为$\boldsymbol{\xi}=(x_1,x_2,x_3,x_4)=(\boldsymbol{\varepsilon}_1,\boldsymbol{\varepsilon}_2,\boldsymbol{\varepsilon}_3,\boldsymbol{\varepsilon}_4)\begin{pmatrix}x_1\\x_2\\x_3\\x_4\end{pmatrix}=(\boldsymbol{\eta}_1,\boldsymbol{\eta}_2,\boldsymbol{\eta}_3,\boldsymbol{\eta}_4)\boldsymbol{T}^{-1}\begin{pmatrix}x_1\\x_2\\x_3\\x_4\end{pmatrix}$,所以$\boldsymbol{\xi}=(x_1,x_2,x_3,x_4)$在基$\boldsymbol{\eta}_1,\boldsymbol{\eta}_2,\boldsymbol{\eta}_3,\boldsymbol{\eta}_4$下的坐标为$\boldsymbol{T}^{-1}\begin{pmatrix}x_1\\x_2\\x_3\\x_4\end{pmatrix}$,其中

$$\boldsymbol{T}^{-1}=\begin{pmatrix}\frac{4}{9}&\frac{1}{3}&-1&-\frac{11}{9}\\\frac{1}{27}&\frac{4}{9}&-\frac{1}{3}&-\frac{23}{27}\\\frac{1}{3}&0&0&-\frac{2}{3}\\-\frac{7}{27}&-\frac{1}{9}&\frac{1}{3}&\frac{26}{27}\end{pmatrix}.$$

(2) 设 P^4 的标准基是 $\boldsymbol{e}_1=(1,0,0,0),\boldsymbol{e}_2=(0,1,0,0),\boldsymbol{e}_3=(0,0,1,0),\boldsymbol{e}_4=(0,0,0,1)$,则

$$(\boldsymbol{\varepsilon}_1,\boldsymbol{\varepsilon}_2,\boldsymbol{\varepsilon}_3,\boldsymbol{\varepsilon}_4)=(\boldsymbol{e}_1,\boldsymbol{e}_2,\boldsymbol{e}_3,\boldsymbol{e}_4)\begin{pmatrix}1&1&-1&-1\\2&-1&2&-1\\-1&1&1&0\\0&1&1&1\end{pmatrix}=(\boldsymbol{e}_1,\boldsymbol{e}_2,\boldsymbol{e}_3,\boldsymbol{e}_4)\boldsymbol{T}_1,\qquad ①$$

$$(\boldsymbol{\eta}_1,\boldsymbol{\eta}_2,\boldsymbol{\eta}_3,\boldsymbol{\eta}_4)=(\boldsymbol{e}_1,\boldsymbol{e}_2,\boldsymbol{e}_3,\boldsymbol{e}_4)\begin{pmatrix}2&0&-2&1\\1&1&1&3\\0&2&1&1\\1&2&2&2\end{pmatrix}=(\boldsymbol{e}_1,\boldsymbol{e}_2,\boldsymbol{e}_3,\boldsymbol{e}_4)\boldsymbol{T}_2,\qquad ②$$

由于过渡矩阵是可逆矩阵,所以 $\boldsymbol{T}_1,\boldsymbol{T}_2$ 均可逆,并且由 ① 式,得

$$(\boldsymbol{e}_1,\boldsymbol{e}_2,\boldsymbol{e}_3,\boldsymbol{e}_4)=(\boldsymbol{\varepsilon}_1,\boldsymbol{\varepsilon}_2,\boldsymbol{\varepsilon}_3,\boldsymbol{\varepsilon}_4)\boldsymbol{T}_1^{-1},$$

将其代入 ② 式,得

$$(\boldsymbol{\eta}_1,\boldsymbol{\eta}_2,\boldsymbol{\eta}_3,\boldsymbol{\eta}_4)=(\boldsymbol{e}_1,\boldsymbol{e}_2,\boldsymbol{e}_3,\boldsymbol{e}_4)\boldsymbol{T}_2=(\boldsymbol{\varepsilon}_1,\boldsymbol{\varepsilon}_2,\boldsymbol{\varepsilon}_3,\boldsymbol{\varepsilon}_4)\boldsymbol{T}_1^{-1}\boldsymbol{T}_2.$$

因此由基 $\boldsymbol{\varepsilon}_1,\boldsymbol{\varepsilon}_2,\boldsymbol{\varepsilon}_3,\boldsymbol{\varepsilon}_4$ 到基 $\boldsymbol{\eta}_1,\boldsymbol{\eta}_2,\boldsymbol{\eta}_3,\boldsymbol{\eta}_4$ 的过渡矩阵是 $\boldsymbol{T}_1^{-1}\boldsymbol{T}_2$.

构造矩阵 $\boldsymbol{T}=(\boldsymbol{T}_1\,\vdots\,\boldsymbol{T}_2)$ 作行初等变换化为$(\boldsymbol{E}\,\vdots\,\boldsymbol{T}_1^{-1}\boldsymbol{T}_2)$:

$$\boldsymbol{T}=\left(\begin{array}{cccc:cccc}1&1&-1&-1&2&0&-2&1\\2&-1&2&-1&1&1&1&3\\-1&1&1&0&0&2&1&1\\0&1&1&1&1&2&2&2\end{array}\right)\xrightarrow[r_3+r_1]{r_2-2r_1}\left(\begin{array}{cccc:cccc}1&1&-1&-1&2&0&-2&1\\0&-3&4&1&-3&1&5&1\\0&2&0&-1&2&2&-1&2\\0&1&1&1&1&2&2&2\end{array}\right)$$

$$\xrightarrow{r_4\leftrightarrow r_2}\left(\begin{array}{cccc:cccc}1&1&-1&-1&2&0&-2&1\\0&1&1&1&1&2&2&2\\0&2&0&-1&2&2&-1&2\\0&-3&4&1&-3&1&5&1\end{array}\right)\xrightarrow[\substack{r_4+3r_2\\r_1-r_2}]{r_3-2r_2}\left(\begin{array}{cccc:cccc}1&0&-2&-2&1&-2&-4&-1\\0&1&1&1&1&2&2&2\\0&0&-2&-3&0&-2&-5&-2\\0&0&7&4&0&7&11&7\end{array}\right)$$

$$\xrightarrow{r_4+3r_3}\left(\begin{array}{cccc|cccc}1&0&-2&-2&1&-2&-4&-1\\0&1&1&1&1&2&2&2\\0&0&-2&-3&0&-2&-5&-2\\0&0&1&-5&0&1&-4&1\end{array}\right)\xrightarrow{r_3\leftrightarrow r_4}\left(\begin{array}{cccc|cccc}1&0&-2&-2&1&-2&-4&-1\\0&1&1&1&1&2&2&2\\0&0&1&-5&0&1&-4&1\\0&0&-2&-3&0&-2&-5&-2\end{array}\right)$$

$$\xrightarrow[r_4+2r_3]{\substack{r_1+2r_3\\ r_2-r_3}}\left(\begin{array}{cccc|cccc}1&0&0&-12&1&0&-12&1\\0&1&0&6&1&1&6&1\\0&0&1&-5&0&1&-4&1\\0&0&0&-13&0&0&-13&0\end{array}\right)\xrightarrow{r_4\times\left(-\frac{1}{13}\right)}\left(\begin{array}{cccc|cccc}1&0&0&-12&1&0&-12&1\\0&1&0&6&1&1&6&1\\0&0&1&-5&0&1&-4&1\\0&0&0&1&0&0&1&0\end{array}\right)$$

$$\xrightarrow[\substack{r_2-6r_4\\ r_3+5r_4}]{r_1+12r_4}\left(\begin{array}{cccc|cccc}1&0&0&0&1&0&0&1\\0&1&0&0&1&1&0&1\\0&0&1&0&0&1&1&1\\0&0&0&1&0&0&1&0\end{array}\right)=(\boldsymbol{E}\,\vdots\,\boldsymbol{T}_1^{-1}\boldsymbol{T}_2),$$

则

$$\boldsymbol{T}_1^{-1}\boldsymbol{T}_2=\begin{pmatrix}1&0&0&1\\1&1&0&1\\0&1&1&1\\0&0&1&0\end{pmatrix}.$$

构造矩阵 $\boldsymbol{A}=(\boldsymbol{T}_1\,\vdots\,\boldsymbol{\xi}^{\mathrm{T}})$，并对 A 作初等行变换化为 $(\boldsymbol{E}\,\vdots\,\boldsymbol{T}_1^{-1}\boldsymbol{\xi}^{\mathrm{T}})$：

$$\boldsymbol{A}=(\boldsymbol{T}_1\,\vdots\,\boldsymbol{\xi}^{\mathrm{T}})=\left(\begin{array}{cccc|c}1&1&-1&-1&1\\2&-1&2&-1&0\\-1&1&1&0&0\\0&1&1&1&0\end{array}\right)\xrightarrow[r_3+r_1]{r_2-2r_1}\left(\begin{array}{cccc|c}1&1&-1&-1&1\\0&-3&4&1&-2\\0&2&0&-1&1\\0&1&1&1&0\end{array}\right)\xrightarrow[\substack{r_1+r_2\\ r_3-2r_2\\ r_4+3r_2}]{r_2\leftrightarrow r_4}$$

$$\left(\begin{array}{cccc|c}1&2&0&0&1\\0&1&1&1&0\\0&0&-2&-3&1\\0&0&7&4&-2\end{array}\right)\xrightarrow[\substack{r_3\leftrightarrow r_4\\ r_4+2r_3}]{r_4+3r_2}\left(\begin{array}{cccc|c}1&2&0&0&1\\0&1&1&1&0\\0&0&1&-5&1\\0&0&0&-13&3\end{array}\right)\xrightarrow[\substack{r_3+5r_4\\ r_2-r_3\\ r_2-r_4\\ r_1-2r_2}]{r_4\times\left(-\frac{1}{13}\right)}$$

$$\left(\begin{array}{cccc|c}1&0&0&0&\frac{3}{13}\\0&1&0&0&\frac{5}{13}\\0&0&1&0&-\frac{2}{13}\\0&0&0&1&-\frac{3}{13}\end{array}\right)=(\boldsymbol{E}\,\vdots\,\boldsymbol{T}_1^{-1}\boldsymbol{\xi}^{\mathrm{T}}),$$

即 $\boldsymbol{T}_1{}^{-1}\boldsymbol{\xi}^{\mathrm{T}}=\begin{pmatrix}\frac{3}{13}\\\frac{5}{13}\\-\frac{2}{13}\\-\frac{3}{13}\end{pmatrix}.$

故 $\boldsymbol{\xi}=(1,0,0,0)=(\boldsymbol{e}_1,\boldsymbol{e}_2,\boldsymbol{e}_3,\boldsymbol{e}_4)\begin{pmatrix}1\\0\\0\\0\end{pmatrix}=(\boldsymbol{\varepsilon}_1,\boldsymbol{\varepsilon}_2,\boldsymbol{\varepsilon}_3,\boldsymbol{\varepsilon}_4)\boldsymbol{T}_1^{-1}\xi^{\mathrm{T}}=(\boldsymbol{\varepsilon}_1,\boldsymbol{\varepsilon}_2,\boldsymbol{\varepsilon}_3,\boldsymbol{\varepsilon}_4)\begin{pmatrix}\frac{3}{13}\\\frac{5}{13}\\-\frac{2}{13}\\-\frac{3}{13}\end{pmatrix}$，

所以 $\boldsymbol{\xi}=(1,0,0,0)$ 在 $\boldsymbol{\varepsilon}_1,\boldsymbol{\varepsilon}_2,\boldsymbol{\varepsilon}_3,\boldsymbol{\varepsilon}_4$ 下的坐标是$\left(\frac{3}{13},\frac{5}{13},-\frac{2}{13},-\frac{3}{13}\right)$.

(3) 仿(2) 题,可得

$$(\boldsymbol{\varepsilon}_1,\boldsymbol{\varepsilon}_2,\boldsymbol{\varepsilon}_3,\boldsymbol{\varepsilon}_4)=(\boldsymbol{e}_1,\boldsymbol{e}_2,\boldsymbol{e}_3,\boldsymbol{e}_4)\begin{pmatrix}1&1&1&1\\1&1&-1&-1\\1&-1&1&-1\\1&-1&-1&1\end{pmatrix}=(\boldsymbol{e}_1,\boldsymbol{e}_2,\boldsymbol{e}_3,\boldsymbol{e}_4)\boldsymbol{T}_1,$$

$$(\boldsymbol{\eta}_1,\boldsymbol{\eta}_2,\boldsymbol{\eta}_3,\boldsymbol{\eta}_4)=(\boldsymbol{e}_1,\boldsymbol{e}_2,\boldsymbol{e}_3,\boldsymbol{e}_4)\begin{pmatrix}1&2&1&0\\1&1&1&1\\0&3&0&-1\\1&1&0&-1\end{pmatrix}=(\boldsymbol{e}_1,\boldsymbol{e}_2,\boldsymbol{e}_3,\boldsymbol{e}_4)\boldsymbol{T}_2,$$

因此,由基 $\boldsymbol{\varepsilon}_1,\boldsymbol{\varepsilon}_2,\boldsymbol{\varepsilon}_3,\boldsymbol{\varepsilon}_4$ 到基 $\boldsymbol{\eta}_1,\boldsymbol{\eta}_2,\boldsymbol{\eta}_3,\boldsymbol{\eta}_4$ 的过渡矩阵为 $\boldsymbol{T}_1^{-1}\boldsymbol{T}_2$.

构造矩阵 $\boldsymbol{T}=(\boldsymbol{T}_1\vdots\boldsymbol{T}_2)$,作初等行变换化为$(\boldsymbol{E}\vdots\boldsymbol{T}_1^{-1}\boldsymbol{T}_2)$:

$$\boldsymbol{T}=\left(\begin{array}{cccc:cccc}1&1&1&1&1&2&1&0\\1&1&-1&-1&1&1&1&1\\1&-1&1&-1&0&3&0&-1\\1&-1&-1&1&1&1&0&-1\end{array}\right)$$

$$\xrightarrow[r_4-r_1]{\substack{r_2-r_1\\r_3-r_1}}\left(\begin{array}{cccc:cccc}1&1&1&1&1&2&1&0\\0&0&-2&-2&0&-1&0&1\\0&-2&0&-2&-1&1&-1&-1\\0&-2&-2&0&0&-1&-1&-1\end{array}\right)$$

$$\xrightarrow[i=2,3,4]{r_i\times\left(-\frac{1}{2}\right)}\left(\begin{array}{cccc:cccc}1&1&1&1&1&2&1&0\\0&0&1&1&0&\frac{1}{2}&0&-\frac{1}{2}\\0&1&0&1&\frac{1}{2}&-\frac{1}{2}&\frac{1}{2}&\frac{1}{2}\\0&1&1&0&0&\frac{1}{2}&\frac{1}{2}&\frac{1}{2}\end{array}\right)$$

$$\xrightarrow{r_3\leftrightarrow r_2}\left(\begin{array}{cccc:cccc}1&1&1&1&1&2&1&0\\0&1&0&1&\frac{1}{2}&-\frac{1}{2}&\frac{1}{2}&\frac{1}{2}\\0&0&1&1&0&\frac{1}{2}&0&-\frac{1}{2}\\0&1&1&0&0&\frac{1}{2}&\frac{1}{2}&\frac{1}{2}\end{array}\right)$$

$$\xrightarrow[r_4-r_2]{r_1-r_2}\left(\begin{array}{cccc:cccc}1&0&1&0&\frac{1}{2}&\frac{5}{2}&\frac{1}{2}&-\frac{1}{2}\\0&1&0&1&\frac{1}{2}&-\frac{1}{2}&\frac{1}{2}&\frac{1}{2}\\0&0&1&1&0&\frac{1}{2}&0&-\frac{1}{2}\\0&0&1&-1&-\frac{1}{2}&1&0&0\end{array}\right)$$

$$\xrightarrow[r_4-r_3]{r_1-r_3}\left(\begin{array}{cccc:cccc}1&0&0&-1&\frac{1}{2}&2&\frac{1}{2}&0\\0&1&0&1&\frac{1}{2}&-\frac{1}{2}&\frac{1}{2}&\frac{1}{2}\\0&0&1&1&0&\frac{1}{2}&0&-\frac{1}{2}\\0&0&0&-2&-\frac{1}{2}&\frac{1}{2}&0&\frac{1}{2}\end{array}\right)$$

$$\xrightarrow{r_4\times\left(-\frac{1}{2}\right)}\left(\begin{array}{cccc:cccc}1&0&0&-1&\frac{1}{2}&2&\frac{1}{2}&0\\0&1&0&1&\frac{1}{2}&-\frac{1}{2}&\frac{1}{2}&\frac{1}{2}\\0&0&1&1&0&\frac{1}{2}&0&-\frac{1}{2}\\0&0&0&1&\frac{1}{4}&-\frac{1}{4}&0&-\frac{1}{4}\end{array}\right)$$

$$\xrightarrow[\substack{r_2-r_4\\r_3+r_4}]{r_1+r_4}\left(\begin{array}{cccc:cccc}1&0&0&0&\frac{3}{4}&\frac{7}{4}&\frac{1}{2}&-\frac{1}{4}\\0&1&0&0&\frac{1}{4}&-\frac{1}{4}&\frac{1}{2}&\frac{3}{4}\\0&0&1&0&-\frac{1}{4}&\frac{3}{4}&0&-\frac{1}{4}\\0&0&0&1&\frac{1}{4}&-\frac{1}{4}&0&-\frac{1}{4}\end{array}\right)=(\boldsymbol{E}\ \vdots\ \boldsymbol{T}_1^{-1}\boldsymbol{T}_2),$$

则
$$\boldsymbol{T}_1^{-1}\boldsymbol{T}_2=\begin{pmatrix}\frac{3}{4}&\frac{7}{4}&\frac{1}{2}&-\frac{1}{4}\\\frac{1}{4}&-\frac{1}{4}&\frac{1}{2}&\frac{3}{4}\\-\frac{1}{4}&\frac{3}{4}&0&-\frac{1}{4}\\\frac{1}{4}&-\frac{1}{4}&0&-\frac{1}{4}\end{pmatrix}.$$

构造矩阵

$$\boldsymbol{A}=(\boldsymbol{\eta}_1^{\mathrm{T}},\boldsymbol{\eta}_2^{\mathrm{T}},\boldsymbol{\eta}_3^{\mathrm{T}},\boldsymbol{\eta}_4^{\mathrm{T}},\boldsymbol{\xi}^{\mathrm{T}})=\left(\begin{array}{cccc:c}1&2&1&0&1\\1&1&1&1&0\\0&3&0&-1&0\\1&1&0&-1&-1\end{array}\right),$$

对矩阵 $\boldsymbol{A}$ 作初等行变换,得

$$A \xrightarrow[r_4-r_1]{r_2-r_1} \left(\begin{array}{cccc:c} 1 & 2 & 1 & 0 & 1 \\ 0 & -1 & 0 & 1 & -1 \\ 0 & 3 & 0 & -1 & 0 \\ 0 & -1 & -1 & -1 & -2 \end{array}\right) \xrightarrow[\substack{r_3+3r_2 \\ r_4-r_2}]{r_1+2r_2} \left(\begin{array}{cccc:c} 1 & 0 & 1 & 2 & -1 \\ 0 & -1 & 0 & 1 & -1 \\ 0 & 0 & 0 & 2 & -3 \\ 0 & 0 & -1 & -2 & -1 \end{array}\right)$$

$$\xrightarrow{r_{43}} \left(\begin{array}{cccc:c} 1 & 0 & 1 & 2 & -1 \\ 0 & -1 & 0 & 1 & -1 \\ 0 & 0 & -1 & -2 & -1 \\ 0 & 0 & 0 & 2 & -3 \end{array}\right) \xrightarrow[r_4\times\frac{1}{2}]{\substack{r_2\times(-1) \\ r_3\times(-1)}} \left(\begin{array}{cccc:c} 1 & 0 & 1 & 2 & -1 \\ 0 & 1 & 0 & -1 & 1 \\ 0 & 0 & 1 & 2 & 1 \\ 0 & 0 & 0 & 1 & -\frac{3}{2} \end{array}\right)$$

$$\xrightarrow{r_1-r_3} \left(\begin{array}{cccc:c} 1 & 0 & 0 & 0 & -2 \\ 0 & 1 & 0 & -1 & 1 \\ 0 & 0 & 1 & 2 & 1 \\ 0 & 0 & 0 & 1 & -\frac{3}{2} \end{array}\right) \xrightarrow[r_3-2r_4]{r_2+r_4} \left(\begin{array}{cccc:c} 1 & 0 & 0 & 0 & -2 \\ 0 & 1 & 0 & 0 & -\frac{1}{2} \\ 0 & 0 & 1 & 0 & 4 \\ 0 & 0 & 0 & 1 & -\frac{3}{2} \end{array}\right),$$

因此 $\boldsymbol{\xi}=(1,0,0,-1)$ 在 $\boldsymbol{\eta}_1,\boldsymbol{\eta}_2,\boldsymbol{\eta}_3,\boldsymbol{\eta}_4$ 下的坐标是 $\left(-2,-\frac{1}{2},4,-\frac{3}{2}\right)$.

方法点击:(1) 求两组基之间的过渡矩阵时一定要注意顺序.
(2) 在题(1) 中,求坐标的方法是先求得 $\boldsymbol{\xi}$ 在标准基 $\boldsymbol{\varepsilon}_1,\boldsymbol{\varepsilon}_2,\boldsymbol{\varepsilon}_3,\boldsymbol{\varepsilon}_4$ 下的坐标,然后利用坐标变换,即利用过渡矩阵来求得 $\boldsymbol{\xi}$ 在另一组基下的坐标.题(2) 的方法同题(1),题(3) 用的是初等变换法.

10. 继第 9 题(1),求一非零向量 $\boldsymbol{\xi}$,它在基 $\boldsymbol{\varepsilon}_1,\boldsymbol{\varepsilon}_2,\boldsymbol{\varepsilon}_3,\boldsymbol{\varepsilon}_4$ 与 $\boldsymbol{\eta}_1,\boldsymbol{\eta}_2,\boldsymbol{\eta}_3,\boldsymbol{\eta}_4$ 下有相同的坐标.

解　设所求向量为 $\boldsymbol{\xi}=(x_1,x_2,x_3,x_4)$,又因为

$$(\boldsymbol{\eta}_1,\boldsymbol{\eta}_2,\boldsymbol{\eta}_3,\boldsymbol{\eta}_4)=(\boldsymbol{\varepsilon}_1,\boldsymbol{\varepsilon}_2,\boldsymbol{\varepsilon}_3,\boldsymbol{\varepsilon}_4)\begin{pmatrix} 2 & 0 & 5 & 6 \\ 1 & 3 & 3 & 6 \\ -1 & 1 & 2 & 1 \\ 1 & 0 & 1 & 3 \end{pmatrix},$$

从而有

$$\boldsymbol{\xi}=(\boldsymbol{\varepsilon}_1,\boldsymbol{\varepsilon}_2,\boldsymbol{\varepsilon}_3,\boldsymbol{\varepsilon}_4)\begin{pmatrix} x_1 \\ x_2 \\ x_3 \\ x_4 \end{pmatrix}=(\boldsymbol{\eta}_1,\boldsymbol{\eta}_2,\boldsymbol{\eta}_3,\boldsymbol{\eta}_4)\begin{pmatrix} x_1 \\ x_2 \\ x_3 \\ x_4 \end{pmatrix}$$

$$=(\boldsymbol{\varepsilon}_1,\boldsymbol{\varepsilon}_2,\boldsymbol{\varepsilon}_3,\boldsymbol{\varepsilon}_4)\begin{pmatrix} 2 & 0 & 5 & 6 \\ 1 & 3 & 3 & 6 \\ -1 & 1 & 2 & 1 \\ 1 & 0 & 1 & 3 \end{pmatrix}\begin{pmatrix} x_1 \\ x_2 \\ x_3 \\ x_4 \end{pmatrix},$$

所以有 $\begin{pmatrix} x_1 \\ x_2 \\ x_3 \\ x_4 \end{pmatrix}=\begin{pmatrix} 2 & 0 & 5 & 6 \\ 1 & 3 & 3 & 6 \\ -1 & 1 & 2 & 1 \\ 1 & 0 & 1 & 3 \end{pmatrix}\begin{pmatrix} x_1 \\ x_2 \\ x_3 \\ x_4 \end{pmatrix}$,即 $\begin{cases} x_1+5x_3+6x_4=0, \\ x_1+2x_2+3x_3+6x_4=0, \\ -x_1+x_2+x_3+x_4=0, \\ x_1+x_3+2x_4=0. \end{cases}$

解齐次线性方程组得一般解为 $x_1=-x_4,x_2=-x_4,x_3=-x_4$.

令 $x_4=-c$，则得齐次方程组的一个非零解 $\boldsymbol{\xi}=(c,c,c,-c)$（$c$ 为任意非零常数）.

11. 证明：实数域作为它自身上的线性空间与第 3 题(8) 中的空间同构.

【思路探索】 构造同构映射.

证 设实空间为 $\mathbf{R}$，正实空间为 $\mathbf{R}^+$，任取 $x\in\mathbf{R}$，令 $\sigma(x)=a^x(a>1)$，下证 σ 是 $\mathbf{R}$ 到 $\mathbf{R}^+$ 的同构映射.

显然，σ 是 $\mathbf{R}$ 到 $\mathbf{R}^+$ 的映射，且满足以下两条：

① 任取 $x,y\in\mathbf{R}$，且 $x\neq y$，则 $a^x\neq a^y$. 事实上，若 $a^x=a^y$，则 $a^{x-y}=1$，所以 $x-y=0$，即 $x=y$，因此 σ 是单射. 任取 $b\in\mathbf{R}^+$，有 $\log_a b\in\mathbf{R}$，使得 $\sigma(\log_a b)=a^{\log_a b}=b$，因此，$\sigma$ 是满射，所以 σ 是 $\mathbf{R}$ 到 $\mathbf{R}^+$ 的双射.

② 任意 $x,y,k\in\mathbf{R}$，有

$$\sigma(x+y)=a^{x+y}=a^x\cdot a^y=a^x\oplus a^y=\sigma(x)\oplus\sigma(y);$$
$$\sigma(kx)=a^{kx}=(a^x)^k=k\circ\sigma(x),$$

即 σ 保持加法和数量乘法.

故 σ 是同构映射，因而 $\mathbf{R}$ 与 $\mathbf{R}^+$ 同构.

方法点击：证明线性空间同构，关键是构造同构映射，这需要对线性空间的加法和数乘运算等有很好地把握.

12. 设 V_1,V_2 都是线性空间 V 的子空间，且 $V_1\subset V_2$，证明：如果 V_1 的维数和 V_2 的维数相等，那么 $V_1=V_2$.

证 (1) 若维$(V_1)=$维$(V_2)=0$，则 V_1 与 V_2 都是零空间，因此，$V_1=V_2$；

(2) 若维$(V_1)=$维$(V_2)=r>0$，取 V_1 的一组基 $\boldsymbol{\alpha}_1,\boldsymbol{\alpha}_2,\cdots,\boldsymbol{\alpha}_r$，由于 $V_1\subset V_2$，且它们的维数相等，自然 $\boldsymbol{\alpha}_1,\boldsymbol{\alpha}_2,\cdots,\boldsymbol{\alpha}_r$ 也是 V_2 的一组基，所以 $V_1=L(\boldsymbol{\alpha}_1,\boldsymbol{\alpha}_2,\cdots,\boldsymbol{\alpha}_r)=V_2$.

方法点击：以下两个结论的证明思想是类似的：

(1) 两个等秩的向量组若有包含关系，则等价；

(2) 两个等维数的线性空间若有包含关系，则相等.

13. 设 $\boldsymbol{A}\in P^{n\times n}$.

(1) 证明：全体与 $\boldsymbol{A}$ 可交换的矩阵组成 $P^{n\times n}$ 的一子空间，记作 $C(\boldsymbol{A})$；

(2) 当 $\boldsymbol{A}=\boldsymbol{E}$ 时，求 $C(\boldsymbol{A})$；

(3) 当

$$\boldsymbol{A}=\begin{pmatrix}1&0&0&\cdots&0\\0&2&0&\cdots&0\\\vdots&\vdots&\vdots&&\vdots\\0&0&0&\cdots&n\end{pmatrix}$$

时，求 $C(\boldsymbol{A})$ 的维数和一组基.

【思路探索】 证明子空间只需证明关于加法和数量乘法封闭.

证 (1) 设与 $\boldsymbol{A}$ 可交换的矩阵的集合记为 $C(\boldsymbol{A})$，即 $C(\boldsymbol{A})=\{\boldsymbol{X}\mid\boldsymbol{X}\in P^{n\times n},\boldsymbol{AX}=\boldsymbol{XA}\}$. 显然 $C(\boldsymbol{A})$ 非空.

设 $\boldsymbol{B},\boldsymbol{D}\in C(\boldsymbol{A})$，$k,l\in P$，则有 $\boldsymbol{AB}=\boldsymbol{BA}$，$\boldsymbol{AD}=\boldsymbol{DA}$，

$$\begin{aligned}\boldsymbol{A}(l\boldsymbol{B}+k\boldsymbol{D})&=\boldsymbol{A}(l\boldsymbol{B})+\boldsymbol{A}(k\boldsymbol{D})=l(\boldsymbol{AB})+k(\boldsymbol{AD})\\&=l(\boldsymbol{BA})+k(\boldsymbol{DA})=(l\boldsymbol{B})\boldsymbol{A}+(k\boldsymbol{D})\boldsymbol{A}\\&=(l\boldsymbol{B}+k\boldsymbol{D})\boldsymbol{A}.\end{aligned}$$

所以 $C(\boldsymbol{A})$ 构成 $P^{n\times n}$ 的子空间.

(2) 当 $\boldsymbol{A}=\boldsymbol{E}$ 时,由于任意矩阵与单位矩阵都可交换,因此 $C(\boldsymbol{A})=P^{n\times n}$.

(3) 设 $\boldsymbol{B}=(b_{ij})$ 为与 $\boldsymbol{A}$ 可交换的矩阵,由第四章习题5可知

$$\boldsymbol{B}=\begin{pmatrix} b_{11} & & & \\ & b_{22} & & \\ & & \ddots & \\ & & & b_{nn} \end{pmatrix}, b_{ij}\in P,$$

所以,$\boldsymbol{E}_{11},\boldsymbol{E}_{22},\cdots,\boldsymbol{E}_{nn}$ 是 $C(\boldsymbol{A})$ 的一组基,维数为 n.

14. 设

$$\boldsymbol{A}=\begin{pmatrix} 1 & 0 & 0 \\ 0 & 1 & 0 \\ 3 & 1 & 2 \end{pmatrix},$$

求 $P^{3\times 3}$ 中全体与 $\boldsymbol{A}$ 可交换的矩阵所成子空间的维数和一组基.

解

$$\boldsymbol{A}=\begin{pmatrix} 1 & 0 & 0 \\ 0 & 1 & 0 \\ 3 & 1 & 2 \end{pmatrix}=\begin{pmatrix} 1 & 0 & 0 \\ 0 & 1 & 0 \\ 0 & 0 & 1 \end{pmatrix}+\begin{pmatrix} 0 & 0 & 0 \\ 0 & 0 & 0 \\ 3 & 1 & 1 \end{pmatrix}=\boldsymbol{E}+\boldsymbol{B},$$

设 $\boldsymbol{X}=\begin{pmatrix} x_{11} & x_{12} & x_{13} \\ x_{21} & x_{22} & x_{23} \\ x_{31} & x_{32} & x_{33} \end{pmatrix}$ 与 $\boldsymbol{A}$ 可交换,则有

$$\boldsymbol{AX}=(\boldsymbol{E}+\boldsymbol{B})\boldsymbol{X}=\boldsymbol{EX}+\boldsymbol{BX}=\boldsymbol{X}+\boldsymbol{BX},$$
$$\boldsymbol{XA}=\boldsymbol{X}(\boldsymbol{E}+\boldsymbol{B})=\boldsymbol{XE}+\boldsymbol{XB}=\boldsymbol{X}+\boldsymbol{XB},$$

所以 $\boldsymbol{AX}=\boldsymbol{XA}\Leftrightarrow\boldsymbol{BX}=\boldsymbol{XB}$,从而有

$$\boldsymbol{XB}=\begin{pmatrix} x_{11} & x_{12} & x_{13} \\ x_{21} & x_{22} & x_{23} \\ x_{31} & x_{32} & x_{33} \end{pmatrix}\begin{pmatrix} 0 & 0 & 0 \\ 0 & 0 & 0 \\ 3 & 1 & 1 \end{pmatrix}=\begin{pmatrix} 3x_{13} & x_{13} & x_{13} \\ 3x_{23} & x_{23} & x_{23} \\ 3x_{33} & x_{33} & x_{33} \end{pmatrix},$$

$$\boldsymbol{BX}=\begin{pmatrix} 0 & 0 & 0 \\ 0 & 0 & 0 \\ 3 & 1 & 1 \end{pmatrix}\begin{pmatrix} x_{11} & x_{12} & x_{13} \\ x_{21} & x_{22} & x_{23} \\ x_{31} & x_{32} & x_{33} \end{pmatrix}$$
$$=\begin{pmatrix} 0 & 0 & 0 \\ 0 & 0 & 0 \\ 3x_{11}+x_{21}+x_{31} & 3x_{12}+x_{22}+x_{32} & 3x_{13}+x_{23}+x_{33} \end{pmatrix},$$

由对应元素相等,得$\begin{cases} x_{13}=x_{23}=0, \\ 3x_{11}+x_{21}+x_{31}=3x_{33}, \\ 3x_{12}+x_{22}+x_{32}=x_{33}, \end{cases}$解方程组得一般解为$\begin{cases} x_{13}=x_{23}=0, \\ x_{21}=-3x_{11}-x_{31}+3x_{33}, \\ x_{22}=-3x_{12}-x_{32}+x_{33}, \end{cases}$其中

$x_{11},x_{12},x_{31},x_{32},x_{33}$ 为自由未知量,依次取值(1,0,0,0,0),(0,1,0,0,0),(0,0,1,0,0),(0,0,0,1,0),(0,0,0,0,1),得

$$\boldsymbol{X}_1=\begin{pmatrix} 1 & 0 & 0 \\ -3 & 0 & 0 \\ 0 & 0 & 0 \end{pmatrix},\boldsymbol{X}_2=\begin{pmatrix} 0 & 1 & 0 \\ 0 & -3 & 0 \\ 0 & 0 & 0 \end{pmatrix},\boldsymbol{X}_3=\begin{pmatrix} 0 & 0 & 0 \\ -1 & 0 & 0 \\ 1 & 0 & 0 \end{pmatrix},$$

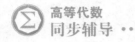

$$X_4=\begin{pmatrix}0&0&0\\0&-1&0\\0&1&0\end{pmatrix},X_5=\begin{pmatrix}0&0&0\\3&1&0\\0&0&1\end{pmatrix}.$$

显然，$\boldsymbol{X}_1,\boldsymbol{X}_2,\boldsymbol{X}_3,\boldsymbol{X}_4,\boldsymbol{X}_5$ 是 $C(\boldsymbol{A})$ 的一个基，因此，$C(\boldsymbol{A})$ 的维数是 5.

15. 如果 $c_1\boldsymbol{\alpha}+c_2\boldsymbol{\beta}+c_3\boldsymbol{\gamma}=\boldsymbol{0}$，且 $c_1c_3\neq 0$，证明：$L(\boldsymbol{\alpha},\boldsymbol{\beta})=L(\boldsymbol{\beta},\boldsymbol{\gamma})$.

【思路探索】 两个生成子空间 $L(\boldsymbol{\alpha}_1,\boldsymbol{\alpha}_2,\cdots,\boldsymbol{\alpha}_s)$ 和 $L(\boldsymbol{\beta}_1,\boldsymbol{\beta}_2,\cdots,\boldsymbol{\beta}_t)$ 相等的充要条件是向量组 $\boldsymbol{\alpha}_1,\boldsymbol{\alpha}_2,\cdots,\boldsymbol{\alpha}_s$ 和 $\boldsymbol{\beta}_1,\boldsymbol{\beta}_2,\cdots,\boldsymbol{\beta}_t$ 等价.

证 由 $c_1c_3\neq 0$，知 $c_1\neq 0$，并由 $c_1\boldsymbol{\alpha}+c_2\boldsymbol{\beta}+c_3\boldsymbol{\gamma}=\boldsymbol{0}$ 可得，$\boldsymbol{\alpha}=-\frac{c_2}{c_1}\boldsymbol{\beta}-\frac{c_3}{c_1}\boldsymbol{\gamma},\boldsymbol{\beta}=1\boldsymbol{\beta}+0\boldsymbol{\gamma}$，即 $\boldsymbol{\alpha},\boldsymbol{\beta}$ 可经 $\boldsymbol{\beta}$，$\boldsymbol{\gamma}$ 线性表出. 同理可得 $\boldsymbol{\beta},\boldsymbol{\gamma}$ 也可经 $\boldsymbol{\alpha},\boldsymbol{\beta}$ 线性表出，所以 $\boldsymbol{\alpha},\boldsymbol{\beta}$ 与 $\boldsymbol{\beta},\boldsymbol{\gamma}$ 等价，所以 $L(\boldsymbol{\alpha},\boldsymbol{\beta})=L(\boldsymbol{\beta},\boldsymbol{\gamma})$.

16. 在 P^4 中，求由向量 $\boldsymbol{\alpha}_i(i=1,2,3,4)$ 生成的子空间的基与维数. 设

$$(1)\begin{cases}\boldsymbol{\alpha}_1=(2,1,3,1),\\ \boldsymbol{\alpha}_2=(1,2,0,1)\\ \boldsymbol{\alpha}_3=(-1,1,-3,0),\\ \boldsymbol{\alpha}_4=(1,1,1,1);\end{cases}\qquad (2)\begin{cases}\boldsymbol{\alpha}_1=(2,1,3,-1),\\ \boldsymbol{\alpha}_2=(-1,1,-3,1),\\ \boldsymbol{\alpha}_3=(4,5,3,-1),\\ \boldsymbol{\alpha}_4=(1,5,-3,1).\end{cases}$$

【思路探索】 求向量组 $\boldsymbol{\alpha}_i(i=1,2,3,4)$ 的极大线性无关组和秩即可.

解 (1) 向量组 $\boldsymbol{\alpha}_1,\boldsymbol{\alpha}_2,\boldsymbol{\alpha}_3,\boldsymbol{\alpha}_4$ 的行阶极大线性无关组就是 $\boldsymbol{\alpha}_1,\boldsymbol{\alpha}_2,\boldsymbol{\alpha}_3,\boldsymbol{\alpha}_4$ 生成子空间的一个基，构造矩阵 $\boldsymbol{A}=(\boldsymbol{\alpha}_1^{\mathrm{T}},\boldsymbol{\alpha}_2^{\mathrm{T}},\boldsymbol{\alpha}_3^{\mathrm{T}},\boldsymbol{\alpha}_4^{\mathrm{T}})$，作初等行变换化为简化梯形矩阵：

$$\boldsymbol{A}=\begin{pmatrix}2&1&-1&1\\1&2&1&1\\3&0&-3&1\\1&1&0&1\end{pmatrix}\xrightarrow{r_4\leftrightarrow r_1}\begin{pmatrix}1&1&0&1\\1&2&1&1\\3&0&-3&1\\2&1&-1&1\end{pmatrix}\xrightarrow[\substack{r_3-3r_1\\ r_4-2r_1}]{r_2-r_1}\begin{pmatrix}1&1&0&1\\0&1&1&0\\0&-3&-3&-2\\0&-1&-1&-1\end{pmatrix}$$

$$\xrightarrow[r_4+r_2]{r_3+3r_2}\begin{pmatrix}1&1&0&1\\0&1&1&0\\0&0&0&-2\\0&0&0&-1\end{pmatrix}\xrightarrow{r_4-\frac{1}{2}r_3}\begin{pmatrix}1&1&0&1\\0&1&1&0\\0&0&0&-2\\0&0&0&0\end{pmatrix},$$

所以 $\boldsymbol{\alpha}_1,\boldsymbol{\alpha}_2,\boldsymbol{\alpha}_4$ 是 $\boldsymbol{\alpha}_1,\boldsymbol{\alpha}_2,\boldsymbol{\alpha}_3,\boldsymbol{\alpha}_4$ 的一个极大线性无关组，因此 $\boldsymbol{\alpha}_1,\boldsymbol{\alpha}_2,\boldsymbol{\alpha}_4$ 构成 $L(\boldsymbol{\alpha}_1,\boldsymbol{\alpha}_2,\boldsymbol{\alpha}_3,\boldsymbol{\alpha}_4)$ 的一组基，其维数是 3.

(2) 构造矩阵 $\boldsymbol{A}$ 并作初等行变换化为行阶梯形矩阵：

$$\boldsymbol{A}=\begin{pmatrix}2&-1&4&1\\1&1&5&5\\3&-3&3&-3\\-1&1&-1&1\end{pmatrix}\xrightarrow{r_4\leftrightarrow r_1}\begin{pmatrix}-1&1&-1&1\\1&1&5&5\\3&-3&3&-3\\2&-1&4&1\end{pmatrix}\xrightarrow[\substack{r_3+3r_1\\ r_4+2r_1}]{r_2+r_1}\begin{pmatrix}-1&1&-1&1\\0&2&4&6\\0&0&0&0\\0&1&2&3\end{pmatrix}$$

$$\xrightarrow{r_2-2r_4}\begin{pmatrix}-1&1&-1&1\\0&0&0&0\\0&0&0&0\\0&1&2&3\end{pmatrix}\xrightarrow{r_2\leftrightarrow r_4}\begin{pmatrix}-1&1&-1&1\\0&1&2&3\\0&0&0&0\\0&0&0&0\end{pmatrix},$$

所以 $\boldsymbol{\alpha}_1,\boldsymbol{\alpha}_2$ 是 $\boldsymbol{\alpha}_1,\boldsymbol{\alpha}_2,\boldsymbol{\alpha}_3,\boldsymbol{\alpha}_4$ 的一个极大线性无关组，因此 $\boldsymbol{\alpha}_1,\boldsymbol{\alpha}_2$ 是 $L(\boldsymbol{\alpha}_1,\boldsymbol{\alpha}_2,\boldsymbol{\alpha}_3,\boldsymbol{\alpha}_4)$ 的一个基，且其维数是 2.

17. 在 P^4 中，求由齐次方程组

$$\begin{cases}3x_1+2x_2-5x_3+4x_4=0,\\3x_1-x_2+3x_3-3x_4=0,\\3x_1+5x_2-13x_3+11x_4=0\end{cases}$$

确定的解空间的基与维数.

解　齐次线性方程组的基础解系就是解空间的一组基，对齐次线性方程组的系数矩阵作初等行变换化为简化梯形矩阵：

$$\boldsymbol{A}=\begin{pmatrix}3&2&-5&4\\3&-1&3&-3\\3&5&-13&11\end{pmatrix}\xrightarrow[r_3-r_1]{r_2-r_1}\begin{pmatrix}3&2&-5&4\\0&-3&8&-7\\0&3&-8&7\end{pmatrix}$$

$$\xrightarrow[r_3+r_2]{r_1+\frac{2}{3}r_2}\begin{pmatrix}3&0&\frac{1}{3}&-\frac{2}{3}\\0&-3&8&-7\\0&0&0&0\end{pmatrix}\xrightarrow[r_2\times\left(-\frac{1}{3}\right)]{r_1\times\frac{1}{3}}\begin{pmatrix}1&0&\frac{1}{9}&-\frac{2}{9}\\0&1&-\frac{8}{3}&\frac{7}{3}\\0&0&0&0\end{pmatrix},$$

基础解系是$\boldsymbol{\xi}_1=\left(-\frac{1}{9},\frac{8}{3},1,0\right)$，$\boldsymbol{\xi}_2=\left(\frac{2}{9},-\frac{7}{3},0,1\right)$，所以齐次线性方程组解空间的一组基是$\boldsymbol{\xi}_1$，$\boldsymbol{\xi}_2$，维数是 2.

方法点击：齐次线性方程组解空间的基即为基础解系，维数为基础解系所含解向量的个数.

18. 求由向量$\boldsymbol{\alpha}_i$生成的子空间与由向量$\boldsymbol{\beta}_i$生成的子空间的交的基和维数，设

(1) $\begin{cases}\boldsymbol{\alpha}_1=(1,2,1,0),\\\boldsymbol{\alpha}_2=(-1,1,1,1),\end{cases}$　$\begin{cases}\boldsymbol{\beta}_1=(2,-1,0,1),\\\boldsymbol{\beta}_2=(1,-1,3,7);\end{cases}$

(2) $\begin{cases}\boldsymbol{\alpha}_1=(1,1,0,0),\\\boldsymbol{\alpha}_2=(1,0,1,1),\end{cases}$　$\begin{cases}\boldsymbol{\beta}_1=(0,0,1,1),\\\boldsymbol{\beta}_2=(0,1,1,0);\end{cases}$

(3) $\begin{cases}\boldsymbol{\alpha}_1=(1,2,-1,-2),\\\boldsymbol{\alpha}_2=(3,1,1,1),\\\boldsymbol{\alpha}_3=(-1,0,1,-1),\end{cases}$　$\begin{cases}\boldsymbol{\beta}_1=(2,5,-6,-5),\\\boldsymbol{\beta}_2=(-1,2,-7,3).\end{cases}$

解　(1) 设$W_1=L(\boldsymbol{\alpha}_1,\boldsymbol{\alpha}_2)$，$W_2=L(\boldsymbol{\beta}_1,\boldsymbol{\beta}_2)$，取$\boldsymbol{\xi}\in W_1\cap W_2$，则$\boldsymbol{\xi}\in W_1$且$\boldsymbol{\xi}\in W_2$，所以令$\boldsymbol{\xi}=k_1\boldsymbol{\alpha}_1+k_2\boldsymbol{\alpha}_2=l_1\boldsymbol{\beta}_1+l_2\boldsymbol{\beta}_2$，则有

$$k_1\boldsymbol{\alpha}_1+k_2\boldsymbol{\alpha}_2-l_1\boldsymbol{\beta}_1-l_2\boldsymbol{\beta}_2=0,$$

即
$$\begin{cases}k_1-k_2-2l_1-l_2=0,\\2k_1+k_2+l_1+l_2=0,\\k_1+k_2-3l_2=0,\\k_2-l_1-7l_2=0.\end{cases}$$

对系数矩阵$\boldsymbol{A}$作初等行变换化为简化梯形矩阵：

$$\boldsymbol{A}=\begin{pmatrix}1&-1&-2&-1\\2&1&1&1\\1&1&0&-3\\0&1&-1&-7\end{pmatrix}\xrightarrow[r_3-r_1]{r_2-2r_1}\begin{pmatrix}1&-1&-2&-1\\0&3&5&3\\0&2&2&-2\\0&1&-1&-7\end{pmatrix}\xrightarrow[r_3-2r_4]{\substack{r_1+r_4\\r_2-3r_4}}\begin{pmatrix}1&0&-3&-8\\0&0&8&24\\0&0&4&12\\0&1&-1&-7\end{pmatrix}$$

$$\xrightarrow[r_4\leftrightarrow r_2]{r_3\times\frac{1}{4}}\begin{pmatrix}1&0&-3&-8\\0&1&-1&-7\\0&0&1&3\\0&0&8&24\end{pmatrix}\xrightarrow[r_4-8r_3]{\substack{r_1+3r_3\\r_2+r_3}}\begin{pmatrix}1&0&0&1\\0&1&0&-4\\0&0&1&3\\0&0&0&0\end{pmatrix},$$

可见$r(\boldsymbol{A})=3$，所以齐次方程组的解空间维数为$4-3=1$，即维$(W_1\cap W_2)=1$，任取一非零解$(k_1,k_2,$

$l_1,l_2)=(-1,4,-3,1)$，从而可得 $W_1\cap W_2$ 的一组基

$$\boldsymbol{\xi}=-\boldsymbol{\alpha}_1+4\boldsymbol{\alpha}_2=(-5,2,3,4),$$

其维数是1.

(2) 设交向量 $\boldsymbol{\xi}=k_1\boldsymbol{\alpha}_1+k_2\boldsymbol{\alpha}_2=l_1\boldsymbol{\beta}_1+l_2\boldsymbol{\beta}_2$，则有

$$k_1\boldsymbol{\alpha}_1+k_2\boldsymbol{\alpha}_2-l_1\boldsymbol{\beta}_1-l_2\boldsymbol{\beta}_2=\mathbf{0},$$

即

$$\begin{cases}k_1+k_2=0,\\ k_1-l_2=0,\\ k_2-l_1-l_2=0,\\ k_2-l_1=0.\end{cases}$$

齐次方程组的系数行列式 $D=\begin{vmatrix}1&1&0&0\\1&0&0&-1\\0&1&-1&-1\\0&1&-1&0\end{vmatrix}\neq 0$，故只有零解，即 $k_1=k_2=l_1=l_2=0$，

从而解空间的维数为0，因此交没有基，其维数为0.

(3) 设交向量为 $\boldsymbol{\xi}=k_1\boldsymbol{\alpha}_1+k_2\boldsymbol{\alpha}_2+k_3\boldsymbol{\alpha}_3=l_1\boldsymbol{\beta}_1+l_2\boldsymbol{\beta}_2$，则有

$$k_1\boldsymbol{\alpha}_1+k_2\boldsymbol{\alpha}_2+k_3\boldsymbol{\alpha}_3-l_1\boldsymbol{\beta}_1-l_2\boldsymbol{\beta}_2=\mathbf{0},$$

即

$$\begin{cases}k_1+3k_2-k_3-2l_1+l_2=0,\\ 2k_1+k_2-5l_1-2l_2=0,\\ -k_1+k_2+k_3+6l_1+7l_2=0,\\ -2k_1+k_2-k_3+5l_1-3l_2=0.\end{cases}$$

对系数矩阵 $\boldsymbol{A}$ 作初等行变换化为简化梯形矩阵：

$$\boldsymbol{A}=\begin{pmatrix}1&3&-1&-2&1\\2&1&0&-5&-2\\-1&1&1&6&7\\-2&1&-1&5&-3\end{pmatrix}\xrightarrow[r_4+2r_1]{\substack{r_2-2r_1\\r_3+r_1}}\begin{pmatrix}1&3&-1&-2&1\\0&-5&2&-1&-4\\0&4&0&4&8\\0&7&-3&1&-1\end{pmatrix}$$

$$\xrightarrow{r_2+r_3}\begin{pmatrix}1&3&-1&-2&1\\0&-1&2&3&4\\0&4&0&4&8\\0&7&-3&1&-1\end{pmatrix}\xrightarrow[r_4+7r_2]{\substack{r_1+3r_2\\r_3+4r_2}}\begin{pmatrix}1&0&5&7&13\\0&-1&2&3&4\\0&0&8&16&24\\0&0&11&22&27\end{pmatrix}$$

$$\xrightarrow[r_3\times\frac{1}{8}]{r_2\times(-1)}\begin{pmatrix}1&0&5&7&13\\0&1&-2&-3&-4\\0&0&1&2&3\\0&0&11&22&27\end{pmatrix}\xrightarrow[r_4-11r_3]{\substack{r_1-5r_3\\r_2+2r_3}}\begin{pmatrix}1&0&0&-3&-2\\0&1&0&1&2\\0&0&1&2&3\\0&0&0&0&-6\end{pmatrix}$$

$$\xrightarrow{r_4\times\left(-\frac{1}{6}\right)}\begin{pmatrix}1&0&0&-3&-2\\0&1&0&1&2\\0&0&1&2&3\\0&0&0&0&1\end{pmatrix}\xrightarrow[r_3-3r_4]{\substack{r_1+2r_4\\r_2-2r_4}}\begin{pmatrix}1&0&0&-3&0\\0&1&0&1&0\\0&0&1&2&0\\0&0&0&0&1\end{pmatrix},$$

可见 $r(\boldsymbol{A})=4$，从而齐次线性方程组的解空间的维数为 $5-4=1$，所以交的维数也为1，任取一非零解 $(k_1,k_2,k_3,l_1,l_2)=(3,-1,-2,1,0)$，得交的一组基为

$$\boldsymbol{\xi}=1\cdot\boldsymbol{\beta}_1+0\cdot\boldsymbol{\beta}_2=\boldsymbol{\beta}_1=(2,5,-6,-5).$$

19. 设 V_1 与 V_2 分别是齐次方程 $x_1+x_2+\cdots+x_n=0$ 与 $x_1=x_2=\cdots=x_n$ 的解空间，证明：$P^n=V_1\oplus V_2$.

证　**方法一**　齐次方程 $x_1+x_2+\cdots+x_n=0$ 解空间的一组基为 $\boldsymbol{\alpha}_1=(-1,1,0,\cdots,0)$，$\boldsymbol{\alpha}_2=(-1,0,1,0,\cdots,0)$，$\cdots$，$\boldsymbol{\alpha}_{n-1}=(-1,0,\cdots,0,1)$，因此 $V_1=L(\boldsymbol{\alpha}_1,\boldsymbol{\alpha}_2,\cdots,\boldsymbol{\alpha}_{n-1})$.

齐次方程组 $x_1=x_2=\cdots=x_n$ 的一般解为

$$\begin{cases}x_1=x_n,\\x_2=x_n,\\\cdots\cdots\\x_{n-1}=x_n,\end{cases}$$

从而它的解空间的一组基为 $\boldsymbol{\beta}=(1,1,\cdots,1)$，因此 $V_2=L(\boldsymbol{\beta})$.

取向量组 $\boldsymbol{\alpha}_1,\boldsymbol{\alpha}_2,\cdots,\boldsymbol{\alpha}_{n-1},\boldsymbol{\beta}$，由于

$$\begin{vmatrix}-1&1&0&\cdots&0\\-1&0&1&\cdots&0\\\vdots&\vdots&\vdots&&\vdots\\-1&0&0&\cdots&1\\1&1&1&\cdots&1\end{vmatrix}=(-1)^{n-1}n\neq0,$$

从而 $\boldsymbol{\alpha}_1,\boldsymbol{\alpha}_2,\cdots,\boldsymbol{\alpha}_{n-1},\boldsymbol{\beta}$ 线性无关，因此它是 P^n 的一组基，于是 $P^n=L(\boldsymbol{\alpha}_1,\boldsymbol{\alpha}_2,\cdots,\boldsymbol{\alpha}_{n-1},\boldsymbol{\beta})$.

因为 $V_1+V_2=L(\boldsymbol{\alpha}_1,\boldsymbol{\alpha}_2,\cdots,\boldsymbol{\alpha}_{n-1})+L(\boldsymbol{\beta})=L(\boldsymbol{\alpha}_1,\boldsymbol{\alpha}_2,\cdots,\boldsymbol{\alpha}_{n-1},\boldsymbol{\beta})=P^n$，且维$(V_1)$＋维$(V_2)=(n-1)+1=n=$维$(P^n)$，所以 $P^n=V_1\oplus V_2$.

方法二　对 $\forall\boldsymbol{\alpha}=(x_1,x_2,\cdots,x_n)\in\mathbf{P}^n$，有 $\boldsymbol{\alpha}=(x_1-\bar{x},x_2-\bar{x},\cdots,x_n-\bar{x})+(\bar{x},\bar{x},\cdots,\bar{x})$，

其中 $\bar{x}=\dfrac{x_1+x_2+\cdots+x_n}{n}$. 易验证 $(x_1-\bar{x},x_2-\bar{x},\cdots x_n-\bar{x})\in V_1$，$(\bar{x},\bar{x},\cdots,\bar{x})\in V_2$.

故 $\mathbf{P}^n=V_1+V_2$. 又对 $\forall\boldsymbol{\alpha}=(x_1,x_2,\cdots,x_n)\in V_1\cap V_2$，

则有 $\begin{cases}x_1+x_2+\cdots+x_n=0,\\x_1=x_2=\cdots=x_n.\end{cases}$ 解得 $x_1=x_2=\cdots=x_n$，即 $\boldsymbol{\alpha}=0$.

综上，$\mathbf{P}^n=V_1\oplus V_2$.

20. 证明：如果 $V=V_1\oplus V_2$，$V_1=V_{11}\oplus V_{12}$，那么 $V=V_{11}\oplus V_{12}\oplus V_2$.

证　**方法一**　由于 $V=V_1+V_2=V_{11}+V_{12}+V_2$，维$(V_1)=$维$(V_{11})+$维$(V_{12})$，所以

$$维(V)=维(V_1)+维(V_2)=维(V_{11})+维(V_{12})+维(V_2),$$

所以 $V=V_{11}\oplus V_{12}\oplus V_2$.

注：此证法只适用有限维的情形.

方法二　利用零向量分解唯一. 设 $\mathbf{0}=\boldsymbol{\alpha}_1+\boldsymbol{\alpha}_2+\boldsymbol{\beta}$，其中 $\boldsymbol{\alpha}_1\in V_{11}$，$\boldsymbol{\alpha}_2\in V_{12}$，$\boldsymbol{\beta}\in V_2$.

因 $V_1=V_{11}\oplus V_{12}$，$V=V_1\oplus V_2$，故 $\boldsymbol{\alpha}_1+\boldsymbol{\alpha}_2=\mathbf{0}$，$\boldsymbol{\beta}=\mathbf{0}$，又因 $V_1=V_{11}\oplus V_{12}$，故 $\boldsymbol{\alpha}_1=\boldsymbol{\alpha}_2=\mathbf{0}$.

再由题设，$V=V_{11}+V_{12}+V_2$，故 $V=V_{11}\oplus V_{12}\oplus V_2$.

21. 证明：每一个 n 维线性空间都可以表示成 n 个一维子空间的直和.

证　设 V 是 n 维线性空间，$\boldsymbol{\alpha}_1,\boldsymbol{\alpha}_2,\cdots,\boldsymbol{\alpha}_n$ 是 V 的一个基，则 $L(\boldsymbol{\alpha}_1),L(\boldsymbol{\alpha}_2),\cdots,L(\boldsymbol{\alpha}_n)$ 都是 V 的一维子空间.

又因为

$$L(\boldsymbol{\alpha}_1)+L(\boldsymbol{\alpha}_2)+\cdots+L(\boldsymbol{\alpha}_n)=L(\boldsymbol{\alpha}_1,\boldsymbol{\alpha}_2,\cdots,\boldsymbol{\alpha}_n),$$

且维 $L(\boldsymbol{\alpha}_1)+$维 $L(\boldsymbol{\alpha}_2)+\cdots+$维 $L(\boldsymbol{\alpha}_n)=n$，所以 $V=L(\boldsymbol{\alpha}_1)\oplus L(\boldsymbol{\alpha}_2)\oplus\cdots\oplus L(\boldsymbol{\alpha}_n)$.

方法点击：第 19 ～ 21 题均利用维数来证明直和，即 $V=\sum_{i=1}^{s}V_i$ 是直和的充要条件是

$$维(V)=\sum_{i=1}^{s}维(V_i).$$

22. 证明：和 $\sum_{i=1}^{s}V_i$ 是直和的充分必要条件是

$$V_i\cap\sum_{j=1}^{i-1}V_j=\{\mathbf{0}\}(i=2,3,\cdots,s).$$

证　必要性：设 $\sum_{i=1}^{s}V_i$ 是直和，则 $V_i\cap\sum_{j\neq i}V_j=\{\mathbf{0}\}$. 又 $\sum_{j=1}^{i-1}V_j\subset\sum_{j\neq i}V_j$，因而 $V_i\cap\sum_{j=1}^{i-1}V_j\subset V_i\cap\sum_{j\neq i}V_j$，所以

$$V_i\cap\sum_{j=1}^{i-1}V_j=\{\mathbf{0}\}(i=2,\cdots,s).$$

充分性：设 $V_i\cap\sum_{j=1}^{i-1}V_j=\{\mathbf{0}\},i=2,\cdots,s$.

反证法：假设 $\sum_{i=1}^{s}V_i$ 不是直和，那么 $\sum_{i=1}^{s}V_i$ 的零向量分解不唯一，则还有一个分解式

$$\mathbf{0}=\boldsymbol{\alpha}_1+\boldsymbol{\alpha}_2+\cdots+\boldsymbol{\alpha}_s,\boldsymbol{\alpha}_j\in V_j,j=1,2,\cdots,s,$$

其中 $\boldsymbol{\alpha}_1,\boldsymbol{\alpha}_2,\cdots,\boldsymbol{\alpha}_s$ 不全为零向量. 设上式中最后一个不为 $\mathbf{0}$ 的向量是 $\boldsymbol{\alpha}_k(k\leqslant s)$，则上式变为

$$\mathbf{0}=\boldsymbol{\alpha}_1+\boldsymbol{\alpha}_2+\cdots+\boldsymbol{\alpha}_k,\boldsymbol{\alpha}_j\in V_j,\boldsymbol{\alpha}_k\neq\mathbf{0},j=1,2,\cdots,k,$$

即

$$\boldsymbol{\alpha}_1+\boldsymbol{\alpha}_2+\cdots+\boldsymbol{\alpha}_{k-1}=-\boldsymbol{\alpha}_k.$$

因此 $\boldsymbol{\alpha}_k\in\sum_{j=1}^{k-1}V_j$，又 $\boldsymbol{\alpha}_k\in V_k$，因而 $\boldsymbol{\alpha}_k\in V_k\cap\sum_{j=1}^{k-1}V_j$，这与已知条件 $V_k\cap\sum_{j=1}^{k-1}V_j=\{\mathbf{0}\}$ 矛盾，所以 $\sum_{i=1}^{s}V_i$ 是直和.

23. 在给定了空间直角坐标系的三维空间中，所有自原点引出的向量添上零向量构成一个三维线性空间 $\mathbf{R}^3$.

(1) 问所有终点都在一个平面上的向量是否为子空间？

(2) 设有过原点的三条直线，这三条直线上的全部向量分别成为三个子空间 L_1,L_2,L_3. 问 $L_1+L_2,L_1+L_2+L_3$ 能构成哪些类型的子空间，试全部列举出来.

(3) 就用几何空间的例子来说明：若 U,V,X,Y 是子空间，满足 $U+V=X,X\supset Y$，是否一定有 $Y=(Y\cap U)+(Y\cap V)$.

解　(1) 如果平面通过原点，则从原点引出终点在平面上的向量都是平面上的向量，因此构成一个二维子空间；如果平面不通过原点，那么终点在平面上的向量非零，即集合中没有零向量，所以，此时不能构成子空间.

(2) L_1+L_2：

当直线 l_1 与 l_2 重合时，则 $L_1+L_2=L_1$ 是一维子空间；

当直线 l_1 与 l_2 不重合时，则 L_1+L_2 确定一个二维子空间.

$L_1+L_2+L_3$：

当直线 l_1,l_2,l_3 重合时，则 $L_1+L_2+L_3=L_1$ 构成一维子空间；

当 l_1,l_2,l_3 共面而不全重合时，则 $L_1+L_2+L_3$ 构成二维子空间；

当 l_1,l_2,l_3 不共面时，则 $L_1+L_2+L_3$ 构成三维子空间.

(3) 设 x 轴上的向量，y 轴上的向量分别构成一维子空间 U,V，显然，$U+V$ 表示二维子空间 xOy 坐标平面，在 xOy 平面上过原点任取一不与坐标轴重合的直线 l，直线 l 的向量构成一维子空间 Y，若 $X=U+V$，则 $Y\subset X$，但 $Y\cap U=\{\mathbf{0}\}$，$Y\cap V=\{\mathbf{0}\}$，所以 $Y\neq Y\cap U+Y\cap V=\{\mathbf{0}\}$，即 $Y=Y\cap U+Y\cap V$ 不一定成立.

补充题解答

1. (1) 证明：在 $P[x]_n$ 中，多项式

$$f_i=(x-a_1)\cdots(x-a_{i-1})(x-a_{i+1})\cdots(x-a_n),i=1,2,\cdots,n$$

是一组基，其中 $a_1,a_2,\cdots,a_n$ 是互不相同的数；

(2) 在(1) 中，取 $a_1,a_2,\cdots,a_n$ 是全体 n 次单位根，求由基 $1,x,\cdots,x^{n-1}$ 到基 $f_1,f_2,\cdots,f_n$ 的过渡矩阵.

证　(1) 设 $k_1f_1+k_2f_2+\cdots+k_nf_n=0.$ ①

令 $x=a_1$ 代人上式，得

$$k_1f_1(a_1)+k_2f_2(a_1)+\cdots+k_nf_n(a_1)=0.$$

又由于 $f_2(a_1)=f_3(a_1)=\cdots=f_n(a_1)=0,f_1(a_1)\neq 0$，从而有 $k_1f_1(a_1)=0$，进而得 $k_1=0$.

同理，将 $x=a_2,\cdots,x=a_n$ 分别代人 ① 式，可得

$$k_2=k_3=\cdots=k_n=0.$$

所以 $f_1,f_2,\cdots,f_n$ 线性无关，且维$(P[x]_n)=n$，故 $f_1,f_2,\cdots,f_n$ 是 $P[x]_n$ 的一组基.

(2) 取 $a_1=1,a_2=\varepsilon,\cdots,a_n=\varepsilon^{n-1}$，其中 $\varepsilon=\cos\dfrac{2\pi}{n}+\mathrm{i}\sin\dfrac{2\pi}{n}$，因为

$$f_1=\frac{x^n-1}{x-1}=1+x+x^2+\cdots+x^{n-1},$$

$$f_2=\frac{x^n-1}{x-\varepsilon}=\frac{x^n-\varepsilon^n}{x-\varepsilon}=\varepsilon^{n-1}+\varepsilon^{n-2}x+\varepsilon^{n-3}x^2+\cdots+\varepsilon x^{n-2}+x^{n-1},$$

$$f_3=\frac{x^n-1}{x-\varepsilon^2}=\frac{(x^n-(\varepsilon^2)^n)}{x-\varepsilon^2}=\varepsilon^{n-2}+\varepsilon^{n-4}x+\varepsilon^{n-6}x^2+\cdots+\varepsilon^2x^{n-2}+x^{n-1},$$

…………

$$f_n=\frac{x^n-1}{x-\varepsilon^{n-1}}=\frac{x^n-(\varepsilon^{n-1})^n}{x-\varepsilon^{n-1}}=\varepsilon+\varepsilon^2x+\varepsilon^3x^2+\cdots+\varepsilon^{n-1}x^{n-2}+x^{n-1},$$

所以基 $1,x,\cdots,x^{n-1}$ 到基 $f_1,f_2,\cdots,f_n$ 的过渡矩阵是

$$\begin{pmatrix}1&\varepsilon^{n-1}&\varepsilon^{n-2}&\cdots&\varepsilon\\1&\varepsilon^{n-2}&\varepsilon^{n-4}&\cdots&\varepsilon^2\\\vdots&\vdots&\vdots&&\vdots\\1&\varepsilon&\varepsilon^2&\cdots&\varepsilon^{n-1}\\1&1&1&\cdots&1\end{pmatrix}.$$

2. 设 $\boldsymbol{\alpha}_1,\boldsymbol{\alpha}_2,\cdots,\boldsymbol{\alpha}_n$ 是 n 维线性空间 V 的一组基，$\mathbf{A}$ 是一 $n\times s$ 矩阵，

$$(\boldsymbol{\beta}_1,\boldsymbol{\beta}_2,\cdots,\boldsymbol{\beta}_s)=(\boldsymbol{\alpha}_1,\boldsymbol{\alpha}_2,\cdots,\boldsymbol{\alpha}_n)\mathbf{A}.$$

证明：$L(\boldsymbol{\beta}_1,\boldsymbol{\beta}_2,\cdots,\boldsymbol{\beta}_s)$ 的维数等于 $\mathbf{A}$ 的秩.

证　令

$$\mathbf{A}=\begin{pmatrix}a_{11}&\cdots&a_{1r}&\cdots&a_{1s}\\\vdots&&\vdots&&\vdots\\a_{n1}&\cdots&a_{nr}&\cdots&a_{ns}\end{pmatrix}.$$

设 $r(\boldsymbol{A})=r\leqslant\min\{n,s\}$.

为不失一般性,不妨设 $\boldsymbol{A}$ 的前 r 列是极大线性无关组,由$(\boldsymbol{\beta}_1,\boldsymbol{\beta}_2,\cdots,\boldsymbol{\beta}_s)=(\boldsymbol{\alpha}_1,\boldsymbol{\alpha}_2,\cdots,\boldsymbol{\alpha}_n)\boldsymbol{A}$ 可得

$$\boldsymbol{\beta}_1=a_{11}\boldsymbol{\alpha}_1+a_{21}\boldsymbol{\alpha}_2+\cdots+a_{n1}\boldsymbol{\alpha}_n,$$
$$\cdots\cdots\cdots\cdots$$
$$\boldsymbol{\beta}_r=a_{1r}\boldsymbol{\alpha}_1+a_{2r}\boldsymbol{\alpha}_2+\cdots+a_{nr}\boldsymbol{\alpha}_n,$$
$$\cdots\cdots\cdots\cdots$$
$$\boldsymbol{\beta}_s=a_{1s}\boldsymbol{\alpha}_1+a_{2s}\boldsymbol{\alpha}_2+\cdots+a_{ns}\boldsymbol{\alpha}_n.$$

下面证明向量组 $\boldsymbol{\beta}_1,\boldsymbol{\beta}_2,\cdots,\boldsymbol{\beta}_r$ 是向量组 $\boldsymbol{\beta}_1,\boldsymbol{\beta}_2,\cdots,\boldsymbol{\beta}_s$ 的一个极大线性无关组.

首先,设 $k_1\boldsymbol{\beta}_1+k_2\boldsymbol{\beta}_2+\cdots+k_r\boldsymbol{\beta}_r=\boldsymbol{0}$,于是得

$$k_1(a_{11}\boldsymbol{\alpha}_1+a_{21}\boldsymbol{\alpha}_2+\cdots+a_{n1}\boldsymbol{\alpha}_n)+\cdots+k_r(a_{1r}\boldsymbol{\alpha}_1+a_{2r}\boldsymbol{\alpha}_2+\cdots+a_{nr}\boldsymbol{\alpha}_n)=\boldsymbol{0},$$

即

$$(k_1a_{11}+\cdots+k_ra_{1r})\boldsymbol{\alpha}_1+(k_1a_{21}+\cdots+k_ra_{2r})\boldsymbol{\alpha}_2+\cdots+(k_1a_{n1}+\cdots+k_ra_{nr})\boldsymbol{\alpha}_n=\boldsymbol{0},$$

又 $\boldsymbol{\alpha}_1,\boldsymbol{\alpha}_2,\cdots,\boldsymbol{\alpha}_n$ 线性无关,得

$$\begin{cases}a_{11}k_1+a_{12}k_2+\cdots+a_{1r}k_r=0,\\ \cdots\cdots\cdots\cdots\\ a_{n1}k_1+a_{n2}k_2+\cdots+a_{nr}k_r=0.\end{cases}\qquad ①$$

方程组 ① 的系数矩阵的秩为 r,故方程组只有零解 $k_1=k_2=\cdots=k_r=0$,所以 $\boldsymbol{\beta}_1,\boldsymbol{\beta}_2,\cdots,\boldsymbol{\beta}_r$ 线性无关.

其次,可证任意添一个向量 $\boldsymbol{\beta}_j$ 后,$\boldsymbol{\beta}_1,\boldsymbol{\beta}_2,\cdots,\boldsymbol{\beta}_r,\boldsymbol{\beta}_j$ 线性相关.

设 $k_1\boldsymbol{\beta}_1+k_2\boldsymbol{\beta}_2+\cdots+k_r\boldsymbol{\beta}_r+k_j\boldsymbol{\beta}_j=\boldsymbol{0}$,可得

$$\begin{cases}a_{11}k_1+a_{12}k_2+\cdots+a_{1r}k_r+a_{1j}k_j=0,\\ \cdots\cdots\cdots\cdots\\ a_{n1}k_1+a_{n2}k_2+\cdots+a_{nr}k_r+a_{nj}k_j=0,\end{cases}$$

方程组的系数矩阵的秩 $r<r+1$,所以方程组有非零解 $k_1,k_2,\cdots,k_r,k_j$,即 $\boldsymbol{\beta}_1,\boldsymbol{\beta}_2,\cdots,\boldsymbol{\beta}_r,\boldsymbol{\beta}_j$ 线性相关.

因此 $\boldsymbol{\beta}_1,\boldsymbol{\beta}_2,\cdots,\boldsymbol{\beta}_r$ 是 $\boldsymbol{\beta}_1,\boldsymbol{\beta}_2,\cdots,\boldsymbol{\beta}_s$ 的一个极大线性无关组,所以,

$$维(L(\boldsymbol{\beta}_1,\boldsymbol{\beta}_2,\cdots,\boldsymbol{\beta}_s))=r=r(\boldsymbol{A}).$$

方法点击:向量组理论类似的结论为:设向量组 $\boldsymbol{\alpha}_1,\boldsymbol{\alpha}_2,\cdots,\boldsymbol{\alpha}_s$ 线性无关,向量组 $\boldsymbol{\beta}_1,\boldsymbol{\beta}_2,\cdots,\boldsymbol{\beta}_t$ 可由 $\boldsymbol{\alpha}_1,\boldsymbol{\alpha}_2,\cdots,\boldsymbol{\alpha}_s$ 线性表出,即

$$(\boldsymbol{\beta}_1,\boldsymbol{\beta}_2,\cdots,\boldsymbol{\beta}_t)=(\boldsymbol{\alpha}_1,\boldsymbol{\alpha}_2,\cdots,\boldsymbol{\alpha}_s)\boldsymbol{A},$$

则向量组 $\boldsymbol{\beta}_1,\boldsymbol{\beta}_2,\cdots,\boldsymbol{\beta}_t$ 的秩等于 $\boldsymbol{A}$ 的秩.

3. 设 $f(x_1,\cdots,x_n)$ 是一秩为 n 的二次型,证明:存在 $\mathbf{R}^n$ 的一个 $\frac{1}{2}(n-|s|)$ 维子空间 V_1(其中 s 为符号差),使对任一 $(x_1,x_2,\cdots,x_n)\in V_1$ 有 $f(x_1,x_2,\cdots,x_n)=0$.

证　设 $f(x_1,x_2,\cdots,x_n)=\boldsymbol{X}^{\mathrm{T}}\boldsymbol{A}\boldsymbol{X}$ 的正惯性指数是 p,负惯性指数为 q,则 $p+q=n,p-q=s$.

存在可逆矩阵 $\boldsymbol{C}$,有 $\boldsymbol{Y}=\boldsymbol{C}\boldsymbol{X}$,使

$$f(x_1,x_2,\cdots,x_n)=y_1^2+\cdots+y_p^2-y_{p+1}^2-\cdots-y_{p+q}^2.$$

又 $\frac{1}{2}(n-|s|)=\frac{1}{2}(n-|p-q|)=\begin{cases}p, & p<q,\\ q, & p\geqslant q,\end{cases}$ 即 $\frac{1}{2}(n-|s|)$ 的取值有两种可能 p 或 q,下面

就 $p < q$ 进行证明,$p \geqslant q$ 时可类似证明.

将 $Y = CX$ 写成

$$c_{11}x_1 + \cdots + c_{1n}x_n = y_1,$$
$$\cdots\cdots\cdots\cdots\cdots$$
$$c_{p1}x_1 + \cdots + c_{pn}x_n = y_p,$$
$$c_{p+1,1}x_1 + \cdots + c_{p+1,n}x_n = y_{p+1},$$
$$\cdots\cdots\cdots\cdots\cdots$$
$$c_{p+q,1}x_1 + \cdots + c_{p+q,n}x_n = y_{p+q}.$$

构造 p 个 n 维向量

$$\boldsymbol{\varepsilon}_1 = \begin{pmatrix} 1 \\ 0 \\ \vdots \\ 0 \\ 1 \\ 0 \\ \vdots \\ 0 \end{pmatrix} \!\!\!\begin{array}{l}p\text{ 个}\\[2.5em]q\text{ 个}\end{array}, \boldsymbol{\varepsilon}_2 = \begin{pmatrix} 0 \\ 1 \\ \vdots \\ 0 \\ 0 \\ 1 \\ \vdots \\ 0 \end{pmatrix} \!\!\!\begin{array}{l}p\text{ 个}\\[2.5em]q\text{ 个}\end{array}, \cdots, \boldsymbol{\varepsilon}_p = \begin{array}{l}p\text{ 个}\\[2.5em]\end{array}\!\!\!\begin{pmatrix} 0 \\ 0 \\ \vdots \\ 1 \\ 0 \\ \vdots \\ 1 \\ \vdots \\ 0 \end{pmatrix}\!\!\!\begin{array}{l}p\text{ 个}\\[1.5em]q\text{ 个}\end{array}$$

显然,$\boldsymbol{\varepsilon}_1,\boldsymbol{\varepsilon}_2,\cdots,\boldsymbol{\varepsilon}_p$ 线性无关,将 $\boldsymbol{\varepsilon}_1,\boldsymbol{\varepsilon}_2,\cdots,\boldsymbol{\varepsilon}_p$ 分别代入方程组 $Y = CX$ 的左边,因为 C 是满秩的,故可以分别求出 X 的解 $\boldsymbol{\alpha}_1,\boldsymbol{\alpha}_2,\cdots,\boldsymbol{\alpha}_p$,由方程组可得

$$C\boldsymbol{\alpha}_1 = \boldsymbol{\varepsilon}_1, C\boldsymbol{\alpha}_2 = \boldsymbol{\varepsilon}_2, C\boldsymbol{\alpha}_p = \boldsymbol{\varepsilon}_p.$$

作线性组合 $l_1\boldsymbol{\alpha}_1 + l_2\boldsymbol{\alpha}_2 + \cdots + l_p\boldsymbol{\alpha}_p = \boldsymbol{0}$,两边左乘 C,得

$$l_1(C\boldsymbol{\alpha}_1) + l_2(C\boldsymbol{\alpha}_2) + \cdots + l_p(C\boldsymbol{\alpha}_p) = \boldsymbol{0},$$

即 $l_1\boldsymbol{\varepsilon}_1 + l_2\boldsymbol{\varepsilon}_2 + \cdots + l_p\boldsymbol{\varepsilon}_p = \boldsymbol{0}$.

因为 $\boldsymbol{\varepsilon}_1,\boldsymbol{\varepsilon}_2,\cdots,\boldsymbol{\varepsilon}_p$ 线性无关,所以 $l_1 = l_2 = \cdots = l_p = 0$,故 $\boldsymbol{\alpha}_1,\boldsymbol{\alpha}_2,\cdots,\boldsymbol{\alpha}_p$ 线性无关.

下面证明 p 维子空间 $L(\boldsymbol{\alpha}_1,\boldsymbol{\alpha}_2,\cdots,\boldsymbol{\alpha}_p)$ 就是所要求的 V_1.

对 $\forall X_0 \in L(\boldsymbol{\alpha}_1,\boldsymbol{\alpha}_2,\cdots,\boldsymbol{\alpha}_p)$,即

$$X_0 = k_1\boldsymbol{\alpha}_1 + k_2\boldsymbol{\alpha}_2 + \cdots + k_p\boldsymbol{\alpha}_p,$$

代入 $Y = CX$,得

$$Y_0 = CX_0 = k_1 C\boldsymbol{\alpha}_1 + k_2 C\boldsymbol{\alpha}_2 + \cdots + k_p C\boldsymbol{\alpha}_p = k_1\boldsymbol{\varepsilon}_1 + k_2\boldsymbol{\varepsilon}_2 + \cdots + k_p\boldsymbol{\varepsilon}_p = \begin{pmatrix} k_1 \\ \vdots \\ k_p \\ k_1 \\ \vdots \\ k_p \\ 0 \\ \vdots \\ 0 \end{pmatrix},$$

故 $f = X_0^{\mathsf{T}}AX_0 = k_1^2 + \cdots + k_p^2 - k_1^2 - \cdots - k_p^2 = 0$.

4. 设 V_1, V_2 是线性空间 V 的两个非平凡的子空间,证明:在 V 中存在 $\boldsymbol{\alpha}$,使 $\boldsymbol{\alpha} \overline{\in} V_1, \boldsymbol{\alpha} \overline{\in} V_2$ 同时成立.

证 因为 V_1, V_2 为非平凡子空间,故 $\exists \boldsymbol{\alpha} \overline{\in} V_1$ 及 $\boldsymbol{\beta} \overline{\in} V_2$.若 $\boldsymbol{\alpha} \overline{\in} V_2$,则 $\boldsymbol{\alpha}$ 即为所求.若 $\boldsymbol{\beta} \overline{\in} V_1$,则 $\boldsymbol{\beta}$ 即

为所求. 若 $\boldsymbol{\alpha} \in V_2$,$\boldsymbol{\beta} \in V_1$,则 $\alpha+\beta$ 即为所求. 事实上,若 $\boldsymbol{\alpha}+\boldsymbol{\beta} \in V_1$,又 $\boldsymbol{\beta} \in V_1$,则必定 $\boldsymbol{\alpha} \in V_1$,这与假设矛盾,故 $\boldsymbol{\alpha}+\boldsymbol{\beta} \overline{\in} V_1$,同理可证 $\boldsymbol{\alpha}+\boldsymbol{\beta} \overline{\in} V_2$.

5. 设 $V_1,V_2,\cdots,V_s$ 是线性空间 V 的 s 个非平凡的子空间,证明:V 中至少有一向量不属于 $V_1,V_2,\cdots,V_s$ 中任何一个.

证　数学归纳法.

当 $s=2$ 时,由上题知,结论成立.

假定对于 $s-1$ 结论成立,那么对于 s 个子空间 $V_1,V_2,\cdots,V_s$,至少存在 V 中一个向量 $\boldsymbol{\alpha} \overline{\in} V_i$,$i=1,2,\cdots,s-1$,若 $\boldsymbol{\alpha} \overline{\in} V_s$,则结论成立.

若 $\boldsymbol{\alpha} \in V_s$,又由 V_s 是非平凡子空间知,存在 V 中一个向量 $\boldsymbol{\beta} \overline{\in} V_s$,于是向量

$$\boldsymbol{\alpha}+\boldsymbol{\beta},\boldsymbol{\alpha}+2\boldsymbol{\beta},\cdots,\boldsymbol{\alpha}+s\boldsymbol{\beta}$$

中至少有一个不属于 $V_1,V_2,\cdots,V_{s-1}$ 的每一个.

否则,必有两个这样的向量同属于某个 $V_i(1 \leqslant i \leqslant s-1)$,从而得出 $\boldsymbol{\alpha} \in V_i$,这与 $\boldsymbol{\alpha} \overline{\in} V_i$,$i=1,2,\cdots,s-1$ 矛盾.

可设 $\boldsymbol{\beta}+m\boldsymbol{\alpha}(1 \leqslant m \leqslant s)$ 不属于 $V_1,V_2,\cdots,V_{s-1}$ 中的每一个,又由 $\boldsymbol{\alpha} \in V_s$ 及 $\boldsymbol{\beta} \overline{\in} V_s$ 知,$\boldsymbol{\beta}+m\boldsymbol{\alpha} \overline{\in} V_s$,所以 V 中至少有一个向量 $\boldsymbol{\beta}+m\boldsymbol{\alpha}$ 不属于 $V_1,V_2,\cdots,V_s$ 中任何一个.

方法点击:以上两题说明任意有限个非平凡子空间都不能覆盖整个线性空间.

四、自测题

第六章自测题

一、判断题(每题 3 分,共 15 分)

1. 如果 n 维线性空间 V 的任一向量都可由向量组 $\boldsymbol{\varepsilon}_1,\boldsymbol{\varepsilon}_2,\cdots,\boldsymbol{\varepsilon}_n$ 线性表出,则 $\boldsymbol{\varepsilon}_1,\boldsymbol{\varepsilon}_2,\cdots,\boldsymbol{\varepsilon}_n$ 为 V 的一组基. (　　)

2. 如果线性空间 V 中有 n 个线性无关的向量,那么称 V 为 n 维的. (　　)

3. 若线性空间 V 的非空子集合 W 对于 V 的两种运算是封闭的,则 W 为 V 的子空间. (　　)

4. 如果 V_1,V_2 是线性空间 V 的两个子空间,则 $V_1\cup V_2$ 也是 V 的子空间. (　　)

5. 设 $V_1,V_2,\cdots,V_s$ 是线性空间 V 的一些子空间,若这 s 个子空间中任意两个的交都只有零元素,则 $V_1+V_2+\cdots+V_s$ 是直和. (　　)

二、填空题(每题 3 分,共 15 分)

6. 已知 $\boldsymbol{\varepsilon}_1=(1,0,0),\boldsymbol{\varepsilon}_2=(0,1,0),\boldsymbol{\varepsilon}_3=(0,0,1)$,设向量 $\boldsymbol{\alpha}_1=\boldsymbol{\varepsilon}_1+\boldsymbol{\varepsilon}_2+\boldsymbol{\varepsilon}_3,\boldsymbol{\alpha}_2=\boldsymbol{\varepsilon}_2+\boldsymbol{\varepsilon}_3,\boldsymbol{\alpha}_3=\boldsymbol{\varepsilon}_3$,则向量 (x,y,z) 在 $\boldsymbol{\alpha}_1,\boldsymbol{\alpha}_2,\boldsymbol{\alpha}_3$ 下的坐标为________.

7. 两个向量组生成相同子空间的充要条件为________.

8. 如果 V_1,V_2 是线性空间 V 的两个子空间,则维(V_1)+维(V_2)=________.

9. 数域 P 上全体 3 阶下三角形矩阵构成的线性空间的维数为________.

10. 设向量组 $\boldsymbol{\alpha}_1,\boldsymbol{\alpha}_2,\cdots,\boldsymbol{\alpha}_n$ 的一个极大线性无关组为 $\boldsymbol{\alpha}_1,\boldsymbol{\alpha}_2,\cdots,\boldsymbol{\alpha}_r(r<n)$,则 $L(\boldsymbol{\alpha}_1,\boldsymbol{\alpha}_2,\cdots,\boldsymbol{\alpha}_{r+1})$ 与 $L(\boldsymbol{\alpha}_{r-1},\boldsymbol{\alpha}_r,\cdots,\boldsymbol{\alpha}_n)$ 的和的维数为________.

三、计算题(每题 10 分,共 40 分)

11. 设 $P^{2\times2}$ 表示数域 P 上所有 2 阶矩阵按照矩阵的加法和数乘构成的线性空间,则 $P^{2\times2}$ 中如下元素

$$\boldsymbol{A}_1=\begin{pmatrix}a&1\\1&1\end{pmatrix},\boldsymbol{A}_2=\begin{pmatrix}1&a\\1&1\end{pmatrix},\boldsymbol{A}_3=\begin{pmatrix}1&1\\a&1\end{pmatrix},\boldsymbol{A}_4=\begin{pmatrix}1&1\\1&a\end{pmatrix}$$

是否线性相关?

12. 设 $W=\{(a,a+b,a-b)\mid a,b\in\mathbf{R}\}$. 求 W 的一组基与维数.

13. 设 3 维线性空间的两组基分别为

$$(\text{Ⅰ}):\boldsymbol{\alpha}_1=\begin{pmatrix}1\\1\\1\end{pmatrix},\boldsymbol{\alpha}_2=\begin{pmatrix}1\\0\\-1\end{pmatrix},\boldsymbol{\alpha}_3=\begin{pmatrix}1\\0\\1\end{pmatrix};$$

$$(\text{Ⅱ}):\boldsymbol{\beta}_1=\begin{pmatrix}1\\2\\1\end{pmatrix},\boldsymbol{\beta}_2=\begin{pmatrix}2\\3\\4\end{pmatrix},\boldsymbol{\beta}_3=\begin{pmatrix}3\\4\\3\end{pmatrix}.$$

求由基(Ⅰ)到基(Ⅱ)的过渡矩阵.

14. 设 $\boldsymbol{\alpha}_1=(1,1,-1,2),\boldsymbol{\alpha}_2=(2,-2,-2,0),\boldsymbol{\beta}_1=(-1,-1,1,1),\boldsymbol{\beta}_2=(1,0,-1,-1)$,求由向量 $\boldsymbol{\alpha}_1,\boldsymbol{\alpha}_2$ 生成的子空间与由向量 $\boldsymbol{\beta}_1,\boldsymbol{\beta}_2$ 生成的子空间的交的基与维数.

四、证明题(每题 15 分,共 30 分)

15. 设 $\boldsymbol{\alpha}_1,\boldsymbol{\alpha}_2,\cdots,\boldsymbol{\alpha}_r$ 和 $\boldsymbol{\beta}_1,\boldsymbol{\beta}_2,\cdots,\boldsymbol{\beta}_s$ 是 n 维线性空间 V 中两组线性无关的向量,记

$$V_1=L(\boldsymbol{\alpha}_1,\boldsymbol{\alpha}_2,\cdots,\boldsymbol{\alpha}_r),\quad V_2=L(\boldsymbol{\beta}_1,\boldsymbol{\beta}_2,\cdots,\boldsymbol{\beta}_s).$$

再令 $V_3=\{(x_1,x_2,\cdots,x_r,y_1,y_2,\cdots,y_s)\mid x_1\boldsymbol{\alpha}_1+x_2\boldsymbol{\alpha}_2+\cdots+x_r\boldsymbol{\alpha}_r=y_1\boldsymbol{\beta}_1+y_2\boldsymbol{\beta}_2+\cdots+y_s\boldsymbol{\beta}_s\}$.

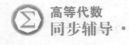

证明：$V_1 \cap V_2$ 与 V_3 同构.

16. 设 n 阶方阵 $\boldsymbol{A},\boldsymbol{B},\boldsymbol{C},\boldsymbol{D}$ 两两可交换，且满足 $\boldsymbol{AC}+\boldsymbol{BD}=\boldsymbol{E}$. 记 $\boldsymbol{ABx}=\boldsymbol{0}$ 的解空间为 W，$\boldsymbol{Ax}=\boldsymbol{0}$ 的解空间为 W_1，$\boldsymbol{Bx}=\boldsymbol{0}$ 的解空间为 W_2. 证明：$W=W_1\oplus W_2$.

第六章自测题解答

一、1. √　2. ×　3. √　4. ×　5. ×

二、6. $(x,y-x,z-y)$.

7. 两个向量组等价.

8. 维(V_1+V_2)＋维$(V_1\cap V_2)$.

9. 6.

10. r.

三、11. 解　设存在 $k_1,k_2,k_3,k_4\in P$，使得 $k_1\boldsymbol{A}_1+k_2\boldsymbol{A}_2+k_3\boldsymbol{A}_3+k_4\boldsymbol{A}_4=\boldsymbol{O}$，比较分量可得

$$\begin{cases}ak_1+k_2+k_3+k_4=0,\\k_1+ak_2+k_3+k_4=0,\\k_1+k_2+ak_3+k_4=0,\\k_1+k_2+k_3+ak_4=0.\end{cases}$$

上述齐次线性方程组的系数行列式为 $D=\begin{vmatrix}a&1&1&1\\1&a&1&1\\1&1&a&1\\1&1&1&a\end{vmatrix}=(a+3)(a-1)^3$.

当 $a\neq -3$ 且 $a\neq 1$ 时，$D\neq 0$，上述方程组只有零解，从而 $\boldsymbol{A}_1,\boldsymbol{A}_2,\boldsymbol{A}_3,\boldsymbol{A}_4$ 线性无关；

当 $a=1$ 或 $a=-3$ 时，$D=0$，上述方程组有非零解，从而 $\boldsymbol{A}_1,\boldsymbol{A}_2,\boldsymbol{A}_3,\boldsymbol{A}_4$ 线性相关.

12. 解　显然$(0,0,0)\in W$，所以 W 非空. 设 $\boldsymbol{\alpha}=(a_1,a_1+b_1,a_1-b_1)$，$\boldsymbol{\beta}=(a_2,a_2+b_2,a_2-b_2)\in W$，$k\in\mathbf{R}$，则容易看到

$$\boldsymbol{\alpha}+\boldsymbol{\beta}=(a_1+a_2,(a_1+a_2)+(b_1+b_2),(a_1+a_2)-(b_1+b_2))\in W,$$

$$k\boldsymbol{\alpha}=(ka_1,ka_1+kb_1,ka_1-kb_1)\in W,$$

故 W 是 $\mathbf{R}^3$ 的子空间. 令 $\boldsymbol{\varepsilon}_1=(1,1+0,1-0)=(1,1,1)$，$\boldsymbol{\varepsilon}_2=(0,0+1,0-1)=(0,1,-1)$，容易看到 $\boldsymbol{\varepsilon}_1,\boldsymbol{\varepsilon}_2\in W$ 且 $\boldsymbol{\varepsilon}_1,\boldsymbol{\varepsilon}_2$ 线性无关，并且对任意的向量 $\boldsymbol{\alpha}=(a,a+b,a-b)\in W$，都有 $\boldsymbol{\alpha}=a\boldsymbol{\varepsilon}_1+b\boldsymbol{\varepsilon}_2$，故 W 的维数为 2，$\boldsymbol{\varepsilon}_1,\boldsymbol{\varepsilon}_2$ 是 W 的一组基.

13. 解　取 3 维线性空间的基 $\boldsymbol{e}_1=\begin{pmatrix}1\\0\\0\end{pmatrix}$，$\boldsymbol{e}_2=\begin{pmatrix}0\\1\\0\end{pmatrix}$，$\boldsymbol{e}_3=\begin{pmatrix}0\\0\\1\end{pmatrix}$，则

$$(\boldsymbol{\alpha}_1,\boldsymbol{\alpha}_2,\boldsymbol{\alpha}_3)=(\boldsymbol{e}_1,\boldsymbol{e}_2,\boldsymbol{e}_3)\boldsymbol{A}(\boldsymbol{\beta}_1,\boldsymbol{\beta}_2,\boldsymbol{\beta}_3)=(\boldsymbol{e}_1,\boldsymbol{e}_2,\boldsymbol{e}_3)\boldsymbol{B},$$

其中 $\boldsymbol{A}=\begin{pmatrix}1&1&1\\1&0&0\\1&-1&1\end{pmatrix}$，$\boldsymbol{B}=\begin{pmatrix}1&2&3\\2&3&4\\1&4&3\end{pmatrix}$，于是$(\boldsymbol{\beta}_1,\boldsymbol{\beta}_2,\boldsymbol{\beta}_3)=(\boldsymbol{\alpha}_1,\boldsymbol{\alpha}_2,\boldsymbol{\alpha}_3)\boldsymbol{A}^{-1}\boldsymbol{B}$，而

$$(\boldsymbol{A}\vdots\boldsymbol{B})=\left(\begin{array}{ccc:ccc}1&1&1&1&2&3\\1&0&0&2&3&4\\1&-1&1&1&4&3\end{array}\right)\rightarrow\left(\begin{array}{ccc:ccc}1&1&1&1&2&3\\0&-1&-1&1&1&1\\0&-2&0&0&2&0\end{array}\right)$$

$$\to\left(\begin{array}{ccc:ccc}1&1&1&1&2&3\\0&-1&-1&1&1&1\\0&0&2&-2&0&-2\end{array}\right)\to\left(\begin{array}{ccc:ccc}1&0&0&2&3&4\\0&-1&-1&1&1&1\\0&0&2&-2&0&-2\end{array}\right)$$

$$\to\left(\begin{array}{ccc:ccc}1&0&0&2&3&4\\0&-1&0&0&1&0\\0&0&2&-2&0&-2\end{array}\right)\to\left(\begin{array}{ccc:ccc}1&0&0&2&3&4\\0&1&0&0&-1&0\\0&0&1&-1&0&-1\end{array}\right).$$

故由基(Ⅰ)到基(Ⅱ)的过渡矩阵为$\begin{pmatrix}2&3&4\\0&-1&0\\-1&0&-1\end{pmatrix}$.

14.解　设两子空间交的向量为$\gamma=k_1\boldsymbol{\alpha}_1+k_2\boldsymbol{\alpha}_2=l_1\boldsymbol{\beta}_1+l_2\boldsymbol{\beta}_2$,则$k_1\boldsymbol{\alpha}_1+k_2\boldsymbol{\alpha}_2-l_1\boldsymbol{\beta}_1-l_2\boldsymbol{\beta}_2=\mathbf{0}$,比较分量可得

$$\begin{cases}k_1+2k_2+l_1-l_2=0,\\k_1-2k_2+l_1=0,\\-k_1-2k_2-l_1+l_2=0,\\2k_1-l_1+l_2=0.\end{cases}$$

对上述方程组的系数矩阵作初等行变换

$$\begin{pmatrix}1&2&1&-1\\1&-2&1&0\\-1&-2&-1&1\\2&0&-1&1\end{pmatrix}\to\begin{pmatrix}1&2&1&-1\\0&-4&0&1\\0&0&0&0\\0&-4&-3&3\end{pmatrix}$$

$$\to\begin{pmatrix}1&2&1&-1\\0&-4&0&1\\0&0&-3&2\\0&0&0&0\end{pmatrix}\to\begin{pmatrix}1&0&1&-\frac{1}{2}\\0&-4&0&1\\0&0&-3&2\\0&0&0&0\end{pmatrix}$$

$$\to\begin{pmatrix}1&0&1&\frac{1}{6}\\0&-4&0&1\\0&0&-3&2\\0&0&0&0\end{pmatrix}\to\begin{pmatrix}1&0&0&\frac{1}{6}\\0&1&0&-\frac{1}{4}\\0&0&1&-\frac{2}{3}\\0&0&0&0\end{pmatrix},$$

于是该方程组的通解为$c(-2,3,8,12)$,c为任意常数.于是

$$\gamma=-2c\boldsymbol{\alpha}_1+3c\boldsymbol{\alpha}_2=c(4,-8,-4,-4),$$

其中c为任意常数.故两子空间的交是一维的,且$(1,-2,-1,-1)$是一组基.

四、15.证　一方面,由维数公式,有

$$维(V_1\cap V_2)=维(V_1)+维(V_2)-维(V_1+V_2)=r+s-r(\boldsymbol{\alpha}_1,\boldsymbol{\alpha}_2,\cdots,\boldsymbol{\alpha}_r,\boldsymbol{\beta}_1,\boldsymbol{\beta}_2,\cdots,\boldsymbol{\beta}_s),$$

其中$r(\boldsymbol{\alpha}_1,\boldsymbol{\alpha}_2,\cdots,\boldsymbol{\alpha}_r,\boldsymbol{\beta}_1,\boldsymbol{\beta}_2,\cdots,\boldsymbol{\beta}_s)$为向量组$\boldsymbol{\alpha}_1,\boldsymbol{\alpha}_2,\cdots,\boldsymbol{\alpha}_r,\boldsymbol{\beta}_1,\boldsymbol{\beta}_2,\cdots,\boldsymbol{\beta}_s$的秩.

另一方面,V_3作为一齐次线性方程组的解空间,其维数为解空间的基础解系中解的个数,而基础解系中解的个数等于自由未知量的个数,即等于方程组中未知数的个数减去方程组系数矩阵的秩,即等于$r+s$减去方程组系数矩阵的秩,而方程组系数矩阵的秩即为向量组$\boldsymbol{\alpha}_1,\boldsymbol{\alpha}_2,\cdots,\boldsymbol{\alpha}_r,\boldsymbol{\beta}_1,\boldsymbol{\beta}_2,\cdots,\boldsymbol{\beta}_s$的秩,故维$(V_3)=r+s-r(\boldsymbol{\alpha}_1,\boldsymbol{\alpha}_2,\cdots,\boldsymbol{\alpha}_r,\boldsymbol{\beta}_1,\boldsymbol{\beta}_2,\cdots,\boldsymbol{\beta}_s)$,从而$V_1\cap V_2$的维数与$V_3$的维数相同,故

同构.

16. 证　对任意的 $\boldsymbol{\alpha} \in W$，有 $\boldsymbol{AB\alpha} = \boldsymbol{0}$，且 $\boldsymbol{\alpha} = \boldsymbol{E\alpha} = (\boldsymbol{AC} + \boldsymbol{BD})\boldsymbol{\alpha} = \boldsymbol{AC\alpha} + \boldsymbol{BD\alpha}$.

记 $\boldsymbol{AC\alpha} = \boldsymbol{\alpha}_1, \boldsymbol{BD\alpha} = \boldsymbol{\alpha}_2$. 注意到 $\boldsymbol{A},\boldsymbol{B},\boldsymbol{C},\boldsymbol{D}$ 两两可交换，从而

$$\boldsymbol{B\alpha}_1 = \boldsymbol{BAC\alpha} = \boldsymbol{CAB\alpha} = \boldsymbol{0}, \boldsymbol{A\alpha}_2 = \boldsymbol{ABD\alpha} = \boldsymbol{DAB\alpha} = \boldsymbol{0}.$$

因此，$\boldsymbol{\alpha}_1 \in W_2, \boldsymbol{\alpha}_2 \in W_1$，故 $W = W_1 + W_2$.

再证 $W_1 + W_2$ 是直和. 任取 $\boldsymbol{\beta} \in W_1 \cap W_2$，即 $\boldsymbol{\beta} \in W_1, \boldsymbol{\beta} \in W_2$，于是 $\boldsymbol{A\beta} = \boldsymbol{0}, \boldsymbol{B\beta} = \boldsymbol{0}$，从而 $\boldsymbol{\beta} = \boldsymbol{E\beta} = (\boldsymbol{AC} + \boldsymbol{BD})\boldsymbol{\beta} = \boldsymbol{AC\beta} + \boldsymbol{BD\beta} = \boldsymbol{CA\beta} + \boldsymbol{DB\beta} = \boldsymbol{0}$. 因此，$W_1 \cap W_2 = \{\boldsymbol{0}\}$. 故 $W = W_1 \oplus W_2$.

第七章 线性变换

一、主要内容归纳

1. 线性变换 数域 P 上线性空间 V 的一个变换 $\mathscr{A}$ 称为 V 的**线性变换**,若 $\forall \boldsymbol{\alpha},\boldsymbol{\beta}\in V$, $\forall k\in P$,有

$$\mathscr{A}(\boldsymbol{\alpha}+\boldsymbol{\beta})=\mathscr{A}(\boldsymbol{\alpha})+\mathscr{A}(\boldsymbol{\beta}),$$
$$\mathscr{A}(k\boldsymbol{\alpha})=k\mathscr{A}(\boldsymbol{\alpha}).$$

定义中的两个条件等价于下面的条件:

$$\mathscr{A}(k\boldsymbol{\alpha}+l\boldsymbol{\beta})=k\mathscr{A}(\boldsymbol{\alpha})+l\mathscr{A}(\boldsymbol{\beta}),\quad \forall \boldsymbol{\alpha},\boldsymbol{\beta}\in V,\quad \forall k,l\in P.$$

2. 常见线性变换 设 V 是数域 P 上的线性空间.

(1)若对 $\forall \boldsymbol{\alpha}\in V$, $\mathscr{A}(\boldsymbol{\alpha})=\mathbf{0}$,称 $\mathscr{A}$ 为**零变换**,记作 $\mathscr{O}$.

(2)若对 $\forall \boldsymbol{\alpha}\in V$, $\mathscr{A}(\boldsymbol{\alpha})=\boldsymbol{\alpha}$,称 $\mathscr{A}$ 为**恒等变换**,记作 $\mathscr{E}$.

(3)若对 $\forall \boldsymbol{\alpha}\in V$, $\mathscr{A}_k(\boldsymbol{\alpha})=k\boldsymbol{\alpha}$,其中 $k\in P$ 为常数,称 $\mathscr{A}_k$ 为**数乘变换**. $k=1$ 时 $\mathscr{A}_k$ 就是恒等变换, $k=0$ 时 $\mathscr{A}_k$ 就是零变换.

3. 线性变换的运算

(1)若 $\mathscr{A},\mathscr{B}$ 是线性空间 V 的两个线性变换,定义

$$(\mathscr{A}+\mathscr{B})(\boldsymbol{\alpha})=\mathscr{A}(\boldsymbol{\alpha})+\mathscr{B}(\boldsymbol{\alpha}),\quad \forall \boldsymbol{\alpha}\in V.$$

则 $\mathscr{A}+\mathscr{B}$ 是 V 的线性变换,称为 $\mathscr{A}$ 与 $\mathscr{B}$ 的**和**.

(2)若 $\mathscr{A}$ 是数域 P 上线性空间 V 的线性变换, $\forall k\in P$,定义

$$(k\mathscr{A})(\boldsymbol{\alpha})=k\mathscr{A}(\boldsymbol{\alpha}),\quad \forall \boldsymbol{\alpha}\in V.$$

则 $k\mathscr{A}$ 也是 V 的线性变换,称为 k 与 $\mathscr{A}$ 的**数量乘法**. 特别有 $-\mathscr{A}=(-1)\mathscr{A}$.

(3)若 $\mathscr{A},\mathscr{B}$ 为线性空间 V 的线性变换,定义

$$(\mathscr{A}\mathscr{B})(\boldsymbol{\alpha})=\mathscr{A}(\mathscr{B}(\boldsymbol{\alpha})),\quad \forall \boldsymbol{\alpha}\in V.$$

则 $\mathscr{A}\mathscr{B}$ 是 V 的线性变换,称为 $\mathscr{A},\mathscr{B}$ 的**积**.

(4)设 V 是数域 P 上线性空间, V 上全体线性变换的集合记为 $L(V)$,则 $L(V)$ 关于线性变换的加法和数量乘法构成 P 上的线性空间.

4. 线性变换的性质 设 $\mathscr{A}$ 是数域 P 上线性空间 V 的线性变换,则有

(1) $\mathscr{A}(\mathbf{0})=\mathbf{0}$;

(2) $\mathscr{A}(-\boldsymbol{\alpha})=-\mathscr{A}(\boldsymbol{\alpha})$, $\forall \boldsymbol{\alpha}\in V$;

(3)$\mathscr{A}(\sum_{i=1}^{n} k_i\boldsymbol{\alpha}_i)=\sum_{i=1}^{n} k_i\mathscr{A}(\boldsymbol{\alpha}_i)$, $\boldsymbol{\alpha}_i\in V, k_i\in P, i=1,2,\cdots,n$;

(4)若 $\boldsymbol{\alpha}_1,\boldsymbol{\alpha}_2,\cdots,\boldsymbol{\alpha}_n\in V$ 且线性相关,则 $\mathscr{A}(\boldsymbol{\alpha}_1),\mathscr{A}(\boldsymbol{\alpha}_2),\cdots,\mathscr{A}(\boldsymbol{\alpha}_n)$ 也线性相关,但 $\boldsymbol{\alpha}_1$, $\boldsymbol{\alpha}_2,\cdots,\boldsymbol{\alpha}_n$ 线性无关时,不能推出 $\mathscr{A}(\boldsymbol{\alpha}_1),\mathscr{A}(\boldsymbol{\alpha}_2),\cdots,\mathscr{A}(\boldsymbol{\alpha}_n)$ 线性无关.

5. 线性变换的逆

(1)**逆变换** 设 $\mathscr{A}$ 是线性空间 V 的变换,若存在 V 的变换 $\mathscr{B}$,使得

$$\mathscr{A}\mathscr{B}=\mathscr{B}\mathscr{A}=\mathscr{E},$$

则称 $\mathscr{A}$ 是**可逆的**,且称 $\mathscr{B}$ 为 $\mathscr{A}$ 的**逆变换**,记为 $\mathscr{B}=\mathscr{A}^{-1}$.

(2)若 $\mathscr{A}$ 是可逆的线性变换,则 $\mathscr{A}^{-1}$ 也是线性变换.

6. 线性变换的多项式

(1)设 $\mathscr{A}\in L(V)$, $f(x)=a_mx^m+a_{m-1}x^{m-1}+\cdots+a_0\in P[x]$,定义

$$f(\mathscr{A})=a_m\mathscr{A}^m+a_{m-1}\mathscr{A}^{m-1}+\cdots+a_0\mathscr{E},$$

则 $f(\mathscr{A})\in L(V)$,称为 $\mathscr{A}$ 的**多项式**.

(2)设 $f(x),g(x)\in P[x]$,令

$$h(x)=f(x)+g(x),\quad p(x)=f(x)g(x),$$

则 $h(\mathscr{A})=f(\mathscr{A})+g(\mathscr{A})$, $p(\mathscr{A})=f(\mathscr{A})g(\mathscr{A})=g(\mathscr{A})f(\mathscr{A})$.

7. 线性变换与基的关系

(1)设 $\boldsymbol{\varepsilon}_1,\boldsymbol{\varepsilon}_2,\cdots,\boldsymbol{\varepsilon}_n$ 是线性空间 V 的一组基,如果线性变换 $\mathscr{A}$ 和 $\mathscr{B}$ 在这组基上的作用相同,即 $\mathscr{A}\boldsymbol{\varepsilon}_i=\mathscr{B}\boldsymbol{\varepsilon}_i$, $i=1,2,\cdots,n$,则有 $\mathscr{A}=\mathscr{B}$.

(2)设 $\boldsymbol{\varepsilon}_1,\boldsymbol{\varepsilon}_2,\cdots,\boldsymbol{\varepsilon}_n$ 是线性空间 V 的一组基,对于 V 中任一组向量 $\boldsymbol{\alpha}_1,\boldsymbol{\alpha}_2,\cdots,\boldsymbol{\alpha}_n$,存在唯一一个线性变换 $\mathscr{A}$ 使得 $\mathscr{A}\boldsymbol{\varepsilon}_i=\boldsymbol{\alpha}_i, i=1,\cdots,n$.

8. 线性变换的矩阵

设 $\mathscr{A}$ 是数域 P 上 n 维线性空间 V 的线性变换,$\boldsymbol{\alpha}_1,\boldsymbol{\alpha}_2,\cdots,\boldsymbol{\alpha}_n$ 为 V 的一组基,令

$$\begin{aligned}\mathscr{A}\boldsymbol{\alpha}_1&=a_{11}\boldsymbol{\alpha}_1+a_{21}\boldsymbol{\alpha}_2+\cdots+a_{n1}\boldsymbol{\alpha}_n,\\ \mathscr{A}\boldsymbol{\alpha}_2&=a_{12}\boldsymbol{\alpha}_1+a_{22}\boldsymbol{\alpha}_2+\cdots+a_{n2}\boldsymbol{\alpha}_n,\\ &\cdots\cdots\\ \mathscr{A}\boldsymbol{\alpha}_n&=a_{1n}\boldsymbol{\alpha}_1+a_{2n}\boldsymbol{\alpha}_2+\cdots+a_{nn}\boldsymbol{\alpha}_n.\end{aligned}$$

则矩阵形式表示为:

$$\begin{aligned}\mathscr{A}(\boldsymbol{\alpha}_1,\boldsymbol{\alpha}_2,\cdots,\boldsymbol{\alpha}_n)&=(\mathscr{A}\boldsymbol{\alpha}_1,\mathscr{A}\boldsymbol{\alpha}_2,\cdots,\mathscr{A}\boldsymbol{\alpha}_n)\\ &=(\boldsymbol{\alpha}_1,\boldsymbol{\alpha}_2,\cdots,\boldsymbol{\alpha}_n)\begin{pmatrix}a_{11}&a_{12}&\cdots&a_{1n}\\a_{21}&a_{22}&\cdots&a_{2n}\\\vdots&\vdots&&\vdots\\a_{n1}&a_{n2}&\cdots&a_{nn}\end{pmatrix},\end{aligned}$$

称 $\boldsymbol{A}=\begin{pmatrix} a_{11} & a_{12} & \cdots & a_{1n} \\ a_{21} & a_{22} & \cdots & a_{2n} \\ \vdots & \vdots & & \vdots \\ a_{n1} & a_{n2} & \cdots & a_{nn} \end{pmatrix}$ 为线性变换 $\mathscr{A}$ 在基 $\boldsymbol{\alpha}_1,\boldsymbol{\alpha}_2,\cdots,\boldsymbol{\alpha}_n$ 下的矩阵.

9. 线性变换与其矩阵的关系

(1)设 $\mathscr{A},\mathscr{B}$ 是数域 P 上线性空间 V 的线性变换，$k\in P$，且 $\mathscr{A},\mathscr{B}$ 在基 $\boldsymbol{\varepsilon}_1,\boldsymbol{\varepsilon}_2,\cdots,\boldsymbol{\varepsilon}_n$ 下的矩阵为 $\boldsymbol{A},\boldsymbol{B}$，即

$$\mathscr{A}(\boldsymbol{\varepsilon}_1,\boldsymbol{\varepsilon}_2,\cdots,\boldsymbol{\varepsilon}_n)=(\boldsymbol{\varepsilon}_1,\boldsymbol{\varepsilon}_2,\cdots,\boldsymbol{\varepsilon}_n)\boldsymbol{A},$$
$$\mathscr{B}(\boldsymbol{\varepsilon}_1,\boldsymbol{\varepsilon}_2,\cdots,\boldsymbol{\varepsilon}_n)=(\boldsymbol{\varepsilon}_1,\boldsymbol{\varepsilon}_2,\cdots,\boldsymbol{\varepsilon}_n)\boldsymbol{B},$$

则 $\mathscr{A}+\mathscr{B},k\mathscr{A},\mathscr{A}\mathscr{B}$ 在 $\boldsymbol{\varepsilon}_1,\cdots,\boldsymbol{\varepsilon}_n$ 下的矩阵分别为 $\boldsymbol{A}+\boldsymbol{B},k\boldsymbol{A},\boldsymbol{A}\boldsymbol{B}$.

(2)设 $\mathscr{A}$ 是线性空间 V 的线性变换，$\mathscr{A}$ 在基 $\boldsymbol{\varepsilon}_1,\cdots,\boldsymbol{\varepsilon}_n$ 下的矩阵为 $\boldsymbol{A}$，则 $\mathscr{A}$ 可逆的充要条件是 $\boldsymbol{A}$ 为可逆阵，且 $\mathscr{A}^{-1}$ 在 $\boldsymbol{\varepsilon}_1,\boldsymbol{\varepsilon}_2,\cdots,\boldsymbol{\varepsilon}_n$ 下的矩阵为 $\boldsymbol{A}^{-1}$.

10. 线性变换与坐标变换

设 $\mathscr{A}$ 在基 $\boldsymbol{\varepsilon}_1,\boldsymbol{\varepsilon}_2,\cdots,\boldsymbol{\varepsilon}_n$ 下矩阵为 $\boldsymbol{A}$，对 $\forall\boldsymbol{\alpha}\in V$，设 $\boldsymbol{\alpha}$ 在基 $\boldsymbol{\varepsilon}_1,\boldsymbol{\varepsilon}_2,\cdots,\boldsymbol{\varepsilon}_n$ 下坐标为 $\boldsymbol{x}=(x_1,x_2,\cdots,x_n)$，即 $\boldsymbol{\alpha}=(\boldsymbol{\varepsilon}_1,\boldsymbol{\varepsilon}_2,\cdots,\boldsymbol{\varepsilon}_n)\begin{pmatrix} x_1 \\ x_2 \\ \vdots \\ x_n \end{pmatrix}$，则 $\mathscr{A}\boldsymbol{\alpha}$ 在基 $\boldsymbol{\varepsilon}_1,\boldsymbol{\varepsilon}_2,\cdots,\boldsymbol{\varepsilon}_n$ 下的坐标为 $\boldsymbol{A}\begin{pmatrix} x_1 \\ x_2 \\ \vdots \\ x_n \end{pmatrix}$.

11. 同一线性变换在不同基下的矩阵之间的关系

设 $\mathscr{A}$ 是 n 维线性空间 V 的线性变换，设 $\mathscr{A}$ 在基 $\boldsymbol{\varepsilon}_1,\cdots,\boldsymbol{\varepsilon}_n$ 与基 $\boldsymbol{\eta}_1,\cdots,\boldsymbol{\eta}_n$ 下的矩阵分别为 $\boldsymbol{A},\boldsymbol{B}$，则 $\boldsymbol{B}=\boldsymbol{X}^{-1}\boldsymbol{A}\boldsymbol{X}$，其中 $\boldsymbol{X}$ 为基 $\boldsymbol{\varepsilon}_1,\boldsymbol{\varepsilon}_2,\cdots,\boldsymbol{\varepsilon}_n$ 到基 $\boldsymbol{\eta}_1,\boldsymbol{\eta}_2,\cdots,\boldsymbol{\eta}_n$ 的过渡矩阵，即同一线性变换在不同基下的矩阵相似.

12. 特征矩阵与特征多项式

(1)设 $\boldsymbol{A}\in P^{n\times n}$，称 $\lambda\boldsymbol{E}-\boldsymbol{A}$ 为 $\boldsymbol{A}$ 的**特征矩阵**，称 $|\lambda\boldsymbol{E}-\boldsymbol{A}|$ 为 $\boldsymbol{A}$ 的**特征多项式**.

(2) $|\lambda\boldsymbol{E}-\boldsymbol{A}|=\lambda^n-a_1\lambda^{n-1}+\cdots+(-1)^{n-1}a_{n-1}\lambda+(-1)^n|\boldsymbol{A}|$，其中 a_i 为 $\boldsymbol{A}$ 中一切 i 阶主子式之和，$i=1,2,\cdots,n$.

13. 方阵的特征值与特征向量

设 $\boldsymbol{A}\in P^{n\times n}$，$|\lambda\boldsymbol{E}-\boldsymbol{A}|$ 在 P 中的根称为 $\boldsymbol{A}$ 的**特征值**. 设 λ_0 是 $\boldsymbol{A}$ 的特征值，齐次线性方程组 $(\lambda_0\boldsymbol{E}-\boldsymbol{A})\boldsymbol{x}=\boldsymbol{0}$ 的非零解 $\boldsymbol{\alpha}$ 称为 $\boldsymbol{A}$ 的**属于特征值 λ_0 的特征向量**，从而有 $\boldsymbol{A}\boldsymbol{\alpha}=\lambda_0\boldsymbol{\alpha}$.

14. 线性变换的特征值与特征向量

设 $\mathscr{A}$ 是数域 P 上线性空间 V 的线性变换，若 $\exists\lambda_0\in P$，$\exists\boldsymbol{\alpha}\in V$，$\boldsymbol{\alpha}\neq\boldsymbol{0}$，使

$$\mathscr{A}\boldsymbol{\alpha}=\lambda_0\boldsymbol{\alpha},$$

则称 λ_0 为 $\mathscr{A}$ 的一个**特征值**，而 $\boldsymbol{\alpha}$ 称为 $\mathscr{A}$ 的**属于特征值 λ_0 的一个特征向量**.

$\mathscr{A}$ 的属于特征值 λ_0 的全部特征向量再加上零向量所成的集合是 V 的一个子空间，称为 V 的一个**特征子空间**，记为 V_{λ_0}，即 $V_{\lambda_0}=\{\boldsymbol{\alpha}\in V\mid \mathscr{A}\boldsymbol{\alpha}=\lambda_0\boldsymbol{\alpha}\}$.

15. 求线性变换 $\mathscr{A}$ 的特征值与特征向量的方法

(1)取线性空间 V 的一组基 $\boldsymbol{\varepsilon}_1,\boldsymbol{\varepsilon}_2,\cdots,\boldsymbol{\varepsilon}_n$，写出 $\mathscr{A}$ 在这组基下的矩阵 $\boldsymbol{A}$；

(2)求 $|\lambda\boldsymbol{E}-\boldsymbol{A}|$ 在数域 P 中全部的根，它们就是 $\mathscr{A}$ 的全部特征值；

(3)对特征值 λ_0，解齐次线性方程组 $(\lambda_0\boldsymbol{E}-\boldsymbol{A})\boldsymbol{x}=\boldsymbol{0}$，求出一组基础解系，它们就是属于特征值 λ_0 的几个线性无关的特征向量在基 $\boldsymbol{\varepsilon}_1,\cdots,\boldsymbol{\varepsilon}_n$ 下的坐标，属于 λ_0 的其他特征向量都可由这几个线性无关的特征向量线性表出，即维$(V_{\lambda_0})=n-r(\lambda_0\boldsymbol{E}-\boldsymbol{A})$.

16. 哈密顿—凯莱(Hamilton—Cayley)定理

设 $\boldsymbol{A}\in P^{n\times n}$，$f(\lambda)=|\lambda\boldsymbol{E}-\boldsymbol{A}|$ 是 $\boldsymbol{A}$ 的特征多项式，则

$$f(\boldsymbol{A})=\boldsymbol{A}^n-(a_{11}+a_{22}+\cdots+a_{nn})\boldsymbol{A}^{n-1}+\cdots+(-1)^n|\boldsymbol{A}|\boldsymbol{E}=\boldsymbol{O}.$$

17. 属于不同特征值的特征向量的关系

设 $\lambda_1,\lambda_2,\cdots,\lambda_k$ 是线性变换 $\mathscr{A}$ 的不同的特征值，而 $\boldsymbol{\alpha}_{i1},\cdots,\boldsymbol{\alpha}_{ir_i}$ 是 $\mathscr{A}$ 属于特征值 λ_i 的线性无关的特征向量，$i=1,2,\cdots,k$，那么向量组 $\boldsymbol{\alpha}_{11},\cdots,\boldsymbol{\alpha}_{1r_1},\cdots,\boldsymbol{\alpha}_{k1},\cdots,\boldsymbol{\alpha}_{kr_k}$ 线性无关.

18. 线性变换在某组基下的矩阵是对角矩阵的充要条件

设 $\mathscr{A}$ 是数域 P 上 n 维线性空间 V 的线性变换，$\lambda_1,\cdots,\lambda_s$ 是 $\mathscr{A}$ 的所有互异的特征值，则下列条件等价：

(1)$\mathscr{A}$ 在某组基下的矩阵是对角阵(也称 $\mathscr{A}$ 是**可对角化**的)；

(2)$\mathscr{A}$ 有 n 个线性无关的特征向量；

(3) $\sum\limits_{i=1}^{s}$ (λ_i 的重数)$=n$，且维$(V_{\lambda_i})=\lambda_i$ 的重数，$i=1,2,\cdots,s$；

(4) $\sum\limits_{i=1}^{s}$ 维$(V_{\lambda_i})=n$.

19. 方阵与对角矩阵相似的充要条件

设 $\boldsymbol{A}\in P^{n\times n}$，$\lambda_1,\cdots,\lambda_s$ 是 $\boldsymbol{A}$ 的所有互异的特征值，则下列条件等价：

(1)$\boldsymbol{A}$ 与数域 P 上的对角矩阵相似(也称 $\boldsymbol{A}$ 在 P 上**可对角化**)；

(2)$\boldsymbol{A}$ 在 P^n 中有 n 个线性无关的特征向量；

(3) $\sum\limits_{i=1}^{s}$ (λ_i 的重数)$=n$，且维$(V_{\lambda_i})=\lambda_i$ 的重数，即 $n-r(\lambda_i\boldsymbol{E}-\boldsymbol{A})=\lambda_i$ 的重数，$i=1,\cdots,s$；

(4) $\sum\limits_{i=1}^{s}$ 维$(V_{\lambda_i})=n$，即 $\sum\limits_{i=1}^{s}(n-r(\lambda_i\boldsymbol{E}-\boldsymbol{A}))=n$.

20. 不变子空间

(1)设 $\mathscr{A}$ 是数域 P 上线性空间 V 的线性变换，W 是 V 的子空间，若 $\forall\,\boldsymbol{\alpha}\in W$，有 $\mathscr{A}\boldsymbol{\alpha}\in W$，则称 W 是 $\mathscr{A}$ 的**不变子空间**，简称 **$\mathscr{A}$-子空间**.

(2)若 W 是线性变换 $\mathscr{A}$ 和 $\mathscr{B}$ 的不变子空间,则 W 也是 $\mathscr{A}+\mathscr{B}$ 和 $\mathscr{A}\mathscr{B}$ 的不变子空间.

(3)$\mathscr{A}$ 是可逆线性变换,则 W 是 $\mathscr{A}$-子空间当且仅当 W 是 $\mathscr{A}^{-1}$-子空间.

(4)若 W_1,W_2 是 $\mathscr{A}$-子空间,则 $W_1+W_2,W_1\cap W_2$ 也是 $\mathscr{A}$-子空间.

(5)若 V 是有限维线性空间,则 V 能分解成 $\mathscr{A}$ 的若干不变子空间的直和当且仅当 $\mathscr{A}$ 在某组基下的矩阵为准对角形矩阵.

(6)设线性变换 $\mathscr{A}$ 的特征多项式为 $f(\lambda)$,它可分解成一次因式的积

$$f(\lambda)=(\lambda-\lambda_1)^{r_1}(\lambda-\lambda_2)^{r_2}\cdots(\lambda-\lambda_s)^{r_s},$$

则 V 可分解成不变子空间的直和

$$V=V_1\oplus V_2\oplus\cdots\oplus V_s,$$

其中 $V_i=\{\boldsymbol{\alpha}\mid(\mathscr{A}-\lambda_i\mathscr{E})^{r_i}\boldsymbol{\alpha}=\mathbf{0},\boldsymbol{\alpha}\in V\}$.

21. 核

(1)设 $\mathscr{A}$ 是数域 P 上线性空间 V 的线性变换,则称集合

$\{\boldsymbol{\alpha}\mid\mathscr{A}\boldsymbol{\alpha}=\mathbf{0},\boldsymbol{\alpha}\in V\}$ 为 $\mathscr{A}$ 的**核**,记为 $\mathscr{A}^{-1}(\mathbf{0})$ 或 $\mathrm{Ker}\,\mathscr{A}$.

(2)$\mathscr{A}^{-1}(\mathbf{0})$ 是 $\mathscr{A}$ 的不变子空间,维($\mathscr{A}^{-1}(\mathbf{0})$)称为 $\mathscr{A}$ 的**零度**.

(3)若 $\boldsymbol{\varepsilon}_1,\boldsymbol{\varepsilon}_2,\cdots,\boldsymbol{\varepsilon}_n$ 为 V 的一组基,$\mathscr{A}$ 在这组基下的矩阵为 $\boldsymbol{A}$,若 $r(\boldsymbol{A})=r$,且 $\boldsymbol{Ax}=\mathbf{0}$ 的基础解系为 $\boldsymbol{x}_1,\boldsymbol{x}_2,\cdots,\boldsymbol{x}_{n-r}$,则 $\boldsymbol{\alpha}_1,\boldsymbol{\alpha}_2,\cdots,\boldsymbol{\alpha}_{n-r}$ 为 $\mathscr{A}^{-1}(\mathbf{0})$ 的一组基,其中 $\boldsymbol{\alpha}_i=(\boldsymbol{\varepsilon}_1,\boldsymbol{\varepsilon}_2,\cdots,\boldsymbol{\varepsilon}_n)\boldsymbol{x}_i$ $(i=1,2,\cdots,n-r)$,即 $\mathscr{A}^{-1}(\mathbf{0})=L(\boldsymbol{\alpha}_1,\cdots,\boldsymbol{\alpha}_{n-r})$.

22. 值域

(1)设 $\mathscr{A}$ 是数域 P 上线性空间 V 的线性变换,则称集合 $\{\mathscr{A}\boldsymbol{\alpha}\mid\boldsymbol{\alpha}\in V\}$ 为 $\mathscr{A}$ 的**值域**,记为 $\mathscr{A}V$.

(2)$\mathscr{A}V$ 是 $\mathscr{A}$ 的不变子空间,维($\mathscr{A}V$)称为 $\mathscr{A}$ 的**秩**.

(3)若 $\boldsymbol{\varepsilon}_1,\boldsymbol{\varepsilon}_2,\cdots,\boldsymbol{\varepsilon}_n$ 为 V 的一组基,$\mathscr{A}$ 在这组基下的矩阵为 $\boldsymbol{A}$,则 $\mathscr{A}$ 的秩 $=r(\boldsymbol{A})$. 令 $\boldsymbol{A}=(\boldsymbol{A}_1,\cdots,\boldsymbol{A}_n)$,$\boldsymbol{A}_i$ 为 $\boldsymbol{A}$ 的列向量,若 $r(\boldsymbol{A})=\gamma$,且 $\boldsymbol{A}_{i_1},\cdots,\boldsymbol{A}_{i_r}$ 为 $\boldsymbol{A}$ 的列向量组的极大线性无关组,则

$$\mathscr{A}V=L(\boldsymbol{\alpha}_{i_1},\cdots,\boldsymbol{\alpha}_{i_r}),$$

其中 $\boldsymbol{\alpha}_{i_j}=(\boldsymbol{\varepsilon}_1,\cdots,\boldsymbol{\varepsilon}_n)\boldsymbol{A}_{i_j}$,$(j=1,\cdots,r)$ 且 $\boldsymbol{\alpha}_{i_1},\cdots,\boldsymbol{\alpha}_{i_r}$ 为 $\mathscr{A}V$ 的一组基.

(4)$\mathscr{A}$ 的秩 $+\mathscr{A}$ 的零度 $=$ 维 $(V)=n$.

23. 最小多项式 设 $\boldsymbol{A}\in P^{n\times n}$,$P[x]$ 中次数最低的首项系数为 1 的以 $\boldsymbol{A}$ 为根的多项式,称为 $\boldsymbol{A}$ 的**最小多项式**,记为 $m(\lambda)$.

24. 最小多项式的性质

(1)矩阵 $\boldsymbol{A}$ 的最小多项式是唯一的,且 $g(\boldsymbol{A})=\boldsymbol{O}$ 当且仅当 $m(\lambda)\mid g(\lambda)$.

(2)设 $\boldsymbol{A}=\begin{pmatrix}\boldsymbol{A}_1 & & \\ & \ddots & \\ & & \boldsymbol{A}_s\end{pmatrix}$ 是准对角矩阵,且 $m_i(\lambda)$ 分别为 $\boldsymbol{A}_i$ 的最小多项式,$m(\lambda)$ 为 $\boldsymbol{A}$ 的

最小多项式，则 $m(\lambda)=[m_1(\lambda),m_2(\lambda),\cdots,m_s(\lambda)]$.

(3)数域 P 上 n 阶矩阵 $\boldsymbol{A}$ 与 P 上的对角矩阵相似的充分必要条件是 $\boldsymbol{A}$ 的最小多项式是 P 上互素的一次因式的积.

(4)复数矩阵 $\boldsymbol{A}$ 与复数域上对角矩阵相似的充分必要条件是 $\boldsymbol{A}$ 的最小多项式无重根.

二、经典例题解析及解题方法总结

【例 1】 设 $\mathscr{A}$ 是数域 P 上 n 维线性空间 V 的线性变换，则下列三个条件等价：

(1) $\mathscr{A}$ 是可逆的；

(2) $\mathscr{A}$ 是单射；

(3) $\mathscr{A}$ 是满射.

证 (1)⇒(2). $\forall\boldsymbol{\alpha},\boldsymbol{\beta}\in V$，若 $\mathscr{A}\boldsymbol{\alpha}=\mathscr{A}\boldsymbol{\beta}$，则 $\boldsymbol{\alpha}=\mathscr{A}^{-1}\mathscr{A}\boldsymbol{\alpha}=\mathscr{A}^{-1}\mathscr{A}\boldsymbol{\beta}=\boldsymbol{\beta}$，所以 $\mathscr{A}$ 是单射.

(2)⇒(3). 取 V 的一组基 $\boldsymbol{\alpha}_1,\boldsymbol{\alpha}_2,\cdots,\boldsymbol{\alpha}_n$，由 $\mathscr{A}$ 是单射易知，$\mathscr{A}\boldsymbol{\alpha}_1,\mathscr{A}\boldsymbol{\alpha}_2,\cdots,\mathscr{A}\boldsymbol{\alpha}_n$ 也是 V 的一组基. $\forall\boldsymbol{\alpha}\in V$，$\exists k_1,\cdots,k_n\in P$，

$$\boldsymbol{\alpha}=k_1\mathscr{A}\boldsymbol{\alpha}_1+k_2\mathscr{A}\boldsymbol{\alpha}_2+\cdots+k_n\mathscr{A}\boldsymbol{\alpha}_n=\mathscr{A}(k_1\boldsymbol{\alpha}_1+k_2\boldsymbol{\alpha}_2+\cdots+k_n\boldsymbol{\alpha}_n)=\mathscr{A}(\boldsymbol{\beta}),$$

其中 $\boldsymbol{\beta}=k_1\boldsymbol{\alpha}_1+\cdots+k_n\boldsymbol{\alpha}_n\in V$，故 $\mathscr{A}$ 是满射.

(3)⇒(1). 取 V 的一组基 $\boldsymbol{\alpha}_1,\boldsymbol{\alpha}_2,\cdots,\boldsymbol{\alpha}_n$，则 $\exists\boldsymbol{\beta}_i\in V$，使 $\mathscr{A}\boldsymbol{\beta}_i=\boldsymbol{\alpha}_i$，$i=1,2,\cdots,n$. 由于 $\boldsymbol{\alpha}_1,\cdots,\boldsymbol{\alpha}_n$ 线性无关，可证 $\boldsymbol{\beta}_1,\cdots,\boldsymbol{\beta}_n$ 也线性无关，从而为 V 的一组基. $\forall\boldsymbol{\alpha}=k_1\boldsymbol{\alpha}_1+\cdots+k_n\boldsymbol{\alpha}_n\in V$，令

$$\mathscr{B}(\boldsymbol{\alpha})=k_1\boldsymbol{\beta}_1+k_2\boldsymbol{\beta}_2+\cdots+k_n\boldsymbol{\beta}_n,$$

则 $\mathscr{B}\in L(V)$. $\forall\boldsymbol{\gamma}\in V$，设 $\boldsymbol{\gamma}=l_1\boldsymbol{\beta}_1+l_2\boldsymbol{\beta}_2+\cdots+l_n\boldsymbol{\beta}_n$，则

$$\begin{aligned}\mathscr{B}\mathscr{A}(\boldsymbol{\gamma})&=\mathscr{B}(l_1\mathscr{A}\boldsymbol{\beta}_1+l_2\mathscr{A}\boldsymbol{\beta}_2+\cdots+l_n\mathscr{A}\boldsymbol{\beta}_n)=\mathscr{B}(l_1\boldsymbol{\alpha}_1+l_2\boldsymbol{\alpha}_2+\cdots+l_n\boldsymbol{\alpha}_n)\\&=l_1\boldsymbol{\beta}_1+\cdots+l_n\boldsymbol{\beta}_n=\boldsymbol{\gamma},\end{aligned}$$

即 $\mathscr{B}\mathscr{A}=\mathscr{E}$. 同理可证 $\mathscr{A}\mathscr{B}=\mathscr{E}$. 所以 $\mathscr{A}$ 可逆.

方法总结

在无限维线性空间中，结论不成立. 例如在 $P[x]$ 中，定义 $\mathscr{A}(f(x))=xf(x)$，$\mathscr{A}$ 是单射，但不是满射.

【例 2】 设 $\boldsymbol{\alpha}_1,\boldsymbol{\alpha}_2,\boldsymbol{\alpha}_3$ 为线性空间 V 的一组基，$\mathscr{A}$ 是 V 的线性变换，且

$$\mathscr{A}\boldsymbol{\alpha}_1=\boldsymbol{\alpha}_1,\quad \mathscr{A}\boldsymbol{\alpha}_2=\boldsymbol{\alpha}_1+\boldsymbol{\alpha}_2,\quad \mathscr{A}\boldsymbol{\alpha}_3=\boldsymbol{\alpha}_1+\boldsymbol{\alpha}_2+\boldsymbol{\alpha}_3.$$

(1)证明：$\mathscr{A}$ 是可逆线性变换；

(2)求 $2\mathscr{A}-\mathscr{A}^{-1}$ 在基 $\boldsymbol{\alpha}_1,\boldsymbol{\alpha}_2,\boldsymbol{\alpha}_3$ 下的矩阵.

证 (1)由假设知

$$\mathscr{A}(\boldsymbol{\alpha}_1,\boldsymbol{\alpha}_2,\boldsymbol{\alpha}_3)=(\boldsymbol{\alpha}_1,\boldsymbol{\alpha}_2,\boldsymbol{\alpha}_3)\begin{pmatrix}1&1&1\\0&1&1\\0&0&1\end{pmatrix}=(\boldsymbol{\alpha}_1,\boldsymbol{\alpha}_2,\boldsymbol{\alpha}_3)\boldsymbol{A},$$

其中 $\boldsymbol{A}=\begin{pmatrix}1&1&1\\0&1&1\\0&0&1\end{pmatrix}$，由于 $|\boldsymbol{A}|=1\neq0$，因此 $\boldsymbol{A}$ 可逆，故 $\mathscr{A}$ 是可逆线性变换.

(2)由 $\boldsymbol{A}$ 可求得 $\boldsymbol{A}^{-1}=\begin{pmatrix}1&-1&0\\0&1&-1\\0&0&1\end{pmatrix}$，故 $2\mathscr{A}-\mathscr{A}^{-1}$ 在基 $\boldsymbol{\alpha}_1,\boldsymbol{\alpha}_2,\boldsymbol{\alpha}_3$ 下的矩阵为

$$2\boldsymbol{A}-\boldsymbol{A}^{-1}=\begin{pmatrix}1&3&2\\0&1&3\\0&0&1\end{pmatrix}.$$

【例 3】 设 σ 是 n 维线性空间 V 的线性变换，$\sigma^3=2\mathscr{E}$，　$\tau=\sigma^2-2\sigma+2\mathscr{E}$，其中 $\mathscr{E}$ 为恒等变换，证明：σ,τ 都是可逆变换.

证　取 V 的一组基 $\boldsymbol{\alpha}_1,\boldsymbol{\alpha}_2,\cdots,\boldsymbol{\alpha}_n$，且设

$$\sigma(\boldsymbol{\alpha}_1,\boldsymbol{\alpha}_2,\cdots,\boldsymbol{\alpha}_n)=(\boldsymbol{\alpha}_1,\cdots,\boldsymbol{\alpha}_n)\boldsymbol{A}.$$

$\mathscr{E}$ 在 $\boldsymbol{\alpha}_1,\cdots,\boldsymbol{\alpha}_n$ 下的矩阵为 n 阶单位阵 $\boldsymbol{E}$，又 $\sigma^3=2\mathscr{E}$，故 $\boldsymbol{A}^3=2\boldsymbol{E}$，因为 $|\boldsymbol{A}|^3=2^n\neq0$，所以 $\boldsymbol{A}$ 可逆，从而 σ 是可逆变换.

再设 τ 在基 $\boldsymbol{\alpha}_1,\boldsymbol{\alpha}_2,\cdots,\boldsymbol{\alpha}_n$ 下的矩阵为 $\boldsymbol{B}$，由于 $\tau=\sigma^2-2\sigma+2\mathscr{E}$，因此

$$\boldsymbol{B}=\boldsymbol{A}^2-2\boldsymbol{A}+2\boldsymbol{E}=\boldsymbol{A}^2-2\boldsymbol{A}+\boldsymbol{A}^3=\boldsymbol{A}(\boldsymbol{A}+2\boldsymbol{E})(\boldsymbol{A}-\boldsymbol{E}).$$

由 $\boldsymbol{A}^3=2\boldsymbol{E}$ 得 $\boldsymbol{E}=\boldsymbol{A}^3-\boldsymbol{E}=(\boldsymbol{A}-\boldsymbol{E})(\boldsymbol{A}^2+\boldsymbol{A}+\boldsymbol{E})$，所以 $|\boldsymbol{A}-\boldsymbol{E}|\neq0$.

由 $\boldsymbol{A}^3=2\boldsymbol{E}$ 又得 $\boldsymbol{A}^3+8\boldsymbol{E}=10\boldsymbol{E}$，即 $(\boldsymbol{A}+2\boldsymbol{E})(\boldsymbol{A}^2-4\boldsymbol{A}+4\boldsymbol{E})=10\boldsymbol{E}$，故 $|\boldsymbol{A}+2\boldsymbol{E}|\neq0$. 因此 $|\boldsymbol{B}|=|\boldsymbol{A}|\cdot|\boldsymbol{A}+2\boldsymbol{E}|\cdot|\boldsymbol{A}-\boldsymbol{E}|\neq0$，故 τ 是可逆变换.

【例 4】 设 R^2 中的线性变换 $\mathscr{A}$ 在基 $\boldsymbol{\alpha}_1=(1,2),\boldsymbol{\alpha}_2=(2,1)$ 下的矩阵为 $\boldsymbol{A}=\begin{pmatrix}1&2\\2&3\end{pmatrix}$，线性变换 $\mathscr{B}$ 在基 $\boldsymbol{\beta}_1=(1,1),\boldsymbol{\beta}_2=(1,2)$ 下的矩阵为 $\boldsymbol{B}=\begin{pmatrix}3&3\\2&4\end{pmatrix}$.

(1)求 $\mathscr{A}+\mathscr{B}$ 在基 $\boldsymbol{\beta}_1,\boldsymbol{\beta}_2$ 下的矩阵；

(2)求 $\mathscr{A}\mathscr{B}$ 在基 $\boldsymbol{\alpha}_1,\boldsymbol{\alpha}_2$ 下的矩阵；

(3)设 $\boldsymbol{\alpha}=(3,3)$，求 $\mathscr{A}\boldsymbol{\alpha}$ 在其 $\boldsymbol{\alpha}_1,\boldsymbol{\alpha}_2$ 下的坐标；

(4)求 $\mathscr{B}\boldsymbol{\alpha}$ 在其 $\boldsymbol{\beta}_1,\boldsymbol{\beta}_2$ 下的坐标.

解　(1)求基 $\boldsymbol{\alpha}_1,\boldsymbol{\alpha}_2$ 到基 $\boldsymbol{\beta}_1,\boldsymbol{\beta}_2$ 的过渡矩阵，有

$$(\boldsymbol{\beta}_1,\boldsymbol{\beta}_2)=(\boldsymbol{\alpha}_1,\boldsymbol{\alpha}_2)\begin{pmatrix}\frac{1}{3}&1\\\frac{1}{3}&0\end{pmatrix},$$

所以 $\mathscr{A}$ 在 $\boldsymbol{\beta}_1,\boldsymbol{\beta}_2$ 下的矩阵为

$$\begin{pmatrix}\frac{1}{3} & 1\\ \frac{1}{3} & 0\end{pmatrix}^{-1}\boldsymbol{A}\begin{pmatrix}\frac{1}{3} & 1\\ \frac{1}{3} & 0\end{pmatrix}=\begin{pmatrix}5 & 6\\ -\frac{2}{3} & -1\end{pmatrix},$$

故 $\mathscr{A}+\mathscr{B}$ 在基 $\boldsymbol{\beta}_1,\boldsymbol{\beta}_2$ 下的矩阵为

$$\begin{pmatrix}5 & 6\\ -\frac{2}{3} & -1\end{pmatrix}+\begin{pmatrix}3 & 3\\ 2 & 4\end{pmatrix}=\begin{pmatrix}8 & 9\\ \frac{4}{3} & 3\end{pmatrix}.$$

(2) $\mathscr{B}$ 在基 $\boldsymbol{\alpha}_1,\boldsymbol{\alpha}_2$ 下的矩阵为

$$\begin{pmatrix}\frac{1}{3} & 1\\ \frac{1}{3} & 0\end{pmatrix}\boldsymbol{B}\begin{pmatrix}\frac{1}{3} & 1\\ \frac{1}{3} & 0\end{pmatrix}^{-1}=\begin{pmatrix}5 & 4\\ 1 & 2\end{pmatrix},$$

故 $\mathscr{A}\mathscr{B}$ 在 $\boldsymbol{\alpha}_1,\boldsymbol{\alpha}_2$ 下的矩阵为

$$\boldsymbol{A}\begin{pmatrix}5 & 4\\ 1 & 2\end{pmatrix}=\begin{pmatrix}7 & 8\\ 13 & 14\end{pmatrix}.$$

(3)设 $\boldsymbol{\alpha}=(\boldsymbol{\alpha}_1,\boldsymbol{\alpha}_2)\begin{pmatrix}x_1\\ x_2\end{pmatrix}$，则 $\begin{pmatrix}x_1\\ x_2\end{pmatrix}=\begin{pmatrix}1 & 2\\ 2 & 1\end{pmatrix}^{-1}\begin{pmatrix}3\\ 3\end{pmatrix}=\begin{pmatrix}1\\ 1\end{pmatrix}$，所以

$$\mathscr{A}\boldsymbol{\alpha}=\mathscr{A}(\boldsymbol{\alpha}_1,\boldsymbol{\alpha}_2)\begin{pmatrix}1\\ 1\end{pmatrix}=(\boldsymbol{\alpha}_1,\boldsymbol{\alpha}_2)\boldsymbol{A}\begin{pmatrix}1\\ 1\end{pmatrix}=(\boldsymbol{\alpha}_1,\boldsymbol{\alpha}_2)\begin{pmatrix}3\\ 5\end{pmatrix}.$$

(4) $\boldsymbol{\alpha}=(\boldsymbol{\alpha}_1,\boldsymbol{\alpha}_2)\begin{pmatrix}1\\ 1\end{pmatrix}=(\boldsymbol{\beta}_1,\boldsymbol{\beta}_2)\begin{pmatrix}\frac{1}{3} & 1\\ \frac{1}{3} & 0\end{pmatrix}^{-1}\begin{pmatrix}1\\ 1\end{pmatrix}=(\boldsymbol{\beta}_1,\boldsymbol{\beta}_2)\begin{pmatrix}3\\ 0\end{pmatrix}$，故

$$\mathscr{B}\boldsymbol{\alpha}=\mathscr{B}(\boldsymbol{\beta}_1,\boldsymbol{\beta}_2)\begin{pmatrix}3\\ 0\end{pmatrix}=(\boldsymbol{\beta}_1,\boldsymbol{\beta}_2)\boldsymbol{B}\begin{pmatrix}3\\ 0\end{pmatrix}=(\boldsymbol{\beta}_1,\boldsymbol{\beta}_2)\begin{pmatrix}9\\ 6\end{pmatrix}.$$

【例 5】 设 $\boldsymbol{A}=\begin{pmatrix}-4 & -10 & 0\\ 1 & 3 & 0\\ 3 & 6 & 1\end{pmatrix}$，求

(1) $\boldsymbol{A}$ 的特征值与特征向量； (2) $\boldsymbol{A}^{100}$.

解 (1) $|\lambda\boldsymbol{E}-\boldsymbol{A}|=\begin{vmatrix}\lambda+4 & 10 & 0\\ -1 & \lambda-3 & 0\\ -3 & -6 & \lambda-1\end{vmatrix}=(\lambda-1)^2(\lambda+2)$，所以 $\boldsymbol{A}$ 的特征值为 $\lambda_1=1$（二重），$\lambda_2=-2$.

$\lambda=-2$ 时，解齐次线性方程组 $(-2\boldsymbol{E}-\boldsymbol{A})\boldsymbol{x}=\boldsymbol{0}$，得基础解系 $\boldsymbol{\alpha}_1=\begin{pmatrix}5\\ -1\\ -3\end{pmatrix}$，所以 $\boldsymbol{A}$ 属于特征

值-2的全部特征向量为$k\boldsymbol{\alpha}_1,k\neq 0$.

$\lambda=1$时，解齐次线性方程组$(\boldsymbol{E}-\boldsymbol{A})\boldsymbol{x}=\boldsymbol{0}$，得基础解系$\boldsymbol{\alpha}_2=\begin{pmatrix}-2\\1\\0\end{pmatrix},\boldsymbol{\alpha}_3=\begin{pmatrix}0\\0\\1\end{pmatrix}$，所以$\boldsymbol{A}$属于特征值1的全部特征向量为$k_1\boldsymbol{\alpha}_2+k_2\boldsymbol{\alpha}_3,k_1,k_2$不全为0.

(2)因为

$$\boldsymbol{A}(\boldsymbol{\alpha}_1,\boldsymbol{\alpha}_2,\boldsymbol{\alpha}_3)=(\boldsymbol{\alpha}_1,\boldsymbol{\alpha}_2,\boldsymbol{\alpha}_3)\begin{pmatrix}-2&&\\&1&\\&&1\end{pmatrix},$$

令$\boldsymbol{P}=(\boldsymbol{\alpha}_1,\boldsymbol{\alpha}_2,\boldsymbol{\alpha}_3)=\begin{pmatrix}5&-2&0\\-1&1&0\\3&0&1\end{pmatrix}$，则$\boldsymbol{P}^{-1}\boldsymbol{A}\boldsymbol{P}=\begin{pmatrix}-2&&\\&1&\\&&1\end{pmatrix}$，所以

$$\boldsymbol{A}^{100}=\boldsymbol{P}\begin{pmatrix}-2&&\\&1&\\&&1\end{pmatrix}^{100}\boldsymbol{P}^{-1}=\boldsymbol{P}\begin{pmatrix}2^{100}&&\\&1&\\&&1\end{pmatrix}\boldsymbol{P}^{-1}=\frac{1}{3}\begin{pmatrix}5\cdot 2^{100}-2&5\cdot 2^{101}-10&0\\1-2^{100}&5-2^{101}&0\\3-3\cdot 2^{100}&6-3\cdot 2^{101}&3\end{pmatrix}.$$

【例 6】 设$a_0,a_1,\cdots,a_{n-1}$是n个实数，$\boldsymbol{C}$是n阶方阵

$$\boldsymbol{C}=\begin{pmatrix}0&1&0&\cdots&0&0\\0&0&1&\cdots&0&0\\0&0&0&\cdots&0&0\\\vdots&\vdots&\vdots&&\vdots&\vdots\\0&0&0&\cdots&0&1\\-a_0&-a_1&-a_2&\cdots&-a_{n-2}&-a_{n-1}\end{pmatrix}.$$

(1)若λ是$\boldsymbol{C}$的特征值，试证：$(1,\lambda,\lambda^2,\cdots,\lambda^{n-1})$是$\boldsymbol{C}$属于$\lambda$的一个特征向量；

(2)若$\boldsymbol{C}$有两两互异的特征值$\lambda_1,\lambda_2,\cdots,\lambda_n$，求可逆阵$\boldsymbol{P}$，使$\boldsymbol{P}^{-1}\boldsymbol{C}\boldsymbol{P}$为对角阵.

解 (1)因为$|\lambda\boldsymbol{E}-\boldsymbol{C}|=\lambda^n+a_{n-1}\lambda^{n-1}+\cdots+a_1\lambda+a_0$，若$\lambda$是$\boldsymbol{C}$的特征值，则$\lambda^n+a_{n-1}\lambda^{n-1}+\cdots+a_1\lambda+a_0=0$. 所以

$$\boldsymbol{C}\begin{pmatrix}1\\\lambda\\\lambda^2\\\vdots\\\lambda^{n-1}\end{pmatrix}=\begin{pmatrix}\lambda\\\lambda^2\\\vdots\\\lambda^{n-1}\\-a_0-a_1\lambda-\cdots-a_{n-1}\lambda^{n-1}\end{pmatrix}=\begin{pmatrix}\lambda\\\lambda^2\\\vdots\\\lambda^n\end{pmatrix}=\lambda\begin{pmatrix}1\\\lambda\\\vdots\\\lambda^{n-1}\end{pmatrix},$$

即$(1,\lambda,\lambda^2,\cdots,\lambda^{n-1})$是$\boldsymbol{C}$属于特征值$\lambda$的特征向量.

(2)设$\boldsymbol{C}$有两两互异特征值$\lambda_1,\lambda_2,\cdots,\lambda_n$，令

$$\boldsymbol{\alpha}_i=\begin{pmatrix}1\\ \lambda_i\\ \vdots\\ \lambda_i^{n-1}\end{pmatrix},\ i=1,2,\cdots,n,$$

则由(1)知,$\boldsymbol{C\alpha}_i=\lambda_i\boldsymbol{\alpha}_i$, $i=1,\cdots,n$,所以

$$\boldsymbol{C}(\boldsymbol{\alpha}_1,\cdots,\boldsymbol{\alpha}_n)=(\boldsymbol{\alpha}_1,\boldsymbol{\alpha}_2,\cdots,\boldsymbol{\alpha}_n)\begin{pmatrix}\lambda_1 & & \\ & \ddots & \\ & & \lambda_n\end{pmatrix}.$$

令

$$\boldsymbol{P}=(\boldsymbol{\alpha}_1,\boldsymbol{\alpha}_2,\cdots,\boldsymbol{\alpha}_n)=\begin{pmatrix}1 & 1 & \cdots & 1\\ \lambda_1 & \lambda_2 & \cdots & \lambda_n\\ \vdots & \vdots & & \vdots\\ \lambda_1^{n-1} & \lambda_2^{n-1} & \cdots & \lambda_n^{n-1}\end{pmatrix},$$

则由范德蒙德行列式知 $\boldsymbol{P}$ 可逆,且 $\boldsymbol{P}^{-1}\boldsymbol{CP}=\begin{pmatrix}\lambda_1 & & \\ & \ddots & \\ & & \lambda_n\end{pmatrix}$.

【例 7】 设 $\boldsymbol{A}=\begin{pmatrix}1 & 0 & 2\\ 0 & -1 & 1\\ 0 & 1 & 0\end{pmatrix}$,且 $f(x)=x^{11}-2x^9+x^8+x^3-x+2$,求 $f(\boldsymbol{A})$.

解 $\boldsymbol{A}$ 的特征多项式

$$g(\lambda)=|\lambda\boldsymbol{E}-\boldsymbol{A}|=\lambda^3-2\lambda+1,$$

用 $g(\lambda)$除 $f(\lambda)$得

$$f(\lambda)=(x^8+1)g(\lambda)+(\lambda+1).$$

由哈密顿—凯莱定理及上式有

$$f(\boldsymbol{A})=\boldsymbol{A}+\boldsymbol{E}=\begin{pmatrix}2 & 0 & 2\\ 0 & 0 & 1\\ 0 & 1 & 1\end{pmatrix}.$$

【例 8】 设 $\boldsymbol{A}=\begin{pmatrix}1 & 2 & 0\\ 0 & 2 & 0\\ -2 & -1 & -1\end{pmatrix}$,求 $\boldsymbol{A}^{100}$.

解 $\boldsymbol{A}$ 的特征多项式

$$f(\lambda)=|\lambda\boldsymbol{E}-\boldsymbol{A}|=(\lambda-2)(\lambda+1)(\lambda-1).$$

设

$$\lambda^{100}=q(\lambda)f(\lambda)+a\lambda^2+b\lambda+c,$$

将 $\lambda=1,2,-1$ 代入上式有

$$\begin{cases}a+b+c=1,\\4a+2b+c=2^{100},\\a-b+c=1,\end{cases}$$

解得 $b=0,a=\frac{1}{3}(2^{100}-1),c=\frac{1}{3}(4-2^{100})$，所以

$$\lambda^{100}=q(\lambda)f(\lambda)+\frac{1}{3}(2^{100}-1)\lambda^2+\frac{1}{3}(4-2^{100}).$$

由哈密顿—凯莱定理，得

$$\boldsymbol{A}^{100}=\frac{1}{3}(2^{100}-1)\boldsymbol{A}^2+\frac{1}{3}(4-2^{100})\boldsymbol{E}=\begin{pmatrix}1&2(2^{100}-1)&0\\0&2^{100}&0\\0&-\frac{5}{3}(2^{100}-1)&1\end{pmatrix}.$$

【例 9】 设 $\boldsymbol{A}=\begin{pmatrix}1&-3&-1\\2&1&0\\3&1&1\end{pmatrix}$，证明：

(1) $\boldsymbol{A}$ 在复数域上可对角化；

(2) $\boldsymbol{A}$ 在有理数域上不可对角化.

证 (1) $f(\lambda)=|\lambda\boldsymbol{E}-\boldsymbol{A}|=\lambda^3-3\lambda^2+12\lambda-8, f'(\lambda)=3\lambda^2-6\lambda+12$.

因为 $(f(\lambda),f'(\lambda))=1$，所以 $f(\lambda)$ 在复数域上有 3 个不同的特征值，故 $\boldsymbol{A}$ 在复数域上可对角化.

(2) 若 $\boldsymbol{A}$ 在有理数域上可对角化，则 $f(\lambda)$ 有有理根. 而 $f(\lambda)$ 的首项系数为 1，从而 $f(\lambda)$ 有整数根，$f(\lambda)$ 的整数根必为 ±1 或 ±2 或 ±4 或 ±8. 但用综合除法验算它们都不是 $f(\lambda)$ 的根，因此 $f(\lambda)$ 无有理根，从而 $\boldsymbol{A}$ 在有理数域上不可对角化.

【例 10】 设 $V=\mathbf{C}^4$（$\mathbf{C}$ 为复数域），f 为 V 上线性变换，$\boldsymbol{e}_1,\boldsymbol{e}_2,\boldsymbol{e}_3,\boldsymbol{e}_4$ 为 V 的一组基，而

$$f(\boldsymbol{e}_1)=\boldsymbol{e}_1+2\boldsymbol{e}_2+6\boldsymbol{e}_3+7\boldsymbol{e}_4,\qquad f(\boldsymbol{e}_2)=-2\boldsymbol{e}_1-4\boldsymbol{e}_2-12\boldsymbol{e}_3-14\boldsymbol{e}_4,$$

$$f(\boldsymbol{e}_3)=3\boldsymbol{e}_1+5\boldsymbol{e}_2+17\boldsymbol{e}_3+18\boldsymbol{e}_4,\qquad f(\boldsymbol{e}_4)=-4\boldsymbol{e}_1+7\boldsymbol{e}_2-9\boldsymbol{e}_3+17\boldsymbol{e}_4.$$

试求 $f^{-1}(\mathbf{0})$ 的一组基与维数.

解 已知

$$f(\boldsymbol{e}_1,\boldsymbol{e}_2,\boldsymbol{e}_3,\boldsymbol{e}_4)=(\boldsymbol{e}_1,\boldsymbol{e}_2,\boldsymbol{e}_3,\boldsymbol{e}_4)\boldsymbol{A},$$

其中

$$\boldsymbol{A}=\begin{pmatrix}1&-2&3&-4\\2&-4&5&-1\\6&-12&17&-9\\7&-14&18&17\end{pmatrix}.$$

解齐次线性方程组 $\boldsymbol{A}\boldsymbol{x}=\mathbf{0}$ 的基础解系为

$$\boldsymbol{\alpha}_1=\begin{pmatrix}2\\1\\0\\0\end{pmatrix},\quad \boldsymbol{\alpha}_2=\begin{pmatrix}-41\\0\\15\\1\end{pmatrix},$$

令 $\boldsymbol{\varepsilon}_1=2\boldsymbol{e}_1+\boldsymbol{e}_2$，$\boldsymbol{\varepsilon}_2=-41\boldsymbol{e}_1+15\boldsymbol{e}_3+\boldsymbol{e}_4$，则 $\boldsymbol{\varepsilon}_1,\boldsymbol{\varepsilon}_2$ 为 $f^{-1}(\mathbf{0})$ 的一组基，且维$(f^{-1}(\mathbf{0}))=2$.

【例 11】 设 $\mathscr{A}$ 是 n 维线性空间 V 的线性变换，试证：$r(\mathscr{A}^2)=r(\mathscr{A})$ 的充分必要条件是 $V=\mathscr{A}V\oplus\mathscr{A}^{-1}(\mathbf{0})$.

证 充分性：设 $V=\mathscr{A}V+\mathscr{A}^{-1}(\mathbf{0})$. $\forall\boldsymbol{\beta}\in\mathscr{A}V$，$\exists\boldsymbol{\alpha}\in V$，使 $\boldsymbol{\beta}=\mathscr{A}\boldsymbol{\alpha}$，设 $\boldsymbol{\alpha}=\boldsymbol{\alpha}_1+\boldsymbol{\alpha}_2$，$\boldsymbol{\alpha}_1\in\mathscr{A}V$，$\boldsymbol{\alpha}_2\in\mathscr{A}^{-1}(\mathbf{0})$，则 $\boldsymbol{\beta}=\mathscr{A}\boldsymbol{\alpha}=\mathscr{A}\boldsymbol{\alpha}_1+\mathscr{A}\boldsymbol{\alpha}_2=\mathscr{A}\boldsymbol{\alpha}_1\in\mathscr{A}^2V$，所以 $\mathscr{A}V\subset\mathscr{A}^2V$，又 $\mathscr{A}^2V\subset\mathscr{A}V$，故 $\mathscr{A}V=\mathscr{A}^2V$，从而$r(\mathscr{A})=$维$(\mathscr{A}V)=$维$(\mathscr{A}^2V)=r(\mathscr{A}^2)$.

必要性：设 $r(\mathscr{A})=r(\mathscr{A}^2)$. 则

$$\begin{aligned}r(\mathscr{A})+\text{维}(\mathscr{A}^{-1}(\mathbf{0}))&=\text{维}(\mathscr{A}V)+\text{维}(\mathscr{A}^{-1}(\mathbf{0}))=n\\&=\text{维}(\mathscr{A}^2V)+\text{维}((\mathscr{A}^2)^{-1}(\mathbf{0}))\\&=r(\mathscr{A}^2)+\text{维}(\mathscr{A}^2)^{-1}(\mathbf{0}),\end{aligned}$$

于是，维$(\mathscr{A}^{-1}(\mathbf{0}))=$维$((\mathscr{A}^2)^{-1}(\mathbf{0}))$，从而 $\mathscr{A}^{-1}(\mathbf{0})=(\mathscr{A}^2)^{-1}(\mathbf{0})$. 由此得 $\mathscr{A}V\cap\mathscr{A}^{-1}(\mathbf{0})=\{\mathbf{0}\}$. 从而 $V=\mathscr{A}V\oplus\mathscr{A}^{-1}(\mathbf{0})$.

【例 12】 设 V 为数域 P 上 n 维线性空间，$\mathscr{A}$ 和 $\mathscr{B}$ 为 V 的线性变换且满足 $\mathscr{A}\mathscr{B}=\mathscr{B}\mathscr{A}$，又设 λ_0 是 $\mathscr{A}$ 的一个特征值，则

(1)$V^{\lambda_0}=\{\boldsymbol{\alpha}\in V\mid$存在正整数 m，使$(\mathscr{A}-\lambda_0\mathscr{E})^m\boldsymbol{\alpha}=\mathbf{0}\}$是 $\mathscr{A}$ 的不变子空间，其中 $\mathscr{E}$ 是恒等变换；

(2)V^{λ_0} 也是 $\mathscr{B}$ 的不变子空间.

证 (1)易证 V^{λ_0} 是 V 的子空间. $\forall\boldsymbol{\alpha}\in V^{\lambda_0}$，则 $\exists m\in\mathbf{N}$，使

$$(\mathscr{A}-\lambda_0\mathscr{E})^m\boldsymbol{\alpha}=\mathbf{0},$$

$$(\mathscr{A}-\lambda_0\mathscr{E})^m(\mathscr{A}\boldsymbol{\alpha})=\mathscr{A}(\mathscr{A}-\lambda_0\mathscr{E})^m\boldsymbol{\alpha}=\mathscr{A}(\mathbf{0})=\mathbf{0},$$

即 $\mathscr{A}\boldsymbol{\alpha}\in V^{\lambda_0}$，从而 V^{λ_0} 是 $\mathscr{A}$ 的不变子空间.

(2) $\forall\boldsymbol{\beta}\in V^{\lambda_0}$，则 $\exists r\in\mathbf{N}$，使$(\mathscr{A}-\lambda_0\mathscr{E})^r\boldsymbol{\beta}=\mathbf{0}$. 因为

$$(\mathscr{A}-\lambda_0\mathscr{E})^r\mathscr{B}\boldsymbol{\beta}=\mathscr{B}(\mathscr{A}-\lambda_0\mathscr{E})^r\boldsymbol{\beta}=\mathscr{B}(\mathbf{0})=\mathbf{0},$$

所以 $\mathscr{B}\boldsymbol{\beta}\in V^{\lambda_0}$，即 V^{λ_0} 是 $\mathscr{B}$ 的不变子空间.

【例 13】 设 $\mathscr{A}$ 是数域 P 上 n 维线性空间 V 的线性变换，且 $\mathscr{A}^2=\mathscr{A}$，证明：

(1)$\mathscr{A}^{-1}(\mathbf{0})=\{\boldsymbol{\alpha}-\mathscr{A}\boldsymbol{\alpha}\mid\boldsymbol{\alpha}\in V\}$；

(2)若 $\mathscr{B}$ 是 V 的一个线性变换，则 $\mathscr{A}^{-1}(\mathbf{0})$与 $\mathscr{A}V$ 都是 $\mathscr{B}$ 的不变子空间的充分必要条件是 $\mathscr{A}\mathscr{B}=\mathscr{B}\mathscr{A}$.

证 (1) $\forall\boldsymbol{\beta}\in\mathscr{A}^{-1}(\mathbf{0})$，则 $\mathscr{A}\boldsymbol{\beta}=\mathbf{0}$，故 $\boldsymbol{\beta}=\boldsymbol{\beta}-\mathscr{A}\boldsymbol{\beta}$，此即 $\mathscr{A}^{-1}(\mathbf{0})\subset\{\boldsymbol{\alpha}-\mathscr{A}\boldsymbol{\alpha}\mid\boldsymbol{\alpha}\in V\}$.

反之，$\forall\boldsymbol{\gamma}\in V$，$\mathscr{A}(\boldsymbol{\gamma}-\mathscr{A}\boldsymbol{\gamma})=\mathscr{A}\boldsymbol{\gamma}-\mathscr{A}^2\boldsymbol{\gamma}=0$，故 $\boldsymbol{\gamma}-\mathscr{A}\boldsymbol{\gamma}\in\mathscr{A}^{-1}(\mathbf{0})$，此即$\{\boldsymbol{\alpha}-\mathscr{A}\boldsymbol{\alpha}\mid\boldsymbol{\alpha}\in V\}\subset$

$\mathscr{A}^{-1}(\mathbf{0})$. 因此 $\mathscr{A}^{-1}(\mathbf{0})=\{\boldsymbol{\alpha}-\mathscr{A}\boldsymbol{\alpha}\mid\boldsymbol{\alpha}\in V\}$.

(2)充分性:设 $\mathscr{A}\mathscr{B}=\mathscr{B}\mathscr{A}$. $\forall\boldsymbol{\alpha}\in\mathscr{A}^{-1}(\mathbf{0})$, $\mathscr{A}(\mathscr{B}\boldsymbol{\alpha})=\mathscr{B}(\mathscr{A}\boldsymbol{\alpha})=\mathscr{B}(\mathbf{0})=\mathbf{0}$,此即 $\mathscr{B}\boldsymbol{\alpha}\in\mathscr{A}^{-1}(\mathbf{0})$,从而 $\mathscr{A}^{-1}(\mathbf{0})$是 $\mathscr{B}$ 的不变子空间.

$\forall\boldsymbol{\delta}\in\mathscr{A}V$,则 $\exists\boldsymbol{\alpha}\in V$,使 $\mathscr{A}\boldsymbol{\alpha}=\boldsymbol{\delta}$,故 $\mathscr{B}\boldsymbol{\delta}=\mathscr{B}\mathscr{A}\boldsymbol{\alpha}=\mathscr{A}(\mathscr{B}\boldsymbol{\alpha})\in\mathscr{A}V$,故 $\mathscr{A}V$ 是 $\mathscr{B}$ 的不变子空间.

必要性:设 $\mathscr{A}^{-1}(\mathbf{0})$与 $\mathscr{A}V$ 都是 $\mathscr{B}$ 的不变子空间. $\forall\boldsymbol{\alpha}\in V$, $\boldsymbol{\alpha}=(\boldsymbol{\alpha}-\mathscr{A}\boldsymbol{\alpha})+\mathscr{A}\boldsymbol{\alpha}\in\mathscr{A}^{-1}(\mathbf{0})+\mathscr{A}V$,此即 $V=\mathscr{A}^{-1}(\mathbf{0})+\mathscr{A}V$,又维$(V)=$维$(\mathscr{A}^{-1}(\mathbf{0}))+$维$(\mathscr{A}V)$,故 $V=\mathscr{A}^{-1}(\mathbf{0})\oplus\mathscr{A}V$. 对 $\forall\boldsymbol{\alpha}\in V$,设 $\boldsymbol{\alpha}=\boldsymbol{\alpha}_1+\boldsymbol{\alpha}_2$, $\boldsymbol{\alpha}_1\in\mathscr{A}^{-1}(\mathbf{0})$, $\boldsymbol{\alpha}_2\in\mathscr{A}V$,由于 $\mathscr{A}^{-1}(\mathbf{0})$是 $\mathscr{B}$ 的不变子空间,因此 $\mathscr{B}\boldsymbol{\alpha}_1\in\mathscr{A}^{-1}(\mathbf{0})$. 由 $\mathscr{A}V$ 是 $\mathscr{B}$ 的不变子空间知, $\mathscr{B}\boldsymbol{\alpha}_2\in\mathscr{A}V$,从而 $\mathscr{A}\mathscr{B}\boldsymbol{\alpha}_2=\mathscr{B}\boldsymbol{\alpha}_2$. 因此

$$\mathscr{B}\mathscr{A}\boldsymbol{\alpha}=\mathscr{B}\mathscr{A}(\boldsymbol{\alpha}_1+\boldsymbol{\alpha}_2)=\mathscr{B}\mathscr{A}\boldsymbol{\alpha}_1+\mathscr{B}\mathscr{A}\boldsymbol{\alpha}_2=\mathscr{B}\boldsymbol{\alpha}_2,$$
$$\mathscr{A}\mathscr{B}\boldsymbol{\alpha}=\mathscr{A}\mathscr{B}\boldsymbol{\alpha}_1+\mathscr{A}\mathscr{B}\boldsymbol{\alpha}_2=\mathscr{B}\boldsymbol{\alpha}_2.$$

故 $\mathscr{A}\mathscr{B}=\mathscr{B}\mathscr{A}$.

【例 14】 求下列矩阵的最小多项式:

$$(1)\boldsymbol{A}=\begin{pmatrix}1&1&0\\0&1&0\\0&0&1\end{pmatrix};\quad(2)\boldsymbol{A}=\begin{pmatrix}7&-1&-7&1\\-1&7&1&-7\\7&-1&-7&1\\-1&7&1&-7\end{pmatrix}.$$

解 (1)利用最小多项式的性质, $m(\lambda)=[(\lambda-1)^2,\lambda-1]=(\lambda-1)^2$.

(2)令 $\boldsymbol{A}_1=\begin{pmatrix}7&-1\\-1&7\end{pmatrix}$,则 $\boldsymbol{A}=\begin{pmatrix}\boldsymbol{A}_1&-\boldsymbol{A}_1\\\boldsymbol{A}_1&-\boldsymbol{A}_1\end{pmatrix}$,于是 $\boldsymbol{A}^2=\boldsymbol{O}$,又 $\boldsymbol{A}\neq\boldsymbol{O}$,所以 $\boldsymbol{A}$ 的最小多项式 $m(\lambda)=\lambda^2$.

【例 15】 设 $m(\lambda)$是 n 阶矩阵 $\boldsymbol{A}$ 的最小多项式, $\varphi(\lambda)$是次数大于零的多项式. 证明: $|\varphi(\boldsymbol{A})|\neq0$ 的充分必要条件是$(\varphi(\lambda),m(\lambda))=1$.

证 充分性:设$(\varphi(\lambda),m(\lambda))=1$,则 $\exists u(\lambda),v(\lambda)\in P[\lambda]$,使

$$u(\lambda)\varphi(\lambda)+v(\lambda)m(\lambda)=1,$$

于是 $\boldsymbol{E}=u(\boldsymbol{A})\varphi(\boldsymbol{A})+v(\boldsymbol{A})m(\boldsymbol{A})=u(\boldsymbol{A})\varphi(\boldsymbol{A})$,从而 $|\varphi(\boldsymbol{A})|\neq0$.

必要性:设 $|\varphi(\boldsymbol{A})|\neq0$,用反证法.

若$(\varphi(\lambda),m(\lambda))=d(\lambda)\neq1$,则 $\varphi(\lambda)=d(\lambda)q_1(\lambda)$, $m(\lambda)=d(\lambda)q_2(\lambda)$,其中$\partial(q_2(\lambda))<\partial(m(\lambda))$. 于是 $\varphi(\lambda)q_2(\lambda)=m(\lambda)q_1(\lambda)$,所以 $\varphi(\boldsymbol{A})q_2(\boldsymbol{A})=m(\boldsymbol{A})q_1(\boldsymbol{A})=\boldsymbol{O}$,但 $\varphi(\boldsymbol{A})$可逆,所以$q_2(\boldsymbol{A})=\boldsymbol{O}$,从而 $m(\lambda)\mid q_2(\lambda)$,矛盾,因此$(\varphi(\lambda),m(\lambda))=1$.

【例 16】 设 $n\times n$ 实矩阵 $\boldsymbol{A}$,满足 $\boldsymbol{A}^2-2\boldsymbol{A}-3\boldsymbol{E}=\boldsymbol{O}$ ($\boldsymbol{E}$ 是 $n\times n$ 单位阵),证明:存在非退化矩阵 $\boldsymbol{T}$,使 $\boldsymbol{T}^{-1}\boldsymbol{A}\boldsymbol{T}$ 为对角矩阵.

证 设 $\boldsymbol{A}$ 的最小多项式为 $m(\lambda)$,因为 $\boldsymbol{A}^2-2\boldsymbol{A}-3\boldsymbol{E}=\boldsymbol{O}$,所以 $m(\lambda)\mid\lambda^2-2\lambda-3$,故 $m(\lambda)$无重根,因此 $\boldsymbol{A}$ 相似于对角矩阵,即存在非退化矩阵 $\boldsymbol{T}$,使 $\boldsymbol{T}^{-1}\boldsymbol{A}\boldsymbol{T}$ 为对角阵.

【例 17】 设复矩阵 $\boldsymbol{A}$ 的最小多项式 $f(\lambda)=\lambda^{2k}-1$,证明: $\boldsymbol{A}$ 与对角阵相似.

证　因为$(f(\lambda),f'(\lambda))=(\lambda^{2k}-1,2k\lambda^{2k-1})=1$，所以$f(\lambda)$无重根，从而$\boldsymbol{A}$相似于对角阵.

【例 18】　设$\boldsymbol{A}=\begin{pmatrix}4&2&2\\0&4&0\\0&-2&2\end{pmatrix}$，求$\boldsymbol{A}^n(n\geqslant 1)$.

解　$|\lambda\boldsymbol{E}-\boldsymbol{A}|=(\lambda-4)^2(\lambda-2)$，所以$\boldsymbol{A}$的特征值为$\lambda_1=4$(二重)，$\lambda_2=2$.

对$\lambda_1=4$，解齐次线性方程组$(4\boldsymbol{E}-\boldsymbol{A})\boldsymbol{x}=\boldsymbol{0}$，得基础解系

$$\boldsymbol{\alpha}_1=(0,1,0)^{\mathrm{T}},\quad \boldsymbol{\alpha}_2=(0,0,1)^{\mathrm{T}}.$$

对$\lambda_2=2$，解$(2\boldsymbol{E}-\boldsymbol{A})\boldsymbol{x}=\boldsymbol{0}$，得基础解系

$$\boldsymbol{\alpha}_3=(1,0,-1)^{\mathrm{T}}.$$

令$\boldsymbol{T}=(\boldsymbol{\alpha}_1,\boldsymbol{\alpha}_2,\boldsymbol{\alpha}_3)=\begin{pmatrix}0&0&1\\1&0&0\\0&1&-1\end{pmatrix}$，则$\boldsymbol{T}^{-1}\boldsymbol{A}\boldsymbol{T}=\begin{pmatrix}4&&\\&4&\\&&2\end{pmatrix}$，从而

$$\boldsymbol{A}=\boldsymbol{T}\begin{pmatrix}4&&\\&4&\\&&2\end{pmatrix}\boldsymbol{T}^{-1},\quad \boldsymbol{A}^n=\boldsymbol{T}\begin{pmatrix}4^n&&\\&4^n&\\&&2^n\end{pmatrix}\boldsymbol{T}^{-1}=\begin{pmatrix}2^n&0&0\\0&4^n&0\\4^n-2^n&0&4^n\end{pmatrix}.$$

【例 19】　设$\boldsymbol{A}$为n阶方阵，且满足$\boldsymbol{A}^2-3\boldsymbol{A}+2\boldsymbol{E}=\boldsymbol{O}$，求一可逆阵$\boldsymbol{T}$，使$\boldsymbol{T}^{-1}\boldsymbol{A}\boldsymbol{T}$为对角矩阵.

解　由$\boldsymbol{A}^2-3\boldsymbol{A}+2\boldsymbol{E}=\boldsymbol{O}$得

$$(\boldsymbol{A}-\boldsymbol{E})(\boldsymbol{A}-2\boldsymbol{E})=(\boldsymbol{A}-2\boldsymbol{E})(\boldsymbol{A}-\boldsymbol{E})=\boldsymbol{O},$$

因而$r(\boldsymbol{A}-\boldsymbol{E})+r(\boldsymbol{A}-2\boldsymbol{E})\leqslant n$. 又由于$(\boldsymbol{A}-\boldsymbol{E})-(\boldsymbol{A}-2\boldsymbol{E})=\boldsymbol{E}$，故$r(\boldsymbol{A}-\boldsymbol{E})+r(\boldsymbol{A}-2\boldsymbol{E})\geqslant r(\boldsymbol{E})=n$. 因此，$r(\boldsymbol{A}-\boldsymbol{E})+r(\boldsymbol{A}-2\boldsymbol{E})=n$.

设$r(\boldsymbol{A}-\boldsymbol{E})=k$，$r(\boldsymbol{A}-2\boldsymbol{E})=s$，$k+s=n$. 设$\boldsymbol{\alpha}_1,\cdots,\boldsymbol{\alpha}_k$是$\boldsymbol{A}-\boldsymbol{E}$的列极大线性无关组，$\boldsymbol{\beta}_1,\cdots,\boldsymbol{\beta}_s$是$\boldsymbol{A}-2\boldsymbol{E}$的列向量极大线性无关组，由$(\boldsymbol{A}-\boldsymbol{E})(\boldsymbol{A}-2\boldsymbol{E})=(\boldsymbol{A}-2\boldsymbol{E})(\boldsymbol{A}-\boldsymbol{E})=\boldsymbol{0}$知$\boldsymbol{\beta}_1,\cdots,\boldsymbol{\beta}_s$是$\boldsymbol{A}$属于特征值1的线性无关的特征向量，$\boldsymbol{\alpha}_1,\boldsymbol{\alpha}_2,\cdots,\boldsymbol{\alpha}_k$是$\boldsymbol{A}$属于特征值2的线性无关的特征向量，因而$\boldsymbol{\alpha}_1,\cdots,\boldsymbol{\alpha}_k,\boldsymbol{\beta}_1,\cdots,\boldsymbol{\beta}_s$线性无关，令$\boldsymbol{T}=(\boldsymbol{\alpha}_1,\cdots,\boldsymbol{\alpha}_k,\boldsymbol{\beta}_1,\cdots,\boldsymbol{\beta}_s)$，则有

$$\boldsymbol{T}^{-1}\boldsymbol{A}\boldsymbol{T}=\begin{pmatrix}1&&&&&\\&\ddots&&&&\\&&1&&&\\&&&2&&\\&&&&\ddots&\\&&&&&2\end{pmatrix}\begin{matrix}\left.\vphantom{\begin{matrix}1\\ \ddots\\ 1\end{matrix}}\right\}k\\ \left.\vphantom{\begin{matrix}2\\ \ddots\\ 2\end{matrix}}\right\}s\end{matrix}.$$

方法总结

$\forall \boldsymbol{A}\in P^{n\times n}$ 若有 $(\boldsymbol{A}+a\boldsymbol{E})(\boldsymbol{A}+b\boldsymbol{E})=\boldsymbol{O}$，其中 $a\neq b$，则

$$\boldsymbol{A}\text{与对角阵}\begin{pmatrix} a & & & & & \\ & \ddots & & & & \\ & & a & & & \\ & & & b & & \\ & & & & \ddots & \\ & & & & & b \end{pmatrix}\text{相似.}$$

【例 20】 设 V 是数域 P 上 n 维线性空间，σ 是 V 的线性变换，$\sigma\neq a\mathscr{E}$（$\forall a\in P$，$\mathscr{E}$ 为 V 的恒等变换），$g(x)=x^2-4$，且 $g(\sigma)=\mathscr{O}$. 证明：

(1) 2 和 -2 都是 σ 的特征值；

(2) $V=V_2\oplus V_{-2}$.

证 (1)**方法一** 设 $\boldsymbol{\alpha}_1,\boldsymbol{\alpha}_2,\cdots,\boldsymbol{\alpha}_n$ 为 V 一组基，且 σ 在这组基下的矩阵为 $\boldsymbol{A}$，由 $g(\sigma)=\mathscr{O}$，则 $g(\boldsymbol{A})=\boldsymbol{O}=(\boldsymbol{A}-2\boldsymbol{E})(\boldsymbol{A}+2\boldsymbol{E})=(\boldsymbol{A}+2\boldsymbol{E})(\boldsymbol{A}-2\boldsymbol{E})$，由于 $\sigma\neq a\mathscr{E}$，$\forall a\in P$，故 $\boldsymbol{A}\neq a\boldsymbol{E}$，$\forall a\in P$，于是 $\boldsymbol{A}-2\boldsymbol{E}\neq\boldsymbol{O}$，$\boldsymbol{A}+2\boldsymbol{E}\neq\boldsymbol{O}$，因而方程组 $(\boldsymbol{A}-2\boldsymbol{E})\boldsymbol{x}=\boldsymbol{0}$ 和 $(\boldsymbol{A}+2\boldsymbol{E})\boldsymbol{x}=\boldsymbol{0}$ 都有非零解，故有 $|\boldsymbol{A}-2\boldsymbol{E}|=0$，$|\boldsymbol{A}+2\boldsymbol{E}|=0$，因此 2 和 -2 是 σ 的特征值.

方法二 $g(\sigma)=(\sigma-2\mathscr{E})(\sigma+2\mathscr{E})=\mathscr{O}$，由 $\sigma\neq a\mathscr{E}$，$\forall a\in P$，故 $\sigma+2\mathscr{E}\neq\mathscr{O}$，因而 $\exists\boldsymbol{\alpha}\in V$，$\boldsymbol{\alpha}\neq\boldsymbol{0}$，使 $(\sigma+2\mathscr{E})\boldsymbol{\alpha}\neq\boldsymbol{0}$. 令 $\boldsymbol{\beta}=(\sigma+2\mathscr{E})\boldsymbol{\alpha}$，由于 $(\sigma-2\mathscr{E})\boldsymbol{\beta}=\boldsymbol{0}$，即 $\sigma\boldsymbol{\beta}=2\boldsymbol{\beta}$，因此 2 是 σ 的特征值. 同理，-2 也是 σ 的特征值.

(2)由(1)的第一种方法，$\sigma(\boldsymbol{\alpha}_1,\boldsymbol{\alpha}_2,\cdots,\boldsymbol{\alpha}_n)=(\boldsymbol{\alpha}_1,\boldsymbol{\alpha}_2,\cdots,\boldsymbol{\alpha}_n)\boldsymbol{A}$，且 $(\boldsymbol{A}-2\boldsymbol{E})(\boldsymbol{A}+2\boldsymbol{E})=\boldsymbol{O}$，即 $(2\boldsymbol{E}-\boldsymbol{A})(-2\boldsymbol{E}-\boldsymbol{A})=\boldsymbol{O}$，于是

$$r(2\boldsymbol{E}-\boldsymbol{A})+r(-2\boldsymbol{E}-\boldsymbol{A})\leqslant n.$$

再由 $(2\boldsymbol{E}-\boldsymbol{A})-(-2\boldsymbol{E}-\boldsymbol{A})=4\boldsymbol{E}$，则

$$r(2\boldsymbol{E}-\boldsymbol{A})+r(-2\boldsymbol{E}-\boldsymbol{A})\geqslant n,$$

故 $r(2\boldsymbol{E}-\boldsymbol{A})+r(-2\boldsymbol{E}-\boldsymbol{A})=n$，因而维$(V_2)$+维$(V_{-2})=n$，故 $V=V_2\oplus V_{-2}$.

方法总结

方法一利用齐次线性方程组的理论，证明了 2 和 -2 是 σ 的特征值，方法二由特征值的定义证明了 2 和 -2 是 σ 的特征值. 将题目中的条件稍作改动，即得山东大学考研真题，证明方法类似，即

设 $f(x)$ 是数域 P 上二次多项式，在 P 内有互异的根 x_1,x_2，σ 是数域 P 上线性空间 L 上一个线性变换，$\sigma\neq x_1I$，$\sigma\neq x_2I$（I 为单位变换），且满足 $f(\sigma)=0$. 证明：x_1,x_2 是 σ 的特征值，而 L 可分解为 σ 属于 x_1,x_2 的特征子空间的直和.

【例 21】 设 N,T 是 n 维线性空间 V 的任意两个子空间，维数之和为 n. 求证：存在线性变换 $\mathscr{A}$，使 $\mathscr{A}N=T$，$\mathscr{A}^{-1}(\mathbf{0})=N$.

证 设维$(N)=t$，维$(T)=n-t$.

(1)若 $t=0$，即 $N=\{\mathbf{0}\}$，则令 $\mathscr{A}=\mathscr{E}$(恒等变换)即可.

(2)若 $t=n$，即 $T=\{\mathbf{0}\}$，则令 $\mathscr{A}=\mathscr{O}$ 即可.

(3)若 $0<t<n$，令

$$N=L(\boldsymbol{\alpha}_1,\cdots\boldsymbol{\alpha}_t)\text{，其中 }\boldsymbol{\alpha}_1,\boldsymbol{\alpha}_2,\cdots,\boldsymbol{\alpha}_t\text{ 为 }N\text{ 一组基.}$$

$$T=L(\boldsymbol{\beta}_{t+1},\cdots,\boldsymbol{\beta}_n)\text{，其中 }\boldsymbol{\beta}_{t+1},\cdots,\boldsymbol{\beta}_n\text{ 为 }T\text{ 一组基.}$$

将 $\boldsymbol{\alpha}_1,\boldsymbol{\alpha}_2,\cdots,\boldsymbol{\alpha}_t$ 扩为 V 的一组基

$$\boldsymbol{\alpha}_1,\boldsymbol{\alpha}_2,\cdots,\boldsymbol{\alpha}_t,\boldsymbol{\alpha}_{t+1},\cdots,\boldsymbol{\alpha}_n,$$

则存在唯一的线性变换 $\mathscr{A}$，使

$$\mathscr{A}\boldsymbol{\alpha}_i=\begin{cases}\mathbf{0}, & i=1,2,\cdots,t,\\ \boldsymbol{\beta}_i, & i=t+1,\cdots,n,\end{cases}$$

易见 $\mathscr{A}^{-1}(\mathbf{0})=L(\boldsymbol{\alpha}_1,\cdots,\boldsymbol{\alpha}_t)=N$，$\mathscr{A}N=L(\boldsymbol{\beta}_{t+1},\cdots,\boldsymbol{\beta}_n)=T$.

【例 22】 设 V 是数域 P 上线性空间，σ 是 V 上线性变换，$f(x),g(x)\in P[x]$，$h(x)=f(x)g(x)$，证明：

(1)$\mathrm{Ker}\,f(\sigma)+\mathrm{Ker}\,g(\sigma)\subseteq\mathrm{Ker}\,h(\sigma)$；

(2)若$(f(x),g(x))=1$，则

$$\mathrm{Ker}\,h(\sigma)=\mathrm{Ker}\,f(\sigma)\oplus\mathrm{Ker}\,g(\sigma).$$

证 (1)$\forall\boldsymbol{\alpha}\in\mathrm{Ker}\,f(\sigma)+\mathrm{Ker}\,g(\sigma)$，则

$$\boldsymbol{\alpha}=\boldsymbol{\alpha}_1+\boldsymbol{\alpha}_2,\quad \boldsymbol{\alpha}_1\in\mathrm{Ker}\,f(\sigma),\quad \boldsymbol{\alpha}_2\in\mathrm{Ker}\,g(\sigma),$$

由 $f(\sigma)g(\sigma)=g(\sigma)f(\sigma)$ 知

$$h(\sigma)\boldsymbol{\alpha}=h(\sigma)\boldsymbol{\alpha}_1+h(\sigma)\boldsymbol{\alpha}_2=g(\sigma)f(\sigma)\boldsymbol{\alpha}_1+f(\sigma)g(\sigma)\boldsymbol{\alpha}_2=\mathbf{0},$$

即 $\boldsymbol{\alpha}\in\mathrm{Ker}\,h(\sigma)$，结论成立.

(2)设$(f(x)g(x))=1$，则 $\exists\,u(x),v(x)\in P[x]$，使

$$u(x)f(x)+v(x)g(x)=1,$$

从而

$$u(\sigma)f(\sigma)+v(\sigma)g(\sigma)=\mathscr{E}\text{(恒等变换)}.\qquad ①$$

$\forall\boldsymbol{\beta}\in\mathrm{Ker}\,h(\sigma)$，由①得

$$\boldsymbol{\beta}=u(\sigma)f(\sigma)\boldsymbol{\beta}+v(\sigma)g(\sigma)\boldsymbol{\beta},$$

因为

$$f(\sigma)v(\sigma)g(\sigma)\boldsymbol{\beta}=v(\sigma)h(\sigma)\boldsymbol{\beta}=\mathbf{0},\quad g(\sigma)u(\sigma)f(\sigma)\boldsymbol{\beta}=u(\sigma)h(\sigma)\boldsymbol{\beta}=\mathbf{0},$$

所以

$$v(\sigma)g(\sigma)\boldsymbol{\beta}\in\mathrm{Ker}\,f(\sigma),\quad u(\sigma)f(\sigma)\boldsymbol{\beta}\in\mathrm{Ker}\,g(\sigma),$$

故 $\boldsymbol{\beta}\in\mathrm{Ker}\,f(\sigma)+\mathrm{Ker}\,g(\sigma)$，即

$$\mathrm{Ker}\ h(\sigma)\subseteq\mathrm{Ker}\ f(\sigma)+\mathrm{Ker}\ g(\sigma).$$

于是 $\mathrm{Ker}\ h(\sigma)=\mathrm{Ker}\ f(\sigma)+\mathrm{Ker}\ g(\sigma)$. 又 $\forall\boldsymbol{\delta}\in\mathrm{Ker}\ f(\sigma)\cap\mathrm{Ker}\ g(\sigma)$，由①得 $\boldsymbol{\delta}=u(\sigma)f(\sigma)\boldsymbol{\delta}+v(\sigma)g(\sigma)\boldsymbol{\delta}=\mathbf{0}$，即 $\mathrm{Ker}\ f(\sigma)\cap\mathrm{Ker}\ g(\sigma)=\{\mathbf{0}\}$，故 $\mathrm{Ker}\ h(\sigma)=\mathrm{Ker}\ f(\sigma)\oplus\mathrm{Ker}\ g(\sigma)$.

【例 23】 设 σ 是数域 P 上线性空间 V 的线性变换，$\lambda_1,\lambda_2,\cdots,\lambda_k$ 是 σ 的互不相同的特征值，$\boldsymbol{\alpha}_1,\boldsymbol{\alpha}_2,\cdots,\boldsymbol{\alpha}_k$ 分别是 σ 的属于特征值 $\lambda_1,\cdots,\lambda_k$ 的特征向量，若 W 是 σ 的不变子空间，且 $\boldsymbol{\beta}=\boldsymbol{\alpha}_1+\boldsymbol{\alpha}_2+\cdots+\boldsymbol{\alpha}_k\in W$，求证：维$(W)\geqslant k$.

证 由 $\boldsymbol{\alpha}_1+\cdots+\boldsymbol{\alpha}_k\in W$，以及 W 是 σ 一子空间，有

$$\sigma(\boldsymbol{\alpha}_1+\cdots+\boldsymbol{\alpha}_k)=\lambda_1\boldsymbol{\alpha}_1+\cdots+\lambda_k\boldsymbol{\alpha}_k\in W,$$

又 $\lambda_1(\boldsymbol{\alpha}_1+\cdots+\boldsymbol{\alpha}_k)\in W$，所以

$$(\lambda_1\boldsymbol{\alpha}_1+\cdots+\lambda_k\boldsymbol{\alpha}_k)-\lambda_1(\boldsymbol{\alpha}_1+\cdots+\boldsymbol{\alpha}_k)=(\lambda_2-\lambda_1)\boldsymbol{\alpha}_2+\cdots+(\lambda_k-\lambda_1)\boldsymbol{\alpha}_k\in W,\quad①$$

用 σ 作用①式：

$$(\lambda_2-\lambda_1)\lambda_2\boldsymbol{\alpha}_2+\cdots+(\lambda_k-\lambda_1)\lambda_k\boldsymbol{\alpha}_k\in W,\quad②$$

②$-\lambda_2\times$①得

$$(\lambda_3-\lambda_1)(\lambda_3-\lambda_2)\boldsymbol{\alpha}_3+\cdots+(\lambda_k-\lambda_1)(\lambda_k-\lambda_2)\boldsymbol{\alpha}_k\in W,$$

如此继续下去，可得 $(\lambda_k-\lambda_1)(\lambda_k-\lambda_2)\cdots(\lambda_k-\lambda_{k-1})\boldsymbol{\alpha}_k\in W$，所以 $\boldsymbol{\alpha}_k\in W$，再有

$$(\boldsymbol{\alpha}_1+\cdots+\boldsymbol{\alpha}_k)-\boldsymbol{\alpha}_k=\boldsymbol{\alpha}_1+\cdots+\boldsymbol{\alpha}_{k-1}\in W,$$

可得 $\boldsymbol{\alpha}_{k-1}\in W$，仿此下去，可得 $\boldsymbol{\alpha}_i\in W$，$i=1,2,\cdots,k$. 因 $\boldsymbol{\alpha}_1,\cdots,\boldsymbol{\alpha}_k$ 线性无关，所以维$(W)\geqslant k$.

【例 24】 设 σ_1,σ_2 是数域 P 上 n 维线性空间 V 的线性变换，证明：

(1)对 $\boldsymbol{\alpha}\in V$，存在正整数 $k\leqslant n$，使

$$W=L(\boldsymbol{\alpha},\sigma_1\boldsymbol{\alpha},\cdots,\sigma_1^{k-1}\boldsymbol{\alpha})$$

为 σ_1 的不变子空间，并求 $\sigma_1|W$ 在一组基下的矩阵；

(2)$\max\{\sigma_1$ 的零度，σ_2 的零度$\}\leqslant\sigma_1\sigma_2$ 的零度$\leqslant\sigma_1$ 的零度$+\sigma_2$ 的零度.

证 取 $\boldsymbol{\alpha}\in V(\boldsymbol{\alpha}\neq\mathbf{0}$，否则 $W=\{\mathbf{0}\}$ 无基可言)，维$(V)=n$，故

$$\boldsymbol{\alpha},\sigma_1\boldsymbol{\alpha},\cdots,\sigma_1^n\boldsymbol{\alpha}\quad①$$

线性相关，因而存在 $k\leqslant n$，使

$$\boldsymbol{\alpha},\sigma_1\boldsymbol{\alpha},\cdots,\sigma_1^{k-1}\boldsymbol{\alpha}\quad②$$

为①的一个极大线性无关组，令

$$W=L(\boldsymbol{\alpha},\sigma_1\boldsymbol{\alpha},\cdots,\sigma_1^{k-1}\boldsymbol{\alpha}),$$

则 W 为 σ_1 的不变子空间. 事实上，$\forall\boldsymbol{\beta}\in W$，设 $\boldsymbol{\beta}=l_0\boldsymbol{\alpha}+l_1\sigma_1\boldsymbol{\alpha}+\cdots+l_{k-1}\sigma_1^{k-1}\boldsymbol{\alpha}$，则 $\sigma_1(\boldsymbol{\beta})=l_0\sigma_1\boldsymbol{\alpha}+l_1\sigma_1^2\boldsymbol{\alpha}+\cdots+l_{k-1}\sigma_1^k\boldsymbol{\alpha}$，由①②等价：$\sigma_1(\boldsymbol{\beta})\in W$，维$(W)=k$，且 $\boldsymbol{\alpha},\sigma_1\boldsymbol{\alpha},\cdots,\sigma_1^{k-1}\boldsymbol{\alpha}$ 为 W 一组基，易知$\sigma_1|W$在这组基下矩阵为

$$\begin{pmatrix}0&0&\cdots&0&m_0\\1&0&\cdots&0&m_1\\0&1&\cdots&0&m_2\\\vdots&\vdots&&\vdots&\vdots\\0&0&\cdots&1&m_{k-1}\end{pmatrix},$$

其中 $\sigma_1^k\boldsymbol{\alpha}=m_0\boldsymbol{\alpha}+m_1\sigma_1\boldsymbol{\alpha}+\cdots+m_{k-1}\sigma_1^{k-1}\boldsymbol{\alpha}$.

(2)设 $\boldsymbol{A}_i$ 为 σ_i 在 V 的一组基 $\boldsymbol{\beta}_1,\cdots,\boldsymbol{\beta}_n$ 下的矩阵($i=1,2$),则 σ_1 的零度 $=n-r(\boldsymbol{A}_1)$,σ_2 的零度 $=n-r(\boldsymbol{A}_2)$. 注意到

$$r(\boldsymbol{A}_1)+r(\boldsymbol{A}_2)-n\leqslant r(\boldsymbol{A}_1\boldsymbol{A}_2)\leqslant\min\{r(\boldsymbol{A}_1),r(\boldsymbol{A}_2)\},$$

所以

$$\max\{\sigma_1 \text{ 的零度},\sigma_2 \text{ 的零度}\}\leqslant\sigma_1\sigma_2 \text{ 的零度}\leqslant\sigma_1 \text{ 的零度}+\sigma_2 \text{ 的零度}.$$

【例 25】 设 $R[x]_n$ 为全体次数小于 n 的实系数多项式所成的实数域上的线性空间,对于 $f(x)\in R[x]_n$,定义 $\mathscr{D}f(x)=f'(x)$. 证明 $\mathscr{E}-\mathscr{D}$ 为可逆变换,其中 $\mathscr{E}$ 表示单位变换,并指出线性变换 $\mathscr{D}$ 的全部不变子空间.

证 易证 $\mathscr{D}$ 是 $R[x]_n$ 的线性变换.

取 $R[x]_n$ 一组基 $1,x,x^2,\cdots,x^{n-1}$,则 $\mathscr{D}$ 在此组基下的矩阵为

$$\boldsymbol{A}=\begin{pmatrix}0 & 1 & & \\ & \ddots & \ddots & \\ & & \ddots & n-1 \\ & & & 0\end{pmatrix}_{n\times n},$$

从而 $\mathscr{E}-\mathscr{D}$ 在 $1,x,x^2,\cdots,x^{n-1}$ 下的矩阵为

$$\boldsymbol{B}=\boldsymbol{E}-\boldsymbol{A}=\begin{pmatrix}1 & -1 & & \\ & \ddots & \ddots & \\ & & \ddots & 1-n \\ & & & 1\end{pmatrix},$$

因为 $|\boldsymbol{B}|=1\neq0$,故 $\mathscr{E}-\mathscr{D}$ 为可逆变换.

其次,由 $\mathscr{D}$ 定义可知,$\mathscr{D}$ 的全部不变子空间为

$$\{0\},L(1),L(1,x),\cdots,L(1,x,\cdots,x^{n-1}).$$

三、 教材习题解答

第七章习题解答

1. 判别下面所定义的变换,哪些是线性的,哪些不是:

(1) 在线性空间 V 中,$\mathscr{A}\boldsymbol{\xi}=\boldsymbol{\xi}+\boldsymbol{\alpha}$,其中 $\boldsymbol{\alpha}\in V$ 是一固定的向量;

(2) 在线性空间 V 中,$\mathscr{A}\boldsymbol{\xi}=\boldsymbol{\alpha}$,其中 $\boldsymbol{\alpha}\in V$ 是一固定的向量;

(3) 在 P^3 中,$\mathscr{A}(x_1,x_2,x_3)=(x_1^2,x_2+x_3,x_3^2)$;

(4) 在 P^3 中,$\mathscr{A}(x_1,x_2,x_3)=(2x_1-x_2,x_2+x_3,x_1)$;

(5) 在 $P[x]$ 中,$\mathscr{A}f(x)=f(x+1)$;

(6) 在 $P[x]$ 中,$\mathscr{A}f(x)=f(x_0)$,其中 $x_0\in P$ 是一固定的数;

(7) 把复数域看作复数域上的线性空间,$\mathscr{A}\boldsymbol{\xi}=\overline{\boldsymbol{\xi}}$;

(8) 在 $P^{n\times n}$ 中,$\mathscr{A}(\boldsymbol{X})=\boldsymbol{BXC}$,其中 $\boldsymbol{B},\boldsymbol{C}\in P^{n\times n}$ 是两个固定的矩阵.

【思路探索】 利用线性变换的定义判别.

解 (1) 当 $\boldsymbol{\alpha}=\boldsymbol{0}$ 时,$\mathscr{A}$ 是线性变换,当 $\boldsymbol{\alpha}\neq\boldsymbol{0}$ 时,$\mathscr{A}$ 不是线性变换.

(2) 当 $\boldsymbol{\alpha}=\boldsymbol{0}$ 时,$\mathscr{A}$ 是线性变换,当 $\boldsymbol{\alpha}\neq\boldsymbol{0}$ 时,$\mathscr{A}$ 不是线性变换.

(3) $\mathscr{A}$ 不是线性变换.例如,当取 $\boldsymbol{\xi}=\boldsymbol{\eta}=(1,1,1)$ 时,有

$$\mathscr{A}(\boldsymbol{\xi})=\mathscr{A}(\boldsymbol{\eta})=\mathscr{A}(1,1,1)=(1,2,1),$$
$$\mathscr{A}(\boldsymbol{\xi}+\boldsymbol{\eta})=\mathscr{A}(2,2,2)=(4,4,4)\neq(2,4,2)=\mathscr{A}(\boldsymbol{\xi})+\mathscr{A}(\boldsymbol{\eta}).$$

(4) $\mathscr{A}$ 是线性变换.因为取 $\boldsymbol{\xi}=(x_1,x_2,x_3),\boldsymbol{\eta}=(y_1,y_2,y_3)\in P^3,k\in P$,有

$$\begin{aligned}\mathscr{A}(\boldsymbol{\xi}+\eta)&=\mathscr{A}(x_1+y_1,x_2+y_2,x_3+y_3)\\&=(2x_1+2y_1-x_2-y_2,x_2+y_2+x_3+y_3,x_1+y_1)\\&=(2x_1-x_2,x_2+x_3,x_1)+(2y_1-y_2,y_2+y_3,y_1)\\&=\mathscr{A}(\boldsymbol{\xi})+\mathscr{A}(\boldsymbol{\eta}),\\ \mathscr{A}(k\boldsymbol{\xi})&=\mathscr{A}(kx_1,kx_2,kx_3)\\&=(2kx_1-kx_2,kx_2+kx_3,kx_1)\\&=k(2x_1-x_2,x_2+x_3,x_1)\\&=k\mathscr{A}(\boldsymbol{\xi}).\end{aligned}$$

所以 $\mathscr{A}$ 为 P^3 上的线性变换.

(5) $\mathscr{A}$ 是线性变换.因为任取 $f(x),g(x)\in P[x]$,任意 $k\in P$,记 $u(x)=f(x)+g(x),v(x)=kf(x)$,则

$$\mathscr{A}(f(x)+g(x))=\mathscr{A}(u(x))=u(x+1)=f(x+1)+g(x+1)=\mathscr{A}(f(x))+\mathscr{A}(g(x)),$$
$$\mathscr{A}(kf(x))=\mathscr{A}(v(x))=v(x+1)=kf(x+1)=k\mathscr{A}(f(x)).$$

(6) $\mathscr{A}$ 是线性变换.因为任取 $f(x),g(x)\in P[x]$,任意 $k\in P$,记 $u(x)=f(x)+g(x),v(x)=kf(x)$,则

$$\mathscr{A}(f(x)+g(x))=\mathscr{A}(u(x))=u(x_0)=f(x_0)+g(x_0)=\mathscr{A}(f(x))+\mathscr{A}(g(x)),$$
$$\mathscr{A}(kf(x))=\mathscr{A}(v(x))=v(x_0)=kf(x_0)=k\mathscr{A}(f(x)).$$

(7) $\mathscr{A}$ 不是线性变换.因为取 $\boldsymbol{\alpha}=\mathrm{i},k=\mathrm{i}$ 时,则有 $\mathscr{A}(k\boldsymbol{\alpha})=\mathscr{A}(\mathrm{i}^2)=\mathscr{A}(-1)=-1$,而 $k\mathscr{A}(\boldsymbol{\alpha})=\mathrm{i}\mathscr{A}(\mathrm{i})=\mathrm{i}(-\mathrm{i})=1$,即 $\mathscr{A}(k\boldsymbol{\alpha})\neq k\mathscr{A}(\boldsymbol{\alpha})$.

(8)$\mathscr{A}$是线性变换. 因为任取 $X,Y\in P^{n\times n}$, $k\in P$,有

$$\mathscr{A}(\boldsymbol{X}+\boldsymbol{Y})=\boldsymbol{B}(\boldsymbol{X}+\boldsymbol{Y})\boldsymbol{C}=\boldsymbol{BXC}+\boldsymbol{BYC}=\mathscr{A}\boldsymbol{X}+\mathscr{A}\boldsymbol{Y},$$
$$\mathscr{A}(k\boldsymbol{X})=\boldsymbol{B}(k\boldsymbol{X})\boldsymbol{C}=k(\boldsymbol{BXC})=k\mathscr{A}\boldsymbol{X}.$$

方法点击:判别 $\mathscr{A}$ 是否为线性变换,只要验证 $\mathscr{A}$ 是否保持加法和数乘即可.

2. 在几何空间中,取正交坐标系 $Oxyz$,以 $\mathscr{A}$ 表示将空间绕 Ox 轴由 Oy 向 Oz 方向旋转 90° 的变换,以 $\mathscr{B}$ 表示绕 Oy 轴由 Oz 向 Ox 方向旋转 90° 的变换,以 $\mathscr{C}$ 表示绕 Oz 轴由 Ox 向 Oy 方向旋转 90° 的变换. 证明:

$$\mathscr{A}^4=\mathscr{B}^4=\mathscr{C}^4=\mathscr{E},\mathscr{AB}\neq\mathscr{BA},\text{但 }\mathscr{A}^2\mathscr{B}^2=\mathscr{B}^2\mathscr{A}^2.$$

并检验 $(\mathscr{AB})^2=\mathscr{A}^2\mathscr{B}^2$ 是否成立.

证　取任一向量 $\boldsymbol{\alpha}=(x,y,z)$,则有

(1)

$$\mathscr{A}\boldsymbol{\alpha}=(x,-z,y),\mathscr{A}^2\boldsymbol{\alpha}=(x,-y,-z),\mathscr{A}^3\boldsymbol{\alpha}=(x,z,-y),\mathscr{A}^4\boldsymbol{\alpha}=(x,y,z);$$
$$\mathscr{B}\boldsymbol{\alpha}=(z,y,-x),\mathscr{B}^2\boldsymbol{\alpha}=(-x,y,-z),\mathscr{B}^3\boldsymbol{\alpha}=(-z,y,x),\mathscr{B}^4\boldsymbol{\alpha}=(x,y,z);$$
$$\mathscr{C}\boldsymbol{\alpha}=(-y,x,z),\mathscr{C}^2\boldsymbol{\alpha}=(-x,-y,z),\mathscr{C}^3\boldsymbol{\alpha}=(y,-x,z),\mathscr{C}^4\boldsymbol{\alpha}=(x,y,z);$$

所以 $\mathscr{A}^4=\mathscr{B}^4=\mathscr{C}^4=\mathscr{E}$.

$$\mathscr{AB}(\boldsymbol{\alpha})=\mathscr{A}(z,y,-x)=(z,x,y),$$
$$\mathscr{BA}(\boldsymbol{\alpha})=\mathscr{B}(x,-z,y)=(y,-z,-x),$$

所以 $\mathscr{AB}\neq\mathscr{BA}$.

$$\mathscr{A}^2\mathscr{B}^2(\boldsymbol{\alpha})=\mathscr{A}^2(-x,y,-z)=(-x,-y,z),$$
$$\mathscr{B}^2\mathscr{A}^2(\boldsymbol{\alpha})=\mathscr{B}^2(x,-y,-z)=(-x,-y,z),$$

所以 $\mathscr{A}^2\mathscr{B}^2=\mathscr{B}^2\mathscr{A}^2$.

(4)

$$(\mathscr{AB})^2(\boldsymbol{\alpha})=(\mathscr{AB})(\mathscr{AB}\boldsymbol{\alpha})=\mathscr{AB}(z,x,y)=(y,z,x),$$
$$\mathscr{A}^2\mathscr{B}^2(\boldsymbol{\alpha})=\mathscr{A}^2(\mathscr{B}^2\boldsymbol{\alpha})=\mathscr{A}^2(-x,y,-z)=(-x,-y,z),$$

所以 $(\mathscr{AB})^2\neq\mathscr{A}^2\mathscr{B}^2$.

方法点击:线性变换 $\mathscr{A}$ 和 $\mathscr{B}$ 相等的充要条件是对于 $\forall\boldsymbol{\alpha}\in V$,有 $\mathscr{A}\boldsymbol{\alpha}=\mathscr{B}\boldsymbol{\alpha}$.

3. 在 $P[x]$ 中,$\mathscr{A}f(x)=f'(x)$,$\mathscr{B}f(x)=xf(x)$. 证明:$\mathscr{AB}-\mathscr{BA}=\mathscr{E}$.

证　任取 $f(x)\in P[x]$,则有

$$\begin{aligned}(\mathscr{AB}-\mathscr{BA})f(x)&=\mathscr{AB}f(x)-\mathscr{BA}f(x)=\mathscr{A}(xf(x))-\mathscr{B}(f'(x))\\&=f(x)+xf'(x)-xf'(x)=f(x),\end{aligned}$$

所以 $\mathscr{AB}-\mathscr{BA}=\mathscr{E}$.

4. 设 $\mathscr{A},\mathscr{B}$ 是线性变换,如果 $\mathscr{AB}-\mathscr{BA}=\mathscr{E}$,证明:

$$\mathscr{A}^k\mathscr{B}-\mathscr{BA}^k=k\mathscr{A}^{k-1},k>1.$$

证　数学归纳法.

当 $k=2$ 时,

$$\mathscr{A}^2\mathscr{B}-\mathscr{BA}^2=\mathscr{A}^2\mathscr{B}-\mathscr{ABA}+\mathscr{ABA}-\mathscr{BA}^2=\mathscr{A}(\mathscr{AB}-\mathscr{BA})+(\mathscr{AB}-\mathscr{BA})\mathscr{A}=\mathscr{AE}+\mathscr{EA}=2\mathscr{A},$$

结论成立.

假设当 $k=m$ 时结论成立,即有 $\mathscr{A}^m\mathscr{B}-\mathscr{BA}^m=m\mathscr{A}^{m-1}$,则

当 $k=m+1$ 时,有

$$\begin{aligned}\mathscr{A}^{m+1}\mathscr{B}-\mathscr{B}\mathscr{A}^{m+1}&=\mathscr{A}^{m+1}\mathscr{B}-\mathscr{A}^{m}\mathscr{B}\mathscr{A}+\mathscr{A}^{m}\mathscr{B}\mathscr{A}-\mathscr{B}\mathscr{A}^{m+1}\\&=\mathscr{A}^{m}(\mathscr{A}\mathscr{B}-\mathscr{B}\mathscr{A})+(\mathscr{A}^{m}\mathscr{B}-\mathscr{B}\mathscr{A}^{m})\mathscr{A}\\&=\mathscr{A}^{m}\mathscr{E}+m\mathscr{A}^{m-1}\mathscr{A}=(m+1)\mathscr{A}^{m},\end{aligned}$$

即 $k=m+1$ 时结论成立,故对一切 $k>1$ 结论成立.

5. 证明:可逆变换是双射.

【思路探索】 利用单射和满射的定义证明.

证 设 $\mathscr{A}$ 为可逆变换,它的逆变换为 $\mathscr{A}^{-1}$.

若任取 $\boldsymbol{\xi},\boldsymbol{\eta}\in V$ 且 $\boldsymbol{\xi}\neq\boldsymbol{\eta}$,则必有 $\mathscr{A}\boldsymbol{\xi}\neq\mathscr{A}\boldsymbol{\eta}$. 不然,设 $\mathscr{A}\boldsymbol{\xi}=\mathscr{A}\boldsymbol{\eta}$,两边左乘 $\mathscr{A}^{-1}$,有 $\boldsymbol{\xi}=\boldsymbol{\eta}$ 这与条件矛盾,所以 $\mathscr{A}$ 是单射.

其次,对任一向量 $\boldsymbol{\xi}\in V$,必有 $\boldsymbol{\eta}$ 使 $\mathscr{A}\boldsymbol{\xi}=\boldsymbol{\eta}$. 事实上,令 $\mathscr{A}^{-1}\boldsymbol{\eta}=\boldsymbol{\xi}$ 即可,所以 $\mathscr{A}$ 是满射,故 $\mathscr{A}$ 是双射.

6. 设 $\boldsymbol{\varepsilon}_1,\boldsymbol{\varepsilon}_2,\cdots,\boldsymbol{\varepsilon}_n$ 是线性空间 V 的一组基,$\mathscr{A}$ 是 V 上的线性变换,证明:$\mathscr{A}$ 可逆当且仅当 $\mathscr{A}\boldsymbol{\varepsilon}_1,\mathscr{A}\boldsymbol{\varepsilon}_2,\cdots,\mathscr{A}\boldsymbol{\varepsilon}_n$ 线性无关.

证 设 $\mathscr{A}$ 在基 $\boldsymbol{\varepsilon}_1,\boldsymbol{\varepsilon}_2,\cdots,\boldsymbol{\varepsilon}_n$ 下的矩阵为 $\mathbf{A}$,即

$$\mathscr{A}(\boldsymbol{\varepsilon}_1,\boldsymbol{\varepsilon}_2,\cdots,\boldsymbol{\varepsilon}_n)=(\mathscr{A}\boldsymbol{\varepsilon}_1,\mathscr{A}\boldsymbol{\varepsilon}_2,\cdots,\mathscr{A}\boldsymbol{\varepsilon}_n)=(\boldsymbol{\varepsilon}_1,\boldsymbol{\varepsilon}_2,\cdots,\boldsymbol{\varepsilon}_n)\mathbf{A}.$$

因为 $\mathscr{A}$ 可逆的充分必要条件是矩阵 $\mathbf{A}$ 可逆,而矩阵 $\mathbf{A}$ 可逆的充分必要条件是 $\mathscr{A}\boldsymbol{\varepsilon}_1,\mathscr{A}\boldsymbol{\varepsilon}_2,\cdots,\mathscr{A}\boldsymbol{\varepsilon}_n$ 线性无关,故 $\mathscr{A}$ 可逆的充分必要条件是 $\mathscr{A}\boldsymbol{\varepsilon}_1,\mathscr{A}\boldsymbol{\varepsilon}_2,\cdots,\mathscr{A}\boldsymbol{\varepsilon}_n$ 线性无关.

7. 求下列线性变换在所指定基下的矩阵:

(1) 第 1 题(4) 中变换 $\mathscr{A}$ 在基 $\boldsymbol{\varepsilon}_1=(1,0,0),\boldsymbol{\varepsilon}_2=(0,1,0),\boldsymbol{\varepsilon}_3=(0,0,1)$ 下的矩阵;

(2) $[O;\boldsymbol{\varepsilon}_1,\boldsymbol{\varepsilon}_2]$ 是平面上一直角坐标系,$\mathscr{A}$ 是平面上的向量对第一和第三象限角的平分线的垂直投影,$\mathscr{B}$ 是平面上的向量对 $\boldsymbol{\varepsilon}_2$ 的垂直投影,求 $\mathscr{A},\mathscr{B},\mathscr{A}\mathscr{B}$ 在基 $\boldsymbol{\varepsilon}_1,\boldsymbol{\varepsilon}_2$ 下的矩阵;

(3) 在空间 $P[x]_n$ 中,设变换 $\mathscr{A}$ 为 $f(x)\to f(x+1)-f(x)$. 求 $\mathscr{A}$ 在基

$$\boldsymbol{\varepsilon}_0=1,\boldsymbol{\varepsilon}_i=\frac{x(x-1)\cdots(x-i+1)}{i!},i=1,2,\cdots,n-1$$

下的矩阵;

(4) 6 个函数

$$\boldsymbol{\varepsilon}_1=\mathrm{e}^{ax}\cos bx,\quad \boldsymbol{\varepsilon}_2=\mathrm{e}^{ax}\sin bx,\quad \boldsymbol{\varepsilon}_3=x\mathrm{e}^{ax}\cos bx,$$

$$\boldsymbol{\varepsilon}_4=x\mathrm{e}^{ax}\sin bx,\quad \boldsymbol{\varepsilon}_5=\frac{1}{2}x^2\mathrm{e}^{ax}\cos bx,\quad \boldsymbol{\varepsilon}_6=\frac{1}{2}x^2\mathrm{e}^{ax}\sin bx,$$

的所有实系数线性组合构成实数域上一个 6 维线性空间. 求微分变换 $\mathscr{D}$ 在基 $\boldsymbol{\varepsilon}_i(i=1,2,\cdots,6)$ 下的矩阵;

(5) 已知 P^3 中线性变换 $\mathscr{A}$ 在基 $\boldsymbol{\eta}_1=(-1,1,1),\boldsymbol{\eta}_2=(1,0,-1),\boldsymbol{\eta}_3=(0,1,1)$ 下的矩阵是

$$\begin{pmatrix}1&0&1\\1&1&0\\-1&2&1\end{pmatrix}.$$

求 $\mathscr{A}$ 在基 $\boldsymbol{\varepsilon}_1=(1,0,0),\boldsymbol{\varepsilon}_2=(0,1,0),\boldsymbol{\varepsilon}_3=(0,0,1)$ 下的矩阵;

(6) 在 P^3 中,$\mathscr{A}$ 定义如下:

$$\begin{cases}\mathscr{A}\boldsymbol{\eta}_1=(-5,0,3),\\\mathscr{A}\boldsymbol{\eta}_2=(0,-1,6),\\\mathscr{A}\boldsymbol{\eta}_3=(-5,-1,9),\end{cases}\quad 其中\begin{cases}\boldsymbol{\eta}_1=(-1,0,2),\\\boldsymbol{\eta}_2=(0,1,1),\\\boldsymbol{\eta}_3=(3,-1,0).\end{cases}$$

求 $\mathscr{A}$ 在基 $\boldsymbol{\varepsilon}_1=(1,0,0),\boldsymbol{\varepsilon}_2=(0,1,0),\boldsymbol{\varepsilon}_3=(0,0,1)$ 下的矩阵;

(7) 同上,求 $\mathscr{A}$ 在 $\boldsymbol{\eta}_1,\boldsymbol{\eta}_2,\boldsymbol{\eta}_3$ 下的矩阵.

解 (1) $\mathscr{A}\boldsymbol{\varepsilon}_1=(2,0,1)=2\boldsymbol{\varepsilon}_1+\boldsymbol{\varepsilon}_3,\mathscr{A}\boldsymbol{\varepsilon}_2=(-1,1,0)=-\boldsymbol{\varepsilon}_1+\boldsymbol{\varepsilon}_2,\mathscr{A}\boldsymbol{\varepsilon}_3=(0,1,0)=\boldsymbol{\varepsilon}_2$,所以 $\mathscr{A}$ 在基 $\boldsymbol{\varepsilon}_1,\boldsymbol{\varepsilon}_2,\boldsymbol{\varepsilon}_3$ 下的矩阵为

$$\boldsymbol{A}=\begin{pmatrix}2&-1&0\\0&1&1\\1&0&0\end{pmatrix}.$$

(2) 取 $\boldsymbol{\varepsilon}_1=(1,0),\boldsymbol{\varepsilon}_2=(0,1)$,则 $\mathscr{A}\boldsymbol{\varepsilon}_1=\frac{1}{2}\boldsymbol{\varepsilon}_1+\frac{1}{2}\boldsymbol{\varepsilon}_2,\mathscr{A}\boldsymbol{\varepsilon}_2=\frac{1}{2}\boldsymbol{\varepsilon}_1+\frac{1}{2}\boldsymbol{\varepsilon}_2$,所以 $\mathscr{A}$ 在基 $\boldsymbol{\varepsilon}_1,\boldsymbol{\varepsilon}_2$ 下的矩阵

$$\boldsymbol{A}=\begin{pmatrix}\frac{1}{2}&\frac{1}{2}\\\frac{1}{2}&\frac{1}{2}\end{pmatrix}.$$

另外,$\mathscr{B}\boldsymbol{\varepsilon}_1=0\boldsymbol{\varepsilon}_1+0\boldsymbol{\varepsilon}_2,\mathscr{B}\boldsymbol{\varepsilon}_2=0\boldsymbol{\varepsilon}_1+1\boldsymbol{\varepsilon}_2=\boldsymbol{\varepsilon}_2$,所以 $\mathscr{B}$ 在基 $\boldsymbol{\varepsilon}_1,\boldsymbol{\varepsilon}_2$ 下的矩阵为

$$\boldsymbol{B}=\begin{pmatrix}0&0\\0&1\end{pmatrix}.$$

$$(\mathscr{A}\mathscr{B})\boldsymbol{\varepsilon}_1=\mathscr{A}(\mathscr{B}\boldsymbol{\varepsilon}_1)=\mathscr{A}(\boldsymbol{0})=\boldsymbol{0},(\mathscr{A}\mathscr{B})\boldsymbol{\varepsilon}_2=\mathscr{A}(\mathscr{B}\boldsymbol{\varepsilon}_2)=\mathscr{A}\boldsymbol{\varepsilon}_2=\frac{1}{2}\boldsymbol{\varepsilon}_1+\frac{1}{2}\boldsymbol{\varepsilon}_2,$$

所以 $\mathscr{A}\mathscr{B}$ 在基 $\boldsymbol{\varepsilon}_1,\boldsymbol{\varepsilon}_2$ 下的矩阵为

$$\boldsymbol{AB}=\begin{pmatrix}0&\frac{1}{2}\\0&\frac{1}{2}\end{pmatrix}.$$

(3) 因为 $\boldsymbol{\varepsilon}_0=1,\boldsymbol{\varepsilon}_1=x,\boldsymbol{\varepsilon}_2=\frac{x(x-1)}{2!},\cdots,\boldsymbol{\varepsilon}_{n-1}=\frac{x(x-1)\cdots[x-(n-2)]}{(n-1)!}$,

$$\begin{aligned}&\mathscr{A}\boldsymbol{\varepsilon}_0=1-1=0,\\&\mathscr{A}\boldsymbol{\varepsilon}_1=(x+1)-x=1=\boldsymbol{\varepsilon}_0,\\&\mathscr{A}\boldsymbol{\varepsilon}_2=\frac{(x+1)x}{2!}-\frac{(x-1)x}{2!}=x=\boldsymbol{\varepsilon}_1,\\&\qquad\cdots\cdots\cdots\cdots\\&\mathscr{A}\boldsymbol{\varepsilon}_{n-1}=\frac{(x+1)x\cdots[x-(n-3)]}{(n-1)!}-\frac{x(x-1)\cdots[x-(n-2)]}{(n-1)!}\\&\qquad=\frac{x(x-1)\cdots[x-(n-3)])}{(n-1)!}\{(x+1)-[x-(n-2)]\}=\boldsymbol{\varepsilon}_{n-2},\end{aligned}$$

所以 $\mathscr{A}$ 在基 $\boldsymbol{\varepsilon}_0,\boldsymbol{\varepsilon}_1,\boldsymbol{\varepsilon}_2,\cdots,\boldsymbol{\varepsilon}_{n-1}$ 下的矩阵为

$$\boldsymbol{A}=\begin{pmatrix}0&1&0&\cdots&0\\0&0&1&\cdots&0\\\vdots&\vdots&\vdots&&\vdots\\0&0&0&\cdots&1\\0&0&0&\cdots&0\end{pmatrix}.$$

(4) 因为

$$\begin{aligned}&\mathscr{D}\boldsymbol{\varepsilon}_1=a\boldsymbol{\varepsilon}_1-b\boldsymbol{\varepsilon}_2,\mathscr{D}\boldsymbol{\varepsilon}_2=b\boldsymbol{\varepsilon}_1+a\boldsymbol{\varepsilon}_2,\mathscr{D}\boldsymbol{\varepsilon}_3=\boldsymbol{\varepsilon}_1+a\boldsymbol{\varepsilon}_3-b\boldsymbol{\varepsilon}_4,\\&\mathscr{D}\boldsymbol{\varepsilon}_4=\boldsymbol{\varepsilon}_2+b\boldsymbol{\varepsilon}_3+\mathscr{A}\boldsymbol{\varepsilon}_4,\mathscr{D}\boldsymbol{\varepsilon}_5=\boldsymbol{\varepsilon}_3+a\boldsymbol{\varepsilon}_5-b\boldsymbol{\varepsilon}_6,\mathscr{D}\boldsymbol{\varepsilon}_6=\boldsymbol{\varepsilon}_4+b\boldsymbol{\varepsilon}_5+a\boldsymbol{\varepsilon}_6,\end{aligned}$$

所以 $\mathscr{D}$ 在基 $\boldsymbol{\varepsilon}_1,\boldsymbol{\varepsilon}_2,\boldsymbol{\varepsilon}_3,\boldsymbol{\varepsilon}_4,\boldsymbol{\varepsilon}_5,\boldsymbol{\varepsilon}_6$ 下的矩阵为

$$D=\begin{pmatrix} a & b & 1 & 0 & 0 & 0 \\ -b & a & 0 & 1 & 0 & 0 \\ 0 & 0 & a & b & 1 & 0 \\ 0 & 0 & -b & a & 0 & 1 \\ 0 & 0 & 0 & 0 & a & b \\ 0 & 0 & 0 & 0 & -b & a \end{pmatrix}.$$

(5) 令 $A=\begin{pmatrix} 1 & 0 & 1 \\ 1 & 1 & 0 \\ -1 & 2 & 1 \end{pmatrix}$，因为

$$(\boldsymbol{\eta}_1,\boldsymbol{\eta}_2,\boldsymbol{\eta}_3)=(\boldsymbol{\varepsilon}_1,\boldsymbol{\varepsilon}_2,\boldsymbol{\varepsilon}_3)\begin{pmatrix} -1 & 1 & 0 \\ 1 & 0 & 1 \\ 1 & -1 & 1 \end{pmatrix}=(\boldsymbol{\varepsilon}_1,\boldsymbol{\varepsilon}_2,\boldsymbol{\varepsilon}_3)X,$$

所以 $\mathscr{A}$ 在基 $\boldsymbol{\varepsilon}_1,\boldsymbol{\varepsilon}_2,\boldsymbol{\varepsilon}_3$ 下的矩阵为

$$B=XAX^{-1}=\begin{pmatrix} -1 & 1 & 0 \\ 1 & 0 & 1 \\ 1 & -1 & 1 \end{pmatrix}\begin{pmatrix} 1 & 0 & 1 \\ 1 & 1 & 0 \\ -1 & 2 & 1 \end{pmatrix}\begin{pmatrix} -1 & 1 & -1 \\ 0 & 1 & -1 \\ 1 & 0 & 1 \end{pmatrix}=\begin{pmatrix} -1 & 1 & -2 \\ 2 & 2 & 0 \\ 3 & 0 & 2 \end{pmatrix}.$$

(6) 因为 $(\boldsymbol{\eta}_1,\boldsymbol{\eta}_2,\boldsymbol{\eta}_3)=(\boldsymbol{\varepsilon}_1,\boldsymbol{\varepsilon}_2,\boldsymbol{\varepsilon}_3)\begin{pmatrix} -1 & 0 & 3 \\ 0 & 1 & -1 \\ 2 & 1 & 0 \end{pmatrix}$，所以

$$\mathscr{A}(\boldsymbol{\eta}_1,\boldsymbol{\eta}_2,\boldsymbol{\eta}_3)=\mathscr{A}(\boldsymbol{\varepsilon}_1,\boldsymbol{\varepsilon}_2,\boldsymbol{\varepsilon}_3)\begin{pmatrix} -1 & 0 & 3 \\ 0 & 1 & -1 \\ 2 & 1 & 0 \end{pmatrix},$$

但又已知 $\mathscr{A}(\boldsymbol{\eta}_1,\boldsymbol{\eta}_2,\boldsymbol{\eta}_3)=(\boldsymbol{\varepsilon}_1,\boldsymbol{\varepsilon}_2,\boldsymbol{\varepsilon}_3)\begin{pmatrix} -5 & 0 & -5 \\ 0 & -1 & -1 \\ 3 & 6 & 9 \end{pmatrix}$，故

$$\begin{aligned}\mathscr{A}(\boldsymbol{\varepsilon}_1,\boldsymbol{\varepsilon}_2,\boldsymbol{\varepsilon}_3)&=(\boldsymbol{\varepsilon}_1,\boldsymbol{\varepsilon}_2,\boldsymbol{\varepsilon}_3)\begin{pmatrix} -5 & 0 & -5 \\ 0 & -1 & -1 \\ 3 & 6 & 9 \end{pmatrix}\begin{pmatrix} -1 & 0 & 3 \\ 0 & 1 & -1 \\ 2 & 1 & 0 \end{pmatrix}^{-1} \\ &=(\boldsymbol{\varepsilon}_1,\boldsymbol{\varepsilon}_2,\boldsymbol{\varepsilon}_3)\begin{pmatrix} -5 & 0 & -5 \\ 0 & -1 & -1 \\ 3 & 6 & 9 \end{pmatrix}\begin{pmatrix} -\frac{1}{7} & -\frac{3}{7} & \frac{3}{7} \\ \frac{2}{7} & \frac{6}{7} & \frac{1}{7} \\ \frac{2}{7} & -\frac{1}{7} & \frac{1}{7} \end{pmatrix} \\ &=(\boldsymbol{\varepsilon}_1,\boldsymbol{\varepsilon}_2,\boldsymbol{\varepsilon}_3)\begin{pmatrix} -\frac{5}{7} & \frac{20}{7} & -\frac{20}{7} \\ -\frac{4}{7} & -\frac{5}{7} & -\frac{2}{7} \\ \frac{27}{7} & \frac{18}{7} & \frac{24}{7} \end{pmatrix},\end{aligned}$$

故 $\mathscr{A}$ 在基 $\boldsymbol{\varepsilon}_1,\boldsymbol{\varepsilon}_2,\boldsymbol{\varepsilon}_3$ 下的矩阵为

$$\begin{pmatrix} -\frac{5}{7} & \frac{20}{7} & -\frac{20}{7} \\ -\frac{4}{7} & -\frac{5}{7} & -\frac{2}{7} \\ \frac{27}{7} & \frac{18}{7} & \frac{24}{7} \end{pmatrix}.$$

(7) 由$(\boldsymbol{\varepsilon}_1,\boldsymbol{\varepsilon}_2,\boldsymbol{\varepsilon}_3)=(\boldsymbol{\eta}_1,\boldsymbol{\eta}_2,\boldsymbol{\eta}_3)\begin{pmatrix} -1 & 0 & 3 \\ 0 & 1 & -1 \\ 2 & 1 & 0 \end{pmatrix}^{-1}$,故

$$\mathscr{A}(\boldsymbol{\eta}_1,\boldsymbol{\eta}_2,\boldsymbol{\eta}_3)=(\boldsymbol{\eta}_1,\boldsymbol{\eta}_2,\boldsymbol{\eta}_3)\begin{pmatrix} -1 & 0 & 3 \\ 0 & 1 & -1 \\ 2 & 1 & 0 \end{pmatrix}^{-1}\begin{pmatrix} -5 & 0 & -5 \\ 0 & -1 & -1 \\ 3 & 6 & 9 \end{pmatrix}=(\boldsymbol{\eta}_1,\boldsymbol{\eta}_2,\boldsymbol{\eta}_3)\begin{pmatrix} 2 & 3 & 5 \\ -1 & 0 & -1 \\ -1 & 1 & 0 \end{pmatrix},$$

所以 $\mathscr{A}$ 在基 $\boldsymbol{\eta}_1,\boldsymbol{\eta}_2,\boldsymbol{\eta}_3$ 下的矩阵为$\begin{pmatrix} 2 & 3 & 5 \\ -1 & 0 & -1 \\ -1 & 1 & 0 \end{pmatrix}$.

8. 在 $P^{2\times 2}$ 中定义线性变换

$$\mathscr{A}_1(\boldsymbol{X})=\begin{pmatrix} a & b \\ c & d \end{pmatrix}\boldsymbol{X},\mathscr{A}_2(\boldsymbol{X})=\boldsymbol{X}\begin{pmatrix} a & b \\ c & d \end{pmatrix},\mathscr{A}_3(\boldsymbol{X})=\begin{pmatrix} a & b \\ c & d \end{pmatrix}\boldsymbol{X}\begin{pmatrix} a & b \\ c & d \end{pmatrix}.$$

求 $\mathscr{A}_1,\mathscr{A}_2,\mathscr{A}_3$ 在基 $\boldsymbol{E}_{11},\boldsymbol{E}_{12},\boldsymbol{E}_{21},\boldsymbol{E}_{22}$ 下的矩阵.

【思路探索】 分别求出 $\boldsymbol{E}_{11},\boldsymbol{E}_{12},\boldsymbol{E}_{21},\boldsymbol{E}_{22}$ 在 $\mathscr{A}_1,\mathscr{A}_2,\mathscr{A}_3$ 下的像即可.

解

$$\mathscr{A}_1(\boldsymbol{E}_{11})=\begin{pmatrix} a & b \\ c & d \end{pmatrix}\begin{pmatrix} 1 & 0 \\ 0 & 0 \end{pmatrix}=\begin{pmatrix} a & 0 \\ c & 0 \end{pmatrix}=a\boldsymbol{E}_{11}+c\boldsymbol{E}_{21},$$

$$\mathscr{A}_1(\boldsymbol{E}_{12})=\begin{pmatrix} a & b \\ c & d \end{pmatrix}\begin{pmatrix} 0 & 1 \\ 0 & 0 \end{pmatrix}=\begin{pmatrix} 0 & a \\ 0 & c \end{pmatrix}=a\boldsymbol{E}_{12}+c\boldsymbol{E}_{22},$$

$$\mathscr{A}_1(\boldsymbol{E}_{21})=\begin{pmatrix} a & b \\ c & d \end{pmatrix}\begin{pmatrix} 0 & 0 \\ 1 & 0 \end{pmatrix}=\begin{pmatrix} b & 0 \\ d & 0 \end{pmatrix}=b\boldsymbol{E}_{11}+d\boldsymbol{E}_{21},$$

$$\mathscr{A}_1(\boldsymbol{E}_{22})=\begin{pmatrix} a & b \\ c & d \end{pmatrix}\begin{pmatrix} 0 & 0 \\ 0 & 1 \end{pmatrix}=\begin{pmatrix} 0 & b \\ 0 & d \end{pmatrix}=b\boldsymbol{E}_{12}+d\boldsymbol{E}_{22},$$

故 $\mathscr{A}_1$ 在基 $\boldsymbol{E}_{11},\boldsymbol{E}_{12},\boldsymbol{E}_{21},\boldsymbol{E}_{22}$ 下的矩阵为 $\boldsymbol{A}_1=\begin{pmatrix} a & 0 & b & 0 \\ 0 & a & 0 & b \\ c & 0 & d & 0 \\ 0 & c & 0 & d \end{pmatrix}$.

同理,$\mathscr{A}_2$ 在基 $\boldsymbol{E}_{11},\boldsymbol{E}_{12},\boldsymbol{E}_{21},\boldsymbol{E}_{22}$ 下的矩阵为 $\boldsymbol{A}_2=\begin{pmatrix} a & c & 0 & 0 \\ b & d & 0 & 0 \\ 0 & 0 & a & c \\ 0 & 0 & b & d \end{pmatrix}$.

$\mathscr{A}_3$ 在基 $\boldsymbol{E}_{11},\boldsymbol{E}_{12},\boldsymbol{E}_{21},\boldsymbol{E}_{22}$ 下的矩阵为 $\boldsymbol{A}_3=\begin{pmatrix} a^2 & ac & ab & bc \\ ab & ad & b^2 & bd \\ ac & c^2 & ad & cd \\ bc & cd & bd & d^2 \end{pmatrix}$.

方法点击：本题与第 7 题 (1)(4) 的解法相似，即先求出线性变换作用在基上的像，再将像由基线性表出，坐标即可构成所求矩阵.

9. 设三维线性空间 V 上的线性变换 $\mathscr{A}$ 在基 $\boldsymbol{\varepsilon}_1,\boldsymbol{\varepsilon}_2,\boldsymbol{\varepsilon}_3$ 下的矩阵为

$$\mathbf{A}=\begin{pmatrix} a_{11} & a_{12} & a_{13} \\ a_{21} & a_{22} & a_{23} \\ a_{31} & a_{32} & a_{33} \end{pmatrix}.$$

(1) 求 $\mathscr{A}$ 在基 $\boldsymbol{\varepsilon}_3,\boldsymbol{\varepsilon}_2,\boldsymbol{\varepsilon}_1$ 下的矩阵；

(2) 求 $\mathscr{A}$ 在基 $\boldsymbol{\varepsilon}_1,k\boldsymbol{\varepsilon}_2,\boldsymbol{\varepsilon}_3$ 下的矩阵，其中 $k\in P$ 且 $k\neq 0$；

(3) 求 $\mathscr{A}$ 在基 $\boldsymbol{\varepsilon}_1+\boldsymbol{\varepsilon}_2,\boldsymbol{\varepsilon}_2,\boldsymbol{\varepsilon}_3$ 下的矩阵.

【思路探索】 同一线性变换在不同基下的矩阵相似，利用这一结论，先求出两基之间的过渡矩阵，再求解.

解 (1) 因为 $\mathscr{A}\boldsymbol{\varepsilon}_3=a_{33}\boldsymbol{\varepsilon}_3+a_{23}\boldsymbol{\varepsilon}_2+a_{13}\boldsymbol{\varepsilon}_1$，$\mathscr{A}\boldsymbol{\varepsilon}_2=a_{32}\boldsymbol{\varepsilon}_3+a_{22}\boldsymbol{\varepsilon}_2+a_{12}\boldsymbol{\varepsilon}_1$，$\mathscr{A}\boldsymbol{\varepsilon}_1=a_{31}\boldsymbol{\varepsilon}_3+a_{21}\boldsymbol{\varepsilon}_2+a_{11}\boldsymbol{\varepsilon}_1$，故 $\mathscr{A}$ 在基 $\boldsymbol{\varepsilon}_3,\boldsymbol{\varepsilon}_2,\boldsymbol{\varepsilon}_1$ 下的矩阵为

$$\mathbf{A}_1=\begin{pmatrix} a_{33} & a_{32} & a_{31} \\ a_{23} & a_{22} & a_{21} \\ a_{13} & a_{12} & a_{11} \end{pmatrix}.$$

(2) 因为 $(\boldsymbol{\varepsilon}_1,k\boldsymbol{\varepsilon}_2,\boldsymbol{\varepsilon}_3)=(\boldsymbol{\varepsilon}_1,\boldsymbol{\varepsilon}_2,\boldsymbol{\varepsilon}_3)\begin{pmatrix} 1 & 0 & 0 \\ 0 & k & 0 \\ 0 & 0 & 1 \end{pmatrix}$，所以 $\mathscr{A}$ 在基 $\boldsymbol{\varepsilon}_1,k\boldsymbol{\varepsilon}_2,\boldsymbol{\varepsilon}_3$ 下的矩阵为

$$\mathbf{A}_2=\begin{pmatrix} 1 & 0 & 0 \\ 0 & k & 0 \\ 0 & 0 & 1 \end{pmatrix}^{-1}\begin{pmatrix} a_{11} & a_{12} & a_{13} \\ a_{21} & a_{22} & a_{23} \\ a_{31} & a_{32} & a_{33} \end{pmatrix}\begin{pmatrix} 1 & 0 & 0 \\ 0 & k & 0 \\ 0 & 0 & 1 \end{pmatrix}=\begin{pmatrix} a_{11} & ka_{12} & a_{13} \\ \dfrac{a_{21}}{k} & a_{22} & \dfrac{a_{23}}{k} \\ a_{31} & ka_{32} & a_{33} \end{pmatrix}.$$

(3) 因为

$$(\boldsymbol{\varepsilon}_1+\boldsymbol{\varepsilon}_2,\boldsymbol{\varepsilon}_2,\boldsymbol{\varepsilon}_3)=(\boldsymbol{\varepsilon}_1,\boldsymbol{\varepsilon}_2,\boldsymbol{\varepsilon}_3)\begin{pmatrix} 1 & 0 & 0 \\ 1 & 1 & 0 \\ 0 & 0 & 1 \end{pmatrix},$$

所以 $\mathscr{A}$ 在基 $\boldsymbol{\varepsilon}_1+\boldsymbol{\varepsilon}_2,\boldsymbol{\varepsilon}_2,\boldsymbol{\varepsilon}_3$ 下的矩阵为

$$\begin{aligned}\mathbf{A}_3&=\begin{pmatrix} 1 & 0 & 0 \\ 1 & 1 & 0 \\ 0 & 0 & 1 \end{pmatrix}^{-1}\begin{pmatrix} a_{11} & a_{12} & a_{13} \\ a_{21} & a_{22} & a_{23} \\ a_{31} & a_{32} & a_{33} \end{pmatrix}\begin{pmatrix} 1 & 0 & 0 \\ 1 & 1 & 0 \\ 0 & 0 & 1 \end{pmatrix}\\ &=\begin{pmatrix} a_{11}+a_{12} & a_{12} & a_{13} \\ a_{21}+a_{22}-a_{11}-a_{12} & a_{22}-a_{12} & a_{23}-a_{13} \\ a_{31}+a_{32} & a_{32} & a_{33} \end{pmatrix}.\end{aligned}$$

方法点击：本题解法与第 7 题(5)～(7) 相似，即先求出两组基之间的过渡矩阵，再利用结论"同一线性变换在不同基下的矩阵相似"求解.

10. 设 $\mathscr{A}$ 是线性空间 V 上的线性变换，如果 $\mathscr{A}^{k-1}\boldsymbol{\xi}\neq\mathbf{0}$，但 $\mathscr{A}^{k}\boldsymbol{\xi}=\mathbf{0}$. 求证 $\boldsymbol{\xi},\mathscr{A}\boldsymbol{\xi},\cdots,\mathscr{A}^{k-1}\boldsymbol{\xi}(k>0)$ 线性无关.

证　设 $a_1\boldsymbol{\xi}+a_2\mathscr{A}\boldsymbol{\xi}+\cdots+a_k\mathscr{A}^{k-1}\boldsymbol{\xi}=\mathbf{0}$，用 $\mathscr{A}^{k-1}$ 作用于上式两边得 $a_1\mathscr{A}^{k-1}\boldsymbol{\xi}=\mathbf{0}$（因为 $\mathscr{A}^n\boldsymbol{\xi}=\mathbf{0},n\geqslant k$），又 $\mathscr{A}^{k-1}\boldsymbol{\xi}\neq 0$，故 $a_1=0$，于是有

$$a_2\mathscr{A}\boldsymbol{\xi}+a_3\mathscr{A}^2\boldsymbol{\xi}+\cdots+a_k\mathscr{A}^{k-1}\boldsymbol{\xi}=\mathbf{0},$$

用 $\mathscr{A}^{k-2}$ 作用于上式两边得 $a_2\mathscr{A}^{k-1}\boldsymbol{\xi}=\mathbf{0}$，由 $\mathscr{A}^{k-1}\boldsymbol{\xi}\neq\mathbf{0}$，得 $a_2=0$.

同理继续作用下去，可得 $a_1=a_2=\cdots=a_k=0$，所以 $\boldsymbol{\xi},\mathscr{A}\boldsymbol{\xi},\mathscr{A}^2\boldsymbol{\xi},\cdots,\mathscr{A}^{k-1}\boldsymbol{\xi}(k>0)$ 线性无关.

11. 在 n 维线性空间中，设有线性变换 $\mathscr{A}$ 与向量 $\boldsymbol{\xi}$，使得 $\mathscr{A}^{n-1}\boldsymbol{\xi}\neq\mathbf{0}$，但 $\mathscr{A}^n\boldsymbol{\xi}=\mathbf{0}$. 求证 $\mathscr{A}$ 在某组基下的矩阵是

$$\begin{pmatrix}0&0&\cdots&0&0\\1&0&\cdots&0&0\\0&1&\cdots&0&0\\\vdots&\vdots&&\vdots&\vdots\\0&0&\cdots&1&0\end{pmatrix}.$$

证　由上题知，$\boldsymbol{\xi},\mathscr{A}\boldsymbol{\xi},\mathscr{A}_2\boldsymbol{\xi},\cdots,\mathscr{A}^{n-1}\boldsymbol{\xi}$ 线性无关，故它们组成线性空间 V 的一组基，因为

$$\mathscr{A}\boldsymbol{\xi}=0\cdot\boldsymbol{\xi}+1\cdot\mathscr{A}\boldsymbol{\xi}+0\cdot\mathscr{A}^2\boldsymbol{\xi}+\cdots+0\cdot\mathscr{A}^{n-1}\boldsymbol{\xi},$$
$$\mathscr{A}(\mathscr{A}\boldsymbol{\xi})=\mathscr{A}^2\boldsymbol{\xi}=0\cdot\boldsymbol{\xi}+0\cdot\mathscr{A}\boldsymbol{\xi}+1\cdot\mathscr{A}^2\boldsymbol{\xi}+\cdots+0\cdot\mathscr{A}^{n-1}\boldsymbol{\xi},$$
$$\cdots\cdots$$
$$\mathscr{A}(\mathscr{A}^{n-1}\boldsymbol{\xi})=\mathscr{A}^n\boldsymbol{\xi}=0\cdot\boldsymbol{\xi}+0\cdot\mathscr{A}\boldsymbol{\xi}+0\cdot\mathscr{A}^2\boldsymbol{\xi}+\cdots+0\cdot\mathscr{A}^{n-1}\boldsymbol{\xi}.$$

故 $\mathscr{A}$ 在这基下的矩阵为

$$\begin{pmatrix}0&0&\cdots&0&0\\1&0&\cdots&0&0\\0&1&\cdots&0&0\\\vdots&\vdots&&\vdots&\vdots\\0&0&\cdots&1&0\end{pmatrix}.$$

12. 设 V 是数域 P 上 n 维线性空间. 证明：V 上的与全体线性变换可交换的线性变换是数乘变换.

证　因为在某组确定的基下，数域 P 上的 n 维线性空间的线性变换与数域 P 上的 n 阶方阵间建立了一个双射，又由第四章习题 7 的(3)可知，与一切 n 阶方阵可交换的方阵为数量矩阵 $k\boldsymbol{E}$，所以与一切线性变换可交换的线性变换为数乘变换.

13. $\mathscr{A}$ 是数域 P 上 n 维线性空间 V 的一个线性变换. 证明：如果 $\mathscr{A}$ 在任意一组基下的矩阵都相同，那么 $\mathscr{A}$ 是数乘变换.

证　设 $\mathscr{A}$ 在基 $\boldsymbol{\xi}_1,\boldsymbol{\xi}_2,\cdots,\boldsymbol{\xi}_n$ 下的矩阵为 $\boldsymbol{A}=(a_{ij})_{n\times n}$，只要证明 $\boldsymbol{A}$ 为数量矩阵即可.

设 $\boldsymbol{X}$ 为任意可逆矩阵，令 $(\boldsymbol{\eta}_1,\boldsymbol{\eta}_2,\cdots,\boldsymbol{\eta}_n)=(\boldsymbol{\xi}_1,\boldsymbol{\xi}_2,\cdots,\boldsymbol{\xi}_n)\boldsymbol{X}$，则 $\boldsymbol{\eta}_1,\boldsymbol{\eta}_2,\cdots,\boldsymbol{\eta}_n$ 也是 V 的一组基，且 $\mathscr{A}$ 在这组基下的矩阵为 $\boldsymbol{X}^{-1}\boldsymbol{A}\boldsymbol{X}$，从而有 $\boldsymbol{A}=\boldsymbol{X}^{-1}\boldsymbol{A}\boldsymbol{X}$，即 $\boldsymbol{A}\boldsymbol{X}=\boldsymbol{X}\boldsymbol{A}$，这说明 $\boldsymbol{A}$ 与一切可逆矩阵可交换.

特别地，取 $\boldsymbol{X}_1=\begin{pmatrix}1&&&\\&2&&\\&&\ddots&\\&&&n\end{pmatrix}$，则由 $\boldsymbol{A}\boldsymbol{X}_1=\boldsymbol{X}_1\boldsymbol{A}$ 可得 $a_{ij}=0(i\neq j)$，所以 $\boldsymbol{A}=\begin{pmatrix}a_{11}&&&\\&a_{22}&&\\&&\ddots&\\&&&a_{nn}\end{pmatrix}$；

再取 $\boldsymbol{X}_2=\begin{pmatrix}0&1&0&\cdots&0\\0&0&1&\cdots&0\\\vdots&\vdots&\vdots&&\vdots\\0&0&0&\cdots&1\\1&0&0&\cdots&0\end{pmatrix}$，则由 $\boldsymbol{A}\boldsymbol{X}_2=\boldsymbol{X}_2\boldsymbol{A}$ 可知 $a_{11}=a_{22}=\cdots=a_{nn}$，故 $\boldsymbol{A}$ 为数量矩阵，

从而 $\mathscr{A}$ 为数乘变换.

14. 设 $\boldsymbol{\varepsilon}_1,\boldsymbol{\varepsilon}_2,\boldsymbol{\varepsilon}_3,\boldsymbol{\varepsilon}_4$ 是 4 维线性空间 V 的一组基，已知线性变换 $\mathscr{A}$ 在这组基下的矩阵为

$$\begin{pmatrix} 1 & 0 & 2 & 1 \\ -1 & 2 & 1 & 3 \\ 1 & 2 & 5 & 5 \\ 2 & -2 & 1 & -2 \end{pmatrix}.$$

(1) 求 $\mathscr{A}$ 在基 $\boldsymbol{\eta}_1=\boldsymbol{\varepsilon}_1-2\boldsymbol{\varepsilon}_2+\boldsymbol{\varepsilon}_4,\boldsymbol{\eta}_2=3\boldsymbol{\varepsilon}_2-\boldsymbol{\varepsilon}_3-\boldsymbol{\varepsilon}_4,\boldsymbol{\eta}_3=\boldsymbol{\varepsilon}_3+\boldsymbol{\varepsilon}_4,\boldsymbol{\eta}_4=2\boldsymbol{\varepsilon}_4$ 下的矩阵；

(2) 求 $\mathscr{A}$ 的核与值域；

(3) 在 $\mathscr{A}$ 的核中选一组基，把它扩充成 V 的一组基，并求 $\mathscr{A}$ 在这组基下的矩阵；

(4) 在 $\mathscr{A}$ 的值域中选一组基，把它扩充成 V 的一组基，并求 $\mathscr{A}$ 在这组基下的矩阵.

解　(1) 因为

$$(\boldsymbol{\eta}_1,\boldsymbol{\eta}_2,\boldsymbol{\eta}_3,\boldsymbol{\eta}_4)=(\boldsymbol{\varepsilon}_1,\boldsymbol{\varepsilon}_2,\boldsymbol{\varepsilon}_3,\boldsymbol{\varepsilon}_4)\begin{pmatrix} 1 & 0 & 0 & 0 \\ -2 & 3 & 0 & 0 \\ 0 & -1 & 1 & 0 \\ 1 & -1 & 1 & 2 \end{pmatrix}=(\boldsymbol{\varepsilon}_1,\boldsymbol{\varepsilon}_2,\boldsymbol{\varepsilon}_3,\boldsymbol{\varepsilon}_4)\boldsymbol{X},$$

故 $\mathscr{A}$ 在基 $\boldsymbol{\eta}_1,\boldsymbol{\eta}_2,\boldsymbol{\eta}_3,\boldsymbol{\eta}_4$ 下的矩阵为

$$\boldsymbol{B}=\boldsymbol{X}^{-1}\boldsymbol{A}\boldsymbol{X}=\begin{pmatrix} 1 & 0 & 0 & 0 \\ -2 & 3 & 0 & 0 \\ 0 & -1 & 1 & 0 \\ 1 & -1 & 1 & 2 \end{pmatrix}^{-1}\begin{pmatrix} 1 & 0 & 2 & 1 \\ -1 & 2 & 1 & 3 \\ 1 & 2 & 5 & 5 \\ 2 & -2 & 1 & -2 \end{pmatrix}\begin{pmatrix} 1 & 0 & 0 & 0 \\ -2 & 3 & 0 & 0 \\ 0 & -1 & 1 & 0 \\ 1 & -1 & 1 & 2 \end{pmatrix}$$

$$=\begin{pmatrix} 2 & -3 & 3 & 2 \\ \frac{2}{3} & -\frac{4}{3} & \frac{10}{3} & \frac{10}{3} \\ \frac{8}{3} & -\frac{16}{3} & \frac{40}{3} & \frac{40}{3} \\ 0 & 1 & -7 & -8 \end{pmatrix}.$$

(2) 先求 $\mathscr{A}^{-1}(\mathbf{0})$. 设 $\boldsymbol{\xi}\in\mathscr{A}^{-1}(\mathbf{0})$，其在基 $\boldsymbol{\varepsilon}_1,\boldsymbol{\varepsilon}_2,\boldsymbol{\varepsilon}_3,\boldsymbol{\varepsilon}_4$ 下的坐标为 $(x_1,x_2,x_3,x_4)^{\mathrm{T}}$，则 $\mathscr{A}\boldsymbol{\xi}$ 在 $\boldsymbol{\varepsilon}_1,\boldsymbol{\varepsilon}_2,\boldsymbol{\varepsilon}_3,\boldsymbol{\varepsilon}_4$ 下的坐标为 $(0,0,0,0)^{\mathrm{T}}$，由教材第 193 页定理 3，有

$$\begin{pmatrix} 1 & 0 & 2 & 1 \\ -1 & 2 & 1 & 3 \\ 1 & 2 & 5 & 5 \\ 2 & -2 & 1 & -2 \end{pmatrix}\begin{pmatrix} x_1 \\ x_2 \\ x_3 \\ x_4 \end{pmatrix}=\begin{pmatrix} 0 \\ 0 \\ 0 \\ 0 \end{pmatrix},$$

解得齐次线性方程组的基础解系为

$$\boldsymbol{X}_1=\left(-2,-\frac{3}{2},1,0\right)^{\mathrm{T}},\boldsymbol{X}_2=(-1,-2,0,1)^{\mathrm{T}}.$$

令 $\boldsymbol{\alpha}_1=-2\boldsymbol{\varepsilon}_1-\frac{3}{2}\boldsymbol{\varepsilon}_2+\boldsymbol{\varepsilon}_3,\boldsymbol{\alpha}_2=-\boldsymbol{\varepsilon}_1-2\boldsymbol{\varepsilon}_2+\boldsymbol{\varepsilon}_4$，则 $\boldsymbol{\alpha}_1,\boldsymbol{\alpha}_2$ 即为 $\mathscr{A}^{-1}(\mathbf{0})$ 的一组基，所以 $\mathscr{A}^{-1}(\mathbf{0})=L(\boldsymbol{\alpha}_1,\boldsymbol{\alpha}_2)$.

再求 $\mathscr{A}V$，由教材第 207 页的定理 10，有 $\mathscr{A}V=L(\mathscr{A}\boldsymbol{\varepsilon}_1,\cdots,\mathscr{A}\boldsymbol{\varepsilon}_n)$，而

$$\mathscr{A}\boldsymbol{\varepsilon}_1=\boldsymbol{\varepsilon}_1-\boldsymbol{\varepsilon}_2+\boldsymbol{\varepsilon}_3+2\boldsymbol{\varepsilon}_4,\mathscr{A}\boldsymbol{\varepsilon}_2=2\boldsymbol{\varepsilon}_2+2\boldsymbol{\varepsilon}_3-2\boldsymbol{\varepsilon}_4,$$
$$\mathscr{A}\boldsymbol{\varepsilon}_3=2\boldsymbol{\varepsilon}_1+\boldsymbol{\varepsilon}_2+5\boldsymbol{\varepsilon}_3+\boldsymbol{\varepsilon}_4,\mathscr{A}\boldsymbol{\varepsilon}_4=\boldsymbol{\varepsilon}_1+3\boldsymbol{\varepsilon}_2+5\boldsymbol{\varepsilon}_3-2\boldsymbol{\varepsilon}_4.$$

又 $\mathscr{A}\boldsymbol{\varepsilon}_1,\mathscr{A}\boldsymbol{\varepsilon}_2,\mathscr{A}\boldsymbol{\varepsilon}_3,\mathscr{A}\boldsymbol{\varepsilon}_4$ 的秩为 2，且 $\mathscr{A}\boldsymbol{\varepsilon}_1,\mathscr{A}\boldsymbol{\varepsilon}_2$ 线性无关，故 $\mathscr{A}\boldsymbol{\varepsilon}_1,\mathscr{A}\boldsymbol{\varepsilon}_2$ 组成 $\mathscr{A}V$ 的基，从而 $\mathscr{A}V=L(\mathscr{A}\boldsymbol{\varepsilon}_1,\mathscr{A}\boldsymbol{\varepsilon}_2)$.

(3) 由(2) 知 $\boldsymbol{\alpha}_1,\boldsymbol{\alpha}_2$ 是 $\mathscr{A}^{-1}(\mathbf{0})$ 的一组基,易知 $\boldsymbol{\varepsilon}_1,\boldsymbol{\varepsilon}_2,\boldsymbol{\alpha}_1,\boldsymbol{\alpha}_2$ 是 V 的一组基,因为

$$(\boldsymbol{\varepsilon}_1,\boldsymbol{\varepsilon}_2,\boldsymbol{\alpha}_1,\boldsymbol{\alpha}_2)=(\boldsymbol{\varepsilon}_1,\boldsymbol{\varepsilon}_2,\boldsymbol{\varepsilon}_3,\boldsymbol{\varepsilon}_4)\begin{pmatrix}1&0&-2&-1\\0&1&-\frac{3}{2}&-2\\0&0&1&0\\0&0&0&1\end{pmatrix},$$

所以 $\mathscr{A}$ 在基 $\boldsymbol{\varepsilon}_1,\boldsymbol{\varepsilon}_2,\boldsymbol{\alpha}_1,\boldsymbol{\alpha}_2$ 下的矩阵为

$$\begin{pmatrix}1&0&-2&-1\\0&1&-\frac{3}{2}&-2\\0&0&1&0\\0&0&0&1\end{pmatrix}^{-1}\begin{pmatrix}1&0&2&1\\-1&2&1&3\\1&2&5&5\\2&-2&1&-2\end{pmatrix}\begin{pmatrix}1&0&-2&-1\\0&1&-\frac{3}{2}&-2\\0&0&1&0\\0&0&0&1\end{pmatrix}$$

$$=\begin{pmatrix}1&0&2&1\\0&1&\frac{3}{2}&2\\0&0&1&0\\0&0&0&1\end{pmatrix}\begin{pmatrix}1&0&2&1\\-1&2&1&3\\1&2&5&5\\2&-2&1&-2\end{pmatrix}\begin{pmatrix}1&0&-2&-1\\0&1&-\frac{3}{2}&-2\\0&0&1&0\\0&0&0&1\end{pmatrix}=\begin{pmatrix}5&2&0&0\\\frac{9}{2}&1&0&0\\1&2&0&0\\2&-2&0&0\end{pmatrix}.$$

(4) 由(2) 知 $\mathscr{A}\boldsymbol{\varepsilon}_1=\boldsymbol{\varepsilon}_1-\boldsymbol{\varepsilon}_2+\boldsymbol{\varepsilon}_3+2\boldsymbol{\varepsilon}_4,\mathscr{A}\boldsymbol{\varepsilon}_2=2\boldsymbol{\varepsilon}_2+2\boldsymbol{\varepsilon}_3-2\boldsymbol{\varepsilon}_4$,又容易看出,$\mathscr{A}\boldsymbol{\varepsilon}_1,\mathscr{A}\boldsymbol{\varepsilon}_2,\boldsymbol{\varepsilon}_3,\boldsymbol{\varepsilon}_4$ 是 V 的一组基,因为 $(\mathscr{A}\boldsymbol{\varepsilon}_1,\mathscr{A}\boldsymbol{\varepsilon}_2,\boldsymbol{\varepsilon}_3,\boldsymbol{\varepsilon}_4)=(\boldsymbol{\varepsilon}_1,\boldsymbol{\varepsilon}_2,\boldsymbol{\varepsilon}_3,\boldsymbol{\varepsilon}_4)\begin{pmatrix}1&0&0&0\\-1&2&0&0\\1&2&1&0\\2&-2&0&1\end{pmatrix}$,所以 $\mathscr{A}$ 在基 $\mathscr{A}\boldsymbol{\varepsilon}_1,\mathscr{A}\boldsymbol{\varepsilon}_2,\boldsymbol{\varepsilon}_3,\boldsymbol{\varepsilon}_4$ 下的矩阵为:

$$\begin{pmatrix}1&0&0&0\\-1&2&0&0\\1&2&1&0\\2&-2&0&1\end{pmatrix}^{-1}\begin{pmatrix}1&0&2&1\\-1&2&1&3\\1&2&5&5\\2&-2&1&-2\end{pmatrix}\begin{pmatrix}1&0&0&0\\-1&2&0&0\\1&2&1&0\\2&-2&0&1\end{pmatrix}$$

$$=\begin{pmatrix}1&0&0&0\\\frac{1}{2}&\frac{1}{2}&0&0\\-2&-1&1&0\\-1&1&0&1\end{pmatrix}\begin{pmatrix}1&0&2&1\\-1&2&1&3\\1&2&5&5\\2&-2&1&-2\end{pmatrix}\begin{pmatrix}1&0&0&0\\-1&2&0&0\\1&2&1&0\\2&-2&0&1\end{pmatrix}=\begin{pmatrix}5&2&2&1\\\frac{9}{2}&1&\frac{3}{2}&2\\0&0&0&0\\0&0&0&0\end{pmatrix}.$$

15. 给定 P^3 的两组基

$$\boldsymbol{\varepsilon}_1=(1,0,1),\boldsymbol{\varepsilon}_2=(2,1,0),\boldsymbol{\varepsilon}_3=(1,1,1),$$
$$\boldsymbol{\eta}_1=(1,2,-1),\boldsymbol{\eta}_2=(2,2,-1),\boldsymbol{\eta}_3=(2,-1,-1).$$

定义线性变换 $\mathscr{A}$:

$$\mathscr{A}\boldsymbol{\varepsilon}_i=\boldsymbol{\eta}_i,i=1,2,3.$$

(1) 写出由基 $\boldsymbol{\varepsilon}_1,\boldsymbol{\varepsilon}_2,\boldsymbol{\varepsilon}_3$ 到基 $\boldsymbol{\eta}_1,\boldsymbol{\eta}_2,\boldsymbol{\eta}_3$ 的过渡矩阵;

(2) 写出 $\mathscr{A}$ 在基 $\boldsymbol{\varepsilon}_1,\boldsymbol{\varepsilon}_2,\boldsymbol{\varepsilon}_3$ 下的矩阵;

(3) 写出 $\mathscr{A}$ 在基 $\boldsymbol{\eta}_1,\boldsymbol{\eta}_2,\boldsymbol{\eta}_3$ 下的矩阵.

解 (1) 取 P^3 的标准基为 $\boldsymbol{e}_1=(1,0,0),\boldsymbol{e}_2=(0,1,0),\boldsymbol{e}_3=(0,0,1)$,则有

$$\mathscr{A}(\boldsymbol{\eta}_1,\boldsymbol{\eta}_2,\boldsymbol{\eta}_3)=\mathscr{A}(\boldsymbol{\varepsilon}_1,\boldsymbol{\varepsilon}_2,\boldsymbol{\varepsilon}_3)\begin{pmatrix}-2 & -\frac{3}{2} & \frac{3}{2}\\ 1 & \frac{3}{2} & \frac{3}{2}\\ 1 & \frac{1}{2} & -\frac{5}{2}\end{pmatrix}=(\boldsymbol{\eta}_1,\boldsymbol{\eta}_2,\boldsymbol{\eta}_3)\begin{pmatrix}-2 & -\frac{3}{2} & \frac{3}{2}\\ 1 & \frac{3}{2} & \frac{3}{2}\\ 1 & \frac{1}{2} & -\frac{5}{2}\end{pmatrix},$$

所以 $\mathscr{A}$ 在基 $\boldsymbol{\eta}_1,\boldsymbol{\eta}_2,\boldsymbol{\eta}_3$ 下的矩阵为

$$\begin{pmatrix}-2 & -\frac{3}{2} & \frac{3}{2}\\ 1 & \frac{3}{2} & \frac{3}{2}\\ 1 & \frac{1}{2} & -\frac{5}{2}\end{pmatrix}.$$

16. 证明：

$$\begin{pmatrix}\lambda_1 & & & \\ & \lambda_2 & & \\ & & \ddots & \\ & & & \lambda_n\end{pmatrix} 与 \begin{pmatrix}\lambda_{i_1} & & & \\ & \lambda_{i_2} & & \\ & & \ddots & \\ & & & \lambda_{i_n}\end{pmatrix}$$

相似，其中 $i_1i_2\cdots i_n$ 是 $1,2,\cdots,n$ 的一个排列.

【思路探索】 证明两个矩阵是同一线性变换在不同基下的坐标.

证 取一个 n 维线性空间 V 及其一组基 $\boldsymbol{\varepsilon}_1,\boldsymbol{\varepsilon}_2,\cdots,\boldsymbol{\varepsilon}_n$，对于矩阵 $\begin{pmatrix}\lambda_1 & & & \\ & \lambda_2 & & \\ & & \ddots & \\ & & & \lambda_n\end{pmatrix}$，存在 V 的线性变换 $\mathscr{A}$，

使得

$$\mathscr{A}(\boldsymbol{\varepsilon}_1,\boldsymbol{\varepsilon}_2,\cdots,\boldsymbol{\varepsilon}_n)=(\boldsymbol{\varepsilon}_1,\boldsymbol{\varepsilon}_2,\cdots,\boldsymbol{\varepsilon}_n)\begin{pmatrix}\lambda_1 & & & \\ & \lambda_2 & & \\ & & \ddots & \\ & & & \lambda_n\end{pmatrix},$$

则

$$\mathscr{A}\boldsymbol{\varepsilon}_i=\lambda_i\boldsymbol{\varepsilon}_i,i=1,2,\cdots,n,$$

故

$$\mathscr{A}(\boldsymbol{\varepsilon}_{i_1},\boldsymbol{\varepsilon}_{i_2},\cdots,\boldsymbol{\varepsilon}_{i_n})=(\boldsymbol{\varepsilon}_{i_1},\boldsymbol{\varepsilon}_{i_2},\cdots,\boldsymbol{\varepsilon}_{i_n})\begin{pmatrix}\lambda_{i_1} & & & \\ & \lambda_{i_2} & & \\ & & \ddots & \\ & & & \lambda_{i_n}\end{pmatrix},$$

所以 $\begin{pmatrix}\lambda_1 & & & \\ & \lambda_2 & & \\ & & \ddots & \\ & & & \lambda_n\end{pmatrix}$ 与 $\begin{pmatrix}\lambda_{i_1} & & & \\ & \lambda_{i_2} & & \\ & & \ddots & \\ & & & \lambda_{i_n}\end{pmatrix}$ 相似.

方法点击：同一线性变换在不同基下的矩阵相似；反之，两个相似矩阵一定是某个线性空间上的线性变换在不同基下的矩阵.

17. 如果 $\boldsymbol{A}$ 可逆，证明：$\boldsymbol{AB}$ 与 $\boldsymbol{BA}$ 相似.

【思路探索】 利用矩阵相似的定义说明.

证 因为 $\boldsymbol{A}$ 可逆，故存在 $\boldsymbol{A}^{-1}$，从而

$$\boldsymbol{A}^{-1}(\boldsymbol{AB})\boldsymbol{A}=(\boldsymbol{A}^{-1}\boldsymbol{A})(\boldsymbol{BA})=\boldsymbol{BA},$$

所以 $\boldsymbol{AB}$ 与 $\boldsymbol{BA}$ 相似.

方法点击：利用定义证明两个矩阵 $\boldsymbol{A}$ 和 $\boldsymbol{B}$ 相似，即证明存在可逆矩阵 $\boldsymbol{P}$，使 $\boldsymbol{P}^{-1}\boldsymbol{AP}=\boldsymbol{B}$.

18. 如果 $\boldsymbol{A}$ 与 $\boldsymbol{B}$ 相似，$\boldsymbol{C}$ 与 $\boldsymbol{D}$ 相似，证明

$$\begin{pmatrix}\boldsymbol{A}&\boldsymbol{O}\\\boldsymbol{O}&\boldsymbol{C}\end{pmatrix} 与 \begin{pmatrix}\boldsymbol{B}&\boldsymbol{O}\\\boldsymbol{O}&\boldsymbol{D}\end{pmatrix}$$

相似.

证 由于 $\boldsymbol{A}$ 与 $\boldsymbol{B}$ 相似，$\boldsymbol{C}$ 与 $\boldsymbol{D}$ 相似，因此存在可逆矩阵 $\boldsymbol{X},\boldsymbol{Y}$，使得 $\boldsymbol{B}=\boldsymbol{X}^{-1}\boldsymbol{AX},\boldsymbol{D}=\boldsymbol{Y}^{-1}\boldsymbol{CY}$，从而有

$$\begin{pmatrix}\boldsymbol{X}^{-1}&\boldsymbol{O}\\\boldsymbol{O}&\boldsymbol{Y}^{-1}\end{pmatrix}\begin{pmatrix}\boldsymbol{A}&\boldsymbol{O}\\\boldsymbol{O}&\boldsymbol{C}\end{pmatrix}\begin{pmatrix}\boldsymbol{X}&\boldsymbol{O}\\\boldsymbol{O}&\boldsymbol{Y}\end{pmatrix}=\begin{pmatrix}\boldsymbol{X}^{-1}\boldsymbol{AX}&\boldsymbol{O}\\\boldsymbol{O}&\boldsymbol{Y}^{-1}\boldsymbol{CY}\end{pmatrix}=\begin{pmatrix}\boldsymbol{B}&\boldsymbol{O}\\\boldsymbol{O}&\boldsymbol{D}\end{pmatrix},$$

这里 $\begin{pmatrix}\boldsymbol{X}^{-1}&\boldsymbol{O}\\\boldsymbol{O}&\boldsymbol{Y}^{-1}\end{pmatrix}=\begin{pmatrix}\boldsymbol{X}&\boldsymbol{O}\\\boldsymbol{O}&\boldsymbol{Y}\end{pmatrix}^{-1}$.

19. 求复数域上线性空间 V 的线性变换 $\mathscr{A}$ 的特征值与特征向量，已知 $\mathscr{A}$ 在一组基下的矩阵为：

(1) $\boldsymbol{A}=\begin{pmatrix}3&4\\5&2\end{pmatrix}$；　(2) $\boldsymbol{A}=\begin{pmatrix}0&a\\-a&0\end{pmatrix}$；　(3) $\boldsymbol{A}=\begin{pmatrix}1&1&1&1\\1&1&-1&-1\\1&-1&1&-1\\1&-1&-1&1\end{pmatrix}$；

(4) $\boldsymbol{A}=\begin{pmatrix}5&6&-3\\-1&0&1\\1&2&-1\end{pmatrix}$；　(5) $\boldsymbol{A}=\begin{pmatrix}0&0&1\\0&1&0\\1&0&0\end{pmatrix}$；　(6) $\boldsymbol{A}=\begin{pmatrix}0&2&1\\-2&0&3\\-1&-3&0\end{pmatrix}$；

(7) $\boldsymbol{A}=\begin{pmatrix}3&1&0\\-4&-1&0\\4&-8&-2\end{pmatrix}$.

解 (1) 设 $\mathscr{A}$ 在基 $\boldsymbol{\varepsilon}_1,\boldsymbol{\varepsilon}_2$ 下的矩阵为 $\boldsymbol{A}$，矩阵 $\boldsymbol{A}$ 的特征多项式为

$$|\lambda\boldsymbol{E}-\boldsymbol{A}|=\begin{vmatrix}\lambda-3&-4\\-5&\lambda-2\end{vmatrix}=\lambda^2-5\lambda-14=(\lambda-7)(\lambda+2),$$

所以 $\mathscr{A}$ 的特征值为 $7,-2$.

先求 $\mathscr{A}$ 的属于特征值 7 的特征向量，解齐次线性方程组

$$\begin{cases}4x_1-4x_2=0,\\-5x_1+5x_2=0,\end{cases}$$

求得基础解系为$\begin{pmatrix}1\\1\end{pmatrix}$，因此$\mathscr{A}$的属于特征值7的全部特征向量为$\boldsymbol{\xi}_1=k(\boldsymbol{\varepsilon}_1+\boldsymbol{\varepsilon}_2)(k\neq 0)$.

再求$\mathscr{A}$的属于特征值-2的特征向量，解齐次线性方程组

$$\begin{cases}-5x_1-4x_2=0,\\-5x_1-4x_2=0,\end{cases}$$

求得基础解系为$\begin{pmatrix}4\\-5\end{pmatrix}$，所以$\mathscr{A}$的属于特征值$-2$的全部特征向量为$\boldsymbol{\xi}_2=k(4\boldsymbol{\varepsilon}_1-5\boldsymbol{\varepsilon}_2)(k\neq 0)$.

(2) 设$\mathscr{A}$在基$\boldsymbol{\varepsilon}_1,\boldsymbol{\varepsilon}_2$下的矩阵为$\boldsymbol{A}$.

当$a=0$时，$\boldsymbol{A}=\boldsymbol{O}$，于是矩阵$\boldsymbol{A}$的特征多项式为

$$|\lambda\boldsymbol{E}-\boldsymbol{A}|=\begin{vmatrix}\lambda & 0\\0 & \lambda\end{vmatrix}=\lambda^2,$$

所以$\mathscr{A}$的特征值为0,0.

求$\mathscr{A}$的属于特征值0的特征向量，解齐次线性方程组

$$\begin{pmatrix}0 & 0\\0 & 0\end{pmatrix}\begin{pmatrix}x_1\\x_2\end{pmatrix}=\begin{pmatrix}0\\0\end{pmatrix},$$

求得基础解系为$\begin{pmatrix}1\\0\end{pmatrix}$，$\begin{pmatrix}0\\1\end{pmatrix}$，因为$\mathscr{A}$的属于特征值0的两个线性无关的特征向量为$\boldsymbol{\varepsilon}_1,\boldsymbol{\varepsilon}_2$，所以$\mathscr{A}$以$V$中任意非零向量为其特征向量.

当$a\neq 0$时，矩阵$\boldsymbol{A}$的特征多项式为

$$|\lambda\boldsymbol{E}-\boldsymbol{A}|=\begin{vmatrix}\lambda & -a\\a & \lambda\end{vmatrix}=\lambda^2+a^2=(\lambda+a\mathrm{i})(\lambda-a\mathrm{i}),$$

所以$\mathscr{A}$的特征值为$a\mathrm{i}$，$-a\mathrm{i}$.

先求$\mathscr{A}$的属于特征值$a\mathrm{i}$的特征向量，解齐次线性方程组$(a\mathrm{i}\boldsymbol{E}-\boldsymbol{A})\boldsymbol{X}=\boldsymbol{0}$，求得基础解系为$\begin{pmatrix}-\mathrm{i}\\1\end{pmatrix}$，所以$\mathscr{A}$的属于特征值$a\mathrm{i}$的全部特征向量为$\boldsymbol{\xi}_1=k(-\mathrm{i}\boldsymbol{\varepsilon}_1+\boldsymbol{\varepsilon}_2)(k\neq 0)$.

再求$\mathscr{A}$的属于特征值$-a\mathrm{i}$的特征向量，解齐次线性方程组$(-a\mathrm{i}\boldsymbol{E}-\boldsymbol{A})\boldsymbol{X}=\boldsymbol{0}$，求得基础解系为$\begin{pmatrix}\mathrm{i}\\1\end{pmatrix}$，所以$\mathscr{A}$的属于特征值$-a\mathrm{i}$的全部特征向量为$\boldsymbol{\xi}_2=k(\mathrm{i}\boldsymbol{\varepsilon}_1+\boldsymbol{\varepsilon}_2)(k\neq 0)$.

(3) 设$\mathscr{A}$在基$\boldsymbol{\varepsilon}_1,\boldsymbol{\varepsilon}_2,\boldsymbol{\varepsilon}_3,\boldsymbol{\varepsilon}_4$下的矩阵为$\boldsymbol{A}$，矩阵$\boldsymbol{A}$的特征多项式为

$$|\lambda\boldsymbol{E}-\boldsymbol{A}|=\begin{vmatrix}\lambda-1 & -1 & -1 & -1\\-1 & \lambda-1 & 1 & 1\\-1 & 1 & \lambda-1 & 1\\-1 & 1 & 1 & \lambda-1\end{vmatrix}=(\lambda-2)^3(\lambda+2),$$

所以$\mathscr{A}$的特征值为2,2,2,-2.

先求$\mathscr{A}$的属于特征值2的特征向量，解齐次线性方程组

$$\begin{cases}x_1-x_2-x_3-x_4=0,\\-x_1+x_2+x_3+x_4=0,\\-x_1+x_2+x_3+x_4=0,\\-x_1+x_2+x_3+x_4=0,\end{cases}$$

求得基础解系为 $\begin{pmatrix}1\\1\\0\\0\end{pmatrix},\begin{pmatrix}1\\0\\1\\0\end{pmatrix},\begin{pmatrix}1\\0\\0\\1\end{pmatrix}$,所以 $\mathscr{A}$ 的属于特征值 2 的全部特征向量为

$$\boldsymbol{\xi}_1=k_1\begin{pmatrix}1\\1\\0\\0\end{pmatrix}+k_2\begin{pmatrix}1\\0\\1\\0\end{pmatrix}+k_3\begin{pmatrix}1\\0\\0\\1\end{pmatrix}=(k_1+k_2+k_3)\boldsymbol{\varepsilon}_1+k_1\boldsymbol{\varepsilon}_2+k_2\boldsymbol{\varepsilon}_3+k_3\boldsymbol{\varepsilon}_4,$$

其中 k_1,k_2,k_3 不全为 0.

再求 $\mathscr{A}$ 的属于特征值 -2 的特征向量,解齐次线性方程组

$$\begin{cases}-3x_1-x_2-x_3-x_4=0,\\-x_1-3x_2+x_3+x_4=0,\\-x_1+x_2-3x_3+x_4=0,\\-x_1+x_2+x_3-3x_4=0,\end{cases}$$

求得基础解系为 $\begin{pmatrix}1\\-1\\-1\\-1\end{pmatrix}$,所以 $\mathscr{A}$ 的属于特征值 -2 的全部特征向量为 $\boldsymbol{\xi}_2=k(\boldsymbol{\varepsilon}_1-\boldsymbol{\varepsilon}_2-\boldsymbol{\varepsilon}_3-\boldsymbol{\varepsilon}_4)(k\neq0)$.

(4) 设 $\mathscr{A}$ 在基 $\boldsymbol{\varepsilon}_1,\boldsymbol{\varepsilon}_2,\boldsymbol{\varepsilon}_3$ 下的矩阵为 $\boldsymbol{A}$,矩阵 $\boldsymbol{A}$ 的特征多项式为

$$|\lambda\boldsymbol{E}-\boldsymbol{A}|=\begin{vmatrix}\lambda-5&-6&3\\1&\lambda&-1\\-1&-2&\lambda+1\end{vmatrix}=(\lambda-2)(\lambda-1-\sqrt{3})(\lambda-1+\sqrt{3}).$$

所以 $\mathscr{A}$ 的特征值为 $2,1+\sqrt{3},1-\sqrt{3}$.

先求 $\mathscr{A}$ 的属于特征值 2 的特征向量,解齐次线性方程组

$$\begin{cases}-3x_1-6x_2+3x_3=0,\\x_1+2x_2-x_3=0,\\-x_1-2x_2+3x_3=0,\end{cases}$$

求得基础解系为 $\begin{pmatrix}2\\-1\\0\end{pmatrix}$,所以 $\mathscr{A}$ 的属于特征值 2 的全部特征向量为 $\boldsymbol{\xi}_1=k(2\boldsymbol{\varepsilon}_1-\boldsymbol{\varepsilon}_2)(k\neq0)$.

再求 $\mathscr{A}$ 的属于特征值 $1+\sqrt{3}$ 的特征向量,解齐次线性方程组

$$\begin{cases}(-4+\sqrt{3})x_1-6x_2+3x_3=0,\\x_1+(1+\sqrt{3})x_2-x_3=0,\\-x_1-2x_2+(2+\sqrt{3})x_3=0,\end{cases}$$

求得基础解系为 $\begin{pmatrix}3\\-1\\2-\sqrt{3}\end{pmatrix}$,所以 $\mathscr{A}$ 的属于特征值 $1+\sqrt{3}$ 的全部特征向量为 $\boldsymbol{\xi}_2=k[3\boldsymbol{\varepsilon}_1-\boldsymbol{\varepsilon}_2+(2-\sqrt{3})\boldsymbol{\varepsilon}_3](k\neq0)$.

再求 $\mathscr{A}$ 的属于特征值 $1-\sqrt{3}$ 的特征向量,解齐次线性方程组

$$\begin{cases}(-4-\sqrt{3})x_1-6x_2+3x_3=0,\\ x_1+(1-\sqrt{3})x_2-x_3=0,\\ -x_1-2x_2+(2-\sqrt{3})x_3=0,\end{cases}$$

求得基础的解系为$\begin{pmatrix}3\\-1\\2+\sqrt{3}\end{pmatrix}$,所以$\mathscr{A}$的属于特征值$1-\sqrt{3}$的全部特征向量为$\boldsymbol{\xi}_3=k[3\boldsymbol{\varepsilon}_1-\boldsymbol{\varepsilon}_2+(2+\sqrt{3})\boldsymbol{\varepsilon}_3](k\neq 0)$.

(5) 设$\mathscr{A}$在基$\boldsymbol{\varepsilon}_1,\boldsymbol{\varepsilon}_2,\boldsymbol{\varepsilon}_3$下的矩阵为$\boldsymbol{A}$,矩阵$\boldsymbol{A}$的特征多项式为

$$|\lambda\boldsymbol{E}-\boldsymbol{A}|=\begin{vmatrix}\lambda&0&-1\\0&\lambda-1&0\\-1&0&\lambda\end{vmatrix}=(\lambda+1)(\lambda-1)^2,$$

所以$\mathscr{A}$的特征值为$1,1,-1$.

先求$\mathscr{A}$的属于特征值1的特征向量,解齐次线性方程组

$$\begin{cases}x_1-x_3=0,\\ -x_1+x_3=0,\end{cases}$$

求得基础解系为$\begin{pmatrix}1\\0\\1\end{pmatrix},\begin{pmatrix}0\\1\\0\end{pmatrix}$,所以$\mathscr{A}$的属于特征值1的全部特征向量为$\boldsymbol{\xi}_1=k_1\boldsymbol{\varepsilon}_1+k_2\boldsymbol{\varepsilon}_2+k_1\boldsymbol{\varepsilon}_3$(其中$k_1,k_2$不全为0).

再求$\mathscr{A}$的属于特征值-1的特征向量,解齐次线性方程组

$$\begin{cases}-x_1-x_3=0,\\ -2x_2=0,\\ -x_1-x_3=0,\end{cases}$$

求得基础解系为$\begin{pmatrix}1\\0\\-1\end{pmatrix}$,所以$\mathscr{A}$的属于特征值$-1$的全部特征向量为$\boldsymbol{\xi}_2=k(\boldsymbol{\varepsilon}_1-\boldsymbol{\varepsilon}_3)(k\neq 0)$.

(6) 设$\mathscr{A}$在基$\boldsymbol{\varepsilon}_1,\boldsymbol{\varepsilon}_2,\boldsymbol{\varepsilon}_3$下的矩阵为$\boldsymbol{A}$,矩阵$\boldsymbol{A}$的特征多项式为

$$|\lambda\boldsymbol{E}-\boldsymbol{A}|=\begin{vmatrix}\lambda&-2&-1\\2&\lambda&-3\\1&3&\lambda\end{vmatrix}=\lambda(\lambda+\sqrt{14}\mathrm{i})(\lambda-\sqrt{14}\mathrm{i}).$$

所以$\mathscr{A}$的特征值为$0,\sqrt{14}\mathrm{i},-\sqrt{14}\mathrm{i}$.

先求$\mathscr{A}$的属于特征值0的特征向量,解齐次线性方程组

$$\begin{cases}-2x_2-x_3=0,\\ 2x_1-3x_3=0,\\ x_1+3x_2=0,\end{cases}$$

求得基础解系为$\begin{pmatrix}3\\-1\\2\end{pmatrix}$,所以$\mathscr{A}$的属于特征值0的全部特征向量为$\boldsymbol{\xi}_1=k(3\boldsymbol{\varepsilon}_1-\boldsymbol{\varepsilon}_2+2\boldsymbol{\varepsilon}_3)(k\neq 0)$.

再求$\mathscr{A}$的属于特征值$\sqrt{14}\mathrm{i}$的特征向量,解齐次线性方程组

$$\begin{cases}\sqrt{14}\mathrm{i}x_1-2x_2-x_3=0,\\ 2x_1+\sqrt{14}\mathrm{i}x_2-3x_3=0,\\ x_1+3x_2+\sqrt{14}\mathrm{i}x_3=0.\end{cases}$$

求得基础解系为 $\begin{pmatrix}6+\sqrt{14}\mathrm{i}\\ -2+3\sqrt{14}\mathrm{i}\\ -10\end{pmatrix}$，所以 $\mathscr{A}$ 的属于特征值 $\sqrt{14}\mathrm{i}$ 的全部特征向量为 $\boldsymbol{\xi}_2=k[(6+\sqrt{14}\mathrm{i})\boldsymbol{\varepsilon}_1+(-2+3\sqrt{14}\mathrm{i})\boldsymbol{\varepsilon}_2-10\boldsymbol{\varepsilon}_3](k\neq0)$.

最后求 $\mathscr{A}$ 的属于特征值 $-\sqrt{14}\mathrm{i}$ 的特征向量，解齐次线性方程组

$$\begin{cases}-\sqrt{14}\mathrm{i}x_1-2x_2-x_3=0,\\ 2x_1-\sqrt{14}\mathrm{i}x_2-3x_3=0,\\ x_1+3x_2-\sqrt{14}\mathrm{i}x_3=0,\end{cases}$$

求得基础解系为 $\begin{pmatrix}6-\sqrt{14}\mathrm{i}\\ -2-3\sqrt{14}\mathrm{i}\\ -10\end{pmatrix}$，所以 $\mathscr{A}$ 的属于特征值 $-\sqrt{14}\mathrm{i}$ 的全部特征向量为 $\boldsymbol{\xi}_3=k[(6-\sqrt{14}\mathrm{i})\boldsymbol{\varepsilon}_1+(-2-3\sqrt{14}\mathrm{i})\boldsymbol{\varepsilon}_2-10\boldsymbol{\varepsilon}_3](k\neq0)$.

(7) 设 $\mathscr{A}$ 在基 $\boldsymbol{\varepsilon}_1,\boldsymbol{\varepsilon}_2,\boldsymbol{\varepsilon}_3$ 下的矩阵为 $\boldsymbol{A}$，矩阵 $\boldsymbol{A}$ 的特征多项式为

$$|\lambda\boldsymbol{E}-\boldsymbol{A}|=\begin{vmatrix}\lambda-3&-1&0\\4&\lambda+1&0\\-4&8&\lambda+2\end{vmatrix}=(\lambda+2)(\lambda-1)^2,$$

所以 $\mathscr{A}$ 的特征值为 $-2,1,1$.

先求 $\mathscr{A}$ 的属于特征值 -2 的特征向量，解齐次线性方程组

$$\begin{cases}-5x_1-x_2=0,\\ 4x_1-x_2=0,\\ -4x_1+8x_2=0.\end{cases}$$

解得基础解系为 $\begin{pmatrix}0\\0\\1\end{pmatrix}$，所以 $\mathscr{A}$ 的属于特征值 -2 的全部特征向量为 $\boldsymbol{\xi}_1=k\boldsymbol{\varepsilon}_3(k\neq0)$.

再求 $\mathscr{A}$ 的属于特征值 1 的特征向量，解齐次线性方程组

$$\begin{cases}-2x_1-x_2=0,\\ 4x_1+2x_2=0,\\ -4x_1+8x_2+3x_3=0.\end{cases}$$

求得基础解系为 $\begin{pmatrix}3\\-6\\20\end{pmatrix}$，所以 $\mathscr{A}$ 的属于特征值 1 的全部特征向量为 $\boldsymbol{\xi}_2=k(3\boldsymbol{\varepsilon}_1-6\boldsymbol{\varepsilon}_2+20\boldsymbol{\varepsilon}_3)(k\neq0)$.

20. 在上题中哪些变换的矩阵可以在适当的基下化成对角形？在可以化成对角形的情况，写出相应的基变换的过渡矩阵 $\boldsymbol{T}$，并验算 $\boldsymbol{T}^{-1}\boldsymbol{AT}$.

解　由教材 P 204 定理 7 可知，在某一组基下矩阵为对角形的充要条件是有 n 个线性无关的特征向量，从而上题中(1) ~ (6) 可以化为对角形，而(7) 中线性变换的矩阵不可以化为对角形，下面分别求(1) ~ (6) 中线性变换的矩阵可以化为对角形时，其相应的基变换的过渡矩阵 $\boldsymbol{T}$.

(1) 因为$(\boldsymbol{\xi}_1,\boldsymbol{\xi}_2)=(\boldsymbol{\varepsilon}_1,\boldsymbol{\varepsilon}_2)\begin{pmatrix}1&4\\1&-5\end{pmatrix}$,所以过渡矩阵为$\boldsymbol{T}=\begin{pmatrix}1&4\\1&-5\end{pmatrix}$,且

$$\boldsymbol{T}^{-1}\boldsymbol{A}\boldsymbol{T}=\begin{pmatrix}\frac{5}{9}&\frac{4}{9}\\\frac{1}{9}&-\frac{1}{9}\end{pmatrix}\begin{pmatrix}3&4\\5&2\end{pmatrix}\begin{pmatrix}1&4\\1&-5\end{pmatrix}=\begin{pmatrix}7&0\\0&-2\end{pmatrix}.$$

(2) 当$a=0$时,已经是对角形.

当$a\neq 0$时,$(\boldsymbol{\xi}_1,\boldsymbol{\xi}_2)=(\boldsymbol{\varepsilon}_1,\boldsymbol{\varepsilon}_2)\begin{pmatrix}-\mathrm{i}&\mathrm{i}\\1&1\end{pmatrix}$,所以过渡矩阵为$\boldsymbol{T}=\begin{pmatrix}-\mathrm{i}&\mathrm{i}\\1&1\end{pmatrix}$,且

$$\boldsymbol{T}^{-1}\boldsymbol{A}\boldsymbol{T}=\begin{pmatrix}\frac{\mathrm{i}}{2}&\frac{1}{2}\\-\frac{\mathrm{i}}{2}&\frac{1}{2}\end{pmatrix}\begin{pmatrix}0&a\\-a&0\end{pmatrix}\begin{pmatrix}-\mathrm{i}&\mathrm{i}\\1&1\end{pmatrix}=\begin{pmatrix}a\mathrm{i}&0\\0&-a\mathrm{i}\end{pmatrix}.$$

(3) 所求过渡矩阵为

$$\boldsymbol{T}=\begin{pmatrix}1&1&1&1\\1&0&0&-1\\0&1&0&-1\\0&0&1&-1\end{pmatrix},$$

且

$$\boldsymbol{T}^{-1}\boldsymbol{A}\boldsymbol{T}=\begin{pmatrix}\frac{1}{4}&\frac{3}{4}&-\frac{1}{4}&-\frac{1}{4}\\\frac{1}{4}&-\frac{1}{4}&\frac{3}{4}&-\frac{1}{4}\\\frac{1}{4}&-\frac{1}{4}&-\frac{1}{4}&\frac{3}{4}\\\frac{1}{4}&-\frac{1}{4}&-\frac{1}{4}&-\frac{1}{4}\end{pmatrix}\begin{pmatrix}1&1&1&1\\1&1&-1&-1\\1&-1&1&-1\\1&-1&-1&1\end{pmatrix}\begin{pmatrix}1&1&1&1\\1&0&0&-1\\0&1&0&-1\\0&0&1&-1\end{pmatrix}=\begin{pmatrix}2&0&0&0\\0&2&0&0\\0&0&2&0\\0&0&0&-2\end{pmatrix}.$$

(4) 所求过渡矩阵为$\boldsymbol{T}=\begin{pmatrix}2&3&3\\-1&-1&-1\\0&2-\sqrt{3}&2+\sqrt{3}\end{pmatrix}$,且

$$\boldsymbol{T}^{-1}\boldsymbol{A}\boldsymbol{T}=\begin{pmatrix}-1&-3&0\\\frac{1}{2}+\frac{\sqrt{3}}{3}&1+\frac{2\sqrt{3}}{3}&-\frac{\sqrt{3}}{6}\\\frac{1}{2}-\frac{\sqrt{3}}{3}&1-\frac{2\sqrt{3}}{3}&\frac{\sqrt{3}}{6}\end{pmatrix}\begin{pmatrix}5&6&-3\\-1&0&1\\1&2&-1\end{pmatrix}\begin{pmatrix}2&3&3\\-1&-1&-1\\0&2-\sqrt{3}&2+\sqrt{3}\end{pmatrix}=\begin{pmatrix}2&0&0\\0&1+\sqrt{3}&0\\0&0&1-\sqrt{3}\end{pmatrix}.$$

(5) 所求过渡矩阵为$\boldsymbol{T}=\begin{pmatrix}1&0&1\\0&1&0\\1&0&-1\end{pmatrix}$,且

$$\boldsymbol{T}^{-1}\boldsymbol{A}\boldsymbol{T}=\begin{pmatrix}\frac{1}{2}&0&\frac{1}{2}\\0&1&0\\\frac{1}{2}&0&-\frac{1}{2}\end{pmatrix}\begin{pmatrix}0&0&1\\0&1&0\\1&0&0\end{pmatrix}\begin{pmatrix}1&0&1\\0&1&0\\1&0&-1\end{pmatrix}=\begin{pmatrix}1&0&0\\0&1&0\\0&0&-1\end{pmatrix}.$$

(6) 所求过渡矩阵为 $T=\begin{pmatrix}3 & 6+\sqrt{14}\mathrm{i} & 6-\sqrt{14}\mathrm{i}\\ -1 & -2+3\sqrt{14}\mathrm{i} & -2-3\sqrt{14}\mathrm{i}\\ 2 & -10 & -10\end{pmatrix}$，且

$$T^{-1}AT=\begin{pmatrix}0 & 0 & 0\\ 0 & \sqrt{14}\mathrm{i} & 0\\ 0 & 0 & -\sqrt{14}\mathrm{i}\end{pmatrix}.$$

21. 在 $P[x]_n(n>1)$ 中，求微分变换 $\mathscr{D}$ 的特征多项式，并证明 $\mathscr{D}$ 在任何一组基下的矩阵都不可能是对角矩阵.

解　取基 $1,x,\frac{x^2}{2!},\cdots,\frac{x^{n-1}}{(n-1)!}$，则微分变换 $\mathscr{D}$ 在这组基下的矩阵为

$$D=\begin{pmatrix}0 & 1 & 0 & \cdots & 0\\ 0 & 0 & 1 & \cdots & 0\\ \vdots & \vdots & \vdots & & \vdots\\ 0 & 0 & 0 & \cdots & 1\\ 0 & 0 & 0 & \cdots & 0\end{pmatrix},$$

从而

$$|\lambda E-D|=\begin{vmatrix}\lambda & -1 & 0 & \cdots & 0\\ 0 & \lambda & -1 & \cdots & 0\\ \vdots & \vdots & \vdots & & \vdots\\ 0 & 0 & 0 & \cdots & -1\\ 0 & 0 & 0 & \cdots & \lambda\end{vmatrix}=\lambda^n,$$

所以 $\mathscr{D}$ 的特征值是 $\lambda=0$(n 重根)，解齐次线性方程组

$$\begin{cases}0\cdot x_1-x_2+0\cdot x_3+\cdots+0\cdot x_n=0,\\ 0\cdot x_1+0\cdot x_2-x_3+\cdots+0\cdot x_n=0,\\ \cdots\cdots\cdots\cdots\\ 0\cdot x_1+0\cdot x_2+0\cdot x_3+\cdots-x_n=0.\end{cases}$$

解得基础解系为 $(1,0,\cdots,0)^{\mathrm{T}}$，故微分变换 $\mathscr{D}$ 的属于特征值 0 的全部特征向量为 $\boldsymbol{\xi}=k\cdot 1+0\cdot x+0\cdot\frac{x^2}{2!}+\cdots+0\cdot\frac{x^{n-1}}{(n-1)!}=k(k\neq 0)$，从而线性无关的特征向量个数是 1. 又因为 $P[x]_n$ 是 n 维空间，$\mathscr{D}$ 只有一个线性无关的特征向量，而 $n>1$，根据教材第 204 页定理 7 知，$\mathscr{D}$ 在任何一组基下的矩阵都不可能是对角矩阵.

22. 设

$$A=\begin{pmatrix}1 & 4 & 2\\ 0 & -3 & 4\\ 0 & 4 & 3\end{pmatrix},$$

求 A^k.

【思路探索】　先将 A 相似对角化，即求可逆矩阵 T 和对角矩阵 B，使 $T^{-1}AT=B$，则 $A=TBT^{-1}$；$A^k=TB^kT^{-1}$.

解　设 $\mathscr{A}$ 在基 $\boldsymbol{\varepsilon}_1,\boldsymbol{\varepsilon}_2,\boldsymbol{\varepsilon}_3$ 下的矩阵为 A，矩阵 A 的特征多项式为

$$|\lambda E-A|=\begin{vmatrix}\lambda-1 & -4 & -2\\ 0 & \lambda+3 & -4\\ 0 & -4 & \lambda-3\end{vmatrix}=(\lambda-1)(\lambda-5)(\lambda+5),$$

特征值 $\lambda_1=1,\lambda_2=5,\lambda_3=-5$.

$\mathscr{A}$ 的属于特征值 1 的线性无关的特征向量为 $\boldsymbol{\xi}_1=(1,0,0)^{\mathrm{T}}$;

$\mathscr{A}$ 的属于特征值 5 的线性无关的特征向量为 $\boldsymbol{\xi}_2=(2,1,2)^{\mathrm{T}}$;

$\mathscr{A}$ 的属于特征值 -5 的线性无关的特征向量为 $\boldsymbol{\xi}_3=(1,-2,1)^{\mathrm{T}}$.

则有

$$(\boldsymbol{\xi}_1,\boldsymbol{\xi}_2,\boldsymbol{\xi}_3)=(\boldsymbol{\varepsilon}_1,\boldsymbol{\varepsilon}_2,\boldsymbol{\varepsilon}_3)\begin{pmatrix}1&2&1\\0&1&-2\\0&2&1\end{pmatrix}=(\boldsymbol{\varepsilon}_1,\boldsymbol{\varepsilon}_2,\boldsymbol{\varepsilon}_3)\boldsymbol{T},$$

$$\boldsymbol{T}^{-1}\boldsymbol{A}\boldsymbol{T}=\begin{pmatrix}1&0&-1\\0&\frac{1}{5}&\frac{2}{5}\\0&-\frac{2}{5}&\frac{1}{5}\end{pmatrix}\begin{pmatrix}1&4&2\\0&-3&4\\0&4&3\end{pmatrix}\begin{pmatrix}1&2&1\\0&1&-2\\0&2&1\end{pmatrix}=\begin{pmatrix}1&0&0\\0&5&0\\0&0&-5\end{pmatrix}=\boldsymbol{B},$$

于是

$$\boldsymbol{A}^k=\boldsymbol{T}\boldsymbol{B}^k\boldsymbol{T}^{-1}=\begin{pmatrix}1&2&1\\0&1&-2\\0&2&1\end{pmatrix}\begin{pmatrix}1&0&0\\0&5^k&0\\0&0&(-5)^k\end{pmatrix}\begin{pmatrix}1&0&-1\\0&\frac{1}{5}&\frac{2}{5}\\0&-\frac{2}{5}&\frac{1}{5}\end{pmatrix}$$

$$=\begin{pmatrix}1&2\cdot5^{k-1}[1+(-1)^{k+1}]&5^{k-1}[4+(-1)^k]-1\\0&5^{k-1}[1+4(-1)^k]&2\cdot5^{k-1}[1+(-1)^{k+1}]\\0&2\cdot5^{k-1}[1+(-1)^{k+1}]&5^{k-1}[4+(-1)^k]\end{pmatrix}.$$

23. 设 $\boldsymbol{\varepsilon}_1,\boldsymbol{\varepsilon}_2,\boldsymbol{\varepsilon}_3,\boldsymbol{\varepsilon}_4$ 是 4 维线性空间 V 的一组基,线性变换 $\mathscr{A}$ 在这组基下的矩阵为

$$\boldsymbol{A}=\begin{pmatrix}5&-2&-4&3\\3&-1&-3&2\\-3&\frac{1}{2}&\frac{9}{2}&-\frac{5}{2}\\-10&3&11&-7\end{pmatrix},$$

(1) 求 $\mathscr{A}$ 在基

$$\begin{aligned}\boldsymbol{\eta}_1&=\boldsymbol{\varepsilon}_1+2\boldsymbol{\varepsilon}_2+\boldsymbol{\varepsilon}_3+\boldsymbol{\varepsilon}_4,\\\boldsymbol{\eta}_2&=2\boldsymbol{\varepsilon}_1+3\boldsymbol{\varepsilon}_2+\boldsymbol{\varepsilon}_3,\\\boldsymbol{\eta}_3&=\boldsymbol{\varepsilon}_3,\\\boldsymbol{\eta}_4&=\boldsymbol{\varepsilon}_4\end{aligned}$$

下的矩阵;

(2) 求 $\mathscr{A}$ 的特征值与特征向量;

(3) 求一可逆矩阵 $\boldsymbol{T}$,使 $\boldsymbol{T}^{-1}\boldsymbol{A}\boldsymbol{T}$ 成对角形.

解 (1) 因为

$$(\boldsymbol{\eta}_1,\boldsymbol{\eta}_2,\boldsymbol{\eta}_3,\boldsymbol{\eta}_4)=(\boldsymbol{\varepsilon}_1,\boldsymbol{\varepsilon}_2,\boldsymbol{\varepsilon}_3,\boldsymbol{\varepsilon}_4)\begin{pmatrix}1&2&0&0\\2&3&0&0\\1&1&1&0\\1&0&0&1\end{pmatrix}=(\boldsymbol{\varepsilon}_1,\boldsymbol{\varepsilon}_2,\boldsymbol{\varepsilon}_3,\boldsymbol{\varepsilon}_4)\boldsymbol{X},$$

所以线性变换 $\mathscr{A}$ 在基 $\boldsymbol{\eta}_1,\boldsymbol{\eta}_2,\boldsymbol{\eta}_3,\boldsymbol{\eta}_4$ 下的矩阵为

$$X^{-1}AX=\begin{pmatrix}-3&2&0&0\\2&-1&0&0\\1&-1&1&0\\3&-2&0&1\end{pmatrix}\begin{pmatrix}5&-2&-4&3\\3&-1&-3&2\\-3&\frac{1}{2}&\frac{9}{2}&-\frac{5}{2}\\-10&3&11&-7\end{pmatrix}\begin{pmatrix}1&2&0&0\\2&3&0&0\\1&1&1&0\\1&0&0&1\end{pmatrix}=\begin{pmatrix}0&0&6&-5\\0&0&-5&4\\0&0&\frac{7}{2}&-\frac{3}{2}\\0&0&5&-2\end{pmatrix}=B.$$

(2) 因为线性变换 $\mathscr{A}$ 的特征多项式 $|\lambda E-B|=\lambda^2(\lambda-1)\left(\lambda-\frac{1}{2}\right)$，所以 $\mathscr{A}$ 的特征值为 $\lambda_1=\lambda_2=0,\lambda_3=1,\lambda_4=\frac{1}{2}$.

线性变换 $\mathscr{A}$ 的属于特征值 0 的线性无关的特征向量为

$$\xi_1=2\varepsilon_1+3\varepsilon_2+\varepsilon_3,\xi_2=-\varepsilon_1-\varepsilon_2+\varepsilon_4.$$

线性变换 $\mathscr{A}$ 的属于特征值 1 的线性无关的特征向量为

$$\xi_3=3\varepsilon_1+\varepsilon_2+\varepsilon_3-2\varepsilon_4.$$

线性变换 $\mathscr{A}$ 的属于特征值 $\frac{1}{2}$ 的线性无关的特征向量为

$$\xi_4=-4\varepsilon_1-2\varepsilon_2+\varepsilon_3+6\varepsilon_4.$$

(3) 因为

$$(\xi_1,\xi_2,\xi_3,\xi_4)=(\varepsilon_1,\varepsilon_2,\varepsilon_3,\varepsilon_4)\begin{pmatrix}2&-1&3&-4\\3&-1&1&-2\\1&0&1&1\\0&1&-2&6\end{pmatrix},$$

所以所求的可逆矩阵为

$$T=\begin{pmatrix}2&-1&3&-4\\3&-1&1&-2\\1&0&1&1\\0&1&-2&6\end{pmatrix},$$

$$T^{-1}AT=\begin{pmatrix}2&-1&3&-4\\3&-1&1&-2\\1&0&1&1\\0&1&-2&6\end{pmatrix}^{-1}\begin{pmatrix}5&-2&-4&3\\3&-1&-3&2\\-3&\frac{1}{2}&\frac{9}{2}&-\frac{5}{2}\\-10&3&11&-7\end{pmatrix}\begin{pmatrix}2&-1&3&-4\\3&-1&1&-2\\1&0&1&1\\0&1&-2&6\end{pmatrix}=\begin{pmatrix}0&0&0&0\\0&0&0&0\\0&0&1&0\\0&0&0&\frac{1}{2}\end{pmatrix}.$$

24. (1) 设 λ_1,λ_2 是线性变换 $\mathscr{A}$ 的两个不同特征值，$\varepsilon_1,\varepsilon_2$ 是分别属于 λ_1,λ_2 的特征向量，证明：$\varepsilon_1+\varepsilon_2$ 不是 $\mathscr{A}$ 的特征向量；

(2) 证明：如果线性空间 V 的线性变换 $\mathscr{A}$ 以 V 中每个非零向量作为它的特征向量，那么 $\mathscr{A}$ 是数乘变换.

证 (1) 因为

$$\mathscr{A}\varepsilon_1=\lambda_1\varepsilon_1,\mathscr{A}\varepsilon_2=\lambda_2\varepsilon_2,\lambda_1\neq\lambda_2,$$

所以

$$\mathscr{A}(\varepsilon_1+\varepsilon_2)=\mathscr{A}\varepsilon_1+\mathscr{A}\varepsilon_2=\lambda_1\varepsilon_1+\lambda_2\varepsilon_2.$$

假设 $\varepsilon_1+\varepsilon_2$ 是线性变换 $\mathscr{A}$ 的属于特征值 λ 的特征向量，即

$$\mathscr{A}(\varepsilon_1+\varepsilon_2)=\lambda(\varepsilon_1+\varepsilon_2),$$

则有 $\lambda(\varepsilon_1+\varepsilon_2)=\lambda_1\varepsilon_1+\lambda_2\varepsilon_2$，即

$$(\lambda_1-\lambda)\varepsilon_1+(\lambda_2-\lambda)\varepsilon_2=0.$$

由于线性变换 A 的属于不同特征值的特征向量线性无关，故有 $\lambda_1-\lambda=0,\lambda_2-\lambda=0$，得 $\lambda_1=\lambda_2$，这

与题设矛盾,故 $\boldsymbol{\varepsilon}_1+\boldsymbol{\varepsilon}_2$ 不可能是 $\mathscr{A}$ 的特征向量.

(2) 任取 V 中两个非零向量 $\boldsymbol{\xi}_1,\boldsymbol{\xi}_2$,由题设知,它们分别是 $\mathscr{A}$ 的属于特征值 λ_1,λ_2 的特征向量,假定 $\lambda_1\neq\lambda_2$,则 $\boldsymbol{\xi}_1,\boldsymbol{\xi}_2$ 线性无关. 因而 $\boldsymbol{\xi}_1+\boldsymbol{\xi}_2\neq 0$,于是由题设知 $\boldsymbol{\xi}_1+\boldsymbol{\xi}_2$ 也是 $\mathscr{A}$ 的特征向量,这与 (1) 的结论矛盾,所以 $\lambda_1=\lambda_2$,记 $\lambda_1=\lambda_2=\lambda$,则对于 V 中任意非零向量 $\boldsymbol{\xi}$,都有 $\mathscr{A}(\boldsymbol{\xi})=\lambda\boldsymbol{\xi}$,又有 $\mathscr{A}(\mathbf{0})=\mathbf{0}=\lambda\cdot\mathbf{0}$,故 $\mathscr{A}$ 是数乘变换.

方法点击:属于不同特征值的特征向量线性无关.

25. 设 V 是复数域上的 n 维线性空间,$\mathscr{A},\mathscr{B}$ 是 V 上的线性变换,且 $\mathscr{A}\mathscr{B}=\mathscr{B}\mathscr{A}$. 证明:

(1) 如果 λ_0 是 $\mathscr{A}$ 的一特征值,那么 V_{λ_0} 是 $\mathscr{B}$ 的不变子空间;

(2) $\mathscr{A},\mathscr{B}$ 至少有一个公共的特征向量.

证　(1) 任取 $\boldsymbol{\xi}\in V_{\lambda_0}$,则有 $\mathscr{A}\boldsymbol{\xi}=\lambda_0\boldsymbol{\xi}$,从而

$$\mathscr{A}(\mathscr{B}\boldsymbol{\xi})=(\mathscr{A}\mathscr{B})\boldsymbol{\xi}=(\mathscr{B}\mathscr{A})\boldsymbol{\xi}=\mathscr{B}(\mathscr{A}\boldsymbol{\xi})=\mathscr{B}(\lambda_0\boldsymbol{\xi})=\lambda_0(\mathscr{B}\boldsymbol{\xi}),$$

所以 $\mathscr{B}\boldsymbol{\xi}\in V_{\lambda_0}$,故 V_{λ_0} 是 $\mathscr{B}$ 的不变子空间.

(2) 由于 V_{λ_0} 是 $\mathscr{B}$ 的不变子空间,记 $\mathscr{B}\mid V_{\lambda_0}=\mathscr{B}_0$,在复数域上,$\mathscr{B}_0$ 必有特征值 μ,并存在 $\boldsymbol{\alpha}\neq\mathbf{0}$ 且 $\boldsymbol{\alpha}\in V_{\lambda_0}$,使得 $\mathscr{B}_0\boldsymbol{\alpha}=\mu\boldsymbol{\alpha}$,故 $\mathscr{B}\boldsymbol{\alpha}=\mathscr{B}_0\boldsymbol{\alpha}=\mu\boldsymbol{\alpha}$,又 $\mathscr{A}\boldsymbol{\alpha}=\lambda_0\boldsymbol{\alpha}$,所以 $\mathscr{A}$ 与 $\mathscr{B}$ 有公共特征向量 $\boldsymbol{\alpha}$.

26. 设 V 是复数域上的 n 维线性空间,而线性变换 $\mathscr{A}$ 在基 $\boldsymbol{\varepsilon}_1,\boldsymbol{\varepsilon}_2,\cdots,\boldsymbol{\varepsilon}_n$ 下的矩阵是一若尔当块. 证明:

(1) V 中包含 $\boldsymbol{\varepsilon}_1$ 的 $\mathscr{A}-$ 子空间只有 V 自身;

(2) V 中任一非零 $\mathscr{A}-$ 子空间都包含 $\boldsymbol{\varepsilon}_n$;

(3) V 不能分解成两个非平凡的 $\mathscr{A}-$ 子空间的直和.

证　(1) 由于

$$(\mathscr{A}\boldsymbol{\varepsilon}_1,\mathscr{A}\boldsymbol{\varepsilon}_2,\cdots,\mathscr{A}\boldsymbol{\varepsilon}_n)=(\boldsymbol{\varepsilon}_1,\boldsymbol{\varepsilon}_2,\cdots,\boldsymbol{\varepsilon}_n)\begin{pmatrix}\lambda & 0 & \cdots & 0 & 0\\ 1 & \lambda & \cdots & 0 & 0\\ \vdots & \vdots & & \vdots & \vdots\\ 0 & 0 & \cdots & 1 & \lambda\end{pmatrix},$$

即

$$\begin{cases}\mathscr{A}\boldsymbol{\varepsilon}_1=\lambda\boldsymbol{\varepsilon}_1+\boldsymbol{\varepsilon}_2,\\ \mathscr{A}\boldsymbol{\varepsilon}_2=\lambda\boldsymbol{\varepsilon}_2+\boldsymbol{\varepsilon}_3,\\ \quad\cdots\cdots\cdots\cdots\\ \mathscr{A}\boldsymbol{\varepsilon}_{n-1}=\lambda\boldsymbol{\varepsilon}_{n-1}+\boldsymbol{\varepsilon}_n,\\ \mathscr{A}\boldsymbol{\varepsilon}_n=\lambda\boldsymbol{\varepsilon}_n.\end{cases}$$

令 W 是包含 $\boldsymbol{\varepsilon}_1$ 的 $\mathscr{A}-$ 子空间,则 $\lambda\boldsymbol{\varepsilon}_1\in W$. 又 $\mathscr{A}\boldsymbol{\varepsilon}_1\in W$,由上面一组等式得

$$\boldsymbol{\varepsilon}_2=\mathscr{A}\boldsymbol{\varepsilon}_1-\lambda\boldsymbol{\varepsilon}_1\in W\Rightarrow\mathscr{A}\boldsymbol{\varepsilon}_2\in W,$$
$$\boldsymbol{\varepsilon}_3=\mathscr{A}\boldsymbol{\varepsilon}_2-\lambda\boldsymbol{\varepsilon}_2\in W\Rightarrow\mathscr{A}\boldsymbol{\varepsilon}_3\in W,$$
$$\cdots\cdots\cdots\cdots$$
$$\boldsymbol{\varepsilon}_n=\mathscr{A}\boldsymbol{\varepsilon}_{n-1}-\lambda\boldsymbol{\varepsilon}_{n-1}\in W,$$

既然 V 的基 $\boldsymbol{\varepsilon}_1,\boldsymbol{\varepsilon}_2,\cdots,\boldsymbol{\varepsilon}_n$ 都属于 W,所以 $W=L(\boldsymbol{\varepsilon}_1,\boldsymbol{\varepsilon}_2,\cdots,\boldsymbol{\varepsilon}_n)=V$.

(2) 设 V_0 是任一非零的 $\mathscr{A}-$ 子空间,$\boldsymbol{\alpha}\in V_0$,$\boldsymbol{\alpha}\neq\mathbf{0}$,令 $\boldsymbol{\alpha}=k_1\boldsymbol{\varepsilon}_1+k_2\boldsymbol{\varepsilon}_2+\cdots+k_{n-1}\boldsymbol{\varepsilon}_{n-1}+k_n\boldsymbol{\varepsilon}_n$. 为不失一般性,可设 $k_1\neq 0$,则

$$\begin{aligned}\mathscr{A}\boldsymbol{\alpha}&=k_1\mathscr{A}\boldsymbol{\varepsilon}_1+k_2\mathscr{A}\boldsymbol{\varepsilon}_2+\cdots+k_n\mathscr{A}\boldsymbol{\varepsilon}_n\\ &=k_1(\lambda\boldsymbol{\varepsilon}_1+\boldsymbol{\varepsilon}_2)+k_2(\lambda\boldsymbol{\varepsilon}_2+\boldsymbol{\varepsilon}_3)+\cdots+k_n\lambda\boldsymbol{\varepsilon}_n\end{aligned}$$

$$= \lambda \boldsymbol{\alpha} + k_1 \boldsymbol{\varepsilon}_2 + k_2 \boldsymbol{\varepsilon}_3 + \cdots + k_{n-1} \boldsymbol{\varepsilon}_n,$$

由 $\mathscr{A}\boldsymbol{\alpha} \in V_0$，$\lambda\boldsymbol{\alpha} \in V_0$，令 $k_1\boldsymbol{\varepsilon}_2 + k_2\boldsymbol{\varepsilon}_3 + \cdots + k_{n-1}\boldsymbol{\varepsilon}_n = \boldsymbol{\beta}$，所以 $\boldsymbol{\beta} \in V_0$.

再求 $\mathscr{A}\boldsymbol{\beta}$，又可推得 $k_1\boldsymbol{\varepsilon}_3 + k_2\boldsymbol{\varepsilon}_4 + \cdots + k_{n-2}\boldsymbol{\varepsilon}_n \in V_0$，继续作下去，最后可得 $k_1\boldsymbol{\varepsilon}_n \in V_0$，从而 $\boldsymbol{\varepsilon}_n \in V_0$，即 V 中任意非零 $\mathscr{A}-$ 子空间都包含 $\boldsymbol{\varepsilon}_n$.

(3) 设 V_1, V_2 是任意两个非平凡的 $\mathscr{A}-$ 子空间. 由(2) 知 $\boldsymbol{\varepsilon}_n \in V_1$ 且 $\boldsymbol{\varepsilon}_n \in V_2$，于是 $\boldsymbol{\varepsilon}_n \in V_1 \cap V_2$，故 V 不能分解成两个非平凡的 $\mathscr{A}-$ 子空间的直和.

27. 求下列矩阵的最小多项式：

(1) $\begin{pmatrix} 0 & 0 & 1 \\ 0 & 1 & 0 \\ 1 & 0 & 0 \end{pmatrix}$；　(2) $\begin{pmatrix} 3 & -1 & -3 & 1 \\ -1 & 3 & 1 & -3 \\ 3 & -1 & -3 & 1 \\ -1 & 3 & 1 & -3 \end{pmatrix}$.

解　(1) 记

$$\boldsymbol{A} = \begin{pmatrix} 0 & 0 & 1 \\ 0 & 1 & 0 \\ 1 & 0 & 0 \end{pmatrix},$$

则矩阵 $\boldsymbol{A}$ 的特征多项式为

$$|\lambda \boldsymbol{E} - \boldsymbol{A}| = \begin{vmatrix} \lambda & 0 & -1 \\ 0 & \lambda - 1 & 0 \\ -1 & 0 & \lambda \end{vmatrix} = (\lambda - 1)^2(\lambda + 1).$$

由于 $\boldsymbol{A}$ 的最小多项式为$(\lambda-1)^2(\lambda+1)$ 的因式，又可计算得 $\boldsymbol{A}-\boldsymbol{E} \neq \boldsymbol{O}$，$\boldsymbol{A}+\boldsymbol{E} \neq \boldsymbol{O}$，但$(\boldsymbol{A}-\boldsymbol{E})(\boldsymbol{A}+\boldsymbol{E}) = \boldsymbol{O}$，所以 $\boldsymbol{A}$ 的最小多项式为

$$(\lambda - 1)(\lambda + 1) = \lambda^2 - 1.$$

(2) 记

$$\boldsymbol{A} = \begin{pmatrix} 3 & -1 & -3 & 1 \\ -1 & 3 & 1 & -3 \\ 3 & -1 & -3 & 1 \\ -1 & 3 & 1 & -3 \end{pmatrix}.$$

则

$$|\lambda \boldsymbol{E} - \boldsymbol{A}| = \begin{vmatrix} \lambda - 3 & 1 & 3 & -1 \\ 1 & \lambda - 3 & -1 & 3 \\ -3 & 1 & \lambda + 3 & -1 \\ 1 & -3 & -1 & \lambda + 3 \end{vmatrix} = \lambda^4.$$

由于 $\boldsymbol{A}$ 的最小多项式是 λ^4 的因式，又算得 $\boldsymbol{A}^2 = \boldsymbol{O}(\boldsymbol{A} \neq \boldsymbol{O})$，所以 $\boldsymbol{A}$ 的最小多项式为 λ^2.

归纳总结：矩阵 $\boldsymbol{A}$ 的最小多项式是 $\boldsymbol{A}$ 的特征多项式的一个因式.

补充题解答

1. 设 $\mathscr{A}, \mathscr{B}$ 是线性变换，$\mathscr{A}^2 = \mathscr{A}$，$\mathscr{B}^2 = \mathscr{B}$. 证明：

(1) 如果$(\mathscr{A} + \mathscr{B})^2 = \mathscr{A} + \mathscr{B}$，那么 $\mathscr{A}\mathscr{B} = \mathscr{O}$；

(2) 如果 $\mathscr{A}\mathscr{B} = \mathscr{B}\mathscr{A}$, 那么 $(\mathscr{A} + \mathscr{B} - \mathscr{A}\mathscr{B})^2 = \mathscr{A} + \mathscr{B} - \mathscr{A}\mathscr{B}$.

证 (1) 因为 $\mathscr{A}^2 = \mathscr{A}, \mathscr{B}^2 = \mathscr{B}, (\mathscr{A} + \mathscr{B})^2 = \mathscr{A} + \mathscr{B}$, 则

$$(\mathscr{A} + \mathscr{B})^2 = (\mathscr{A} + \mathscr{B})(\mathscr{A} + \mathscr{B}) = \mathscr{A}^2 + \mathscr{B}\mathscr{A} + \mathscr{A}\mathscr{B} + \mathscr{B}^2 = \mathscr{A} + \mathscr{B},$$

从而

$$\mathscr{A}\mathscr{B} + \mathscr{B}\mathscr{A} = \mathscr{O} \text{ 或 } \mathscr{A}\mathscr{B} = -\mathscr{B}\mathscr{A},$$

又

$$2\mathscr{A}\mathscr{B} = \mathscr{A}\mathscr{B} + \mathscr{A}\mathscr{B} = \mathscr{A}\mathscr{B} - \mathscr{B}\mathscr{A} = \mathscr{A}^2\mathscr{B} - \mathscr{B}\mathscr{A}^2$$
$$= \mathscr{A}^2\mathscr{B} + \mathscr{A}\mathscr{B}\mathscr{A} = \mathscr{A}(\mathscr{A}\mathscr{B} + \mathscr{B}\mathscr{A}) = \mathscr{A} = \mathscr{O},$$

所以

$$\mathscr{A}\mathscr{B} = \mathscr{O}.$$

(2) 因为 $\mathscr{A}^2 = \mathscr{A}, \mathscr{B}^2 = \mathscr{B}, \mathscr{A}\mathscr{B} = \mathscr{B}\mathscr{A}$, 所以

$$(\mathscr{A} + \mathscr{B} - \mathscr{A}\mathscr{B})^2 = (\mathscr{A} + \mathscr{B} - \mathscr{A}\mathscr{B})(\mathscr{A} + \mathscr{B} - \mathscr{A}\mathscr{B})$$
$$= \mathscr{A}^2 + \mathscr{B}\mathscr{A} - \mathscr{A}\mathscr{B}\mathscr{A} + \mathscr{A}\mathscr{B} + \mathscr{B}^2 - \mathscr{A}\mathscr{B}^2 - \mathscr{A}^2\mathscr{B} - \mathscr{B}\mathscr{A}\mathscr{B} + \mathscr{A}\mathscr{B}\mathscr{A}\mathscr{B}$$
$$= \mathscr{A} + \mathscr{A}\mathscr{B} - \mathscr{A}\mathscr{A}\mathscr{B} + \mathscr{A}\mathscr{B} + \mathscr{B} - \mathscr{A}\mathscr{B} - \mathscr{A}\mathscr{B} - \mathscr{A}\mathscr{B}\mathscr{B} + \mathscr{A}\mathscr{A}\mathscr{B}\mathscr{B}$$
$$= \mathscr{A} + \mathscr{A}\mathscr{B} - \mathscr{A}\mathscr{B} + \mathscr{A}\mathscr{B} + \mathscr{B} - \mathscr{A}\mathscr{B} - \mathscr{A}\mathscr{B} - \mathscr{A}\mathscr{B} + \mathscr{A}\mathscr{B}$$
$$= \mathscr{A} + \mathscr{B} - \mathscr{A}\mathscr{B}.$$

2. 设 V 是数域 P 上 n 维线性空间. 证明: 由 V 的全体线性变换组成的线性空间是 n^2 维的.

证 因为 $\boldsymbol{E}_{11}, \boldsymbol{E}_{12}, \cdots, \boldsymbol{E}_{1n}, \boldsymbol{E}_{21}, \cdots, \boldsymbol{E}_{2n}, \cdots, \boldsymbol{E}_{nn}$ 是 $P^{n\times n}$ 的一组基, $P^{n\times n}$ 是 n^2 维的, 由教材第 192 页定理 2 可知, V 的全体线性变换组成的线性空间与 $P^{n\times n}$ 同构, 所以由 V 的全体线性变换组成的线性空间是 n^2 维的.

3. 设 $\mathscr{A}$ 是数域 P 上 n 维线性空间 V 的一个线性变换. 证明:

(1) 在 $P[x]$ 中有一次数 $\leqslant n^2$ 的多项式 $f(x)$, 使 $f(\mathscr{A}) = \mathscr{O}$;

(2) 如果 $f(\mathscr{A}) = \mathscr{O}, g(\mathscr{A}) = \mathscr{O}$, 那么 $d(\mathscr{A}) = \mathscr{O}$, 这里 $d(x)$ 是 $f(x)$ 与 $g(x)$ 的最大公因式;

(3) $\mathscr{A}$ 可逆的充分必要条件是有一常数项不为零的多项式 $f(x)$ 使 $f(\mathscr{A}) = \mathscr{O}$.

证 (1) 因为数域 P 上的 n 维线性空间 V 的全体线性变换组成的线性空间是 n^2 维的, 所以 $n^2 + 1$ 个线性变换 $\mathscr{A}^{n^2}, \mathscr{A}^{n^2-1}, \cdots, \mathscr{A}, \mathscr{E}$ 一定线性相关, 即存在一组不全为零的数 $a_{n^2}, a_{n^2-1}, \cdots, a_1, a_0$, 使得

$$a_{n^2}\mathscr{A}^{n^2} + a_{n^2-1}\mathscr{A}^{n^2-1} + \cdots + a_1\mathscr{A} + a_0\mathscr{E} = \mathscr{O}.$$

令 $f(x) = a_{n^2}x^{n^2} + a_{n^2-1}x^{n^2-1} + \cdots + a_1 x + a_0$, 由于 $a_{n^2}, a_{n^2-1}, \cdots, a_1, a_0$ 不全为零, 所以 $\partial(f(x)) \leqslant n^2$, 即存在 $P[x]$ 中一个次数小于等于 n^2 的多项式 $f(x)$, 使得 $f(\mathscr{A}) = \mathscr{O}$.

(2) 由于 $d(x)$ 是 $f(x)$ 与 $g(x)$ 的最大公因式, 因此存在 $P[x]$ 中的多项式 $u(x), v(x)$ 使得

$$d(x) = u(x)f(x) + v(x)g(x).$$

因为 $f(\mathscr{A}) = \mathscr{O}, g(\mathscr{A}) = \mathscr{O}$, 所以

$$d(\mathscr{A}) = u(\mathscr{A})f(\mathscr{A}) + v(\mathscr{A})g(\mathscr{A}) = \mathscr{O}.$$

(3) 必要性: 由 (1) 的结论可知, 在 $P[x]$ 中存在一次数 $\leqslant n^2$ 的多项式 $f(x)$, 使得 $f(\mathscr{A}) = \mathscr{O}$, 即

$$a_{n^2}\mathscr{A}^{n^2} + a_{n^2-1}\mathscr{A}^{n^2-1} + \cdots + a_1\mathscr{A} + a_0\mathscr{E} = \mathscr{O}.$$

若 $a_0 \neq 0$, 则 $f(x) = a_{n^2}x^{n^2} + a_{n^2-1}x^{n^2-1} + \cdots + a_1 x + a_0$ 即为所求.

若 $a_0 = 0$, 由于 $a_i(i = 0, 1, \cdots, n^2)$ 不全为零, 令 a_j 是不为零的系数中下标最小的那一个, 则有

$$a_{n^2}\mathscr{A}^{n^2} + a_{n^2-1}\mathscr{A}^{n^2-1} + \cdots + a_j\mathscr{A}^j = \mathscr{O},$$

因为 $\mathscr{A}$ 可逆, 故存在 $\mathscr{A}^{-1}$, 从而 $(\mathscr{A}^{-1})^j = (\mathscr{A}^j)^{-1}$ 也存在, 用 $(\mathscr{A}^j)^{-1}$ 右乘等式两边, 便得 $a_{n^2}\mathscr{A}^{n^2-j} + a_{n^2-1}\mathscr{A}^{n^2-j-1} + \cdots + a_j\mathscr{E} = \mathscr{O}$,

令

$$f(x) = a_{n^2} x^{n^2-j} + a_{n^2-1} x^{n^2-j-1} + \cdots + a_j (a_j \neq 0),$$

即 $f(x)$ 为所求.

充分性:设有一常数项不为零的多项式 $f(x) = a_m x^m + a_{m-1} x^{m-1} + \cdots + a_1 x + a_0 (a_0 \neq 0)$,使得 $f(\mathscr{A}) = \mathscr{O}$,即 $a_m \mathscr{A}^m + a_{m-1} \mathscr{A}^{m-1} + \cdots + a_1 \mathscr{A} + a_0 \mathscr{E} = \mathscr{O}$,

所以

$$a_m \mathscr{A}^m + a_{m-1} \mathscr{A}^{m-1} + \cdots + a_1 \mathscr{A} = - a_0 \mathscr{E},$$

于是

$$-\frac{1}{a_0} (a_m \mathscr{A}^{m-1} + \cdots + a_1 \mathscr{E}) \mathscr{A} = \mathscr{E}.$$

又

$$\mathscr{A}\left[-\frac{1}{a_0} (a_m \mathscr{A}^{m-1} + \cdots + a_1 \mathscr{E})\right] = \mathscr{E},$$

故 $\mathscr{A}$ 可逆.

4. 设 $\mathscr{A}$ 是线性空间 V 上的可逆线性变换.

(1) 证明:$\mathscr{A}$ 的特征值一定不为 0;

(2) 证明:如果 λ 是 $\mathscr{A}$ 的特征值,那么 $\frac{1}{\lambda}$ 是 $\mathscr{A}^{-1}$ 的特征值.

证　(1) 设与可逆线性变换 $\mathscr{A}$ 对应的矩阵为 $\boldsymbol{A}$,则矩阵 $\boldsymbol{A}$ 可逆,$\boldsymbol{A}$ 的特征多项式

$$f(\lambda) = \lambda^n - (a_{11} + a_{22} + \cdots + a_{nn}) \lambda^{n-1} + \cdots + (-1)^n \mid \boldsymbol{A} \mid.$$

因为 $\boldsymbol{A}$ 可逆,故 $|\boldsymbol{A}| \neq 0$,又因为 $\boldsymbol{A}$ 的特征值就是 $f(\lambda)$ 的全部根,这些根的积等于 $|\boldsymbol{A}| \neq 0$,故 $\boldsymbol{A}$ 的特征值一定不为零.

(2) 设 λ 是 $\mathscr{A}$ 的特征值,则存在非零向量 $\boldsymbol{\xi}$,使得 $\mathscr{A}\boldsymbol{\xi} = \lambda\boldsymbol{\xi}$,即 $\boldsymbol{\xi} = \mathscr{A}^{-1}(\lambda\boldsymbol{\xi}) = \lambda(\mathscr{A}^{-1}\boldsymbol{\xi})$.

又由(1)可知,$\lambda \neq 0$,于是得 $\mathscr{A}^{-1}\boldsymbol{\xi} = \frac{1}{\lambda}\boldsymbol{\xi}$,即 $\frac{1}{\lambda}$ 是 $\mathscr{A}^{-1}$ 的特征值.

> 方法点击:由本题的证明思路,可以得到一些类似的结论:
> (1) $l\lambda$ 是 $l\mathscr{A}$ 的特征值;
> (2) λ^n 是 $\mathscr{A}^n$ 的特征值;
> (3) 设 $f(x)$ 是关于 x 的多项式,则 $f(\lambda)$ 是 $f(\mathscr{A})$ 的特征值.

5. 设 $\mathscr{A}$ 是线性空间 V 上的线性变换,证明:$\mathscr{A}$ 的行列式为零的充分必要条件是 $\mathscr{A}$ 以零作为一个特征值.

证　设线性变换 $\mathscr{A}$ 在一组基下的矩阵为 $\boldsymbol{A}$,$\lambda_1, \lambda_2, \cdots, \lambda_n$ 是 $\mathscr{A}$ 的所有特征值,则

$$|\boldsymbol{A}| = \lambda_1 \lambda_2 \cdots \lambda_n.$$

必要性:设 $|\boldsymbol{A}| = 0$,则 $\lambda_1 \lambda_2 \cdots \lambda_n = 0$,即 $\boldsymbol{A}$ 的特征值至少有一个为 0,从而 $\mathscr{A}$ 以零作为一个特征值.

充分性:设 $\mathscr{A}$ 有一个特征值 $\lambda_1 = 0$,则 $|\boldsymbol{A}| = \lambda_1 \lambda_2 \cdots \lambda_n = 0$.

> 方法点击:由 4,5 两题,可以得到结论:$\mathscr{A}$ 可逆的充要条件是 $\mathscr{A}$ 的特征值全不为零.

6. 设 $\boldsymbol{A}$ 是一 n 阶下三角形矩阵,证明:

(1) 如果 $a_{ii} \neq a_{jj}$ 当 $i \neq j, i, j = 1, 2, \cdots, n$,那么 $\boldsymbol{A}$ 相似于一对角矩阵;

(2) 如果 $a_{11} = a_{22} = \cdots = a_{nn}$,而至少有一 $a_{i_0 j_0} \neq 0 (i_0 > j_0)$,那么 $\boldsymbol{A}$ 不与对角矩阵相似.

证　(1) 因为 $\boldsymbol{A}$ 是一 n 阶下三角形矩阵,所以

$$f(\lambda)=|\lambda\boldsymbol{E}-\boldsymbol{A}|=(\lambda-a_{11})(\lambda-a_{22})\cdots(\lambda-a_{nn}).$$

又由 $a_{ii}\neq a_{jj}(i\neq j,i,j=1,2,\cdots,n)$ 知,$\boldsymbol{A}$ 有 n 个不同的特征值,由教材第 204 页定理 8 的推论 1 知,矩阵 $\boldsymbol{A}$ 所对应的线性变换 $\mathscr{A}$ 在某组基下的矩阵是对角矩阵,故矩阵 $\boldsymbol{A}$ 相似于对角矩阵.

(2) 反证法. 假设 $\boldsymbol{A}=\begin{pmatrix}a_{11}&&&\\&a_{11}&&\\&&\ddots&\\a_{i_0j_0}&&&a_{11}\end{pmatrix}$ 与对角矩阵 $\boldsymbol{B}=\begin{pmatrix}\lambda_1&&&\\&\lambda_2&&\\&&\ddots&\\&&&\lambda_n\end{pmatrix}$ 相似(这里为了书写方便假设 $a_{i_0j_0}$ 在左下角),则 $\boldsymbol{A}$ 与 $\boldsymbol{B}$ 有相同的特征值 $\lambda_1,\lambda_2,\cdots,\lambda_n$. 又因为矩阵 $\boldsymbol{A}$ 的特征多项式为

$$f(\lambda)=|\lambda\boldsymbol{E}-\boldsymbol{A}|=(\lambda-a_{11})^n,$$

所以 $\lambda_1=\lambda_2=\cdots=\lambda_n=a_{11}$,从而

$$\boldsymbol{B}=\begin{pmatrix}a_{11}&&&\\&a_{11}&&\\&&\ddots&\\&&&a_{11}\end{pmatrix}=a_{11}\boldsymbol{E},$$

于是对任意非退化矩阵 $\boldsymbol{X}$,都有

$$\boldsymbol{X}^{-1}\boldsymbol{B}\boldsymbol{X}=\boldsymbol{X}^{-1}a_{11}\boldsymbol{E}\boldsymbol{X}=a_{11}\boldsymbol{X}^{-1}\boldsymbol{E}\boldsymbol{X}=a_{11}\boldsymbol{E}=\boldsymbol{B}\neq\boldsymbol{A},$$

得到矛盾,故 $\boldsymbol{A}$ 不可能与对角矩阵相似.

方法点击:矩阵 $\boldsymbol{A}$ 可以相似于对角矩阵的充要条件是 $\boldsymbol{A}$ 有 n 个线性无关的特征向量;充分条件是有 n 个互异的特征值.

7. 证明:对任一 $n\times n$ 复矩阵 $\boldsymbol{A}$,存在可逆矩阵 $\boldsymbol{T}$,使 $\boldsymbol{T}^{-1}\boldsymbol{A}\boldsymbol{T}$ 是上三角形矩阵.

证　对任意的 $n\times n$ 复矩阵 $\boldsymbol{A}$,由教材第 214 页定理 13 可知,存在一组基 $\boldsymbol{\varepsilon}_{11},\cdots,\boldsymbol{\varepsilon}_{1r_1},\boldsymbol{\varepsilon}_{21},\cdots,\boldsymbol{\varepsilon}_{2r_2},\cdots,\boldsymbol{\varepsilon}_{s1},\cdots,\boldsymbol{\varepsilon}_{sr_s}$,使与矩阵 $\boldsymbol{A}$ 相应的线性变换 $\mathscr{A}$ 在这组基下的矩阵成若尔当标准形 $\boldsymbol{J}$,从而

$$\begin{cases}\mathscr{A}\boldsymbol{\varepsilon}_{11}=\lambda_1\boldsymbol{\varepsilon}_{11}+\boldsymbol{\varepsilon}_{12},\\ \cdots\cdots\cdots\cdots\\ \mathscr{A}\boldsymbol{\varepsilon}_{1r_1}=\lambda_1\boldsymbol{\varepsilon}_{1r_1},\end{cases}$$

$$\begin{cases}\mathscr{A}\boldsymbol{\varepsilon}_{s1}=\lambda_s\boldsymbol{\varepsilon}_{s1}+\boldsymbol{\varepsilon}_{s2},\\ \cdots\cdots\cdots\cdots\\ \mathscr{A}\boldsymbol{\varepsilon}_{sr_s}=\lambda_s\boldsymbol{\varepsilon}_{sr_s},\end{cases}$$

假设过渡矩阵为 $\boldsymbol{P}$,则

$$\boldsymbol{P}^{-1}\boldsymbol{A}\boldsymbol{P}=\boldsymbol{J}=\begin{pmatrix}\boldsymbol{J}_1&&&\\&\boldsymbol{J}_2&&\\&&\ddots&\\&&&\boldsymbol{J}_s\end{pmatrix}=\begin{pmatrix}\lambda_1&&&&&&&\\1&\ddots&&&&&&\\&\ddots&\lambda_1&&&&&\\&&1&\ddots&&&&\\&&&\ddots&\ddots&&&\\&&&&\ddots&\lambda_s&&\\&&&&&1&\ddots&\\&&&&&&\ddots&\ddots\\&&&&&&1&\lambda_s\end{pmatrix}.$$

若重排基向量的顺序,使之成为一组新的基 $\boldsymbol{\varepsilon}_{1r_1},\cdots,\boldsymbol{\varepsilon}_{12},\boldsymbol{\varepsilon}_{11},\boldsymbol{\varepsilon}_{2r_2},\cdots,\boldsymbol{\varepsilon}_{22},\boldsymbol{\varepsilon}_{21},\cdots,\boldsymbol{\varepsilon}_{sr_s},\cdots,\boldsymbol{\varepsilon}_{s2},\boldsymbol{\varepsilon}_{s1}$,则由新基到旧基的过渡矩阵为 $\boldsymbol{Q}=\begin{pmatrix}\boldsymbol{B}_{r_1}&&&\\&\boldsymbol{B}_{r_2}&&\\&&\ddots&\\&&&\boldsymbol{B}_{r_s}\end{pmatrix}$,其中 $\boldsymbol{B}_{r_j}=\begin{pmatrix}&&&1\\&&1&\\&\iddots&&\\1&&&\end{pmatrix}_{r_j}$,$j=1,2,\cdots,s$.

于是

$$\mathscr{A}(\boldsymbol{\varepsilon}_{1r_1},\cdots,\boldsymbol{\varepsilon}_{11},\cdots,\boldsymbol{\varepsilon}_{sr_s},\cdots,\boldsymbol{\varepsilon}_{s1})=(\boldsymbol{\varepsilon}_{1r_1},\cdots,\boldsymbol{\varepsilon}_{11},\cdots,\boldsymbol{\varepsilon}_{sr_s},\cdots,\boldsymbol{\varepsilon}_{s1})\boldsymbol{J}^{\mathrm{T}}$$

$$=(\boldsymbol{\varepsilon}_{1r_1},\cdots,\boldsymbol{\varepsilon}_{11},\cdots,\boldsymbol{\varepsilon}_{sr_s},\cdots,\boldsymbol{\varepsilon}_{s1})\begin{pmatrix}\lambda_1&1&&&&&&\\&\ddots&\ddots&&&&&\\&&\lambda_1&1&&&&\\&&&\ddots&\ddots&&&\\&&&&\lambda_s&1&&\\&&&&&\ddots&\ddots&\\&&&&&&\ddots&1\\&&&&&&&\lambda_s\end{pmatrix},$$

故线性变换 $\mathscr{A}$ 在这组新基下的矩阵为上三角形矩阵 $\boldsymbol{Q}^{-1}(\boldsymbol{P}^{-1}\boldsymbol{AP})\boldsymbol{Q}=\boldsymbol{J}^{\mathrm{T}}$,即存在可逆矩阵 $\boldsymbol{T}=\boldsymbol{PQ}$,使得 $\boldsymbol{T}^{-1}\boldsymbol{AT}$ 是上三角形矩阵.

8. 证明:如果 $\mathscr{A}_1,\mathscr{A}_2,\cdots,\mathscr{A}_s$ 是线性空间 V 上的 s 个两两不同的线性变换,那么在 V 中必存在向量 $\boldsymbol{\alpha}$,使 $\mathscr{A}_1\boldsymbol{\alpha},\mathscr{A}_2\boldsymbol{\alpha},\cdots,\mathscr{A}_s\boldsymbol{\alpha}$ 也两两不同.

【思路探索】 构造子空间,利用第六章补充题 5 来证明.

证 记 $V_{ij}=\{\boldsymbol{\alpha}\mid\boldsymbol{\alpha}\in V,\mathscr{A}_i\boldsymbol{\alpha}=\mathscr{A}_j\boldsymbol{\alpha}\}(1\leqslant i<j\leqslant s)$,由于 $\mathscr{A}_i\boldsymbol{0}=\mathscr{A}_j\boldsymbol{0}=\boldsymbol{0}$,即 $\boldsymbol{0}\in V_{ij}$,故 V_{ij} 非空.又因为 $\mathscr{A}_1,\mathscr{A}_2,\cdots,\mathscr{A}_s$ 两两不同,所以对于任意两个 $\mathscr{A}_i,\mathscr{A}_j(i\neq j)$,总存在一向量 $\boldsymbol{\beta}$,使 $\mathscr{A}_i\boldsymbol{\beta}\neq\mathscr{A}_j\boldsymbol{\beta}$,否则,若对 $\forall\boldsymbol{\beta}\in V$ 都有 $\mathscr{A}_i\boldsymbol{\beta}=\mathscr{A}_j\boldsymbol{\beta}$,则 $\mathscr{A}_i=\mathscr{A}_j$,这与题设矛盾,所以 V_{ij} 是 V 的真子集,且 $\{\boldsymbol{0}\}\subsetneq V_{ij}$.

设 $\boldsymbol{\alpha},\boldsymbol{\beta}\in V_{ij}$,有 $\mathscr{A}_i\boldsymbol{\alpha}=\mathscr{A}_j\boldsymbol{\alpha},\mathscr{A}_i\boldsymbol{\beta}=\mathscr{A}_j\boldsymbol{\beta}$,所以 $\mathscr{A}_i(\boldsymbol{\alpha}+\boldsymbol{\beta})=\mathscr{A}_j(\boldsymbol{\alpha}+\boldsymbol{\beta})$,即 $\boldsymbol{\alpha}+\boldsymbol{\beta}\in V_{ij}$.

又 $\mathscr{A}_i(k\boldsymbol{\alpha})=k\mathscr{A}_i\boldsymbol{\alpha}=k\mathscr{A}_j\boldsymbol{\alpha}=\mathscr{A}_j(k\boldsymbol{\alpha})\Rightarrow k\boldsymbol{\alpha}\in V_{ij}$,故 V_{ij} 是 V 的非平凡子空间.

因为 V_{ij} 都是 V 的非平凡子空间,则由第六章补充题 5 知,在 V 中至少有一向量不属于所有的 V_{ij},设 $\boldsymbol{\alpha}\notin V_{ij}$,则 $\mathscr{A}_i\boldsymbol{\alpha}\neq\mathscr{A}_j\boldsymbol{\alpha}(i,j=1,2,\cdots,s)$,即存在 V 中向量 $\boldsymbol{\alpha}$,使得 $\mathscr{A}_1\boldsymbol{\alpha},\mathscr{A}_2\boldsymbol{\alpha},\cdots,\mathscr{A}_s\boldsymbol{\alpha}$ 两两不同.

9. 设 $\mathscr{A}$ 是有限维线性空间 V 的线性变换,W 是 V 的子空间,$\mathscr{A}W$ 表示由 W 中向量的像组成的子空间.证明:

$$\text{维}(\mathscr{A}W)+\text{维}(\mathscr{A}^{-1}(\boldsymbol{0})\cap W)=\text{维}(W).$$

证 **方法一** 由于 $\mathscr{A}$ 是 V 的线性变换,$\mathscr{A}^{-1}(\boldsymbol{0})$ 与 W 都是 V 的子空间,因此 $\mathscr{A}^{-1}(\boldsymbol{0})\cap W$ 也是 V 的子空间.设 $\mathscr{A}^{-1}(\boldsymbol{0})\cap W$ 的维数为 r,W 的维数为 s.取 $\mathscr{A}^{-1}(\boldsymbol{0})\cap W$ 的一组基 $\boldsymbol{\varepsilon}_1,\boldsymbol{\varepsilon}_2,\cdots,\boldsymbol{\varepsilon}_r$ 把它扩充为 W 的一组基 $\boldsymbol{\varepsilon}_1,\boldsymbol{\varepsilon}_2,\cdots,\boldsymbol{\varepsilon}_r,\boldsymbol{\varepsilon}_{r+1},\cdots,\boldsymbol{\varepsilon}_s$,因为 $\boldsymbol{\varepsilon}_1,\boldsymbol{\varepsilon}_2,\cdots,\boldsymbol{\varepsilon}_r\in\mathscr{A}^{-1}(\boldsymbol{0})$,从而 $\mathscr{A}\boldsymbol{\varepsilon}_i=\boldsymbol{0},i=1,2,\cdots,r$,所以

$$\mathscr{A}W=L(\mathscr{A}\boldsymbol{\varepsilon}_1,\cdots,\mathscr{A}\boldsymbol{\varepsilon}_r,\mathscr{A}\boldsymbol{\varepsilon}_{r+1},\cdots,\mathscr{A}\boldsymbol{\varepsilon}_s)=L(\mathscr{A}\boldsymbol{\varepsilon}_{r+1},\cdots,\mathscr{A}\boldsymbol{\varepsilon}_s).$$

类似于教材第 208 页定理 11 的证明,可知 $\mathscr{A}\boldsymbol{\varepsilon}_{r+1},\cdots,\mathscr{A}\boldsymbol{\varepsilon}_s$ 线性无关,所以

$$\text{维}(\mathscr{A}W)+\text{维}(\mathscr{A}^{-1}(\boldsymbol{0})\cap W)=\text{维}(W).$$

方法二 $\mathscr{A}\big|W$ 是 W 上的线性变换且 $(\mathscr{A}\big|W)^{-1}(\boldsymbol{0})=\mathscr{A}^{-1}(\boldsymbol{0})\cap W,(\mathscr{A}\big|W)(W)=\mathscr{A}W$.

故由教材第 208 页定理 11 可知,维$((\mathscr{A}\big|W)(W))+$维$((\mathscr{A}\big|W)^{-1}(\boldsymbol{0}))=$维$(W)$,即有维$(\mathscr{A}W)+$维$(\mathscr{A}^{-1}(\boldsymbol{0})\cap W)=$维$(W)$.

10. 设 $\mathscr{A},\mathscr{B}$ 是 n 维线性空间 V 的两个线性变换. 证明：

$$\mathscr{AB}\text{ 的秩} \geqslant \mathscr{A}\text{ 的秩} + \mathscr{B}\text{ 的秩} - n.$$

证　**方法一**　在线性空间 V 中选取一组基，并设 $\mathscr{A},\mathscr{B}$ 在这组基下的矩阵分别为 $\boldsymbol{A},\boldsymbol{B}$，则线性变换 $\mathscr{AB}$ 在这组基下的矩阵为 $\boldsymbol{AB}$.

因为线性变换 $\mathscr{A},\mathscr{B},\mathscr{AB}$ 的秩分别等于矩阵 $\boldsymbol{A},\boldsymbol{B},\boldsymbol{AB}$ 的秩，根据第四章补充题 10 知

$$r(\boldsymbol{AB}) \geqslant r(\boldsymbol{A}) + r(\boldsymbol{B}) - n,$$

所以对于线性变换 $\mathscr{A},\mathscr{B},\mathscr{AB}$，也有

$$r(\mathscr{AB}) \geqslant r(\mathscr{A}) + r(\mathscr{B}) - n.$$

方法二　记 $W = \mathscr{B}V$，由上面 9 题知，维$(\mathscr{A}W)$ + 维$(\mathscr{A}^{-1}(\boldsymbol{0}) \cap W)$ = 维(W).

由 $W = \mathscr{B}V$ 及维数公式知，维$(\mathscr{A}W)$ = 维$((\mathscr{AB})V)$ = $\mathscr{AB}$ 的秩，维$(\mathscr{A}^{-1}(\boldsymbol{0}) \cap W) \leqslant$ 维$(\mathscr{A}^{-1}(\boldsymbol{0}))$ = $n - \mathscr{A}$ 的秩，维(W) = 维$(\mathscr{B}V)$ = $\mathscr{B}$ 的秩. 故有 $\mathscr{AB}$ 的秩 $\geqslant \mathscr{A}$ 的秩 + $\mathscr{B}$ 的秩 $- n$.

11. 设 $\mathscr{A}^2 = \mathscr{A},\mathscr{B}^2 = \mathscr{B}$. 证明：

(1) $\mathscr{A}$ 与 $\mathscr{B}$ 有相同值域的充分必要条件是 $\mathscr{AB} = \mathscr{B},\mathscr{BA} = \mathscr{A}$；

(2) $\mathscr{A}$ 与 $\mathscr{B}$ 有相同的核的充分必要条件是 $\mathscr{AB} = \mathscr{A},\mathscr{BA} = \mathscr{B}$.

证　(1) 必要性：若 $\mathscr{A}V = \mathscr{B}V$，则任取 $\boldsymbol{\alpha} \in V$，有 $\mathscr{B}\boldsymbol{\alpha} \in \mathscr{B}V = \mathscr{A}V$，故 $\exists\, \boldsymbol{\beta} \in V$，使得 $\mathscr{B}\boldsymbol{\alpha} = \mathscr{A}\boldsymbol{\beta}$，于是 $\mathscr{AB}\boldsymbol{\alpha} = \mathscr{A}^2\boldsymbol{\beta} = \mathscr{A}\boldsymbol{\beta} = \mathscr{B}\boldsymbol{\alpha}$，由 $\boldsymbol{\alpha}$ 的任意性可知，有 $\mathscr{AB} = \mathscr{B}$.

同理可证 $\mathscr{BA} = \mathscr{A}$.

充分性：设 $\mathscr{AB} = \mathscr{B},\mathscr{BA} = \mathscr{A}$，则 $\forall\, \mathscr{A}\boldsymbol{\alpha} \in \mathscr{A}V$，有 $\mathscr{A}\boldsymbol{\alpha} = \mathscr{B}(\mathscr{A}\boldsymbol{\alpha}) \in \mathscr{B}V$，即 $\mathscr{A}V \subset \mathscr{B}V$.

反之，任取 $\mathscr{B}\boldsymbol{\beta} \in \mathscr{B}V$，$\mathscr{B}\boldsymbol{\beta} = \mathscr{A}(\mathscr{B}\boldsymbol{\beta}) \in \mathscr{A}$，即 $\mathscr{B}V \subset \mathscr{A}V$.

故 $\mathscr{A}V = \mathscr{B}V$.

(2) 必要性：若 $\mathscr{A}^{-1}(\boldsymbol{0}) = \mathscr{B}^{-1}(\boldsymbol{0})$，对于 V 中的任意向量 $\boldsymbol{\beta}$，构造向量 $\boldsymbol{\beta} - \mathscr{A}\boldsymbol{\beta}$. 因为

$$\mathscr{A}(\boldsymbol{\beta} - \mathscr{A}\boldsymbol{\beta}) = \mathscr{A}\boldsymbol{\beta} - \mathscr{A}^2\boldsymbol{\beta} = \mathscr{A}\boldsymbol{\beta} - \mathscr{A}\boldsymbol{\beta} = \boldsymbol{0},$$

所以

$$\boldsymbol{\beta} - \mathscr{A}\boldsymbol{\beta} \in \mathscr{A}^{-1}(\boldsymbol{0}) = \mathscr{B}^{-1}(\boldsymbol{0}).$$

又因为 $\mathscr{B}(\boldsymbol{\beta} - \mathscr{A}\boldsymbol{\beta}) = \mathscr{B}\boldsymbol{\beta} - \mathscr{BA}\boldsymbol{\beta} = \boldsymbol{0}$，所以 $\mathscr{B}\boldsymbol{\beta} = \mathscr{BA}\boldsymbol{\beta}$. 由 $\boldsymbol{\beta}$ 的任意性，有 $\mathscr{B} = \mathscr{BA}$. 同理可证 $\mathscr{AB} = \mathscr{A}$.

充分性：设 $\mathscr{A} = \mathscr{AB},\mathscr{B} = \mathscr{BA}$，则任取 $\boldsymbol{\alpha} \in \mathscr{A}^{-1}(\boldsymbol{0})$，由

$$\mathscr{B}\boldsymbol{\alpha} = (\mathscr{BA})\boldsymbol{\alpha} = \mathscr{B}(\mathscr{A}\boldsymbol{\alpha}) = \mathscr{B}(\boldsymbol{0}) = \boldsymbol{0},$$

得 $\boldsymbol{\alpha} \in \mathscr{B}^{-1}(\boldsymbol{0})$，从而

$$\mathscr{A}^{-1}(\boldsymbol{0}) \subset \mathscr{B}^{-1}(\boldsymbol{0}).$$

同理可证 $\mathscr{A}^{-1}(\boldsymbol{0}) \supset \mathscr{B}^{-1}(\boldsymbol{0})$，所以 $\mathscr{A}^{-1}(\boldsymbol{0}) = \mathscr{B}^{-1}(\boldsymbol{0})$.

四、自测题

第七章自测题

一、判断题(每题3分,共15分)

1. 线性变换把线性无关的向量组变成线性无关的向量组. (　　)
2. 每个方阵都满足其特征方程. (　　)
3. 线性变换 $\mathscr{A}$ 的属于特征值 λ_0 的全部特征向量所成的集合,称为 $\mathscr{A}$ 的一个特征子空间. (　　)
4. 如果矩阵 $\boldsymbol{A},\boldsymbol{B}$ 有相同的特征多项式,则 $\boldsymbol{A},\boldsymbol{B}$ 相似. (　　)
5. 如果矩阵 $\boldsymbol{A}_1$ 与 $\boldsymbol{B}_1$ 相似,$\boldsymbol{A}_2$ 与 $\boldsymbol{B}_2$ 相似,则 $\boldsymbol{A}_1+\boldsymbol{A}_2$ 与 $\boldsymbol{B}_1+\boldsymbol{B}_2$ 相似. (　　)

二、填空题(每题3分,共15分)

6. 设线性变换 $\mathscr{A}$ 在基 $\boldsymbol{\varepsilon}_1,\boldsymbol{\varepsilon}_2,\cdots,\boldsymbol{\varepsilon}_n$ 下的矩阵是 $\boldsymbol{A}$,向量 $\boldsymbol{\zeta}$ 在基 $\boldsymbol{\varepsilon}_1,\boldsymbol{\varepsilon}_2,\cdots,\boldsymbol{\varepsilon}_n$ 下的坐标是 $(x_1,x_2,\cdots,x_n)$,则 $\mathscr{A}\boldsymbol{\zeta}$ 在基 $\boldsymbol{\varepsilon}_1,\boldsymbol{\varepsilon}_2,\cdots,\boldsymbol{\varepsilon}_n$ 下的坐标为________.

7. 已知矩阵 $\begin{pmatrix}1 & b\\ b & a\end{pmatrix}$ 与 $\begin{pmatrix}1 & 0\\ 0 & 2\end{pmatrix}$ 相似,则 $a=$________,$b=$________.

8. 矩阵 $\boldsymbol{A}=(a_{ij})_{n\times n}$ 的全体特征值的积为________.

9. 设 $\mathbf{R}^3$ 的一个线性变换为 $\mathscr{A}(a,b,c)=(a-c,b+c,a+b)$,则 $\mathscr{A}$ 的零度为________.

10. 矩阵 $\begin{pmatrix}1 & 1 & & \\ & 1 & & \\ & & 2 & \\ & & & 2\end{pmatrix}$ 的最小多项式为________.

三、计算题(每题10分,共40分)

11. 设 $\mathscr{A}$ 是4维线性空间 V 的一个线性变换,$\mathscr{A}$ 在 V 的一组基 $\boldsymbol{\alpha}_1,\boldsymbol{\alpha}_2,\boldsymbol{\alpha}_3,\boldsymbol{\alpha}_4$ 下的矩阵为

$$\boldsymbol{A}=\begin{pmatrix}-1 & -2 & -2 & -2\\ 2 & 6 & 5 & 2\\ 0 & 0 & -1 & -2\\ 0 & 0 & 2 & 6\end{pmatrix}.$$

设 $\boldsymbol{\beta}_1=\boldsymbol{\alpha}_1,\boldsymbol{\beta}_2=-\boldsymbol{\alpha}_1+\boldsymbol{\alpha}_2,\boldsymbol{\beta}_3=-\boldsymbol{\alpha}_2+\boldsymbol{\alpha}_3,\boldsymbol{\beta}_4=-\boldsymbol{\alpha}_3+\boldsymbol{\alpha}_4$,求 $\mathscr{A}$ 在基 $\boldsymbol{\beta}_1,\boldsymbol{\beta}_2,\boldsymbol{\beta}_3,\boldsymbol{\beta}_4$ 下的矩阵.

12. 设 V 是复数域上一个线性空间,$\mathscr{A}$ 是 V 的一个线性变换,已知 $\mathscr{A}$ 在一组基下的矩阵为

$$\boldsymbol{A}=\begin{pmatrix}3 & 1 & 0\\ -4 & -1 & 0\\ 4 & -8 & -3\end{pmatrix}.$$

求 $\mathscr{A}$ 的特征值与特征向量.

13. 设矩阵 $\boldsymbol{A}=\begin{pmatrix}2 & a & 2\\ 5 & b & 3\\ -1 & 1 & -1\end{pmatrix}$ 有特征值 $1,-1$,试问 $\boldsymbol{A}$ 能否对角化,若能,请写出其对角矩阵.

14. 已知3阶方阵 $\boldsymbol{A}$ 的特征值分别为 $1,-1,0$,对应的特征向量分别为 $\boldsymbol{\zeta}_1=\begin{pmatrix}1\\ 0\\ -1\end{pmatrix},\boldsymbol{\zeta}_2=\begin{pmatrix}0\\ 3\\ 2\end{pmatrix},\boldsymbol{\zeta}_3=\begin{pmatrix}-2\\ -1\\ 1\end{pmatrix}$.求矩阵 $\boldsymbol{A}$.

四、证明题(第 15 题 10 分,第 16 题 20 分,共 30 分)

15. 设 V 是 n 维线性空间,$\mathscr{A}$ 是 V 的一个线性变换,如果 λ_1,λ_2 是 $\mathscr{A}$ 的两个不同的特征值,$\boldsymbol{\alpha}_1,\boldsymbol{\alpha}_2,\cdots,\boldsymbol{\alpha}_r$ 是属于特征值 λ_1 的线性无关的特征向量,$\boldsymbol{\beta}_1,\boldsymbol{\beta}_2,\cdots,\boldsymbol{\beta}_s$ 是属于特征值 λ_2 的线性无关的特征向量. 证明:向量组 $\boldsymbol{\alpha}_1,\boldsymbol{\alpha}_2,\cdots,\boldsymbol{\alpha}_r,\boldsymbol{\beta}_1,\boldsymbol{\beta}_2,\cdots,\boldsymbol{\beta}_s$ 线性无关.

16. 设 $\mathscr{A}$ 是线性空间 V 的一个线性变换,满足 $\mathscr{A}^2=\mathscr{A}$. 证明:

(1) $V=\mathscr{A}V\oplus\mathscr{A}^{-1}(\mathbf{0})$;

(2) 如果 $\mathscr{B}$ 是线性空间 V 的另一个线性变换,并且 $\mathscr{A}V,\mathscr{A}^{-1}(\mathbf{0})$ 都是 $\mathscr{B}$-子空间,则 $\mathscr{A}\mathscr{B}=\mathscr{B}\mathscr{A}$.

第七章自测题解答

一、1. × 2. √ 3. × 4. × 5. ×

二、6. $\boldsymbol{A}\begin{pmatrix}x_1\\x_2\\\vdots\\x_n\end{pmatrix}$.

7. 2,0.

8. $|\boldsymbol{A}|$.

9. 1.

10. $(x-1)^2(x-2)$.

三、11. 解 注意到 $\mathscr{A}(\boldsymbol{\alpha}_1,\boldsymbol{\alpha}_2,\boldsymbol{\alpha}_3,\boldsymbol{\alpha}_4)=(\boldsymbol{\alpha}_1,\boldsymbol{\alpha}_2,\boldsymbol{\alpha}_3,\boldsymbol{\alpha}_4)\boldsymbol{A}$,并且 $(\boldsymbol{\beta}_1,\boldsymbol{\beta}_2,\boldsymbol{\beta}_3,\boldsymbol{\beta}_4)=(\boldsymbol{\alpha}_1,\boldsymbol{\alpha}_2,\boldsymbol{\alpha}_3,\boldsymbol{\alpha}_4)\boldsymbol{P}$,其中

$$\boldsymbol{P}=\begin{pmatrix}1&-1&0&0\\0&1&-1&0\\0&0&1&-1\\0&0&0&1\end{pmatrix},\boldsymbol{P}^{-1}=\begin{pmatrix}1&1&1&1\\0&1&1&1\\0&0&1&1\\0&0&0&1\end{pmatrix},\text{从而}$$

$$\mathscr{A}(\boldsymbol{\beta}_1,\boldsymbol{\beta}_2,\boldsymbol{\beta}_3,\boldsymbol{\beta}_4)=\mathscr{A}(\boldsymbol{\alpha}_1,\boldsymbol{\alpha}_2,\boldsymbol{\alpha}_3,\boldsymbol{\alpha}_4)\boldsymbol{P}=(\boldsymbol{\alpha}_1,\boldsymbol{\alpha}_2,\boldsymbol{\alpha}_3,\boldsymbol{\alpha}_4)\boldsymbol{AP}=(\boldsymbol{\beta}_1,\boldsymbol{\beta}_2,\boldsymbol{\beta}_3,\boldsymbol{\beta}_4)\boldsymbol{P}^{-1}\boldsymbol{AP}.$$

故 $\mathscr{A}$ 在基 $\boldsymbol{\beta}_1,\boldsymbol{\beta}_2,\boldsymbol{\beta}_3,\boldsymbol{\beta}_4$ 下的矩阵为

$$\boldsymbol{P}^{-1}\boldsymbol{AP}=\begin{pmatrix}1&3&0&0\\2&4&0&0\\0&0&1&3\\0&0&2&4\end{pmatrix}.$$

12. 解 线性变换 $\mathscr{A}$ 的特征多项式为

$$|\lambda\boldsymbol{E}-\boldsymbol{A}|=\begin{vmatrix}\lambda-3&-1&0\\4&\lambda+1&0\\-4&8&\lambda+3\end{vmatrix}=(\lambda+3)[(\lambda-3)(\lambda+1)+4]=(\lambda+3)(\lambda-1)^2.$$

于是 $\mathscr{A}$ 有两个不同的特征值 $\lambda_1=-3,\lambda_2=1$.

先求特征值 $\lambda_1=-3$ 的特征向量,即求解齐次线性方程组 $(\lambda_1\boldsymbol{E}-\boldsymbol{A})\boldsymbol{X}=\mathbf{0}$. 由于

$$\lambda_1\boldsymbol{E}-\boldsymbol{A}=\begin{pmatrix}-6&-1&0\\4&-2&0\\-4&8&0\end{pmatrix}\to\begin{pmatrix}1&-2&0\\4&-2&0\\-6&-1&0\end{pmatrix}\to\begin{pmatrix}1&-2&0\\0&6&0\\0&-13&0\end{pmatrix}\to\begin{pmatrix}1&-2&0\\0&1&0\\0&0&0\end{pmatrix},$$

同解方程组为 $\begin{cases}x_1-2x_2=0,\\x_2=0,\end{cases}$ 故对应特征值 $\lambda_1=-2$ 的线性无关的特征向量为 $(0,0,1)^{\mathrm{T}}$.

再求特征值 $\lambda_2=1$ 的特征向量，即求解齐次线性方程组 $(\lambda_2\boldsymbol{E}-\boldsymbol{A})\boldsymbol{X}=\boldsymbol{0}$. 由于

$$\lambda_2\boldsymbol{E}-\boldsymbol{A}=\begin{pmatrix}-2&-1&0\\4&2&0\\-4&8&3\end{pmatrix}\to\begin{pmatrix}-2&-1&0\\0&0&0\\0&10&3\end{pmatrix}\to\begin{pmatrix}-2&-1&0\\0&10&3\\0&0&0\end{pmatrix},$$

同解方程组为 $\begin{cases}2x_1+x_2=0,\\10x_2+3x_3=0,\end{cases}$ 故对应特征值 $\lambda_2=1$ 的线性无关的特征向量为 $(3,-6,20)^{\mathrm{T}}$.

13. 解　将特征值 1，−1 分别代入特征方程可得

$$|\boldsymbol{E}-\boldsymbol{A}|=\begin{vmatrix}-1&-a&-2\\-5&1-b&-3\\1&-1&2\end{vmatrix}=\begin{vmatrix}-1&-a&-2\\0&1-b+5a&7\\0&-1-a&0\end{vmatrix}=-7(1+a)=0,$$

$$|-\boldsymbol{E}-\boldsymbol{A}|=\begin{vmatrix}-3&-a&-2\\-5&-1-b&-3\\1&-1&0\end{vmatrix}=-\begin{vmatrix}1&-1&0\\-5&-1-b&-3\\-3&-a&-2\end{vmatrix}=-\begin{vmatrix}1&-1&0\\0&-6-b&-3\\0&-a-3&-2\end{vmatrix}=3a-2b-3=0,$$

解得 $a=-1,b=-3$，所以 $\boldsymbol{A}=\begin{pmatrix}2&-1&2\\5&-3&3\\-1&1&-1\end{pmatrix}$.

由于 $\boldsymbol{A}$ 的特征值之和等于对角线元素之和，即等于 −2，故矩阵 $\boldsymbol{A}$ 还有第三个特征值为 −2，即 $\boldsymbol{A}$ 有三个互异的特征值，从而 $\boldsymbol{A}$ 可对角化，其对角矩阵即为

$$\begin{pmatrix}1&0&0\\0&-1&0\\0&0&-2\end{pmatrix}.$$

14. 解　由于 $\boldsymbol{A}$ 有三个互异的特征值，故 $\boldsymbol{A}$ 与一对角矩阵相似.

令 $\boldsymbol{P}=(\boldsymbol{\zeta}_1,\boldsymbol{\zeta}_2,\boldsymbol{\zeta}_3)=\begin{pmatrix}1&0&-2\\0&3&-1\\-1&2&1\end{pmatrix}$，则 $\boldsymbol{P}^{-1}\boldsymbol{A}\boldsymbol{P}=\begin{pmatrix}1&0&0\\0&-1&0\\0&0&0\end{pmatrix}$，其中 $\boldsymbol{P}^{-1}=\begin{pmatrix}-5&4&-6\\-1&1&-1\\-3&2&-3\end{pmatrix}$.

于是 $\boldsymbol{A}=\boldsymbol{P}\begin{pmatrix}1&0&0\\0&-1&0\\0&0&0\end{pmatrix}\boldsymbol{P}^{-1}=\begin{pmatrix}-5&4&-6\\3&-3&3\\7&-6&8\end{pmatrix}$.

四、15. 证　设 $k_1\boldsymbol{\alpha}_1+k_2\boldsymbol{\alpha}_2+\cdots+k_r\boldsymbol{\alpha}_r+l_1\boldsymbol{\beta}_1+l_2\boldsymbol{\beta}_2+\cdots l_s\boldsymbol{\beta}_s=\boldsymbol{0}$,　(1)

下证 $k_1=0,k_2=0,\cdots,k_r=0,l_1=0,l_2=0,\cdots,l_s=0$.

首先用 $\mathscr{A}$ 同时作用于(1) 式两边，可得

$$\begin{aligned}&k_1\mathscr{A}\boldsymbol{\alpha}_1+k_2\mathscr{A}\boldsymbol{\alpha}_2+\cdots+k_r\mathscr{A}\boldsymbol{\alpha}_r+l_1\mathscr{A}\boldsymbol{\beta}_1+l_2\mathscr{A}\boldsymbol{\beta}_2+\cdots l_s\mathscr{A}\boldsymbol{\beta}_s\\&=k_1\lambda_1\boldsymbol{\alpha}_1+k_2\lambda_1\boldsymbol{\alpha}_2+\cdots+k_r\lambda_1\boldsymbol{\alpha}_r+l_1\lambda_2\boldsymbol{\beta}_1+l_2\lambda_2\boldsymbol{\beta}_2+\cdots l_s\lambda_2\boldsymbol{\beta}_s=\boldsymbol{0}.\end{aligned}\qquad(2)$$

再在(1) 式两边乘以 λ_1 可得

$$k_1\lambda_1\boldsymbol{\alpha}_1+k_2\lambda_1\boldsymbol{\alpha}_2+\cdots+k_r\lambda_1\boldsymbol{\alpha}_r+l_1\lambda_1\boldsymbol{\beta}_1+l_2\lambda_1\boldsymbol{\beta}_2+\cdots l_s\lambda_1\boldsymbol{\beta}_s=\boldsymbol{0}.\qquad(3)$$

用(3) 式减(2) 式可得

$$l_1(\lambda_1-\lambda_2)\boldsymbol{\beta}_1+l_2(\lambda_1-\lambda_2)\boldsymbol{\beta}_2+\cdots l_s(\lambda_1-\lambda_2)\boldsymbol{\beta}_s=\boldsymbol{0}.$$

由于 $\lambda_1\neq\lambda_2$ 且 $\boldsymbol{\beta}_1,\boldsymbol{\beta}_2,\cdots,\boldsymbol{\beta}_s$ 线性无关，故 $l_1=0,l_2=0,\cdots,l_s=0$. 于是 $k_1\boldsymbol{\alpha}_1+k_2\boldsymbol{\alpha}_2+\cdots+k_r\boldsymbol{\alpha}_r=\boldsymbol{0}$.
再由 $\boldsymbol{\alpha}_1,\boldsymbol{\alpha}_2,\cdots,\boldsymbol{\alpha}_r$ 线性无关，可得 $k_1=0,k_2=0,\cdots,k_r=0$. 结论成立.

16. 证　(1) 对任意的 $\boldsymbol{\alpha}\in V$，有 $\boldsymbol{\alpha}=\boldsymbol{\alpha}-\mathscr{A}\boldsymbol{\alpha}+\mathscr{A}\boldsymbol{\alpha}$，显然，$\mathscr{A}(\boldsymbol{\alpha}-\mathscr{A}\boldsymbol{\alpha})=\mathscr{A}\boldsymbol{\alpha}-\mathscr{A}^2\boldsymbol{\alpha}=0$，从而，$\boldsymbol{\alpha}-\mathscr{A}\boldsymbol{\alpha}\in\mathscr{A}^{-1}(\boldsymbol{0})$，$\mathscr{A}\boldsymbol{\alpha}\in\mathscr{A}V$，故 $V=\mathscr{A}V+\mathscr{A}^{-1}(\boldsymbol{0})$.

下证 $\mathscr{A}V+\mathscr{A}^{-1}(\boldsymbol{0})$ 为直和. 对任意的 $\boldsymbol{\beta}\in\mathscr{A}V\cap\mathscr{A}^{-1}(\boldsymbol{0})$，即存在 $\boldsymbol{\gamma}\in V$，使得 $\mathscr{A}\boldsymbol{\gamma}=\boldsymbol{\beta}$，且 $\mathscr{A}\boldsymbol{\beta}=\boldsymbol{0}$. 于

是 $\boldsymbol{\beta}=\mathscr{A}\boldsymbol{\gamma}=\mathscr{A}^2\boldsymbol{\gamma}=\mathscr{A}\boldsymbol{\beta}=\mathbf{0}$，从而 $\mathscr{A}V\cap\mathscr{A}^{-1}(\mathbf{0})$ 只有零元素，故 $\mathscr{A}V+\mathscr{A}^{-1}(\mathbf{0})$ 为直和. 结论成立.

(2) 对任意的 $\boldsymbol{\alpha}\in V$，有 $\boldsymbol{\alpha}=\boldsymbol{\alpha}-\mathscr{A}\boldsymbol{\alpha}+\mathscr{A}\boldsymbol{\alpha}$，于是

$$(\mathscr{A}\mathscr{B})\boldsymbol{\alpha}=(\mathscr{A}\mathscr{B})(\boldsymbol{\alpha}-\mathscr{A}\boldsymbol{\alpha}+\mathscr{A}\boldsymbol{\alpha})=\mathscr{A}(\mathscr{B}(\boldsymbol{\alpha}-\mathscr{A}\boldsymbol{\alpha}))+\mathscr{A}(\mathscr{B}(\mathscr{A}\boldsymbol{\alpha})),$$

因为 $\boldsymbol{\alpha}-\mathscr{A}\boldsymbol{\alpha}\in\mathscr{A}^{-1}(\mathbf{0})$，且 $\mathscr{A}^{-1}(\mathbf{0})$ 是 $\mathscr{B}$－子空间，故 $\mathscr{B}(\boldsymbol{\alpha}-\mathscr{A}\boldsymbol{\alpha})\in\mathscr{A}^{-1}(\mathbf{0})$，即 $\mathscr{A}(\mathscr{B}(\boldsymbol{\alpha}-\mathscr{A}\boldsymbol{\alpha}))=\mathbf{0}$. 又 $\mathscr{A}V$ 也是 $\mathscr{B}$－子空间，故 $\mathscr{B}(\mathscr{A}\boldsymbol{\alpha})\in\mathscr{A}V$，令 $\mathscr{B}(\mathscr{A}\boldsymbol{\alpha})=\mathscr{A}\boldsymbol{\beta}$，则 $\mathscr{A}(\mathscr{B}(\mathscr{A}\boldsymbol{\alpha}))=\mathscr{A}(\mathscr{A}\boldsymbol{\beta})=\mathscr{A}\boldsymbol{\beta}=\mathscr{B}(\mathscr{A}\boldsymbol{\alpha})=(\mathscr{B}\mathscr{A})\boldsymbol{\alpha}$. 综上，$\mathscr{A}\mathscr{B}=\mathscr{B}\mathscr{A}$. 结论成立.

*第八章 λ-矩阵

一、主要内容归纳

1. λ-矩阵的秩

(1)设 P 是一个数域,λ 是一个文字,若 $\boldsymbol{A}(\lambda)=(a_{ij}(\lambda))_{n\times m}$,$a_{ij}(\lambda)\in P[\lambda]$,则称 $\boldsymbol{A}(\lambda)$ 为 P 上的 **λ-矩阵**.

(2)若 λ-矩阵 $\boldsymbol{A}(\lambda)$ 中,有一个 $r(\geqslant 1)$ 级子式不为零,而所有的 $n+1$ 级子式(如果有的话)全为零,则称 $\boldsymbol{A}(\lambda)$ 的**秩**为 r,记为 $r(\boldsymbol{A}(\lambda))=r$. 零矩阵的秩规定为零.

(3)设 $\boldsymbol{A}\in P^{n\times n}$,则 $r(\lambda\boldsymbol{E}-\boldsymbol{A})=n$.

2. λ-矩阵的逆

(1)一个 $n\times n$ 的 λ-矩阵 $\boldsymbol{A}(\lambda)$ 称为**可逆的**,如果有一个 $n\times n$ 的 λ-矩阵 $\boldsymbol{B}(\lambda)$ 使

$$\boldsymbol{A}(\lambda)\boldsymbol{B}(\lambda)=\boldsymbol{B}(\lambda)\boldsymbol{A}(\lambda)=\boldsymbol{E},$$

称 $\boldsymbol{B}(\lambda)$ 为 $\boldsymbol{A}(\lambda)$ 的**逆矩阵**,记为 $\boldsymbol{A}^{-1}(\lambda)$.

(2)$\boldsymbol{A}(\lambda)$ 可逆 $\Leftrightarrow |\boldsymbol{A}(\lambda)|$ 为一非零常数.

3. 初等变换与初等矩阵

(1)下面三种变换称为 λ-矩阵的**初等变换**:

(ⅰ)交换两行(或列);

(ⅱ)用数域 P 中非零常数乘矩阵的某一行(或列);

(ⅲ)矩阵的某一行(或列)加另一行(或列)的 $\varphi(\lambda)$ 倍,$\varphi(\lambda)\in P[\lambda]$.

(2)下面三种 n 级方阵称为**初等 λ-矩阵**:

(ⅰ)$\boldsymbol{P}(i,j)$;

(ⅱ)$\boldsymbol{P}(i(c))$,$c\in P$,$c\neq 0$;

(ⅲ)$\boldsymbol{P}(i,j(\varphi))$,$\varphi(\lambda)\in P[\lambda]$.

(3)对 λ-矩阵进行一次初等行(列)变换相当于左(右)乘相应的初等 λ-矩阵.

(4)$\boldsymbol{A}(\lambda)$ 经过若干次初等变换变为 $\boldsymbol{B}(\lambda)$,则称 $\boldsymbol{A}(\lambda)$ 与 $\boldsymbol{B}(\lambda)$ **等价**.

(5)两个 $s\times n$ λ-矩阵 $\boldsymbol{A}(\lambda)$ 与 $\boldsymbol{B}(\lambda)$ 等价的充分必要条件是存在 $s\times s$ 可逆矩阵 $\boldsymbol{P}(\lambda)$ 与 $n\times n$ 可逆矩阵 $\boldsymbol{Q}(\lambda)$,使

$$\boldsymbol{B}(\lambda)=\boldsymbol{P}(\lambda)\boldsymbol{A}(\lambda)\boldsymbol{Q}(\lambda).$$

4. λ-矩阵的标准形

(1)设 $\boldsymbol{A}(\lambda)$ 是 $m\times n$ 矩阵,且 $r(\boldsymbol{A}(\lambda))=r$,则 $\boldsymbol{A}(\lambda)$ 等价于下列形式的矩阵

$$\begin{pmatrix} d_1(\lambda) & & & & & \\ & \ddots & & & & \\ & & d_r(\lambda) & & & \\ & & & 0 & & \\ & & & & \ddots & \\ & & & & & 0 \end{pmatrix},$$

其中 $d_i(\lambda)$ $(i=1,2,\cdots,r)$是首项系数为 1 的多项式,且

$$d_i(\lambda)\mid d_{i+1}(\lambda),\quad i=1,2,\cdots,r-1.$$

这个矩阵称为$\boldsymbol{A}(\lambda)$的**标准形**,且标准形是唯一的.

(2)在上述标准形中

$$d_1(\lambda),d_2(\lambda),\cdots,d_r(\lambda)$$

称为$\boldsymbol{A}(\lambda)$的**不变因子**. $\lambda\boldsymbol{E}-\boldsymbol{A}$ 的不变因子称为$\boldsymbol{A}$ 的**不变因子**.

(3)设$\boldsymbol{A}\in P^{n\times n}$,$f(\lambda)=|\lambda\boldsymbol{E}-\boldsymbol{A}|$,则

$$f(\lambda)=d_1(\lambda)d_2(\lambda)\cdots d_n(\lambda),$$

其中 $d_1(\lambda),d_2(\lambda),\cdots,d_n(\lambda)$是 $\lambda\boldsymbol{E}-\boldsymbol{A}$ 的不变因子.

(4)设$\boldsymbol{A}\in P^{n\times n}$,则$\boldsymbol{A}$ 的最小多项式就是$\boldsymbol{A}$ 的最后一个不变因子 $d_n(\lambda)$.

5. 行列式因子

(1)设 λ-矩阵$\boldsymbol{A}(\lambda)$的秩为 r,对于正整数 k,$1\leqslant k\leqslant r$,$\boldsymbol{A}(\lambda)$必有非零的 k 级子式. $\boldsymbol{A}(\lambda)$中全部 k 级子式的首项系数为 1 的最大公因式 $D_k(\lambda)$称为$\boldsymbol{A}(\lambda)$的 k **级行列式因子**. $\lambda\boldsymbol{E}-\boldsymbol{A}$ 的 k 级行列式因子称为$\boldsymbol{A}$ 的**行列式因子**.

(2)**行列式因子与不变因子的关系**

设 $r(\boldsymbol{A}(\lambda))=r$,则

$$D_k(\lambda)=d_1(\lambda)d_2(\lambda)\cdots d_k(\lambda)\quad(k=1,2,\cdots,r),$$

$$d_1(\lambda)=D_1(\lambda),\ d_k(\lambda)=\frac{D_k(\lambda)}{D_{k-1}(\lambda)}\quad(k=2,3,\cdots,r).$$

且双方相互唯一确定.

(3)两个 $m\times n$ λ-矩阵等价的充分必要条件是它们有相同的行列式因子或具有相同的不变因子.

6. 初等因子

(1)把矩阵 $\lambda\boldsymbol{E}-\boldsymbol{A}$ 的每个次数大于零的不变因子分解成互不相同的一次因式方幂的乘积,所有这些一次因式方幂(相同的必须按出现的次数计算)称为$\boldsymbol{A}$ 的**初等因子**.

(2)**初等因子的计算**

用初等变换化 $\lambda\boldsymbol{E}-\boldsymbol{A}$ 为对角形,然后将主对角线上的元素分解成互不相同的一次因式方幂的乘积,所有这些一次因式方幂(相同的按出现的次数计算)就是$\boldsymbol{A}$ 的初等因子.

(3)**利用初等因子求不变因子**

设$\boldsymbol{A}\in P^{n\times n}$,$\boldsymbol{A}$ 的全部初等因子为已知. 在$\boldsymbol{A}$ 的全部初等因子中,将同一个一次因式

$(\lambda-\lambda_j)(j=1,2,\cdots,r)$的方幂的初等因子按降幂排列，若这些初等因子的个数不足 n，就在后面补上适当个数的 1，凑成 n 个，设所得排列为

$$(\lambda-\lambda_j)^{k_{nj}},\ (\lambda-\lambda_j)^{k_{n-1,j}},\ \cdots,\ (\lambda-\lambda_j)^{k_{1j}}\,(j=1,2,\cdots,r),$$

令

$$d_i(\lambda)=(\lambda-\lambda_1)^{k_{i1}}(\lambda-\lambda_2)^{k_{i2}}\cdots(\lambda-\lambda_r)^{k_{ir}}\,(i=1,2,\cdots,n),$$

则 $d_1(\lambda),d_2(\lambda),\cdots,d_n(\lambda)$为 $\boldsymbol{A}$ 的不变因子.

7. 矩阵相似的条件

(1)设 $\boldsymbol{A},\boldsymbol{B}\in P^{n\times n}$，则 $\boldsymbol{A}$ 与 $\boldsymbol{B}$ 相似的必要条件是它们的特征矩阵 $\lambda\boldsymbol{E}-\boldsymbol{A}$ 和 $\lambda\boldsymbol{E}-\boldsymbol{B}$ 等价.

(2)矩阵 $\boldsymbol{A}$ 与 $\boldsymbol{B}$ 相似的充分必要条件是它们有相同的不变因子.

8. 矩阵的有理标准形

(1)设 $f(\lambda)=\lambda^n+a_1\lambda^{n-1}+\cdots+a_{n-1}\lambda+a_n$ 是数域 P 上多项式，称矩阵

$$\boldsymbol{N}_0=\begin{pmatrix}0&0&\cdots&0&-a_n\\1&0&\cdots&0&-a_{n-1}\\0&1&\cdots&0&-a_{n-2}\\\vdots&\vdots&&\vdots&\vdots\\0&0&\cdots&1&-a_1\end{pmatrix}$$

为 $f(\lambda)$的**友矩阵**或(Frobenius)**块**.

(2)设 n 阶方阵 $\boldsymbol{A}$ 的不变因子为

$$1,\cdots,1,d_{k+1}(\lambda),d_{k+2}(\lambda),\cdots,d_n(\lambda),$$

$d_{k+1}(\lambda)$的次数大于等于 1，且 $\boldsymbol{N}_1,\cdots,\boldsymbol{N}_{n-k}$分别是 $d_{k+1}(\lambda),\cdots,d_n(\lambda)$的友矩阵，称准对角矩阵

$$\boldsymbol{F}=\begin{pmatrix}\boldsymbol{N}_1&&&\\&\boldsymbol{N}_2&&\\&&\ddots&\\&&&\boldsymbol{N}_{n-k}\end{pmatrix}$$

为 $\boldsymbol{A}$ 的**有理标准形**，或(Frobenius)**标准形**.

(3)数域 P 上多项式 $f(\lambda)=\lambda^n+a_1\lambda^{n-1}+\cdots+a_{n-1}\lambda+a_n$ 的友矩阵的不变因子为

$$\underbrace{1,1,\cdots,1}_{n-1\text{个}},f(\lambda).$$

(4)数域 P 上 n 阶方阵在 P 上相似于它的有理标准形.

9. 矩阵的若尔当(Jordan)标准形

(1)每个 n 阶复数矩阵都相似于一个若尔当形矩阵

$$\boldsymbol{J}=\begin{pmatrix}\boldsymbol{J}_1&&&\\&\boldsymbol{J}_2&&\\&&\ddots&\\&&&\boldsymbol{J}_s\end{pmatrix},$$

其中

$$
\boldsymbol{J}_i=\begin{pmatrix} \lambda_i & 0 & \cdots & 0 & 0 \\ 1 & \lambda_i & \cdots & 0 & 0 \\ 0 & 1 & \cdots & 0 & 0 \\ \vdots & \vdots & & \vdots & \vdots \\ 0 & 0 & \cdots & 1 & \lambda_i \end{pmatrix}_{k_i\times k_i} \quad (i=1,2,\cdots,s),
$$

称为**若尔当块**,这个若尔当形矩阵除去其中若尔当块的排列次序外是被 $\boldsymbol{A}$ 唯一决定的,它称为 $\boldsymbol{A}$ 的**若尔当标准形**,其中主对角线上的元素 $\lambda_1,\lambda_2,\cdots,\lambda_s$ 都是 $\boldsymbol{A}$ 的特征值.

(2)每个 n 阶复数矩阵都与一个上(下)三角形矩阵相似,其主对角线上的元素为 $\boldsymbol{A}$ 的全部特征值.

(3)复数矩阵 $\boldsymbol{A}$ 与对角矩阵相似的充分必要条件是 $\boldsymbol{A}$ 的初等因子全为一次的.

(4)复数矩阵 $\boldsymbol{A}$ 与对角矩阵相似的充分必要条件是 $\boldsymbol{A}$ 的不变因子都没有重根.

二、经典例题解析及解题方法总结

【例 1】 求 $\boldsymbol{A}$ 的最小多项式,其中 $\boldsymbol{A}=\begin{pmatrix} 1 & 0 & 0 & 0 \\ -1 & -1 & -1 & 0 \\ 1 & 1 & 1 & 0 \\ 2 & 2 & 2 & 0 \end{pmatrix}$.

解

$$
\lambda\boldsymbol{E}-\boldsymbol{A}=\begin{pmatrix} \lambda-1 & 0 & 0 & 0 \\ 1 & \lambda+1 & 1 & 0 \\ -1 & -1 & \lambda-1 & 0 \\ -2 & -2 & -2 & \lambda \end{pmatrix}\to\begin{pmatrix} -1 & -1 & \lambda-1 & 0 \\ 1 & \lambda+1 & 1 & 0 \\ \lambda-1 & 0 & 0 & 0 \\ -2 & -2 & -2 & \lambda \end{pmatrix}
$$

$$
\to\begin{pmatrix} -1 & -1 & \lambda-1 & 0 \\ 0 & \lambda & \lambda & 0 \\ 0 & 1-\lambda & (\lambda-1)^2 & 0 \\ 0 & 0 & -2\lambda & \lambda \end{pmatrix}\to\begin{pmatrix} 1 & 0 & 0 & 0 \\ 0 & 1 & \lambda^2-\lambda+1 & 0 \\ 0 & 1-\lambda & (\lambda-1)^2 & 0 \\ 0 & 0 & 0 & \lambda \end{pmatrix}
$$

$$
\to\begin{pmatrix} 1 & 0 & 0 & 0 \\ 0 & 1 & 0 & 0 \\ 0 & 0 & \lambda^3-\lambda^2 & 0 \\ 0 & 0 & 0 & \lambda \end{pmatrix}\to\begin{pmatrix} 1 & & & \\ & 1 & & \\ & & \lambda & \\ & & & \lambda^3-\lambda^2 \end{pmatrix},
$$

因此 $\boldsymbol{A}$ 的最小多项式 $m(\lambda)=d_4(\lambda)=\lambda^3-\lambda^2$.

【例 2】 设 $\boldsymbol{A}\in P^{n\times n}$,令 $W=\{f(\boldsymbol{A})\mid f(x)\in P[x]\}$,证明:

(1)W 是 $P^{n\times n}$ 的一个子空间;

(2)维$(W)=\partial(m(\lambda))$,$m(\lambda)$ 为 $\boldsymbol{A}$ 的最小多项式.

证 (1)$\boldsymbol{A}\in W$,故 W 是 $P^{n\times n}$ 的非空子集.

$\forall f(\boldsymbol{A}),g(\boldsymbol{A})\in W$,其中 $f(x),g(x)\in P[x]$,则 $f(x)+g(x)\in P[x]$,从而 $f(\boldsymbol{A})+g(\boldsymbol{A})\in W$. $\forall k\in P$,$kf(x)\in P[x]$,所以 $kf(\boldsymbol{A})\in W$,故 W 是 $P^{n\times n}$ 的一个子空间.

(2)设 $m(\lambda)=\lambda^m+a_{m-1}\lambda^{m-1}+\cdots+a_1\lambda+a_0$,则 $\boldsymbol{E},\boldsymbol{A},\boldsymbol{A}^2,\cdots,\boldsymbol{A}^{m-1}$ 为 W 的一组基.

先证它们线性无关. 否则,存在不全为零的数 $k_0,k_1,\cdots,k_{m-1}$,使

$$k_0\boldsymbol{E}+k_1\boldsymbol{A}+\cdots+k_{m-1}\boldsymbol{A}^{m-1}=\boldsymbol{O},$$

这与 $m(\lambda)$ 是 $\boldsymbol{A}$ 的最小多项式矛盾.

再任取 $f(\boldsymbol{A})\in W$,下证 $f(\boldsymbol{A})$ 可由 $\boldsymbol{E},\boldsymbol{A},\boldsymbol{A}^2,\cdots,\boldsymbol{A}^{m-1}$ 线性表出.

事实上,设 $q(\lambda),r(\lambda)\in P[x]$,使

$$f(\lambda)=q(\lambda)m(\lambda)+r(\lambda),$$

其中 $r(\lambda)=0$ 或 $\partial(r(\lambda))<\partial(m(\lambda))$.

若 $r(\lambda)=0$,则 $f(\boldsymbol{A})$ 当然可由 $\boldsymbol{E},\boldsymbol{A},\boldsymbol{A}^2,\cdots,\boldsymbol{A}^{m-1}$ 线性表出.

若 $r(\lambda)\neq 0$,$\partial(r(\lambda))<m$,不妨设

$$r(\lambda)=C_{m-1}\lambda^{m-1}+\cdots+C_1\lambda+C_0,$$

则

$$f(\boldsymbol{A})=q(\boldsymbol{A})m(\boldsymbol{A})+r(\boldsymbol{A})=C_{m-1}\boldsymbol{A}^{m-1}+\cdots+C_1\boldsymbol{A}+C_0\boldsymbol{E}.$$

综上可得维$(W)=\partial(m(\lambda))$.

【例 3】 设

$$\boldsymbol{A}=\begin{pmatrix}-2&1\\0&3\end{pmatrix},\quad \boldsymbol{B}=\begin{pmatrix}-10&-4\\26&11\end{pmatrix},$$

问它们相似吗?

解 **方法一**

$$\lambda\boldsymbol{E}-\boldsymbol{A}=\begin{pmatrix}\lambda+2&-1\\0&\lambda-3\end{pmatrix}\to\begin{pmatrix}1&0\\0&\lambda^2-\lambda-6\end{pmatrix},$$

$$\lambda\boldsymbol{E}-\boldsymbol{B}=\begin{pmatrix}\lambda+10&4\\-26&\lambda-11\end{pmatrix}\to\begin{pmatrix}1&0\\0&\lambda^2-\lambda-6\end{pmatrix}.$$

所以 $\lambda\boldsymbol{E}-\boldsymbol{A}$ 与 $\lambda\boldsymbol{E}-\boldsymbol{B}$ 等价,故 $\boldsymbol{A}\sim\boldsymbol{B}$.

方法二

$$\lambda\boldsymbol{E}-\boldsymbol{A}=\begin{pmatrix}\lambda+2&-1\\0&\lambda-3\end{pmatrix}\xrightarrow{r_2+8r_1}\begin{pmatrix}\lambda+2&-1\\8\lambda+16&\lambda-11\end{pmatrix}$$

$$\xrightarrow{r_1\times(-4)}\begin{pmatrix}-4\lambda-8&4\\8\lambda+16&\lambda-11\end{pmatrix}\xrightarrow{c_1-c_2\times 8}\begin{pmatrix}-4\lambda-40&4\\104&\lambda-11\end{pmatrix}$$

$$\xrightarrow{c_1\times(-\frac{1}{4})}\begin{pmatrix}\lambda+10&4\\-26&\lambda-11\end{pmatrix}=\lambda\boldsymbol{E}-\boldsymbol{B}.$$

所以 $\lambda\boldsymbol{E}-\boldsymbol{A}$ 与 $\lambda\boldsymbol{E}-\boldsymbol{B}$ 等价,故 $\boldsymbol{A}\sim\boldsymbol{B}$.

方法总结

相似关系难于处理,而等价关系则可利用初等变换. 此题将相似关系转化为等价关系,问题就变得比较具体,同时还可以求出相似变换矩阵,事实上,由上可知

$$\lambda E-B=P(\lambda E-A)\begin{pmatrix}1&0\\-8&1\end{pmatrix}\begin{pmatrix}-\frac{1}{4}&0\\0&1\end{pmatrix}=P(\lambda E-A)T=\lambda PT-PAT,$$

于是 $PT=E, P=T^{-1}$，从而 $B=T^{-1}AT$，其中

$$T=\begin{pmatrix}1&0\\-8&1\end{pmatrix}\begin{pmatrix}-\frac{1}{4}&0\\0&1\end{pmatrix}=\begin{pmatrix}-\frac{1}{4}&0\\2&1\end{pmatrix}.$$

【例 4】 令 $i_1,i_2,\cdots,i_n$ 是 $1,2,\cdots,n$ 的一个排列，对于任意一个 $n\times n$ 矩阵 A，令 $\sigma(A)$ 表示依次以 A 的第 $i_1,i_2,\cdots,i_n$ 行作为第 $1,2,\cdots,n$ 行所得矩阵.

(1)证明：对任意 $n\times n$ 矩阵 A,B，有 $\sigma(AB)=\sigma(A)B$；

(2)对任意的 $n\times n$ 矩阵 A，A 与 $\sigma(A)$是否相似？

证 (1)$\sigma(AB)$的(s,t)元等于 AB 的(i_s,t)元，即为

$$a_{i_s1}b_{1t}+a_{i_s2}b_{2t}+\cdots+a_{i_sn}b_{nt},$$

而$\sigma(A)B$ 的(s,t)元也等于上式，故 $\sigma(AB)=\sigma(A)B$.

(2)A 与$\sigma(A)$未必相似. 例如 $A=\begin{pmatrix}0&-1\\1&0\end{pmatrix}$，$\sigma(A)=\begin{pmatrix}1&0\\0&-1\end{pmatrix}$，因为 $\lambda E-A$ 的不变因子为 $1,\lambda^2+1$，而 $\lambda E-\sigma(A)$的不变因子为 $1,(\lambda-1)(\lambda+1)$，所以 $\lambda E-A$ 与 $\lambda E-\sigma(A)$不等价，故 A 与$\sigma(A)$不相似.

【例 5】 设 a,b 是实数，且 $b\neq0$，$2n$ 阶矩阵

$$A=\begin{pmatrix}a&-b&&&&&&\\b&a&1&&&&&\\&&a&-b&&&&\\&&b&a&1&&&\\&&&&\ddots&\ddots&&\\&&&&&\ddots&1&\\&&&&&&a&-b\\&&&&&&b&a\end{pmatrix}.$$

求 A 的初等因子及若尔当标准形.

解 $|\lambda E-A|=[(\lambda-a)^2+b^2]^n$，故 $D_{2n}(\lambda)=[(\lambda-a)^2+b^2]^n$.

在 $\lambda E-A$ 中划去第 1 列第 $2n$ 行所得的 $2n-1$ 级子式为$(-1)^nb^n$，于是

$$D_{2n-1}(\lambda)=1,\quad D_{2n-2}(\lambda)=\cdots=D_1(\lambda)=1,$$

从而 A 的不变因子为

$$d_1(\lambda)=d_2(\lambda)=\cdots=d_{2n-1}(\lambda),\quad d_{2n}(\lambda)=[(\lambda-a)^2+b^2]^n,$$

所以 A 的初等因子为

$$(\lambda-a+b\mathrm{i})^n,\quad (\lambda-a-b\mathrm{i})^n,$$

故 $\boldsymbol{A}$ 的若尔当标准形

$$\boldsymbol{J}=\begin{pmatrix} a-bi & & & & & & & \\ 1 & a-bi & & & & & & \\ & \ddots & \ddots & & & & & \\ & & 1 & a-bi & & & & \\ & & & 0 & a+bi & & & \\ & & & & 1 & a+bi & & \\ & & & & & \ddots & \ddots & \\ & & & & & & 1 & a+bi \end{pmatrix}.$$

【例 6】 设 σ 是数域 P 上线性空间 V 的线性变换，$f(\lambda)$，$m(\lambda)$分别是 σ 的特征多项式和最小多项式，并且

$$f(\lambda)=(\lambda+1)^3(\lambda-2)^2(\lambda+3),\quad m(\lambda)=(\lambda+1)^2(\lambda-2)(\lambda+3).$$

(1)求 σ 的所有不变因子；

(2)写出 σ 的若尔当标准形.

解 (1)设 σ 在某一组基下的矩阵为 $\boldsymbol{A}$，$\boldsymbol{A}\in P^{6\times 6}$，则

$$d_6(\lambda)=m(\lambda)=(\lambda+1)^2(\lambda-2)(\lambda+3),$$

$$D_5(\lambda)=\frac{D_6(\lambda)}{d_6(\lambda)}=\frac{f(\lambda)}{d_6(\lambda)}=(\lambda+1)(\lambda-2),$$

因为 $D_4(\lambda)\mid D_5(\lambda)$，故 $D_4(\lambda)=1$，$D_3(\lambda)=D_2(\lambda)=D_1(\lambda)=1$，于是 $\boldsymbol{A}(\sigma)$的不变因子为

$$1,1,1,1,(\lambda+1)(\lambda-2),(\lambda+1)^2(\lambda-2)(\lambda+3).$$

(2)$\boldsymbol{A}(\sigma)$的初等因子为 $\lambda+1$，$(\lambda+1)^2$，$\lambda-2$，$\lambda-2$，$\lambda+3$，所以 $\boldsymbol{A}(\sigma)$的若尔当标准形为

$$\boldsymbol{J}=\begin{pmatrix} -1 & & & & & \\ & -1 & & & & \\ & 1 & -1 & & & \\ & & & -3 & & \\ & & & & 2 & \\ & & & & & 2 \end{pmatrix}.$$

【例 7】 设 $\boldsymbol{A}$，$\boldsymbol{B}$ 为 n 阶方阵，$\boldsymbol{A}^2=\boldsymbol{B}^2=\boldsymbol{E}$，$\boldsymbol{AB}=\boldsymbol{BA}$. 试证：有非奇异阵 $\boldsymbol{P}$，使 $\boldsymbol{PAP}^{-1}$ 和 $\boldsymbol{PBP}^{-1}$同时化为对角线上都是-1和1，其余元素皆为0的矩阵.

证 因为 $\boldsymbol{A}^2=\boldsymbol{B}^2=\boldsymbol{E}$，而 $g(\lambda)=\lambda^2-1$ 无重根，所以 $\boldsymbol{A}$，$\boldsymbol{B}$ 都可对角化，再由于 $\boldsymbol{AB}=\boldsymbol{BA}$，故存在可逆阵 $\boldsymbol{P}$，使

$$\boldsymbol{PAP}^{-1}=\begin{pmatrix} \lambda_1 & & \\ & \ddots & \\ & & \lambda_n \end{pmatrix},\quad \boldsymbol{PBP}^{-1}=\begin{pmatrix} \mu_1 & & \\ & \ddots & \\ & & \mu_n \end{pmatrix}.$$

由于 $\boldsymbol{A}^2=\boldsymbol{B}^2=\boldsymbol{E}$，故 $\lambda_i^2=1$，$\mu_i^2=1$ $(i=1,2,\cdots,n)$，从而 $\lambda_i=\pm1$，$\mu_i=\pm1$ $(i=1,2,\cdots,n)$.

【例 8】 设 $\boldsymbol{A}$，$\boldsymbol{B}$ 是实正定矩阵，证明：$\boldsymbol{AB}$ 是正定矩阵的充要条件是 $\boldsymbol{A}$ 与 $\boldsymbol{B}$ 可交换.

证 必要性:设 $\boldsymbol{AB}$ 是正定矩阵,从而是实对称阵. 所以 $\boldsymbol{AB}=(\boldsymbol{AB})^{\mathrm{T}}=\boldsymbol{B}^{\mathrm{T}}\boldsymbol{A}^{\mathrm{T}}=\boldsymbol{BA}$.

充分性:设 $\boldsymbol{AB}=\boldsymbol{BA}$,则 $(\boldsymbol{AB})^{\mathrm{T}}=\boldsymbol{B}^{\mathrm{T}}\boldsymbol{A}^{\mathrm{T}}=\boldsymbol{BA}=\boldsymbol{AB}$,即 $\boldsymbol{AB}$ 是实对称阵. 由于 $\boldsymbol{A},\boldsymbol{B}$ 都是正定阵,从而都可对角化,故存在可逆阵 $\boldsymbol{T}$,使

$$\boldsymbol{T}^{-1}\boldsymbol{AT}=\begin{pmatrix}\lambda_1 & & \\ & \ddots & \\ & & \lambda_n\end{pmatrix},\quad \lambda_i>0\ (i=1,2,\cdots,n),$$

$$\boldsymbol{T}^{-1}\boldsymbol{BT}=\begin{pmatrix}\mu_1 & & \\ & \ddots & \\ & & \mu_n\end{pmatrix},\quad \mu_i>0\ (i=1,2,\cdots,n).$$

所以 $\boldsymbol{T}^{-1}\boldsymbol{ABT}=\begin{pmatrix}\lambda_1\mu_1 & & \\ & \ddots & \\ & & \lambda_n\mu_n\end{pmatrix}$, 且 $\lambda_i\mu_i>0\ (i=1,2,\cdots,n)$, 即证 $\boldsymbol{AB}$ 为正定阵.

【例 9】 矩阵

$$\boldsymbol{A}=\begin{pmatrix}-5 & 1 & 4\\ -12 & 3 & 8\\ -6 & 1 & 5\end{pmatrix}$$

的三个特征值分别为 1,1,1,试将 $\boldsymbol{A}$ 表示成 $\boldsymbol{A}=\boldsymbol{TJT}^{-1}$,其中 $\boldsymbol{J}$ 是 $\boldsymbol{A}$ 的若尔当标准形,$\boldsymbol{T}$ 是一变换矩阵,求 $\boldsymbol{J},\boldsymbol{T}$ 和 $\boldsymbol{T}^{-1}$.

解 由假设 $|\lambda\boldsymbol{E}-\boldsymbol{A}|=(\lambda-1)^3$,由 $(\boldsymbol{E}-\boldsymbol{A})\boldsymbol{x}=\boldsymbol{0}$ 可得 $\boldsymbol{A}$ 属于 1 的线性无关的特征向量为

$$\begin{pmatrix}1\\6\\0\end{pmatrix},\quad \begin{pmatrix}2\\0\\3\end{pmatrix},$$

从而 $\boldsymbol{A}$ 不能对角化,且 $\boldsymbol{A}$ 的若尔当标准形为

$$\boldsymbol{J}=\begin{pmatrix}1 & 0 & 0\\ 0 & 1 & 0\\ 0 & 1 & 1\end{pmatrix}.$$

令 $\boldsymbol{T}=(\boldsymbol{\alpha}_1,\boldsymbol{\alpha}_2,\boldsymbol{\alpha}_3)$,由 $\boldsymbol{A}=\boldsymbol{TJT}^{-1}$ 知 $\boldsymbol{AT}=\boldsymbol{TJ}$,即 $\boldsymbol{A}(\boldsymbol{\alpha}_1,\boldsymbol{\alpha}_2,\boldsymbol{\alpha}_3)=(\boldsymbol{\alpha}_1,\boldsymbol{\alpha}_2,\boldsymbol{\alpha}_3)\boldsymbol{J}$,故 $\boldsymbol{A\alpha}_1=\boldsymbol{\alpha}_1$,$\boldsymbol{A\alpha}_2=\boldsymbol{\alpha}_2+\boldsymbol{\alpha}_3$,$\boldsymbol{A\alpha}_3=\boldsymbol{\alpha}_3$. 由 $\boldsymbol{A\alpha}_2=\boldsymbol{\alpha}_2+\boldsymbol{\alpha}_3$ 得 $(\boldsymbol{E}-\boldsymbol{A})\boldsymbol{\alpha}_2=-\boldsymbol{\alpha}_3$,设

$$\boldsymbol{\alpha}_2=\begin{pmatrix}x_1\\x_2\\x_3\end{pmatrix},\quad \boldsymbol{\alpha}_3=\begin{pmatrix}y_1\\y_2\\y_3\end{pmatrix},$$

$$(\boldsymbol{E}-\boldsymbol{A},-\boldsymbol{\alpha}_3)=\begin{pmatrix}6 & -1 & -4 & -y_1\\ 12 & -2 & -8 & -y_2\\ 6 & -1 & -4 & -y_3\end{pmatrix}\rightarrow\begin{pmatrix}6 & -1 & -4 & -y_1\\ 12 & -2 & -8 & -y_2\\ 0 & 0 & 0 & y_1-y_3\end{pmatrix},$$

而 $(\boldsymbol{E}-\boldsymbol{A})\boldsymbol{\alpha}_2=-\boldsymbol{\alpha}_3$ 有解,故 $y_1=y_3$. 由 $\boldsymbol{A\alpha}_3=\boldsymbol{\alpha}_3$ 得 $(\boldsymbol{E}-\boldsymbol{A})\boldsymbol{\alpha}_3=\boldsymbol{0}$,即

$$\begin{pmatrix}6&-1&-4\\12&-2&-8\\6&-1&-4\end{pmatrix}\begin{pmatrix}y_1\\y_2\\y_3\end{pmatrix}=0,$$

即 $6y_1-y_2-4y_3=0$，结合 $y_1=y_3$，得 $y_2=2y_3$，令 $y_1=y_3=1$，则 $y_2=2$，故可取

$$\boldsymbol{\alpha}_3=\begin{pmatrix}1\\2\\1\end{pmatrix},\quad \boldsymbol{\alpha}_2=\begin{pmatrix}1\\-1\\2\end{pmatrix}.$$

又 $\boldsymbol{A\alpha}_1=\boldsymbol{\alpha}_1$，即 $(\boldsymbol{E}-\boldsymbol{A})\boldsymbol{\alpha}_1=\boldsymbol{0}$，故可取

$$\boldsymbol{\alpha}_1=\begin{pmatrix}1\\6\\0\end{pmatrix},$$

故令 $\boldsymbol{T}=\begin{pmatrix}1&1&1\\6&-1&2\\0&2&1\end{pmatrix}$，则

$$\boldsymbol{A}=\boldsymbol{TJT}^{-1},\quad \boldsymbol{T}^{-1}=\begin{pmatrix}-5&1&3\\-6&1&4\\12&-2&-7\end{pmatrix}.$$

【例 10】 设 $\boldsymbol{A}$ 为 3 阶方阵，λ_0 是 $\boldsymbol{A}$ 的特征多项式的 3 重根. 证明：当 $r(\boldsymbol{A}-\lambda_0\boldsymbol{E})=1$ 时，$\boldsymbol{A}-\lambda_0\boldsymbol{E}$ 的非零列向量是 $\boldsymbol{A}$ 属于特征值 λ_0 的特征向量，其中 $\boldsymbol{E}$ 为 3 阶单位阵.

证 设 $r(\boldsymbol{A}-\lambda_0\boldsymbol{E})=1$，则 $\boldsymbol{A}$ 的若尔当标准形为

$$\boldsymbol{J}=\begin{pmatrix}\lambda_0&0&0\\1&\lambda_0&0\\0&0&\lambda_0\end{pmatrix},$$

故存在可逆矩阵 $\boldsymbol{T}$，使 $\boldsymbol{T}^{-1}\boldsymbol{AT}=\boldsymbol{J}$. 于是

$$\boldsymbol{T}^{-1}(\boldsymbol{A}-\lambda_0\boldsymbol{E})\boldsymbol{T}=\begin{pmatrix}0&0&0\\1&0&0\\0&0&0\end{pmatrix},$$

故

$$(\boldsymbol{A}-\lambda_0\boldsymbol{E})^2=\boldsymbol{T}\begin{pmatrix}0&0&0\\1&0&0\\0&0&0\end{pmatrix}^2\boldsymbol{T}^{-1}=\boldsymbol{O}.$$

令 $\boldsymbol{A}-\lambda_0\boldsymbol{E}=(\boldsymbol{\beta}_1,\boldsymbol{\beta}_2,\boldsymbol{\beta}_3)$，其中 $\boldsymbol{\beta}_i$ 为 $\boldsymbol{A}-\lambda_0\boldsymbol{E}$ 的列向量，则 $(\boldsymbol{A}-\lambda_0\boldsymbol{E})^2=(\boldsymbol{A}-\lambda_0\boldsymbol{E})(\boldsymbol{\beta}_1,\boldsymbol{\beta}_2,\boldsymbol{\beta}_3)=\boldsymbol{0}$，即 $\boldsymbol{A\beta}_i=\lambda_0\boldsymbol{\beta}_i(i=1,2,3)$.

【例 11】 设 $\boldsymbol{N}$ 为 n 阶方阵，$\boldsymbol{N}^n=\boldsymbol{O}$，而 $\boldsymbol{N}^{n-1}\neq\boldsymbol{O}$. 证明：不存在 n 阶方阵 $\boldsymbol{A}$，使 $\boldsymbol{A}^2=\boldsymbol{N}$.

证 $\boldsymbol{N}^n=\boldsymbol{O}$ 而 $\boldsymbol{N}^{n-1}\neq\boldsymbol{O}$，故 $\boldsymbol{N}$ 的最小多项式为 $m(\lambda)=\lambda^n$，故 $\boldsymbol{N}$ 的若尔当标准形为

$$J=\begin{pmatrix}0&&&\\1&\ddots&&\\&\ddots&\ddots&\\&&1&0\end{pmatrix},$$

显然 $r(\boldsymbol{N})=r(\boldsymbol{J})=n-1$. 若 $\boldsymbol{A}^2=\boldsymbol{N}$,则 $\boldsymbol{A}^{2n}=\boldsymbol{N}^n=0$,故 $\boldsymbol{A}$ 的特征值全为 0,因此 $\boldsymbol{A}$ 的若尔当标准形为

$$\boldsymbol{J}_{\boldsymbol{A}}=\begin{pmatrix}\boldsymbol{J}_1&&&\\&\boldsymbol{J}_2&&\\&&\ddots&\\&&&\boldsymbol{J}_s\end{pmatrix},$$

其中 $\boldsymbol{J}_i=\begin{pmatrix}0&&&\\1&\ddots&&\\&\ddots&\ddots&\\&&1&0\end{pmatrix}_{k_i\times k_i}$, $i=1,2,\cdots,s$. 故 $r(\boldsymbol{A})=r(\boldsymbol{J}_{\boldsymbol{A}})=n-s$,显然

$$r(\boldsymbol{J}_{\boldsymbol{A}}^2)=r\begin{pmatrix}\boldsymbol{J}_1^2&&&\\&\boldsymbol{J}_2^2&&\\&&\ddots&\\&&&\boldsymbol{J}_s^2\end{pmatrix}<n-s\leqslant n-1,$$

故 $r(\boldsymbol{A}^2)<r(\boldsymbol{N})$,矛盾. 所以不存在 n 阶方阵 $\boldsymbol{A}$,使 $\boldsymbol{A}^2=\boldsymbol{N}$.

【例 12】 n 维欧氏空间 V 的线性变换 σ,满足:$\sigma^3+\sigma=\mathscr{O}$,证明:迹 $\sigma=0$(迹 σ 等于 σ 在 V 的某组基下对应矩阵的迹).

证 取 V 的一组基 $\boldsymbol{\varepsilon}_1,\boldsymbol{\varepsilon}_2,\cdots,\boldsymbol{\varepsilon}_n$,且设

$$\sigma(\boldsymbol{\varepsilon}_1,\boldsymbol{\varepsilon}_2,\cdots,\boldsymbol{\varepsilon}_n)=(\boldsymbol{\varepsilon}_1,\boldsymbol{\varepsilon}_2,\cdots,\boldsymbol{\varepsilon}_n)\boldsymbol{A}.$$

由 $\sigma^3+\sigma=\mathscr{O}$ 知,$\boldsymbol{A}^3+\boldsymbol{A}=\boldsymbol{O}$. 设 $d_n(\lambda)$ 为 $\boldsymbol{A}$ 的最小多项式即 $\boldsymbol{A}$ 的最后一个不变因子,则 $d_n(\lambda)\mid\lambda(\lambda^2+1)$.

(1)当 $d_n(\lambda)=\lambda$ 时,$\boldsymbol{O}=d_n(\boldsymbol{A})=\boldsymbol{A}$,所以迹 $\sigma=\mathrm{tr}(\boldsymbol{A})=0$.

(2)当 $d_n(\lambda)=\lambda^2+1$ 时,n 为偶数,此时

$$\boldsymbol{A}\sim\begin{pmatrix}0&1&&&\\-1&0&&&\\&&\ddots&&\\&&&0&1\\&&&-1&0\end{pmatrix}=\boldsymbol{B},$$

所以迹 $\sigma=\mathrm{tr}(\boldsymbol{B})=0$.

(3)当 $d_n(\lambda)=\lambda(\lambda^2+1)$ 时,

$$A\sim\begin{pmatrix}0&&&&&&&\\&\ddots&&&&&&\\&&0&&&&&\\&&&0&-1&&&\\&&&1&0&&&\\&&&&&\ddots&&\\&&&&&&0&-1\\&&&&&&1&0\end{pmatrix}=C,$$

所以迹 $\sigma=\mathrm{tr}(A)=\mathrm{tr}(C)=0$.

【例 13】 设 A 为 n 阶复方阵,A 的特征多项式

$$f(\lambda)=|\lambda E-A|=(\lambda-\lambda_1)^{r_1}(\lambda-\lambda_2)^{r_2}\cdots(\lambda-\lambda_s)^{r_s},$$

则 A 的若尔当标准形中以 λ_i 为特征值的若尔当块的个数等于 V_{λ_i} 的维数.

证 设 A 的若尔当标准形为 J,则存在可逆矩阵 T,使

$$T^{-1}AT=J=\begin{pmatrix}J_1&&&\\&J_2&&\\&&\ddots&\\&&&J_s\end{pmatrix},$$

其中 J_i 是若尔当块,其阶数为 k_i, $i=1,2,\cdots,s$.

不妨设 $J_1,J_2,\cdots,J_t$ 以 λ_1 为特征值,$J_{t+1},\cdots,J_s$ 的特征值不是 λ_1,$k_1+k_2+\cdots+k_t=r_1$.

考虑线性方程组

$$(\lambda_1E-A)x=0,$$

其解空间为 V_{λ_1},则维$(V_{\lambda_1})=n-r(\lambda_1E-A)$. 而

$$r(\lambda_1E-A)=r[T^{-1}(\lambda_1E-A)T]=r(\lambda_1E-J),$$

$$\lambda_1E-J=\begin{pmatrix}\lambda_1E_1-J_1&&&&&\\&\ddots&&&&\\&&\lambda_1E_t-J_t&&&\\&&&\lambda_1E_{t+1}-J_{t+1}&&\\&&&&\ddots&\\&&&&&\lambda_1E_s-J_s\end{pmatrix}=\begin{pmatrix}B_1&\\&B_2\end{pmatrix},$$

其中

$$B_1=\begin{pmatrix}\lambda_1E_1-J_1&&\\&\ddots&\\&&\lambda_1E_t-J_t\end{pmatrix},\quad B_2=\begin{pmatrix}\lambda_1E_{t+1}-J_{t+1}&&\\&\ddots&\\&&\lambda_1E_s-J_s\end{pmatrix},$$

B_1 为主对角线上元素为 0 的 r_1 阶矩阵,B_2 为 $n-r_1$ 阶非退化矩阵,于是

$$r(\boldsymbol{B}_1)=r_1-t,\quad r(\boldsymbol{B}_2)=n-r_1,$$

因而

$$r(\lambda_1\boldsymbol{E}-\boldsymbol{J})=r(\boldsymbol{B}_1)+r(\boldsymbol{B}_2)=n-t,$$

所以维$(V_{\lambda_1})=n-r(\lambda_1\boldsymbol{E}-\boldsymbol{A})=t$.

同理,以 λ_i 为特征值的若尔当块的数等于 V_{λ_i} 的维数.

【例 14】 设 $f(\lambda)$为矩阵 $\boldsymbol{A}$ 的特征多项式,$f(\lambda)=g(\lambda)h(\lambda)$且$(g(\lambda),h(\lambda))=1$,求证:$r(g(\boldsymbol{A}))=h(\lambda)$的次数,$r(h(\boldsymbol{A}))=g(\lambda)$的次数.

证 设 λ_0 为 $f(\lambda)$的根,则

$$f(\lambda_0)=g(\lambda_0)h(\lambda_0)=0,$$

由$(g(\lambda),h(\lambda))=1$,知存在 $u(\lambda),v(\lambda)$,使

$$u(\lambda)g(\lambda)+v(\lambda)h(\lambda)=1,$$

我们断定 $g(\lambda_0),h(\lambda_0)$中只能有一个为 0,否则 $0=u(\lambda_0)g(\lambda_0)+v(\lambda_0)h(\lambda_0)=1$,矛盾. 在复数域上,$\boldsymbol{A}$ 相似于若尔当标准形,即存在可逆矩阵 $\boldsymbol{T}$,使

$$\boldsymbol{T}^{-1}\boldsymbol{A}\boldsymbol{T}=\begin{pmatrix}\boldsymbol{J}_1 & & & & & \\ & \ddots & & & & \\ & & \boldsymbol{J}_t & & & \\ & & & \boldsymbol{J}_{t+1} & & \\ & & & & \ddots & \\ & & & & & \boldsymbol{J}_s\end{pmatrix},\quad \boldsymbol{J}_i=\begin{pmatrix}\lambda_i & & & \\ 1 & \lambda_i & & \\ & \ddots & \ddots & \\ & & 1 & \lambda_i\end{pmatrix}_{k_i\times k_i},\quad i=1,2,\cdots,s.$$

不妨设 $\lambda_1,\lambda_2,\cdots,\lambda_t$ 为 $g(\lambda)$的根,其重数分别为 $k_1,k_2,\cdots,k_t,\lambda_{t+1},\cdots,\lambda_s$ 为 $h(\lambda)$的根,其重数分别为 $k_{t+1},\cdots,k_s$. 因而有

$$k_1+k_2+\cdots+k_t=\partial(g(\lambda)),\quad k_{t+1}+\cdots+k_s=\partial(h(\lambda)),$$

$$g(\boldsymbol{T}^{-1}\boldsymbol{A}\boldsymbol{T})=\begin{pmatrix}g(\boldsymbol{J}_1) & & & & & \\ & \ddots & & & & \\ & & g(\boldsymbol{J}_t) & & & \\ & & & g(\boldsymbol{J}_{t+1}) & & \\ & & & & \ddots & \\ & & & & & g(\boldsymbol{J}_s)\end{pmatrix},$$

因为 $g(\boldsymbol{J}_{t+1}),\cdots,g(\boldsymbol{J}_s)$都是非退化矩阵,故

$$r\left(\begin{pmatrix}g(\boldsymbol{J}_{t+1}) & & \\ & \ddots & \\ & & g(\boldsymbol{J}_s)\end{pmatrix}\right)=r(g(\boldsymbol{J}_{t+1}))+\cdots+r(g(\boldsymbol{J}_s))=k_{t+1}+\cdots+k_s=\partial(h(\lambda)).$$

因为

$$g(\boldsymbol{J}_1)=\begin{pmatrix} g(\lambda_1) & & & \\ g'(\lambda_1) & g(\lambda_1) & & \\ \vdots & \ddots & \ddots & \\ \frac{g^{(k_1-1)}(\lambda_1)}{(k_1-1)!} & \cdots & g'(\lambda_1) & g(\lambda_1) \end{pmatrix}=\boldsymbol{O},$$

同理，$g(\boldsymbol{J}_2)=\boldsymbol{O},\cdots,g(\boldsymbol{J}_t)=\boldsymbol{O}$，故$\partial(h(\lambda))=r(g(\boldsymbol{T}^{-1}\boldsymbol{A}\boldsymbol{T}))=r(\boldsymbol{T}^{-1}g(\boldsymbol{A})\boldsymbol{T})=r(g(\boldsymbol{A}))$.

同理可证 $r(h(\boldsymbol{A}))=\partial(g(\lambda))$.

方法总结

相似矩阵具有相同的秩，将$\boldsymbol{A}$化为与其相似的若尔当标准形$\boldsymbol{J}$，$\boldsymbol{T}^{-1}\boldsymbol{A}\boldsymbol{T}=\boldsymbol{J}$，$\boldsymbol{T}^{-1}g(\boldsymbol{A})\boldsymbol{T}=g(\boldsymbol{T}^{-1}\boldsymbol{A}\boldsymbol{T})=g(\boldsymbol{J})$为准对角矩阵，便于讨论秩.

【例 15】 证明：n阶方阵相似于对角方阵的充分必要条件是对每个数ω，由$(\omega\boldsymbol{E}-\boldsymbol{A})^2\boldsymbol{x}=\boldsymbol{0}$可以导出$(\omega\boldsymbol{E}-\boldsymbol{A})\boldsymbol{x}=\boldsymbol{0}$，其中$\boldsymbol{E}$是单位方阵，$\boldsymbol{X}$是$n$维列向量.

证 设V_1是$(\omega\boldsymbol{E}-\boldsymbol{A})\boldsymbol{x}=\boldsymbol{0}$的解空间，$V_2$是$(\omega\boldsymbol{E}-\boldsymbol{A})^2\boldsymbol{x}=\boldsymbol{0}$的解空间，条件"$(\omega\boldsymbol{E}-\boldsymbol{A})^2\boldsymbol{x}=\boldsymbol{0}$可以导出$(\omega\boldsymbol{E}-\boldsymbol{A})\boldsymbol{x}=\boldsymbol{0}$"的含义是$V_2\subset V_1$，但总有$V_1\subset V_2$，因此本题可改为

$$\boldsymbol{A}\sim\text{对角阵}\Leftrightarrow\forall\,\omega,\text{总有 }V_1=V_2.$$

必要性：设

$$\boldsymbol{T}^{-1}\boldsymbol{A}\boldsymbol{T}=\begin{pmatrix}\lambda_1 & & & \\ & \lambda_2 & & \\ & & \ddots & \\ & & & \lambda_n\end{pmatrix},$$

其中$\lambda_1.\lambda_2,\cdots,\lambda_n$是$\boldsymbol{A}$的全部特征值，$\forall\,\omega$，有

$$\boldsymbol{T}^{-1}(\omega\boldsymbol{E}-\boldsymbol{A})\boldsymbol{T}=\begin{pmatrix}\omega-\lambda_1 & & & \\ & \omega-\lambda_2 & & \\ & & \ddots & \\ & & & \omega-\lambda_n\end{pmatrix},$$

$$\boldsymbol{T}^{-1}(\omega\boldsymbol{E}-\boldsymbol{A})^2\boldsymbol{T}=\begin{pmatrix}(\omega-\lambda_1)^2 & & & \\ & (\omega-\lambda_2)^2 & & \\ & & \ddots & \\ & & & (\omega-\lambda_n)^2\end{pmatrix},$$

所以$r(\omega\boldsymbol{E}-\boldsymbol{A})=r[(\omega\boldsymbol{E}-\boldsymbol{A})^2]$，于是

$$\text{维}(V_1)=n-r(\omega\boldsymbol{E}-\boldsymbol{A})=n-r[(\omega\boldsymbol{E}-\boldsymbol{A})^2]=\text{维}(V_2),$$

而 $V_1 \subset V_2$，故 $V_1 = V_2$.

充分性：设 $\forall \omega, V_1 = V_2$. 若 $\boldsymbol{A}$ 不相似于对角阵，则存在可逆阵 $\boldsymbol{T}$，使

$$\boldsymbol{T}^{-1}\boldsymbol{A}\boldsymbol{T}=\boldsymbol{J}=\begin{pmatrix}\boldsymbol{J}_1 & & & \\ & \boldsymbol{J}_2 & & \\ & & \ddots & \\ & & & \boldsymbol{J}_s\end{pmatrix}\text{（若尔当标准形）},$$

其中 $\boldsymbol{J}_1=\begin{pmatrix}a & & & \\ 1 & a & & \\ & \ddots & \ddots & \\ & & 1 & a\end{pmatrix}_{n_1\times n_1}$，$n_1>1$. 令 $\omega=a$，则

$$\boldsymbol{T}^{-1}(a\boldsymbol{E}-\boldsymbol{A})\boldsymbol{T}=\begin{pmatrix}0 & & & & & & \\ 1 & 0 & & & & & \\ & \ddots & \ddots & & & & \\ & & 1 & 0 & & & \\ & & & & a\boldsymbol{E}-\boldsymbol{J}_2 & & \\ & & & & & \ddots & \\ & & & & & & a\boldsymbol{E}-\boldsymbol{J}_s\end{pmatrix},$$

$$\boldsymbol{T}^{-1}(a\boldsymbol{E}-\boldsymbol{A})^2\boldsymbol{T}=\begin{pmatrix}0 & & & & & & & \\ 0 & 0 & & & & & & \\ 1 & 0 & 0 & & & & & \\ & \ddots & \ddots & \ddots & & & & \\ & & 1 & 0 & 0 & & & \\ & & & & & (a\boldsymbol{E}-\boldsymbol{J}_2)^2 & & \\ & & & & & & \ddots & \\ & & & & & & & (a\boldsymbol{E}-\boldsymbol{J}_s)^2\end{pmatrix},$$

所以，$r(a\boldsymbol{E}-\boldsymbol{A})>r[(a\boldsymbol{E}-\boldsymbol{A})^2]$，即维$(V_1)<$维$(V_2)$，与 $V_1=V_2$ 矛盾. 所以 $\boldsymbol{A}$ 相似于对角阵.

三、教材习题解答

第八章习题解答

1. 化下列 $\lambda-$ 矩阵成标准形：

(1) $\begin{pmatrix} \lambda^3-\lambda & 2\lambda^2 \\ \lambda^2+5\lambda & 3\lambda \end{pmatrix}$； (2) $\begin{pmatrix} 1-\lambda & \lambda^2 & \lambda \\ \lambda & \lambda & -\lambda \\ 1+\lambda^2 & \lambda^2 & -\lambda^2 \end{pmatrix}$； (3) $\begin{pmatrix} \lambda^2+\lambda & 0 & 0 \\ 0 & \lambda & 0 \\ 0 & 0 & (\lambda+1)^2 \end{pmatrix}$；

(4) $\begin{pmatrix} 0 & 0 & 0 & \lambda^2 \\ 0 & 0 & \lambda^2-\lambda & 0 \\ 0 & (\lambda-1)^2 & 0 & 0 \\ \lambda^2-\lambda & 0 & 0 & 0 \end{pmatrix}$； (5) $\begin{pmatrix} 3\lambda^2+2\lambda-3 & 2\lambda-1 & \lambda^2+2\lambda-3 \\ 4\lambda^2+3\lambda-5 & 3\lambda-2 & \lambda^2+3\lambda-4 \\ \lambda^2+\lambda-4 & \lambda-2 & \lambda-1 \end{pmatrix}$；

(6) $\begin{pmatrix} 2\lambda & 3 & 0 & 1 & \lambda \\ 4\lambda & 3\lambda+6 & 0 & \lambda+2 & 2\lambda \\ 0 & 6\lambda & \lambda & 2\lambda & 0 \\ \lambda-1 & 0 & \lambda-1 & 0 & 0 \\ 3\lambda-3 & 1-\lambda & 2\lambda-2 & 0 & 0 \end{pmatrix}$.

【思路探索】 $\lambda-$ 矩阵化成标准形的常用方法：

(1) 初等变换；

(2) 利用行列式因子与不变因子的关系；

(3) 利用初等因子与不变因子的关系.

解 (1) $\begin{pmatrix} \lambda^3-\lambda & 2\lambda^2 \\ \lambda^2+5\lambda & 3\lambda \end{pmatrix} \to \begin{pmatrix} \lambda^3-\lambda-\frac{2}{3}\lambda(\lambda^2+5\lambda) & 0 \\ \lambda^2+5\lambda & 3\lambda \end{pmatrix}$

$\to \begin{pmatrix} 3\lambda & 0 \\ 0 & \frac{1}{3}\lambda^3-\frac{10}{3}\lambda^2-\lambda \end{pmatrix} \to \begin{pmatrix} \lambda & 0 \\ 0 & \lambda^3-10\lambda^2-3\lambda \end{pmatrix}$.

(2) $\begin{pmatrix} 1-\lambda & \lambda^2 & \lambda \\ \lambda & \lambda & -\lambda \\ 1+\lambda^2 & \lambda^2 & -\lambda^2 \end{pmatrix} \to \begin{pmatrix} 1 & \lambda^2 & \lambda \\ 0 & \lambda & -\lambda \\ 1 & \lambda^2 & -\lambda^2 \end{pmatrix} \to \begin{pmatrix} 1 & \lambda^2 & \lambda \\ 0 & \lambda & -\lambda \\ 0 & 0 & -\lambda^2-\lambda \end{pmatrix} \to \begin{pmatrix} 1 & 0 & 0 \\ 0 & \lambda & -\lambda \\ 0 & 0 & -\lambda^2-\lambda \end{pmatrix}$

$\to \begin{pmatrix} 1 & 0 & 0 \\ 0 & \lambda & 0 \\ 0 & 0 & \lambda^2+\lambda \end{pmatrix}$.

(3) $\begin{pmatrix} \lambda^2+\lambda & 0 & 0 \\ 0 & \lambda & 0 \\ 0 & 0 & (\lambda+1)^2 \end{pmatrix} \to \begin{pmatrix} \lambda^2+\lambda & 0 & -\lambda^2-\lambda \\ 0 & \lambda & 0 \\ 0 & 0 & (\lambda+1)^2 \end{pmatrix} \to \begin{pmatrix} \lambda^2+\lambda & 0 & -\lambda^2-\lambda \\ 0 & \lambda & -\lambda \\ 0 & 0 & (\lambda+1)^2 \end{pmatrix}$

$\to \begin{pmatrix} \lambda^2+\lambda & 0 & -\lambda^2-\lambda \\ 0 & \lambda & -\lambda \\ \lambda^2+\lambda & \lambda & 1 \end{pmatrix} \to \begin{pmatrix} 1 & 0 & 0 \\ 0 & \lambda(\lambda+1) & \lambda^2(\lambda+1) \\ 0 & 0 & \lambda(\lambda+1)^2 \end{pmatrix} \to \begin{pmatrix} 1 & 0 & 0 \\ 0 & \lambda(\lambda+1) & 0 \\ 0 & 0 & \lambda(\lambda+1)^2 \end{pmatrix}$.

(4) $\lambda-$ 矩阵的初等因子为 $\lambda,\lambda,\lambda^2,\lambda-1,\lambda-1,(\lambda-1)^2$. 所以不变因子为 $1,\lambda(\lambda-1),\lambda(\lambda-1)$,

$\lambda^2(\lambda-1)^2$. 从而标准形为

$$\begin{pmatrix} 1 & & & \\ & \lambda(\lambda-1) & & \\ & & \lambda(\lambda-1) & \\ & & & \lambda^2(\lambda-1)^2 \end{pmatrix}.$$

(5) $$\begin{pmatrix} 3\lambda^2+2\lambda-3 & 2\lambda-1 & \lambda^2+2\lambda-3 \\ 4\lambda^2+3\lambda-5 & 3\lambda-2 & \lambda^2+3\lambda-4 \\ \lambda^2+\lambda-4 & \lambda-2 & \lambda-1 \end{pmatrix} \to \begin{pmatrix} 3\lambda^2+2\lambda-3 & 2\lambda-1 & \lambda^2+2\lambda-3 \\ 2 & 1 & 0 \\ \lambda^2+\lambda-4 & \lambda-2 & \lambda-1 \end{pmatrix}$$

$$\to \begin{pmatrix} 1 & 2 & 0 \\ 2\lambda-1 & 3\lambda^2+2\lambda-3 & \lambda^2-2\lambda-3 \\ \lambda-2 & \lambda^2+\lambda-4 & \lambda-1 \end{pmatrix} \to \begin{pmatrix} 1 & 0 & 0 \\ 2\lambda-1 & 3\lambda^2-2\lambda-1 & \lambda^2+2\lambda-3 \\ \lambda-2 & \lambda^2-\lambda & \lambda-1 \end{pmatrix}$$

$$\to \begin{pmatrix} 1 & 0 & 0 \\ 0 & 3\lambda^2-2\lambda-1 & \lambda^2+2\lambda-3 \\ 0 & \lambda^2-\lambda & \lambda-1 \end{pmatrix} \to \begin{pmatrix} 1 & 0 & 0 \\ 0 & \lambda-1 & \lambda^2-\lambda \\ 0 & \lambda^2+2\lambda-3 & 3\lambda^2-2\lambda-1 \end{pmatrix}$$

$$\to \begin{pmatrix} 1 & 0 & 0 \\ 0 & \lambda-1 & 0 \\ 0 & \lambda^2+2\lambda-3 & -\lambda^3+\lambda^2+\lambda-1 \end{pmatrix} \to \begin{pmatrix} 1 & 0 & 0 \\ 0 & \lambda-1 & 0 \\ 0 & 0 & (\lambda-1)^2(\lambda+1) \end{pmatrix}.$$

(6) $$\begin{pmatrix} 2\lambda & 3 & 0 & 1 & \lambda \\ 4\lambda & 3\lambda+6 & 0 & \lambda+2 & 2\lambda \\ 0 & 6\lambda & \lambda & 2\lambda & 0 \\ \lambda-1 & 0 & \lambda-1 & 0 & 0 \\ 3\lambda-3 & 1-\lambda & 2\lambda-2 & 0 & 0 \end{pmatrix} \to \begin{pmatrix} 4\lambda & 6 & 0 & 2 & 2\lambda \\ 4\lambda & 3\lambda+6 & 0 & \lambda+2 & 2\lambda \\ 0 & 3\lambda & \frac{\lambda}{2} & \lambda & 0 \\ \lambda-1 & 0 & \lambda-1 & 0 & 0 \\ 3\lambda-3 & 1-\lambda & 2\lambda-2 & 0 & 0 \end{pmatrix}$$

$$\to \begin{pmatrix} 4\lambda & 6\lambda & 0 & 2 & 2\lambda \\ 0 & 0 & -\frac{\lambda}{2} & 0 & 0 \\ 0 & 3\lambda & \frac{\lambda}{2} & \lambda & 0 \\ \lambda-1 & 0 & \lambda-1 & 0 & 0 \\ \lambda-1 & 1-\lambda & 0 & 0 & 0 \end{pmatrix} \to \begin{pmatrix} 0 & 0 & 0 & 2 & 2\lambda \\ 0 & 0 & -\frac{\lambda}{2} & 0 & 0 \\ 0 & 0 & \frac{\lambda}{2} & \lambda & 0 \\ \lambda-1 & 0 & \lambda-1 & 0 & 0 \\ \lambda-1 & 1-\lambda & 0 & 0 & 0 \end{pmatrix}$$

$$\to \begin{pmatrix} 1 & 0 & 0 & 0 & \lambda \\ 0 & 0 & -\frac{\lambda}{2} & 0 & 0 \\ \lambda & 0 & \frac{\lambda}{2} & 0 & 0 \\ 0 & 0 & \lambda-1 & \lambda-1 & 0 \\ 0 & 1-\lambda & 0 & \lambda-1 & 0 \end{pmatrix} \to \begin{pmatrix} 1 & 0 & 0 & 0 & \lambda \\ 0 & 0 & -\frac{\lambda}{2} & 0 & 0 \\ 0 & 0 & 0 & 0 & -\lambda^2 \\ 0 & 0 & \lambda-1 & \lambda-1 & 0 \\ 0 & 1-\lambda & 0 & \lambda-1 & 0 \end{pmatrix}$$

$$\to \begin{pmatrix} 1 & 0 & 0 & 0 & 0 \\ 0 & 0 & -\frac{\lambda}{2} & 0 & 0 \\ 0 & 0 & 0 & 0 & -\lambda^2 \\ 0 & 0 & \lambda-1 & \lambda-1 & 0 \\ 0 & 1-\lambda & 0 & \lambda-1 & 0 \end{pmatrix} \to \begin{pmatrix} 1 & 0 & 0 & 0 & 0 \\ 0 & 0 & 1 & 1-\lambda & 0 \\ 0 & 0 & 0 & 0 & \lambda^2 \\ 0 & 0 & \lambda-1 & \lambda-1 & 0 \\ 0 & 1-\lambda & 0 & \lambda-1 & 0 \end{pmatrix}$$

$$\to\begin{pmatrix}1&0&0&0&0\\0&1&0&1-\lambda&0\\0&0&0&0&\lambda^2\\0&\lambda-1&0&\lambda-1&0\\0&0&1-\lambda&\lambda-1&0\end{pmatrix}\to\begin{pmatrix}1&0&0&0&0\\0&1&0&0&0\\0&0&0&0&\lambda^2\\0&0&0&\lambda^2-\lambda&0\\0&0&1-\lambda&\lambda-1&0\end{pmatrix}$$

$$\to\begin{pmatrix}1&0&0&0&0\\0&1&0&0&0\\0&0&1&0&0\\0&0&0&\lambda(\lambda-1)&0\\0&0&0&0&\lambda^2(\lambda-1)\end{pmatrix}.$$

2. 求下列 $\lambda-$ 矩阵的不变因子：

(1) $\begin{pmatrix}\lambda-2&-1&0\\0&\lambda-2&-1\\0&0&\lambda-2\end{pmatrix}$；　(2) $\begin{pmatrix}\lambda&-1&0&0\\0&\lambda&-1&0\\0&0&\lambda&-1\\5&4&3&\lambda+2\end{pmatrix}$；

(3) $\begin{pmatrix}\lambda+\alpha&\beta&1&0\\-\beta&\lambda+\alpha&0&1\\0&0&\lambda+\alpha&\beta\\0&0&-\beta&\lambda+\alpha\end{pmatrix}$；　(4) $\begin{pmatrix}0&0&1&\lambda+2\\0&1&\lambda+2&0\\1&\lambda+2&0&0\\\lambda+2&0&0&0\end{pmatrix}$；

(5) $\begin{pmatrix}\lambda+1&0&0&0\\0&\lambda+2&0&0\\0&0&\lambda-1&0\\0&0&0&\lambda-2\end{pmatrix}$.

【思路探索】　求 $\lambda-$ 矩阵的不变因子的常用方法：

(1) 利用标准形；

(2) 利用行列式因子；

(3) 利用初等因子.

解　(1) 其一阶行列式因子为 1，$D_1(\lambda)=1$.

因其有一个二阶子式 $\begin{vmatrix}-1&0\\\lambda-2&-1\end{vmatrix}=1$，从而 $D_2(\lambda)=1$.

其三阶行列式因子 $D_3(\lambda)=\det\mathbf{A}(\lambda)=(\lambda-2)^3$.

从而其不变因子为 $1,1,(\lambda-2)^3$.

(2) 其一阶行列式因子为 1，即 $D_1(\lambda)=1$.

因其有一个二阶子式 $\begin{vmatrix}-1&0\\\lambda&-1\end{vmatrix}=1$，从而 $D_2(\lambda)=1$.

因其有一个三阶子式 $\begin{vmatrix}-1&0&0\\\lambda&-1&0\\0&\lambda&-1\end{vmatrix}=-1$，从而 $D_3(\lambda)=1$.

其四阶行列式因子为 $D_4(\lambda)=\det\mathbf{A}(\lambda)=\lambda^4+2\lambda^3+3\lambda^2+4\lambda+5$.

所以其不变因子为 $1,1,1,\lambda^4+2\lambda^3+3\lambda^2+4\lambda+5$.

(3)① 当 $\beta\neq0$ 时，

$$D_4(\lambda)=\begin{vmatrix}\lambda+\alpha & \beta\\ -\beta & \lambda+\alpha\end{vmatrix}\begin{vmatrix}\lambda+\alpha & \beta\\ -\beta & \lambda+\alpha\end{vmatrix}=[(\lambda+\alpha)^2+\beta^2]^2,$$

在λ-矩阵中有一个三阶子式 $\begin{vmatrix}\beta & 1 & 0\\ \lambda+\alpha & 0 & 1\\ 0 & \lambda+\alpha & \beta\end{vmatrix}=-2\beta(\lambda+\alpha)$. 由于 $(-2\beta(\lambda+\alpha),D_4(\lambda))=1$,所以 $D_3(\lambda)=1$,从而 $D_2(\lambda)=D_1(\lambda)=1$,故该λ-矩阵的不变因子为

$$1,1,1,[(\lambda+\alpha)^2+\beta^2]^2.$$

② 当 $\beta=0$ 时,由于

$$D_4(\lambda)=(\lambda+\alpha)^4,D_3(\lambda)=(\lambda+\alpha)^2,D_2(\lambda)=D_1(\lambda)=1,$$

所以不变因子为

$$1,1,(\lambda+\alpha)^2,(\lambda+\alpha)^2.$$

(4) $D_1(\lambda)=1$.

因 $\begin{vmatrix}0 & 1\\ 1 & \lambda+2\end{vmatrix}=-1$,从而 $D_2(\lambda)=1$.

因 $\begin{vmatrix}0 & 0 & 1\\ 0 & 1 & \lambda+2\\ 1 & \lambda+2 & 0\end{vmatrix}=-1$,从而 $D_3(\lambda)=1$.

因 $\det \boldsymbol{A}(\lambda)=(\lambda+2)^4$,从而 $D_4(\lambda)=(\lambda+2)^4$.

因而不变因子为 $1,1,1,(\lambda+2)^4$.

(5) $A(\lambda)=\begin{pmatrix}\lambda+1 & 0 & 0 & 0\\ 0 & \lambda+2 & 0 & 0\\ 0 & 0 & \lambda-1 & 0\\ 0 & 0 & 0 & \lambda-2\end{pmatrix}$,易知 $\boldsymbol{A}(\lambda)$ 的各阶行列式因子为 $D_4(\lambda)=(\lambda^2-1)(\lambda^2-4)$,$D_3(\lambda)=D_2(\lambda)=D_1(\lambda)=1$.

所以 $A(\lambda)$ 的不变因子为

$$d_1(\lambda)=d_2(\lambda)=d_3(\lambda)=1,d_4(\lambda)=(\lambda^2-1)(\lambda^2-4).$$

3. 证明

$$\boldsymbol{A}(\lambda)=\begin{pmatrix}\lambda & 0 & 0 & \cdots & 0 & a_n\\ -1 & \lambda & 0 & \cdots & 0 & a_{n-1}\\ 0 & -1 & \lambda & \cdots & 0 & a_{n-2}\\ \vdots & \vdots & \vdots & & \vdots & \vdots\\ 0 & 0 & 0 & \cdots & \lambda & a_2\\ 0 & 0 & 0 & \cdots & -1 & \lambda+a_1\end{pmatrix}$$

的不变因子为 $\underbrace{1,1,\cdots,1}_{n-1个}$,$f(\lambda)$,其中 $f(\lambda)=\lambda^n+a_1\lambda^{n-1}+\cdots+a_{n-1}\lambda+a_n$.

证　将 $\boldsymbol{A}(\lambda)$ 的第 $2,3,\cdots,n$ 行的 $\lambda,\lambda^2,\cdots,\lambda^{n-1}$ 倍都加到第一行,就有

$$|\boldsymbol{A}(\lambda)|=\begin{vmatrix}0 & 0 & 0 & \cdots & 0 & f(\lambda)\\ -1 & \lambda & 0 & \cdots & 0 & a_{n-1}\\ 0 & -1 & \lambda & \cdots & 0 & a_{n-2}\\ \vdots & \vdots & \vdots & & \vdots & \vdots\\ 0 & 0 & 0 & \cdots & \lambda & a_2\\ 0 & 0 & 0 & \cdots & -1 & \lambda+a_1\end{vmatrix}=f(\lambda),$$

于是，$D_n(\lambda)=f(\lambda)$，在 $\boldsymbol{A}(\lambda)$ 中划去第 1 行与第 n 列后剩下的 $n-1$ 阶子式为 $(-1)^{n-1}$，故 $D_{n-1}(\lambda)=1$，从而 $D_{n-2}(\lambda)=\cdots=D_2(\lambda)=D_1(\lambda)=1$，所以 $\boldsymbol{A}(\lambda)$ 的不变因子为

$$d_1(\lambda)=d_2(\lambda)=\cdots=d_{n-1}(\lambda)=1,d_n(\lambda)=f(\lambda).$$

方法点击：利用行列式因子与不变因子的关系进行证明.

4. 设 $\boldsymbol{A}$ 是数域 P 上一个 $n\times n$ 矩阵，证明：$\boldsymbol{A}$ 与 $\boldsymbol{A}^{\mathrm{T}}$ 相似.

【思路探索】 矩阵相似的条件；行列式因子与不变因子的关系.

证 $\boldsymbol{A}$ 与 $\boldsymbol{A}^{\mathrm{T}}$ 相似的充要条件是它们有相同的不变因子.

因为 $\lambda\boldsymbol{E}-\boldsymbol{A}$ 与 $\lambda\boldsymbol{E}-\boldsymbol{A}^{\mathrm{T}}$ 对应的 k 阶子式互为转置，因此对应的 k 阶子式相等，这样 $\lambda\boldsymbol{E}-\boldsymbol{A}$ 与 $\lambda\boldsymbol{E}-\boldsymbol{A}^{\mathrm{T}}$ 有相同的各阶行列式因子，从而有相同的不变因子，故 $\boldsymbol{A}$ 与 $\boldsymbol{A}^{\mathrm{T}}$ 相似.

5. 设 $\boldsymbol{A}=\begin{pmatrix}\lambda&0&0\\1&\lambda&0\\0&1&\lambda\end{pmatrix}$，求 $\boldsymbol{A}^k$.

解 **方法一** 由第四章习题 2 的(8) 知

$$\boldsymbol{A}^k=\begin{pmatrix}\lambda&0&0\\1&\lambda&0\\0&1&\lambda\end{pmatrix}^k=\left(\begin{pmatrix}\lambda&1&0\\0&\lambda&1\\0&0&\lambda\end{pmatrix}^{\mathrm{T}}\right)^k=\left(\begin{pmatrix}\lambda&1&0\\0&\lambda&1\\0&0&\lambda\end{pmatrix}^k\right)^{\mathrm{T}}$$

$$=\begin{pmatrix}\lambda^k&k\lambda^{k-1}&\frac{k(k-1)}{2}\lambda^{k-2}\\0&\lambda^k&k\lambda^{k-1}\\0&0&\lambda^k\end{pmatrix}^{\mathrm{T}}=\begin{pmatrix}\lambda^k&0&0\\k\lambda^{k-1}&\lambda^k&0\\\frac{k(k-1)}{2}\lambda^{k-2}&k\lambda^{k-1}&\lambda^k\end{pmatrix}.$$

方法二 由题意知，$\boldsymbol{A}=\lambda E+\begin{pmatrix}0&0&0\\1&0&0\\0&1&0\end{pmatrix}$，记 $\boldsymbol{B}=\begin{pmatrix}0&0&0\\1&0&0\\0&1&0\end{pmatrix}$，易验证

$$\boldsymbol{B}^2=\begin{pmatrix}0&0&0\\0&0&0\\1&0&0\end{pmatrix},\boldsymbol{B}^k=\boldsymbol{O},\forall k\geqslant 3.$$

故 $\boldsymbol{A}^k=(\lambda\boldsymbol{E}+\boldsymbol{B})^k=(\lambda\boldsymbol{E})^k+C_k^1(\lambda\boldsymbol{E})^{k-1}\boldsymbol{B}+C_k^2(\lambda\boldsymbol{E})^{k-2}\boldsymbol{B}^2=\begin{pmatrix}\lambda^k&0&0\\k\lambda^{k-1}&\lambda^k&0\\\frac{k(k-1)}{2}\lambda^{k-2}&k\lambda^{k-1}&\lambda^k\end{pmatrix}.$

6. 求下列复矩阵的若尔当标准形：

(1) $\begin{pmatrix}1&2&0\\0&2&0\\-2&-2&-1\end{pmatrix}$； (2) $\begin{pmatrix}13&16&16\\-5&-7&-6\\-6&-8&-7\end{pmatrix}$； (3) $\begin{pmatrix}3&0&8\\3&-1&6\\-2&0&-5\end{pmatrix}$；

(4) $\begin{pmatrix}4&5&-2\\-2&-2&1\\-1&-1&1\end{pmatrix}$； (5) $\begin{pmatrix}3&7&-3\\-2&-5&2\\-4&-10&3\end{pmatrix}$； (6) $\begin{pmatrix}1&-1&2\\3&-3&6\\2&-2&4\end{pmatrix}$；

(7) $\begin{pmatrix}1&1&-1\\-3&-3&3\\-2&-2&2\end{pmatrix}$； (8) $\begin{pmatrix}-4&2&10\\-4&3&7\\-3&1&7\end{pmatrix}$； (9) $\begin{pmatrix}0&3&3\\-1&8&6\\2&-14&-10\end{pmatrix}$；

(10) $\begin{pmatrix} 8 & 30 & -14 \\ -6 & -19 & 9 \\ -6 & -23 & 11 \end{pmatrix}$； (11) $\begin{pmatrix} 3 & 1 & 0 & 0 \\ -4 & -1 & 0 & 0 \\ 7 & 1 & 2 & 1 \\ -7 & -6 & -1 & 0 \end{pmatrix}$； (12) $\begin{pmatrix} 1 & 2 & 3 & 4 \\ 0 & 1 & 2 & 3 \\ 0 & 0 & 1 & 2 \\ 0 & 0 & 0 & 1 \end{pmatrix}$；

(13) $\begin{pmatrix} 1 & -3 & 0 & 3 \\ -2 & 6 & 0 & 13 \\ 0 & -3 & 1 & 3 \\ -1 & 2 & 0 & 8 \end{pmatrix}$； (14) $\begin{pmatrix} 0 & 1 & 0 & \cdots & 0 & 0 \\ 0 & 0 & 1 & \cdots & 0 & 0 \\ \vdots & \vdots & \vdots & & \vdots & \vdots \\ 0 & 0 & 0 & \cdots & 0 & 1 \\ 1 & 0 & 0 & \cdots & 0 & 0 \end{pmatrix}$.

【思路探索】 求复矩阵的若尔当标准形的基本步骤：

(1) 求矩阵的初等因子，可通过求 $\lambda\boldsymbol{E}-\boldsymbol{A}$ 的不变因子后利用初等因子与不变因子的关系求得.

(2) 根据初等因子与矩阵的若尔当标准形的关系可直接写出所求矩阵的若尔当标准形.

解 (1) 设原矩阵为 $\boldsymbol{A}$，则

$$\lambda\boldsymbol{E}-\boldsymbol{A}=\begin{pmatrix} \lambda-1 & -2 & 0 \\ 0 & \lambda-2 & 0 \\ 2 & 2 & \lambda+1 \end{pmatrix} \to \begin{pmatrix} 1 & 0 & 0 \\ 0 & 1 & 0 \\ 0 & 0 & (\lambda-1)(\lambda+1)(\lambda-2) \end{pmatrix}.$$

$\boldsymbol{A}$ 的初等因子为 $\lambda-1,\lambda+1,\lambda-2$. $\boldsymbol{A}$ 的若尔当标准形为

$$\begin{pmatrix} 1 & 0 & 0 \\ 0 & -1 & 0 \\ 0 & 0 & 2 \end{pmatrix}.$$

(2) 初等因子是 $(\lambda-1)^2,(\lambda+3)$，若尔当标准形为 $\boldsymbol{J}=\begin{pmatrix} -3 & 0 & 0 \\ 0 & 1 & 0 \\ 0 & 1 & 1 \end{pmatrix}$.

(3) 初等因子是 $\lambda+1,(\lambda+1)^2$，若尔当标准形为 $\boldsymbol{J}=\begin{pmatrix} -1 & 0 & 0 \\ 0 & -1 & 0 \\ 0 & 1 & -1 \end{pmatrix}$.

(4) 初等因子是 $(\lambda-1)^3$，若尔当标准形为 $\boldsymbol{J}=\begin{pmatrix} 1 & 0 & 0 \\ 1 & 1 & 0 \\ 0 & 1 & 1 \end{pmatrix}$.

(5) 初等因子是 $\lambda-1,\lambda+\mathrm{i},\lambda-\mathrm{i}$，若尔当标准形为 $\boldsymbol{J}=\begin{pmatrix} 1 & 0 & 0 \\ 0 & -\mathrm{i} & 0 \\ 0 & 0 & \mathrm{i} \end{pmatrix}$.

(6) 初等因子是 $\lambda,\lambda,\lambda-2$，若尔当标准形为 $\boldsymbol{J}=\begin{pmatrix} 0 & 0 & 0 \\ 0 & 0 & 0 \\ 0 & 0 & 2 \end{pmatrix}$.

(7) 初等因子是 λ,λ^2，若尔当标准形为 $\boldsymbol{J}=\begin{pmatrix} 0 & 0 & 0 \\ 0 & 0 & 0 \\ 0 & 1 & 0 \end{pmatrix}$.

(8) 初等因子是 $(\lambda-2)^3$，若尔当标准形为 $\boldsymbol{J}=\begin{pmatrix} 2 & 0 & 0 \\ 1 & 2 & 0 \\ 0 & 1 & 2 \end{pmatrix}$.

$$(\boldsymbol{\varepsilon}_1,\boldsymbol{\varepsilon}_2,\boldsymbol{\varepsilon}_3)=(\boldsymbol{e}_1,\boldsymbol{e}_2,\boldsymbol{e}_3)\begin{pmatrix}1&2&1\\0&1&1\\1&0&1\end{pmatrix},$$

$$(\boldsymbol{\eta}_1,\boldsymbol{\eta}_2,\boldsymbol{\eta}_3)=(\boldsymbol{e}_1,\boldsymbol{e}_2,\boldsymbol{e}_3)\begin{pmatrix}1&2&2\\2&2&-1\\-1&-1&-1\end{pmatrix},$$

于是

$$(\boldsymbol{\eta}_1,\boldsymbol{\eta}_2,\boldsymbol{\eta}_3)=(\boldsymbol{e}_1,\boldsymbol{e}_2,\boldsymbol{e}_3)\begin{pmatrix}1&2&2\\2&2&-1\\-1&-1&-1\end{pmatrix}=(\boldsymbol{\varepsilon}_1,\boldsymbol{\varepsilon}_2,\boldsymbol{\varepsilon}_3)\begin{pmatrix}1&2&1\\0&1&1\\1&0&1\end{pmatrix}^{-1}\begin{pmatrix}1&2&2\\2&2&-1\\-1&-1&-1\end{pmatrix}$$

$$=(\boldsymbol{\varepsilon}_1,\boldsymbol{\varepsilon}_2,\boldsymbol{\varepsilon}_3)\begin{pmatrix}\frac{1}{2}&-1&\frac{1}{2}\\\frac{1}{2}&0&-\frac{1}{2}\\-\frac{1}{2}&1&\frac{1}{2}\end{pmatrix}\begin{pmatrix}1&2&2\\2&2&-1\\-1&-1&-1\end{pmatrix}$$

$$=(\boldsymbol{\varepsilon}_1,\boldsymbol{\varepsilon}_2,\boldsymbol{\varepsilon}_3)\begin{pmatrix}-2&-\frac{3}{2}&\frac{3}{2}\\1&\frac{3}{2}&\frac{3}{2}\\1&\frac{1}{2}&-\frac{5}{2}\end{pmatrix},$$

所以由基 $\boldsymbol{\varepsilon}_1,\boldsymbol{\varepsilon}_2,\boldsymbol{\varepsilon}_3$ 到基 $\boldsymbol{\eta}_1,\boldsymbol{\eta}_2,\boldsymbol{\eta}_3$ 的过渡矩阵是

$$\begin{pmatrix}-2&-\frac{3}{2}&\frac{3}{2}\\1&\frac{3}{2}&\frac{3}{2}\\1&\frac{1}{2}&-\frac{5}{2}\end{pmatrix}.$$

(2) 因为

$$\mathscr{A}(\boldsymbol{\varepsilon}_1,\boldsymbol{\varepsilon}_2,\boldsymbol{\varepsilon}_3)=(\mathscr{A}\boldsymbol{\varepsilon}_1,\mathscr{A}\boldsymbol{\varepsilon}_2,\mathscr{A}\boldsymbol{\varepsilon}_3)=(\boldsymbol{\eta}_1,\boldsymbol{\eta}_2,\boldsymbol{\eta}_3)=(\boldsymbol{\varepsilon}_1,\boldsymbol{\varepsilon}_2,\boldsymbol{\varepsilon}_3)\begin{pmatrix}-2&-\frac{3}{2}&\frac{3}{2}\\1&\frac{3}{2}&\frac{3}{2}\\1&\frac{1}{2}&-\frac{5}{2}\end{pmatrix},$$

所以 $\mathscr{A}$ 在基 $\boldsymbol{\varepsilon}_1,\boldsymbol{\varepsilon}_2,\boldsymbol{\varepsilon}_3$ 下的矩阵为

$$\begin{pmatrix}-2&-\frac{3}{2}&\frac{3}{2}\\1&\frac{3}{2}&\frac{3}{2}\\1&\frac{1}{2}&-\frac{5}{2}\end{pmatrix}.$$

(3) 由 (1) 及题设可得

(9) 初等因子是 $\lambda,(\lambda+1)^2$,若尔当标准形为 $\boldsymbol{J}=\begin{pmatrix}0&0&0\\0&-1&0\\0&1&-1\end{pmatrix}$.

(10) 经初等变换可知不变因子为 $1,1,\lambda^3+30\lambda-8$,设

$$\lambda^3+30\lambda-8=(\lambda-\lambda_1)(\lambda-\lambda_2)(\lambda-\lambda_3),$$

初等因子是 $(\lambda-\lambda_1),(\lambda-\lambda_2),(\lambda-\lambda_3)$,若尔当标准形为 $\boldsymbol{J}=\begin{pmatrix}\lambda_1&0&0\\0&\lambda_2&0\\0&0&\lambda_3\end{pmatrix}$;

其中,用卡尔丹(Cardano)公式解不完全三次方程 $\lambda^3+30\lambda-8=0$,得

$$\lambda_1=\sqrt[3]{4+\sqrt{1\,016}}+\sqrt[3]{4-\sqrt{1\,016}},$$
$$\lambda_2=\omega\sqrt[3]{4+\sqrt{1\,016}}+\omega^2\sqrt[3]{4-\sqrt{1\,016}},$$
$$\lambda_3=\omega^2\sqrt[3]{4+\sqrt{1\,016}}+\omega\sqrt[3]{4-\sqrt{1\,016}},$$

其中 $\omega=-\dfrac{1}{2}+\dfrac{\sqrt{3}}{2}\mathrm{i}$.

(11) 初等因子是 $(\lambda-1)^4$,若尔当标准形为 $\boldsymbol{J}=\begin{pmatrix}1&0&0&0\\1&1&0&0\\0&1&1&0\\0&0&1&1\end{pmatrix}$.

(12) 初等因子是 $(\lambda-1)^4$,若尔当标准形为 $\boldsymbol{J}=\begin{pmatrix}1&0&0&0\\1&1&0&0\\0&1&1&0\\0&0&1&1\end{pmatrix}$.

(13) 初等因子是 $\lambda-1,\lambda-1,\lambda-7+\sqrt{30},\lambda-7-\sqrt{30}$,若尔当标准形为

$$\boldsymbol{J}=\begin{pmatrix}1&0&0&0\\0&1&0&0\\0&0&7-\sqrt{30}&0\\0&0&0&7+\sqrt{30}\end{pmatrix}.$$

(14) **方法一**

$$\lambda\boldsymbol{E}-\boldsymbol{A}=\begin{pmatrix}\lambda&-1&0&\cdots&0&0\\0&\lambda&-1&\cdots&0&0\\0&0&\lambda&\cdots&0&0\\\vdots&\vdots&\vdots&&\vdots&\vdots\\0&0&0&\cdots&\lambda&-1\\-1&0&0&\cdots&0&\lambda\end{pmatrix}\to\begin{pmatrix}0&-1&0&\cdots&0&\lambda^2\\0&\lambda&-1&\cdots&0&0\\\vdots&\vdots&\vdots&&\vdots&\vdots\\0&0&0&\cdots&\lambda&-1\\-1&0&0&\cdots&0&\lambda\end{pmatrix}$$

$$\to\begin{pmatrix}0&-1&0&\cdots&0&\lambda^2\\0&\lambda&-1&\cdots&0&0\\0&0&\lambda&\cdots&0&0\\\vdots&\vdots&\vdots&&\vdots&\vdots\\0&0&0&\cdots&\lambda&-1\\-1&0&0&\cdots&0&0\end{pmatrix}\to\begin{pmatrix}0&-1&0&\cdots&0&\lambda^2\\0&0&-1&\cdots&0&\lambda^3\\0&0&\lambda&\cdots&0&0\\\vdots&\vdots&\vdots&&\vdots&\vdots\\0&0&0&\cdots&\lambda&-1\\-1&0&0&\cdots&0&0\end{pmatrix}$$

$$\to\begin{pmatrix}0&-1&0&\cdots&0&0\\0&0&-1&\cdots&0&0\\0&0&0&\cdots&0&0\\\vdots&\vdots&\vdots&&\vdots&\vdots\\0&0&0&\cdots&0&\lambda^n-1\\-1&0&0&\cdots&0&0\end{pmatrix},$$

即 λ^n-1 为其不变因子. 设 $\varepsilon_1,\varepsilon_2,\cdots,\varepsilon_n$ 是 1 的 n 次单位根,因而其若尔当标准形

$$\boldsymbol{J}=\begin{pmatrix}\varepsilon_1&&&&\\&\varepsilon_2&&&\\&&\varepsilon_3&&\\&&&\ddots&\\&&&&\varepsilon_n\end{pmatrix}.$$

方法二 将 $|\lambda\boldsymbol{E}-\boldsymbol{A}|$ 按第 1 列展开得 $|\lambda\boldsymbol{E}-\boldsymbol{A}|=\lambda^n+(-1)\cdot(-1)^{n+1}\cdot(-1)^{n-1}=\lambda^n-1$.
又 $\lambda\boldsymbol{E}-\boldsymbol{A}$ 有一个 $n-1$ 阶子式为

$$\begin{vmatrix}-1&0&\cdots&0&0\\\lambda&-1&\cdots&0&0\\\vdots&&\cdots&\vdots&\vdots\\0&0&\cdots&\lambda&-1\end{vmatrix}=(-1)^{n-1},$$

故 $\lambda\boldsymbol{E}-\boldsymbol{A}$ 的行列式因子为 $1,1,\cdots,1,|\lambda\boldsymbol{E}-\boldsymbol{A}|$.

$\lambda\boldsymbol{E}-\boldsymbol{A}$ 的不变因子为 $1,1,\cdots,1,\lambda^n-1$.

$\lambda\boldsymbol{E}-\boldsymbol{A}$ 的初等因为 $\lambda-\varepsilon_i,i=1,2,\cdots,n$,其中 $\varepsilon_1,\varepsilon_2,\cdots,\varepsilon_n$ 为 1 的 n 次单位根.

从而 $\boldsymbol{A}$ 的若尔当标准形为

$$\boldsymbol{J}=\begin{pmatrix}\varepsilon_1&&&&\\&\varepsilon_2&&&\\&&\varepsilon_3&&\\&&&\ddots&\\&&&&\varepsilon_n\end{pmatrix}.$$

7. 把习题 6 中各矩阵看成有理数域上矩阵,试写出它们的有理标准形.

【思路探索】 求一矩阵的有理标准形时,先将其看成复数域中矩阵,对于不可约因式,则用友矩阵表示,因而先求不变因子即可,而不变因子可由初等因子求得. 在解题过程中可用到上题求解过程中计算出的有关初等因子和不变因子的结果.

解 (1) $\begin{pmatrix}1&2&0\\0&2&0\\-2&-2&-1\end{pmatrix}$.

因其非常数不变因子为 $(\lambda-1)(\lambda-2)(\lambda+1)=\lambda^3-2\lambda^2-\lambda+2$,因此其有理标准形为 $\begin{pmatrix}0&0&-2\\1&0&1\\0&1&2\end{pmatrix}$.

(2) $\begin{pmatrix}13&16&16\\-5&-7&-6\\6&-8&-7\end{pmatrix}$.

因其非常数不变因子 $d_3(x)=(\lambda-1)^2(\lambda+3)$,即

$$d_3(x)=\lambda^3+\lambda^2-6\lambda+3,$$

因此其有理标准形为$\begin{pmatrix}0&0&-3\\1&0&6\\0&1&-1\end{pmatrix}$.

(3) $\begin{pmatrix}3&0&8\\3&-1&6\\-2&0&-5\end{pmatrix}$.

因其非常数不变因子为$(\lambda+1)$,$(\lambda+1)^2=\lambda^2+2\lambda+1$,因此其有理标准形为$\begin{pmatrix}-1&0&0\\0&0&-1\\0&1&-2\end{pmatrix}$.

(4) $\begin{pmatrix}4&5&-2\\-2&-2&1\\-1&-1&1\end{pmatrix}$.

因其非常数不变因子为$d_3(x)=(\lambda-1)^3=\lambda^3-3\lambda^2+3\lambda-1$,因此其有理标准形为$\begin{pmatrix}0&0&1\\1&0&-3\\0&1&3\end{pmatrix}$.

(5) $\begin{pmatrix}3&7&-3\\-2&-5&2\\-4&-10&3\end{pmatrix}$.

因其非常数不变因子为$(\lambda-1)(\lambda^2+1)=\lambda^3-\lambda^2+\lambda-1$,因此其有理标准形为$\begin{pmatrix}0&0&1\\1&0&-1\\0&1&1\end{pmatrix}$.

(6) $\begin{pmatrix}1&-1&2\\3&-3&6\\2&-2&4\end{pmatrix}$.

因其非常数不变因子为λ,$\lambda(\lambda-2)=\lambda^2-2\lambda$,因此其有理标准形为$\begin{pmatrix}0&0&0\\0&0&0\\0&1&2\end{pmatrix}$.

(7) $\begin{pmatrix}1&1&-1\\-3&-3&3\\-2&-2&2\end{pmatrix}$.

因其非常数不变因子为λ,λ^2,因此其有理标准形为$\begin{pmatrix}0&0&0\\0&0&0\\0&1&0\end{pmatrix}$.

(8) $\begin{pmatrix}-4&2&10\\-4&3&7\\-3&1&7\end{pmatrix}$.

因其非常数不变因子为$\lambda^3-6\lambda+12\lambda-8$,因此其有理标准形为$\begin{pmatrix}0&0&8\\1&0&-12\\0&1&6\end{pmatrix}$.

(9) $\begin{pmatrix}0&3&3\\-1&8&6\\2&-14&-10\end{pmatrix}$.

因其非常数不变因子为$\lambda(\lambda+1)^2=\lambda^3+2\lambda^2+\lambda$，因此其有理标准形为$\begin{pmatrix}0&0&0\\1&0&-1\\0&1&-2\end{pmatrix}$.

(10)$\begin{pmatrix}8&30&-14\\-6&-19&9\\-6&-23&11\end{pmatrix}$.

因其非常数不变因子为$\lambda^3+30\lambda-8$，因此其有理标准形为$\begin{pmatrix}0&0&8\\1&0&-30\\0&1&0\end{pmatrix}$.

(11)$\begin{pmatrix}3&1&0&0\\-4&-1&0&0\\7&1&2&1\\-7&-6&-1&0\end{pmatrix}$.

因其非常数不变因子为$\lambda^4-4\lambda^3+6\lambda^2-4\lambda+1$，因此其有理标准形为$\begin{pmatrix}0&0&0&-1\\1&0&0&4\\0&1&0&-6\\0&0&1&4\end{pmatrix}$.

(12)$\begin{pmatrix}1&2&3&4\\0&1&2&3\\0&0&1&2\\0&0&0&1\end{pmatrix}$.

因其非常数不变因子$d_4(x)=(\lambda-1)^4=\lambda^4-4\lambda^3+6\lambda^2-4\lambda+1$，因此其有理标准形为

$$\begin{pmatrix}0&0&0&-1\\1&0&0&4\\0&1&0&-6\\0&0&1&4\end{pmatrix}.$$

(13)$\begin{pmatrix}1&-3&0&3\\-2&6&0&13\\0&-3&1&3\\-1&2&0&8\end{pmatrix}$

因其非常数不变因子为$\lambda-1,(\lambda-1)(\lambda^2-14\lambda+19)=\lambda^3-15\lambda^2+33\lambda-19$，因此其有理标准形为

$$\begin{pmatrix}1&0&0&0\\0&0&0&19\\0&1&0&-33\\0&0&1&15\end{pmatrix}.$$

(14)$\begin{pmatrix}0&1&0&\cdots&0&0\\0&0&1&\cdots&0&0\\\vdots&\vdots&\vdots&&\vdots&\vdots\\0&0&0&\cdots&0&1\\1&0&0&\cdots&0&0\end{pmatrix}$.

因其非常数不变因子为 λ^n-1,因此其有理标准形为 $\begin{pmatrix} 0 & 0 & 0 & \cdots & 0 & 1 \\ 1 & 0 & 0 & \cdots & 0 & 0 \\ 0 & 1 & 0 & \cdots & 0 & 0 \\ \vdots & \vdots & \vdots & & \vdots & \vdots \\ 0 & 0 & 0 & \cdots & 0 & 0 \\ 0 & 0 & 0 & \cdots & 1 & 0 \end{pmatrix}$.

补充题解答

$\mathscr{A}$ 是 n 维线性空间 V 上的线性变换.证明:

(1) 若 $\mathscr{A}$ 在 V 的一组基下的矩阵 $\mathbf{A}$ 是多项式 $d(\lambda)$ 的友矩阵,则 $\mathscr{A}$ 的最小多项式是 $d(\lambda)$;

(2) 设 $\mathscr{A}$ 的最高次的不变因子是 $d(\lambda)$,则 $\mathscr{A}$ 的最小多项式是 $d(\lambda)$.

证 (1) **方法一** 由题意,设

$$d(\lambda)=\lambda^n+a_1\lambda^{n-1}+\cdots+a_{n-1}\lambda+a_n,$$

则

$$\mathbf{A}=\begin{pmatrix} 0 & 0 & \cdots & 0 & -a_n \\ 1 & 0 & \cdots & 0 & -a_{n-1} \\ 0 & 1 & \cdots & 0 & -a_{n-2} \\ \vdots & \vdots & & \vdots & \vdots \\ 0 & 0 & \cdots & 1 & -a_1 \end{pmatrix}.$$

由本章习题 3 可知 $\mathbf{A}$ 的不变因子为 $\overbrace{1,1,\cdots,1}^{n-1\text{个}},d(\lambda)$.将 $d(\lambda)$ 分解为

$$d(\lambda)=(\lambda-\lambda_1)^{r_1}(\lambda-\lambda_2)^{r_2}\cdots(\lambda-\lambda_s)^{r_s}\ (r_1+r_2+\cdots+r_s=n\text{ 且 }\lambda_i\neq\lambda_j,i\neq j),$$

则 $\mathbf{A}$ 的初等因子为 $(\lambda-\lambda_1)^{r_1},(\lambda-\lambda_2)^{r_2},\cdots,(\lambda-\lambda_s)^{r_s}$,于是 $\mathbf{A}$ 的若尔当标准形为

$$\begin{pmatrix} \boldsymbol{J}_1 & & & \\ & \boldsymbol{J}_2 & & \\ & & \ddots & \\ & & & \boldsymbol{J}_s \end{pmatrix},\text{其中 }\boldsymbol{J}_i=\begin{pmatrix} \lambda_i & & & \\ 1 & \lambda_i & & \\ & \ddots & \ddots & \\ & & 1 & \lambda_i \end{pmatrix}_{r_i\times r_i}\quad(i=1,2,\cdots,s).$$

由于相似矩阵有相同的最小多项式,由第七章 §9 引理 3 和引理 4 知,$\mathbf{A}$ 的最小多项式为

$$(\lambda-\lambda_1)^{r_1}(\lambda-\lambda_2)^{r_2}\cdots(\lambda-\lambda_s)^{r_s}=d(\lambda),$$

因此 $\mathscr{A}$ 的最小多项式为 $d(\lambda)$.

注:此证明方法的缺点在于默认 $d(\lambda)$ 可在其所在数域上可分解成一次因式的乘积.

方法二 由题 3 可知,$\mathbf{A}$ 的特征多项式为 $d(\lambda)$,所以 $d(\mathscr{A})=\mathscr{O}$.

设 $e_i(i=1,2,\cdots,n)$ 为 n 维单位列向量,则易计算得

$$\mathbf{A}e_1=\boldsymbol{e}_2,\mathbf{A}^2e_1=e_3,\cdots,\mathbf{A}^{n-1}e_1=e_n.$$

显然 $e_1,\mathbf{A}e_1,\cdots,\mathbf{A}^{n-1}e_1$ 是一组线性无关的向量,因此对于次数小于 n 的多项式 $g(\lambda)$,有 $g(\mathbf{A})\neq O$,即 $g(\mathscr{A})\neq\mathscr{O}$.综上,$d(\lambda)$ 是 $\mathscr{A}$ 的最小多项式.

(2) $\mathscr{A}$ 的最高次的不变因子就是 $\mathscr{A}$ 的第 n 个不变因子 $d_n(\lambda)$.于是 $d(\lambda)=d_n(\lambda)$,由不变因子的性质可知 $d_i(\lambda)\mid d_n(\lambda)(i=1,\cdots,n-1)$,又根据非常数不变因子可以得到 $\mathscr{A}$ 在 V 的某基下的有理标准形,由 (1) 的结果和第七章 §9 引理 3 知 $\mathscr{A}$ 的最小多项式为 $d_n(\lambda)$.故 $\mathscr{A}$ 的最高次的不变因子 $d(\lambda)$ 就是 $\mathscr{A}$ 的最小多项式.

四、自测题

第八章自测题

一、判断题(每题3分,共15分)

1. n 阶 λ - 矩阵 $\boldsymbol{A}(\lambda)$ 可逆的充要条件为行列式 $|\boldsymbol{A}(\lambda)|\neq 0$. ( )

2. 秩为 r 的 λ - 矩阵 $\boldsymbol{A}(\lambda)$ 的 $k(1\leqslant k\leqslant r)$ 阶行列式因子是指 $\boldsymbol{A}(\lambda)$ 中全部 k 阶子式的最大公因式. ( )

3. n 阶矩阵 $\boldsymbol{A},\boldsymbol{B}$ 相似的充要条件为它们有相同的行列式因子. ( )

4. λ - 矩阵的第三种初等行变换为将矩阵某一行的常数倍加到另一行上. ( )

5. 复矩阵 $\boldsymbol{A}$ 与对角矩阵相似的充要条件为 $\boldsymbol{A}$ 的不变因子都没有重根. ( )

二、填空题(每题3分,共15分)

6. 判断 λ - 矩阵 $\begin{pmatrix}\lambda & 1\\ 0 & \lambda\end{pmatrix}$ 与 $\begin{pmatrix}1 & -\lambda\\ 1 & \lambda\end{pmatrix}$ 是否等价?________

7. n 阶矩阵 $\boldsymbol{A}$ 有________个不变因子.

8. 若尔当块 $\begin{pmatrix}a & & & \\ 1 & a & & \\ & 1 & a & \\ & & 1 & a\end{pmatrix}$ 的初等因子为________.

9. 多项式 $d(\lambda)=\lambda^4+2\lambda^3-4\lambda+5$ 的友矩阵为________.

10. 矩阵 $\begin{pmatrix}1 & 1 & 1\\ 1 & 1 & 1\\ 1 & 1 & 1\end{pmatrix}$ 的最后一个不变因子为________.

三、计算题(每题10分,共30分)

11. 求矩阵 $\boldsymbol{A}(\lambda)=\begin{pmatrix}2\lambda & 1 & 0\\ 0 & -\lambda(\lambda+2) & -3\\ 0 & 0 & \lambda^2-1\end{pmatrix}$ 的各阶行列式因子,并利用行列式因子写出 $\boldsymbol{A}(\lambda)$ 的标准形.

12. 设 $\boldsymbol{A}(\lambda)$ 是一个5阶方阵,其秩为4,且所有初等因子如下 $\lambda,\lambda^2,\lambda^2,\lambda-1,\lambda-1,\lambda+1,(\lambda+1)^3$. 求 $\boldsymbol{A}(\lambda)$ 的标准形.

13. 求矩阵 $\boldsymbol{A}=\begin{pmatrix}0 & 1 & -1 & 1\\ -1 & 2 & -1 & 1\\ -1 & 1 & 1 & 0\\ -1 & 1 & 0 & 1\end{pmatrix}$ 的若尔当标准形和有理标准形.

四、证明题(前两题每题10分,第16题20分,共40分)

14. 证明:n 阶方阵 $\boldsymbol{A}$ 是数量矩阵的充要条件为 $\boldsymbol{A}$ 的不变因子都不是常数.

15. 证明:任一复方阵 $\boldsymbol{A}$ 都可以表示成两个对称矩阵的乘积.

16. 设 $\boldsymbol{A}$ 是 n 阶复矩阵,并且 $\boldsymbol{A}$ 的每一个特征值都恰有一个线性无关的特征向量,证明:存在一个 n 维列向量 $\boldsymbol{\alpha}$,使得 $\boldsymbol{\alpha},\boldsymbol{A\alpha},\cdots,\boldsymbol{A}^{n-1}\boldsymbol{\alpha}$ 是线性无关的.

第八章自测题解答

一、1. × 2. × 3. √ 4. × 5. √

二、6. 否.

7. n.

8. $(\lambda-a)^4$.

9. $\begin{pmatrix}0&0&0&-5\\1&0&0&4\\0&1&0&0\\0&0&1&-2\end{pmatrix}$.

10. $\lambda(\lambda-3)$.

三、11. 解　首先 $\begin{vmatrix}2\lambda&1&0\\0&-\lambda(\lambda+2)&-3\\0&0&\lambda^2-1\end{vmatrix}=-2\lambda^2(\lambda+2)(\lambda^2-1)$，故 $D_3(\lambda)=\lambda^2(\lambda+2)(\lambda^2-1)$. 又 $\boldsymbol{A}(\lambda)$ 有一个 2 阶子式为 $\begin{vmatrix}1&0\\-\lambda(\lambda+2)&-3\end{vmatrix}=-3$，故 2 阶行列式因子为 $D_2(\lambda)=1$，从而 1 阶行列式因子为 $D_1(\lambda)=1$.

由行列式因子和不变因子的关系可得，$\boldsymbol{A}(\lambda)$ 的不变因子为

$$d_1(\lambda)=D_1(\lambda)=1,d_2(\lambda)=\frac{D_2(\lambda)}{D_1(\lambda)}=1,d_3(\lambda)=\frac{D_3(\lambda)}{D_2(\lambda)}=\lambda^2(\lambda+2)(\lambda^2-1),$$

故 $\boldsymbol{A}(\lambda)$ 的标准形为 $\begin{pmatrix}1&&\\&1&\\&&\lambda^2(\lambda+2)(\lambda^2-1)\end{pmatrix}$.

12. 解　注意到 $\boldsymbol{A}(\lambda)$ 的秩为 4，对全部初等因子进行分类，并将同一个一次因式的方幂的那些初等因子按照降幂排列，当这些初等因子的个数不足 4 时，在后面补上适当个数的 1，于是可得

$$\begin{matrix}\lambda^2&\lambda-1&(\lambda+1)^3\\\lambda^2&\lambda-1&\lambda+1\\\lambda&1&1\\1&1&1\end{matrix}$$

将每一行的初等因子相乘，可得 $\boldsymbol{A}(\lambda)$ 的不变因子为 $d_4(\lambda)=\lambda^2(\lambda-1)(\lambda+1)^3$，$d_3(\lambda)=\lambda^2(\lambda-1)(\lambda+1)$，$d_2(\lambda)=\lambda$，$d_1(\lambda)=1$，故 $\boldsymbol{A}(\lambda)$ 的标准形为

$$\begin{pmatrix}1&&&&\\&\lambda&&&\\&&\lambda^2(\lambda-1)(\lambda+1)&&\\&&&\lambda^2(\lambda-1)(\lambda+1)^3&\\&&&&0\end{pmatrix}.$$

13. 解　对 $\boldsymbol{A}$ 的特征矩阵进行初等变换

$$\lambda\boldsymbol{E}-\boldsymbol{A}=\begin{pmatrix}\lambda&-1&1&-1\\1&\lambda-2&1&-1\\1&-1&\lambda-1&0\\1&-1&0&\lambda-1\end{pmatrix}\xrightarrow{r_1\leftrightarrow r_4}\begin{pmatrix}1&-1&0&\lambda-1\\1&\lambda-2&1&-1\\1&-1&\lambda-1&0\\\lambda&-1&1&-1\end{pmatrix}$$

$$\xrightarrow[\substack{r_3-r_1\\r_4-\lambda r_1}]{r_2-r_1}\begin{pmatrix}1&-1&0&\lambda-1\\0&\lambda-1&1&-\lambda\\0&0&\lambda-1&1-\lambda\\0&\lambda-1&1&-1-\lambda^2+\lambda\end{pmatrix}\xrightarrow[c_4-(\lambda-1)c_1]{c_2+c_1}\begin{pmatrix}1&0&0&0\\0&\lambda-1&1&-\lambda\\0&0&\lambda-1&1-\lambda\\0&\lambda-1&1&-1-\lambda^2+\lambda\end{pmatrix}$$

$$\xrightarrow{c_2 \leftrightarrow c_3}\begin{pmatrix}1&0&0&0\\0&1&\lambda-1&-\lambda\\0&\lambda-1&0&1-\lambda\\0&1&\lambda-1&-1-\lambda^2+\lambda\end{pmatrix}\xrightarrow[r_4-r_2]{r_3-(\lambda-1)r_2}\begin{pmatrix}1&0&0&0\\0&1&\lambda-1&-\lambda\\0&0&-(\lambda-1)^2&\lambda^2-2\lambda+1\\0&0&0&-1-\lambda^2+2\lambda\end{pmatrix}$$

$$\xrightarrow[c_4+\lambda c_2]{c_3-(\lambda-1)c_2}\begin{pmatrix}1&0&0&0\\0&1&0&0\\0&0&-(\lambda-1)^2&(\lambda-1)^2\\0&0&0&-(\lambda-1)^2\end{pmatrix}\xrightarrow{c_4+c_3}\begin{pmatrix}1&0&0&0\\0&1&0&0\\0&0&-(\lambda-1)^2&0\\0&0&0&-(\lambda-1)^2\end{pmatrix}$$

$$\xrightarrow[r_4\times(-1)]{r_3\times(-1)}\begin{pmatrix}1&0&0&0\\0&1&0&0\\0&0&(\lambda-1)^2&0\\0&0&0&(\lambda-1)^2\end{pmatrix}.$$

于是$\boldsymbol{A}$的不变因子为$1,1,(\lambda-1)^2,(\lambda-1)^2$，而初等因子为$(\lambda-1)^2,(\lambda-1)^2$，故$\boldsymbol{A}$的若尔当标准形和有理标准形分别为

$$\begin{pmatrix}1&0&0&0\\1&1&0&0\\0&0&1&0\\0&0&1&1\end{pmatrix},\quad\begin{pmatrix}0&-1&0&0\\1&2&0&0\\0&0&0&-1\\0&0&1&2\end{pmatrix}.$$

四、14. 证　必要性：若n阶方阵$\boldsymbol{A}$是数量矩阵，即$\boldsymbol{A}=a\boldsymbol{E}$，显然$\boldsymbol{A}$的不变因子为$\lambda-a,\lambda-a,\cdots,\lambda-a$，即$\boldsymbol{A}$的不变因子都不是常数.

充分性：若$\boldsymbol{A}$的不变因子都不是常数，则不变因子$d_1(\lambda),d_2(\lambda),\cdots,d_n(\lambda)$都至少是一次因式，从而由$d_i(\lambda)\mid d_{i+1}(\lambda),i=1,\cdots,n-1$以及$D_n(\lambda)=|\lambda\boldsymbol{E}-\boldsymbol{A}|=d_1(\lambda)d_2(\lambda)\cdots d_n(\lambda)$，可知$d_1(\lambda),d_2(\lambda),\cdots,d_n(\lambda)$都是一次因式且均相等，设为$d_1(\lambda)=d_2(\lambda)=\cdots=d_n(\lambda)=\lambda-a$. 于是$\boldsymbol{A}$的若尔当标准形为$\boldsymbol{J}=a\boldsymbol{E}$，因此，存在可逆矩阵$\boldsymbol{P}$，使得$\boldsymbol{A}=\boldsymbol{PJP}^{-1}=\boldsymbol{P}(a\boldsymbol{E})\boldsymbol{P}^{-1}=a\boldsymbol{E}$，即$\boldsymbol{A}$是数量矩阵.

15. 证　设$\boldsymbol{A}$的若尔当标准形为$\boldsymbol{J}=\begin{pmatrix}\boldsymbol{J}_1&&&\\&\boldsymbol{J}_2&&\\&&\ddots&\\&&&\boldsymbol{J}_s\end{pmatrix}$，其中$\boldsymbol{J}_i(i=1,2,\cdots,s)$是$r_i$阶若尔当块. 于是存在可逆矩阵$\boldsymbol{P}$，使得$\boldsymbol{J}=\boldsymbol{P}^{-1}\boldsymbol{AP}$. 由于

$$\boldsymbol{J}_i=\begin{pmatrix}\lambda_i&&&\\1&\lambda_i&&\\&\ddots&\ddots&\\&&1&\lambda_i\end{pmatrix}_{r_i\times r_i}=\begin{pmatrix}&&&\lambda_i\\&&\lambda_i&1\\&\iddots&\iddots&\\\lambda_i&1&&\end{pmatrix}_{r_i\times r_i}\begin{pmatrix}&&&1\\&&1&\\&\iddots&&\\1&&&\end{pmatrix}_{r_i\times r_i}\triangleq\boldsymbol{C}_i\boldsymbol{D}_i,$$

所以

$$\boldsymbol{J}=\begin{pmatrix}\boldsymbol{J}_1&&&\\&\boldsymbol{J}_2&&\\&&\ddots&\\&&&\boldsymbol{J}_s\end{pmatrix}=\begin{pmatrix}\boldsymbol{C}_1\boldsymbol{D}_1&&&\\&\boldsymbol{C}_2\boldsymbol{D}_2&&\\&&\ddots&\\&&&\boldsymbol{C}_s\boldsymbol{D}_s\end{pmatrix}$$

$$=\begin{pmatrix}\boldsymbol{C}_1&&&\\&\boldsymbol{C}_2&&\\&&\ddots&\\&&&\boldsymbol{C}_s\end{pmatrix}\begin{pmatrix}\boldsymbol{D}_1&&&\\&\boldsymbol{D}_2&&\\&&\ddots&\\&&&\boldsymbol{D}_s\end{pmatrix}\triangleq\boldsymbol{CD},$$

故$\boldsymbol{A}=\boldsymbol{PJP}^{-1}=\boldsymbol{PCDP}^{-1}=\boldsymbol{PCP}^{\mathrm{T}}(\boldsymbol{P}^{\mathrm{T}})^{-1}\boldsymbol{DP}^{-1}=(\boldsymbol{PCP}^{\mathrm{T}})((\boldsymbol{P}^{-1})^{\mathrm{T}}\boldsymbol{DP}^{-1})$，其中$\boldsymbol{PCP}^{\mathrm{T}}$和$(\boldsymbol{P}^{-1})^{\mathrm{T}}\boldsymbol{DP}^{-1}$都

是对称矩阵. 结论成立.

16. 证　设 $\lambda_1,\lambda_2,\cdots,\lambda_s$ 是 $\boldsymbol{A}$ 的全部互不相同的特征值,并且每个特征值都恰有一个线性无关的特征向量,故每一个特征值只对应一个若尔当块,即矩阵 $\boldsymbol{A}$ 的若尔当标准形有 s 个若尔当块. 设 $\boldsymbol{A}$ 的若尔当标准形为 $\boldsymbol{J}=\begin{pmatrix}\boldsymbol{J}(\lambda_1,k_1) & & \\ & \ddots & \\ & & \boldsymbol{J}(\lambda_s,k_s)\end{pmatrix}$. 由于 $\lambda_1,\lambda_2,\cdots,\lambda_s$ 互不相同,故 $\boldsymbol{A}$ 的最后一个不变因子(即 $\boldsymbol{A}$ 的最小多项式) 等于 $\boldsymbol{A}$ 的特征多项式,设为 $f(\lambda)=\lambda^n+a_1\lambda^{n-1}+\cdots+a_{n-1}\lambda+a_n$.

注意到 $f(\lambda)$ 恰好是矩阵 $\boldsymbol{F}=\begin{pmatrix}0 & 0 & \cdots & 0 & -a_n\\ 1 & 0 & \cdots & 0 & -a_{n-1}\\ \vdots & \vdots & & \vdots & \vdots\\ 0 & 0 & \cdots & 0 & -a_2\\ 0 & 0 & \cdots & 1 & -a_1\end{pmatrix}$ 的最后一个不变因子(即最小多项式),因此矩阵 $\boldsymbol{A}$ 与 $\boldsymbol{F}$ 有相同的不变因子 $1,\cdots,1,f(\lambda)$,故 $\boldsymbol{A}$ 与 $\boldsymbol{F}$ 相似,即存在可逆矩阵 $\boldsymbol{X}=(\boldsymbol{\alpha}_1,\boldsymbol{\alpha}_2,\cdots,\boldsymbol{\alpha}_n)$,使得 $\boldsymbol{AX}=\boldsymbol{XF}$,则

$$\boldsymbol{A}(\boldsymbol{\alpha}_1,\boldsymbol{\alpha}_2,\cdots,\boldsymbol{\alpha}_n)=(\boldsymbol{\alpha}_1,\boldsymbol{\alpha}_2,\cdots,\boldsymbol{\alpha}_n)\begin{pmatrix}0 & 0 & \cdots & 0 & -a_n\\ 1 & 0 & \cdots & 0 & -a_{n-1}\\ \vdots & \vdots & & \vdots & \vdots\\ 0 & 0 & \cdots & 0 & -a_2\\ 0 & 0 & \cdots & 1 & -a_1\end{pmatrix}.$$

取 $\boldsymbol{\alpha}=\boldsymbol{\alpha}_1$,可得

$$\boldsymbol{A\alpha}=\boldsymbol{A\alpha}_1=\boldsymbol{\alpha}_2,\boldsymbol{A}^2\boldsymbol{\alpha}=\boldsymbol{A\alpha}_2=\boldsymbol{\alpha}_3,\cdots,\boldsymbol{A}^{n-2}\boldsymbol{\alpha}=\boldsymbol{A\alpha}_{n-2}=\boldsymbol{\alpha}_{n-1},\boldsymbol{A}^{n-1}\boldsymbol{\alpha}=\boldsymbol{A\alpha}_{n-1}=\boldsymbol{\alpha}_n,$$

由于 $\boldsymbol{\alpha}_1,\boldsymbol{\alpha}_2,\cdots,\boldsymbol{\alpha}_n$ 线性无关,即 $\boldsymbol{\alpha},\boldsymbol{A\alpha},\cdots,\boldsymbol{A}^{n-1}\boldsymbol{\alpha}$ 线性无关. 结论成立.

第九章 欧几里得空间

一、主要内容归纳

1. 内积

设 V 是实数域 $\mathbf{R}$ 上的线性空间，在 V 上定义一个二元实函数，称为**内积**，记作 $(\boldsymbol{\alpha},\boldsymbol{\beta})$，它具有如下性质：$\forall \boldsymbol{\alpha},\boldsymbol{\beta},\boldsymbol{\gamma}\in V$，$\forall k\in\mathbf{R}$，有

(1) $(\boldsymbol{\alpha},\boldsymbol{\beta})=(\boldsymbol{\beta},\boldsymbol{\alpha})$；

(2) $(k\boldsymbol{\alpha},\boldsymbol{\beta})=k(\boldsymbol{\alpha},\boldsymbol{\beta})$；

(3) $(\boldsymbol{\alpha}+\boldsymbol{\beta},\boldsymbol{\gamma})=(\boldsymbol{\alpha},\boldsymbol{\gamma})+(\boldsymbol{\beta},\boldsymbol{\gamma})$；

(4) $(\boldsymbol{\alpha},\boldsymbol{\alpha})\geqslant 0$，当且仅当 $\boldsymbol{\alpha}=\mathbf{0}$ 时，$(\boldsymbol{\alpha},\boldsymbol{\alpha})=0$.

2. 欧氏空间

定义了内积的实数域上的线性空间 V，称为**欧氏空间**，不同的内积就是不同的欧氏空间.

3. 常用的欧氏空间

(1) $\mathbf{R}^n$ **中的普通内积**：$\forall \boldsymbol{\alpha}=(a_1,a_2,\cdots,a_n)$，$\boldsymbol{\beta}=(b_1,b_2,\cdots,b_n)\in\mathbf{R}^n$，定义

$$(\boldsymbol{\alpha},\boldsymbol{\beta})=a_1b_1+a_2b_2+\cdots+a_nb_n.$$

(2) $C(a,b)$ **中的普通内积**：$\forall f(x),g(x)\in C(a,b)$，定义

$$(f(x),g(x))=\int_a^b f(x)g(x)\mathrm{d}x.$$

4. 向量的长度与夹角

设 V 是欧氏空间.

(1) $\forall \boldsymbol{\alpha}\in V$，$\sqrt{(\boldsymbol{\alpha},\boldsymbol{\alpha})}$ 称为**向量 $\boldsymbol{\alpha}$ 的长度**，记为 $|\boldsymbol{\alpha}|$. 长度为 1 的向量称为**单位向量**. 当 $\boldsymbol{\alpha}\neq\mathbf{0}$ 时，$\frac{1}{|\boldsymbol{\alpha}|}\boldsymbol{\alpha}$ 是一单位向量，称为 $\boldsymbol{\alpha}$ 的**单位化**.

(2) 非零向量 $\boldsymbol{\alpha},\boldsymbol{\beta}$ 的**夹角** $\langle\boldsymbol{\alpha},\boldsymbol{\beta}\rangle$ 规定为

$$\langle\boldsymbol{\alpha},\boldsymbol{\beta}\rangle=\arccos\frac{(\boldsymbol{\alpha},\boldsymbol{\beta})}{|\boldsymbol{\alpha}|\ |\boldsymbol{\beta}|},\quad 0\leqslant\langle\boldsymbol{\alpha},\boldsymbol{\beta}\rangle\leqslant\pi.$$

(3) 若 $(\boldsymbol{\alpha},\boldsymbol{\beta})=0$，则称 $\boldsymbol{\alpha},\boldsymbol{\beta}$ 为**正交**或**垂直**，记为 $\boldsymbol{\alpha}\perp\boldsymbol{\beta}$.

(4) **长度的性质**：$\forall \boldsymbol{\alpha},\boldsymbol{\beta}\in V$，$\forall k\in\mathbf{R}$，有

① $|k\boldsymbol{\alpha}|=|k|\,|\boldsymbol{\alpha}|$；

② $|\boldsymbol{\alpha}+\boldsymbol{\beta}|\leqslant|\boldsymbol{\alpha}|+|\boldsymbol{\beta}|$（三角不等式）；

③当 $\boldsymbol{\alpha}\perp\boldsymbol{\beta}$ 时，$|\boldsymbol{\alpha}+\boldsymbol{\beta}|^2=|\boldsymbol{\alpha}|^2+|\boldsymbol{\beta}|^2$（勾股定理）.

5. 度量矩阵

(1)设 V 是 n 维欧氏空间，$\boldsymbol{\varepsilon}_1,\boldsymbol{\varepsilon}_2,\cdots,\boldsymbol{\varepsilon}_n$ 是 V 的一组基. 称

$$\boldsymbol{A}=\begin{pmatrix}(\boldsymbol{\varepsilon}_1,\boldsymbol{\varepsilon}_1) & (\boldsymbol{\varepsilon}_1,\boldsymbol{\varepsilon}_2) & \cdots & (\boldsymbol{\varepsilon}_1,\boldsymbol{\varepsilon}_n)\\ (\boldsymbol{\varepsilon}_2,\boldsymbol{\varepsilon}_1) & (\boldsymbol{\varepsilon}_2,\boldsymbol{\varepsilon}_2) & \cdots & (\boldsymbol{\varepsilon}_2,\boldsymbol{\varepsilon}_n)\\ \vdots & \vdots & & \vdots\\ (\boldsymbol{\varepsilon}_n,\boldsymbol{\varepsilon}_1) & (\boldsymbol{\varepsilon}_n,\boldsymbol{\varepsilon}_2) & \cdots & (\boldsymbol{\varepsilon}_n,\boldsymbol{\varepsilon}_n)\end{pmatrix}\in\mathbf{R}^{n\times n}$$

为基 $\boldsymbol{\varepsilon}_1,\boldsymbol{\varepsilon}_2,\cdots,\boldsymbol{\varepsilon}_n$ 的**度量矩阵**.

(2)度量矩阵 $\boldsymbol{A}$ 是正定的.

(3)设 $\boldsymbol{\alpha},\boldsymbol{\beta}\in V$，在基 $\boldsymbol{\varepsilon}_1,\boldsymbol{\varepsilon}_2,\cdots,\boldsymbol{\varepsilon}_n$ 下的坐标分别为

$$\boldsymbol{x}=\begin{pmatrix}x_1\\x_2\\\vdots\\x_n\end{pmatrix},\quad \boldsymbol{y}=\begin{pmatrix}y_1\\y_2\\\vdots\\y_n\end{pmatrix},$$

则 $(\boldsymbol{\alpha},\boldsymbol{\beta})=\boldsymbol{x}^{\mathrm{T}}\boldsymbol{A}\boldsymbol{y}$.

(4)设 $\boldsymbol{\eta}_1,\boldsymbol{\eta}_2,\cdots,\boldsymbol{\eta}_n$ 是 V 的另一组基，$\boldsymbol{B}$ 为 $\boldsymbol{\eta}_1,\boldsymbol{\eta}_2,\cdots,\boldsymbol{\eta}_n$ 的度量矩阵，且 $(\boldsymbol{\eta}_1,\boldsymbol{\eta}_2,\cdots,\boldsymbol{\eta}_n)=(\boldsymbol{\varepsilon}_1,\boldsymbol{\varepsilon}_2,\cdots,\boldsymbol{\varepsilon}_n)\boldsymbol{C}$，则 $\boldsymbol{B}=\boldsymbol{C}^{\mathrm{T}}\boldsymbol{A}\boldsymbol{C}$，即不同基的度量矩阵是合同的.

6. 酉空间

设 V 是复数域 $\mathbf{C}$ 上的线性空间，在 V 上定义了一个二元复函数，称为**内积**，记作 $(\boldsymbol{\alpha},\boldsymbol{\beta})$，它具有以下性质：$\forall\,\boldsymbol{\alpha},\boldsymbol{\beta},\boldsymbol{\gamma}\in V$，$\forall\,k\in\mathbf{C}$，有

(1) $(\boldsymbol{\alpha},\boldsymbol{\beta})=\overline{(\boldsymbol{\beta},\boldsymbol{\alpha})}$；这里 $\overline{(\boldsymbol{\beta},\boldsymbol{\alpha})}$ 是 $(\boldsymbol{\alpha},\boldsymbol{\beta})$ 的共轭复数；

(2) $(k\boldsymbol{\alpha},\boldsymbol{\beta})=k(\boldsymbol{\alpha},\boldsymbol{\beta})$；

(3) $(\boldsymbol{\alpha}+\boldsymbol{\beta},\boldsymbol{\gamma})=(\boldsymbol{\alpha},\boldsymbol{\gamma})+(\boldsymbol{\beta},\boldsymbol{\gamma})$；

(4) $(\boldsymbol{\alpha},\boldsymbol{\alpha})$ 是非负实数，且 $(\boldsymbol{\alpha},\boldsymbol{\alpha})=0$ 当且仅当 $\boldsymbol{\alpha}=\boldsymbol{0}$，

这样的线性空间称为**酉空间**.

7. 标准正交基

欧氏空间 V 中一组非零的向量，如果它们两两正交，就称为一个**正交向量组**. 在 n 维欧氏空间中，由 n 个向量组成的正交向量组称为**正交基**，由单位向量组成的正交基称为**标准正交基**.

8. 标准正交基的求法：施密特(Schmidt)正交化法

取 $\boldsymbol{\alpha}_1,\boldsymbol{\alpha}_2,\cdots,\boldsymbol{\alpha}_n$ 为欧氏空间 V 的一组基.

(1)正交化：令

$$\begin{cases}\boldsymbol{\beta}_1=\boldsymbol{\alpha}_1,\\ \boldsymbol{\beta}_2=\boldsymbol{\alpha}_2-\dfrac{(\boldsymbol{\alpha}_2,\boldsymbol{\beta}_1)}{(\boldsymbol{\beta}_1,\boldsymbol{\beta}_1)}\boldsymbol{\beta}_1,\\ \boldsymbol{\beta}_3=\boldsymbol{\alpha}_3-\dfrac{(\boldsymbol{\alpha}_3,\boldsymbol{\beta}_2)}{(\boldsymbol{\beta}_2,\boldsymbol{\beta}_2)}\boldsymbol{\beta}_2-\dfrac{(\boldsymbol{\alpha}_3,\boldsymbol{\beta}_1)}{(\boldsymbol{\beta}_1,\boldsymbol{\beta}_1)}\boldsymbol{\beta}_1,\\ \qquad\cdots\cdots\cdots\cdots\\ \boldsymbol{\beta}_n=\boldsymbol{\alpha}_n-\dfrac{(\boldsymbol{\alpha}_n,\boldsymbol{\beta}_{n-1})}{(\boldsymbol{\beta}_{n-1},\boldsymbol{\beta}_{n-1})}\boldsymbol{\beta}_{n-1}-\cdots-\dfrac{(\boldsymbol{\alpha}_n,\boldsymbol{\beta}_1)}{(\boldsymbol{\beta}_1,\boldsymbol{\beta}_1)}\boldsymbol{\beta}_1.\end{cases}$$

(2)单位化：令

$$\boldsymbol{\gamma}_i=\frac{1}{|\boldsymbol{\beta}_i|}\boldsymbol{\beta}_i(i=1,2,\cdots,n),$$

则 $\boldsymbol{\gamma}_1,\boldsymbol{\gamma}_2,\cdots,\boldsymbol{\gamma}_n$ 为 V 的一组标准正交基.

9. 标准正交基的性质

(1)n 维欧氏空间 V 的一组基 $\boldsymbol{\varepsilon}_1,\boldsymbol{\varepsilon}_2,\cdots,\boldsymbol{\varepsilon}_n$ 是标准正交基⇔它们的度量矩阵为单位矩阵.

(2)n 维欧氏空间 V 中任一向量 $\boldsymbol{\alpha}$ 在标准正交基下的坐标为$((\boldsymbol{\alpha},\boldsymbol{\varepsilon}_1),(\boldsymbol{\alpha},\boldsymbol{\varepsilon}_2),\cdots,(\boldsymbol{\alpha},\boldsymbol{\varepsilon}_n))$，即

$$\boldsymbol{\alpha}=(\boldsymbol{\alpha},\boldsymbol{\varepsilon}_1)\boldsymbol{\varepsilon}_1+(\boldsymbol{\alpha},\boldsymbol{\varepsilon}_2)\boldsymbol{\varepsilon}_2+\cdots+(\boldsymbol{\alpha},\boldsymbol{\varepsilon}_n)\boldsymbol{\varepsilon}_n.$$

(3)设 n 维欧氏空间 V 中两个向量 $\boldsymbol{\alpha}$ 与 $\boldsymbol{\beta}$ 在标准正交基 $\boldsymbol{\varepsilon}_1,\boldsymbol{\varepsilon}_2,\cdots,\boldsymbol{\varepsilon}_n$ 下的坐标分别是$(x_1,x_2,\cdots,x_n)$和$(y_1,y_2,\cdots,y_n)$，则$(\boldsymbol{\alpha},\boldsymbol{\beta})=x_1y_1+x_2y_2+\cdots+x_ny_n$.

(4)n 维欧氏空间 V 中任一正交向量组都可扩充成一组正交基；任一正交单位向量组都可扩充成一组标准正交基.

(5)对 n 维欧氏空间中任一组基 $\boldsymbol{\varepsilon}_1,\boldsymbol{\varepsilon}_2,\cdots,\boldsymbol{\varepsilon}_n$，都可找到一组标准正交基 $\boldsymbol{\eta}_1,\boldsymbol{\eta}_2,\cdots,\boldsymbol{\eta}_n$，使 $L(\boldsymbol{\varepsilon}_1,\boldsymbol{\varepsilon}_2,\cdots,\boldsymbol{\varepsilon}_n)=L(\boldsymbol{\eta}_1,\boldsymbol{\eta}_2,\cdots,\boldsymbol{\eta}_n)$.

(6)标准正交基到标准正交基的过渡矩阵是正交矩阵，即 $\boldsymbol{A}^{\mathrm{T}}\boldsymbol{A}=\boldsymbol{E}$；反之，若两组基之间的过渡矩阵是正交矩阵且其中一组基是标准正交基，则另一组基也是标准正交基.

10. 正交子空间与子空间的正交补

(1)设 V_1,V_2 是欧氏空间 V 的两个子空间. 如果对于 $\forall\boldsymbol{\alpha}\in V_1,\boldsymbol{\beta}\in V_2$，恒有$(\boldsymbol{\alpha},\boldsymbol{\beta})=0$，则 V_1 与 V_2 是**正交**的，记为 $V_1\perp V_2$. 若对 $\forall\boldsymbol{\beta}\in V_1$，总有$(\boldsymbol{\alpha},\boldsymbol{\beta})=0$，则称 $\boldsymbol{\alpha}$ 与子空间 V_1 **正交**，记作 $\boldsymbol{\alpha}\perp V_1$.

(2)子空间 V_2 称为子空间 V_1 的一个**正交补**，若 $V_1\perp V_2$，且 $V=V_1+V_2$，记作 $V_2=V_1^{\perp}$.

(3)欧氏空间 V 的每个子空间 V_1 都有唯一的正交补，维(V_1)+维$(V_1^{\perp})$=维(V)，且 $V_1^{\perp}$ 恰由所有与 V_1 正交的向量组成.

11. 内射影

由 $V=V_1\oplus V_1^{\perp}$，V 中任一向量 $\boldsymbol{\alpha}$ 都可唯一地分解成 $\boldsymbol{\alpha}=\boldsymbol{\alpha}_1+\boldsymbol{\alpha}_2$，其中 $\boldsymbol{\alpha}_1\in V_1,\boldsymbol{\alpha}_2\in V_1^{\perp}$，

$\boldsymbol{\alpha}_1$ 称为向量 $\boldsymbol{\alpha}$ 在子空间 V_1 上的**内射影**.

12. 求 $V_1^{\perp}$ 的一组正交基以及 $\boldsymbol{\alpha}$ 在 V_1 上的内射影的方法

若 $V_1=V$,则 $V_1^{\perp}=\{\mathbf{0}\}$;若 $V_1=\{\mathbf{0}\}$,则 $V_1^{\perp}=V$.

若 $V_1\neq\{\mathbf{0}\}$ 且 $V_1\neq V$,取 V_1 的一组正交基 $\boldsymbol{\varepsilon}_1,\boldsymbol{\varepsilon}_2,\cdots,\boldsymbol{\varepsilon}_m(0<m<n)$,把它扩充为 V 的一组正交基 $\boldsymbol{\varepsilon}_1,\boldsymbol{\varepsilon}_2,\cdots,\boldsymbol{\varepsilon}_m,\boldsymbol{\varepsilon}_{m+1},\cdots,\boldsymbol{\varepsilon}_n$,则 $V_1^{\perp}=L(\boldsymbol{\varepsilon}_{m+1},\cdots,\boldsymbol{\varepsilon}_n)$. $\forall\boldsymbol{\alpha}\in V$,设 $\boldsymbol{\alpha}=k_1\boldsymbol{\varepsilon}_1+k_2\boldsymbol{\varepsilon}_2+\cdots+k_m\boldsymbol{\varepsilon}_m+k_{m+1}\boldsymbol{\varepsilon}_{m+1}+\cdots+k_n\boldsymbol{\varepsilon}_n$,则 $k_1\boldsymbol{\varepsilon}_1+\cdots+k_m\boldsymbol{\varepsilon}_m$ 就是 $\boldsymbol{\alpha}$ 在 V_1 上的内射影.

13. 正交矩阵

(1)$\boldsymbol{A}=(a_{ij})\in\mathbf{R}^{n\times n}$ 称为**正交矩阵**,若 $\boldsymbol{A}^{\mathrm{T}}\boldsymbol{A}=\boldsymbol{E}$,即

$$a_{1i}a_{1j}+a_{2i}a_{2j}+\cdots+a_{ni}a_{nj}=\begin{cases}1, & i=j,\\ 0, & i\neq j,\end{cases}\quad i,j=1,2,\cdots,n,$$

亦即

$$a_{i1}a_{j1}+a_{i2}a_{j2}+\cdots+a_{in}a_{jn}=\begin{cases}1, & i=j,\\ 0, & i\neq j,\end{cases}\quad i,j=1,2,\cdots,n.$$

(2)$\boldsymbol{A}$ 为正交矩阵,则 $|\boldsymbol{A}|=\pm1$.

14. 实对称矩阵的标准形

(1)实对称矩阵的特征值均为实数.

(2)属于实对称矩阵 $\boldsymbol{A}$ 的不同特征值的特征向量必正交.

(3)任意一个 n 级实对称矩阵 $\boldsymbol{A}$ 都存在一个 n 级正交矩阵 $\boldsymbol{T}$,使 $\boldsymbol{T}^{\mathrm{T}}\boldsymbol{A}\boldsymbol{T}=\boldsymbol{T}^{-1}\boldsymbol{A}\boldsymbol{T}$ 为对角矩阵.

(4)任一实二次型 $f(x_1,x_2,\cdots,x_n)=\boldsymbol{x}^{\mathrm{T}}\boldsymbol{A}\boldsymbol{x}$,其中 $\boldsymbol{A}^{\mathrm{T}}=\boldsymbol{A}\in\mathbf{R}^{n\times n}$,都可以经过正交的线性替换变为

$$\lambda_1y_1^2+\lambda_2y_2^2+\cdots+\lambda_ny_n^2,$$

其中 $\lambda_1,\lambda_2,\cdots,\lambda_n$ 为 $\boldsymbol{A}$ 的全部特征值.

(5)$\boldsymbol{T}^{\mathrm{T}}\boldsymbol{A}\boldsymbol{T}=\boldsymbol{T}^{-1}\boldsymbol{A}\boldsymbol{T}$ 中 $\boldsymbol{T}$ 的求法:

(ⅰ)求 $\boldsymbol{A}$ 的特征值,设 $\lambda_1,\lambda_2,\cdots,\lambda_r$ 是 $\boldsymbol{A}$ 的全部不同的特征值.

(ⅱ)对每个特征值 λ_i,解齐次线性方程组

$$(\lambda_i\boldsymbol{E}-\boldsymbol{A})\begin{pmatrix}x_1\\x_2\\\vdots\\x_n\end{pmatrix}=\mathbf{0}.$$

求出一基础解系,即 $\boldsymbol{A}$ 的特征子空间 V_{λ_i} 的一组基,利用 Schmidt 正交化将这组基化为标准正交基.

(ⅲ)把 $V_{\lambda_1},V_{\lambda_2},\cdots,V_{\lambda_r}$ 的标准正交基合起来,即得 $\mathbf{R}^n$ 的一组标准正交基

$$\boldsymbol{\eta}_1=\begin{pmatrix}t_{11}\\t_{21}\\\vdots\\t_{n1}\end{pmatrix},\ \boldsymbol{\eta}_2=\begin{pmatrix}t_{12}\\t_{22}\\\vdots\\t_{n2}\end{pmatrix},\ \cdots,\ \boldsymbol{\eta}_n=\begin{pmatrix}t_{1n}\\t_{2n}\\\vdots\\t_{nn}\end{pmatrix},$$

取 $\boldsymbol{T}=(\boldsymbol{\eta}_1,\boldsymbol{\eta}_2,\cdots,\boldsymbol{\eta}_n)=\begin{pmatrix}t_{11}&t_{12}&\cdots&t_{1n}\\t_{21}&t_{22}&\cdots&t_{2n}\\\vdots&\vdots&&\vdots\\t_{n1}&t_{n2}&\cdots&t_{nn}\end{pmatrix}$ 即可.

15. 正交变换

(1)欧氏空间 V 的线性变换 $\mathscr{A}$ 称为**正交变换**,若对 $\forall\boldsymbol{\alpha},\boldsymbol{\beta}\in V$,都有$(\mathscr{A}\boldsymbol{\alpha},\mathscr{A}\boldsymbol{\beta})=(\boldsymbol{\alpha},\boldsymbol{\beta})$.

(2)设 $\mathscr{A}$ 是欧氏空间 V 的线性变换,则下列命题等价:

(ⅰ)$\mathscr{A}$ 是正交变换;

(ⅱ)对于 $\forall\boldsymbol{\alpha}\in V$,$|\mathscr{A}\boldsymbol{\alpha}|=|\boldsymbol{\alpha}|$;

(ⅲ)若$(\boldsymbol{\varepsilon}_1,\boldsymbol{\varepsilon}_2,\cdots,\boldsymbol{\varepsilon}_n)$是标准正交基,则 $\mathscr{A}\boldsymbol{\varepsilon}_1,\mathscr{A}\boldsymbol{\varepsilon}_2,\cdots,\mathscr{A}\boldsymbol{\varepsilon}_n$ 也是标准正交基;

(ⅳ)$\mathscr{A}$ 在任一组标准正交基下的矩阵是正交矩阵.

(3)正交变换是可逆的,正交变换的行列式等于±1,行列式等于$+1$ 的正交变换称为**旋转或第一类正交变换**,行列式等于-1 的正交变换称为**第二类正交变换**.

16. 对称变换

(1)设 $\mathscr{A}$ 是欧氏空间 V 的一个线性变换,若对于 $\forall\boldsymbol{\alpha},\boldsymbol{\beta}\in V$,都有$(\mathscr{A}\boldsymbol{\alpha},\boldsymbol{\beta})=(\boldsymbol{\alpha},\mathscr{A}\boldsymbol{\beta})$,则 $\mathscr{A}$ 为**对称变换**.

(2)对称变换在任一标准正交基下的矩阵是对称矩阵,反之亦然.

(3)设 $\mathscr{A}$ 是对称变换,V_1 是 $\mathscr{A}$ 的不变子空间,则 $V_1^{\perp}$ 也是 $\mathscr{A}$ 的不变子空间.

17. 酉变换

(1)酉空间 V 的线性变换 $\mathscr{A}$ 称为**酉变换**,若 $\forall\boldsymbol{\alpha},\boldsymbol{\beta}\in V$,$(\mathscr{A}\boldsymbol{\alpha},\mathscr{A}\boldsymbol{\beta})=(\boldsymbol{\alpha},\boldsymbol{\beta})$.

(2)对 n 阶复矩阵 $\boldsymbol{A}$,用 $\overline{\boldsymbol{A}}$ 表示以 $\boldsymbol{A}$ 的元素的共轭复数作元素的矩阵. 如果 $\boldsymbol{A}$ 满足 $\overline{\boldsymbol{A}}^{\mathrm{T}}\boldsymbol{A}=\boldsymbol{E}$,则称 $\boldsymbol{A}$ 为**酉矩阵**.

(3)酉变换在任一标准正交基下的矩阵是酉矩阵.

(4)设 $\boldsymbol{A}\in\mathbf{C}^{n\times n}$,若 $\overline{\boldsymbol{A}}^{\mathrm{T}}=\boldsymbol{A}$,则称 $\boldsymbol{A}$ 为**埃尔米特(Hermite)矩阵**.

(5)若 $\boldsymbol{A}$ 是埃尔米特矩阵,则有酉矩阵 $\boldsymbol{C}$,使 $\overline{\boldsymbol{C}}^{\mathrm{T}}\boldsymbol{A}\boldsymbol{C}=\boldsymbol{C}^{-1}\boldsymbol{A}\boldsymbol{C}$ 为对角矩阵.

二、经典例题解析及解题方法总结

【例 1】 (1)用可逆线性替换将二次型

$$f=x_1^2+2x_2^2+2x_1x_3+4x_2x_4+2x_3^2+3x_4^2$$

化为标准形;

(2)在实数域上4维向量空间 $\mathbf{R}^4$ 内定义向量内积如下：若 $\boldsymbol{\alpha}=(x_1,x_2,x_3,x_4)$，$\boldsymbol{\beta}=(y_1,y_2,y_3,y_4)$，则令

$$(\boldsymbol{\alpha},\boldsymbol{\beta})=(x_1,x_2,x_3,x_4)\begin{pmatrix}1&0&1&0\\0&2&0&2\\1&0&2&0\\0&2&0&3\end{pmatrix}\begin{pmatrix}y_1\\y_2\\y_3\\y_4\end{pmatrix},$$

证明：关于此内积 $\mathbf{R}^4$ 成为一欧氏空间.

解 (1)因为 $f=(x_1+x_3)^2+2(x_2+x_4)^2+x_3^2+x_4^2$，令

$$\begin{pmatrix}y_1\\y_2\\y_3\\y_4\end{pmatrix}=\begin{pmatrix}1&0&1&0\\0&1&0&1\\0&0&1&0\\0&0&0&1\end{pmatrix}\begin{pmatrix}x_1\\x_2\\x_3\\x_4\end{pmatrix},$$

即作可逆线性替换

$$\begin{pmatrix}x_1\\x_2\\x_3\\x_4\end{pmatrix}=\begin{pmatrix}1&0&1&0\\0&1&0&1\\0&0&1&0\\0&0&0&1\end{pmatrix}^{-1}\begin{pmatrix}y_1\\y_2\\y_3\\y_4\end{pmatrix}=\begin{pmatrix}1&0&-1&0\\0&1&0&-1\\0&0&1&0\\0&0&0&1\end{pmatrix}\begin{pmatrix}y_1\\y_2\\y_3\\y_4\end{pmatrix},$$

则 $f=y_1^2+2y_2^2+y_3^2+y_4^2$.

(2)令

$$\mathbf{A}=\begin{pmatrix}1&0&1&0\\0&2&0&2\\1&0&2&0\\0&2&0&3\end{pmatrix},$$

则 $\mathbf{A}^{\mathrm{T}}=\mathbf{A}$，且 $(\boldsymbol{\alpha},\boldsymbol{\beta})=\boldsymbol{\alpha}\mathbf{A}\boldsymbol{\beta}^{\mathrm{T}}$. 因为 $\mathbf{A}$ 的4个顺序主子式 $\Delta_1=1>0$，$\Delta_2=2>0$，$\Delta_3=2>0$，$\Delta_4=2>0$，所以 $\mathbf{A}$ 为正定矩阵. 由上题知 $\mathbf{R}^4$ 关于定义的内积成为一欧氏空间.

【例2】 设 $\mathbf{R}$ 是实数域，

$$V=\left\{\begin{pmatrix}a&b&c\\0&a&b\\0&0&a\end{pmatrix}\middle|\, a,b,c\in\mathbf{R}\right\}.$$

证明：(1)V 关于矩阵加法和数量乘法构成 $\mathbf{R}$ 上线性空间；

(2) $\forall \mathbf{A}=\begin{pmatrix}a_1&a_2&a_3\\0&a_1&a_2\\0&0&a_1\end{pmatrix}$，$\mathbf{B}=\begin{pmatrix}b_1&b_2&b_3\\0&b_1&b_2\\0&0&b_1\end{pmatrix}\in V$，定义二元函数

$$(\mathbf{A},\mathbf{B})=a_1b_1+a_2b_2+a_3b_3,$$

则 V 是欧氏空间.

证 (1)已知 $\mathbf{R}^{3\times 3}$ 是 $\mathbf{R}$ 上线性空间,因为 $\begin{pmatrix}0&0&0\\0&0&0\\0&0&0\end{pmatrix}\in V$,所以 V 是 $\mathbf{R}^{3\times 3}$ 的非空子集.

$$\forall \boldsymbol{x}=\begin{pmatrix}x_1&x_2&x_3\\0&x_1&x_2\\0&0&x_1\end{pmatrix},\quad \boldsymbol{y}=\begin{pmatrix}y_1&y_2&y_3\\0&y_1&y_2\\0&0&y_1\end{pmatrix}\in V, \forall k\in\mathbf{R},\quad 有$$

$$\boldsymbol{x}+\boldsymbol{y}=\begin{pmatrix}x_1+y_1&x_2+y_2&x_3+y_3\\0&x_1+y_1&x_2+y_2\\0&0&x_1+y_1\end{pmatrix}\in V,\ k\boldsymbol{x}\in V,$$

故 V 是 $\mathbf{R}^{3\times 3}$ 的子空间,即 V 也是 $\mathbf{R}$ 上的线性空间.

(2) $\forall \boldsymbol{z}=\begin{pmatrix}z_1&z_2&z_3\\0&z_1&z_2\\0&0&z_1\end{pmatrix}\in V$,则

$$(\boldsymbol{x},\boldsymbol{y})=x_1y_1+x_2y_2+x_3y_3=(\boldsymbol{y},\boldsymbol{x});$$
$$(k\boldsymbol{x},\boldsymbol{y})=kx_1y_1+kx_2y_2+kx_3y_3=k(\boldsymbol{x},\boldsymbol{y});$$
$$(\boldsymbol{x}+\boldsymbol{y},\boldsymbol{z})=(x_1+y_1)z_1+(x_2+y_2)z_2+(x_3+y_3)z_3=(\boldsymbol{x},\boldsymbol{z})+(\boldsymbol{y},\boldsymbol{z});$$
$$(\boldsymbol{x},\boldsymbol{x})=0\Leftrightarrow x_1^2+x_2^2+x_3^2=0\Leftrightarrow \boldsymbol{x}=\boldsymbol{0},$$

因此 V 关于此内积是欧氏空间.

【例 3】 证明:在欧氏空间 V 中,对于 $\forall \boldsymbol{\alpha},\boldsymbol{\beta}\in V$,以下等式成立:

(1) $|\boldsymbol{\alpha}+\boldsymbol{\beta}|^2+|\boldsymbol{\alpha}-\boldsymbol{\beta}|^2=2|\boldsymbol{\alpha}|^2+2|\boldsymbol{\beta}|^2$;

(2) $(\boldsymbol{\alpha},\boldsymbol{\beta})=\frac{1}{4}|\boldsymbol{\alpha}+\boldsymbol{\beta}|^2-\frac{1}{4}|\boldsymbol{\alpha}-\boldsymbol{\beta}|^2$.

证 (1)
$$\begin{aligned}|\boldsymbol{\alpha}+\boldsymbol{\beta}|^2+|\boldsymbol{\alpha}-\boldsymbol{\beta}|^2&=(\boldsymbol{\alpha}+\boldsymbol{\beta},\boldsymbol{\alpha}+\boldsymbol{\beta})+(\boldsymbol{\alpha}-\boldsymbol{\beta},\boldsymbol{\alpha}-\boldsymbol{\beta})\\&=(\boldsymbol{\alpha},\boldsymbol{\alpha})+2(\boldsymbol{\alpha},\boldsymbol{\beta})+(\boldsymbol{\beta},\boldsymbol{\beta})+(\boldsymbol{\alpha},\boldsymbol{\alpha})-2(\boldsymbol{\alpha},\boldsymbol{\beta})+(\boldsymbol{\beta},\boldsymbol{\beta})\\&=2|\boldsymbol{\alpha}|^2+2|\boldsymbol{\beta}|^2.\end{aligned}$$

(2) $\frac{1}{4}|\boldsymbol{\alpha}+\boldsymbol{\beta}|^2-\frac{1}{4}|\boldsymbol{\alpha}-\boldsymbol{\beta}|^2=\frac{1}{4}[4(\boldsymbol{\alpha},\boldsymbol{\beta})]=(\boldsymbol{\alpha},\boldsymbol{\beta})$.

方法总结

(1)的几何意义是:平行四边形对角线的平方和等于各边平方之和.

【例 4】 在欧氏空间 $\mathbf{R}^4$ 中,求一单位向量,使其与三个向量

$$\boldsymbol{\alpha}=(2,1,4,0),\quad \boldsymbol{\beta}=(-1,-1,2,2),\quad \boldsymbol{\gamma}=(3,2,5,4)$$

都正交.

解　设所求向量为(x_1,x_2,x_3,x_4)，则

$$\begin{pmatrix}2&1&4&0\\-1&-1&2&2\\3&2&5&4\end{pmatrix}\begin{pmatrix}x_1\\x_2\\x_3\\x_4\end{pmatrix}=\mathbf{0}.$$

方程组的基础解系为$\boldsymbol{\eta}=(10,-12,-2,1)$. 所以$\boldsymbol{\eta}_0=\frac{1}{|\boldsymbol{\eta}|}\boldsymbol{\eta}=\frac{1}{\sqrt{249}}(10,-12,-2,1)$即为所求向量.

【例 5】　求齐次线性方程组

$$\begin{cases}x_1-x_3-x_4=0,\\x_2-x_4=0\end{cases}$$

解空间的标准正交基，并求与解空间中的每个向量都正交的向量.

解　方程组的基础解系为$\boldsymbol{\alpha}_1=(1,0,1,0)$，$\boldsymbol{\alpha}_2=(1,-1,0,-1)$. Schmidt 正交化得

$$\boldsymbol{\beta}_1=\boldsymbol{\alpha}_1=(1,0,1,0),$$

$$\boldsymbol{\beta}_2=\boldsymbol{\alpha}_2-\frac{(\boldsymbol{\alpha}_2,\boldsymbol{\alpha}_1)}{(\boldsymbol{\alpha}_1,\boldsymbol{\alpha}_1)}\boldsymbol{\beta}_1=(1,-1,0,-1)-\frac{1}{2}(1,0,1,0)=\frac{1}{2}(1,-2,-1,-2),$$

再单位化得

$$\boldsymbol{\gamma}_1=\frac{1}{|\boldsymbol{\beta}_1|}\boldsymbol{\beta}_1=\frac{1}{\sqrt{2}}(1,0,1,0),\quad \boldsymbol{\gamma}_2=\frac{1}{|\boldsymbol{\beta}_2|}\boldsymbol{\beta}_2=\frac{1}{\sqrt{10}}(1,-2,-1,-2),$$

则$\boldsymbol{\gamma}_1,\boldsymbol{\gamma}_2$是解空间的一组标准正交基. 设$\boldsymbol{\alpha}=(x_1,x_2,x_3,x_4)$，$(\boldsymbol{\alpha},\boldsymbol{\alpha}_1)=0$，$(\boldsymbol{\alpha},\boldsymbol{\alpha}_2)=0$，则

$$\begin{cases}x_1+x_3=0,\\x_1-x_2-x_4=0,\end{cases}$$

其基础解系是$(1,1,-1,0)$，$(0,1,0,-1)$. 所以与解空间中每个向量都正交的向量是

$$k_1(1,1,-1,0)+k_2(0,1,0,-1),\ k_1,k_2\in\mathbf{R}.$$

方法总结

求标准正交基的方法主要有以下两种：

(1)利用 Schmidt 正交化法；

(2)初等变换法：设V是一个n维欧氏空间，任取V的一组基$\boldsymbol{\alpha}_1,\boldsymbol{\alpha}_2,\cdots,\boldsymbol{\alpha}_n$，求出这组基的度量矩阵$\boldsymbol{A}$，$\boldsymbol{A}$是一个正定矩阵，故由初等变换可求得可逆矩阵$\boldsymbol{C}$，使$\boldsymbol{C}^{\mathrm{T}}\boldsymbol{A}\boldsymbol{C}=\boldsymbol{E}$，令$(\boldsymbol{\beta}_1,\boldsymbol{\beta}_2,\cdots,\boldsymbol{\beta}_n)=(\boldsymbol{\alpha}_1,\boldsymbol{\alpha}_2,\cdots,\boldsymbol{\alpha}_n)\boldsymbol{C}$，则$\boldsymbol{\beta}_1,\boldsymbol{\beta}_2,\cdots,\boldsymbol{\beta}_n$为$V$的一组标准正交基.

【例 6】　$\mathbf{R}$表示实数域，在欧氏空间

$$\mathbf{R}^4=\left\{(a_1,a_2,a_3,a_4)\,\middle|\,a_i\in\mathbf{R}\right\}$$

中，$\boldsymbol{\alpha}=(a_1,a_2,a_3,a_4)$，$\boldsymbol{\beta}=(b_1,b_2,b_3,b_4)$的内积为

$$(\boldsymbol{\alpha},\boldsymbol{\beta})=\sum_{i=1}^{4}a_ib_i.$$

令 $\boldsymbol{\alpha}_1=(1,0,0,0)$，$\boldsymbol{\alpha}_2=\left(0,\frac{1}{2},\frac{1}{2},\frac{1}{\sqrt{2}}\right)$，求 $\boldsymbol{\alpha}_3,\boldsymbol{\alpha}_4\in\mathbf{R}^4$，使 $\boldsymbol{\alpha}_1,\boldsymbol{\alpha}_2,\boldsymbol{\alpha}_3,\boldsymbol{\alpha}_4$ 为 $\mathbf{R}^4$ 的标准正交基.

解　令 $\boldsymbol{\alpha}_3=(x_1,x_2,x_3,x_4)$，由 $(\boldsymbol{\alpha}_1,\boldsymbol{\alpha}_3)=0$，$(\boldsymbol{\alpha}_2,\boldsymbol{\alpha}_3)=0$ 得

$$\begin{cases}x_1=0,\\ \frac{1}{2}x_2+\frac{1}{2}x_3+\frac{1}{\sqrt{2}}x_4=0,\end{cases}$$

故可令 $\boldsymbol{\alpha}_3=\left(0,\frac{1}{\sqrt{2}},-\frac{1}{\sqrt{2}},0\right)$.

再令 $\boldsymbol{\alpha}_4=(y_1,y_2,y_3,y_4)$，由 $(\boldsymbol{\alpha}_i,\boldsymbol{\alpha}_4)=0\ (i=1,2,3)$ 得

$$\begin{cases}y_1=0,\\ \frac{1}{2}y_2+\frac{1}{2}y_3+\frac{1}{\sqrt{2}}y_4=0,\\ \frac{1}{\sqrt{2}}y_2-\frac{1}{\sqrt{2}}y_3=0,\end{cases}$$

故可取 $\boldsymbol{\alpha}_4=\left(0,-\frac{1}{2},-\frac{1}{2},\frac{\sqrt{2}}{2}\right)$，则 $\boldsymbol{\alpha}_1,\boldsymbol{\alpha}_2,\boldsymbol{\alpha}_3,\boldsymbol{\alpha}_4$ 为 $\mathbf{R}^4$ 的一组标准正交基.

【例 7】　设 $\mathbf{A}=(a_{ij})$ 是 n 阶实可逆阵，$\mathbf{A}$ 的第一行元素组成的行向量为 $\boldsymbol{\alpha}=(a_{11},a_{12},\cdots,a_{1n})$，$V=L(\boldsymbol{\alpha})$ 是 $\mathbf{R}^n$ 的子空间，求 V 在 $\mathbf{R}^n$ 中的正交补.

解　因为 $V^{\perp}=\left\{\boldsymbol{\beta}\in\mathbf{R}^n\,\middle|\,(\boldsymbol{\beta},\boldsymbol{\alpha})=0\right\}$，令 $\boldsymbol{\beta}=(x_1,x_2,\cdots,x_n)$，首先求方程组

$$a_{11}x_1+a_{12}x_2+\cdots+a_{1n}x_n=0$$

的基础解系，不妨设 $a_{1k}\neq0$，$1\leqslant k\leqslant n$，则方程组的基础解系为

$$\begin{cases}\boldsymbol{\beta}_1=\left(1,0,\cdots,-\frac{a_{11}}{a_{1k}},0,\cdots,0\right),\\ \boldsymbol{\beta}_2=\left(0,1,\cdots,-\frac{a_{12}}{a_{1k}},0,\cdots,0\right),\\ \qquad\cdots\cdots\cdots\cdots\\ \boldsymbol{\beta}_{n-1}=\left(0,\cdots,0,-\frac{a_{1n}}{a_{1k}},0,\cdots,1\right),\end{cases}$$

所以 $V^{\perp}=L(\boldsymbol{\beta}_1,\boldsymbol{\beta}_2,\cdots,\boldsymbol{\beta}_{n-1})$，且维$(V^{\perp})=n-1$.

【例 8】　求齐次线性方程组

$$\begin{cases}x_1-2x_2+3x_3-4x_4=0,\\ x_1+5x_2+3x_3+3x_4=0\end{cases}$$

的解空间 V，并写出 V 在 $\mathbf{R}^4$ 中的正交补 $V^{\perp}$.

解　原方程同解于

$$\begin{cases}x_1=-3x_3+2x_4,\\x_2=-x_4.\end{cases}$$

故原方程组的基础解系为 $\boldsymbol{\alpha}_1=(-3,0,1,0)$，$\boldsymbol{\alpha}_2=(2,-1,0,1)$，于是 $V=L(\boldsymbol{\alpha}_1,\boldsymbol{\alpha}_2)$.

设 $\boldsymbol{\beta}=(y_1,y_2,y_3,y_4)\in V^{\perp}$，则 $(\boldsymbol{\beta},\boldsymbol{\alpha}_1)=0$，$(\boldsymbol{\beta},\boldsymbol{\alpha}_2)=0$，即

$$\begin{cases}-3y_1+y_3=0,\\2y_1-y_2+y_4=0,\end{cases}$$

其基础解系为 $\boldsymbol{\beta}_1=(1,0,3,-2)$，$\boldsymbol{\beta}_2=(0,1,0,1)$，因此 $V^{\perp}=L(\boldsymbol{\beta}_1,\boldsymbol{\beta}_2)$，且维$(V^{\perp})=2$.

【例 9】　设 $\boldsymbol{A}$ 为 n 阶实对称矩阵，$\boldsymbol{S}$ 为 n 阶反对称矩阵，且 $\boldsymbol{AS}=\boldsymbol{SA}$，$\boldsymbol{A}-\boldsymbol{S}$ 为满秩矩阵，试证：$(\boldsymbol{A}+\boldsymbol{S})(\boldsymbol{A}-\boldsymbol{S})^{-1}$ 为实正交矩阵.

证　因为 $\boldsymbol{A},\boldsymbol{S}$ 为实矩阵，所以 $\boldsymbol{A}\pm\boldsymbol{S}$ 为实矩阵，又 $(\boldsymbol{A}-\boldsymbol{S})^{-1}=\dfrac{1}{|\boldsymbol{A}-\boldsymbol{S}|}(\boldsymbol{A}-\boldsymbol{S})^{*}$，故 $(\boldsymbol{A}-\boldsymbol{S})^{-1}$ 也是实矩阵，从而 $(\boldsymbol{A}+\boldsymbol{S})(\boldsymbol{A}-\boldsymbol{S})^{-1}$ 为实矩阵. 因为 $\boldsymbol{A}-\boldsymbol{S}$ 可逆，所以 $|\boldsymbol{A}-\boldsymbol{S}|\neq0$，从而 $|(\boldsymbol{A}-\boldsymbol{S})^{\mathrm{T}}|=|\boldsymbol{A}+\boldsymbol{S}|\neq0$，即 $\boldsymbol{A}+\boldsymbol{S}$ 可逆. 因为 $\boldsymbol{AS}=\boldsymbol{SA}$，所以 $(\boldsymbol{A}+\boldsymbol{S})(\boldsymbol{A}-\boldsymbol{S})=(\boldsymbol{A}-\boldsymbol{S})(\boldsymbol{A}+\boldsymbol{S})$，于是

$$\begin{aligned}&[(\boldsymbol{A}+\boldsymbol{S})(\boldsymbol{A}-\boldsymbol{S})^{-1}]^{\mathrm{T}}(\boldsymbol{A}+\boldsymbol{S})(\boldsymbol{A}-\boldsymbol{S})^{-1}\\=&[(\boldsymbol{A}-\boldsymbol{S})^{-1}]^{\mathrm{T}}(\boldsymbol{A}+\boldsymbol{S})^{\mathrm{T}}(\boldsymbol{A}+\boldsymbol{S})(\boldsymbol{A}-\boldsymbol{S})^{-1}\\=&(\boldsymbol{A}+\boldsymbol{S})^{-1}(\boldsymbol{A}-\boldsymbol{S})(\boldsymbol{A}+\boldsymbol{S})(\boldsymbol{A}-\boldsymbol{S})^{-1}\\=&\boldsymbol{E},\end{aligned}$$

即 $(\boldsymbol{A}+\boldsymbol{S})(\boldsymbol{A}-\boldsymbol{S})^{-1}$ 是正交矩阵.

【例 10】　(1)用正交线性替换将二次型

$$f(x_1,x_2,x_3)=2x_1^2+2x_2^2-x_3^2-8x_1x_2-4x_1x_3+4x_2x_3$$

化为平方和形式，并写出所作的变换；

(2)写出上述 $f(x_1,x_2,x_3)$ 的规范形，并说明其秩、正负惯性指数和符号差.

解　(1)设此二次型的矩阵为 $\boldsymbol{A}$，则

$$\boldsymbol{A}=\begin{pmatrix}2&-4&-2\\-4&2&2\\-2&2&-1\end{pmatrix},$$

$|\lambda\boldsymbol{E}-\boldsymbol{A}|=(\lambda+2)^2(\lambda-7)$，所以 $\boldsymbol{A}$ 的特征值为 $\lambda_1=\lambda_2=-2$，$\lambda_3=7$.

对于 $\lambda_1=\lambda_2=-2$，解齐次线性方程 $(-2\boldsymbol{E}-\boldsymbol{A})\boldsymbol{x}=\boldsymbol{0}$，得其基础解系

$$\boldsymbol{\alpha}_1=(1,1,0)^{\mathrm{T}},\quad \boldsymbol{\alpha}_2=(1,-1,4)^{\mathrm{T}};$$

对于 $\lambda=7$ 时，解齐次线性方程组 $(7\boldsymbol{E}-\boldsymbol{A})\boldsymbol{x}=\boldsymbol{0}$，得其基础解系

$$\boldsymbol{\alpha}_3=(-2,2,1)^{\mathrm{T}}.$$

将这些已正交的特征向量单位化得

$$\boldsymbol{\beta}_1=\left(\frac{1}{\sqrt{2}},\frac{1}{\sqrt{2}},0\right)^{\mathrm{T}},\quad \boldsymbol{\beta}_2=\left(\frac{1}{\sqrt{18}},-\frac{1}{\sqrt{18}},\frac{4}{\sqrt{18}}\right)^{\mathrm{T}},\quad \boldsymbol{\beta}_3=\left(-\frac{2}{3},\frac{2}{3},\frac{1}{3}\right)^{\mathrm{T}},$$

令 $\boldsymbol{T}=(\boldsymbol{\beta}_1,\boldsymbol{\beta}_2,\boldsymbol{\beta}_3)$，则 $\boldsymbol{T}$ 为正交矩阵，作正交线性替换

$$\begin{pmatrix}x_1\\x_2\\x_3\end{pmatrix}=\boldsymbol{T}\begin{pmatrix}y_1\\y_2\\y_3\end{pmatrix},$$

则 $f(x_1,x_2,x_3)=-2y_1^2-2y_2^2+7y_3^2$.

(2)由上式知 f 的规范形为

$$f(x_1,x_2,x_3)=-z_1^2-z_2^2+z_3^2,$$

且 f 的正惯性指数为1，惯性指数为2，秩为3，符号差为-1.

【例 11】 利用正交变换将二次型

$$f(x_1,x_2,x_3)=x_1x_2+x_1x_3+x_2x_3$$

化为标准形，并写出相应的正交变换和标准形.

解 记二次型为

$$f(x_1,x_2,x_3)=(x_1,x_2,x_3)\begin{pmatrix}0&\frac{1}{2}&\frac{1}{2}\\\frac{1}{2}&0&\frac{1}{2}\\\frac{1}{2}&\frac{1}{2}&0\end{pmatrix}\begin{pmatrix}x_1\\x_2\\x_3\end{pmatrix}=\boldsymbol{x}^{\mathrm{T}}\boldsymbol{A}\boldsymbol{x}.$$

则 $|\lambda\boldsymbol{E}-\boldsymbol{A}|=(\lambda-1)\left(\lambda+\frac{1}{2}\right)^2$，所以 $\boldsymbol{A}$ 的特征值 $\lambda_1=1,\lambda_2=\lambda_3=-\frac{1}{2}$.

当 $\lambda_1=1$ 时，$(\boldsymbol{E}-\boldsymbol{A})\boldsymbol{x}=\boldsymbol{0}$的基础解系为 $\boldsymbol{\alpha}_1=(1,1,1)^{\mathrm{T}}$；

当 $\lambda_2=\lambda_3=-\frac{1}{2}$时，$\left(-\frac{1}{2}\boldsymbol{E}-\boldsymbol{A}\right)\boldsymbol{x}=\boldsymbol{0}$的基础解系为 $\boldsymbol{\alpha}_2=(1,0,-1)^{\mathrm{T}},\boldsymbol{\alpha}_3=(1,-1,0)^{\mathrm{T}}$.

正交化得

$$\boldsymbol{\beta}_1=\boldsymbol{\alpha}_1=(1,1,1)^{\mathrm{T}},\quad \boldsymbol{\beta}_2=\boldsymbol{\alpha}_2=(1,0,-1)^{\mathrm{T}},\quad \boldsymbol{\beta}_3=\boldsymbol{\alpha}_3-\frac{(\boldsymbol{\alpha}_3,\boldsymbol{\beta}_2)}{(\boldsymbol{\beta}_2,\boldsymbol{\beta}_2)}\boldsymbol{\beta}_2=\left(\frac{1}{2},-1,\frac{1}{2}\right)^{\mathrm{T}}.$$

再单位化得

$$\boldsymbol{\eta}_1=\frac{1}{\sqrt{3}}(1,1,1)^{\mathrm{T}},\quad \boldsymbol{\eta}_2=\frac{1}{\sqrt{2}}(1,0,-1)^{\mathrm{T}},\quad \boldsymbol{\eta}_3=\sqrt{\frac{2}{3}}\left(\frac{1}{2},-1,\frac{1}{2}\right)^{\mathrm{T}}.$$

令

$$\boldsymbol{T}=(\boldsymbol{\eta}_1,\boldsymbol{\eta}_2,\boldsymbol{\eta}_3)=\begin{pmatrix}\frac{1}{\sqrt{3}}&\frac{1}{\sqrt{2}}&\frac{\sqrt{6}}{6}\\\frac{1}{\sqrt{3}}&0&-\frac{\sqrt{6}}{3}\\\frac{1}{\sqrt{3}}&-\frac{1}{\sqrt{2}}&\frac{\sqrt{6}}{6}\end{pmatrix},\quad 且\ \boldsymbol{x}=\boldsymbol{T}\boldsymbol{y},$$

则 $f(x_1,x_2,x_3)=y_1^2-\frac{1}{2}y_2^2-\frac{1}{2}y_3^2$.

【例 12】 设 $\boldsymbol{A}=\begin{pmatrix}1&2\\2&1\end{pmatrix}$,

(1)求正交矩阵 $\boldsymbol{P}$,使 $\boldsymbol{P}^{\mathrm{T}}\boldsymbol{AP}$ 为对角矩阵;

(2)求 $\boldsymbol{A}^n$(n 是正整数).

解 (1) $|\lambda\boldsymbol{E}-\boldsymbol{A}|=(\lambda-3)(\lambda+1)$,所以 $\boldsymbol{A}$ 的特征值为 $\lambda_1=3,\lambda_2=-1$.

$\lambda=3$ 时,$(3\boldsymbol{E}-\boldsymbol{A})\boldsymbol{x}=\boldsymbol{0}$ 的基础解系为 $\boldsymbol{\alpha}_1=\left(\frac{1}{\sqrt{2}},\frac{1}{\sqrt{2}}\right)^{\mathrm{T}}$;

$\lambda=-1$ 时,$(-\boldsymbol{E}-\boldsymbol{A})\boldsymbol{x}=\boldsymbol{0}$的基础解系为 $\boldsymbol{\alpha}_2=\left(\frac{1}{\sqrt{2}},-\frac{1}{\sqrt{2}}\right)^{\mathrm{T}}$.

令 $\boldsymbol{P}=\begin{pmatrix}\frac{1}{\sqrt{2}}&\frac{1}{\sqrt{2}}\\\frac{1}{\sqrt{2}}&-\frac{1}{\sqrt{2}}\end{pmatrix}$,则 $\boldsymbol{P}^{\mathrm{T}}\boldsymbol{AP}=\boldsymbol{P}^{-1}\boldsymbol{AP}=\begin{pmatrix}3&0\\0&-1\end{pmatrix}$.

(2) $\boldsymbol{A}^n=\left(\boldsymbol{P}\begin{pmatrix}3&0\\0&-1\end{pmatrix}\boldsymbol{P}^{-1}\right)^n=\boldsymbol{P}\begin{pmatrix}3^n&0\\0&(-1)^n\end{pmatrix}\boldsymbol{P}^{-1}=\begin{pmatrix}\frac{3^n+(-1)^n}{2}&\frac{3^n-(-1)^n}{2}\\\frac{3^n-(-1)^n}{2}&\frac{3^n+(-1)^n}{2}\end{pmatrix}$.

【例 13】 设 n 维欧氏空间 V 的基 $\boldsymbol{\alpha}_1,\boldsymbol{\alpha}_2,\cdots,\boldsymbol{\alpha}_n$ 的度量矩阵为 $\boldsymbol{G}$,V 的线性变换 $\mathscr{A}$ 在该组基下的矩阵为 $\boldsymbol{A}$,证明:

(1)若 $\mathscr{A}$ 是正交变换,则 $\boldsymbol{A}^{\mathrm{T}}\boldsymbol{GA}=\boldsymbol{G}$;

(2)若 $\mathscr{A}$ 是对称变换,则 $\boldsymbol{A}^{\mathrm{T}}\boldsymbol{G}=\boldsymbol{GA}$.

证 由题设知 $\mathscr{A}(\boldsymbol{\alpha}_1,\boldsymbol{\alpha}_2,\cdots,\boldsymbol{\alpha}_n)=(\boldsymbol{\alpha}_1,\boldsymbol{\alpha}_2,\cdots,\boldsymbol{\alpha}_n)\boldsymbol{A}$, $\boldsymbol{G}=((\boldsymbol{\alpha}_i,\boldsymbol{\alpha}_j))_{n\times n}$. 设 $\boldsymbol{A}=(a_{ij})_{n\times n}$, $\boldsymbol{G}=(g_{ij})_{n\times n}$,则

$$\mathscr{A}\boldsymbol{\alpha}_i=a_{1i}\boldsymbol{\alpha}_1+a_{2i}\boldsymbol{\alpha}_2+\cdots+a_{ni}\boldsymbol{\alpha}_n\ (i=1,2,\cdots,n),$$
$$g_{ij}=(\boldsymbol{\alpha}_i,\boldsymbol{\alpha}_j)\ (i,j=1,2,\cdots,n).$$

(1)**方法一** 由于 $\mathscr{A}$ 是正交变换,所以

$$g_{ij}=(\boldsymbol{\alpha}_i,\boldsymbol{\alpha}_j)=(\mathscr{A}\boldsymbol{\alpha}_i,\mathscr{A}\boldsymbol{\alpha}_j)=\left(\sum_{s=1}^{n}a_{si}\boldsymbol{\alpha}_s,\ \sum_{t=1}^{n}a_{tj}\boldsymbol{\alpha}_t\right)=\sum_{s=1}^{n}\sum_{t=1}^{n}a_{si}a_{tj}(\boldsymbol{\alpha}_s,\boldsymbol{\alpha}_t)$$
$$=(a_{1i},a_{2i},\cdots,a_{ni})\boldsymbol{G}\begin{pmatrix}a_{1j}\\a_{2j}\\\vdots\\a_{nj}\end{pmatrix},$$

故 $\boldsymbol{G}=\boldsymbol{A}^{\mathrm{T}}\boldsymbol{GA}$.

方法二 由 $\mathscr{A}$ 是正交变换知 $\mathscr{A}$ 可逆,所以 $\mathscr{A}\boldsymbol{\alpha}_1,\mathscr{A}\boldsymbol{\alpha}_2,\cdots,\mathscr{A}\boldsymbol{\alpha}_n$ 也是 V 的一组基,再由

$(\mathscr{A}\boldsymbol{\alpha}_i,\mathscr{A}\boldsymbol{\alpha}_j)=(\boldsymbol{\alpha}_i,\boldsymbol{\alpha}_j)$ 知，基 $\mathscr{A}\boldsymbol{\alpha}_1,\mathscr{A}\boldsymbol{\alpha}_2,\cdots,\mathscr{A}\boldsymbol{\alpha}_n$ 的度量矩阵也是 $\boldsymbol{G}$，又从基 $\boldsymbol{\alpha}_1,\cdots,\boldsymbol{\alpha}_n$ 到基 $\mathscr{A}\boldsymbol{\alpha}_1,\cdots,\mathscr{A}\boldsymbol{\alpha}_n$ 的过渡矩阵为 $\mathbf{A}$，因此 $\mathbf{A}^{\mathrm{T}}\boldsymbol{G}\mathbf{A}=\boldsymbol{G}$.

(2)由于 $\mathscr{A}$ 是对称变换，所以 $(\mathscr{A}\boldsymbol{\alpha}_i,\boldsymbol{\alpha}_j)=(\boldsymbol{\alpha}_i,\mathscr{A}\boldsymbol{\alpha}_j)$，即

$$\left(\sum_{k=1}^{n}a_{ki}\boldsymbol{\alpha}_k,\boldsymbol{\alpha}_j\right)=\left(\boldsymbol{\alpha}_i,\sum_{k=1}^{n}a_{kj}\boldsymbol{\alpha}_k\right),$$

于是

$$\sum_{k=1}^{n}a_{ki}(\boldsymbol{\alpha}_k,\boldsymbol{\alpha}_j)=\sum_{k=1}^{n}(\boldsymbol{\alpha}_i,\boldsymbol{\alpha}_k)a_{kj},\quad \text{即}\sum_{k=1}^{n}a_{ki}g_{kj}=\sum_{k=1}^{n}g_{ik}a_{kj},$$

也即

$$(a_{1i},a_{2i},\cdots,a_{ni})(g_{1j},g_{2j},\cdots,g_{nj})^{\mathrm{T}}=(g_{i1},g_{i2},\cdots,g_{in})(a_{1j},a_{2j},\cdots,a_{nj})^{\mathrm{T}},$$

故有 $\mathbf{A}^{\mathrm{T}}\boldsymbol{G}=\boldsymbol{G}\mathbf{A}$.

【例 14】 设 $\mathscr{A}$ 是欧氏空间 V 的线性变换，证明：$\mathscr{A}$ 是对称变换的充要条件是 $\mathscr{A}$ 有 n 个两两正交的特征向量.

证 必要性：因为 $\mathscr{A}$ 是对称变换，则存在 V 的一组标准正交基 $\boldsymbol{\varepsilon}_1,\boldsymbol{\varepsilon}_2,\cdots,\boldsymbol{\varepsilon}_n$，使 $\mathscr{A}$ 关于此基的矩阵为对角矩阵，即

$$\mathscr{A}(\boldsymbol{\varepsilon}_1,\boldsymbol{\varepsilon}_2,\cdots,\boldsymbol{\varepsilon}_n)=(\boldsymbol{\varepsilon}_1,\boldsymbol{\varepsilon}_2,\cdots,\boldsymbol{\varepsilon}_n)\begin{pmatrix}\lambda_1&&&\\&\lambda_2&&\\&&\ddots&\\&&&\lambda_n\end{pmatrix},$$

即 $\mathscr{A}\boldsymbol{\varepsilon}_i=\lambda\boldsymbol{\varepsilon}_i(i=1,2,\cdots,n)$，也即 $\boldsymbol{\varepsilon}_1,\cdots,\boldsymbol{\varepsilon}_n$ 是 $\mathscr{A}$ 的两两正交的特征向量.

充分性：设 $\boldsymbol{\alpha}_1,\boldsymbol{\alpha}_2,\cdots,\boldsymbol{\alpha}_n$ 是 $\mathscr{A}$ 的 n 个两两正交的特征向量，它们分别属于特征值 $\lambda_1,\lambda_2,\cdots,\lambda_n$，即 $\mathscr{A}\boldsymbol{\alpha}_i=\lambda_i\boldsymbol{\alpha}_i(i=1,2,\cdots,n)$. 令 $\boldsymbol{\varepsilon}_i=\dfrac{1}{|\boldsymbol{\alpha}_i|}\boldsymbol{\alpha}_i(i=1,2,\cdots,n)$，则 $\boldsymbol{\varepsilon}_1,\boldsymbol{\varepsilon}_2,\cdots,\boldsymbol{\varepsilon}_n$ 为 V 的一组标准正交基，且 $\mathscr{A}\boldsymbol{\varepsilon}_i=\dfrac{1}{|\boldsymbol{\alpha}_i|}\mathscr{A}\boldsymbol{\alpha}_i=\lambda_i\boldsymbol{\varepsilon}_i(i=1,2,\cdots,n)$，即

$$\mathscr{A}(\boldsymbol{\varepsilon}_1,\boldsymbol{\varepsilon}_2,\cdots,\boldsymbol{\varepsilon}_n)=(\boldsymbol{\varepsilon}_1,\boldsymbol{\varepsilon}_2,\cdots,\boldsymbol{\varepsilon}_n)\begin{pmatrix}\lambda_1&&&\\&\lambda_2&&\\&&\ddots&\\&&&\lambda_n\end{pmatrix},$$

也即 $\mathscr{A}$ 在 $\boldsymbol{\varepsilon}_1,\boldsymbol{\varepsilon}_2,\cdots,\boldsymbol{\varepsilon}_n$ 下的矩阵为对角矩阵，从而是对称矩阵，故 $\mathscr{A}$ 为对称变换.

【例 15】 设 V_1 是有限维欧氏空间 V 的子空间，定义 V 到 V_1 的投影变换 σ：$\forall\boldsymbol{x}\in V$，设 $\boldsymbol{x}=\boldsymbol{x}_1+\boldsymbol{x}_2$，$\boldsymbol{x}_1\in V_1$，$\boldsymbol{x}_2\in V_1^{\perp}$，则 $\sigma\boldsymbol{x}=\boldsymbol{x}_1$，证明：

(1)σ 是 V 上的线性变换；

(2)σ 是满足 $\sigma^2=\sigma$ 的对称变换.

证 (1) $\forall\boldsymbol{x},\boldsymbol{y}\in V$，$\forall k\in\mathbf{R}$，设 $\boldsymbol{x}=\boldsymbol{x}_1+\boldsymbol{x}_2$，$\boldsymbol{y}=\boldsymbol{y}_1+\boldsymbol{y}_2$，其中 $\boldsymbol{x}_1,\boldsymbol{y}_1\in V_1$，$\boldsymbol{x}_2,\boldsymbol{y}_2\in V_1^{\perp}$，则

$$\sigma(\boldsymbol{x}+\boldsymbol{y})=\boldsymbol{x}_1+\boldsymbol{y}_1=\sigma\boldsymbol{x}+\sigma\boldsymbol{y},$$
$$\sigma(k\boldsymbol{x})=k\boldsymbol{x}_1=k\sigma\boldsymbol{x},$$

即 σ 是 V 的线性变换.

(2) $\forall \boldsymbol{x}\in V$,若 $\boldsymbol{x}=\boldsymbol{x}_1+\boldsymbol{x}_2,\boldsymbol{x}_1\in V_1,\boldsymbol{x}_2\in V_1^{\perp}$,则 $\sigma^2\boldsymbol{x}=\sigma(\sigma\boldsymbol{x})=\sigma\boldsymbol{x}_1=\boldsymbol{x}_1=\sigma\boldsymbol{x}$,所以 $\sigma^2=\sigma$. $\forall \boldsymbol{x},\boldsymbol{y}\in V,\boldsymbol{x}=\boldsymbol{x}_1+\boldsymbol{x}_2,\boldsymbol{y}=\boldsymbol{y}_1+\boldsymbol{y}_2$,其中 $\boldsymbol{x}_1,\boldsymbol{y}_1\in V_1$, $\boldsymbol{x}_2,\boldsymbol{y}_2\in V_1^{\perp}$,有

$$(\sigma\boldsymbol{x},\boldsymbol{y})=(\boldsymbol{x}_1,\boldsymbol{y}_1+\boldsymbol{y}_2)=(\boldsymbol{x}_1,\boldsymbol{y}_1)+(\boldsymbol{x}_1,\boldsymbol{y}_2)=(\boldsymbol{x}_1,\boldsymbol{y}_1),$$
$$(\boldsymbol{x},\sigma\boldsymbol{y})=(\boldsymbol{x}_1+\boldsymbol{x}_2,\boldsymbol{y}_1)=(\boldsymbol{x}_1,\boldsymbol{y}_1)+(\boldsymbol{x}_2,\boldsymbol{y}_1)=(\boldsymbol{x}_1,\boldsymbol{y}_1),$$

故 $(\sigma\boldsymbol{x},\boldsymbol{y})=(\boldsymbol{x},\sigma\boldsymbol{y})$,即 σ 是对称变换.

【例 16】 已知 T 为 n 维欧氏空间 V 的对称变换,求证 TV 是 $T^{-1}(\mathbf{0})$ 的正交补.

证 $\forall T\boldsymbol{\alpha}\in TV$, $\forall \boldsymbol{\beta}\in T^{-1}(\mathbf{0})$,则 $T\boldsymbol{\beta}=\mathbf{0}$,于是

$$(T\boldsymbol{\alpha},\boldsymbol{\beta})=(\boldsymbol{\alpha},T\boldsymbol{\beta})=(\boldsymbol{\alpha},\mathbf{0})=0,$$

所以 $T\boldsymbol{\alpha}\perp T^{-1}(\mathbf{0})$,即 $T\boldsymbol{\alpha}\in[T^{-1}(\mathbf{0})]^{\perp}$,从而 $TV\subseteq[T^{-1}(\mathbf{0})]^{\perp}$. 又因为

$$维(TV)=n-维(T^{-1}(\mathbf{0}))=维[T^{-1}(\mathbf{0})]^{\perp},$$

即有 $TV=[T^{-1}(\mathbf{0})]^{\perp}$.

【例 17】 设 T 是酉空间 V 的一个线性变换,证明:下面四个命题等价:

(1) T 是酉变换;

(2) T 是同构映射;

(3)若 $\boldsymbol{\varepsilon}_1,\boldsymbol{\varepsilon}_2,\cdots,\boldsymbol{\varepsilon}_n$ 是标准正交基,则 $T\boldsymbol{\varepsilon}_1,T\boldsymbol{\varepsilon}_2,\cdots,T\boldsymbol{\varepsilon}_n$ 也是标准正交基;

(4) T 在任一组标准正交基下的矩阵为酉矩阵.

证 (1)⇒(3) 设 T 是酉变换,$\boldsymbol{\varepsilon}_1,\cdots,\boldsymbol{\varepsilon}_n$ 为 V 一组标准正交基,则

$$(T\boldsymbol{\varepsilon}_i,T\boldsymbol{\varepsilon}_j)=(\boldsymbol{\varepsilon}_i,\boldsymbol{\varepsilon}_j)=\begin{cases}1, & i=j,\\ 0, & i\neq j,\end{cases}$$

因此 $T\boldsymbol{\varepsilon}_1,T\boldsymbol{\varepsilon}_2,\cdots,T\boldsymbol{\varepsilon}_n$ 也是标准正交基.

(3)⇒(4) 任取 V 的一组标准正交基 $\boldsymbol{\alpha}_1,\boldsymbol{\alpha}_2,\cdots,\boldsymbol{\alpha}_n$,由(3)知 $T\boldsymbol{\alpha}_1,T\boldsymbol{\alpha}_2,\cdots,T\boldsymbol{\alpha}_n$ 也是标准正交基,设 $T(\boldsymbol{\alpha}_1,\boldsymbol{\alpha}_2,\cdots,\boldsymbol{\alpha}_n)=(\boldsymbol{\alpha}_1,\boldsymbol{\alpha}_2,\cdots,\boldsymbol{\alpha}_n)\boldsymbol{B}$. 令 $\boldsymbol{B}=(\boldsymbol{B}_1,\boldsymbol{B}_2,\cdots,\boldsymbol{B}_n)$,其中 $\boldsymbol{B}_i$ 为列向量,则

$$\overline{\boldsymbol{B}}_i^{\mathrm{T}}\boldsymbol{B}_i=(T\boldsymbol{\alpha}_i,T\boldsymbol{\alpha}_j)=\begin{cases}1, & i=j,\\ 0, & i\neq j\end{cases}\quad (i,j=1,2,\cdots,n),$$

即 $\overline{\boldsymbol{B}}^{\mathrm{T}}\boldsymbol{B}=\boldsymbol{E}$,故 $\boldsymbol{B}$ 为酉矩阵.

(4)⇒(2) 取 V 的一组标准正交基 $\boldsymbol{\varepsilon}_1,\boldsymbol{\varepsilon}_2,\cdots,\boldsymbol{\varepsilon}_n$,设 $T(\boldsymbol{\varepsilon}_1,\cdots,\boldsymbol{\varepsilon}_n)=(\boldsymbol{\varepsilon}_1,\cdots,\boldsymbol{\varepsilon}_n)\boldsymbol{D}$,则 $\boldsymbol{D}$ 为酉矩阵. 因为 $|\boldsymbol{D}|=\pm1$,故 $\boldsymbol{D}$ 可逆,从而 T 是 V 到 V 的双射,$\forall \boldsymbol{\alpha},\boldsymbol{\beta}\in V$, $\forall k\in\mathbf{C}$,设

$$\boldsymbol{\alpha}=(\boldsymbol{\varepsilon}_1,\boldsymbol{\varepsilon}_2,\cdots,\boldsymbol{\varepsilon}_n)\boldsymbol{X},\quad \boldsymbol{\beta}=(\boldsymbol{\varepsilon}_1,\cdots,\boldsymbol{\varepsilon}_n)\boldsymbol{Y},$$

则

$$T\boldsymbol{\alpha}=(\boldsymbol{\varepsilon}_1,\boldsymbol{\varepsilon}_2,\cdots,\boldsymbol{\varepsilon}_n)(\boldsymbol{D}\boldsymbol{X}),\quad T\boldsymbol{\beta}=(\boldsymbol{\varepsilon}_1,\cdots,\boldsymbol{\varepsilon}_n)(\boldsymbol{D}\boldsymbol{Y}),$$

于是

$$T(\boldsymbol{\alpha}+\boldsymbol{\beta})=(\boldsymbol{\varepsilon}_1,\cdots,\boldsymbol{\varepsilon}_n)(\boldsymbol{DX}+\boldsymbol{DY})=T\boldsymbol{\alpha}+T\boldsymbol{\beta},$$

$$T(k\boldsymbol{\alpha})=(\boldsymbol{\varepsilon}_1,\cdots,\boldsymbol{\varepsilon}_n)(k\boldsymbol{D})=kT\boldsymbol{\alpha},$$

$$(T\boldsymbol{\alpha},T\boldsymbol{\beta})=(\overline{\boldsymbol{DY}})^{\mathrm{T}}\boldsymbol{DX}=\overline{\boldsymbol{Y}}^{\mathrm{T}}\overline{\boldsymbol{D}}^{\mathrm{T}}\boldsymbol{DX}=\overline{\boldsymbol{Y}}^{\mathrm{T}}\boldsymbol{X}=(\boldsymbol{\alpha},\boldsymbol{\beta}).$$

因此 T 是 V 的同构映射.

(2)⇒(1) 显然.

【例 18】 设 $\mathscr{A}$ 是酉空间 V 的线性变换,则 $\mathscr{A}$ 是酉变换的充要条件是

$$(\mathscr{A}\boldsymbol{\alpha},\mathscr{A}\boldsymbol{\alpha})=(\boldsymbol{\alpha},\boldsymbol{\alpha})(\forall\,\boldsymbol{\alpha}\in V).$$

证 必要性:显然.

充分性:$\forall\,\boldsymbol{\alpha},\boldsymbol{\beta}\in V$,由条件,$(\mathscr{A}(\boldsymbol{\alpha}+\boldsymbol{\beta}),\mathscr{A}(\boldsymbol{\alpha}+\boldsymbol{\beta}))=(\boldsymbol{\alpha}+\boldsymbol{\beta},\boldsymbol{\alpha}+\boldsymbol{\beta})$,即

$$(\mathscr{A}\boldsymbol{\alpha},\mathscr{A}\boldsymbol{\alpha})+(\mathscr{A}\boldsymbol{\alpha},\mathscr{A}\boldsymbol{\beta})+(\mathscr{A}\boldsymbol{\beta},\mathscr{A}\boldsymbol{\alpha})+(\mathscr{A}\boldsymbol{\beta},\mathscr{A}\boldsymbol{\beta})=(\boldsymbol{\alpha},\boldsymbol{\alpha})+(\boldsymbol{\alpha},\boldsymbol{\beta})+(\boldsymbol{\beta},\boldsymbol{\alpha})+(\boldsymbol{\beta},\boldsymbol{\beta}),$$

也即

$$(\mathscr{A}\boldsymbol{\alpha},\mathscr{A}\boldsymbol{\beta})+(\mathscr{A}\boldsymbol{\beta},\mathscr{A}\boldsymbol{\alpha})=(\boldsymbol{\alpha},\boldsymbol{\beta})+(\boldsymbol{\beta},\boldsymbol{\alpha}).\quad ①$$

把 $\boldsymbol{\alpha}$ 换成 $\mathrm{i}\boldsymbol{\alpha}$,得

$$\mathrm{i}(\mathscr{A}\boldsymbol{\alpha},\mathscr{A}\boldsymbol{\beta})-\mathrm{i}(\mathscr{A}\boldsymbol{\beta},\mathscr{A}\boldsymbol{\alpha})=\mathrm{i}(\boldsymbol{\alpha},\boldsymbol{\beta})-\mathrm{i}(\boldsymbol{\beta},\boldsymbol{\alpha}),\text{即}(\mathscr{A}\boldsymbol{\alpha},\mathscr{A}\boldsymbol{\beta})-(\mathscr{A}\boldsymbol{\beta},\mathscr{A}\boldsymbol{\alpha})=(\boldsymbol{\alpha},\boldsymbol{\beta})-(\boldsymbol{\beta},\boldsymbol{\alpha}).\quad ②$$

由①和②得$(\mathscr{A}\boldsymbol{\alpha},\mathscr{A}\boldsymbol{\beta})=(\boldsymbol{\alpha},\boldsymbol{\beta})$,故 $\mathscr{A}$ 是酉变换.

【例 19】 设 V 是欧氏空间,L_1 为 V 的有限维子空间,V 中的向量 $\boldsymbol{Z}$ 不在 L_1 中,问是否存在 $\boldsymbol{Z}_0\in L_1$,使 $\boldsymbol{Z}-\boldsymbol{Z}_0$ 与 L_1 的任何向量都正交?如不存在,举出例子,如存在,说明理由,并讨论其唯一性.

解 这样的 $\boldsymbol{Z}_0$ 存在且唯一,下面给出证明.

设维$(L_1)=r$,由题设 $r<n$,取 L_1 的一组正交基 $\boldsymbol{\alpha}_1,\boldsymbol{\alpha}_2,\cdots,\boldsymbol{\alpha}_r$,并把它扩充为 V 的一组正交基 $\boldsymbol{\alpha}_1,\cdots,\boldsymbol{\alpha}_r,\boldsymbol{\alpha}_{r+1},\cdots,\boldsymbol{\alpha}_n$,则

$$L_1=L(\boldsymbol{\alpha}_1,\boldsymbol{\alpha}_2,\cdots,\boldsymbol{\alpha}_r),\quad L_1^{\perp}=L(\boldsymbol{\alpha}_{r+1},\cdots,\boldsymbol{\alpha}_n).$$

设 $\boldsymbol{Z}=k_1\boldsymbol{\alpha}_1+\cdots+k_r\boldsymbol{\alpha}_r+k_{r+1}\boldsymbol{\alpha}_{r+1}+\cdots+k_n\boldsymbol{\alpha}_n\notin L_1$,则 $k_{r+1},\cdots,k_n$ 不全为零. 令

$$\boldsymbol{Z}_0=k_1\boldsymbol{\alpha}_1+\cdots+k_r\boldsymbol{\alpha}_r,$$

则 $\boldsymbol{Z}_0\in L_1$,且 $\boldsymbol{Z}-\boldsymbol{Z}_0=k_{r+1}\boldsymbol{\alpha}_{r+1}+\cdots+k_n\boldsymbol{\alpha}_n\in L_1^{\perp}$.

下证唯一性. 若还有 $\boldsymbol{Z}_1\in L_1$,$\boldsymbol{Z}_1=y_1\boldsymbol{\alpha}_1+\cdots+y_r\boldsymbol{\alpha}_r$,且 $\boldsymbol{Z}-\boldsymbol{Z}_1\in L_1^{\perp}$,则 $\boldsymbol{Z}-\boldsymbol{Z}_1=y_{r+1}\boldsymbol{\alpha}_{r+1}+\cdots+y_n\boldsymbol{\alpha}_n$,所以

$$\boldsymbol{Z}=y_1\boldsymbol{\alpha}_1+\cdots+y_r\boldsymbol{\alpha}_r+y_{r+1}\boldsymbol{\alpha}_{r+1}+\cdots+y_n\boldsymbol{\alpha}_n,$$

由 $\boldsymbol{Z}$ 的表达式唯一知,$y_i=k_i(i=1,2,\cdots,n)$,故 $\boldsymbol{Z}_1=\boldsymbol{Z}_0$.

【例 20】 设 φ 是 n 维欧氏空间 V 的一个线性变换,V 的线性变换 φ^* 称为 φ 的伴随变换,如果

$$(\varphi(\boldsymbol{\alpha}),\boldsymbol{\beta})=(\boldsymbol{\alpha},\varphi^*(\boldsymbol{\beta})),\quad \forall\,\boldsymbol{\alpha},\boldsymbol{\beta}\in V.$$

(1)设 φ 在 V 的一组标准正交基下的矩阵为 $\boldsymbol{A}$,证明:φ^* 在这组标准正交基下的矩阵

为 $\boldsymbol{A}^{\mathrm{T}}$；

(2)证明：$\varphi^* V=[\varphi^{-1}(\mathbf{0})]^{\perp}$，其中 $\varphi^* V$ 为 φ^* 的值域，$\varphi^{-1}(\mathbf{0})$ 为 φ 的核.

证　(1)设 $\boldsymbol{\varepsilon}_1,\boldsymbol{\varepsilon}_2,\cdots,\boldsymbol{\varepsilon}_n$ 为 V 的一组标准正交基，且

$$\varphi(\boldsymbol{\varepsilon}_1,\boldsymbol{\varepsilon}_2,\cdots,\boldsymbol{\varepsilon}_n)=(\boldsymbol{\varepsilon}_1,\boldsymbol{\varepsilon}_2,\cdots,\boldsymbol{\varepsilon}_n)\boldsymbol{A},\quad \boldsymbol{A}=(a_{ij})_{n\times n}.$$

再设

$$\varphi^*(\boldsymbol{\varepsilon}_1,\boldsymbol{\varepsilon}_2,\cdots,\boldsymbol{\varepsilon}_n)=(\boldsymbol{\varepsilon}_1,\cdots,\boldsymbol{\varepsilon}_n)\boldsymbol{B},\quad \boldsymbol{B}=(b_{ij})_{n\times n}.$$

则

$$\begin{aligned}a_{ij}&=(a_{1j}\boldsymbol{\varepsilon}_1+a_{2j}\boldsymbol{\varepsilon}_2+\cdots+a_{nj}\boldsymbol{\varepsilon}_n,\boldsymbol{\varepsilon}_i)=(\varphi(\boldsymbol{\varepsilon}_j),\boldsymbol{\varepsilon}_i)\\&=(\boldsymbol{\varepsilon}_j,\varphi^*(\boldsymbol{\varepsilon}_i))=(\boldsymbol{\varepsilon}_j,b_{1i}\boldsymbol{\varepsilon}_1+b_{2i}\boldsymbol{\varepsilon}_2,\cdots,b_{ni}\boldsymbol{\varepsilon}_n)\\&=b_{ji}\,(i,j=1,2,\cdots,n),\end{aligned}$$

所以 $\boldsymbol{B}=\boldsymbol{A}^{\mathrm{T}}$.

(2)设维 $\varphi^{-1}(\mathbf{0})=m$，任取 $\varphi^{-1}(\mathbf{0})$ 的一组标准正交基 $\boldsymbol{\alpha}_1,\boldsymbol{\alpha}_2,\cdots,\boldsymbol{\alpha}_m$，将它扩充为 V 的一组标准正交基 $\boldsymbol{\alpha}_1,\cdots,\boldsymbol{\alpha}_m,\boldsymbol{\alpha}_{m+1},\cdots,\boldsymbol{\alpha}_n$，则

$$\varphi^{-1}(\mathbf{0})=L(\boldsymbol{\alpha}_1,\cdots,\boldsymbol{\alpha}_m),\quad [\varphi^{-1}(\mathbf{0})]^{\perp}=L(\boldsymbol{\alpha}_{m+1},\cdots,\boldsymbol{\alpha}_n),$$

且

$$\varphi(\boldsymbol{\alpha}_1,\boldsymbol{\alpha}_2,\cdots,\boldsymbol{\alpha}_n)=(\boldsymbol{\alpha}_1,\boldsymbol{\alpha}_2,\cdots,\boldsymbol{\alpha}_n)\begin{pmatrix}0&\cdots&0&a_{1,m+1}&\cdots&a_{1n}\\\vdots&\vdots&\vdots&\vdots&&\vdots\\0&\cdots&0&a_{n,m+1}&\cdots&a_{nn}\end{pmatrix},$$

由(1)知

$$\varphi^*(\boldsymbol{\alpha}_1,\boldsymbol{\alpha}_2,\cdots,\boldsymbol{\alpha}_n)=(\boldsymbol{\alpha}_1,\boldsymbol{\alpha}_2,\cdots,\boldsymbol{\alpha}_n)\begin{pmatrix}0&\cdots&0\\\vdots&&\vdots\\0&\cdots&0\\a_{1,m+1}&\cdots&a_{n,m+1}\\\vdots&&\vdots\\a_{1n}&\cdots&a_{nn}\end{pmatrix},$$

于是易知，$\forall\boldsymbol{\beta}\in\varphi^* V$，有 $\boldsymbol{\beta}\in L(\boldsymbol{\alpha}_{m+1},\cdots,\boldsymbol{\alpha}_n)=[\varphi^{-1}(\mathbf{0})]^{\perp}$，即 $\varphi^* V\subseteq[\varphi^{-1}(\mathbf{0})]^{\perp}$，又

$$维(\varphi^* V)=r(\boldsymbol{B})=r(\boldsymbol{A}^{\mathrm{T}})=维(\varphi V)=n-维(\varphi^{-1}(\mathbf{0}))=维([\varphi^{-1}(\mathbf{0})]^{\perp}),$$

故 $\varphi^* V=[\varphi^{-1}(\mathbf{0})]^{\perp}$.

【例 21】　求函数

$$f(x,y,z)=5x^2+y^2+5z^2+4xy-8xz-4yz$$

在实单位球面：$x^2+y^2+z^2=1$ 上的最大值与最小值，并求出此时 x,y,z 所取的值.

解　$f(x,y,z)=(x,y,z)\boldsymbol{A}\begin{pmatrix}x\\y\\z\end{pmatrix}$，其中 $\boldsymbol{A}=\begin{pmatrix}5&2&-4\\2&1&-2\\-4&-2&5\end{pmatrix}$，由本章补充题 7 题知

$$\lambda_1(x^2+y^2+z^2)\leqslant f(x,y,z)\leqslant\lambda_3(x^2+y^2+z^2),$$

其中 λ_1,λ_3 分别为 $\boldsymbol{A}$ 的最小特征值与最大特征值. $|\lambda\boldsymbol{E}-\boldsymbol{A}|=(\lambda-1)(\lambda^2-10\lambda+1)$,所以 $\lambda_1=5-2\sqrt{6},\lambda_2=1,\lambda_3=5+2\sqrt{6}$.

当 $\lambda=5+2\sqrt{6}$ 时,得特征向量 $\boldsymbol{\alpha}_1=(-1,2-\sqrt{6},1)^{\mathrm{T}}$,单位化得

$$\boldsymbol{\beta}_1=\frac{1}{\sqrt{12-4\sqrt{6}}}(-1,2-\sqrt{6},1)^{\mathrm{T}},$$

当 $\lambda=5-2\sqrt{6}$ 时,得特征向量 $\boldsymbol{\alpha}_2=(-1,2+\sqrt{2},1)^{\mathrm{T}}$,单位化得

$$\boldsymbol{\beta}_2=\frac{1}{\sqrt{8+4\sqrt{2}}}(-1,2+\sqrt{2},1)^{\mathrm{T}},$$

由 $\boldsymbol{A\beta}_1=(5+2\sqrt{6})\boldsymbol{\beta}_1$ 得 $\boldsymbol{\beta}_1^{\mathrm{T}}\boldsymbol{A\beta}_1=5+2\sqrt{6}=\lambda_3$,由 $\boldsymbol{A\beta}_2=(5-2\sqrt{6})\boldsymbol{\beta}_2$ 得 $\boldsymbol{\beta}_2^{\mathrm{T}}\boldsymbol{A\beta}_2=5-2\sqrt{6}=\lambda_1$,故在实单位球面上,当 $(x,y,z)=\frac{1}{\sqrt{12-4\sqrt{6}}}(-1,2-\sqrt{6},1)$ 时,$f(x,y,z)$ 有最大值 $5+2\sqrt{6}$;当 $(x,y,z)=\frac{1}{\sqrt{8+4\sqrt{2}}}(-1,2+\sqrt{2},1)$ 时,$f(x,y,z)$ 有最小值 $5-2\sqrt{6}$.

【例 22】 设 V 是 n 维欧氏空间,T 是 V 的一个正交变换,记

$$V_1=\{\boldsymbol{\alpha}\in V\mid T\boldsymbol{\alpha}=\boldsymbol{\alpha}\},\quad V_2=\{\boldsymbol{\alpha}-T\boldsymbol{\alpha}\mid\boldsymbol{\alpha}\in V\},$$

显然 V_1,V_2 都是 V 的子空间,试证明:$V=V_1\oplus V_2$.

证 $\forall\boldsymbol{\alpha}\in V_1\cap V_2$,则 $\boldsymbol{\alpha}=T\boldsymbol{\alpha}=\boldsymbol{\beta}-T\boldsymbol{\beta},\boldsymbol{\beta}\in V$,于是

$$(\boldsymbol{\alpha},\boldsymbol{\alpha})=(\boldsymbol{\alpha},\boldsymbol{\beta}-T\boldsymbol{\beta})=(\boldsymbol{\alpha},\boldsymbol{\beta})-(\boldsymbol{\alpha},T\boldsymbol{\beta})=(\boldsymbol{\alpha},\boldsymbol{\beta})-(T\boldsymbol{\alpha},T\boldsymbol{\beta})=(\boldsymbol{\alpha},\boldsymbol{\beta})-(\boldsymbol{\alpha},\boldsymbol{\beta})=0,$$

因此 $\boldsymbol{\alpha}=\mathbf{0}$,故 $V_1\cap V_2=\{\mathbf{0}\}$.

设 I 为 V 的恒等变换,则

$$V_1=\{\boldsymbol{\alpha}\in V\mid T\boldsymbol{\alpha}=\boldsymbol{\alpha}\}=\{\boldsymbol{\alpha}\in V\mid(I-T)\boldsymbol{\alpha}=\mathbf{0}=(I-T)^{-1}(\mathbf{0}),$$
$$V_2=\{(I-T)\boldsymbol{\alpha}\mid\boldsymbol{\alpha}\in V\}=(I-T)V.$$

于是

$$\text{维}(V_1+V_2)=\text{维}(V_1)+\text{维}(V_2)=\text{维}((I-T)^{-1}(\mathbf{0}))+\text{维}((I-T)V)=n,$$

故 $V=V_1\oplus V_2$.

【例 23】 设 $\mathscr{A}$ 是 n 维欧氏空间 V 的一个反对称变换,证明:存在 V 的一组标准正交基,使 $\mathscr{A}^2$ 在此基下的矩阵为对角矩阵.

证 设 $\boldsymbol{\varepsilon}_1,\boldsymbol{\varepsilon}_2,\cdots,\boldsymbol{\varepsilon}_n$ 为 V 的一组标准正交基,且

$$\mathscr{A}(\boldsymbol{\varepsilon}_1,\cdots,\boldsymbol{\varepsilon}_n)=(\boldsymbol{\varepsilon}_1,\cdots,\boldsymbol{\varepsilon}_n)\boldsymbol{A},$$

则

$$\mathscr{A}^2(\boldsymbol{\varepsilon}_1,\cdots,\boldsymbol{\varepsilon}_n)=(\boldsymbol{\varepsilon}_1,\cdots,\boldsymbol{\varepsilon}_n)\boldsymbol{A}^2.$$

由于 $\mathscr{A}$ 是反对称的,故 $\boldsymbol{A}^{\mathrm{T}}=-\boldsymbol{A}$,于是 $\boldsymbol{A}^2=-\boldsymbol{A}\boldsymbol{A}^{\mathrm{T}}$,从而 $\boldsymbol{A}^2$ 是实对称矩阵,故存在正交矩阵 $\boldsymbol{T}$,使

$$T^{T}A^{2}T=T^{-1}A^{2}T=\begin{pmatrix}\lambda_1 & & & \\ & \lambda_2 & & \\ & & \ddots & \\ & & & \lambda_n\end{pmatrix}.$$

令$(\boldsymbol{\beta}_1,\boldsymbol{\beta}_2,\cdots,\boldsymbol{\beta}_n)=(\boldsymbol{\varepsilon}_1,\boldsymbol{\varepsilon}_2,\cdots,\boldsymbol{\varepsilon}_n)\boldsymbol{T}$,则$\boldsymbol{\beta}_1,\boldsymbol{\beta}_2,\cdots,\boldsymbol{\beta}_n$是$V$的一组标准正交基,且

$$\mathscr{A}^{2}(\boldsymbol{\beta}_1,\boldsymbol{\beta}_2,\cdots,\boldsymbol{\beta}_n)=(\boldsymbol{\beta}_1,\boldsymbol{\beta}_2,\cdots,\boldsymbol{\beta}_n)\boldsymbol{T}^{-1}\boldsymbol{A}^{2}\boldsymbol{T}=(\boldsymbol{\beta}_1,\boldsymbol{\beta}_2,\cdots,\boldsymbol{\beta}_n)\begin{pmatrix}\lambda_1 & & & \\ & \lambda_2 & & \\ & & \ddots & \\ & & & \lambda_n\end{pmatrix}.$$

【例 24】 设$\mathbf{R}^4$是具有通常内积的欧氏空间,W是$\mathbf{R}^4$的子空间.

(1)若W是下列方程组

$$\begin{cases}2x_1+x_2+3x_3-x_4=0,\\ 3x_1+2x_2-2x_4=0,\\ 3x_1+x_2+9x_3-x_4=0\end{cases}$$

的解空间,求W及W在$\mathbf{R}^4$中的正交补$W^{\perp}$;

(2)求W和$W^{\perp}$的标准正交基.

解 (1)方程组的一个基础解系为$\boldsymbol{\alpha}_1=(0,1,0,1)^{T}$,$\boldsymbol{\alpha}_2=(-6,9,1,0)^{T}$,故

$$W=L(\boldsymbol{\alpha}_1,\boldsymbol{\alpha}_2),$$

$\forall\boldsymbol{\beta}=(y_1,y_2,y_3,y_4)^{T}\in W^{\perp}$,则由$(\boldsymbol{\alpha}_1,\boldsymbol{\beta})=0$,$(\boldsymbol{\alpha}_2,\boldsymbol{\beta})=0$得

$$\begin{cases}y_2+y_4=0,\\ -6y_1+9y_2+y_3=0,\end{cases}$$

解得基础解系为$\boldsymbol{\beta}_1=(\frac{1}{6},0,1,0)^{T}$,$\boldsymbol{\beta}_2=(-\frac{3}{2},-1,0,1)^{T}$,从而$W^{\perp}=L(\boldsymbol{\beta}_1,\boldsymbol{\beta}_2)$.

(2)把$\boldsymbol{\alpha}_1,\boldsymbol{\alpha}_2$ Schimdt 正交化得

$$\boldsymbol{\alpha}_1^{T}=(0,\frac{\sqrt{2}}{2},0,\frac{\sqrt{2}}{2})^{T},\quad \boldsymbol{\alpha}_2^{T}=\frac{\sqrt{310}}{155}(-6,\frac{9}{2},1,-\frac{9}{2})^{T},$$

所以W的标准正交基为$\boldsymbol{\alpha}_1^{T},\boldsymbol{\alpha}_2^{T}$.

把$\boldsymbol{\beta}_1,\boldsymbol{\beta}_2$ Schimdt 正交化得

$$\boldsymbol{\beta}_1^{T}=\frac{6}{\sqrt{37}}(\frac{1}{6},0,1,0)^{T},\quad \boldsymbol{\beta}_2^{T}=\frac{37}{\sqrt{7067}}(-\frac{48}{37},-1,\frac{45}{37},1)^{T},$$

所以$W^{\perp}$的标准正交基为$\boldsymbol{\beta}_1^{T},\boldsymbol{\beta}_2^{T}$.

三、教材习题解答

第九章习题解答

1. 设 $\boldsymbol{A}$ 是一个 n 阶正定矩阵，而

$$\boldsymbol{\alpha}=(x_1,x_2,\cdots,x_n),\boldsymbol{\beta}=(y_1,y_2,\cdots,y_n).$$

在 $\mathbf{R}^n$ 中定义内积为

$$(\boldsymbol{\alpha},\boldsymbol{\beta})=\boldsymbol{\alpha}\boldsymbol{A}\boldsymbol{\beta}^{\mathrm{T}}.$$

(1) 证明：在这个定义之下，$\mathbf{R}^n$ 成一欧氏空间；

(2) 求单位向量 $\boldsymbol{\varepsilon}_1=(1,0,\cdots,0),\boldsymbol{\varepsilon}_2=(0,1,\cdots,0),\cdots,\boldsymbol{\varepsilon}_n=(0,0,\cdots,1)$ 的度量矩阵；

(3) 具体写出这个空间中的柯西 - 布尼亚科夫斯基不等式.

解 (1) 设 $\boldsymbol{\gamma}\in\mathbf{R}^n,k\in\mathbf{R}$，则有

$$(\boldsymbol{\alpha},\boldsymbol{\beta})=\boldsymbol{\alpha}\boldsymbol{A}\boldsymbol{\beta}^{\mathrm{T}}=(\boldsymbol{\alpha}\boldsymbol{A}\boldsymbol{\beta}^{\mathrm{T}})^{\mathrm{T}}=\boldsymbol{\beta}\boldsymbol{A}^{\mathrm{T}}\boldsymbol{\alpha}^{\mathrm{T}}=\boldsymbol{\beta}\boldsymbol{A}\boldsymbol{\alpha}^{\mathrm{T}}=(\boldsymbol{\beta},\boldsymbol{\alpha});$$

$$(k\boldsymbol{\alpha},\boldsymbol{\beta})=(k\boldsymbol{\alpha})\boldsymbol{A}\boldsymbol{\beta}^{\mathrm{T}}=k(\boldsymbol{\alpha}\boldsymbol{A}\boldsymbol{\beta}^{\mathrm{T}})=k(\boldsymbol{\alpha},\boldsymbol{\beta});$$

$$(\boldsymbol{\alpha}+\boldsymbol{\beta},\boldsymbol{\gamma})=(\boldsymbol{\alpha}+\boldsymbol{\beta})\boldsymbol{A}\boldsymbol{\gamma}^{\mathrm{T}}=\boldsymbol{\alpha}\boldsymbol{A}\boldsymbol{\gamma}^{\mathrm{T}}+\boldsymbol{\beta}\boldsymbol{A}\boldsymbol{\gamma}^{\mathrm{T}}=(\boldsymbol{\alpha},\boldsymbol{\gamma})+(\boldsymbol{\beta},\boldsymbol{\gamma});$$

$$(\boldsymbol{\alpha},\boldsymbol{\alpha})=\boldsymbol{\alpha}\boldsymbol{A}\boldsymbol{\alpha}^{\mathrm{T}};$$

由于 $\boldsymbol{A}$ 是正定矩阵，所以 $\boldsymbol{\alpha}\boldsymbol{A}\boldsymbol{\alpha}^{\mathrm{T}}$ 是正定二次型，从而 $(\boldsymbol{\alpha},\boldsymbol{\alpha})\geqslant 0$，当且仅当 $\boldsymbol{\alpha}=\boldsymbol{0}$ 时，$(\boldsymbol{\alpha},\boldsymbol{\alpha})=0$，从而 $\mathbf{R}^n$ 在这一内积定义下成为欧氏空间.

(2) 设 $\boldsymbol{\varepsilon}_1,\boldsymbol{\varepsilon}_2,\cdots,\boldsymbol{\varepsilon}_n$ 的度量矩阵为 $\boldsymbol{B}=(b_{ij})_{n\times n}$，则

$$b_{ij}=(\boldsymbol{\varepsilon}_i,\boldsymbol{\varepsilon}_j)=\boldsymbol{\varepsilon}_i\boldsymbol{A}\boldsymbol{\varepsilon}_j^{\mathrm{T}}=(0,\cdots,\underset{(i)}{1},\cdots,0)\boldsymbol{A}\begin{pmatrix}0\\ \vdots\\ 1\\ \vdots\\ 0\end{pmatrix}(j)=a_{ij}\ (i,j=1,2,\cdots,n),$$

从而 $\boldsymbol{B}=\boldsymbol{A}$.

(3) $(\boldsymbol{\alpha},\boldsymbol{\beta})=\sum\limits_{i=1}^{n}\sum\limits_{j=1}^{n}a_{ij}x_iy_j$，$|\boldsymbol{\alpha}|=\sqrt{(\boldsymbol{\alpha},\boldsymbol{\alpha})}=\sqrt{\sum\limits_{i=1}^{n}\sum\limits_{j=1}^{n}a_{ij}x_ix_j}$，$|\boldsymbol{\beta}|=\sqrt{\sum\limits_{i=1}^{n}\sum\limits_{j=1}^{n}a_{ij}y_iy_j}$，故柯西 - 布尼亚科夫斯基不等式为

$$\left|\sum_{i=1}^{n}\sum_{j=1}^{n}a_{ij}x_iy_j\right|\leqslant\sqrt{\sum_{i=1}^{n}\sum_{j=1}^{n}a_{ij}x_ix_j}\cdot\sqrt{\sum_{i=1}^{n}\sum_{j=1}^{n}a_{ij}y_iy_j}.$$

2. 在 $\mathbf{R}^4$ 中，求 $\boldsymbol{\alpha},\boldsymbol{\beta}$ 之间的夹角 $\langle\boldsymbol{\alpha},\boldsymbol{\beta}\rangle$（内积按通常定义）. 设

(1) $\boldsymbol{\alpha}=(2,1,3,2),\boldsymbol{\beta}=(1,2,-2,1)$；

(2) $\boldsymbol{\alpha}=(1,2,2,3),\boldsymbol{\beta}=(3,1,5,1)$；

(3) $\boldsymbol{\alpha}=(1,1,1,2),\boldsymbol{\beta}=(3,1,-1,0)$.

【思路探索】 利用公式 $\langle\boldsymbol{\alpha},\boldsymbol{\beta}\rangle=\arccos\dfrac{(\boldsymbol{\alpha},\boldsymbol{\beta})}{|\boldsymbol{\alpha}||\boldsymbol{\beta}|}$ 解题.

解 (1) $\cos\langle\boldsymbol{\alpha},\boldsymbol{\beta}\rangle=\dfrac{(\boldsymbol{\alpha},\boldsymbol{\beta})}{|\boldsymbol{\alpha}||\boldsymbol{\beta}|}=\dfrac{2\times1+1\times2+3\times(-2)+2\times1}{\sqrt{2^2+1^2+3^2+2^2}\sqrt{1^2+2^2+(-2)^2+1^2}}=0$，所以 $\langle\boldsymbol{\alpha},\boldsymbol{\beta}\rangle=\dfrac{\pi}{2}$.

(2) $\cos\langle\boldsymbol{\alpha},\boldsymbol{\beta}\rangle=\dfrac{(\boldsymbol{\alpha},\boldsymbol{\beta})}{|\boldsymbol{\alpha}||\boldsymbol{\beta}|}=\dfrac{18}{3\sqrt{2}\times6}=\dfrac{\sqrt{2}}{2}$，所以 $\langle\boldsymbol{\alpha},\boldsymbol{\beta}\rangle=\dfrac{\pi}{4}$，

(3) $\cos\langle\boldsymbol{\alpha},\boldsymbol{\beta}\rangle=\dfrac{(\boldsymbol{\alpha},\boldsymbol{\beta})}{|\boldsymbol{\alpha}||\boldsymbol{\beta}|}=\dfrac{3}{\sqrt{7}\times\sqrt{11}}=\dfrac{3}{\sqrt{77}}$，所以 $\langle\boldsymbol{\alpha},\boldsymbol{\beta}\rangle=\arccos\dfrac{3}{\sqrt{77}}$.

3. $d(\boldsymbol{\alpha},\boldsymbol{\beta})=|\boldsymbol{\alpha}-\boldsymbol{\beta}|$ 通常称为 $\boldsymbol{\alpha}$ 与 $\boldsymbol{\beta}$ 的距离，证明：$d(\boldsymbol{\alpha},\boldsymbol{\gamma})\leqslant d(\boldsymbol{\alpha},\boldsymbol{\beta})+d(\boldsymbol{\beta},\boldsymbol{\gamma})$.

【思路探索】 $d(\boldsymbol{\alpha},\boldsymbol{\gamma})=|\boldsymbol{\alpha}-\boldsymbol{\gamma}|=|(\boldsymbol{\alpha}-\boldsymbol{\beta})+(\boldsymbol{\beta}-\boldsymbol{\gamma})|$.

证 $d(\boldsymbol{\alpha},\boldsymbol{\gamma})=|\boldsymbol{\alpha}-\boldsymbol{\gamma}|=|(\boldsymbol{\alpha}-\boldsymbol{\beta})+(\boldsymbol{\beta}-\boldsymbol{\gamma})|\leqslant|\boldsymbol{\alpha}-\boldsymbol{\beta}|+|\boldsymbol{\beta}-\boldsymbol{\gamma}|=d(\boldsymbol{\alpha},\boldsymbol{\beta})+d(\boldsymbol{\beta},\boldsymbol{\gamma})$.

4. 在 $\mathbf{R}^4$ 中求一单位向量与 $(1,1,-1,1)$，$(1,-1,-1,1)$，$(2,1,1,3)$ 正交.

【思路探索】 由向量正交定义列方程组求解.

解 设所求向量为 $\boldsymbol{\alpha}=(x_1,x_2,x_3,x_4)$. 由 $\boldsymbol{\alpha}$ 与已知的三向量正交，得

$$\begin{cases}x_1+x_2-x_3+x_4=0, & ①\\ x_1-x_2-x_3+x_4=0, & ②\\ 2x_1+x_2+x_3+3x_4=0, & ③\\ x_1^2+x_2^2+x_3^2+x_4^2=1. & ④\end{cases}$$

由 ①②③，得 $x_1=4t,x_2=0,x_3=t,x_4=-3t$，代入 ④，解得 $t=\pm\dfrac{\sqrt{26}}{26}$，所以

$$\boldsymbol{\alpha}=\pm\frac{1}{\sqrt{26}}(4,0,1,-3).$$

5. 设 $\boldsymbol{\alpha}_1,\boldsymbol{\alpha}_2,\cdots,\boldsymbol{\alpha}_n$ 是欧氏空间 V 的一组基，证明：

(1) 如果 $\boldsymbol{\gamma}\in V$ 使 $(\boldsymbol{\gamma},\boldsymbol{\alpha}_i)=0(i=1,2,\cdots,n)$，那么 $\boldsymbol{\gamma}=\mathbf{0}$；

(2) 如果 $\boldsymbol{\gamma}_1,\boldsymbol{\gamma}_2\in V$，对任一 $\boldsymbol{\alpha}\in V$，有 $(\boldsymbol{\gamma}_1,\boldsymbol{\alpha})=(\boldsymbol{\gamma}_2,\boldsymbol{\alpha})$，那么 $\boldsymbol{\gamma}_1=\boldsymbol{\gamma}_2$.

证 (1) 设 $\boldsymbol{\gamma}=k_1\boldsymbol{\alpha}_1+k_2\boldsymbol{\alpha}_2+\cdots+k_n\boldsymbol{\alpha}_n$. 因 $(\boldsymbol{\gamma},\boldsymbol{\alpha}_i)=0$，故 $(\boldsymbol{\gamma},\boldsymbol{\gamma})=\left(\boldsymbol{\gamma},\sum\limits_{i=1}^{n}k_i\boldsymbol{\alpha}_i\right)=\sum\limits_{i=1}^{n}k_i(\boldsymbol{\gamma},\boldsymbol{\alpha}_i)=0$，即 $\boldsymbol{\gamma}=\mathbf{0}$.

(2) 设 $\forall\boldsymbol{\alpha}\in V$，$(\boldsymbol{\gamma}_1,\boldsymbol{\alpha})-(\boldsymbol{\gamma}_2,\boldsymbol{\alpha})=0$，则 $(\boldsymbol{\gamma}_1-\boldsymbol{\gamma}_2,\boldsymbol{\alpha})=0$，由 (1) 知，$\boldsymbol{\gamma}_1-\boldsymbol{\gamma}_2=\mathbf{0}$，即 $\boldsymbol{\gamma}_1=\boldsymbol{\gamma}_2$.

6. 设 $\boldsymbol{\varepsilon}_1,\boldsymbol{\varepsilon}_2,\boldsymbol{\varepsilon}_3$ 是三维欧氏空间中一组标准正交基，证明：

$$\boldsymbol{\alpha}_1=\frac{1}{3}(2\boldsymbol{\varepsilon}_1+2\boldsymbol{\varepsilon}_2-\boldsymbol{\varepsilon}_3),\quad \boldsymbol{\alpha}_2=\frac{1}{3}(2\boldsymbol{\varepsilon}_1-\boldsymbol{\varepsilon}_2+2\boldsymbol{\varepsilon}_3),\quad \boldsymbol{\alpha}_3=\frac{1}{3}(\boldsymbol{\varepsilon}_1-2\boldsymbol{\varepsilon}_2-2\boldsymbol{\varepsilon}_3)$$

也是一组标准正交基.

证 $(\boldsymbol{\alpha}_1,\boldsymbol{\alpha}_2,\boldsymbol{\alpha}_3)=(\boldsymbol{\varepsilon}_1,\boldsymbol{\varepsilon}_2,\boldsymbol{\varepsilon}_3)\cdot\dfrac{1}{3}\begin{pmatrix}2&2&1\\2&-1&-2\\-1&2&-2\end{pmatrix}=(\boldsymbol{\varepsilon}_1,\boldsymbol{\varepsilon}_2,\boldsymbol{\varepsilon}_3)\boldsymbol{A}$，其中

$$\boldsymbol{A}=\frac{1}{3}\begin{pmatrix}2&2&1\\2&-1&-2\\-1&2&-2\end{pmatrix}.$$

因为 $\boldsymbol{A}\boldsymbol{A}^{\mathrm{T}}=\boldsymbol{E}$，即 $\boldsymbol{A}$ 是正交矩阵，故 $\boldsymbol{\alpha}_1,\boldsymbol{\alpha}_2,\boldsymbol{\alpha}_3$ 也是标准正交基.

7. 设 $\boldsymbol{\varepsilon}_1,\boldsymbol{\varepsilon}_2,\boldsymbol{\varepsilon}_3,\boldsymbol{\varepsilon}_4,\boldsymbol{\varepsilon}_5$ 是 5 维欧氏空间 V 的一组标准正交基，$V_1=L(\boldsymbol{\alpha}_1,\boldsymbol{\alpha}_2,\boldsymbol{\alpha}_3)$，其中 $\boldsymbol{\alpha}_1=\boldsymbol{\varepsilon}_1+\boldsymbol{\varepsilon}_5$，$\boldsymbol{\alpha}_2=\boldsymbol{\varepsilon}_1-\boldsymbol{\varepsilon}_2+\boldsymbol{\varepsilon}_4$，$\boldsymbol{\alpha}_3=2\boldsymbol{\varepsilon}_1+\boldsymbol{\varepsilon}_2+\boldsymbol{\varepsilon}_3$，求 V_1 的一组标准正交基.

【思路探索】 利用施密特正交化方法求解.

解
$$(\boldsymbol{\alpha}_1,\boldsymbol{\alpha}_2,\boldsymbol{\alpha}_3)=(\boldsymbol{\varepsilon}_1,\boldsymbol{\varepsilon}_2,\boldsymbol{\varepsilon}_3,\boldsymbol{\varepsilon}_4,\boldsymbol{\varepsilon}_5)\begin{pmatrix}1&1&2\\0&-1&1\\0&0&1\\0&1&0\\1&0&0\end{pmatrix}.$$

矩阵 $\boldsymbol{A}=\begin{pmatrix}1&1&2\\0&-1&1\\0&0&1\\0&1&0\\1&0&0\end{pmatrix}$ 的秩为 3，故 $\boldsymbol{\alpha}_1,\boldsymbol{\alpha}_2,\boldsymbol{\alpha}_3$ 为 V_1 的一组基.

将 $\boldsymbol{\alpha}_1,\boldsymbol{\alpha}_2,\boldsymbol{\alpha}_3$ 正交化，得

$$\boldsymbol{\beta}_1=\boldsymbol{\alpha}_1=\boldsymbol{\varepsilon}_1+\boldsymbol{\varepsilon}_5,$$

$$\boldsymbol{\beta}_2=\boldsymbol{\alpha}_2-\frac{(\boldsymbol{\alpha}_2,\boldsymbol{\beta}_1)}{(\boldsymbol{\beta}_1,\boldsymbol{\beta}_1)}\boldsymbol{\beta}_1=\boldsymbol{\varepsilon}_1-\boldsymbol{\varepsilon}_2+\boldsymbol{\varepsilon}_4-\frac{1}{2}(\boldsymbol{\varepsilon}_1+\boldsymbol{\varepsilon}_5)=\frac{1}{2}\boldsymbol{\varepsilon}_1-\boldsymbol{\varepsilon}_2+\boldsymbol{\varepsilon}_4-\frac{1}{2}\boldsymbol{\varepsilon}_5,$$

$$\boldsymbol{\beta}_3=\boldsymbol{\alpha}_3-\frac{(\boldsymbol{\alpha}_3,\boldsymbol{\beta}_1)}{(\boldsymbol{\beta}_1,\boldsymbol{\beta}_1)}\boldsymbol{\beta}_1-\frac{(\boldsymbol{\alpha}_3,\boldsymbol{\beta}_2)}{(\boldsymbol{\beta}_2,\boldsymbol{\beta}_2)}\boldsymbol{\beta}_2=2\boldsymbol{\varepsilon}_1+\boldsymbol{\varepsilon}_2+\boldsymbol{\varepsilon}_3-\frac{2}{2}\boldsymbol{\beta}_1-\frac{0}{\frac{5}{2}}\boldsymbol{\beta}_2$$

$$=2\boldsymbol{\varepsilon}_1+\boldsymbol{\varepsilon}_2+\boldsymbol{\varepsilon}_3-\boldsymbol{\varepsilon}_1-\boldsymbol{\varepsilon}_5=\boldsymbol{\varepsilon}_1+\boldsymbol{\varepsilon}_2+\boldsymbol{\varepsilon}_3-\boldsymbol{\varepsilon}_5.$$

单位化，得

$$\boldsymbol{\eta}_1=\frac{1}{|\boldsymbol{\beta}_1|}\boldsymbol{\beta}_1=\frac{1}{\sqrt{2}}(\boldsymbol{\varepsilon}_1+\boldsymbol{\varepsilon}_5),$$

$$\boldsymbol{\eta}_2=\frac{1}{|\boldsymbol{\beta}_2|}\boldsymbol{\beta}_2=\frac{1}{\sqrt{\frac{5}{2}}}\left(\frac{1}{2}\boldsymbol{\varepsilon}_1-\boldsymbol{\varepsilon}_2+\boldsymbol{\varepsilon}_4-\frac{1}{2}\boldsymbol{\varepsilon}_5\right)=\frac{1}{\sqrt{10}}(\boldsymbol{\varepsilon}_1-2\boldsymbol{\varepsilon}_2+2\boldsymbol{\varepsilon}_4-\boldsymbol{\varepsilon}_5),$$

$$\boldsymbol{\eta}_3=\frac{1}{|\boldsymbol{\beta}_3|}\boldsymbol{\beta}_3=\frac{1}{2}(\boldsymbol{\varepsilon}_1+\boldsymbol{\varepsilon}_2+\boldsymbol{\varepsilon}_3-\boldsymbol{\varepsilon}_5),$$

则 $\boldsymbol{\eta}_1,\boldsymbol{\eta}_2,\boldsymbol{\eta}_3$ 即为 V_1 一组标准正交基.

8. 求齐次线性方程组

$$\begin{cases}2x_1+x_2-x_3+x_4-3x_5=0,\\x_1+x_2-x_3+x_5=0\end{cases}$$

的解空间（作为 $\mathbf{R}^5$ 的子空间）的一组标准正交基.

【思路探索】 先求解空间，再用施密特正交化求标准正交基.

解 $\begin{cases}2x_1+x_2-x_3+x_4-3x_5=0,\\x_1+x_2-x_3+x_5=0\end{cases}$ 的同解方程组为 $\begin{cases}x_1=-x_4+4x_5,\\x_2=x_3+x_4-5x_5,\end{cases}$ 于是基础解系为

$$\boldsymbol{\alpha}_1=(0,1,1,0,0),\boldsymbol{\alpha}_2=(-1,1,0,1,0),\boldsymbol{\alpha}_3=(4,-5,0,0,1).$$

将 $\boldsymbol{\alpha}_1,\boldsymbol{\alpha}_2,\boldsymbol{\alpha}_3$ 正交化，得

$$\boldsymbol{\beta}_1=\boldsymbol{\alpha}_1=(0,1,1,0,0),$$

$$\boldsymbol{\beta}_2=\boldsymbol{\alpha}_2-\frac{(\boldsymbol{\alpha}_2,\boldsymbol{\beta}_1)}{(\boldsymbol{\beta}_1,\boldsymbol{\beta}_1)}\boldsymbol{\beta}_1=\left(-1,\frac{1}{2},-\frac{1}{2},1,0\right),$$

$$\boldsymbol{\beta}_3=\boldsymbol{\alpha}_3-\frac{(\boldsymbol{\alpha}_3,\boldsymbol{\beta}_1)}{(\boldsymbol{\beta}_1,\boldsymbol{\beta}_1)}\boldsymbol{\beta}_1-\frac{(\boldsymbol{\alpha}_3,\boldsymbol{\beta}_2)}{(\boldsymbol{\beta}_2,\boldsymbol{\beta}_2)}\boldsymbol{\beta}_2=\left(\frac{7}{5},-\frac{6}{5},\frac{6}{5},\frac{13}{5},1\right).$$

再单位化，得

$$\boldsymbol{\eta}_1=\frac{1}{\sqrt{2}}(0,1,1,0,0),\boldsymbol{\eta}_2=\frac{1}{\sqrt{10}}(-2,1,-1,2,0),\boldsymbol{\eta}_3=\frac{1}{3\sqrt{35}}(7,-6,6,13,5).$$

则 $\boldsymbol{\eta}_1,\boldsymbol{\eta}_2,\boldsymbol{\eta}_3$ 就是解空间的一组标准正交基.

9. 在 $\mathbf{R}[x]_4$ 中定义内积为 $(f,g)=\int_{-1}^{1}f(x)g(x)\mathrm{d}x$. 求 $\mathbf{R}[x]_4$ 的一组标准正交基（由基 $1,x,x^2,x^3$ 出发作正交化）.

【思路探索】 $1,x,x^2,x^3$ 是 $\mathbf{R}[x]_4$ 的一组基，将其施密特正交化即可.

解 取 $\boldsymbol{\alpha}_1=1,\boldsymbol{\alpha}_2=x,\boldsymbol{\alpha}_3=x^2,\boldsymbol{\alpha}_4=x^3$. 将 $\boldsymbol{\alpha}_1,\boldsymbol{\alpha}_2,\boldsymbol{\alpha}_3,\boldsymbol{\alpha}_4$ 正交化，得

$$\boldsymbol{\beta}_1=\boldsymbol{\alpha}_1=1,$$

$$\boldsymbol{\beta}_2=\boldsymbol{\alpha}_2-\frac{(\boldsymbol{\alpha}_2,\boldsymbol{\beta}_1)}{(\boldsymbol{\beta}_1,\boldsymbol{\beta}_1)}\boldsymbol{\beta}_1=x,$$

$$\boldsymbol{\beta}_3=\boldsymbol{\alpha}_3-\frac{(\boldsymbol{\alpha}_3,\boldsymbol{\beta}_1)}{(\boldsymbol{\beta}_1,\boldsymbol{\beta}_1)}\boldsymbol{\beta}_1-\frac{(\boldsymbol{\alpha}_3,\boldsymbol{\beta}_2)}{(\boldsymbol{\beta}_2,\boldsymbol{\beta}_2)}\boldsymbol{\beta}_2=x^2-\frac{1}{3},$$

$$\boldsymbol{\beta}_4=\boldsymbol{\alpha}_4-\frac{(\boldsymbol{\alpha}_4,\boldsymbol{\beta}_1)}{(\boldsymbol{\beta}_1,\boldsymbol{\beta}_1)}\boldsymbol{\beta}_1-\frac{(\boldsymbol{\alpha}_4,\boldsymbol{\beta}_2)}{(\boldsymbol{\beta}_2,\boldsymbol{\beta}_2)}\boldsymbol{\beta}_2-\frac{(\boldsymbol{\alpha}_4,\boldsymbol{\beta}_3)}{(\boldsymbol{\beta}_3,\boldsymbol{\beta}_3)}\boldsymbol{\beta}_3=x^3-\frac{3}{5}x.$$

再单位化，得

$$\boldsymbol{\eta}_1=\frac{\boldsymbol{\beta}_1}{|\boldsymbol{\beta}_1|}=\frac{\sqrt{2}}{2},$$

$$\boldsymbol{\eta}_2=\frac{1}{|\boldsymbol{\beta}_2|}\boldsymbol{\beta}_2=\frac{\sqrt{6}}{2}x,$$

$$\boldsymbol{\eta}_3=\frac{1}{|\boldsymbol{\beta}_3|}\boldsymbol{\beta}_3=\frac{\sqrt{10}}{4}(3x^2-1),$$

$$\boldsymbol{\eta}_4=\frac{1}{|\boldsymbol{\beta}_4|}\boldsymbol{\beta}_4=\frac{\sqrt{14}}{4}(5x^3-3x),$$

则 $\boldsymbol{\eta}_1,\boldsymbol{\eta}_2,\boldsymbol{\eta}_3,\boldsymbol{\eta}_4$ 为一组标准正交基.

10. 设 V 是一 n 维欧氏空间，$\boldsymbol{\alpha}\neq\mathbf{0}$ 是 V 中一固定向量.

(1) 证明：$V_1=\{\boldsymbol{x}\mid(\boldsymbol{x},\boldsymbol{\alpha})=0,\boldsymbol{x}\in V\}$ 是 V 的一子空间；

(2) 证明：V_1 的维数等于 $n-1$.

【思路探索】 维$(V_1)=n-1$ 当且仅当 V_1 中向量均可由 $n-1$ 个线性无关的向量线性表出.

解 (1)$\mathbf{0}\in V_1$，即 V_1 非空. $\forall\,\boldsymbol{x}_1,\boldsymbol{x}_2\in V_1$，$\forall\,k\in\mathbf{R}$，有

$$(\boldsymbol{x}_1+\boldsymbol{x}_2,\boldsymbol{\alpha})=(\boldsymbol{x}_1,\boldsymbol{\alpha})+(\boldsymbol{x}_2,\boldsymbol{\alpha})=0,$$
$$(k\boldsymbol{x}_1,\boldsymbol{\alpha})=k(\boldsymbol{x}_1,\boldsymbol{\alpha})=0,$$

即 $\boldsymbol{x}_1+\boldsymbol{x}_2\in V_1$，$k\boldsymbol{x}_1\in V_1$，故 V_1 是 V 的子空间.

(2) 将 $\boldsymbol{\alpha}$ 扩充为 V 的一组正交基 $\boldsymbol{\alpha},\boldsymbol{\eta}_2,\cdots,\boldsymbol{\eta}_n$，因为$(\boldsymbol{\eta}_i,\boldsymbol{\alpha})=0,i=2,3,\cdots,n$，故 $\boldsymbol{\eta}_i\in V_1(i=2,3,\cdots,n)$. $\forall\,\boldsymbol{\beta}\in V_1$，设 $\boldsymbol{\beta}=k_1\boldsymbol{\alpha}+k_2\boldsymbol{\eta}_2+\cdots+k_n\boldsymbol{\eta}_n$，则

$$0=(\boldsymbol{\beta},\boldsymbol{\alpha})=k_1(\boldsymbol{\alpha},\boldsymbol{\alpha})+k_2(\boldsymbol{\eta}_2,\boldsymbol{\alpha})+\cdots+k_n(\boldsymbol{\eta}_n,\boldsymbol{\alpha})=k_1(\boldsymbol{\alpha},\boldsymbol{\alpha}).$$

由于$(\boldsymbol{\alpha},\boldsymbol{\alpha})\neq0$，故 $k_1=0$，即 $\boldsymbol{\beta}=k_2\boldsymbol{\eta}_2+\cdots+k_n\boldsymbol{\eta}_n$，从而 $\boldsymbol{\eta}_2,\cdots,\boldsymbol{\eta}_n$ 是 V_1 的一组基，维数为 $n-1$.

11. (1) 证明：欧氏空间中不同基的度量矩阵是合同的；

(2) 利用上述结果证明：任一欧氏空间都存在标准正交基.

【思路探索】 正定矩阵与单位矩阵合同.

证 (1) **方法一** 设 $\boldsymbol{\alpha}_1,\boldsymbol{\alpha}_2,\cdots,\boldsymbol{\alpha}_n$ 与 $\boldsymbol{\beta}_1,\boldsymbol{\beta}_2,\cdots,\boldsymbol{\beta}_n$ 是 V 的两组不同基，其度量矩阵分别为 $\boldsymbol{A}=(a_{ij})_{n\times n}$，$\boldsymbol{B}=(b_{ij})_{n\times n}$. 另外，设由基 $\boldsymbol{\alpha}_1,\boldsymbol{\alpha}_2,\cdots,\boldsymbol{\alpha}_n$ 到 $\boldsymbol{\beta}_1,\boldsymbol{\beta}_2,\cdots,\boldsymbol{\beta}_n$ 的过渡矩阵为 $\boldsymbol{C}=(c_{ij})_{n\times n}$，则 $\boldsymbol{B}$ 的(i,j) 元素

$$\begin{aligned}b_{ij}&=(\boldsymbol{\beta}_i,\boldsymbol{\beta}_j)=(c_{1i}\boldsymbol{\alpha}_1+\cdots+c_{ni}\boldsymbol{\alpha}_n,c_{1j}\boldsymbol{\alpha}_1+\cdots+c_{nj}\boldsymbol{\alpha}_n)\\&=\sum_{k=1}^{n}c_{ki}(\boldsymbol{\alpha}_k,c_{1j}\boldsymbol{\alpha}_1+\cdots+c_{nj}\boldsymbol{\alpha}_n)\\&=\sum_{k=1}^{n}\sum_{s=1}^{n}c_{ki}c_{sj}(\boldsymbol{\alpha}_k,\boldsymbol{\alpha}_s)=\sum_{k=1}^{n}\sum_{s=1}^{n}c_{ki}c_{sj}a_{ks}.\end{aligned}$$

另一方面，令 $\boldsymbol{D}=\boldsymbol{C}^{\mathrm{T}}\boldsymbol{A}=(d_{ij})_{n\times n}$，$\boldsymbol{C}^{\mathrm{T}}\boldsymbol{A}\boldsymbol{C}=\boldsymbol{D}\boldsymbol{C}=(e_{ij})_{n\times n}$，那么 $\boldsymbol{D}$ 的元素

$$d_{is}=\sum_{k=1}^{n}c_{ki}a_{ks}\ (i,s=1,2,\cdots,n).$$

$\boldsymbol{C}^{\mathrm{T}}\boldsymbol{A}\boldsymbol{C}$ 的(i,j) 元素

$$e_{ij}=\sum_{s=1}^{n}d_{is}c_{sj}=\sum_{s=1}^{n}\Big(\sum_{k=1}^{n}c_{ki}a_{ks}c_{sj}\Big)(i,j=1,2,\cdots,n),$$

故 $\boldsymbol{C}^{\mathrm{T}}\boldsymbol{A}\boldsymbol{C}=\boldsymbol{B}$. 再由 $\boldsymbol{\alpha}_1,\boldsymbol{\alpha}_2,\cdots,\boldsymbol{\alpha}_n$ 与 $\boldsymbol{\beta}_1,\boldsymbol{\beta}_2,\cdots,\boldsymbol{\beta}_n$ 是基，所以 $\boldsymbol{C}$ 非退化，从而上式表明 $\boldsymbol{B}$ 与 $\boldsymbol{A}$ 合同.

方法二 设 $\boldsymbol{\alpha}_1,\boldsymbol{\alpha}_2,\cdots\boldsymbol{\alpha}_n$ 与 $\boldsymbol{\beta}_1,\boldsymbol{\beta}_2,\cdots\boldsymbol{\beta}_n$ 是 V 的两组不同基，其度量矩阵分别为 $\boldsymbol{A}$ 和 $\boldsymbol{B}$.

另外，设由基 $\boldsymbol{\alpha}_1,\boldsymbol{\alpha}_2,\cdots\boldsymbol{\alpha}_n$ 到 $\boldsymbol{\beta}_1,\boldsymbol{\beta}_2,\cdots,\boldsymbol{\beta}_n$ 的过渡矩阵为 $\boldsymbol{C}$. 对 $\forall\,\boldsymbol{\alpha},\boldsymbol{\beta}\in V$，有

$$\boldsymbol{\alpha}=(\boldsymbol{\alpha}_1,\boldsymbol{\alpha}_2,\cdots,\boldsymbol{\alpha}_n)\boldsymbol{X}_1=(\boldsymbol{\beta}_1,\boldsymbol{\beta}_2,\cdots,\boldsymbol{\beta}_n)\boldsymbol{X}_2,$$
$$\boldsymbol{\beta}=(\boldsymbol{\alpha}_1,\boldsymbol{\alpha}_2,\cdots,\boldsymbol{\alpha}_n)\boldsymbol{Y}_1=(\boldsymbol{\beta}_1,\boldsymbol{\beta}_2,\cdots,\boldsymbol{\beta}_n)\boldsymbol{Y}_2,$$

则 $\boldsymbol{X}_1=\boldsymbol{C}\boldsymbol{X}_2,\boldsymbol{Y}_1=\boldsymbol{C}\boldsymbol{Y}_2$.

又$(\boldsymbol{\alpha},\boldsymbol{\beta})=\boldsymbol{X}_1^{\mathrm{T}}\boldsymbol{A}\boldsymbol{Y}_1=\boldsymbol{X}_2^{\mathrm{T}}(\boldsymbol{C}^{\mathrm{T}}\boldsymbol{A}\boldsymbol{C})\boldsymbol{Y}_2$，$(\boldsymbol{\alpha},\boldsymbol{\beta})=\boldsymbol{X}_2^{\mathrm{T}}\boldsymbol{B}\boldsymbol{Y}_2$，故

$$\boldsymbol{X}_2^{\mathrm{T}}(\boldsymbol{C}^{\mathrm{T}}\boldsymbol{A}\boldsymbol{C})\boldsymbol{Y}_2=\boldsymbol{X}_2^{\mathrm{T}}\boldsymbol{B}\boldsymbol{Y}_2.$$

由$\boldsymbol{\alpha},\boldsymbol{\beta}$的任意性知，$\boldsymbol{B}=\boldsymbol{C}^{\mathrm{T}}\boldsymbol{A}\boldsymbol{C}$，即$\boldsymbol{A}$与$\boldsymbol{B}$合同.

(2) 在欧氏空间V中，任取一组基$\boldsymbol{\alpha}_1,\boldsymbol{\alpha}_2,\cdots,\boldsymbol{\alpha}_n$，它的度量矩阵为$\boldsymbol{A}=(a_{ij})_{n\times n}$，其中$a_{ij}=(\boldsymbol{\alpha}_i,\boldsymbol{\alpha}_j)$. 因为$\boldsymbol{A}$正定，所以存在可逆矩阵$\boldsymbol{C}$，使得$\boldsymbol{E}=\boldsymbol{C}^{\mathrm{T}}\boldsymbol{A}\boldsymbol{C}$.

令$(\boldsymbol{\beta}_1,\boldsymbol{\beta}_2,\cdots,\boldsymbol{\beta}_n)=(\boldsymbol{\alpha}_1,\boldsymbol{\alpha}_2,\cdots,\boldsymbol{\alpha}_n)\boldsymbol{C}$，则由(1)知，$\boldsymbol{\beta}_1,\boldsymbol{\beta}_2,\cdots,\boldsymbol{\beta}_n$的度量矩阵为$\boldsymbol{E}$，故$\boldsymbol{\beta}_1,\boldsymbol{\beta}_2,\cdots,\boldsymbol{\beta}_n$即为所求的标准正交基.

12. 设$\boldsymbol{\alpha}_1,\boldsymbol{\alpha}_2,\cdots,\boldsymbol{\alpha}_m$是$n$维欧氏空间$V$中一组向量，而

$$\boldsymbol{\Delta}=\begin{pmatrix}(\boldsymbol{\alpha}_1,\boldsymbol{\alpha}_1) & (\boldsymbol{\alpha}_1,\boldsymbol{\alpha}_2) & \cdots & (\boldsymbol{\alpha}_1,\boldsymbol{\alpha}_m)\\ (\boldsymbol{\alpha}_2,\boldsymbol{\alpha}_1) & (\boldsymbol{\alpha}_2,\boldsymbol{\alpha}_2) & \cdots & (\boldsymbol{\alpha}_2,\boldsymbol{\alpha}_m)\\ \vdots & \vdots & & \vdots\\ (\boldsymbol{\alpha}_m,\boldsymbol{\alpha}_1) & (\boldsymbol{\alpha}_m,\boldsymbol{\alpha}_2) & \cdots & (\boldsymbol{\alpha}_m,\boldsymbol{\alpha}_m)\end{pmatrix}.$$

证明：当且仅当$|\boldsymbol{\Delta}|\neq 0$时，$\boldsymbol{\alpha}_1,\boldsymbol{\alpha}_2,\cdots,\boldsymbol{\alpha}_m$线性无关.

证　设$\boldsymbol{\alpha}_1,\boldsymbol{\alpha}_2,\cdots,\boldsymbol{\alpha}_m$线性无关，将其扩充为$V$的一组基

$$\boldsymbol{\alpha}_1,\boldsymbol{\alpha}_2,\cdots,\boldsymbol{\alpha}_m,\boldsymbol{\alpha}_{m+1},\cdots,\boldsymbol{\alpha}_n.$$

由于此基的度量矩阵是正定的，从而其m阶顺序主子式$|\boldsymbol{\Delta}|>0$，即有$|\boldsymbol{\Delta}|\neq 0$.

反之，设$|\boldsymbol{\Delta}|\neq 0$，假若$\boldsymbol{\alpha}_1,\boldsymbol{\alpha}_2,\cdots,\boldsymbol{\alpha}_m$线性相关，则其中必有一向量可由其余向量线性表出，不妨设$\boldsymbol{\alpha}_1$可由$\boldsymbol{\alpha}_2,\boldsymbol{\alpha}_3,\cdots,\boldsymbol{\alpha}_m$线性表出，且令$\boldsymbol{\alpha}_1=k_2\boldsymbol{\alpha}_2+\cdots+k_m\boldsymbol{\alpha}_m$，则

$$\begin{aligned}(\boldsymbol{\alpha}_i,\boldsymbol{\alpha}_1)&=(\boldsymbol{\alpha}_i,k_2\boldsymbol{\alpha}_2+\cdots+k_m\boldsymbol{\alpha}_m)\\&=k_2(\boldsymbol{\alpha}_i,\boldsymbol{\alpha}_2)+\cdots+k_m(\boldsymbol{\alpha}_i,\boldsymbol{\alpha}_m)(i=1,2,\cdots,m),\end{aligned}$$

即$|\boldsymbol{\Delta}|$的第一列可由其余$m-1$列线性表出，于是$|\boldsymbol{\Delta}|=0$，与假设$|\boldsymbol{\Delta}|\neq 0$矛盾. 故$\boldsymbol{\alpha}_1,\boldsymbol{\alpha}_2,\cdots,\boldsymbol{\alpha}_m$线性无关.

13. 证明：上三角形的正交矩阵必为对角矩阵，且对角线上的元素为1或-1.

【思路探索】　上三角形矩阵的逆也是上三角形矩阵.

解　设$\boldsymbol{A}=\begin{pmatrix}a_{11} & \cdots & a_{1n}\\ & \ddots & \vdots\\ & & a_{nn}\end{pmatrix}$为上三角形矩阵，则$\boldsymbol{A}^{-1}=\begin{pmatrix}b_{11} & \cdots & *\\ & \ddots & \vdots\\ & & b_{nn}\end{pmatrix}$也是上三角形矩阵. 由于$\boldsymbol{A}$是正交矩阵，有$\boldsymbol{A}^{-1}=\boldsymbol{A}^{\mathrm{T}}$，即

$$\boldsymbol{A}^{\mathrm{T}}=\begin{pmatrix}a_{11} & & \\ \vdots & \ddots & \\ a_{1n} & \cdots & a_{nn}\end{pmatrix}=\begin{pmatrix}b_{11} & \cdots & *\\ & \ddots & \vdots\\ & & b_{nn}\end{pmatrix},$$

所以$a_{ij}=0(i\neq j)$，这样$\boldsymbol{A}=\begin{pmatrix}a_{11} & & \\ & \ddots & \\ & & a_{nn}\end{pmatrix}$为对角矩阵.

再由$\boldsymbol{A}^{\mathrm{T}}\boldsymbol{A}=\boldsymbol{E}$，所以$a_{ii}^2=1$，此即$a_{ii}=1$或$-1(i=1,2,\cdots,n)$.

14. (1) 设$\boldsymbol{A}$为一个n阶实矩阵，且$|\boldsymbol{A}|\neq 0$. 证明$\boldsymbol{A}$可以分解成$\boldsymbol{A}=\boldsymbol{Q}\boldsymbol{T}$，其中$\boldsymbol{Q}$是正交矩阵，$\boldsymbol{T}$是上三角形矩阵，即

$$\boldsymbol{T}=\begin{pmatrix}t_{11} & t_{12} & \cdots & t_{1n}\\ 0 & t_{22} & \cdots & t_{2n}\\ \vdots & \vdots & & \vdots\\ 0 & 0 & \cdots & t_{nn}\end{pmatrix},$$

且$t_{ii}>0(i=1,2,\cdots,n)$，并证明这个分解是唯一的；

(2) 设$\boldsymbol{A}$是n阶正定矩阵，证明存在一上三角形矩阵$\boldsymbol{T}$，使$\boldsymbol{A}=\boldsymbol{T}^{\mathrm{T}}\boldsymbol{T}$.

【思路探索】 对一组基进行施密特正交化和单位化，得到一组标准正交基，这两组基间的过渡矩阵是一上三角形矩阵.

证 (1) 设 $\boldsymbol{A}=(a_{ij})_{n\times n}=(\boldsymbol{\alpha}_1,\boldsymbol{\alpha}_2,\cdots,\boldsymbol{\alpha}_n)$，$\boldsymbol{\alpha}_i$ 为列向量. 由于 $|\boldsymbol{A}|\neq 0$，所以 $\boldsymbol{\alpha}_1,\boldsymbol{\alpha}_2,\cdots,\boldsymbol{\alpha}_n$ 是 $\mathbf{R}^n$ 的一组基，利用施密特正交化，由 $\boldsymbol{\alpha}_1,\cdots,\boldsymbol{\alpha}_n$ 可得正交基 $\boldsymbol{\beta}_1,\boldsymbol{\beta}_2,\cdots,\boldsymbol{\beta}_n$ 和标准正交基 $\boldsymbol{\eta}_1,\boldsymbol{\eta}_2,\cdots,\boldsymbol{\eta}_n$，

$$\begin{cases}\boldsymbol{\beta}_1=\boldsymbol{\alpha}_1,\\ \boldsymbol{\beta}_2=\boldsymbol{\alpha}_2-\dfrac{(\boldsymbol{\alpha}_2,\boldsymbol{\beta}_1)}{(\boldsymbol{\beta}_1,\boldsymbol{\beta}_1)}\boldsymbol{\beta}_1,\\ \qquad\cdots\cdots\cdots\cdots\\ \boldsymbol{\beta}_n=\boldsymbol{\alpha}_n-\dfrac{(\boldsymbol{\alpha}_n,\boldsymbol{\beta}_{n-1})}{(\boldsymbol{\beta}_{n-1},\boldsymbol{\beta}_{n-1})}\boldsymbol{\beta}_{n-1}-\cdots-\dfrac{(\boldsymbol{\alpha}_n,\boldsymbol{\beta}_1)}{(\boldsymbol{\beta}_1,\boldsymbol{\beta}_1)}\boldsymbol{\beta}_1.\end{cases}$$

$$\boldsymbol{\eta}_i=\frac{1}{|\boldsymbol{\beta}_i|}\boldsymbol{\beta}_i(i=1,2,\cdots,n).$$

移项并整理，可得

$$\begin{cases}\boldsymbol{\alpha}_1=t_{11}\boldsymbol{\eta}_1,\\ \boldsymbol{\alpha}_2=t_{12}\boldsymbol{\eta}_1+t_{22}\boldsymbol{\eta}_2,\\ \qquad\cdots\cdots\cdots\cdots\\ \boldsymbol{\alpha}_n=t_{1n}\boldsymbol{\eta}_1+t_{2n}\boldsymbol{\eta}_2+\cdots+t_{nn}\boldsymbol{\eta}_n,\end{cases}$$

其中 $t_{ii}=|\boldsymbol{\beta}_i|>0(i=1,2,\cdots,n)$，即

$$\boldsymbol{A}=(\boldsymbol{\alpha}_1,\cdots,\boldsymbol{\alpha}_n)=(\boldsymbol{\eta}_1,\boldsymbol{\eta}_2,\cdots,\boldsymbol{\eta}_n)\begin{pmatrix}t_{11}&t_{12}&\cdots&t_{1n}\\&t_{22}&\cdots&t_{2n}\\&&\ddots&\vdots\\&&&t_{nn}\end{pmatrix}.$$

令

$$\boldsymbol{T}=\begin{pmatrix}t_{11}&\cdots&t_{1n}\\&\ddots&\vdots\\&&t_{nn}\end{pmatrix},\boldsymbol{Q}=(\boldsymbol{\eta}_1,\boldsymbol{\eta}_2,\cdots,\boldsymbol{\eta}_n),$$

则 $\boldsymbol{A}=\boldsymbol{QT}$，$\boldsymbol{Q},\boldsymbol{T}$ 满足条件.

设 $\boldsymbol{A}=\boldsymbol{Q}_1\boldsymbol{T}_1=\boldsymbol{Q}_2\boldsymbol{T}_2$，其中 $\boldsymbol{Q}_1,\boldsymbol{Q}_2$ 为正交矩阵，$\boldsymbol{T}_1,\boldsymbol{T}_2$ 为对角线元素全大于零的上三角形矩阵，则

$$\boldsymbol{B}=\boldsymbol{Q}_2^{-1}\boldsymbol{Q}_1=\boldsymbol{T}_2\boldsymbol{T}_1^{-1}.$$

上式表明 $\boldsymbol{B}$ 既是正交矩阵，又是对角线上元素全大于零的上三角形矩阵，由本章习题 13 知，$\boldsymbol{B}=\boldsymbol{E}$，即 $\boldsymbol{Q}_1=\boldsymbol{Q}_2$，$\boldsymbol{T}_1=\boldsymbol{T}_2$. 故 $\boldsymbol{A}$ 的如上分解是唯一的.

(2) 设 $\boldsymbol{A}$ 是正定矩阵，则存在 n 阶可逆矩阵 $\boldsymbol{P}$，使 $\boldsymbol{A}=\boldsymbol{P}^{\mathrm{T}}\boldsymbol{P}$.

由 (1)，$\boldsymbol{P}=\boldsymbol{QT}$，其中 $\boldsymbol{Q}$ 为正交矩阵，$\boldsymbol{T}$ 为上三角形矩阵，从而

$$\boldsymbol{A}=\boldsymbol{P}^{\mathrm{T}}\boldsymbol{P}=\boldsymbol{T}^{\mathrm{T}}\boldsymbol{Q}^{\mathrm{T}}\boldsymbol{QT}=\boldsymbol{T}^{\mathrm{T}}\boldsymbol{T}.$$

15. 设 $\boldsymbol{\eta}$ 是 n 维欧氏空间 V 中一单位向量，定义变换 $\mathscr{A}$：$\mathscr{A}\boldsymbol{\alpha}=\boldsymbol{\alpha}-2(\boldsymbol{\eta},\boldsymbol{\alpha})\boldsymbol{\eta}$. 证明：

(1) $\mathscr{A}$ 是正交变换，这样的正交变换称为**镜面反射**；

(2) $\mathscr{A}$ 是第二类的；

(3) 如果 n 维欧氏空间中，正交变换 $\mathscr{A}$ 以 1 作为一个特征值，且属于特征值 1 的特征子空间 V_1 的维数为 $n-1$，那么 $\mathscr{A}$ 是镜面反射.

证 (1) 显然 $\mathscr{A}$ 是线性变换，因 $(\boldsymbol{\eta},\boldsymbol{\eta})=1$，故

$$\begin{aligned}(\mathscr{A}\boldsymbol{\alpha},\mathscr{A}\boldsymbol{\beta})&=(\boldsymbol{\alpha}-2(\boldsymbol{\eta},\boldsymbol{\alpha})\boldsymbol{\eta},\boldsymbol{\beta}-2(\boldsymbol{\eta},\boldsymbol{\beta})\boldsymbol{\eta})\\&=(\boldsymbol{\alpha},\boldsymbol{\beta})-2(\boldsymbol{\eta},\boldsymbol{\alpha})(\boldsymbol{\eta},\boldsymbol{\beta})-2(\boldsymbol{\eta},\boldsymbol{\alpha})(\boldsymbol{\eta},\boldsymbol{\beta})+4(\boldsymbol{\eta},\boldsymbol{\alpha})(\boldsymbol{\eta},\boldsymbol{\beta})(\boldsymbol{\eta},\boldsymbol{\eta})\\&=(\boldsymbol{\alpha},\boldsymbol{\beta}),\end{aligned}$$

即 $\mathscr{A}$ 是正交变换.

(2) 将 $\boldsymbol{\eta}$ 扩充为 V 的一组标准正交基 $\boldsymbol{\eta},\boldsymbol{\varepsilon}_2,\boldsymbol{\varepsilon}_3,\cdots,\boldsymbol{\varepsilon}_n$. 因为

$$\mathscr{A}\boldsymbol{\eta}=\boldsymbol{\eta}-2(\boldsymbol{\eta},\boldsymbol{\eta})\boldsymbol{\eta}=-\boldsymbol{\eta},\mathscr{A}\boldsymbol{\varepsilon}_i=\boldsymbol{\varepsilon}_i-2(\boldsymbol{\eta},\boldsymbol{\varepsilon}_i)\boldsymbol{\eta}=\boldsymbol{\varepsilon}_i(i=2,3,\cdots,n).$$

所以

$$\mathscr{A}(\boldsymbol{\eta},\boldsymbol{\varepsilon}_2,\cdots,\boldsymbol{\varepsilon}_n)=(\boldsymbol{\eta},\boldsymbol{\varepsilon}_2,\cdots,\boldsymbol{\varepsilon}_n)\begin{pmatrix}-1&&&\\&1&&\\&&\ddots&\\&&&1\end{pmatrix},$$

$\mathscr{A}$ 在基 $\boldsymbol{\eta},\boldsymbol{\varepsilon}_2,\cdots,\boldsymbol{\varepsilon}_n$ 下的矩阵的行列式为 -1, 故 $\mathscr{A}$ 是第二类的.

(3) **方法一** $\mathscr{A}$ 的特征值有 n 个且等于 1 或 -1, 又 V_1 的维数为 $n-1$. 所以 $\mathscr{A}$ 有 $n-1$ 个特征值为 1, 从而另一个特征值为 -1, 于是存在一组基 $\boldsymbol{\varepsilon}_1,\boldsymbol{\varepsilon}_2,\cdots,\boldsymbol{\varepsilon}_n$, 使得 $\mathscr{A}\boldsymbol{\varepsilon}_1=-\boldsymbol{\varepsilon}_1,\mathscr{A}\boldsymbol{\varepsilon}_i=\boldsymbol{\varepsilon}_i(i=2,\cdots,n)$. 因为 $\mathscr{A}$ 在这组基下的矩阵为实对称矩阵, 所以 V 中属于它的不同特征值的特征向量必正交, 所以

$$(\boldsymbol{\varepsilon}_1,\boldsymbol{\varepsilon}_i)=0(i=2,3,\cdots,n).$$

令 $\boldsymbol{\eta}=\dfrac{1}{|\boldsymbol{\varepsilon}_1|}\boldsymbol{\varepsilon}_1$, 则 $\boldsymbol{\eta}$ 是与 $\boldsymbol{\varepsilon}_2,\boldsymbol{\varepsilon}_3,\cdots,\boldsymbol{\varepsilon}_n$ 正交的单位向量, 并且 $\boldsymbol{\eta},\boldsymbol{\varepsilon}_2,\cdots,\boldsymbol{\varepsilon}_n$ 组成一组基, 有

$$\mathscr{A}\boldsymbol{\eta}=\mathscr{A}\left(\frac{1}{|\boldsymbol{\varepsilon}_1|}\boldsymbol{\varepsilon}_1\right)=\frac{1}{|\boldsymbol{\varepsilon}_1|}\mathscr{A}\boldsymbol{\varepsilon}_1=\frac{1}{|\boldsymbol{\varepsilon}_1|}(-\boldsymbol{\varepsilon}_1)=-\boldsymbol{\eta}.$$

$\forall\boldsymbol{\alpha}=k_1\boldsymbol{\eta}+k_2\boldsymbol{\varepsilon}_2+\cdots+k_n\boldsymbol{\varepsilon}_n\in V$, 有

$$(\boldsymbol{\alpha},\boldsymbol{\eta})=(k_1\boldsymbol{\eta}+k_2\boldsymbol{\varepsilon}_2+\cdots+k_n\boldsymbol{\varepsilon}_n,\boldsymbol{\eta})=k_1,$$

于是

$$\begin{aligned}\mathscr{A}\boldsymbol{\alpha}&=k_1\mathscr{A}\boldsymbol{\eta}+k_2\mathscr{A}\boldsymbol{\varepsilon}_2+\cdots+k_n\mathscr{A}\boldsymbol{\varepsilon}_n=-k_1\boldsymbol{\eta}+k_2\boldsymbol{\varepsilon}_2+\cdots+k_n\boldsymbol{\varepsilon}_n\\&=k_1\boldsymbol{\eta}+k_2\boldsymbol{\varepsilon}_2+\cdots+k_n\boldsymbol{\varepsilon}_n-2k_1\boldsymbol{\eta}=\boldsymbol{\alpha}-2(\boldsymbol{\alpha},\boldsymbol{\eta})\boldsymbol{\eta}.\end{aligned}$$

所以 $\mathscr{A}$ 为镜面反射.

方法二 $V_1^{\perp}$ 是 $\mathscr{A}$ 的一个一维不变子空间, 取 $V_1^{\perp}$ 的一个单位向量 $\boldsymbol{\eta}$, 则 $\mathscr{A}\boldsymbol{\eta}=\pm\boldsymbol{\eta}$. 如果有 $\mathscr{A}\boldsymbol{\eta}=\boldsymbol{\eta}$, 则 $\boldsymbol{\eta}\in V_1$, 这是不可能的. 所以 $\mathscr{A}\boldsymbol{\eta}=-\boldsymbol{\eta}$. 对 $\forall\boldsymbol{\alpha}\in V,\boldsymbol{\alpha}$ 可表成 $\boldsymbol{\alpha}=k\boldsymbol{\eta}+\boldsymbol{\eta}_0$, $\boldsymbol{\eta}_0\in V_1$. 故 $(\boldsymbol{\alpha},\boldsymbol{\eta})=(k\boldsymbol{\eta}+\boldsymbol{\eta}_0,\boldsymbol{\eta})=k$. 从而有 $\mathscr{A}\boldsymbol{\alpha}=\mathscr{A}(k\boldsymbol{\eta}+\boldsymbol{\eta}_0)=-k\boldsymbol{\eta}+\boldsymbol{\eta}_0=\boldsymbol{\alpha}-2(\boldsymbol{\alpha},\boldsymbol{\eta})\boldsymbol{\eta}$. 由 $\boldsymbol{\alpha}$ 的任意性知, $\mathscr{A}$ 为镜面反射.

16. 证明: 实反称矩阵的特征值是零或纯虚数.

【思路探索】 利用特征值的定义解题.

证 设 $\boldsymbol{A}$ 是实反称矩阵, λ 是 $\boldsymbol{A}$ 的一个特征值, $\boldsymbol{\xi}$ 为相应的特征向量, 即 $\boldsymbol{A\xi}=\lambda\boldsymbol{\xi}$, 那么

$$\bar{\boldsymbol{\xi}}^{\mathrm{T}}\boldsymbol{A\xi}=\bar{\boldsymbol{\xi}}^{\mathrm{T}}(-\boldsymbol{A}^{\mathrm{T}})\boldsymbol{\xi}=-\bar{\boldsymbol{\xi}}^{\mathrm{T}}\boldsymbol{A}^{\mathrm{T}}\boldsymbol{\xi}=-(\boldsymbol{A}\bar{\boldsymbol{\xi}})^{\mathrm{T}}\boldsymbol{\xi}=-(\overline{\boldsymbol{A\xi}})^{\mathrm{T}}\boldsymbol{\xi},$$

所以 $\lambda\bar{\boldsymbol{\xi}}^{\mathrm{T}}\boldsymbol{\xi}=-\overline{\lambda\boldsymbol{\xi}^{\mathrm{T}}}\boldsymbol{\xi}$, 从而 $\lambda=-\bar{\lambda}$.

令 $\lambda=a+b\mathrm{i}$, 代入上式可得 $a=-a$, 此即 $a=0$, 进而 $\lambda=b\mathrm{i}$, 故 λ 是 0 或纯虚数.

17. 求正交矩阵 $\boldsymbol{T}$, 使 $\boldsymbol{T}^{\mathrm{T}}\boldsymbol{AT}$ 成对角形, 其中 $\boldsymbol{A}$ 为

(1) $\begin{pmatrix}2&-2&0\\-2&1&-2\\0&-2&0\end{pmatrix}$; (2) $\begin{pmatrix}2&2&-2\\2&5&-4\\-2&-4&5\end{pmatrix}$; (3) $\begin{pmatrix}0&0&4&1\\0&0&1&4\\4&1&0&0\\1&4&0&0\end{pmatrix}$;

(4) $\begin{pmatrix}-1&-3&3&-3\\-3&-1&-3&3\\3&-3&-1&-3\\-3&3&-3&-1\end{pmatrix}$; (5) $\begin{pmatrix}1&1&1&1\\1&1&1&1\\1&1&1&1\\1&1&1&1\end{pmatrix}$.

【思路探索】 利用"$\boldsymbol{T}^{\mathrm{T}}\boldsymbol{AT}=\boldsymbol{T}^{-1}\boldsymbol{AT}=$ 对角矩阵"中 $\boldsymbol{T}$ 的求法解题.

解 (1) $|\lambda\boldsymbol{E}-\boldsymbol{A}|=\begin{vmatrix}\lambda-2&2&0\\2&\lambda-1&2\\0&2&\lambda\end{vmatrix}=(\lambda+2)(\lambda-1)(\lambda-4)=0$, 得 $\lambda_1=-2,\lambda_2=1,\lambda_3=4$.

把 $\lambda=-2$ 代入

$$\begin{cases}(\lambda-2)x_1+2x_2=0,\\2x_1+(\lambda-1)x_2+2x_3=0,\\2x_2+\lambda x_3=0,\end{cases}\qquad①$$

得基础解系为 $\boldsymbol{\alpha}_1=\left(\frac{1}{3},\frac{2}{3},\frac{2}{3}\right)$.

把 $\lambda=1$ 代入 ①,得基础解系为 $\boldsymbol{\alpha}_2=\left(\frac{2}{3},\frac{1}{3},-\frac{2}{3}\right)$.

把 $\lambda=4$ 代入 ①,得基础解系为 $\boldsymbol{\alpha}_3=\left(-\frac{2}{3},\frac{2}{3},-\frac{1}{3}\right)$.

所求正交矩阵为 $\begin{pmatrix}\frac{1}{3}&\frac{2}{3}&-\frac{2}{3}\\\frac{2}{3}&\frac{1}{3}&\frac{2}{3}\\\frac{2}{3}&-\frac{2}{3}&-\frac{1}{3}\end{pmatrix}$.

(2) $|\lambda\boldsymbol{E}-\boldsymbol{A}|=(\lambda-1)^2(\lambda-10)=0$,解得 $\lambda_1=\lambda_2=1,\lambda_3=10$.

将 $\lambda=1$ 代入

$$\begin{cases}(\lambda-2)x_1-2x_2+2x_3=0,\\-2x_1+(\lambda-5)x_2+4x_3=0,\\2x_1+4x_2+(\lambda-5)x_3=0,\end{cases}\qquad②$$

得基础解系为 $\boldsymbol{\alpha}_1=(-2,1,0),\boldsymbol{\alpha}_2=(2,0,1)$.

正交化和单位化后为 $\boldsymbol{\beta}_1=\left(\frac{-2}{\sqrt{5}},\frac{1}{\sqrt{5}},0\right),\boldsymbol{\beta}_2=\left(\frac{2}{3\sqrt{5}},\frac{4}{3\sqrt{5}},\frac{5}{3\sqrt{5}}\right)$.

将 $\lambda=10$ 代入 ②,得基础解系为 $\boldsymbol{\alpha}_3=(-1,-2,2)$,单位化后为 $\boldsymbol{\beta}_3=\left(-\frac{1}{3},-\frac{2}{3},\frac{2}{3}\right)$.

所求正交矩阵为 $\begin{pmatrix}-\frac{2}{\sqrt{5}}&\frac{2}{3\sqrt{5}}&-\frac{1}{3}\\\frac{1}{\sqrt{5}}&\frac{4}{3\sqrt{5}}&-\frac{2}{3}\\0&\frac{5}{3\sqrt{5}}&\frac{2}{3}\end{pmatrix}$.

$$(3)\ |\lambda\boldsymbol{E}-\boldsymbol{A}|=\begin{vmatrix}\lambda&0&-4&-1\\0&\lambda&-1&-4\\-4&-1&\lambda&0\\-1&-4&0&\lambda\end{vmatrix}=\begin{vmatrix}0&-4\lambda&-4&\lambda^2-1\\0&\lambda&-1&-4\\0&15&\lambda&-4\lambda\\-1&-4&0&\lambda\end{vmatrix}$$

$$=\begin{vmatrix}-4\lambda&-4&\lambda^2-1\\\lambda&-1&-4\\15&\lambda&-4\lambda\end{vmatrix}=(\lambda^2-25)(\lambda^2-9)=0,$$

解得 $\lambda_1=-5,\lambda_2=-3,\lambda_3=3,\lambda_4=5$.

属于 $\lambda_1=-5$ 的基础解系为 $\boldsymbol{\alpha}_1=\left(-\frac{1}{2},-\frac{1}{2},\frac{1}{2},\frac{1}{2}\right)$;

属于 $\lambda_2=-3$ 的基础解系为 $\boldsymbol{\alpha}_2=\left(\frac{1}{2},-\frac{1}{2},-\frac{1}{2},\frac{1}{2}\right)$;

属于 $\lambda_3=3$ 的基础解系为 $\boldsymbol{\alpha}_3=\left(-\frac{1}{2},\frac{1}{2},-\frac{1}{2},\frac{1}{2}\right)$;

属于 $\lambda_4=5$ 的基础解系为 $\boldsymbol{\alpha}_4=\left(\frac{1}{2},\frac{1}{2},\frac{1}{2},\frac{1}{2}\right)$.

正交矩阵为

$$\begin{pmatrix} -\frac{1}{2} & \frac{1}{2} & -\frac{1}{2} & \frac{1}{2} \\ -\frac{1}{2} & -\frac{1}{2} & \frac{1}{2} & \frac{1}{2} \\ \frac{1}{2} & -\frac{1}{2} & -\frac{1}{2} & \frac{1}{2} \\ \frac{1}{2} & \frac{1}{2} & \frac{1}{2} & \frac{1}{2} \end{pmatrix}.$$

(4) $\boldsymbol{T}=\begin{pmatrix} \frac{\sqrt{2}}{2} & \frac{\sqrt{6}}{6} & \frac{\sqrt{3}}{6} & \frac{1}{2} \\ \frac{\sqrt{2}}{2} & -\frac{\sqrt{6}}{6} & -\frac{\sqrt{3}}{6} & -\frac{1}{2} \\ 0 & -\frac{\sqrt{6}}{3} & \frac{\sqrt{3}}{6} & \frac{1}{2} \\ 0 & 0 & \frac{\sqrt{3}}{2} & -\frac{1}{2} \end{pmatrix}$, $\boldsymbol{T}^{\mathrm{T}}\boldsymbol{A}\boldsymbol{T}=\begin{pmatrix} -4 & & & \\ & -4 & & \\ & & -4 & \\ & & & 8 \end{pmatrix}$.

(5) $|\lambda\boldsymbol{E}-\boldsymbol{A}|=\begin{vmatrix} \lambda-1 & -1 & -1 & -1 \\ -1 & \lambda-1 & -1 & -1 \\ -1 & -1 & \lambda-1 & -1 \\ -1 & -1 & -1 & \lambda-1 \end{vmatrix}=(\lambda-4)\begin{vmatrix} 1 & 1 & 1 & 1 \\ -1 & \lambda-1 & -1 & -1 \\ -1 & -1 & \lambda-1 & -1 \\ -1 & -1 & -1 & \lambda-1 \end{vmatrix}$

$=\lambda^3(\lambda-4)=0$,

解得 $\lambda_1=\lambda_2=\lambda_3=0,\lambda_4=4$.

属于 $\lambda_1=0$ 的方程组 $(\lambda\boldsymbol{E}-\boldsymbol{A})\boldsymbol{X}=\boldsymbol{0}$ 的基础解系为

$$\boldsymbol{\alpha}_1=(1,-1,0,0),\boldsymbol{\alpha}_2=(1,0,-1,0),\boldsymbol{\alpha}_3=(1,0,0,-1).$$

正交化和单位化后为

$$\boldsymbol{\beta}_1=\left(\frac{1}{\sqrt{2}},-\frac{1}{\sqrt{2}},0,0\right),\boldsymbol{\beta}_2=\left(\frac{1}{\sqrt{6}},\frac{1}{\sqrt{6}},-\frac{2}{\sqrt{6}},0\right),\boldsymbol{\beta}_3=\left(\frac{\sqrt{3}}{6},\frac{\sqrt{3}}{6},\frac{\sqrt{3}}{6},-\frac{\sqrt{3}}{2}\right);$$

属于 $\lambda_4=4$ 的方程组 $(\lambda\boldsymbol{E}-\boldsymbol{A})\boldsymbol{X}=\boldsymbol{0}$ 的基础解系为 $\boldsymbol{\alpha}_4=(1,1,1,1)$，单位化后为 $\boldsymbol{\beta}_4=\left(\frac{1}{2},\frac{1}{2},\frac{1}{2},\frac{1}{2}\right)$. 所求的正交矩阵为

$$\begin{pmatrix} \frac{1}{\sqrt{2}} & \frac{1}{\sqrt{6}} & \frac{\sqrt{3}}{6} & \frac{1}{2} \\ -\frac{1}{\sqrt{2}} & \frac{1}{\sqrt{6}} & \frac{\sqrt{3}}{6} & \frac{1}{2} \\ 0 & -\frac{2}{\sqrt{6}} & \frac{\sqrt{3}}{6} & \frac{1}{2} \\ 0 & 0 & -\frac{\sqrt{3}}{2} & \frac{1}{2} \end{pmatrix}.$$

18. 用正交线性替换化下列二次型为标准形：

(1) $x_1^2+2x_2^2+3x_3^2-4x_1x_2-4x_2x_3$；

(2) $x_1^2-2x_2^2-2x_3^2-4x_1x_2+4x_1x_3+8x_2x_3$；

(3) $2x_1x_2+2x_3x_4$；

(4) $x_1^2+x_2^2+x_3^2+x_4^2-2x_1x_2+6x_1x_3-4x_1x_4-4x_2x_3+6x_2x_4-2x_3x_4$.

【思路探索】 求正交方阵 $\boldsymbol{T}$，使 $\boldsymbol{T}^{\mathrm{T}}\boldsymbol{A}\boldsymbol{T}$ 为对角矩阵，作变换 $\boldsymbol{X}=\boldsymbol{T}\boldsymbol{Y}$.

解 (1) 二次型的矩阵为 $\boldsymbol{A}=\begin{pmatrix}1&-2&0\\-2&2&-2\\0&-2&3\end{pmatrix}$，则

$$|\lambda\boldsymbol{E}-\boldsymbol{A}|=\begin{vmatrix}\lambda-1&2&0\\2&\lambda-2&2\\0&2&\lambda-3\end{vmatrix}=(\lambda+1)(\lambda-2)(\lambda-5)=0,$$

解得 $\lambda_1=-1,\lambda_2=2,\lambda_3=5$.

同第 17 题中方法解出正交矩阵为

$$\boldsymbol{T}=\begin{pmatrix}\frac{2}{3}&-\frac{2}{3}&-\frac{1}{3}\\\frac{2}{3}&\frac{1}{3}&\frac{2}{3}\\\frac{1}{3}&\frac{2}{3}&-\frac{2}{3}\end{pmatrix}.$$

令 $\boldsymbol{X}=\boldsymbol{T}\boldsymbol{Y}$，二次型化为 $f(x_1,x_2,x_3)=-y_1^2+2y_2^2+5y_3^2$.

(2) 二次型的矩阵为 $\boldsymbol{A}=\begin{pmatrix}1&-2&2\\-2&-2&4\\2&4&-2\end{pmatrix}$，则

$$|\lambda\boldsymbol{E}-\boldsymbol{A}|=\begin{vmatrix}\lambda-1&2&-2\\2&\lambda+2&-4\\-2&-4&\lambda+2\end{vmatrix}=(\lambda-2)^2(\lambda+7)=0,$$

解得 $\lambda_1=\lambda_2=2,\lambda_3=-7$.

同第 17 题中的方法解出正交矩阵为

$$\boldsymbol{T}=\begin{pmatrix}-\frac{2}{5}\sqrt{5}&\frac{2\sqrt{5}}{15}&-\frac{1}{3}\\\frac{1}{5}\sqrt{5}&\frac{4\sqrt{5}}{15}&-\frac{2}{3}\\0&\frac{\sqrt{5}}{3}&\frac{2}{3}\end{pmatrix}.$$

令 $\boldsymbol{X}=\boldsymbol{T}\boldsymbol{Y}$，则二次型 $f(x_1,x_2,x_3)=2y_1^2+2y_2^2-7y_3^2$.

(3) 二次型的矩阵为 $\boldsymbol{A}=\begin{pmatrix}0&1&0&0\\1&0&0&0\\0&0&0&1\\0&0&1&0\end{pmatrix}$，则

$$|\lambda\boldsymbol{E}-\boldsymbol{A}|=\begin{vmatrix}\lambda&-1&0&0\\-1&\lambda&0&0\\0&0&\lambda&-1\\0&0&-1&\lambda\end{vmatrix}=(\lambda-1)^2(\lambda+1)^2=0,$$

解得 $\lambda_1=\lambda_2=1,\lambda_3=\lambda_4=-1$.

同第 17 题中的方法解得正交矩阵为

$$
T=\begin{pmatrix} 0 & \frac{1}{\sqrt{2}} & 0 & \frac{1}{\sqrt{2}} \\ 0 & \frac{1}{\sqrt{2}} & 0 & -\frac{1}{\sqrt{2}} \\ \frac{1}{\sqrt{2}} & 0 & \frac{1}{\sqrt{2}} & 0 \\ \frac{1}{\sqrt{2}} & 0 & -\frac{1}{\sqrt{2}} & 0 \end{pmatrix}.
$$

令 $X=TY$，二次型 $f(x_1,x_2,x_3,x_4)=y_1^2+y_2^2-y_3^2-y_4^2$.

(4) 二次型的矩阵为 $A=\begin{pmatrix} 1 & -1 & 3 & -2 \\ -1 & 1 & -2 & 3 \\ 3 & -2 & 1 & -1 \\ -2 & 3 & -1 & 1 \end{pmatrix}$，则

$$
|\lambda E-A|=\begin{vmatrix} \lambda-1 & 1 & -3 & 2 \\ 1 & \lambda-1 & 2 & -3 \\ -3 & 2 & \lambda-1 & 1 \\ 2 & -3 & 1 & \lambda-1 \end{vmatrix}=(\lambda-1)(\lambda-7)(\lambda+1)(\lambda+3)=0,
$$

解得 $\lambda_1=1,\lambda_2=7,\lambda_3=-1,\lambda_4=-3$.

同第 17 题中解法得正交矩阵为

$$
T=\begin{pmatrix} \frac{1}{2} & -\frac{1}{2} & -\frac{1}{2} & \frac{1}{2} \\ \frac{1}{2} & \frac{1}{2} & -\frac{1}{2} & -\frac{1}{2} \\ \frac{1}{2} & -\frac{1}{2} & \frac{1}{2} & -\frac{1}{2} \\ \frac{1}{2} & \frac{1}{2} & \frac{1}{2} & \frac{1}{2} \end{pmatrix}.
$$

令 $X=TY$，则 $f(x_1,x_2,x_3,x_4)=y_1^2+7y_2^2-y_3^2-3y_4^2$.

19. 设 A 是 n 阶实对称矩阵，证明：A 正定的充分必要条件是 A 的特征多项式的根全大于零.

【思路探索】 二次型 $X^{\mathrm{T}}AX$ 可化成 $\lambda_1y_1^2+\cdots+\lambda_ny_n^2$，其中 $\lambda_1,\cdots,\lambda_n$ 为 A 的特征多项式的根.

证 设 $f(x_1,x_2,\cdots,x_n)=X^{\mathrm{T}}AX$，由于 A 是 n 阶实对称矩阵，则可以找到正交矩阵 T，使得 $T^{\mathrm{T}}AT$ 化为对角矩阵，令 $X=TY$. 则

$$
f(x_1,x_2,\cdots,x_n)=\lambda_1y_1^2+\lambda_2y_2^2+\cdots+\lambda_ny_n^2.
$$

由于非退化的线性变换不改变正定性，因此 A 正定的充分必要条件是 A 的特征多项式的根全大于零.

20. 设 A 是 n 阶实矩阵，证明：存在正交矩阵 T，使 $T^{-1}AT$ 为三角形矩阵的充分必要条件是 A 的特征多项式的根全是实的.

【思路探索】 实可逆矩阵可分解成正交矩阵与上三角矩阵的积，A 的若尔当形矩阵为上三角形矩阵.

证 必要性：设

$$
Q^{-1}AQ=\begin{pmatrix} b_1 & & * \\ & \ddots & \\ 0 & & b_n \end{pmatrix},
$$

由于 $A\in\mathbf{R}^{n\times n},Q\in\mathbf{R}^{n\times n}$，故 $b_1,\cdots,b_n\in\mathbf{R}$，即 A 的特征值全为实数.

充分性：**方法一** 设 $\lambda_1,\cdots,\lambda_s$ 为 A 所有不同的实特征值，则存在实可逆矩阵 P，使

$$P^{-1}AP=\begin{pmatrix}J_1 & & \\ & \ddots & \\ & & J_s\end{pmatrix},$$

其中 $J_k=\begin{pmatrix}\lambda_k & 1 & & \\ & \ddots & \ddots & \\ & & \ddots & 1 \\ & & & \lambda_k\end{pmatrix}(k=1,2,\cdots,s)$.

由于 P 可逆,故存在正交矩阵 Q 和实可逆上三角形矩阵 S,使 $P=QS$,

于是 $S^{-1}Q^{-1}AQS=J$,即 $Q^{-1}AQ=SJS^{-1}$,因为 S,J 为上三角形矩阵,所以 SJS^{-1} 为上三角形矩阵.

方法二 充分性:对于 A 的阶数 n 用数学归纳法. 当 $n=1$ 时,结论显然. 假设结论对 $n-1$ 阶实矩阵成立. 则对于 n 阶实矩阵 A,由假设 A 有 n 个实根,任取 A 的一实根 λ_1,则存在 n 维单位实向量 ξ_1,使得 $A\xi_1=\lambda_1\xi_1$. 将 ξ_1 扩充为 $\mathbf{R}^n$ 的一标准正交基 $\xi_1,\xi_2,\cdots,\xi_n$. 令 $T_1=(\xi_1,\xi_2,\cdots,\xi_n)$,则

$$T_1^{-1}AT_1=\begin{pmatrix}\lambda_1 & b_1 & \cdots & b_{n-1}\\ 0 & & & \\ \vdots & & A_1 & \\ 0 & & & \end{pmatrix},$$

其中 A_1 为 $n-1$ 阶实矩阵且它的特征多项式的根全是实的. 对 A_1 由归纳假设知,存在正交矩阵 T_2,使得 $T_2^{-1}A_1T_2$ 为上三角阵. 令 $T_3=\begin{pmatrix}1 & 0\\ 0 & T_2\end{pmatrix}$,$T=T_1T_3$,则 T 为正交矩阵且满足 $T^{-1}AT$ 为上三角阵.

综上,结论得证.

21. 设 A,B 都是实对称矩阵,证明:存在正交矩阵 T,使 $T^{-1}AT=B$ 的充分必要条件是 A,B 的特征多项式的根全部相同.

证 必要性是显然的,因为相似矩阵有相同的特征根.

充分性:设 $\lambda_1,\lambda_2,\cdots,\lambda_n$ 是 A 的特征根和 B 的特征根,那么存在正交矩阵 X 和 Y,使

$$X^{-1}AX=\begin{pmatrix}\lambda_1 & & \\ & \ddots & \\ & & \lambda_n\end{pmatrix}=Y^{-1}BY,$$

所以

$$YX^{-1}AXY^{-1}=B.$$

令 $T=XY^{-1}$,因为正交矩阵的乘积仍是正交矩阵,所以 T 是正交矩阵. 代入上式,即有 $T^{-1}AT=B$.

22. 设 A 是 n 阶实对称矩阵,且 $A^2=A$,证明:存在正交矩阵 T,使得

$$T^{-1}AT=\begin{pmatrix}1 & & & & & \\ & 1 & & & & \\ & & \ddots & & & \\ & & & 1 & & \\ & & & & 0 & \\ & & & & & \ddots \\ & & & & & & 0\end{pmatrix}.$$

【思路探索】 由 $A^2=A$ 可得 A 的特征值为 0 或 1.

证 设 λ 是 A 的任一特征值,ε 是属于 λ 的特征向量,则有

$$\lambda\varepsilon=A\varepsilon=A^2\varepsilon=A(A\varepsilon)=\lambda^2\varepsilon,$$

即 $(\lambda-\lambda^2)\varepsilon=0$,由于 $\varepsilon\neq 0$,故 $\lambda=0$ 或 1. 因为 A 是实对称矩阵,故存在正交矩阵 T,使

$$T^{-1}AT=\begin{pmatrix}1&&&&&&\\&1&&&&&\\&&\ddots&&&&\\&&&1&&&\\&&&&0&&\\&&&&&\ddots&\\&&&&&&0\end{pmatrix}.$$

23. 证明:如果 $\mathscr{A}$ 是 n 维欧氏空间的一个正交变换,那么 $\mathscr{A}$ 的不变子空间的正交补也是 $\mathscr{A}$ 的不变子空间.

证 设 $\mathscr{A}$ 是欧氏空间 V 的一个正交变换,V 的子空间 V_1 是 $\mathscr{A}$ 的不变子空间.

方法一 因为 $V=V_1\oplus V_1^{\perp}$,分别取 V_1 及 $V_1^{\perp}$ 的标准正交基 $\boldsymbol{\varepsilon}_1,\boldsymbol{\varepsilon}_2,\cdots,\boldsymbol{\varepsilon}_m$ 及 $\boldsymbol{\varepsilon}_{m+1},\cdots,\boldsymbol{\varepsilon}_n$,则 $\boldsymbol{\varepsilon}_1,\boldsymbol{\varepsilon}_2,\cdots,\boldsymbol{\varepsilon}_m,\boldsymbol{\varepsilon}_{m+1},\cdots,\boldsymbol{\varepsilon}_n$ 是 V 的一组标准正交基. 因为 $\mathscr{A}$ 是正交变换,故 $\mathscr{A}\boldsymbol{\varepsilon}_1,\mathscr{A}\boldsymbol{\varepsilon}_2,\cdots,\mathscr{A}\boldsymbol{\varepsilon}_m,\mathscr{A}\boldsymbol{\varepsilon}_{m+1},\cdots,\mathscr{A}\boldsymbol{\varepsilon}_n$ 仍是 V 的一组标准正交基. 由于 V_1 是 $\mathscr{A}$ 的不变子空间,所以 $\mathscr{A}\boldsymbol{\varepsilon}_1,\mathscr{A}\boldsymbol{\varepsilon}_2,\cdots,\mathscr{A}\boldsymbol{\varepsilon}_m$ 仍为 V_1 的基,从而 $\mathscr{A}\boldsymbol{\varepsilon}_{m+1},\cdots,\mathscr{A}\boldsymbol{\varepsilon}_n\in V_1^{\perp}$. 于是 $\forall\boldsymbol{\alpha}\in V_1^{\perp}$,设 $\boldsymbol{\alpha}=k_{m+1}\boldsymbol{\varepsilon}_{m+1}+\cdots+k_n\boldsymbol{\varepsilon}_n$,则 $\mathscr{A}\boldsymbol{\alpha}=k_{m+1}\mathscr{A}\boldsymbol{\varepsilon}_{m+1}+\cdots+k_n\mathscr{A}\boldsymbol{\varepsilon}_n\in V_1^{\perp}$,故 $V_1^{\perp}$ 是 $\mathscr{A}$ 的不变子空间.

方法二 $\mathscr{A}$ 是正交变换,所以 $\mathscr{A}$ 是双射,V_1 是 $\mathscr{A}$ 的不变子空间,故 $\mathscr{A}$ 也是 V_1 的一个线性变换,且是单射. 因为 V_1 是有限维的,所以 $\mathscr{A}$ 也是满射,从而 $\forall\boldsymbol{x}\in V_1$,$\exists\boldsymbol{y}\in V_1$,使 $\mathscr{A}\boldsymbol{y}=\boldsymbol{x}$. $\forall\boldsymbol{\alpha}\in V_1^{\perp}$,$(\mathscr{A}\boldsymbol{\alpha},\boldsymbol{x})=(\mathscr{A}\boldsymbol{\alpha},\mathscr{A}\boldsymbol{y})=(\boldsymbol{\alpha},\boldsymbol{y})=0$,故 $\mathscr{A}\boldsymbol{\alpha}\in V_1^{\perp}$,即 $V_1^{\perp}$ 是 $\mathscr{A}$ 的不变子空间.

方法点击:该结论只适用于有限维欧氏空间,在无限维欧氏空间中并不成立.

例如,

$$V=\mathbf{R}[x],f(x)=a_nx^n+\cdots+a_1x+a_0,g(x)=b_mx^m+\cdots+b_1x+b_0.$$

定义内积 $(f,g)=\sum\limits_{i=0}^{n}a_ib_i(m\leqslant n)$. 显然 $\mathscr{A}(f(x))=xf(x)$ 是 V 的一个正交变换. $V_1=\{a_1x+a_2x^2+\cdots+a_nx^n\mid a_i\in\mathbf{R},n\in\mathbf{N}\}$ 是 $\mathscr{A}$ 的一个不变子空间,$V_1^{\perp}=\{a\mid a\in\mathbf{R}\}$,$V_1^{\perp}$ 不是 $\mathscr{A}$ 的不变子空间.

24. 欧氏空间 V 中的线性变换 $\mathscr{A}$ 称为反称的,如果对任意 $\boldsymbol{\alpha},\boldsymbol{\beta}\in V$,

$$(\mathscr{A}\boldsymbol{\alpha},\boldsymbol{\beta})=-(\boldsymbol{\alpha},\mathscr{A}\boldsymbol{\beta}).$$

证明:(1) $\mathscr{A}$ 为反称的充分必要条件是,$\mathscr{A}$ 在一组标准正交基下的矩阵为反称矩阵;

(2) 如果 V_1 是反称线性变换 $\mathscr{A}$ 的不变子空间,则 $V_1^{\perp}$ 也是.

证 (1) 必要性:设 $\mathscr{A}$ 是反称的,$\boldsymbol{\varepsilon}_1,\boldsymbol{\varepsilon}_2,\cdots,\boldsymbol{\varepsilon}_n$ 是 V 的一组标准正交基.

$$\mathscr{A}\boldsymbol{\varepsilon}_i=k_{i1}\boldsymbol{\varepsilon}_1+k_{i2}\boldsymbol{\varepsilon}_2+\cdots+k_{in}\boldsymbol{\varepsilon}_n,i=1,2,\cdots,n, \quad ①$$

$$(\mathscr{A}\boldsymbol{\varepsilon}_i,\boldsymbol{\varepsilon}_j)=k_{ij},(\mathscr{A}\boldsymbol{\varepsilon}_j,\boldsymbol{\varepsilon}_i)=k_{ji}.$$

由反称知 $(\mathscr{A}\boldsymbol{\varepsilon}_i,\boldsymbol{\varepsilon}_j)=-(\boldsymbol{\varepsilon}_i,\mathscr{A}\boldsymbol{\varepsilon}_j)$,$k_{ij}=-k_{ji}$,从而

$$k_{ij}=\begin{cases}0, & i=j,\\ -k_{ji}, & i\neq j,\end{cases} j=1,2,\cdots,n.$$

那么

$$(\mathscr{A}\boldsymbol{\varepsilon}_1,\mathscr{A}\boldsymbol{\varepsilon}_2,\cdots,\mathscr{A}\boldsymbol{\varepsilon}_n)=(\boldsymbol{\varepsilon}_1,\boldsymbol{\varepsilon}_2,\cdots,\boldsymbol{\varepsilon}_n)\begin{pmatrix}0&k_{12}&\cdots&k_{1n}\\-k_{12}&0&\cdots&k_{2n}\\\vdots&\vdots&&\vdots\\-k_{1n}&-k_{2n}&\cdots&0\end{pmatrix}. \quad ②$$

充分性:设 $\mathscr{A}$ 在标准正交基 $\boldsymbol{\varepsilon}_1,\boldsymbol{\varepsilon}_2,\cdots,\boldsymbol{\varepsilon}_n$ 下的矩阵由式 ② 给出,即

$$(\mathscr{A}\boldsymbol{\varepsilon}_i,\boldsymbol{\varepsilon}_j)=-(\boldsymbol{\varepsilon}_i,\mathscr{A}\boldsymbol{\varepsilon}_j). \quad ③$$

任给 $\boldsymbol{\alpha},\boldsymbol{\beta}\in V$,有

$$\boldsymbol{\alpha}=a_1\boldsymbol{\varepsilon}_1+a_2\boldsymbol{\varepsilon}_2+\cdots+a_n\boldsymbol{\varepsilon}_n,\boldsymbol{\beta}=b_1\boldsymbol{\varepsilon}_1+b_2\boldsymbol{\varepsilon}_2+\cdots+b_n\boldsymbol{\varepsilon}_n,$$

$$(\mathscr{A}\boldsymbol{\alpha},\boldsymbol{\beta})=(a_1\mathscr{A}\boldsymbol{\varepsilon}_1+\cdots+a_n\mathscr{A}\boldsymbol{\varepsilon}_n,b_1\boldsymbol{\varepsilon}_1+\cdots+b_n\boldsymbol{\varepsilon}_n)$$

$$=\sum_{i,j}a_ib_j(\mathscr{A}\boldsymbol{\varepsilon}_i,\boldsymbol{\varepsilon}_j), \qquad ④$$

同理

$$(\boldsymbol{\alpha},\mathscr{A}\boldsymbol{\beta})=\sum_{i,j}a_ib_j(\boldsymbol{\varepsilon}_i,\mathscr{A}\boldsymbol{\varepsilon}_j), \qquad ⑤$$

由 ③,④,⑤ 三式即得$(\mathscr{A}\boldsymbol{\alpha},\boldsymbol{\beta})=-(\boldsymbol{\alpha},\mathscr{A}\boldsymbol{\beta})$,所以 $\mathscr{A}$ 是反称的.

(2) 任取 $\boldsymbol{\alpha}\in V_1^{\perp}$,证明 $\mathscr{A}\boldsymbol{\alpha}\in V_1^{\perp}$,即 $\mathscr{A}\boldsymbol{\alpha}\perp V_1$. 任取 $\boldsymbol{\beta}\in V_1$,由于 V_1 是 $\mathscr{A}$ 的不变子空间,所以 $\mathscr{A}\boldsymbol{\beta}\in V_1$,而 $\boldsymbol{\alpha}\in V_1^{\perp}$,所以$(\boldsymbol{\alpha},\mathscr{A}\boldsymbol{\beta})=0$. 再由题设 $\mathscr{A}$ 是反称的知,$(\mathscr{A}\boldsymbol{\alpha},\boldsymbol{\beta})=-(\boldsymbol{\alpha},\mathscr{A}\boldsymbol{\beta})=0$. 由 $\boldsymbol{\beta}$ 的任意性,即证得 $\mathscr{A}\boldsymbol{\alpha}\perp V_1$,从而 $V_1^{\perp}$ 也是 $\mathscr{A}$ 的不变子空间.

25. 证明:向量 $\boldsymbol{\beta}\in V_1$ 是向量 $\boldsymbol{\alpha}$ 在子空间 V_1 上的内射影的充分必要条件是,对任意的 $\boldsymbol{\xi}\in V_1$,

$$|\boldsymbol{\alpha}-\boldsymbol{\beta}|\leqslant|\boldsymbol{\alpha}-\boldsymbol{\xi}|.$$

【思路探索】 $\boldsymbol{\alpha}\perp\boldsymbol{\beta}\Rightarrow|\boldsymbol{\alpha}+\boldsymbol{\beta}|^2=|\boldsymbol{\alpha}|^2+|\boldsymbol{\beta}|^2$.

证 必要性:设向量 $\boldsymbol{\beta}\in V_1$ 是向量 $\boldsymbol{\alpha}$ 在子空间 V_1 上的内射影,即

$$\boldsymbol{\alpha}=\boldsymbol{\beta}+\boldsymbol{\beta}',\boldsymbol{\beta}'\in V_1^{\perp}.$$

对任意向量 $\boldsymbol{\xi}\in V_1$,

$$\boldsymbol{\alpha}-\boldsymbol{\xi}=\boldsymbol{\alpha}-\boldsymbol{\beta}+\boldsymbol{\beta}-\boldsymbol{\xi}.$$

因为 $\boldsymbol{\alpha}-\boldsymbol{\beta}\in V_1^{\perp}$,$\boldsymbol{\beta}-\boldsymbol{\xi}\in V_1$,所以

$$|\boldsymbol{\alpha}-\boldsymbol{\xi}|^2=|\boldsymbol{\alpha}-\boldsymbol{\beta}|^2+|\boldsymbol{\beta}-\boldsymbol{\xi}|^2,$$

从而有

$$|\boldsymbol{\alpha}-\boldsymbol{\beta}|\leqslant|\boldsymbol{\alpha}-\boldsymbol{\xi}|.$$

充分性:设 $\boldsymbol{\beta}_1\in V_1$ 是向量 $\boldsymbol{\alpha}$ 在子空间 V_1 上的内射影,即

$$\boldsymbol{\alpha}=\boldsymbol{\beta}_1+\boldsymbol{\beta}'_1,\boldsymbol{\beta}_1\in V_1,\boldsymbol{\beta}'_1\in V_1^{\perp}.$$

由必要性的证明及题设条件知,

$$|\boldsymbol{\alpha}-\boldsymbol{\beta}_1|\leqslant|\boldsymbol{\alpha}-\boldsymbol{\beta}|\leqslant|\boldsymbol{\alpha}-\boldsymbol{\beta}_1|,$$

因此

$$|\boldsymbol{\alpha}-\boldsymbol{\beta}_1|=|\boldsymbol{\alpha}-\boldsymbol{\beta}|.$$

又

$$\boldsymbol{\alpha}-\boldsymbol{\beta}=\boldsymbol{\alpha}-\boldsymbol{\beta}_1+\boldsymbol{\beta}_1-\boldsymbol{\beta},$$

其中 $\boldsymbol{\alpha}-\boldsymbol{\beta}_1=\boldsymbol{\beta}'_1\in V_1^{\perp}$,$\boldsymbol{\beta}_1-\boldsymbol{\beta}\in V_1$,由勾股定理,得

$$|\boldsymbol{\alpha}-\boldsymbol{\beta}|^2=|\boldsymbol{\alpha}-\boldsymbol{\beta}_1|^2+|\boldsymbol{\beta}_1-\boldsymbol{\beta}|^2,$$

从而得 $|\boldsymbol{\beta}_1-\boldsymbol{\beta}|^2=0$,即 $\boldsymbol{\beta}=\boldsymbol{\beta}_1$ 是 $\boldsymbol{\alpha}$ 在子空间 V_1 上的内射影.

26. 设 V_1,V_2 是欧氏空间 V 的两个子空间. 证明:

$$(V_1+V_2)^{\perp}=V_1^{\perp}\cap V_2^{\perp},(V_1\cap V_2)^{\perp}=V_1^{\perp}+V_2^{\perp}.$$

证 (1) 任取 $\boldsymbol{\alpha}\in V_1^{\perp}\cap V_2^{\perp}$,则 $\boldsymbol{\alpha}\in V_1^{\perp}$,$\boldsymbol{\alpha}\in V_2^{\perp}$. 对于 V_1+V_2 中任一向量 $\boldsymbol{\beta}$,将 $\boldsymbol{\beta}$ 表示成 $\boldsymbol{\beta}_1+\boldsymbol{\beta}_2$,$\boldsymbol{\beta}_1\in V_1$,$\boldsymbol{\beta}_2\in V_2$. 得 $\boldsymbol{\alpha}\perp\boldsymbol{\beta}_1$,$\boldsymbol{\alpha}\perp\boldsymbol{\beta}_2$,所以 $\boldsymbol{\alpha}\perp\boldsymbol{\beta}$,$\boldsymbol{\alpha}\in(V_1+V_2)^{\perp}$,即 $V_1^{\perp}\cap V_2^{\perp}\subseteq(V_1+V_2)^{\perp}$.

反之,如果 $\boldsymbol{\alpha}\in(V_1+V_2)^{\perp}$,则由 $V_1\subseteq V_1+V_2$,$V_2\subseteq V_1+V_2$,得 $\boldsymbol{\alpha}\in V_1^{\perp}$,$\boldsymbol{\alpha}\in V_2^{\perp}$,即$(V_1+V_2)^{\perp}\subseteq V_1^{\perp}\cap V_2^{\perp}$.

综上,可知$(V_1+V_2)^{\perp}=V_1^{\perp}\cap V_2^{\perp}$.

(2)
$$(V_1^{\perp}+V_2^{\perp})^{\perp}=(V_1^{\perp})^{\perp}\cap(V_2^{\perp})^{\perp}=V_1\cap V_2,$$

即有

$$(V_1\cap V_2)^{\perp}=V_1^{\perp}+V_2^{\perp}.$$

27. 求下列方程

$$\begin{cases}0.39x-1.89y=1,\\0.61x-1.80y=1,\\0.93x-1.68y=1,\\1.35x-1.50y=1.\end{cases}$$

的最小二乘解.用"到子空间距离最短的线是垂线"的语言表达出上述方程的最小二乘解的几何意义.由此列出方程并求解.(取三位有效数字计算)

【思路探索】 最小二乘解即是相容方程组 $A^TAX=A^Tb$ 的解.

解 $A=\begin{pmatrix}0.39&-1.89\\0.61&-1.80\\0.93&-1.68\\1.35&-1.50\end{pmatrix}=(\alpha_1,\alpha_2),X=\begin{pmatrix}x\\y\end{pmatrix},b=\begin{pmatrix}1\\1\\1\\1\end{pmatrix},Y=\alpha_1x+\alpha_2y=\begin{pmatrix}0.39x-1.89y\\0.61x-1.80y\\0.93x-1.68y\\1.35x-1.50y\end{pmatrix}$.

那么"到子空间距离最短的线是垂线"的意思就是 $|Y-b|^2$ 的值最小.因而最小二乘解的几何意义是在 $L(\alpha_1,\alpha_2)$ 中求 b 的内射影 Y.

令 $C=b-Y$,可得 $A^TAX=A^Tb$,而

$$A^TA=\begin{pmatrix}0.39&0.61&0.93&1.35\\-1.89&-1.80&-1.68&-1.50\end{pmatrix}\begin{pmatrix}0.39&-1.89\\0.61&-1.80\\0.93&-1.68\\1.35&-1.50\end{pmatrix}=\begin{pmatrix}3.2116&-5.4225\\-5.4225&11.8845\end{pmatrix},$$

$$A^Tb=\begin{pmatrix}0.39&0.61&0.93&1.35\\-1.89&-1.80&-1.68&-1.50\end{pmatrix}\begin{pmatrix}1\\1\\1\\1\end{pmatrix}=\begin{pmatrix}3.28\\-6.87\end{pmatrix},$$

所以由 $\begin{cases}3.2116x-5.4225y=3.28,\\-5.4225x+11.8845y=-6.87,\end{cases}$ 解得 $\begin{cases}x=0.197,\\y=-0.488.\end{cases}$

补充题解答

1. 证明:正交矩阵的实特征根为 ±1.

证 设 A 为正交矩阵,λ 为 A 的实特征根,ξ 为对应的特征向量,即 $A\xi=\lambda\xi$.

两边取共轭转置得 $\bar{\xi}^TA^T=\lambda\bar{\xi}^T$,再同时右乘 $A\xi$,有 $\bar{\xi}^TA^TA\xi=\lambda^2\bar{\xi}^T\xi$.

利用 $A^TA=E$ 得 $\lambda^2\bar{\xi}^T\xi=\bar{\xi}^T\xi$,由于 $\bar{\xi}^T\xi>0$,所以 $\lambda^2=1$,故有 $\lambda=\pm1$.

2. 证明:奇数维欧氏空间中的旋转一定以 1 作为它的一个特征值.

【思路探索】 设旋转对应的正交矩阵为 A,即证 $|E-A|=0$.

证 设旋转对应的正交矩阵为 A,那么

$$|E-A|=|A^TA-A|=(-1)^n|A||E-A^T|.$$

由于 n 为奇数,且 $|A|=1$,于是

$$|E-A|=-|(E-A)^T|=-|E-A|,$$

故 $|E-A|=0$,即 1 为 A 的一个特征值.

3. 证明:第二类正交变换一定以 -1 作为它的一个特征值.

【思路探索】 证明 $|-E-A|=0$ 即可.

证 设 A 是第二类正交变换对应的矩阵,则 $|A|=-1$.由于

$$|-\boldsymbol{E}-\boldsymbol{A}|=|\boldsymbol{A}||-\boldsymbol{A}^{\mathrm{T}}-\boldsymbol{E}|=-|-\boldsymbol{A}^{\mathrm{T}}-\boldsymbol{E}|=-|-\boldsymbol{E}-\boldsymbol{A}|,$$

即 $|-\boldsymbol{E}-\boldsymbol{A}|=0$,即 -1 是 $\boldsymbol{A}$ 的一个特征值.

4. 设 $\mathscr{A}$ 是欧氏空间 V 的一个变换. 证明:如果 $\mathscr{A}$ 保持内积不变,即对于 $\boldsymbol{\alpha},\boldsymbol{\beta}\in V,(\mathscr{A}\boldsymbol{\alpha},\mathscr{A}\boldsymbol{\beta})=(\boldsymbol{\alpha},\boldsymbol{\beta})$,那么它一定是线性的,因而它是正交变换.

【思路探索】 $(\boldsymbol{\alpha},\boldsymbol{\alpha})=0\Leftrightarrow\boldsymbol{\alpha}=\mathbf{0}$.

证 由假设,对 V 中的任意两个向量 $\boldsymbol{\alpha},\boldsymbol{\beta}$ 有

$$\begin{aligned}&(\mathscr{A}(\boldsymbol{\alpha}+\boldsymbol{\beta})-\mathscr{A}\boldsymbol{\alpha}-\mathscr{A}\boldsymbol{\beta},\mathscr{A}(\boldsymbol{\alpha}+\boldsymbol{\beta})-\mathscr{A}\boldsymbol{\alpha}-\mathscr{A}\boldsymbol{\beta})\\=&(\mathscr{A}(\boldsymbol{\alpha}+\boldsymbol{\beta}),\mathscr{A}(\boldsymbol{\alpha}+\boldsymbol{\beta}))+(\mathscr{A}\boldsymbol{\alpha},\mathscr{A}\boldsymbol{\alpha})+(\mathscr{A}\boldsymbol{\beta},\mathscr{A}\boldsymbol{\beta})-2(\mathscr{A}(\boldsymbol{\alpha}+\boldsymbol{\beta}),\mathscr{A}\boldsymbol{\alpha})\\&-2(\mathscr{A}(\boldsymbol{\alpha}+\boldsymbol{\beta}),\mathscr{A}\boldsymbol{\beta})+2(\mathscr{A}\boldsymbol{\alpha},\mathscr{A}\boldsymbol{\beta})\\=&(\boldsymbol{\alpha}+\boldsymbol{\beta},\boldsymbol{\alpha}+\boldsymbol{\beta})+(\boldsymbol{\alpha},\boldsymbol{\alpha})+(\boldsymbol{\beta},\boldsymbol{\beta})-2(\boldsymbol{\alpha}+\boldsymbol{\beta},\boldsymbol{\beta})+2(\boldsymbol{\alpha},\boldsymbol{\beta})-2(\boldsymbol{\alpha}+\boldsymbol{\beta},\boldsymbol{\alpha})=0,\end{aligned}$$

所以 $\mathscr{A}(\boldsymbol{\alpha}+\boldsymbol{\beta})=\mathscr{A}\boldsymbol{\alpha}+\mathscr{A}\boldsymbol{\beta}$.

又有

$$\begin{aligned}&(\mathscr{A}(k\boldsymbol{\alpha})-k\mathscr{A}(\boldsymbol{\alpha}),\mathscr{A}(k\boldsymbol{\alpha})-k\mathscr{A}(\boldsymbol{\alpha}))\\=&(\mathscr{A}(k\boldsymbol{\alpha}),\mathscr{A}(k\boldsymbol{\alpha}))+(k\mathscr{A}(\boldsymbol{\alpha}),k\mathscr{A}(\boldsymbol{\alpha}))-2(\mathscr{A}(k\boldsymbol{\alpha}),k\mathscr{A}(\boldsymbol{\alpha})),\\=&(k\boldsymbol{\alpha},k\boldsymbol{\alpha})+k^2(\boldsymbol{\alpha},\boldsymbol{\alpha})-2(k\boldsymbol{\alpha},k\boldsymbol{\alpha})=0,\end{aligned}$$

所以 $\mathscr{A}(k\boldsymbol{\alpha})=k\mathscr{A}(\boldsymbol{\alpha})$.

因此 $\mathscr{A}$ 是线性的,因而是正交变换.

5. 设 $\boldsymbol{\alpha}_1,\boldsymbol{\alpha}_2,\cdots,\boldsymbol{\alpha}_m$ 和 $\boldsymbol{\beta}_1,\boldsymbol{\beta}_2,\cdots,\boldsymbol{\beta}_m$ 是 n 维欧氏空间中两个向量组. 证明:存在一个正交变换 $\mathscr{A}$,使 $\mathscr{A}\boldsymbol{\alpha}_i=\boldsymbol{\beta}_i$, $i=1,2,\cdots,m$ 的充要条件为$(\boldsymbol{\alpha}_i,\boldsymbol{\alpha}_j)=(\boldsymbol{\beta}_i,\boldsymbol{\beta}_j),i,j=1,2,\cdots,m$.

证 必要性:设有正交变换 $\mathscr{A}$,使 $\mathscr{A}\boldsymbol{\alpha}_i=\boldsymbol{\beta}_i(i=1,2,\cdots,m)$,则

$$(\boldsymbol{\beta}_i,\boldsymbol{\beta}_j)=(\mathscr{A}\boldsymbol{\alpha}_i,\mathscr{A}\boldsymbol{\alpha}_j)=(\boldsymbol{\alpha}_i,\boldsymbol{\alpha}_j)(i,j=1,2,\cdots,m).$$

充分性:设条件成立,且 $\boldsymbol{\alpha}_1,\cdots,\boldsymbol{\alpha}_r$ 是 $\boldsymbol{\alpha}_1,\cdots,\boldsymbol{\alpha}_m$ 的一个极大无关组,则由本章习题 12 知

$$\begin{vmatrix}(\boldsymbol{\alpha}_1,\boldsymbol{\alpha}_1)&(\boldsymbol{\alpha}_1,\boldsymbol{\alpha}_2)&\cdots&(\boldsymbol{\alpha}_1,\boldsymbol{\alpha}_r)\\(\boldsymbol{\alpha}_2,\boldsymbol{\alpha}_1)&(\boldsymbol{\alpha}_2,\boldsymbol{\alpha}_2)&\cdots&(\boldsymbol{\alpha}_2,\boldsymbol{\alpha}_r)\\\vdots&\vdots&&\vdots\\(\boldsymbol{\alpha}_r,\boldsymbol{\alpha}_1)&(\boldsymbol{\alpha}_r,\boldsymbol{\alpha}_2)&\cdots&(\boldsymbol{\alpha}_r,\boldsymbol{\alpha}_r)\end{vmatrix}\neq0.$$

又由$(\boldsymbol{\beta}_i,\boldsymbol{\beta}_j)=(\boldsymbol{\alpha}_i,\boldsymbol{\alpha}_j)(i,j=1,2,\cdots,m)$,所以

$$\begin{vmatrix}(\boldsymbol{\beta}_1,\boldsymbol{\beta}_1)&\cdots&(\boldsymbol{\beta}_1,\boldsymbol{\beta}_r)\\\vdots&&\vdots\\(\boldsymbol{\beta}_r,\boldsymbol{\beta}_1)&\cdots&(\boldsymbol{\beta}_r,\boldsymbol{\beta}_r)\end{vmatrix}\neq0.$$

于是 $\boldsymbol{\beta}_1,\boldsymbol{\beta}_2,\cdots,\boldsymbol{\beta}_r$ 线性无关,$\forall\boldsymbol{\beta}_s(1\leqslant s\leqslant m)$,设 $\boldsymbol{\alpha}_s=k_1\boldsymbol{\alpha}_1+\cdots+k_r\boldsymbol{\alpha}_r$,因为

$$\left(\boldsymbol{\beta}_s-\sum_{i=1}^{r}k_i\boldsymbol{\beta}_i,\boldsymbol{\beta}_s-\sum_{i=1}^{r}k_i\boldsymbol{\beta}_i\right)=\left(\boldsymbol{\alpha}_s-\sum_{i=1}^{r}k_i\boldsymbol{\alpha}_i,\boldsymbol{\alpha}_s-\sum_{i=1}^{r}k_i\boldsymbol{\alpha}_i\right)=0,$$

故 $\boldsymbol{\beta}_s=k_1\boldsymbol{\beta}_1+k_2\boldsymbol{\beta}_2+\cdots+k_r\boldsymbol{\beta}_r$,即 $\boldsymbol{\beta}_1,\cdots,\boldsymbol{\beta}_r$ 是 $\boldsymbol{\beta}_1,\boldsymbol{\beta}_2,\cdots,\boldsymbol{\beta}_m$ 的一个极大无关组.

将 $\boldsymbol{\alpha}_1,\cdots,\boldsymbol{\alpha}_r$ 进行施密特单位正交化,得到正交单位向量组 $\boldsymbol{\varepsilon}_1,\cdots,\boldsymbol{\varepsilon}_r$,则可设

$$(\boldsymbol{\varepsilon}_1,\boldsymbol{\varepsilon}_2,\cdots,\boldsymbol{\varepsilon}_r)=(\boldsymbol{\alpha}_1,\boldsymbol{\alpha}_2,\cdots,\boldsymbol{\alpha}_r)\boldsymbol{T},\boldsymbol{T}=\begin{pmatrix}t_1&&*\\&\ddots&\\0&&t_r\end{pmatrix},t_i>0,i=1,\cdots,r.$$

令$(\boldsymbol{\eta}_1,\cdots,\boldsymbol{\eta}_r)=(\boldsymbol{\beta}_1,\cdots,\boldsymbol{\beta}_r)\boldsymbol{T}$,则 $\boldsymbol{\eta}_1,\cdots,\boldsymbol{\eta}_r$ 也是正交单位向量组. 分别将 $\boldsymbol{\varepsilon}_1,\cdots,\boldsymbol{\varepsilon}_r$ 和 $\boldsymbol{\eta}_1,\cdots,\boldsymbol{\eta}_r$ 扩充为 V 的标准正交基,$\boldsymbol{\varepsilon}_1,\cdots,\boldsymbol{\varepsilon}_r,\boldsymbol{\varepsilon}_{r+1},\cdots,\boldsymbol{\varepsilon}_n$ 和 $\boldsymbol{\eta}_1,\cdots,\boldsymbol{\eta}_r,\boldsymbol{\eta}_{r+1},\cdots,\boldsymbol{\eta}_n$,则存在线性变换 $\mathscr{A}$,使 $\mathscr{A}\boldsymbol{\varepsilon}_i=\boldsymbol{\eta}_i$, $i=1,2,\cdots,n$. 因为 $\boldsymbol{\eta}_1,\cdots,\boldsymbol{\eta}_n$ 是标准正交基,所以 $\mathscr{A}$ 是正交变换. 又

$$(\boldsymbol{\beta}_1,\cdots,\boldsymbol{\beta}_r)\boldsymbol{T}=(\boldsymbol{\eta}_1,\cdots,\boldsymbol{\eta}_r)=(\mathscr{A}\boldsymbol{\varepsilon}_1,\cdots,\mathscr{A}\boldsymbol{\varepsilon}_r)=\mathscr{A}(\boldsymbol{\varepsilon}_1,\cdots,\boldsymbol{\varepsilon}_r)$$
$$=\mathscr{A}[(\boldsymbol{\alpha}_1,\cdots,\boldsymbol{\alpha}_r)\boldsymbol{T}]=(\mathscr{A}\boldsymbol{\alpha}_1,\cdots,\mathscr{A}\boldsymbol{\alpha}_r)\boldsymbol{T},$$

故$(\boldsymbol{\beta}_1,\cdots,\boldsymbol{\beta}_r)=(\mathscr{A}\boldsymbol{\alpha}_1,\cdots,\mathscr{A}\boldsymbol{\alpha}_r)$，即 $\mathscr{A}\boldsymbol{\alpha}_i=\boldsymbol{\beta}_i(i=1,\cdots,r)$，从而即得 $\mathscr{A}\boldsymbol{\alpha}_i=\boldsymbol{\beta}_i(i=1,2,\cdots,m)$.

6. 设 $\boldsymbol{A}$ 是 n 阶实对称矩阵，且 $\boldsymbol{A}^2=\boldsymbol{E}$，证明：存在正交矩阵 $\boldsymbol{T}$，使得

$$\boldsymbol{T}^{-1}\boldsymbol{A}\boldsymbol{T}=\begin{bmatrix}\boldsymbol{E}_r & \boldsymbol{O}\\ \boldsymbol{O} & -\boldsymbol{E}_{n-r}\end{bmatrix}.$$

【思路探索】 由 $\boldsymbol{A}^2=\boldsymbol{E}$ 可得 $\boldsymbol{A}$ 的特征值为 ±1.

证 设 $\boldsymbol{A}$ 的特征值为 $\lambda_1,\lambda_2,\cdots,\lambda_n$，对应的特征向量为 $\boldsymbol{\xi}_1,\boldsymbol{\xi}_2,\cdots,\boldsymbol{\xi}_n$，即 $\boldsymbol{A}\boldsymbol{\xi}_i=\lambda_i\boldsymbol{\xi}_i(i=1,2,\cdots,n)$. 由于 $\boldsymbol{A}^2=\boldsymbol{E}$，所以有

$$\lambda_i^2\boldsymbol{\xi}_i=\boldsymbol{A}^2\boldsymbol{\xi}_i=\boldsymbol{E}\boldsymbol{\xi}_i=\boldsymbol{\xi}_i(i=1,2,\cdots,n),$$

即 $\lambda_i^2=1$，故 $\lambda_i=\pm1(i=1,2,\cdots,n)$.

又根据 $\boldsymbol{A}$ 是实对称矩阵，因此必存在正交矩阵 $\boldsymbol{T}$ 使得

$$\boldsymbol{T}^{-1}\boldsymbol{A}\boldsymbol{T}=\begin{bmatrix}\boldsymbol{E}_r & \boldsymbol{O}\\ \boldsymbol{O} & -\boldsymbol{E}_{n-r}\end{bmatrix}.$$

7. 设 $f(x_1,x_2,\cdots,x_n)=\boldsymbol{X}^{\mathrm{T}}\boldsymbol{A}\boldsymbol{X}$ 是一实二次型，$\lambda_1,\lambda_2,\cdots,\lambda_n$ 是 $\boldsymbol{A}$ 的特征多项式的根，且 $\lambda_1\leqslant\lambda_2\leqslant\cdots\leqslant\lambda_n$. 证明：对任一 $\boldsymbol{X}\in\mathbf{R}^n$，有 $\lambda_1\boldsymbol{X}^{\mathrm{T}}\boldsymbol{X}\leqslant\boldsymbol{X}^{\mathrm{T}}\boldsymbol{A}\boldsymbol{X}\leqslant\lambda_n\boldsymbol{X}^{\mathrm{T}}\boldsymbol{X}$.

【思路探索】 利用实对称矩阵的正交化标准形进行证明.

证 由于 $\boldsymbol{A}$ 是实对称矩阵，因此存在正交矩阵 $\boldsymbol{T}$ 使得

$$\boldsymbol{T}^{-1}\boldsymbol{A}\boldsymbol{T}=\mathrm{diag}\{\lambda_1,\lambda_2,\cdots,\lambda_n\}.$$

令 $\boldsymbol{X}=\boldsymbol{T}\boldsymbol{Y}$，则二次型 $f(x_1,x_2,\cdots,x_n)=\sum\limits_{i=1}^{n}\lambda_iy_i^2$. 令 $\boldsymbol{Y}=(y_1,y_2,\cdots,y_n)^{\mathrm{T}}$，由于 $\lambda_1\leqslant\cdots\leqslant\lambda_n$，因此有 $\lambda_1\boldsymbol{Y}^{\mathrm{T}}\boldsymbol{Y}\leqslant\boldsymbol{Y}^{\mathrm{T}}\mathrm{diag}\{\lambda_1,\lambda_2,\cdots,\lambda_n\}\boldsymbol{Y}\leqslant\lambda_n\boldsymbol{Y}^{\mathrm{T}}\boldsymbol{Y}$.

由于 $\boldsymbol{Y}=\boldsymbol{T}^{-1}\boldsymbol{X}$，代入上式得

$$\lambda_1\boldsymbol{X}^{\mathrm{T}}(\boldsymbol{T}^{-1})^{\mathrm{T}}\boldsymbol{T}^{-1}\boldsymbol{X}\leqslant\boldsymbol{X}^{\mathrm{T}}\boldsymbol{A}\boldsymbol{X}\leqslant\lambda_n\boldsymbol{X}^{\mathrm{T}}(\boldsymbol{T}^{-1})^{\mathrm{T}}\boldsymbol{T}^{-1}\boldsymbol{X},\text{即 }\lambda_1\boldsymbol{X}^{\mathrm{T}}\boldsymbol{X}\leqslant\boldsymbol{X}^{\mathrm{T}}\boldsymbol{A}\boldsymbol{X}\leqslant\lambda_n\boldsymbol{X}^{\mathrm{T}}\boldsymbol{X}.$$

8. 设二次型 $f(x_1,x_2,\cdots,x_n)$ 的矩阵为 $\boldsymbol{A}$，λ 是 $\boldsymbol{A}$ 的特征多项式的根，证明：存在 $\mathbf{R}^n$ 中的非零向量$(\overline{x}_1,\overline{x}_2,\cdots,\overline{x}_n)$，使得 $f(\overline{x}_1,\overline{x}_2,\cdots,\overline{x}_n)=\lambda(\overline{x}_1^2+\overline{x}_2^2+\cdots+\overline{x}_n^2)$.

【思路探索】 $\boldsymbol{A}\boldsymbol{\alpha}=\lambda\boldsymbol{\alpha}$ 两端左乘 $\boldsymbol{\alpha}^{\mathrm{T}}$ 得 $\boldsymbol{\alpha}^{\mathrm{T}}\boldsymbol{A}\boldsymbol{\alpha}=\lambda\boldsymbol{\alpha}^{\mathrm{T}}\boldsymbol{\alpha}$.

证 设 λ 是 $\boldsymbol{A}$ 的特征根，存在非零向量 $\boldsymbol{\zeta}=\begin{bmatrix}\overline{x}_1\\ \overline{x}_2\\ \vdots\\ \overline{x}_n\end{bmatrix}$，使 $\boldsymbol{A}\boldsymbol{\zeta}=\lambda\boldsymbol{\zeta}$. 两边左乘 $\boldsymbol{\zeta}^{\mathrm{T}}$，得 $\boldsymbol{\zeta}^{\mathrm{T}}\boldsymbol{A}\boldsymbol{\zeta}=\boldsymbol{\zeta}^{\mathrm{T}}\lambda\boldsymbol{\zeta}=\lambda\boldsymbol{\zeta}^{\mathrm{T}}\boldsymbol{\zeta}$，此即

$$f(\overline{x}_1,\overline{x}_2,\cdots,\overline{x}_n)=\lambda(\overline{x}_1^2+\overline{x}_2^2+\cdots+\overline{x}_n^2).$$

9. (1) 设 $\boldsymbol{\alpha},\boldsymbol{\beta}$ 是欧氏空间中两个不同的单位向量，证明：存在一镜面反射 $\mathscr{A}$，使 $\mathscr{A}(\boldsymbol{\alpha})=\boldsymbol{\beta}$;

(2) 证明：n 维欧氏空间中任一正交变换都可以表示成一系列镜面反射的乘积.

证 (1) 令 $\boldsymbol{\eta}=\dfrac{\boldsymbol{\alpha}-\boldsymbol{\beta}}{\sqrt{2(1-(\boldsymbol{\alpha},\boldsymbol{\beta}))}}$，由于 $\boldsymbol{\alpha},\boldsymbol{\beta}$ 为单位向量，则

$$(\boldsymbol{\eta},\boldsymbol{\eta})=\frac{1}{2-2(\boldsymbol{\alpha},\boldsymbol{\beta})}[(\boldsymbol{\alpha},\boldsymbol{\alpha})-2(\boldsymbol{\alpha},\boldsymbol{\beta})+(\boldsymbol{\beta},\boldsymbol{\beta})]=1,$$

即 $\boldsymbol{\eta}$ 为单位向量. 由本章习题第 15 题知，镜面反射为 $\mathscr{A}\boldsymbol{\gamma}=\boldsymbol{\gamma}-2(\boldsymbol{\eta},\boldsymbol{\gamma})\boldsymbol{\eta},\boldsymbol{\gamma}\in V$，从而

$$\begin{aligned}\mathscr{A}\boldsymbol{\alpha}&=\boldsymbol{\alpha}-2(\boldsymbol{\eta},\boldsymbol{\alpha})\boldsymbol{\eta}\\&=\boldsymbol{\alpha}-2\left(\frac{\boldsymbol{\alpha}-\boldsymbol{\beta}}{\sqrt{2-2(\boldsymbol{\alpha},\boldsymbol{\beta})}},\boldsymbol{\alpha}\right)\cdot\frac{\boldsymbol{\alpha}-\boldsymbol{\beta}}{\sqrt{2-2(\boldsymbol{\alpha},\boldsymbol{\beta})}}\\&=\boldsymbol{\alpha}-\frac{(\boldsymbol{\alpha}-\boldsymbol{\beta},\boldsymbol{\alpha})}{1-(\boldsymbol{\alpha},\boldsymbol{\beta})}(\boldsymbol{\alpha}-\beta)=\boldsymbol{\alpha}-\boldsymbol{\alpha}+\boldsymbol{\beta}=\boldsymbol{\beta}.\end{aligned}$$

(2) 设$\mathscr{A}$是正交变换，$\boldsymbol{\varepsilon}_1,\boldsymbol{\varepsilon}_2,\cdots,\boldsymbol{\varepsilon}_n$ 是一组标准正交基，且 $\mathscr{A}\boldsymbol{\varepsilon}_i=\boldsymbol{\eta}_i(i=1,2,\cdots,n)$，由于$\mathscr{A}$是正交变换，$\boldsymbol{\eta}_1,\boldsymbol{\eta}_2,\cdots,\boldsymbol{\eta}_n$ 也是一组标准正交基.

若 $\boldsymbol{\varepsilon}_i=\boldsymbol{\eta}_i(i=1,2,\cdots,n)$，令 $\mathscr{A}_1\boldsymbol{\gamma}=\boldsymbol{\gamma}-2(\boldsymbol{\varepsilon}_1,\boldsymbol{\gamma})\boldsymbol{\varepsilon}_1(\boldsymbol{\gamma}\in V)$，则有 $\mathscr{A}_1\boldsymbol{\varepsilon}_1=-\boldsymbol{\varepsilon}_1$，$\mathscr{A}_1\boldsymbol{\varepsilon}_j=\boldsymbol{\varepsilon}_j(j=2,\cdots,n)$. 可见 $\mathscr{A}_1$ 是镜面反射，且 $\mathscr{A}=\mathscr{A}_1\mathscr{A}_1$.

假设$\boldsymbol{\varepsilon}_1,\boldsymbol{\varepsilon}_2,\cdots,\boldsymbol{\varepsilon}_n$ 与 $\boldsymbol{\eta}_1,\boldsymbol{\eta}_2,\cdots,\boldsymbol{\eta}_n$ 不尽相同，不妨设 $\boldsymbol{\varepsilon}_1\neq\boldsymbol{\eta}_1$，由(1)的证明可知，存在镜面反射 $\mathscr{A}_1$，使

$$\mathscr{A}_1\boldsymbol{\varepsilon}_1=\boldsymbol{\eta}_1,\mathscr{A}_1\boldsymbol{\varepsilon}_j=\boldsymbol{\xi}_j(j=2,\cdots,n).$$

若 $\boldsymbol{\xi}_j=\boldsymbol{\eta}_j(j=2,\cdots,n)$，则 $\mathscr{A}=\mathscr{A}_1$，如果不然，不妨设 $\boldsymbol{\xi}_2\neq\boldsymbol{\eta}_2$，定义 $\mathscr{A}_2\boldsymbol{\alpha}=\boldsymbol{\alpha}-2(\boldsymbol{\eta},\boldsymbol{\alpha})\boldsymbol{\eta}$，其中 $\boldsymbol{\eta}=\dfrac{\boldsymbol{\xi}_2-\boldsymbol{\eta}_2}{\sqrt{2(1-(\boldsymbol{\xi}_2,\boldsymbol{\eta}_2))}}$. 可以验证 $\mathscr{A}_2\boldsymbol{\xi}_2=\boldsymbol{\eta}_2$，$\mathscr{A}_2\boldsymbol{\eta}_1=\boldsymbol{\eta}_1-2(\boldsymbol{\eta},\boldsymbol{\eta}_1)\boldsymbol{\eta}=\boldsymbol{\eta}_1$.

如果 $\mathscr{A}_2\mathscr{A}_1\boldsymbol{\varepsilon}_i=\mathscr{A}\boldsymbol{\varepsilon}_i(i=3,4,\cdots,n)$，则 $\mathscr{A}=\mathscr{A}_2\mathscr{A}_1$，否则，重复以上作法，可得 $\mathscr{A}=\mathscr{A}_s\mathscr{A}_{s-1}\cdots\mathscr{A}_2\mathscr{A}_1$，其中 $\mathscr{A}_j(j=1,2,\cdots,s)$ 都是镜面反射.

10. 设 $\boldsymbol{A},\boldsymbol{B}$ 是两个 $n\times n$ 实对称矩阵，且 $\boldsymbol{B}$ 是正定矩阵. 证明：存在一 $n\times n$ 实可逆矩阵 $\boldsymbol{T}$，使 $\boldsymbol{T}^{\mathrm{T}}\boldsymbol{AT}$ 与 $\boldsymbol{T}^{\mathrm{T}}\boldsymbol{BT}$ 同时成对角形.

【思路探索】 正定矩阵与单位阵合同，实对称矩阵正交相似于对角矩阵.

证 $\boldsymbol{B}$ 是正定矩阵，故存在实可逆矩阵 $\boldsymbol{T}_1$，使 $\boldsymbol{T}_1{}^{\mathrm{T}}\boldsymbol{BT}_1=\boldsymbol{E}$. 考虑实对称矩阵 $\boldsymbol{T}_1{}^{\mathrm{T}}\boldsymbol{AT}_1$，存在正交矩阵 $\boldsymbol{T}_2$，使 $\boldsymbol{T}_2^{\mathrm{T}}(\boldsymbol{T}_1^{\mathrm{T}}\boldsymbol{AT}_1)\boldsymbol{T}_2$ 为对角矩阵. 另外 $\boldsymbol{T}_2^{\mathrm{T}}(\boldsymbol{T}_1^{\mathrm{T}}\boldsymbol{BT}_1)\boldsymbol{T}_2=\boldsymbol{T}_2^{\mathrm{T}}\boldsymbol{T}_2=\boldsymbol{E}$.

令 $\boldsymbol{T}=\boldsymbol{T}_1\boldsymbol{T}_2$，则 $\boldsymbol{T}$ 为实可逆矩阵，且 $\boldsymbol{T}^{\mathrm{T}}\boldsymbol{AT}$ 与 $\boldsymbol{T}^{\mathrm{T}}\boldsymbol{BT}$ 同时为对角矩阵.

11. 证明：酉空间中两组标准正交基的过渡矩阵是酉矩阵.

证 设 $\boldsymbol{\varepsilon}_1,\boldsymbol{\varepsilon}_2,\cdots,\boldsymbol{\varepsilon}_n$ 与 $\boldsymbol{\eta}_1,\boldsymbol{\eta}_2,\cdots,\boldsymbol{\eta}_n$ 是酉空间 V 中两组标准正交基，它们的过渡矩阵为 $\boldsymbol{A}=(a_{ij})_{n\times n}$，即

$$(\boldsymbol{\eta}_1,\boldsymbol{\eta}_2,\cdots,\boldsymbol{\eta}_n)=(\boldsymbol{\varepsilon}_1,\boldsymbol{\varepsilon}_2,\cdots,\boldsymbol{\varepsilon}_n)\begin{pmatrix}a_{11}&\cdots&a_{1n}\\\vdots&&\vdots\\a_{n1}&\cdots&a_{nn}\end{pmatrix}.$$

由于 $\boldsymbol{\eta}_1,\boldsymbol{\eta}_2,\cdots,\boldsymbol{\eta}_n$ 是标准正交基，所以

$$(\boldsymbol{\eta}_i,\boldsymbol{\eta}_j)=\begin{cases}1,i=j,\\0,i\neq j.\end{cases}$$

而

$$\boldsymbol{\eta}_i=a_{1i}\boldsymbol{\varepsilon}_1+\cdots+a_{ni}\boldsymbol{\varepsilon}_n,\boldsymbol{\eta}_j=a_{1j}\boldsymbol{\varepsilon}_1+\cdots+a_{nj}\boldsymbol{\varepsilon}_n,$$

$$(\boldsymbol{\eta}_i,\boldsymbol{\eta}_j)=(a_{1i}\boldsymbol{\varepsilon}_1+\cdots+a_{ni}\boldsymbol{\varepsilon}_n,a_{1j}\boldsymbol{\varepsilon}_1+\cdots+a_{nj}\boldsymbol{\varepsilon}_n).$$

再由教材第 266 页酉空间上内积的定义，可知

$$a_{1i}\overline{a}_{1j}+a_{2i}\overline{a}_{2j}+\cdots+a_{ni}\overline{a}_{nj}=\begin{cases}1,i=j,\\0,i\neq j,\end{cases}$$

即 $\overline{\boldsymbol{A}}^{\mathrm{T}}\boldsymbol{A}=\boldsymbol{E}$，所以 $\boldsymbol{A}$ 是酉矩阵.

12. 证明：酉矩阵的特征根的模为 1.

证 设 λ 为酉矩阵 $\boldsymbol{A}$ 的一个特征值，对应的特征向量为 $\boldsymbol{\alpha}(\neq 0)$，则 $\overline{\boldsymbol{A}}^{\mathrm{T}}=\boldsymbol{A}^{-1}$，且 $\boldsymbol{A\alpha}=\lambda\boldsymbol{\alpha}$，$\overline{\boldsymbol{\alpha}}^{\mathrm{T}}\overline{\boldsymbol{A}}^{\mathrm{T}}=\overline{\lambda}\overline{\boldsymbol{\alpha}}^{\mathrm{T}}$，$\overline{\boldsymbol{\alpha}}^{\mathrm{T}}\boldsymbol{\alpha}=\overline{\boldsymbol{\alpha}}^{\mathrm{T}}(\overline{\boldsymbol{A}}^{\mathrm{T}}\boldsymbol{A})\boldsymbol{\alpha}=\overline{\lambda}\overline{\boldsymbol{\alpha}}^{\mathrm{T}}\lambda\boldsymbol{\alpha}=\overline{\lambda}\lambda(\overline{\boldsymbol{\alpha}}^{\mathrm{T}}\boldsymbol{\alpha})$. 又 $\overline{\boldsymbol{\alpha}}^{\mathrm{T}}\boldsymbol{\alpha}\neq 0$ 两边消去 $\overline{\boldsymbol{\alpha}}^{\mathrm{T}}\boldsymbol{\alpha}$，得 $|\lambda|^2=1$，所以 $|\lambda|=1$.

13. 设 $\boldsymbol{A}$ 是一个 n 阶可逆复矩阵，证明：$\boldsymbol{A}$ 可以分解成 $\boldsymbol{A}=\boldsymbol{UT}$，其中 $\boldsymbol{U}$ 是酉矩阵，$\boldsymbol{T}$ 是上三角形矩阵，即

$$T=\begin{pmatrix} t_{11} & t_{12} & \cdots & t_{1n} \\ 0 & t_{22} & \cdots & t_{2n} \\ \vdots & \vdots & & \vdots \\ 0 & 0 & \cdots & t_{nn} \end{pmatrix},$$

其中对角线元素 $t_{ii}(i=1,2,\cdots,n)$ 都是正实数,并证明这个分解是唯一的.

【思路探索】 可采用与本章习题 14 类似的方法.

证 设 $\boldsymbol{\alpha}_1,\boldsymbol{\alpha}_2,\cdots,\boldsymbol{\alpha}_n$ 是酉空间 V 的一组标准正交基. 因为方阵 $\boldsymbol{A}$ 可逆,所以由 $(\boldsymbol{\beta}_1,\boldsymbol{\beta}_2,\cdots,\boldsymbol{\beta}_n)=(\boldsymbol{\alpha}_1,\boldsymbol{\alpha}_2,\cdots,\boldsymbol{\alpha}_n)\boldsymbol{A}$ 所确定的向量组 $\boldsymbol{\beta}_1,\boldsymbol{\beta}_2,\cdots,\boldsymbol{\beta}_n$ 是 V 的一组基,对向量 $\boldsymbol{\beta}_1,\boldsymbol{\beta}_2,\cdots,\boldsymbol{\beta}_n$ 施行正交化,即

$$\boldsymbol{\varepsilon}_1=\boldsymbol{\beta}_1,$$

$$\boldsymbol{\varepsilon}_2=\boldsymbol{\beta}_2-\frac{(\boldsymbol{\beta}_2,\boldsymbol{\varepsilon}_1)}{(\boldsymbol{\varepsilon}_1,\boldsymbol{\varepsilon}_1)}\boldsymbol{\varepsilon}_1,$$

$$\cdots\cdots\cdots\cdots$$

$$\boldsymbol{\varepsilon}_n=\boldsymbol{\beta}_n-\frac{(\boldsymbol{\beta}_n,\boldsymbol{\varepsilon}_{n-1})}{(\boldsymbol{\varepsilon}_{n-1},\boldsymbol{\varepsilon}_{n-1})}\boldsymbol{\varepsilon}_{n-1}-\cdots-\frac{(\boldsymbol{\beta}_n,\boldsymbol{\varepsilon}_1)}{(\boldsymbol{\varepsilon}_1,\boldsymbol{\varepsilon}_1)}\boldsymbol{\varepsilon}_1,$$

则向量 $\boldsymbol{\varepsilon}_1,\boldsymbol{\varepsilon}_2,\cdots,\boldsymbol{\varepsilon}_n$ 两两正交,而且都是非零向量,将上面的式子写成矩阵形式即得

$$(\boldsymbol{\beta}_1,\boldsymbol{\beta}_2,\cdots,\boldsymbol{\beta}_n)=(\boldsymbol{\varepsilon}_1,\boldsymbol{\varepsilon}_2,\cdots,\boldsymbol{\varepsilon}_n)\begin{pmatrix} 1 & \frac{(\boldsymbol{\beta}_2,\boldsymbol{\varepsilon}_1)}{(\boldsymbol{\varepsilon}_1,\boldsymbol{\varepsilon}_1)} & \cdots & \frac{(\boldsymbol{\beta}_n,\boldsymbol{\varepsilon}_1)}{(\boldsymbol{\varepsilon}_1,\boldsymbol{\varepsilon}_1)} \\ 0 & 1 & \cdots & \frac{(\boldsymbol{\beta}_n,\boldsymbol{\varepsilon}_2)}{(\boldsymbol{\varepsilon}_2,\boldsymbol{\varepsilon}_2)} \\ \vdots & \vdots & & \vdots \\ 0 & 0 & \cdots & 1 \end{pmatrix},$$

再把向量 $\boldsymbol{\varepsilon}_1,\boldsymbol{\varepsilon}_2,\cdots,\boldsymbol{\varepsilon}_n$ 单位化,即令

$$\boldsymbol{\eta}_1=\frac{\boldsymbol{\varepsilon}_1}{|\boldsymbol{\varepsilon}_1|},\boldsymbol{\eta}_2=\frac{\boldsymbol{\varepsilon}_2}{|\boldsymbol{\varepsilon}_2|},\cdots,\boldsymbol{\eta}_n=\frac{\boldsymbol{\varepsilon}_n}{|\boldsymbol{\varepsilon}_n|}.$$

写成矩阵形式为

$$(\boldsymbol{\varepsilon}_1,\boldsymbol{\varepsilon}_2,\cdots,\boldsymbol{\varepsilon}_n)=(\boldsymbol{\eta}_1,\boldsymbol{\eta}_2,\cdots,\boldsymbol{\eta}_n)\operatorname{diag}(|\boldsymbol{\varepsilon}_1|,|\boldsymbol{\varepsilon}_2|,\cdots,|\boldsymbol{\varepsilon}_n|),$$

于是 $(\boldsymbol{\beta}_1,\boldsymbol{\beta}_2,\cdots,\boldsymbol{\beta}_n)=(\boldsymbol{\eta}_1,\boldsymbol{\eta}_2,\cdots,\boldsymbol{\eta}_n)\boldsymbol{T}$.

其中

$$\boldsymbol{T}=\operatorname{diag}(|\boldsymbol{\varepsilon}_1|,|\boldsymbol{\varepsilon}_2|,\cdots,|\boldsymbol{\varepsilon}_n|)\begin{pmatrix} 1 & \frac{(\boldsymbol{\beta}_2,\boldsymbol{\varepsilon}_1)}{(\boldsymbol{\varepsilon}_1,\boldsymbol{\varepsilon}_1)} & \cdots & \frac{(\boldsymbol{\beta}_n,\boldsymbol{\varepsilon}_1)}{(\boldsymbol{\varepsilon}_1,\boldsymbol{\varepsilon}_1)} \\ 0 & 1 & \cdots & \frac{(\boldsymbol{\beta}_n,\boldsymbol{\varepsilon}_2)}{(\boldsymbol{\varepsilon}_2,\boldsymbol{\varepsilon}_2)} \\ \vdots & \vdots & & \vdots \\ 0 & 0 & \cdots & 1 \end{pmatrix},$$

显然 $\boldsymbol{T}$ 是上三角形的矩阵,而且 t_{ii} 是正实数.

由于 $\boldsymbol{\alpha}_1,\boldsymbol{\alpha}_2,\cdots,\boldsymbol{\alpha}_n$ 与 $\boldsymbol{\eta}_1,\boldsymbol{\eta}_2,\cdots,\boldsymbol{\eta}_n$ 是 V 中的标准正交基,所以存在酉矩阵 $\boldsymbol{U}$,使得

$$(\boldsymbol{\eta}_1,\boldsymbol{\eta}_2,\cdots,\boldsymbol{\eta}_n)=(\boldsymbol{\alpha}_1,\boldsymbol{\alpha}_2,\cdots,\boldsymbol{\alpha}_n)\boldsymbol{U}.$$

因此,$(\boldsymbol{\beta}_1,\boldsymbol{\beta}_2,\cdots,\boldsymbol{\beta}_n)=(\boldsymbol{\alpha}_1,\boldsymbol{\alpha}_2,\cdots,\boldsymbol{\alpha}_n)\boldsymbol{UT}$,即有 $\boldsymbol{A}=\boldsymbol{UT}$.

以下来证分解是唯一的. 设 $\boldsymbol{A}=\boldsymbol{UT}=\boldsymbol{U}_1\boldsymbol{T}_1$,其中 $\boldsymbol{U}_1$ 是酉矩阵,$\boldsymbol{T}_1$ 是对角元全为正数的上三角形矩阵,则 $\overline{\boldsymbol{U}}_1^{\mathrm{T}}\boldsymbol{U}=\boldsymbol{T}_1\boldsymbol{T}^{-1}$,记 $\boldsymbol{C}=\overline{\boldsymbol{U}}_1^{\mathrm{T}}\boldsymbol{U}$,由于 $\boldsymbol{U}_1$ 是酉矩阵,所以 $\overline{\boldsymbol{U}}_1^{\mathrm{T}}$ 是酉矩阵,又酉矩阵的乘积是酉矩阵,因此 $\boldsymbol{C}$ 也是酉矩阵;另一方面,$\boldsymbol{T}$ 是上三角形矩阵,它的逆矩阵也是上三角形矩阵,又上三角形矩阵的乘积是上三角形矩阵,所以 $\boldsymbol{C}$ 是上三角形的酉矩阵,从而 $\boldsymbol{C}$ 是对角矩阵,其对角元为 1 或 -1,由于 $\boldsymbol{T}_1=\boldsymbol{CT}$,且 $\boldsymbol{T}$ 与 $\boldsymbol{T}_1$ 的对角元全为正数,所以 $\boldsymbol{C}$ 的对角元只能是 1,即 $\boldsymbol{C}=\boldsymbol{E}_n$,从而 $\boldsymbol{U}_1=\boldsymbol{U},\boldsymbol{T}_1=\boldsymbol{T}$.

14. 证明：埃尔米特矩阵的特征值是实数，并且它的属于不同特征值的特征向量相互正交.

【思路探索】 $\overline{A}^{T}=A$ 可得：对 A 的任一特征值 λ，有 $\lambda=\overline{\lambda}$.

证　设 λ 是 A 的任一特征值，ζ 为它的特征向量，由于 $\overline{A}^{T}=A$，故 $\overline{\zeta}^{T}A\zeta=\overline{\zeta}^{T}\overline{A}^{T}\overline{\zeta}=(\overline{A\zeta})^{T}\zeta$，　①

又
$$A\zeta=\lambda\zeta,\overline{A\zeta}=\overline{\lambda\zeta},(\overline{A\zeta})^{T}=\overline{\lambda}\,\overline{\zeta}^{T},$$

代入式①得 $\overline{\zeta}^{T}A\zeta=\overline{\lambda}\,\overline{\zeta}^{T}\zeta$，所以 $\lambda\overline{\zeta}^{T}\zeta=\overline{\lambda}(\overline{\zeta}^{T}\zeta)$，所以 $\lambda=\overline{\lambda}$，即 λ 为实数.

再设 λ,μ 是 A 的两个不同的特征值，α,β 分别为属于 λ 和 μ 的特征向量，有
$$A\alpha=\lambda\alpha,A\beta=\mu\beta.$$

由于 $(A\alpha,\beta)=(\alpha,A\beta)$，$(A\alpha,\beta)=(\lambda\alpha,\beta)=\lambda(\alpha,\beta)$，$(\alpha,A\beta)=(\alpha,\mu\beta)=\mu(\alpha,\beta)$，所以 $\lambda(\alpha,\beta)=\mu(\alpha,\beta)$. 但 $\lambda\neq\mu$，故 $(\alpha,\beta)=0$.

于是属于不同特征值的特征向量相互正交，命题得证.

四、自测题

第九章自测题

一、判断题(每题 3 分,共 15 分)

1. 与自己正交的向量只有零向量. (　　)
2. 正交矩阵一定是正定矩阵,反之不成立. (　　)
3. 设 $\mathscr{A}$ 是 n 维欧氏空间 V 的一个正交变换,如果 $\boldsymbol{\varepsilon}_1,\boldsymbol{\varepsilon}_2,\cdots,\boldsymbol{\varepsilon}_n$ 是 V 的一组标准正交基,则 $\mathscr{A}\boldsymbol{\varepsilon}_1,\mathscr{A}\boldsymbol{\varepsilon}_2,\cdots,\mathscr{A}\boldsymbol{\varepsilon}_n$ 也是 V 的一组标准正交基. (　　)
4. 实对称矩阵的特征值均为实数. (　　)
5. n 维欧氏空间中的任一对称变换都有 n 个线性无关的特征向量. (　　)

二、填空题(每题 3 分,共 15 分)

6. 在 $\mathbf{R}^n$ 中,设 $\boldsymbol{\alpha}=(a_1,a_2,\cdots,a_n)$,$\boldsymbol{\beta}=(b_1,b_2,\cdots,b_n)$,定义二元函数 $(\boldsymbol{\alpha},\boldsymbol{\beta})=\left(\sum\limits_{i=1}^{n}a_i\right)\left(\sum\limits_{i=1}^{n}b_i\right)$,试问该二元函数是否构成内积?________
7. 设 V 是一个 n 维欧氏空间,在 V 中取一组基 $\boldsymbol{\varepsilon}_1,\boldsymbol{\varepsilon}_2,\cdots,\boldsymbol{\varepsilon}_n$,则基 $\boldsymbol{\varepsilon}_1,\boldsymbol{\varepsilon}_2,\cdots,\boldsymbol{\varepsilon}_n$ 的度量矩阵为________.
8. 设 V_1,V_2 是 n 维欧氏空间 V 的两个子空间,且 V_1,V_2 互为正交补,则 V_1,V_2 的维数的关系为________.
9. 已知 3 维欧氏空间 V 的一组基 $\boldsymbol{\varepsilon}_1,\boldsymbol{\varepsilon}_2,\boldsymbol{\varepsilon}_3$ 的度量矩阵为 $\boldsymbol{A}$,令 $\boldsymbol{\eta}_1=\boldsymbol{\varepsilon}_1,\boldsymbol{\eta}_2=\boldsymbol{\varepsilon}_1+\boldsymbol{\varepsilon}_2,\boldsymbol{\eta}_3=\boldsymbol{\varepsilon}_1+\boldsymbol{\varepsilon}_2+\boldsymbol{\varepsilon}_3$,则 $\boldsymbol{\eta}_1,\boldsymbol{\eta}_2,\boldsymbol{\eta}_3$ 的度量矩阵为________.
10. 在 $\mathbf{R}^4$ 通常的内积定义下,向量 $(1,1,1,2)$ 与 $(1,2,-2,1)$ 的夹角为________.

三、计算题(每题 10 分,共 30 分)

11. 设 $\boldsymbol{\varepsilon}_1,\boldsymbol{\varepsilon}_2,\boldsymbol{\varepsilon}_3$ 是 3 维欧氏空间 V 的一组基,这组基的度量矩阵为 $\boldsymbol{A}=\begin{pmatrix}1&-1&1\\-1&2&0\\1&0&4\end{pmatrix}$. 利用正交化方法求 V 的一组标准正交基.
12. 已知矩阵 $\boldsymbol{A}=\begin{pmatrix}5&-1&3\\-1&5&-3\\3&-3&3\end{pmatrix}$,求一正交矩阵 $\boldsymbol{T}$,使得 $\boldsymbol{T}^{\mathrm{T}}\boldsymbol{AT}$ 为对角矩阵.
13. 设 V 为 4 维欧氏空间,$\boldsymbol{\varepsilon}_1,\boldsymbol{\varepsilon}_2,\boldsymbol{\varepsilon}_3,\boldsymbol{\varepsilon}_4$ 为 V 的一组标准正交基,设 $\boldsymbol{\alpha}_1=\boldsymbol{\varepsilon}_1+\boldsymbol{\varepsilon}_2,\boldsymbol{\alpha}_2=\boldsymbol{\varepsilon}_1+\boldsymbol{\varepsilon}_2-\boldsymbol{\varepsilon}_3,W=L(\boldsymbol{\alpha}_1,\boldsymbol{\alpha}_2)$. 求 W 的正交补 $W^{\perp}$.

四、证明题(前两题每题 10 分,第 16 题 20 分,共 40 分)

14. 设 $\boldsymbol{A}$ 为正交矩阵,证明:$\boldsymbol{A}^*$ 为正交矩阵.
15. 证明:不存在 $n(n\geqslant 1)$ 阶正交矩阵 $\boldsymbol{A},\boldsymbol{B}$,满足 $\boldsymbol{A}^2-\boldsymbol{B}^2=\boldsymbol{AB}$.
16. 设 n 维线性空间 V 的一组基 $\boldsymbol{\varepsilon}_1,\boldsymbol{\varepsilon}_2,\cdots,\boldsymbol{\varepsilon}_n$ 的度量矩阵为 $\boldsymbol{B}=(b_{ij})$,V 的某一线性变换 $\mathscr{A}$ 在基 $\boldsymbol{\varepsilon}_1,\boldsymbol{\varepsilon}_2,\cdots,\boldsymbol{\varepsilon}_n$ 下的矩阵为 $\boldsymbol{A}=(a_{ij})$. 证明:

(1) 若 $\mathscr{A}$ 是正交变换,则 $\boldsymbol{A}^{\mathrm{T}}\boldsymbol{BA}=\boldsymbol{B}$;

(2) 若 $\mathscr{A}$ 是对称变换,则 $\boldsymbol{A}^{\mathrm{T}}\boldsymbol{B}=\boldsymbol{BA}$.

第九章自测题解答

一、1. √　2. ×　3. √　4. √　5. √

二、6. 否.

7. $\begin{pmatrix} (\boldsymbol{\varepsilon}_1,\boldsymbol{\varepsilon}_1) & (\boldsymbol{\varepsilon}_1,\boldsymbol{\varepsilon}_2) & \cdots & (\boldsymbol{\varepsilon}_1,\boldsymbol{\varepsilon}_n) \\ (\boldsymbol{\varepsilon}_2,\boldsymbol{\varepsilon}_1) & (\boldsymbol{\varepsilon}_2,\boldsymbol{\varepsilon}_2) & \cdots & (\boldsymbol{\varepsilon}_2,\boldsymbol{\varepsilon}_n) \\ \vdots & \vdots & & \vdots \\ (\boldsymbol{\varepsilon}_n,\boldsymbol{\varepsilon}_1) & (\boldsymbol{\varepsilon}_n,\boldsymbol{\varepsilon}_2) & \cdots & (\boldsymbol{\varepsilon}_n,\boldsymbol{\varepsilon}_n) \end{pmatrix}$.

8. V_1,V_2 维数之和为 n.

9. $\begin{pmatrix} 1 & 0 & 0 \\ 1 & 1 & 0 \\ 1 & 1 & 1 \end{pmatrix}\boldsymbol{A}\begin{pmatrix} 1 & 1 & 1 \\ 0 & 1 & 1 \\ 0 & 0 & 1 \end{pmatrix}$.

10. $\arccos\dfrac{3}{\sqrt{70}}$.

三、11. 解　因为 $\boldsymbol{A}$ 是 $\boldsymbol{\varepsilon}_1,\boldsymbol{\varepsilon}_2,\boldsymbol{\varepsilon}_3$ 的度量矩阵,故

$$(\boldsymbol{\varepsilon}_1,\boldsymbol{\varepsilon}_1)=1,(\boldsymbol{\varepsilon}_1,\boldsymbol{\varepsilon}_2)=(\boldsymbol{\varepsilon}_2,\boldsymbol{\varepsilon}_1)=-1,(\boldsymbol{\varepsilon}_1,\boldsymbol{\varepsilon}_3)=(\boldsymbol{\varepsilon}_3,\boldsymbol{\varepsilon}_1)=1,$$
$$(\boldsymbol{\varepsilon}_2,\boldsymbol{\varepsilon}_2)=2,(\boldsymbol{\varepsilon}_2,\boldsymbol{\varepsilon}_3)=(\boldsymbol{\varepsilon}_3,\boldsymbol{\varepsilon}_2)=0,(\boldsymbol{\varepsilon}_3,\boldsymbol{\varepsilon}_3)=4.$$

正交化可得

$$\boldsymbol{\zeta}_1=\boldsymbol{\varepsilon}_1,$$
$$\boldsymbol{\zeta}_2=\boldsymbol{\varepsilon}_2-\frac{(\boldsymbol{\varepsilon}_2,\boldsymbol{\zeta}_1)}{(\boldsymbol{\zeta}_1,\boldsymbol{\zeta}_1)}\boldsymbol{\zeta}_1=\boldsymbol{\varepsilon}_2-\frac{(\boldsymbol{\varepsilon}_2,\boldsymbol{\varepsilon}_1)}{(\boldsymbol{\varepsilon}_1,\boldsymbol{\varepsilon}_1)}\boldsymbol{\varepsilon}_1=\boldsymbol{\varepsilon}_2+\boldsymbol{\varepsilon}_1,$$
$$\boldsymbol{\zeta}_3=\boldsymbol{\varepsilon}_3-\frac{(\boldsymbol{\varepsilon}_3,\boldsymbol{\zeta}_2)}{(\boldsymbol{\zeta}_2,\boldsymbol{\zeta}_2)}\boldsymbol{\zeta}_2-\frac{(\boldsymbol{\varepsilon}_3,\boldsymbol{\zeta}_1)}{(\boldsymbol{\zeta}_1,\boldsymbol{\zeta}_1)}\boldsymbol{\zeta}_1$$
$$=\boldsymbol{\varepsilon}_3-\frac{(\boldsymbol{\varepsilon}_3,\boldsymbol{\varepsilon}_2+\boldsymbol{\varepsilon}_1)}{(\boldsymbol{\varepsilon}_2+\boldsymbol{\varepsilon}_1,\boldsymbol{\varepsilon}_2+\boldsymbol{\varepsilon}_1)}(\boldsymbol{\varepsilon}_2+\boldsymbol{\varepsilon}_1)-\frac{(\boldsymbol{\varepsilon}_3,\boldsymbol{\varepsilon}_1)}{(\boldsymbol{\varepsilon}_1,\boldsymbol{\varepsilon}_1)}\boldsymbol{\varepsilon}_1=\boldsymbol{\varepsilon}_3-\boldsymbol{\varepsilon}_2-2\boldsymbol{\varepsilon}_1.$$

再单位化

$$\boldsymbol{\eta}_1=\frac{\boldsymbol{\zeta}_1}{|\boldsymbol{\xi}_1|}=\frac{\boldsymbol{\varepsilon}_1}{\sqrt{(\boldsymbol{\varepsilon}_1,\boldsymbol{\varepsilon}_1)}}=\boldsymbol{\varepsilon}_1,$$
$$\boldsymbol{\eta}_2=\frac{\boldsymbol{\zeta}_2}{|\boldsymbol{\xi}_2|}=\frac{\boldsymbol{\varepsilon}_2+\boldsymbol{\varepsilon}_1}{\sqrt{(\boldsymbol{\varepsilon}_2+\boldsymbol{\varepsilon}_1,\boldsymbol{\varepsilon}_2+\boldsymbol{\varepsilon}_1)}}=\boldsymbol{\varepsilon}_2+\boldsymbol{\varepsilon}_1,$$
$$\boldsymbol{\eta}_3=\frac{\boldsymbol{\zeta}_3}{|\boldsymbol{\xi}_3|}=\frac{\boldsymbol{\varepsilon}_3-\boldsymbol{\varepsilon}_2-2\boldsymbol{\varepsilon}_1}{\sqrt{(\boldsymbol{\varepsilon}_3-\boldsymbol{\varepsilon}_2-2\boldsymbol{\varepsilon}_1,\boldsymbol{\varepsilon}_3-\boldsymbol{\varepsilon}_2-2\boldsymbol{\varepsilon}_1)}}=\frac{1}{\sqrt{2}}(\boldsymbol{\varepsilon}_3-\boldsymbol{\varepsilon}_2-2\boldsymbol{\varepsilon}_1).$$

从而 $\boldsymbol{\eta}_1,\boldsymbol{\eta}_2,\boldsymbol{\eta}_3$ 即为 V 的一组标准正交基.

12. 解　首先求矩阵 $\boldsymbol{A}$ 的特征值

$$|\lambda\boldsymbol{E}-\boldsymbol{A}|=\begin{vmatrix} \lambda-5 & 1 & -3 \\ 1 & \lambda-5 & 3 \\ -3 & 3 & \lambda-3 \end{vmatrix}\xlongequal{r_2+r_1}\begin{vmatrix} \lambda-5 & 1 & -3 \\ \lambda-4 & \lambda-4 & 0 \\ -3 & 3 & \lambda-3 \end{vmatrix}$$
$$\xlongequal{c_1-c_2}\begin{vmatrix} \lambda-6 & 1 & -3 \\ 0 & \lambda-4 & 0 \\ -6 & 3 & \lambda-3 \end{vmatrix}=(\lambda-4)\begin{vmatrix} \lambda-6 & -3 \\ -6 & \lambda-3 \end{vmatrix}=\lambda(\lambda-4)(\lambda-9),$$

于是 $\boldsymbol{A}$ 的特征值为 $\lambda_1=0,\lambda_2=4,\lambda_3=9$,对应的特征向量分别为

$$\boldsymbol{\zeta}_1=\begin{pmatrix}-1\\1\\2\end{pmatrix},\boldsymbol{\zeta}_2=\begin{pmatrix}1\\1\\0\end{pmatrix},\boldsymbol{\zeta}_3=\begin{pmatrix}1\\-1\\1\end{pmatrix}.$$

容易验证它们已两两正交,单位化可得

$$\boldsymbol{\eta}_1=\frac{\boldsymbol{\zeta}_1}{|\boldsymbol{\zeta}_1|}=\frac{1}{\sqrt{6}}\begin{pmatrix}-1\\1\\2\end{pmatrix},\boldsymbol{\eta}_2=\frac{\boldsymbol{\zeta}_2}{|\boldsymbol{\zeta}_2|}=\frac{1}{\sqrt{2}}\begin{pmatrix}1\\1\\0\end{pmatrix},\boldsymbol{\eta}_3=\frac{\boldsymbol{\zeta}_3}{|\boldsymbol{\zeta}_3|}=\frac{1}{\sqrt{3}}\begin{pmatrix}1\\-1\\1\end{pmatrix},$$

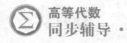

故令正交矩阵为 $T=\begin{pmatrix}-\frac{1}{\sqrt6} & \frac{1}{\sqrt2} & \frac{1}{\sqrt3}\\ \frac{1}{\sqrt6} & \frac{1}{\sqrt2} & -\frac{1}{\sqrt3}\\ \frac{2}{\sqrt6} & 0 & \frac{1}{\sqrt3}\end{pmatrix}$，则 $T^{T}AT=\begin{pmatrix}0 & & \\ & 4 & \\ & & 9\end{pmatrix}$.

13. 解　设 $\boldsymbol{\alpha}=x_1\boldsymbol{\varepsilon}_1+x_2\boldsymbol{\varepsilon}_2+x_3\boldsymbol{\varepsilon}_3+x_4\boldsymbol{\varepsilon}_4\in W^{\perp}$，则由正交补的定义可得

$$\begin{cases}(\boldsymbol{\alpha},\boldsymbol{\alpha}_1)=x_1+x_2=0,\\(\boldsymbol{\alpha},\boldsymbol{\alpha}_2)=x_1+x_2-x_3=0.\end{cases}$$

解上述齐次线性方程组得基础解系为 $(-1,1,0,0)^{T}$，$(0,0,0,1)^{T}$. 令 $\boldsymbol{\alpha}_3=-\boldsymbol{\varepsilon}_1+\boldsymbol{\varepsilon}_2$，$\boldsymbol{\alpha}_4=\boldsymbol{\varepsilon}_4$，$U=L(\boldsymbol{\alpha}_3,\boldsymbol{\alpha}_4)$，则 $W\perp U$. 又 $(\boldsymbol{\alpha}_1,\boldsymbol{\alpha}_2,\boldsymbol{\alpha}_3,\boldsymbol{\alpha}_4)=(\boldsymbol{\varepsilon}_1,\boldsymbol{\varepsilon}_2,\boldsymbol{\varepsilon}_3,\boldsymbol{\varepsilon}_4)\boldsymbol{A}$，其中 $\boldsymbol{A}=\begin{pmatrix}1 & 1 & -1 & 0\\1 & 1 & 1 & 0\\0 & -1 & 0 & 0\\0 & 0 & 0 & 1\end{pmatrix}$ 是可逆的，故 $\boldsymbol{\alpha}_1,\boldsymbol{\alpha}_2,\boldsymbol{\alpha}_3,\boldsymbol{\alpha}_4$ 也是 V 的一组基，故 $V=W+U$. 综上，$W^{\perp}=U$.

四、14. 证　由正交矩阵的定义，即 $\boldsymbol{A}^{T}\boldsymbol{A}=\boldsymbol{E}$，可知 $|\boldsymbol{A}|^2=1$. 又

$$\begin{aligned}(\boldsymbol{A}^*)^{T}\boldsymbol{A}^*&=(|\boldsymbol{A}|\boldsymbol{A}^{-1})^{T}(|\boldsymbol{A}|\boldsymbol{A}^{-1})=|\boldsymbol{A}|^2(\boldsymbol{A}^{-1})^{T}\boldsymbol{A}^{-1}\\&=(\boldsymbol{A}^{T})^{-1}\boldsymbol{A}^{-1}=(\boldsymbol{A}\boldsymbol{A}^{T})^{-1}=\boldsymbol{E}^{-1}=\boldsymbol{E},\end{aligned}$$

故 $\boldsymbol{A}^*$ 为正交矩阵.

15. 证　反证，假设存在正交矩阵 $\boldsymbol{A},\boldsymbol{B}$，满足 $\boldsymbol{A}^2-\boldsymbol{B}^2=\boldsymbol{AB}$. 由 $\boldsymbol{A}^{T}=\boldsymbol{A}^{-1}$，$\boldsymbol{B}^{T}=\boldsymbol{B}^{-1}$，可知

$$\boldsymbol{A}^{-1}(\boldsymbol{A}^2-\boldsymbol{B}^2)\boldsymbol{B}^{-1}=\boldsymbol{A}^{-1}(\boldsymbol{AB})\boldsymbol{B}^{-1}=\boldsymbol{E},$$

而上式左边 $\boldsymbol{A}^{-1}(\boldsymbol{A}^2-\boldsymbol{B}^2)\boldsymbol{B}^{-1}=\boldsymbol{AB}^{T}-\boldsymbol{A}^{T}\boldsymbol{B}$，即 $\boldsymbol{AB}^{T}-\boldsymbol{A}^{T}\boldsymbol{B}=\boldsymbol{E}$. 两边同时求迹，可得 $\mathrm{tr}(\boldsymbol{AB}^{T})-\mathrm{tr}(\boldsymbol{A}^{T}\boldsymbol{B})=n$. 又 $\mathrm{tr}(\boldsymbol{AB}^{T})=\mathrm{tr}(\boldsymbol{A}^{T}\boldsymbol{B})$，故 $0=n$，矛盾，假设不成立，原结论成立.

16. 证　(1) 由于 $\mathscr{A}$ 是正交变换，故 $\mathscr{A}$ 可逆，由可逆的线性变换与可逆矩阵对应，可知 $\mathscr{A}\boldsymbol{\varepsilon}_1,\mathscr{A}\boldsymbol{\varepsilon}_2,\cdots,\mathscr{A}\boldsymbol{\varepsilon}_n$ 也是 V 的一组基. 再由 $(\mathscr{A}\boldsymbol{\varepsilon}_i,\mathscr{A}\boldsymbol{\varepsilon}_j)=(\boldsymbol{\varepsilon}_i,\boldsymbol{\varepsilon}_j)$ 知，基 $\mathscr{A}\boldsymbol{\varepsilon}_1,\mathscr{A}\boldsymbol{\varepsilon}_2,\cdots,\mathscr{A}\boldsymbol{\varepsilon}_n$ 的度量矩阵也是 $\boldsymbol{B}$. 又

$$(\mathscr{A}\boldsymbol{\varepsilon}_1,\mathscr{A}\boldsymbol{\varepsilon}_2,\cdots,\mathscr{A}\boldsymbol{\varepsilon}_n)=(\boldsymbol{\varepsilon}_1,\boldsymbol{\varepsilon}_2,\cdots,\boldsymbol{\varepsilon}_n)\boldsymbol{A},\tag{$*$}$$

即这两组基的过渡矩阵为 $\boldsymbol{A}$，因此就有 $\boldsymbol{A}^{T}\boldsymbol{BA}=\boldsymbol{B}$.

(2) 由于 $\mathscr{A}$ 是对称变换，所以 $(\mathscr{A}\boldsymbol{\varepsilon}_i,\boldsymbol{\varepsilon}_j)=(\boldsymbol{\varepsilon}_i,\mathscr{A}\boldsymbol{\varepsilon}_j)$. 再由 $(*)$ 式，可得

$$(a_{1i}\boldsymbol{\varepsilon}_1+a_{2i}\boldsymbol{\varepsilon}_2+\cdots+a_{ni}\boldsymbol{\varepsilon}_n,\boldsymbol{\varepsilon}_j)=(\mathscr{A}\boldsymbol{\varepsilon}_i,\boldsymbol{\varepsilon}_j)=(\boldsymbol{\varepsilon}_i,\mathscr{A}\boldsymbol{\varepsilon}_j)=(\boldsymbol{\varepsilon}_i,a_{1j}\boldsymbol{\varepsilon}_1+a_{2j}\boldsymbol{\varepsilon}_2+\cdots+a_{nj}\boldsymbol{\varepsilon}_n),$$

于是

$$\sum_{k=1}^{n}a_{ki}(\boldsymbol{\varepsilon}_k,\boldsymbol{\varepsilon}_j)=\sum_{k=1}^{n}a_{kj}(\boldsymbol{\varepsilon}_i,\boldsymbol{\varepsilon}_k)\text{，即}\sum_{k=1}^{n}a_{ki}b_{kj}=\sum_{k=1}^{n}a_{kj}b_{ik},$$

即

$$(a_{1i},a_{2i},\cdots,a_{ni})\begin{pmatrix}b_{1j}\\b_{2j}\\\vdots\\b_{nj}\end{pmatrix}=(b_{i1},b_{i2},\cdots,b_{in})\begin{pmatrix}a_{1j}\\a_{2j}\\\vdots\\a_{nj}\end{pmatrix},$$

故有 $\boldsymbol{A}^{T}\boldsymbol{B}=\boldsymbol{BA}$. 结论成立.

第十章 双线性函数与辛空间

一、主要内容归纳

1. 线性函数 设 V 是数域 P 上线性空间，映射 $f:V\to P$ 满足

（ⅰ）$f(\boldsymbol{\alpha}+\boldsymbol{\beta})=f(\boldsymbol{\alpha})+f(\boldsymbol{\beta})$，$\forall\,\boldsymbol{\alpha},\boldsymbol{\beta}\in V$；

（ⅱ）$f(k\boldsymbol{\alpha})=kf(\boldsymbol{\alpha})$，$\forall\,\boldsymbol{\alpha}\in V,\forall\,k\in P$.

则称 f 为 V 上一个**线性函数**.

2. 对偶空间 设 V 是数域 P 上线性空间，V 上全体线性函数的集合记为 $L(V,P)$. 定义：

(1)**加法** $(f+g)(\boldsymbol{\alpha})=f(\boldsymbol{\alpha})+g(\boldsymbol{\alpha})$，$\forall\,f,g\in L(V,P)$，$\forall\,\boldsymbol{\alpha}\in V$.

(2)**数乘** $(kf)(\boldsymbol{\alpha})=kf(\boldsymbol{\alpha})$，$\forall\,k\in P,\forall\,f\in L(V,P)$.

则 $L(V,P)$ 也是 P 上线性空间，称为 V 的**对偶空间**，简记为 V^*.

3. 对偶基 设 $\boldsymbol{\varepsilon}_1,\boldsymbol{\varepsilon}_2,\cdots,\boldsymbol{\varepsilon}_n$ 是数域 P 上线性空间 V 的一组基. 作 V 上的线性函数 $f_1,f_2,\cdots,f_n$，使得

$$f_i(\boldsymbol{\varepsilon}_j)=\begin{cases}1, & j=i,\\ 0, & j\neq i,\end{cases}\quad i=1,2,\cdots,n,$$

称 $f_1,f_2,\cdots,f_n$ 为 $\boldsymbol{\varepsilon}_1,\boldsymbol{\varepsilon}_2,\cdots,\boldsymbol{\varepsilon}_n$ 的**对偶基**.

4. 对偶基间的过渡矩阵 设 $\boldsymbol{\varepsilon}_1,\boldsymbol{\varepsilon}_2,\cdots,\boldsymbol{\varepsilon}_n$ 与 $\boldsymbol{\eta}_1,\boldsymbol{\eta}_2,\cdots,\boldsymbol{\eta}_n$ 是线性空间 V 的两组基，它们的对偶基分别为 $f_1,f_2,\cdots,f_n$ 与 $g_1,g_2,\cdots,g_n$，若 $\boldsymbol{\varepsilon}_1,\boldsymbol{\varepsilon}_2,\cdots,\boldsymbol{\varepsilon}_n$ 到 $\boldsymbol{\eta}_1,\boldsymbol{\eta}_2,\cdots,\boldsymbol{\eta}_n$ 的过渡矩阵为 $\mathbf{A}$，则 $f_1,f_2,\cdots,f_n$ 到 $g_1,g_2,\cdots,g_n$ 的过渡矩阵为 $(\mathbf{A}^{\mathrm{T}})^{-1}$.

5. 同构映射 $V\to V^{**}$ V 是一个线性空间，V^{**} 是 V 的对偶空间的对偶空间，则 V 到 V^{**} 的映射 $\boldsymbol{x}\to\boldsymbol{x}^{**}$ 是一同构映射，其中 $\boldsymbol{x}^{**}(f)=f(\boldsymbol{x})$，$\forall\,f\in V^*$.

6. 双线性函数 设 V 是数域 P 上线性空间，二元函数 $f:V\times V\to P$ 满足

（ⅰ）$f(\boldsymbol{\alpha},k_1\boldsymbol{\beta}_1+k_2\boldsymbol{\beta}_2)=k_1f(\boldsymbol{\alpha},\boldsymbol{\beta}_1)+k_2f(\boldsymbol{\alpha},\boldsymbol{\beta}_2)$；

（ⅱ）$f(l_1\boldsymbol{\alpha}_1+l_2\boldsymbol{\alpha}_2,\boldsymbol{\beta})=l_1f(\boldsymbol{\alpha}_1,\boldsymbol{\beta})+l_2f(\boldsymbol{\alpha}_2,\boldsymbol{\beta})$，

其中 $\boldsymbol{\alpha},\boldsymbol{\beta},\boldsymbol{\alpha}_1,\boldsymbol{\alpha}_2,\boldsymbol{\beta}_1,\boldsymbol{\beta}_2$ 是 V 中任意向量，k_1,k_2,l_1,l_2 是 P 中任意数，则称 f 为 V 上的一个**双线性函数**.

7. 度量矩阵及其性质 设 f 是数域 P 上 n 维线性空间 V 上的一个双线性函数，$\boldsymbol{\varepsilon}_1,\boldsymbol{\varepsilon}_2,\cdots,\boldsymbol{\varepsilon}_n$ 是 V 的一组基，则矩阵

$$A=\begin{pmatrix} f(\boldsymbol{\varepsilon}_1,\boldsymbol{\varepsilon}_1) & f(\boldsymbol{\varepsilon}_1,\boldsymbol{\varepsilon}_2) & \cdots & f(\boldsymbol{\varepsilon}_1,\boldsymbol{\varepsilon}_n) \\ f(\boldsymbol{\varepsilon}_2,\boldsymbol{\varepsilon}_1) & f(\boldsymbol{\varepsilon}_2,\boldsymbol{\varepsilon}_2) & \cdots & f(\boldsymbol{\varepsilon}_2,\boldsymbol{\varepsilon}_n) \\ \vdots & \vdots & & \vdots \\ f(\boldsymbol{\varepsilon}_n,\boldsymbol{\varepsilon}_1) & f(\boldsymbol{\varepsilon}_n,\boldsymbol{\varepsilon}_2) & \cdots & f(\boldsymbol{\varepsilon}_n,\boldsymbol{\varepsilon}_n) \end{pmatrix}$$

称为 f 在 $\boldsymbol{\varepsilon}_1,\boldsymbol{\varepsilon}_2,\cdots,\boldsymbol{\varepsilon}_n$ 下的**度量矩阵**.

同一双线性函数在不同基下的度量矩阵是合同的.

8. 特殊的双线性函数及其性质 设 f 为线性空间 V 上的双线性函数.

(1)若由 $f(\boldsymbol{\alpha},\boldsymbol{\beta})=0,\forall\boldsymbol{\beta}\in V$ 可推出 $\boldsymbol{\alpha}=\boldsymbol{0}$,则称 f 为**非退化的**.

(2)若 $\forall\boldsymbol{\alpha},\boldsymbol{\beta}\in V$,有 $f(\boldsymbol{\alpha},\boldsymbol{\beta})=-f(\boldsymbol{\beta},\boldsymbol{\alpha})$,则称 f 为**反对称的**.

(3)若 $\forall\boldsymbol{\alpha},\boldsymbol{\beta}\in V$,有 $f(\boldsymbol{\alpha},\boldsymbol{\beta})=f(\boldsymbol{\beta},\boldsymbol{\alpha})$,则称 f 为**对称的**.

性质:(1)设 f 是 n 维线性空间 V 上的对称双线性函数,则存在 V 的一组基 $\boldsymbol{\varepsilon}_1,\boldsymbol{\varepsilon}_2,\cdots,\boldsymbol{\varepsilon}_n$,使 f 在这组基下的度量矩阵为对角矩阵.

(2)设 f 是 n 维线性空间 V 上的反对称双线性函数,则存在 V 的一组基 $\boldsymbol{\varepsilon}_1,\boldsymbol{\varepsilon}_{-1},\boldsymbol{\varepsilon}_2,\boldsymbol{\varepsilon}_{-2},\cdots,\boldsymbol{\varepsilon}_r,\boldsymbol{\varepsilon}_{-r},\boldsymbol{\eta}_1,\boldsymbol{\eta}_2,\cdots,\boldsymbol{\eta}_s$,使

$$\begin{cases} f(\boldsymbol{\varepsilon}_i,\boldsymbol{\varepsilon}_{-i})=1, & i=1,2,\cdots,r, \\ f(\boldsymbol{\varepsilon}_i,\boldsymbol{\varepsilon}_j)=0, & i+j\neq 0, \\ f(\boldsymbol{\alpha},\boldsymbol{\eta}_k)=0, & k=1,\cdots,s. \end{cases}$$

二、经典例题解析及解题方法总结

【例 1】 设 $\boldsymbol{\varepsilon}_1,\boldsymbol{\varepsilon}_2,\boldsymbol{\varepsilon}_3$ 是数域 P 上线性空间 V 的一组基,f_1,f_2,f_3 是 $\boldsymbol{\varepsilon}_1,\boldsymbol{\varepsilon}_2,\boldsymbol{\varepsilon}_3$ 的对偶基,令

$$\boldsymbol{\alpha}_1=\boldsymbol{\varepsilon}_1+\boldsymbol{\varepsilon}_2+\boldsymbol{\varepsilon}_3,\quad \boldsymbol{\alpha}_2=\boldsymbol{\varepsilon}_2+\boldsymbol{\varepsilon}_3,\quad \boldsymbol{\alpha}_3=\boldsymbol{\varepsilon}_3.$$

(1)证明:$\boldsymbol{\alpha}_1,\boldsymbol{\alpha}_2,\boldsymbol{\alpha}_3$ 是 V 的基;

(2)求 $\boldsymbol{\alpha}_1,\boldsymbol{\alpha}_2,\boldsymbol{\alpha}_3$ 的对偶基,并用 f_1,f_2,f_3 表示 $\boldsymbol{\alpha}_1,\boldsymbol{\alpha}_2,\boldsymbol{\alpha}_3$ 的对偶基.

证 (1)设 $(\boldsymbol{\alpha}_1,\boldsymbol{\alpha}_2,\boldsymbol{\alpha}_3)=(\boldsymbol{\varepsilon}_1,\boldsymbol{\varepsilon}_2,\boldsymbol{\varepsilon}_3)\boldsymbol{A}$,则 $\boldsymbol{A}=\begin{pmatrix}1&0&0\\1&1&0\\1&1&1\end{pmatrix}$,因为 $|\boldsymbol{A}|\neq 0$,所以 $\boldsymbol{\alpha}_1,\boldsymbol{\alpha}_2,\boldsymbol{\alpha}_3$ 为 V 的一组基.

(2)设 $\boldsymbol{\alpha}_1,\boldsymbol{\alpha}_2,\boldsymbol{\alpha}_3$ 的对偶基为 g_1,g_2,g_3,则

$$(g_1,g_2,g_3)=(f_1,f_2,f_3)(\boldsymbol{A}^{\mathrm{T}})^{-1}=(f_1,f_2,f_3)\begin{pmatrix}1&-1&0\\0&1&-1\\0&0&1\end{pmatrix},$$

即 $g_1=f_1,\ g_2=f_2-f_1,\ g_3=f_3-f_2$.

【例 2】 设 V 为数域 P 上 n 维线性空间,$g_1,g_2,\cdots,g_m\in V^*$,$1<m<n$.证明:必有向量 $\boldsymbol{\alpha}\in V,\boldsymbol{\alpha}\neq\boldsymbol{0}$,使 $g_i(\boldsymbol{\alpha})=0,\ i=1,2,\cdots,m$.

证 设 $\boldsymbol{\alpha}_1,\boldsymbol{\alpha}_2,\cdots,\boldsymbol{\alpha}_n$ 为 V 一组基,令 $g_i(\boldsymbol{\alpha}_j)=a_{ij},\ i=1,2,\cdots,m,j=1,2,\cdots,n$.

因为 $m<n$,所以齐次线性方程组

$$\begin{cases}a_{11}x_1+a_{12}x_2+\cdots+a_{1n}x_n=0,\\ a_{21}x_1+a_{22}x_2+\cdots+a_{2n}x_n=0,\\ \cdots\cdots\cdots\cdots\\ a_{m1}x_1+a_{m2}x_2+\cdots+a_{mn}x_n=0\end{cases}$$

有非零解,设 $(k_1,k_2,\cdots,k_n)$ 为其一非零解,令 $\boldsymbol{\alpha}=k_1\boldsymbol{\alpha}_1+k_2\boldsymbol{\alpha}_2+\cdots+k_n\boldsymbol{\alpha}_n$,则

$$\begin{aligned}g_i(\boldsymbol{\alpha})&=k_1g_i(\boldsymbol{\alpha}_1)+k_2g_i(\boldsymbol{\alpha}_2)+\cdots+k_ng_i(\boldsymbol{\alpha}_n)\\&=a_{i1}k_1+a_{i2}k_2+\cdots+a_{in}k_n\\&=0(i=1,2,\cdots,m).\end{aligned}$$

【例 3】 设 $f(\boldsymbol{\alpha},\boldsymbol{\beta})$ 为 n 维线性空间 V 的一个双线性函数,W 为 V 的一个 m 维子空间.证明:

(1)$W^{\perp}=\{\boldsymbol{\beta}\in V\mid f(\boldsymbol{\alpha},\boldsymbol{\beta})=0,\ \forall\boldsymbol{\alpha}\in W\}$ 为 V 的子空间;

(2)若 $\boldsymbol{\beta}\notin W^{\perp}$,则 $U=\{\boldsymbol{\alpha}\in W\mid f(\boldsymbol{\alpha},\boldsymbol{\beta})=0\}$ 为 W 的 $m-1$ 维子空间.

证 (1)$\mathbf{0}\in W^{\perp}$,故 $W^{\perp}$ 非空. $\forall\boldsymbol{\beta}_1,\boldsymbol{\beta}_2\in W^{\perp}$,$\forall k_1,k_2\in P$,$\forall\boldsymbol{\alpha}\in W$,有

$$\begin{aligned}f(\boldsymbol{\alpha},k_1\boldsymbol{\beta}_1+k_2\boldsymbol{\beta}_2)&=f(\boldsymbol{\alpha},k_1\boldsymbol{\beta}_1)+f(\boldsymbol{\alpha},k_2\boldsymbol{\beta}_2)\\&=k_1f(\boldsymbol{\alpha},\boldsymbol{\beta}_1)+k_2f(\boldsymbol{\alpha},\boldsymbol{\beta}_2)=0,\end{aligned}$$

即 $k_1\boldsymbol{\beta}_1+k_2\boldsymbol{\beta}_2\in W^{\perp}$,故 $W^{\perp}$ 是 V 的子空间.

(2)由于 $\boldsymbol{\beta}\notin W^{\perp}$,故有 $\boldsymbol{\alpha}\in W$,使 $f(\boldsymbol{\alpha},\boldsymbol{\beta})\neq0$,令 $f(\boldsymbol{\alpha},\boldsymbol{\beta})=k$,且 $\boldsymbol{\alpha}_0=k^{-1}\boldsymbol{\alpha}$,则 $f(\boldsymbol{\alpha}_0,\boldsymbol{\beta})=1$. $\forall\boldsymbol{\eta}\in W$,设 $f(\boldsymbol{\eta},\boldsymbol{\beta})=l$,因为

$$f(\boldsymbol{\eta}-l\boldsymbol{\alpha}_0,\boldsymbol{\beta})=f(\boldsymbol{\eta},\boldsymbol{\beta})-lf(\boldsymbol{\alpha}_0,\boldsymbol{\beta})=0,$$

所以 $\boldsymbol{\eta}-l\boldsymbol{\alpha}_0\in U$,从而 $\boldsymbol{\eta}=\boldsymbol{\eta}-l\boldsymbol{\alpha}_0+l\boldsymbol{\alpha}_0\in U+L(\boldsymbol{\alpha}_0)$,即 $W=U+L(\boldsymbol{\alpha}_0)$. 若 $a\boldsymbol{\alpha}_0\in U$,则 $0=f(a\boldsymbol{\alpha}_0,\boldsymbol{\beta})=af(\boldsymbol{\alpha}_0,\boldsymbol{\beta})=a$,因此 $U\cap L(\boldsymbol{\alpha}_0)=\{\mathbf{0}\}$,即得 $W=U\oplus L(\boldsymbol{\alpha}_0)$,因此维$(U)=m-1$.

【例 4】 设实数域上矩阵 $\boldsymbol{A}=\begin{bmatrix}1&0&1\\0&6&-2\\1&-2&2\end{bmatrix}$.

(1)判断 $\boldsymbol{A}$ 是否为正定矩阵,要求写出理由.

(2)设 V 为实数域上 3 维线性空间,V 上的一个双线性函数 f 在 V 的一个基 $\boldsymbol{\alpha}_1,\boldsymbol{\alpha}_2,\boldsymbol{\alpha}_3$ 下的度量矩阵为 $\boldsymbol{A}$,证明:f 是 V 的一个内积,并求出 V 对于这个内积所成的欧氏空间的一组标准正交基.

解 (1)实对称矩阵 $\boldsymbol{A}$ 的三个顺序主子式为

$$\Delta_1=1>0,\quad\Delta_2=6>0,\quad\Delta_3=2>0,$$

所以 $\boldsymbol{A}$ 为正定阵.

(2)任取 V 中向量 $\boldsymbol{\beta}_1=(\boldsymbol{\alpha}_1,\boldsymbol{\alpha}_2,\boldsymbol{\alpha}_3)\boldsymbol{x}$,$\boldsymbol{\beta}_2=(\boldsymbol{\alpha}_1,\boldsymbol{\alpha}_2,\boldsymbol{\alpha}_3)\boldsymbol{y}$,$\boldsymbol{\gamma}=(\boldsymbol{\alpha}_1,\boldsymbol{\alpha}_2,\boldsymbol{\alpha}_3)\boldsymbol{z}$,$\forall k\in\mathbf{R}$,有

$$f(\boldsymbol{\beta}_1,\boldsymbol{\beta}_2)=\boldsymbol{x}^{\mathrm{T}}\boldsymbol{A}\boldsymbol{y}=(\boldsymbol{x}^{\mathrm{T}}\boldsymbol{A}\boldsymbol{y})^{\mathrm{T}}=\boldsymbol{y}^{\mathrm{T}}\boldsymbol{A}\boldsymbol{x}=f(\boldsymbol{\beta}_2,\boldsymbol{\beta}_1),$$

$$f(k\boldsymbol{\beta}_1,\boldsymbol{\beta}_2)=(k\boldsymbol{x})^{\mathrm{T}}\boldsymbol{A}\boldsymbol{y}=k(\boldsymbol{x}^{\mathrm{T}}\boldsymbol{A}\boldsymbol{y})=kf(\boldsymbol{\beta}_1,\boldsymbol{\beta}_2),$$

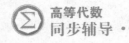

$$f(\boldsymbol{\beta}_1+\boldsymbol{\beta}_2,\boldsymbol{\gamma})=(\boldsymbol{x}+\boldsymbol{y})^{\mathrm{T}}\boldsymbol{A}\boldsymbol{z}=\boldsymbol{x}^{\mathrm{T}}\boldsymbol{A}\boldsymbol{z}+\boldsymbol{y}^{\mathrm{T}}\boldsymbol{A}\boldsymbol{z}=f(\boldsymbol{\beta}_1,\boldsymbol{\gamma})+f(\boldsymbol{\beta}_2,\boldsymbol{\gamma}),$$

$$f(\boldsymbol{\beta}_1,\boldsymbol{\beta}_1)=\boldsymbol{x}^{\mathrm{T}}\boldsymbol{A}\boldsymbol{x}\geqslant 0,$$

$$f(\boldsymbol{\beta}_1,\boldsymbol{\beta}_1)=0\Leftrightarrow\boldsymbol{x}^{\mathrm{T}}\boldsymbol{A}\boldsymbol{x}=0\Leftrightarrow\boldsymbol{x}=\boldsymbol{0}\Leftrightarrow\boldsymbol{\beta}_1=\boldsymbol{0},$$

所以 f 是 V 的内积.

令 $f(x_1,x_2,x_3)=\boldsymbol{x}^{\mathrm{T}}\boldsymbol{A}\boldsymbol{x}$,则 $f(x_1,x_2,x_3)=(x_1+x_3)^2+(2x_2-x_3)^2+2x_2^2$,令

$$\begin{pmatrix}y_1\\y_2\\y_3\end{pmatrix}=\begin{pmatrix}1&0&1\\0&2&-1\\0&\sqrt{2}&0\end{pmatrix}\begin{pmatrix}x_1\\x_2\\x_3\end{pmatrix}=\boldsymbol{T}\begin{pmatrix}x_1\\x_2\\x_3\end{pmatrix},$$

则 $f(x_1,x_2,x_3)=y_1^2+y_2^2+y_3^2$,且 $\boldsymbol{T}^{\mathrm{T}}\boldsymbol{A}\boldsymbol{T}=\boldsymbol{E}$. 令

$$(\boldsymbol{\gamma}_1,\boldsymbol{\gamma}_2,\boldsymbol{\gamma}_3)=(\boldsymbol{\alpha}_1,\boldsymbol{\alpha}_2,\boldsymbol{\alpha}_3)\boldsymbol{T},$$

由于 f 在 $\boldsymbol{\gamma}_1,\boldsymbol{\gamma}_2,\boldsymbol{\gamma}_3$ 下的度量矩阵为 $\boldsymbol{T}^{\mathrm{T}}\boldsymbol{A}\boldsymbol{T}=\boldsymbol{E}$,所以 $\boldsymbol{\gamma}_1,\boldsymbol{\gamma}_2,\boldsymbol{\gamma}_3$ 是 V 的一组标准正交基.

【例 5】 设 f 为 n 维线性空间 V 上的一个线性函数,若它的度量矩阵 $\boldsymbol{A}$ 的秩为 r,则称 f 是秩为 r 的双线性函数. 证明:非零双线性函数 f 可分解为两个线性函数之积的充分必要条件是它的秩为 1.

证 必要性:设 $\boldsymbol{e}_1,\boldsymbol{e}_2,\cdots,\boldsymbol{e}_n$ 为 V 的一组基,$\boldsymbol{A}$ 为 f 在这组基下的度量矩阵. $\forall\boldsymbol{\alpha},\boldsymbol{\beta}\in V$,设 $\boldsymbol{\alpha}=\sum\limits_{i=1}^{n}x_i\boldsymbol{e}_i$, $\boldsymbol{\beta}=\sum\limits_{i=1}^{n}y_i\boldsymbol{e}_i$. 因 $f\neq 0$,故 $\boldsymbol{A}\neq\boldsymbol{O}$. 设 $f(\boldsymbol{\alpha},\boldsymbol{\beta})=f_1(\boldsymbol{\alpha})f_2(\boldsymbol{\beta})$,$f_1(\boldsymbol{\alpha})=\sum\limits_{i=1}^{n}a_ix_i$,令 $f_2(\boldsymbol{\beta})=\sum\limits_{i=1}^{n}b_iy_i$,则

$$f(\boldsymbol{\alpha},\boldsymbol{\beta})=\boldsymbol{X}^{\mathrm{T}}\boldsymbol{A}\boldsymbol{Y}=\boldsymbol{X}^{\mathrm{T}}\begin{pmatrix}a_1\\a_2\\\vdots\\a_n\end{pmatrix}(b_1,b_2,\cdots,b_n)\boldsymbol{Y},$$

其中 $\boldsymbol{X}=(x_1,x_2,\cdots,x_n)^{\mathrm{T}}$,$\boldsymbol{Y}=(y_1,y_2,\cdots,y_n)^{\mathrm{T}}$,即 $\boldsymbol{A}=(a_1,a_2,\cdots,a_n)^{\mathrm{T}}(b_1,b_2,\cdots,b_n)$,因此 $r(\boldsymbol{A})=1$,即 f 的秩为 1.

充分性:设 f 的度量阵 $\boldsymbol{A}$ 的秩为 1,则 $\boldsymbol{A}=(a_1,a_2,\cdots,a_n)^{\mathrm{T}}(b_1,b_2,\cdots,b_n)$,从而

$$f(\boldsymbol{\alpha},\boldsymbol{\beta})=\boldsymbol{X}^{\mathrm{T}}\boldsymbol{A}\boldsymbol{Y}=\boldsymbol{X}^{\mathrm{T}}\begin{pmatrix}a_1\\a_2\\\vdots\\a_n\end{pmatrix}(b_1,b_2,\cdots,b_n)\boldsymbol{Y}=\left(\sum_{i=1}^{n}a_ix_i\right)\left(\sum_{i=1}^{n}b_iy_i\right),$$

令 $f_1(\boldsymbol{\alpha})=\sum\limits_{i=1}^{n}a_ix_i$,$f_2(\boldsymbol{\beta})=\sum\limits_{i=1}^{n}b_iy_i$,即得 $f(\boldsymbol{\alpha},\boldsymbol{\beta})=f_1(\boldsymbol{\alpha})f_2(\boldsymbol{\beta})$.

三、 教材习题解答

第十章习题解答

1. V 是数域 P 上一个 3 维线性空间,$\boldsymbol{\varepsilon}_1,\boldsymbol{\varepsilon}_2,\boldsymbol{\varepsilon}_3$ 是它的一组基,f 是 V 上一个线性函数. 已知 $f(\boldsymbol{\varepsilon}_1+\boldsymbol{\varepsilon}_3)=1$, $f(\boldsymbol{\varepsilon}_2-2\boldsymbol{\varepsilon}_3)=-1$, $f(\boldsymbol{\varepsilon}_1+\boldsymbol{\varepsilon}_2)=-3$,求 $f(x_1\boldsymbol{\varepsilon}_1+x_2\boldsymbol{\varepsilon}_2+x_3\boldsymbol{\varepsilon}_3)$.

【思路探索】 线性函数可由其在一组基上的作用完全决定.

解 由条件可得

$$\begin{cases}f(\boldsymbol{\varepsilon}_1)+f(\boldsymbol{\varepsilon}_3)=1,\\ f(\boldsymbol{\varepsilon}_2)-2f(\boldsymbol{\varepsilon}_3)=-1,\\ f(\boldsymbol{\varepsilon}_1)+f(\boldsymbol{\varepsilon}_2)=-3.\end{cases}$$

解得 $f(\boldsymbol{\varepsilon}_1)=4, f(\boldsymbol{\varepsilon}_2)=-7, f(\boldsymbol{\varepsilon}_3)=-3$,所以

$$f(x_1\boldsymbol{\varepsilon}_1+x_2\boldsymbol{\varepsilon}_2+x_3\boldsymbol{\varepsilon}_3)=4x_1-7x_2-3x_3.$$

2. V 及 $\boldsymbol{\varepsilon}_1,\boldsymbol{\varepsilon}_2,\boldsymbol{\varepsilon}_3$ 同上题,试找出一个线性函数 f,使

$$f(\boldsymbol{\varepsilon}_1+\boldsymbol{\varepsilon}_3)=f(\boldsymbol{\varepsilon}_1-2\boldsymbol{\varepsilon}_3)=0, f(\boldsymbol{\varepsilon}_1+\boldsymbol{\varepsilon}_2)=1.$$

解 设 $f(\boldsymbol{\varepsilon}_i)=x_i$,则所需条件为$\begin{cases}x_1+x_3=0,\\ x_1-2x_3=0,\\ x_1+x_2=1,\end{cases}$解此方程组,得$\begin{cases}x_1=0,\\ x_2=1,\\ x_3=0.\end{cases}$

因而可求线性函数 f 满足 $f(x_1\boldsymbol{\varepsilon}_1+x_2\boldsymbol{\varepsilon}_2+x_3\boldsymbol{\varepsilon}_3)=x_2$.

3. 设 $\boldsymbol{\varepsilon}_1,\boldsymbol{\varepsilon}_2,\boldsymbol{\varepsilon}_3$ 是线性空间 V 的一组基,f_1,f_2,f_3 是它的对偶基,

$$\boldsymbol{\alpha}_1=\boldsymbol{\varepsilon}_1-\boldsymbol{\varepsilon}_3,\quad \boldsymbol{\alpha}_2=\boldsymbol{\varepsilon}_1+\boldsymbol{\varepsilon}_2+\boldsymbol{\varepsilon}_3,\quad \boldsymbol{\alpha}_3=\boldsymbol{\varepsilon}_2+\boldsymbol{\varepsilon}_3.$$

试证 $\boldsymbol{\alpha}_1,\boldsymbol{\alpha}_2,\boldsymbol{\alpha}_3$ 是 V 的一组基并求它的对偶基(用 f_1,f_2,f_3 表出).

【思路探索】 考虑两组基的过渡矩阵与它们的对偶基的过渡矩阵之间的关系.

证 设

$$(\boldsymbol{\alpha}_1,\boldsymbol{\alpha}_2,\boldsymbol{\alpha}_3)=(\boldsymbol{\varepsilon}_1,\boldsymbol{\varepsilon}_2,\boldsymbol{\varepsilon}_3)\begin{pmatrix}1&1&0\\0&1&1\\-1&1&1\end{pmatrix}=(\boldsymbol{\varepsilon}_1,\boldsymbol{\varepsilon}_2,\boldsymbol{\varepsilon}_3)\boldsymbol{A}.$$

由于 $|\boldsymbol{A}|\neq 0$,因此 $\boldsymbol{\alpha}_1,\boldsymbol{\alpha}_2,\boldsymbol{\alpha}_3$ 线性无关,从而是 V 的一组基. 设 g_1,g_2,g_3 为 $\boldsymbol{\alpha}_1,\boldsymbol{\alpha}_2,\boldsymbol{\alpha}_3$ 的对偶基,则

$$(g_1,g_2,g_3)=(f_1,f_2,f_3)(\boldsymbol{A}^{\mathrm{T}})^{-1}=(f_1,f_2,f_3)\begin{pmatrix}0&1&-1\\1&-1&2\\-1&1&-1\end{pmatrix},$$

所以 $g_1=f_2-f_3, g_2=f_1-f_2+f_3, g_3=-f_1+2f_2-f_3$.

4. 设 V 是一个线性空间,$f_1,f_2,\cdots,f_s$ 是 V^* 中非零向量,试证:存在 $\boldsymbol{\alpha}\in V$,使

$$f_i(\boldsymbol{\alpha})\neq 0,\quad i=1,2,\cdots,s.$$

【思路探索】 用数学归纳法.

证 **方法一** 数学归纳法. $s=1$ 时,f_1 是 V^* 中非零向量,故存在 $\boldsymbol{\alpha}\in V, f_1(\boldsymbol{\alpha})\neq 0$.

假设结论对 $s=k-1$ 时成立,即存在 $\boldsymbol{\alpha}\in V$,使 $f_i(\boldsymbol{\alpha})=a_i\neq 0(i=1,2,\cdots,k-1)$.

若 $f_k(\boldsymbol{\alpha})\neq 0$,则命题成立. 若 $f_k(\boldsymbol{\alpha})=0$,则由 f_k 不是零函数知,$\exists\boldsymbol{\beta}\in V, f_k(\boldsymbol{\beta})=b\neq 0$. 设 $f_i(\boldsymbol{\beta})=d_i(i=1,2,\cdots,k-1)$,取 $c\neq 0$,使 $a_i+cd_i\neq 0, i=1,2,\cdots,k-1$. 令 $\boldsymbol{\gamma}=\boldsymbol{\alpha}+c\boldsymbol{\beta}$,则

$$f_i(\boldsymbol{\gamma})=f_i(\boldsymbol{\alpha})+cf_i(\boldsymbol{\beta})=a_i+cd_i\neq 0, i=1,2,\cdots,k-1,$$

$$f_k(\boldsymbol{\gamma})=f_k(\boldsymbol{\alpha})+cf_k(\boldsymbol{\beta})=cb\neq 0.$$

命题成立.

方法二 因 $f_1,f_2,\cdots,f_s$ 是 V^* 中非零向量,故向量方程 $f_i(\boldsymbol{\alpha})=0,i=1,2,\cdots,s$ 的解空间 V_i 是 V 的 $n-1$ 维子空间. 从而由第六章补充题 5 知,$\exists\boldsymbol{\alpha}\in V$ 使得 $\boldsymbol{\alpha}\notin V_i,i=1,2,\cdots,n$. 即 $f_i(\boldsymbol{\alpha})\neq 0$, $i=1,2,\cdots,n$.

5. 设 $\boldsymbol{\alpha}_1,\boldsymbol{\alpha}_2,\cdots,\boldsymbol{\alpha}_s$ 是线性空间 V 中非零向量,证明:存在 $f\in V^*$,使 $f(\boldsymbol{\alpha}_i)\neq 0,i=1,2,\cdots,s$.

【思路探索】 $V\cong V^{**}$.

证 由于线性空间 V 与其对偶空间 V^* 的对偶空间 V^{**} 同构,且 $\boldsymbol{\alpha}_1,\boldsymbol{\alpha}_2,\cdots,\boldsymbol{\alpha}_s$ 是 V 中的非零向量,所以 $\boldsymbol{\alpha}_1^{**},\boldsymbol{\alpha}_2^{**},\cdots,\boldsymbol{\alpha}_s^{**}$ 是 V^* 的对偶空间 $V^{**}=(V^*)^*$ 中的非零向量. 由上题的结果知,存在 $f\in V^*$,使 $\boldsymbol{\alpha}_i^{**}(f)\neq 0(i=1,2,\cdots,s)$,即 $f(\boldsymbol{\alpha}_i)\neq 0(i=1,2,\cdots,s)$.

6. $V=P[x]_3$,对 $p(x)=c_0+c_1x+c_2x^2\in V$,定义

$$f_1(p(x))=\int_0^1 p(x)\mathrm{d}x,\quad f_2(p(x))=\int_0^2 p(x)\mathrm{d}x,\quad f_3(p(x))=\int_0^{-1} p(x)\mathrm{d}x.$$

试证 f_1,f_2,f_3 都是 V 上的线性函数,并找出 V 的一组基 $p_1(x),p_2(x),p_3(x)$,使 f_1,f_2,f_3 是它的对偶基.

【思路探索】 若证 f_1,f_2,f_3 是 V 上的线性函数,只需证明它们符合线性函数的定义即可. 求 $p_1(x)$, $p_2(x),p_3(x)$ 时,因对偶基满足 $f_i(p_j(x))=\delta_{ij}$,因此可运用待定系数法列方程组求解.

证 对任意 $p(x),g(x)\in V,k_1,k_2\in P$,有

$$\begin{aligned}f_1(k_1p(x)+k_2g(x))&=\int_0^1(k_1p(x)+k_2g(x))dx=k_1\int_0^1 p(x)\mathrm{d}x+k_2\int_0^1 g(x)\mathrm{d}x\\&=k_1f_1(p(x))+k_2f_1(g(x)),\end{aligned}$$

因而 f_1 是 V 上的线性函数.

同理,f_2,f_3 亦是 V 上的线性函数.

$$f_1(p(x))=\int_0^1 p(x)\mathrm{d}x=c_0+\frac{1}{2}c_1+\frac{1}{3}c_2,$$

$$f_2(p(x))=\int_0^2 p(x)dx=2c_0+2c_1+\frac{8}{3}c_2,$$

$$f_3(p(x))=\int_0^{-1} p(x)\mathrm{d}x=-c_0+\frac{1}{2}c_1-\frac{1}{3}c_2,$$

其中 $p(x)=c_0+c_1x+c_2x^2$.

f_1 的对偶基向量为 $p_1(x)=c'_0+c'_1x+c'_2x^2$ 满足

$$f_1(p_1(x))=1,f_2(p_1(x))=f_3(p_1(x))=0,$$

因而 $p_1(x)=1+x-\dfrac{3}{2}x^2$.

同理 $p_2(x)=-\dfrac{1}{6}+\dfrac{1}{2}x^2,p_3(x)=-\dfrac{1}{3}+x-\dfrac{1}{2}x^2$.

7. 设 V 是一个 n 维欧氏空间,它的内积为$(\boldsymbol{\alpha},\boldsymbol{\beta})$,对 V 中确定的向量 $\boldsymbol{\alpha}$,定义 V 上一个函数 $\boldsymbol{\alpha}^*$:

$$\boldsymbol{\alpha}^*(\boldsymbol{\beta})=(\boldsymbol{\alpha},\boldsymbol{\beta}).$$

(1) 证明:$\boldsymbol{\alpha}^*$ 是 V 上线性函数.

(2) 证明:V 到 V^* 的映射:$\boldsymbol{\alpha}\to\boldsymbol{\alpha}^*$ 是 V 到 V^* 的一个同构映射.(在这个同构下,欧氏空间可看成自身的对偶空间.)

【思路探索】 利用线性函数与同构映射的定义.

证 (1) 显然 $\boldsymbol{\alpha}^*$ 是 V 到实数域 $\mathbf{R}$ 的映射,$\forall k\in\mathbf{R},\forall\boldsymbol{\beta},\boldsymbol{\gamma}\in V$,有

$$\boldsymbol{\alpha}^*(\boldsymbol{\beta}+\boldsymbol{\gamma})=(\boldsymbol{\alpha},\boldsymbol{\beta}+\boldsymbol{\gamma})=(\boldsymbol{\alpha},\boldsymbol{\beta})+(\boldsymbol{\alpha},\boldsymbol{\gamma})=\boldsymbol{\alpha}^*(\boldsymbol{\beta})+\boldsymbol{\alpha}^*(\boldsymbol{\gamma}),$$

$$\boldsymbol{\alpha}^*(k\boldsymbol{\beta})=(\boldsymbol{\alpha},k\boldsymbol{\beta})=k(\boldsymbol{\alpha},\boldsymbol{\beta})=k\boldsymbol{\alpha}^*(\boldsymbol{\beta}),$$

即 $\boldsymbol{\alpha}^*$ 是 V 上的线性函数.

(2) 令 $f:V\to V^*$，$\boldsymbol{\alpha}\to\boldsymbol{\alpha}^*$，则 f 是映射. 若 $f(\boldsymbol{\alpha})=f(\boldsymbol{\beta})$，则 $\boldsymbol{\alpha}^*=\boldsymbol{\beta}^*$，从而

$$(\boldsymbol{\alpha},\boldsymbol{\alpha})=\boldsymbol{\alpha}^*(\boldsymbol{\alpha})=\boldsymbol{\beta}^*(\boldsymbol{\alpha})=(\boldsymbol{\beta},\boldsymbol{\alpha}),$$
$$(\boldsymbol{\beta},\boldsymbol{\beta})=\boldsymbol{\beta}^*(\boldsymbol{\beta})=\boldsymbol{\alpha}^*(\boldsymbol{\beta})=(\boldsymbol{\alpha},\boldsymbol{\beta}),$$
$$(\boldsymbol{\alpha}-\boldsymbol{\beta},\boldsymbol{\alpha}-\boldsymbol{\beta})=(\boldsymbol{\alpha},\boldsymbol{\alpha})+(\boldsymbol{\beta},\boldsymbol{\beta})-2(\boldsymbol{\alpha},\boldsymbol{\beta})=0.$$

故 $\boldsymbol{\alpha}=\boldsymbol{\beta}$，即 f 为单射.

取 V 的一组标准正交基 $\boldsymbol{\varepsilon}_1,\boldsymbol{\varepsilon}_2,\cdots,\boldsymbol{\varepsilon}_n$. $\forall h\in V^*$，设 $h(\boldsymbol{\varepsilon}_k)=a_k$，$k=1,2,\cdots,n$，令 $\boldsymbol{\alpha}=a_1\boldsymbol{\varepsilon}_1+a_2\boldsymbol{\varepsilon}_2+\cdots+a_n\boldsymbol{\varepsilon}_n$，则 $\forall\boldsymbol{\beta}=x_1\boldsymbol{\varepsilon}_1+x_2\boldsymbol{\varepsilon}_2+\cdots+x_n\boldsymbol{\varepsilon}_n\in V$，有

$$h(\boldsymbol{\beta})=a_1x_1+a_2x_2+\cdots+a_nx_n=(\boldsymbol{\alpha},\boldsymbol{\beta})=\boldsymbol{\alpha}^*(\boldsymbol{\beta}),$$

故 $h=\boldsymbol{\alpha}^*=f(\boldsymbol{\alpha})$，即 f 为满射. 又 $\forall\boldsymbol{\alpha},\boldsymbol{\beta},\boldsymbol{\gamma}\in V$，$\forall k\in\mathbf{R}$，有

$$(\boldsymbol{\alpha}+\boldsymbol{\beta})^*(\boldsymbol{\gamma})=(\boldsymbol{\alpha}+\boldsymbol{\beta},\boldsymbol{\gamma})=(\boldsymbol{\alpha},\boldsymbol{\gamma})+(\boldsymbol{\beta},\boldsymbol{\gamma})=(\boldsymbol{\alpha}^*+\boldsymbol{\beta}^*)(\boldsymbol{\gamma}),$$
$$(k\boldsymbol{\alpha})^*(\boldsymbol{\gamma})=(k\boldsymbol{\alpha},\boldsymbol{\gamma})=k(\boldsymbol{\alpha},\boldsymbol{\gamma})=k\boldsymbol{\alpha}^*(\boldsymbol{\gamma}),$$

即 $f(\boldsymbol{\alpha}+\boldsymbol{\beta})=f(\boldsymbol{\alpha})+f(\boldsymbol{\beta})$，$f(k\boldsymbol{\alpha})=kf(\boldsymbol{\alpha})$，从而 f 是同构映射.

8. 设 $\mathscr{A}$ 是 P 上 n 维线性空间 V 的一个线性变换.

(1) 证明：对 V 上的线性函数 f，$f\mathscr{A}$ 仍是 V 上线性函数.

(2) 定义 V^* 到自身的映射 $\mathscr{A}^*$ 为 $f\to f\mathscr{A}$，证明：$\mathscr{A}^*$ 是 V^* 上的线性变换.

(3) 设 $\boldsymbol{\varepsilon}_1,\boldsymbol{\varepsilon}_2,\cdots,\boldsymbol{\varepsilon}_n$ 是 V 的一组基，$f_1,f_2,\cdots,f_n$ 是它的对偶基，设 $\mathscr{A}$ 在 $\boldsymbol{\varepsilon}_1,\boldsymbol{\varepsilon}_2,\cdots,\boldsymbol{\varepsilon}_n$ 下的矩阵为 $\mathbf{A}$. 证明：$\mathscr{A}^*$ 在 $f_1,f_2,\cdots,f_n$ 下的矩阵为 $\mathbf{A}^{\mathrm{T}}$.（因此 $\mathscr{A}^*$ 称为 $\mathscr{A}$ 的转置映射.）

证 (1) $\forall\boldsymbol{\alpha}\in V$，$f\mathscr{A}(\boldsymbol{\alpha})\in P$，所以 $f\mathscr{A}$ 是 V 上函数. $\forall\boldsymbol{\alpha},\boldsymbol{\beta}\in V$，$\forall k\in P$，有

$$f\mathscr{A}(\boldsymbol{\alpha}+\boldsymbol{\beta})=f(\mathscr{A}\boldsymbol{\alpha}+\mathscr{A}\boldsymbol{\beta})=f\mathscr{A}(\boldsymbol{\alpha})+f\mathscr{A}(\boldsymbol{\beta}),$$
$$f\mathscr{A}(k\boldsymbol{\alpha})=f(k\mathscr{A}\boldsymbol{\alpha})=kf\mathscr{A}(\boldsymbol{\alpha}),$$

因此 $f\mathscr{A}$ 是 V 上线性函数.

(2) $\forall f\in V^*$，$\mathscr{A}^*(f)=f\mathscr{A}\in V^*$，因此 $\mathscr{A}^*$ 是 V^* 的变换. $\forall f_1,f_2\in V^*$，$\forall k\in P$，有

$$\mathscr{A}^*(f_1+f_2)=(f_1+f_2)\mathscr{A}=f_1\mathscr{A}+f_2\mathscr{A}=\mathscr{A}^*(f_1)+\mathscr{A}^*(f_2),$$
$$\mathscr{A}^*(kf_1)=(kf_1)\mathscr{A}=k(f_1\mathscr{A})=k\mathscr{A}^*(f_1),$$

即 $\mathscr{A}^*$ 是 V^* 上线性变换.

(3) 设 $\mathbf{A}=(a_{ij})_{n\times n}$，并设 $\mathscr{A}^*(f_1,f_2,\cdots,f_n)=(f_1,f_2,\cdots,f_n)\mathbf{B}$，$\mathbf{B}=(b_{ij})_{n\times n}$，则

$$\begin{aligned}\mathscr{A}\boldsymbol{\varepsilon}_i&=a_{1i}\boldsymbol{\varepsilon}_1+a_{2i}\boldsymbol{\varepsilon}_2+\cdots+a_{ni}\boldsymbol{\varepsilon}_n,\\ \mathscr{A}^*(f_i)&=b_{1i}f_1+b_{2i}f_2+\cdots+b_{ni}f_n,\end{aligned}\qquad(i=1,2,\cdots,n)$$

因为 $\mathscr{A}^*(f_j)=f_j\mathscr{A}$，且

$$f_j\mathscr{A}(\boldsymbol{\varepsilon}_i)=f_j(a_{1i}\boldsymbol{\varepsilon}_1+a_{2i}\boldsymbol{\varepsilon}_2+\cdots+a_{ni}\boldsymbol{\varepsilon}_n)=a_{ji},$$
$$\mathscr{A}^*(f_j)(\boldsymbol{\varepsilon}_i)=(b_{1j}f_1+b_{2j}f_2+\cdots+b_{nj}f_n)(\boldsymbol{\varepsilon}_i)=b_{ij},$$

所以 $b_{ij}=a_{ji}$，$i,j=1,2,\cdots,n$，即 $\mathbf{B}=\mathbf{A}^{\mathrm{T}}$.

9. 设 V 是数域 P 上一个线性空间，$f_1,f_2,\cdots,f_k$ 是 V 上 k 个线性函数.

(1) 证明：集合 $W=\{\boldsymbol{\alpha}\in V\mid f_i(\boldsymbol{\alpha})=0,1\leqslant i\leqslant k\}$ 是 V 的一个子空间，W 称为线性函数 $f_1,f_2,\cdots,f_k$ 的零化子空间.

(2) 证明：V 的任一个子空间皆为某些线性函数的零化子空间.

【思路探索】 证明一个集合为子空间的常用方法是用子空间的定义，因此在第(1)问的证明中只需按定义证明即可. 第(2)问的证明采用的思路是造出符合条件的一组线性函数. 通过利用子空间的性质，将 V 的任一子空间 W 的一组基 $\boldsymbol{\varepsilon}_1,\boldsymbol{\varepsilon}_2,\cdots,\boldsymbol{\varepsilon}_r$ 扩充为 V 的一组基 $\boldsymbol{\varepsilon}_1,\boldsymbol{\varepsilon}_2,\cdots,\boldsymbol{\varepsilon}_r,\boldsymbol{\varepsilon}_{r+1},\cdots,\boldsymbol{\varepsilon}_n$. 利用线性函数的运算性质可对 V 的这组基构造出符合条件的一组线性函数，于是可证得命题.

证 (1) $f_i(\mathbf{0})=0$，$1\leqslant i\leqslant k$，所以 $\mathbf{0}\in W\neq\varnothing$. $\forall\boldsymbol{\alpha},\boldsymbol{\beta}\in W$，$\forall k\in P$，则 $\forall 1\leqslant i\leqslant k$，有

$$f_i(\boldsymbol{\alpha}+\boldsymbol{\beta})=f_i(\boldsymbol{\alpha})+f_i(\boldsymbol{\beta})=0,$$
$$f_i(k\boldsymbol{\alpha})=kf_i(\boldsymbol{\alpha})=0,$$

即 $\boldsymbol{\alpha}+\boldsymbol{\beta}\in W, k\boldsymbol{\alpha}\in W$，所以 W 是 V 的子空间.

(2) 设 V_1 是 V 的任一子空间，并设 $\boldsymbol{\varepsilon}_1,\boldsymbol{\varepsilon}_2,\cdots,\boldsymbol{\varepsilon}_k$ 为 V_1 的一组基，将它扩为 V 的一组基 $\boldsymbol{\varepsilon}_1,\boldsymbol{\varepsilon}_2,\cdots,\boldsymbol{\varepsilon}_k,\boldsymbol{\varepsilon}_{k+1},\cdots,\boldsymbol{\varepsilon}_n$，定义

$$g_i: V\to P, a_1\boldsymbol{\varepsilon}_1+\cdots+a_n\boldsymbol{\varepsilon}_n \mapsto a_{k+i}, i=1,\cdots,n-k,$$

则 $g_i\in V^*, i=1,\cdots,n-k$，且 V_1 为 $g_1,g_2,\cdots,g_{n-k}$ 的零化子空间.

10. 设 $\boldsymbol{A}$ 是 P 上一个 m 阶矩阵，定义 $P^{m\times n}$ 上一个二元函数

$$f(\boldsymbol{X},\boldsymbol{Y})=\mathrm{tr}(\boldsymbol{X}^{\mathrm{T}}\boldsymbol{A}\boldsymbol{Y})=\boldsymbol{X}^{\mathrm{T}}\boldsymbol{A}\boldsymbol{Y}\text{ 的对角线元素的和}, \boldsymbol{X},\boldsymbol{Y}\in P^{m\times n}.$$

(1) 证明：$f(\boldsymbol{X},\boldsymbol{Y})$ 是 $P^{m\times n}$ 上的双线性函数.

(2) 求 $f(\boldsymbol{X},\boldsymbol{Y})$ 在基 $\boldsymbol{E}_{11},\boldsymbol{E}_{12},\cdots,\boldsymbol{E}_{1n},\boldsymbol{E}_{21},\cdots,\boldsymbol{E}_{2n},\cdots,\boldsymbol{E}_{m1},\cdots,\boldsymbol{E}_{mn}$ 下的度量矩阵.（$\boldsymbol{E}_{ij}$ 表示 i 行 j 列的元素为 1，而其余元素为零的 $m\times n$ 矩阵.）

【思路探索】 $\mathrm{tr}(\boldsymbol{AB})=\mathrm{tr}(\boldsymbol{BA}), \mathrm{tr}(\boldsymbol{A}+\boldsymbol{B})=\mathrm{tr}(\boldsymbol{A})+\mathrm{tr}(\boldsymbol{B})$.

证 (1) $\forall \boldsymbol{X},\boldsymbol{X}_1,\boldsymbol{X}_2,\boldsymbol{Y},\boldsymbol{Y}_1,\boldsymbol{Y}_2\in P^{m\times n}, \forall k_1,k_2\in P$，则

$$\begin{aligned}f(\boldsymbol{X},k_1\boldsymbol{Y}_1+k_2\boldsymbol{Y}_2)&=\mathrm{tr}[\boldsymbol{X}^{\mathrm{T}}\boldsymbol{A}(k_1\boldsymbol{Y}_1+k_2\boldsymbol{Y}_2)]=k_1\,\mathrm{tr}(\boldsymbol{X}^{\mathrm{T}}\boldsymbol{A}\boldsymbol{Y}_1)+k_2\,\mathrm{tr}(\boldsymbol{X}^{\mathrm{T}}\boldsymbol{A}\boldsymbol{Y}_2)\\&=k_1f(\boldsymbol{X},\boldsymbol{Y}_1)+k_2f(\boldsymbol{X},\boldsymbol{Y}_2),\\f(k_1\boldsymbol{X}_1+k_2\boldsymbol{X}_2,\boldsymbol{Y})&=\mathrm{tr}[(k_1\boldsymbol{X}_1+k_2\boldsymbol{X}_2)^{\mathrm{T}}\boldsymbol{A}\boldsymbol{Y}]=k_1\,\mathrm{tr}(\boldsymbol{X}_1^{\mathrm{T}}\boldsymbol{A}\boldsymbol{Y})+k_2\,\mathrm{tr}(\boldsymbol{X}_2^{\mathrm{T}}\boldsymbol{A}\boldsymbol{Y})\\&=k_1f(\boldsymbol{X}_1,\boldsymbol{Y})+k_2f(\boldsymbol{X}_2,\boldsymbol{Y}),\end{aligned}$$

所以 f 是 $P^{m\times n}$ 上的双线性函数.

(2) 令 $\boldsymbol{A}=(a_{ij})_{m\times m}$. 则

$$\boldsymbol{E}_{ij}^{\mathrm{T}}\boldsymbol{A}\boldsymbol{E}_{ks}=(j)\begin{pmatrix} & \vdots & \\ \cdots & 1 & \cdots \\ & \vdots & \\ & (i) & \end{pmatrix}\boldsymbol{A}\boldsymbol{E}_{ks}=(j)\begin{pmatrix}0&0&\cdots&0\\ \vdots&\vdots&&\vdots\\ a_{i1}&a_{i2}&\cdots&a_{in}\\ \vdots&\vdots&&\vdots\\ 0&0&\cdots&0\end{pmatrix}\begin{pmatrix} & \vdots & \\ \cdots & 1 & \cdots \\ & \vdots & \\ & (s) & \end{pmatrix}(k)=a_{ik}E'_{js},$$

其中 $\boldsymbol{E}'_{js}$ 为 j 行 s 列的元素为 1，而其余元素为 0 的 m 阶方阵. 所以

$$f(\boldsymbol{E}_{ij},\boldsymbol{E}_{ks})=\mathrm{tr}(\boldsymbol{E}_{ij}^{\mathrm{T}}\boldsymbol{A}\boldsymbol{E}_{ks})=\begin{cases}0, & j\neq s, 1\leqslant i,k\leqslant m,\\ a_{ik}, & j=s, 1\leqslant j,s\leqslant n.\end{cases}$$

由此可得 f 在基 $\boldsymbol{E}_{11},\boldsymbol{E}_{12},\cdots,\boldsymbol{E}_{1n},\cdots,\boldsymbol{E}_{m1},\boldsymbol{E}_{m2},\cdots,\boldsymbol{E}_{mn}$ 下的度量矩阵为

$$\boldsymbol{A}=\begin{pmatrix}a_{11}\boldsymbol{E}&a_{12}\boldsymbol{E}&\cdots&a_{1m}\boldsymbol{E}\\ a_{21}\boldsymbol{E}&a_{22}\boldsymbol{E}&\cdots&a_{2m}\boldsymbol{E}\\ \vdots&\vdots&&\vdots\\ a_{m1}\boldsymbol{E}&a_{m2}\boldsymbol{E}&\cdots&a_{mm}\boldsymbol{E}\end{pmatrix},$$

其中 $\boldsymbol{E}$ 为 n 阶单位阵.

11. 在 P^4 中定义一个双线性函数 $f(\boldsymbol{X},\boldsymbol{Y})$，对 $\boldsymbol{X}=(x_1,x_2,x_3,x_4), \boldsymbol{Y}=(y_1,y_2,y_3,y_4), f(\boldsymbol{X},\boldsymbol{Y})=3x_1y_2-5x_2y_1+x_3y_4-4x_4y_3$.

(1) 给定 P^4 的一组基

$$\boldsymbol{\varepsilon}_1=(1,-2,-1,0),\quad \boldsymbol{\varepsilon}_2=(1,-1,1,0),\quad \boldsymbol{\varepsilon}_3=(-1,2,1,1),\quad \boldsymbol{\varepsilon}_4=(-1,-1,0,1),$$

求 $f(\boldsymbol{X},\boldsymbol{Y})$ 在这组基下的度量矩阵.

(2) 另取一组基 $\boldsymbol{\eta}_1,\boldsymbol{\eta}_2,\boldsymbol{\eta}_3,\boldsymbol{\eta}_4$，且

$$(\boldsymbol{\eta}_1,\boldsymbol{\eta}_2,\boldsymbol{\eta}_3,\boldsymbol{\eta}_4)=(\boldsymbol{\varepsilon}_1,\boldsymbol{\varepsilon}_2,\boldsymbol{\varepsilon}_3,\boldsymbol{\varepsilon}_4)\boldsymbol{T},$$

其中

$$\boldsymbol{T}=\begin{pmatrix}1&1&1&1\\1&1&-1&-1\\1&-1&1&-1\\1&-1&-1&1\end{pmatrix},$$

求 $f(\boldsymbol{X},\boldsymbol{Y})$ 在 $\boldsymbol{\eta}_1,\boldsymbol{\eta}_2,\boldsymbol{\eta}_3,\boldsymbol{\eta}_4$ 下的度量矩阵.

【思路探索】 同一双线性函数在不同基下的度量矩阵是合同的.

解 (1) 易验证 $\forall \boldsymbol{X}=(x_1,x_2,x_3,x_4),\boldsymbol{Y}=(y_1,y_2,y_3,y_4)$，有 $f(\boldsymbol{X},\boldsymbol{Y})=\boldsymbol{X}^{\mathrm{T}}\boldsymbol{A}\boldsymbol{Y}$，其中

$$A=\begin{pmatrix}0&3&0&0\\-5&0&0&0\\0&0&0&1\\0&0&-4&0\end{pmatrix},$$

且 $\boldsymbol{A}$ 为 f 在 P^4 的标准正交基 $\boldsymbol{e}_1=(1,0,0,0),\boldsymbol{e}_2=(0,1,0,0),\boldsymbol{e}_3=(0,0,1,0),\boldsymbol{e}_4=(0,0,0,1)$ 下的度量矩阵.

由于 $(\boldsymbol{\varepsilon}_1,\boldsymbol{\varepsilon}_2,\boldsymbol{\varepsilon}_3,\boldsymbol{\varepsilon}_4)=(\boldsymbol{e}_1,\boldsymbol{e}_2,\boldsymbol{e}_3,\boldsymbol{e}_4)\boldsymbol{B}$，其中 $\boldsymbol{B}=\begin{pmatrix}1&1&-1&-1\\-2&-1&2&-1\\-1&1&1&0\\0&0&1&1\end{pmatrix}$，故 f 在 $\boldsymbol{\varepsilon}_1,\boldsymbol{\varepsilon}_2,\boldsymbol{\varepsilon}_3,\boldsymbol{\varepsilon}_4$ 下的度量矩阵为

$$\boldsymbol{B}^{\mathrm{T}}\boldsymbol{A}\boldsymbol{B}=\begin{pmatrix}4&7&-5&-14\\-1&2&2&-7\\0&-11&1&14\\15&4&-15&-2\end{pmatrix}.$$

(2) 由 $(\boldsymbol{\eta}_1,\boldsymbol{\eta}_2,\boldsymbol{\eta}_3,\boldsymbol{\eta}_4)=(\boldsymbol{\varepsilon}_1,\boldsymbol{\varepsilon}_2,\boldsymbol{\varepsilon}_3,\boldsymbol{\varepsilon}_4)\boldsymbol{T}=(\boldsymbol{e}_1,\boldsymbol{e}_2,\boldsymbol{e}_3,\boldsymbol{e}_4)\boldsymbol{B}\boldsymbol{T}$ 知，f 在 $\boldsymbol{\eta}_1,\boldsymbol{\eta}_2,\boldsymbol{\eta}_3,\boldsymbol{\eta}_4$ 下的度量矩阵为

$$(\boldsymbol{B}\boldsymbol{T})^{\mathrm{T}}\boldsymbol{A}(\boldsymbol{B}\boldsymbol{T})=\boldsymbol{T}^{\mathrm{T}}\boldsymbol{B}^{\mathrm{T}}\boldsymbol{A}\boldsymbol{B}\boldsymbol{T}=\begin{pmatrix}-6&46&8&24\\-18&26&16&-72\\-2&-38&0&0\\-6&86&0&0\end{pmatrix}.$$

12. 设 V 是复数域上线性空间，其维数 $n\geqslant 2$，$f(\boldsymbol{\alpha},\boldsymbol{\beta})$ 是 V 上一个对称双线性函数.

(1) 证明：V 中有非零向量 $\boldsymbol{\xi}$，使 $f(\boldsymbol{\xi},\boldsymbol{\xi})=0$.

(2) 如果 $f(\boldsymbol{\alpha},\boldsymbol{\beta})$ 是非退化的，则必有线性无关的向量 $\boldsymbol{\xi},\boldsymbol{\eta}$ 满足

$$f(\boldsymbol{\xi},\boldsymbol{\eta})=1,f(\boldsymbol{\xi},\boldsymbol{\xi})=f(\boldsymbol{\eta},\boldsymbol{\eta})=0.$$

【思路探索】 在复数域上的对称双线性函数 f 可找到基 $\boldsymbol{\varepsilon}_1,\cdots,\boldsymbol{\varepsilon}_n$，使得

$$f(\boldsymbol{\alpha},\boldsymbol{\beta})=\sum_{i=1}^{r}a_ib_i\,(0\leqslant r\leqslant n),$$

其中 $\boldsymbol{\alpha}=\sum\limits_{i=1}^{n}a_i\boldsymbol{\varepsilon}_i,\boldsymbol{\beta}=\sum\limits_{i=1}^{n}b_i\boldsymbol{\varepsilon}_i$.

证 (1) f 为 V 上的对称双线性函数，故存在 V 的一组基 $\boldsymbol{\varepsilon}_1,\boldsymbol{\varepsilon}_2,\cdots,\boldsymbol{\varepsilon}_n$，$\forall\boldsymbol{\alpha}=\sum\limits_{i=1}^{n}x_i\boldsymbol{\varepsilon}_i,\boldsymbol{\beta}=\sum\limits_{i=1}^{n}y_i\boldsymbol{\varepsilon}_i$，有 $f(\boldsymbol{\alpha},\boldsymbol{\beta})=x_1y_1+x_2y_2+\cdots+x_ry_r,0\leqslant r\leqslant n$，所以 $f(\boldsymbol{\alpha},\boldsymbol{\alpha})=x_1^2+x_2^2+\cdots+x_r^2$.

若 $r=0$，则对任意非零向量 $\boldsymbol{\alpha}$，都有 $f(\boldsymbol{\alpha},\boldsymbol{\alpha})=0$；

若 $r=1$，取 $\boldsymbol{\alpha}=\boldsymbol{\varepsilon}_i\neq\boldsymbol{0}(i>1)$，则 $f(\boldsymbol{\alpha},\boldsymbol{\alpha})=0$；

若 $r\geqslant 2$，取 $\boldsymbol{\alpha}=\mathrm{i}\boldsymbol{\varepsilon}_1+\boldsymbol{\varepsilon}_2\neq\boldsymbol{0}$，则 $f(\boldsymbol{\alpha},\boldsymbol{\alpha})=\mathrm{i}^2+1^2=0$.

(2) 设 f 是非退化的，则 $f(\boldsymbol{\alpha},\boldsymbol{\beta})=x_1y_1+x_2y_2+\cdots+x_ny_n$.

令 $\boldsymbol{\xi}=\frac{1}{\sqrt{2}}(\boldsymbol{\varepsilon}_1+\mathrm{i}\boldsymbol{\varepsilon}_2),\boldsymbol{\eta}=\frac{1}{\sqrt{2}}(\boldsymbol{\varepsilon}_1-\mathrm{i}\boldsymbol{\varepsilon}_2)$，则

$$f(\boldsymbol{\xi},\boldsymbol{\xi})=\left(\frac{1}{\sqrt{2}}\right)^2+\left(\frac{\mathrm{i}}{\sqrt{2}}\right)^2=0=f(\boldsymbol{\eta},\boldsymbol{\eta}),$$

$$f(\boldsymbol{\xi},\boldsymbol{\eta})=\left(\frac{1}{\sqrt{2}}\right)^2+\left(\frac{\mathrm{i}}{\sqrt{2}}\right)\left(-\frac{\mathrm{i}}{\sqrt{2}}\right)=1.$$

因为$(\boldsymbol{\xi},\boldsymbol{\eta})=(\boldsymbol{\varepsilon}_1,\boldsymbol{\varepsilon}_2)\boldsymbol{B}$,其中$\boldsymbol{B}=\dfrac{1}{\sqrt{2}}\begin{pmatrix}1 & 1\\ \mathrm{i} & -\mathrm{i}\end{pmatrix}$,而$|\boldsymbol{B}|\neq 0$,故$\boldsymbol{\xi},\boldsymbol{\eta}$线性无关.

13. 试证线性空间V上双线性函数$f(\boldsymbol{\alpha},\boldsymbol{\beta})$为反称的充要条件是对任意$\boldsymbol{\alpha}\in V$,都有$f(\boldsymbol{\alpha},\boldsymbol{\alpha})=0$.

证　充分性:$\forall\boldsymbol{\alpha},\boldsymbol{\beta}\in V$,则

$$\begin{aligned}0&=f(\boldsymbol{\alpha}+\boldsymbol{\beta},\boldsymbol{\alpha}+\boldsymbol{\beta})=f(\boldsymbol{\alpha}+\boldsymbol{\beta},\boldsymbol{\alpha})+f(\boldsymbol{\alpha}+\boldsymbol{\beta},\boldsymbol{\beta})\\&=f(\boldsymbol{\alpha},\boldsymbol{\alpha})+f(\boldsymbol{\beta},\boldsymbol{\alpha})+f(\boldsymbol{\alpha},\boldsymbol{\beta})+f(\boldsymbol{\beta},\boldsymbol{\beta})\\&=f(\boldsymbol{\beta},\boldsymbol{\alpha})+f(\boldsymbol{\alpha},\boldsymbol{\beta}),\end{aligned}$$

即$f(\boldsymbol{\alpha},\boldsymbol{\beta})=-f(\boldsymbol{\beta},\boldsymbol{\alpha})$,故$f$是反称的.

必要性:设f为反称的双线性函数,则$\forall\boldsymbol{\alpha}\in V,f(\boldsymbol{\alpha},\boldsymbol{\alpha})=-f(\boldsymbol{\alpha},\boldsymbol{\alpha})$,即$f(\boldsymbol{\alpha},\boldsymbol{\alpha})=0$.

14. 设$f(\boldsymbol{\alpha},\boldsymbol{\beta})$是$V$上对称的或反称的双线性函数,$\boldsymbol{\alpha},\boldsymbol{\beta}$是$V$中两个向量,如果$f(\boldsymbol{\alpha},\boldsymbol{\beta})=0$,则称$\boldsymbol{\alpha},\boldsymbol{\beta}$正交.再设$K$是$V$的一个真子空间,证明:对$\boldsymbol{\xi}\overline{\in}K$,必有$\mathbf{0}\neq\boldsymbol{\eta}\in K+L(\boldsymbol{\xi})$,使$f(\boldsymbol{\eta},\boldsymbol{\alpha})=0$对所有$\boldsymbol{\alpha}\in K$都成立.

证　(1) 先证$f(\boldsymbol{\alpha},\boldsymbol{\beta})$是对称的双线性函数的情形.

因为K是V的子空间,所以$f(\boldsymbol{\alpha},\boldsymbol{\beta})$是$K$上的对称双线性函数,设维$(K)=r$,则$f(\boldsymbol{\alpha},\boldsymbol{\beta})$关于$K$的任意一组基的度量矩阵皆为对称矩阵,于是,必存在$K$的一组基$\boldsymbol{\varepsilon}_1,\boldsymbol{\varepsilon}_2,\cdots,\boldsymbol{\varepsilon}_r$,使$f(\boldsymbol{\alpha},\boldsymbol{\beta})$在这组基下的度量矩阵为对角矩阵$\boldsymbol{D}=\mathrm{diag}(d_1,d_2,\cdots,d_r)$.

令$\boldsymbol{\eta}=\dfrac{f(\boldsymbol{\xi},\boldsymbol{\varepsilon}_1)}{d_1}\boldsymbol{\varepsilon}_1+\dfrac{f(\boldsymbol{\xi},\boldsymbol{\varepsilon}_2)}{d_2}\boldsymbol{\varepsilon}_2+\cdots+\dfrac{f(\boldsymbol{\xi},\boldsymbol{\varepsilon}_r)}{d_r}\boldsymbol{\varepsilon}_r-\boldsymbol{\xi}$,则$\boldsymbol{\eta}\in K+L(\boldsymbol{\xi})$,且对任意$\boldsymbol{\alpha}=m_1\boldsymbol{\varepsilon}_1+m_2\boldsymbol{\varepsilon}_2+\cdots+m_r\boldsymbol{\varepsilon}_r\in K$,有

$$\begin{aligned}f(\boldsymbol{\eta},\boldsymbol{\alpha})&=f\left(\frac{f(\boldsymbol{\xi},\boldsymbol{\varepsilon}_1)}{d_1}\boldsymbol{\varepsilon}_1+\frac{f(\boldsymbol{\xi},\boldsymbol{\varepsilon}_2)}{d_2}\boldsymbol{\varepsilon}_2+\cdots+\frac{f(\boldsymbol{\xi},\boldsymbol{\varepsilon})_r}{d_r}\boldsymbol{\varepsilon}_r-\boldsymbol{\xi},m_1\boldsymbol{\varepsilon}_1+\cdots+m_r\boldsymbol{\varepsilon}_r\right)\\&=f(\boldsymbol{\xi},\boldsymbol{\varepsilon}_1)m_1+\cdots+f(\boldsymbol{\xi},\boldsymbol{\varepsilon}_r)m_r-f(\boldsymbol{\xi},m_1\boldsymbol{\varepsilon}_1+\cdots+m_r\boldsymbol{\varepsilon}_r)\\&=0.\end{aligned}$$

(2) 再证$f(\boldsymbol{\alpha},\boldsymbol{\beta})$是反称的双线性函数的情形.

由条件,f限制在$K+L(\boldsymbol{\xi})$上是反称的双线性函数.

若存在$\boldsymbol{\alpha}\in K$,有$f(\boldsymbol{\xi},\boldsymbol{\alpha})\neq 0$,则令$\boldsymbol{\varepsilon}_1=\boldsymbol{\xi},\boldsymbol{\varepsilon}_{-1}=\lambda\boldsymbol{\alpha}$,使$f(\boldsymbol{\varepsilon}_1,\boldsymbol{\varepsilon}_{-1})=1$.将$\boldsymbol{\varepsilon}_1,\boldsymbol{\varepsilon}_{-1}$扩充为$K+L(\boldsymbol{\xi})$的一组基$\boldsymbol{\varepsilon}_1,\boldsymbol{\varepsilon}_{-1},\cdots,\boldsymbol{\varepsilon}_t,\boldsymbol{\varepsilon}_{-t},\boldsymbol{\eta}_1,\cdots,\boldsymbol{\eta}_s$,使

$$\begin{aligned}&f(\boldsymbol{\varepsilon}_i,\boldsymbol{\varepsilon}_{-i})=1,i=1,2,\cdots,t,\\&f(\boldsymbol{\varepsilon}_i,\boldsymbol{\varepsilon}_j)=0,i+j\neq 0,\\&f(\boldsymbol{\alpha},\boldsymbol{\eta}_k)=0,\boldsymbol{\alpha}\in K+L(\boldsymbol{\xi}),k=1,2,\cdots,s.\end{aligned}$$

若$s\neq 0$,取$\boldsymbol{\eta}=\boldsymbol{\eta}_1$即可;

若$s=0$,则$K+L(\boldsymbol{\xi})$的基为$\boldsymbol{\varepsilon}_1,\boldsymbol{\varepsilon}_{-1},\cdots,\boldsymbol{\varepsilon}_t,\boldsymbol{\varepsilon}_{-t}$,因为$\boldsymbol{\xi}=\boldsymbol{\varepsilon}_1$,故$K=L(\boldsymbol{\varepsilon}_{-1},\boldsymbol{\varepsilon}_2,\boldsymbol{\varepsilon}_{-2},\cdots,\boldsymbol{\varepsilon}_t,\boldsymbol{\varepsilon}_{-t})$,令$\boldsymbol{\eta}=\boldsymbol{\varepsilon}_{-1}$,则$\forall\boldsymbol{\alpha}\in K,f(\boldsymbol{\eta},\boldsymbol{\alpha})=0$.若$\forall\boldsymbol{\beta}\in K$,由$f(\boldsymbol{\xi},\boldsymbol{\beta})=0$,则取$\boldsymbol{\eta}=\boldsymbol{\xi}$即可.

15. 设V与$f(\boldsymbol{\alpha},\boldsymbol{\beta})$同上题,$K$是$V$的一个子空间.令

$$K^{\perp}=\{\boldsymbol{\alpha}\in V\mid f(\boldsymbol{\alpha},\boldsymbol{\beta})=0,\forall\boldsymbol{\beta}\in K\}.$$

(1) 试证$K^{\perp}$是V的子空间($K^{\perp}$称为K的正交补).

(2) 试证,若$K\cap K^{\perp}=\{\mathbf{0}\}$,则$V=K+K^{\perp}$.

证　(1) $\forall\boldsymbol{\beta}\in K,f(\mathbf{0},\boldsymbol{\beta})=0$,所以$\mathbf{0}\in K^{\perp}$,即$K^{\perp}$非空.$\forall\boldsymbol{\alpha}_1,\boldsymbol{\alpha}_2\in K^{\perp},\forall k\in P$,则$\forall\boldsymbol{\beta}\in K$,有

$$\begin{aligned}&f(\boldsymbol{\alpha}_1+\boldsymbol{\alpha}_2,\boldsymbol{\beta})=f(\boldsymbol{\alpha}_1,\boldsymbol{\beta})+f(\boldsymbol{\alpha}_2,\boldsymbol{\beta})=0,\\&f(k\boldsymbol{\alpha}_1,\boldsymbol{\beta})=kf(\boldsymbol{\alpha}_1,\boldsymbol{\beta})=0,\end{aligned}$$

即$\boldsymbol{\alpha}_1+\boldsymbol{\alpha}_2\in K^{\perp},k\boldsymbol{\alpha}_1\in K^{\perp}$,故$K^{\perp}$是$V$的子空间.

(2) 若$K=V$,则显然$V=K+K^{\perp}$.下设K是V的真子空间.$\forall\boldsymbol{\gamma}\in V$,若$\boldsymbol{\gamma}\in K$,则$\boldsymbol{\gamma}\in K+K^{\perp}$,若$\boldsymbol{\gamma}\notin K$,则由上题知,存在非零的$\boldsymbol{\eta}\in K+L(\boldsymbol{\gamma})$,使得$\forall\boldsymbol{\alpha}\in K,f(\boldsymbol{\eta},\boldsymbol{\alpha})=0$,即$\boldsymbol{\eta}\in K^{\perp}$.设$\boldsymbol{\eta}=\boldsymbol{\beta}+k\boldsymbol{\gamma},\boldsymbol{\beta}\in K,k\in P$,若$k=0$,则$\boldsymbol{\eta}=\boldsymbol{\beta}\in K\cap K^{\perp}=\{\mathbf{0}\}$,矛盾,故$k\neq 0$.

于是 $\boldsymbol{\gamma}=-\frac{1}{k}\boldsymbol{\beta}+\frac{1}{k}\boldsymbol{\eta}\in K+K^{\perp}$，即 $V\subset K+K^{\perp}$. 故 $V=K+K^{\perp}$.

16. 设 V，$f(\boldsymbol{\alpha},\boldsymbol{\beta})$，$K$ 同上题，并设 $f(\boldsymbol{\alpha},\boldsymbol{\beta})$ 限制在 K 上是非退化的，试证：$V=K+K^{\perp}$，并证明 $f(\boldsymbol{\alpha},\boldsymbol{\beta})$ 在 $K^{\perp}$ 上是非退化的充要条件是 $f(\boldsymbol{\alpha},\boldsymbol{\beta})$ 在 V 上为非退化的.

【思路探索】 利用上题结果.

证 必要性：设 $V=K+K^{\perp}$. 设 $\boldsymbol{\alpha}\in V$，且 $\forall\boldsymbol{\beta}\in V$，$f(\boldsymbol{\alpha},\boldsymbol{\beta})=0$. 下证 $\boldsymbol{\alpha}=\mathbf{0}$.

设 $\boldsymbol{\alpha}=\boldsymbol{\alpha}_1+\boldsymbol{\alpha}_2$，$\boldsymbol{\alpha}_1\in K$，$\boldsymbol{\alpha}_2\in K^{\perp}$，则 $\forall\boldsymbol{\eta}\in K$，有

$$0=f(\boldsymbol{\alpha},\boldsymbol{\eta})=f(\boldsymbol{\alpha}_1+\boldsymbol{\alpha}_2,\boldsymbol{\eta})=f(\boldsymbol{\alpha}_1,\boldsymbol{\eta})+f(\boldsymbol{\alpha}_2,\boldsymbol{\eta})=f(\boldsymbol{\alpha}_1,\boldsymbol{\eta}),$$

由于 f 在 K 上是非退化的，故 $\boldsymbol{\alpha}_1=\mathbf{0}$，从而 $\boldsymbol{\alpha}=\boldsymbol{\alpha}_2\in K^{\perp}$.

$\forall\boldsymbol{\beta}\in V$，设 $\boldsymbol{\beta}=\boldsymbol{\beta}_1+\boldsymbol{\beta}_2$，$\boldsymbol{\beta}_1\in K$，$\boldsymbol{\beta}_2\in K^{\perp}$，则

$$0=f(\boldsymbol{\alpha},\boldsymbol{\beta})=f(\boldsymbol{\alpha},\boldsymbol{\beta}_1+\boldsymbol{\beta}_2)=f(\boldsymbol{\alpha},\boldsymbol{\beta}_1)+f(\boldsymbol{\alpha},\boldsymbol{\beta}_2)=f(\boldsymbol{\alpha},\boldsymbol{\beta}_2)=0.$$

由于 f 在 $K^{\perp}$ 上是非退化的，故 $\boldsymbol{\alpha}=0$.

所以 $f(\boldsymbol{\alpha},\boldsymbol{\beta})$ 在 V 上是非退化的.

充分性：**方法一** 设 $\boldsymbol{\alpha}_1\in K\cap K^{\perp}$，若 $\boldsymbol{\alpha}_1\neq\mathbf{0}$，则可将 $\boldsymbol{\alpha}_1$ 扩充为 K 的一组基 $\boldsymbol{\alpha}_1,\boldsymbol{\alpha}_2,\cdots,\boldsymbol{\alpha}_m$，由 $\boldsymbol{\alpha}_1\in K^{\perp}$ 知，$f(\boldsymbol{\alpha}_1,\boldsymbol{\alpha}_j)=0(j=1,2,\cdots,m)$，所以 $\forall\boldsymbol{\beta}\in K$，都有 $f(\boldsymbol{\alpha}_1,\boldsymbol{\beta})=0$，与 f 限制在 K 上非退化矛盾. 故 $\boldsymbol{\alpha}_1=\mathbf{0}$，从而 $K\cap K^{\perp}=\{\mathbf{0}\}$，由上题得 $V=K+K^{\perp}$. 又对 $\boldsymbol{\alpha}\in K^{\perp}$，且对 $\forall\boldsymbol{\beta}_2\in K^{\perp}$，有 $f(\boldsymbol{\alpha},\boldsymbol{\beta}_2)=0$. 对 $\forall\boldsymbol{\beta}\in V$，有 $\boldsymbol{\beta}=\boldsymbol{\beta}_1+\boldsymbol{\beta}_2$，$\boldsymbol{\beta}_1\in K$，$\boldsymbol{\beta}_2\in K^{\perp}$，有 $f(\boldsymbol{\alpha},\boldsymbol{\beta})=f(\boldsymbol{\alpha},\boldsymbol{\beta}_1+\boldsymbol{\beta}_2)=f(\boldsymbol{\alpha},\boldsymbol{\beta}_1)+f(\boldsymbol{\alpha},\boldsymbol{\beta}_2)=0$. 由于 f 非退化，故 $\boldsymbol{\alpha}=\mathbf{0}$. 从而 $f(\boldsymbol{\alpha},\boldsymbol{\beta})$ 在 $K^{\perp}$ 上是非退化的.

方法二 f 在 K 上非退化. 即 K 中没有非零向量与 K 中所有元素都正交，也即 $K\cap K^{\perp}=\{\mathbf{0}\}$. 由 15 题(2) 知，$V=K\oplus K^{\perp}$. 分别取 K 和 $K^{\perp}$ 的一组基 $\boldsymbol{\varepsilon}_1,\boldsymbol{\varepsilon}_2,\cdots,\boldsymbol{\varepsilon}_r$ 及 $\boldsymbol{\eta}_1,\boldsymbol{\eta}_2,\cdots,\boldsymbol{\eta}_t$ 合成 V 的一组基. 设 f 在基 $\boldsymbol{\varepsilon}_1,\boldsymbol{\varepsilon}_2,\cdots,\boldsymbol{\varepsilon}_r$ 和 f 在基 $\boldsymbol{\eta}_1,\boldsymbol{\eta}_2,\cdots,\boldsymbol{\eta}_t$ 下的度量矩阵分别为 $\boldsymbol{A}$ 和 $\boldsymbol{B}$，则 f 在 V 的基 $\boldsymbol{\varepsilon}_1,\boldsymbol{\varepsilon}_2,\cdots,\boldsymbol{\varepsilon}_r,\boldsymbol{\eta}_1,\boldsymbol{\eta}_2,\cdots,\boldsymbol{\eta}_t$ 下的度量矩阵为 $\boldsymbol{C}=\begin{pmatrix}\boldsymbol{A}&\boldsymbol{O}\\\boldsymbol{O}&\boldsymbol{B}\end{pmatrix}$，由题意知，$A$ 非退化. 故 C 非退化的充分必要条件是 B 非退化，即 f 在 V 上非退化的充要条件是 f 在 $K^{\perp}$ 上非退化.

17. 设 $f(\boldsymbol{\alpha},\boldsymbol{\beta})$ 是 n 维线性空间 V 上的非退化对称双线性函数，对 V 中一个元素 $\boldsymbol{\alpha}$，定义 V^* 中一个元素 $\boldsymbol{\alpha}^*$：

$$\boldsymbol{\alpha}^*(\boldsymbol{\beta})=f(\boldsymbol{\alpha},\boldsymbol{\beta}),\boldsymbol{\beta}\in V.$$

试证：(1)V 到 V^* 的映射 $\boldsymbol{\alpha}\rightarrow\boldsymbol{\alpha}^*$ 是一个同构映射.

(2) 对 V 的每组基 $\boldsymbol{\varepsilon}_1,\boldsymbol{\varepsilon}_2,\cdots,\boldsymbol{\varepsilon}_n$，有 V 的唯一的一组基 $\boldsymbol{\varepsilon}'_1,\boldsymbol{\varepsilon}'_2,\cdots,\boldsymbol{\varepsilon}'_n$ 使 $f(\boldsymbol{\varepsilon}_i,\boldsymbol{\varepsilon}'_j)=\delta_{ij}$.

(3) 如果 V 是复数域上 n 维线性空间，则有一组基 $\boldsymbol{\eta}_1,\boldsymbol{\eta}_2,\cdots,\boldsymbol{\eta}_n$，使 $\boldsymbol{\eta}_i=\boldsymbol{\eta}'_i$，$i=1,2,\cdots,n$.

证 (1) 依题意，存在 V 的一组基 $\boldsymbol{\varepsilon}_1,\boldsymbol{\varepsilon}_2,\cdots,\boldsymbol{\varepsilon}_n$，使

$$f(\boldsymbol{\varepsilon}_i,\boldsymbol{\varepsilon}_i)=d_i\neq0,(i=1,2,\cdots,n),f(\boldsymbol{\varepsilon}_i,\boldsymbol{\varepsilon}_j)=0(i\neq j).$$

根据 $\boldsymbol{\varepsilon}_i^*\boldsymbol{\beta}=f(\boldsymbol{\varepsilon}_i,\boldsymbol{\beta})(\forall\boldsymbol{\beta}\in V)$ 作出相应的 $\boldsymbol{\varepsilon}_1^*,\boldsymbol{\varepsilon}_2^*,\cdots,\boldsymbol{\varepsilon}_n^*\in V^*$，考虑

$$k_1\boldsymbol{\varepsilon}_1^*+k_2\boldsymbol{\varepsilon}_2^*+\cdots+k_n\boldsymbol{\varepsilon}_n^*=\mathbf{0},$$

则有

$$\begin{aligned}0&=(k_1\boldsymbol{\varepsilon}_1^*+k_2\boldsymbol{\varepsilon}_2^*+\cdots+k_n\boldsymbol{\varepsilon}_n^*)(\boldsymbol{\varepsilon}_i)\\&=k_1\boldsymbol{\varepsilon}_1^*(\boldsymbol{\varepsilon}_i)+k_2\boldsymbol{\varepsilon}_2^*(\boldsymbol{\varepsilon}_i)+\cdots+k_n\boldsymbol{\varepsilon}_n^*(\boldsymbol{\varepsilon}_i)\\&=k_1f(\boldsymbol{\varepsilon}_1,\boldsymbol{\varepsilon}_i)+k_2f(\boldsymbol{\varepsilon}_2,\boldsymbol{\varepsilon}_i)+\cdots+k_nf(\boldsymbol{\varepsilon}_n,\boldsymbol{\varepsilon}_i)=k_id_i.\end{aligned}$$

由 $d_i\neq0$ 得 $k_i=0(i=1,2,\cdots,n)$，即 $\boldsymbol{\varepsilon}_1^*,\boldsymbol{\varepsilon}_2^*,\cdots,\boldsymbol{\varepsilon}_n^*$ 线性无关，因而是 V^* 的一组基，这表明映射 $\boldsymbol{\alpha}\mapsto\boldsymbol{\alpha}^*$ 将基映射为基，进一步易知该映射为双射.

又对任意 $\boldsymbol{\alpha},\boldsymbol{\beta},\boldsymbol{\gamma}\in V$，$k\in P$，有

$$(\boldsymbol{\alpha}+\boldsymbol{\beta})^*(\boldsymbol{\gamma})=f(\boldsymbol{\alpha}+\boldsymbol{\beta},\boldsymbol{\gamma})=f(\boldsymbol{\alpha},\boldsymbol{\gamma})+f(\boldsymbol{\beta},\boldsymbol{\gamma})=\boldsymbol{\alpha}^*(\boldsymbol{\gamma})+\boldsymbol{\beta}^*(\boldsymbol{\gamma})=(\boldsymbol{\alpha}^*+\boldsymbol{\beta}^*)(\boldsymbol{\gamma}),$$

$$(k\boldsymbol{\alpha})^*(\boldsymbol{\gamma})=f(k\boldsymbol{\alpha},\boldsymbol{\gamma})=kf(\boldsymbol{\alpha},\boldsymbol{\gamma})=k\boldsymbol{\alpha}^*(\boldsymbol{\gamma})=(k\boldsymbol{\alpha}^*)(\boldsymbol{\gamma}),$$

这表明映射 $\boldsymbol{\alpha}\mapsto\boldsymbol{\alpha}^*$ 是线性映射，故它是一个同构映射.

(2) 对 V 中的基 $\boldsymbol{\varepsilon}_1,\boldsymbol{\varepsilon}_2,\cdots,\boldsymbol{\varepsilon}_n$，设其在 V^* 中的对偶基为 $\boldsymbol{\alpha}_1^*,\boldsymbol{\alpha}_2^*,\cdots,\boldsymbol{\alpha}_n^*$，由 (1) 知 V 中存在唯一的向量组 $\boldsymbol{\alpha}_1,\boldsymbol{\alpha}_2,\cdots,\boldsymbol{\alpha}_n$ 与之对应，即 $\boldsymbol{\alpha}_i \mapsto \boldsymbol{\alpha}_i^*\ (i=1,2,\cdots,n)$.

于是

$$f(\boldsymbol{\alpha}_i,\boldsymbol{\varepsilon}_j)=\boldsymbol{\alpha}_i^*(\boldsymbol{\varepsilon}_j)=\begin{cases}1,j=i,\\0,j\neq i.\end{cases}$$

设 $k_1\boldsymbol{\alpha}_1+k_2\boldsymbol{\alpha}_2+\cdots+k_n\boldsymbol{\alpha}_n=\mathbf{0}$，则有

$$\begin{aligned}0&=f(k_1\boldsymbol{\alpha}_1+k_2\boldsymbol{\alpha}_2+\cdots+k_n\boldsymbol{\alpha}_n,\boldsymbol{\varepsilon}_i)=k_1f(\boldsymbol{\alpha}_1,\boldsymbol{\varepsilon}_i)+k_2f(\boldsymbol{\alpha}_2,\boldsymbol{\varepsilon}_i)+\cdots+k_nf(\boldsymbol{\alpha}_n,\boldsymbol{\varepsilon}_i)\\&=k_i(i=1,2,\cdots,n).\end{aligned}$$

即 $\boldsymbol{\alpha}_1,\boldsymbol{\alpha}_2,\cdots,\boldsymbol{\alpha}_n$ 线性无关，因而是 V 的一组基. 令 $\boldsymbol{\varepsilon}'_1=\boldsymbol{\alpha}_1,\boldsymbol{\varepsilon}'_2=\boldsymbol{\alpha}_2,\cdots,\boldsymbol{\varepsilon}'_n=\boldsymbol{\alpha}_n$ 即可.

(3) 设 $\boldsymbol{\varepsilon}_1,\boldsymbol{\varepsilon}_2,\cdots,\boldsymbol{\varepsilon}_n$ 是复数域上 n 维线性空间 V 的一组基，$\boldsymbol{A}=f(\boldsymbol{\varepsilon}_i,\boldsymbol{\varepsilon}_j)_{n\times n}$ 为其度量矩阵，则 $\boldsymbol{A}$ 为可逆的对称矩阵，在复数域上，$\boldsymbol{A}$ 合同于单位矩阵 $\boldsymbol{E}$，即存在复数域 C 上的可逆矩阵 $\boldsymbol{P}\in C^{n\times n}$，使

$$\boldsymbol{P}^{\mathrm{T}}\boldsymbol{AP}=\boldsymbol{E}.$$

令 $(\boldsymbol{\eta}_1,\boldsymbol{\eta}_2,\cdots,\boldsymbol{\eta}_n)=(\boldsymbol{\varepsilon}_1,\boldsymbol{\varepsilon}_2,\cdots,\boldsymbol{\varepsilon}_n)\boldsymbol{P}$，则 $f(\boldsymbol{\alpha},\boldsymbol{\beta})$ 在基 $\boldsymbol{\eta}_1,\boldsymbol{\eta}_2,\cdots,\boldsymbol{\eta}_n$ 下的矩阵为 $\boldsymbol{P}^{\mathrm{T}}\boldsymbol{AP}=\boldsymbol{E}$，即

$$f(\boldsymbol{\eta}_i,\boldsymbol{\eta}_j)=\delta_{ij},i,j=1,2,\cdots,n,$$

$$\boldsymbol{\eta}_i=\boldsymbol{\eta}'_i,i=1,2,\cdots,n.$$

18. 设 V 是对于非退化对称双线性函数 $f(\boldsymbol{\alpha},\boldsymbol{\beta})$ 的 n 维准欧氏空间. V 的一组基 $\boldsymbol{\varepsilon}_1,\boldsymbol{\varepsilon}_2,\cdots,\boldsymbol{\varepsilon}_n$ 如果满足

$$\begin{cases}f(\boldsymbol{\varepsilon}_i,\boldsymbol{\varepsilon}_i)=1, & i=1,2,\cdots,p;\\f(\boldsymbol{\varepsilon}_i,\boldsymbol{\varepsilon}_i)=-1, & i=p+1,\cdots,n;\\f(\boldsymbol{\varepsilon}_i,\boldsymbol{\varepsilon}_j)=0, & i\neq j,\end{cases}$$

则称为 V 的一组正交基. 如果 V 上的线性变换 $\mathscr{A}$ 满足 $f(\mathscr{A}\boldsymbol{\alpha},\mathscr{A}\boldsymbol{\beta})=f(\boldsymbol{\alpha},\boldsymbol{\beta}),\boldsymbol{\alpha},\boldsymbol{\beta}\in V$，则称 $\mathscr{A}$ 为 V 的一个准正交变换. 试证：

(1) 准正交变换是可逆的，且逆变换也是准正交变换；

(2) 准正交变换的乘积仍是准正交变换；

(3) 准正交变换 $\mathscr{A}$ 的特征向量 $\boldsymbol{\alpha}$，若满足 $f(\boldsymbol{\alpha},\boldsymbol{\alpha})\neq 0$，则其特征值等于 1 或 -1；

(4) 准正交变换在正交基下的矩阵 $\boldsymbol{T}$ 满足

$$\boldsymbol{T}^{\mathrm{T}}\begin{pmatrix}1&&&&&\\&\ddots&&&&\\&&1&&&\\&&&-1&&\\&&&&\ddots&\\&&&&&-1\end{pmatrix}\boldsymbol{T}=\begin{pmatrix}1&&&&&\\&\ddots&&&&\\&&1&&&\\&&&-1&&\\&&&&\ddots&\\&&&&&-1\end{pmatrix}.$$

【思路探索】 第(1) 问的证明按可逆变换的判定需证准正交变换是单射和满射，因此是可逆的. 同时它的逆变换也符合准正交变换的定义式.

第(2) 问可直接运用准正交变换的定义证明.

第(3) 问中由定理，存在一组基 $\boldsymbol{\alpha}_1,\boldsymbol{\alpha}_2,\cdots,\boldsymbol{\alpha}_n$，使 f 在这组基下的矩阵为对角矩阵. 于是设 λ 为特征值，$\boldsymbol{\alpha}=\sum\limits_{i=1}^{n}k_i\boldsymbol{\alpha}_i\neq\mathbf{0}$ 为对应于 λ 的特征向量，则可得 $f(\boldsymbol{\alpha},\boldsymbol{\alpha})=\lambda^2f(\boldsymbol{\alpha},\boldsymbol{\alpha})$，于是命题得证.

第(4) 问的证明中，设正交矩阵 $\boldsymbol{T}=(t_{ij})_{n\times n}$，则由正交基的定义式可写出 3 个关于 $\boldsymbol{T}$ 的元素的关系式，将这 3 个关系式写成矩阵形式即可证得命题.

证 (1) 由于 f 是非退化对称双线性函数，故存在 V 的一组基 $\boldsymbol{\varepsilon}_1,\boldsymbol{\varepsilon}_2,\cdots,\boldsymbol{\varepsilon}_n$，使 f 在这组基下的度量矩阵为

$$\begin{pmatrix}d_1&&&\\&d_2&&\\&&\ddots&\\&&&d_n\end{pmatrix},d_1d_2\cdots d_n\neq 0.$$

设 σ 为 V 的准正交变换，再设 $\sum_{i=1}^{n} k_i\sigma\boldsymbol{\varepsilon}_i = \mathbf{0}$，则

$$\begin{aligned}0 &= f(\mathbf{0},\sigma\boldsymbol{\varepsilon}_j) = f\Big(\sum_{i=1}^{n}k_i\sigma\boldsymbol{\varepsilon}_i,\sigma\boldsymbol{\varepsilon}_j\Big) = \sum_{i=1}^{n}k_i f(\sigma\boldsymbol{\varepsilon}_i,\sigma\boldsymbol{\varepsilon}_j)\\ &= \sum_{i=1}^{n}k_i f(\boldsymbol{\varepsilon}_i,\boldsymbol{\varepsilon}_j) = k_j d_j\,(j=1,2,\cdots,n),\end{aligned}$$

故 $k_j = 0(j=1,2,\cdots,n)$. 即 $\sigma\boldsymbol{\varepsilon}_1,\cdots,\sigma\boldsymbol{\varepsilon}_n$ 线性无关，所以维$(\sigma V) = n$，从而 $\sigma^{-1}(\mathbf{0}) = \{\mathbf{0}\}$，即 σ 是单射，因此 σ 是双射，即 σ 是可逆变换.

σ^{-1} 为线性变换，且 $\forall \boldsymbol{\alpha},\boldsymbol{\beta}\in V$，有 $f(\boldsymbol{\alpha},\boldsymbol{\beta}) = f(\sigma\sigma^{-1}\boldsymbol{\alpha},\sigma\sigma^{-1}\boldsymbol{\beta}) = f(\sigma^{-1}\boldsymbol{\alpha},\sigma^{-1}\boldsymbol{\beta})$，故 σ^{-1} 也为准正交变换.

(2) 设 τ 也为 V 的准正交变换，则 $\sigma\tau$ 为 V 的线性变换，且 $\forall \boldsymbol{\alpha},\boldsymbol{\beta}\in V$，有

$$f(\sigma\tau\boldsymbol{\alpha},\sigma\tau\boldsymbol{\beta}) = f(\tau\boldsymbol{\alpha},\tau\boldsymbol{\beta}) = f(\boldsymbol{\alpha},\boldsymbol{\beta}),$$

即 $\sigma\tau$ 是准正交变换.

(3) 由于 f 是非退化对称双线性函数，因此存在 V 的一组基 $\boldsymbol{\alpha}_1,\boldsymbol{\alpha}_2,\cdots,\boldsymbol{\alpha}_n$，使

$$f(\boldsymbol{\alpha}_i,\boldsymbol{\alpha}_j) = \begin{cases} d_i \neq 0, & i=j,\\ 0, & i\neq j.\end{cases}$$

设 λ 为 $\mathscr{A}$ 的任一特征值，$\boldsymbol{\alpha} = k_1\boldsymbol{\alpha}_1 + k_2\boldsymbol{\alpha}_2 + \cdots + k_n\boldsymbol{\alpha}_n \neq 0$ 为其相应的特征向量，则

$$f(\boldsymbol{\alpha},\boldsymbol{\alpha}) = f(\mathscr{A}\boldsymbol{\alpha},\mathscr{A}\boldsymbol{\alpha}) = f(\lambda\boldsymbol{\alpha},\lambda\boldsymbol{\alpha}) = \lambda^2 f(\boldsymbol{\alpha},\boldsymbol{\alpha}),$$

但 $f(\boldsymbol{\alpha},\boldsymbol{\alpha}) = k_1^2d_1^2 + \cdots + k_n^2d_n^2 \neq 0$，故由上式得 $\lambda^2 = 1$，即 $\lambda = \pm 1$.

(4) 设 $\boldsymbol{\alpha}_1,\boldsymbol{\alpha}_2,\cdots,\boldsymbol{\alpha}_n$ 为 V 的正交基，则

$$f(\boldsymbol{\alpha}_i,\boldsymbol{\alpha}_j) = \begin{cases} 1, & i=j=1,2,\cdots,p;\\ -1, & i=j=p+1,\cdots,n;\\ 0, & i\neq j.\end{cases}$$

设 $\sigma(\boldsymbol{\alpha}_1,\boldsymbol{\alpha}_2,\cdots,\boldsymbol{\alpha}_n) = (\boldsymbol{\alpha}_1,\boldsymbol{\alpha}_2,\cdots,\boldsymbol{\alpha}_n)\boldsymbol{T}$，其中 $\boldsymbol{T} = (t_{ij})_{n\times n}$.

方法一

$$1 = f(\sigma\boldsymbol{\alpha}_1,\sigma\boldsymbol{\alpha}_1) = t_{11}^2 + \cdots + t_{p1}^2 - (t_{p+1,1}^2 + \cdots + t_{n1}^2).$$

类似地，可证得

$$\begin{cases} 1 = t_{1k}^2 + \cdots + t_{pk}^2 - (t_{p+1,k}^2 + \cdots + t_{pk}^2), k=1,2,\cdots,p;\\ -1 = t_{1k}^2 + \cdots + t_{pk}^2 - (t_{p+1,k}^2 + \cdots + t_{nk}^2), k=p+1,\cdots,n;\\ 0 = t_{1i}t_{1j} + \cdots + t_{pi}t_{pj} - (t_{p+1,i}t_{p+1,j} + \cdots + t_{ni}t_{nj}), i\neq j.\end{cases}$$

用矩阵表示即为

$$\boldsymbol{T}^{\mathrm{T}}\begin{pmatrix}1&&&&&\\&\ddots&&&&\\&&1&&&\\&&&-1&&\\&&&&\ddots&\\&&&&&-1\end{pmatrix}\boldsymbol{T} = \begin{pmatrix}1&&&&&\\&\ddots&&&&\\&&1&&&\\&&&-1&&\\&&&&\ddots&\\&&&&&-1\end{pmatrix}.$$

方法二　f 在基 $\sigma(\boldsymbol{\alpha}_1),\sigma(\boldsymbol{\alpha}_2),\cdots,\sigma(\boldsymbol{\alpha}_n)$ 下的度量矩阵为

$$\boldsymbol{T}^{\mathrm{T}}\begin{pmatrix}1&&&&&\\&\ddots&&&&\\&&1&&&\\&&&-1&&\\&&&&\ddots&\\&&&&&-1\end{pmatrix}\boldsymbol{T}.$$

又 f 为准正交变换,故 $f(\sigma(\boldsymbol{\alpha}_i),\sigma(\boldsymbol{\alpha}_j)) = f(\boldsymbol{\alpha}_i,\boldsymbol{\alpha}_j),i,j = 1,2,\cdots,n.$

从而可知,f 在基 $\sigma(\boldsymbol{\alpha}_1),\sigma(\boldsymbol{\alpha}_2),\cdots,\sigma(\boldsymbol{\alpha}_n)$ 下的度量矩阵也是

$$\begin{pmatrix}1&&&&&\\&\ddots&&&&\\&&1&&&\\&&&-1&&\\&&&&\ddots&\\&&&&&-1\end{pmatrix},$$

即

$$\boldsymbol{T}^{\mathrm{T}}\begin{pmatrix}1&&&&&\\&\ddots&&&&\\&&1&&&\\&&&-1&&\\&&&&\ddots&\\&&&&&-1\end{pmatrix}\boldsymbol{T} = \begin{pmatrix}1&&&&&\\&\ddots&&&&\\&&1&&&\\&&&-1&&\\&&&&\ddots&\\&&&&&-1\end{pmatrix}.$$

总习题

总习题解答

1. 解下列线性方程组：

$$(1)\begin{cases} x_1+x_2 & =0, \\ x_2+x_3 & =0, \\ \cdots\cdots\cdots\cdots & \\ x_{n-1}+x_n & =0, \\ x_1 \qquad +x_n & =0. \end{cases}\qquad (2)\begin{cases} x_1+x_2 & =c, \\ x_2+x_3 & =c, \\ \cdots\cdots\cdots\cdots & \\ x_{n-1}+x_n & =c, \\ x_1 \qquad +x_n & =c(c\neq 0). \end{cases}$$

$$(3)\begin{cases} x_1+x_2 & =c_1, \\ x_2+x_3 & =c_2, \\ \cdots\cdots\cdots\cdots & \\ x_{n-1}+x_n & =c_{n-1}, \\ x_1 \qquad +x_n & =c_n, \end{cases}\qquad c_1,c_2,\cdots,c_n \text{ 不全相等}.$$

解　(1) 方程组的系数行列式

$$|\boldsymbol{A}|=\begin{vmatrix} 1 & 1 & 0 & \cdots & 0 & 0 \\ 0 & 1 & 1 & \cdots & 0 & 0 \\ \vdots & \vdots & \vdots & & \vdots & \vdots \\ 0 & 0 & 0 & \cdots & 1 & 1 \\ 1 & 0 & 0 & \cdots & 0 & 1 \end{vmatrix}=1+(-1)^{n+1}.$$

所以当 n 为奇数时，$|\boldsymbol{A}|\neq 0$，此线性方程组只有零解. 当 n 为偶数时，系数矩阵的秩为 $n-1$. 所以基础解系由一个解

$$\boldsymbol{\eta}=(1,-1,1,-1,\cdots,1,-1)$$

组成. 全部解为 $\{k\boldsymbol{\eta}\mid k \text{ 为任意数}\}$.

(2) 由 (1)，知系数矩阵的秩为

$$r(\boldsymbol{A})=\begin{cases} n, & n \text{ 为奇数}, \\ n-1, & n \text{ 为偶数}. \end{cases}$$

因此当 n 为奇数时，此方程组有唯一解，即 $\boldsymbol{\xi}=\left(\frac{c}{2},\frac{c}{2},\cdots,\frac{c}{2}\right)$.

当 n 为偶数时，此方程组有无穷多解，其导出组的基础解系由一个解 $\boldsymbol{\eta}$［见(1)］组成，此方程组的解集合为

$$\{\boldsymbol{\xi}+k\boldsymbol{\eta}\mid k \text{ 为任意数}\},\boldsymbol{\xi}=\left(\frac{c}{2},\frac{c}{2},\cdots,\frac{c}{2}\right).$$

(3) 与(1) 一样，当 n 为奇数时，方程组有唯一解，解为

$$\boldsymbol{\xi}=\Big(\frac{1}{2}c_1-\frac{1}{2}c_2+\frac{1}{2}c_3-\cdots-\frac{1}{2}c_{n-1}+\frac{1}{2}c_n,$$

$$\frac{1}{2}c_1+\frac{1}{2}c_2-\frac{1}{2}c_3+\frac{1}{2}c_4-\cdots+\frac{1}{2}c_{n-1}-\frac{1}{2}c_n,$$

$$-\frac{1}{2}c_1+\frac{1}{2}c_2+\frac{1}{2}c_3-\frac{1}{2}c_4+\frac{1}{2}c_5-\cdots-\frac{1}{2}c_{n-1}+\frac{1}{2}c_n,$$

$$\frac{1}{2}c_1-\frac{1}{2}c_2+\frac{1}{2}c_3+\frac{1}{2}c_4-\frac{1}{2}c_5+\cdots+\frac{1}{2}c_{n-1}-\frac{1}{2}c_n,\cdots,$$

$$-\frac{1}{2}c_1+\frac{1}{2}c_2-\frac{1}{2}c_3+\frac{1}{2}c_4-\cdots-\frac{1}{2}c_{n-2}+\frac{1}{2}c_{n-1}+\frac{1}{2}c_n\Big).$$

当 n 为偶数时,此方程组有解的充分必要条件是

$$c_1-c_2+c_3-c_4+\cdots+c_{n-1}-c_n=0.$$

有解时,其导出组的基础解系由一个解 $\boldsymbol{\eta}$ [见 (1)] 组成. 解集合是 $\{\boldsymbol{\xi}+k\boldsymbol{\eta}\mid k$ 为任意数$\}$,其中 $\boldsymbol{\xi}=(0,c_1,c_2-c_1,c_3-c_2+c_1,\cdots,c_{n-2}-c_{n-3}+\cdots+c_2-c_1,c_{n-1}-c_{n-2}+c_{n-3}+\cdots-c_2+c_1)$.

2. 解线性方程组

$$\begin{cases}x_1+x_2+\cdots+x_n=1,\\ \quad x_2+\cdots+x_n+x_{n+1}=2,\\ \quad\cdots\cdots\cdots\cdots\\ \qquad\qquad x_{n+1}+x_{n+2}+\cdots+x_{2n}=n+1.\end{cases}$$

解　一般解为

$$\begin{cases}x_1=n-x_{n+2}-\cdots-x_{2n},\\ x_2=-1+x_{n+2},\\ \quad\cdots\cdots\cdots\cdots\\ x_n=-1+x_{2n},\\ x_{n+1}=n+1-x_{n+2}-\cdots-x_{2n},\end{cases}$$

其中 $x_{n+2},x_{n+3},\cdots,x_{2n}$ 为自由未知量.

3. 设 $a_1,a_2,\cdots,a_n$ 是 n 个两两不同的数,

$$\boldsymbol{A}=\begin{pmatrix}1&1&\cdots&1\\ a_1&a_2&\cdots&a_n\\ \vdots&\vdots&&\vdots\\ a_1^{s-1}&a_2^{s-1}&\cdots&a_n^{s-1}\end{pmatrix}_{s\times n},s\leqslant n.$$

再设 $\boldsymbol{\alpha}=(c_1,c_2,\cdots,c_n)^{\mathrm{T}}$ 是齐次线性方程组 $\boldsymbol{AX}=\boldsymbol{0}$ 的一个非零解,求证 $\boldsymbol{\alpha}$ 至少有 $s+1$ 个非零分量.

证　记 $\boldsymbol{A}$ 的 n 个列向量依次为 $\boldsymbol{\alpha}_1,\boldsymbol{\alpha}_2,\cdots,\boldsymbol{\alpha}_n$. 因为 $\boldsymbol{\alpha}$ 是 $\boldsymbol{AX}=\boldsymbol{0}$ 的解,故有

$$c_1\boldsymbol{\alpha}_1+c_2\boldsymbol{\alpha}_2+\cdots+c_n\boldsymbol{\alpha}_n=\boldsymbol{0}.$$

如果在 $c_1,c_2,\cdots,c_n$ 中不为 0 的是 $c_{i_1},c_{i_2},\cdots,c_{i_t}$,其余的全为 0,则有

$$c_{i_1}\boldsymbol{\alpha}_{i_1}+c_{i_2}\boldsymbol{\alpha}_{i_2}+\cdots+c_{i_t}\boldsymbol{\alpha}_{i_t}=\boldsymbol{0},$$

其中系数全不为 0. 因此 $\boldsymbol{\alpha}_{i_1},\boldsymbol{\alpha}_{i_2},\cdots,\boldsymbol{\alpha}_{i_t}$ 线性相关.

$\boldsymbol{A}$ 的任意多于 s 个的列向量线性相关,而少于或等于 s 个的列向量线性无关. 因此 $t\geqslant s+1$. 即 $\boldsymbol{\alpha}$ 至少有 $s+1$ 个非零分量.

4. 设 $\boldsymbol{A},\boldsymbol{B}$ 是同型实矩阵,其中 $\boldsymbol{A}$ 是对称矩阵. 如果 $\boldsymbol{A}^{\mathrm{T}}\boldsymbol{B}+\boldsymbol{B}^{\mathrm{T}}\boldsymbol{A}$ 正定,证明:$\boldsymbol{A}$ 是可逆矩阵.

证　设 λ 是 $\boldsymbol{A}$ 的任一特征值,λ 必为实数. 取属于 λ 的任一实特征向量 $\boldsymbol{\alpha}$,有 $\boldsymbol{A\alpha}=\lambda\boldsymbol{\alpha}$. 又由 $\boldsymbol{A}^{\mathrm{T}}\boldsymbol{B}+\boldsymbol{B}^{\mathrm{T}}\boldsymbol{A}$ 正定,得

$$\boldsymbol{\alpha}^{\mathrm{T}}(\boldsymbol{A}^{\mathrm{T}}\boldsymbol{B}+\boldsymbol{B}^{\mathrm{T}}\boldsymbol{A})\boldsymbol{\alpha}=\boldsymbol{\alpha}^{\mathrm{T}}(\lambda\boldsymbol{B}+\lambda\boldsymbol{B}^{\mathrm{T}})\boldsymbol{\alpha}=\lambda\boldsymbol{\alpha}^{\mathrm{T}}(\boldsymbol{B}+\boldsymbol{B}^{\mathrm{T}})\boldsymbol{\alpha}>0,$$

所以 $\lambda\neq 0$. 由于 $|\boldsymbol{A}|$ 等于 $\boldsymbol{A}$ 的全部特征值的乘积,故 $|\boldsymbol{A}|\neq 0$,即 $\boldsymbol{A}$ 可逆.

5. 设

$$\boldsymbol{A}=\begin{pmatrix}1&1&&&\\ &2&2&&\\ &&3&\ddots&\\ &&&\ddots&\\ &&&n-1&n-1\\ &&&&n\end{pmatrix},$$

求 $\boldsymbol{A}$ 的若尔当标准形 $\boldsymbol{J}$，并求可逆矩阵 $\boldsymbol{C}$，使 $\boldsymbol{C}^{-1}\boldsymbol{A}\boldsymbol{C}=\boldsymbol{J}$.

解
$$\boldsymbol{J}=\begin{pmatrix}1&&&&\\&2&&&\\&&3&&\\&&&\ddots&\\&&&&n\end{pmatrix},$$

$$\boldsymbol{C}=\begin{pmatrix}1&1&1&1&\cdots&1&1\\&1&2&3&\cdots&C_{n-2}^{1}&C_{n-1}^{1}\\&&1&3&\cdots&\frac{1}{2}C_{n-2}^{2}&\frac{1}{2}C_{n-1}^{2}\\&&&1&\cdots&C_{n-2}^{3}&C_{n-1}^{3}\\&&&&\ddots&\vdots&\vdots\\&&&&&1&C_{n-1}^{n-2}\\&&&&&&1\end{pmatrix}.$$

6. 证明：设 $\boldsymbol{\beta}_1,\boldsymbol{\beta}_2,\cdots,\boldsymbol{\beta}_m$ 为 n 维线性空间 V 中线性相关的向量组，但其中任意 $m-1$ 个向量皆线性无关. 设有 m 个数 $b_1,b_2,\cdots,b_m$，使 $\sum\limits_{j=1}^{m}b_j\boldsymbol{\beta}_j=\boldsymbol{0}$，则或者 $b_1=b_2=\cdots=b_m=0$，或者 $b_1,b_2,\cdots,b_m$ 皆不为零. 在后者的情形，若有另一组数 $c_1,c_2,\cdots,c_m$ 使 $\sum\limits_{j=1}^{m}c_j\boldsymbol{\beta}_j=\boldsymbol{0}$，则 $c_1:b_1=c_2:b_2=\cdots=c_m:b_m$.

证　对 $\sum\limits_{j=1}^{m}b_j\boldsymbol{\beta}_j=\boldsymbol{0}$，若有某 $b_j\neq 0$，不妨 $b_1\neq 0$，则 $\boldsymbol{\beta}_1=\sum\limits_{j=2}^{m}\left(-\dfrac{b_j}{b_1}\right)\boldsymbol{\beta}_j$.

由于 $\boldsymbol{\beta}_1,\boldsymbol{\beta}_2,\cdots,\boldsymbol{\beta}_m$ 中任意 $m-1$ 个向量线性无关，$\boldsymbol{\beta}_1$ 不能被 $\boldsymbol{\beta}_2,\boldsymbol{\beta}_3,\cdots,\boldsymbol{\beta}_m$ 中任意 $m-2$ 个向量线性表出，故 $b_2,b_3,\cdots,b_m$ 皆不为零. 于是 $b_1,b_2,\cdots,b_m$ 全不为零.

若又有 $\sum\limits_{j=1}^{m}c_j\boldsymbol{\beta}_j=\boldsymbol{0}$. 因 $b_1\neq 0$，设 $c_1=kb_1$，则
$$\sum_{j=1}^{m}c_j\boldsymbol{\beta}_j-k\sum_{j=1}^{m}b_j\boldsymbol{\beta}_j=\sum_{j=1}^{m}(c_j-kb_j)\boldsymbol{\beta}_j=\boldsymbol{0}.$$
由 $c_1-kb_1=0$，前一段的论证得所有 j，有 $c_j-b_jk=0,j=1,2,\cdots,m$. 即
$$c_1:b_1=c_2:b_2=\cdots=c_m:b_m.$$

7. 设 $\boldsymbol{\alpha}$ 是欧氏空间 V 中的一个非零向量. $\boldsymbol{\alpha}_1,\boldsymbol{\alpha}_2,\cdots,\boldsymbol{\alpha}_p$ 是 V 中 p 个向量，满足
$$(\boldsymbol{\alpha}_i,\boldsymbol{\alpha}_j)\leqslant 0,\text{且}(\boldsymbol{\alpha}_i,\boldsymbol{\alpha})>0,i,j=1,2,\cdots,p,i\neq j.$$
证明：(1) $\boldsymbol{\alpha}_1,\boldsymbol{\alpha}_2,\cdots,\boldsymbol{\alpha}_p$ 线性无关.

(2) n 维欧氏空间中最多有 $n+1$ 个向量，使其两两夹角都大于 $\dfrac{\pi}{2}$.

证　(1) 反证法. 设 $\boldsymbol{\alpha}_1,\boldsymbol{\alpha}_2,\cdots,\boldsymbol{\alpha}_p$ 线性相关. 不妨设 $\boldsymbol{\alpha}_p$ 是 $\boldsymbol{\alpha}_1,\boldsymbol{\alpha}_2,\cdots,\boldsymbol{\alpha}_{p-1}$ 的线性组合，即有实数 $\lambda_1,\lambda_2,\cdots,\lambda_{p-1}$ 使 $\boldsymbol{\alpha}_p=\sum\limits_{i=1}^{p-1}\lambda_i\boldsymbol{\alpha}_i$. 将这关系写成
$$\boldsymbol{\alpha}_p=\sum_i{}'\lambda_i\boldsymbol{\alpha}_i+\sum_i{}''\lambda_i\boldsymbol{\alpha}_i,$$
将其中 $\lambda_i>0$ 的项归入 $\sum'$ 中，将 $\lambda_i\leqslant 0$ 的项归入 $\sum''$ 中，且令
$$\boldsymbol{\beta}=\sum_i{}'\lambda_i\boldsymbol{\alpha}_i,\boldsymbol{\gamma}=\sum_i{}''\lambda_i\boldsymbol{\alpha}_i.$$
于是 $\boldsymbol{\alpha}_p=\boldsymbol{\beta}+\boldsymbol{\gamma}$. 因 $(\boldsymbol{\alpha}_p,\boldsymbol{\alpha})>0$ 及 $(\boldsymbol{\gamma},\boldsymbol{\alpha})=\sum''\lambda_i(\boldsymbol{\alpha}_i,\boldsymbol{\alpha})\leqslant 0$，故 $\boldsymbol{\beta}\neq\boldsymbol{0}$. 但
$$(\boldsymbol{\beta},\boldsymbol{\gamma})=\left(\sum_i{}'\lambda_i\boldsymbol{\alpha}_i,\sum_j{}''\lambda_j\boldsymbol{\alpha}_j\right)=\sum_i{}'\sum_j{}''\lambda_i\lambda_j(\boldsymbol{\alpha}_i,\boldsymbol{\alpha}_j)\geqslant 0.$$

因此

$$(\boldsymbol{\alpha}_p,\boldsymbol{\beta})=(\boldsymbol{\beta},\boldsymbol{\beta})+(\boldsymbol{\beta},\boldsymbol{\gamma})>0.$$

另一方面，

$$(\boldsymbol{\alpha}_p,\boldsymbol{\beta})=\sum_i{}'\lambda_i(\boldsymbol{\alpha}_p,\boldsymbol{\alpha}_i)\leqslant 0.$$

这个矛盾证明了结论.

(2) 设 $\boldsymbol{\alpha}_1,\boldsymbol{\alpha}_2,\cdots,\boldsymbol{\alpha}_m\in V$,它们两两成钝角,于是有

$$(\boldsymbol{\alpha}_i,\boldsymbol{\alpha}_j)<0,i,j=1,2,\cdots,m;i\neq j.$$

取 $\boldsymbol{\alpha}=-\boldsymbol{\alpha}_m$,则 $\boldsymbol{\alpha}_1,\boldsymbol{\alpha}_2,\cdots,\boldsymbol{\alpha}_{m-1}$ 符合第 (1) 小题的假设条件,故 $\boldsymbol{\alpha}_1,\boldsymbol{\alpha}_2,\cdots,\boldsymbol{\alpha}_{m-1}$ 线性无关. 又 V 是 n 维的,有 $m-1\leqslant n$. 于是 $m\leqslant n+1$.

8. 证明 (替换定理): 设向量组 $\boldsymbol{\alpha}_1,\boldsymbol{\alpha}_2,\cdots,\boldsymbol{\alpha}_r$ 线性无关,且可经向量组 $\boldsymbol{\beta}_1,\boldsymbol{\beta}_2,\cdots,\boldsymbol{\beta}_s$ 线性表出,则 $r\leqslant s$. 且在 $\boldsymbol{\beta}_1,\boldsymbol{\beta}_2,\cdots,\boldsymbol{\beta}_s$ 中存在 r 个向量,不妨设就是 $\boldsymbol{\beta}_1,\boldsymbol{\beta}_2,\cdots,\boldsymbol{\beta}_r$,在用 $\boldsymbol{\alpha}_1,\boldsymbol{\alpha}_2,\cdots,\boldsymbol{\alpha}_r$ 替代它们后所得向量组 $\boldsymbol{\alpha}_1,\boldsymbol{\alpha}_2,\cdots,\boldsymbol{\alpha}_r,\boldsymbol{\beta}_{r+1},\cdots,\boldsymbol{\beta}_s$ 与 $\boldsymbol{\beta}_1,\boldsymbol{\beta}_2,\cdots,\boldsymbol{\beta}_s$ 等价.

证　我们对 r 作数学归纳法. $r=1$ 时, $\{\boldsymbol{\alpha}_1\}$ 线性无关. 这时 $r=1\leqslant s$. $\boldsymbol{\alpha}_1$ 可由 $\boldsymbol{\beta}_1,\boldsymbol{\beta}_2,\cdots,\boldsymbol{\beta}_s$ 线性表出,设为

$$\boldsymbol{\alpha}_1=b_1\boldsymbol{\beta}_1+b_2\boldsymbol{\beta}_2+\cdots+b_s\boldsymbol{\beta}_s.$$

由 $\boldsymbol{\alpha}_1\neq\mathbf{0}$,至少一个 $b_j\neq 0$. 不妨设为 $b_1\neq 0$,则

$$\boldsymbol{\beta}_1=\frac{1}{b_1}\boldsymbol{\alpha}_1-\frac{b_2}{b_1}\boldsymbol{\beta}_2-\cdots-\frac{b_s}{b_1}\boldsymbol{\beta}_s.$$

由此易知 $\{\boldsymbol{\alpha}_1,\boldsymbol{\beta}_2,\cdots,\boldsymbol{\beta}_s\}$ 与 $\{\boldsymbol{\beta}_1,\boldsymbol{\beta}_2,\cdots,\boldsymbol{\beta}_s\}$ 等价.

现设 $r>1$,且定理对 $r-1$ 的情形已成立. 我们来讨论 $\boldsymbol{\alpha}_1,\boldsymbol{\alpha}_2,\cdots,\boldsymbol{\alpha}_r$ 为 r 个线性无关向量的情形. 这时 $\boldsymbol{\alpha}_1,\cdots,\boldsymbol{\alpha}_{r-1}$ 也线性无关,且能由 $\boldsymbol{\beta}_1,\cdots,\boldsymbol{\beta}_s$ 线性表出. 由归纳假设 $r-1\leqslant s$,且存在 $\boldsymbol{\beta}_1,\cdots,\boldsymbol{\beta}_s$ 中 $r-1$ 个向量,不妨设为 $\boldsymbol{\beta}_1,\cdots,\boldsymbol{\beta}_{r-1}$,在用 $\boldsymbol{\alpha}_1,\cdots,\boldsymbol{\alpha}_{r-1}$ 替代后,所得的向量组 $\{\boldsymbol{\alpha}_1,\cdots,\boldsymbol{\alpha}_{r-1},\boldsymbol{\beta}_r,\cdots,\boldsymbol{\beta}_s\}$ 与 $\{\boldsymbol{\beta}_1,\boldsymbol{\beta}_2,\cdots,\boldsymbol{\beta}_s\}$ 等价. 又 $\boldsymbol{\alpha}_s$ 能由 $\{\boldsymbol{\beta}_1,\boldsymbol{\beta}_2,\cdots,\boldsymbol{\beta}_s\}$ 线性表出,就能由 $\{\boldsymbol{\alpha}_1,\cdots,\boldsymbol{\alpha}_{r-1},\boldsymbol{\beta}_r,\cdots,\boldsymbol{\beta}_s\}$ 线性表出. 设

$$\boldsymbol{\alpha}_r=\sum_{i=1}^{r-1}a_i\boldsymbol{\alpha}_i+\sum_{j=r}^{s}b_j\boldsymbol{\beta}_j.$$

这时若所有 $b_j=0$,则 $\boldsymbol{\alpha}_r=\sum\limits_{i=1}^{r-1}a_i\boldsymbol{\alpha}_i$,与 $\boldsymbol{\alpha}_1,\boldsymbol{\alpha}_2,\cdots,\boldsymbol{\alpha}_{r-1},\boldsymbol{\alpha}_r$ 线性无关矛盾. 故 $b_r,b_{r+1},\cdots,b_s$ 不全为零. 不妨设 $b_r\neq 0$,则 $r\leqslant s$ 且

$$\boldsymbol{\beta}_r=\frac{1}{b_r}\boldsymbol{\alpha}_r-\sum_{i=1}^{r-1}\frac{a_i}{b_r}\boldsymbol{\alpha}_i-\sum_{j=r+1}^{s}\frac{b_j}{b_r}\boldsymbol{\beta}_j.$$

由此易知 $\{\boldsymbol{\alpha}_r,\boldsymbol{\alpha}_1,\cdots,\boldsymbol{\alpha}_{r-1},\boldsymbol{\beta}_{r+1},\cdots,\boldsymbol{\beta}_s\}$ 与 $\{\boldsymbol{\alpha}_1,\cdots,\boldsymbol{\alpha}_{r-1},\boldsymbol{\beta}_r,\cdots,\boldsymbol{\beta}_s\}$ 等价,也就与 $\{\boldsymbol{\beta}_1,\boldsymbol{\beta}_2,\cdots,\boldsymbol{\beta}_s\}$ 等价.

9. 设 $a_1,a_2,\cdots,a_n$ 是 n 个互不相同的整数. 证明:

$$f(x)=\prod_{i=1}^{n}(x-a_i)^2+1$$

在 $\mathbf{Q}[x]$ 中不可约.

证　$f(x)\in\mathbf{Z}[x]$,它在 $\mathbf{Q}[x]$ 中不可约等价于它在 $\mathbf{Z}[x]$ 中不能分解为两个较低次数的多项式的乘积. 用反证法. 设 $f(x)=g(x)h(x),g(x),h(x)\in\mathbf{Z}[x],0<\partial(g(x))<\partial(f(x))$.

此时 $g(a_i)h(a_i)=1,i=1,\cdots,n$,又 $g(a_i)$ 及 $h(a_i)$ 皆为整数,故 $g(a_i)$ 与 $h(a_i)$ 同为 1 或 -1. 显然 $f(x)$ 没有实根,故 $g(x),h(x)$ 也没有实根. 由数学分析知,函数 $g(x)$ 与 $h(x)$ 在区间 $-\infty<x<\infty$ 内不变号,于是对一切 i, $g(a_i)$ 与 $h(a_i)$ 都等于 1 或都等于 -1.

若 $g(a_i)=h(a_i)=1,i=1,2,\cdots,n$,则 $g(x)-1$ 与 $h(x)-1$ 都有 n 个不同的根 $a_1,a_2,\cdots,a_n$. 因而它们的次数都 $\geqslant n$. 但 $\partial(g(x))+\partial(h(x))=\partial(f(x))=2n$. 故 $\partial(g(x))=\partial(h(x))=n$. 又 $f(x)$ 的首项系数为 1, $g(x)$ 与 $h(x)$ 皆为整系数及 $f(x)=g(x)h(x)$,故 $g(x)$ 与 $h(x)$ 的首项系数同为 1 或 -1. 于是

$$g(x)=h(x)=\pm(x-a_1)\cdots(x-a_n)+1,$$

因而有

$$f(x)=g(x)h(x)=[\pm(x-a_1)\cdots(x-a_n)+1]^2\neq\prod_{i=1}^{n}(x-a_i)^2+1,$$

得到矛盾.

若 $g(a_i)=h(a_i)=-1, i=1,2,\cdots,n$, 同样能导出矛盾.

故 $f(x)$ 不能有所设的分解, 因此在 $\mathbf{Q}[x]$ 中不可约.

10. 设 $\boldsymbol{A},\boldsymbol{B},\boldsymbol{C}$ 是 $n\times n$ 矩阵, $\boldsymbol{D}=\boldsymbol{E}+\boldsymbol{BCA}$. 试证: 如果 $\boldsymbol{C}(\boldsymbol{E}-\boldsymbol{AB})=(\boldsymbol{E}-\boldsymbol{AB})\boldsymbol{C}=\boldsymbol{E}$, 则 $(\boldsymbol{E}-\boldsymbol{BA})\boldsymbol{D}=\boldsymbol{D}(\boldsymbol{E}-\boldsymbol{BA})=\boldsymbol{E}$, 并计算 $\boldsymbol{E}+\boldsymbol{ADB}$.

证

$$\begin{aligned}(\boldsymbol{E}-\boldsymbol{BA})\boldsymbol{D}&=(\boldsymbol{E}-\boldsymbol{BA})(\boldsymbol{E}+\boldsymbol{BCA})\\&=\boldsymbol{E}-\boldsymbol{BA}+\boldsymbol{BCA}-\boldsymbol{BABCA}\\&=\boldsymbol{E}-\boldsymbol{BA}+\boldsymbol{B}(\boldsymbol{E}-\boldsymbol{AB})\boldsymbol{CA}\\&=\boldsymbol{E}-\boldsymbol{BA}+\boldsymbol{BA}=\boldsymbol{E}.\end{aligned}$$

又

$$\begin{aligned}\boldsymbol{D}(\boldsymbol{E}-\boldsymbol{BA})&=(\boldsymbol{E}+\boldsymbol{BCA})(\boldsymbol{E}-\boldsymbol{BA})\\&=\boldsymbol{E}-\boldsymbol{BA}+\boldsymbol{BCA}-\boldsymbol{BCABA}\\&=\boldsymbol{E}-\boldsymbol{BA}+\boldsymbol{B}(\boldsymbol{C}(\boldsymbol{E}-\boldsymbol{AB}))\boldsymbol{A}\\&=\boldsymbol{E}-\boldsymbol{BA}+\boldsymbol{BA}=\boldsymbol{E}.\end{aligned}$$

由 $\boldsymbol{C}(\boldsymbol{E}-\boldsymbol{AB})=(\boldsymbol{E}-\boldsymbol{AB})\boldsymbol{C}=\boldsymbol{E}$, 得 $\boldsymbol{E}+\boldsymbol{CAB}=\boldsymbol{E}+\boldsymbol{ABC}=\boldsymbol{C}$, 于是

$$\begin{aligned}\boldsymbol{E}+\boldsymbol{ADB}&=\boldsymbol{E}+\boldsymbol{A}(\boldsymbol{E}+\boldsymbol{BCA})\boldsymbol{B}\\&=\boldsymbol{E}+\boldsymbol{AB}+\boldsymbol{ABCAB}\\&=\boldsymbol{E}+\boldsymbol{AB}(\boldsymbol{E}+\boldsymbol{CAB})\\&=\boldsymbol{E}+\boldsymbol{ABC}=\boldsymbol{C},\end{aligned}$$

故 $\boldsymbol{E}+\boldsymbol{ADB}=\boldsymbol{C}$.

11. 设数域 P 上 $n\times n$ 矩阵 $\boldsymbol{F}$ 的特征多项式为 $f(x)$, 并设 $g(x)=\prod\limits_{i=1}^{m}(x-a_i)$. 证明:

(1) $|g(\boldsymbol{F})|=(-1)^{mn}\prod\limits_{i=1}^{m}f(a_i)$;

(2) 对数域 P 上次数 $\geqslant 1$ 的多项式 $G(x)$, 有 $(G(x),f(x))=1$ 当且仅当 $|G(\boldsymbol{F})|\neq 0$.

证 (1) F 的特征多项式为 $f(x)=|x\boldsymbol{E}-\boldsymbol{F}|$. 于是

$$f(a_i)=|a_i\boldsymbol{E}-\boldsymbol{F}|, i=1,2,\cdots,m.$$

由 $|g(\boldsymbol{F})|=\prod\limits_{i=1}^{m}|\boldsymbol{F}-a_i\boldsymbol{E}|=\prod\limits_{i=1}^{m}(-1)^n|a_i\boldsymbol{E}-\boldsymbol{F}|$, 故

$$|g(\boldsymbol{F})|=(-1)^{mn}\prod_{i=1}^{m}f(a_i).$$

(2) 对数域上非常数多项式 $G(x)$, $(G(x),f(x))=1$ 当且仅当它们在复数域上没有公共根. 设在复数域上 $G(x)=k(x-a_1)\cdots(x-a_m), k\in\mathbf{C}$, 则 $G(x)$ 与 $f(x)$ 有公共根当且仅当有某 a_i 使 $f(a_i)=0$. 所以 $(G(x),f(x))=1$ 当且仅当 $|G(\boldsymbol{F})|\neq 0$.

12. 证明: 设 $\boldsymbol{A}$ 是 $n\times n$ 非零矩阵, 则有正整数 $k\leqslant n$, 使

$$秩(\boldsymbol{A}^k)=秩(\boldsymbol{A}^{k+1})=秩(\boldsymbol{A}^{k+2}).$$

证 由 $\boldsymbol{A}^2=\boldsymbol{AA},\cdots,\boldsymbol{A}^{l+1}=\boldsymbol{AA}^l,\cdots$, 故有

$$秩(\boldsymbol{A})\geqslant 秩(\boldsymbol{A}^2)\geqslant\cdots\geqslant 秩(\boldsymbol{A}^l)\geqslant 秩(\boldsymbol{A}^{l+1})\cdots.$$

若秩$(\boldsymbol{A})=n$, 即 $\boldsymbol{A}$ 可逆, 则秩$(\boldsymbol{A})=$秩$(\boldsymbol{A}^2)=\cdots=$秩$(\boldsymbol{A}^l)=\cdots$, 这时 $k=1\leqslant n$. 如果秩$(\boldsymbol{A})<n$, 由 $n-1\geqslant$秩$(\boldsymbol{A})\geqslant$秩$(\boldsymbol{A}^2)\geqslant\cdots\geqslant$秩$(\boldsymbol{A}^n)\geqslant$秩$(\boldsymbol{A}^{n+1})\geqslant 0$, 则{秩$(\boldsymbol{A}^l)-$秩$(\boldsymbol{A}^{l+1}), l=1,2,\cdots,n$}中不能全不为 0, 否则秩$(\boldsymbol{A})=\sum\limits_{l=1}^{n}[秩(\boldsymbol{A}^l)-秩(\boldsymbol{A}^{l+1})]+秩(\boldsymbol{A}^{n+1})\geqslant n$, 与所设秩$(\boldsymbol{A})<n$ 矛盾.

于是有 $k \leqslant n$，使秩$(\boldsymbol{A}^k)=$秩$(\boldsymbol{A}^{k+1})$.

下面证明对任何 l，若秩$(\boldsymbol{A}^l)=$秩$(\boldsymbol{A}^{l+1})$，则秩$(\boldsymbol{A}^{l+1})=$秩$(\boldsymbol{A}^{l+2})$. 于是依次取 $l=k,k+1,k+2,\cdots$，就得到

$$\text{秩}(\boldsymbol{A}^k)=\text{秩}(\boldsymbol{A}^{k+1})=\text{秩}(\boldsymbol{A}^{k+2})=\cdots.$$

现设秩$(\boldsymbol{A}^l)=$秩$(\boldsymbol{A}^{l+1})$，考虑齐次方程组

$$\boldsymbol{A}^l\boldsymbol{X}=\boldsymbol{0} \qquad ①$$

和

$$\boldsymbol{A}^{l+1}\boldsymbol{X}=\boldsymbol{0}. \qquad ②$$

显然 ① 的解是 ② 的解. 又秩$(\boldsymbol{A}^l)=$秩$(\boldsymbol{A}^{l+1})$，① 与 ② 的基础解系有相同数目的解，于是 ① 的基础解系也是 ② 的基础解系，即 ① 与 ② 同解.

再考虑齐次方程组

$$\boldsymbol{A}^{l+2}\boldsymbol{X}=\boldsymbol{0}. \qquad ③$$

显然 ② 的解是 ③ 的解，对 ③ 的任一解 $\boldsymbol{X}_0$，有

$$\boldsymbol{A}^{l+1}(\boldsymbol{A}\boldsymbol{X}_0)=\boldsymbol{0},$$

即 $\boldsymbol{A}\boldsymbol{X}_0$ 是 ② 的解，因而是 ① 的解. 于是 $\boldsymbol{A}^l(\boldsymbol{A}\boldsymbol{X}_0)=\boldsymbol{0}$，因而 $\boldsymbol{X}_0$ 是 ② 的解. 这就证明了 ② 和 ③ 同解，它们的系数矩阵必有相同的秩，即秩$(\boldsymbol{A}^{l+1})=$秩$(\boldsymbol{A}^{l+2})$.

13. $n\times n$ 复矩阵 $\boldsymbol{A}$ 称为幂零的，若有正整数 k，使 $\boldsymbol{A}^k=\boldsymbol{O}$. 证明：

(1) $\boldsymbol{A}$ 是幂零矩阵的充要条件是 $\boldsymbol{A}$ 的所有特征值全为零.

(2) $\boldsymbol{A}$ 是幂零矩阵的充要条件是 $\mathrm{tr}(\boldsymbol{A}^k)=0(k=1,2,\cdots)$，其中 $\mathrm{tr}\,\boldsymbol{A}$ 是 $\boldsymbol{A}$ 的迹，即 $\boldsymbol{A}$ 的对角线元素的和.

证　(1) 必要性：设 λ_0 是 $\boldsymbol{A}$ 的一个特征值，$\boldsymbol{\xi}\neq\boldsymbol{0}$ 是属于 λ_0 的特征向量. 于是 $\boldsymbol{A}\boldsymbol{\xi}=\lambda_0\boldsymbol{\xi}$，则 $\boldsymbol{A}^k\boldsymbol{\xi}=\lambda_0^k\boldsymbol{\xi}=\boldsymbol{0}$. 因 $\boldsymbol{\xi}\neq\boldsymbol{0}$，故 $\lambda_0^k=0$，即 $\lambda_0=0$.

充分性：$\boldsymbol{A}$ 的特征值全为零，即 $\boldsymbol{A}$ 的特征多项式 $f(x)$ 的根全为零. 因 $f(x)$ 有 n 个复根，故 $f(x)=x^n$. 再由哈密顿—凯莱定理有 $\boldsymbol{A}^n=\boldsymbol{O}$，即 $\boldsymbol{A}$ 是幂零的.

(2) 必要性：由(1)，$\boldsymbol{A}$ 的 n 个复特征值 $\lambda_1,\lambda_2,\cdots,\lambda_n$ 全为零. 于是 $\boldsymbol{A}^k$ 的 n 个特征值 $\lambda_1^k,\lambda_2^k,\cdots,\lambda_n^k$ 也全为零. 因此

$$\mathrm{tr}\,\boldsymbol{A}^k=\lambda_1^k+\lambda_2^k+\cdots+\lambda_n^k=0,k=1,2,\cdots.$$

充分性：设 $\mathrm{tr}\,\boldsymbol{A}^k=\lambda_1^k+\lambda_2^k+\cdots+\lambda_n^k=0,k=1,2,\cdots$，则有

$$\begin{cases}\lambda_1+\lambda_2+\cdots+\lambda_n=0,\\ \lambda_1^2+\lambda_2^2+\cdots+\lambda_n^2=0,\\ \cdots\cdots\cdots\cdots\\ \lambda_1^n+\lambda_2^n+\cdots+\lambda_n^n=0.\end{cases}$$

设 $\boldsymbol{A}$ 的特征多项式为

$$f(x)=x^n-\sigma_1x^{n-1}+\sigma_2x^{n-2}+\cdots+(-1)^{n-1}\sigma_{n-1}x+(-1)^n\sigma_n,$$

其中

$$\begin{aligned}&\sigma_1=\lambda_1+\lambda_2+\cdots+\lambda_n,\\&\sigma_2=\lambda_1\lambda_2+\cdots+\lambda_1\lambda_n+\lambda_2\lambda_3+\cdots+\lambda_{n-1}\lambda_n,\\&\sigma_3=\lambda_1\lambda_2\lambda_3+\lambda_1\lambda_2\lambda_4+\cdots+\lambda_1\lambda_2\lambda_n+\lambda_1\lambda_3\lambda_4+\cdots+\lambda_{n-2}\lambda_{n-1}\lambda_n,\\&\qquad\cdots\cdots\cdots\cdots\\&\sigma_{n-1}=\lambda_1\lambda_2\cdots\lambda_{n-1}+\lambda_1\lambda_2\cdots\lambda_{n-2}\lambda_n+\cdots+\lambda_2\lambda_3\cdots\lambda_n,\\&\sigma_n=\lambda_1\lambda_2\cdots\lambda_n.\end{aligned}$$

将教材第一章补充题 16 的(2) 的公式中 s_k 换成 $\mathrm{tr}\,\boldsymbol{A}^k$，则有

$$\mathrm{tr}\,\boldsymbol{A}^k-\sigma_1\mathrm{tr}\,\boldsymbol{A}^{k-1}+\sigma_2\mathrm{tr}\,\boldsymbol{A}^{k-2}+\cdots+(-1)^{k-1}\sigma_{k-1}\mathrm{tr}\,\boldsymbol{A}+(-1)^kk\sigma_k=0,1\leqslant k\leqslant n.$$

由此可得 $\sigma_1=\sigma_2=\cdots=\sigma_n=0$，就有 $f(x)=x^n$. 再用哈密顿—凯莱定理，$\boldsymbol{A}^n=\boldsymbol{O}$，即 $\boldsymbol{A}$ 为幂零矩阵.

14. 证明：设 $\boldsymbol{A},\boldsymbol{B}$ 皆为 $n\times n$ 实对称矩阵，且互相交换，则它们有公共的特征向量作为欧氏空间 $\mathbf{R}^n$ 的标准正交基.

证　作欧氏空间 $\mathbf{R}^n$ 中线性变换 $\mathscr{A},\mathscr{B}$：

$$\mathscr{A}:\mathbf{R}^n\to\mathbf{R}^n,\quad \mathscr{B}:\mathbf{R}^n\to\mathbf{R}^n,$$
$$\boldsymbol{X}\to\boldsymbol{AX},\quad \boldsymbol{X}\to\boldsymbol{BX}.$$

$\mathscr{A},\mathscr{B}$ 在标准正交基 $\boldsymbol{\varepsilon}_1=(1,0,\cdots,0)^{\mathrm{T}},\boldsymbol{\varepsilon}_2=(0,1,0,\cdots,0)^{\mathrm{T}},\cdots,\boldsymbol{\varepsilon}_n=(0,0,\cdots,0,1)^{\mathrm{T}}$ 下的矩阵就是 $\boldsymbol{A},\boldsymbol{B}$. 由于 $\boldsymbol{A},\boldsymbol{B}$ 对称，故 $\mathscr{A},\mathscr{B}$ 是 $\mathbf{R}^n$ 上对称变换（$\mathbf{R}^n$ 上内积是自然内积 $(\boldsymbol{X},\boldsymbol{Y})=\boldsymbol{X}^{\mathrm{T}}\boldsymbol{Y}$）.

由 $\boldsymbol{A},\boldsymbol{B}$ 交换知 $\mathscr{A},\mathscr{B}$ 也交换. $\mathscr{A}$ 是 $\mathbf{R}^n$ 上对称变换，它的矩阵可化为对角形，故 $\mathbf{R}^n$ 是 $\mathscr{A}$ 的特征子空间的直和：

$$\mathbf{R}^n=V_{\lambda_1}\oplus V_{\lambda_2}\oplus\cdots\oplus V_{\lambda_s},$$

其中 $\lambda_1,\lambda_2,\cdots,\lambda_s$ 是 $\mathscr{A}$ 的全部不同的特征值，由 $\mathscr{A}\mathscr{B}=\mathscr{B}\mathscr{A}$，每个 $V_{\lambda_i}(i=1,\cdots,s)$ 都是 $\mathscr{B}$ 的不变子空间. $\mathscr{B}$ 限制在 V_{λ_i} 上也是对称变换，$\mathscr{B}$ 在 V_{λ_i} 上有特征向量作成的标准正交基 $\boldsymbol{\xi}_{i,1},\boldsymbol{\xi}_{i,2},\cdots,\boldsymbol{\xi}_{i,n_i}$，其中 $n_i=$ 维(V_{λ_i}). 由于它们属于 V_{λ_i}，故都是 $\mathscr{A}$ 的特征向量. 又 V_{λ_i} 与 V_{λ_j} 属于 $\mathscr{A}$ 的不同的特征值，因而它们互相正交，于是 $i\neq l$ 时 $\boldsymbol{\xi}_{i,j}$ 与 $\boldsymbol{\xi}_{l,k}$ 正交. $\boldsymbol{\xi}_{i,1},\boldsymbol{\xi}_{i,2},\cdots,\boldsymbol{\xi}_{i,n_i}$ 又是 V_{λ_i} 的标准正交基，若 $i=l$，但 $j\neq k$，$\boldsymbol{\xi}_{i,j}$ 与 $\boldsymbol{\xi}_{l,k}$ 也正交. 这样 $\{\boldsymbol{\xi}_{i,j}\mid i=1,2,\cdots,s,j=1,2,\cdots,n_i\}$ 是相互正交的，且长度为 1，是标准正交向量组. 这个向量组中向量数目为

$$n_1+n_2+\cdots+n_s=\text{维}(V_{\lambda_1})+\text{维}(V_{\lambda_2})+\cdots+\text{维}(V_{\lambda_s})=n.$$

故它们组成 $\mathbf{R}^n$ 的一组标准正交基.

15. 证明：实反称矩阵正交相似于准对角矩阵

$$\begin{pmatrix}0&&&&&&&\\&\ddots&&&&&&\\&&0&&&&&\\&&&0&b_1&&&\\&&&-b_1&0&&&\\&&&&&\ddots&&\\&&&&&&0&b_s\\&&&&&&-b_s&0\end{pmatrix},$$

其中 $b_i(i=1,\cdots,s)$ 是实数.

证　设 $\boldsymbol{A}$ 为 $n\times n$ 实反称矩阵. 和上一题一样，$\boldsymbol{A}$ 对应于 $\mathbf{R}^n$ 中的一个线性变换

$$\mathscr{A}:\mathbf{R}^n\to\mathbf{R}^n,\boldsymbol{X}\to\boldsymbol{AX}.\qquad①$$

它在 $\mathbf{R}^n$ 的自然内积 $(\boldsymbol{X},\boldsymbol{Y})=\boldsymbol{X}^{\mathrm{T}}\boldsymbol{Y}$ 下是反称变换. 第九章习题 16 证明了 $\boldsymbol{A}$ 的特征根为零或纯虚数. 我们想对一般的 n 维欧氏空间 V 上的反称变换 $\mathscr{A}$，证明能找到一组标准正交基使 $\mathscr{A}$ 在这组基下矩阵有题目所要求的形状.

对 n 作数学归纳法. $n=1$，这时 $\mathscr{A}$ 的特征值为 0，矩阵也为零. 故题目的结论成立.

现设对维数 $\leqslant n-1$ 的欧氏空间上的反称变换命题已成立. 对 n 维欧氏空间 V 上线性变换 $\mathscr{A}$，由于 V 与 $\boldsymbol{R}^n$ 同构，转而考虑 $\mathbf{R}^n$ 中线性变换如①. 若 $\boldsymbol{A}$ 有特征值 0，则有 $\boldsymbol{\xi}_1$ 是属于特征值 0 的单位特征向量，作 $V_1=L(\boldsymbol{\xi}_1)^{\perp}$. 因 $\mathscr{A}$ 反称，$\mathscr{A}$ 在 V_1 上不变，且仍反称. 维$(V_1)=n-1$. 考虑 $\mathscr{A}$ 限制在 V_1 上，用归纳假设，有 V_1 的标准正交基 $\boldsymbol{\xi}_2,\boldsymbol{\xi}_3,\cdots,\boldsymbol{\xi}_n$，$\mathscr{A}\mid V_1$ 在这组基下矩阵 $\boldsymbol{A}_1$ 有题目要求的形状，$\boldsymbol{\xi}_1,\boldsymbol{\xi}_2,\cdots,\boldsymbol{\xi}_n$ 合起来，是 $\mathbf{R}^n$ 的标准正交基，$\mathscr{A}$ 在这组基下矩阵为

$$\begin{pmatrix}\boldsymbol{O}&\boldsymbol{O}\\\boldsymbol{O}&\boldsymbol{A}_1\end{pmatrix},$$

也是题目要求的形状.

若 $\boldsymbol{A}$ 有纯虚数特征根 $\mathrm{i}\beta$，β 为非零实数. 则有复特征向量 $\boldsymbol{X}+\mathrm{i}\boldsymbol{Y}$，$\boldsymbol{A}(\boldsymbol{X}+\mathrm{i}\boldsymbol{Y})=\mathrm{i}\beta(\boldsymbol{X}+\mathrm{i}\boldsymbol{Y})$，$\boldsymbol{X},\boldsymbol{Y}\in\mathbf{R}^n$. 则有

$$AX=-\beta Y, \quad ②$$
$$AY=\beta X. \quad ③$$

由反称性，

$$(AX,X)=-(X,AX)=-(AX,X)=0,$$

故

$$0=(AX,X)=-\beta(Y,X),$$

即 X,Y 正交. 分别将 Y,X 和 ②，③ 作内积，然后相加得

$$(AX,Y)+(AY,X)=\beta((X,X)-(Y,Y)).$$

又

$$左端=(AX,Y)+(X,AY)=(AX,Y)-(AX,Y)=0,$$

故右端 $=0$. 又 $\beta\neq 0$，即有

$$(X,X)=(Y,Y).$$

可将 A 的属于 $i\beta$ 的复特征向量 $X+iY$ 取成满足 $(X,X)=(Y,Y)=1$. 则 X,Y 生成 $\mathscr{A}$ 的二维不变子空间 V_1，且组成 V_1 的标准正交基. 作 $V_2=V_1^{\perp}$，由 $\mathscr{A}$ 反称，$V_1^{\perp}$ 仍 $\mathscr{A}$ 不变. 维$(V_2)<n$，用归纳假设 V_2 有标准正交基 $\boldsymbol{\xi}_3,\boldsymbol{\xi}_4,\cdots,\boldsymbol{\xi}_n$，$\mathscr{A}$ 在这组基下矩阵为 A_2，符合题目要求的形状. $X,Y,\boldsymbol{\xi}_3,\cdots,\boldsymbol{\xi}_n$ 合起来是 $\mathbf{R}^n$ 的一组标准正交基，$\mathscr{A}$ 在这组基下的矩阵有形状：

$$\begin{pmatrix} 0 & \beta & \\ -\beta & 0 & \\ & & A_2 \end{pmatrix}.$$

若有需要，可将前面的标准正交基中元素重排一下顺序，则 $\mathscr{A}$ 在新基下矩阵符合题目要求.

16. 设 S 是非零的实反称矩阵，证明：

(1) $|E+S|>1$.

(2) 设 A 是正定矩阵，则 $|A+S|>|A|$.

证 (1) 由前一题，有正交矩阵 T 使

$$T^{-1}ST=\begin{pmatrix} 0 & & & & & & & \\ & \ddots & & & & & & \\ & & 0 & & & & & \\ & & & 0 & b_1 & & & \\ & & & -b_1 & 0 & & & \\ & & & & & \ddots & & \\ & & & & & & 0 & b_s \\ & & & & & & -b_3 & 0 \end{pmatrix},$$

$b_i\ (i=1,\cdots,s)$ 为实数. 于是

$$|E+S|=|T^{-1}||E+S||T|=|T^{-1}(E+S)T|$$
$$=\begin{vmatrix} 1 & & & & & & & \\ & \ddots & & & & & & \\ & & 1 & & & & & \\ & & & 1 & b_1 & & & \\ & & & -b_1 & 1 & & & \\ & & & & & \ddots & & \\ & & & & & & 1 & b_s \\ & & & & & & -b_s & 1 \end{vmatrix}=\prod_{i=1}^{s}(1+b_i^2)>1.$$

最后的不等号是因为 $S\neq O$，至少有一 $b_i\neq 0$.

(2) A 正定，于是有可逆矩阵 C，使 $A=C^{\mathrm{T}}C$. S 是反称的，故 $S_1=(C^{-1})^{\mathrm{T}}SC^{-1}$ 仍反称，且非零，于是

$|E+S_1|>1$ 且

$$|A+S|=|C^{T}(E+S_1)C|=|C^{T}||C||E+S_1|=|A||E+S_1|>|A|.$$

17. 设 $f(x),g(x)$ 是数域 P 上两个不全为零的多项式. 令

$$S=\{u(x)f(x)+v(x)g(x)\mid u(x),v(x)\in P[x]\}.$$

证明:存在 $m(x)\in S$,使

$$S=\{h(x)m(x)\mid h(x)\in P[x]\}.$$

证　因 $f(x),g(x)$ 不全为零,S 中有非零多项式. 在 S 中取次数最低的一个多项式 $m(x)$. 证明对任意 $M(x)\in S,m(x)\mid M(x)$.

用 $m(x)$ 去除 $M(x)$,设其商式和余式分别是 $q(x)$ 和 $r(x)$,则

$$M(x)=q(x)m(x)+r(x),$$

若 $r(x)\neq 0$,则 $\partial(r(x))<\partial(m(x))$. 但 $M(x),m(x)\in S$,有 $u_i(x),v_i(x),i=1,2$,使

$$M(x)=u_1(x)f(x)+v_1(x)g(x),$$
$$m(x)=u_2(x)f(x)+v_2(x)g(x),$$

于是

$$r(x)=M(x)-q(x)m(x)=[u_1(x)-q(x)u_2(x)]f(x)+[v_1(x)-q(x)v_2(x)]g(x)\in S,$$

它的次数 $<\partial(m(x))$,与 $m(x)$ 是 S 中次数最低的多项式矛盾. 因此只能 $r(x)=0$,即 $M(x)=q(x)m(x)$. 这证明了

$$S=\{h(x)m(x)\mid h(x)\in P[x]\}.$$

18. (1)A 是 n 阶可逆矩阵,求二次型

$$f=\begin{vmatrix}0 & -X^{T}\\ X & A\end{vmatrix},X=\begin{pmatrix}x_1\\x_2\\\vdots\\x_n\end{pmatrix}$$

的矩阵;

(2) 证明:当 A 是正定矩阵时,f 是正定二次型;

(3) 当 A 是实对称矩阵时,讨论 A 的正、负惯性指数与 f 的正、负惯性指数之间的关系.

证　(1) 因 A 可逆,故 A^{-1} 存在.

$$\begin{vmatrix}1 & X^{T}A^{-1}\\ 0 & E\end{vmatrix}\begin{vmatrix}0 & -X^{T}\\ X & A\end{vmatrix}=\begin{vmatrix}X^{T}A^{-1}X & 0\\ X & A\end{vmatrix}=|A|X^{T}A^{-1}X,$$

故

$$f=\begin{vmatrix}0 & -X^{T}\\ X & A\end{vmatrix}=|A|X^{T}A^{-1}X.$$

由于 A^{-1} 不一定是对称矩阵,所以 f 的矩阵是

$$|A|\cdot\frac{1}{2}[A^{-1}+(A^{-1})^{T}]=\frac{1}{2}[A^{*}+(A^{*})^{T}],$$

其中 A^{*} 是 A 的伴随矩阵.

(2) 当 A 是正定矩阵时,f 是实二次型. 此时 A^{-1} 也正定,且 $|A|>0$. 所以 f 是正定二次型.

(3) 设 A 的正惯性指数为 p. 故 A^{-1} 的正惯性指数也是 p. 但 $|A|$ 与$(-1)^{n-p}$ 同号,因此有

当 A 的负惯性指数 $n-p$ 为偶数时,f 的正、负惯性指数与 A 的正、负惯性指数相同;

当 A 的负惯性指数 $n-p$ 为奇数时,f 的正、负惯性指数分别等于 A 的负、正惯性指数.

19. 设 $P[x]$ 中多项式 $p_1(x),p_2(x),\cdots,p_s(x)(s\geqslant 2)$ 的次数分别为 $n_1,n_2,\cdots,n_s$. 证明:若 $n_1+n_2+\cdots+n_s<\frac{s(s-1)}{2}$,则 $p_1(x),p_2(x),\cdots,p_s(x)$ 在线性空间 $P[x]$ 中线性相关.

证　对 s 作数学归纳法. 当 $s=2$ 时,$n_1+n_2<1$,因此 $n_1=n_2=0$. $p_1(x),p_2(x)$ 皆为非零常数,故线性相关.

设 $s>2$，且结论对 $s-1$ 个多项式成立. 来证结论对 s 个多项式也成立. 可调换 $p_i(x), i=1,2,\cdots,s$ 的次序使得

$$n_1 \leqslant n_2 \leqslant \cdots \leqslant n_s.$$

现在

$$n_1+n_2+\cdots+n_s<\frac{s(s-1)}{2}.$$

如果

$$n_1+n_2+\cdots+n_{s-1}<\frac{(s-1)(s-2)}{2},$$

那么由归纳假设 $p_1(x), p_2(x), \cdots, p_{s-1}(x)$ 线性相关，因此 $p_1(x), p_2(x), \cdots, p_{s-1}(x), p_s(x)$ 也线性相关. 命题得证.

如果

$$n_1+n_2+\cdots+n_{s-1} \geqslant \frac{(s-1)(s-2)}{2},$$

那么 $n_s<s-1$.

从而

$$n_1 \leqslant n_2 \leqslant \cdots \leqslant n_{s-1} \leqslant n_s<s-1,$$

$p_1(x), p_2(x), \cdots, p_{s-1}(x), p_s(x)$ 都可由 $1, x, \cdots, x^{s-2}$ 线性表出. 即 s 个元素 $p_1(x), p_2(x), \cdots, p_s(x)$ 可由 $s-1$ 个元素 $1, x, \cdots, x^{s-2}$ 线性表出. 这 s 个元素一定线性相关.

20. 设 $\boldsymbol{A}$ 是 n 阶实对称矩阵. 证明：存在实对称矩阵 $\boldsymbol{B}$，使得 $\boldsymbol{B}^2=\boldsymbol{A}$ 的充分必要条件是 $\boldsymbol{A}$ 为半正定矩阵.

证　必要性：设 $\boldsymbol{B}^2=\boldsymbol{A}$，并设 $\boldsymbol{B}$ 的全部特征值为 $\lambda_1, \lambda_2, \cdots, \lambda_n$，则 $\boldsymbol{A}$ 的全部特征值为 $\lambda_1^2, \lambda_2^2, \cdots, \lambda_n{}^2$. 因为 $\boldsymbol{B}$ 为实对称的，$\lambda_1, \cdots, \lambda_n$ 皆为实数，$\lambda_1^2, \lambda_2^2, \cdots, \lambda_n^2$ 皆大于等于零. 即 $\boldsymbol{A}$ 为半正定矩阵.

充分性：设 $\boldsymbol{A}$ 为半正定矩阵，则有正交矩阵 $\boldsymbol{T}$，使

$$\boldsymbol{T}^{\mathrm{T}}\boldsymbol{A}\boldsymbol{T}=\boldsymbol{T}^{-1}\boldsymbol{A}\boldsymbol{T}=\begin{pmatrix}\lambda_1 & & & \\ & \lambda_2 & & \\ & & \ddots & \\ & & & \lambda_n\end{pmatrix},$$

其中 $\lambda_i \geqslant 0, i=1,2,\cdots,n$. 令

$$\boldsymbol{B}=\boldsymbol{T}^{\mathrm{T}}\begin{pmatrix}\sqrt{\lambda_1} & & & \\ & \sqrt{\lambda_2} & & \\ & & \ddots & \\ & & & \sqrt{\lambda_n}\end{pmatrix}\boldsymbol{T},$$

则 $\boldsymbol{B}^2=\boldsymbol{A}$.

21. 证明：设 $\boldsymbol{A}$ 是非退化实矩阵，则它是一个正交矩阵与一个正定矩阵的乘积.

证　$\boldsymbol{A}$ 是非退化实矩阵，则 $\boldsymbol{A}^{\mathrm{T}}\boldsymbol{A}$ 为正定矩阵，由前一题有正定矩阵 $\boldsymbol{C}$，使得 $\boldsymbol{A}^{\mathrm{T}}\boldsymbol{A}=\boldsymbol{C}^2=\boldsymbol{C}^{\mathrm{T}}\boldsymbol{C}$. 于是

$$\boldsymbol{E}=(\boldsymbol{C}^{-1})^{\mathrm{T}}\boldsymbol{A}^{\mathrm{T}}\boldsymbol{A}\boldsymbol{C}^{-1}=(\boldsymbol{A}\boldsymbol{C}^{-1})^{\mathrm{T}}(\boldsymbol{A}\boldsymbol{C}^{-1}),$$

即 $\boldsymbol{B}=\boldsymbol{A}\boldsymbol{C}^{-1}$ 是正交矩阵. 因此 $\boldsymbol{A}=\boldsymbol{B}\boldsymbol{C}$ 是正交矩阵与正定矩阵的乘积.

22. 证明：设 $\boldsymbol{A}$ 是实反称矩阵，则 $(\boldsymbol{E}-\boldsymbol{A})(\boldsymbol{E}+\boldsymbol{A})^{-1}$ 是正交矩阵.

证

$$\begin{aligned}
&[(\boldsymbol{E}-\boldsymbol{A})(\boldsymbol{E}+\boldsymbol{A})^{-1}]^{\mathrm{T}}(\boldsymbol{E}-\boldsymbol{A})(\boldsymbol{E}+\boldsymbol{A})^{-1}\\
=&(\boldsymbol{E}+\boldsymbol{A}^{\mathrm{T}})^{-1}(\boldsymbol{E}-\boldsymbol{A}^{\mathrm{T}})(\boldsymbol{E}-\boldsymbol{A})(\boldsymbol{E}+\boldsymbol{A})^{-1}\\
=&(\boldsymbol{E}-\boldsymbol{A})^{-1}(\boldsymbol{E}+\boldsymbol{A})(\boldsymbol{E}-\boldsymbol{A})(\boldsymbol{E}+\boldsymbol{A})^{-1}\\
=&(\boldsymbol{E}-\boldsymbol{A})^{-1}(\boldsymbol{E}-\boldsymbol{A})(\boldsymbol{E}+\boldsymbol{A})(\boldsymbol{E}+\boldsymbol{A})^{-1}\\
=&\boldsymbol{E}.
\end{aligned}$$

因此 $(\boldsymbol{E}-\boldsymbol{A})(\boldsymbol{E}+\boldsymbol{A})^{-1}$ 与其转置互逆，故是正交矩阵.

23. 设 $a_1,a_2,\cdots,a_n$ 为 n 个彼此不等的实数，$f_1(x),f_2(x)\cdots,f_n(x)$ 是 n 个次数不大于 $n-2$ 的实系数多项式.证明：

$$\begin{vmatrix} f_1(a_1) & f_1(a_2) & \cdots & f_1(a_n) \\ f_2(a_1) & f_2(a_2) & \cdots & f_2(a_n) \\ \vdots & \vdots & & \vdots \\ f_n(a_1) & f_n(a_2) & \cdots & f_n(a_n) \end{vmatrix} = 0.$$

证　令

$$g(x) = \begin{vmatrix} f_1(x) & f_1(a_2) & \cdots & f_1(a_n) \\ f_2(x) & f_2(a_2) & \cdots & f_2(a_n) \\ \vdots & \vdots & & \vdots \\ f_n(x) & f_n(a_2) & \cdots & f_n(a_n) \end{vmatrix},$$

它是 x 的多项式，或者 $g(x)=0$，或者 $\partial(g(x))\leqslant n-2$. 若为前者，结论已成立. 若为后者，$g(a_2)=g(a_3)=\cdots=g(a_n)=0$，即至少有 $n-1$ 个根，而次数 $\leqslant n-2$. 这是不可能的. 故 $g(x)=0$，当然有 $g(a_1)=0$.

24. 设 $f(x),g(x),h(x)\in P[x]$，且次数皆大于等于 1. 证明：$f(g(x))=h(g(x))$ 的充分必要条件为 $f(x)=h(x)$.

证　充分性：显然.

必要性：设 $f(x)=a_kx^k+a_{k-1}x^{k-1}+\cdots+a_1x+a_0$，$h(x)=b_lx^l+b_{l-1}x^{l-1}+\cdots b_1x+b_0$，$g(x)=c_mx^m+c_{m-1}x^{m-1}+\cdots+c_1x+c_0$，其中 k,l,m 皆 $\geqslant 1$，a_k,b_l,c_m 皆不为零. 我们来证 $k=l,a_i=b_i,i=k,k-1,\cdots,0$. 对 k 作数学归纳法. 若 $k=1$，则

$$\begin{aligned} f(g(x)) &= a_1(c_mx^m+c_{m-1}x^{m-1}+\cdots+c_1x+c_0)+a_0 \\ &= h(g(x)) = b_l(c_mx^m+c_{m-1}x^{m-1}+\cdots+c_1x+c_0)^l+b_{l-1}(c_mx^m+c_{m-1}x^{m-1}+\cdots+ \\ &\quad c_1x+c_0)^{l-1}+\cdots+b_1(c_mx^m+c_{m-1}x^{m-1}+\cdots+c_1x+c_0)+b_0. \end{aligned}$$

两边最高次项分别为 $a_1c_mx^m$ 和 $b_lc_m{}^lx^{ml}$. 两者相等得 $m=ml$，故 $l=1$，且 $a_1c_m=b_1c_m$，得 $a_1=b_1$. 两边的常数项相等，得 $a_1c_0+a_0=b_1c_0+b_0$. 于是 $a_0=b_0$. 故结论对 $k=1$ 成立.

再设结论在次数 $<k$ 时成立. 当 $\partial(f(x))=k$ 时，$f(g(x))=h(g(x))$，即为

$$\begin{aligned} &a_k(c_mx^m+\cdots+c_1x+c_0)^k+a_{k-1}(c_mx^m+\cdots+c_1x+c_0)^{k-1}+\cdots+a_1(c_mx^m+\cdots+c_1x+c_0)+a_0 \\ &= b_l(c_mx^m+\cdots+c_1x+c_0)^l+b_{l-1}(c_mx^m+\cdots+c_1x+c_0)^{l-1}+\cdots+b_1(c_mx^m+\cdots+c_1x+c_0)+b_0. \end{aligned}$$

比较两边最高项得

$$a_kc_m^kx^{km}=b_lc_m^lx^{lm}.$$

于是 $k=l,a_k=b_l$.

消去上式两边的第一项，就得 $f_1(g(x))=h_1(g(x))$，其中

$$f_1(x)=a_{k-1}x^{k-1}+\cdots+a_1x+a_0,$$
$$h_1(x)=b_{k-1}x^{k-1}+\cdots+b_1x+b_0.$$

若 $f_1(x)$ 是常数（包括零常数），显然 $h_1(x)$ 也是常数，且 $f_1(x)=h_1(x)$.

所以

$$f(x)=a_kx^k+f_1(x)=b_kx^k+h_1(x)=h(x).$$

若 $f_1(x)$ 非常数，则 $h_1(x)$ 也非常数. 又 $f_1(x)$ 是次数 $\leqslant k-1$ 的多项式，则由归纳假设有 $f_1(x)=h_1(x)$. 同样得到 $f(x)=h(x)$.

25. 设整系数多项式 $f(x)=a_nx^n+a_{n-1}x^{n-1}+\cdots+a_0$，它没有有理根. 又有素数 p 满足

(1) $p\nmid a_n$；　(2) $p\mid a_{n-2},\cdots,p\mid a_0$；　(3) $p^2\nmid a_0$.

证明：$f(x)$ 在 $\mathbf{Q}[x]$ 中不可约.

证　如果 $p\mid a_{n-1}$，则由艾森斯坦判别法，结论成立. 下面对 $p\nmid a_{n-1}$ 的情形加以证明.

反设 $f(x)$ 在 $\mathbf{Q}[x]$ 中可约，则 $f(x)$ 可以分解为两个次数较低的整系数多项式 $g(x),h(x)$ 的乘积：

$$f(x) = g(x)h(x), \quad ①$$

其中

$$g(x) = b_l x^l + b_{l-1}x^{l-1} + \cdots + b_1 x + b_0,$$
$$h(x) = c_m x^m + c_{m-1}x^{m-1} + \cdots + c_1 x + c_0.$$

因为 $f(x)$ 无有理根，所以 l,m 皆大于 1. 由 ① 有

$$a_n = b_l c_m, a_0 = b_0 c_0.$$

根据 $p \mid a_0, p^2 \nmid a_0$，$p$ 能整除 b_0, c_0 中的一个，但不能同时整除它们两个. 因此不妨设 $p \mid b_0$ 但 $p \nmid c_0$. 又 $p \nmid a_n$，故 $p \nmid b_l$. 可设 $b_0, b_1, \cdots, b_l$ 中第一个不能被 p 整除的是 b_k，即 $p \mid b_0, p \mid b_1, \cdots, p \mid b_{k-1}$，但 $p \nmid b_k$，且 $1 \leqslant k \leqslant l < n-1$. 比较 ① 式两边 x^k 的系数，得

$$a_k = b_k c_0 + b_{k-1}c_1 + \cdots + b_0 c_k.$$

式中右边除 $b_k c_0$ 外其余各项都可被 p 整除，而 $p \nmid b_k c_0$，因此右边不能被 p 整除，从而 p 不能整除左端 a_k. 但 $k < n-1$，题目假设 $p \mid a_k$，矛盾. 这证明了 $f(x)$ 在 $\mathbf{Q}[x]$ 中不可约.

26. (1) 设 $f(x)$ 及 $G(x)$ 是 $P[x]$ 中 m 次及 $\leqslant m+1$ 次多项式，证明：$G(n) = \sum\limits_{k=0}^{n-1} f(k)$ 对所有 $n \geqslant 1$ 成立的充分必要条件是 $G(x+1) - G(x) = f(x)$ 且 $G(0) = 0$；

(2) 证明：对 $P[x]$ 中任何 m 次多项式 $f(x)$，必有 $P[x]$ 中次数 $\leqslant m+1$ 的多项式 $G(x)$，满足 $G(n) = f(0) + f(1) + \cdots + f(n-1)$ 对任何 $n \geqslant 1$ 的整数成立；

(3) 求 $1^2 + 2^2 + \cdots + n^2$ 及 $1^3 + 2^3 + \cdots + n^3$.

证　(1) 必要性：如果 $G(n) = \sum\limits_{k=0}^{n-1} f(k)$，那么

$$G(n+1) - G(n) = \sum_{k=0}^{n} f(k) - \sum_{k=0}^{n-1} f(k) = f(n).$$

这说明当 x 是正整数时，

$$G(x+1) - G(x) = f(x)$$

成立，因此在 $P[x]$ 中成立.

当 $x = 0$ 时，由上式有 $G(1) - G(0) = f(0)$. 但题设 $G(1) = f(0)$，故 $G(0) = 0$.

充分性：由 $G(x+1) - G(x) = f(x)$ 及 $G(0) = 0$ 有，

$$G(n) - G(n-1) = f(n-1),$$
$$G(n-1) - G(n-2) = f(n-2),$$
$$\cdots\cdots$$
$$G(3) - G(2) = f(2),$$
$$G(2) - G(1) = f(1),$$
$$G(1) = G(1) - G(0) = f(0),$$

将上述各式相加即得

$$G(n) = \sum_{k=0}^{n-1} f(k).$$

(2) 作次数 $\leqslant m+1$ 的多项式 $G(x)$，使 $n = 1, 2, \cdots, m+1$ 时有 $G(n) = \sum\limits_{k=0}^{n-1} f(k)$ 及 $G(0) = 0$. 易验证 $G(x+1) - G(x)$ 是次数 $\leqslant m$ 的多项式. 当 $x = 1, 2, \cdots, m+1$ 时它与 $f(x)$ 有相同的值 $f(n)$. 又因为它们的次数 $\leqslant m$，故在 $P[x]$ 中，有

$$G(x+1) - G(x) = f(x).$$

再由(1)，结论成立.

(3)
$$1^2 + 2^2 + \cdots + n^2 = \frac{1}{3}n^3 + \frac{1}{2}n^2 + \frac{1}{6}n,$$
$$1^3 + 2^3 + \cdots + n^3 = \frac{1}{4}n^4 + \frac{1}{2}n^3 + \frac{1}{4}n^2.$$

令 $f(x)=(x+1)^2$，则由(2)知存在至多3次多项式 $G(x)=a_3x^3+a_2x^2+a_1x$，使得 $G(x+1)-G(x)=f(x)$，解得 $G(x)=\frac{1}{3}x^3+\frac{1}{2}x^2+\frac{1}{6}x$. 从而有

$$\sum_{k=0}^{n-1}f(k)=\sum_{k=0}^{n}k^2=G(n)=\frac{1}{3}n^3+\frac{1}{2}n^2+\frac{1}{6}n.$$

同理可得 $1^3+2^3+\cdots+n^3=\frac{1}{4}n^4+\frac{1}{2}n^3+\frac{1}{4}n^2$.

27. P 是一个数域，N 是 $P[x]$ 中的一个子集，满足：
(1) $f(x),g(x)\in N$，则 $f(x)+g(x)\in N$；
(2) 对 $f(x)\in N$ 及任何 $q(x)\in P[x]$，有 $q(x)f(x)\in N$.
证明：N 中有 $d(x)$，满足 $N=\{d(x)q(x)\mid q(x)\in P[x]\}$.

证　若 $N=\{0\}$，则 $d(x)=0$ 为所求.

若 $N\neq\{0\}$. 设 $d(x)$ 是 N 中非零多项式中次数最低的一个多项式. 对 N 中任一多项式 $f(x)$，作带余除法，有

$$f(x)=q(x)d(x)+r(x),$$

其中 $r(x)=0$ 或 $\partial(r(x))<\partial(d(x))$.

由题设 $q(x)d(x)$ 及 $r(x)=f(x)-q(x)d(x)\in N$. 若 $r(x)\neq 0$，则与 $d(x)$ 是 N 中次数最低的矛盾. 故 $r(x)=0$，即有 $f(x)=q(x)d(x)$.

另一方面，$d(x)\in N$，由题设 $f(x)=q(x)d(x)\in N$. 故

$$N=\{q(x)d(x)\mid q(x)\in P[x]\}.$$

28. n 为正整数，$f(x)\in\mathbf{Q}[x]$，$\partial(f(x))=n$. 证明：有不全为零的有理数 $a_0,a_1,\cdots,a_n$，使 $f(x)\mid\sum_{i=0}^{n}a_ix^{2^i}$.

证　设

$$f(x)=b_0+b_1x+\cdots+b_nx^n,\ b_n\neq 0.$$

要找

$$g(x)=c_0+c_1x+\cdots+c_{2^n-n}x^{2^n-n},$$
$$h(x)=a_0x^{2^0}+a_1x^{2^1}+a_2x^{2^2}+\cdots+a_nx^{2^n},$$

使

$$h(x)=f(x)g(x).\qquad ①$$

等价于

$$\begin{cases}\sum\limits_{i+j=s}b_ic_j=a_l,\ s=2^l,\ l=0,1,2,\cdots,n,\\ \sum\limits_{i+j=s}b_ic_j=0,\ s\text{ 取其他值},\ 0\leqslant s\leqslant 2^n,\end{cases}$$

也即等价于未知数为 $x_0,x_1,\cdots,x_{2^n-n},y_0,y_1,\cdots,y_n$ 的齐次线性方程组

$$\begin{cases}\sum\limits_{i+j=s}b_ix_j=y_l,\ s=2^l,\ l=0,1,2,\cdots,n,\\ \sum\limits_{i+j=s}b_ix_j=0,\ s\text{ 取其他值},\ 0\leqslant s\leqslant 2^n\end{cases}$$

有解.

这个方程组共 2^n+1 个方程，有 $(2^n-n)+1+n+1=2^n+2$ 个未知数. 故上述方程组有非零解. 记它的一个非零解为上述 $c_0,\cdots,c_{2^n-n},a_0,a_1,\cdots,a_n$. 作成相应的 $g(x),h(x)$ 就满足①. 若 $a_0=a_1=\cdots=a_n=0$，则 $c_0,c_1,\cdots,c_{2^n-n}$ 不全为零，此时 $g(x)\neq 0,h(x)=0$. 但 $f(x)\neq 0,f(x)g(x)\neq 0$，与 $f(x)g(x)=h(x)=0$ 矛盾. 故 $a_0,\cdots,a_n$ 不全为零.

29. $f(x)=ax^4+bx^3+cx^2+dx+e$ 为整系数4次多项式，令 r_1,r_2,r_3,r_4 是它的根，已知 r_1+r_2 为有理数，

$r_1+r_2\neq r_3+r_4$. 证明：$f(x)$ 可表成两个次数较低的整系数多项式的乘积.

证　由题设

$$\begin{aligned}f(x)&=a(x-r_1)(x-r_2)(x-r_3)(x-r_4)\\&=a[x^2-(r_1+r_2)x+r_1r_2][x^2-(r_3+r_4)x+r_3r_4],\end{aligned}\quad ①$$

及 $f(x)\in\mathbf{Q}[x]$，展开上式后可知

$$(r_1+r_2)+(r_3+r_4),(r_1+r_2)(r_3+r_4)+r_1r_2+r_3r_4,$$
$$(r_1+r_2)r_3r_4+(r_3+r_4)r_1r_2,r_1r_2r_3r_4$$

都是有理数. 由于 r_1+r_2 是有理数，于是 r_3+r_4 是有理数及

$$\begin{cases}r_1r_2+r_3r_4\in\mathbf{Q},\\(r_3+r_4)r_1r_2+(r_1+r_2)r_3r_4\in\mathbf{Q}.\end{cases}$$

又

$$\begin{vmatrix}1&1\\r_1+r_2&r_3+r_4\end{vmatrix}\neq 0,$$

用克拉默法则，得 r_1r_2 及 r_3r_4 是有理数. 由 ① 知 $x^2-(r_1+r_2)x+r_1r_2$ 是 $f(x)$ 的有理因式，即 $f(x)$ 在 $\mathbf{Q}[x]$ 中可约，故可表示成两个低次整系数多项式的乘积.

30. $f_1(x),f_2(x),\cdots,f_n(x)$ 是闭区间$[a,b]$上的实函数，且在实数域上是线性无关的. 证明：在$[a,b]$上存在数 $a_1,a_2,\cdots,a_n$，使

$$|(f_i(a_j))|\neq 0,i,j=1,2,\cdots,n.$$

证　对 n 作数学归纳法. $n=1$，$f_1(x)$ 是非零函数，必有 $a_1\in[a,b]$，使 $f_1(a_1)\neq 0$，即 $|f_1(a_1)|\neq 0$. 设函数的数目为 $n-1$ 时结论成立. 考虑 $f_1(x),f_2(x),\cdots,f_n(x)$ 线性无关的情形. 由归纳假设有 $a_1,a_2,\cdots,a_{n-1}$，使

$$D_1=\begin{vmatrix}f_1(a_1)&f_1(a_2)&\cdots&f_1(a_{n-1})\\f_2(a_1)&f_2(a_2)&\cdots&f_2(a_{n-1})\\\vdots&\vdots&&\vdots\\f_{n-1}(a_1)&f_{n-1}(a_2)&\cdots&f_{n-1}(a_{n-1})\end{vmatrix}\neq 0.$$

作

$$D=\begin{vmatrix}f_1(a_1)&f_1(a_2)&\cdots&f_1(a_{n-1})&f_1(x)\\f_2(a_1)&f_2(a_2)&\cdots&f_2(a_{n-1})&f_2(x)\\\vdots&\vdots&&\vdots&\vdots\\f_{n-1}(a_1)&f_{n-1}(a_2)&\cdots&f_{n-1}(a_{n-1})&f_{n-1}(x)\\f_n(a_1)&f_n(a_2)&\cdots&f_n(a_{n-1})&f_n(x)\end{vmatrix}.$$

由于左上角的 $n-1$ 阶子式不为 0，它的 $n-1$ 个行向量组成 $\mathbf{R}^{n-1}$ 的一组基. $(f_n(a_1),f_n(a_2),\cdots,f_n(a_{n-1}))\in\mathbf{R}^{n-1}$ 是它们的线性组合，设

$$\begin{aligned}&(f_n(a_1),f_n(a_2),\cdots,f_n(a_{n-1}))\\=&\,l_1(f_1(a_1),f_1(a_2),\cdots,f_1(a_{n-1}))+l_2(f_2(a_1),f_2(a_2),\cdots,f_2(a_{n-1}))+\cdots\\&+l_{n-1}(f_{n-1}(a_1),f_{n-1}(a_2),\cdots,f_{n-1}(a_{n-1})).\end{aligned}$$

将 D 的第 n 行依次减去第 1 行的 l_1 倍，第二行的 l_2 倍，…，第 $n-1$ 行的 l_{n-1} 倍，就得到

$$\begin{aligned}D&=\begin{vmatrix}f_1(a_1)&f_1(a_2)&\cdots&f_1(a_{n-1})&f_1(x)\\f_2(a_1)&f_2(a_2)&\cdots&f_2(a_{n-1})&f_2(x)\\\vdots&\vdots&&\vdots&\vdots\\f_{n-1}(a_1)&f_{n-1}(a_2)&\cdots&f_{n-1}(a_{n-1})&f_{n-1}(x)\\0&0&\cdots&0&f_n(x)-\sum\limits_{j=1}^{n-1}l_jf_j(x)\end{vmatrix}\\&=\Big[f_n(x)-\sum_{j=1}^{n-1}l_jf_j(x)\Big]D_1.\end{aligned}$$

若 x 取 $[a,b]$ 中任何值，都有 $D=0$，则由于 $D_1\neq 0$，故 x 取 $[a,b]$ 中任何值都有

$$f_n(x)-\sum_{j=1}^{n-1}l_jf_j(x)=0,$$

即 $f_1(x),f_2(x),\cdots,f_n(x)$ 线性相关，矛盾. 故必存在 $a_n\in[a,b]$，使

$$|(f_i(a_j))|\neq 0,i,j=1,2,\cdots,n.$$

31. 令 S 是 $P^{n\times n}$ 中所有形如 $\boldsymbol{XY}-\boldsymbol{YX}$ 的矩阵生成的线性子空间，又设 H 为 $P^{n\times n}$ 中迹为零的矩阵组成的空间. 求证 $S=H$，因而维 $(S)=$ 维 $(H)=n^2-1$.

证　因为矩阵 $\boldsymbol{XY}-\boldsymbol{YX}$ 的迹为零，故 $S\subseteq H$. 为了证明 $S=H$，只要证明 H 的某组基属于 S. 取 H 的一组基为 $\boldsymbol{E}_{ij},i\neq j,i,j=1,2,\cdots,n$ 及 $\boldsymbol{E}_{ii}-\boldsymbol{E}_{i+1,i+1},i=1,2,\cdots,n-1$.

易知

$$\boldsymbol{E}_{ij}=\boldsymbol{E}_{i1}\boldsymbol{E}_{1j}-\boldsymbol{E}_{1j}\boldsymbol{E}_{i1}\in S,\boldsymbol{E}_{ii}-\boldsymbol{E}_{i+1,i+1}=\boldsymbol{E}_{i,i+1}\boldsymbol{E}_{i+1,i}-\boldsymbol{E}_{i+1,i}\boldsymbol{E}_{i,i+1}\in S.$$

所以 $H\subseteq S$，即得 $S=H$.

32. 证明：设 $\boldsymbol{A}\in P^{n\times n}$，$\mathrm{tr}\,\boldsymbol{A}=0$，则有 $P^{n\times n}$ 中可逆矩阵 $\boldsymbol{T}$，使

$$\boldsymbol{T}^{-1}\boldsymbol{AT}=\begin{pmatrix}0 & & & \\ & 0 & * & \\ & * & \ddots & \\ & & & 0\end{pmatrix}.$$

证　对矩阵的阶数 n 作数学归纳法. $n=1$，$\mathrm{tr}\,\boldsymbol{A}=0$，即 $\boldsymbol{A}=\boldsymbol{O}$，结论成立.

设对阶数 $n-1$ 的矩阵，结论成立. 设 $\boldsymbol{A}_{n\times n}=(a_{ij})$ 的迹 $\mathrm{tr}\,\boldsymbol{A}=0$.

如 $a_{11},a_{22},\cdots,a_{nn}$ 中有一个为零，设为 $a_{ii}=0$. 对 $\boldsymbol{A}$ 进行初等变换，先作第 1 行和第 i 行互换，再作第 1 列与第 i 列互换. 这是对 $\boldsymbol{A}$ 的相似变换，其结果是得到一个与 $\boldsymbol{A}$ 相似的矩阵，它的第 1 行第 1 列的元素为 0.

如 $a_{11},a_{22},\cdots,a_{nn}$ 都不为零，由 $a_{11}+a_{22}+\cdots+a_{nn}=0$，必有某 $a_{ii}\neq a_{11}$，即 $a_{11}-a_{ii}\neq 0$. 与前面类似的方法，可用相似变换将 $\boldsymbol{A}$ 中 a_{ii} 换至 a_{22} 处，且 a_{11} 不变. 不妨就设 $\boldsymbol{A}$ 中 $a_{11}\neq a_{22}$. 这时若 $a_{12}=a_{21}=0$，可作初等变换：先将第 2 行加到第 1 行，再将第 1 列的 -1 倍加到第 2 列，这是相似变换. 其结果是第 1 行第 2 列元素是 $a_{22}-a_{11}\neq 0$. 不妨再设 $\boldsymbol{A}$ 中 $a_{12}\neq 0$ 或 $a_{21}\neq 0$. 当 $a_{12}\neq 0$ 时，对 $\boldsymbol{A}$ 先将第 2 列的 $\frac{-a_{11}}{a_{12}}$ 倍加到第 1 列，然后将第 1 行的 $\frac{a_{11}}{a_{12}}$ 倍加到第 2 行，这是 $\boldsymbol{A}$ 上的相似变换，其结果是变换后的矩阵的 a_{11} 处元素等于零.

当 $a_{21}\neq 0$ 时，可类似地对 $\boldsymbol{A}$ 作相似变换，使 a_{11} 处元素变为零. 总之，对 $\mathrm{tr}\,\boldsymbol{A}=0$ 的矩阵 $\boldsymbol{A}$，可作相似变换使其变成

$$\boldsymbol{A}_1=\begin{pmatrix}0 & \boldsymbol{\alpha}\\ \boldsymbol{\beta} & \boldsymbol{B}\end{pmatrix},$$

其中 $\boldsymbol{B}$ 是 $n-1$ 阶的矩阵，$\mathrm{tr}\,\boldsymbol{B}=0$.

由归纳假设，存在 $n-1$ 阶可逆阵 $\boldsymbol{T}_1$，使得

$$\boldsymbol{B}_1=\boldsymbol{T}_1^{-1}\boldsymbol{BT}_1=\begin{pmatrix}0 & & & \\ & 0 & * & \\ & * & \ddots & \\ & & & 0\end{pmatrix},$$

于是

$$\begin{pmatrix}1 & 0\\ 0 & \boldsymbol{T}_1\end{pmatrix}^{-1}\boldsymbol{A}_1\begin{pmatrix}1 & 0\\ 0 & \boldsymbol{T}_1\end{pmatrix}=\begin{pmatrix}0 & & & \\ & 0 & * & \\ & * & \ddots & \\ & & & 0\end{pmatrix}.$$

33. 设 $\boldsymbol{A}\in P^{n\times n}$，$\mathrm{tr}\,\boldsymbol{A}=0$. 证明：有 $\boldsymbol{X},\boldsymbol{Y}\in P^{n\times n}$，使 $\boldsymbol{XY}-\boldsymbol{YX}=\boldsymbol{A}$.

证　对 $\boldsymbol{A}$ 的阶数 n 作数学归纳法.

当 $n=1$ 时，$\mathrm{tr}\,\boldsymbol{A}=0$，即 $\boldsymbol{A}=\boldsymbol{O}$. 结论显然成立.

设 $n-1$ 时结论已成立. 又设 $\boldsymbol{A}\in P^{n\times n}$，$\mathrm{tr}\,\boldsymbol{A}=0$. 由上题结论，$\boldsymbol{A}$ 相似于矩阵 $\begin{pmatrix}0 & \boldsymbol{\alpha}\\ \boldsymbol{\beta} & \boldsymbol{A}_1\end{pmatrix}$，其中 $\boldsymbol{A}_1$ 是 $\mathrm{tr}\,\boldsymbol{A}_1=0$ 的 $n-1$ 阶矩阵. 由归纳假设有 $n-1$ 阶方阵 $\boldsymbol{X}_1,\boldsymbol{Y}_1$，使 $\boldsymbol{A}_1=\boldsymbol{X}_1\boldsymbol{Y}_1-\boldsymbol{Y}_1\boldsymbol{X}_1$.

又对于 $k=0,1,2,\cdots$，皆有

$$(\boldsymbol{X}_1+k\boldsymbol{E})\boldsymbol{Y}_1-\boldsymbol{Y}_1(\boldsymbol{X}_1+k\boldsymbol{E})=\boldsymbol{A}_1.$$

故可设 $\boldsymbol{X}_1$ 是可逆矩阵. 令

$$\boldsymbol{X}=\begin{pmatrix}0 & \boldsymbol{0}\\ \boldsymbol{0} & \boldsymbol{X}_1\end{pmatrix},\boldsymbol{Y}=\begin{pmatrix}0 & -\boldsymbol{\alpha}\boldsymbol{X}_1^{-1}\\ \boldsymbol{X}_1^{-1}\boldsymbol{\beta} & \boldsymbol{Y}_1\end{pmatrix},$$

则

$$\boldsymbol{XY}-\boldsymbol{YX}=\begin{pmatrix}0 & \boldsymbol{\alpha}\\ \boldsymbol{\beta} & \boldsymbol{X}_1\boldsymbol{Y}_1-\boldsymbol{Y}_1\boldsymbol{X}_1\end{pmatrix}$$

与 $\boldsymbol{A}$ 相似，不妨设 $\boldsymbol{T}^{-1}(\boldsymbol{XY}-\boldsymbol{YX})\boldsymbol{T}=\boldsymbol{A}$，则

$$\boldsymbol{A}=(\boldsymbol{T}^{-1}\boldsymbol{XT})(\boldsymbol{T}^{-1}\boldsymbol{YT})-(\boldsymbol{T}^{-1}\boldsymbol{YT})(\boldsymbol{T}^{-1}\boldsymbol{XT}).$$

这就完成了归纳法.

34. 证明：若 $\boldsymbol{A}$ 是 $P^{n\times n}$ 中的一个若尔当块，则与 $\boldsymbol{A}$ 可交换的矩阵一定是 $\boldsymbol{A}$ 的多项式.

证　取 P 上 n 维线性空间 V，并取定一组基 $\boldsymbol{\varepsilon}_1,\boldsymbol{\varepsilon}_2,\cdots,\boldsymbol{\varepsilon}_n$. 作线性变换 $\mathscr{A}$，使它在上述基下的矩阵为 $\boldsymbol{A}$，设

$$\boldsymbol{A}=\begin{pmatrix}\lambda_0 & & & & \\ 1 & \lambda_0 & & & \\ & 1 & \ddots & & \\ & & \ddots & \ddots & \\ & & & 1 & \lambda_0\end{pmatrix}_{n\times n}.$$

于是

$$\begin{aligned}\mathscr{A}\boldsymbol{\varepsilon}_1&=\lambda_0\boldsymbol{\varepsilon}_1+\boldsymbol{\varepsilon}_2,\\ \mathscr{A}\boldsymbol{\varepsilon}_2&=\lambda_0\boldsymbol{\varepsilon}_2+\boldsymbol{\varepsilon}_3,\\ &\cdots\cdots\\ \mathscr{A}\boldsymbol{\varepsilon}_{n-2}&=\lambda_0\boldsymbol{\varepsilon}_{n-2}+\boldsymbol{\varepsilon}_{n-1},\\ \mathscr{A}\boldsymbol{\varepsilon}_{n-1}&=\lambda_0\boldsymbol{\varepsilon}_{n-1}+\boldsymbol{\varepsilon}_n,\\ \mathscr{A}\boldsymbol{\varepsilon}_n&=\lambda_0\boldsymbol{\varepsilon}_n,\end{aligned}$$

即

$$\boldsymbol{\varepsilon}_2=(\mathscr{A}-\lambda_0\mathscr{E})\boldsymbol{\varepsilon}_1,\boldsymbol{\varepsilon}_3=(\mathscr{A}-\lambda_0\mathscr{E})^2\boldsymbol{\varepsilon}_1,\cdots,$$
$$\boldsymbol{\varepsilon}_{n-1}=(\mathscr{A}-\lambda_0\mathscr{E})^{n-2}\boldsymbol{\varepsilon}_1,\boldsymbol{\varepsilon}_n=(\mathscr{A}-\lambda_0\mathscr{E})^{n-1}\boldsymbol{\varepsilon}_1,$$

及

$$(\mathscr{A}-\lambda_0\mathscr{E})^n\boldsymbol{\varepsilon}_1=\boldsymbol{0}.$$

设 $\mathscr{B}$ 是 V 上线性变换，$\mathscr{B}$ 与 $\mathscr{A}$ 可交换，下面证明 $\mathscr{B}$ 是 $\mathscr{A}$ 的多项式.

考察 $\mathscr{B}\boldsymbol{\varepsilon}_1$，它可由基 $\boldsymbol{\varepsilon}_1,\boldsymbol{\varepsilon}_2,\cdots,\boldsymbol{\varepsilon}_n$ 表出，设

$$\begin{aligned}\mathscr{B}\boldsymbol{\varepsilon}_1&=a_0\boldsymbol{\varepsilon}_1+a_1\boldsymbol{\varepsilon}_2+\cdots+a_{n-1}\boldsymbol{\varepsilon}_n\\ &=a_0\mathscr{E}\boldsymbol{\varepsilon}_1+a_1(\mathscr{A}-\lambda_0\mathscr{E})\boldsymbol{\varepsilon}_1+\cdots+a_{n-1}(\mathscr{A}-\lambda_0\mathscr{E})^{n-1}\boldsymbol{\varepsilon}_1\\ &=[a_0\mathscr{E}+a_1(\mathscr{A}-\lambda_0\mathscr{E})+\cdots+a_{n-1}(\mathscr{A}-\lambda_0\mathscr{E})^{n-1}]\boldsymbol{\varepsilon}_1\\ &\xlongequal{\text{记为}}f(\mathscr{A})\boldsymbol{\varepsilon}_1,\end{aligned}$$

其中 $f(\mathscr{A})$ 是 $\mathscr{A}$ 的一个多项式.

同样地，任一向量 $\boldsymbol{\xi}\in V$ 是 $\boldsymbol{\varepsilon}_1,\cdots,\boldsymbol{\varepsilon}_n$ 的线性组合，也可写成 $\boldsymbol{\xi}=g(\mathscr{A})\boldsymbol{\varepsilon}_1$，$g(\mathscr{A})$ 是 $\mathscr{A}$ 的一个多项式.

于是

$$\mathscr{B}\boldsymbol{\xi}=\mathscr{B}g(\mathscr{A})\boldsymbol{\varepsilon}_1=g(\mathscr{A})\mathscr{B}\boldsymbol{\varepsilon}_1=g(\mathscr{A})f(\mathscr{A})\boldsymbol{\varepsilon}_1=f(\mathscr{A})(g(\mathscr{A})\boldsymbol{\varepsilon}_1)=f(\mathscr{A})\boldsymbol{\xi}.$$

故 $\mathscr{B}$ 与 $f(\mathscr{A})$ 在 V 的任一元素上的作用都相同，即 $\mathscr{B}=f(\mathscr{A})$.

由于与 $\mathscr{A}$ 交换的线性变换 $\mathscr{B}$ 都是 $\mathscr{A}$ 的多项式，故与 $\boldsymbol{A}$ 交换的矩阵 $\boldsymbol{B}$ 也是 $\boldsymbol{A}$ 的多项式.

35. $\boldsymbol{A}\in P^{n\times n}$，$C(\boldsymbol{A})=\{\boldsymbol{B}\in P^{n\times n}\mid \boldsymbol{BA}=\boldsymbol{AB}\}$. 证明：维$(C(\boldsymbol{A}))\geqslant n$.

证　因为

$$\boldsymbol{XA}=\boldsymbol{AX}\Leftrightarrow(\boldsymbol{T}^{-1}\boldsymbol{XT})(\boldsymbol{T}^{-1}\boldsymbol{AT})=(\boldsymbol{T}^{-1}\boldsymbol{AT})(\boldsymbol{T}^{-1}\boldsymbol{XT}),$$

所以只需对 $\boldsymbol{A}$ 的若尔当标准形进行证明.

当 $\boldsymbol{A}$ 是一个若尔当块时，由上一题知与 $\boldsymbol{A}$ 交换的矩阵是 $\boldsymbol{A}$ 的多项式，即 $C(\boldsymbol{A})$ 是由 $\boldsymbol{A}$ 的多项式构成的线性空间. 由于若尔当块

$$\boldsymbol{A}=\begin{pmatrix}\lambda_0 & & & & \\ 1 & \lambda_0 & & & \\ & 1 & \lambda_0 & & \\ & & \ddots & \ddots & \\ & & & 1 & \lambda_0\end{pmatrix}_{n\times n}$$

的最小多项式就是特征多项式 $(\lambda-\lambda_0)^n$，故没有不全为零的数 $a_0,a_1,\cdots,a_{n-1}$，使

$$a_0\boldsymbol{E}+a_1\boldsymbol{A}+\cdots+a_{n-1}\boldsymbol{A}^{n-1}=\boldsymbol{O},$$

即 $\boldsymbol{E},\boldsymbol{A},\cdots,\boldsymbol{A}^{n-1}$ 线性无关. 由此可知维$(C(\boldsymbol{A}))\geqslant n$.

现在设 $\boldsymbol{A}$ 是若尔当标准形

$$\boldsymbol{A}=\begin{pmatrix}\boldsymbol{J}_1 & & & \\ & \boldsymbol{J}_2 & & \\ & & \ddots & \\ & & & \boldsymbol{J}_s\end{pmatrix},$$

其中 $\boldsymbol{J}_1,\boldsymbol{J}_2,\cdots,\boldsymbol{J}_s$ 分别是 $m_1,m_2,\cdots,m_s$ 阶的若尔当块.

令

$$\widetilde{C}(\boldsymbol{J}_i)=\left\{\begin{pmatrix}0 & & & & & & \\ & \ddots & & & & & \\ & & 0 & & & & \\ & & & \boldsymbol{A}_i & & & \\ & & & & 0 & & \\ & & & & & \ddots & \\ & & & & & & 0\end{pmatrix}\middle|\ \boldsymbol{A}_i\in C(\boldsymbol{J}_i)\right\}\cong C(\boldsymbol{J}_i),$$

则

$$\widetilde{C}(\boldsymbol{J}_1)\oplus\widetilde{C}(\boldsymbol{J}_2)\oplus\cdots\oplus\widetilde{C}(\boldsymbol{J}_s)\subseteq C(\boldsymbol{A}).$$

因此

$$\text{维}(C(\boldsymbol{A}))\geqslant\sum_{i=1}^{s}\text{维}(\widetilde{C}(\boldsymbol{J}_i))=\sum_{i=1}^{s}\text{维}(C(\boldsymbol{J}_i))\geqslant\sum_{i=1}^{s}m_i=n.$$

36. V 是 n 维复线性空间. $\mathscr{A},\mathscr{B}$ 是 V 上线性变换，$\mathscr{AB}=\mathscr{BA}$. 证明：

(1) $\mathscr{B}$ 不变 $\mathscr{A}$ 的每一个根子空间.

(2) 若 $\mathscr{A}$ 只有一个非常数不变因子，则 $\mathscr{B}$ 是 $\mathscr{A}$ 的多项式.

(3) 若与 $\mathscr{A}$ 可交换的线性变换仅有 $\mathscr{A}$ 的多项式，则 $\mathscr{A}$ 只有一个非常数不变因子.

证　(1) 设 $\mathscr{A}$ 的对于特征值 λ_0 的根子空间为 V^{λ_0}，

$$V^{\lambda_0}=\{\boldsymbol{\xi}\in V\mid(\mathscr{A}-\lambda_0\mathscr{E})^n\boldsymbol{\xi}=\boldsymbol{0}\},$$

其中 $n=$ 维(V).

$\forall \boldsymbol{\xi} \in V^{\lambda_0}, (\mathscr{A}-\lambda_0\mathscr{E})^n(\mathscr{B}\boldsymbol{\xi}) = \mathscr{B}(\mathscr{A}-\lambda_0\mathscr{E})^n\boldsymbol{\xi} = \mathbf{0}$,故 $\mathscr{B}\boldsymbol{\xi} \in V^{\lambda_0}$.

(2) 首先,由教材第八章定理 14 及其证明知,$\boldsymbol{A}$ 只有一个非常数不变因子 $d(x)$ 的充分必要条件是 $\boldsymbol{A}$ 的有理标准形是 $d(x)$ 的友矩阵. 设 $d(x) = x^n + a_1x^{n-1} + \cdots + a_n$,则 $\boldsymbol{A}$ 相似于

$$\boldsymbol{A}_1 = \begin{pmatrix} 0 & 0 & \cdots & 0 & -a_n \\ 1 & 0 & \cdots & 0 & -a_{n-1} \\ \vdots & \vdots & & \vdots & \vdots \\ 0 & 0 & \cdots & 0 & -a_2 \\ 0 & 0 & \cdots & 1 & -a_1 \end{pmatrix}, \boldsymbol{A}_1 = \boldsymbol{T}^{-1}\boldsymbol{AT}.$$

于是 n 维线性空间 V 上线性变换 $\mathscr{A}$ 只有一个非常数不变因子的充要条件是 V 有一组基 $\boldsymbol{\varepsilon}_0, \boldsymbol{\varepsilon}_1, \boldsymbol{\varepsilon}_2, \cdots, \boldsymbol{\varepsilon}_{n-1}$,$\mathscr{A}$ 在这组基下的矩阵就是上面的 $\boldsymbol{A}_1$. 于是

$$\boldsymbol{\varepsilon}_1 = \mathscr{A}\boldsymbol{\varepsilon}_0, \boldsymbol{\varepsilon}_2 = \mathscr{A}\boldsymbol{\varepsilon}_1 = \mathscr{A}^2\boldsymbol{\varepsilon}_0, \boldsymbol{\varepsilon}_3 = \mathscr{A}\boldsymbol{\varepsilon}_2 = \mathscr{A}^3\boldsymbol{\varepsilon}_0, \cdots, \boldsymbol{\varepsilon}_{n-1} = \mathscr{A}^{n-1}\boldsymbol{\varepsilon}_0,$$

且

$$\mathscr{A}\boldsymbol{\varepsilon}_{n-1} = \mathscr{A}^n\boldsymbol{\varepsilon}_0 = a_1\boldsymbol{\varepsilon}_{n-1} + a_2\boldsymbol{\varepsilon}_{n-2} + \cdots + a_n\boldsymbol{\varepsilon}_0.$$

由于 $\boldsymbol{\varepsilon}_0, \mathscr{A}\boldsymbol{\varepsilon}_0, \cdots, \mathscr{A}^{n-1}\boldsymbol{\varepsilon}_0$ 是 V 的一组基,V 中任意向量 $\boldsymbol{\xi}$,可表示成

$$\boldsymbol{\xi} = b_1\mathscr{A}^{n-1}\boldsymbol{\varepsilon}_0 + b_2\mathscr{A}^{n-2}\boldsymbol{\varepsilon}_0 + \cdots + b_n\boldsymbol{\varepsilon}_0 = (b_1\mathscr{A}^{n-1} + b_2\mathscr{A}^{n-2} + \cdots + b_n\mathscr{E})\boldsymbol{\varepsilon}_0 \xlongequal{\text{记为}} g(\mathscr{A})\boldsymbol{\varepsilon}_0,$$

$g(\mathscr{A})$ 是前一等号右端括号中 $\mathscr{A}$ 的多项式.

题设 $\mathscr{AB} = \mathscr{BA}$,令 $\mathscr{B}\boldsymbol{\varepsilon}_0 = f(\mathscr{A})\boldsymbol{\varepsilon}_0$,$f(\mathscr{A})$ 是 $\mathscr{A}$ 的一个多项式. 计算

$$\mathscr{B}\boldsymbol{\varepsilon}_i = \mathscr{B}\mathscr{A}^i\boldsymbol{\varepsilon}_0 = \mathscr{A}^i\mathscr{B}\boldsymbol{\varepsilon}_0 = \mathscr{A}^if(\mathscr{A})\boldsymbol{\varepsilon}_0 = f(\mathscr{A})\mathscr{A}^i\boldsymbol{\varepsilon}_0 = f(\mathscr{A})\boldsymbol{\varepsilon}_i, i = 0,1,\cdots,n-1.$$

即线性变换 $\mathscr{B}$ 与 $f(\mathscr{A})$ 在 V 的基向量上有相同的像,故 $\mathscr{B} = f(\mathscr{A})$.

(3) 反证法. 设 $\mathscr{A}$ 有多于两个非常数不变因子. 其最后两个不变因子 $d_{n-1}(x)$ 及 $d_n(x)$ 必非常数,且 $d_{n-1}(x) \mid d_n(x)$. $\mathscr{A}$ 必有特征值 λ_0,使得 $d_{n-1}(x)$ 与 $d_n(x)$ 至少各含有一个初等因子,分别形为 $(x-\lambda_0)^k$ 与 $(x-\lambda_0)^l$. 因此有 V 的一组基 $\boldsymbol{\eta}_1, \boldsymbol{\eta}_2, \cdots, \boldsymbol{\eta}_n$,$\mathscr{A}$ 在这组基下矩阵为若尔当形,且若尔当形为

$$\boldsymbol{A} = \begin{pmatrix} \boldsymbol{J}(\lambda_0,k) & & & & \\ & \boldsymbol{J}(\lambda_0,l) & & & \\ & & \boldsymbol{J}(\lambda_1,k_1) & & \\ & & & \ddots & \\ & & & & \boldsymbol{J}(\lambda_s,k_s) \end{pmatrix}.$$

取线性变换 $\mathscr{B}$,它在 V 的上述基 $\boldsymbol{\eta}_1, \boldsymbol{\eta}_2, \cdots, \boldsymbol{\eta}_n$ 下矩阵为 $\boldsymbol{B}$,

$$\boldsymbol{B} = \begin{pmatrix} \boldsymbol{E}_k & & & & \\ & 2\boldsymbol{E}_l & & & \\ & & \boldsymbol{E}_{k_1} & & \\ & & & \ddots & \\ & & & & \boldsymbol{E}_{k_s} \end{pmatrix},$$

$\boldsymbol{E}_i$ 是 i 阶单位矩阵,有 $\boldsymbol{BA} = \boldsymbol{AB}$,于是 $\mathscr{AB} = \mathscr{BA}$.

若设有多项式 $f(x)$ 使 $\boldsymbol{B} = f(\boldsymbol{A})$,则 $\boldsymbol{E}_k = f(\boldsymbol{J}(\lambda_0,k))$, $2\boldsymbol{E}_l = f(\boldsymbol{J}(\lambda_0,l))$, $\cdots$. 最前面两式中四个矩阵都分别有唯一特征值 $1, f(\lambda_0), 2, f(\lambda_0)$,于是有 $1 = f(\lambda_0)$ 及 $2 = f(\lambda_0)$.

这是不可能的. 于是 $\boldsymbol{B}$ 不能是 $\boldsymbol{A}$ 的多项式,即 $\mathscr{B}$ 不能是 $\mathscr{A}$ 的多项式,矛盾. 故假设不成立,则 $\mathscr{A}$ 只有一个非常数不变因子.

37. $\boldsymbol{A}, \boldsymbol{B}$ 皆为 $n \times n$ 复矩阵,证明:方程 $\boldsymbol{AX} = \boldsymbol{XB}$ 有非零解的充分必要条件是 $\boldsymbol{A}, \boldsymbol{B}$ 有公共特征值.

证 矩阵方程 $\boldsymbol{AX} = \boldsymbol{XB}$ 可以写成齐次线性方程组. 设 $\boldsymbol{A} = (a_{ij})_{n\times n}$, $\boldsymbol{B} = (b_{ij})_{n\times n}$, $\boldsymbol{X} = (x_{ij})_{n\times n}$. 把 $\boldsymbol{X}$ 对应到下面的 $n^2 \times 1$ 向量

$$\operatorname{vex}(\boldsymbol{X})=\begin{pmatrix}x_{11}\\x_{21}\\\vdots\\x_{n1}\\x_{12}\\\vdots\\x_{n2}\\\vdots\\x_{1n}\\\vdots\\x_{nn}\end{pmatrix},$$

经过计算，上面的矩阵方程等价于下面的方程组：

$$\left[\begin{pmatrix}\boldsymbol{A}&&&\\&\boldsymbol{A}&&\\&&\ddots&\\&&&\boldsymbol{A}\end{pmatrix}-\begin{pmatrix}b_{11}\boldsymbol{E}&b_{21}\boldsymbol{E}&\cdots&b_{n1}\boldsymbol{E}\\b_{12}\boldsymbol{E}&b_{22}\boldsymbol{E}&\cdots&b_{n2}\boldsymbol{E}\\\vdots&\vdots&&\vdots\\b_{1n}\boldsymbol{E}&b_{2n}\boldsymbol{E}&\cdots&b_{nn}\boldsymbol{E}\end{pmatrix}\right]\operatorname{vex}(\boldsymbol{X})=\boldsymbol{0}.\qquad①$$

又 $\boldsymbol{AX}=\boldsymbol{XB}$ 与 $(\boldsymbol{T}^{-1}\boldsymbol{AT})(\boldsymbol{T}^{-1}\boldsymbol{XT})=(\boldsymbol{T}^{-1}\boldsymbol{XT})(\boldsymbol{T}^{-1}\boldsymbol{BT})$ 同时有非零解. 对复矩阵 $\boldsymbol{B}$ 有可逆的 $\boldsymbol{T}$，使 $\boldsymbol{T}^{-1}\boldsymbol{BT}$ 成上三角形

$$\begin{pmatrix}*&&&\\&*&&*\\&&\ddots&\\&0&&\ddots&\\&&&&*\end{pmatrix}.$$

我们记 $\boldsymbol{A}_1=\boldsymbol{T}^{-1}\boldsymbol{AT},\boldsymbol{B}_1=\boldsymbol{T}^{-1}\boldsymbol{BT},\boldsymbol{X}_1=\boldsymbol{T}^{-1}\boldsymbol{XT},\boldsymbol{A}_1=(\tilde{a}_{ij})_{n\times n},\boldsymbol{B}_1=(\tilde{b}_{ij})_{n\times n}$，则 $\boldsymbol{A}_1\boldsymbol{X}_1=\boldsymbol{X}_1\boldsymbol{B}_1$ 与下面的齐次线性方程组等价：

$$\left[\begin{pmatrix}\boldsymbol{A}_1&&&\\&\boldsymbol{A}_1&&\\&&\ddots&\\&&&\boldsymbol{A}_1\end{pmatrix}-\begin{pmatrix}\tilde{b}_{11}\boldsymbol{E}&\tilde{b}_{21}\boldsymbol{E}&\cdots&\tilde{b}_{n1}\boldsymbol{E}\\\tilde{b}_{12}\boldsymbol{E}&\tilde{b}_{22}\boldsymbol{E}&\cdots&\tilde{b}_{n2}\boldsymbol{E}\\\vdots&\vdots&&\vdots\\\tilde{b}_{1n}\boldsymbol{E}&\tilde{b}_{2n}\boldsymbol{E}&\cdots&\tilde{b}_{m}\boldsymbol{E}\end{pmatrix}\right]\operatorname{vex}(\boldsymbol{X}_1)=\boldsymbol{0},$$

即

$$\begin{pmatrix}\boldsymbol{A}_1-\tilde{b}_{11}\boldsymbol{E}&\boldsymbol{O}&\cdots&\boldsymbol{O}\\-\tilde{b}_{12}\boldsymbol{E}&\boldsymbol{A}_1-\tilde{b}_{22}\boldsymbol{E}&\cdots&\boldsymbol{O}\\\vdots&\vdots&&\vdots\\-\tilde{b}_{1n}\boldsymbol{E}&-\tilde{b}_{2n}\boldsymbol{E}&\cdots&\boldsymbol{A}_1-\tilde{b}_{nn}\boldsymbol{E}\end{pmatrix}\operatorname{vex}(\boldsymbol{X}_1)=\boldsymbol{0}.\qquad②$$

方程组 ② 有非零解的充分必要条件是系数行列式为零，即

$$\prod_{i=1}^{n}|\boldsymbol{A}_1-\tilde{b}_{ii}\boldsymbol{E}|=0,\qquad③$$

也即有某 $\tilde{b}_{ii}$ 是 $\boldsymbol{A}_1$ 的特征值. 由 $\boldsymbol{B}_1$ 是上三角形矩阵，与 $\boldsymbol{B}$ 相似，故 $\tilde{b}_{ii}$ 是 $\boldsymbol{B}$ 的一个特征值，又 $\boldsymbol{A}_1$ 与 $\boldsymbol{A}$ 相似，$\boldsymbol{A}_1$ 的特征值是 $\boldsymbol{A}$ 的特征值. 这说明条件 ③ 是 $\boldsymbol{B}$ 与 $\boldsymbol{A}$ 的公共特征值.

又 ① 与 ② 的等价性说明它们同时有非零解. 且 ① 与 $\boldsymbol{AX}=\boldsymbol{XB}$ 等价，说明 ① 有非零解即 $\boldsymbol{AX}=\boldsymbol{XB}$ 有非零解. 最终得到 $\boldsymbol{AX}=\boldsymbol{XB}$ 有非零解的充分必要条件是 $\boldsymbol{A},\boldsymbol{B}$ 有公共的特征值.

38. 在 $P^{n\times n}$ 中，证明：若 $\boldsymbol{A}=\boldsymbol{BC},\boldsymbol{B}=\boldsymbol{AD}$，则有可逆矩阵 $\boldsymbol{Q}$，使 $\boldsymbol{B}=\boldsymbol{AQ}$.

证　由 $\boldsymbol{A}=\boldsymbol{BC}$，知 $\boldsymbol{A}$ 的列向量是 $\boldsymbol{B}$ 的列向量的线性组合，同样由 $\boldsymbol{B}=\boldsymbol{AD}$，知 $\boldsymbol{B}$ 的列向量是 $\boldsymbol{A}$ 的列向量的线性组合，于是 $\boldsymbol{A},\boldsymbol{B}$ 的列向量组相互等价，它们的秩相等，设为 r.

经初等列变换分别把 A 及 B 的列向量组的极大线性无关组移至 A 及 B 的前 r 列. 即有可逆矩阵 Q_1 及 S_1 使 $(A_1,A_2)=AQ_1$ 及 $(B_1,B_2)=BS_1$. 其中 A_1 的 r 个列是 A 的列向量组的极大线性无关组，(A_1,A_2) 的秩与 A 的秩相等，也是 r，故 A_1 的前 r 列是 (A_1,A_2) 的列向量组的极大线性无关组. A_2 的各列是 A_1 的列的线性组合. 仍用初等列变换可将 (A_1,A_2) 变成 (A_1,O)，即有 $(A_1,O)=(A_1,A_2)Q_2$，Q_2 是可逆矩阵.

同样有 S_2 可逆使 $(B_1,O)=(B_1,B_2)S_2$. A 与 B 的列向量组等价，则它们的极大线性无关组等价. 故有 r 阶可逆矩阵 P_1，使 $B_1=A_1P_1$. 于是，令

$$P=\begin{pmatrix}P_1 & O\\ O & E_{n-r}\end{pmatrix}_{n\times n}.$$

它是可逆矩阵，且

$$(B_1,O)=(A_1,O)\begin{pmatrix}P_1 & O\\ O & E_{n-r}\end{pmatrix}\xlongequal{\text{记为}}(A_1,O)P.$$

因此

$$BS_1S_2=(B_1,B_2)S_2=(B_1,O)=(A_1,O)P=AQ_1Q_2P.$$

最后得到

$$B=AQ_1Q_2P(S_1S_2)^{-1}\xlongequal{\text{记为}}AQ,$$

其中 $Q=Q_1Q_2P(S_1S_2)^{-1}$ 是可逆矩阵.

39. 设 V 上线性变换 $\mathscr{A}$ 可以对角化，$V=V_{\lambda_1}\oplus V_{\lambda_2}\oplus\cdots\oplus V_{\lambda_s}$ 是 $\mathscr{A}$ 的特征子空间的直和. W 是 $\mathscr{A}$—子空间，对 $w\in W,w=w_1+w_2+\cdots+w_s,w_i\in V_{\lambda_i}\ (i=1,2,\cdots,s)$，证明每个 $w_i\in W$.

证　设 $\mathscr{A}$ 的特征多项式为

$$f(\lambda)=(\lambda-\lambda_1)^{l_1}(\lambda-\lambda_2)^{l_2}\cdots(\lambda-\lambda_s)^{l_s}.$$

由教材第七章定理 12，有

$$V=V^{\lambda_1}\oplus V^{\lambda_2}\oplus\cdots\oplus V^{\lambda_s},\qquad ①$$

其中 $V^{\lambda_i}=\{v\in V\mid(\mathscr{A}-\lambda_i\mathscr{E})^{l_i}v=0\}$. 由 $V_{\lambda_i}=\{v\in V\mid(\mathscr{A}-\lambda_i\mathscr{E})v=\mathbf{0}\}$，知 $V_{\lambda_i}\subseteq V^{\lambda_i}$ 及维$(V_{\lambda_i})\leqslant$维(V^{λ_i}).

再由

$$V=V_{\lambda_1}\oplus V_{\lambda_2}\oplus\cdots\oplus V_{\lambda_s},\qquad ②$$

得

$$\sum_{i=1}^{s}\text{维}\,(V_{\lambda_i})=\sum_{i=1}^{s}\text{维}\,(V^{\lambda_i}),\sum_{i=1}^{s}(\text{维}\,(V^{\lambda_i})-\text{维}\,(V_{\lambda_i}))=0.$$

但维$(V^{\lambda_i})\geqslant$维(V_{λ_i})，上式成立推出对所有 i，有维$(V^{\lambda_i})=$维(V_{λ_i}). 即对所有 i，$V^{\lambda_i}=V_{\lambda_i}$.

仍据教材第七章定理12，若 $g(\lambda)=(\lambda-\lambda_1)^{k_1}(\lambda-\lambda_2)^{k_2}\cdots(\lambda-\lambda_s)^{k_s}$ 是 $\mathscr{A}\big|W$ 的特征多项式，其中 $0\leqslant k_i\leqslant l_i(1\leqslant i\leqslant s)$，则

$$W=W^{\lambda_1}\oplus\cdots\oplus W^{\lambda_s},$$

$W^{\lambda_i}=\{w\in W\mid(\mathscr{A}-\lambda_i\mathscr{E})^{k_i}w=\mathbf{0}\}$. 由 $W^{\lambda_i}\subseteq V^{\lambda_i}=V_{\lambda_i}$，$W^{\lambda_i}\subseteq W\cap V_{\lambda_i}=W_{\lambda_i}$. 又因为 $W_{\lambda_i}\subseteq W^{\lambda_i}$，故 $W_{\lambda_i}=W^{\lambda_i}$. 于是有

$$W=W_{\lambda_1}\oplus\cdots\oplus W_{\lambda_s}.\qquad ③$$

现在题设 $w=w_1+\cdots+w_s,w_i\in V_{\lambda_i}$，又由 ③ 可设 $w=w'_1+\cdots+w'_s,w'_i\in W_{\lambda_i}\subset V_{\lambda_i}$. 所以这是 w 按 $V_{\lambda_1}\oplus V_{\lambda_2}\oplus\cdots\oplus V_{\lambda_s}$ 的两个分解式，但直和分解决定了它们是相同的. 故每个 $w_i=w'_i\in W$.

40. V 是 n 维复线性空间，$\mathscr{A}$ 是 V 上线性变换. 证明：$\mathscr{A}$ 的若尔当标准形矩阵中若尔当块的数目等于 V 中 $\mathscr{A}$ 的线性无关的特征向量的最大数目.

证　设 $\mathscr{A}$ 的特征多项式 $f(\lambda)=(\lambda-\lambda_1)^{l_1}(\lambda-\lambda_2)^{l_2}\cdots(\lambda-\lambda_s)^{l_s}$，则

$$V = V^{\lambda_1} \oplus V^{\lambda_2} \oplus \cdots \oplus V^{\lambda_s}, \quad ①$$

其中 $V^{\lambda_i} = \{\boldsymbol{v} \in V \mid (\mathscr{A} - \lambda_i \mathscr{E})^{l_i} \boldsymbol{v} = \boldsymbol{0}\}$，记 V^{λ_i} 为 V_i，$i = 1, \cdots, s$. 又设 V_{λ_i} 是属于 λ_i 的特征子空间，则

$$V_{\lambda_1} \oplus V_{\lambda_2} \oplus \cdots \oplus V_{\lambda_s} \subseteq V. \quad ②$$

V 的任一个特征向量皆属于某个 V_{λ_i}，故由任一组线性无关的特征向量都可由②的左端的基线性表出可知，取 V_{λ_1} 的基，V_{λ_2} 的基，…，V_{λ_s} 的基合起来，就是 V 中最大数目的一组线性无关的特征向量. $\mathscr{A}$ 的若尔当标准形，是由 $\mathscr{A}|V_1, \mathscr{A}|V_2, \cdots, \mathscr{A}|V_s$ 的若尔当标准形构成的准对角矩阵. $\mathscr{A}$ 的若尔当标准形中若尔当块的总数等于各 $\mathscr{A}|V_i$ 的若尔当标准形中若尔当块数目的和. 我们只要证明 $\mathscr{A}|V_i$ 的若尔当标准形中若尔当块的数目等于 V_{λ_i} 的维数就行了. 设 $\mathscr{A}|V_i$ 的若尔当标准形为

$$\boldsymbol{J} = \begin{pmatrix} \boldsymbol{J}(\lambda_i, k_1) & & & \\ & \boldsymbol{J}(\lambda_i, k_2) & & \\ & & \ddots & \\ & & & \boldsymbol{J}(\lambda_i, k_s) \end{pmatrix}.$$

并设这是 $\mathscr{A}|V_i$ 在 V^{λ_i} 的基

$$\boldsymbol{\varepsilon}_1, (\mathscr{A} - \lambda_i \mathscr{E})\boldsymbol{\varepsilon}_1, \cdots, (\mathscr{A} - \lambda_i \mathscr{E})^{k_1 - 1}\boldsymbol{\varepsilon}_1 ((\mathscr{A} - \lambda_i \mathscr{E})^{k_1}\boldsymbol{\varepsilon}_1 = \boldsymbol{0}),$$
$$\boldsymbol{\varepsilon}_2, (\mathscr{A} - \lambda_i \mathscr{E})\boldsymbol{\varepsilon}_2, \cdots, (\mathscr{A} - \lambda_i \mathscr{E})^{k_2 - 1}\boldsymbol{\varepsilon}_2 ((\mathscr{A} - \lambda_i \mathscr{E})^{k_2}\boldsymbol{\varepsilon}_2 = \boldsymbol{0}),$$
$$\cdots\cdots\cdots\cdots$$
$$\boldsymbol{\varepsilon}_s, (\mathscr{A} - \lambda_i \mathscr{E})\boldsymbol{\varepsilon}_s, \cdots, (\mathscr{A} - \lambda_i \mathscr{E})^{k_s - 1}\boldsymbol{\varepsilon}_s ((\mathscr{A} - \lambda_i \mathscr{E})^{k_s}\boldsymbol{\varepsilon}_s = \boldsymbol{0})$$

下的矩阵. 我们将证明 $(\mathscr{A} - \lambda_i \mathscr{E})^{k_j - 1}\boldsymbol{\varepsilon}_j (1 \leqslant j \leqslant s)$，是 V_{λ_i} 的基. 于是 $\mathscr{A}|V_i$ 的若尔当标准形 $\boldsymbol{J}$ 中若尔当块的数目 s 等于维(V_{λ_i})，就完成了题目的证明.

首先 $(\mathscr{A} - \lambda_i \mathscr{E})^{k_1 - 1}\boldsymbol{\varepsilon}_1, \cdots, (\mathscr{A} - \lambda_i \mathscr{E})^{k_s - 1}\boldsymbol{\varepsilon}_s$ 都属于 $\mathscr{A} - \lambda_i \mathscr{E}$ 的核（$(\mathscr{A} - \lambda_i \mathscr{E})[(\mathscr{A} - \lambda_i \mathscr{E})^{k_j - 1}\boldsymbol{\varepsilon}_j] = (\mathscr{A} - \lambda_i \mathscr{E})^{k_j}\boldsymbol{\varepsilon}_j = \boldsymbol{0}, j = 1, 2, \cdots, s$），所以它们是 V_{λ_i} 中 s 个线性无关的向量.

又设 $\boldsymbol{w} = \sum_{j=1}^{s}\sum_{m=1}^{k_j} a_{jm} (\mathscr{A} - \lambda_i \mathscr{E})^{m-1}\boldsymbol{\varepsilon}_j \in V_{\lambda_i}$，则

$$\boldsymbol{0} = (\mathscr{A} - \lambda_i \mathscr{E})\boldsymbol{w} = \sum_{j=1}^{s}\sum_{m=1}^{k_j} a_{jm} (\mathscr{A} - \lambda_i \mathscr{E})^{m}\boldsymbol{\varepsilon}_j = \sum_{j=1}^{s}\sum_{m=1}^{k_j - 1} a_{jm} (\mathscr{A} - \lambda_i \mathscr{E})^{m}\boldsymbol{\varepsilon}_j.$$

由于最后和号中各元素线性无关，故它们前面的系数全部为零，即

$$a_{jm} = 0, j = 1, 2, \cdots, s; m = 1, 2, \cdots, k_j - 1.$$

因此

$$\boldsymbol{w} = \sum_{j=1}^{s} a_{jk_j} (\mathscr{A} - \lambda_i \mathscr{E})^{k_j - 1}\boldsymbol{\varepsilon}_j.$$

这说明 V_{λ_i} 中任一元 $\boldsymbol{w}$ 是 $\{(\mathscr{A} - \lambda_j \mathscr{E})^{k_j - 1}\boldsymbol{\varepsilon}_j, 1 \leqslant j \leqslant s\}$ 的线性组合，又因为它们线性无关，所以可组成 V_{λ_i} 的一组基，即得 $s =$ 维(V_{λ_i}).